海水贝类养殖学

主编　王如才　王昭萍

编委　王如才　王昭萍　李　琪　田传远
　　　于瑞海　郑小东　孔令锋　陶迤蓉

中国海洋大学出版社

·青岛·

图书在版编目(CIP)数据

海水贝类养殖学/王如才,王昭萍主编.—青岛:中国
海洋大学出版社,2008.6(2021.1重印)
  ISBN 978－7－81125－177－7

Ⅰ.海… Ⅱ.①王…②王… Ⅲ.海水养殖:贝类养殖
Ⅳ.S968.3

中国版本图书馆 CIP 数据核字(2008)第 084421 号

出版发行	中国海洋大学出版社			
社　　址	青岛市香港东路 23 号		邮政编码	266071
网　　址	http://pub.ouc.edu.cn			
电子信箱	coupljz@126.com			
订购电话	0532－82032573(传真)			
责任编辑	李建筑　邓志科		电　　话	0532－85902505
印　　制	日照报业印刷有限公司			
版　　次	2008 年 7 月第 1 版			
印　　次	2021 年 1 月第 4 次印刷			
成品尺寸	185 mm×260 mm			
印　　张	39.125			
字　　数	901 千			
定　　价	79.00 元			

前　言

　　海水贝类养殖学是研究海水贝类养殖的生物学原理和生产技术的一门应用科学,它以贝类学、细胞生物学、遗传育种学、水生生物学、海洋生态学、组织胚胎学等为理论基础,概述了海水养殖贝类的形态构造、生态习性、遗传性状、繁殖和生长等的特点和基本规律,阐明了自然海区半人工采苗、工厂化室内人工育苗、贝类育种、土池人工育苗和贝类增养殖技术的原理和方法,以及各种贝类的加工技术。

　　本教材是在青岛海洋大学出版社 1998 年第二次出版的《海水贝类养殖学》一书的基础上由中国海洋大学贝类研究室全体科技人员分工作了进一步修改补充,最后由王昭萍教授进行统编整理。

　　本教材以总结我国海水贝类养殖的新技术、新成果为主,适当吸收国外的一些新成就。除绪论外,全书共分八篇 21 章。第一篇论述了海水贝类养殖的环境条件,第二篇综述贝类的苗种生产方法,第三篇至第七篇,以贝类的生活型和在生产中的地位为序,分别介绍了固着型、附着型、埋栖型、匍匐型和游泳型养殖贝类的生物学、苗种生产与养成以及加工技术,第八篇综合介绍了其他贝类养殖与贝类增殖的主要方法。每章之后,均附有复习题,供学习和参考。

　　本教材适用于高等水产院校海水养殖专业本科生教学用,也可作为海水贝类养殖科技工作者的参考书。

　　需要说明的是,考虑到目前渔业生产实际,本书仍主要用亩($=666.\dot{6}$ m^2$=1/15$ ha)作为养殖面积的计量单位。

　　由于作者水平和时间有限,书中缺点和错误在所难免,希读者批评指正。

作者

2008 年 1 月

目　录

第五篇　埋栖型贝类的养殖

第六篇　匍匐型贝类的养殖

第七篇　游泳型贝类的养殖

第八篇　其他贝类的养殖与增殖

绪 论

一、贝类与人类的关系

贝类与人类关系极为密切,不仅可以食用,而且可以在工业、医药、饲料和装饰等方面作为重要原料。

(1)食用:贝类除了掘足类、无板类和单板类外,几乎都可以食用,其中主要有腹足类的鲍、红螺、香螺、玉螺和泥螺等,瓣鳃类的蚶、贻贝、扇贝、江珧、牡蛎、文蛤、蛤仔、青蛤、镜蛤、蛤蜊、西施舌、蛏以及头足类的乌贼和鱿鱼等。贝类味道鲜美,营养价值高,其肉质部分含有丰富的蛋白质、脂肪和维生素。贝类除鲜食外,还可以加工成干制品和罐头。干贝、江珧柱和带子分别为扇贝、江珧和日月贝闭壳肌的干制品,都是珍贵的海味品。贻贝、牡蛎和蛏软体部的干制品分别称"淡菜"、"蚝豉"和"蛏干",加工贻贝、牡蛎和蛏的汤可浓缩成美味可口的贻贝油、蚝油和蛏油。海兔的卵群(俗称海粉)和乌贼的缠卵腺(俗称乌鱼蛋),也都是很有名的海产品。贝类由于加工佐料不同,可以制成各种各样的罐头。

(2)工业用:贝壳的主要成分是碳酸钙,是烧制石灰的良好原料。我国东南沿海地区常用牡蛎、泥蚶等的贝壳作为烧制石灰的原料。牡蛎的贝壳还是制作柠檬酸钙的重要原料。珍珠层较厚的马蹄螺、珍珠贝等可以用来制造纽扣;马蹄螺和夜光蝾螺的贝壳可以作为油漆的调和剂。江珧、贻贝的足丝曾用作纺织品的原料。某些骨螺、海蜗牛、海兔和乌贼等都曾作为提取紫色和黑色染料的原料。

(3)药用:贝类在医药上用途较广。药用贝类较多,如鲍、泥蚶、毛蚶、文蛤、青蛤、牡蛎、宝贝、珍珠贝及其珍珠、贻贝、窗贝以及乌贼的贝壳等均可作药材,其中乌贼的贝壳(海螵蛸)、鲍的贝壳(石决明)、宝贝的贝壳(海巴)、珍珠贝的贝壳以及珍珠、海兔的卵群(海粉),都是享有盛名的医药用品。

(4)饲料和饵料:利用贝类的贝壳粉和小型贝类饲养家禽和家畜,不仅有利于家禽、家畜骨骼生成,而且家禽产蛋量增加,家畜奶质优良。小型贝类如黑偏顶蛤、凸壳肌蛤和蓝蛤还可以作为鱼虾的饵料。许多底栖和浮游的贝类是海洋鱼类的天然饵料,特别是小型双壳类和头足类,在鱼类饵料中占有相当重要的地位。

(5)装饰和玩赏:很多贝类贝壳富有光泽,非常鲜艳,惹人喜爱,如宝贝、玉螺、蜀江螺、凤螺、夜光蝾螺、珍珠贝、鹦鹉螺等的壳,都是人们玩赏的对象或作贝雕或螺钿的原料。目前已有50余种贝类的壳经常用来制作贝雕。珍珠不仅是贵重药材,而且是珍贵的装饰品。此外,货贝等在古代曾用作货币。

(6)肥料:许多小型而且产量大的贝类如蓝蛤、肌蛤等,可以作为农田的肥料。牡蛎的贝壳还可制作土壤调理剂和养殖池底改良剂。

当然,少数贝类如船蛆和海笋能破坏港湾、木材和船只。贻贝、牡蛎、不等蛤等能大量附着或固着在船底和浮标上,影响船速,造成浮标下沉,贻贝还能堵塞引水管系统。肉食性贝类可以大量杀伤经济贝类,藻食性贝类吃食海藻,成为贝藻类养殖的敌害。但是,总的来看,贝类对人类是益大于害。

二、贝类养殖的历史、现状和问题

1. 贝类养殖的历史

贝类养殖是在人类和自然斗争的过程中产生和发展起来的。我国人民对贝类的利用远在石器时代就已开始。根据在北京附近发现的旧石器时代的贝壳推测,远在 5 万年以前人类便开始利用贝类了。陕西斗鸡台墓内文蛤的发现,证明距今 2 000~3 000 年前,人类已利用贝壳作货币了。已养殖的贝类中,牡蛎的养殖历史最久,在 2 000 多年前我国就有了关于牡蛎养殖的记载。有许多古书记载了有关贝类的利用,在周公的"尔雅"(2 000 年前)中,就曾提到过河蚌能产生珍珠。明朝时,我国已能利用河蚌生产珍珠了。李时珍所著的《本草纲目》和张廷锡的《古今图书集成博物汇编》等书,记录了不少贝类的性状和用途,这些古书中所用贝类名称如淡菜、文蛤、牡蛎、石决明和魁蚶等,现在我国仍引用之。晋朝王羲之的"噉蚶贴"、宋朝梅尧臣的"食蚝诗"、明朝张如蓝的"蛏赞"和"蚶子颂"等,对贝类形态、习性的描述许多是正确的。有关养殖方面的文献,以明朝郑鸿图所著的《业蛎考》比较系统,概括介绍了我国古时牡蛎养殖生产的情况。

19 世纪以来,有些国家的贝类养殖事业已发展成大规模的生产,并对养殖贝类的生物学原理和养殖技术进行了比较广泛和系统的研究。

然而,在我国由于长期的封建统治,阻碍了我国科学技术和养殖生产的发展,使贝类养殖事业几乎处于停滞不前的状态。1949 年以来,我国科学技术和养殖生产得到了恢复和发展,贝类养殖面积不断扩大;技术革新层出不穷,养殖品种由少到多;沿海各省研究机构相继建立,对贝类资源和可供养殖的面积进行了调查研究,并总结了群众丰富的生产经验;许多研究机构和生产单位对贝类半人工采苗、人工育苗、土池半人工育苗和养成技术进行了广泛的科学实验,进一步推动了贝类养殖事业的发展;高等与中等水产院校从1958 年开始增设了贝类养殖课,为海水贝类养殖培养了大批技术力量。近年来,养殖贝类的生物学、育种、生态系养殖也都得到了迅猛的发展。

2. 海水贝类养殖的现状

(1)海水贝类养殖产量较高,面积较大。根据 2002 年统计,我国海水养殖产量 1 212.8万吨,其中贝类养殖产量 965.7 万吨,占海水养殖产量的 79.5%;海水养殖面积 134.4 万公顷,其中贝类养殖面积 83.3 万公顷,占海水养殖面积的 64.2%。

(2)养殖种类不断增加,养殖方法多种多样。1959 年我国贝类养殖只有十几种,现在我国的主要贝类养殖种类发展到了 40 余种。

(3)贝类苗种生产技术不断改进,方法多种多样。当前我国贝类苗种生产主要有人工育苗、自然海区半人工采苗、土池半人工育苗、采捕野生苗四种方法,均比鱼、虾、藻类苗种生产方法多。

(4)贝类的引种和育种得到了飞速发展。近 20 年来,我国在贝类引种、杂交育种、多倍体育种、雌核发育和选择育种等方面都取得一定成果,有的已投入规模化生产。

(5)贝类与其他养殖种类的混养与轮养也取得了一些宝贵经验。比较成功的经验有贝藻混养、鲍参混养、贝虾混养、贝藻轮养等。从而促进了海水养殖业健康稳定和可持续发展。

3. 海水贝类养殖中存在的问题

（1）引种混乱，育种意识较差。引种必须经过论证和检疫，要坚决克服"无政府"状态。在育种方面，选种、育种意识不强，很易造成种性退化。

（2）海区污染严重，影响贝类养殖事业的发展。大量工业废水、生活污水、农药等排污最终流入大海；网箱养鱼，大量人工饵料沉落海区，污损生物大量附着，严重影响贝类养殖的发展。

（3）局部超负荷养殖，影响贝类养殖事业的发展。以栉孔扇贝为例，由于半人工采苗苗源丰富，因此违背正常每层放养 30 粒左右的密度，有的竟每层放养 150 粒、200 粒、250 粒，更有甚者每层放养高达 364 粒。加上污损生物大量附着，因此，贝类生长缓慢，死亡频繁发生。

（4）病害频频发生，大大伤害了群众养殖的积极性。贝类大量死亡，不仅与环境有关，而且与有害微生物大量出现有关。对贝类病害的研究还有待进一步加强。

（5）其他，对滩涂埋栖型贝类研究不够，有许多滩涂荒废着；贝类养殖技术也有待于进一步改进与提高。

三、发展海水贝类养殖的有利条件

（1）自然条件优越：我国海岸线绵亘，港湾曲折，浅海滩涂平展广袤，饵料丰富，环境多样化，可供浅海、滩涂养殖的面积辽阔。

（2）贝类资源丰富：贝类是海中之宝，我国沿海分布着各种各样的贝类，可养的种类很多，其中已养殖的达 40 余种。

（3）有利于养殖的特点：具有投资少、成本低、收效快、产量高、技术易推广等特点，它不与农业争土地，不与畜牧业争饲料，不与鱼虾类养殖争水面。

（4）具有丰富的经验和成果：贝类养殖在国内外均积累了丰富的经验，对其基础理论的研究也取得了丰硕成果。贝类的室内工厂化人工育苗、自然海区半人工采苗、土池半人工育苗生产以及贝类的引种、育种都得到了稳步发展，为养殖生产提供了源源不断的苗种。此外，养殖新技术也正在被引用。所有这些对贝类养殖生产都产生积极的促进作用。

四、选择贝类养殖种类的标准

正确地选择养殖种类，是保证贝类养殖发展的一个重要前提。选择贝类养殖种类必须具备下列标准。

（1）生产力高：生长快，养殖周期短，单位面积产量高，饵料易解决。

（2）适应能力强：对外界环境特别是对温度、盐度适应能力较强，抗旱和抗病能力较强。

（3）营养价值高：含有丰富的蛋白质及其他营养物质，肉味鲜美。

（4）苗种来源容易：具有丰富的自然苗种或通过人工育苗容易解决其苗种来源。

（5）养殖成本低：要考虑经济效益就必须降低成本。降低成本，也容易开展大众化的贝类养殖事业。

(6)移动性较差：作为养殖贝类一般应选择移动性较差的种类。

(7)要因地制宜选择养殖种类：有什么样的环境，便有什么样的生物，有什么样的生物，便需要相应的环境。因此，要根据当地的环境条件，选择相应的养殖贝类种类。

五、海水贝类养殖学的含义、研究范围及发展方向

海水贝类养殖学是研究贝类养殖的生物学原理和生产技术的一门应用科学。它主要研究海水贝类的养殖，研究范围包括贝类的生物学、苗种培育方法、增养殖和加工技术等。

我国贝类养殖技术还较落后，机械化程度差，许多可养面积还未充分利用。为了进一步发展贝类养殖事业，必须注意研究如下问题。

(1)进一步加强新品种的培育工作。贝类育种包括多倍体育种、杂交育种、选择育种、雌核发育等，虽然取得了一定成绩，但还仅仅是开始，今后应常抓不懈，培育出稳定的品系，为群众养殖提供生长快、风味好、适应环境能力强的新品种。

(2)对引种要做到有计划地进行。在系统总结我国引种工作经验的基础上，引种应该纳入政府管理的范畴，经过论证和引种检疫，并对引种进行评估。

(3)不断改进养殖技术。不断改进养殖技术，进行生态系养殖，根据生物与环境辩证关系以及生物生活习性和食性的不同实行贝藻、贝虾、贝参等混养与轮养，从而提高贝类养殖的生态效益和经济效益。

(4)继续加强对贝类的生物学研究。对贝类的生态生理、繁殖与生长、幼虫附着与变态的基础理论与应用技术要进一步加强研究，为贝类育苗与养殖技术提供参考和指导。

(5)保护海洋环境，严防海水污染。增强海洋环保意识，严格执行国家环境保护局1998年7月1日实施的海水水质标准，禁止一切有害浓度和有害成分的工业废水和生活污水等排入海中。

(6)合理规划海区，因地制宜发展贝类养殖。根据海区功能区划特点，对海区进行合理布局和规划。不要在港口和航运海区进行贝类养殖。根据贝类对环境适应的情况，选择相应的种类，因地制宜地进行养殖。

(7)增殖放流。增殖放流也是提高贝类生产的重要手段，今后应积极开展贝类增殖理论与增殖技术的研究。增殖放流的对象是经济价值较高，但产量较低，人工控制较差或较难进行集约养殖的种类。

(8)贝类病害的研究仍需要加强。目前病害频频发生，除了养殖技术和环境影响外，有害微生物的大量存在也是造成贝类死亡的重要原因。因此，今后应加强对病害的研究。有条件可进一步培育出抗病和免疫能力强的种类。

复习题

1.贝类有哪些用途？

2.贝类养殖的现状和发展方向？

3.我国发展贝类养殖有哪些有利条件？

4.选择贝类养殖种类应坚持哪些标准？

第一篇 海水贝类养殖的环境条件

我国海岸线绵亘,具有辽阔的浅海和滩涂,自北纬 3°至 41°,纵跨热带、亚热带和温带三大气候带,蕴藏着极其丰富的贝类资源。大陆沿岸线北起辽宁省的鸭绿江口,南至广西壮族自治区的北仑河口,长达 1.8 万余千米。我国共有岛屿 6 000 多个,岛屿岸线 1.4 万千米。海纳百川,沿岸有近百条河流入海,年均径流量约 $1.8×10^{12}$ m^3,注入了大量有机物和营养盐。我国沿海滩涂面积 1300 多万公顷,其中可供养殖的浅海、滩涂 200 万公顷。浅海、滩涂的理化环境和底质多样化,饵料生物丰富为贝类繁殖、生长提供了有利的自然条件。

海水贝类养殖的环境条件是海水贝类业可持续发展的基础。贝类与环境之间充满了辩证关系,有什么样的贝类就需要什么样的环境,也就是说有什么样的环境,便有什么样的贝类。因此,要因地制宜地选择养殖场地发展贝类养殖生产。我国海水养殖环境多样化,为发展不同生活型多种贝类的养殖奠立了良好条件。

海水贝类养殖的环境中,既有非生物环境,又有生物环境。非生物环境中,一个正常海区的海水中,各种物理、化学因子含量均有一定指标,因此,选择人工育苗和养殖用水必须符合国家环保总局 1997 年 12 月 3 日发布的、1998 年 7 月 1 日实施的海水水质标准(GB3097—1997)的一、二类标准,缺乏或超过正常指标,就意味着污染。污染的海水将对贝类的繁殖生长以及贝类养殖事业造成严重不良影响。在生物环境中,也充满了网状关系,对贝类来讲,既有有利的生物,也有有害的生物,因此,要正确选择和采用养殖技术,促进有益生物的发展,限制有害生物的繁衍,从而保证海水贝类养殖业健康、稳定的发展。

第一章　非生物环境

贝类养殖的海区涉及潮间带、池塘和浅海,海水的运动、温度、盐度、水质以及底质等都有其正常变动规律,如果人为干预,违背了自然规律,将会导致贝类养殖事业受挫。很好认识自然,并加以科学利用,不仅可以带来生态效益,而且能为社会创造巨额的经济效益。

第一节　潮间带、池塘和浅海

一、潮间带

潮间带亦称潮区,系指大潮高潮线到大潮低潮线之间的区域。根据潮汐活动的情况,潮间带可划分为四条潮线。在大汛期(活汛期),海水能涨到的最高水平线和能退到的最低水平线,分别叫大潮高潮线和大潮低潮线;在小汛期(死汛期),海水能涨到的平均水平线和能退到的平均水平线,分别叫小潮平均高潮线和小潮平均低潮线(图1-1)。

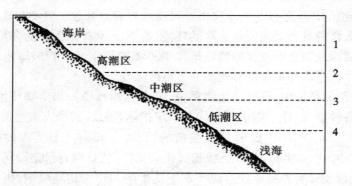

1.大潮高潮线　2.小潮平均高潮线　3.小潮平均低潮线　4.大潮低潮线

图1-1　潮间带分区示意图

根据大小潮汐涨落的四条潮线,可把潮间带分成三个区,即高潮区、中潮区和低潮区。

(1)高潮区:又称上区。位于潮间带最上部,这一区的上界是大潮高潮线,下界是小潮平均高潮线,它被海水淹没的时间短,只有在大潮时才会被海水淹没。这一区可以进行蓄水养贝(例如蚶塘养殖)和修建半人工育苗土池。在该区中下部可以进行青蛤的滩涂养殖。

(2)中潮区:又称中区。占潮间带大部分,它的上界是小潮平均高潮线,下界是小潮平均低潮线。这是非常典型的潮间带地区。每天一度或二度干出和被海水淹没,当该区露出后,贝类的摄食和水流交换就被迫停止。这一区是滩涂贝类的主要生活区域,也是泥蚶、蛤仔、缢蛏、牡蛎、蛤蜊等贝类养殖区。

（3）低潮区：又称下区。其上界是小潮平均低潮线，下界是大潮低潮线。和高潮区相反，它大部分时间浸在海水里，只有在大潮落潮的短时间内露出。这一区也是多种贝类自然分布区，亦可作为牡蛎、西施舌、文蛤、蛤仔等养殖区。

生活在潮间带的贝类，退潮时就暴露在空气中，涨潮后重新被海水淹没，海区的物理、化学和生物性质都要受这种有节奏变化的制约，并具有一定周期性。生活在潮间带的贝类在不同程度上都适应于这种多变的条件即高温和低温，干燥和暴露。耐干力最强的种类栖息在潮间带的上部，相反的则栖息在潮间带的下部。因此，在潮间带往往可以看到层次分明的种群垂直分布层和水平分布区。

二、池塘

池塘是在较高的潮区或潮上带挖掘的方形或长方形的池塘，底质一般为泥砂或砂泥底，面积一般为 1～100 亩，池塘设有进、排水闸，大多数利用潮汐纳水，水深一般保持在 1～1.5 m。可以进行贝类土池育苗、保苗，也可进行贝类单养，或者和鱼虾混养。在池塘进行苗种生产和养殖的贝类主要有牡蛎、扇贝、缢蛏、蛤仔、文蛤等。

三、浅海

从低潮区往下，在大潮低潮线向外海伸展，水深在 200 m 以内，终年为海水淹没的海区，称为浅海。在浅海中，目前人工进行养殖的区域水深一般为 30 m 以内。该区饵料丰富，有利于贝类生长和繁殖，是鲍、紫石房蛤、珍珠贝、扇贝、魁蚶等贝类自然生活的海区，也是扇贝、贻贝、珍珠、牡蛎和鲍等的筏式养殖、栅式养殖和垒石蒙网养殖的海区。

第二节 海水的物理、化学性质

一、潮汐、波浪和海流

潮汐、波浪和海流都是海水运动的形式，它对贝类的生活有很大的影响。

我国沿海滩涂辽阔，具有适合不同种贝类生活所需的底质。潮汐、波浪和海流是良好滩涂的创造者。由于它们不停的运动，构成了各种各样的滩涂底质，为贝类的生活提供了良好的条件。

潮汐、波浪和海流可以带来丰富的营养物质、氧气和饵料，促使底层营养物质上升，有利于浮游生物繁殖和贝类的生长。

潮汐还影响贝类幼虫的分布，影响采苗的效果。在牡蛎的研究中，发现在低潮期内幼虫的出现数量最多（图1-2），同时在低潮期内幼虫附着量也最大。在退潮期间，扇贝的浮游幼虫在表层的密度比其他时间高出数倍。

海流可以把贝类幼虫带到适宜地方，附着生长，以此扩大种族的分布。海水运动对移动性不大的贝类具有十分重要的意义。

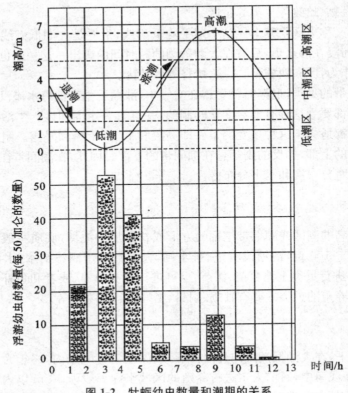

图 1-2　牡蛎幼虫数量和潮期的关系

　　贝类对海水运动的适应能力是不同的,如鲍和扇贝等喜欢生活在开敞程度较大、浪大、流急的海区,而泥蚶、缢蛏、蛤仔等埋栖贝类,一般喜欢生活在开敞程度不大、浪小、流缓的海区,对埋栖贝类即将附着的幼虫来说更是如此。若潮汐较大、浪大、流急,不仅使底质发生变迁,而且由于稚贝足丝少而弱,附着能力较差,就要影响稚贝的附着或被流带走。因此,凡是有埋栖贝类苗种分布的海区,开敞程度不大,浪较小,水流较缓。

　　潮汐、波浪和海流是造就良好滩涂和海区不可缺少的条件。然而,事物总是一分为二的,自然界又经常发生变化,影响滩涂的性状,造成底质的变迁,也可能成为某滩涂的破坏者,以至于影响某些贝类的生活和分布。

　　海流虽然可以将贝类幼虫带到适宜地方生长,扩大其种族分布,但是也能将幼虫带到不适宜地方,使幼虫找不到适宜的附着基而夭折或被敌害所吞食。由此可见,海水运动与贝类养殖关系甚为密切,因此,在选择养殖场地时,必须考虑海水运动可能造成的影响。在已经进行养殖的场地,为了防止海水运动可能造成的危害,应该修筑防浪(或防潮、防流)堤坝,保护滩涂的性状,维护贝类的生存环境。

　　二、温度

　　贝类是变温动物,新陈代谢的低水平和缺乏完善的温度调节机能是它们体温不恒定的主要原因。严寒的冬季,冰封雪冻的低温季节,能导致贝类的血液及体液的冻结,引起死亡。野生的贝苗、成贝常因低温造成死亡。为此,在贝类人工苗种培育及养成管理中,要采取防冰和防霜冻的措施。酷夏炎热,温度过高,能使贝类呼吸急速而不规则,缺氧窒息,还可造成蛋白质凝固,以至于昏迷死亡或被烫死。要采取"防暑"("避暑"或"过港")措施。

不管那一种贝类,均有一个最高、最低和适温范围。超出最高、最低范围,贝类正常的新陈代谢遭到破坏容易造成死亡;适温范围内,贝类新陈代谢旺盛,对呼吸与排泄、运动与摄食、消化与吸收、生长、发育及繁殖均产生积极作用。因此,在养殖生产中要随时注意温度的变化,采取有力措施,改进养殖技术,达到稳产高产目的。

根据贝类对温度适应能力的不同,将它们分成狭温性和广温性两类。一般生活在潮间带和沿岸的贝类多系广温性,生活在外海区和只分布于热带或寒带的种类多系狭温性。例如,生活在潮间带的泥蚶、褶牡蛎、近江牡蛎、缢蛏、蛤仔以及许多螺类,对温度变化适应能力较强,分布于我国南北沿海,属于广温性的种类;生活在浅海区及寒带或热带的种类如栉孔扇贝、皱纹盘鲍以及翡翠贻贝、珍珠贝和杂色鲍等均系狭温性种类,对温度变化适应能力较弱,前两种对高温适应能力较差,所以分布于北方,后三种对低温适应能力较弱,自然分布于南方。

温度条件的不同,还会引起贝类生物学的变异。例如,近江牡蛎分布于中潮区而又经常受阳光照射,它的贝壳层一般比分布于低潮区以下的厚。

温度的变化还影响着浮游生物的繁殖与生长、有机物的分解、气体含量和酸碱度的变化,间接影响贝类的生活与生长。

三、盐度

盐度值近似于每千克海水含有盐分的克数。外海海水的平均盐度为 35,近海海水的平均盐度为 31,河口附近的海水盐度较低,一般为 10~25,在雨季甚至低达 1 左右。

贝类是变渗透压动物,因此在不同盐度条件下生长的贝类,其渗透压是不同的。根据贝类适应盐度范围的大小与强弱,可以将贝类分成狭盐性种类与广盐性种类。密鳞牡蛎、扇贝和鲍等,仅分布于盐度较高的的海区,称之为狭盐性种类;蛤仔、褶牡蛎等,适应盐度范围较广,称之为广盐性种类。

贝类对盐度的变化都有适应范围,超出其适应范围,则影响贝类的正常代谢。盐度的突变对贝类的影响是多方面的。盐度影响贝类的附着力,影响鳃纤毛的运动以及心脏的跳动等。例如,合浦珠母贝的幼贝在盐度降至 17 时,其附着力开始急剧减退,盐度 14 以下完全看不到贝壳运动,经 24 h 没有一个附着;在盐度 20 以下,开始影响它的鳃纤毛运动,盐度为 16 时,30%的鳃纤毛运动减速,盐度为 9.6 时则完全停止运动;当正常海水急剧稀释至 50%时,合浦珠母贝心脏停止跳动,慢慢稀释到 30%心脏才停止跳动。

在繁殖季节里,海水盐度适当下降可以刺激成熟亲贝产卵。根据这个特点,在人工育苗中,采用降低比重方法,可以诱导亲贝产卵。不少贝类如近江牡蛎、泥蚶、缢蛏等生活于半咸水海区,这类海区大都有一定量的淡水流入。若无一定量的淡水流入,即使成熟了的亲贝也不产卵,或者造成贝苗生长发育不良。但是如果大量降雨,海水盐度降低太大,持续时间较长,也容易造成牡蛎、泥蚶等贝类成批死亡。短时间的降雨,贝类可以通过贝壳关闭来抵抗盐度的变化,长时间盐度下降,贝类忍受不了,结果造成贝类死亡。连绵的大雨,洪水暴发,不仅会使周围环境中的盐度大大降低,超过了贝类可能忍耐的范围以致贝类成批死亡,而且会带来大量的烂泥、流砂,淤积滩面,堵塞贝类的水管影响其取食与呼吸,以至于贝类窒息死亡。为防止洪水的影响,在滩涂贝类养殖场地常常修筑防洪坝。

四、透明度

海水的透明度是指海水的透明程度,也就是光在海水中能够达到的最大深度。海水透明度的大小主要与海水中悬浮有机碎屑、泥砂颗粒及胶体物质(颗粒大小为 0.001～0.1 μm)等有关,后者使海水变得混浊,尤其在大风大浪时海区混浊度更大,透明度变小。正常海水年平均混浊度为 $(3\sim5)\times10^{-6}$,相对应的海水透明度为 5～2.5 m。混浊度过低、透明度过大的海区,饵料生物太少,不适合广盐范围的滩涂贝类的生长,但是混浊度过大、透明度过低,特别是胶体物质太多的海区,又不适合高盐度的扇贝、珍珠贝和鲍的生长。一般讲,滩涂贝类比较适应广盐范围,对混浊度的抵抗能力较强,不能作为饵料的物质可以形成假粪排出体外,而扇贝当海水的透明度过低,混浊度达到 500×10^{-6} 便可窒息死亡。因此,在人工进行贝类养殖时,要正确处理贝类与环境关系,因地制宜选好养殖种类。

五、水质

海水是贝类生命活动中不可缺少的环境。海水除了它的物理性质外,还有极其复杂的化学性质。海水是一种复杂的液体,其组成成分根据含量多少和对生物影响程度,大致可划分为下列几种:常量元素(如氯、钠、镁等)、营养元素(氮、磷、硅及锰、铁等)、微量元素(镍、钒、碘、钼、钴等)、溶解气体(氧、氮、二氧化碳等)、氢离子和有机物质(悬浮性的有机物及水溶性的有机物等)。

上述诸种成分在正常海水中均有一定比例,使海水形成一种动态平衡,若破坏这一平衡,会对贝类产生直接或间接不利的影响。例如,被污染的海水破坏了正常海水的化学组成,不但能使贝类失去经济价值,甚至会造成贝类大批死亡。

(1)pH 值:海水一般呈弱碱性。由于海水中溶解着大量的多种盐类,因而使海水成了一种大的缓冲溶液。与淡水相比较,海水酸碱性较稳定,其 pH 值为 7.5～8.6,外海海水通常为 7.9～8.2。

影响海水酸碱性变动的主要因素是大气中二氧化碳在水中溶解情况、天然水域溶解的碳酸盐类的状况、生物的呼吸作用和光合作用以及有机物的分解等。海水中二氧化碳溶解多,海水 pH 值下降。海藻类在进行光合作用时,海水中的二氧化碳被大量消耗,海水 pH 值上升,相反,贝类以及海藻类的呼吸释放出大量二氧化碳,使海水的碱性下降。

在异常情况下,工业污染的海水,使海水酸碱性失去常态,因而贝类的正常代谢遭到破坏,产生严重的影响。杂色蛤仔在 pH 值 4.0 以下或者 9.5 以上的海水中,不到两周就全部死亡。

在酸性很强的海水中(pH=1.2),牡蛎血液中的 pH 值可降到 4.8,心脏停止跳动而死亡。酸性环境,还影响贝类贝壳的分泌与形成。因此,海水中酸碱性是否正常,也是检验海水是否被污染的化学指标之一。

（2）溶解氧（DO）：水含有足够的溶解氧，可以促使有机物质的氧化分解，也可以给贝类带来有利的呼吸条件。贝类的耗氧量是不同的，为保证繁殖和生长等新陈代谢的正常进行，溶解氧就必须得到满足。

海水中溶氧量若降低，则贝类耗氧量急剧减少，如合浦珠母贝，当海水中含氧量达0.5 mL/L 时，其耗氧量急剧下降，从而影响它的代谢与生长。

海水中溶氧量的消耗主要是有机物质的腐败分解及水生动物呼吸，情况严重时势必导致水中缺氧而使经济贝类及其他生物死亡。这种情况的发生往往在水流不畅而有机物质污染过多的内湾海区，此外，老化的养殖场也会发生这种情况。窒息死亡的现象对于活动性大的鱼类较之活动性小的贝类为严重。一般说贝类比鱼类对缺氧的抵抗力大，特别是太平洋牡蛎，在无氧情况下还能生存 2 周。贝类的耗氧量比一般游泳动物低得多，这就是贝类能高密度分布和养殖的原因。

（3）营养盐：营养盐是海水中浮游生物生长繁殖的必需物质。浮游植物又是多种贝类的饵料基础。因此，海水中营养盐的多寡间接地影响贝类的生长与繁殖。此外，贝类也可以通过外套膜、鳃直接吸收和利用盐类，如贝类需要多量的钙，光靠饵料供应是不够的，它们便通过直接吸收途径获得。

浮游植物生存除了需要二氧化碳和氧等气体外，还需要氮、磷、钾、硅、硫、钙、锰、铁等多种营养元素，以构成生物体的蛋白质和细胞核。其中钾、硫、钙等元素在海水中的含量较丰富，足够生物生长之用；而氮、磷、硅、锰、铁等元素却含量较少。若生物摄取海水中的氮、磷少至一定程度时，光合作用即无法进行，浮游植物繁殖就要受到限制，贝类的生长也就受到影响。因此，氮、磷等元素成为制约植物生长的因子，它们的分布明显地影响生物活动，而与盐度值的大小几乎无关。为了区别于那些与盐度值之间具有不变比例关系的大量元素（保守元素），营养盐又称为非保守元素。

氮、磷、硅、锰、铁等营养元素中，植物对氮的需要量又较其他营养元素为大。因此某一海区的肥瘦可以用氮来衡量（氮主要以 NO_3^--N、NH_4^+-N 和 NO_2^--N 形式存在）。肥区总氮含量大于 0.1 mg/L，若小于 0.01 mg/L 则为瘦区。

浅海滩涂养殖区营养盐的来源，主要是生物尸体分解、河流、降雨及人工施肥。海水中营养盐含量的季节变化非常明显。春季水温上升，浮游植物大量繁殖，营养盐被消耗，含量降低。冬季，由于浮游植物生长缓慢和海水的运动，营养盐含量达最高。

（4）硫化氢（H_2S）：硫化氢大量存在的水域，可以成为所有贝类的不分布区。文蛤在含硫化氢 2.27 g/m^3 的工业污染海水中就会死亡。硫化氢的浓度达 0.77 g/L 时，牡蛎的呼吸完全停止。

夏季水温上升期间，当底质的硫化物含量多时，加之海水流动缓慢，在海区底部及附近的浮泥中，细菌很快繁殖起来。由于腐败分解，产生了大量的硫化氢，硫化氢与海底的含铁化合物结合成硫化铁的胶体溶液而上浮。另一方面，溶解在海水中的硫化氢还能消耗水中溶解氧而进行分解，形成胶体硫，使海底附近的海水呈无氧状态，直接或间接影响贝类的生存与生长。

（5）污染：工业废水中含有过高浓度的铜、锌、砷、铅、汞、镉、铬、氰化物，以及农药、城市垃圾、生活污水等污染物均对贝类生活产生恶劣影响，造成贝类死亡或影响贝类产品的质量。因此,贝类育苗与养成海区要尽力避开城市和工业区。另一方面,要对工业和生活污水进行妥善处理,变废为宝,变害为利。

一个良好的贝类生活区或养殖区,必须符合国家海水水质一、二类标准(表1-1)。

表 1-1　海水水质标准一览表(GB3097—1997)

单位:mg/L

序号	项目	第一类	第二类	第三类	第四类
1	漂浮物质	海面不得出现油膜、浮沫和其他漂浮物质			海面无明显油膜、浮沫和其他漂浮物质
2	色、臭、味	海水不得有异色、异臭、异味			海水不得有令人厌恶和感到不快的色、臭、味
3	悬浮物质	人为增加的量≤10		人为增加的量≤100	人为增加的量≤150
4	大肠菌群(个/升)≤	10 000 供人生食的贝类增养殖水质≤700			
5	粪大肠菌群(个/升)≤	2 000 供人生食的贝类增养殖水质≤140			
6	病原体	供人生食的贝类养殖水质不得含有病原体			
7	水温(℃)	人为造成的海水温升,夏季不超过当时当地1℃,其他季节不超过2℃		人为造成的海水温升不超过当时当地4℃	
8	pH	7.8~8.5 同时不超出该海域正常变动范围的0.2 pH单位		6.8~8.8 同时不超出该海域正常变动范围的0.5 pH单位	
9	溶解氧>	6	5	4	3
10	化学需氧量(COD)≤	2	3	4	5
11	生化需氧量(BOD_5)≤	1	3	4	5
12	无机氮(以 N 计)≤	0.20	0.30	0.40	0.50
13	非离子氨(以 N 计)≤	0.020			
14	活性磷酸盐(以 P 计)≤	0.015	0.030		0.045
15	汞≤	0.000 05	0.000 2		0.000 5
16	镉≤	0.001	0.005	0.010	
17	铅≤	0.001	0.005	0.010	0.050
18	六价铬≤	0.005	0.010	0.020	0.050

（续表）

序号	项目	第一类	第二类	第三类	第四类
19	总铬≤	0.05	0.10	0.20	0.50
20	砷≤	0.020	0.030	0.050	
21	铜≤	0.005	0.010	0.050	
22	锌≤	0.020	0.050	0.10	0.50
23	硒≤	0.010	0.020		0.050
24	镍≤	0.005	0.010	0.020	0.050
25	氰化物≤	0.005		0.10	0.20
26	硫化物(以 S 计)≤	0.02	0.05	0.10	0.25
27	挥发性酚≤	0.005		0.010	0.050
28	石油类≤	0.05		0.30	0.50
29	六六六≤	0.001	0.002	0.003	0.005
30	滴滴涕≤	0.000 05	0.000 1		
31	马拉硫磷≤	0.000 5	0.001		
32	甲基对硫磷≤	0.000 5	0.001		
33	苯并(a)芘(μg/L)≤	0.002 5			
34	阴离子表面活性剂（以 LAS 计）	0.03	0.10		
35	放射性核素（Bq/L） ^{60}Co	0.03			
	^{90}Sr	4			
	^{106}Rn	0.2			
	^{134}Cs	0.6			
	^{137}Cs	0.7			

国家环境保护局 1997-12-03 批准 1998-07-01 实施

备注：

第一类 适用于海洋渔业水域,海上自然保护区和珍稀濒危海洋生物保护区。

第二类 适用于水产养殖区,海水浴场,人体直接接触海水的海上运动或娱乐区,以及与人类食用直接有关的工业用水区。

第三类 适用于一般工业用水区,滨海风景旅游区。

第四类 适用于海洋港口水域,海洋开发作业区。

第三节 底质

一、底质与贝类

浅海滩涂的底质与贝类分布有密切关系。不同底质上分布有不同类型的贝类,而不同类型的贝类对底质的要求也不同,因此底质也是选择贝类养殖场重要条件之一。如蛤仔和文蛤喜居泥砂质滩涂,缢蛏和泥蚶生活于泥质和砂泥质滩涂,扇贝自然分布的海区优良场所底质一般有砂、砾和混杂贝壳等大颗粒沉积物,鲍和某些螺类则通常生活于岩礁底。

同种贝类的不同生活时期对底质要求也不同,如泥蚶、蛤仔等的幼虫在结束它们的浮游生活之后,利用足丝附着在砂粒上,若遇到纯软泥底质就不易附着。目前,有些海区所以不产贝苗只适合于养成或者只产贝苗不适合于养成,其重要原因之一,在许多情况下是底质要求未能得到满足造成的。

浅海滩涂底质是复杂的。在贝类养殖中,应根据贝类的生活习性,选择相应底质的滩涂,或者根据需要对滩涂底质进行改良,创造对贝类生长、繁殖的有利条件。如在放养埋栖型贝类之前,将滩面翻一下,可使滩涂松软,有利于贝类钻穴生活;泥蚶、缢蛏养殖中的平畦附苗、加砂附蛤仔苗等,都是改良滩涂底质的有效方法。

软泥底是造成混浊度大的主要原因,它经常影响着贝类的摄食及其幼虫的附着,但泥中含有较多的营养物质有助于贝类饵料的繁殖。黑色泥土含腐殖质过多,不完全氧化而产生硫化物,其含量达 4%～10% 时对贝类有害。至于底质软硬和深浅也和贝类的分布、生长有关,人工设置附着器时必须加以考虑。

底质影响着贝类的生活,但是,另一方面,贝类在一定程度上也可以改变其生活环境。例如,文蛤一般生活于泥少砂多的滩涂,若在泥多砂少的滩涂中进行密养,由于文蛤呼吸喷水,把滩涂浮泥喷走,从而改变滩涂为泥少砂多的底质。

二、底质的分级

机械分析粒级分类法(只是根据机械成分,完全忽略了物质成分),采用等比制粒级中的 Φ 标准,粒径极限为一几何数列,其中每一相邻粒级大小,均为其前者之半,即比值为 2 (表 1-2)。

表 1-2　等比制(Φ 标准)粒级分类表

粒组类型	粒级名称		粒径范围		代号
	简分法	细分法	mm	μm	
岩块(R)	岩块(漂砾)	岩块	＞256		R
砾石(G)	粗砾	粗砾	256～128 128～64		CG
	中砾	中砾	64～32 32～16 16～8		MG
	细砾	细砾	8～4 4～2		FG

(续表)

粒组类型	粒级名称		粒径范围		代号
	简分法	细分法	mm	μm	
砂(S)	粗砂	极粗砂	2～1	2 000～1 000	VCS
		粗砂	1～0.5	1 000～500	CS
	中砂	中砂	0.5～0.25	500～250	MS
	细砂	细砂	0.25～0.125	250～125	FS
		极细砂	0.125～0.063	125～63	VFS
粉砂(T)	粗粉砂	粗粉砂	0.063～0.032	63～32	CT
		中粉砂	0.032～0.016	32～16	MT
	细粉砂	细粉砂	0.016～0.008	16～8	FT
		极细粉砂	0.008～0.004	8～4	VFT
黏土(Y)	黏土	粗黏土	0.004～0.002	4～2	CY
			0.002～0.001	2～1	
		细黏土	<0.001	<1	FY

三、底质的命名

在自然界中底质常常含有不同粒径的粒组,且多种粒组混合在一起,因此有不同的命名方法。

(1)优势粒组命名法:当样品只有一个粒组含量很高,其他粒组含量均不大于20%时,按优势粒组命名的原则,以该粒组中百分含量最高的粒级相应的名称命名。按粒径范围可划分出如下名称类型(表1-3)。

表1-3 优势粒组命名表

名称	粒径(mm)	名称	粒径(mm)
岩块(R)	>256	中砂(MS)	0.5～0.25
粗砾(CG)	256～64	细砂(FS)	0.25～0.063
中砾(MG)	64～8	粗粉砂(CT)	0.063～0.016
细砾(FG)	8～2	细粉砂(FT)	0.016～0.004
粗砂(CS)	2～0.5	黏土(Y)	<0.004

(2)主次粒组命名法:当样品在有两个粒组的含量都大于20%时,按主次粒组的原则命名。命名时,以主要粒组作为基本命名,次要粒组作为辅助命名,依此可划分出表1-4所列名称类型。

表 1-4 主次粒组命名表

主要粒组 次要粒组	砾石(G)	砂(S)	粉砂(T)	黏土(Y)
砾石(G)	砾石	砾砂	砾石质粉砂	砾石质黏土
砂(S)	砂砾	砂	砂质粉砂	砂质黏土
粉砂(T)	粉砂质砾石	粉砂质砂	粉砂	粉砂质黏土
黏土(Y)	黏土质砾石	黏土质砂	黏土质粉砂	黏土

表 1-4 中名称如用代号表示,则将主要粒组代号列后,次要粒组代号列前,中间以横线相连,例如,S-Y(砂质黏土);T-Y(粉砂质黏土)等。

(3)混合命名法:当样品中有三个粒组含量均大于 20% 时,采用混合命名法进行命名。例如,砂-粉砂-黏土(泥),代号为 STY。

四、底质的分析

(1)筛析法:适用于粗颗粒的分析,其下限为 0.063 mm。筛析法的基本原理是选用孔径规格不同的套筛,将样品自粗至细逐级分开。

(2)沉析法(吸管法):用来测定粒径为 0.063~0.001 mm 的颗粒。它是根据斯托克斯定律的质点(颗粒)沉降速度,在悬液的一定深度处,按不同时间吸取悬液,由此来求出沉积物各粒级的百分含量。斯托克斯公式

$$v = 2(\rho_1 - \rho_2)gr^2/9\mu$$

式中,v 为颗粒沉降系数(cm/s);ρ_1 为颗粒密度;ρ_2 为液体密度;g 为重力加速度;r 为颗粒(质点)半径(cm);μ 为液体的黏滞系数。

表 1-5 沉析(吸管)法采样深度和沉降时间表

粒径(mm)	0.063	0.032	0.016		0.008		0.004				0.002				0.001			
深度(cm)	15	10	10		10		10		5		5		3		5		3	
℃ \ t	s	s	min	s	min	s	min	s	h	min	min	s	h	min	h	min	h	min
10	56	37	2	30	9	58	39	53	2	40	79	47	5	19	3	11	21	3	12	38
11	55	36	2	25	9	41	38	46	2	36	77	31	5	10	3	6	20	28	12	17
12	53	35	2	21	9	26	37	42	2	31	75	23	5	2	3	1	19	54	11	57
13	52	34	2	18	9	10	36	41	2	27	73	22	4	53	2	56	19	22	11	37
14	50	33	2	14	8	56	35	42	2	23	71	25	4	46	2	51	18	51	11	19
15	49	33	2	10	8	42	34	47	2	19	69	32	4	38	2	47	18	22	11	1
16	48	32	2	7	8	28	33	53	2	16	67	46	4	31	2	43	17	53	10	44
17	46	31	2	4	8	15	33	1	2	12	66	3	4	24	2	39	17	26	10	28
18	45	30	2	1	8	3	32	12	2	9	64	25	4	18	2	35	17	0	10	12

(续表)

| 粒径(mm) | 0.063 | 0.032 | 0.016 | | 0.008 | | 0.004 | | 0.002 | | | | 0.001 | | | | | | | |
| 深度(cm) | 15 | 10 | 10 | | 10 | | 10 | | 10 | | 5 | | 5 | | 3 | | 5 | | 3 | |
℃ \ t	s	s	min	s	min	s	min	s	h	min	min	s	h	min	h	min	h	min	h	min
19	44	29	1	58	7	51	31	24	2	6	62	49	4	11	2	31	16	35	9	57
20	43	29	1	55	7	40	30	39	2	3	61	18	4	5	2	27	16	11	9	42
21	42	28	1	52	7	29	29	55	1	59	59	50	3	59	2	24	15	48	9	29
22	41	27	1	50	7	18	29	13	1	57	58	26	3	54	2	21	15	25	9	15
23	40	27	1	47	7	8	28	33	1	54	57	5	3	48	2	17	15	4	9	3
24	39	26	1	45	6	58	27	53	1	52	55	46	3	43	2	14	14	43	8	49
25	38	25	1	42	6	49	27	15	1	50	54	31	3	38	2	11	14	23	8	38
26	37	25	1	40	6	40	26	39	1	47	53	18	3	33	2	8	14	3	8	26
27	37	24	1	38	6	31	26	4	1	44	52	7	3	28	2	5	13	45	8	15
28	36	24	1	36	6	22	25	30	1	42	51	0	3	24	2	3	13	28	8	5
29	35	23	1	34	6	14	24	57	1	40	49	54	3	20	2	0	13	10	7	54
30	34	23	1	32	6	6	24	21	1	38	48	50	3	15	1	57	12	53	7	44
31	34	22	1	30	5	59	23	55	1	36	47	49	3	11	1	55	12	37	7	34
32	33	22	1	28	5	51	23	20	1	34	46	50	3	7	1	52	12	21	7	25
33	32	21	1	26	5	44	22	57	1	32	45	53	3	4	1	50	12	7	7	16
34	32	21	1	24	5	37	22	29	1	30	44	57	3	0	1	48	11	52	7	7
35	31	21	1	23	5	30	22	2	1	28	44	4	2	56	1	46	11	38	6	59
36	30	20	1	21	5	24	21	36	1	26	43	13	2	53	1	44	11	24	6	51
37	30	20	1	19	5	18	21	11	1	25	42	22	2	49	1	42	11	11	6	43
38	29	19	1	18	5	12	20	47	1	23	41	34	2	46	1	40	10	58	6	35
39	29	19	1	16	5	6	20	27	1	22	40	46	2	43	1	38	10	46	6	27

　　从斯托克斯公式可以清楚看出,颗粒直径大,沉降快;颗粒直径小,沉降慢。因此,某种粒级经一定时间后可到达某一深度,这样,在一定时间内从一定深度吸出的颗粒大小都是相同的(表1-5)。

　　(3)综合法(筛析法-沉析法):当底质样品的颗粒大小从粗至细各粒级均有分布时,应采取综合法分析。方法是取双样进行平行分析,即取一份测湿度的样,取两份分析样。两份分析样中,一份供作筛析法,分析粒径配比;一份供作沉析法,分析粒径小于 0.063 mm 的粒级配比。如果筛析法和沉析法不能同时进行,也可分别进行,但应分别测定样品的湿度,最后两种方法所求得的百分含量,统一平差,求出校正百分数。

　　(4)淘洗法:称取一定量的沉积物,放在容器内用水淘洗,较细的泥随水流去,而剩下砂,称砂重量,总量-砂重=泥重。这种方法优点是简便,缺点是不太准确,数值随技术高低而有不同,只能粗略地将泥砂分开。

(5)激光粒度分析法:此法采用激光粒度分析仪进行底质的粒度分析,分析范围为粒径小于 2 mm 的底质,最好小于 1 mm 的砂、粉砂和黏土。此法优点是样品用量少、速度快,能够准确地分析出各种粒级的含量(图 1-3)。

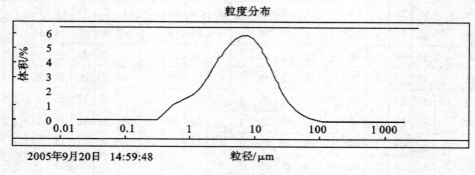

图 1-3　激光粒度分析图

复习题

1. 如何划分高潮区、中潮区、低潮区和浅海区,各海区都有哪些典型的养殖贝类?
2. 试述海水的物理、化学性质。
3. 底质与贝类有何关系? 等比制(Φ 标准)粒级都分为哪几种,粒径范围如何?
4. 优势粒组命名法、主次粒组命名法和混合命名法有何不同?
5. 底质分析有哪几种方法,请详细介绍沉析法这一底质分析方法。

第二章 养殖的生物环境

自然界是一个极为精致的互相依存的"网",这张网是在所有生物之间编制的。贝类的生物环境错综复杂,生物种类也很多,有植物也有动物,有饵料生物也有敌害生物。贝类的生物环境关系可以用食物链(或食物循环)这样一个概念来表示它们的种间关系。

食物循环第一个环节是藻类,它们吸收无机盐类、水分,在日光下合成有机物质,它们是自然界水体中的初级生产者。第二个环节是那些吃藻类的藻食性动物,它们将吃掉的有机物进一步合成为动物蛋白等,称为次级生产者,但在它们的生活活动中要消耗一部分能量,因此,又称为初级消耗者。那些吃食贝类及其他动物者,又可称为次级消耗者。在自然情况下,这些动物、植物死亡后的尸体、排泄物等,经细菌的作用又还原成营养盐类,营养盐又被植物利用,如此形成无止境的循环。人工贝类养殖,就是通过人工措施,利用种间矛盾和斗争,充分利用自然海区的生产能力,提高养殖贝类的产量。根据食物链和物质循环规律找出生物之间的关系,从养殖角度出发,消除什么、保护什么、助长什么,都是一清二楚的。

第一节 饵料生物

养殖贝类的饵料种类较多(图 2-1),概括起来有以下几种类型。

(1)小型藻类,如浮游的硅藻、金藻、绿藻、黄藻类等是双壳贝类的基本饵料。浮游植物饵料中,硅藻类在种类上和数量上占绝对优势。已知的硅藻有 100 余种,隶属于 40 余属之中,其中较为常见的硅藻有下列一些属种,见表 2-1。

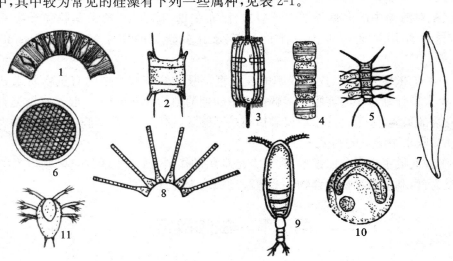

1~8.硅藻　9.桡足类　10.鱼卵　11.六肢幼虫

图 2-1　可作为贝类饵料的一些浮游生物

表 2-1　贝类饵料中常见的硅藻类

种类	种类	种类
圆筛藻(*Coscinodiscus*)	脆杆藻(*Fragilaria*)	双菱藻(*Surirella*)
直链藻(*Melosira*)	曲舟藻(*Pleurosigma*)	楔形藻(*Licmophora*)
舟形藻(*Navicula*)	根管藻(*Rhizosolenia*)	海毛藻(*Thalassiothix*)
海链藻(*Thalassiosira*)	角毛藻(*Chaetoceros*)	星杆藻(*Asterionella*)
小环藻(*Cyclotella*)	双臂藻(*Diploneis*)	针杆藻(*Synedra*)
菱形藻(*Nitzschia*)	漂流藻(*Planktoniella*)	摺轮藻(*Actinoptychus*)
骨条藻(*Skeletonema*)	褐指藻(*Phaeodactylum*)	卵形藻(*Cocconeis*)
三角藻(*Triceratium*)	月形藻(*Amphora*)	海线藻(*Thalassionema*)

（2）大型藻类，如褐藻、红藻、绿藻等是鲍等藻食性动物的重要饵料。大型藻类的碎屑和一般有机碎屑也是双壳类贝类的良好饵料。

（3）小型原生动物、桡足类、甲壳类的无节幼虫、贝类的担轮幼虫和面盘幼虫以及其他动物的浮游幼虫等，双壳类贝类均可以兼食。

（4）许多有益的微生物是贝类的重要饵料，如有益菌除了光合细菌（如 Rhodospirillaceae 紫色非硫细菌）外，还有红假单胞菌属（*Rhodopseudomas*）、乳酸球菌（*Lactococcus*）、部分假单胞菌（*Pseudomonas*）、芽孢杆菌属（*Bacillus*）、乳杆菌属（*Lactodacillus*）、酵母菌等都是贝类幼虫和成体的良好饵料。

细菌还有助于贝类的消化吸收。存在于鲍（*Haliotis midae*）成体消化道中的细菌有助于该鲍对海藻中的多糖类如褐藻酸盐、昆布多糖、琼脂糖、角叉藻胶和纤维素的消化吸收，这种作用是通过细菌分泌的能够分解多糖类的酶来实现的（Erasmus 等，1997）。

（5）贝类能依靠外套膜、皮肤或鳃的表皮直接吸收溶解在水中的有机物质或其他物质，如一个大型牡蛎每小时能吸收溶解在水中的葡萄糖约为 9 mg。一般养殖贝类有一片或两片发达的贝壳，大量钙的来源仅靠饵料是不够的，这些贝类外套膜表皮或鳃的表皮都可以主动吸收水中溶解的钙离子。

（6）多种底栖甲壳类（虾、蟹等）和贝类是章鱼的饵料，游泳生活的乌贼则以多种鱼类和甲壳类为食，利用腕来捕食食物。章鱼和乌贼均为肉食性贝类。

第二节　生物敌害

贝类的敌害生物很多，鱼类、螺类、章鱼、蟹类和海星等均是经济贝类的天敌，特别是贝类的卵子和幼虫为许多水生动物的饵料。现将主要敌害生物介绍如下。

1.敌害鱼类(图 2-2)

许多肉食性敌害鱼类,如河豚鱼(*Spheroides*)、黑鲷(*Sparus macrocephalus*)、鳐(*Raja*)、魟(*Dasyatis*)、海鲫(*Ditrema temmicki*)、真鲨(*Carcharhinus*)、角鲨(*Squalus*)、刺虾虎鱼(*Acanthogobius*)、弹涂鱼(*Periophthalmus cantonensis*)、斑鰶(*Clupanodon punctatus*)、梭鱼(*Mugil soiuy*)、须鳗(*Cirrhimuraena*)、斑头蛇鳗(*Ophichthys cephalozona*)、海鳗(*Muraenesox*)等是贝类敌害。海鲫的胃中最多可以发现 200 多个小鲍鱼。梭鱼每年到滩涂上舔食藻类时,连刚附着的贝苗一起吃掉。穴居性的鳗类、虾虎鱼等能够寻食埋栖贝类,是缢蛏、杂色蛤仔等埋栖贝类的重要敌害。在养殖中,防止该类敌害鱼类,可在养殖区特别是育苗池周围拦网片、苇箔等防止敌害鱼类进入,对穴居生活的敌害鱼类,可用鱼藤精、茶饼清除,或人工捕捉。

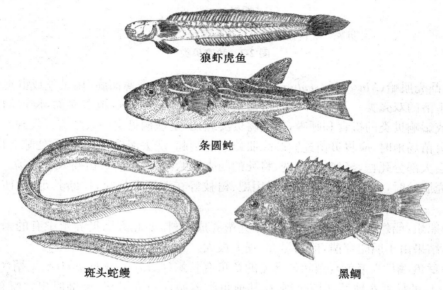

狼虾虎鱼

条圆鲀

斑头蛇鳗　　　　　黑鲷

图 2-2　敌害鱼类

2.敌害贝类(图 2-3)

(1)肉食性螺类:对养殖贝类危害较大,如红螺属(*Rapana*)、玉螺属(*Natica*)、荔枝螺(辣螺属 *Thais*)、经氏壳蛞蝓(*Philine kinglipini*)等,能用足包缠贝类,待其憋死后吃食其肉,或分泌一种酸性物质,在贝壳上穿一圆孔(孔的位置一般在壳顶附近),然后从小孔中伸入口吻,利用颚片和齿舌锉食其肉。广东、福建沿海的三角荔枝螺对牡蛎、蛤仔、蚶养殖危害很大,有些地区的蛎苗有 50% 以上丧失在它的嘴下,因此有"虎螺"之称。红螺、斑玉螺(有的称为"蚶虎")及其他螺类的危害亦不次于荔枝螺。壳蛞蝓每年 3 月份随潮流来到沿岸的贝苗产地或育苗池,大量吞食贝苗,甚至能吞食壳长 1 cm 的蛤仔。在养殖海区发现上述螺类时,应及时组织人员捕捉。玉螺、壳蛞蝓常潜入泥下,可用 0.2%～0.3% 的石炭酸溶液喷于滩面迫使其出穴后捕捉。还可在上述螺类产卵期间,组织人员采捕卵群。

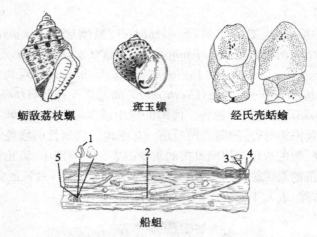

蛎敌荔枝螺　　斑玉螺　　经氏壳蛞蝓

1.贝壳　2.包被体部的石灰质管　3.铠　4.水管　5.足

图 2-3　敌害贝类

（2）凸壳肌蛤（*Musculus senhousei*）：凸壳肌蛤是一种壳薄而脆，用足丝成群地附着在海滩上生活的双壳类。常在5～6月份大批出现在贝类养殖区，覆盖滩面，侵占幼贝附着的地盘或影响贝类的摄食和呼吸，甚至将贝类缠死，是埋栖贝类一大敌害。发现凸壳肌蛤附着于贝苗场地时，应将贝苗连同凸壳肌蛤一起刮起，洗去泥砂，放在阴凉处晾一夜，凸壳肌蛤即会大部分死亡，经搓擦、淘洗，将死的凸壳肌蛤淘去，再将贝苗播入育苗场。养成场发生凸壳肌蛤时，可组织人员采捕，或用耙、树枝等在滩面上拖拉，拉断其足丝，使其随潮流漂走。

（3）船蛆：船蛆（*Teredo*）类贝壳可以穿凿养成器材，如北方贻贝养殖中有的采用松木棒养成，结果由于船蛆穿凿，前功尽弃，损失极大。

（4）章鱼（蛸、八带鱼）：潮间带常见的章鱼有长蛸（*Octopus variabilis*）、短蛸（*Octopus ocellatus*），虽是可养种类，但它们常在其他贝类养殖区筑穴潜居，涨潮时出穴吃食贝类，是缢蛏、泥蚶、蛤仔、扇贝、鲍鱼的敌害。在养殖管理中，应经常寻找蛸洞挖捕，或利用章鱼喜在螺壳中产卵的特点，在产卵期利用红螺壳捕捉。

3.蟹类（图 2-4）

蟹类能损害贝苗或者成贝，尤其是日本鲟（*Charybdis japonica*）、青蟹（*Scylla serrata*）、梭子蟹（*Portunus*），侵害贝类严重。蟹能用强大的螯把双壳类的壳夹破，然后撕食其肉。潮间带多种小蟹也危害贝苗。因此采苗场或育苗场应事先清滩。

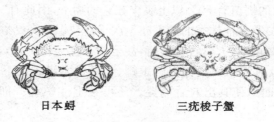

日本鲟　　　　三疣梭子蟹

图 2-4　敌害蟹类

寄居蟹常寄居在扇贝、贻贝及其他贝类的外套腔中，影响生长、繁殖、呼吸和摄食，也是养殖敌害生物。在我国北部至少有 8 种豆蟹寄居在牡蛎、蚶、菲律宾蛤仔、栉孔扇贝、青蛤、渤海鸭嘴蛤和贻贝的唇瓣附近或外套腔中，被寄居的贝类软体部分比正常者消瘦一些。

4. 棘皮动物（图 2-5）

海盘车（*Asterias*）和海燕（*Asterina*）对低潮线以下的扇贝、鲍鱼、牡蛎、蛤仔等危害严重，一个海盘车 1 d 内连吃带损坏的蛎苗可达 20 个。海盘车大量繁殖时，可造成扇贝大量损失。因此，在贝类养成区及资源保护区内，必须清除海盘车和海燕。清除时可用底拖网、罾网等捕捞。捕到的海盘车应运到陆地上沤肥，切不可撕碎后扔到海中，因为海盘车再生能力很强，碎裂的每一部分均能重新形成新的个体。

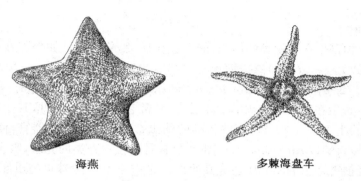

海燕　　　　　　　　　　多棘海盘车

图 2-5　海燕（*Asterina pectinifera*（Muller et Troschel））和多棘
海盘车（*Asterias amurensis* Lütken）

5. 海产涡虫

涡虫（Turbellaria）是一种姜片状的椭圆形动物。春、夏季在养成区出现，主要危害蛤仔。它用身体包住蛤仔，将其憋死后舐食其肉。清除涡虫的办法是在晴天时，每亩蛤田撒茶饼 4～7 kg。

6. 污损生物（图 2-6）

污损生物是指生长在贝类壳上及人工养殖设施与器材上面，给贝类养殖带来负面影响的动物和植物。如硬性污损生物（Hard Fouling）主要有珊瑚、藤壶、石灰虫等，软性污损生物（Soft Fouling）主要有大型藻类、水螅、软珊瑚等。藤壶（*Balanus*）、海鞘（*Ascidiacea*）、苔藓虫（*Bryozoa*）、穿孔海绵（*Cliona*）等固着生物侵占固着基地，或者附着在贝类壳上，影响贝类的生长、摄食和呼吸，它们都是污损生物。穿孔海绵还能破坏牡蛎、扇贝等贝类的壳。可利用藤壶与贝类繁殖期的差别，正确掌握采苗季节，减少藤壶附着数量；对已附着在牡蛎采苗器上的敌害，在牡蛎附苗前清除。固着或附着在养殖网笼上的污损生物，可以堵塞网孔，使养殖网笼内水体交换减慢，饵料生物减少，溶解氧降低，使养殖筏浮力降低。因此，在养殖管理上应适时利用倒笼法清除附着在扇贝网笼上的敌害。

1. 矶海绵(*Reniera permolis*)

2. 纹藤壶(*Balanus amphitrite amphitrite* Darwin)

3. 柄海鞘(*Styela clava* Herdman)

图 2-6　污损生物

7.寄生生物

其他动、植物寄生在瓣鳃类的体内,能引起疾病,影响健康。如培养在实验室内的幼虫,常被菌类(如 *Legenidium*)感染而死亡。鸡冠状螺旋体(*Cristispira balbiani*)常寄生在成体的体内。绿蛎舟硅藻(*Navicula ostrearia*)能使牡蛎患绿色病。桡足类贝肠蚤(*Mytilicola*)常寄生在贻贝或牡蛎的消化道中,凡被它们寄生的贻贝,其生殖腺与肉重的比值常比正常的小 $10\% \sim 30\%$。有些吸蛭的幼虫常啮食双壳类的器官,使其不能生育。寄生性腹足类短口螺(*Brachystomia*)(图 2-7)有时躲在双壳类的壳缘,吸食寄主的体液,严重的时候,能损害寄主的闭壳肌造成其死亡。此外,寄生于珍珠贝肉质部的珍珠牛首吸虫(*Bucephalus margiritifera*)的尾蚴以及引起贝壳病的凿贝才女虫(*Polydora ciliata*,亦称纤毛多足虫)等均是养殖贝类的敌害。

图 2-7　短口螺吸食贻贝的体液

8.有害微生物

有害微生物如柄杆菌属(*Caulodacter*)、钩端螺旋体属(*Leptospira*)、埃希氏菌属(*Escherichia*)、假单胞杆菌属(*Pseudomonas*)、弧菌属(*Vibrio*)、气单胞杆菌属(*Aeromonas*)和邻单胞菌属(*Plesiomonas*)的一些种类,嗜血菌属(*Haemophilus*)、分枝杆菌属(*Mycobacterium*)、立克次氏体目(Rickcttsiaceae)、衣原体目(Chlamydiales)、支原体目(Mycoplasmatales)等的一些种类,不仅会污染环境,而且容易引起贝类疾病,造成贝类死亡。

9.赤潮(red tide)

浮游生物是贝类的饵料,但它也可以形成赤潮,危害贝类。

赤潮是由海水中浮游生物(图 2-8)异常繁殖引起的。所谓赤潮,是由一种或数种浮游生物大量繁殖以至于使海水变色。因此,海水的颜色随构成赤潮的浮游生物种类而不同,不一定限于红色,也有黄绿色、暗紫色和黄色的,但多数是黄褐色到赤褐色。形成赤潮的生物很多,形成赤潮的藻类主要集中在甲藻、硅藻、针胞藻和定鞭藻等种类,其中以甲藻和硅藻类占的种类最多。常见的赤潮甲藻种类有夜光藻(*Noctiluca scintillans*)、塔玛亚历山大藻(*Alexandrium tamarense*)、海洋原甲藻(*Prorocentrum micans*)、微小原甲藻(*Prorocentrum minimum*)、短裸甲藻(*Gymnodinium breve*)、链状裸甲藻(*Gymnodinium catenatum*)、米金裸甲藻(*Gymnodinium mikimotoi*)和叉状角藻(*Ceratium furca*)等。常见的赤潮硅藻种类有中肋骨条藻(*Skeletonema costatum*)、尖刺菱形藻(*Pseudo-nitzschia pungens*)、丹麦细柱藻(*Leptocylindrus danicus*)、旋链角毛藻(*Chaetoceros curvisetus*)、拟旋链角毛藻(*Chaetoceros pseudocurvisetus*)、中华盒形藻(*Biddulphia sinensis*)、浮动弯角藻(*Eucompia zoodiacus*)等。另外,属于针胞藻纲的赤潮异弯藻(*Heterosigma akashiwo*)和属于定鞭藻纲的棕囊藻(*Phaeocystis pouchetii*)也是常见的赤潮藻种。此外,某些桡足类和细菌过度繁殖也可形成赤潮。由于它们大量繁殖和死亡分解,使海水变质,呈赤褐色或黄褐色并带有黏性和腥臭味,因此,渔民称之为"臭水"。赤潮能引起贝类的大批死亡,有时赤潮造成牡蛎或扇贝的死亡率达70%以上,所以应搞好早期预报,在赤潮发生之前,将贝类移至安全海区。

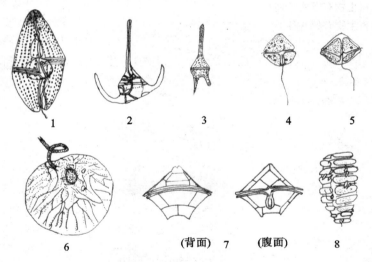

1.旋环藻 2.三角角藻 3.叉分角藻 4,5.裸甲藻 6.夜光虫 7.多甲藻 8.复环藻
图 2-8 常见的赤潮生物

赤潮也常常发生在温带、亚热带和热带的近岸和河口水域,尤其是有大量河水及雨水流入的海区或者对虾人工养殖高密度分布区。在闷热无风的夏季和有上升流的地区,温度急剧上升,长时间无风,海面平静形成高温、低盐和丰富营养盐类等条件,都可造成浮游生物大量繁殖,导致赤潮的产生。

10.水鸟

水鸟常成群结队地来到滩涂啄食贝苗及成贝,可用猎枪惊吓或用钩钓、网捕等办法驱逐或捕捉。

此外,小型贝类,特别是双壳类的卵子和幼虫,为许多水生动物的饵料,就连细小的腔肠动物的幼虫和夜光虫也能捕食双壳类的幼虫(图 2-9)。

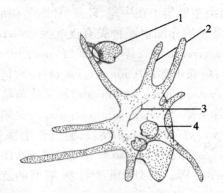

1.双壳幼虫　2.海葵的触手　3.海葵的口　4.被吞食的幼虫

图 2-9　腔肠动物幼虫捕食双壳贝类幼虫情况

复习题

1.贝类的饵料生物有哪些类别?

2.贝类的敌害生物有哪些种类?

第二篇　贝类的苗种生产

　　苗种与养殖关系极为密切,苗种的丰歉与质量的高低均直接影响贝类养殖的规模和产量。只有充足的高质量贝类苗种来源,才能保证贝类养殖业的稳定发展。

　　为了保证充足的苗源和优质的苗种,科技人员和养殖业者研究开发了多种苗种生产方法,已在生产中应用的有自然海区半人工采苗、室内工厂化人工育苗、室外土池半人工育苗和采捕野生贝苗。为了提高苗种的质量和产量,近年来在贝类的选择育种、杂交育种、多倍体育种、雌核发育育种及贝类的引种等方面做了大量的工作,并取得了宝贵的经验,为贝类养殖业稳定、健康的发展创造了有利条件。

第三章 贝类的自然海区半人工采苗

自然海区贝类的半人工采苗是根据贝类生活史和生活习性,在繁殖季节里,用人工方法向自然海区投放适宜的采苗器或改良海区的环境条件,使其幼虫附着变态、发育生长,从而获得贝类养殖所需苗种的方法。该法具有方法简便、成本低、产量大、效率高等优点,是大众化的苗种生产方法。

第一节 贝类的生活史

大多数贝类的生活史中,由于发育时期不同,在形态、生理机能以及生态习性等方面都有明显的不同,因此,可以清楚地将其划分为几个发育的阶段。了解这一规律,对进行贝类苗种生产,特别是进行半人工采苗及人工育苗生产是十分必要的。

一、腹足纲(以鲍为代表,图 3-1)

(1)胚胎期:胚胎期是指从卵的受精开始经过分裂,到胚胎发育至浮游幼虫——孵化后的担轮幼虫为止的阶段。此期以卵黄物质作为营养,影响这一时期发育的主要外界环境条件是水温。

(2)幼虫期:从孵化后的担轮幼虫开始到稚鲍的形成为止。这一时期包括担轮幼虫、面盘幼虫、匍匐幼虫(包括初期匍匐幼虫、围口壳幼虫和上足分化幼虫)等。

1)担轮幼虫:胚胎出现了纤毛环,幼虫前端生有一束细小的顶纤毛。此期幼虫仍以卵黄物质作为营养。

2)面盘幼虫:壳腺已分泌出一个薄而透明的贝壳。初期仍以卵黄物质为营养,不摄饵,只是后期需摄食饵料。此期由于贝壳的出现,幼虫在水中的浮游能力减弱。该期又可细分为初期面盘幼虫和后期面盘幼虫。

3)匍匐幼虫:面盘开始退化,足开始发育,幼虫由浮游生活转为匍匐生活。此期幼虫又可分为三小期。

①初期匍匐幼虫。由后期面盘幼虫进入匍匐幼虫初期,面盘尚较发达。

②围口壳幼虫。幼虫壳的前缘增厚,出现了围口壳。

③上足分化幼虫。该期为匍匐幼虫后期,上足触手开始分化,贝壳稍有增厚,足部发达,跖面具有较强的吸附能力

(3)稚鲍:形成第一个呼吸孔时为稚鲍,其形态与成鲍差距还较大。

(4)幼鲍:完全具备了成鲍的形态,呼吸孔数量与成鲍相等,只是性腺尚未成熟。

(5)成鲍:第一次性成熟以后均属此期。

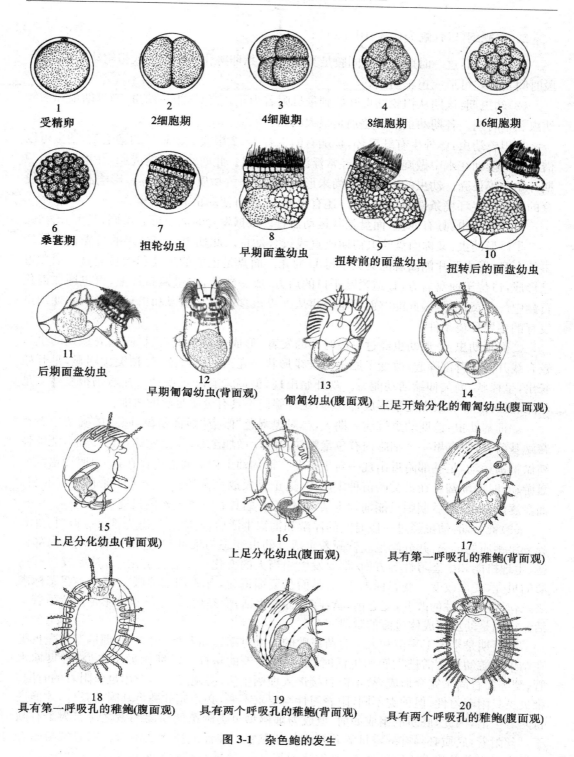

1 受精卵	2 2细胞期	3 4细胞期	4 8细胞期	5 16细胞期

6
桑葚期　　　7
担轮幼虫　　　8
早期面盘幼虫　　　9
扭转前的面盘幼虫　　　10
扭转后的面盘幼虫

11
后期面盘幼虫　　　12
早期匍匐幼虫(背面观)　　　13
匍匐幼虫(腹面观)　　　14
上足开始分化的匍匐幼虫(腹面观)

15
上足分化幼虫(背面观)　　　16
上足分化幼虫(腹面观)　　　17
具有第一呼吸孔的稚鲍(背面观)

18
具有第一呼吸孔的稚鲍(腹面观)　　　19
具有两个呼吸孔的稚鲍(背面观)　　　20
具有两个呼吸孔的稚鲍(腹面观)

图 3-1　杂色鲍的发生

二、瓣鳃纲（以牡蛎为代表,图 3-2）

（1）胚胎期:这一时期基本上同腹足类,但是受精卵孵化后尚未形成担轮幼虫,需经一段时间发育才可形成担轮幼虫。

（2）幼虫期:该期从担轮幼虫开始到稚贝附着为止,它包括担轮幼虫、面盘幼虫和匍匐幼虫三个时期。各期幼虫形态差别是很大的。

1）担轮幼虫:体外生有纤毛环,顶端有的生有 1～2 根或数根较长的鞭毛束,幼虫可以借助纤毛摆动在水中做旋转运动,经常浮游于水表层。此期幼虫具有壳腺,在担轮幼虫后期开始分泌贝壳。幼虫的消化系统尚未形成,仍以卵黄物质作为营养。影响此期幼虫发育的主要外界环境条件除了水温外,还有光照,光照可使幼虫大量密集。

2）面盘幼虫:具有面盘,面盘是其运动器官。根据发育时间及形态不同,又可分为:

①D 形幼虫:又称面盘幼虫初期或直线铰合幼虫。此期由壳腺分泌的贝壳包裹了幼虫的全身,形成两片侧面观像英文字母 D 的壳。面盘是主要的运动和摄食器官。消化道已形成,口位于面盘后方,食道紧贴于口的后方,成一狭管,内壁遍布纤毛,胃包埋在消化盲囊中。卵黄耗尽,因此能够而且也需要从外界摄食饵料。水温和饵料是影响此期幼虫发育的主要环境条件。

②壳顶幼虫:D 形幼虫经过一段时间的发育,形成壳顶幼虫（又称隆起壳顶期幼虫）,铰合线开始向背部隆起,改变了原来的直线形状。壳顶幼虫后期,壳顶突出明显,足开始长出,呈棒状,尚欠伸缩活动能力。鳃开始出现,但尚未有纤毛摆动。面盘仍很发达。足丝腺、足神经节和眼点逐渐形成,但此时足丝腺尚不具有分泌足丝的机能。

③匍匐幼虫:该期幼虫较前一期大,一对黑褐色"眼点"显而易见,眼点的确切位置是在鳃基前方,眼点里一个细胞内有色素颗粒。鳃丝增加至数对,足发达,具有缩肌,能够伸缩做匍匐运动,足基部附近出现一对平衡器。匍匐幼虫初期面盘仍存在,幼虫时而借助面盘游动,时而匍匐。在贝类的苗种生产中,这正是投放采苗器进行半人工采苗的好时机。面盘逐渐退化,至后期则只能匍匐生活,足丝腺开始具有分泌足丝的机能。

（3）稚贝期:幼虫经过一段时间的浮游和匍匐生活后,便附着变态为稚贝。此时,外套膜分泌钙质的贝壳,并分泌足丝营附着生活。幼虫变态为稚贝时,它的外部形态、内部构造、生理机能和生态习性等方面,都要发生相当大的变化。变态标志之一,是形成含有钙质的贝壳,壳形改变。变态标志之二,是面盘萎缩退化,开始用鳃呼吸与摄食。变态标志之三,是生态习性的改变,变态前,营浮游、匍匐生活;变态后,以足丝腺分泌足丝营附着生活。该期是幼虫向成体过渡的阶段。

稚贝期是半人工采苗和人工育苗成败的关键时期。固着型、附着型、埋栖型双壳贝类在结束浮游幼虫生活进入底栖生活时,都具有附着的特性。对埋栖贝类来说,稚贝期水管、鳃等器官尚未完全形成,故不能直接进入埋栖生活,必须经过一个用足丝附着的时期。稚贝虽具附着习性,但种类不同,附着习性与要求不一,必须充分满足其附着条件,才能进行附着生活,因此,底质的组成如何,就成为埋栖型贝类附苗的重要因素之一。为了有利于足丝附着,底质必须有一定量的砂粒或其他颗粒。浮泥底质无法附着。固着型与附着型贝类对附着基均有不同的选择,必须达到其要求,才能采到大量贝苗。

（4）幼贝期:此期在形态上除了性腺尚未成熟外,其他形态、器官和生活方式均已和成体一样。附着型贝类进一步发展了用足丝附着的生活方式。固着型贝类,如牡蛎已用贝壳固着,营终生的固着生活。埋栖型贝类此期已进入埋栖生活,所以要求在较细软的泥底或砂泥底或泥砂底中生活,又因个体小而弱,对外界环境抵抗力差,所以在养殖中必须精心培育,这就是养殖生产的苗种培育工作和养成期工作的开始。

（5）成贝期:第一次性成熟后均属此期。该期亦是贝类养殖的养成与肥育期。

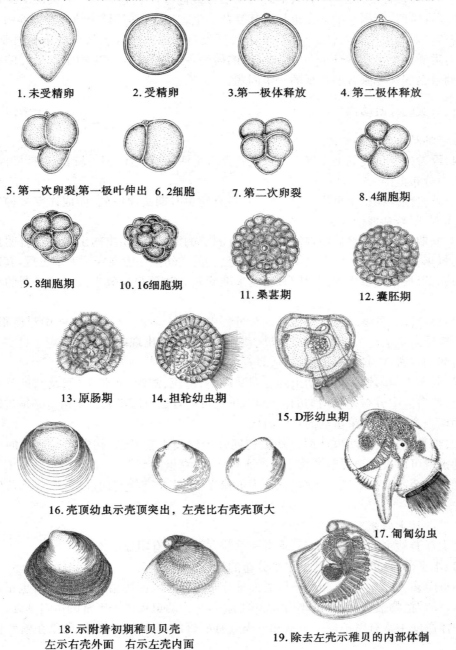

1. 未受精卵　　2. 受精卵　　3. 第一极体释放　　4. 第二极体释放

5. 第一次卵裂,第一极叶伸出　6. 2细胞　　7. 第二次卵裂　　8. 4细胞期

9. 8细胞期　　10. 16细胞期　　11. 桑葚期　　12. 囊胚期

13. 原肠期　　14. 担轮幼虫期　　15. D形幼虫期

16. 壳顶幼虫示壳顶突出,左壳比右壳壳顶大

17. 匍匐幼虫

18. 示附着初期稚贝贝壳
左示右壳外面　右示左壳内面

19. 除去左壳示稚贝的内部体制

图 3-2　长牡蛎的发生

第二节　贝类的浮游幼虫与附着变态

贝类成体大都营固着、附着、埋栖或匍匐等底栖生活方式,而其幼虫是浮游的。这类幼虫是属于阶段性的浮游生物,其形态与生活方式同成体截然不同。贝类的幼虫还要经历几个发育阶段,所以它的幼虫也是极其复杂的生态类群,其数量变动与贝类养殖业关系十分密切。对幼虫生态习性的了解,是进行贝类自然海区半人工采苗的重要科学依据。因此,对贝类幼虫生态学(Larval Ecology)的研究,不仅成为浮游生物学家研究的一个新动向,而且是养殖专家普遍重视的一个问题。

一、贝类的浮游幼虫

1.浮游幼虫的生态特点

(1)浮游性。贝类的幼虫绝大部分是营浮游生活的,其运动能力较差,但能随波浪、海流等扩大分布范围。

(2)阶段性。在整个贝类发育过程中,只有幼虫时期是浮游的,而成体有多种生活方式,如固着、附着和埋栖等。

(3)周期性。在自然界中,各种贝类都有固定的繁殖期,幼虫的出现就具有明显的周期性。每年在繁殖季节,便有大量的浮游幼虫。贝类幼虫一般在春季大量出现,其次是秋季。因此,可根据幼虫出现的时间和密度来准确判断和预报投放半人工采苗器的具体时间。

(4)短暂性。贝类幼虫仅仅是其发育过程中的一个阶段,不可能在海中浮游很久,它经过一段浮游生活之后,便变态成稚贝。因此,浮游幼虫出现的短暂性决定了贝类半人工采苗时间的短暂性,必须根据预报,适时投放采苗器。

(5)分布不均匀性。贝类幼虫的分布受风向、海流、潮汐、光照、水温及亲贝分布的影响,在自然海区中分布是不均匀的。因此,进行贝类自然海区半人工采苗时必须进行浮游幼虫的调查,确定投放采苗器的适宜海区。

(6)趋光性。贝类幼虫从面盘幼虫初期开始便具正趋光性,朝向光线适宜的地方浮游。幼虫就可以被引至浮游植物丰富的水域中,在那里发育生长,直至眼点幼虫依然具有正趋光性。至变态营底栖生活时,就变为负趋光性,从光亮处转向底部,导致其营底栖生活。

2.浮游幼虫的分布

贝类浮游幼虫的分布在水平、垂直和季节方面都具有明显的特点。

(1)水平分布:贝类浮游幼虫水平分布的特点是:

1)近海多、外海少。这和经济贝类大量分布在近海区密切相关,而且近海也正是营养盐丰富、浮游植物最繁盛、有机碎屑最多的水域,它为幼虫提供了丰富的饵料基础。

2)浮游幼虫常有密集现象。这和贝类具有群聚的习性有关,这种现象在繁殖盛期尤为明显。

3)浮游幼虫分布较狭。贝类都有一定的适温、适盐范围,有一定的分布区域,其幼虫分布同成体分布的范围基本吻合。

(2)垂直分布:贝类浮游幼虫垂直分布的特点是一般都分布在海水的上层,也就是日光照射的水层——光照层,这不仅与早期幼虫的趋光性有关,而且和饵料有关,因为在这个水层,幼虫能获得丰富的浮游植物。贝类幼虫个体较小,有浮游运动的器官——面盘、鞭毛和纤毛,也最容易漂浮到水的表面。晚期幼虫则逐渐改变为避光性,这是导致其营底栖生活的因素之一。

(3)季节分布:各种贝类浮游幼虫的数量都有明显的季节变化,这和成体的繁殖季节有关。在繁殖盛期,幼虫数量大,成为浮游生物群落的优势类群,这种现象多出现在生物春(第一次开花,水温处于上升的适宜季节)和生物秋(第二次开花,水温处于下降的适宜季节),此时也正是浮游生物大量繁殖,呈现生物密度高峰的季节。而在冬季,数量较少。不同种类的贝类浮游幼虫其高峰出现时期不尽相同。

3.影响贝类浮游幼虫的生长发育的主要因素

贝类浮游幼虫在正常自然海区中的生长与发育状况常常受到海区环境条件的影响,其中对幼虫生长、发育影响最大的是水温和饵料。

(1)水温:贝类的浮游幼虫在适温范围内,生长率和发育速度随水温升高而加速,超过了一定范围,生长率下降,发育速度受阻,甚至停止生长,导致幼虫死亡。

(2)饵料:饵料的种类和数量直接影响贝类幼虫的生长与发育。硅藻类在贝类浮游幼虫饵料中占很大比例,如果硅藻较多将直接有利于贝类幼虫的生长与发育,如果双鞭藻较多则影响贝类幼虫生长与发育。

4.贝类幼虫的生态学意义

大多数养殖贝类的成体是不大活动或者根本不能移动(如牡蛎),但其生活史中都有浮游幼虫阶段。浮游幼虫可随海流到处漂流,从而扩大分布范围,保持种族的兴旺。为了适应浮游生活的习性,幼虫生有纤毛和鞭毛以及面盘,以便随水漂浮到适宜的海区,安居栖息。

二、贝类幼虫的附着变态

贝类在其发生过程中,大都要经过一个附着变态的过程。变态过程是贝类从幼虫向成体转变的一个重要发育阶段。它是一个复杂的过程,一般幼虫附着在前、变态在后。幼虫发育到一定阶段,便具有附着变态的能力,遇到合适的附着基,在外界物质的刺激下,完成附着变态。附着变态过程是一个可逆的选择合适附着基的行为过程,变态过程是一个不可逆的形态变化过程,幼虫只有顺利地经过变态过程,才能完成从幼虫向成体的转变。

1.贝类幼虫附着变态前后形态上的特征

贝类幼虫经过附着变态后,其外部形态、内部构造、生理机能和生活习性等方面都发生了相当大的变化。变态的标志之一是含有钙质的次生壳形成;标志之二是面盘萎缩退化和鳃的形成,开始用鳃呼吸摄食;标志之三是生活习性的改变,变态前营浮游和匍匐生活,变态后营附着、固着、匍匐或埋栖生活。

2.影响贝类幼虫附着变态的因素

(1)物理因素:温度、盐度、附着基表面粗糙程度和颜色、溶解氧、流速和光照等可以影响贝类幼虫的附着变态。适宜的温度、盐度和其他环境条件有利于贝类幼虫的附着变态。幼虫变态时对附着基表面的光滑与否、阴阳面、颜色和附着基的大小都有一定的选择性，如牡蛎喜欢在质地坚硬、粗糙且背阴的基质上附着变态。

（2）化学因素：诱导贝类幼虫附着变态的化学物质有金属阳离子、儿茶酚胺化合物、氨基酸类化合物、胆碱及其衍生物和影响细胞内 cAMP（环化腺苷酸）的化合物五大类。

1）金属阳离子：K^+、Ca^{2+}、Na^+、Mg^{2+} 对贝类幼虫的附着变态均有一定的诱导作用，特别是 K^+ 作用效果明显。如鲍的幼虫在 K^+ 浓度 < 40 mmol/L 时，随着浓度的增大，诱导变态率逐渐升高。但当浓度达到 50 mmol/L 时，变态率反而下降。一般认为 K^+ 是通过直接影响细胞膜的电势，使细胞膜去极化，从而诱导幼虫变态。

2）L-DOPA 和儿茶酚胺：L-DOPA（二羟基苯氨基丙酸）和儿茶酚胺（肾上腺素、去甲肾上腺素和多巴胺）都是酪氨酸衍生物，均为神经递质，对太平洋牡蛎、虾夷扇贝、翡翠贻贝、魁蚶、海湾扇贝和硬壳蛤等贝类幼虫的附着变态均有诱导作用。其诱导剂量因种类而异。

3）GABA 和 5-羟色胺（5-HT）：GABA（氨基丁酸）和 5-HT 也是神经递质。GABA 对皱纹盘鲍幼虫变态的最佳作用浓度为 10^{-5} mol/L，变态率可达 60%。此外，GABA 对硬壳蛤幼虫变态也有一定诱导作用。5-HT 对硬壳蛤幼虫变态有明显的诱导作用，但 5-HT 对虾夷扇贝幼虫变态不起作用。另外，丙氨酸（Ala）、色氨酸、3-羟酪胺等具有神经活性的氨基酸也能够诱导贝类幼虫附着变态。

4）胆碱及其衍生物：胆碱及其衍生物，对贝类幼虫附着变态有诱导作用，胆碱可能通过三种途径诱导幼虫附着变态：①直接作用于胆碱受体；②作为乙酰胆碱合成的前体；③刺激合成和分泌儿茶酚胺化合物。

5）影响细胞内 cAMP（环化腺苷酸）的物质：cAMP 作为第二信使，起着信息的传递和放大作用，在引起细胞内的一系列生理反应后，引起幼虫的附着变态。

影响细胞内 cAMP 浓度并诱导幼虫附着变态的化学物质主要有 db-cAMP（丁二基环化腺苷酸）、黄嘌呤化合物（如 IBMX）和霍乱毒素。db-cAMP 能够穿透细胞膜进入细胞，影响细胞内 cAMP 浓度；黄嘌呤化合物如 IBMX、茶碱和咖啡因可以增加细胞内 cAMP 浓度，它的途径主要有两条：一条是通过直接抑制磷酸二酯酶降解 cAMP，另一条是通过增加细胞内 Ca^{2+} 浓度间接增加 cAMP 浓度。50～120 μmol/L 的 IBMX 对红鲍幼虫的附着变态有明显的诱导作用。cAMP 是否直接参与了幼虫的附着变态过程目前还存在争议。

（3）生物因子：

1）同种个体分泌物：同种个体的分泌物均能促进其幼虫的附着变态。杂色鲍成体黏液的诱导作用均高于 40 mmol/L 的 K^+ 和 1 μmol/L 的 GABA。另外，有些贝类成体分泌激素或激素类似物，能诱导其幼虫的附着变态。

2）微生物膜：微生物膜对于许多贝类幼虫的附着变态有重要作用。现已证明，硅藻膜、蓝细菌膜和细菌膜均能促进幼虫的附着变态。细菌壁上的细胞外多糖类和糖蛋白以及菌膜分泌的一些可溶性物质均能促进幼虫附着变态。在贻贝的半人工采苗中，适当早投采苗器，让采苗器上附生一层细菌黏膜，有利于贻贝幼虫的附着变态及发育生长。

3)饵料分泌物:许多贝类成体所摄食的海藻能够诱导它们的幼虫完成附着变态。海藻的诱导作用可能与它们所含有的藻胆蛋白有关,这些诱导物是类似于 GABA 的单肽物质。海藻细胞壁上的黏多糖也有一定诱导作用。

4)不同诱导剂的诱导效果:不同诱导剂对同种幼虫的诱导效果不同。足黏液(mucus)、r-氨基丁酸(GABA)和氯化钾(KCl)都可以有效地诱导鲍的幼虫变态。其中,足黏液诱导幼虫变态的效果最好,其变态率可达 90% 以上,其次为氯化钾和 r-氨基丁酸。同样地,由于生物的多样性,同种诱导剂对不同贝类的幼虫的诱导效果也不同。如 GABA 对鲍附着变态有诱导作用,而对太平洋牡蛎和贻贝无诱导作用。

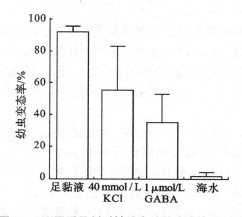

图 3-3　不同诱导剂对皱纹盘鲍幼虫变态的影响

第三节　自然海区半人工采苗

自然海区半人工采苗是介于采捕自然苗和人工育苗之间的一种方法,技术上的要求比人工育苗较为简单。目前,自然海区的半人工采苗主要应用于双壳贝类,如牡蛎、贻贝、扇贝、缢蛏、蛤仔、泥蚶等。

一、半人工采苗的原理

双壳类的成体有的固着在固着基上(如牡蛎)终生不能移动,有的终生用足丝附着在附着基上(如贻贝、扇贝等),也有的成体钻在泥砂中营埋栖生活(如缢蛏、泥蚶、蛤仔等)。但是上述双壳类,在其生命史的早期阶段,都有一个共同的生活方式,除了它的卵在海水中受精,并在海水中发育,经过一段相似的浮游幼虫生活外,特别突出的特点是都要经过一个用足丝附着生活的稚贝阶段。然后根据成体生活型的不同,有的足丝消失或退化进入固着生活或埋栖生活,有的足丝进一步发达,终生营附着生活。

稚贝利用足丝进行暂时的附着,是十分必要的,就像一只船需抛锚固定位置一样。稚贝没有足丝难以固定位置,安居栖息,只能像幼虫那样,过着流浪生活,最后因找不着适宜的附着基而夭折死亡。因此,人们在摸清双壳类繁殖与附着习性的基础上,在自然界里,凡是有贝苗大量分布的海区,只要人工改良底质,创造适宜的环境条件或投放合适的采苗器就可以采到大量的自然苗。

二、半人工采苗的基本方法

双壳类种类不同,附着方式不一样,对附着基要求不一,因此采苗方法也不相同。

1. 固着型贝类的半人工采苗

固着型的牡蛎在泥砂流动的海底,稚贝是不可能固着的,所以这一类型贝类,只有在岩礁或其他固定物上进行固着才能够生存。然而在半人工采苗中,由于人工投放固着基,因此在那些完全软泥或砂泥质海区,邻近海区有其幼虫或亲贝,也可能成为良好的半人工采苗场。

牡蛎是利用左壳固着在固着基上。在采苗季节里,凡是有其幼虫高密度分布的海区,只要人工投放采苗器作为它们的固着基便可采到大量的贝苗。

采苗器的种类很多,采苗器的选择要因地制宜。根据牡蛎固着特点,一般以表面粗糙、附着面大、耐风浪、操作容易、经济耐用、取材方便为原则。常用的有石块、石柱、水泥板、竹子、贝壳、胶胎等。

如果滩涂底质较硬,可以采用石块、石柱、水泥制件或贝壳等采苗器,并将它们直接投到滩涂上密集排列进行采苗,这就是所谓投石采苗。底质较软的海区,可进行插竹采苗,利用竹竿或竹片,制成一定规格,采用一定形式(簇插、斜插等)供蛎苗固着,进行采苗。在底质较软的海区采用石块、水泥板或贝壳作为采苗器,则需在滩涂上修畦形采苗基地,再投放采苗器进行采苗,才能预防采苗器下沉或被浮泥埋没。除了上述方法外也可进行筏式采苗,采用这种方法采苗一般在浅海区,是利用牡蛎壳或其他大型贝类贝壳串联垂下采苗。

沿海有广阔的礁石,若利用海中礁石采苗,可在采苗期临近时,把礁石上的藤壶和其他附着物铲掉,即所谓"清礁",以利采苗。采苗器见苗之后,需将贝苗疏散养殖,以助苗快长。

2. 附着型贝类的半人工采苗

附着型贝类的稚贝、幼贝、成贝营附着生活,其采苗方法不同于其他生活型的贝类,即使是同一生活型,种类不同,具体方法也不一样。我国附着型贝类的贻贝、扇贝比较大众化的半人工采苗方法是筏式采苗。贻贝筏式采苗常用的采苗器有红棕绳、稻草绳、岩草绳、毛发垫(国外使用的方法)、废旧浮缆等,其中以多毛的红棕绳为好。贻贝后期幼虫开始分泌足丝进行附着时,总是喜欢附着在红藻中多管藻类的丝状藻体上,所以进行贻贝采苗时,应早投采苗器(一般提早 1~2 个月),先让丝状藻类附着,再让贻贝附着。也有的认为早投采苗器可以形成一层黏质膜。黏质膜对幼虫附着有利。黏质膜是采苗器投入水中后,在其表面上所出现的第一种附着生物形式,它开始是由细菌及其分泌物(多糖化合物)组成,有黏着性,接着微观藻类便与之结合在一起。黏质膜的主要作用可以掩裹幼虫,改变物面的颜色及反射光线,能对幼虫提供食物,增加 pH 值,使物面成碱性,有利于石灰质的沉淀。贻贝半人工采苗季节南北海区环境条件不一,在初次进行生产性半人工采苗前,必须选择不同时间、不同地点、不同水层,采用上述采苗器进行试采,配合水温及盐度测定,摸索出本海区的采苗规律。亲贝是否充足,是建立采苗海区的首要条件。有的自然海区,亲贝资源丰富,因此形成了一个良好的半人工采苗区。有的海区无自然生长的贻贝,但由于人工养殖的发展也可以形成新的采苗区。

为了促进幼苗快长,可将采苗器与养成器相连,或者采用缠绳的办法,使采苗器上的幼苗自动逸散到养成器上,进行养成。

栉孔扇贝或珠母贝的筏式采苗则需特制的采苗袋(或笼)或者利用贝壳串进行采苗。采苗袋由塑料窗纱制成,袋内装废旧网片,网片由聚乙烯、尼龙线结成。在采苗季节里,将其投挂于浮筏上进行采苗。该种采苗器优于贝壳串采苗器,它具有减缓水流,有利于幼虫附着和防除敌害等优点。

3.埋栖型贝类的半人工采苗

整畦(整滩)采苗是埋栖型贝类的半人工采苗的主要方法。该种贝类虽然成体营埋栖生活,但在幼虫结束浮游生活进入底栖生活时,同样是首先利用足丝附着,然后再潜钻营埋栖生活。在自然界里,埋栖型贝类在由浮游生活转到埋栖生活中间需要附在砂粒、碎壳上,所以天然苗种场大都在半泥半砂的潮区。因此,在有埋栖贝类幼虫分布的海区,进行半人工采苗时,必须将潮区滩涂耙松,整畦(整滩)采苗,软泥底质需投放一层砂以利于即将附着的幼虫分泌足丝,进行附着。底质松软也有利于稚贝及幼贝钻穴埋栖。在附苗季节,应严密封滩,避免践踏。

缢蛏的采苗中,如果发现底质已疏松,用手指挖泥出现裂痕,并有足丝可见,带有红痕和土面有淡白色油质,一般预告采苗成功了。分散在底质中贝苗的收集方法,大体有浮选和筛选两种(详见有关章节)。

三、半人工采苗预报

为了能够适时地进行半人工采苗,应该进行采苗预报工作。

1.根据贝类性腺消长规律进行预报

在贝类的繁殖季节,经常(1~2 d 一次)检查贝类的肉质部肥瘦。成贝由于性腺发育,在临近繁殖时,其肉质部是最肥满的,当发现多数个体在 1~2 d 的短时间内,突然变得消瘦了,说明已到了贝类的繁殖盛期。

在一定条件下,同种贝类从产卵到幼虫开始附着,时间上大致是同步的。因此,根据贝类性腺消长规律可以确定产卵时间。根据贝类产卵时间,参照当时水温等条件,便可推算出附苗时间。从而适时地预报整滩(整埕或整畦)或投放采苗器进行采苗的时间。

2.根据贝类幼虫的发育程度与数量进行预报

调查贝类浮游幼虫,一般是使用 25 号浮游生物网在海区不同水层拖网取样,并注意昼夜和涨落潮的的数量变化。拖取的样品,经福尔马林固定后,用粗筛绢(孔径为 400 μm 左右)过滤去掉大型动植物,再用沉淀法将上层小型浮游硅藻除掉。在底层沉淀物中查找贝类幼虫,并进行分类计数工作。双壳类幼虫鉴定工作难度较大,但只要认真观察,贝类幼虫特征还是较为明显的。

还可以根据该海区贝类的繁殖期不同,从而判断海中出现的大量幼虫是何种贝类的幼虫。

通过定性、定量的鉴定,并观察幼虫发育时期以及数量的变化,确定平畦以及投放半人工采苗器的具体时间,向养殖户发出预报。

3. 根据水温、盐度的变化或物候征象进行预报

双壳贝类的采苗期与水温、盐度的变化有关,因此,可以根据水温的测定和盐度的变化推断其具体的采苗日期,进行采苗预报。也可以根据物候的征象预报大体上采苗的时间。

四、试采和采苗效果的检查

对贝类半人工采苗试采和采苗效果的检查,应根据对象的不同采用不同的方法。一般来说,对固着型牡蛎可使用毛玻璃、塑料板、水泥板、竹板、贝壳等作为固着基,在繁殖期前后,每日或隔日在潮间带不同潮区投放固着器,次日取回检查,求出单位面积内的采苗数量,绘制采苗量曲线,找出采苗量高峰,确定采苗盛期。对附着型贝类可使用棕绳、稻草绳、岩草绳等作为贻贝的采苗器,用杉叶、采苗袋、贝壳等作为扇贝的采苗器,在繁殖期中定期(一般每半月或 10 d)地挂在海中的浮筏上,还可以同时在不同水层垂挂采苗器,以观察采苗与水层的关系。投入的采苗器可以在短期内取回检查,但因这种采苗器中的幼贝不易检查,加之稚贝和幼贝易切断足丝脱落,所以一般采苗期过后,贝苗长到一定大小,再取样检查采苗效果。若要早日检查,可以取回一部分样品用 1.5%~2% 漂白粉处理断足丝,再进行检查。对埋栖种类则可采用人工基底(用容器盛着泥砂),放在调查的海区,也可以定期地采集各潮区表层一定面积的泥砂,装在纱布袋内,在水中洗去泥或细砂,再从袋内砂中仔细地挑出全部幼贝,计算出单位面积内的采苗量,确定出大体采苗日期。取样面积应根据幼贝密度而定,一般采用 10 cm×10 cm 取样框、每点取 3~5 个取样框的沉积物、取样深度为 1 cm 左右,勿过深以免泥砂过多不易检查。埋栖型贝类附着常与滩涂底质组成、蓄水与否有关,故还可以进行不同底质、不同蓄水深度及不蓄水的采苗试验。

复习题

1. 腹足类和瓣鳃类的生活史可划分为哪几个阶段,各阶段特征如何?
2. 贝类浮游幼虫都有哪些生态特点?
3. 什么是贝类的半人工采苗?固着型、附着型和埋栖型贝类的半人工采苗有什么不同?
4. 为什么要进行贝类的半人工采苗预报?预报的方法有哪些?

第四章 贝类的人工育苗

贝类的人工育苗是指亲贝的选择、蓄养、诱导排放精卵、受精、幼虫培育及采苗,均在室内人工控制下进行。

许多海区适合贝类养成但缺乏苗种,要养殖贝类,就需要到外地购买苗种。为了解决贝类养殖的苗种问题,进行人工育苗就是一个切实可行的措施。有的海区虽有贝类苗种,但受自然条件限制很大,而且规格不一,要满足贝类养殖的苗种,做到计划生产,必须进行人工育苗。

人工育苗具有许多优点:可以引进新种;提早采苗,延长了生长期;可以防除敌害,提高了成活率;苗种纯,质量高,规格一致;可以进行多倍体育种,以及通过选种和杂交等工作,培育优良新品种。

第一节 贝类人工育苗场的选择与总体布局

一、育苗场的选择

(1)水质好,无工业、农业和生活污染的海区。应按海水水质标准进行选择,见表1-1。场址应远离造纸厂、农药厂、化工厂、石油加工厂、码头等有污染水排出的工厂,并应避开产生有害气体、烟雾、粉尘等物质的工业企业。

(2)无浮泥,混浊度较小,透明度大。

(3)盐度要适宜,场址尽量选在背风处,水温较高,取水点风浪要小。

(4)场区应有充足的淡水水源,总硬度要低,以免锅炉用水处理困难。

(5)场址尽可能靠近养成场。

此外,还应考虑电源、交通条件,尽量不用或少用自备电设备,以便降低造价及生产费用。

二、育苗场的总体布局

育苗室、饵料培养室多采用天然光和自然通风,在布局上尽可能向阳。沉淀池、砂滤池(或砂滤罐)要建在地势较高处。为了减少锅炉房烟尘、噪音、煤灰、灰渣对环境的污染,应位于主导风向的下风向,但锅炉房主要是供育苗室热量,考虑节能与管理又不能离育苗室太远。水泵房要根据地形、潮水、水泵的扬程和吸程等情况选择合适位置,一般不要建在离场区太远处,以便于管理。风机房一般安装罗茨鼓风机,因罗茨鼓风机噪音较大(虽有消音器),故不要离育苗室太近。变配电室要根据高压线的位置,一般设在场区的一角。电力不足的地方常建小型发电机室,发电机室和变配电室的配置要合理,两室常建在一起。

第二节　人工育苗的基本设施

一、供水系统

一般采用水泵提水至高位沉淀池,水经过砂滤池(或砂滤罐)过滤处理后再入育苗池和饵料池。

1. 水泵

(1)水泵的种类:水泵的种类较多,由于构件不同可分为铸铁泵、不锈钢泵、玻璃钢泵等;由于性能不同,又可分为离心泵、轴流泵和井泵等。

从海上提水最常用的是离心泵。室内打水和投饵尚使用潜水泵。离心泵需固定位置,置于水泵房中。通常一个水泵房有两台甚至多台水泵同时运行或交替使用。潜水泵体积小,较轻,移动灵活,操作方便,不需固定位置,但它的流量和扬程受到限制。

(2)位置:水泵的吸程应大于水泵的位置和低潮线的水平高程。扬程必须大于水泵到沉淀池(或蓄水池)上沿的水平高程。

(3)水管:水管为铁管、塑料管、胶管或陶瓷管,严禁使用含有毒质的管道。抽水笼头应置于低潮线以下。

2. 沉淀池

沉淀池一般建在地面以上,常建于高位,兼作高位水池。

(1)总容量:为育苗池水体总容量的3~4倍,沉淀时间在48 h以上为好。

(2)构造:沉淀池一般呈长方形或圆形,砖、石砌,内层应抹五层防水层。为达黑暗沉淀,池顶加盖。池底应有1%~3%的坡度,便于清刷排污。池下部设排污口和供水口,顶部应设有溢水口。沉淀池一般可分成两至数格。

(3)沉淀池若建在地势较低处,则需有二级提水设备。

3. 砂滤器

沉淀池的水必须经过砂滤后方可进入育苗室和饵料室。目前使用的砂滤器有砂滤池、砂滤罐和砂滤井等。

(1)砂滤池:这是敞口过滤器,自下而上铺有数层不同规格的砂粒或其他滤料。砂滤池底部留有蓄水空间,其上铺有水泥筛板或塑料筛板。筛板上密布1~2 cm的筛孔,其上铺有2~3层网目为1mm左右的聚乙烯网或塑料筛板。再往上铺20 cm厚的粒径为2~3 mm的砂,最上一层为80~100 cm厚的粒径为0.15~0.2 mm的砂(图4-1)。

砂滤池至少应有2个,滤水能力应达到10~20 $m^3/(m^2 \cdot h)$,过滤后的海水不应含有原生动物。总滤水量视育苗池容量而定。为要保证育苗池每日换水需要,可适当扩大过滤面积和过滤水的容量。

(2)砂滤罐:砂滤罐为封闭式过滤器,一般采用钢筋混凝土加压过滤器,有反冲洗装置(图4-2)。内径3 m左右,过滤能力达20 $m^3/(m^2 \cdot h)$。砂层铺设基本同砂滤池。砂滤罐滤水速度快,有反冲作用,能将砂层沉积的有机物、无机物溢流排出。

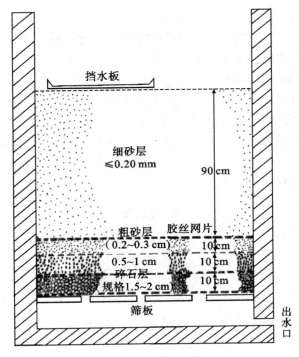

图 4-1　砂滤池断面示意图

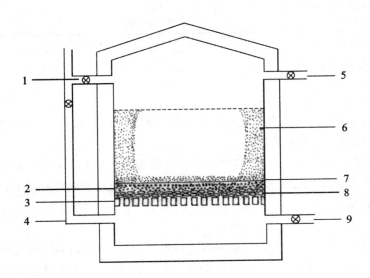

1.进水管　2.粗砂　3.筛板　4.反冲管　5.溢水管
6.细砂　7.聚乙烯筛网(60目)　8.碎石　9.出水管

图 4-2　反冲式砂滤罐断面示意图

（3）砂滤井：在砂质底潮区或蓄水池中也可打深水井，作为育苗用水。砂滤井海水在使用前也要进行理化分析，以保证育苗用水的质量。

（4）无阀过滤池：与砂滤罐相似，也属于封闭式砂滤系统，但其反冲系统不需要人工和阀门的控制，自动反冲。在建造上，无阀过滤池可以采用钢筋混凝土结构，也可以采用玻璃钢质结构。目前国内单台无阀过滤池的滤水量可达 500 m^3/h 左右。因此，广泛适用于规模较大、用水量较多的育苗场或养殖场。

（5）陶瓷过滤器：根据用水量不同，选用不同型号的过滤器。常用有以下几种（表 4-1），过滤器过滤压力为 1～3 kg/cm^2，贮水池向过滤器内输水其水平高程在 10 m 以上，水泵向过滤器内供水其扬程也要在 10 m 以上。过滤器使用几天后，要用毛刷洗刷滤棒。必要时可用砂纸擦洗，再用淡水洗刷干净才能使用，装好后开始使用时排掉过滤水 5 min，然后才能作为饵料培养用水。

表 4-1　过滤器型号规格表（天津过滤器厂）

型号	规格 高×直径×厚(mm)	配用滤棒		滤量 （kg/h）
		型号	支数	
101 型铝合金滤水器	800×500×20	101 型	19	1 500
106 型铝合金滤水器	450×420×10	106 型	12	800
112 型铝合金滤水器	400×300×10	112 型	6	500
108 型铝合金滤水器	330×260×10	108 型	7	250
单支压力滤水器	280×70×5	109 型	1	90

二、育苗室

1.育苗室的构筑

育苗室多用砖砌，屋顶采用钢梁或木梁结构，呈人字形或弧形，瓦顶或玻璃钢瓦顶。一般长 40～50 m，宽 15 m 左右。

在我国，许多对虾育苗室在育完对虾苗后，大都闲置着，故可以用它来进行贝类的人工育苗。但对虾育苗室大都是玻璃钢波形瓦顶，因此，要注意室内设遮光帘，空气要流通，防止水温和室温变化太大。

2.育苗池

（1）育苗池建造常用 100# 水泥、砂浆和砖石砌筑，也可采用钢筋混凝土灌铸。一般水池池壁砖墙厚 24 cm，池底应有 1‰～2‰的坡度斜向出水口。池壁及池底应采用五层水泥抹面，新建的育苗池必须浸泡 1 个月，以除去泛碱方可使用。

小型育苗池可采用玻璃钢或塑料制成。

（2）育苗池容量小者每个 10 m^3 左右，中者 40～60 m^3，大者 100 m^3 左右。总容水量视育苗规模而定。有效水深一般 1.5 m 左右，深者可达 2 m。高密度反应器每个容量一般为 0.4～0.6 m^3。

（3）苗池形状为长方形、方形、椭圆形和圆形，流水培育以长方形为好。

三、饵料室

一个良好的饵料室必须光线充足,空气流通,供水和投饵自流化。饵料室四周要开阔,避免背风闷热,屋顶用透光的玻璃钢波纹板覆盖。

(1)保种间:除了光照条件要保持 1 500~10 000 lx 外,还要有调温设备,冬季温度不低于 15℃,夏季不超过 20℃,1 m³ 二级饵料池需 1 m² 保种间。

(2)闭式培养器:利用 10~20 L 细口瓶、有机玻璃柱、玻璃桶、乙烯薄膜塑料袋,进行饵料一级、二级扩大培养。闭式培养有防止污染、受光均匀,并有温度、溶解氧、CO_2、pH值和营养物质等培养条件的调节与控制,具有培养效率高的特点。

(3)敞式饵料池:饵料培养总容量为育苗池的 1/4~1/2,池深 0.5 m,方或长方形。池壁铺设白瓷砖或水泥抹面。小型饵料池一般为 2 m×1 m×0.5 m,可用于二级扩大培养;大型饵料池一般为 3 m×5 m×0.8 m。

四、供氧系统

充气是贝类高密度育苗不可缺少的条件。充气的作用是多方面的,它可以保持水中有充足的氧气;促进有机物质的氧化分解和氨氮的硝化;使幼虫和饵料分布均匀,可防止幼虫因趋光性而引起的高密度聚集;充气可减少幼虫上浮游动的能量消耗,有利于幼虫发育生长;充气可抑制有毒物质和腐生细菌的产生和原生动物的繁殖。

(1)充气机的选用:贝类工厂化育苗充气增氧可选用罗茨鼓风机、空气压缩机、电动充气机或液态氧充气等。一般使用罗茨鼓风机。

罗茨鼓风机的风量大,省电又无油,1.5 m 深的育苗池可使用风压为 267~467 kPa的鼓风机,水深 2 m 的育苗池可选用风压 467~667 kPa 的鼓风机。此外,还可以使用空气压缩机和电动充气机,但这些机器的风量小。一般育苗池每分钟充气量为培育水体的1%~5%,若一个 500 m³ 的水体的育苗池、水深 1.5 m 左右,可选用风量为12.5 m³/min,风压为 467 kPa 的罗茨鼓风机 3 台,2 台运行,1 台备用。其他充气机也应通过计算选用。

(2)充气管和气泡石:罗茨鼓风机进出气管道用塑料管,各接口应严格密封不得漏气。为使各管道压力均衡并降低噪音可在风机出风口后面加装气包,上面装压力表、安全阀、消音器。通向育苗池所使用的充气支管应为塑料软管或胶皮管,管的末端装气泡石(散气石)。气泡石一般用 140# 金刚砂制成,长 5 cm 左右,直径 3 cm 左右。池底一般设气泡石1 个/平方米。

五、供热系统

为缩短养殖周期,提早加温育苗便是十分必要的。加温育苗可以加快幼虫生长和发育速度,还可以进行多茬育苗。

加温方式可分为电热式、充气式、盘管式、水体直接升温式等。

(1)电热式:利用电热棒和电热丝提高水的温度。这种方法供热方便,便于温度自动控制,适于小型育苗池。其缺点是成本高,大量育苗尤其是电力不足的地区不容易实现。一般设计要求每立方米水体需 0.5 kW 的加热器。

（2）充气式：利用锅炉加热，直接向水体内充蒸汽加热，适于大规模育苗。这种方法使用的淡水质量要求较高，必须有预热池。

（3）盘管式：也是利用锅炉加热。管道封闭式，在池内利用散热管间接加热。散热管道多是无缝钢管、不锈钢管。不论哪种管道，管外需加涂层，利用环氧树脂、RT-176 涂料进行涂抹，或者涂抹一层薄薄的水泥，也可用塑料薄膜缠绕管道 2 层，利用温度将薄膜固定于管道上。这种方法虽加热较慢，但不受淡水影响，比较安全和稳定。可利用预热池预热，也可直接在育苗池加热。

（4）水体直接升温式：采用"海水直接升温炉"直接升温海水，可以弥补传统锅炉的不足，在生产中已收到良好效果。它具有许多优点：一是省去锅炉升温系统的水处理设备，一次性投资可节约 50% 左右；二是无压设备，操作简单，安全可靠；三是直接升温海水，不结垢，不用淡水；四是运行费用可降低 30%。

六、供电系统

电能是贝类人工育苗的主要能源和动力。供电系统的基本要求是：

（1）安全。在电能的供应、分配和使用中，不应发生人身事故和设备事故。

（2）可靠。应满足供电单位对供电可靠性的要求，育苗期间要不间断供电。电厂供电得不到保证时，应自备发电机，以备电厂停电时使用。

（3）优质。应满足育苗单位对电压质量和频率等方面的要求。

（4）经济。供电系统的投资要少，运行费用要低，并尽可能地节约电能和减少有色金属的消耗量。

七、清贝机

清贝机又称贝类清除机，它是清除贝类贝壳表面的杂藻、杂贝和其他附着生物的比较理想的工具。它采用滚轴式手摇旋转（或电动旋转）的方法，利用贝类贝壳相互之间的摩擦和与滚轴钢板网的摩擦，达到清刷的目的。该机结构简单，操作方便，适用于贝类养殖和育苗单位的清贝工作，尤其适用于扇贝育苗单位的亲贝清刷除污。经清贝机处理后的亲贝，不仅对成活率无影响，而且提高效率 20 倍以上。

该机主要由支架、滚轴、进水管三部分组成。

（1）支架：用角铁或钢管制成，一般长约 1 200 mm，高约 700 mm。其作用是支撑着滚轴。

（2）滚轴：长约 1 000 mm，直径约 600 mm，用钢板网制成，其网目规格以不漏掉亲贝为宜。在滚轴上设一入料口，装入亲贝后可关闭。

（3）进水管：设置在滚轴顶部，用直径 50 mm 多孔塑料管做成，其作用是在亲贝摩擦当中冲刷脏物和浮泥，达到清洁贝类的目的。

八、其他设备

（1）水质分析室及生物观察室：为随时了解育苗过程中水质状况及幼虫发育情况，应建有水质分析室和生物观察室，并备有常规水质分析（包括溶解氧、酸碱度、氨态氮、盐度及水温和光照等)和生物观察(包括测量生长、观察取食和统计密度等)的仪器和药品。

(2)附属设备:包括潜水泵、筛绢过滤器(过滤棒、过滤鼓或过滤网箱)、清底器、搅拌器、塑料水桶、水勺、浮动网箱、采苗浮架、采苗帘和网衣等。也可利用鱼虾类、海参和藻类育苗室,根据育苗要求,稍加以改造,作为贝类育苗室,这样可以提高设备的利用率。

第三节 水的处理

"水、种、饵、密、混、轮、防、管"是水产养殖八字方针。在海水贝类养殖中,水质是工厂化人工育苗和养殖的关键。水质不佳或处理不当均可导致育苗和养殖的失败。在工厂化人工育苗和养殖中除了按照海水水质一类和二类标准选择水质外,还应该对海水进行处理。若不经处理或处理不当,都会导致工厂化人工育苗和养殖的失败。当前常用海水处理方法有物理、化学和生物三种。海水处理工艺示意如图4-3所示。

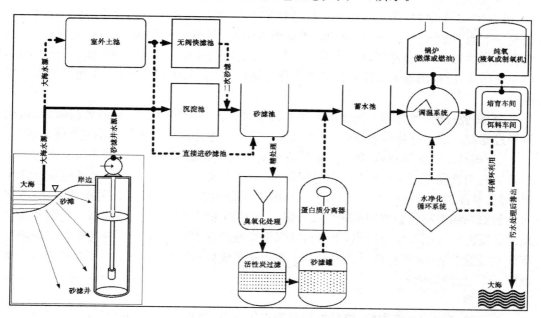

图4-3 海水处理工艺示意图

一、物理方法

1. 砂滤

砂滤是工厂化人工育苗和养殖处理水主要的和基本的方法。它是通过水的沉淀和过滤等方法把悬浮在水中的胶体物质和其他微小物体和水分离。砂滤方法大致可分为砂滤池、砂滤罐、砂滤井和陶瓷过滤器过滤等。

(1)砂滤池:经沉淀后的海水,依靠水的重力,使水通过砂滤池。砂滤池常用的滤料有砂、砾石、牡蛎壳、石英砂、麦饭石、微孔陶瓷、珊瑚砂、硅藻土等。砂滤最细一层砂料直径为 $0.15 \sim 0.20$ mm,有效深度达 1 m 左右。

这种方法过滤的水质量较好,但过滤速度较慢,并且要经常洗换表层的过滤砂。为了提高滤水效率,可以经过两砂滤池过滤,或者先经砂滤罐过滤,然后再入砂滤池过滤。

砂滤池体积大,表面积大,不需要反冲。如发现细砂层被污物淤塞,水流不畅,在放掉水后,把上层 10～20 cm 的细砂去掉,换上新鲜的细砂即可。

(2)砂滤罐:砂滤罐属于封闭式砂滤系统,滤料及其铺设方法基本同砂滤池,这种过滤法速度较快,反冲方便。但其必须应用压力或真空技术,才能实现快速过滤的目的。动力一般通过水泵提供,亦有利用自然水位差使水通过砂滤罐。为了提高过滤水的质量,可将两个过滤罐串联使用;串联的两个过滤罐的滤料可以是一样的,也可以一个粗滤,另一个精滤。聚集在滤料表面的污物,通过反冲排出去。这种方式的缺点是在反冲时易破坏滤层。

也可采用无阀过滤池过滤海水。

(3)砂滤井:在砂质底的海边,中上潮区可以打井,让海水渗到底下井中。为了保证水量,可以 3～4 个串联,并直通高潮线附近的深井中;也可以利用海水蓄水池,在池内人工挖建一个地下砂滤井。砂滤井内的海水夏季水温低,冬季水温高,而且水的质量较高,没有有机物污染。因此,育苗成功率较高,并且对工厂化养殖也十分有利,可以降低成本。但在使用前,应检测水的盐度和酸碱度等化学指标,看是否附合一类和二类海水的水质标准。

(4)陶瓷过滤:通过陶瓷过滤器的滤芯将水过滤。一般将沉淀的水经砂粗滤后,再用陶瓷过滤器过滤。过滤质量较好,滤器也便于清洗。但这种方法适用于小型水体育苗。

(5)塑料珠过滤器:塑料珠过滤器是在静态砂床过滤器基础上改进和开发出来的。塑料珠一般为直径 0.3 mm 左右的白色塑料珠,填料形成一个静态滤床,海水通过塑料珠床时,部分悬浮物会被过滤掉。同时,塑料珠的表面提供细菌生物膜生长附着条件,溶解在水中的氨态和有机物会被细菌转化或分解。当塑料珠间被悬浮物占满以后,过滤器需要反冲。反冲时过滤器停止进水,将塑料珠床用机械的方式打散开,悬浮物与塑料珠脱离后沉淀到过滤器底部,塑料珠浮到过滤器上部重新形成静态滤床,沉淀的污泥被排出后开始新的一个过滤循环。

2.控温

为调整和缩短养殖周期,提早进行贝类人工育苗,进行水的控温便是十分必要的。贝类工厂化人工育苗和养殖一般采用升温的方式。升温分电热式、充气式、盘管式和水体直接升温式四种方式,可以根据具体设施灵活掌握。生产中一般采用充气式、盘管式和水体直接升温方式加热水温,而电热方式较少采用。电热方式只适合小型育苗过程中使用。

3.活性炭吸附

活性炭是一种吸附能力很强的物质,1 kg 颗粒活性炭的表面积可高达 1×10^6 m²。活性炭是用煤、木材、坚果壳或动物骨骼制成的。尚未使用的活性炭必须用清水洗去粉尘方可利用,使用过的活性炭可以用热水、蒸汽处理重新使之活化。小型活性炭处理水时,每 1～1.5 个月更换活性炭 1 次,大型处理时,可根据流出水的有机物含量来决定是否需要更换活性炭,如果有机物含量增多,就应更换活性炭。

近年来,利用竹炭吸附取得了较好效果。竹炭的最大特性是分子结构呈六角形,质地坚硬,细密多孔,表面积为 7×10^6 m²/kg。竹炭含有丰富的矿物质,是木炭的 5 倍,吸附能力是木炭的 10 倍以上。竹炭具有除臭、放入水中使水呈碱性(pH 值 8～9)、杀菌、漂白等效果。

活性炭吸附能力强,是一种很好的过滤器材。可以制作专用的活性炭过滤器,该过滤器为一直径 50～80 cm 的圆桶,放在砂滤池或砂滤罐后面;也可以放在砂滤池或砂滤罐的细砂层下面。使用前要用淡水淘洗干净,使用一段时间后,可淘洗、烘干,继续装填使用。

4. 泡沫分选

这项技术也称蛋白质分离技术。泡沫分选是分离水中溶解的有机物质和胶体物质的有效方法。通过气浮方式来脱除海水中悬浮的胶体、纤维素、蛋白质、残饵和粪便等有机物。在水中通气后,溶解有机物和胶体物质(大小为 0.001～0.1 μm)在气泡表面形成薄膜,气泡破裂后,破碎的薄膜留下,聚积成堆,易于被清除。为了提高泡沫分选效率,充气要足而均匀。也可采用泡沫分选增气机,提高泡沫分选效果。蛋白质分离器就是利用泡沫分选原理并与臭氧联合使用,可有效地除去水中的悬浮物、蛋白质和氨氮,并增加水中的溶解氧,同时具有杀菌消毒作用。

5. 紫外线照射

利用紫外线处理海水,可以抑制微生物的活动和繁殖,杀菌力强而稳定。此外,它还可氧化水中的有机物质,具有改良环境、设备简单、管理方便、节电和经济实惠等特点。常用的紫外线处理装置主要有紫外线消毒器。一般使用的紫外线波长为 400 μm 以下,有效波长 240～280 μm,最有效的为 240 μm。近年来,我国紫外线消毒器型号不一,有许多生产厂家。紫外线消毒器具有使用方便,效率较高,消毒效果稳定,不产生有害物质,对水无损耗,成本低等特点。

6. 超声波处理水

超声波是指频率为 2 万赫兹以上的有弹性的机械振动。超声波处理水的效应是由于强烈的机械力作用所引起的细胞的变化,超声波对微生物、原生动物和其他小型敌害生物的细胞起破坏作用。它可用于消毒、杀菌。育苗和养殖用水经砂滤后,再用超声波处理,可以预防微生物和其他敌害的破坏,有利于单细胞藻类的培养和动物育苗与养殖生产。

利用超声波杀菌时,微生物大小和超声波波长一致时,效果最好。许多研究工作者用超声波消毒水,收到了良好效果。水经超声波处理 5 min 后,即可达到完全杀菌,并且不需使用任何化学试剂。

7. 磁化水

磁场处理水(简称磁化水)是指以一定速度垂直流过适当磁场强度的水,即水流横过(切割)磁力线。磁化水在工业和农业已得到了广泛应用,我们利用磁化水培养单胞藻饵料以及进行贝类幼虫培育收到了良好效果。

磁化水对生物体的作用机理是一个多指标的综合效果。它可以使水产动物的酶和蛋白质的活性增加,从而促进生物体的代谢、生长、繁殖、感觉和运动;可以提高生物膜的渗透作用;提高生物体的吸收与排泄功能;能影响生物体内电子、自由基的活动;可引起水的某些物理、化学性质的变化,增加水的密度、黏度,表面张力增大,光吸收增加,离子溶解度大,酸碱度偏高,溶解氧增加,胶体物质减少等。

水产养殖上常让水流通过人工制作的电磁场,或专门制造的磁化水器,安装在进水口的周围,磁场强度为 0.7 T 以上。

我国利用磁化水培养贝类的饵料——小新菱形藻及其他单胞藻均收到了良好效果(表 4-2)。

表 4-2 磁化水培育小新菱形藻效果比较表(平均密度:万个/毫升)

(青岛海洋大学 1987 年)

时间(h) 组别	0	6	12	18	24	30	36	42	48	54	60	66
磁化水	167	171	214	321	437	524	695	719	752	743	916	876
非磁化水	174	175	226	317	381	381	415	430	504	440	401	351

磁化水对海水养殖育苗有以下作用:改善水质,增加溶解氧;增加单胞藻对光和营养盐的吸收;增强新陈代谢,加快生长速度,增强抗病力,减少死亡率,特别是对恶劣环境的抵抗力增加;促进性腺成熟,提高产卵量,提高海洋动物孵化率和成活率等。

二、化学方法

1. 充气增氧

充气可增加水中溶解氧的含量,促进育苗池和养成池中有机物质和其他代谢物质的氧化,是高密度育苗和养殖的气体交换形式、改良水质的重要措施。

分散的气体在通过水体时,进行混合充氧。如鼓风机和空气压缩机将空气通过气泡石后在水中产生细小的气泡,气泡在通过水体时,使空气与水混合。使用空气压缩机,因充气的水含微量的油,需要经过活性炭吸附和水洗涤后方可使用。

在充气过程中,气体的溶解度与气泡的大小成反比。当气泡大小为 0.04~0.08 cm 时,可有 70%~90% 气体溶于水中。而气泡太小时,在水中又不能立即被破坏,且易附于动物体上,对幼虫发育不利。

有条件最好采用液态氧进行充气,也可利用制氧机增氧。

2. 臭氧处理水

臭氧处理水是通过臭氧发生器产生臭氧,通入水中处理一段时间后或经专门臭氧处理塔处理,把处理水通过活性炭除去余下的臭氧后,再通入育苗池和养成池。

臭氧处理水技术是当前一种先进的净化水技术。臭氧的产物无毒;使水中含有饱和溶解氧,臭氧可杀死细菌、病毒和原生动物;可脱色、除臭、除味;可以除去水中有毒的氨和硫化氢,净化育苗和养殖水质。

3. 高分子吸附剂的应用

高分子重金属吸附剂是聚苯乙烯颗粒,其可对重金属离子进行选择性吸附,粒径为 0.3~1.2 mm。现广泛应用于环境保护、分析化学等领域,可从不同成分的溶液中除去重金属离子(铜离子、锌离子、铅离子、镉离子等),从而消除重金属离子对海洋生物的毒性。

具体做法是在进入育苗池前,采用动态吸附法即水按一定流速经过装有高分子吸附剂的管子,经其吸附后,进入育苗池和养成池。也可以采用挂袋(90 目大小)方式直接在育苗池和养成池中放入高分子吸附剂的半静态吸附法吸附,一般 1 m³ 水中放 1 g,吸收 30～40 h 后,放入稀盐酸中处理一下即可再使用,可反复使用多次。

4. 硫酸铝钾处理

硫酸铝钾俗称明矾,系无色透明晶体,分子式为 $K_2SO_4 \cdot Al_2(SO_4)_3 \cdot 24H_2O$ 或 $KAl(SO_4)_2 \cdot 12H_2O$,其水解后产生氢氧化铝 $Al(OH)_3$ 乳白色沉淀。难电解的氢氧化铝,可以吸附水体中的胶体颗粒,并使颗粒越来越大,形成棉絮状沉淀,沉积于水底,从而提高水的透明度,这就是明矾净化水的原理。胶体物质粒径(r)为 $0.001～0.1\ \mu m$,它具有一系列特性:特有分散程度,使其扩散作用慢;渗透压低,不能透过半透膜;动力稳定性强,乳光亮度强;粒子小,表面积大,表面能高,有聚沉趋势;电子显微镜可以见到。一般浮泥多,胶体物质多;胶质物质多,水的透明度较低。使用硫酸铝钾处理海水适用于浮泥和胶体物质较多的不洁之水。可以加硫酸铝钾 $0.5～1\ g/m^3$ 净化海水。硫酸铝钾应在一级提水时加入,需经黑暗沉淀,然后取其上层海水进行过滤后才能使用。

5. 三氯化铁处理

三氯化铁在水中可以产生氢氧化铁($Fe(OH)_3$)沉淀,氢氧化铁可以吸附水中的胶体物质,使其下沉,从而提高水的透明度。三氯化铁一般使用浓度为 $1～3\ g/m^3$,应加在沉淀池中。

6. 乙二胺四乙酸二钠(EDTA 钠盐)处理

海水中重金属如铜、汞、锌、镉、铅、银等离子含量超过养殖用水标准,易造成水质败坏,影响人工育苗效果。为防重金属离子对海洋动物的毒害作用,一般在沉淀池中加乙二胺四乙酸二钠(EDTA 钠盐)$2～3\ g/m^3$,以螯合水中重金属离子,使之成为络合物,失去重金属离子作用。

7. 漂白液或漂白粉处理

漂白液或漂白粉消毒处理海水,主要用在单胞藻饵料的培养上。加 $25\ g/m^3$ 有效氯的漂白液或漂白粉消毒海水,可将水中的细菌、杂藻和原生动物杀死。然后,用硫代硫酸钠进行中和,便可接种单胞藻扩大培养。

三、生物处理

生物处理是以微生物和植物的活动为基础。微生物除了分解和利用有机物质外,还能产生维生素和生长素等,使得培养的幼虫或稚贝保持健康。植物可以利用溶解于水中的氨态氮,使培养生物免受代谢产物——氨态氮的危害,还可调整水的酸碱度。生物处理分微生物处理法和藻类处理法两种。

1. 微生物处理法

(1)简易微生物净化:水的砂滤处理中,在滤床的砂层表面往往由于有机物的堆积和微生物的繁殖,使得整个滤床转变为微生物过滤器,这就是较为简单的生物过滤器。在卵石、砂等有孔隙的滤料之间,原生动物和细菌自然形成生物薄膜,借助于微生物的作用,以减少水中氨氮、亚硝酸氮、硝酸氮的含量。

(2)生物转盘:这是一种较为先进的海水生物处理法。生物转盘的基本原理在于它依靠转盘盘面上生长的微生物把水中含有的氨态氮、亚硝酸氮转化为无害的硝酸盐,达到净化育苗用水的目的。生物转盘为一个多平板的转动圆盘,半浸于水中。经过一段时间的熟化,盘上长满了生物膜。随着盘板的不断转动,附着在盘面上的生物膜均匀地与水池中的海水接触,将海水净化。

(3)生物网笼和生物桶:网笼内放网衣、纤维滤料或塑料薄膜,塑料桶内放塑料薄片或塑料球,构成生物网笼和生物桶。笼内网衣或塑料薄膜,桶内塑料薄片或塑料球均长满微生物,水不断经过网笼和桶,从而得到净化。为了提高净化效果,应增加生物网笼和生物桶的数量。

(4)流化床生物过滤器:它是采用直径 150 μm 左右的石英砂作为滤料,利用上升流将细砂漂浮容器中,细砂表面易长满硝化细菌等微生物。利用硝化细菌等生物将水中的氨、亚硝酸盐等物质转化为硝酸盐,以达到净化水质的目的。

此外,也可采用滴流式生物过滤池或浸没式生物过滤池进行海水的净化处理。

(5)光合细菌:光合细菌是一类革兰氏阴性细菌,是最复杂的细菌菌群之一。目前应用的主要种类是红色无硫细菌(Rhodospirillaceae)。光合细菌无论在厌氧光照条件下,还是在好氧无光照条件下,都能充分利用育苗水体和养成水体中有害物质如硫化氢、氨、有机酸等有毒物质以及其他有机污染物,作为菌体生长、繁殖的营养成分。在育苗和养殖水体中,它是一类水净化营养菌,具有清池和改良环境的作用。氨氮去除率达 66% 以上。

光合细菌营养价值高。粗蛋白含量达 65.45%,粗脂肪 7.18%,含有丰富的叶酸、活性多种维生素、泛醌、类胡萝卜素和氨基酸等,光合细菌在海洋生物幼虫培育中均可作为辅助饵料投喂。

光合细菌是一类微生物,对抗菌素较为敏感,因此,在育苗池中加光合细菌时,应禁止投放抗菌素。相反,若投放抗菌素抑菌,则应禁止投光合细菌入池。

2.藻类处理法

利用藻类来处理育苗和养殖用水的机理是藻类利用氮和二氧化碳,经过光合和同化作用,使之化为蛋白质和碳水化合物,同时释放出氧,改善水的酸碱度,达到净化目的。藻类处理海水可分为大型藻类和微型单细胞藻类两种类型。在利用大型藻类净化时,是把藻类放入光照条件良好或安装有日光灯的水槽中让水通过水槽以去掉水中的氮化合物;利用单细胞藻类时,在水槽中培养单细胞藻类,水经过单细胞藻处理后再经砂滤,流进育苗池和养成池中。为了促使单细胞藻繁殖生长,应保证有充足的光线。

第四节　贝类幼虫的饵料及饵料培养

一、单细胞藻类的培养

1.作为饵料单胞藻的基本条件

饵料是贝类幼虫生长发育的物质基础。贝类幼虫很小,它只能摄食单细胞藻类(图4-4)。单细胞藻类需具备下列基本条件:

(1)个体小,一般要求直径为 10 μm 以下,长 20 μm 以下。

(2)营养价值高、易消化、无毒性。

(3)繁殖快,易大量培养。

(4)浮游于水中,易被摄食。

(5)饵料要新鲜、无污染。

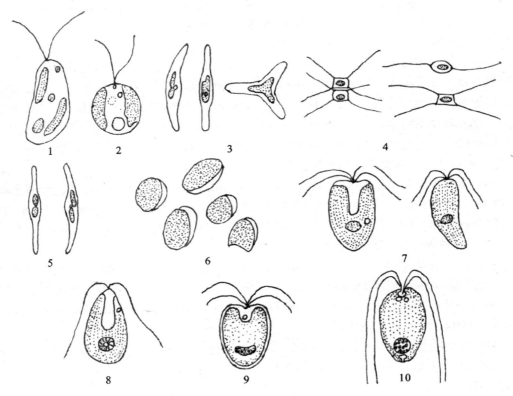

1.等鞭藻　2.湛江等鞭藻　3.三角褐指藻　4.牟氏角毛藻　5.小新月菱形藻　6.异胶藻
7.亚心形扁藻(亚心形卡德藻)　8.盐藻　9.青岛大扁藻(青岛卡德藻)　10.塔胞藻

图 4-4　贝类育苗常用的饵料生物

2.常用单胞藻饵料种类及其形态

(1)金藻类:

1)等鞭藻 3011,等鞭藻 8701(*Isochrysis galbana* Parke):等鞭藻为裸露的运动细胞,呈椭圆形,幼细胞略扁平,有背腹之分,侧面观为长椭圆形。活动细胞长 5～6 μm,宽 2～4 μm,厚 2.5～3 μm。具 2 条等长的鞭毛,长度为体长的 1～2 倍。色素体 2 个,侧生,大而伸长,形状和位置常随身体的变化而变化。细胞具有 1 个小而暗红的眼点。储藏物是油滴和白糖素,随着细胞的老化,白糖素的体积逐渐增大,直到充满细胞的后部。

2)湛江等鞭藻(*Isochrysis zhanjiangensis*. Hu. var. sp.):湛江等鞭藻的运动细胞多为卵形或球形,大小为(6～7) μm×(5～6) μm。细胞具几层体鳞片,在细胞前端表面有一些小鳞片。具有2条等长的鞭毛,从细胞前端伸出。两条鞭毛中间有一呈退化状的附鞭。色素体两片,侧生,金黄色,细胞核位于细胞后端两片色素体之间。一个或几个白糖素颗粒位于细胞中部或前端。

3)绿色巴夫藻(*Pavlova viridis*):细胞为运动型单胞体,无细胞壁,正面观呈圆形,侧面观为椭圆形或倒卵形,细胞大小为6 μm×4.8 μm×4 μm。光学显微镜下能见到一条长的鞭毛,长度为细胞体长1.5~2倍。色素体一个,裂成两大叶围绕着细胞。有2个发亮的光合作用产物——副淀粉位于细胞的基部。

(2)硅藻类:

1)三角褐指藻(*Phaeodactylum tricornutum* Bohlin):三角褐指藻有卵形、梭形、三出放射形三种形态的细胞。细胞的这三种形态在不同培养环境下可以互相转变。在正常的液体培养条件下,常见的是梭形细胞和三出放射形细胞,这两种形态的细胞都无硅质细胞壁。三出放射形态的细胞有3个"臂",臂长皆为6~8 μm,细胞中心部分有1细胞核和1~3片黄褐色的色素体。梭形细胞长约20 μm,有2个略钝而弯曲的臂。卵形细胞较少见,在平板培养基上培养可出现卵形细胞。

2)小新月菱形藻(*Nitzschia closterium* f. *minutissima* Ehrenb):小新月菱形藻俗称"小硅藻",是单细胞浮游硅藻,具硅质细胞壁,细胞壁壳面中央膨大,呈纺锤形,两端渐尖,皆朝同方向弯曲,似月牙形。体长12~23 μm,宽2~3 μm,细胞中央具1细胞核。色素体2片,位于细胞中央细胞核两侧。

3)牟氏角毛藻(*Chaetoceros muelleri* Lemmerman):细胞小型,多数呈单细胞,有时2~3个组成群体。壳面椭圆形到圆形,中央部略凸出。壳环面呈长方形至四角形。细胞大小为(4~4.9) μm×(5.48~8.4) μm(环面观)。角刺细长,圆弧形,末端稍细,约20 μm。色素体1个,呈片状,黄褐色。

4)纤细角毛藻(*Chaetoceros gracilisschutt*):细胞小型,多呈单细胞,有时2~3个细胞组成链状,大小(5~7) μm×4 μm,角刺长30~37 μm。

(3)绿藻类:

1)青岛大扁藻(*Platymonas halgolandica* var. *tsingtaoensis* (Tseng et Chang)):又名青岛卡德藻(*Tetraselmis halgolandica* var. *tsingtaoensis*(Tseng et Chang)),体长在16~30 μm之间,一般是20~24 μm,宽12~15 μm,厚7~10 μm。卵圆形,前端较宽,中间有一浅的凹陷,鞭毛4条由凹处伸出。细胞内有一大型、杯状、绿色的色素体。藻体后端有一蛋白核,具红色眼点,有时出现多眼点特性。

2)亚心形扁藻(*Platymonas subcordiformis*(Wille)):又名亚心形卡德藻(*Tetraselmis subcordiformis* Wille),藻体一般扁压,细胞前面观呈广卵形,前端较宽,中间有一浅的凹陷,鞭毛4条由凹处伸出。细胞内有1大型、杯状、绿色的色素体。藻体后端有一蛋白核,蛋白核附近具1红色眼点。体长11~14 μm,宽7~9 μm,厚3.5~5 μm。

3)塔胞藻(*Pyramidomonas* sp.):多数梨形、侧卵形,少数半球形。细胞长12~16 μm,宽8~12 μm,前端具一圆锥形凹陷,由凹陷中央向前伸出4条鞭毛,色素体杯状,少数网状,具1个蛋白核。眼点位于细胞的一侧或无眼点,细胞单核,位于细胞的中央偏前端。不具细胞壁。

4)盐藻(*Dunaliella* spp.)：单细胞,无细胞壁,体形变化大,有梨形、椭球形、长颈形甚至基部是尖的。大小也有差别,一般大的长 22 μm,宽 14 μm,小的长为 9 μm,宽为 3 μm。鞭毛 2 条,位于藻体前端。体内有一杯状的叶绿体。在叶绿体内靠近基部有一个较大蛋白核。眼点大,位于体的上部。细胞核位于中央原生质中。

(4)黄藻类:异胶藻(*Heterogloea* sp.)：异胶藻细胞多为长球形或椭球形。内有 1 块侧生的黄绿色色素体,几乎占细胞的大部分。无蛋白核。细胞长 4~5.5 μm,宽 2.5~4 μm。

3.单胞藻饵料的培养

(1)各种微藻的生态条件:见表 4-3。

表 4-3　常用微藻的生态条件

种类	盐度		温度(℃)		光照(lx)		pH 值	
	范围	最适	范围	最适	范围	最适	范围	最适
等鞭藻 3011	10~30		10~35	20~25	1 000~10 000	6 000~9 000		8
等鞭藻 8701	10~35	15~30	0~27	13~18	3 000~30 000		6~10	
湛江等鞭藻		23~36	9~35	25~32	1 000~31 000	5 000~10 000	6~9	7.5~8.5
绿色巴夫藻	5~80	10~40	10~35	15~30		4 000~10 000		
三角褐指藻	9~92	25~32	5~32	10~20	1 000~8 000	3 000~5 000	7~10	7.5~8.5
小新月菱形藻	18~61.5	25~32	5~28	15~20		3 000~8 000	7~10	7.5~8.5
牟氏角毛藻	10~25		5~30	25~30	5 000~25 000	10 000~15 000	6.4~9.5	8.0~8.9
青岛大扁藻		30~35	12~32	25	1 000~10 000	2 500~5 000	8~10	8.9
亚心形扁藻	8~80	30~40	7~30	20~28	1 000~20 000	5 000~10 000	6~9	7.5~8.5
塔胞藻		31~32		25		6 000~7 000		8.2
盐藻	30~80	60~70	20~30	25~30		2 000~6 000		7~8
异胶藻	12~37	19~34	10~35	15~33	1 000~8 000			

(2)微藻的培养液:依微藻种类不同,培养液的配制方法也不同,即使同一种类,个人的惯用方法也不同。现将硅藻、金藻、绿藻和黄藻常用的培养液配方介绍如下,见表 4-4, 4-5,4-6,4-7。

表 4-4 金藻类培养液

培养液名称	培养液配方		用途
E-S 培养液	硝酸钠($NaNO_3$)	120 mg	培养等鞭藻 3011 用
	磷酸二氢钾(KH_2PO_4)	1 mg	
	土壤抽取液	50 mL	
	海水	1 000 mL	
湛水 107-1 号培养液	硝酸钠($NaNO_3$)	50 mg	培养湛江等鞭藻用
	磷酸二氢钾(KH_2PO_4)	5 mg	
	硫酸铁[$Fe_2(SO_4)_3$](1%溶液)	5 滴	
	柠檬酸钠($2Na_3C_6H_5O_7$)	10 mg	
	人尿	1.5 mL	
	海水	1 000 mL	
等鞭藻 8701 培养液	硝酸钠($NaNO_3$)	30 mg	培养等鞭藻 8071 用
	尿素(NH_2CONH_2)	15 mg	
	磷酸二氢钾(KH_2PO_4)	6 mg	
	柠檬酸铁($FeC_6H_5O_7$)	0.5 mg	
	维生素 B_1	0.1 mg	
	维生素 B_{12}	0.000 5 mg	
	海水	1 000 mL	
f/2 改良培养液 Ⅱ	硝酸钠($NaNO_3$)	75 mg	适用于金藻类的生产性培养
	磷酸二氢钠(NaH_2PO_4)	4.5 mg	
	海泥抽取液	20~40 mL	
	人尿	1.5 mL	
	海水	1 000 mL	
生产上用金藻培养液	硝酸钠($NaNO_3$)	60 g	生产上培养金藻用培养液,适合于一切金藻类
	磷酸二氢钾(KH_2PO_4)	4 g	
	柠檬酸铁($FeC_6H_5O_7$)	0.5 mg	
	维生素 B_1	100 mg	
	维生素 B_{12}	0.5 mg	
	消毒海水	1 m^3	

表 4-5　硅藻类培养液

培养液名称	培养液配方		用途
三角褐指藻、新月菱形藻培养液 I	人尿	5 mL	适用于培养三角褐指藻、新月菱形藻
	海泥抽取液	20～50 mL	
	海水	1 000 mL	
三角褐指藻、新月菱形藻培养液 II	人尿	1.5～2 mL	适于培养三角褐指藻、新月菱形藻
	硝酸钠($NaNO_3$)	50 mg	
	磷酸二氢钾(KH_2PO_4)	5 mg	
	硫酸铁[$Fe_2(SO_4)_3$](1%溶液)	5 滴	
	柠檬酸钠($2Na_3C_6H_5O_7$)	10 mg	
	硅酸钠(Na_2SiO_3)	10 mg	
	维生素 B_1	0.1 mg	
	维生素 B_{12}	0.000 5 mg	
	海水	1 000 mL	
三角褐指藻、新月菱形藻培养液 III	硫酸铵[$(NH_4)_2SO_4$]或硝酸铵(NH_4NO_3)	30 mg	适于培养三角褐指藻、新月菱形藻
	过磷酸钙发酵尿液	3 mL	
	柠檬酸铁($FeC_6H_5O_7$)	0.5 mg	
	海水	1 000 mL	
三角褐指藻、新月菱形藻培养液 IV	硝酸铵(NH_4NO_3)	30～50 mg	适于培养三角褐指藻、新月菱形藻
	磷酸二氢钾(KH_2PO_4)	3～5 mg	
	柠檬酸铁铵[$Fe(NH_4)_3(C_6H_5O_7)_2$]	0.5～1.0 mg	
	硅酸钾(K_2SiO_3)	20 mg	
	海水	1 000 mL	
黄海水产研究所角毛藻培养液	硝酸铵(NH_4NO_3)	5～20 mg	适于培养角毛藻
	磷酸二氢钾(KH_2PO_4)	0.5～1.0 mg	
	柠檬酸铁($FeC_6H_5O_7$)	0.5～2.0 mg	
	海水	1 000 mL	
	加入少量人尿,效果更好		
厄尔德-施赖伯培养液	硝酸钠($NaNO_3$)	100 mg	最简单的配方,适于硅藻的培养
	磷酸氢二钠(Na_2HPO_4)	20 mg	
	海水	1 000 mL	
生产上用硅藻培养液	硝酸钠($NaNO_3$)	60 g	适合生产上培养三角褐指藻、新月菱形藻和角毛藻
	磷酸二氢钾(KH_2PO_4)	4 g	
	硅酸钠(Na_2SiO_3)	4.5 g	
	柠檬酸铁($FeC_6H_5O_7$)	0.5 g	
	消毒海水	1 m^3	

表 4-6　绿藻类培养液

培养液名称	培养液配方		用途
绿藻培养液 I	硝酸铵(NH_4NO_3)	50~100 mg	培养扁藻、小球藻或杜氏藻时，添加 10~20 mL 海泥抽取液效果更好
	磷酸二氢钾(KH_2PO_4)	5 mg	
	柠檬酸铁($FeC_6H_5O_7$)或柠檬酸铁铵 [$Fe(NH_4)_3(C_6H_5O_7)_2$]	0.1~0.5 mg	
	海水	1 000 mL	
绿藻培养液 II	人尿	3~5 mL	适用于扁藻和其他绿藻的生产性培养，效果良好
	海泥抽取液	20~30 mL	
	海水	1 000 mL	
盐藻培养液	甲液：		此培养液适宜于培养盐藻。使用时将甲、乙两液混合，如果再加 2%~3% 的人尿效果更好
	氯化钠(NaCl)	5~10 g	
	柠檬酸铁($FeC_6H_5O_7$)	0.001 g	
	海泥抽取液	20~30 mL	
	海水	500 mL	
	乙液：		
	硝酸钠($NaNO_3$)	0.5 g	
	磷酸二氢钾(KH_2PO_4)	0.05 g	
	海水	500 mL	
生产上用绿藻培养液	硝酸钠($NaNO_3$)	60 g	适用于扁藻的生产性培养
	尿素(NH_2CONH_2)	18 g	
	磷酸二氢钾(KH_2PO_4)	4 g	
	柠檬酸铁($FeC_6H_5O_7$)	0.5 g	

表 4-7　黄藻类培养液

培养液名称	培养液配方		用途
培养液 I	硫酸铵[$(NH_4)_2SO_4$]	10~20 mg	适合异胶藻的保种培养和小型培养
	磷酸二氢钾(KH_2PO_4)	1~2 mg	
	柠檬酸铁($FeC_6H_5O_7$)	0.1~0.2 mg	
	海水	1 000 mL	
培养液 II	人尿	3~5 mL	适合异胶藻生产性培养
	海水	1 000 mL	

(3)容器和工具的消毒：

1)加热消毒：利用直接烧灼、煮沸和烘箱干燥等高温，杀死微生物和其他敌害。此法只适用于较小容器的消毒。

2)漂白粉消毒：工业用的漂白粉一般含有效氯 25%～35%。消毒时按(1～3)×10⁻⁴的比例配成水溶液，把容器、工具在溶液中浸泡 0.5 h，便可达到消毒目的。也可使用漂白精消毒，漂白精一般含有效氯约 70%。

3)酒精消毒：用纱布蘸 70%酒精涂抹容器和工具表面便可达消毒目的。

4)高锰酸钾消毒：以 5×10⁻⁴的比例配成溶液把要消毒的容器、工具浸泡 5 min，便可达消毒目的。

5)石灰酸消毒：将容器、工具置于 3%～5%石炭酸溶液浸泡 0.5 h，便可消毒。

(4)海水消毒：

1)加热消毒：加热到 70℃，持续 20 min～1 h；加热到 80℃，持续 15 min～0.5 h；加热到 90℃，持续 5～10 min 均可达消毒目的。

2)过滤除害：利用砂滤、陶瓷过滤器过滤海水。后者比前者效果好，多用于饵料二级培养和中继培养。砂滤较粗糙，可用于扩大培养上。

3)酸处理消毒：按每升海水加 1 个当量浓度的盐酸溶液 3 mL 的比例，使海水 pH 值下降到 3 左右，处理 12 h 便可消毒，然后加入同样量的氢氧化钠，使海水 pH 恢复到原来水平便可。

4)漂白粉消毒：使用(15～20)×10⁻⁶有效氯的漂白粉或漂白精处理海水，一般下午处理，次日上午取其溶液便可接种培养。也可用 1 000×10⁻⁶有效氯的漂白粉处理海水，再用 100×10⁻⁶硫代硫酸钠处理，使有效氯消失，经沉淀，取其上层清液，再施肥、接种。

(5)接种：

1)接种的选择和要求：选择生命力强、生长旺盛的藻种；颜色正常的绿藻呈鲜绿色，硅藻呈黄褐色，金藻呈金褐色；有浮游能力种类上浮活泼，无浮游能力的种类均匀悬浮水中；无大量沉淀，无明显附壁，无敌害生物污染；藻种浓度较高，要高比例接种。

2)接种比例：藻种浓度不同，接种比例是不同的(表 4-8)。

表 4-8　藻种接种比例

藻种名称	浓度(×10⁴/mL)	藻种与培养液比例	备注
亚心形卡特藻	30～40	1：(3～5) 1：(1～2)	温度高季节
三角褐指藻	300	1：(4～9) 1：(2～3)	室内 室外
湛江叉鞭金藻	250	1：(3～6)	
异胶藻	200	1：5 1：2	室内 室外

一般单细胞藻类可按1：（2～5）的比例接种。接种最好是上午8：00～10：00。

（6）培养方法：单细胞藻类的培养方法多种多样。按照采收方式分为一次培养、连续培养和半连续培养；按照培养规模和目的分为小型培养、中继培养和大量培养；按照与外界接触程度分开放式培养和封闭式培养。单细胞藻类能有效地利用光能、CO_2和无机盐类合成蛋白质、脂肪、油、碳水化合物以及多种高附加值活性物质，故目前多利用封闭式光生物反应器（Photobioreactor）来进行微藻的大量和高密度培养。

（7）培养管理：

1）充气与搅动：通过鼓风机、空气压缩机向饵料容器中充气。无充气条件的，需每日搅拌3～5次，每次1～5 min。

2）调节光照：光照要适宜，尽力避免强的太阳直射光。为防直射光照射，饵料室可用毛玻璃、竹帘、布帘等遮光调节。在阴天或无阳光情况下，需利用日光灯或碘钨灯等的光照代替。

3）调节温度：要保持单胞藻生长所需的最适温度范围。温度太高，要注意通风降温。严冬季节，要水暖、气暖，提高温度。

4）调节pH值：二氧化碳的吸收和某些营养盐的利用，可引起pH上升或下降，在培养过程中，如果pH值过高，可用1 mol/L的HCl调节，pH值过低，用1 mol/L的NaOH调节。

5）观察生长：可以通过观察藻液的颜色、细胞运动情况、有否沉淀和附壁现象、有无菌膜及敌害生物污染来判断，每日上、下午各作一次全面检查。根据具体情况采取相应措施，加强管理。

（8）单细胞藻类密度统计方法：单细胞藻类一般用1 mL水体含单胞藻个体数表示其密度，常用血球计数板统计。血球计数板中央有两块具有准确面积的大小方格。其中每块可分为9个大方格。每一大方格面积是1 mm^2。每一大格又分为16个中格。在中央的大格中的每一中格又分为25个小格，共400个小格（也有的中央是25个中格，每个中格分16个小格，总数也是400格）。当加玻片时，每一大格即形成一个体积为0.1 mm^3的空间。计数时，可取4个角上的大格，每大格取4个中格，共16个中格全部计数，再乘上10 000，即得1 mL单胞藻个体数。

也可使用水滴法计数。1 mL水体中含单胞藻数＝计数每滴平均值定量吸管每毫升的滴数稀释倍数。在生产中还采用透明度、光电比色、重量法测定密度。

（9）藻膏的研制：目前的贝类人工育苗中，常常因为投入过多的藻液，使育苗池的水污染，影响育苗水质，特别是投入被污染和老化的饵料更为严重。为了防止过多藻液入池，应通过连续离心方法去掉多余污水，将藻液浓缩，把单胞藻制成藻膏再投喂。这样可以保证饵料质量，避免代谢产物和氨氮入育苗池。此外，单胞藻制成藻膏，加防腐剂、装罐，可保藏0.5～1年，随用随取，质量高，使用方便。藻膏的研制可以提高饵料池的利用率，能利用育苗空间、时间进行常年生产，从而保证为贝类人工育苗特别是亲贝蓄养提供源源不断的单胞藻饵料。

4. 饵料培养注意事项

（1）消毒：容器和工具要严格消毒，采用加热、化学药品如漂白粉、酒精、高锰酸钾等处理，杀死微生物和其他敌害。培养饵料用的海水也要经过加热、过滤及酸或漂白粉等消毒处理。

（2）接种：要选择生命力强、无污染、生长旺盛的新鲜藻种，一般可按 1∶（2～5）的比例接种。

（3）充气与搅动：通过鼓风机、空气压缩机向饵料容器中充气。无充气条件的，需每日搅拌 3～5 次，每次 1～5 min。

（4）调节光照：光照要适宜，尽量避免强的太阳直射光。为防直射光照射，饵料室可用毛玻璃、竹帘、布帘等遮光调节。在阴天或无太阳光的情况下，需利用日光灯或碘钨灯等的光照代替。

（5）调节温度：要保持单胞藻生长所需的最适温度范围。温度太高，要注意通风降温。严冬季节，要水暖、气暖，以提高温度。

（6）调节 pH 值：二氧化碳的吸收和某些营养盐的利用，可引起 pH 值上升或下降，在培养过程中，如果 pH 值过高，可用 1 mol/L 的 HCl 调节；pH 值过低，用 1 mol/L 的 NaOH 调节。

（7）观察生长：可以通过观察藻液的颜色、细胞运动情况、有否沉淀和附壁现象、有无菌膜及敌害生物污染来判断。每日上、下午各作一次全面检查，根据具体情况采取相应措施，加强管理。

二、光合细菌的培养

当前光合细菌（Photosynthetic Bacteria）不仅是水质良好净化剂，而且是贝类幼虫的饵料。

光合细菌营养价值高，粗蛋白含量达 65.45％，粗脂肪 7.18％，含有丰富的叶酸、多种维生素、泛醌、类胡萝卜素和氨基酸等。在牡蛎等贝类幼虫培育中，光合细菌均可作为辅助饵料投喂。

光合细菌属于细螺菌目，分为红螺菌科、着色菌科、绿杆菌科和绿色丝状菌科等 4 科，共 23 属 80 余种。目前广泛应用在水产养殖上的主要种类是红螺菌科的紫色非硫细菌（Phodospirillaceae）。其共同的特征是：具鞭毛，能运动，不产生气泡，细胞内不积累硫磺。

1. 培养方式

大量培养光合细菌，通常采用两种培养方式，即全封闭式厌气光照培养方式和开放式微气光照培养方式。

（1）全封闭式厌气光照培养：全封闭式厌气光照培养是采用无色透明的玻璃容器或塑料薄膜袋，经消毒后，装入消毒好的培养液，接入 20％～50％的菌种母液，使整个容器均被液体充满，加盖（或扎紧袋口），造成厌气的培养环境，置于有阳光的地方或用人工光源进行培养。定时搅动，在适宜的温度下，一般经过 5～10 d 的培养，即可达到指数生长期高峰，此时，可采收或进一步扩大培养。

（2）开放式微气光照培养：开放式微气光照培养，一般采用 100～200 L 容量的塑料桶或 500 L 容量的卤虫孵化桶为培养容器，以底部成锥形并有排放开关的卤虫孵化桶比较理想。在桶底部装 1 个充气石，培养时微充气，使桶内的光合细菌呈上下缓慢翻动。在桶的正上方距桶面 30 cm 左右装 1 个有罩的白炽灯泡，使液面照度达 2 000 lx 左右。培养前先把容器消毒，加入消毒好的培养液，接入 20％～50％的菌种母液，照明，微充气培养。

在适宜的温度下,一般经 7～10 d 的培养,即可达到指数生长期高峰,此时,进行采收或进一步扩大培养。

2.培养方法

光合细菌的培养,按次序分为容器、工具的消毒,培养基的制备,接种,培养管理四个步骤。

(1)容器、工具的消毒:容器、工具洗刷干净后,耐高温的容器、工具可用直接灼烧、煮沸、烘箱干燥等三种方法消毒。大型容器、工具及培养池一般用化学药品消毒。常用的消毒药品有漂白粉(或漂白液)、酒精、高锰酸钾等。消毒时,漂白粉浓度为$(1～3)×10^{-4}$,酒精浓度为 70%,石炭酸浓度为 3%～5%,盐酸浓度为 10%。

(2)培养基的制备:

1)灭菌和消毒:菌种培养用的培养基应连同培养容器用高压蒸汽灭菌锅灭菌。小型生产性培养可把配好的培养液用普通铝锅或大型三角烧瓶煮沸消毒;大型生产性培养则把经沉淀砂滤后的水用漂白粉(或漂白液)消毒后使用。

2)培养基配制:根据所培养种类的营养需要选择合适的培养基配方。按培养基配方把所需物质称量,逐一溶解,混合,配成培养基。也可先配成母液,使用时按比例加入一定的量即可。

配方 1:磷酸氢二钾(K_2HPO_4)0.5 g,磷酸二氢钾(KH_2PO_4)0.5 g;硫酸铵[$(NH_4)_2SO_4$]1 g,乙酸钠(CH_3COONa)2 g,硫酸镁($MgSO_4$)0.5 g,酵母浸出汁(或酵母膏)2 g,消毒海水 1 000 mL。

配方 2:利用贝类加工的肉汤,加入底泥悬浮液,经发酵、煮沸,冷却过滤后作为营养液进行培养。本配方简单,适合大规模生产性培养。

3)接种:培养基配好后,应立即进行接种。光合细菌生产性培养的接种量比较高,一般为 20%～50%,即菌种母液量和新配培养液量之比为 1∶(1～4),不应低于 20%,尤其微气培养接种量应高些,否则,光合细菌在培养液中很难占绝对优势,影响培养的最终产量和质量。

4)培养管理:

①搅拌和充气:光合细菌培养过程中必须充气和搅拌,作用是帮助沉淀的光合细菌上浮获得光照,保持菌细胞的良好生长。

②调节光照度:培养光合细菌需要连续进行照明。在日常管理工作中,应根据需要经常调整光照度。白天可利用太阳光培养,晚上则需要人工光源照明,或完全利用人工光源培养。人工光源一般使用碘钨灯或白炽灯泡。不同的培养方式所要求的光照强度有所不同。一般培养光照强度控制在 2 000～5 000 lx。如果光合细菌生长繁殖快,细胞密度高,则光照强度应提高到 5 000～10 000 lx。调节光照强度可通过调整培养容器与光源的距离或使用可控电源箱调节。

③调节温度:光合细菌对温度的适应范围很广,一般温度在 23℃～39℃,均能正常生长繁殖,可不必调整温度,在常温下培养。如果要加快繁殖,应将温度控制在光合细菌生长繁殖最适宜的范围内,使光合细菌更好地生长。

④调节 pH:随着光合细菌的大量繁殖,菌液的 pH 值上升,当 pH 值上升超出最适范

围,一般采用加酸的办法来降低菌液的 pH,醋酸、乳酸和盐酸都可使用,最常用的是醋酸。

⑤生长情况的观察和检查:可以通过观察菌液的颜色及其变化来了解光合细菌生长繁殖的大体情况。菌液的颜色是否正常,接种后颜色是否浅变深,均反映光合细菌是否正常生长繁殖以及繁殖速度的快慢。必要时可通过显微镜检查了解情况。

⑥问题的分析和处理:通过日常管理、检查,了解光合细菌的生长情况,找出影响光合细菌生长繁殖的原因,采取相应的措施。影响光合细菌生长的原因很多,内因是菌种是否优良,外因是光照、温度、营养、敌害、厌气程度等。温度、光照和 pH 同时影响着光合细菌的生长,而且温度、光照和 pH 之间是互相制约的,温度与光照的强弱是对立统一的,所以光合细菌生长的最适条件应是互应的,即温度高,光照应弱;温度低,光照应强。如果是温度高、光照强,pH 就会迅速升高,培养基产生沉淀,抑制光合细菌的生长;如果温度低、光照弱,光合细菌得不到最佳能源,生长速度也慢。经试验得出光合细菌生长的最适条件是:温度 15℃～20℃时,光照 30 000～50 000 lx,培养基 pH 为 7;温度 25℃～30℃时,光照为 3 000～5 000 lx,培养基的 pH 为 7。

第五节　贝类的常温人工育苗一般方法

一、育苗前的准备

在育苗之前要做好生产的准备,制定出生产计划,清刷池子,备好饵料和附苗器材,落实好过渡池子或海区。

二、亲贝的选择、处理和蓄养

1. 亲贝的选择

亲贝性腺是否成熟是人工育苗能否成功的首要条件。只有获得充分成熟的卵子和精子,才能保证人工育苗的顺利进行。未成熟的卵一般不能受精或受精率极低,有些虽然受精了,但胚胎不能进行正常发育,形成畸形,中途夭折,或发育至幼虫阶段,其体质极差,生长速度缓慢,不能抵御外界环境条件的变化而使育苗失败。因此,对亲贝的选择工作一定要认真做好。

(1)要选择生物学最小型(性成熟的最小规格)以上的亲贝。各种贝类生物学最小型规格不一,必须区别对待。选择亲贝时,一般不要个体太大或太小,若太小,产卵量少;若太大,因个体老成,对于诱导刺激反应缓慢,卵子质量较劣。在贝类繁殖期中,可从自然海区选择亲贝。

(2)要选择体壮,贝壳无创伤,大小均匀,无寄生虫和病害,在海区中无大量死亡的亲贝。

(3)要选择性腺发育较好的亲贝。对亲贝性腺发育状况,精、卵成熟度需进行仔细观察。在常温育苗中,采捕亲贝的时间十分重要,过早性腺不成熟,入池后受刺激,易将未成熟卵产出,过晚则错过第一批优质卵。

宏观上,可以通过检查性腺覆盖内脏团表面的程度或性腺在外套膜中出现的部位以及性腺指数来判断。如果性腺全部遮盖了褐色的消化腺,则证明性腺发育较好,如牡蛎。若在外套膜中有明显性腺分布的种类如贻贝,其外套膜全部为性腺充满则证明发育较好。对于扇贝来说,性腺比较集中分布在腹崎上,因此可以通过性腺指数判断,性腺指数达最高则证明性腺发育较好。

微观上可以检查精、卵成熟度。借助显微镜检查生殖细胞成熟程度,从性腺中吸取一点性腺物质放在载玻片上,并加海水一滴,在镜下观察卵子的大小和形状、营养物质积累情况、卵核大小及透明程度等。双壳类卵径多数在 $50\sim70\ \mu m$,一般不超过 $100\ \mu m$。刚取出的成熟卵因种类不同,形状不一样,如果个体小或大小掺杂或多角形,一般都是不成熟的。成熟的卵子一般都是卵膜缩小,原生质增多,细胞核大而透明,核内有核仁。但一些在第一次成熟分裂的中期受精的种类,其卵核不清,如贻贝、蛤仔、偏顶蛤、合蒲珠母贝等;观察精子主要看是否成型,是否具有活动力。若精子活动能力较强,尤其在氨海水中游动甚活泼,一般为成熟表现。与此相反,若精子有的头部大,有的尾部拖一块细胞质,活动力差,游动幅度不大,则为不成熟表现。精子形状不一,一般为鞭毛虫型,头部有的呈圆形,有的呈圆锥形或羊角辣椒形,尾部细而长。

(4)如何选择亲贝。雌雄亲贝的选择比较困难。鲍和双壳类的雌雄亲贝可以从性腺颜色不同加以区分,雌雄性腺颜色无差别的可以利用滴水法检验,即利用一片载有一滴水的载玻片,吸一点性腺滴在水中,若马上呈小颗粒状散开是雌性,若不散开并带黏性呈烟雾状者为雄性。

2. 亲贝的处理

自然生长的亲贝壳表面常常附有石灰虫、藤壶、金蛤、柄海鞘、珊瑚藻或其他杂藻、浮泥等。在人工刺激排放精、卵前,要把这些附着物去掉,再用刷子把壳表杂质、浮泥洗刷干净。有足丝种类要剪去足丝,然后用过滤海水洗净,以备诱导刺激。

3. 亲贝的蓄养

蓄养亲贝可分为室外与室内两种,在室外主要是根据贝类性成熟需要一定的温度,这样可通过人工控制、调节水温的方法培育亲贝。在自然海区中,可以利用海水温度的分层现象,调整养殖水层,促进性腺成熟。此外,可以利用降温的方法延迟贝类的产卵时间,在海中则可以降低水层,以延缓产卵时间。总之,利用控制水温的办法,几乎在全年任何时间内均可以得到所需的成熟精子和卵。

亲贝室内蓄养:洗刷后的亲贝,依种类不同,按每立方米水体 $50\sim80$ 个,多者 $100\sim200$ 个的密度,置于网笼内或浮动网箱中蓄养,蓄养时要认真检查和管理,防止亲贝产出后的卵子流失。亦可采用换水方法每天换水两次,每次换去 2/3 水或每日换新池。蓄养中要及时投单胞藻饵料、淀粉、鲜酵母、单胞藻干制品(如扁藻粉等)、食母生和藻类榨取液或人工配合饵料。清除池底污物。扁藻饵料一般为 1 万~2 万个/毫升,小硅藻为 3 万~4 万个/毫升,金藻 5 万~6 万个/毫升,淀粉或食母生浓度为 $(2\sim3)\times10^{-6}$,鼠尾藻等藻类榨取液利用 200 目筛绢过滤后投喂。

三、诱导亲贝产卵排精

卵生型的牡蛎和中国蛤蜊等人工授精极易成功,而菲律宾蛤仔和文蛤等则不能完全如意。拿来的材料怎样才算成熟,这也是一件麻烦事。取出的卵大小不齐,或卵内容物流失,得不到分离出的完全卵,这种卵看起来是成熟的;事实与真正的生理成熟不一致。人工授精困难的种类,比前者更进一步的成熟程度才能进入可能受精的状态。换言之,前者的情况是放出的卵核(即胚泡)还未消失,核的轮廓还很明显的时期就有受精可能,属于这种类型有卵生型牡蛎、中国蛤蜊。后者的情况是胚泡消失,染色体排列在赤道板上,达到第一次成熟分裂中期的状况才有受精的可能,但这种中期状态的卵,只存在于自然状态,而由人工剥离,则所得机会极少,属于这种类型的有菲律宾蛤仔、合蒲珠母贝、贻贝、扇贝等。

人工授精容易的种类如卵生型牡蛎可以采取直接的人工授精方法。这种方法甚至无须人工刺激法获得精、卵,可以用解剖法获取精、卵,或者从生殖孔压挤出精、卵进行湿法授精(加水)或干法授精(不加水)。直接人工授精方法简便,但是因为牡蛎的卵是分批成熟,解剖获取的卵有些是不够成熟的。虽然这些不够成熟的卵,也能受精,但是发育不好,能培养到固着的个体都是比较成熟的卵。此外解剖法还要杀伤大量亲贝,因此最好采取人工诱导方法进行排放与授精。

人工授精较困难的种类,必须采用间接的人工授精。利用人工刺激的方法,诱导亲贝产卵排精,然后进行人工授精。

诱导的目的是为了使亲贝集中而大量地排放精、卵。内因是变化的根据,外因是变化的条件,亲贝能否正常地大量排放精、卵的关键在于贝类性腺本身成熟状况。性腺成熟好的和比较好的,经人工诱导刺激后,一般都能大量排放。但性腺成熟差的,即使人工诱导也不排放,强行排放的精、卵质量差,受精率低。

人工诱导亲贝产卵常用的方法有以下几种:

(1)自然排放法:通过人工精心蓄养、培育,保持良好水质,以优质饵料促使亲贝性腺发育,充分成熟。利用倒池或换新水的方法,使亲贝排放精、卵。这种方法获得的精、卵质量高,受精率、孵化率高,幼虫质量高。这是目前生产中大众化采卵方法,也是理想的方法。

(2)物理方法:

1)变温刺激:

①升温刺激:一般将成熟亲贝移至比其生活时水温高 $3℃～5℃$ 的环境中,即可引起产卵排精。许多贝类人工育苗多用此法。此法效果良好,使用简便,是常用的方法。

②升降温刺激:有些种类单独用升温刺激难以引起产卵,必须经过低温与高温多次反复刺激才能引起产卵。例如,将生活于 $21℃$ 左右的魁蚶,放在 $16.5℃$ 低温海水中保持 20 h,再升温刺激,温度提高到 $21℃～27℃$,可达到产卵排精目的。文蛤、鲍鱼有时也需要多次反复变温刺激才能产卵、排精。

2)流水刺激:充分成熟的个体,经流水刺激 $1～2$ h 停止冲水后,潜伏期只有 $10～20$ min(少者只有 $0.5～1$ min)便可排放精、卵,若流水刺激不灵,可先行阴干刺激 0.5 h 后,再行流水刺激,一般能收到一定效果。

3)阴干刺激:将亲贝放在阴凉处阴干 0.5 h 以上再放入正常海水中,便可引起贻贝、扇贝等贝类产卵、排精。

4）改变海水密度：利用降低海水密度方法，可以诱导牡蛎、滩涂贝类等多种贝类排放精、卵。

5）电刺激：用 20～30 V 的交流电刺激贻贝 5～15 min 也可诱导产卵排精。

6）紫外线照射海水诱导产卵：用紫外线照射海水诱导鲍产卵的良好效果是 1974 年才发现的，所用紫外线的波长为 2 537Å，这个波长可能使海水中的有机物出现变化和海水活性化，致使经过照射的海水能够诱导产卵、排精。利用 300 mW·h/L 的紫外线照射剂量，照射 100 L 海水，可诱导近 100 个虾夷扇贝产卵，催产率高达 100%。栉孔扇贝照射剂量为 200 mW·h/L，10～30 min 后便可开始排放精、卵。其照射剂量按下列公式计算：

$$A = \frac{1\,000 \times W \times T}{V}$$

式中，A 为照射剂量（mW·h/L）；W 为紫外线灯的功率（W）；T 为照射时间（h）；V 为水量（L）。

7）超声波诱导：亦有利用超声波促使贻贝和鲍产卵。据实验，亲贝放入水中后，通过超声波使水呈微细气泡，10 min 后，取出超声波发生器，贻贝很快产卵。

（3）化学方法：

1）注射化学药物：注射 NH_4OH 海水溶液可以引起一些贝类产卵，例如用 0.2～0.5 mL 的 2% NH_4OH 海水溶液注射到泥蚶卵巢或足的基部内，可引起产卵。NH_4OH 应用范围很广，对牡蛎、四角蛤蜊、日本棱蛤均能见效，也有采取 0.5 mol/L KCl，K_2SO_4 或 KOH 溶液 2～4 mL 注射到贻贝、菲律宾蛤仔、文蛤、中国蛤蜊等软体或肌肉内，使组织和肌肉发生收缩，促使雌雄亲贝产卵排精。此外，1%～5%氯仿，8%乙醚亦可达排放目的。

2）改变海水酸碱性：利用 NH_4OH 将海水 pH 提高，诱导亲贝排放精、卵。NH_4OH 是一种弱碱，在水中分解后能放出 NH_4^+，使 pH 升高，它可以穿过亲贝的细胞膜使细胞呈碱性，起促进生殖细胞提前成熟的作用。有人用 1 mol/L NH_4OH 溶液加入海水中，分别使 pH 值上升到 8.72～9.90 范围内，对蛤蜊和中国蛤蜊进行浸泡处理后 10～30 min 则产卵排精。文蛤等经过氨海水浸泡后，pH 适当提高，也可引起产卵排精。

3）氨水可以活化精子：如果排放出来精子不活泼，或者解剖法获得的精子不活泼，可用氨水活化。

（4）生物方法：

1）异性产物：同种异性产物往往会引起亲贝产卵或排精。例如，用稀释的精液或生殖腺提取液加到同种雌性外套腔中，便可刺激雌贝产卵。

2）激素：某些动物神经节悬浮液作诱导可引起贝类产卵排精，而且还发现甲状腺、胸腺等输出物或蔗糖以及石莼、礁膜等藻类提取液均对亲贝有不同程度的诱导作用。

上述四种诱导方法，首推自然排放法，其次是物理法，它具有方法简单、操作方便、对以后胚胎发育影响较小等特点，而化学方法与生物方法操作复杂，容易败坏水质，对胚胎发育影响较大。在实践中，常采取多种方法综合进行诱导，可以提高诱导效果。

以上诱导方法，一般雄性个体对刺激反应敏感，常常引起雄性先排放，如温度刺激亲鲍排放精、卵就是一例（图 4-5）。

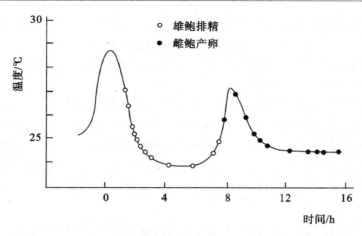

图 4-5 变温刺激杂色鲍排精产卵情况

四、受精

受精前需统计采卵量。均匀搅拌池中水,使卵子分布均匀,然后用玻璃管或塑料管任意取 4～5 个不同部位的水入 500～1 000 mL 的烧杯中,再用 1 mL 移液管搅匀杯中水,随意取 1 mL 滴于白色有机玻璃板上,在解剖镜下逐个计数。如此取样,检查 3～5 次,求 1 mL 卵的平均数,再根据水体总容量求出总卵数。

精、卵的结合形成一个新的个体为受精,由人工方法促使精、卵结合为人工授精。

当产卵或排精的个体移入新鲜过滤(或消毒)海水中,排放达到所需数量时,将亲贝移出。雌雄同体或雌雄混合诱导排放,在产卵后不断充气或搅动,使卵受精,并除去多余精液。雌、雄分别诱导排放,然后向产卵池中加入精子,充气,搅动。

为保证较高受精率,精、卵放置时间不要过长。受精率与精、卵的放置时间长短呈负相关。

在含有卵子的池中或容器中加入精液轻轻搅拌混合后,即可受精。精子究竟加多少比较合适,理论上一般认为,把一滴精液滴到 10 mL 水中,然后吸一滴滴到 100 mL 含几十个卵的水中,进行人工授精,比较合适。一个卵有一个精子进去就行,在实践中往往加入精液偏多,给以后洗卵和胚胎发育造成了不利影响。一般看到一个卵周围有 2～3 个或 3～4 个精子便可。只要看到卵子出现极体,就表示卵受精了。通过视野法求出受精率,然后根据总卵数和受精率求出受精卵数。

$$受精率 = \frac{受精卵}{总卵数} \times 100\%$$

卵子的受精能力主要取决于卵子本身的成熟度,此外,还与产出时间长短有关系。一般受精能力常随产出卵的时间延长而降低,而时间的长短又与温度密切相关,温度越高,精、卵的生命力越短,一般说在产卵后的 2～3 h 内受精率都很高。

五、受精卵的处理

(1)筛洗受精卵:卵加精液充气或搅动混合受精后,静置 30～40 min,卵都已沉底便可将中上层海水轻轻放出或倾出,留下底部卵子再用较粗网目的筛绢使卵通过而除去粪便等杂质,然后加入过滤海水,卵经沉淀后再倒掉上层海水。这样清洗2~3次即可。洗卵的目的在于除去海水中多余的精液,因为精液过多会引发受精卵畸形。洗好后加入过滤海水使其发育,并进行充气和搅动。

(2)不洗卵:如果卵周围的精子不多(显微镜下观察卵周围精子,一般2~3个)可不必洗卵。有的雌雄个体难分或雌雄同体的种类,卵子又小,很难洗卵,受精时要控制精子密度。受精后,加氯霉素$(1~2)×10^{-6}$,抑制细菌繁殖,不断充气或搅动,用抄网捞取杂质、污物,待胚胎发育到D形幼虫后,立即进行浮选(拖网)或滤选移入他池进行幼虫培育。

(3)受精卵发育:根据种类不同,密度不一。受精卵密度低者为50~60个/毫升,多者300~500个/毫升,一般100个/毫升。

(4)孵化:受精卵经过一段时间发育便可破卵膜浮起在水中转动,称为孵化。通过视野法求出孵化率。

$$孵化率=\frac{孵化胚胎}{受精卵}×100\%$$

胚胎经过1~2 d便可发育到D形幼虫,用浮选法将D形幼虫移入育苗池培育。除去池底部死亡的胚胎。在胚胎发育过程中,不换水,采用加水和充气方法改良水质。如果畸形胚胎太多,如超过30%,应弃之另采。

六、幼虫培育

幼虫培育就是指从面盘幼虫初期开始到双壳类稚贝附着或稚鲍第一呼吸孔出现时为止的阶段。

幼虫培育管理有换水、投饵、除害、选优、倒池与清底、充气与搅动、抑菌、控制适宜环境条件、理化因子观测、测量幼虫密度和生长等。

(1)选幼:用300目或250目筛绢制成的长方形网,套在长70~80 cm、宽40~50 cm的塑料(或竹、木制)架上,在水表层拖网,然后将拖到的幼虫置于另外已准备好洁净水的育苗池中,进行幼虫培育工作。为防止大型污物入池,可用8号筛绢网过滤后入池。也可以根据池子宽窄,截成比池宽稍长的筛绢,筛绢宽1.2 m左右,利用此筛绢在池子表层两边拖网,从一端拖到另一端,将幼虫过滤于筛绢网兜里,再置于另外备好的池子培育。

(2)密度:D形幼虫密度一般为10~20个/毫升。利用高密度反应器培育贝类幼虫,采用流水培育,其密度可高达150~200个/毫升。

(3)换水:可采用大换水或流水培育法进行水的更新,流水培育或大换水均需用换水器(过滤鼓、过滤棒或网箱)过滤。使用时,要检查网目大小是否合适,筛绢有无磨损之处。换水过程中,要经常晃动换水器,防止幼虫过度密集。换水温差不要超过2℃,流水培育或大换水以每日能换出全部陈水为宜。

一般流水培育比大换水好,但是流水培育饵料损失较多,是其不足之处。

(4)投饵:D形幼虫时开始投饵。饵料要求:个体小(长20 μm以下,直径10 μm以下);饵料要浮游于水中,易被摄食,容易消化,营养价值高;代谢产物对幼虫无害;繁殖快,容易培养。

使用的饵料要新鲜,禁止使用污染和老化的饵料。

投饵密度:扁藻 3 000～8 000 个/毫升,小硅藻 10 000～20 000 个/毫升,金藻 30 000～50 000 个/毫升。为防止过多藻液入池增加池中氨态氮的浓度,可以利用离心浓缩方法,研制成藻膏投喂。

混合饵料优于单一饵料,个体小的饵料优于个体大的。在饵料不足条件下,可以补助投喂食母生。投喂的食母生要经过磨碎,加水搅拌,用脱脂棉过滤去较大颗粒,或用沉淀法,使较大颗粒沉淀,选用上层溶液投喂。

(5)除害:

1)敌害种类:常见敌害有海生残沟虫、游扑虫和猛水蚤等(图 4-6)。

2)危害方式:争夺饵料;繁殖快,种间竞争占优势;能够败坏水质。

3)防除方法:要坚持"以防为主"的方针,过滤水要干净,容器要消毒,避免投喂污染的饵料。

一旦发现敌害可以采用大换水的方法机械过滤后移入他池培育。

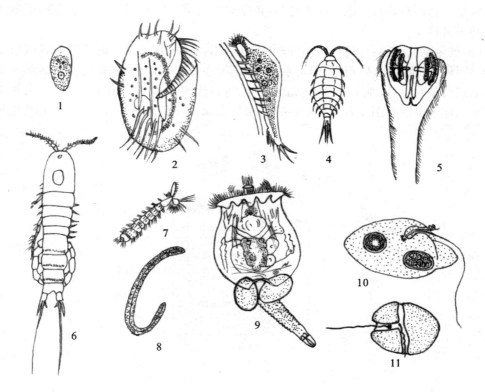

1.变形虫(*Amoeba*)　2.游扑虫(*Euplotes*)　3.闌虫(*Stylonchia*)　4.海蟑螂(*Ligia*)
5.栉水母(*Pleurobrachia*)　6.猛水蚤(Harpacticidae)　7.孑孓　8.线虫
9.轮虫(*Brachionus*)　10.海生残沟虫(*Oxyrrhis marina*)　11.裸甲藻(*Gymnodinium*)

图 4-6　贝类育苗中常见的敌害生物

(6)选优:

1)浮选法:贝类幼虫有上浮习性,并有趋光性,因此可以将上层幼虫选入另外池子进行培育,整个育苗过程中可以浮选 2～3 次。

2)滤选法:为了选优或适时投放采苗器,应用较大的筛绢将好的或个体较大的幼虫筛选出来进行培育。

(7)倒池与清底:由于残饵及死饵,代谢产物的积累,死亡的幼虫,敌害和细菌大量繁殖,氨态氮大量贮存,严重影响水的新鲜和幼虫发育,因此在育苗过程中要倒池或清底。倒池方法采用拖网或过滤方法。清底采用清底器吸取,清底前,需旋转搅动池水,使污物集中到池底中央,然后虹吸出去。

大型育苗池可以不倒池,但必须每隔 2～3 d 加 $(1～2)×10^{-6}$ 抗菌素。或者利用拖网方法,每隔一天倒池一次。

(8)充气与搅动:在幼虫培育过程中均可充气,它可以增加水中氧气,使饵料和幼虫分布均匀,有利于代谢物质的氧化。充气可采用充气机充气或液态氧充气。无充气条件可每日搅动 4～5 次,一般充气加搅拌为好。

投放采苗器后,小型育苗池不应充气,采用流水培育或加大换水量和搅动方法增加水中含氧量。利用对虾育苗池大水体育苗,在投放采苗器后,仍可照样充气培养,但散气石要避开采苗器。

(9)抗生素的利用:一旦环境条件较差,可利用 $(0.5～1)×10^{-6}$ 的呋喃西林或 $(1～2)×10^{-6}$ 四环素、金霉素、红霉素、氯霉素或土霉素、穿心莲,有抗菌和提高育苗成活率的作用。上述药品对真菌、细菌、支原体、立克次氏体、衣原体和病毒等有抑制作用。几种主要抗菌素的作用范围见图 4-7。但在育苗中,应尽力保持优良环境条件,一般不要使用抗生素。

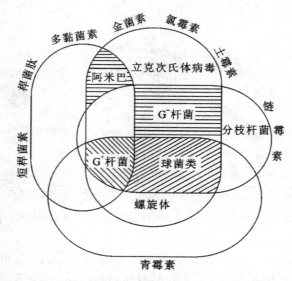

图 4-7 几种主要抗菌素的作用范围(Raper,1952)

(10)幼虫培育中的适宜理化条件:种类不同,差别较大。一般水温为 17℃～26℃,日温差不超过 2℃,盐度为 28.95～35.00。

(11)幼苗培育中有关技术数据的观测:

1)饵料密度:利用血球计数板统计,以1 mL细胞数代表饵料的密度。

2)幼虫定量:均匀搅拌池水,用细长玻璃管或塑料管从池中4～5个不同部位吸取水溶液少许,置于500 mL烧杯中用移液管均匀搅拌杯中水并吸取1 mL。用碘液杀死计数,以1 mL幼虫数代表幼虫密度。

3)幼虫生长:利用目微尺测量壳长和壳高来判断其生长速度。

4)幼虫活动:池水搅拌均匀后,用烧杯任意取一杯,静止5～10 min,观察其在烧杯中的分布情况。如果均匀分布则是好的。若大部分沉底则是不健康的幼虫,应进行水质分析和生物检查

5)理化测定:每日早上5:00和下午2:00分别测最低和最高水温。池中有暖气管加热设备的,应每2 h测水温1次。

每3 d测盐度和光照各一次。盐度可用盐度计或精密密度计测定,光照一般利用照度计测定。

每日测溶解氧、酸碱度、氨氮和有机物耗氧。溶解氧用碘定量法测定,酸碱度用酸度计或精密pH比色计测定,有机物耗氧用碱性高锰酸钾法定量,氨氮可采用钠氏比色法测定。

有条件最好设置育苗池自动水质在线监测系统,利用电脑控制,对水质按时自动进行监测。水质在线监测系统是检测技术、电脑技术与通讯技术结合的一种简单可靠的数据监测、远程传输系统,目前可以进行测定的指标有pH值、溶解氧、盐度、温度、氨氮等。该系统由水质采样器、水质测定仪、变送器、计算机、检测系统软件等组成。

七、幼虫的附着行为及采苗

1. 幼虫的附着行为

贝类的浮游幼虫在发育早期是向光性的,到了变态期,便表现出了背光性。这是导致它们营底栖附着生活的最初影响,但是底质状况和附着基性质及有无附着基也是其可否变态的重要因素。

在一定条件下,各种贝类幼虫变态时其大小一般比较固定,如贻贝壳长达到210 μm左右,褶牡蛎壳长达到350～400 μm,扇贝一般183 μm即可附着。如果条件较差或恶化,可以延长变态和变态规格,甚至不附着、不变态。

有的双壳贝类自由浮游的幼虫在结束浮游生活即将进入附着生活时,可以看到在鳃的原基的背部形成一对球形的由黑色素聚集起来的感觉器官,称为眼点。眼点是接近幼虫附着的特有器官,也是即将进行附着生活的一个显而易见的特征,可以作为投放附着器的标志。

2. 采苗

掌握采苗器投放时间是相当重要的。过早投放采苗器也会影响幼虫生长,影响水质。但如果到达附着期(或成熟期),应当投放采苗器而不投放,幼虫将集中在底部或池壁附近,高密度集结而造成局部缺氧、缺饵,引起幼虫死亡。因此,投放采苗器要做到适时。

由于贝类生活型不同,幼虫附着所需的附着基也不相同。附着基的选择以附苗性能好,容易收苗,价格低廉,操作方便,又不影响水质为原则。

固着型的种类如牡蛎,可以使用扇贝壳、牡蛎壳作为采苗器。近年采用涂有水泥砂子的聚氯乙烯网(每平方英寸 18×14 目)或涂有水泥砂的木轮板、塑料板、树脂板等。这样苗种育成后易于剥离。

附着型的种类中,贻贝和扇贝可以采用直径 0.3～0.5 cm 的红棕绳编成的帘子(每帘长 0.8 m,宽 0.4 m,用绳 50 m),也可采用作网笼的网衣、废旧网片、塑料单丝绳和无毒塑料软片等。珠母贝采苗也有利用瓦片的。

投放采苗器时应注意下列问题:

(1)用贝壳、塑料板、网片等作为采苗器,均应刷干净方可使用。其中瓦片采苗器,在投放前 20 多天,就要用海水浸泡,并换水几次,然后用过滤海水冲洗干净,经太阳暴晒三天,再用过滤海水冲洗一遍,方可使用。

(2)用红棕绳作为采苗器,必须经过锤打,烧棕毛,浸泡,煮沸,再浸泡,洗刷,用藻液或抗菌素(青霉素 $5×10^{-6}$)泡一下等处理后才能使用。

(3)投放前要加大换水量,将池内幼虫浓缩,并搅动池水,冲洗池壁,使幼虫分布均匀,便可投放。

(4)投放时应先铺底层,再挂池周围,最后挂中间。或者一次全部挂好。采苗器要留有适当空间,使水流通。

(5)采苗器投好后,停 1～2 h 再慢慢加满池水。

(6)投放采苗器的数量要适当,网笼的网衣为 10～13 片/立方米。若用 0.3 mm 的细棕绳采苗帘投挂数量为 800～1 000 m/m³,帘子太多,水易污染,所以宁少加不多加。

(7)投放采苗器时,还要考虑到幼苗的背光习性,尽力保持池内光线均匀,以免幼苗附着过密,抑制其生长。

(8)采苗器投放后,还要继续观察其变化,日常管理工作要坚持下去,千万不能放松。

埋栖种类的泥蚶,其幼虫在接近附着期时,将幼虫移入具有泥砂的水池内,泥砂系用 20 号筛绢过滤,其厚度为 1 cm 左右,或将泥砂直接筛洗在盛有幼虫的水池内。1991 年丹东水产研究所采用了无底质培育稚贝的技术,利用波纹板采文蛤苗,取得了显著成效。

对于不同生活型的双壳类,特别是固着型和埋栖型贝类,可将室内培育的眼点幼虫滤选出来,移于预先准备好的土池中附着变态。为了提高变态率,池中应有良好附着基,水质较好,饵料丰富。这是一种工厂化人工育苗与土池半人工育苗相结合的路线,是一项有发展前途的育苗方法。

八、稚贝培育

幼虫附着变态后进入稚贝培育阶段,此时正是生命力弱、死亡率高的时期,为此必须进行认真的管理。为了防止因环境突变引起死亡,幼虫附着后,仍可以在原水池中饲养一个时期。特别是附着生活的扇贝、贻贝更是如此。如果早下海,它们会切断足丝逃逸的。

过大流速对幼虫附着虽起不良作用,但适宜流速不仅对幼虫附着有利,而且可以带来充足氧气和食物,从而有利于稚贝迅速生长,所以在附着后的稚贝池中应该加快换水循环,或增加换水次数和换水量。

稚贝期的投饵量也应相应增加,如扇贝附着后可将扁藻调节在 1 万个/毫升左右的密度,三角褐指藻等小型藻类调节至 2 万～3 万个/毫升。

培养中要使水池内的水温、盐度等逐渐接近海中的条件。此外,对稚贝还应积极锻炼其适应外界环境的能力,如对附着种类进行震动,增强附着能力的锻炼。对牡蛎、泥蚶等贝类还要进行干露、变温等刺激,经过一个锻炼培养阶段之后,就可以移到室外进行培育。牡蛎移到室外后,将其放在中潮区暂养。附着种类经过一段培育之后,壳长达 0.6～0.8 mm 再向海上过渡。埋栖种类则要放在小土池中进行培育,度过越冬期后再移至潮间带培养。

鲍的幼虫继续培养到第一呼吸孔出现时,即形成稚鲍(成苗)。成苗后,再经一段时间培养后,就可移至海区养殖或进行工厂化养殖。

九、稚贝下海育成苗种

稚贝在室内经过一个阶段培育后,就要移到海上培养成可供养殖的苗种。这是人工育苗的第二阶段。

幼苗出池下海,首先要统计它的产量,以便销售和控制放养密度。计数方法可采用取样法,求出平均单位面积(或长度)或单个的采苗器的采苗量,也可采用称量法,取苗种少量称量计数,从而求出总重量的总个体数。

幼苗出池下海,首先应选择好海区,设置筏架。暂养海区应选择风浪小、水流平缓、水质清洁、无浮泥、无污染、水质肥沃的海区。下海时要选择风平浪静的天气,防止干燥和强光照射,早晨或傍晚进行较好。

固着型贝类和埋栖型贝类幼苗下海一般较附着型容易。它无须采取别的措施加以保护。然而附着型贝类由于小稚贝和幼贝很不稳定,容易切断足丝,移向他处。下海时,环境条件突然改变,如风浪、淤泥、水温、光照等变化会造成附着型贝类下海掉苗,目前附着型贝类下海后保苗率均很低。贻贝和扇贝保苗较好的可达 50%～60%。因此,向海上过渡是目前人工育苗中较关键的一环。为了提高保苗率,可以培养较大规格的稚贝(600～800 μm)下海,利用网笼或双层网袋(内袋 20 目,外袋 40 或 60 目,表 4-9)下海保苗,或利用对虾养成池进行稚贝过渡。中间培育中要及时分苗,疏散密度,助苗快长。

表 4-9 乙烯(乙纶)筛网规格表

目数	10	12	16	20	24	30	40	50	60
近似孔径(mm)	1.96	1.63	1.19	0.97	0.79	0.60	0.44	0.35	0.29
网目对角线(mm)	2.77	2.30	1.68	1.37	1.12	0.85	0.62	0.49	0.41

十、正确运用辩证法,搞好贝类人工育苗

(1)水是育苗的关键。在贝类人工育苗过程中,除了按照国家海水水质标准选择水质外,还要对育苗用海水进行理化和生物处理,始终把水质放在首要地位来对待。水质不好,育苗不可能成功。

(2)饵料是基础。在人工育苗中,要保证有优质的饵料,在保证饵料质量的前提下,再追求数量,一定要处理好饵料的质和量的关系。

（3）水温和饵料影响亲贝、幼虫、稚贝、幼贝的发育生长。在亲贝蓄养和幼虫培育中，要抓好水温和饵料两个主要因素。

（4）正确处理好内因与外因的关系，蓄养好亲贝。内因是根据，外因是条件，亲贝性腺发育不好，强行刺激，将直接影响卵的质量和胚胎发育。

（5）利用种间矛盾和竞争的理论，根据育苗技术和设备条件，合理搭配密度，创造有利于幼虫发育生长的条件，限制敌害繁殖和发育的条件。

（6）正确处理育苗中的主要矛盾和次要矛盾。育苗中矛盾很多，一定要抓好主要矛盾。同时，矛盾也在不断的变化和发展，我们的思想认识一定要适应这种变化和发展，找出主要矛盾。育苗过程中一旦出现问题，主要矛盾没有抓住，次要矛盾怎样抓也都无济于问题的解决。

（7）优化育苗条件，正确处理局部和全局的关系。认真抓好育苗的每一环节，才能保证育苗全局的胜利。一个环节失误，都将影响全局。

（8）当前水质检测是必要的，但又是很不完善的，因此，在育苗生产中要不断充实和完善水质检测标准和内容。

复习题

1. 室内人工育苗的方法有何优点？

2. 一个生产性的育苗场的基本设施有哪些？

3. 为什么说水是育苗的关键？处理水的方法有哪些？

4. 水的生物处理原理和方法是什么？

5. 水的理化处理都有那些方法？

6. 光合细菌在人工育苗中有何作用？

7. 作为饵料用的单胞藻应具备哪些基本条件？常用的饵料都有哪几种？如何统计饵料密度？

8. 饵料接种时都有哪些基本要求？

9. 亲贝蓄养时应注意些什么问题？

10. 诱导排放精、卵的方法都有哪几种？你认为哪种最好，为什么？

11. 什么是受精和孵化？如何统计受精率和孵化率？

12. 如何统计总卵数、幼虫密度和稚贝密度？

13. 在 $20 \, m^3$ 的幼虫培育池中，要保持每毫升水体中含有 1 万个小新月菱形藻，你打算如何投饵？

14. 幼虫培育是从什么时候开始？幼虫培育过程中常规管理工作有哪些内容？

15. 什么是倒池？为什么要倒池？如何倒池？

16. 向育苗池中充气有何优点？为什么有的充气不如不充气？

17. 固着型和附着型贝类人工育苗中，什么时候投放附着基为宜？常用的附着基有哪些？投放附着基应注意些什么？

18. 如何提高稚贝下海保苗率？

19. 如何正确运用辩证法，搞好贝类人工育苗？

第五章　贝类的土池人工育苗和采捕野生苗

第一节　土池人工育苗

土池人工育苗是在露天下进行的,面积大,洗卵和清除敌害工作比较困难,人工控制程度较差。但这种方法设备简单、成本低,是大众化的育苗方法,又称半人工育苗。该法一般用在双壳类的苗种生产上。

一、育苗场地的选择

(1)位置:应建在高潮区或高、中潮区交界的地方。无洪水威胁,风浪不大,潮流畅通。有淡水注入的内湾或海区,地势平坦的滩涂为最好。

(2)底质:滩涂底质多样,有泥滩、砂滩、泥砂滩、砾石滩等。贝类种类不同,对底质要求也不一样。泥蚶、缢蛏喜欢泥多砂少的砂泥滩,文蛤、菲律宾蛤仔喜欢砂滩或砂多泥少的泥砂滩,牡蛎、贻贝、扇贝等固着和附着生活的贝类,不受底质的限制,岩礁底更好,但纯泥质底是不适合的。

(3)水质:无污染。必须符合水产养殖用水的水质标准(表1-1)。

(4)其他:交通较方便,水电供应有保障。

二、育苗池的建造

(1)大小:以小者2~5亩*,中等10~20亩大小的土池为宜,管理操作比较方便,最大不要超过100亩。育苗池太小,操作不方便。土池为长方形,池子要东西长、南北短,防止在刮东南风或东北风时,造成幼虫过于聚集。

(2)筑堤:内外堤要砌石坡堤,内坡最好用水泥浇缝。土池内坡设有平台(马道),为便于操作和管理,池堤应该高出最大潮高水位线1 m。池内蓄水深度1.5~2 m。

(3)建闸:闸门起着控制水位、排灌水、调节水质、纳进天然饵料的作用。闸门的多少、大小、位置要根据地势、面积、流向、流量等决定。一般要建进、排水闸各一座,大小应以大潮汛一天能纳满或排干池水为宜。闸门内、外侧要有凹槽,以便安装过滤框用。排水闸门低限的位置应略低于池底,以便清池、翻晒和捞取贝苗。

(4)平整池底:池中间挖一条深0.5 m的纵沟,池底要平整。埋栖型贝类要加薄薄一层颗粒大小为1~2 mm的细砂层,以利于眼点幼虫附着变态。

(5)催产网架:建在进水闸内侧,可用石条、水泥板或木棍等架设而成,上面铺有网衣,

---

* 渔业生产中通常用亩作为养殖面积计量单位,1亩=666.$\dot{6}$ m²=1/15 ha。

以便亲贝催产用。一个 20 亩左右的土池建一个高 1.2 m 左右、长 15～16 m、架宽 6 m 的催产架即可。

（6）其他：若建池位置较高，应设有提水工具，保证加水和提供足够天然饵料。根据实际需要设饵料池，人工培育单胞藻，以补充池内饵料的不足。

三、育苗前的准备工作

（1）清池、翻晒、消毒：

1）清池：清除淤泥，拣去石块及其他杂物，排除浒苔等附着物。

2）翻晒：放干池水，翻耕耙平池底，消毒，氧化，改良底质，以利于埋栖型贝类钻土底栖。

3）消毒：在亲贝入池前 2 个月要纳水浸泡并换水 2～3 次，浸泡水深要达到 1 m 以上，直到 pH 值稳定在 7.6～8.5 之间。旧池在育苗前 2 个月应把水排干，让太阳曝晒 10～15 d。水沟用浓度 $(500～600)×10^{-6}$ 的漂白粉消毒或茶籽饼（5～7 千克/亩）杀除敌害生物。消毒后，用尼龙筛绢网闸过滤海水，网闸网目径 90～150 μm，过滤海水进土池浸泡 2～3 d 后排干，再进水浸泡，反复 2～3 次便可。

（2）培养基础饵料：清池消毒后，应在育苗前 7～10 d，用尼龙筛绢网闸滤进海水 30～50 cm 深，施尿素 $(0.5～1)×10^{-6}$，过磷酸钙 $(0.25～0.5)×10^{-6}$ 和硅酸盐 $0.1×10^{-6}$ 来繁殖天然饵料。有条件的最好投入人工培养的叉鞭金藻、等鞭金藻、牟氏角毛藻、小硅藻及扁藻等藻种，加快饵料生物的繁殖。

四、亲贝选择、暂养与诱导排放精卵

（1）亲贝选择：牡蛎、缢蛏、蛤仔、扇贝、珠母贝、贻贝等，1 龄便达到性成熟，而蚶类需 2 龄才成熟。亲贝一般要求为 2～3 龄，在繁殖期进行选择。亲贝要求体壮、无创伤、无死亡现象。检查性腺发育程度，洗净后按每亩放养量 25～40 kg 暂养。

（2）亲贝暂养与诱导排放精卵：亲贝放置在催产架上或者采用网笼进行筏式暂养，利用阴干和闸门进排水等方法诱导亲贝产卵。种类不同，气温高低不一，或成熟程度不同，阴干时间与流水刺激时间不一。一般贝壳关闭不严，亲贝成熟程度好，气温较高时，阴干时间可缩短为 4～8 h，否则需延长阴干时间 8～12 h。利用涨潮水位差进行流水诱导产卵，流速可控制在 35 cm/s 以上，诱导持续 2～3 h 即可。如果经阴干处理或流水诱导后亲贝仍不产卵，则证明亲贝性腺成熟不好，应继续暂养促熟。在促熟过程中，可经常检查性腺成熟度。在亲贝成熟较好的情况下，诱导排放精、卵才能收到较好效果。

亲贝产卵后，利用闸门进水，水泵抽水，利用增氧机搅动池水或人工搅动，使精、卵混合受精，分布均匀。亲贝产卵后，如果遇到风浪，则有利于精、卵混合和受精。

有条件的单位，也可以利用全人工育苗的方法，即诱导亲贝排放精卵、受精、胚胎发育直至发育到 D 形幼虫，全部在人工干预下进行。到了 D 形幼虫时，再滤选或浮选入土池中进行培育。

五、幼虫培育

受精卵发育至 D 形幼虫后，便进入幼虫培育阶段。幼虫培育密度不宜太大，一般 3～

4 个/毫升为宜。幼虫培育期间需做好以下几项工作。

（1）加水：每日涨潮时将海水通过筛绢网闸过滤进水 10~20 cm 深,以保持水质新鲜,增加饵料生物,有利于浮游幼虫发育生长,有利于稳定池内水温与盐度。随着幼虫发育生长,逐渐增加进水。

（2）施肥：池内幼虫密度比自然海区大,而流动水量比自然海区小,饵料生物不足是当前大面积土池育苗普遍存在的问题。池中饵料生物密度要求在 2 万~4 万个/毫升。若水色清,说明饵料不足,应通过施肥方法增加饵料生物,确保浮游幼虫顺利发育生长。每隔 1~2 d 向池内施尿素$(0.5~1)\times10^{-6}$,过磷酸钙 0.5×10^{-6} 等营养盐,同时接种单胞藻,加快饵料生物繁殖。

施肥应注意的事项：

①施肥应少量多次,以免浮游生物过量繁殖,引起 pH 值和溶解氧大幅度变化,影响幼虫的发育生长。

②观察水色,当水为黄绿色时,就要停止施肥。如果水色为棕褐色,要添加海水,改善水质。

③D 形幼虫时期,饵料生物密度为 1.5 万个/毫升,壳顶期要增至 3 万个/毫升。密度过大,不宜施肥。

（3）巡视与观测：

1）检查堤坝有无损坏,闸门是否漏水。

2）定时定点观测水温、盐度、pH 值、溶解氧等变化情况,发现异常,要及时采取相应措施处理。

3）每日检查幼虫生长、发育、摄食情况,检查饵料生物量和敌害生物等情况。

（4）加遮光网：室外土池的光线是直射的太阳光,光线较强,易造成贝类幼虫的死亡。因此,在室外的土池进行人工育苗,有条件的单位应加遮光网,以提高幼虫的成活率和出苗量。

（5）投附着基：当幼虫发育至出现眼点时,即将进入附着变态阶段。对于埋栖型贝类,原池底已经得到了改良,具有幼虫附着变态的客观条件,此时也可增投少量碎贝壳或砂粒于池底或置入人工制作的 40~60 目网箱内吊挂于池中,网箱规格一般为 30 cm×30 cm×3 cm,网箱内装洁净的碎贝壳或砂粒,就是良好的附着基。

对于固着型和附着型贝类,可投放胶皮带、贝壳、棕帘、网衣、采苗袋等作为附着基,也可投放类似上述埋栖型贝类使用的网箱。由于网箱内附着基是碎贝壳或砂粒,只能用在牡蛎上,大多数能形成单体牡蛎。

也可以将室内人工育苗培育的幼虫待其发育到眼点幼虫时,筛选入池中,在大水体的池中通过改良底质或人工投放适宜的附着基,让幼虫附着变态,发育生长,从而获得养殖用的苗种。

此外,还可以在自然海区利用拖浮游生物的方法,筛选幼虫置入土池中培育（详见缢蛏的土池人工育苗）,从而获得养殖用苗种。

六、稚贝培育

从营浮游生活的幼虫转变为营附着生活的稚贝时,它的滤食器官还不完善,埋栖型贝类水管尚未全形成,贝壳也未钙化,生命力非常脆弱,死亡率很高。此时,要特别精心管理。

(1)加大换水量:稚贝营底栖生活后,应由小到大开闸换水,保证水质新鲜,提高稚贝成活率。随着稚贝的不断生长,加大换水量,使饵料丰富,加快稚贝生长速度。

(2)适量施肥:稚贝生长阶段,池水以5万个/毫升左右饵料为宜。一般大潮期间通过加大换水量保证饵料生物的供给,小潮期间要施$(0.5\sim1)\times10^{-6}$尿素。

(3)控制水位:池水浅,透明度大,饵料生物多,贝苗生长快,成活率高。但要特别注意,池水过浅,8月份水温过高,又不利于贝苗生长。水混,影响贝苗的存活率。在连续大雨天,盐度突然降低,易造成贝苗死亡,此时应加深水位。

(4)越冬保苗:在北方,12月份至翌年2月份,水温下降,常达0℃左右,对体小、抵抗力低的稚贝威胁很大。因此,冬季必须提高水位,加大水体,保温越冬。

(5)敌害防除:稚贝期敌害很多,如鱼蟹类、桡足类、球栉水母、沙蚕、浒苔、水鸟等。

1)鱼蟹类:如蛇鳗、虾虎鱼、河豚鱼、梭鱼等鱼类以及梭子蟹、青蟹等蟹类常吃食贝苗,应在进水时,设密网滤水,以减少鱼蟹类的危害。

2)浒苔:大量繁殖时与饵料生物争营养盐,使水质消瘦,且覆盖池底,能闷死贝苗,使pH值变化大,影响贝苗生活。浒苔死亡后,还能败坏水质,影响贝苗存活。

浒苔的防治:池子加砂时粒径要适宜,避免过粗,以减少浒苔的附着基。浒苔大量繁殖时,可用漂白粉杀除。漂白粉浓度随有效氯的含量与水温的不同而异。含有效氯为$28\%\sim30\%$,水温10℃$\sim$15℃时,浓度为$(1\,000\sim1\,500)\times10^{-6}$;水温15℃$\sim$20℃时,浓度为$(600\sim1\,000)\times10^{-6}$;水温20℃$\sim$25℃时,浓度为$(100\sim600)\times10^{-6}$。喷药后$2\sim4$ h,浒苔便死亡。捞出死亡浒苔,$6\sim10$ h后立即进水冲稀,然后把水排干,经$2\sim3$个潮水反复冲洗,贝苗即可正常生活和生长。

其他生物敌害可利用晚间开闸门放水之机排出池外。晴天刮大风时,球栉水母及沙蚕集中在背风处,可用手抄网捞捕。对于蟹类等,可把水排干捕捉之。

七、移苗放养

池中稚贝栖息密度过大,使生长速度缓慢。为了促进稚贝生长,增加产量,提高成活率,待稚贝壳长达到$2\sim3$ mm后,特别是$2\sim3$月份严冬季节已过,池内浒苔大量繁殖,此时应将稚贝移植放养。

移苗放养的海区应选择风浪较小、潮流畅通、敌害较少的地方。埋栖型贝类要选择砂泥底或泥砂底质的中潮区。固着型、附着型等贝类可将其移植到浅海区进行筏式暂养。

稚贝移植到海区后,要疏散密度,加强管理,做好防洪水、防严寒、防酷热、清除敌害、排除埋地积水以及驱逐野鸟等工作,待贝苗长大后,再移到养成区养成。

第二节　采捕野生贝苗

由于每年水温、气象等环境条件的不同，贝苗出现的早晚及场所略有变化。所以，采捕之前必须进行探苗，找出有价值的贝苗密集区，以便组织人力采捕。埋栖型贝类的探苗是在所属海区的不同地点和潮区的滩涂上，各刮取 100 cm² 的表层泥土(深 0.5～1 cm)，装入纱布袋中，在水中淘洗去细泥，从砂中仔细挑出贝苗，计算出每平方米内的贝苗数量。比较各点贝苗密度，确定采苗地点及范围。采捕野生贝苗时，利用刮板和刮苗网作为采苗工具，落潮后，在选定的海滩上顺次刮起滩面约 0.5 cm 厚的泥层，并经常甩动网袋，使细泥由网眼漏出。刮到 1/3 袋时，拿到预先挖好的水坑或水渠内洗涤，将袋内的砂及贝苗倒在筛内筛去粗砂、碎壳及蟹、螺等敌害生物，经取样计数后即可播苗放养。也有在半潮时用推苗网推苗，满潮时用船带着拖苗网拖苗，以延长采苗时间，提高采苗效率。

牡蛎、贻贝等固着与附着生活型贝类，可以直接利用铲具采捕岩礁和堤坝等处的贝苗进行放养。扇贝的网笼养殖常有大量的牡蛎、贻贝等固着或附着在网笼上，影响扇贝的养殖。因此，可采用换笼法，将牡蛎、贻贝苗种取下，作为苗种进行养殖，另一方面也有利于扇贝的生长。此外，海带养殖筏上浮绠就是很好的附苗器材，上面往往附着大量的野生贻贝苗种。在收海带时秋苗已经长大，而大量春苗刚刚附着不久，肉眼难以辨认。因此，要充分利用这些苗种就必须在收割海带时，留下浮绠上和苗绳上的贻贝苗继续暂养。这种办法对于提供苗种生产的潜力很大。这是采捕野生贝苗的一种特殊情况。

野生蛏苗的采集是从立冬开始，至大寒前后结束。采苗方法是用淌苗袋，长 120 cm，宽 40 cm，网袋口有 3 cm 宽的梯形竹框，刮泥的刮板宽 8 cm、长 24 cm，用毛竹制成。淌苗袋按网目大小可分为 5 种规格(表 5-1)，根据蛏苗的大小选用不同规格的淌苗袋洗苗。立冬至小寒期间，每千克苗有 20 万～30 万粒，刮土深度 1～3 cm，然后在水中将泥洗去，并把贝壳、海螺、砂粒等杂质去掉，拣出蛏苗即可。

表 5-1　淌苗袋的网目大小和使用时间

网目的大小(mm)	使用时间
0.5	立冬至小雪
0.8	大雪前后半个月
1.0	冬至前后半个月
1.2	小寒前后半个月
1.5	大寒前后半个月

采到的蛏苗在育苗池中培养。育苗池一般建在高潮区，小潮不能淹没，温度较高，水流缓慢，并有淡水可以引入池内的滩涂。面积一般 30～40 m²。池的上、下方各开一个小缺口与小沟，以便排灌海水用。在放苗前 1～2 d 将池底的泥土碾细、锄松、耙平。池内蓄水深度约 15 cm。幼苗在池中经 2 个月左右的养殖之后，个体增大，生活力增强，育苗池中的环境已不适合于它们生长的要求，应将幼苗移动到中潮区附近饲养，再经过 2 个月左

右就培育成种苗了。

江苏等省大多数是采捕较大的文蛤苗直接放养,不经过苗种养成阶段。采苗工作在潮水刚退出滩面时进行。采苗时按预先选定的地方,数人或十余人并列一排,双脚不断地在滩面上踩踏,边踩边后退,贝苗受到踩压后露出滩面即可拾取。也有用锄头插入滩面一定深度后逐渐向后拖,贝苗被翻出后,用三齿钩挑进网袋。大风后贝苗往往被打成堆,此时,用双手捧取贝苗装入网袋内即可。采苗时应避免贝壳及韧带损伤,并防止烈日曝晒,采集好的贝苗应及时投放到养成场。对于破坏贝苗资源的采捕工具,如拍板等要严禁使用。采苗季节一般在 3～5 月份以及 10～12 月份,此时气温、水温对贝苗运输和放养后的潜居都较适宜。较远距离运输苗种最好选择在气温 15℃ 以下时进行,以避免或减少运输途中的死亡。苗种运输时通常用草包或麻袋包装,也可直接倒在车上或船舱内。一般用干运法运输。

复习题

1. 如何选择土池人工育苗的场地?
2. 土池人工育苗有哪些特点?
3. 土池人工育苗中如何进行幼虫的培育工作?
4. 如何采捕野生的埋栖型贝类苗种?

第六章 贝类的育种

培育生长快、风味好、抗逆能力强的养殖新品种可使海水贝类养殖业健康、可持续发展。当前国内外对贝类的选择育种、杂交育种、多倍体育种以及其他育种等进行了一些研究，取得了一些成果，并在生产中得到了应用。为了对贝类育种提供一定的理论和技术，近年来，对贝类的染色体、同工酶，以及分子生物学方面都进行了一些卓有成效的研究。

第一节 贝类育种的基础研究

一、贝类的染色体研究

染色体是生物遗传物质的载体。研究贝类的染色体，不仅对阐明其遗传变异、繁殖发育的规律和机理有重要意义，而且有助于对近缘物种的鉴定、群落结构分析、亲缘关系及系统分类等有关问题的探讨，对育种及资源的开发利用都具有重要的意义。

1. 染色体数目

关于贝类的染色体，很早以前就进行过研究。对腹足类染色体的研究可追溯到1900年前后，但直到1960年，仅仅约有150种的染色体有所记载，染色体制备技术不完备是制约其发展的主要原因。1960年以后，随着压片技术的完善，贝类染色体研究进入了快速发展阶段，迄今已对900余种贝类进行过染色体研究。目前，在已知染色体数目的贝类中，腹足纲有700多种，瓣鳃纲160余种，多板纲近20种，掘足纲3种（$2n=20$），头足纲近10种，单板纲、无板纲的染色体尚未见报道。

在腹足类中，对295科的106科进行了研究，涉及前鳃亚纲31科，后鳃亚纲31科，肺螺亚纲44科，其染色体数目（$2n$）分布范围为$10\sim88$。该纲贝类染色体数目变化范围很大，以肺螺亚纲最为明显。贝类中具有最多与最少染色体数目的种类都属于该亚纲中的柄眼目，染色体数目最多的是无两栖螺科（$2n=66$）。琥珀螺科中的碗形琥珀螺亚科具有软体动物中最少染色体数目（$2n=10$）。在前鳃亚纲原始腹足目与中腹足目，二倍体染色体数目多为$24\sim36$，新腹足目则多为$56\sim72$，明显比前两者多，这表明进化与染色体的增加有关联性。

在双壳类中，对102科中的22科进行了染色体的研究。其二倍体染色体数（$2n$）范围为$14\sim48$，其中有3种典型情况：$2n=20$均为牡蛎科所有；$2n=28$均为珍珠贝科所有；$2n=38$是双壳类中较为常见的染色体数目，多见于古异齿亚纲和异齿亚纲。在已报道的双壳类中，中国不等蛤（*Anomia chinensis*）的染色体数目最少（$2n=14$），染色体数目最多的是蚬科的 *Corbicula leana*（$2n=48$）。总的来说，隐齿亚纲和翼形亚纲的染色体数目少于古异齿亚纲和异齿亚纲。

多板纲的染色体数目较少，其$2n$值的范围为$12\sim26$，其中$2n=24$是该类中常见的染色体数目。隐板石鳖科的染色体数目有 3 种,即 $2n=16,18$ 及 24。

头足类的染色体数目较多,一般为 $2n=60$(蛸类)和 92(乌贼、枪乌贼类)。

2. 核型

大多数的双壳类的染色体组中半数以上是中部或亚中部着丝粒(m/sm)染色体(见表 6-1)。已研究过的鲍科 2 种其染色体数目 $2n=36$,总臂数(NF)$=72$;蚶科 3 种其染色体数目相同 $2n=38$,总臂数 NF$=70\sim76$,贻贝科的 2 种,其染色体数目 $2n=28$,总臂数 NF$=50$;4 种牡蛎中,其染色体数目相同($2n=20$),总臂数 NF$=40$。对 60 余种双壳类 NF 值进行研究,其范围为 $20\sim76$,大部分为 $36\sim62$。中国不等蛤的 NF$=20$ 是最小值,而珍珠蚌科、蚌科及帘蛤科的一些种类具有最高值,NF$=76$。

关于腹足类核型的研究报道不多,已有的资料表明,较原始的种类如皱纹盘鲍,其染色体都是 m/sm 型的,较进化的种类则出现 t/st 型染色体。随着分类地位的增高,t/st 型染色体所占比例逐渐增高。

仅有 6 种多板类的染色体有形态学报道,除隐板石鳖科的染色体有几条属 t/st 型外,其余大多数为 m/sm 型染色体。

表 6-1　37 种海水经济贝类的染色体数目和核型

科	种名	$2n$	核型	NF	作者
鲍科 Haliotidae	皱纹盘鲍 *Haliotis discus hannai* Ino	36	20m+16sm	72	王桂云等,1988
	杂色鲍 *H. diversicolor* Reeve	36	22m+14sm	72	
蛾螺科 Buccinidae	香螺 *Neptunea arthritica cumingii* Crosse	60	30m+22sm+8st	112	王先志等,1990
	水泡蛾螺 *Buccinium pemphigum* Dall	30	16m+10sm+4st	56	同上
	褶纺锤螺 *Plicifusus scissuratus*	34	20m+10sm+4st	64	同上
蚶科 Arcidae	魁蚶 *Scapharca broughtonii* (Schrenck)	38	12m+20sm+6st	70	郑家声等,1996
	毛蚶 *S. subcrenata* (Lischke)	38	14m+22sm+2st	74	同上
	泥蚶 *Tegillarca granosa* (Linnaeus)	38	28m+10sm	76	同上
贻贝科 Mytilidae	贻贝 *Mytilus edulis* Linnaeus	28	12m+10sm+6st	50	王琼等,1984
	厚壳贻贝 *M. coruscus* Gould	28	12m+10sm+6st	50	卜小庄,1984
扇贝科 Pectinidae	栉孔扇贝 *Chlamys farreri* (Jones et Preston)	38	6m+10sm+22st	54	王梅林等,1990
	华贵栉孔扇贝 *Chlamys nobilis* (Reeve)	32	6m+26t	38	毕克等,2004
牡蛎科 Ostreidae	大连湾牡蛎 *Crassostrea talienwhanensis* Crosse	20	20m	40	王梅林等,2000
	褶牡蛎 *C. plicatula* (Gmelin)	20	12m+8sm(20m)	40	林加涵等,1986
	太平洋牡蛎 *C. gigas* (Thunberg)	20	20m	40	郑小东等,2000 姜卫国等,1986
	近江牡蛎 *C. rivularis* Gould	20	20m	40	沈亦平,1994

（续表）

科	种名	2n	核型	NF	作者
珍珠贝科 Pteriide	合浦珠母贝 *Pinctada martensii*（Dunker）	28	14m＋6sm＋6st＋2t	48	姜卫国等，1986
	大珠母贝 *P. maxima*（Jameson）	28	16m＋4sm＋6st＋2t	48	同上
	珠母贝 *P. margaritifera*（Linnaeus）	28	14m＋6sm＋8st	48	同上
	黑珠母贝 *P. nigra*（Gould）	28	4m＋4st＋20t	32	同上
	射肋珠母贝 *P. radiata*（Leach）	28	4m＋4st＋20t	32	同上
	长耳珠母贝 *P. chemnitzi*（Philippi）	22	8m＋2sm＋2st＋10t	32	同上
帘蛤科 Veneridae	文蛤 *Meretrix meretrix*（Linnaeus）	38	18m＋20sm	76	吴萍等，2002
	菲律宾蛤仔 *Ruditapes philippinarum*（A. Adams et Reeve）	38	28m＋10sm	76	王金星等，1998
	日本镜蛤 *Dosinia japonica*（Reeve）	30	10m＋12sm＋8st/t	52	阙华勇等，1999
	青蛤 *Cyclina sinensis*（Gmelin）	36	12m＋2sm＋22t	50	王立新等，2001
	硬壳蛤 *Mercenaria mercenaria*（Linnaeus）	38	28m＋8sm＋2st	74	郑小东等，2005
	紫石房蛤 *Saxidomus purpuratus*（Sowerby）	38	32m＋2sm＋4st/t	72	孙振兴等，2004
蛤蜊科 Mactridae	西施舌 *Mactra antiquata* Spengler	38	14m＋16sm＋8st	68	饶小珍等，2003
	四角蛤蜊 *Mactra veneriformis* Reeve	38	14m＋14sm＋10st/t	66	阙华勇等，1999
	中国蛤蜊 *M. chinensis* Philippi	38	20m＋16sm＋2st/t	74	
竹蛏科 Solenidae	长竹蛏 *Solen gouldii* Conrad	38	30m＋6sm＋2t	74	阎冰等，1999
	缢蛏 *Sinonovacula constricta*（Lamarck）	38	26m＋8sm＋2st＋2t	72	王金星等，1998
	大竹蛏 *Solen grandis* Dunker	38	26m＋6sm＋2st＋4t	70	孙振兴等，2004
紫云蛤科 Psammobiidae	中国紫蛤 *Hiatula chinensis*（Mörch）	30	6m＋16sm＋8st/t	52	阙华勇等，1999
海螂科 Myidae	砂海螂 *Mya arenaria* Linnaeus	34	24m＋10sm	68	郑家声等，2001

3. 带型

使用特殊的染色方法，使染色体产生明显着色的色带（暗带）和未着色的明带相间的带型，形成鲜明的染色体个体性，可精细地辨认染色体的结构和变化。例如，染色体的移位、缺失、重复、臂间和臂内倒位等，已成为鉴定单个染色体和染色体组、探讨物种的染色体进化、物种的系统分类等问题的一种方法和手段。根据染色方法不同，可分为 C 带、G 带和 Ag-NOR 带等。

染色体显带技术已在脊椎动物中得到广泛应用，但在贝类中的研究报道较少，主要集中在贻贝科和牡蛎科等少数种类染色体 G 带、C 带、Ag-NORs 带等研究。国内仅见贻贝的 G 带、C 带、Ag-NOR 带，缢蛏的 C 带、Ag-NOR 带以及太平洋牡蛎的 G 带与 Ag-NORs

带的报道。

G 带主要采用的是胰酶法、热碱、尿素、5-溴脱氧尿嘧啶等处理染色体,抽取蛋白特定成分,Giemsa 染料染色,AT 含量高的显亮带。用胰酶法显示 G 带,在贻贝和太平洋牡蛎中都获得了清晰的带纹,但 G 带易受染色体收缩程度的影响。

C 带主要显示着丝粒结构异染色质和其他染色体区段的异染色质部分,染色体片子经酸碱处理,热标准柠檬酸盐溶液温育后,经 Giemsa 染色可观察到 C 带。已报道的双壳贝类多为端粒 C 带,即异染色质多位于染色体的末端。贻贝的 C 带位于第 3 和第 5 对染色体长臂的末端;缢蛏共有 7 对染色体具有异染色质,均位于染色体体臂的末端,个别分裂相的异染色质位于染色体臂中间(居间带),未发现着丝粒带。

Ag-NOR 显带是因为 rDNA 部分含有丰富的酸性蛋白,它们所具有的 S-H 和 S-S 键容易将银还原,从而在活性核仁组成区镀上银而呈黑色。贻贝的染色体上有 4 个 NORs,缢蛏一般有 2 个 NORs,位于一对中部着丝粒染色体上;太平洋牡蛎一般具有 2 个 NORs,位于第 9 对染色体的长臂末端。

4. 性染色体

迄今,仅在腹足类中有发现存在性染色体的报道。田螺亚科的 *Tulotoma angulata* 具有 XY 型性染色体;蜓螺科的大部分种被确认为是 XO 型性染色体,黑螺科也报道了 XO 或 XY 型性染色体。腹足类中存在性染色体可能与它们一般具有第二性征有关。

双壳类中尚未有发现性染色体的报道,但发现雌核发育的二倍体侏儒蛤全部表现为雌性,表明其性别控制可能属于 XY 型,XX 为雌性,XY 为雄性。在三倍体沙海螂中没有发现雄性个体,如果所有的三倍体都是雌性,用 X 染色体与常染色体平衡机制能够解释这种现象。

贝类染色体属于较原始的类型,即使存在性染色体的分化的种类,其性染色体与常染色体的差异也很微小,没有性染色体分化的种类,其性别决定机制很可能发生在基因水平上。细胞学和遗传学研究表明低等海洋动物一般缺乏性染色体或处于性染色体进化的初级阶段,不少种类性别受多基因影响,这些基因分布在不同的染色体上,存在着一种数量平衡。大部分海洋无脊椎动物无异形性染色体,它们更多表现为数量性状的特点,即对环境变化比较敏感,易受环境变化的影响,如食物、水温等都会对它的性比产生影响,表现为彷徨变异。

5. 倍数性

与植物一样,贝类也存在着染色体自然条件下加倍形成四倍体、六倍体或八倍体等倍数性的情况。在扁卷螺亚科 Planorbinae 中有染色体报道的 10 个种中,*Gyraulus parvus* $n = 36$,其余的种都是 $n = 18$,前者是四倍体。同科的サカマキガィモドキ亚科原种群 $n = 18$,而在埃及、中近东、利比尼亚等地分布着四倍体种,埃塞俄比亚则生活着六倍体和八倍体种。这些多倍体的染色体与原种非常相似,可认为是异质四倍体。

曲螺科(Ancytidae)可认为有明显的倍数性,埃塞俄比亚的 *Ancylus* sp. ($n = 30$),英国的 *Ancylus fluviatilis*($n = 60$)是美国曲螺类 *Rhodacmea cahawbensis*($n = 15$)的四倍体和八倍体,北美的曲螺科的 *Ferissia tarda* 和 *F. parallela* 也是四倍体。

此外,印度西部产的 *Melampus coffeus* ($n = 19$),其中在形态上差异很小的个体发现

有 $n=38$ 的。

目前在双壳类中还未有染色体自然加倍方面的报道,但在人工操作下,通过物理的或化学的诱导可使得体细胞的染色体组增加而产生多倍体,这已在牡蛎、扇贝、贻贝、珠母贝等 30 余种贝类中证实是可行的。

6. 非整倍体

非整倍体指核内染色体的数目不是染色体基数的整倍数,而是个别染色体数目的增减。非整倍体的生物个体常因细胞中基因剂量的不平衡而产生严重的后果,在高等动物(如哺乳动物)中,非整倍体通常是致死的或引起发育障碍,但在植物及低等动物中非整倍体的影响则较小。非整倍体的出现给遗传操作提供了难得的机遇,如三体($2n+1$)和单体($2n-1$)可以被用来确定重要的数量性状并定位所在的染色体。非整倍体产生的最常见的原因是在精子或卵子发生期间或者减数分裂期间"染色体不分离"。染色体不分离的结果导致三体或单体的形成。污染、辐射及化学诱变等都能导致染色体数目的改变,产生非整倍体。

目前对贝类非整倍体研究较少,但已有的结果表明,贝类能耐受某些非整倍体的存在。在污染海区发现过非整倍体的贻贝胚胎(Dixon,1982);在人工诱发雌核发育皱纹盘鲍群体中,也发现了存活的非整倍体个体(Fujino 等,1990)。太平洋牡蛎能够耐受 5% ～ 10% 单倍染色体数目的获得与缺失,即 $2n\pm1$、$3n\pm3$ 和 $4n\pm2$ 是可以存活的,这些非整倍体未表现出明显的生长滞缓或缺陷。

二、同工酶研究

1. 同工酶电泳技术的基本原理和方法

同工酶电泳技术是用生物化学方法,通过比较不同生物基因表达产物——蛋白质(酶)之间的差异来研究物种的遗传多样性。20 世纪 60 年代,由于蛋白质电泳技术的发展,使定量研究基因变异成为可能,而不管这些基因是否可变异的。电泳分析表明,生物体内具有相同功能的酶,其分子形式也有不同。结合遗传分析证明这些酶是由等位基因编码的,故称为等位基因酶,它是等位基因的标记。等位基因酶大多是由单位点编码的,故电泳表型就可用于判读基因型。由此我们仅可获得基因型频率及其他有关遗传变异参数,如多态位点比例和平均杂合度等,即可对遗传多样性进行定量分析。由于它能检测到比较丰富的多态位点,而且这些位点多呈共显性遗传(即能区分开纯合子和杂合子),因此,即使这一技术存在一定的局限性(如可选择的座位不够多、检测不到非编码区的变异和编码区的无义突变等),它仍被广泛用于调查、评估种质资源的遗传变异,检测其由于人为或由于自然因素引起的遗传变异的变化及生物群体的遗传分化,进行种群、种间遗传鉴定。此外,还用于对养殖种类遗传学产生影响的各方面因素的研究。

同工酶电泳技术方法主要有四种,它们的区别主要在于支持基质的性质不同:淀粉凝胶电泳(缩写为 SGE,包括水平的和垂直的)、聚丙烯酰胺凝胶电泳(缩写为 PAGE)、醋酸纤维凝胶电泳(缩写为 CAGE)和琼脂糖凝胶电泳(缩写为 AGE)。

2. 同工酶技术的研究及应用现状

在 20 世纪 90 年代以前,同工酶电泳技术是进行海产贝类群体遗传学研究的主要方法,用于分析群体遗传变化、杂合度等。有的研究者还把遗传变异与生长率、能量代谢、成活率、繁殖特征等方面相结合进行相关性研究,使之更加深入并指导养殖生产实际。

国内对海产贝类分子群体遗传学的研究工作开始于 20 世纪 80 年代。李刚等(1985)研究了合浦珠母贝(*Pinctada martensii*)和长耳珠母贝(*P. chemnintzi*)的生化遗传变异;杜晓东等(2002)用形态特征和同工酶电泳相结合分析了合浦珠母贝 2 个野生群体的遗传多样性;张国范(1992)利用同工酶标记研究了中国栉孔扇贝(*Chlamys farreri*)大连、烟台、青岛等几个地理群体的遗传变异;薛钦昭等(1999)分析了海湾扇贝(*Argopecten irra-dians*)不同地理群体及养殖群体在磷酸葡萄糖变位酶基因位点的遗传结构与性状,发现养殖群体在这一位点的等位基因频率产生显著变化,杂合性降低;张喜昌等(2002)利用聚丙烯酰胺凝胶电泳研究了大连海区海湾扇贝(*A. irradians*) 4 个养殖群体遗传结构和遗传变异,分析表明群体的多态位点比例和杂合度普遍很低,群体间遗传差异很小。喻子牛(1997)采用同工酶遗传标记技术对我国的泥蚶、毛蚶和魁蚶的不同自然群体的遗传变异进行了研究,在三种蚶类的 10 余种同工酶中,共检测到 22～27 个基因位点,平均杂和度分析结果表明,除毛蚶外,魁蚶和泥蚶的平均杂和度较低,推测与过度捕捞和生态环境的恶化而导致的资源严重衰退相关。王梅芳等(2000)对三种江珧进行了同工酶遗传标记。Zheng 等(2001)分析了曼氏无针乌贼和金乌贼的种群结构,高强等(2002)对我国北方短蛸群体进行了同工酶分析,杨建民等(2004)对我国沿海脉红螺的遗传多样性进行了系统研究。

迄今为止,通过同工酶电泳技术研究的海洋贝类已达百余种,大多数的研究集中在牡蛎、贻贝、扇贝、珠母贝、江珧、蚶、蛤、鲍、脉红螺、乌贼、蛸等经济贝类,所涉及的同工酶主要有乳酸脱氢酶(LDH)、苹果酸酶(ME)、苹果酸脱氢酶(MDH)、异柠檬酸脱氢酶(IDH)、磷酸葡糖酸脱氢酶(PGD)、天冬氨酸转氨酶(AAT)、酯酶(EST)、亮氨酸氨肽酶(LAP)、磷酸葡糖异构酶(GPI)、磷酸葡糖变位酶(PGM)等 20 余种。

三、分子标记技术研究

所谓遗传标记是指那些能表现生物的变异性,且能稳定遗传,可被检测的性状或物质,一般包括形态学标记、细胞学标记、生化标记、免疫学标记和分子标记等。针对传统遗传标记(形态学标记、细胞学标记、生化标记)需要一定的遗传背景、容易受生理和人为因素影响及某些标记所表现的变异程度较低等缺陷,分子标记作为新一代遗传标记而面世并迅速发展起来。广义的分子标记(Molecular marker)是指可遗传的并可检测的 DNA 序列或蛋白质。蛋白质标记包括蛋白和同工酶(指由一个以上基因位点编码的酶的不同分子形式)及等位酶(指由同一基因位点的不同等位基因编码的酶的不同分子形式)。狭义的分子标记概念仅指能反映生物个体或种群间基因组中某种差异特征的 DNA 片段,它直接反映基因组 DNA 间的差异,而这个界定现在仍被广泛采纳。

1980 年美国的 Botstein 认为限制性片段长度多态性(Restriction Fragment Length Polymorphism, RFLP)可以作为遗传标记,由此开创了直接应用 DNA 多态性发展遗传标记的新纪元。随后 DNA 多聚酶链式反应(Polymerase Chain Reaction, PCR)技术的出现,更推动了分子遗传学标记技术的发展。目前已发展出了数十种分子遗传学标记技术。

1. 限制性片段长度多态性

限制性片段长度多态性（Restriction Fragment Length Polymorphism，RFLP）是指用限制性内切酶酶切不同个体基因组 DNA 后，含有与探针序列同源的酶切片段在长度上的差异。RFLP 作为遗传工具在 1974 年由 Grodjicker 创立，1980 年由 Botstein 再次提出，是出现最早、应用最为广泛的一种分子遗传学标记。目前该技术已广泛用于生物遗传连锁图的构建，以及与目标性状紧密连锁分子遗传学标记的筛选、遗传关系分析及数量性状遗传规律等研究方面。

Graves 等（1993）对牡蛎的四个抗 Msx 和 Clermo 品系及四品系各自的选择前群体 mtDNA 进行了 RFLP 分析，发现四品系间及与各自的来源群体间 mtDNA 表现出丰富的多样性，并分析这些差异可能是由于选择压力和基因漂移造成的。Blake 等（1994）用 RFLP 技术对中国的海湾扇贝和它的引种地扇贝的 mtDNA 进行分析，寻找引种及近交对海湾扇贝遗传结构的影响。Beynon 等（1996）利用 RFLP 技术分析了从贻贝的 3 个近缘种 *Mytilus edulis*、*M. galloprovincialis* 和 *M. trossulus* 克隆得到的 3 个核 DNA 片断，发现在分子水平上 *M. trossulus* 跟其他 2 个种存在着明显的差异，而 *M. edulis* 和 *M. galloprovincialis* 则表现出很强的相似性。这方面的其他研究还很多，但是，RFLP 技术复杂，所需 DNA 量较大，方法繁琐，周期长，多态性检出效率较低，需要制备放射性探针进行 Southern 杂交，因而比较费时，对人体健康有影响，对环境有污染，但随着非放射性标记的应用，这一问题已得到解决。

2. 随机扩增多态性 DNA

随机扩增多态性 DNA（Random Amplified Polymorphic DNA，RAPD）技术是 1990 年由 Williams 等人首先提出的，它是建立在 DNA 聚合酶链式反应基础上的一种 DNA 分子遗传学标记多态检测技术，在品种鉴定、遗传亲缘关系分析、遗传作图等方面得到了广泛的应用。

RAPD 标记指的是用人工合成的碱基顺序随机排列的寡核苷酸单链为引物（通常长度为 8～10 个核苷酸），采用比较低的退火温度，对所研究的基因组 DNA 进行 PCR 扩增，由于寡核苷酸可能与基因组 DNA 有多个结合位点，并且是随机结合。因此，产生长度不同的多态性的 RAPD 片段，这些扩增片段的多态性反映了基因组相应区域的多态性。

RAPD 标记检测灵敏、方便、多态性强，可以检测出 RFLP 标记不能检测的重复顺序，可填补 RFLP 图谱空缺，适用于种质资源的鉴定和分类、目标性状基因分子标记、遗传图谱的快速构建等研究，也可用于亲缘关系等的研究，近年来已迅速应用于水产动物各领域研究中。

（1）遗传多样性分析。RAPD 技术自从其诞生以来，在植物的遗传多样性方面研究最为深入，目前也已广泛应用于水产经济动物遗传多样性研究。Southworth（1999）从美国东北部选取了 5 个海湾扇贝群体用 RAPD 检测了其多态性，在个体的基因型上检测到较高的多态水平，证实了 RAPD 标记是灵敏、稳定和可重复的。Ma 等（2000）对污染海区与相对未污染海区海湾贻贝的群体多样性进行了 RAPD 分析，发现无论从整体遗传多样性还是个别位点的频率差异皆显示出污染有可能使贻贝群体遗传多样性降低。Su 等利用

RAPD 技术首次对中国环岛的大珠母贝 *Pinctada maxima*（Jameson）遗传多样性进行了分析，得出海南岛大珠母贝群体间遗传分化较大，为海南岛环岛大珠母贝的种质资源保护提供有效的依据。Li 等利用 RAPD 技术对皱纹盘鲍野生与养殖群体遗传多样性分析，结果表明人工养殖皱纹盘鲍群体的遗传多样性水平有所下降。Heipel 等（1998）用 RAPD 分析了 5 个养殖群体的大扇贝 *Pecten maximus* 的遗传结构，基因型分析显示群体间有明显差异，而以往的同工酶分析则没有检测到上述种群的显著差异。Hirschfeld 等（1999）用 RAPD 标记研究 5 个美洲牡蛎群体遗传变异，选取了 10 个引物，记录到 90 个扩增片断，5 个群体的多态性水平位于 54%～74%，群体间差异较大，养殖群体的多态性水平跟其中一个野生群体较为接近。

（2）亲缘关系与系统分类。Su 等（2002）利用 RAPD 技术分析合浦珠母贝广东、广西、海南 3 个养殖群体的遗传距离显示，广西种群与广东种群的亲缘关系较近，而与海南种群亲缘关系较远。Yan 等（2001）用 RAPD 技术对马氏珠母贝和解氏珠母贝的天然群体进行了分析，得到各个个体不同的 RAPD 扩增带谱，2 种贝类具有各自的群体特征带，因此区分了这 2 种贝类之间的亲缘关系。Klinbungas 等应用 RAPD 技术对泰国的三种牡蛎进行了研究，并建立了这三种牡蛎间的亲缘关系。Liu 用 RAPD 分析方法对大连湾牡蛎、褶牡蛎、近江牡蛎 3 种自然种进行了分类，他认为这 3 种牡蛎同属巨蛎属，大连湾牡蛎、褶牡蛎和太平洋牡蛎互为姊妹种，近江牡蛎与它们互为非姊妹种。

（3）RAPD 标记的遗传分析。RAPD 分子标记技术可用于探讨亲代与子代间的遗传差异，杂种优势的预测和杂种子代的优势分析。Xiao 等（2002）分析了 RAPD 分子标记在皱纹盘鲍杂交家系 F_1 代中的分离方式和 1 个家系的亲本及子代个体的遗传结构，发现父母本间的遗传距离较远（0.384 4），大于其与子代间的遗传距离（0.137 2，0.127 3），并得出皱纹盘鲍杂交家系的子一代可作为构建连锁图谱作图群体的结论。Teng 等（2005）用 RAPD 技术对栉孔扇贝×虾夷扇贝子一代的杂种优势进行了研究，发现正交子代群体内的遗传差异比两亲本高，反交子代群体内的遗传差异比两亲本低，杂种子代与两亲本的遗传差异不是对等的，而是偏向各自的母本。

3. 扩增片段长度多态性

扩增片段长度多态性（Amplified Fragment Length Polymorphism，AFLP），是选择性扩增基因组 DNA 酶切片段所产生的扩增产物的多态性，其实质也是显示限制性酶切片段的长度多态性，只不过这种多态性是以扩增片段的长度不同被检测出来。AFLP 多态性强，谱带丰富且清晰可辨，是迄今为止最有效的分子标记之一。自从 Vos 等（1995）第 1 次报道后，AFLP 技术已广泛应用于遗传多样性、性别鉴定、遗传图谱构建、基因定位等各个领域。

（1）遗传多样性及种类鉴定。潘洁等（2002）用 AFLP 技术研究了栉孔扇贝不同地理群体的遗传多样性，证明韩国东西部群体的栉孔扇贝应为同一个群体，并且找到了用于鉴别和区分中国长岛、韩国东西部 3 个群体的特征标记。李莉和郭希明（2003）利用 AFLP 和 RAPD 技术构建太平洋牡蛎的遗传连锁图谱。陈省平等（2005）对栉孔扇贝、华贵栉孔扇贝、海湾扇贝和虾夷扇贝进行了 AFLP 分析，结果表明，栉孔扇贝和华贵栉孔扇贝的遗传多样性水平明显高于海湾扇贝和虾夷扇贝，并检测到 21 个种内特异的 AFLP 标记，可作为物种鉴定的依据。Yu 和 Chu(2006)用 AFLP 分子标记技术研究大亚湾、三亚、北部湾、日本和澳大利亚 5 个不同地理群体的合浦珠母贝的遗传差异,产生的多态性比较高(91.8%～97.3%),群体间的遗传分化较低。

(2)AFLP 标记的转化与应用。AFLP 显形标记可以通过分离、测序,转变成特异序列扩增(Sequence-Characterized Amplified Region,SCAR)、序列位置标签(Sequence-tagged site,STS)、单核苷酸多态(Single Nucleaotide Polymorphism,SNP)、微卫星(Simple Sequence Repeats,SSR)等共显性标记,在系统进化和种群遗传学研究中具有更大的应用潜力。而且,将 AFLP 标记转化为共显性标记后能详细描述等位基因的变化。目前,将 AFLP 显性标记转化为共显性标记的应用在水生生物中的研究较少,而在植物、其他动物中的研究较为广泛。

4. 微卫星

微卫星(Microsatellites)又称简单序列重复(Simple Sequence Repeats,SSR)或短串联重复(Short Tandom Repeats,STR),是指由 1～6 个核苷酸为重复单元的简单串联重复序列。在迄今研究过的所有生物种类中都发现了它的存在,并且分布密度很大。

由于微卫星标记具有多态性丰富,遵循孟德尔分离定律共显性遗传等特点,已成为种群分化、家系分析、基因连锁分析、进化研究中使用最为广泛的遗传标记。

(1)种群遗传结构分析。Huang 等用 3 个微卫星、2 个小卫星和 RAPD 分析了澳大利亚沿海 10 个地理种群的 100 个黑唇鲍个体,发现种群之间存在显著的遗传分化,并认为这种分化与黑唇鲍短暂的浮游期和有限的扩散能力有关。Herbinger 等用 3 个微卫星标记和 3 个 cDNA 探针研究了加拿大 Trinity 湾不同深度海底采集的 2 个巨扇贝(Placopecten magellanicus)种群,发现这两个种群尽管在耗氧率、滤水率和配子生产力的生理指标上存在着差异,但在遗传组成上并未出现分化。Launey 等用 5 个微卫星标记分析了从挪威至黑海的欧洲沿海 15 个欧洲牡蛎种群的遗传分化,结果表明杂合度期望值差异明显,种群间存在显著的地理隔离。

(2)养殖种群的遗传多样性监测。近年来,微卫星标记已成功应用于多种贝类养殖种群的遗传变异检测。在皱纹盘鲍,Li 等用 6 个微卫星标记分析了 3 个养殖种群和 2 个野生种群的 380 个体,结果表明所有养殖种群的等位基因数和平均杂合度期望值都显著低于野生种群,其中等位基因数平均减少了 76%,证实了皱纹盘鲍养殖种群建立时瓶颈效应的发生。此外,皱纹盘鲍养殖种群间以及养殖和野生种间也表现出显著分化,野生种群间则未出现明显差异。Evans 等分别用 3 和 5 个微卫星标记研究了南非鲍 Haliotis midae 和澳洲黑唇鲍的 6 个养殖种群,发现同野生种群相比所有养殖种群的遗传多样性都普遍下降,等位基因数减少了 35%～62%。从上述结果可以看出,在育苗生产中进行人工苗种的遗传监测,对于保护贝类养殖种群的遗传多样性至关重要。

(3)亲缘关系的鉴定及繁殖成功率分析。通过亲缘关系鉴定,开展家系分析研究可以阐明精子竞争、繁殖成功、幼体扩散等许多有关繁殖生态学和遗传学方面的科学问题。在水产动物生产和育种中,准确的系谱鉴定对于确定个体选留、培育优良苗种也非常重要。微卫星标记的多态性丰富、共显性遗传、服从孟德尔遗传规律的优点已使微卫星成为亲缘关系鉴定的重要工具。Selvamani 等使用 5 个微卫星标记鉴定了耳鲍(Haliotis asinina)

3组独立交配($1♀×2♂$,$2♀×2♂$和$1♀×4♂$)产生的幼虫后代的亲本来源,结果表明仅需组合3个微卫星位点就可以确定全部幼虫的父本和母本,在各交配组中幼虫的父本来源不均衡,表明存在精子竞争。在用6个微卫星标记分析4家系160个皱纹盘鲍孵化幼虫的研究中发现,在用邻接法绘制的树形图上来自4家系的所有个体被全部明确区分,表明这些微卫星标记可以有效地用于皱纹盘鲍幼虫亲缘关系的判别。为探讨合子前隔离与合子后选择的相对影响,Boudry等用1个微卫星分析了太平洋牡蛎2个5×5远交系,结果显示亲本的繁殖成功率在不同发育阶段变化很大,从而导致有效种群大小明显下降。配子质量、精卵相互作用以及不同基因型个体的生活力差异是繁殖成功率变化的主要成因。

(4)遗传图谱构建。遗传图谱可以显示DNA标记或基因在染色体上的线性排列以及彼此之间的相对距离,已成为遗传分析的基本工具。用于构建遗传图谱的常用标记包括同工酶、RAPD、RFLP、AFLP、微卫星、EST等。在这些标记中,微卫星标记由于具有密度大、高度杂合、共显性遗传等特点,是目前最好的作图标记。近几年,许多国家在水产动物遗传图谱研究方面投入了大量的人力、物力,并在虹鳟(*Oncorhynchus mykiss*)、鲶(*Ictalurus punctatus*)、罗非鱼(*Oreochromis niloticus*)、牙鲆(*Paralichthys olivaceus*)、斑节对虾(*Penaeus monodon*)和日本囊对虾(*Marsupenaeus japonicus*)等种类取得了一些进展。而贝类目前这方面的报道还很少。Hubert等利用102个微卫星标记构建了太平洋牡蛎的雄性和雌性连锁图谱,美国Guo领导的研究小组则主要利用AFLP标记分别构建了太平洋牡蛎和美洲牡蛎的遗传图谱。

5. 简单序列重复间区的DNA序列

简单序列重复间区的DNA序列(Inter-Simple Sequence Repeat,ISSR)标记技术是由Zietkiewicz(1994)在微卫星标记的基础上提出的锚定微卫星新策略,检测的是基因组中两个微卫星之间的一段短的DNA序列上的多态性,从而避免了微卫星在基因组上的滑动,大大提高了PCR反应的专一性。

ISSR已经成功应用在植物种群遗传学、品系鉴定、系统进化和遗传图谱构建等研究中,但在贝类研究中应用还较少。吕红丽等采用ISSR分子标记方法对东港、庄河、皮口、烟台、青岛五个地理亚群四角蛤蜊的遗传多样性、种群遗传结构进行了研究,填补了国内外在四角蛤蜊研究方面的空白。

6. 单链构象多态性

相同长度的DNA片段即使相差一个碱基,经聚丙烯酰胺凝胶电泳时,单链电泳迁移率也会不同,人们把这种由于碱基序列的差异表现出的多态现象叫DNA的单链构象多态性(Single Strand Conformation Polymorphism,SSCP),又因为它和PCR结合检测基因的片段,因此也被称为PCR-SSCP。

SSCP技术是一种以DNA序列为基础的检测DNA多态性的分析技术,该方法的分辨率很高,能将长度相同但是只有一个碱基差异的DNA序列分开,包括PCR-RFLP能够检测到的酶切位点的突变,从而显示不同生物个体的DNA特异性,是检测DNA变异的十分快捷的方法。Li等(1996)对来源于不同地理群体的太平洋牡蛎幼虫进行PCR-SS-CP分析,用于检验是否由于繁殖率的差异造成有效群体与实际群体的差异。Kyle和

Boulding(2000)利用 DNA 测序和 SSCP 方法分析了 4 种滨螺的细胞色素 b 基因片断,直接发育的种类 *Littorina subrotundata* 表现出一定的遗传差异,而另一直接发育的种类 *L. scutulata* 几乎没有差异,有浮游幼虫期的 *L. scutulata* 没有显著的种群差异。

7.单核苷酸多态性

单核苷酸多态性(Single Nucleotide Polymorphism,SNP)标记是指基因组内特定核苷酸位置上存在的单个核苷酸差异而引起的遗传多态性,包括单碱基的转换、颠换以及单碱基的插入/缺失等。

SNP 被称为继第一代遗传作图分子标记(RFLP)、第二代遗传作图分子标记(微卫星)之后的第三代遗传作图分子标记,具有位点丰富、具有代表性、高遗传稳定性等特点,应用前景十分广泛:①SNP 遗传图谱可用于致病基因的搜寻;②可应用于进化和种群多样性的研究;③SNP 可能与一些复杂遗传性状和个体特性有关联。目前,在贝类的遗传学研究中该标记的应用还很少。

我国贝类养殖业发展很快,在海洋渔业经济中占有极其重要的地位,但是,目前正面临着种质资源匮乏、遗传多样性丧失等诸多挑战,因此将分子遗传学标记应用于贝类的遗传育种很有发展潜力和应用价值,并将对贝类遗传多样性的保护产生重大而深远的影响。

第二节　贝类的选择育种

选择育种(Selective Breeding)又称系统育种,它是对一个原始材料或品种群体实行有目的、有计划的反复选择淘汰,而分离出几个有差异的系统。将这样的系统与原始材料或品种比较,使一些经济性状表现显著优良而又稳定,于是形成新的品种(楼允东,2001)。选择育种是最基本的育种方法,目前已在农业、畜牧业和水产业的良种培育中发挥着重要作用。无论采用哪种育种途径和哪类育种材料,都是要根据个体的表现型或遗传标记挑选符合人类需要且适应自然环境的基因型,使选择的性状稳定地遗传。所以,选择育种在目前和将来仍然是良种培育的重要途径和方法。

一、选择育种的一般原理

选择育种的原理随育种目的不同、育种对象和目标性状等的差异而有所不同,但就一般原理而言,有以下几点共性:

(1)人工选择的创造性作用。人工选择是人们按照自己的意愿,对自然界现存生物的遗传变异性进行选择,巩固和发展那些对人类有益的变异,使其最终与原来的种群隔离,形成符合人们要求的新品种或品系。由于人工选择控制了交配对象和交配范围,选择效果比自然选择快得多,只要几十年甚至几年就可以创造出一个新品种。

(2)可遗传的变异是选择的基础。生物体变异有可遗传的变异和不遗传的变异两种。体细胞的变异、环境引起的变异(不涉及性细胞遗传物质的变异)都不能遗传,只有发生在性细胞遗传物质上的变异才能遗传。遗传是选择的保证,没有遗传,选择便毫无意义。只有有利的变异和这些变异的稳定遗传,才通过不断的选择把它们保留和巩固下来。

(3)表现型是选择的主要依据。理论上讲,根据基因型选择才能收到好的选择效果,获得可遗传的变异。但是基因型看不见,因此必须通过表现型去认识或估测。

(4)定向选择加近交是选择育种的基本方法。定向选择就是按照育种目标,在相传的世代中选择表型合意的个体作亲本繁殖后代,以选择出基因型合意的个体。近交是合意基因和不合意基因分离和纯化的最佳交配方式,能够使合意基因型快速地纯合、固定和发展,早日形成新品种。因此,近交是定向选择所需的最好交配方式。

(5)纯系内选择无效。在纯系内,同一数量性状也会参差不齐,表现出连续的差异,但这种差异是由环境影响所造成的,是不遗传的,因而选择无效。所以,选择育种要以遗传变异丰富的群体作为育种基础群,对可遗传的变异进行有目的的选择。

(6)选择要在关键时期进行。由于基因的表达往往需要一个过程,存在一定的顺序,如有的基因在胚胎早期表达,而有的则在胚胎中期或晚期表达,还有一些在孵化或出生后才表达。因此,要依据育种目标并结合目标性状发育的特点在合适的时间进行选择,过早或过晚效果都不好。Haley 等(1977)对美洲牡蛎生长速度所做的选择工作表明,对 3~4 龄个体进行选择比在 2 龄个体时选择更有效。

二、育种性状的选择

水产动物的育种性状分为质量性状(Qualitative Character)和数量性状(Quantitative Character)两大类。质量性状是指品种的一系列符合孟德尔遗传定律,呈间断变异的性状,如体型、体色等。质量性状一般是由一对或几对基因的差别造成的,等位基因间一般有明确的显隐关系,表型不易受环境影响。相对于质量性状而言,数量性状的遗传情况比较复杂,它是指那些只能用数和量来区别的客观指标如体长、体重、生长量和生产量等。数量性状受多个微效基因控制,等位基因间没有明确的显隐关系,而且其表型易受环境影响,变异幅度大。

(1)质量性状选择。对质量性状进行选择的基本工作是对特定基因型的判别。质量性状基因型和表现型的关系比较简单,选择也就比较容易进行。在显性不完全的情况下,杂合体表现型不同于任何纯合体,容易识别,根据表型可以直接判断基因型种类并进行选择;在显性完全时,对隐性纯合子的判断和选择也比较容易,因为隐性纯合子的基因型和表型相一致,只需依据表型就可选准隐性纯合体,但是对显性纯合子的判断和选择则较麻烦,因为显性纯合子和杂合子的表型相同,还需借助子 2 代或测交才能鉴别基因型。因此,质量性状的选择只需一代或两三代的个体表型选择就可以选准、选好。

(2)数量性状选择。数量性状的基因型和表型的关系比较复杂,一方面性状容易受环境影响,个体的表型值不能如实地反映基因型;另一方面,数量性状受多基因控制,影响数量性状的每一基因的表型值比环境的影响小得多,因而不可能单独把单个基因检测出来,更不可能将影响数量性状的全套基因型检测出来。所以,数量性状的选择比较麻烦,只经过一代或两代的表型选择不可能将基因型选准,还需若干代的近交和定向选择。在这种情况下,基因型是未知的,选择的依据只能是表型值,然后根据后代或亲属的表型值来估计基因型,并参照(或求出)遗传力等参数,推测选择效果。

三、常用的选择方法

1. 单性状的选择

在单性状选择中,除个体本身表型值外,最重要的信息来源就是个体所在家系的遗传信息,亦即家系平均表型值。因此,经典的单性状选择方法,就是从个体表型值和家系均值出发,包括个体选择、家系选择、家系内选择及合并选择等概念(吴仲庆,1991;盛志廉,1999;楼允东,2001)。

(1)个体选择。个体选择(Individual Selection),有时也称为混合选择(Mass Selection),以个体表型值为选择依据,简单易行,而且在大部分情况下可以获得较大的选择反应。在实际育种工作中较常用。

(2)家系选择。家系选择(Family Selection),是以整个家系作为一个选择单位,以各家系被选择性状的平均值为标准。常用的家系为全同胞家系或半同胞家系。在应用家系选择时有下列两种情况:一是根据包含被选个体在内的家系均值选择,这时就称为家系选择;二是根据不包含被选个体在内的家系均值选择,这时称为同胞选择(Sib Selection)。在家系含量小时,两者有一定差异,但家系含量大时,两者基本上是一致的。

(3)家系内选择。家系内选择(Within Family Selection),就是指在家系中选择被选择性状表型值高的个体。相对于个体选择而言,家系内选择适用于低遗传力性状。家系内选择更主要的是具有选配和保种上的意义,这时每个家系都有个体留种,因而群体有效含量大于其他选择方法,近交系数上升较慢,有利于保持群体不发生近交衰退和减少基因丢失。

(4)后裔测定。后裔测定(Progeny Testing),是依据繁殖亲本后代的质量来评定亲本种用价值的选择育种技术。其突出优点是能迅速判别亲本基因型,但实际应用中也存在一定的缺陷。主要困难是必须同时在相同环境中饲养很多后代。但是,通过多次重复试验和修正原始重量差别的方式,可对亲本作出客观评价。

(5)合并选择。合并选择(Combined Selection),又称复合选择,与上述几种选择方法不一样,对家系均值和家系内偏差两种信息来源,不是非此即彼,也不是一视同仁,而是针对具体性状的不同遗传力,不同的家系内表型相关,给予不同的对待。通过对这两种信息的不同加权,构成一个新的合并指标,称为合并选择指数(Combined Selection Index)。用这一指数来估计个体的育种值,可以获得高于上述任何一种方法的估计准确度,以及最大的选择进展。

2. 多性状的选择

(1)顺序选择法。顺序选择法(Tandem Selection),又称依次选择法或单项选择法,是指针对计划选择的多个性状逐一选择,每个性状选择一代或几代,待得到满意的选择效果后,再选择第二个性状,然后再选择第三个性状等等,顺序递选。这种选择方法的主要不足有二:一是费时,要想使所有重要的经济性状都有很大改善则需要很长的时间;二是因性状间的相互影响和自然选择的回归作用,往往影响选择的效果。因此,在水产动物的育种中这种方法一般很少采用。

(2)独立淘汰法。独立淘汰法(Independent Culling),也称独立水平法或限值淘汰法，即将所要选择的性状分别确定一个选择界限，凡是要留种的个体，必须同时超过各性状的选择标准。如果有一项低于选择界限，不管其他性状优劣程度如何，均予淘汰。这种方法显然同时考虑了多个性状的选择，但不可避免地会将那些在大多数性状上表现十分优秀，而仅在个别性状上有所不足的个体淘汰，而在各性状上都表现平平的个体却被保留下来。

(3)综合指数法。综合指数法(Index Selection)，是按照一个非独立的选择标准确定选留个体的方法，将所涉及的性状，根据其遗传基础和经济重要性，分别给予适当的加权，然后综合到一个指数中。个体的选择不再依据个别性状表现的好坏，而是依据这个综合指数的大小。可以将候选个体在各性状上的优点和缺点综合考虑，并用经济指标表示个体的综合遗传素质。因此，这种选择方法具有最高的选择效果。综合选择指数方法虽有不少优点，但指数的科学制定和实际应用尚存在较大的研究空间。对于水产动物更是如此。主要原因：①遗传参数的估计误差；②各选择工作者给予目标性状的经济加权值；③候选群体过小时，导致选择效应估计偏高；④信息性状与目标性状的不一致和遗传关系的不确切。

四、影响选择效果的因素和提高选择效果的途径

1. 影响选择效果的因素

(1)环境。选择的目的就是在较短时间内得到人们所需要的基因型(Genetype)。一般是通过表现型(Phenotype)来认识基因型。但是因为许多数量性状的遗传力不够强，它们很容易受环境的影响，所以个体的表现型并不能很好代表基因型。

(2)控制性状的基因及其遗传力大小。一般而言，质量性状，多是受 1 对或 2 对等位基因控制，且呈显、隐性关系，易于观察和分辨；而许多数量性状受多基因控制。遗传力(Heritability)的大小，也是影响选择的一个重要因素。遗传力是某一性状为遗传因子所影响及能为选择改变的程度的度量，亦即某一性状从亲代传递给后代的相对能力。一般是遗传力高的性状选择容易，而遗传力低的性状选择难些。

(3)人为因素。人们在选择过程中，总是倾向于选择身体强壮的个体用作亲本繁殖下一代，这种选择方法往往影响选择效果。因为动物的强壮性往往跟杂合性有关。选择强壮的动物配种传代，也就不自觉地使杂合型占了优势地位，纯合化就不那么顺利地发展了。

总之，影响选择效果的因素是多方面的，它包括选择目标能否长期不变，上述的选择依据是否正确可靠，选择性状的基因、遗传力与遗传相关是否研究清楚，选择时选择差数和选择反应是否正确掌握等。

2. 提高选择效果的途径

(1)合理地选择育种原始群体。在进行选择育种时，首先必须有优良的育种材料，也就是要在优良的品种或自然种中进行选择。因为优良品种的基础好，底子厚，具备可遗传的优良性状。在优良品种中选拔出具有特色特点的优良个体，就是优中选优，往往能达到最佳、最准确的效果。

(2)把握好育种目标。培育一个新的品种，往往会有若干个育种目标，把握育种目标也就是正确理解选择的方向，将育种目标加以权重，按照权重来确定选择中每一目标方向

所给予的重视程度。

（3）制定好明确的选择标准。水产养殖生产上要求一个产品具备优良的综合性状，如果它只是某单一性状比较突出，而其他性状并不理想，就很难成为生产上应用的品种。因此需要对选择对象作全面的分析，明确其基本优点和存在的主要缺点，确定哪些优良性状是要保持和提高的，哪些不良性状必须改进和克服。在苗种培育过程中严格按照标准进行选择。

（4）确定最适宜的选择时间。选择的整个过程中，都必须对选育对象的生长和发育作仔细的观察并认真记录，避免因为疏忽记录而使选育时间延长和选育结果失败，造成人力物力的极大浪费。重要性状的选择应在该性状充分表现后进行，如体长、体重、生长速度的选择应在达到商品规格的年龄进行，产卵量的大小则应在性成熟后进行。

五、海洋贝类选择育种研究进展

1. 牡蛎的选择育种

作为世界上第一大养殖贝类，牡蛎的遗传改良历来受到国外许多学者的普遍重视，并开展了大量研究工作。研究的种类主要包括太平洋牡蛎、美洲牡蛎、智利牡蛎、欧洲牡蛎、悉尼岩牡蛎和僧帽牡蛎，研究内容既包括幼体阶段的数据，也包括成体阶段的数据；既有选择反应预测，也有各种遗传力、遗传相关等参数的估算；还有一些选择育种实践的探索。在遗传参数研究方面，Lannan（1972）利用全同胞家系获得太平洋牡蛎幼虫存活率的遗传力为 0.31，附着变态率遗传力为 0.09，18 月龄总重、壳重和软体部重的遗传力分别为 0.33，0.32 和 0.37。Hedgecock 等（1991）根据半同胞家系数据获得商品规格软体部重的遗传力为 0.20。Haley 等（1975）利用半同胞和全同胞家系测得美洲牡蛎幼虫生长速度的遗传率在第 6 天时为 0.46，在第 16 天时为 0.25。同样是美洲牡蛎的幼虫生长率，Newkirk 等（1977）报道了全同胞和半同胞遗传力在第 6 天时为 0.09～0.51，在第 16 天时为 0.50～0.60。Toro 和 Newkirk（1990）利用亲子回归分析法获得欧洲牡蛎活体重和壳高的遗传力 6 月龄时分别为 0.14 和 0.11，18 月龄时分别为 0.24 和 0.19。这些遗传力研究结果表明，对牡蛎群体进行定向选择来提高生长速度是可行的。

在选择育种研究方面，选择目标大都集中在生长率、活体重、抗病性以及壳形状等方面。Haley 和 Newkirk（1982）研究了美洲牡蛎生长率的遗传特性，发现 1 代选择后的活体重明显高于对照组。Haskin 和 Ford（1988）成功选育出对尼氏单孢子虫（MSX）具有抗性的美洲牡蛎近交系，经过 5 代选择后，存活率提高 10 倍。Toro 等（1994）报道了对智利牡蛎的壳长和活体重进行 1 代歧化选择实验结果，发现 27 月龄时上选组和下选组活体重的现实遗传力分别为 0.43 和 0.29，壳长的现实遗传力分别为 0.45 和 0.31。从欧洲牡蛎的结果来看（Newkirk 和 Haley，1982），1 代选择后活体重的现实遗传力可达 0.39～0.72。经过 1 代选择后的悉尼岩牡蛎，17 月龄时活体重显著高于对照组（Nell 等，1996）。僧帽牡蛎的混合选育结果表明，15 月龄活体重的现实遗传力为 0.28。关于太平洋牡蛎的选择育种研究，国外迄今有 2 篇报道：Hershberger 等（1984）的研究表明，通过人工选择可以提高太平洋牡蛎对夏季大量死亡的抵抗能力；Langdon 等（2003）对太平洋牡蛎混合选择的结果显示，1 代选择后活体重较对照组可平均提高 9.5%。

2. 扇贝的选择育种

Crenshaw 等(1991)对海湾扇贝的一个野生群体做了选择实验,现实遗传力的估计值为 0.206。Ibarra 等(1999)按壳高和总重两个指标,对 *Argopecten ventricosus* 做了 1 代的选择实验,总重的现实遗传力估计为(0.33±0.07)~(0.59±0.13),壳宽的现实遗传力为(0.10±0.07)~(0.18±0.08),且这两个性状存在明显的遗传相关。

中国海洋大学包振民等对中国北方的栉孔扇贝进行了选育,结合现代分子生物学技术,培育出国内外第一个扇贝新品种"蓬莱红"。该品种壳色鲜红,肉柱大,抗逆性强,遗传特征明显,综合经济性状优良。经过近 2 万亩养殖测试,"蓬莱红"扇贝表现出明显的高产性和抗夏季病害(夏季死亡率低)的特性,比其他生产种平均增产 35%~68%,死亡率降低 30%以上,主要生产性状遗传稳定性高于 95%。

张国范等对海湾扇贝的壳色进行选择,选育出新品种"中科红海湾扇贝"。该品种贝壳颜色纯正,为鲜艳的橘红色,生长速度快,规格均匀,无"老头苗"现象,壳高、壳长、壳厚均大于普通贝 5%以上,鲜贝重量增长 21.77%,出肉柱率提高 26.07%。

3. 其他贝类的选择育种

在其他贝类的选择育种研究方面,珠母贝、硬壳蛤以及海湾扇贝等的选育近年来也陆续开展。Wada(1986)以壳宽和壳凸度为指标,对马氏珠母贝进行了选择实验,所得到的现实遗传力估计值分别为 0.47 和 0.35。

Hadley 等(1991)对美国南卡莱罗纳州当地的硬壳蛤群体在 2 龄进行了选择实验,TOP 10%的个体作为选择组,相同数目随机个体作为对照组。在所做的三组实验中,其中一组没有观察到选择反应,作者认为可能是由于有效繁殖群体数量较少所致。另外两组实验中,生长率的现实遗传力的估计值分别为(0.42±0.10)和(0.43±0.06),表明混合选择可能是改良硬壳蛤养殖群体的一个较好的方法。

第三节　杂交育种

在育种和生产实践中,杂交一般是指遗传类型不同的生物体之间相互交配或结合而产生杂种的过程。通过不同品间杂交创造新变异,并对杂种后代培育、选择以育成新品种的方法叫杂交育种(Cross Breeding)。

杂交育种是最经典的育种方法。尽管新技术、新方法不断涌现,但杂交育种仍是目前国内外动植物育种中应用最广泛、成效最显著的育种方法之一。例如,在农作物方面,目前全球约 90%的育种是杂交育种,我国常规稻推广品种中,2/3 以上的品种是通过杂交育种获得的;在美国玉米产量持续增长,33%~65%得益于杂交种的遗传效应(张玉勇,2005)。在水产养殖领域,杂交育种的应用也十分广泛,主要应用于水产动物育种中提高生长速度、抗病力、抗逆性、起捕率、含肉率和改良肉质、提高饵料转化率、提高成活率、创造新品种、保存和发展有益的突变体以及抢救濒于灭绝的良种等方面。例如,美国 20 世纪 60 年代,条纹鲈和白鲈的杂交培育出了生长速度快、抗逆性强的新品种(杨爱国,2002)。新中国成立以来也开展了大量鱼类杂交组合的实验研究,发现了许多鱼类不同种类或品种之间的杂交可以获得明显的杂种优势,培育出一批性状优良的杂交鱼养殖品种,如我国鲤鱼科鱼类中的荷元鲤(荷包红鲤♀×元江鲤♂)、丰鲤(兴国红鲤♀×散鳞镜鲤♂ F$_1$)、岳鲤(荷包红鲤♀×湘江野鲤♂)等(楼允东,1999)。

相对而言,在海水养殖领域,特别是贝类方面,杂交育种研究相对滞后,但近年来,国内外许多专家和学者也做了大量的研究工作,并且取得了初步的成绩。

一、杂交育种的基本原理和方法

1. 杂交育种的基本原理

杂交可以充分利用种群间的互补效应,是增加生物变异性的一个重要方法。但是杂交并不产生新基因,而是利用已有生物资源的基因和性状重新组合,将分离于不同群体(个体)的基因组合起来,从而建立理想的基因型和表现型。

杂交的生物学特性主要表现为:①能急剧地动摇遗传的保守性,使杂种的遗传性富于游动性,具有更多的可塑性,有向人类培育的各个方面发展的可能性;②能迅速而显著地提供杂种生活力,而获得杂种优势;③杂交能丰富遗传结构,提供更加广泛的遗传基础,通过杂交将遗传基础不同的两个以上品种或种的个体的基因自由组合,产生亲本所从未出现过的超越亲代的优良性状,继而人们可选择优良的个体,经培育而成新品种。

因此,杂交育种从根本上说是运用遗传的分离规律、自由组合规律和连锁互换规律来重建生物的遗传性,创造理想变异体。

2. 杂交育种的基本方法

杂交育种分类的方法多种多样。依据杂交亲本亲缘关系远近不同,可分为近缘杂交(品种内杂交和品种间杂交)和远缘杂交(种间、属间、科间以及目间的杂交);依据杂交时通过性器官与否,可分为有性杂交和无性杂交;依据杂交时参加亲本数目多少,可分为单交和复交等等。依据育种目标和杂交方式的不同,杂交育种可分为以下几种:

(1)增殖杂交,是根据当地、当时的自然条件、生产需要以及原地方品种品质等条件,从客观上来确定育种目标,应用相应的两个或多个品种,使它们各参加杂交一次,并结合定向选育,将不同品种的优点综合到新品种中的一种杂交育种方法。因为参加的品种越多,育成新品种所需要时间越长。实际生产中多采用只涉及一次杂交和两个品种的交配,也称为单杂交,可表示为 A×B→F$_1$→F$_2$→…→F$_n$(形成新品种)。这种育种方法是为追求更大的养殖效益或者是适合当地生产发展,原有的地方品种已不能满足生产发展的需要,但又不能从外地引入相应的品种来取代,于是就以当地原有品种与一个符合育种目标的改良品种进行杂交,以获得两品种的一代杂种,然后从中选择较理想的杂交个体,进行与育种目标相应的定向培育,并以同质选配为主进行自群繁育(以确保所获得的优良性状能稳定的遗传),育成新的品种。此法需要年限短,见效快,应用较广泛。

(2)渐渗杂交,是根据当地的自然条件、经济条件和生产需要以及原有地方品种品质等所客观确定的育种目标,将一个品种的基因逐渐引进到另一个品种的基因库中的过程。具体做法是:以当地原有地方品种为被改良者,与一个符合育种目标需要的改良品种杂交,获得级进第一代杂种(级 F$_1$),然后再使级 F$_1$ 中较理想的个体与改良品种回交,获得级 F$_2$,如级 F$_2$ 还不符合育种要求,则再使级 F$_2$ 中较理想的个体与改良品种回交以获得级 F$_3$,如此下去,一直到获得符合育种目标的理想个体为止,再选择理想的杂种,以同质选配为主进行自群繁育,固定遗传性,育成新品种。这种杂交方法的实质是通过杂交改变当地品种的遗传特性,并使当地品种一代又一代地与改良品种回交,以使遗传性随着代数的增加,一级又一级的向改良品种靠近,最后使之发生根本性的变化。

(3)导入杂交,是为获得更高的经济效益或根据当地的自然条件、经济条件和生产需要以及原有地方品种品质等客观确定的育种目标,通过引入品种对原有地方品种的某些缺点加以改良而使用的杂交方式。在方法上和级进育成杂交相似,只是回交的亲本换成了当地被改良品种,目的是为了改正地方品种的某种缺陷,或改良地方品种的某个生产性能,同时还要保留地方品种的其他优良特性。此法只适用于那些本身的各种特性已相当好,只是存在程度不大的缺点的当地被改良品种。引入品种必须具有原有地方品种所需要改进的优点,同时又不能损害原来品种的优良特性。杂交的代数,应从实际情况出发,一般以获得 F_2 为合适。所需改良品种的数量,一般以一个为好,并且引入品种与被改良品种的差距不能过大。

(4)综合杂交,是综合采用两种以上的育成杂交方法,引入相应的改良品种对当地品种进行改良,以获得改良品种一定的遗传性比率和具有一定生产水平的理想杂种,从中选育出新的品种。

3. 杂交育种的基本步骤

(1)确定育种目标和育种方案。育种用几个品种,选择哪几个品种,杂交的代数,每个参与杂交的品种在新品种血缘中所占的比例等,都应该在杂交开始之前经过讨论,从而提高工作效率,缩短育苗时间,降低成本。实践中还要根据实际情况进行修订与改进,灵活掌握。

(2)杂交。品种间的杂交使两个基因型重组,杂交后代中会出现各种类型的个体,通过选择理想或接近理想类型的个体组成新的类群,进行繁育就有可能育成新的品系和品种。此阶段的工作除了选定杂交品种或品系外,每个品种或品系中与配个体的选择、选配方案的制订、杂交组合的确定等都直接关系到理想后代能否出现。因此,有时可能需要进行一些试验性的杂交。

杂交亲本的选择与选配一般遵循以下原则:一是性状互补,即亲本双方在性状方面所表现出来的优缺点能够相互补充,以便杂种后代按自由组合规律进行重组,产生优良杂种;二是双亲的生物学差异比较显著,尤其是地理分布、生态类型和主要性状存在明显不同,以求杂种后代的变异幅度广泛,可供选择;三是品种或种群要尽可能纯正,以获得更大的杂种优势,若亲本不纯,杂种就难以综合双亲的优点;四是双亲或亲本的一方要适合本地养殖,以获得适应当地自然条件的杂种。除此之外,还要注意亲本的性腺发育、年龄、体重和体质等问题。

(3)理想个体的自群繁育与理想性状的固定。当理想个体的数量符合育种要求后建成品系或家系,便可以进行品系或家系(理想杂种个体群内)的自群繁育,以期使目标基因纯合和目标性状稳定遗传。自群繁育主要采用同型交配法,有选择地采用近交。近交的程度以未出现近交衰退现象为度。这一阶段的主要目标就是固定优良性状,稳定遗传特性。同时,也应该注意饲养管理等环境条件的改善。

(4)扩群提高。通过选择建立了理想型群体或品系,但在数量上毕竟较少还不能避免不必要的近交。这样的群体仍有蜕化变质的危险,也就是该理想型类群或品系群,在数量上还没有达到成为一个品系的起码要求。再者,数量多才有利于选种和选配发挥更好的作用,以进一步提高群体的水平。因此,在这一阶段要有计划地进一步繁育和培育更多的已定型的理想个体。这一阶段的工作,一般都是在育种场内进行的。此阶段中建立的品系,因为时间不长,一般都是独立的。为了建立新的、更好的品系以健全品种结构和提高质量,应该有目的地使各品系的优秀个体进行配合,使它们的后代兼有两个或几个品系的优良特性。

二、杂交育种以及杂种优势在贝类养殖中的应用

杂种优势是指两个或两个以上遗传类型的个体杂交所产生的杂种第一代,往往在生活力、生长和生产性能等方面在一定程度上优于两个亲本种群平均值的现象。由于杂种在第二代会表现出基因型的分离进而失去优势的生活力和生产性能,同时失去表现型的一致性,因此杂种优势只能利用一代。这种只利用第一代杂交种的优势来进行养殖生产的杂交称为经济杂交,又称杂种优势的利用。杂种优势涉及某些与经济性状密切的数量性状,优势可以表现在生活力、繁殖率、抗逆性以及产量、品质上,同时也表现在生长速度以及早熟性等方面。

国外贝类杂交育种或利用杂种优势的工作开始于 20 世纪 60 年代,这也是在贝类人工育苗技术成功的基础上所取得的成果。今井丈夫首先开展了不同地理群体牡蛎的杂交实验,但杂种优势不甚明显,这一结果对后来相关研究产生了一定的负面影响。此后,就很少有人开展贝类杂交的研究。不过 20 世纪 80 年代以后,欧美又有人陆续研究杂交问题,主要还是集中在牡蛎,特别是太平洋牡蛎的研究。国内贝类杂交研究早于国外,开始于 20 世纪 50 年代的牡蛎杂交,此后也是一段长时间的中断,到了 80 年代才有人重新陆续开展贝类杂交的研究,但主要是远源杂交。到了 20 世纪 90 年代初种内杂交的研究才逐步开展起来。

近年来,为了解决我国养殖贝类的大规模死亡和一些重要经济贝类生长慢、生产周期长等问题,杂交及杂种优势利用成为产业生存和发展的迫切需求。以下就海洋经济贝类杂交育种研究的主要种类及其研究现状分别加以论述。

1. 牡蛎

牡蛎科的贝类是目前国内外杂交育种中研究的最多、记载最详尽的种类之一。国外某些牡蛎种类的杂交可以追溯到 1 个世纪以前(Bouchon-Brandely,1882,引自 Davis,1950),但较为集中的工作始于 20 世纪初。早在 1929 年,妹尾秀实和崛重藏等就对牡蛎科种间杂交进行了研究。随后,多种牡蛎组合的种间与种内杂交研究也相继展开。如在一个比较 2 龄太平洋牡蛎(*Crassostrea gigas*)的实验中,Beattie 等(1987)发现杂交子代在壳长、总重及干肉重方面都明显高于全同胞交配的子代。在比较 3 个未经选择的美洲牡蛎群体及它们相互交的实验中,Mallet 和 Haley(1983)发现杂交子代和对照组的活体重及存活率存在明显的差异,从整体而言,在生长和存活方而,杂交组和其亲本的平均值相比存在杂种优势。在另一个 3 个美洲牡蛎杂交实验中,Mallet 和 Haley(1984)发现幼虫阶段存在杂种优势和反交效应,在稚贝阶段,平均杂种优势为 4.9～11.5,不同的杂

交组合及正反交间的杂种优势明显不同,最好的一个杂交组合的杂种优势为 23.6～24.6,最差的一个为－13.8～－1.5。Bayne 等(1999)比较了太平洋牡蛎近交系和杂种的摄食行为和代谢效率,结果显示总体上杂种的摄食效率和生长速度都要高于近交系。同时还发现虽然杂种的表现都要好于近交系,但在正反交组合中存在显著差异。另外,Hedgecock 等(1995,1996)以部分雌雄同体的太平洋牡蛎的自交建立近交系,通过不同近交系间的杂交,探讨了形成杂种优势的机理,并研究了杂种优势对摄食行为、代谢效率等生理活动的影响。Dennis 等(1996)通过对牡蛎各自交群体及其杂交 F₁ 和 F₂ 代进行的同工酶和数量性状的标记分析发现,用显性或超显性假说都不能很好地解释杂交实验中出现的一些现象,而上位效应对所出现的正负杂种优势都能给予很好的解释。Launey 等(2001)通过近交系的杂交,认为牡蛎的杂种优势主要是显性效应。

在国内,从 20 世纪 50 年代开始,也有一些牡蛎杂交育种工作的开展,如汪德耀等(1959)对厦门一带所产的密鳞牡蛎、僧帽牡蛎和福建南部产的太平洋牡蛎进行了杂交实验。不仅印证了种间杂交精卵能够结合、能够正常发育的结论,而且发现杂交苗具有一定的生长优势,杂交的胚体由受精直至 D 形幼虫期的发育速度都比自交苗发育快。周茂德等(1982)以太平洋牡蛎、近江牡蛎和褶牡蛎为亲本进行了多个组合的杂交实验,发现杂交子代 D 形幼虫的大小性状一般表现为母本特征,而且其大小变异范围比亲本自交组大。吕豪(1994)也开展了太平洋牡蛎和大连湾牡蛎的杂交实验,结果表明两种牡蛎种间的杂交是可行的,杂交后代具有较高的受精率和成活率以及较快的生长速度,在一定程度上反映了杂种优势,并可以看出两种牡蛎有着较近的亲缘关系。目前虽然已经证明牡蛎的种间杂交精卵能够很好的结合,并且能够正常发育,但尚无真正的牡蛎种间杂交的杂种应用于生产。

2. 扇贝

扇贝杂交研究在国内外也开展了很多工作。1995 年 Heath 对虾夷扇贝和西北盘扇贝(*P. caurinus*)的杂交研究发现,产生的杂种子代具有较强的抗派金氏虫病的能力。1997 年 Bower 等利用引进日本虾夷扇贝雌性个体与近缘非养殖种西北盘扇贝雄性个体杂交,所产生的杂种对鞭孢子虫(*Perkinsus qugwadi*)具有抗性,从而促进了英国哥伦比亚地区的扇贝养殖业的发展。1997 年,Cruz 等研究了扇贝 *Argopecten circularis* 两个地理种群及其正反杂交子代在幼虫生长速率、存活率、性腺发育上的差异,发现正反杂交后代的存活率都明显受母本影响;而生长速率方面,母性效应在发育前 11 d 明显存在,15 d 后开始下降,17 d 时完全消失,与此同时,15 d 开始出现杂种优势(3.5%),到 17 d 时杂种优势开始上升,达到 6.8%。

我国目前用于大规模养殖的扇贝品种主要有栉孔扇贝、虾夷扇贝、华贵栉孔扇贝和海湾扇贝,其中虾夷扇贝和海湾扇贝是我国分别从日本和美国引进的品种。随着扇贝养殖业的持续发展,养殖扇贝的种质质量退化,连年出现养殖扇贝的大面积死亡,通过杂交育种等选育手段获得抗逆性高、生长快速的优良扇贝养殖品种,就成为贝类工作者们重点研究的对象。相建海等(1991)进行过海湾扇贝、栉孔扇贝和虾夷扇贝杂交育种的可行性研究。宋林生(1998)对栉孔扇贝和虾夷扇贝及其杂交种的基因组进行 RAPD 分析,得出杂交后代表现为明显的母性遗传的结论。常亚青等(2002)与刘小林等(2003)分别报道了栉孔扇贝中国种群与日本种群正反交杂种一代在壳高、壳长、壳宽、活体重及成活率 5 个生长发育指标上所表现的杂种优势,其研究表明,栉孔扇贝中国种群与日本种群杂交 F_1 代不论是早期生长发育阶段还是中期生长发育阶段,杂交组合均表现出了不同程度的杂交优势,其中早期(4~10 月龄)贝壳性状的杂种优势为 23%~30%,活体重的杂种优势率达到 28%~44%,成活率的杂种优势在 10% 以上;中期(9~18 月龄)体重杂种优势为 32.29%,壳高杂种优势为 13.59%,壳宽杂种优势为 12.46%,壳长杂种优势为 12.65%。另外中国种群与俄罗斯种群栉孔扇贝的各杂交组合也表现出良好的杂种优势,4 月龄杂交子代体重、壳高、壳宽、壳长的杂种优势分别为 59.4%,21.7%,18.9% 和 13.6%。证明杂交是提高扇贝生产性能和抗逆性的重要途径。

杨爱国等(2004)对虾夷扇贝精子进行超低温保藏,成功地利用栉孔扇贝♀与虾夷扇贝♂进行杂交,杂交子代在外部形态与母本栉孔扇贝基本相同,但生产性能尤其是抗逆性显著提高,在第 2 年高水温季节栉孔扇贝出现大量死亡的情况下,杂交子代成活率达 95%,生长速度提高 23%。反交组在苗种中间暂养和养殖过程中的成活率比虾夷扇贝提高 16%,生长速度未见显著差别;正、反交子一代生殖腺发育正常,可排放精、卵。

3. 鲍

有关鲍的杂交育种以日本研究较多,具有代表性的是宫木廉夫和小池康一等的工作。宫木廉夫对日本大鲍(*Haliotis gigantea*)♀×盘鲍(*H. discus*)♂杂交组合的生长和存活情况进行了深入研究,在 341 天的试验期间发现前期杂交苗要比母本的自交苗生长慢,而后期杂交苗则要比自交苗生长快些;母本自交苗的存活率在整个实验期间一直最高;杂交苗的季节生长方式以及存活率比较接近父本的自交组,而杂交幼鲍的外部形态则更接近于母本。小池康一对日本大鲍、盘鲍和 *H. madaka* 以及它们的杂交幼体进行了研究,发现所有的杂交组合生长率均比各自的自交组合快,其中 *H. madaka* ♀×大鲍♂的日摄食率和月生长率均优于其亲本自交组。另外,Leighton 对加利福尼亚沿岸的红鲍(*H. rufescens*)、粉红鲍(*H. corrugata*)、绿鲍(*H. fulgens*)和白鲍(*H. sorenseni*)进行人工杂交,结果显示红鲍×绿鲍的杂交子一代具有明显的生长优势,并且杂交子一代性腺能够发育成熟,能够正常繁育。

中国是世界鲍生产第一大国,几乎全部依靠养殖生产,而杂交和杂种优势的利用是鲍养殖业近些年快速稳定发展的核心关键技术,杂交鲍已经成为中国北方海区海水养殖支柱性高效龙头产业,也成为其他海水养殖动物种质改良的成功范例。王子臣等(1985)将从美国引进的红鲍、绿鲍同我国本地的皱纹盘鲍进行杂交与人工育苗试验;聂宗庆等(1992)从日本引进日本盘鲍进行试养,并将日本盘鲍与我国的皱纹盘鲍进行了杂交。孙振兴等(1988)比较了大鲍、西氏鲍(*H. sieboldii*)、日本盘鲍的杂交稚贝及其双亲系自交稚贝的摄食率、生长率和饵料效率,发现杂交稚贝的共同特点是在摄食率和生长率方面都表现为双亲系的中间类型,大体上优于父系稚贝,劣于母系稚贝,其中,大鲍♀×日本盘鲍♂的杂交稚贝,在摄食率、体重和壳长月增长率方面都优于双亲系稚贝。随后,燕敬平等(1999)以日本盘鲍和皱纹盘鲍为亲本,柯才焕等(2000)以杂色鲍(*H. diversicolor supertexta*)、皱纹盘鲍和日本盘鲍为亲本,张起信等(2000)、孙振兴等(2001)以日本大鲍和皱纹盘鲍为亲本,欧俊新等(2002)以皱纹盘鲍和日本盘鲍为亲本,先后进行了杂交育种研究,均取得了大量的实验数据,同时得出了以下结论:其一,鲍种间杂交是可行的,除了杂色鲍与皱纹盘鲍和日本盘鲍杂交的受精率比较低以外(最低组皱♀×杂♂的受精率仅为0~2.8%),其他杂交组合的受精率均比较高(>70%);其二,受精率虽有高低,但受精后的胚胎发育正常,杂交稚鲍存活率具有明显优势;其三,后代稚鲍显示出良好的生产性状和一定的杂交优势。

张国范等(2005)利用皱纹盘鲍日本岩手群体和大连群体杂交培育出我国第一个海水贝类新品种"大连1号"杂交鲍,并在生产中推广应用,取得显著经济效益。该品种杂种优势明显,性状稳定,具有适应性广、成活率高、抗逆性强、生长快、品质好等特点。与父母本比较,生长速度平均提高20%以上,成活率提高1.8~2.3倍,适宜水温0℃~29℃,适温上限提高了4℃~5℃,使杂交鲍养殖区域从渤海和黄海北部向福建和广东北部海域扩展,养殖区域进一步扩大。

4.其他养殖贝类

除了以上几种重要的海水养殖种类外,目前开展了有关杂交工作的养殖贝类还有珠母贝、硬壳蛤(Mercenaria mercenaria)等多种海水养殖贝类。如魏贻尧等(1983)曾对马氏珠母贝(Pinctada martensii)、解氏珠母贝(P. chemnitzi)和大珠母贝(P. maxima)3种珍珠贝进行了种间杂交以及杂交后代培育与性状的观察,结果表明,马氏珠母贝作为母本,解氏珠母贝和大珠母贝分别作为父本杂交,部分杂交苗能变态附着,稚贝外形上与马氏珠母贝相同,深入的研究表明,杂交子代有可能不是真正的杂交种,不能排除"雌核发育"的可能性。王爱民等(2003)对马氏珠母贝不同地理种群内自繁和种群间杂交子一代的性状及感染多毛类寄生虫病的状况进行了分析,探索应用杂交育种技术培育抗多毛类寄生虫病的马氏珠母贝新品种,以便从根本上解决多毛类寄生虫病对珍珠养殖业的危害。Manzi等(1991)做了硬壳蛤的两个养殖群体间的杂交实验,结果显示,2龄时所有杂交组合的生长率都大于平均值。杂交组合间及其同亲本间均存在明显的遗传差异,但同时也结合了双亲的优良性状。这些工作的开展为进一步开展养殖贝类育种工作奠定了基础。

综上所述,有关贝类杂种优势机理和杂交育种的研究,已经取得一些可喜的进展。但如何利用现有的遗传资源,进行不同群体间的杂交,以提高贝类养殖产量,仍然是一个十分重要的课题。

第四节　贝类的多倍体育种

多倍体是指体细胞中含有3个或3个以上染色体组的生物个体。三倍体贝类由于细胞内增加了一套染色体,理论上是不育的。三倍体贝类由于其不育性或育性差,在繁殖季节,只消耗极少能量用于性腺的发育,使得更多的能量用于生长。同时,二倍体贝类随着性腺的发育,体内糖原含量下降,使其品质受到较大的影响,而三倍体贝类由于性腺发育很差,体内继续保持较高水平的糖原含量,具有鲜美的口味。因此,三倍体贝类的生长速度比二倍体快,个体大,产量高,品质优并可降低繁殖期的死亡率,缩短了养殖周期,是海水养殖的优良品种。另外,三倍体贝类的育性差,对保护海洋生物的多样性具有重要意义。

由于三倍体贝类具有生长快、品质优等优点,1981 年美国斯坦利(J. G. Stanley)获得多倍体美洲牡蛎以来就受到了养殖者和消费者的青睐。迄今为止,已在 30 余种贝类中进行了多倍体的育种研究。

一、多倍体贝类育种的基本原理

一般情况下,自然界存在的生物体大都是二倍体,即包含着两个染色体组。自然界存在的多倍体在植物中比较普遍,而多倍体动物则较为罕见,仅存在于某些雌雄同体或单性生殖动物中。

真核生物的正常有丝分裂是染色体复制一次,细胞分裂一次,在细胞分裂的后期,染色单体分离,均衡地分配到两个子细胞中。而减数分裂(又称成熟分裂)则是染色体复制一次,细胞分裂两次,形成四个子细胞,每个子细胞中的染色体数目减半,成为单倍体的配子。雌雄配子的结合使染色体得以重组,恢复到原来的二倍体,从而保持了生物个体的遗传稳定性和延续性。

贝类的精子在排放前已经完成两次减数分裂过程,而卵子在排放时则没有完成减数分裂,一般停止在第一次减数分裂的前期或中期,在受精后或经精子激活后再继续完成两次减数分裂,释放两个极体后,雌雄原核融合或联合,进入第一次有丝分裂,即卵裂。这一延迟了的减数分裂过程为贝类多倍体育种操作提供了有利的时机和条件。

1. 抑制受精卵第二极体释放的染色体分离方式

抑制受精卵第二极体的释放可以使一套染色体保留,产生三倍体。以太平洋牡蛎为例,太平洋牡蛎的染色体数目为 $2n=20$,受精时,精子已完成减数分裂,染色体数目减半,仅有 10 条染色体,而卵子则处于第一次减数分裂的前期,含有 20 条染色体。受精后,卵子继续减数分裂过程,同源染色体向两极移动,20 条染色体均分为两组,每组 10 条,其中靠近卵子边缘的一组染色体形成第一极体排出。剩下的一组(10 条)染色体继续第二次减数分裂,染色单体分开,向两极移动,每一极含有 10 条染色单体,靠近卵缘的一极将形成第二极体排出。在第二极体排除之前,给受精卵施加适度的处理,使得形成第二极体的那 10 条染色体保留下来,这样卵子中就含有两组染色体(20 条),与精核中的一套(10 条)染色体结合后,即形成了三倍体($3n=30$)(图 6-1)。

2. 抑制受精卵第一极体的染色体分离方式

第一极体的抑制导致第二次减数分裂过程中染色体分离复杂化,结果产生大量的非整倍体,影响胚胎的孵化率和幼虫的存活率。Guo 等(1992a)利用 CB 抑制了太平洋牡蛎第一极体的排出,发现除了产生一定比例的三倍体(15.6%)、四倍体(19.4%)以及少量的二倍体

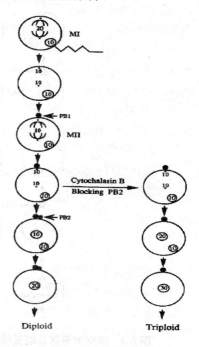

图 6-1　抑制太平洋牡蛎受精卵第二极体产生三倍体的模式图解(从 Guo,1991)

(4.5%)胚胎外,还产生了高比例的非整倍体(57.6%),其染色体数目主要分布在 23～25 和 35～37 两个区域内。对牡蛎受精卵的细胞学观察研究(Guo 等,1992b)中发现,经 CB 处理抑制第一极体释放后,在第二次减数分裂过程中,染色体的分离有以下几种方式(图 6-2):

(1)联合二极分离(United Bipolar Segregation)。两组二分体联合成一体以二极分离的形式进行第二次分裂,20 条染色单体作为第二极体被排出,20 条染色单体保留于卵核中。这一过程相当于一次有丝分裂,其结果产生了 MI 三倍体(图 6-2-B)。

(2)随机三极分离(Randomized Tripolar Segregation)。这种分离方式中形成三极纺锤体,两组二分体结合成一群,然后 20 个二分体(每组 10 个)被随机地分成 3 组,每组 6～7 个,在第二次减数分裂中期时分布在三极纺锤体的 3 个分裂面上,随后进入后期Ⅱ。至末期Ⅱ时,三极中的每一极接受来自相邻两组的二分体分离出的染色单体(平均 13～14 条)。末期Ⅱ以后,三极中的 3 组染色(单)体各自凝缩,其中最靠近卵子边缘一极的那组作为第二极体被排出(图 6-2-C),其结果导致了非整倍体的产生。

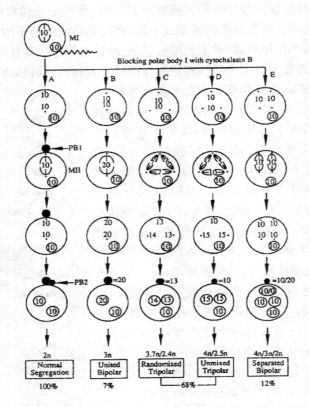

图 6-2　抑制太平洋牡蛎受精卵第一极体释放染色体分离方式模式图解(从 Guo,1991)

(3)非混合三极分离(Unmixed Tripolar Segregation)。在这种分裂方式中也形成三极纺锤体。来自第一次减数分裂的两组二分体在进入三极分离前不结合或重叠,而是其中一组二分体等分到两个靠近边缘的分裂面中,另一组二分体则仍然保持在一起,位于靠内侧的分裂面中。因此，一套(10 个)染色(单)体可能移动到边缘一极而作为第二极体被排出，其余的 30 个母本染色(单)体与 10 个父本染色(单)体结合而形成四倍体(图 6-2-D)。

(4)独立二极分离(Seperated Bipolar Segregation)。这种方式的分裂中形成四极纺锤体，两组二分体各自以二极分离方式独立进入第二次减数分裂。至末期时，所有染色(单)体被均分至 4 个极。由于作为第二极体排出的染色(单)体数目不同，将分别导致四倍体、三倍体或二倍体的产生(图 6-2-E)。

在实验中，通过"联合二极分离"或"独立二极分离"方式使两套染色单体作为第二极体排出，导致 MI 三倍体产生的比例为 14%；由"非混合三极分离"或"独立二极分离"方式使一套染色单体作为第二极体排出，产生 MI 四倍体的比例为 20%；非整倍体主要通过"随机三极分离"方式形成，其产生比例为 56%，这些非整倍体一般都不能存活下来。

二、多倍体贝类育种的一般方法

目前，贝类多倍体的研究主要集中在三倍体和四倍体。三倍体贝类具有生长快、个体大、肉质好等特点，且由于三倍体具有三套染色体组，减数分裂过程中染色体的联合不平衡导致三倍体的高度不育性，能形成繁殖隔离，不会对养殖环境造成品种污染；四倍体贝类具有进行正常繁育的可能，与二倍体杂交可产生 100% 的三倍体，能够克服物理或化学方法诱导三倍体的缺点，更加安全、简便、高效地获得三倍体。

1. 三倍体的诱导方法

(1)抑制受精卵第二极体的释放：根据牡蛎的受精和发育特点，抑制第二极体的释放可以诱发三倍体，这是目前最普遍采用的三倍体诱导方法。常用的诱导方法有以下几种：

1)化学方法。化学方法主要是利用能够抑制分裂的化学物质来干预细胞分裂的过程，从而达到预期的目的。常用的化学药品有细胞松弛素 B、6-二甲基氨基嘌呤、咖啡因等。

细胞松弛素 B(Cytochalasin B，简称 CB)：真菌的一类代谢产物。一般认为 CB 抑制胞质分裂的机制是特异性地破坏微丝，抑制细胞的分裂。有效的使用浓度是 $0.5\sim1.0$ mg/L，处理时间为 $10\sim15$ min，一般溶解在 0.1% 的二甲亚砜中使用。CB 在三倍体诱导中使用最早、最广泛，其诱导效果也最突出。但是 CB 对胚胎的毒害作用也很强，经 CB 处理的受精卵，其胚胎孵化率和以后的幼虫成活率都明显低于二倍体对照组。由于 CB 为剧毒物质，有致癌性，已被禁止用于生产。

6-二甲基氨基嘌呤(6-dimethylaminopurine，简称 6-DMAP)：嘌呤霉素的一种类似物，是一种蛋白质磷酸化抑制剂，通过作用于特定的激酶，破坏微管的聚合中心，使微管不能形成。6-DMAP 的适宜浓度范围为 $300\sim450$ μmol/L，处理持续时间为 $10\sim20$ min。6-DMAP 低毒且易溶于水，其诱导效果可以与 CB 相媲美，是目前被认为能够替代 CB 的新型诱导剂。

咖啡因(Caffeine)：咖啡因的作用效果在于提高细胞内的 Ca^{2+} 浓度，而构成细胞分裂过程中的纺锤丝的微管对 Ca^{2+} 浓度非常敏感，在微管自装配中 Ca^{2+} 起作用，Ca^{2+} 浓度极低或高于 10^{-3} 时，会引起微管二聚体的解聚，阻止分裂。咖啡因的有效浓度为 $5\sim15$

mmol/L,处理时间为 10～15 min,如果咖啡因和热休克结合使用,诱导效果更显著,但是胚胎孵化率较低。

2)物理方法。常用的物理方法有温度休克法(包括高温和低温休克法)和水静压。

温度休克法:温度休克的机制是引起细胞内酶构型的变化,不利于酶促反应的进行,导致细胞分裂时形成纺锤丝所需的 ATP 的供应途径受阻,使已完成染色体加倍的细胞不能分裂。温度休克包括热休克和冷休克两种,一般热休克采用 30℃～35℃的高温,冷休克采用 0℃～8℃的低温,处理持续时间为 10～20 min。温度休克法诱导三倍体,操作简单,成本低廉,尤其是低温休克法对胚胎发育的影响较小,适合于大规模的生产。

水静压:即将水静压设备(液压机等)产生的压力施加于处理对象。其机制主要是抑制纺锤体的微丝和微管的形成,阻止染色体的移动,从而抑制细胞的分裂。常用的压力范围是 200～500 kg/cm^2,根据应用种类的不同而有所改变,处理时间为 10 min 左右。

(2)利用四倍体与二倍体杂交产生三倍体:利用四倍体与二倍体杂交可产生 100%的三倍体,这在植物及鱼类有了成功的先例,如在鱼类中通过四倍体与二倍体杂交获得了三倍体虹鳟(Chourrout,1986),在贝类中通过此法产生了 100%的三倍体太平洋牡蛎(Guo 等,1996a)。

通过四倍体(T)与二倍体(D)杂交生产三倍体贝类,三倍体率可高达 100%,方法简单,操作方便,避免了理化处理对胚胎发育的影响,能提高胚胎孵化率和幼虫成活率,是生产三倍体贝类的最佳方法,也是控制种群、保护生物多样性的最为理想的方法。但这种方法需要四倍体的培育。

2.四倍体的育种方法

目前,四倍体的产生主要有两种途径。

(1)利用二倍体直接诱导四倍体:利用理化方法使二倍体的染色体加倍直接产生四倍体的方法已成功地应用于植物、两栖类及鱼类四倍体研究中。这种方法在贝类中也有过很多尝试,大多数都诱导出四倍体的胚胎或幼虫,但具存活能力的四倍体则鲜有报道。从二倍体直接诱导四倍体主要有抑制第一极体或同时抑制两个极体的释放、抑制第一次卵裂、细胞融合和人工雌核发育等方法。

1)抑制极体的释放:抑制第一极体的释放能导致随后的第二次减数分裂中染色体分离的复杂化,通过非混合的三极分离方式和独立二极分离方式,能够产生四倍体胚胎(Guo 等,1992b)。

利用抑制第一极体的方法已在美洲牡蛎(Stanley 等,1981)、太平洋牡蛎(Stephen 和 Downing,1988;Guo 等,1992)、近江牡蛎(Rong 等,1994)、菲律宾蛤仔(Diter 和 Dufy,1990)、贻贝(Yamamoto 和 Sugawara,1988)和皱纹盘鲍(Arai 等,1986)等贝类中诱导出四倍体胚胎,但均没有培育至成体。

同时抑制第一极体和第二极体的释放也可能产生四倍体。两个极体都被抑制之后,受精卵中存在五套染色体,精卵原核融合时有可能产生五倍体,但有时由于两个原核融合不彻底也有可能产生四倍体或是其他倍性的胚胎。

2)抑制第一次卵裂:利用抑制第一次卵裂的方法成功地获得了可存活的四倍体鱼(Chourrout,1984;Myers 等,1986),且四倍体鱼可通过自群繁殖延续下来(Chourrout

等,1986)。但是,抑制卵裂诱导四倍体的方法在贝类中的应用并不像在鱼类中那样广泛和成功。Guo 等(1994)利用热休克(35℃～40℃)抑制太平洋牡蛎的第一次卵裂,得到了45％的四倍体胚胎,但仅成活到 D 形幼虫。蔡国雄等(1996)利用 6-DMAP 抑制紫贻贝的第一和第二次卵裂以诱导四倍体,分别产生了 82.8％和 58.6％的四倍体胚胎。杨蕙萍等(1997)利用 CB 抑制栉孔扇贝的第一次卵裂,胚胎四倍体率为 20％～30％。迄今为止,还没有见到利用这一途径获得四倍体贝类成体的报道。

3)细胞融合:通过对两个细胞施加一定的处理,使其细胞膜融合,成为一个细胞,最终形成四倍体聚乙二醇目前最为常用,效果较好的融合剂,脂质体、激光和电融合也有一定的应用价值。

4)人工雌核发育:利用人工雌核发育来诱导四倍体的技术路线是通过精子染色体失活,再同时阻止第一、二极体释放来实现的。精子染色体的失活方法在第二部分——细胞遗传操作方法中已经谈到,包括辐射处理(主要是紫外线)和化学处理,随后的极体释放的抑制方法和在三倍体及四倍体诱导中谈及的抑制极体释放的方法是一致的。

(2)利用三倍体贝类诱导四倍体:这种方法利用三倍体贝类产生的卵子与正常精子结合,然后抑制第一极体,可产生存活的四倍体(Guo 和 Allen,1994a)。由于利用二倍体直接诱导四倍体难度很大,Guo 等根据对实验结果的分析研究及以往的工作经验认为,通过二倍体直接诱导产生的四倍体太平洋牡蛎胚胎不能成活的原因是由于较大的四倍体核在正常体积的卵中卵裂造成细胞数目不足引起的。增大卵子体积可能解决四倍体胚胎发育中细胞数量不足的问题。目前已尝试过两种途径:一是合子融合。但由于融合率低及融合后发育异常,使合子融合在技术上难于成功(Guo 等,1994)。二是利用较大体积的卵子。一般情况下,正常二倍体产生的卵子,其大小变异不大,但三倍体产生的卵子却明显大于二倍体产生的卵子(体积增加 54％),可能有利于产生具生活力的四倍体。基于这种可能性,Guo 和 Allen(1994a)尝试了一种崭新的思路和方法,即利用三倍体太平洋牡蛎的卵与正常精子结合后,以 CB 处理抑制其第一极体的排放,首次成功地获得了可存活的四倍体太平洋牡蛎。

三、多倍体的倍性检测方法

1. 染色体分析法

(1)常规滴片法:选取胚胎、早期幼虫(如担轮幼虫)或幼贝的鳃组织依次经 0.005％～0.01％秋水仙素处理(15～40 min)、0.075 mol/L KCl 低渗(10～30 min)、Carnoy's 固定液固定(甲醇:冰醋酸=3:1)、50％醋酸解离(5～10 min)、细胞悬液滴片(冰冻或热滴片)制成染色体标本、吉姆萨(Giemsa)或 Leishman 染色,镜检观察染色体。这种方法能得到清晰的染色体分裂相,是鉴定多倍体最精确的方法。

(2)压片法:此种方法常用于观察早期胚胎染色体,具体的压片方法和常规的生物制片的方法相同。常用的染色方法有乙酸地衣红染色及苏木精-铁明矾-醋酸染色。

2. 流式细胞术(Flow Cytometry)

用 DNA-RNA 特异性荧光染料(如 4,6-diamidino-2-phenylindole 即 DAPI)对细胞进行染色,在流式细胞计上用激光或紫外光激发结合在细胞核的荧光染料,依次检测每个细胞的荧光强度,因 DNA 含量的不同得到荧光强度的不同分布峰值,与已知的二倍体细胞或单倍体细胞(如同种的精子)荧光强度对比,判断被检察细胞群体的倍性组成。

3. 极体计数法

正常二倍体的受精卵产生两个极体,而三倍体由于第二极体受到抑制,只形成一个极体。计数受精卵和早期胚胎中的极体数目是一种快速、简便的检测倍性方法。

4. 核径测量法

二倍体与三倍体细胞核直径大小不等,其理论比值为 1∶1.145。通过测量胞核的方法有可能区分开二倍体与三倍体,从而达到鉴定三倍体的目的。应用这一方法只需高倍显微镜及常规的微生物学研究的仪器设备,简便易行。但该方法与染色体分析法、流式细胞术等方法相比,尚无足够的说服力,其鉴定倍性水平的有效性并未得到广泛承认。

5. 电泳方法

通过比较呈现杂合表型的同工酶各组成电泳酶带的相对染色强度,进行倍性判断。如对单体酶来说,二倍体两条带的染色强度是相等的,而三倍体两条带的染色强度则为 2∶1,有时还可能表现为三条带。对二聚体酶来说,其三条带的相对染色强度在二倍体中为 1∶2∶1,在三倍体中则为 4∶4∶1。该方法可快速检测大样品的倍性,但只有高度杂合的基因位点才能给出有效的信息。

6. 核仁计数法

二倍体牡蛎血细胞只有 1 或 2 个核仁,三倍体牡蛎血细胞的核仁以 2~3 个为主。根据血细胞中核仁的数目可以区分二倍体和三倍体牡蛎。

四、多倍体育种的染色体操作方法与结果

1981 年美国学者 Stanley 用 0.5 mg/L 的 CB 处理美洲牡蛎的受精卵获得多倍体以来,贝类多倍体育种研究进展很快,各国学者对太平洋牡蛎、美洲牡蛎、大连湾牡蛎、褶牡蛎及其他近 30 余种贝类进行了多倍体诱导,并对各种诱导方法进行了探索。由于对处理的时机和处理强度掌握不同,其诱导的结果差异很大。常见贝类多倍体诱导的方法及结果见表 6-2。

表 6-2　主要经济贝类多倍体操作方法与结果

种类	作者	诱导方法	诱导强度	最佳诱导结果
太平洋牡蛎 *Crassostrea gigas* (Thunberg)	Chaiton & Allen(1985)	水静压	6 000~8 000 psi	3n 幼虫 57%
	Allen & Downing(1986)	CB		3n 幼虫 96%
	Quillet & Panelay (1986)	热休克	38℃	3n 胚胎 60%
	Stephens & Downing(1988)	CB	1 mg/L	3n 幼虫 75% 4n 幼虫 91%
	山本(1989)	咖啡因+热休克	5 mmol/L+32℃ 10 mmol/L+34℃	3n 幼虫 71% 4n 幼虫 4%
	Cadoret(1992)	电脉冲	600 V/cm	3n 幼虫 55% 4n 幼虫 20%

（续表）

种类	作者	诱导方法	诱导强度	最佳诱导结果
太平洋牡蛎 *Crassostrea gigas*（Thunberg）	Desrosiers et al.（1993）	6-DMAP	300 μmol/L	3n 幼虫 90%
		CB	1 mg/L	3n 胚胎 100%
	Guo et al.（1994）	热休克	35℃~40℃	4n 胚胎 45%
		合子融合	PEG	4n 胚胎 30%
	Guo & Allen（1994a）	种间杂交+CB	3n×2n+CB	4n 幼贝 67%
	Guo et al.（1996）	种间杂交	4n×2n	3n 幼虫 100%
	田传远等（1999）	6-DMAP	450 μmol/L	3n 胚胎 93.8%
美洲牡蛎 *C. virginica*（Gmelin）	Stanley et al.（1981）	CB	0.5 mg/L	3n 胚胎 50%
	Barber et al.（1992）	CB	0.25 mg/L	3n 幼虫 96%
	Scarpa et al.（1995）	6-DMAP	400 μmol/L	3n 胚胎 15%
		CB	0.5 mg/L	3n 胚胎 100%
大连湾牡蛎 *C. talienwhanesis* Crosse	梁英等（1994）	冷休克	4℃~5℃	3n 胚胎 72%
				3n 幼贝 64.6%
褶牡蛎 *C. plicatula* Gmelin	付勤洁等（1997）	冷休克	0℃~2℃	3n 胚胎 69.5%
马氏珠母贝 *Pinctada martensii*（Dunkeer）	姜卫国等（1987）	CB	1.2 mg/L	3n 胚胎 76.8%
		冷休克	12℃	3n 胚胎 52.6%
	Wada et al.（1989）	CB		3n 幼虫 100%
	Shen et al.（1993）	水静压	200~250 kg/cm²	3n 胚胎 76%
	何毛贤等（1999）	6-DMAP	75 mg/L	3n 胚胎 90%
栉孔扇贝 *Chlamys farreri*（Jones et Preston）	王子臣等（1990）	冷休克	1℃	3n 胚胎 30.4%
		热休克	30℃	3n 胚胎 27.6%
	吕隋芬、王如才（1992）	CB	0.5 mg/L	3n 胚胎 50%
	杨蕙萍等（1997）	CB 抑制 Pb1	0.5 mg/L	3n 胚胎 38.38%
				4n 胚胎 39.75%
	杨爱国等（2000）	6-DMAP	60 mg/L	3n 幼虫 87.04%
虾夷扇贝 *Patinopecten yessoensis*（Jay）	王子臣等（1990）	热休克	29℃	3n 胚胎 26.7%
华贵栉孔扇贝 *Chlamys nobilis*（Reeve）	Komaru & Wada（1989）	CB	0.5 mg/L	3n 幼贝 71.4%
	Komaru et al.（1989）	水静压	200 kg/cm²	3n 幼贝 23.3%
	林岳光等（1995）	CB	5 mg/L	3n 胚胎 90.2%
		冷休克	10℃	3n 胚胎 72.7%

（续表）

种类	作者	诱导方法	诱导强度	最佳诱导结果
海湾扇贝 *Argopecten irradians* (Lamarck)	Tabarini(1984)	CB	1 mg/L 0.05 mg/L	3n 1 龄贝 94% 3n 1 龄贝 66%
贻贝 *Mytilus edulis* Linnaeus	Yamamoto & Sugawara (1988)	热休克 冷休克	32℃ 1℃	3n 幼虫 97.4% 3n 幼虫 85.3%
	Beaumont & Kelly(1989)	CB 热休克	1~1.0 mg/L 25℃	3n 胚胎 67% 3n 胚胎 25%
	蔡国雄等(1996)	6-DMAP	400 μmol/L	4n 胚胎 82.8%
菲律宾蛤仔 *Ruditapes philippinarum* (A. Adams et Reeve)	Dufy et al. (1990)	CB	1 mg/L	3n 胚胎 75.8%
	Diter et al. (1990)	CB	1 mL/L	4n 胚胎 64.4%
缀金锦蛤 *R. semidecussatus*	Beaumont & Contaris (1988)	CB	5 mg/L	3n 胚胎 81.8%
	Gosling & Nolan(1989)	热休克	32℃	3n 胚胎 55%
砂海螂 *Mya arenaria* (Linnaeus)	Allen et al. (1982)	CB	1 mg/L	3n 胚胎 75%
	Mason et al. (1988)	CB	1 mg/L	3n 稚贝 45%
毛蚶 *Scapharca subcrenata* (Lischke)	Ueki(1987)	冷休克 CB	2℃~6℃ 0.5 mg/L	3n 幼虫 20% 3n 幼虫 76%
文蛤 *Meretrix meretrix* (Linnaeus)	常建波等(1996)	冷休克 热休克	8℃ 32℃	3n 胚胎 53.1% 3n 胚胎 40%
皱纹盘鲍 *Haliotis discus hannai* Ino	Arai et al. (1986)	冷休克 热休克 静水压	3℃ 35℃ 200 kg/cm²	3n 幼虫 70%~80% 3n 幼虫 60%~80% 3n 幼虫 60%
	孙振兴等(1993)	冷休克	3℃	3n 幼虫 53.6%
	孙振兴等(1998)	CB	1 mg/L	4n 胚胎 21.9%
杂色鲍 *Haliotis diversicolor* Reeve	容寿柏、翁得全(1990)	冷休克	8℃~11℃	3n 胚胎 66%~69%
	Kudo et al. (1991)	冷休克	3℃	3n 幼贝 70%
	严正凛等(1999)	CB 咖啡因	0.4~0.6 mmol 5.0 mmol	3n 胚胎 59%~76.2% 3n 胚胎 33.3%

四、多倍体贝类的主要生物学特性

1. 存活能力

三倍体的贝类是可以存活的，但与正常的二倍体相比，三倍体的幼虫成活率一般较低。三倍体幼虫较低的存活率一般认为不是由于倍性引起的，而主要是其他因子，如诱导处理时诱导剂潜在的毒性影响或者由于第二极体的抑制导致致死基因的纯合等。

在人工诱导贝类三倍体时，无论是用温度休克、静水压等物理方法处理，还是使用 CB、咖啡因等药物进行化学处理，都会对卵子的发育、胚胎与幼虫的存活产生一定的影响，而且随着处理强度的加大，三倍体处理组的胚胎孵化率及幼虫存活率较二倍体对照组明显降低，或是处理组胚胎畸形率呈上升趋势。对 CB 处理的皱纹盘鲍的受精卵的电镜观察表明，CB 的毒害作用是通过破坏受精卵内的细胞器，从而导致代谢缺陷来实现的，这种毒害作用随着 CB 浓度的加大而增强（孙振兴，1997）。CB 处理常引起牡蛎幼虫的死亡率达到 90％以上（Barber 等，1992；Allen 和 Bushek，1992），一般认为 D 形幼虫的存活率与 CB 浓度及处理时间直接相关。太平洋牡蛎的受精卵经 CB 处理后，24 h 的 D 形幼虫率仅为 2％，而对照组为 35％，至眼点幼虫的存活率为 0.4％，而对照组为 5.5％（Guo 等，1996a）。

也有研究报道，三倍体处理组与对照组从浮游幼虫到稚贝阶段的存活率并无明显差异（Stanley 等，1981；Downing 和 Allen，1987）。在大规模的生产中，用冷休克处理太平洋牡蛎的受精卵，其胚胎孵化率和幼虫成活率也与二倍体对照组无明显差异。

三倍体贝类在养成阶段的存活率与二倍体无明显差异，如 Guo 等（1996a）对 40 天至 8 月龄的太平洋牡蛎、Allen 和 Downing（1986）对 8 个月龄至 2 年龄的三倍体太平洋牡蛎、Komaru 和 Wada（1989）对 5～17 月龄的三倍体华贵栉孔扇贝以及林岳光等（1996）对 0.5～5 龄的三倍体合浦珠母贝的观察结果都表明，成贝的死亡率在三倍体与二倍体之间无明显差异。

四倍体贝类的生活力明显低于三倍体和二倍体。通过抑制受精卵第一极体的排放及抑制第一次卵裂等方法在太平洋牡蛎、近江牡蛎、栉孔扇贝、贻贝、地中海贻贝等多种贝类中获得了四倍体胚胎，但仅在地中海贻贝和菲律宾蛤仔检测到了个别存活到变态的四倍体，其他皆不存活。其原因可能有二：①有缺陷的隐性基因的纯合；②核质不平衡引起的发育和遗传障碍使幼虫难以发育下去。Guo 和 Allen（1994a）在对太平洋牡蛎的研究中，利用三倍体产生的体积较大的卵子，与正常的精子结合后抑制第一极体的排放，获得了具有存活能力的四倍体，但成活率极低，在 3 个处理组中仅一组存活至变态，存活率仅为 0.073 9％，其余两组全部死亡。这些存活下来的四倍体牡蛎在 3 月龄时，个体明显大于其同胞二倍体和三倍体。

2. 性腺发育及繁殖力

三倍体由于体细胞中增加一套染色体，通常被认为是不育的（Thorgaard，1983）。但三倍体贝类的不育性不是绝对的。Allen 和 Downing（1986）报道，从外观上看，三倍体太平洋牡蛎的性腺发育程度较差，雄性的性腺发育程度仅为二倍体的一半，而雌性的卵巢发育程度仅为正常二倍体的 1/4。马氏珠母贝、硬壳蛤及华贵栉孔扇贝等三倍体性腺受抑制程度更严重，三倍体马氏珠母贝仅有个别个体的配子能发育至增殖期（姜卫国等，1990）。

尽管三倍体的性腺发育程度较差，有些三倍体的性腺也能产生成熟的精子或卵子，但是其繁殖力明显低于二倍体。发育成熟的三倍体贝类能产生较大的生殖细胞。三倍体太平洋牡蛎及侏儒蛤的卵子体积比二倍体大 53％（Guo 和 Allen，1994b）。三倍体牡蛎的精子的头部、顶体及鞭毛都明显比二倍体的大(Komaru 等,1994)。三倍体产生的配子是可以受精的,三倍体卵子受精后,同二倍体卵子一样,经过两次减数分裂并释放出两个极体。

关于三倍体贝类繁殖力比较研究的文献很少,对三倍体动物的不育性研究大多局限于性腺发育的组织学观察。1 龄的三倍体太平洋牡蛎群体中,所有的雄性都能产生精母细胞,大部分能形成精子(Allen 和 Downing,1990)。三倍体侏儒蛤雌体的繁殖力仅为二倍体的 59%,雄体的繁殖力约为二倍体的 80%(Guo 和 Allen,1994c)。

四倍体贝类是可育的,能够产生成熟的生殖细胞。Komaru 等(1995)分析了地中海贻贝四倍体成体的精原细胞的发生与超显微结构,提出这些精原细胞可能具有可繁育性,能够和二倍体的卵子结合产生三倍体的后代。Allen 等(1994)在 CB 处理诱导的菲律宾蛤仔三倍体群中检测出 2 个偶发的四倍体,对其组织观察发现,四倍体能产生成熟的生殖细胞。Guo 和 Allen(1995)报道,1 龄的四倍体太平洋牡蛎从外观上看,性腺发育正常,雌体的怀卵量在 140 万~420 万粒之间。

四倍体贝类能产生较大的生殖细胞。四倍体菲律宾蛤仔卵子的体积比正常二倍体大 41%,四倍体太平洋牡蛎的卵子比二倍体的卵子大 70%~80%。四倍体地中海贻贝的精子顶体高(4.4±0.62)μm,核长(2.04±0.05)μm,核宽(2.14±0.06)μm,鞭毛长(72.3±2.25)μm;而二倍体顶体高(2.85±0.14)μm,核长(1.85±0.06)μm,核宽(1.78±0.07)μm,鞭毛长(60.55±1.95)μm。

四倍体贝类能与二倍体杂交产生 100%的三倍体,正交与反交后代差异不明显,生长速度都明显快于二倍体对照组。然而,四倍体自群繁殖能力较差,其幼虫发育至稚贝的存活率仅为二倍体对照组的 0.1%(Guo 等,1996a)。

3. 生长快

几乎在所有研究的贝类中,三倍体贝类的生长都快于相应的二倍体。僧帽牡蛎 *C. cucullata*、大连湾牡蛎及栉孔扇贝三倍体在幼虫时期就表现出生长优势。成体的侏儒蛤、太平洋牡蛎、马氏珠母贝、美洲牡蛎、华贵栉孔扇贝等贝类的三倍体的生长明显快于相应的二倍体。养殖两年半的三倍体悉尼牡蛎 *Saccostrea commercialis* 比二倍体增重 41%,养殖 19 个月的三倍体皱纹盘鲍比二倍体增重 20.1%,壳长增加 10.2%,足肌增重 17.6%。2 龄的马氏珠母贝三倍体比二倍体壳高增加 13.01%,全重增加 44.03%,软体重增加 58.37%。海湾扇贝 *Agopecten irradians* 三倍体的闭壳肌及软体重分别比二倍体增加 73%和 36%。太平洋牡蛎二倍体在繁殖季节里由于精、卵的排放,体重明显下降(下降 64%),壳的生长停止,而三倍体则保持继续生长。

针对三倍体贝类个体增大或快速生长的现象,现在有三种假说予以解释:第一种假说是三倍体的杂合度增高假说,认为三倍体的个体增大现象是其杂合度增高的结果。第二种假说是能量转化假说,认为三倍体生长快于二倍体是由于三倍体的不育性,从而将配子发育所需的能量转化为生长所需。第三种假说是三倍体体细胞的巨态性假说。由于贝类的发育属于嵌合型,缺乏细胞数目补偿效应,细胞体积增大而细胞数目并不减少,结果导致三倍体个体的增大。这三种假说都能解释部分现象,但无法解释所有情况下的三倍体个体增大现象。我们认为杂合度、能量转化及多倍体细胞的巨态性都不是引起三倍体个体增大的唯一原因,多倍体的快速生长现象可能是三者共同作用的结果。

4. 性比

双壳贝类大多数为雌雄异体,在幼龄群体中,雄性略多于雌性,而在老龄群体中雌性略多于雄性。繁殖季节里贝类自然群体的性比大致为 1∶1,但其性别不很稳定,有时存在雌雄同体及性转变现象。

在抑制极体产生的多倍体群中,雌雄比例与其二倍体对照组无明显差异,如三倍体的美洲牡蛎、侏儒蛤、珠母贝以及四倍体的太平洋牡蛎等。而雌雄同体的比例较正常二倍体高得多,在美洲牡蛎三倍体群中雌雄同体比例高达 12%,三倍体太平洋牡蛎中雌雄同体率达 20%(Allen,1987),而自然群体中雌雄同体比例一般低于 0.1%。然而也有例外,Allen 等(1986)发现,在人工诱导的三倍体砂海螂中,77% 为雌性,16% 具有雌性的组织学特征,其余 7% 性腺完全不发育,未发现雄性个体。

在双壳贝类中尚未发现有性染色体存在,对其性别决定机制也所知甚少。仅发现成熟的雌核发育二倍体侏儒蛤全部表现为雌性,这表明侏儒蛤的性别决定机制可能与果蝇相同,属于 XX(雌)、XY(雄)型(Guo 和 Allen,1994c)。

5. 抗逆性

三倍体贝类由于具有比二倍体多的染色体组而成为非自然种生物,因而适应环境的能力不同于自然群体。在饥饿 130 天后,三倍体太平洋牡蛎的死亡率明显高于二倍体,说明在营养不足的情况下,三倍体的生存能力低于正常二倍体(Davis,1988)。但在产卵后,正常二倍体由于性细胞排放,体能大量消耗,体质变弱,导致对高温和疾病抵抗力的降低,往往会大批死亡,而三倍体由于没有或很少精、卵排放,体内糖原储存比二倍体高,体质和抗逆性可能要比二倍体好。这一点只是假定和初步的观察,还需实验进一步证实。

由于尼尔氏单孢子虫(*Haplosporidium nelsoni*)(简称 MSX)和海水派金虫(*Perkinsus marinus*)(简称 Dermo)两种寄生虫病的蔓延,使美洲牡蛎几近绝产,用多倍体育种解决牡蛎疾病问题曾被寄予厚望。然而实验表明,三倍体牡蛎对这两种疾病的抵抗能力并不高于二倍体。感染 Dermo 150 天后,美洲牡蛎二倍体的死亡率为 100%,三倍体为 97.7%,太平洋牡蛎二倍体的死亡率为 25.1%,三倍体为 34.3%(Meyers 等,1991)。

目前对三倍体贝类的生态习性研究较少。有人认为,在优良环境条件下,三倍体贝类的生长明显快于二倍体,但在恶劣环境里则生长慢于二倍体。优化多倍体的生态环境,发挥多倍体的生长优势,是发展多倍体产业化亟待解决的问题之一。

6. 生理生化指标

在 15℃ 及 30℃ 条件下,1 龄的三倍体太平洋牡蛎耗氧率和氨排泄率与二倍体无明显差异。室温(15℃)条件下,三倍体与二倍体的生化组分(总蛋白、糖类、脂肪及灰分)无明显差异,而升温(30℃)条件下,三倍体牡蛎的糖原及蛋白水平明显高于二倍体(Shpigel 等,1992)。

糖原的储存、利用与贝类的繁殖密切相关,糖原的含量可反映贝类配子的发生情况。在配子发育高峰期间,三倍体海湾扇贝的肝糖含量明显高于二倍体(Tabarini,1984)。三倍体太平洋牡蛎的肝糖含量是二倍体的 5 倍,并且三倍体雌体的糖原含量明显高于雄体,为干重的 31.3%,而雄体为 23.2%。在繁殖季节(从 5 月上旬至 7 月中旬),二倍体牡蛎的糖原含量降低 72%，排放后开始回升，而三倍体糖原含量仅降低 8%，但在以后的 2 个月中持续缓慢下降至原含量的 61%（Allen，1987）。繁殖期间，二倍体牡蛎的能量收支处于负平衡，三倍体则为正平衡（Davis，1988）。

五、贝类多倍体育种的应用现状及发展趋势

1981 年，贝类三倍体育种首次在美洲牡蛎中报道成功，1984 年美国三倍体太平洋牡蛎开始进入商业化生产，目前三倍体太平洋牡蛎在美国占养殖产量的 30% 左右。多倍体牡蛎的开发成功在美国创造了相当的经济效益，因为二倍体牡蛎在夏天成熟排卵，大大影响了牡蛎的风味，所以一般牡蛎养殖公司在夏天不生产牡蛎，而三倍体牡蛎的成功开发使得牡蛎可以全年生产上市，产量提高 20%～30%。

多倍体贝类育种在我国也备受重视，近年来对太平洋牡蛎、近江牡蛎、栉孔扇贝、合浦珠母贝、皱纹盘鲍等重要经济贝类的多倍体育种进行了系统研究，在诱导方法、苗种培育及规模化生产等方面均取得了可喜的进展，尤其是三倍体太平洋牡蛎的育苗与养殖研究进展迅速，目前已在较大范围内推动产业化进程。1998～2000 年，中国海洋大学在山东威海、辽宁大连、广东南澳和福建莆田等地利用低温休克、6-DMAP 处理等方法诱导太平洋牡蛎三倍体，获得三倍体群牡蛎苗 30 多亿，海上养殖 14 000 余亩，成体牡蛎的三倍体率达 60% 以上。三倍体牡蛎的长势良好，深受养殖者的欢迎。

贝类多倍体育种技术率先在牡蛎中获得突破并实现产业化，其主要原因是牡蛎的卵子成熟同步性较好，可以解剖受精，处理时间容易控制。目前，作为三倍体育种大规模推广的关键技术——四倍体也已在太平洋牡蛎中诱导成功。四倍体和二倍体杂交产生100% 三倍体的技术已经成熟，并已向生产过渡。四倍体牡蛎自群繁殖技术已突破，能建立稳定的四倍体品系。四倍体与二倍体杂交产生 100% 的三倍体，方法简便，高效稳定。应该说，四倍体是实现三倍体产业化的根本途径。

随着开发海洋步伐的加快，多倍体贝类育种研究还将在更多种经济贝类中开展。可以预见，在今后几年内，多倍体贝类育种将会在更大范围内实现产业化，并产生更大的经济效益。

第五节　其他育种方法

一、雌核发育育种

雌核发育是指用遗传失活的精子激活卵，精子不参与合子核的形成，卵仅靠雌核发育成胚胎的现象。这样的胚胎是单倍体，没有存活能力。通过抑制极体放出或卵裂使其恢复二倍性后，便成为具有存活能力的雌核发育二倍体。由于传统的选择育种需要多代的选育，耗时长，雌核发育二倍体人工诱导作为快速建立高纯合度品系、克隆的有效手段，近年来受到了各国学者的极大关注。通过该方法，日本、美国的科学家已成功地培育出香鱼、牙鲆、真鲷、鲤鱼、罗非鱼、鲶鱼等经济鱼类的克隆品系，为养殖新品种的开发以及性决定机制、单性生殖等基础生物学研究提供了极为宝贵的素材。

1. 精子的遗传失活

精子的遗传失活,最初是采用γ线和X线的辐射处理。由于放射线的使用存在安全性和实用性上的问题,目前多采用紫外线杀菌灯照射进行精子的遗传失活处理,其作用机理主要是:精子DNA经紫外线照射后形成胸腺嘧啶二聚体,使DNA双螺旋的两链间的氢键减弱,从而使DNA结构局部变形,阻碍DNA的正常复制和转录。由于紫外线穿透能力弱,进行精子紫外线照射时需要采取措施以确保照射均匀。通常把适当稀释后的精液放入经过亲水化处理的容器(培养皿等),边振荡边进行照射。照射时如维持低温,可以防止温度上升,延长精子活力的保持时间。

精子遗传失活的最佳照射剂量在种类之间存在差异,并随照射精液的体积、密度以及紫外线强度的变化而变化。在皱纹盘鲍,Fujino等(1990)和Li等(1999)分别用 1.2×10^{-4} J/mm² 和 1.44×10^{-4} J/mm² 的紫外线照射剂量遗传失活精子,成功诱导出雌核发育单倍体。在诱导过程中,随着照射时间的增加,受精率出现下降,受精卵在到达面盘幼虫期之前便停止发育。扫描电镜观察结果显示UV照射破坏了鲍精子的顶体和鞭毛结构,随照射强度的增加,顶体和鞭毛的破坏程度趋于增大。精子结构的破坏可能是造成受精率降低的主要原因。

2. 雌核发育二倍体的诱导

雌核发育单倍体通常呈现为形态畸形,没有生存能力。要恢复生存性,需要采用与三倍体、四倍体诱导相同的原理,在减数分裂或卵裂过程中进行二倍体化处理。与鱼类不同,贝类排出的成熟卵子一般停留在第1次减数分裂的前期或中期,因此,贝类雌核发育二倍体的人工诱导可以通过抑制第一极体、第二极体或第1次卵裂三种方法获得。由于第一极体和第二极体的抑制分别阻止了同源染色体和姐妹染色单体的分离,因此,一般来讲雌核发育二倍体的纯合度以第1次卵裂抑制型为最高,其次是第二极体抑制型,第一极体抑制型为最低。但是,在第1次减数分裂前期非姐妹染色单体之间的交叉会导致基因重组,因而第一极体抑制型与第二极体抑制型雌核发育二倍体的纯合度的差异又受重组率的影响。

近年来,国内外学者利用紫外线(UV)照射精子与抑制第二极体释放的方法,对太平洋牡蛎、贻贝、皱纹盘鲍的雌核发育进行诱导,获得了具有生活力的雌核发育二倍体,但至今还没有培育出成体的报道。

二、雄核发育育种

雄核发育是指卵子的遗传物质失活而只依靠精子DNA进行发育的特殊的有性生殖方式。人工雄核发育的诱导,是利用γ射线、X射线、紫外线和化学诱变剂使卵子遗传失活,而后通过抑制第一次卵裂使单倍体胚胎的染色体加倍发育成雄核二倍体个体。也可以通过双精子融合,或利用四倍体得到的二倍体精子与遗传失活卵结合的方法获得雄核发育二倍体。由于雄核发育后代的遗传物质完全来自父本,加倍后各基因位点均处于纯合状态,因而可以用于快速建立纯系,进行遗传分析。此外,雄核发育技术与精子冷藏技术相结合还可以成为物种保护的重要手段。

在许多鱼类品种中,如虹鳟、鲤鱼、泥鳅、马苏大麻哈鱼、溪红点鲑等,已成功诱导出雄核发育单倍体并获得一定比率的雄核发育二倍体。在贝类中,对太平洋牡蛎和栉孔扇贝进行了雄核发育诱导的研究和细胞学观察,但未获得有生活力的雄核发育二倍体。

三、非整倍体育种

多倍体诱导的结果并非仅产生三倍体或四倍体等整倍体,也能产生非整倍体。非整倍体指核内染色体的数目不是染色体基数的整倍数,而是个别染色体数目的增减。非整倍体的生物个体常因细胞中基因剂量的不平衡而产生严重的后果,在高等动物(如哺乳动物)中,非整倍体通常是致死的或引起发育障碍(Vig 和 Sandberg,1987),但在植物及低等动物中非整倍体的影响则较小,实际上很多种非整倍体是可以存活的。

非整倍体产生的最常见的原因是在精子或卵子发生期间或者减数分裂期间"染色体不分离"现象。染色体不分离的结果导致三价体或单价体的形成(Vig 和 Sandberg,1987)。水域污染、辐射及化学诱变等都能导致染色体数目的改变,产生非整倍体。非整倍体的出现给遗传操作提供了难得的机遇,如三体($2n+1$)和单体($2n-1$)可以被用来确定重要的数量性状并定位所在的染色体,某些非整倍体可能还具有经济价值。目前,Guo等(1998)在太平洋牡蛎中成功地分离出了 5 个非整倍体(三体)家系,染色体带型技术和荧光原位杂交探针也被用来进行三体家系的染色体定位。然而,目前对贝类非整倍体详细的研究由于其非整倍体的家系较难分离还未能全面的开展,这有待于今后深入的研究。

复习题

1. 试述我国海水贝类染色体研究概况。
2. 试述我国海水贝类同工酶研究概况及应用现状。
3. 分子标记技术有哪几种?
4. 什么是选择育种? 简述国内外对贝类选择育种研究概况。
5. 简述国内外海水贝类杂交育种研究概况。
6. 什么是多倍体? 贝类多倍体有什么优越性? 诱导贝类产生多倍体有哪些方法? 你认为哪种方法较好,为什么?

第三篇　固着型贝类的养殖

典型的固着型（The permanently fixed type）贝类为牡蛎类。这种生活型的贝类是用贝壳固定在其他物体上，固定以后终生不能移动。在自然海区中，固着物是有限的，因此同种贝类彼此固着，常常是新生的幼小个体固着在老成个体上，形成群聚现象。

固着型贝类的固着是用其中一个贝壳完成的，而且固着的一片贝壳一般较大。牡蛎是以左壳固着。这种类型的贝类体形极不规则。它们的固着是从浮游幼虫末期开始的，固着之日，也就是完成变态之时。

固着型贝类的足部退化，贝壳比较发达，壳表面粗糙多棘刺。没有水管，但外套膜缘触手发达，可以阻挡较大物体进入体内。

固着型贝类利用鳃过滤海水中的浮游生物、有机碎屑和微生物等食物。此外，外套膜等组织也可以吸收溶解在水中的物质。

固着型贝类苗种主要通过半人工采苗、工厂化人工育苗获得，也可利用土池半人工育苗和采捕野生苗获得苗种。这种类型贝类的人工养殖环境可分为浅海养殖、滩涂养殖和池塘养殖，养殖的方法主要有筏式养殖、滩涂播养、投石养殖、插竹养殖、桥石养殖、立石养殖、栅式养殖等。浅海和池塘养殖可实行单养，也可和藻类、对虾等混养。

第七章 牡蛎的养殖

牡蛎(oyster)俗称蚝(广东)、蚵(福建)、蛎黄(江苏、浙江)、蛎子或海蛎子(山东以北)，为主要的海产双壳贝类。营养价值较高，其干肉中蛋白质含量为 45%～57%，脂肪 7%～11%，肝糖 19%～38%，此外还含有丰富的维生素 A_1、B_1、B_2、D 和 E 以及微量元素，其含碘量比牛乳或蛋黄高 200 倍。蛎肉可鲜食或制成干品——"蚝豉"，也可加工成罐头。蛎汤可浓缩制成"蚝油"，为美味调味品。蛎壳的主要成分 $CaCO_3$，可烧制石灰、加工贝壳粉或作土壤调理剂的原料，牡蛎珠可治眼疾。此外，牡蛎还具有治虚弱、解丹毒、止渴等药用价值。

牡蛎为世界性分布种类，目前已发现有 100 多种，世界各临海国家几乎都有生产，其产量在贝类养殖中居第一位。养殖比较发达的国家有中国、日本、美国、朝鲜、法国、墨西哥、新西兰、澳大利亚等。

牡蛎养殖在我国贝类养殖业中占有重要地位，是中国传统四大养殖贝类之一，沿海各地都有养殖。我国牡蛎养殖已有 2 000 多年的历史，早在宋朝就有插竹养殖的记载。经过长期的实践和探索，养殖方法不断提高和完善，从 1960 年开始，我国成功地采用了水泥棒插植及垂下式养殖方法养殖牡蛎，使牡蛎养殖面积和产量有了很大的提高，牡蛎的人工养殖区域也推广到我国北方沿海各省。牡蛎室内工厂化人工育苗生产技术的突破，为牡蛎养殖业的发展提供了充足的苗种来源。

随着养殖技术的发展，养殖规模和产量也不断提高。20 世纪 50 年代至 70 年代末，养殖总产量一直维持在 2.5 万～3.0 万吨，80 年代超过了 4 万吨，90 年代后牡蛎养殖总产量直线上升，1996 年达到 238 万吨，养殖总面积 10.7 万公顷，至 2002 年牡蛎养殖总产量达到 362.55 万吨，养殖面积 11.16 万公顷，占贝类养殖总量的 37.56%，成为贝类养殖的支柱产业。

第一节 牡蛎的形态和构造

一、主要养殖种类及其形态

牡蛎属于软体动物门(Mollusca)，瓣鳃纲(Lamellibranchia)，翼形亚纲(Pterimorphia)，珍珠贝目(Pterioida)，牡蛎科(Ostridae)。

1. 牡蛎的外部形态

牡蛎贝壳发达，具有左、右两个贝壳，以韧带和闭壳肌等相连。右壳又称上壳，左壳又称下壳，一般左壳稍大，并以左壳固着在岩礁、竹、木、瓦片等固形物上。由于固着物的形状和种类的不同、固着面的大小不等，常常影响到贝壳的形状。各种环境因子的影响，如风浪的冲击、别种生物的附着或固着等，也可使贝壳的外形发生变化。但总的来说，同种牡蛎的外部形态基本一致。

　　牡蛎壳形极不规则,壳表粗糙,具有鳞片和棘刺,壳表常常具有自壳顶射向四周的放射肋。壳顶两侧有翼状耳突,壳顶内面为铰合部。铰合部包括左壳内面的一个三角形陷下的槽和右壳顶内面的一个圆柱状突起的脊。脊与槽相嵌合。槽的基部紧密地附着黑色或深棕色的韧带,以此连结左、右两壳。铰合部两侧有的种类有一列小齿。左侧铰合部的下方有一凹陷,称为前凹陷。在壳内面后背部中央有一个闭壳肌痕。

　　2. 主要经济种类

　　(1)近江牡蛎(*Crassostrea rivularis* Gould)(图 7-1),属于巨牡蛎属(*Crassostrea*),又称近江巨牡蛎。贝壳大型而坚厚。体形多样,有圆形、卵圆形、三角形和延长形。两壳外面环生薄而平直的黄褐色或暗紫色鳞片,随年龄增长而变厚。韧带槽长而宽。

　　(2)褶牡蛎(*Crassostrea plicatula* (Gmelin))(图 7-2),又称褶巨牡蛎。贝壳小型,薄而脆,大多为三角形。右壳表面具同心环状鳞片多层,颜色多样,间有紫褐色或黑色条纹;左壳表面凸出,顶部固着面较大,具粗壮放射肋,鳞片层较少,颜色比右壳淡些,前凹陷极深。韧带槽狭长,呈锐角三角形。两壳内面灰白色。闭壳肌痕黄褐色,卵圆形,位于背后方。

图 7-1　近江牡蛎　　　　　　　　　　　　　　图 7-2　褶牡蛎

　　(3)大连湾牡蛎(*Crassostrea talienwhanensis* Crosse)(图 7-3),又称大连湾巨牡蛎。壳大型,中等厚度,椭圆形,壳顶部扩张成三角形,右壳扁平,壳面具水波状鳞片;左壳坚厚,凹陷较大,放射肋粗壮。韧带槽牛角形。闭壳肌痕近圆形,多为紫褐色。

　　(4)长牡蛎(*Crassostrea gigas*(Thunberg))(图 7-4),又称太平洋牡蛎、长巨牡蛎。贝壳长形,壳较薄。壳长为壳高的 3 倍左右。右壳较平,鳞片坚厚,环生鳞片呈波纹状,排列稀疏。放射肋不明显。左壳深陷,鳞片粗大。左壳壳顶固着面小。壳内面白色,壳顶内面有宽大的韧带槽。闭壳肌痕大,外套膜边缘呈黑色。

　　(5)密鳞牡蛎(*Ostrea denselamellosa* Lischke)(图 7-5),隶属于牡蛎属(*Ostrea*)。壳厚大,近圆形或卵圆形。壳顶前后常有耳。右壳较平,左壳稍大而凹陷。右壳表面布有薄而细密的鳞片。左壳稍凹,鳞片疏而粗壮,放射肋粗大,肋宽大于肋间距。铰合部狭窄,壳内面白色。韧带槽三角形。壳顶两侧各有单行小齿 1 列。闭壳肌痕大,呈肾形。

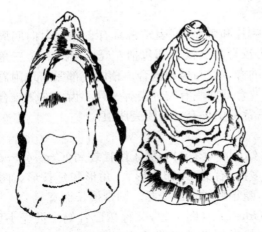

图 7-3　大连湾牡蛎

图 7-4　长牡蛎

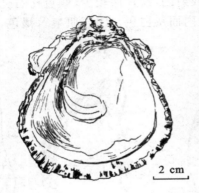

2 cm

图 7-5　密鳞牡蛎

二、内部构造

1. 外套膜

外套膜包围整个软体的外面,左、右各一片,相互对称,外套膜的前端彼此相连接并与内脏团表面的上皮细胞相愈合。

外套膜缘可分为三部分,第一部分为生壳突起,具分泌贝壳的功能;第二部分为感觉突起,位于外套膜边缘的中央,它们对外界刺激非常灵敏,专司感觉作用;第三部分即最内的一部分称为缘膜突起,缘膜突起可以伸展和收缩,控制进水孔的通道,起着调节水流的作用(图 7-6)。

牡蛎的外套膜为二孔型,左、右两片外套

1.生壳突起　2.外沟　3.感觉突起　4.内沟
5.缘膜突起　6.黏液上皮区　7.石灰质上皮区
8.珍珠质上皮区　9.结缔组织

图 7-6　牡蛎外套膜缘的纵切面(从 Leenhardt)

膜除了在背部愈合外,在后缘也有一点愈合,将整个外套膜的游离部分分为二个区域,即进水孔和出水孔。无水管。

2.呼吸器官

鳃的构造:鳃位于鳃腔中,左、右各一对,共 4 片。每片鳃瓣均由一排下行鳃和一排上行鳃构成,在下行鳃和上行鳃相接处有一条沟道,用于输送食物称为食物运送沟。外鳃瓣上行鳃的末端与外套膜内表面相连,前部左右内鳃瓣上行鳃的游离缘与内脏团相连,而后部左右内鳃瓣上行鳃的游离缘互相愈合,这样就形成一个双 W 形,在每个 W 形的中央基部有一条出鳃血管,而在两个 W 形的连结处有一支粗大的入鳃血管,在鳃板中间有起支持作用的鳃杆和将鳃板隔成许多小室的鳃间膜(图 7-7)。

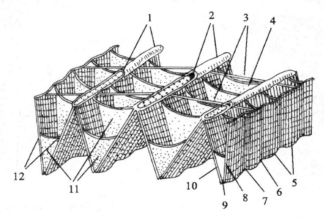

1.出鳃血管 2.入鳃血管 3.鳃杆 4.鳃间小室 5.普通鳃丝 6.移行鳃丝 7.主鳃丝
8.上行鳃 9.食物运送沟 10.下行鳃 11.鳃间隔 12.外鳃瓣

图 7-7　鳃的构造(从 Awati 和 Rai)

鳃由无数的鳃丝相连而成,从鳃的表面观察,可以看到呈波纹状的褶皱,每一褶皱一般由 9～12 根鳃丝组成,在褶皱的凹陷中央,有一根比较粗的鳃丝,它由二根相当粗的几丁质棒支持着,称为主鳃丝,主鳃丝的两侧为移行鳃丝,再侧面为普通鳃丝,在鳃丝上有前纤毛、侧纤毛、侧前纤毛和上前纤毛四种纤毛(图 7-8)。

3.消化器官

消化器官包括唇瓣、口、食道、胃、消化盲囊、晶杆、肠、直肠和肛门等(图 7-9)。唇瓣位于壳顶附近,鳃的前方,呈三角形,共两对,左右对称,基部彼此相连。位于外侧者为外唇瓣;位于内侧者为内唇瓣。内、外唇

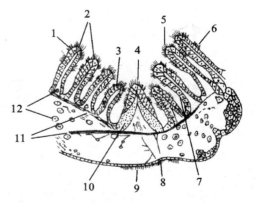

1.侧前纤毛 2.黏液腺 3.移行鳃丝
4.主鳃丝 5.前纤毛 6.侧纤毛 7.普通鳃丝
8.腹肌 9.上前纤毛 10.几丁质支持棒
11.平行肌 12.吞噬细胞

图 7-8　牡蛎鳃的横切面(从 Yonge)

辨相对的一面有许多褶皱,上面有较长纤毛(图 7-10),唇瓣相背一面比较光滑,生有短小的纤毛(图 7-11)。

口位于内、外唇瓣基部之间,为一横裂。食道很大,背腹扁平(图 7-12)。在短而扁平的食道下方有胃,呈不规则的囊状,四周被棕色的盲囊所包。胃旁有一条食物选择盲囊(图 7-13),该盲囊通过一腹沟与肠相接。

胃的背壁有胃楯(图 7-14),呈不规则状。晶杆自晶杆囊中伸入胃中,处于与胃楯相对的位置。

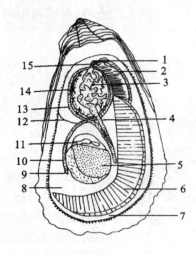

1.口 2.唇瓣 3.胃 4.晶杆囊 5.闭壳肌
6.鳃 7.外套膜 8.鳃上腔 9.肛门 10.直肠
11.心脏 12生殖腺 13.肠 14.消化盲囊 15.食道

图 7-9 牡蛎内部构造示意图

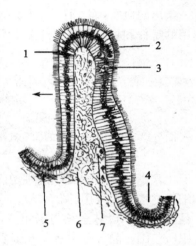

1.分泌细胞 2.褶皱的峰部 3.吞噬细胞
4.纵沟 5.纵肌纤维 6.结缔组织 7.血腔
箭头示口的方向

图 7-10 唇瓣褶皱面的横切面(从 Yonge)

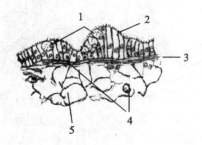

1.分泌细胞 2.上皮细胞 3.纵肌纤维
4.吞噬细胞 5.结缔组织

图 7-11 唇瓣光滑面的横切面(从 Yonge)

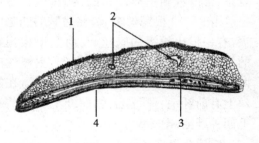

1.肌纤维 2.血管 3.在腔中的吞噬
细胞和食物 4.基膜

图 7-12 食道的横切面(从 Yonge)

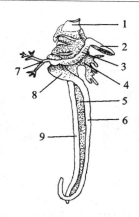

1.食道　2.食物选择盲囊　3.腹沟
4.左侧消化盲囊导管　5.连接中肠与晶杆的狭裂
6.中肠　7.右侧消化盲囊导管　8.中肠的开口部
9.晶杆囊

**图 7-13　用动物胶制成的胃及其附近
器官的模型**（从 Yonge）

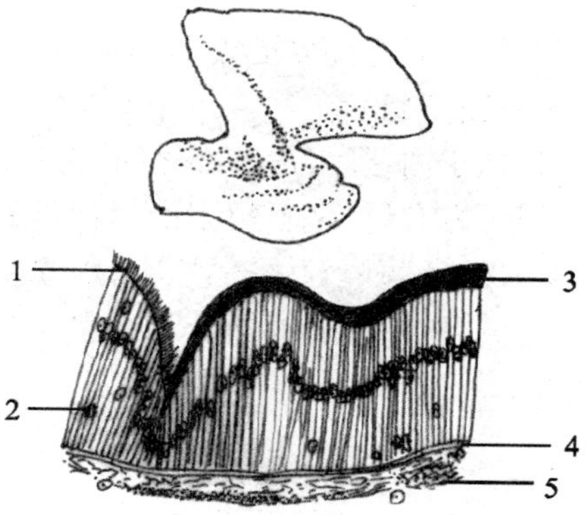

上示胃楯,下示胃与胃楯相接部的横切面
1.纤毛细胞　2.吞噬细胞　3.胃楯
4.基膜　5.环形纤维
图 7-14　胃楯（从 Yonge）

消化盲囊包在胃的四周,它是由许多一端封闭的细管组成的棕色器官,它具有吸收养料和细胞内消化的作用(图 7-15)。

晶杆囊几乎以其全长与肠相连,它们之间以一狭缝相通(图 7-16),整个晶杆囊被肌肉组织所包围。晶杆囊中有一几丁质的棒状体,即为晶杆,它的中央核心部是液态,能来往流动,晶杆一般为黄色或棕色,半透明。

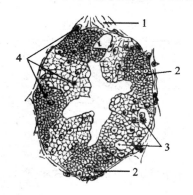

1.结缔组织　2.凹窖下深染的幼细胞
3.食物泡　4.吞噬细胞

图 7-15　消化盲囊支管的横切面（从 Yonge）

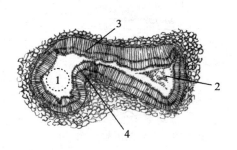

1.晶杆的位置　2.中肠腔
3.小的肠沟　4.大的肠沟

图 7-16　晶杆囊和中肠的横切面（从 Yonge）

肠的中央有一个极大的肠嵴,在肠嵴的中央部凹下形成一个沟道(图 7-17)。直肠的肠腔比中肠腔大,肠嵴更明显(图 7-18)。

肛门:位于闭壳肌背后方,开口于出水腔。

4.循环器官

牡蛎的循环系统是开放式的,由围心腔、心脏、副心脏、血管和血液等部分组成。

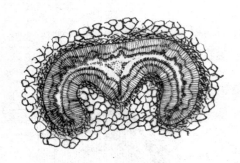

图 7-17　中肠的横切面

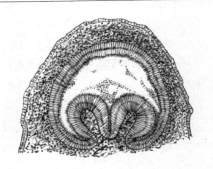

图 7-18　直肠的横切面

牡蛎的围心腔是位于闭壳肌前方的一个空腔。腔外由单层细胞构成的围心腔膜包被着,心脏位于围心腔之中(图 7-19),围心腔中没有血窦和血管通入,也没有血液流入,只有一对肾围漏斗与肾脏相通。

围心腔中充满围心腔液,使心脏在围心腔中呈悬浮状态,可以防止心脏在跳动时与周围组织发生摩擦而受伤,而且可保护心脏免受体组织的压挤。

心脏由一个心室、二心耳构成,大多数牡蛎的心脏都不为直肠穿过。

副心脏在排水孔附近外套膜的内侧(图 7-20),左、右各一个。牡蛎的副心脏,主要是接受来自排泄器官的血液,然后把它们压送到外套膜中去。副心脏有自己的收缩规律,与心脏的搏动无关。

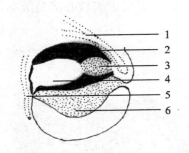

1. 肠道　2. 围心腔　3. 心耳　4. 心室
5. 直肠　6. 闭壳肌

图 7-19　心脏附近解剖图(仿高槻)

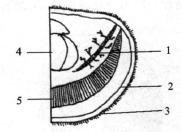

1. 副心脏　2. 血管　3. 外套膜
4. 闭壳肌　5. 鳃

图 7-20　长牡蛎副心脏的位置模式图(从 Hopkins)

牡蛎血液稍带黄绿色,其中水占 96%,其他化学成分的百分率大体上与其周围的生活环境的海水和围心腔液相近似。

所谓血球系指存在于血液或组织中的白血球、吞噬细胞或变形细胞而言,吞噬细胞不仅有帮助消化和排泄的功用,而且对由外面进入体内的有害物质也有防御的作用。血球不仅能做变形运动,而且有吞噬的作用。

牡蛎的血管是开放式的,动脉与静脉之间以血窦相衔接。

动脉:由心室分出前大动脉和后大动脉两条大动脉。前大动脉又分出总外套膜和环外套膜动脉、胃动脉、内脏动脉等动脉分布到各器官上,后大动脉主要分布于后闭壳肌上

（图 7-21）。

　　血窦：介于动脉和静脉之间,主要的有 3 个：①内脏窦,外形规则位于内脏的内部；②肾窦,它分两部分,一部分在肾的周围,另一部分在心脏与后闭壳肌之间；③肌肉窦,位于后闭壳的腹面。

　　静脉：血液自血窦开始最后集中入心耳再到心室。属于离心性的静脉有前外套膜静脉、后外套膜静脉、胃静脉、直肠静脉、肾静脉等,属于向心性的静脉有鳃静脉和外套膜的向心静脉。

　　5. 排泄器官

　　牡蛎的肾脏由扩散在身体腹后方的许多小管和肾围漏斗组成。左、右各一。

　　肾围漏斗管一端开口于围心腔靠近心耳基部处；而另一端与大肾管相通,大肾管开口在腹崎末端附近处的泌尿生殖裂上（图 7-22 和 7-23）。

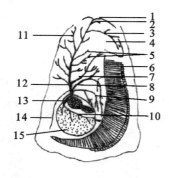

1. 外套动脉　2. 口动脉　3. 唇动脉　4. 唇
5. 胃动脉　6. 鳃　7. 消化盲囊动脉　8. 内脏动脉
9. 肾生殖动脉　10. 后大动脉　11. 头动脉　12. 前大动脉
13. 心脏　14. 直肠动脉　15. 闭壳肌

图 7-21　僧帽牡蛎的动脉系统（从 Awati）

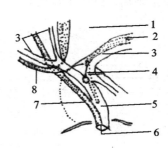

1. 心脏　2. 围心腔　3. 小肾管
4. 围心腔与肾管的连络管　5. 大肾管
6. 泌尿生殖裂　7. 生殖外输管
8. 血管

图 7-22　泌尿生殖裂附近的解剖
（从 Awati 和 Rai）

　　肾脏的主要部分由许多肾小管组成,它们的末端闭封成盲囊。肾小管由方形的细胞组成,具纤毛,细胞质中没有呈结晶状的排泄物存在,肾小管的末端由柱状细胞构成,细胞内有许多颗粒状的细胞质。这部分可能起主要的排泄作用。

　　此外,围心腔壁中的某些细胞和吞噬细胞都有排泄废物的功能。

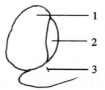

1. 闭壳肌　2. 围心腔　3. 泌尿生殖裂

图 7-23　近江牡蛎泌尿生殖裂位置

　　6. 神经

　　牡蛎在幼虫时和其他的双壳类一样,具有脑、足、脏三对神经节,但在成体时,由于营固着生活,足部退化,足神经节随之退化（图 7-24）。

　　脑神经节位于唇瓣的基部,左、右各一,由环绕食道的脑神经节连络神经相连,脑神经节派生出外套膜神经,唇瓣神经也是由脑神经节派生。

　　脏神经节位于闭壳肌的腹面。左右脏神经节合并为一。由脏神经节派生出的神经共有

7 对：脑脏连络神经、鳃神经、闭壳肌神经，以及前外套、侧外套、后外套和侧中央外套神经。

牡蛎在成体时的感觉器官，有平衡器、腹部感受器和没有分化成特别感觉器官的感觉上皮，在幼虫时还具有眼点，但在成体时消失。

7. 生殖器官

(1)生殖器官的形态：在繁殖的季节里可以看到牡蛎内脏团的周围充满了乳白色的物质，这些丰满的乳白色的物质就是生殖腺。

(2)生殖器官的构造：牡蛎的生殖器官基本上可分为滤泡、生殖管和生殖输送管三部分。

1)滤泡。滤泡由生殖管的分枝沉没在周围的网状结缔组织内膨大而成。滤泡壁由生殖上皮构成，生殖原细胞可以在这里发育成精母或卵母细胞，最后形成精子或卵子。

2)生殖管。生殖管分布于内脏团周围的两侧，呈叶脉状，这些细管也是形成生殖细胞的重要部分。在成熟时，管内充满生殖细胞（图 7-25），依靠管壁内纤毛的摆动将已成熟的生殖细胞输送到生殖输送管中去。

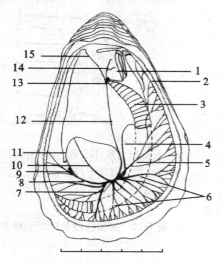

1.唇瓣　2.外套膜周围神经　3.鳃　4.鳃神经
5.外套膜神经　6.侧外套膜神经　7.内脏神经节
8.后外套膜神经　9.腹部感觉器　10.闭壳肌神经
11.直肠　12.脑脏连络神经　13.脑神经节
14.唇瓣神经　15.共通外套膜神经

图 7-24　美洲牡蛎的神经系统（右侧）

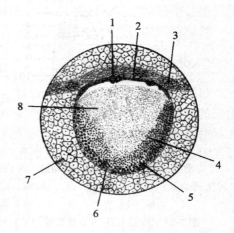

1.分泌细胞　2.生殖管的纤毛上皮
3.密集的胞状结缔组织　4.第二精母细胞
5.第一精母细胞　6.精原细胞
7.网状结缔组织　8.精子

图 7-25　雄性生殖管的横切面

（从 Roughley）

3)生殖输送管。生殖输送管是由许多生殖管汇合而成的粗大导管。管内纤毛丛生，但没有生殖上皮。管外周围有结缔组织和肌肉纤维。生殖输送管在闭壳肌腹面的泌尿生殖裂处开口，起着输送成熟的精子或卵子的作用。

(3)精子和卵子：精子可分为头、中段和尾三部分，头部一般是球形，中段较短，尾部很长。精子的大小，视种类的不同而异，如太平洋牡蛎精子，头部呈扁球形，长 1.5 μm，前端有帽状顶体，中段有 4 个线粒体，尾部长 24.6 μm。

卵子成熟一般呈球形，未成熟的卵一般呈梨形，卵子的大小，随着种类和繁殖方式而异。幼生型的牡蛎,它们的卵子一般比较大,如密鳞牡蛎等的卵子直径都在 $100\ \mu m$ 左右;卵生型的牡蛎,如近江牡蛎等,它们卵子的直径都在 $50\ \mu m$ 左右。

第二节　牡蛎的生态

一、生活方式

牡蛎营固着生活,以左壳固着于外物上,一生只固着一次,一旦固着下来,终生不再移动,仅靠右壳的开闭进行呼吸与摄食。牡蛎具有群聚的习性,自然栖息或养殖场内的牡蛎都由不同年龄组的个体群聚而生。同一代的牡蛎彼此聚在一起生长,新一代的个体又以老一代的贝壳为固着基固着生长;老的个体死去,新的一代又在其上面固着。结果,在许多自然繁殖的海区,海底逐年堆积起牡蛎的死壳和大量的生活个体,形成极为可观的牡蛎堆。典型的例子,如山东的小清河口、广西的龙门港近江牡蛎堆积如山,以致妨碍航行。由于生长空间的限制,牡蛎的壳形一般很不规则。

牡蛎群聚的习性给高密度养殖提供了可能。

二、分布

(1)水平分布(区域分布):牡蛎对温度和盐度的适应能力不同而有广狭之分。适应能力强的褶牡蛎,分布地带从热带性气候的印度洋一直漫延到日本和我国亚寒带性气候的北部沿海,且多生活在盐度多变的潮间带。近江牡蛎也广布于日本和我国北起黄海的鸭绿江附近,南至海南沿海,但它仅栖息在河口附近盐度较低的内湾。太平洋牡蛎由日本引进已分布于南北沿海;属狭温性和狭盐性的大连湾牡蛎只分布于黄、渤海一带,生活在远离河口的高盐度海区。密鳞牡蛎是广温狭盐性的种类,间布于我国南北沿海某些水域,它仅适合生活在高盐度的海水里。从上述例子看出,不同种类的牡蛎对于环境条件,特别是温度和盐度的要求都有很大的差别。

(2)垂直分布:牡蛎的垂直分布也依种类而不同。例如,近江牡蛎一般在低潮线附近至水深 7 m 以内数量最多,但在广西龙门港曾观察到从中潮线直至低潮线以下 20 m 水深处都有它的分布。褶牡蛎则分布在中、低潮区及低潮线附近。密鳞牡蛎分布在较深的海区。大连湾牡蛎一般分布于低潮线附近至 10 余米深海中。太平洋牡蛎(又称长牡蛎)的分布水层大致与近江牡蛎相同(表 7-1)。

表 7-1　我国牡蛎主要经济种类的分布

种类	区域分布	垂直分布
褶牡蛎 Crassostrea plicatula（Gmelin）	全国沿海	潮间带中、下区
近江牡蛎 Crassostrea rivularis Gould	全国沿海	低潮线附近至 20 m 深
太平洋牡蛎 Crassostrea gigas（Thunberg）	全国沿海	低潮线附近至 20 m 深
大连湾牡蛎 Crassostrea talienwhanensis Crosse	黄、渤海	低潮线至 10 余米深
密鳞牡蛎 Ostrea denselamellosa Lischke	全国沿海	低潮线以下 2~30 m 深

三、对盐度与温度的适应

潮间带附近海区的理化因子变化极大,这使得自然分布在这一区域的经济牡蛎形成了较为广泛的适应性。

(1)对盐度的适应:太平洋牡蛎和近江牡蛎生活的盐度范围很广泛,前者可在盐度10~37、后者可在盐度10~30的海区栖息。太平洋牡蛎在盐度6.5以下时,能生存40 h,其生长最适盐度范围是20~31。大连湾牡蛎和密鳞牡蛎对盐度适应范围较窄,一般在25~34的高盐度海区栖息。褶牡蛎分布在环境多变的潮间带,对盐度适应范围较广。

(2)对温度的适应:牡蛎对温度适应范围较广。我国南北近海的全年水温差别极其显著,冬季的北方水温可低至1℃~2℃;在夏季,南方水温较高的潮间带附近可高达40℃。这些水温相差悬殊的海区仍有牡蛎栖息。近江牡蛎、褶牡蛎和太平洋牡蛎为广温性种类,在-3℃~32℃范围均能存活,太平洋牡蛎生长适温是5℃~28℃。

四、对干旱的适应

由于牡蛎离水后,两壳闭合得较紧,体内水分的蒸发较少,对干旱的适应能力较强,因此,牡蛎在潮间带当潮水退后干露在滩涂上依然照常生活。牡蛎对干旱的适应能力因气温和湿度不同而有显著差异,壳长8.0 cm的太平洋牡蛎在8℃~10℃干露条件下可存活8 d以上,在20℃~22℃条件下干露4 d的存活率为100%。牡蛎的抗旱力较强,为牡蛎鲜销、加工以及为牡蛎引种、育苗和养殖生产提供了有利条件。

五、食性与食料

牡蛎是滤食性贝类,对食物的物理性选择能力较强,即只摄食比它口径小的食料,对于食物的一般化学性,除了特别有害的刺激物质之外,是没有严格选择能力的。

牡蛎胚胎发育至D形幼虫以后,体内的卵黄物质消耗殆尽,需要摄取外界的营养物质以维持生命,摄食一些极微小的颗粒和单胞藻,食物颗粒以10 μm以内的大小较为适宜。牡蛎在幼虫期和成体时由于消化和摄食器官在发育的程度上有所不同,其食料种类和大小也有明显的差别。

关于牡蛎成体食物,各研究者有过不同的看法。有些人认为牡蛎的主要食料是有机碎屑,而另一些人认为是硅藻。我国金德祥等曾先后分析了厦门产牡蛎的食物,计有硅藻34属,共85种,并找到一些丝状海藻、海绵骨针和有孔虫等。从牡蛎胃中含有物的种类来看,硅藻占着重要的地位,其中最主要有15属,它们占了全部单细胞藻类总数的95.4%,其中尤以直链藻、圆筛藻、海链藻和舟形藻为最多。

如前所述,牡蛎对食物的重量和大小有选择性,但对食物种类是没有严格选择的,有时在牡蛎胃中还发现大量的砂泥粒和不能消化的物质。因此,牡蛎食料的种类因海区不同而异。在珠江口附近,自然存在的有机碎屑,数量常多于所有浮游生物的总和,成为当地近江牡蛎的主要食料。相反,在某些养殖海区自然分布的浮游硅藻量多,牡蛎所摄食的饵料种类和数量必然主要是硅藻了。因此,在进行牡蛎消化道的饵料定性定量分析时就会得出不同的结论。此外,许多有益的细菌也都是牡蛎幼虫和成体的良好饵料。如光合细菌(Rhodospirillaceae)、红假单胞菌属(*Rhodopseudomomas*)、乳酸球菌属(*Lactococcus*)、假单胞菌属(*Pseudomonas*)部分种类、芽孢杆菌属(*Bacillus*)、乳杆菌属(*Lactobacillus*)等都是牡蛎幼虫和成体的良好饵料。

六、灾敌害

牡蛎的灾敌害很多,可分为非生物性灾害和生物性敌害二大类。

1. 非生物性的灾害

(1)盐度。各种牡蛎都有一定的适盐范围,超出这个范围,体内外的渗透压就失去了平衡。尤其是盐度突然下降或下降幅度过大时死亡较快,死亡率也高。在此时,必须把牡蛎移向深水区或远离河口的海区去避淡,有的地方称为"过港"。

(2)温度。牡蛎对水温抵抗力较强。只有在南方某些潮间带上区养殖的牡蛎,在夏季往往因烈日曝晒而死。特别是刚固着不久的蛎苗受害更为严重。这时,若大量降雨,海水盐度突降,牡蛎的死亡率最高。在北方冬季冰冻时,可能遭受冰冻的威胁,为此应把牡蛎移向深水区,避免因冰冻造成死亡。

(3)风浪。由于台风掀起的巨浪可以把滩涂牡蛎连附着器材一起推倒。因此,台风过后应立即组织全力抢救整理,以免牡蛎被软泥埋没而窒息死亡。

(4)其他。工业排污、农药和生活排污的海区往往造成环境污染,影响牡蛎生长,甚至造成死亡。

2. 生物敌害

(1)肉食性鱼类。河豚鱼、鳐类、黑鲷、海鲫等肉食性鱼类都能直接吞食牡蛎。这些鱼类对蛎苗的侵害尤为严重。只能在苗区围网或诱捕之。

(2)肉食性腹足类。红螺、荔枝螺、玉螺等腹足类是牡蛎的大敌。在粤闽一带沿海的牡蛎场中,荔枝螺对一龄以内的蛎苗危害极大,国内有"虎螺"之称,国外称"牡蛎钻"(Oyster drill)。严重的地方,每年至少有 50% 的蛎苗遭受杀害。穿孔后,荔枝螺便吞食其肉。

(3)甲壳类。有许多蟹类对牡蛎的危害也很大。如锯缘青蟹常以其强大的螯足钳破蛎壳而食其肉。它们往往埋伏在固着器的空隙里,嚼食蛎苗。

(4)穿穴生物。目前发现的有凿贝才女虫、凿穴蛤、穿贝海绵等。这类生物穿破牡蛎贝壳,穴居其中,往往引起细菌性疾病的发生。有些多年的牡蛎,由于穿穴集中在壳顶部,使牡蛎从固着器上脱落掉入泥中埋没死亡。

(5)附着生物。如藤壶、海鞘、苔藓虫、薮枝虫、金蛤等。这些生物都和牡蛎争夺固着基和食料,影响牡蛎的固着和生长,其中严重者首推藤壶。

藤壶的繁殖季节一般比牡蛎来得早,因此要掌握好采苗季节,适时投放固着器,避免藤壶的大量固着。此外,在低潮和水面下 15～65 cm 处蛎苗固着量多而藤壶苗少。

(6)棘皮动物。海燕、海盘车等对栖息于较高盐度海区的大连湾牡蛎和密鳞牡蛎为害严重。据报道,一个海盘车一天连吃带损坏的牡蛎达 20 个。

(7)赤潮。赤潮是由于海水中浮游生物的甲藻、硅藻等异常繁殖而引起的。由于它们大量的繁殖和死亡分解所产生的毒素,使海水变质会造成牡蛎死亡。发生赤潮,水色浓褐,气味恶臭,夜间发生特殊蓝光,先见死鱼上浮。有些地区因赤潮致死的牡蛎达50%以上。消灭赤潮可用硫酸铜,试验认为,杀灭赤潮生物的硫酸铜有效量为$(0.5\sim1)\times10^{-6}$。

第三节　牡蛎的生理

一、贝壳的运动

牡蛎营固着生活方式,一旦固着后,终生不再移动。它的一生只有开闭贝壳的运动,实际上只有右壳做上下的活动而已。牡蛎通过贝壳的开闭,让海水进出体内,从而进行摄食、呼吸、繁殖和排泄等。为了适应固着生活,牡蛎左壳大,利于软体部的容纳;右壳小,利于贝壳的开闭活动、耗能小。牡蛎的贝壳坚厚发达,并具有棘刺,可以抵御敌害。

贝壳的运动是通过闭壳肌和韧带来控制的。闭壳肌位于贝壳的背后方接近中央,包括半透明的横纹肌和白色的平滑肌两部分。横纹肌专司贝壳关闭运动,能快速关闭贝壳,平滑肌运动缓慢,但能使贝壳持久闭住。闭壳肌的作用力与其面积成正比。

韧带的功用在于张开贝壳。韧带是依附在铰合槽基部的棕色具有弹性的蛋白质结构,其化学成分可能与贝壳素相同。当闭壳肌松弛时,像弹簧一样的被压紧的韧带伸展开来,使双壳张开。据试验,韧带的张力约347 g/cm²。

一般情况下牡蛎微微开壳,进行摄食和呼吸,经过相当时间,突然出现一次部分闭壳或全部闭壳的运动,把不能吞食的食物排出体外。贝壳运动常因外界物理或化学的因素刺激而改变。例如,在低温下经常保持闭壳状态,突然的震动或轻轻的触动可以使一个壳口广开状态的牡蛎变成部分或全部关闭状态。实验证明,牡蛎的贝壳运动对于潮湿、干燥和震动等刺激是比较敏感的。

二、闭壳肌的力及其产生的乳酸量

(1)闭壳肌的力:牡蛎的闭壳运动是依靠闭壳肌收缩进行的,牡蛎的闭壳肌关闭贝壳的力量是很大的。据研究,1 cm²的闭壳肌需6~8 kg力才能打开贝壳。

(2)闭壳肌所产生的乳酸量:牡蛎的闭壳肌在运动后能产生乳酸,但平滑肌产生的乳酸量多于横纹肌。由于肌肉运动时所需要的能量是通过分解糖原、产生乳酸而得来的,因此乳酸的产量与糖原的含量有着密切的关系。在牡蛎闭壳肌中的平滑肌所含的糖原量要比在横纹肌中的多,因此横纹肌中含有较少的乳酸量是可以理解。

三、呼吸作用

牡蛎的呼吸作用和其他的双壳类一样,主要是依靠鳃来进行气体交换,部分的气体交换也可依靠身体的表面来进行,因此外套膜中的血液可以不经过鳃而直接流回心耳中去。鳃除了呼吸之外,在摄食过程中也起着重要的作用,牡蛎的呼吸和环境条件有着密切的关系。

牡蛎在含有一定体积的溶解氧的海水中时,它的呼吸正常。当周围海水溶解氧的含量低于某一限度(如太平洋牡蛎在溶解氧的含量少于1.5 mL/L时),则氧气的消耗量随着含氧量的减少而降低。在严重缺氧(含量为零)情况下,牡蛎停止呼吸,但是还能生活一个时期。

牡蛎的呼吸主要是通过鳃纤毛的运动激动水流来进行的,影响鳃纤毛运动的环境因子均可影响牡蛎的呼吸。如盐度、水温、pH、溶解氧、肾上腺素和乙酰胆碱等在一定浓度下,均可影响牡蛎鳃纤毛的运动,从而影响牡蛎的呼吸。

四、摄食

牡蛎的摄食是在外套膜、鳃和唇瓣共同作用下完成的。

牡蛎的摄食是通过鳃过滤海水来进行的。水流通过鳃,主要是由于鳃丝上的侧纤毛向身体方向煽动的结果。由于鳃纤毛的运动,将含有"食物"的水流引入进水腔。含有"食物"的水流并不是沿着整个进水孔进入进水腔的,而是从与鳃的中段相对应的进水孔中流入(图7-26)。当水流进入贝壳之后,首先通过外套膜的边缘部分,因此贝壳和外套膜的开闭程度对调节水流起着一定的作用(图7-27)。水流进入进水孔后,由于阻力较大,流速降低,较大较重的浮悬物质在到达鳃表面前就沉降于外套膜上。这些被沉淀的颗粒,依靠外套膜表面纤毛的运动而运送至进水孔的壳口部的某一点上等待排出。

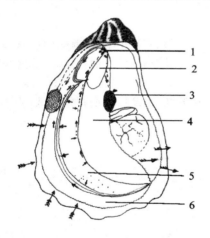

1. 口　2. 唇瓣　3. 汇集在外套腔边缘等待排出的颗粒
4. 左侧外套膜　5. 鳃　6. 右侧外套膜
图 7-26　牡蛎摄食活动的水流方向

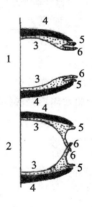

1. 贝壳和外套膜充分开放,水流可以自由出入
2. 外套膜成关闭状态　3. 外套膜　4. 贝壳
5. 触手　6. 缘膜突起
**图 7-27　贝壳和外套膜的开闭程度对
调节水流的作用**(从 Yonge)

一般大小的颗粒继续被水流带走,海水在鳃上前纤毛的协助下通过鳃丝进入出水腔,海水中的颗粒被鳃的侧前纤毛和前纤毛滤下,然后被鳃丝表面的黏液腺所分泌的黏液包裹起来,再由前纤毛送走。前纤毛所运送的颗粒,一部分是自己滤下来的,另一部分是侧前纤毛滤下之后再转递过去的。前纤毛将颗粒运至上行鳃与下行鳃之间的食物运送沟中,颗粒在此沟被进一步选择,较大较重的颗粒从沟中落出,掉到外套膜上,由外套膜上的纤毛运送到进水孔壳口的边缘,与被沉淀下的颗粒堆在一起,等待排出;较小的颗粒则继续由食物运送沟送至唇部。此外,还有一部分颗粒是沿着鳃的基部(图7-28),被运送至唇瓣。这是因为主鳃丝上,前纤毛的摆动方向与其他的鳃丝相反,所以被主鳃丝滤下的颗

粒被送至鳃的基部,依靠鳃基部纤毛的运动,沿着鳃的基部被送至唇瓣。从鳃的基部运送的颗粒较小,在一般情况下都可以达到唇瓣,而经食物运送沟运送的颗粒可按其大小分为两类:一类为较小的,并能经食物运送沟运至唇瓣;另一类为较大的,将从食物运送沟中落下而被淘汰。从食物运送沟送至唇瓣的颗粒,经唇褶皱面的中央,再经过一次选择;而由鳃的基部运送的颗粒,则被送至唇间的侧口沟中,再转送至近口沟中,最后进入口(图 7-29)。

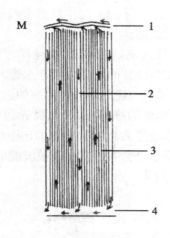

M 为口的方向　1.鳃游离边缘的食物运送沟

2.主鳃丝　3.普通鳃丝　4.鳃的基部

图 7-28　鳃丝输送颗粒的方向(从 Yonge)

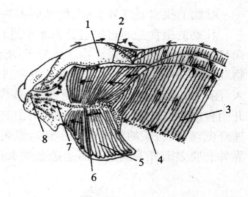

1.唇的光滑面　2.唇的上缘　3.鳃
4.鳃的基部　5.唇褶皱面　6.侧口沟
7.近口沟　8.口

图 7-29　唇及其输送食物的路线(从 Yonge)

五、消化和吸收

带有黏液的"食物"颗粒从口中进入食道,口及食道不能分泌任何消化液,而仅能起着运送食物的作用。

从胃的组织结构来看,牡蛎的胃不能分泌消化酶,而且缺乏使胃壁蠕动的肌肉,所以它必须在其他消化器官参与之下才能起消化作用。晶杆依靠晶杆囊表面纤毛的运动,一边旋转一边前进以搅拌食物,同时依靠胃楯的机械作用和胃液的酸化作用,使其头部逐渐溶解,在溶解物中有淀粉酶和糖原酶以分解植物性的食物。经过一些学者的鉴定,牡蛎消化盲囊中的酶可分为三大类,即碳水化合物分解酶、脂肪分解酶和蛋白分解酶。这三类酶中,以碳水化合物分解酶的作用力较强。

肠的上皮组织没有分泌消化液的作用。因此在这个区域内仅能依靠从晶杆中溶解的酶在这里继续进行消化;消化好的食物被肠吸收。在中肠中也有吞噬细胞进行摄食。不能消化的食物最后经直肠、肛门排至出水腔。

在消化管中及其附近,存在着多量的吞噬细胞,它们甚至会游离到外套腔中,吞噬细胞除了吞噬食物之外,还能够消化食物。牡蛎的身体表面也能吸收溶解在水中的营养物质等。

总之,牡蛎的消化作用是在消化器官,食道、胃、食物选择盲囊、消化盲囊、晶杆、肠、直

肠、肛门和辅助消化器官以及唇瓣等共同配合下进行的,它的特点是:

(1)牡蛎在选食时,除了对它特别有害的化学刺激物品外,一般对吞食物体没有严格的选择性,而对于食物的颗粒大小和重量却有严格的选择作用。

(2)鳃是滤食和选食器官,唇瓣仅起选食和运输作用;口和食道不能分泌消化液,仅为运输的通道;食物选择盲囊是起最后一次选择作用的器官。

(3)胃和肠在晶杆和胃楯的帮助下营细胞外消化作用,胃不能分泌消化液,也无使胃壁蠕动的肌肉;消化盲囊的细胞和吞噬细胞具有吞噬食物的能力,并营细胞内消化作用;直肠和肛门为排泄废物的通道。

六、心脏的搏动与血液的理化性状

1. 心脏的搏动

用弱电流刺激内脏神经时,在大多数情况下心脏的收缩运动受到了抑制,这与刺激高等动物的迷走神经时所得到心脏的反应结果是一样的;按照 Oka(1932)的试验结果,心脏由于经常不断的刺激而呈疲乏状态时,若刺激其脏神经可以使心脏的活动兴奋起来,这与刺激高等动物的交感神经以兴奋心脏具同等的作用。

心脏搏动的频率将因温度及某些环境因素的改变而受到影响:

(1)温度的影响。在花缘牡蛎中 $0℃$ 时心脏并不跳动;在 $5℃$ 时跳动开始,但表现出不规则的曲线;随着温度的上升曲线的高度逐渐增大,形状也逐渐规则;在 $15℃$ 时达到最正常的状态;如果温度再继续上升,心脏搏动的次数逐渐增加,但曲线的高度相对地降低,$40℃$ 时收缩次数减少,但高度却增加,$45℃$ 时心脏停止跳动。

牡蛎因种类的不同,温度影响的程度也不同。一般热带的种类比较抗高温,而温、寒带的种类比较抗低温。

(2)pH 的影响。如果将海水的 pH 值降到 $5\sim6$ 时,心脏一般还可以维持正常的搏动,若降到 3 以下时,活动完全停止;但也有在 pH 值 6 时,搏动已经停止。由于个体之间对 pH 的抗力强度差异较大,所以不能得出一个心脏搏动的最低 pH 界限。心脏对于不同的酸类的抗力强度也不一致。一般对盐酸抗力最强,乳酸次之,醋酸又次之,对碳酸最弱。加盐酸于海水中当 pH 值低于 2,心脏的搏动方可停止,而加碳酸只要 pH 值达到 $4.4\sim5.0$ 时心脏的搏动就完全停止了。

(3)稀释海水的影响。海水稀释度的大小也能影响心脏搏动的曲线。如果稀释的海水浓度为原有浓度 $1/3$ 以上时,心脏搏动的曲线与正常的曲线类似;如果稀释度再增大,心脏搏动的曲线就不规则了。

牡蛎的心脏在单位时间内所需的氧和排出二氧化碳的量将随水温的不同而异,若水温高,新陈代谢旺盛,二氧化碳排出的量也随着增加。在同一温度下温带产牡蛎的心脏要比热带产的牡蛎二氧化碳排出量要大。

牡蛎的副心脏,主要接受来自排泄器官——肾脏的血液后把它们压送到外套膜中去。副心脏具有独自的收缩规律,而与心脏的搏动无关。

2. 血液的理化性状

(1)血液。牡蛎的血液稍带黄绿色,水分占 96%,其他化学成分的百分率大体与周围生活的海水和围心腔液相近似(表 7-2);在物理性质方面也有类似的情况。

表 7-2　围心腔液、血液和海水的化学构造的比较(从 Kumano)

离子	围心腔液	血液	海水
Na^+	100	100	100
K^+	3.19	3.03	3.07
Ca^{2+}	3.75	3.45	3.70
Mg^{2+}	11.74	12.79	11.80
Cl^-	175.90	176.09	161.99
SO_4^{2-}	24.09	23.60	22.58

(2)血球。如果从牡蛎的心脏中抽出一滴血来观察,血球在静止时,一般呈卵圆形,直径为 $5\sim16\ \mu m$,当进行变形运动时,长度有时可达 $20\ \mu m$,变形运动在中等大小、含颗粒较多的细胞中比较活泼。它们的变形运动类似变形虫,在运动时首先伸出伪足,以此为先导,然后依靠内部细胞质的流动而向前挺进。

血球不但有变形运动而且有类似高等动物白血球的吞噬作用,如果将血液抽出,加以适量的洋红颗粒,此时变形运动活泼的细胞便伸出伪足,然后形成食杯(food cup),最后将颗粒包住而吞食之。也可以将洋红的微粒注射在牡蛎体表皮内,经过相当的时间可以观察到被注射的部分有许多含有洋红微粒的吞噬细胞存在着。吞噬细胞除了帮助消化和排泄,对外面进入体内的不利物质还有"预防"的作用。

第四节　牡蛎的繁殖与生长

一、性别与性变

牡蛎一般为雌雄异体,亦有雌雄同体现象。牡蛎从外观上难以区别雌雄,对性别的判断除了镜检外,还可用水滴法鉴别:取一点生殖细胞放入玻片上的一滴海水中,若呈颗粒状散开,为雌体的卵子,若呈烟雾状延散则为雄体的精子。

牡蛎的性别不很稳定,在一定条件下会发生雌雄相互转变及雌雄同体与雌雄异体间的相互转化。关于牡蛎性变的原因,曾有多种解释,归纳起来有下列论点:①水温与性变。水温升高,雌性占优势,水温降低,雄性占优势。②代谢物质与性变。蛋白质代谢旺盛时,雌性占优势,如果碳水化合物代谢旺盛,雄性占优势。③营养条件与性变。在优良环境条件下,生长非常肥大的牡蛎雌性常占优势。④雄性先熟。认为牡蛎第一次性成熟多数为雄性,生殖季节过后,又恢复到两性的性状,第二年表现哪一种性状,由营养条件决定的。⑤寄居豆蟹与性变。被寄居豆蟹寄居的牡蛎,雄性数量占优势。上述解释,目前还不能圆满解释牡蛎性变的原因。此外,也有人认为牡蛎本身的遗传性对性变起着决定性的作用。

二、性腺发育

牡蛎生殖腺的发育过程一般可分为五个时期。

Ⅰ期:休止期。牡蛎亲体生殖细胞排放殆尽,软体部表面透明无色,内脏团色泽显露。

Ⅱ期:形成期。软体部表面初显白色,但薄而少,内脏团仍见。生殖管呈叶脉状,其内生殖上皮开始发育。

Ⅲ期:增殖期。乳白色生殖腺占优势,遮盖着大部分内脏团。生殖管内的卵原细胞和精原细胞开始转化为卵母细胞。

Ⅳ期:成熟期。生殖腺急剧发育,覆盖了全部内脏团,软体部极其丰满。生殖管明显,卵巢内几乎尽是卵细胞,精巢中充满了精子。

Ⅴ期:产放期。生殖腺在软体先端逐渐向后变薄,重现褐色内脏团。生殖管透明,间有空泡状,生殖细胞逐渐疏少。

牡蛎的性腺发育从外观上又可分为三个阶段。

第1期:乳白色的生殖腺较少,软体表面大部分是褐色的消化盲囊。

第2期:乳白色的生殖腺遮盖了大部分的消化盲囊。

第3期:乳白色生殖腺覆盖了全部消化腺,内脏团饱满,精、卵遇水后容易散开,这是成熟的表现。

了解牡蛎性腺的发育过程,对于掌握牡蛎的采苗预报有直接关系。

三、繁殖期

牡蛎1龄性成熟,其繁殖期因种而异,因地而异(表7-3)。近江牡蛎在南海珠江口附近的繁殖期为5~8月份,在黄河口附近则为7~8月份;褶牡蛎在福建沿海繁殖期为4~9月份(5~6月份为盛期),在青岛、大连沿海则为6~11月份(7~8月份为盛期);大连湾牡蛎的繁殖期为6~8月份;密鳞牡蛎在青岛沿海的繁殖期为5~8月份;太平洋牡蛎每年有春、秋两个繁殖季节。

一般说来,牡蛎的繁殖期大都在本海区水温较高、盐度最低的月份里。在整个繁殖期间,常会出现2~4次的繁殖盛期。

表 7-3　不同地区不同种类牡蛎的繁殖期

海区	近江牡蛎	海区	褶牡蛎	备注
广东沿海	5~8月份(6~7月份)	山东青岛	6~7月份	
福建沿海	4~7月份(4~6月份)	福建宁德霞浦	4~5月份,8~9月份	
黄河口附近	7~8月份	福建厦门	4~5月份	括号内为繁殖盛期
广西大风江	5~6月份	台湾海峡	4~9月份(5~6月份)	
广西北海港	7~8月份			

四、繁殖方式

牡蛎的繁殖方式分幼生型和卵生型两种。

卵生型是指亲体将精、卵通过出水孔排出体外,在海水中受精和发育的繁殖方式,整个生活史都在自然海区里度过。大部分牡蛎属于这种类型,如褶牡蛎、太平洋牡蛎、大连湾牡蛎和近江牡蛎等。

幼生型是指在繁殖季节里亲体将精、卵排到鳃腔里受精,并在此发育至面盘幼虫后才离开母体。在海水中经过一个自由浮游阶段,然后固着变态成稚贝。密鳞牡蛎、食用牡蛎和希腊牡蛎等属于这种类型。

五、繁殖力

牡蛎由于繁殖方式不同,其产卵量大不相同。卵生型牡蛎由于精、卵在海水中受精发育,受敌害和恶劣环境的影响,受精率和孵化率较低,所以产卵量很大,一般为数千万至上亿粒。据测定统计,充分成熟的牡蛎,其生殖腺在体中央部横断面占整体面积的 $60\%\sim80\%$,精子或卵子约占体重的 $2/3$。一个壳长 14.8 cm 的长牡蛎,在 58 min 间产出 5 580 万粒卵;即使一年生的褶牡蛎,壳长仅 4.4 cm,怀卵量也有 100 万～700 万。它们的卵是分期成熟,分批产出,实际产卵量还远不止上述数字。

由于自然海区的敌害非常多,加上海洋中各种理化因子的异常变化,牡蛎从产卵、受精直至发生、变态,生长为一个成贝的百分率是非常低的。据小金泽(1958)调查统计,在松岛湾的太平洋牡蛎,100 万粒卵中,能够附着成稚贝仅有 2.6～4.8 个。即便是固着以后,每年因敌害和自然灾害的死亡率也是很高的。所以,卵生型牡蛎具有产卵量大的这个适应性,才能以维持它的种族生存。

幼生型牡蛎的发生初期是在母体鳃腔中度过,幼虫受到母体的保护,成活率比较高,由于这种繁殖方式的复杂性和适应性,产卵量也就少得多。例如,食用牡蛎(O. edulis),一龄的亲贝仅怀有 10 万个幼虫,二龄的 24 万个,三龄的也只有 72 万个。

牡蛎的排精数量比产卵量还要大至数百倍。但是,牡蛎每年的怀卵量和产卵量是很不一致的。

六、胚胎和幼虫的发生

牡蛎的成熟卵径一般为 50～60 μm,精子全长约 60 μm,头部仅 2 μm。卵子受精后收缩呈球形,同时生出一层透明的受精膜,细胞质开始流动,核消失,在动物极相继出现第一、第二极体(表 7-4 和图 3-2、图 7-30)。

牡蛎的卵裂是不等全裂,从第三次分裂起就进行螺旋分裂。经过 6 次分裂之后,胚胎发育成桑实状,称为桑葚胚。胚胎进一步发育为囊胚,周身密生短小纤毛,开始转动。后来植物极部分细胞内陷形成原肠腔而称为原肠期。在相当于原口背唇的位置,有特别的细胞进入囊胚腔中发育成为中胚层。在原口的对面出现壳腺。在原口的周围生出较长的纤毛,胚胎依靠纤毛的摆动做回旋运动。

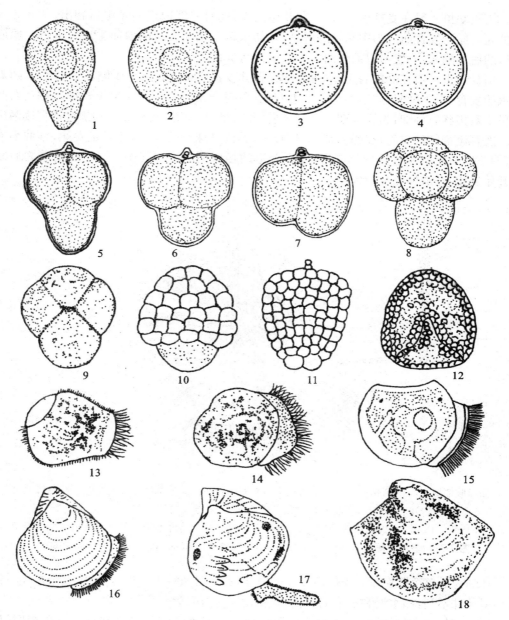

1～2.尚未受精的卵　3～4.受精卵出现第一和第二极体　5～7.第一次分裂的过程，
并示极叶的伸缩　8～9.第二次分裂　10.桑葚期　11.囊胚期　12.原肠期
13.担轮幼虫进入面盘幼虫期(以上实物大小为 50 μm)　14.面盘幼虫(实物大小为 60 μm)
15.直线铰合部幼虫(80 μm)　16.即将固着的幼虫(实物壳长 200 μm)
17.刚固着的稚贝(壳长 400 μm)　18.固着数日的稚贝(壳长 1 mm)

图 7-30　褶牡蛎的胚胎和幼虫发生

　　担轮幼虫一般在受精后12 h左右开始出现,此时一度内陷的壳腺再翻出,并开始分泌贝壳。原肠发育而成为中肠,原口保留为幼虫口。从幼虫口的前面生出纤毛带。原肛在口的后方陷入,一俟与胃部相通即开始成为幼虫直肠部。

　　面盘幼虫一般在受精后1 d左右出现,最初形成的面盘幼虫身体侧扁呈D形。随着幼虫的发育,壳顶隆起,此后不久再发生变化,左壳壳顶突出。右壳生长较慢,使左、右两壳呈不对称状态,此时为壳顶期。至壳顶后期时,足、足丝腺、足神经节和鳃等器官逐渐出现。发育至匍匐幼虫时,在鳃的基部出现一对黑色呈球形的眼点,此时足发达,具伸缩能力(图7-31);足丝腺也具分泌能力,遇到合适的场所便能附着变态。当幼虫附着之后眼点开始退化,在成体完全消失。

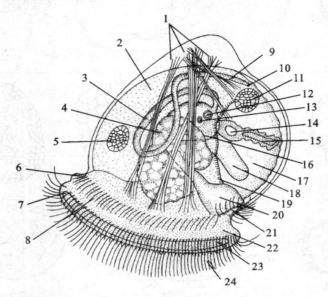

1.面盘收缩肌　2.内脏腔　3.肠　4.消化腺　5.前闭壳肌　6.外基叶　7.内基叶　8.后纤毛带
9.直肠　10.肛门　11.后闭壳肌　12.平衡囊　13.眼点　14.心脏　15.鳃原基　16.胃
17.外套腔　18.足　19.后内脏腔膜　20.食道　21.口　22.口纤毛带　23.面盘　24.原纤毛带

图 7-31　美洲牡蛎(*Crassostrea virginica*)壳顶幼虫(从 Galtsoff 1964,Elston 1980)

　　牡蛎完成整个胚胎发育至附着变态的时间,在正常条件下一般需要2~3个星期。假若环境条件不利,如水温和盐度的变化,胚胎发育的时间就会受到影响。

　　(1)水温。水温对牡蛎的胚胎发育影响极大。各种牡蛎的发生都有其适温范围,例如,日本产的太平洋牡蛎,胚胎发育时最适水温为23℃~25℃,若水温低于20℃或高于30℃时,发育畸形率就会大大增加。同时水温的高低也影响着牡蛎的孵化速度,在适温范围内,孵化的速度与水温成正比。

　　水温的高低也影响着牡蛎幼虫附着变态的早晚。人工培育的太平洋牡蛎幼虫,在水温22℃~25℃条件下,从卵受精到附着变态需18~19 d。在水温27℃~27.5℃条件下,只需要15 d。近江牡蛎在24℃~34℃条件下需19~21 d。大连湾牡蛎在18℃~23℃条件下需18~22 d。褶牡蛎在18.6℃~23.5℃条件下,18~22 d便可附着变态。

（2）盐度。海水盐度对牡蛎的发生影响也很大,但各种牡蛎对盐度的要求不同。一般生活在低盐度的近江牡蛎,发生时所需的盐度较低。而生活在高盐度的密鳞牡蛎则要求较高的盐度。这都是受环境长期影响的结果。

太平洋牡蛎胚胎发育的最适宜盐度为 17～26,盐度低于 5.96 时不能发育,盐度 34 时也不能发育。

牡蛎幼虫附着—固着的变态过程中,海水盐度高低直接影响着足丝腺的发育、足丝黏度的强弱和粘胶物质的分泌量。如美洲牡蛎,它的幼虫附着变态时适宜的盐度为 15～25,尤以 20 时最为适宜。此时分泌足丝的黏性最大,而且固着时所需时间最短,仅用 20 min 左右就可完成固着动作。但在盐度过高或过低时所分泌出的足丝一般比较脆弱,粘胶物质的分泌量也较少,造成了幼虫附着和固着时的困难,如海水盐度低于 10 或高于 28 时,完成固着动作要长达 50 min 以上。

表 7-4　五种牡蛎受精卵的发生时间（从相关作者）

发育阶段＼种类	褶牡蛎 26.6℃～27.7℃ S=31.5	大连湾牡蛎 18℃～23℃	近江牡蛎 28℃～29.5℃ S=15	太平洋牡蛎 20℃～23℃	密鳞牡蛎 18℃～28.8℃ S=30.97
第一极体	20～30 min	37 min	32 min		2 h
第二极体	30～35 min	55 min	35 min	45 min	2.5 h
第一次分裂	47～63 min	2 h 20 min	1 h 7 min	2 h	4～5 h
第二次分裂	70～80 min	2 h 40 min	1 h 35 min	5～6 h	
囊胚期	3.5 h	8 h 40 min	6 h	6 h 10 min～6 h 30 min	10～14 h
原肠胚期			8 h	9 h	30～40 h
担轮幼虫	12 h	18 h	12 h	12～14 h	3 d
D形幼虫	40 h	4～5 d	20～22 h	22～23 h	6 d
壳顶初期幼虫			4～6 d	7～9 d	
壳顶中期幼虫			8～11 d	13～17 d	
壳顶后期幼虫			12～15 d	19～22 d	
固着变态	16～20 d	18～22 d	17～21 d	21～26 d	28 d

七、牡蛎幼虫的固着习性

牡蛎幼虫在海水中营一个阶段的浮游生活后,就必须固着在物体上变态成稚贝。如果当时环境条件不适宜而不能固着,幼虫便会延长变态的时间。若在一定时间内没有找到合适的固着物,幼虫便任意放出用以固着的粘胶物质,以后便难以固着了。在正常情况下,一个即将固着的幼虫用足部在固着物上爬行,对于接触物极为敏感,遇到合适的地方,便从足丝腺中放出足丝,附着在固着物的表面上,等到使较大的左壳完全安置好了之后,再从体内放出粘胶物质,将左壳固定在固着物上(图7-32)。据观察,固着的动作仅在几分钟内便可完成。若当时的环境条件不适宜,那么就难完成这一系列的动作或者需要延长这些动作的时间,甚至不能使幼虫固着。

各种牡蛎幼虫固着时的大小是不一样的,一般固着大小为:近江牡蛎、褶牡蛎长达350 μm左右,大连湾牡蛎315 μm左右,太平洋牡蛎和密鳞牡蛎为380 μm左右,食用牡蛎270 μm,希腊牡蛎255 μm。若幼虫发育生长条件较好,幼虫固着时的大小要小些,相反,条件较差时,幼虫固着时的大小要大些。

(1)海水盐度对幼虫固着影响。海水中盐度的高、低影响着牡蛎幼虫足丝腺的发育、粘胶物质的分泌量和足丝黏度的强弱。美洲牡蛎的幼虫固着最适宜盐度为15~25,过高或过低的盐度下分泌出来的足丝比较细而脆弱,粘胶物质分泌量也较少,使幼虫在固着时造成了困难。据认为足丝的黏度随着盐度的不同而有所变化。美洲牡蛎幼虫足丝在盐度20时黏度最大,固着时所需的时间最短(图7-33)。

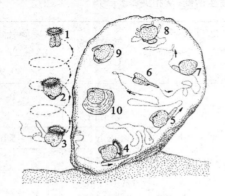

1~3.浮游期　4~7.匍匐期
8.附着　9.固着　10.固着后1~2 d

图7-32　牡蛎幼虫固着的过程(从Prytherch)

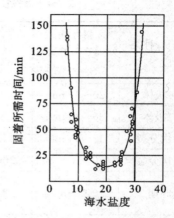

图7-33　美洲牡蛎幼虫固着时间与海水盐度的关系

(2)幼虫固着对粗糙面和光滑面的选择。将壳高为5.5~6.0 cm的海湾扇贝和栉孔扇贝贝壳各10片,在壳顶处穿孔,以6~8 cm的间距用细线串成串,挂入育苗池中水下10 cm以下(水经过严格过滤处理),使贝壳自然下垂,无阴阳面之分。24 h后观察贝壳上附苗情况,发现两种扇贝贝壳,其粗糙面上的附苗量均多于光滑面(表7-5)。

表7-5　牡蛎幼虫在贝壳粗糙面、光滑面的附苗量(个/壳)

序号	海湾扇贝壳		栉孔扇贝壳	
	粗糙面	光滑面	粗糙面	光滑面
1	77	23	63	2
2	61	14	65	12
3	92	15	29	2
4	62	15	24	11

（续表）

序号	海湾扇贝壳		栉孔扇贝壳	
	粗糙面	光滑面	粗糙面	光滑面
5	41	15	23	1
6	42	16	10	2
7	41	12	18	4
8	19	5	14	3
9	15	6	8	1
10	8	1	6	3

（3）幼虫固着对阴面和阳面的选择。投放贝壳固着基后,从育苗池中随机选出阴面为光滑面和阴面为粗糙面的海湾扇贝贝壳,观察其附苗情况。结果表明,虽然幼虫对粗糙面有一定的选择性,但对阴面的选择性更大,阴面不论是粗糙面还是光滑面,其附苗量均明显多于阳面(表7-6)。

在室内无泥砂沉积和阳光曝晒的情况下,阴面的附苗量都是大于阳面的。这是由于幼虫运动器官的位置造成的。在自然界中,加之浮泥在固着基阳面上的沉淀及太阳曝晒,因此阳面蛎苗固着少。

表 7-6 牡蛎幼虫在贝壳阴、阳面上的附苗量(个/壳)

序号	粗糙面为阳面的贝壳		粗糙面为阴面的贝壳	
	阴面	阳面	阴面	阳面
1	40	33	11	9
2	181	42	71	51
3	105	45	94	43
4	75	37	105	39
5	49	33	57	50
6	70	31	121	17
7	81	71	20	14
8	72	65	39	19
9	63	25	30	28
10	76	46	225	144

（4）幼虫固着对颜色的选择。在同一环境条件下,幼虫对固着基颜色有不同的选择性,对灰色固着基选择性最好,黑色和红色次之,白色最差(表7-7)。

表 7-7　牡蛎幼虫在不同颜色固着基上的附苗量(个/平方厘米)

固着基种类	1组	2组	3组	平均
红色塑料板	1.2	1.8	1.5	1.5
黑色塑料板	1.8	2.5	2.5	2.1
灰色塑料板	3.3	3.0	2.8	3.0
白色塑料薄膜	0.3	0.5	0.4	0.4

(5)幼虫固着对水层的选择。在幼虫培育中,幼虫上浮十分明显,幼虫多集中于水深小于 50 cm 的中上层水中,且在此水层采苗较多,而下层水中采苗较少。如塑料板采苗,0～20 cm 水深可采 12.8 个/平方厘米,30～50 cm 采到 12.8 个/平方厘米,60～80 cm 只采到 5.1 个/平方厘米。在自然界中,幼虫多固着在低潮线上下 0.5 m 左右水层中。

(6)幼虫固着对固着基大小的选择。人工育苗中,贝壳、塑料板等大型固着基的采苗效果都是很好的。小颗粒试验表明,直径小于 0.25 mm 的颗粒,幼虫不能固着。在直径 0.25～0.35 mm 的颗粒中,幼虫只固着于偏大的颗粒上。颗粒大小与幼虫自身壳长相仿,因此,认为固着基最小不能小于幼虫自身的壳长。

(7)人工诱导物对牡蛎幼虫固着的影响。Coon 等(1985)发现 L-DOPA(二羟基苯氨基丙酸)和儿茶酚胺对太平洋牡蛎幼虫附着和变态均有诱导作用,而肾上腺素(EPI)和去甲肾上腺素(NE)只能诱导太平洋牡蛎眼点幼虫的变态,不能诱导附着或固着(王昭萍等,1992)。Coon 等(1990)还发现利用 NH_4Cl 使水中 pH 升高(pH=8)可以诱导太平洋牡蛎幼虫附着变态。

八、牡蛎的生长

我国几种主要牡蛎的生长规律属两个类型。如近江牡蛎、太平洋牡蛎、大连湾牡蛎和密鳞牡蛎等,在固着后的若干年内能不断地生长。而褶牡蛎,在第一周年内,贝壳的生长较快,且体形基本固定,以后的生长极其缓慢。

南海沿岸的近江牡蛎,初固着时只 300 μm。但固着后,生长速度较快,在半年以内,壳长可达 5 cm,满一年为 7～8 cm,满二年约为 15 cm,满三年可达 20 cm,以后每年还继续生长。一般优良环境下养殖和垂下式养殖的牡蛎,满一年或二年便达到收成的规格。

褶牡蛎刚固着时,约为 350 μm,满一年,壳长约达 7 cm。软体部的增长,主要在每年冬季至翌年的繁殖季节前。最消瘦的阶段,是每年 5～9 月份,即水温逐渐上升最后达到 25℃上下的几个月。

贝壳的生长还具有季节性的变化,生长期较长的牡蛎格外明显。例如,近江牡蛎,在青岛它们的贝壳生长可分为四个时期:①休止期,自 1 月开始至 3 月中旬,水温较低(平均水温低于 5℃),贝壳的生长几乎陷入完全停顿的状态。②第一次生长期,自 3 月中旬至 5 月,由于春天到来,水温很快上升,这时为近江牡蛎贝壳生长最旺盛的时期。③产卵期,6 月至 9 月初为产卵季节,这个时期的环境条件虽然非常适合于贝壳的生长,但牡蛎在这个季节中主要是繁殖后代。因此,肉质部的变化最大,而贝壳的生长却很慢。④第二次生长期,9月初至12月底,这时牡蛎的产卵完毕,而且水温也适宜,所以贝壳的生长也比较迅速。

生长期较短的褶牡蛎同样存在生长的季节变化。在青岛褶牡蛎的生长期一般需要3个月才能完成,如果在这个时期,恰好处于低温的季节,那么贝壳的生长速度便会大大降低。在东海和南海,当年采到的褶牡蛎苗就有夏苗与秋苗之分,同样养3个月,夏苗的生长速度要比秋苗的快一倍以上。因为夏苗度过的3个月,正是水温适宜、生长旺盛的季节,而秋苗需要熬过水温低的冬季,所以生长显得特别慢。

牡蛎贝壳的生长,给软体部的增长以足够容纳的空间。软体部一般在冬末春季之间最为肥满。

必须指出,海区环境条件的不同,牡蛎的生长速度也有很大差异。总的看来,水流畅通、饵料丰富和露空时间短的海区,牡蛎生长较快。养殖设施多、养殖密度大以及污损生物多的海区和贫营养海区,由于饵料不足,牡蛎生长较慢。

第五节　牡蛎的疾病

一、病毒性疾病

(1)疱疹型病毒病:发生在美洲牡蛎(*Crassostrea virginica*),病原是一种疱疹型病毒(Herpes-type virus)。病毒粒子六角形,直径为 $70\sim90~\mu m$,具单层外膜,有的具浓密的类核体(nucleoid)。被感染的牡蛎消化腺呈苍白色,散发性死亡。这种病发生在有发电站排出热水($28℃\sim30℃$)的牡蛎养殖海区。发现该病后将牡蛎转移到附近温度较低($12℃\sim18℃$)的天然海水中,就可能停止感染和死亡。

(2)卵巢囊肿病:也发生在美洲牡蛎,其病原是卵巢囊肿病毒(ovacystic virus)。该病的特点是生殖腺上皮细胞非常肥大,细胞核内含有孚尔根阳性的大颗粒团。在电子显微镜下可看到二十面体病毒颗粒,形态与肿疡病毒(*Papovaviruses*)类似。似乎在盐度为14左右时为感染的高峰。

(3)牡蛎面盘幼虫病毒病:病原为牡蛎面盘幼虫病毒(oyster veliger virus,OVV)。患病幼虫活力减退,内脏团缩入壳内,面盘活动不正常,面盘上皮组织细胞失掉鞭毛,并且有些细胞分离脱落,幼虫沉于养殖容器底部,不活动。此病的传播可能是纵向感染,即来自潜伏感染的亲牡蛎。在育苗场发生此病为 $3\sim8$ 月份,受害幼虫的壳高为 $150~\mu m$ 以上。

此病发生在美国华盛顿的太平洋牡蛎。Elston 等(1985)报道,患此病的幼虫在面盘、口部和食道的上皮细胞中有浓密的球形细胞质包涵体。受感染的细胞扩大,分离脱落的细胞中含有完整的病毒颗粒。

预防措施:将感染的牡蛎幼虫及时销毁;用含氯消毒剂彻底消毒养殖设施,目前尚无有效治疗方法。

二、细菌性疾病

(1)牡蛎幼虫的细菌性溃疡病:使美洲牡蛎的幼虫下沉或活动能力降低,突然大批死亡。在显微镜下可看到生病的幼虫内有大量鳗弧菌(*Vibrio anguillarum*)和溶藻酸弧菌(*V. alginolyticus*)等,可能还有气单胞杆菌(*Aeromonas*)和假单胞杆菌(*Pseudomonas*)。这些细菌分布在幼虫的全身组织中,使组织溃疡或崩解。人工感染试验发病迅速,幼虫与病原菌接触后 4～5 h 就出现症状,8 h 开始出现死亡,18 h 全部死亡。已证明帘蛤和食用牡蛎也易感染此病。

预防此病主要是改善水质,保持清洁。可用氟甲砜霉素 $10×10^{-6}$,或用复合链霉素 $(50～100)×10^{-6}$,或多粘杆菌素 B、红霉素、新霉素等治疗。

(2)牡蛎壳的弧菌病:Elston(1982)报道美洲牡蛎育苗场中食用牡蛎(*Ostrea edulis*)和美洲牡蛎的稚贝(壳高 0.8～3.0 mm)的壳表面因为感染了鳗弧菌(*Vibrio* spp.),使壳钙化不完全,沉淀了过多的垩质,壳易破碎,妨碍了韧带的正常功能,消化作用也受到影响,一般有 25%～70%的牡蛎死亡或生长不良。

预防此病可用机械和药物的方法消毒进水道、蓄水池和养殖容器。在稚贝的饲养器中,如果不能经常换水,就应作常规的细菌学检查,以便及时防治。

发现稚贝上有细菌繁殖时,可用稀释的次氯酸钠溶液治疗。用 $10×10^{-6}$ 的次氯酸钠浸泡 1 min 后,立即用海水充分冲洗干净,即可有效地清除生活在贝壳表面的细菌种群。

(3)牡蛎的点状坏死病:日本的太平洋牡蛎(*C. gigas*)曾经发生一种细菌性疾病,引起大批死亡。病原可能是无色杆菌(*Achromobacter*),革兰氏阴性,能动,长 1～3 μm,培养后人工感染已成功,但该菌从健康的牡蛎上和海水中也能分离出来。濒死的病牡蛎,有扩散的细胞浸润,组织坏死,并有大量杆菌。

三、真菌性疾病

(1)离壶菌病:发生在美国东岸的美洲牡蛎幼虫以及硬壳蛤(*Mercenaria mercenaria*)的幼虫。受感染的幼虫不久就停止生长,并迅速死亡。病原是动腐离壶菌(*Sirolpidium zoophthorum*)。该菌在幼虫内的菌丝弯曲生长,有少数分枝。繁殖时菌丝末端膨大,形成游动孢子囊,囊内的游动孢子形成以后,囊上再生出排放管,排放管伸到幼虫外排放出浮动孢子,再感染其他幼虫。诊断时可以用显微镜直接检查生病的幼虫。也可将幼虫放入中性红的海水溶液中,这时真菌的染色就比幼虫组织深,镜检时更容易鉴别。受感染的幼虫大多数死亡,少数幸存者病愈后能获得免疫力。

预防方法是育苗水应经过过滤或紫外线消毒。没有治疗方法,只有将生病的幼虫全部弃掉,并消毒容器,以防蔓延。

(2)牡蛎壳病:病原为绞扭伤壳菌(*Ostracoblabe implexa*),属于藻菌纲的一种真菌。初期症状是由于真菌丝在壳上穿孔,特别是在闭壳肌处最严重,使壳的内壁表面有云雾状白色区域。以后白色区域形成 1 个或几个疣状突起,高出壳面 2～4 mm,变为黑色、微棕色或淡绿色,严重者该区域有大片的壳基质沉淀。壳病发生的地区很广泛,已报道的有荷兰、法国、英国、加拿大和印度等。主要侵害欧洲食用牡蛎(*Ostrea edulis*),也侵害欧洲巨蛎(*Crassostrea angulata*)和另外一种巨蛎(*Crassostrea gryphoides*)。以秋季水温 22℃以上时发病率最高。

此病根据壳的病理变化可以初诊。确诊时应取病灶处的碎片,放入消毒海水中,在温度 15℃以下培养 3～4 周即长出菌丝。此病目前尚无有效防治方法。

四、原生动物引起的疾病

1. 怪孢类(Ascetospora)

(1)单孢子虫病。单孢子虫病是由两种原虫,即尼氏单孢子虫(*Haplosporidium nelsoni* = *Minchinia nelsoni*)和沿岸单孢子虫(*H. costale* = *Minchinia costalis*)引起的疾病。尼氏单孢子虫通常叫做 MSX(Multinucleate SphreX),而沿岸单孢子虫则称作 SSO(Seaside Organism)。

尼氏单孢子虫感染血细胞、结缔组织和消化道上皮,鳃和外套膜变成红褐色,在牡蛎幼苗中流行而在成体中只零星存在。该虫的孢子呈卵形,长度为 6～10 μm。在病牡蛎的内部组织中,都有尼氏单孢虫的多核质体。多核质体的大小很不一致,一般为 4～25 μm,最大的可达 50 μm,有数个甚至许多核。核内有 1 个偏心的核内体。尼氏单孢子虫的孢子出现在消化道的上皮细胞里,沿岸单孢子虫的孢子则存在于结缔组织。

此病发生在美国东海岸的美洲牡蛎。我国台湾省,日本和朝鲜的太平洋牡蛎也发现有类似的寄生虫。此病的潜伏期很长,一般为几个月,发生流行病的季节为 5 月中旬到 9 月份,患病牡蛎肌肉消瘦,生长停止,在环境条件较差时则引起死亡。病牡蛎全身组织都受感染,组织中有白细胞状细胞浸润,组织水肿。一般从 8 月份开始死亡,9 月份死亡达高峰。死亡率在低盐度区一般为 50%～70%,在高盐度区则为 90%～95%。将已受感染的牡蛎移到低盐度(15 以下)海区养殖,疾病可以得到控制。从病后幸存的牡蛎中选育抗病力强的作为亲体,繁殖的后代一般具有抗病力。

(2)马尔太虫病。马尔太虫病是由原生动物中闭合孢子目马尔太属的两个种,即折光马尔太虫(*Marteilia refringens*)和悉尼马尔太虫(*M. sydney*)所引起的,主要侵害食用牡蛎、*Saccostrea echinata*、太平洋牡蛎和美洲牡蛎等。

折光马尔太虫的地理分布范围是法国、希腊、意大利、摩洛哥、葡萄牙和西班牙,主要感染消化道的上皮,并且和环境指数很差有关。患病的牡蛎消瘦,能量(糖原)耗尽,消化道变色,停止生长并死亡。死亡和寄生虫的孢子形成有关。早期感染出现在胃、消化道,可能还有鳃的上皮。

悉尼马尔太虫只在澳洲的新南威尔士州、昆士兰州和西澳大利亚州发现,其感染也和环境条件很差导致生殖腺的再吸收有关。悉尼马尔太虫的大量感染会导致消化腺上皮细胞的破坏,感染后不到 60 d 就会饿死。

折光马尔太虫只在春夏水温高于 17℃时感染欧洲牡蛎。悉尼马尔太虫主要在夏天和早秋感染牡蛎。但疾病没有季节性,一年四季均可出现大量死亡和找到孢子。高盐度会限制该病的发展。

感染方式及其生活史还不清楚,因为在实验室内不能完成人工感染,可能存在中间宿主。

（3）包纳米虫病。此病由牡蛎包纳米虫（*Bonamia ostreae*）和另外一种包纳米虫（*Bonamia* sp.）引起的。包纳米虫在食用牡蛎（*Ostrea edulis*）、希腊牡蛎（*O. lurida*）、密鳞牡蛎和近江牡蛎中流行。包纳米虫病是一种侵袭普通牡蛎血细胞致死性的传染病，有时在鳃及外套膜上退色成黄色，并出现广泛的损伤，但大多数受感染的牡蛎外表正常。损伤发生在鳃、外套膜和消化腺的结缔组织。这些血细胞内的原生动物随着数量急剧增多而很快变成全身性疾病，并导致牡蛎死亡。这种寄生虫全年都会出现，但在温暖季节其感染强度才会增大并引起流行。

2. 顶复类（Apicomplexa）

（1）海水派金虫病。海水派金虫（*Perkinsus marinus* ＝ *Dermocystidium marinus*）引起的疾病。海水派金虫生活史中最容易看到的是孢子。孢子近球形，直径 3～10 μm，多为 5～7 μm。细胞质内有 1 个大液泡，偏位于孢子一边。液泡内有较大的、形状不规则的折光性液泡体（vacuoplast）。液泡体周围有 1 层泡沫状的细胞质。胞核位于细胞质较厚的部分，即偏于孢子的一边，呈卵圆形，核膜不清楚，周围有 1 圈无染色带。液泡体充分形成以后，有的近于球形，有的呈叶状或分叉，有的分成几个，有的伸到细胞质中。

派金虫病是牡蛎最严重的疾病之一，1950 年发现于美国的美洲巨蛎、叶牡蛎和等纹牡蛎，以后又发现于古巴、委内瑞拉、墨西哥、巴西等国家和我国台湾省。病牡蛎全身所有软体部的组织都可被寄生并遭到破坏，但主要伤害结缔组织、闭壳肌、消化系统上皮组织和血管。在感染早期，虫体寄生处的组织发生炎症，随之纤维变性，最后发生广泛的组织溶解，形成组织脓肿或水肿。慢性感染的牡蛎，身体逐渐消瘦，生长停止，生殖腺的发育也受到影响。感染严重的牡蛎壳口张开而死，在环境条件不利时死亡更快。

第一年的牡蛎一般不患此病，主要受侵害的是较大的牡蛎。死亡率也随着增长而增加，但在各地区又有差别，感染率最高可达种群的 90%～99%。牡蛎的死亡发生在夏季和初秋（8～9 月份），以后随着天气变冷、水温下降，死亡也减少，冬季一般不会发生死亡。发生流行病前的环境条件是较高的水温（30℃）和较高的盐度（30）。盐度在 15 以下，或水温低于 20℃，即使有派金虫寄生，牡蛎也不会死亡。

因派金虫的传播是靠放出的游动孢子，随着水流直接传播给邻近的牡蛎，所以传播的范围一般是在病牡蛎周围 15 m 以内。疾病的严重程度与高密度养殖有密切关系。

预防措施：在牡蛎固着生长前将固着基彻底清刷干净，将老牡蛎完全除掉，除去蛎床附着的任何生物；蛎床不要太密集，因为此病在较远的距离间传播较慢；牡蛎生长到适当大小时尽量提前收获，以避免疾病的发生；避免使用已感染的牡蛎作为亲牡蛎；将牡蛎养在低盐度（<15）海区，可使疾病停止发展和造成死亡。目前尚无有效的治疗方法。

（2）线簇虫病。已鉴定的病原有牡蛎线簇虫（*Nematopsis ostearum*），在美国大西洋沿岸的美洲牡蛎中是常见的寄生虫，出现在牡蛎的所有器官中，但以外套膜中为最多。还有好几种瓣鳃类对它有敏感性。它的终宿主是蟹类。牡蛎线簇虫对牡蛎可能有害，但在天然情况下不会是重要的致死因素。因为牡蛎可以排出其孢子，在排出和再感染之间有一个动力平衡，这就说明不可能有大量孢子长期积聚在牡蛎体内而使其受害。另一种是普氏线簇虫（*N. prytherchi*），也寄生在美洲牡蛎上，并且往往与前一种同时寄生于同一个宿主上。

3.肉足鞭毛类(Sarcomastigohpora)

(1)六鞭毛虫病。病原为尼氏六鞭毛虫(*Hexamita nelsoni*),寄生在多种牡蛎的消化道内,是常见的世界性寄生虫,在我国的台湾省也有报道。Scheltema(1962)认为六鞭毛虫和牡蛎的关系是共栖还是寄生很可能主要取决于环境的条件和牡蛎的生理条件,对牡蛎的死亡可能不起重要作用。在水温低和牡蛎的代谢机能低时,六鞭毛虫可能成为病原,但在水温适宜、代谢机能强时,牡蛎则可排出过多的六鞭毛虫,使成为动态平衡,变为共栖关系。

(2)扇变形虫病。病原为扇变形虫(*Flabellula*),在美洲牡蛎的消化道内发现了两种,即 *F.patuxent* 和 *F.calkinsi*。可能是共栖性的。

4.纤毛类(Ciliophora)

派塞尼钩毛虫(*Ancisrecoma pelseneeri*)发现在美国大西洋沿岸的牡蛎的消化道内。这种纤毛虫类有时数量很多,但不能确定其致病性。

此外,在美国的牡蛎中发现有楔形虫(*Sphenophrya* sp.)在鳃上形成大包囊。加拿大的美洲牡蛎的消化道中有 *Orchitophrya stellarum*,其发生率很低,但感染很严重,并且侵入肠的上皮组织中,可能有致病性。

五、蠕虫类引起的疾病

寄生在牡蛎中的蠕虫类有复殖吸虫的幼虫和绦虫的幼虫。

在欧洲、美国等地区的牡蛎中寄生的复殖吸虫主要是牛首科(Bucephalidae)的幼虫。这些吸虫的包囊寄生在宿主的生殖腺和消化腺中,使宿主不育。牡蛎是它们的中间宿主,鲻科鱼类是第二中间宿主,雀鳝是终宿主。Hopkins(1954,1955,1957)报道美国有的地区的牡蛎种群有 1/3 受到感染,但一般感染率很低。他认为在感染的初期,可能暂时刺激牡蛎生长,但以后生长就停止。

新西兰的 *Ostrea tularia* 受牛首科吸虫幼虫感染的死亡率比正常的高。

在美洲牡蛎中寄生的牛首科吸虫的包蚴又被一种单孢子虫类重寄生,使牡蛎的外套膜和内脏变为黑褐色。包蚴破裂后放出的单孢子虫进入牡蛎组织,引起明显的组织反应,并能促使牡蛎死亡。

此外,日本的牡蛎的生殖腺内有 *Proctoeces ostrea* 的囊蚴,鳃和外套膜中有 *Gymnophalloides tokiensis* 的囊蚴,欧洲的牡蛎中有 *Proctoeces maculatus* 的幼虫,美国的牡蛎中有 *Acanthoparyphium spinulsoum* 的囊蚴。

在牡蛎中寄生的绦虫,见于报告的仅有疣头绦虫(*Tylocephalum*)的钩球蚴寄生在美洲牡蛎的胃和鳃中,使牡蛎的上皮组织发生明显的细胞反应。日本等地区的牡蛎中寄生的绦虫也可能是疣头绦虫的幼虫。

六、寄生甲壳类引起的疾病

1.贻贝蚤病(红虫病或称贝肠蚤病)

日本和美国西岸的太平洋牡蛎和灰黄牡蛎(*Ostrea lurida*)体内有一种寄生桡足类,叫做东方贻贝蚤(*Mytilicola orientalis*),身体为蠕虫状,各体节愈合在一起。身体横断面观,背面扁平,腹面略圆。胸部从背侧向左右两边伸出 5 对突起。头部背面有一个单眼,有 2 对触肢,大颚很小,小颚退化,第一颚足单节,第二颚足在雌虫消失,有很小的 4 对胸肢。身体多为橘红色,有的为淡黄色或黄褐色。雌虫最长 9.5 mm,雄虫最长为 3.55 mm。

病牡蛎生长不良,散发性死亡,解剖时可看到消化道内有橘红色蠕虫状虫体,能引起消化道组织损伤。美洲牡蛎的贻贝蚤病可能是从日本进口的太平洋牡蛎带入的。这种桡足类也是贻贝的寄生虫。

还有一种肠贻贝蚤(*Mytilicola intestinalis*),主要寄生在贻贝(*Mytilus edulis*)中,有时也发现在欧洲的牡蛎中。

2.豆蟹病

在美洲牡蛎中,有时发现豆蟹(*Pinnotheres ostreum*)寄生。它伤害牡蛎的鳃,并吸食其营养,使宿主衰弱,并可使雌牡蛎转变为雄牡蛎。有时感染率很高(达 90%)。每个牡蛎中最多有 4～6 个豆蟹,可能引起牡蛎死亡。在我国的牡蛎中寄生有 3 种豆蟹,即中华豆蟹(*P. sinensis*)、近缘豆蟹(*P. affinis*)和戈氏豆蟹(*P. gordanae*)。上述豆蟹均寄生于牡蛎外套腔内。成体的形状与自由生活的蟹相差不大,仅体色变白色或淡黄色,头胸甲薄而软,眼睛和螯退化。

七、瘤和绿色病

曾报道过牡蛎的围心区有间质瘤,长达 3 cm。牡蛎绿色病是绿蛎舟硅藻造成的。

第六节　牡蛎的自然海区半人工采苗

牡蛎的自然海区半人工采苗生产苗种,具有方法简便,成本低,产量大,历史悠久,是大众化生产苗种方法。

一、采苗场的条件

(1)地形:选择在有牡蛎幼虫分布的海区和风浪较平静的囊形或楔形内湾,地势平坦,冬季没有冰堆。

(2)底质:采苗场的底质主要应适合采苗器的安置,一般以砂泥底为宜。插竹采苗养殖的以软泥底为宜,投石采苗养殖的以较硬的砂泥底或泥砂底为宜;筏式采苗的则较少受底质的限制。

(3)潮流:潮流畅通有利于牡蛎浮游幼虫的集中,特别是许多大小港汊、河渠的会流,形成许多环流,可使随潮流出的牡蛎幼虫又随潮流回,为大规模采苗生产创造了有利条件。此外,畅通的潮流还可带来大量饵料生物,有利于蛎苗的生长。一般流速维持在 40～60 cm/s 为宜,有涡流处对蛎苗固着有利。

(4)水深:浅滩采苗在潮间带的中潮区和低潮区附近至水深 0.4 m 的浅水层,采苗效果较好。潮差大的采苗场地,以大潮期间每天露空时间不超过 4 h 为宜,以免蛎苗固着后因曝晒死亡。水深 2～10 m 的海区,适宜棚架式、桩式和筏式垂下采苗。

（5）温度：采苗期间，采苗场的水温变化不宜过大，一般水温上升到高温稳定期时采苗效果好，其变化范围为 22℃～31.5℃。如果水温过高，蛎苗壳厚，个体小；水温过低，蛎苗不易固着。

（6）盐度。盐度的变化可影响蛎苗的固着，一般近江牡蛎适宜于盐度较低的河口附近，采苗时适宜的盐度范围为 3.87～16.50；大连湾牡蛎适宜远离河口的盐度较高的海区，采苗时适宜的盐度范围是 23～28；褶牡蛎则介于二者之间。

（7）其他：选择采苗场时还应考虑海区附近不应有工业废水的污染，以及季节风的影响等。一般在下风头的海区牡蛎幼虫多，采苗效果较好。

二、采苗期

由于牡蛎繁殖季节较长，因此只选择每年的牡蛎繁殖盛期作为生产上的采苗期。各种牡蛎的采苗期长短不一，通常是 1～4 个月，也有跨季度的两茬苗。但由于海区的环境条件不同，采苗期往往集中在 1～2 个月的时间内。

近江牡蛎在南海虽然全年都能采苗，但由于海况条件的变化，只是在每年 6～7 月份间进行生产性采苗，近江牡蛎采苗时的适宜水温为 20℃～30℃。褶牡蛎繁殖时间长，在山东沿海 7～8 月份为繁殖盛期，此时水温为 21℃～27℃。在福建沿海褶牡蛎的繁殖期更长，在福建北部每年有春、秋两次繁殖盛期，一次是水温回升的生物春 5～6 月份，采"立夏苗"为主；另一次是水温逐渐下降的生物秋 9 月份，采"白露苗"为主。在福建南部繁殖盛期是 5～6 月份，采"立夏期"和"小满苗"为主。大连湾牡蛎在辽宁的繁殖期是 6～9 月份，繁殖盛期为 7～8 月份，采苗时间多在 7 月中旬至 8 月，采苗时的适宜水温一般为 20℃～26℃。

三、采苗预报

（1）根据牡蛎性腺消长规律进行预报。在牡蛎繁殖季节，经常检查牡蛎肉质部肥瘦的变化，特别是在大雨、温度变化较大、大潮或有大风浪情况下，要及时检查性腺变化情况。肉质部特别肥满的牡蛎突然变瘦，这就说明成熟的牡蛎已排放了精、卵。根据产卵时间，参照当时水温等条件，便可推算出牡蛎幼虫固着时间，从而不失时机预报适时投放采苗器进行采苗的时间。

（2）根据牡蛎幼虫的发育程度和数量进行预报。通过海区采集牡蛎浮游幼虫，分析个体形态及其数量变化情况进行预报。牡蛎浮游幼虫的采集，通常在亲贝产卵之后 5～6 d 开始。选择几个有代表性的水域，用 25 号筛绢制作的浮游生物网，每隔 1～2 d 进行一次拖网取样，分别拖取中、下层水体中一定数量的样品，进行定性和定量分析，记录牡蛎各发育阶段浮游幼虫的个数。一般情况下，牡蛎壳顶后期幼虫数量达 25～60 个/立方米固着量就基本达到生产要求；如果在分析样品时，壳顶后期幼虫的数量占优势，则正是投放采苗器进行采苗的有利时机。

在采集分析牡蛎浮游幼虫的过程中，还会出现其他种类的浮游幼虫。正确鉴别区分牡蛎浮游幼虫与其他双壳贝类的浮游幼虫，是采苗预报正确与否的一个关键性环节。牡蛎的壳顶幼虫，左壳壳顶明显突出，右壳比左壳小，左、右两壳的大小不等是牡蛎幼虫与其他双壳类幼虫区别的主要特征,很易识别(图 7-34)。

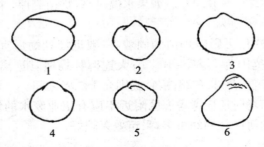

1.牡蛎　2.贻贝　3.泥蚶　4.扇贝　5.蛤蜊　6.江珧

图 7-34　几种双壳类的壳顶幼虫外形

(3)累积水温预报法。累积水温是牡蛎从受精卵发育至固着变态这段时间内,采苗海区每天平均水温的累积值。试验表明,太平洋牡蛎从受精卵发育到幼虫开始附着时的累积水温为 280℃,因此可以根据牡蛎的产卵日期和水温,预报幼虫开始固着的日期。

生产上进行采苗预报,往往是将上述三种方法结合使用,以达到准确预报的目的。

四、采苗器的种类和制备

适合于牡蛎的采苗器种类很多,石块、石条、贝壳、竹子、瓦片、陶器、胶带及水泥制件等采苗器,都可用于牡蛎采苗。选择采苗器时,可因地制宜,既要考虑到来源方便,经济耐用,又要考虑采苗器有一定的粗糙度,而且固着面积大。同时,还要根据场地的底质、海况等环境条件,选用不同器材,以达到提高采苗量的目的。

目前生产上采用的采苗器有以下几种:

(1)石类采苗器。应选用花岗岩类质地较坚硬的块石或条石。石块的大小视场地的底质软硬而定,一般 2～4 kg 即可。使用过的石块,收获后清除石块上的牡蛎壳和其他附着生物,洗去污泥,经过日光曝晒,可用作下次的采苗。条石比石块的面积大,能立体利用水体,附苗量大,但成本稍高。条石采苗器的规格一般为 1.2 m×0.2 m×0.2 m 或 1.0 m×0.2 m×0.05 m。条石采苗器,收获后除去上面的杂物,可继续使用。

(2)竹子采苗器。竹子多用直径为 1～5 cm,长约 1.2 m 的坚厚竹子,它是南方插竹式采苗养殖的好材料,所以也称为蛎竹。竹子采苗器适宜在风浪平静,流小,软泥底质的平坦滩涂使用,操作轻便,采苗效果也较好,但不耐用。新蛎竹在使用前,先埋在潮间带泥砂中 2～3 个月,或 4～5 支一束斜插在潮间带 1～2 个月,以除去竹酸或竹油等物质。也可让蛎竹先附藤壶,在使用前,再清除藤壶,从而使新蛎竹表面粗糙,有利于蛎苗的固着。

(3)贝壳采苗器。牡蛎壳、扇贝壳、文蛤壳和河蚌壳等都可作为牡蛎的采苗器,它们具有取材方便、重量轻、表面粗糙易于蛎苗固着、有效面积大的特点,是目前国内外牡蛎采苗中普遍使用的采苗器材。

利用贝壳采苗时,一般将贝壳制成串,垂线选用 14 号半碳钢线或 8 号镀锌铁丝,长度视筏垂吊海区的深度而定,一般 2～4 m。将贝壳中央钻一小孔,穿入垂线,或在贝壳之间用塑料管或竹管以 5～10 cm 的间距间隔或将贝壳夹在聚乙烯绳中,即可作为垂下采苗器材。

　　(4)水泥制件采苗器。水泥制件采苗器是浅滩采苗较为普遍使用的采苗器,它可以替代条石,造型可以根据生产的需要来定,比较耐用,而且管理方便,蛎苗固着量大。目前生产上经常使用的有水泥棒和水泥片。水泥棒的规格有两种,一是 50 cm×5 cm×5 cm,二是(80~120)cm×10 cm×10 cm,可根据场地底质和水深选用。水泥片的规格一般为长17~24 cm,宽 14~19 cm,厚 1.2~2 cm。

　　(5)胶带采苗器。废旧汽车的橡胶外轮胎割制后,也可作为牡蛎的采苗器材,1 t废旧轮胎可做采苗器约 2 000 条。胶带采苗器牢固耐用,轻便价廉,海区采苗效果好,平均每 2 cm² 固着一个蛎苗,与其他采苗器相比,操作方便,蛎苗生长快,适用于垂下养殖。但使用时必须选择无贻贝繁殖生长的海区,否则贻贝大量附着,会影响蛎苗生长,造成脱落。

　　(6)扁条带采苗器。利用包装物品的聚丙烯扁条带作采苗器,采集自然海区的牡蛎苗。利用此种采苗器可以生产单体(无基)牡蛎,若牡蛎固着较少,可以直接垂挂海区疏散养成。

　　此外,还可以利用树脂纸板作为牡蛎的采苗器。

五、场地整理

　　在投放采苗器之前,必须对采苗场地进行整理,以提高采苗效果。牡蛎采苗根据场地的不同,可以分为浅滩采苗和深水采苗。浅滩采苗是指在潮间带附近进行采苗;深水采苗一般是指在低潮线以下直至 10 m 水深的海区采苗。

　　浅滩采苗的场地整理因地区环境、底质和地形等不同而不尽相同,原则上要做到有利于水流畅通,运输和管理操作方便,以及便于计算面积等。南方一般在采苗前 1 个月左右,先在采苗场上分幅插竹标志,在退大潮时清除滩涂上的敌害生物和杂物,然后整成若干块长条形,底面中央部隆起成拱形畦。畦的长度依地形而异,有 5~10 m 的,也有 30~50 m 的,可从中潮区延至低潮区,畦长与潮流方向大致平行,以有利于潮流畅通。畦的宽度根据场地条件和采苗器种类而定。北方的浅滩场地一般整成若干块长 100 m,宽 10 m左右的长条形块,块与块之间挖一深 20~40 cm、宽 50~60 cm 的排水沟,滩面要平坦,中央略高,使滩表面退潮后不积水。若滩面不平坦则会造成退潮后积水,阳光曝晒能导致积水水温过高,烫死牡蛎,此外积水处易有敌害生物潜居,危害牡蛎。

　　深水场地的整理较简单,只要在采苗器投放之前确定好投放的区域就可以了。一般以岸上的制高点(如山头等)为主标志,并在海区插上标志竹竿,将采苗场地划分为若干个区。采苗场地整理之后,根据采苗预报的采苗时间将采苗器运到采苗场投放。浅滩采苗是在涨潮时将已准备好的采苗器用船运至指定区域,按照标志并根据投放数量及密度,有次序地均匀投放,退潮后再进行整理。深水采苗时可提前设置好筏架,接到采苗预报后,再投挂贝壳串等采苗器。

六、采苗的方式

　　(1)插竹采苗。采苗时将已处理好的蛎竹以 5~10 支为一束插成锥形(图 7-35),约

50～80 束相连成一排,长为 4～5 m,排间距离约 1 m。也有密插和斜插的,每排插竹 200～300 支,一般每亩可插蛎竹 10 000～30 000 支。竹子插入滩涂的深度为 30 cm 左右。采苗时应根据蛎苗固着情况,定期转换蛎竹的阴面与阳面,使蛎苗固着均匀,同时还可使蛎苗免受强光直射,能提高附苗量和成活率。生产上一般要求每支蛎竹附苗密度达 70～100 粒即可。插竹法是南方进行褶牡蛎采苗和养成的一种普遍方式。

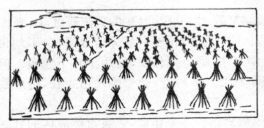

左:蛎竹插成锥形　右:蛎竹密插、斜播

图 7-35　插竹采苗

　　(2)投石采苗。这种方式的采苗器主要用石块(一般重 2～4 kg),石块用量每亩为 10～20 m³,若用贝壳则为 10～15 m³。投放时一般是把 4～6 块石头堆在一起,或许多石块堆成一列(图 7-36),每列之间距离 70～100 cm。近江牡蛎、大连湾牡蛎、褶牡蛎都可用投石采苗并直接养成。应当注意的是,投石采苗场地要修成中央高、边缘低的畦形采苗基地,畦高 30～40 cm,畦与畦之间以沟相隔。底质较软的软泥滩不适宜投石采苗。采苗后要经常移动位置,以防采苗器下沉被淤泥埋没。

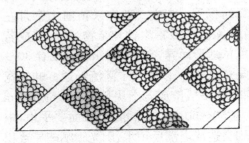

左:蛎石堆列成条状　右:蛎石堆列成簇状

图 7-36　投石采苗

　　(3)利用水泥制件插成堆状。每堆水泥制件为 7～8 条甚至 10 余条。一般蛎苗固着再分散插植(图 7-37)。

　　(4)桥石采苗。采苗时在中潮区附近,将规格为 1.2 m×0.2 m×0.05 m 的石板或水泥制件紧密相叠成人字形,石板或水泥制件与滩面成 60°角,由十几块至几十块组成一排,排间用一块长约 70 cm 的条石或水泥棒连成一长列(图 7-38),列的方向与水流方向平行。桥石采苗可减少淤泥沉积和日晒面积,增加附着阴面,提高附苗量,藤壶附着少。但应注意,桥石采苗由于阴面附苗多,随着蛎苗的生长要经常疏苗,并对调阴阳面。这种采苗方式适合于褶牡蛎的采苗,采苗后可直接养成。

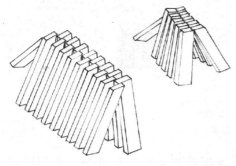
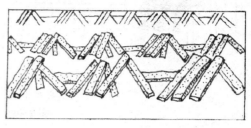

図 7-37　水泥制件采苗器　　　　　図 7-38　桥石采苗

(5)立石采苗。把规格为 1.2 m×0.2 m×0.2 m 的石柱或类似规格的水泥棒单支垂直竖立,每亩立石 1 000 条左右(即 1~1.5 条/平方米),采苗海区在中潮区附近。立桩时应保持条与条间距 50~60 cm,列间距 1 m,并将采苗器埋入滩中 30~40 cm,以防倒伏,竖立后位置不再移动。若石柱或水泥棒使用过,在每年采苗前应将其上的附着生物清除洗刷干净。这种采苗方式适合于褶牡蛎,一般蛎苗固着后原地进行养殖,直至收获。若蛎苗固着密度大,可利用铲具人工疏苗除去一部分蛎苗(图 7-39)。

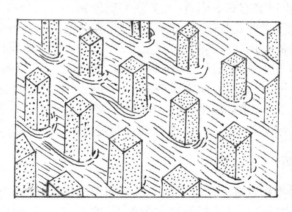

図 7-39　立石采苗

(6)栅式采苗。在风浪较平静海区,在低潮线附近,干潮时水深 1~2 m,还可以树立木桩、水泥柱或石柱等,上面纵横用竹、木、水泥柱架设成棚,将成串的采苗器悬挂于棚架上进行采苗。每串采苗器长度一般为 1~2 m,利用贝壳采苗器采苗时,既可垂挂,又可平挂(图 7-40)。垂挂时贝壳串长度随棚架高度而定,以免影响采苗效果,严防触底,贝壳串间距 15~20 cm;平挂是将贝壳串以 15~20 cm 间距平卧在棚架上。栅式采苗方法是一种固定架子,不随潮水浮动。这种方法多在风浪比较平静的内湾进行。

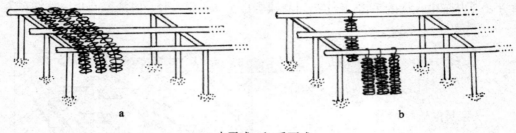

a. 水平式　b. 垂下式

图 7-40　栅式采苗

(7)筏式采苗。有关浮筏的结构与设置请参阅浮筏式养殖有关部分。采用筏式采苗，一般利用贝壳作为采苗器进行采苗。贝壳串间距 15～20 cm，采用垂下式方式采苗。

七、采苗效果的检查

根据采苗预报按一定的采苗方式投放采苗器之后，再过 3～4 d 的时间就可以看出采苗效果。检查时将采苗器取出，洗去浮泥，利用侧射阳光肉眼就能清楚地看到蛎苗固着的情况。

在采苗过程中，也可能有藤壶固着，要注意加以区别。如果固着个体略呈椭圆形、色深、扁平，用手摸较光滑者即是牡蛎苗；如果呈圆形、乳白色、较高，用手摸较粗糙者是藤壶苗。如果藤壶苗大量固着而牡蛎苗很少，甚至没有时，应清理采苗器再采。如果牡蛎苗过密，应采取疏苗措施，方法是用蛎铲在采苗器上划几道痕，废弃部分蛎苗，以保持蛎苗的正常生长。在生产上，一般以每平方厘米采苗器上的蛎苗个数，作为检查蛎苗密度的标准。如果蛎苗密度小于 0.2 个/平方厘米，则达不到生产要求；0.5～1.5 个/平方厘米为适量；1.5～4 个/平方厘米为较多；大于 4 个/平方厘米为过密。

八、蛎苗抑制锻炼

蛎苗抑制锻炼是根据牡蛎营固着生活并经常露空的生态特点，每天对蛎苗进行一定时间的露空锻炼，使之处于生活最低限度的条件下，抑制其生长，使之成为适应能力强的优质苗种。由于露空锻炼，蛎苗的露空能力增强，有利于长途运输。由于在抑制过程中，蛎苗基本不生长，但生活能力很强，下海养殖后生长速度快，可缩短养殖周期。蛎苗抑制锻炼是日本、美国等国进行太平洋牡蛎苗种育成的一项先进生产措施，目前我国部分地区正在开展。

抑制的方法是根据海区潮差的大小和露空时间，设置一定高度的栅架，将蛎苗连同贝壳串采苗器一起平铺放在栅架上或堆放在滩涂上，退潮时露空，涨潮时没于海水中。在美国则将贝壳采苗器连同蛎苗一起装入塑料袋中，堆放在潮间带。一般 7～8 月份采的蛎苗，在 9 月中、下旬水温逐渐下降时开始抑制锻炼，至次年 2～3 月份结束。

抑制锻炼期间应尽量避免强光直接照射蛎苗，对叠放在中间的蛎苗要经常翻动，否则会由于水流不畅、阳光过弱而引起蛎苗生活力减退，甚至壳体发软而死亡。对潮位过高而生长太小的蛎苗也要经常调节,以保持其适当的滤水时间。另外,还要防止肉食性螺类等敌害吞食蛎苗。

第七节　牡蛎的室内人工育苗

一、亲贝的选择与蓄养

1. 亲贝的选择

用作亲贝的牡蛎应大小整齐,体质健壮,无损伤,无病害。一般褶牡蛎 1～2 龄,壳长 5～6 cm;大连湾牡蛎和近江牡蛎 2～3 龄,壳长 10 cm 以上;太平洋牡蛎 2～3 龄,壳长 9～10 cm。

2. 蓄养方式

亲贝经洗刷,除去污物和附着物后,可入池蓄养。一般采用网笼或浮动网箱蓄养,蓄养密度视个体大小而定,一般 80～100 个/立方米。山东沿海常温育苗亲贝入池时间一般在 5 月末 6 月初,水温 15℃～17℃。在加温育苗中,升温促熟可从 2～3 月份开始。

3. 管理内容

(1)换水:前期可每天倒池一次,后期采用大换水或流水培育。

(2)投饵:每 2～3 h 投喂一次,以硅藻、金藻或扁藻等单胞藻为主,饵料不足时亦可投喂鼠尾藻磨碎液及淀粉、酵母等代用饵料(表 7-8)。

(3)充气:亲贝培育期间宜采用连续充气,以增加水体中的溶解氧。

(4)水温控制:培育前期日升温 1℃～2℃,水温达 15℃以上时,日升温 0.5℃～1℃,至 22℃左右,稳定。

(5)性腺发育观测:定期取样测量肥满度,并镜检精、卵发育情况。

此外,施加抗菌素抑菌或投放光和细菌,以及水质检测等都是必要的。

表 7-8　牡蛎的代用饵料

种类	代用饵料	作者
太平洋牡蛎(*Crassostrea gigas*)	藻类、糖类	Langdon 和 Waldock,1981
	地瓜粉、豆粉、活性干酵母、鼠尾藻磨碎液	王昭萍、王如才等,1996
	螺旋藻粉	山东荣成寻山育苗场,1998
大连湾牡蛎(*C. talienwhanensis*)	淀粉、食母生	王如才,1987
食用牡蛎(*Ostrea edulis*)	鱼油、大豆卵磷脂、植物油、维生素 E	Heras et al.,1994
悉尼岩牡蛎(*Saccostrea commercialis*)	酵母	Nell et al.,1996

二、采卵与孵化

1. 精、卵的获得

牡蛎的精、卵可以通过自然排放、诱导排放或解剖方法获得。

(1)自然排放：让亲贝充分发育成熟,自行排放精、卵。当牡蛎的性腺丰满,覆盖整个消化腺,肥满度达到 25% 以上时,基本上具备了自然排放的条件。接近产卵期时,每天傍晚换水后注意观察亲贝有无排放精、卵,早上换水前取池底水样镜检有无卵子。经自然排放的精、卵质量好,受精率与孵化率较高。

(2)诱导排放：采用阴干刺激、流水刺激、升温刺激或降低盐度等方法,诱导性腺发育成熟的亲贝集中大量排放精、卵。这些诱导方法单独使用或几种结合使用皆可。一般将亲贝阴干 3~5 h,流水刺激 1~1.5 h,然后放入升温 3℃ 的海水中;也可在阴干后,直接用升温 3℃~4℃ 的海水流水刺激 1~1.5 h;也可在夜间将亲贝阴干 10~12 h,再置入海水中排放。采用上述方法,效应时间一般 2~5 h,有时长达 10 h。通过气温升温刺激,然后用常温海水流水刺激 1~2 h 即可排放,这种方法效应时间较短。

(3)解剖取卵：用解剖刀从韧带部挑起,割断闭壳肌,去掉右壳,露出软体部,用水滴法检查性别。将卵巢取下,放入 80 目网袋中,轻轻搓洗,将卵子洗下后用 250 目筛绢过滤,去掉大的组织和杂质。为了提高受精率,解剖的卵需在海水中浸泡 0.5~1 h。

自然排放和诱导排放的优点是不杀伤亲贝,卵子成熟较好,但往往精子过多,影响胚胎发育。解剖取卵可以避免精子过多的弊病,但卵子发育同步性较差,可在受精前先将卵子在海水中浸泡一段时间(以 1 h 左右为宜),以促进卵子进一步成熟,提高卵子的受精率。

2. 受精与孵化

无论是催产还是自然排放,发现排放后应尽量将雄贝立即捞出单独排精,以避免精液过多。但太平洋牡蛎一旦性腺成熟,排放精、卵集中,在很短时间内可把水变混浊,此时应将亲贝全部取出,放入另池中排放。在实际生产中往往很难将雄贝及时捞出,就易造成精液过多。在正常情况下,精液浓度以每个卵子周围有 3~5 个精子为适。精液过多时可用沉淀法洗卵 3~4 次,至水清无黏液为止。

受精卵孵化密度为 50~100 个/毫升,为防止受精卵沉积影响胚胎发育,可每隔 20 min 用耙轻搅池水一次,也可采用微弱充气。一般在水温 22℃ 左右时,太平洋牡蛎的受精卵经 22 h 左右发育为 D 形幼虫,此时即可选育,并进行分池培育。

卵子受精后,在 23℃~25℃ 条件下,一般经过 24 h 发育为 D 形幼虫。这时用 350 目的筛绢将幼虫选入另池培育。生产上一般在此时统计 D 幼率作为孵化率:

$$孵化率 = \frac{D\,形幼虫总量}{受精卵总量} \times 100\%$$

3. 选幼

发育到 D 形幼虫时,立即停止充气,用 300 目筛绢制成的拖网在池水表层拖网,将拖网拖到的幼虫置于刚注入新鲜过滤海水的池中。为防止杂质随幼虫进入新池中,应用稍大网目(100 目)的筛绢做成网箱,将幼虫倒入网箱中,让幼虫疏散到池水中,而杂质留在网箱里。也可采用虹吸法将幼虫收集起来放入他池培育。虹吸使用网箱也是利用JP-120筛绢制成。在实际生产中,常常将拖网与虹吸法并用,即先用拖网拖取上层幼虫,再用网箱虹吸滤选幼虫。

三、幼虫培育

幼虫培育指从D形幼虫开始到幼虫附着变态为稚贝为止这一阶段。幼虫培育期间管理如下:

(1)幼虫密度。D形幼虫的密度以8~15个/毫升为宜。随着幼虫的生长,可适当降低密度。采用高密度反应器培育牡蛎幼虫,采用流水培育,其密度可高达150~200个/毫升。

(2)换水。每日换水2~3次,每次换水1/2~1/3水体,换水温差不要超过2℃,也可采用流水培育进行水的更新。

(3)投饵。对太平洋牡蛎幼虫适宜的饵料主要有叉鞭金藻、小硅藻、等鞭金藻、扁藻等。D形幼虫选育后即开始投饵。幼虫培育前期,金藻效果较好;扁藻是壳顶幼虫以后的良好饵料,幼虫壳长达110~130 μm 时,就能大量摄食扁藻,生长速度也加快。金藻饵料效果好,与扁藻混合投喂效果更佳。

投饵量应根据幼虫的摄食情况及不同发育阶段进行调整,适当增减,表7-9可供参照。一般日投饵2~3次,在换水后投喂。投喂时,坚持"勤投少投"的原则,禁止使用污染和老化的饵料。

表 7-9　太平洋牡蛎人工育苗的日投饵量

发育阶段	幼虫壳长(μm)	日投饵量($\times 10^4$ 细胞/毫升)	
		叉鞭金藻	扁藻
D形幼虫	80~100	1.5~2	—
壳顶初期	100~150	1.5~2	0.2~0.3
壳顶中期	150~200	2~2.5	0.4~0.6
壳顶后期	200~300	3~3.5	0.8
附着稚贝	300以上	3.5~4.5	0.8~1

(4)选优。由于牡蛎幼虫发育的同步性较差,在生产上将大小整齐、游动活泼的优质幼虫选出集中培育是必要的。牡蛎幼虫有上浮习性,并有趋光性,故可用拖网将中、上层的幼虫选入另池培育。也可采用虹吸法,用较大网目的筛绢将个体较大的幼虫选优培育。

(5)充气与搅动。在幼虫培育过程中均可充气,这可增加水中的溶解氧,使饵料和幼虫分布均匀,有利于代谢物质的氧化。无条件充气,可每日搅动4~5次,一般充气加搅拌为好。

(6)倒池与清底。由于残饵、死饵及代谢物质的积累,死亡的幼虫、敌害和细菌的大量繁殖,氨态氮大量贮存,严重影响水的质量和幼虫发育,因此在育苗过程中要倒池或清底。倒池采用拖网或过滤方法,每3天左右倒池一次,两次倒池之间用清底器清底。

(7)抗生素的利用。必要时,为防止有害微生物的繁生,可利用$(1\sim2)\times10^{-6}$的土霉素、氯霉素或青霉素能抑菌并提高幼虫的成活率。一般情况下,要优化育苗水体的环境,创造有利于有益微生物繁殖和幼虫发育生长的条件。

(8)除害。常见的敌害有海生残沟虫、游扑虫和猛水蚤等,其危害方式主要是争夺饵料、败坏水质,这些种类繁殖较快,在种间斗争中占优势。对敌害要以防为主,过滤水要干净,容器要消毒,避免投喂污染的饵料。一旦发现敌害,可以采用大换水或机械过滤将幼虫移入另池培育,也可用药品杀灭:鞭毛虫、纤毛虫用0.4×10^{-6}硫酸铜杀灭,猛水蚤用1×10^{-6}敌百虫杀灭。

(9)水质分析和生物观察。水质分析主要测量育苗用水的理化因子,牡蛎幼虫培育过程中,一般要求 pH 值为 $8.0\sim8.4$,溶解氧含量高于 4.5 mL/L,氨态氮含量低于 0.1 mg/L。

生物观测包括饵料密度、幼虫密度和幼虫生长测量,以及幼虫摄食情况和敌害生物的检查。

四、采苗器的投放

牡蛎幼虫在水中经过一段时间的浮游生活之后,便要固着下来变态成稚贝,此时便可投放采苗器采苗。

(1)采苗器种类:常用的采苗器有牡蛎壳、扇贝壳、蚶壳、塑料板(盘)、橡胶胎、瓦片等。采苗器必须处理干净,贝壳要严格除去其上的闭壳肌及附着物,塑料板及竹片等应长时间浸泡洗刷,除去有毒物质,投放之前,应以10×10^{-6}的青霉素处理 0.5 h 以上。

(2)投放时间:投放采苗器应在幼虫即将变态之前,水温 $20℃\sim23℃$ 条件下,太平洋牡蛎的幼虫培育 20 d 左右、壳长达 $280\sim300$ μm 时,有 20% 出现眼点,即可投放采苗器,或者筛选牡蛎眼点幼虫入另外池中,再投放采苗器进行采苗。由于牡蛎幼虫发育的同步性较差,同批幼虫大小差异显著,可筛选牡蛎眼点幼虫入另池中,再投放采苗器进行采苗。

(3)投放方法:贝壳可串联成串后垂挂于池中,也可平铺于池底或放入扇贝笼中采苗,一般投放量为 5 000 壳/立方米。塑料盘(直径 30 cm)或板悬挂于采苗池中,一般 $50\sim60$ 盘/立方米。

(4)采苗密度:以 $0.25\sim0.5$ 个/平方厘米稚贝为宜。以贝壳为采苗器时,一般每壳附苗 10 个即可。为防附苗密度过大,可将密度较大的幼虫分为多池采苗,或者多次采苗,即将采苗器分批投入并及时出池。

五、异地采苗

异地采苗即将牡蛎幼虫运往他地进行采苗的方法。最近几年,美国一些孵化场专门从事牡蛎幼虫的培育工作,当幼虫出现眼点以后,售给生产单位进行生产性采苗,甚至在日本、韩国等地培育眼点幼虫,再运送到美国进行采苗。

眼点幼虫的运输方法如下:将眼点幼虫过滤出来,用筛绢包裹,外放吸水纸保持一定的湿度,置于泡沫塑料箱中,利用双层塑料袋在箱内分置高盐度低温水(水温$-4℃$左右)或冰块,再进行干法运输。也可利用保温箱,使幼虫在低温、高湿度状况下干法运输。只要容器内保持一定的湿度和 4℃～8℃低温，一般 10 h 左右的运输，可达 100％的成活率。

异地采苗可以充分利用某些单位对虾育苗池或贝类育苗池条件，就地采苗不仅减少了亲贝蓄养、幼虫培育过程，而且减少了采苗器的长途运输，提高异地育苗池的利用率，能够充分发挥生产单位的潜力，优势互补。此外，眼点幼虫的运输简便易行，且成本低廉，是一项很有推广前途的苗种生产方法。

六、稚贝培育

幼虫附着变态后即成为稚贝。这期间要加大投饵量及换水量，以满足其生长发育的需要。同时要逐渐降低水温，增加光照，使室内环境逐步与外界自然环境一致。稚贝生长较快，壳长日增长达 100 μm 以上，一般在室内培育 7～10 d 即可出池。

七、稚贝海上暂养

稚贝附着后 5～7 d，壳长生长到 800～1 000 μm 时就可以出池了。具体出池时间的确定，除根据天气预报外，还应考虑避开藤壶、贻贝等附着生物的附着高峰期。稚贝出池后挂到海区筏架上暂养，此时稚贝生长速度很快，在海区水温 25℃左右条件下，出池后 1 个月的稚贝，平均壳长可达 24～30 mm。因此，适时出池对加快稚贝生长，早日分散养成是有利的。

第八节　牡蛎的育种

一、单体牡蛎(cultchless oyster)的培育

牡蛎具有群聚的生活习性，常多个牡蛎固着在一起，由于生长空间的限制，壳形极不规则，大大地影响了美观。群聚还造成牡蛎在食物上的竞争，影响其生长速度。无固着基牡蛎由于其游离性而不受生长空间的限制，因而壳形规则美观，大小均匀，易于放养和收获。网笼养殖和海底播养增加了养殖空间和饵料利用率，提高了单位养殖水体的产量。网笼养殖减小了蟹类、肉食性螺类等较大个体敌害的危害。

无固着基牡蛎的形成是在牡蛎幼虫出现眼点即具有变态能力时，对其进行一系列的处理，使之成为单个的游离的牡蛎。一般采用下列三种方法：

(1)肾上腺素(EPI)和去甲肾上腺素(NE)处理法。EPI 和 NE 能诱导牡蛎眼点幼虫产生不固着变态行为，其最适浓度为 10^{-4} mol/L，诱导不固着变态率分别达 59.9％和 58.0％。药品处理对稚贝的生长无明显副作用。另外，二羟基苯氨基丙酸(L-DOPA)和儿茶酚胺也有诱导幼虫不固着变态的作用。

(2)颗粒固着基采苗法。使用微小颗粒作固着基，让幼虫固着变态。变态后的稚贝生长速度较快，微小的颗粒固着基对于稚贝来说，就显得微不足道，起不了固着基的作用，故蛎苗还是单个的、游离的。用作颗粒固着基的有石英砂和贝壳粉。利用底质分样筛筛选出 0.35～0.50 mm 大小的颗粒，尤其以 0.35 mm 左右的颗粒产生的单体率最高。这个粒度大小与褶牡蛎眼点幼虫的自身壳长相当，是褶牡蛎幼虫固着基的最小规格。颗粒小

于 0.25 mm 时无幼虫固着,大于 0.50 mm 时,幼虫固着苗量较多,而单体率降低。

(3)先固着后脱基法。牡蛎幼虫出现眼点后,向池中投放各种固着基让幼虫固着,待其长到一定大小时,再脱基而成无固着基牡蛎。若选用那些质硬、面粗的贝壳、瓦片等做固着基,采苗效果虽好,但脱基困难,蛎苗易被剥碎。一般以质软的塑料板(厚 2～3 mm)或盘作为采苗器为佳,尤以灰色塑料板效果最好。废旧的聚丙烯打包带经彻底处理后,也是较理想的采苗器。蛎苗长至 1～2 cm 时,弯曲塑料板或聚丙烯打包带,小蛎苗便顺利地脱落,不受任何机械损伤。

二、三倍体牡蛎的培育

牡蛎的多倍体育种主要集中在三倍体和四倍体。

三倍体牡蛎是指体细胞中含有 3 个染色体组的牡蛎个体。三倍体牡蛎有育性差、生长快、风味好等优点,从而具有较高的经济价值;且三倍体牡蛎由于具有三套染色体组,减数分裂过程中染色体的联合不平衡导致三倍体的高度不育性,能形成繁殖隔离,不会对养殖环境造成品种污染;目前,三倍体牡蛎的产生有以下三种途径:①生物方法:利用四倍体与二倍体杂交产生 100％的三倍体。②物理方法:利用水静压或温度休克抑制一个极体的排放。③化学方法:利用细胞松弛素 B(CB)、6-二甲基氨基嘌呤(6-DMAP)或咖啡因处理受精卵,抑制第二次成熟分裂。

利用生物杂交方法,通过四倍体与二倍体的杂交获得三倍体,操作简单,易于推广,没有诱导剂的毒副作用,更主要的是三倍体率可以达到 100％。这种方法适合于规模化生产,但这种方法的关键是四倍体的获得。

这里简单介绍利用 6-DMAP 诱导牡蛎产生三倍体的方法。

1. 采卵

采用解剖法获取精、卵。牡蛎解剖后,首先镜检分辨雌、雄并检查精、卵的质量,选取性腺发育好的个体待用,发育差的剔除。解剖每个牡蛎之前需消毒工具,雌、雄严格分开放置。卵子剥离后,先用孔径 60 μm 的筛绢滤去较大的组织碎片,再用孔径 20 μm 的筛绢过滤去组织液及破碎的卵子。精液以孔径 20 μm 的筛绢过滤。

2. 受精

采用人工方法受精。向卵液中加入适量精液,搅动均匀,以每个卵子周围有 2～3 个精子为宜。若精子过多,可在加入精子 5～10 min 后,用孔径 20 μm 的筛绢过滤洗卵。

3. 处理

镜检观察,当发现 40％～50％的受精卵放出第一极体后,立即向卵液中加入 6-DMAP 溶液,浓度为 50～70 mg/L。受精卵在 6-DMAP 溶液中处理 10～20 min 后,用孔径 20 μm 的筛绢滤去药液并冲洗受精卵,然后将受精卵移入孵化池中孵化。

4. 孵化

孵化密度以 50～80 个/毫升为宜。孵化期间要观察胚胎发育状况。当胚胎发育至 4～8 细胞期,取样固定,进行胚胎期的三倍体率检查。

5. 幼虫及稚贝培育

当受精卵发育至 D 形幼虫时,进行选幼,并进入幼虫培育阶段。三倍体牡蛎的幼虫及稚贝培育与二倍体相同,如投饵、换水、清底、倒池、加温、观测生长发育和检测水质等。由于牡蛎幼虫发育速度差别很大,因此在培育中要进行分选。在壳顶幼虫期,利用孔径 300 μm 和 200 μm 筛绢将幼虫分选成大、中、小三批,并分别培养,幼虫达 300 μm 以上者,准备投放采苗器材。

6.倍性检查

目前,牡蛎的倍性主要通过染色体计数和流式细胞计测 DNA 的相对含量来鉴定。

(1)染色体计数:利用染色体制片技术进行染色体计数可以直接准确地鉴定倍性,在胚胎期、幼虫期、稚贝期和成贝期均可进行。牡蛎单套染色体数目为10,二倍体体细胞内染色体数目为 $2n=20$,三倍体则为 $3n=30$。染色体制片通常有滴片法和压片法两种。

滴片法适用于胚胎、幼虫、幼贝或成贝等各个时期,样品依次经 0.005%～0.01% 秋水仙素处理(15～40 min)、0.075 mol/L KCl 低渗(10～30 min)、Carnoy's 固定液固定(甲醇:冰醋酸=3:1)、50% 醋酸解离 1～5 min、滴片、干燥、染色等步骤制成染色体片子后,直接镜检观察染色体。

压片法适用于早期胚胎的染色体观察,一般采用乙酸地衣红、铁苏木精染色。

(2)流式细胞术:流式细胞术检测倍性的基本原理是用 DNA-RNA 特异性荧光染料对细胞进行染色,在流式细胞计上用激光或紫外光激发结合在细胞核的荧光染料,依次检测每个细胞的荧光强度,然后与已知二倍体或单倍体细胞的荧光强度对比,判断被检查细胞群体的倍性组成。对成体贝类来说,取样自鳃组织、血淋巴、外套膜组织、出水管以及足部组织的活组织样品均可用于流式细胞术分析。样品处理过程大体包括取样、加入 DA-PI/DMSO 溶液进行荧光染色、振荡或用注射器反复抽吸、筛网过滤,制成细胞悬液后,即可上机分析。

此外,利用显微荧光光度计、核径测量、极体计数、微核计数、核仁计数及电泳等方法也可以进行倍性检查。

7.三倍体牡蛎的生物学性状

(1)育性差。从外观上看,三倍体太平洋牡蛎的性腺发育程度较差,雄性的性腺发育程度仅为二倍体的一半,而雌性的卵巢发育程度仅为正常二倍体的1/4。尽管三倍体的性腺发育程度较差,但并非绝对不育,有些三倍体的性腺也能产生成熟的精子和卵子,但是其繁殖力明显低于二倍体。三倍体太平洋牡蛎雌体的繁殖力仅为二倍体的 2%。三倍体牡蛎的雌雄性比与二倍体相近,但雌雄同体者明显增多。

(2)生长快。三倍体牡蛎的生长明显快于相应的二倍体。僧帽牡蛎(*C. cucullata*)、大连湾牡蛎(*C. talienwanesis*)三倍体在幼虫时期就表现出生长优势。养殖两年半的悉尼牡蛎(*Saccostrea commercialis*)三倍体比二倍体增重41%,1 龄的三倍体太平洋牡蛎比二倍体增重 20% 以上,3 龄的美洲牡蛎三倍体增重 41%。在繁殖季节里由于精、卵的排放,二倍体牡蛎体重明显下降,壳的生长停止,而三倍体则保持继续生长。

关于三倍体的快速生长现象有三种假说解释:①杂合度增高假说。认为 MI 三倍体的个体增大现象是其杂合度增高的结果。②能量转化假说。认为三倍体生长快于二倍体是三倍体的不育性,从而将配子发育所需的能量转化为生长所致。③三倍体细胞的巨态性假说。由于贝类的发育属于"嵌合型",缺乏细胞数目补偿效应,细胞体积增大而细胞数目并不减少,结果导致三倍体个体的增大。

(3)肉质鲜。牡蛎肉质的鲜美程度与其体内糖原含量密切相关。糖原含量高,则肉质味道鲜美。在繁殖季节里,二倍体牡蛎性腺的发育消耗大量的糖原物质,体内糖原含量明显降低,平均下降72%,其风味品质受到较大影响;而三倍体牡蛎由于性腺发育差,糖原含量在繁殖季节里仅下降8%,体内一直保持较高水平的糖原含量,可让人们一年四季均能吃到美味可口的牡蛎,特别在旅游季节,三倍体牡蛎深受国内外宾客的青睐。

三、四倍体牡蛎的培育

四倍体的培育的最终目的是与二倍体杂交生产100%的三倍体。目前,四倍体的产生主要有两种途径:

(1)利用二倍体直接诱导四倍体。抑制第一极体或同时抑制两个极体的释放、抑制第一次卵裂、细胞融合和人工雌核发育等方法都能获得四倍体胚胎或幼虫,但存活率低,难以培育至固着变态。

(2)利用三倍体牡蛎诱导四倍体。即利用三倍体牡蛎产生的卵子与正常精子受精,然后抑制第一极体,可产生存活的四倍体。其操作方法基本同三倍体。通过这种方法,已在太平洋牡蛎和美洲牡蛎中成功的诱导出存活的四倍体牡蛎。

四倍体的诱导和培育是最终获得100%三倍体的根本出路,因为四倍体和二倍体杂交可以产生100%的三倍体。这种方法安全、可靠、稳定、可操作性强,这已在太平洋牡蛎中得到了证实,四倍体育种具有广阔的发展前景。

四、单体多倍体牡蛎的培育

单体多倍体牡蛎即单个的、不固着的多倍体牡蛎,它集单体牡蛎与多倍体牡蛎的优点于一体。其培育方法:首先通过理化方法处理受精卵抑制极体释放或通过生物杂交途径获得多倍体牡蛎的幼虫,然后,在幼虫即将附着变态时,采用肾上腺素处理诱导不固着变态,或者采用颗粒固着基采苗并培育,也可利用先固着后脱基的方法,获得单体的多倍体牡蛎。

五、牡蛎的雌核发育育种

1. 精子的遗传失活

目前多采用紫外线杀菌灯照射进行精子的遗传失活处理。精子遗传失活的最佳照射剂量在不同种类之间存在差异,并随照射精液的体积、密度以及紫外线强度的变化而变化。在太平洋牡蛎,Guo 等(1993)和 Li 等(2000)分别用 3.24×10^{-3} J/mm^2 和 4.32×10^{-4} J/mm^2 的紫外线照射剂量遗传失活精子,成功诱导出雌核发育单倍体。在诱导过程中,随着照射时间的增加,受精率出现下降,受精卵在到达 D 形幼虫期之前便停止发育。扫描电镜观察结果显示 UV 照射破坏了牡蛎精子的顶体和鞭毛结构,随照射强度的增加,顶体和鞭毛的破坏程度增大。

2. 雌核发育二倍体的诱导

雌核发育单倍体通常呈现为形态畸形,没有生存能力,需要在减数分裂或卵裂过程中进行二倍体化处理。通过抑制第一极体、第二极体或第一卵裂三种方法获得具有生存力的雌核发育二倍体。利用 CB（0.5 μg/mL，20 min；CB）、咖啡因（10 mmol/L）＋高温（32℃，10 min；CH）处理抑制第二极体释放的方法，均可以诱导出太平洋牡蛎雌核发育二倍体（G2N）。其中以 CB 处理 20 min 诱导效果较好，诱导出雌核发育二倍体率高达74.6％。但与正常二倍体和三倍体牡蛎相比，雌核发育二倍体牡蛎的生存率显著降低。

第九节　牡蛎的养成

　　将牡蛎苗种培养成商品规格的过程，即为养成阶段。由于牡蛎种类不同，养成期的长短也不尽相同，如褶牡蛎只需 1 年，而太平洋牡蛎等需要 2～3 年的养成期。我国沿海各地牡蛎养成方法很多，根据养殖海区的不同可以分为滩涂养殖、浅海养殖和池塘养殖。滩涂养殖包括插竹养殖、投石养殖、桥石养殖、立桩养殖、滩涂播养等；浅海养殖包括栅式和浮筏式养殖等；池塘养殖主要利用对虾池实行蛎、虾混养。

一、插竹养殖

　　插竹养殖是南方养殖褶牡蛎的一种较为普遍的方法，插竹采苗一般采用插竹养殖方法养成。该法能有效地利用水域，单位面积产量高，操作方便。福建省和台湾省进行褶牡蛎养殖较多采用这种方法。

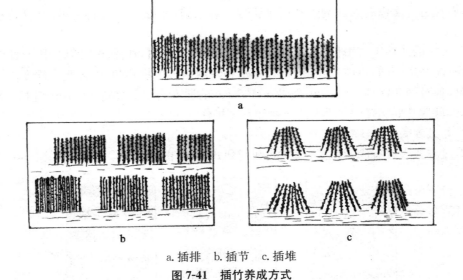

a.插排　b.插节　c.插堆
图7-41　插竹养成方式

　　插竹养殖是在风平浪静，泥底或泥砂底质的潮间带进行。采苗后即进入养成阶段，插竹养殖方式有插排、插节、插堆三种插法。

　　(1)插排(图 7-41-a)：将 150～170 根蛎竹插成宽 20～30 cm，长 5～7 m 的排，排与排之间距离为 2 m 左右，插竹深度依底质软硬而定，底质硬的插浅些，底质软的插深些，一般插竹深度为 20～30 cm。每亩插 10 000 根左右。

（2）插节（图 7-41-b）：每排插竹 100～120 根，类似插排，只不过每排断续插成数段（节），一般每排有 3～5 处空档，使潮流畅通，不易淤积浮泥。

（3）插堆（图 7-41-c）：以 20 多根蛎竹为一堆，插成圆锥形，每堆底宽 0.5～0.7 m，5～6 堆组成一排，堆间相距数十厘米到 1 m 不等，排与排相距为 2 m。

以上三种插法依环境条件不同而分别采用。竹细小或旧蛎竹容易折断可采用插堆，一般看来，多用插节，此法水流更为畅通，牡蛎生长较快。

也有的地区插竹养殖在采苗之后至移植养成之前，还调整养殖密度 1～2 次。分殖时将原来斜插的蛎竹改成直插，并减少蛎竹的密度。分殖的作用除了扩大牡蛎生活空间促进生长外，还可以减少蛎苗脱落，是增产的重要措施。至翌年 2～3 月份间，再将蛎竹移至潮区较高处寄养，寄养的目的是使蛎苗经受锻炼，经过寄养的蛎苗到 8 月中旬以后移到低潮区养成时生长更快，这也是增产的重要措施。

插竹养殖的日常管理工作，是及时将被风浪冲击而折断或倒伏的蛎竹，重新插好，以防被潮水冲跑或被泥砂埋没。

二、投石养殖

1.场地整理

采苗场或适合牡蛎生长的其他海区，一般可作为投石养殖的场地。投石采苗方法采的牡蛎苗一般采用投石养殖，生长期较短的褶牡蛎可在采苗场就地分散养成。生长期较长的近江牡蛎，若在采苗场养成，由于每年都有新的蛎苗固着，不仅影响原有牡蛎的正常生长，而且有许多没有长成的幼蛎在收获时一起采捕，亦影响贝苗的利用，所以要移到养成场养成。

在选好的滩涂上，清理杂石、定好界限。在大潮干潮时，在滩涂上筑畦开沟，使畦面稍隆起，略向两边倾斜，以疏通水流，不致积水和隐藏敌害生物，同时增强底质硬度。一般畦的两侧，各有一条深 30～40 cm，宽 80～100 cm 的通水沟。每畦宽 2～3 m，畦长一般 7～10 m，畦间隔 1 m 左右，方便来往交通和管理操作。

2.养成方式
养成方式大致有满天星式、梅花式和行列式三种（图 7-42）。

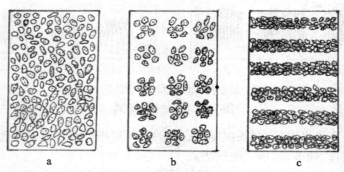

a.满天星式　b.梅花式　c.行列式

图 7-42　投石养成方式

满天星式即将附有蛎苗的蛎石杂乱无章地放置;梅花式一般为5～6块蛎石为一组摆放,组间距为50 cm左右;行列式将附有牡蛎的蛎石排成排宽0.5～1 m,排长就是畦形埕田的宽度,间距0.6～1.5 m。无论何种方式,在放养时,均将石块有牡蛎的一面置于上方,无牡蛎的一面在下方。

3. 投放量

根据场地水深、底质的软硬、水流的急缓和附着器的类型而定。浅滩场地投石块20 000～25 000千克/亩,如投蛎壳则投放10 000～10 500千克/亩;深水场地投石块20 000～22 500千克/亩。

4. 养成期的管理工作

养成期的时间依牡蛎的种类而有长短,短者一年,长者两年以上。在这段时间内,由于海水的运动,海涂以及河口沉积物的变迁,能造成附着器被埋没。同时灾敌害以及来往船只等对场地的损坏,都必须引起重视。加强科学管理,以提高牡蛎的成活率,促进牡蛎的生长,达到增产的目的。

(1)翻石(移石)。就是用蛎钩移动一下蛎石的位置。由于蛎石受到潮水的冲击和本身重量的影响,逐渐陷入泥中,若不翻石,牡蛎很易被淤泥憋死。翻石可以搅动浮泥,增加饵料和营养盐,促进牡蛎的生长。翻石可增产5%～10%,一般养成期间翻石2～3次。

翻石应根据海况和牡蛎生长情况来进行。例如,广东沿海的近江牡蛎养殖,在第二年的10月前后,水温下降至17℃左右,海水密度升至1.018时,牡蛎进入生长期,为了使其能得到合理的空间,增加滤食的水域,把原来相互靠拢的固着器分开,加大固着器之间的距离。到了第三年的5月前后,海水盐度下降,水温上升,风浪也较大。牡蛎的繁殖盛期即将到来,生长极其缓慢,为了抵抗风浪的冲击,又将固着器靠拢移位。直至同年9～10月份间,即可移入肥育区进行肥育。如果养成区的水质肥沃,饵料丰富,就在原地进行肥育。

翻石的方法是在干潮时用蛎钩或徒手将固着器拔起,放在旁边较高的空位上,重新依次排列。即将原来的行与列换了个位置。

(2)防洪。靠近河口的场地,在盛夏多雨季节,大量淡水注入内湾,海水盐度骤然下降,此时牡蛎常常关闭贝壳,停止取食,若时间过长,势必造成牡蛎大批死亡。同时洪水流速过急,带来大量泥砂,淤积淹没固着器,使牡蛎窒息而死。因此,在多雨季节,须注意防止洪水流入,或围堤挖沟抗洪,或将牡蛎移向高盐度的深水海区进行暂养。

(3)越冬。在北方养殖的大连湾牡蛎、近江牡蛎,一般都要经过2～3个冬季结冰期,这对于在滩涂上养殖的牡蛎影响很大。目前解决的方法是,在结冰前进行一次检查,将可能受到威胁的牡蛎向深水移植,免受冰堆的压力和因冰堆的冲击造成牡蛎死亡,使其安全过冬。

(4)肥育。牡蛎在收获前1～2个月,将它移到优良肥育场肥育,以达增产的目的。

根据牡蛎软体部肥瘦的周年变化(主要是生殖腺的周年变化),在增肉时期(9月份至次年4月份),将牡蛎移于一个饵料丰富的优良环境中,促使软体部的生长和生殖腺的发育,从而获得较高的出肉率。目前主要用在近江牡蛎上,肥育效果显著。

肥育场一般位于海湾上段或接近河口的地方,只要盐度适宜,皆可肥育。由于该区水质肥沃,饵料丰富,水流畅通,对牡蛎生长极为有利。肥育前先将选好的肥育场树立标志。在迁移之前,一般将固着器与牡蛎分离,以减少运输的困难。

近江牡蛎在肥育场上的排列和养成期间相似,以行列式为主要形式。也有的地区将牡蛎连同采苗器一起放到河口附近深水地方,不加任何排列,直到收获。

近年来有的还采用了浮筏吊养的育肥方法,就是将3龄以上的近江牡蛎从固着器上剥离下来,装入网笼中吊挂在浮筏上,养至牡蛎软体部分充分肥满时再收获。

吊养筏可采用直径约40 cm的单层网笼或养扇贝用的多层网笼,每层装牡蛎20~25个,每台筏可吊养500~600笼。育肥时间为40~60 d,鲜出肉率达15%以上即符合商品要求。南方一年四季均可进行吊养育肥,每年可育肥5~6批。牡蛎育肥是一项重要的增产措施,经过吊养育肥的牡蛎,产量可提高50%以上,而且肉质肥满,鲜美,深受消费者欢迎。

为了保证牡蛎有充足的饵料,肥育密度要小,一般每亩养成区的固着器可扩大3倍面积进行肥育。

(5)防止人为践踏。滩播牡蛎只能在滩面上滤水摄食,一旦陷入泥中就无法正常生活,易造成窒息死亡。因此,应严禁随意下滩践踏,管理人员下滩时应沿沟道行进。

(6)疏通沟道。应经常检查排水沟道是否被淤泥、杂物阻塞,要保持水流畅通,退潮后滩面应尽量不积水,以防水温过高、敌害潜居、浮泥沉淀造成牡蛎死亡。

(7)除害。如前所述,牡蛎的敌害生物很多,要结合翻石及时进行清除,在红螺、荔枝螺繁殖盛期的7~9月份间,应潜水捕捉其亲贝及卵袋,在蟹类活动频繁的季节里,加强管理,捕捉除害。

(8)防风。台风对于养殖设施破坏性很大,还会卷起泥土埋没固着器及牡蛎。因此,台风过后,要及时抢救,扶起被埋没的固着器材。

三、桥石与立石养殖

1.桥石养殖

桥石采苗方法采的牡蛎苗,一般采用桥石养殖方法养成。这种养殖法因石板的排列方式与架桥相似而得名,这是福建沿海养殖褶牡蛎的一种方法。石板的规格及排列方式与桥石采苗时相同,但养成时石板的排列不宜太密。

牡蛎苗固着后1个月左右,个体逐渐增大,为了不影响牡蛎的生长,必须将石板重新整理,即将18块石板组成一排,排与排之间用长约70 cm的石板相连成一长列。至7~8月份间,随着牡蛎的不断生长,对食料的需要量增加,应将18块石板为一组的排列法,改为6块为一组。组与组之间的距离为1~2 m。至9月份间再把石板的阴面和阳面互换,使两面牡蛎生长均匀,养至年底至翌年春季即可收获。

在养殖过程中,由于附苗密度过大,蛎苗不断生长会相互拥挤,从而造成脱苗;同时密度过大,长成的个体小,产量低,质量差。为此,可采用人工疏苗的办法,有计划地去除部分过密的蛎苗,这样疏苗后,牡蛎生长快,个体大,可达到优质高产的效果。同时在采苗后,可把中潮区的一部分蛎石移到低潮区养成,这样可疏散中潮区蛎石的密度。待到8月至9月初牡蛎生长后期,搬到低潮区育肥,这一措施虽用工多,但增产效果显著。养成期间,要经常下海巡视,及时扶起倒伏的石板。

2.立石养殖

这是南方对立石采苗方法采的牡蛎苗进行养殖的一种方法。条石和水泥制件的规格和布设与立石采苗时相同,石柱竖立在中潮线附近,位置很少移动。立石采苗后,如果蛎苗固着太少,而其他生物固着太多,则需清刷固着器,进行第二次采苗;如果蛎苗固着太多,则应进行人工疏苗,去掉一部分牡蛎苗。这种养殖方式,只要苗种密度适宜,稍加管理即可,整个管理工作比较简单。

四、滩涂播养

滩涂播养是目前养殖牡蛎中较简便的一种方法,适合于褶牡蛎、太平洋牡蛎等的养殖,近年来已在山东等地普遍推广。它是将蛎苗从采苗器或潮间带的岩礁上剥离下来,按照一定放养密度,播养到底质较硬的泥滩或泥砂底质的滩涂上或者修成中间高边缘低的畦形基地上,牡蛎即可在滩面上滤食生长,从而进行养成的一种方法。由于它不需要固着器材,可以充分利用滩涂,具有成本低、操作简便、单位面积产量高等优点。

1. 养殖场地的选择

滩涂播养宜选择风浪较小、潮流畅通的内湾,退潮后,滩面平坦,无积水,底质以泥滩或泥砂滩为宜。潮区应选择在中潮区下部及低潮区附近,潮位过高,牡蛎滤食时间短,影响生长;潮位过低,则容易被淤泥埋没。此外,受虾池排放污水或河水直接冲刷的滩面也不适宜作为养殖场地。

2. 播苗

(1)播苗季节。一般生产上在3月中旬至4月中旬播苗较为适宜。牡蛎是广温性贝类,对低温也有一定的适应能力,北方海区解除冰冻后2月份虽然也可播苗,但由于此时水温低,牡蛎不生长,则往往被淤泥埋没而死亡;但播苗时间也不能过晚,否则不能充分利用牡蛎的适温生长期,影响其生长。生产上最迟可在5月中旬播苗。

(2)苗种来源与规格。滩涂播养牡蛎的苗种来源,目前大多是半人工采苗获得的苗种,也可用人工培育的苗种。

苗种规格一般以壳长2～4 cm为宜,通常是前一年7～8月份固着的自然苗,到第二年春季可达2～4 cm。壳长2.5～3 cm的蛎苗,约400粒/千克;壳长3～4 cm的,160～180粒/千克。作为苗种的蛎苗,300～400粒/千克即可。

(3)播苗方法。有干潮播苗和带水播苗两种方法。干潮播苗就是在退潮后滩面干露时播苗。播苗时可用一长1 m、宽50 cm左右的木簸箕或铁簸箕盛苗,平缓拖动,使蛎苗均匀播下。也可利用贝壳采苗器采苗,将贝壳无苗的一端插入滩涂中,进行插播养殖。干潮播苗应尽量掌握播苗后即开始涨潮,以缩短蛎苗露空时间,并避免中午烈日暴晒时播苗。带水播苗就是涨潮后乘船播苗。播苗前在滩面上应插上竹竿、木杆等标志物,待涨潮后在船上用锨将蛎苗播下。干潮播苗因为肉眼可见播苗情况,便于掌握适宜的密度;而带水播苗由于不能直接观察到苗的分布,往往造成播苗不均匀。因此,生产上多采用干潮播苗。

3. 放养密度

应根据滩质好坏而定,滩质肥沃、底栖硅藻丰富的海区,每亩可放苗10 000 kg;滩质较好的,每亩可放苗5 000～7 500 kg;滩质较差的,每亩可放苗2 500 kg左右。滩播牡蛎时,如果放苗密度小,蛎苗之间空隙大,滩泥容易泛起将蛎苗淤没而造成死亡;如果放苗密度过大,则蛎苗互相重叠,被压入滩中,生长也不好。因此,应掌握适宜的放苗密度,同时,播苗时一定要均匀,以防局部密度过小或过大。山东乳山的经验表明,每亩放苗 1 000 kg 时,因密度小,蛎苗大多被淤死,收获时产量反而低于放苗量;每亩放苗 2 500 kg 时,收获时产量为 7 500 kg 左右;每亩放苗 5 000~7 500 kg 时,牡蛎生长良好,产量最高可达 30 000 kg。

4.养成管理

滩涂播养牡蛎周期较短,养殖褶牡蛎和太平洋牡蛎,春季播苗,至当年 11 月份至翌年春季收获,平均壳长可达 6 cm,大者可达 8 cm 以上。管理方法也较为简单,主要应注意以下几点:

(1)扒苗。放苗后如遇大风,蛎苗往往被风刮起而聚成堆,待大风过后应及时下滩,将堆聚在一起的蛎苗扒开。

(2)防止人为践踏。滩播牡蛎只能在滩面滤水摄食,一旦陷入泥中就无法正常生活,容易造成窒息死亡。因此,应严禁随意下滩践踏,管理人员下滩时应沿沟道行进。

(3)疏通沟道。应经常检查排水沟道是否被淤泥杂物阻塞,保持水流通畅。退潮后滩面应尽量不积水,特别是夏季在有虾池排放污水的滩面,积水往往由于局部水温过高而加剧污水的毒性,造成牡蛎死亡。

此外,还要注意防除敌害以及人为破坏等。

5.影响滩涂播养牡蛎生长的几个因素

(1)潮区。滩播牡蛎在潮间带的滤食情况,与蛤仔等埋栖型贝类有相似之处,即随着潮位的降低,滤水摄食时间长,生长也较好。在播苗相同的条件下,滩播牡蛎的平均单位面积产量,低潮区比中潮区高;平均熟出肉率,低潮区比中潮区高 2.63 个百分点。这显然是由于低潮区的牡蛎较中潮区的牡蛎有更充分的摄食时间,所以生长良好,因此养殖时应尽量在低潮区。

(2)底质。滩播牡蛎的底质以泥滩或泥砂滩为宜,一般底质中粒径小于 125 μm 的颗粒含量在 70% 以上的泥滩,播养牡蛎效果较好,产量也较高

(3)播苗量。不同的播苗量对牡蛎生长有较大影响。一般单位面积产量随着播苗量的增加而增加,但一般滩涂播苗量超过 6 000 千克/亩时,单位面积产量反而下降;随着播苗量的增大,熟出肉率呈下降趋势(表 7-10)。

表 7-10 不同播苗量对滩播牡蛎生长的影响(乳山,1989)

播苗量(千克/亩)	3 306.9	3 364.7	4 687.5	5 454.0	5 681.8	6 250.0
平均产量(千克/亩)	8 881.1	11 739.2	14 088.4	13 358.0	19 050.6	15 415.7
熟出肉率(%)	18.82	15.67	12.81	10.40	10.50	11.43
成活率(%)	61.8	69.8	74.4	84.5	67.3	64.7

五、栅式养殖

1.养殖海区的选择

栅式养殖法是采用水泥钢筋制件或木杆作栅架,以蛎壳、水泥附着器等作采苗器的养

殖方法。凡有淡水流入、水质肥沃、风浪不大、潮流畅通、水深 2～3 m 的场地,均可进行栅架式养殖。

2.栅架的结构与设置

栅架由桩柱、直杆和横杆构成,其规格各地不尽相同。广东省制作的一种栅架规格为:桩柱 4.0 m×0.09 m×0.09 m,直杆 3.5 m×0.12 m×0.07 m,横杆 2.8 m×0.11 m×0.07 m。各杆上留有固定孔,以便固定(图 7-43)。

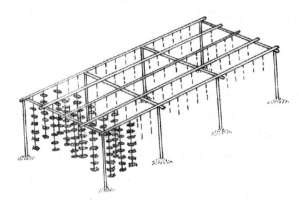

图 7-43　栅式养成(示垂养)

栅架除承挂采苗器外,自身也可附蛎苗,因此栅架的设置必须在采苗期间内完成。一般在牡蛎采苗季节之前,往往有藤壶的繁殖和附着高峰,所以栅架不可设置过早,以免造成藤壶抢占地盘,而使蛎苗无法固着。

设置栅架前要做好探测场地的水深、底质、定点标志等工作。满潮时用船将栅架制件运到海区,待退潮时,船只顺流向已插好标志的海区插放桩柱,桩柱入泥约 1 m。桩柱插放完毕,即可安装直杆和横杆,并用螺杆穿过直杆、横杆与桩柱间的固定孔加以固定,即构成栅架。栅架要顺流排列。

3.养殖管理

南方用栅架垂下式养殖近江牡蛎一般要 32～36 个月才能达到商品规格,其间管理工作主要有以下几个方面:

(1)疏散固着器。牡蛎苗固着生长 8～10 个月后,平均壳长可达 2.5～4 cm。随着牡蛎个体的不断生长,固着器之间的距离日渐缩短,原有采苗器的间距已不适应牡蛎的生长。因此,在第二年采苗季节到来之前,必须把固着器拆开重新串联,使各个固着器间隔扩大到 16～20 cm,同时各固着器之间应改用聚乙烯硬管隔开,并用铁线插入孔内串接。每串串联 6～8 块固着器,垂挂于栅架上养殖,串距 30～40 cm,每亩垂吊 1 000 串左右。

(2)提升和倒挂养成器。在南方,每年 6～8 月份是全年海水盐度低、水温高(28℃以上)的季节,这一时期低潮线下 1 m 左右的水层,往往有苔藓虫和石灰虫等的大量繁殖,它们附生在牡蛎表面,特别是干潮期不露空的底层和光照度差的阴暗面,附生密度更大,影响牡蛎摄食和生长。此时需要把牡蛎串提升和上下倒置垂吊,缩短垂吊深度,增加露空时间,增强光照度,以避免苔藓虫等的附生。

(3)再次疏散垂养。近江牡蛎生长两年,平均壳长达 8～10 cm,此时应再次增大固着器的间距,并加大牡蛎串的串距和垂挂深度,以促进牡蛎迅速生长和软体部的肥满。

六、筏式养殖

1.场地选择

潮流畅通、饵料丰富、风浪平静、水深在 4 m 以上的海区可作为牡蛎筏式养殖场地。近江牡蛎应选择盐度较低的河口附近,大连湾牡蛎和密鳞牡蛎应选择远离河口、盐度较高的海区,太平洋牡蛎和褶牡蛎介于两者之间。

2.养成方式

筏式养殖牡蛎的来源有自然海区半人工采苗、室内人工育苗和采捕野生牡蛎苗,较适合于以贝壳做固着基的牡蛎及无固着基牡蛎的养殖。

(1)吊绳养殖:适合于以贝壳做固着基的牡蛎,其养成方式有两种:一是将固着蛎苗的贝壳用绳索串联成串,中间以 10 cm 左右的竹管隔开,吊养于筏架上;二是将固着有蛎苗的贝壳夹在直径 3～3.5 cm 的聚乙烯绳的拧缝中,每隔 10 cm 左右夹一壳,垂挂于浮筏上。一般绳长 2～3 m。也可利用胶胎夹苗吊养。

(2)网笼养殖:利用扇贝网笼养殖。将无固着基的蛎苗或固着在贝壳上的蛎苗连同贝壳一起装入扇贝网笼中,在浮梗上吊养。

筏式养成一般放养蛎苗 100 000～120 000 粒/亩,以贝壳作采苗器,每亩可吊养 8 000～10 000 壳。

蛎苗下海垂挂的时间及养成周期,各地不尽相同。我国广东省养殖近江牡蛎,第一年 8 月份采的苗,暂养至第二年 9 月份苗养成,再养 15 个月左右,至第三年年底或第四年 1 月份收获,从采苗至收获的养殖周期为 28～30 个月。

七、混养

1.牡蛎与对虾混养

牡蛎与对虾混养,实际是在虾池中在保证对虾养殖前提下,再播养牡蛎,可以提高虾池利用率,增加经济效益。混养的虾池要求水深在 1.2 m 以上,并具有一定的换水能力,日换水量在 20% 以上,海水盐度不低于 20,池底质以泥砂底为宜。放养前应将虾池清底、消毒,并在池底造宽约 1 m,高为 10～15 cm、间距 20 cm 的平垄,作为播养蛎苗的苗床,平垄的构筑方向应与水流方向一致。建好平垄后,应进行肥水。用 60 目的筛绢纳水,当水超过平垄时,每亩施尿素 1.5 kg 或硝酸铵 2.5～3 kg,以繁殖基础饵料。上述准备工作应在 3 月底或 4 月初完成。

播养蛎苗在 4 月上、中旬,蛎、虾混养的蛎苗,可用自然苗、半人工苗或人工苗。人工苗是前 1 年的苗经海上越冬,第二年春季壳长达到 3 cm 左右的;自然苗或半人工苗是从岩石上或其他固着基上刮取壳长为 2～4 cm 完整无破碎的个体。

(1)底播:播苗时虾池水深要达到 30 cm,水色呈黄褐色。播苗方式可用撒播法,最好采用插播法,斜插深度以蛎苗壳长的 1/3 为宜,插时注意阳面(右壳)朝上、阴面(左壳)朝下。播苗量一般为 8 万～10 万粒/亩。

蛎苗播养后,主要是加强水质管理,既要满足对虾生长的水质要求,又要保证牡蛎能充分滤水摄食。必须注意适当地大排大进水,以保证对虾生长,特别是前期要防止水质清瘦。秋后对虾收获后,将虾池水注满并保证水质良好,以促进牡蛎生长。到 11 月底即可收获,此时牡蛎壳长可达 6 cm 左右,收获时将池水排干,逐垄采收。

(2)插桩养殖:利用水泥制件采苗,将附有蛎苗的水泥棒插入砂泥中 30~40 cm,排列成条,条与条间距为 50~60 cm,列与列间距为 1 m。

(3)筏养:在对虾池中,也可利用筏式笼养、绳夹养牡蛎,养殖密度一般为 10 万粒/亩左右。

2.牡蛎与藻类混养

在浅海,牡蛎与海带可实行混养,由于代谢类型不同,可促进贝、藻两旺,牡蛎的代谢产物为海带提供了有机肥料,增加了海区含氮量,牡蛎呼出的二氧化碳给海带增加了进行光合作用的原料;海带的生长又改善了水质条件,有利于牡蛎的生长,海带光合作用放出的氧气,有利于牡蛎的呼吸。

混养形式有三种,即间养、套养和垂平养。

间养:筏式养殖一排牡蛎,再养一排海带。

套养:在同一浮筏中,养殖 2 绳牡蛎(或 2 串笼养牡蛎),再养 2 绳海带。

垂平养:牡蛎采用单筏垂下式养殖,而海带采用在两筏之间平养。上述三种混养方式中,以间养和垂平养为多(图 7-44)。

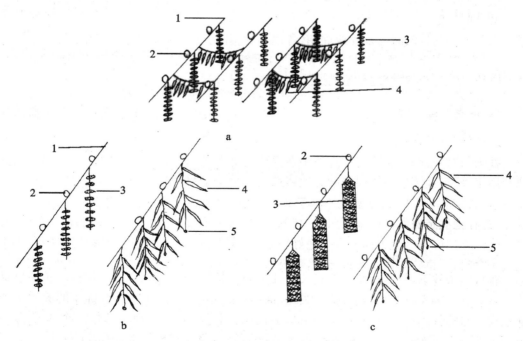

a.垂平养　b 和 c.间养:1.浮缏;2.浮球;3.牡蛎;4.海带;5.沉石

图 7-44　牡蛎与海带混养

八、单体牡蛎与多倍体牡蛎养殖

1. 单体牡蛎的养殖

在我国,单体牡蛎一般采用筏式笼养法养殖,每层网笼放养牡蛎 30 粒左右,每亩放养 10 万～12 万粒。在国外主要用托盘或集装箱式养殖单体牡蛎。托盘规格为 200 cm× 100 cm×10 cm,分三格,底部用网目为 4.5～10 mm 的金属网做底板,每个托盘可放养壳长 10 mm 以下的蛎苗约 2 000 个,或 10～16 mm 的蛎苗 800～1 000 个,然后将托盘吊挂在海区的筏架上。

集装箱式养殖是在海底安放铁架,再将装有蛎苗的带孔塑料盘安放在铁架上。一个长 210 cm、宽 130 cm、高 80 cm 的铁架,可集装 100 个带孔塑料盘,每个塑料盘的规格为 55.5 cm×35.5 cm×6.0 cm。每个集装箱可提供 20 m² 的养殖空间,可放养 10 万个壳长约 5 mm 的蛎苗,以后随着牡蛎的生长而逐步减小放养密度。集装箱式的养殖也可用于牡蛎的育肥。

托盘以及集装箱式养殖,具有苗种成活率高,摄食时间长,生长速度快,不受风浪和敌害的侵袭,不受海区水深和底质限制,便于收获等特点。

2. 多倍体牡蛎养殖

可利用虾池、滩涂、浅海进行三倍体牡蛎养成。养成的方式一般有下列几种:

(1)绳养:每片贝壳附苗量为 10～20 个,可进行夹养,片间距为 10～15 cm,每串绳长 3～5 m(绳直径 4 mm,两股缠合)。养殖方式为筏式,可以在浅海养殖,也可以在虾池养殖。

(2)笼养:每笼 10 层,每层放 20～25 个。此种方法以养无基(单体)三倍体牡蛎为主,采用筏式养殖。笼养每亩为 10 万～12 万个。

(3)竹夹养殖:该法是采用竹夹养殖,可以在滩涂上或虾池中养殖。

(4)地播养殖:滩涂养殖多采用的方法,将滩涂筑成畦形采苗基地,然后将牡蛎撒播到滩涂上养殖。

第十节　牡蛎的收获与加工

一、牡蛎的收获

1. 收获的年龄和季节

在自然条件下,从几种生长期较长的牡蛎的生长特点看来,第 2～3 年内生长速度最快,5 龄以上的牡蛎生长非常缓慢。因此,收获年龄多定为 3～4 龄。在优良的养殖区或垂下式养殖的牡蛎,一般两年已经达到收获规格。相反,某些场地生长慢的个体,虽满 3～4 龄,但仍达不到标准。加温育苗养的太平洋牡蛎,收获年龄比常温育苗的要早一年。

牡蛎的收获季节主要根据个体的肥满度来定,同时考虑场地的利用、资金的周转和市场的需要。目前多数是集中在 1～4 月份进行。某些规模比较大的养殖场,由于人力、物力的限制,往往提前在 10 月份开始,这段时间收获后加工的成品肉质肥满且鲜嫩,质量好。3 月份以后,牡蛎的性腺过于肥满,宝安一带俗称"起粉",加工的成品质量较差,加工时牡蛎容易破烂,炼出的蛎油也带粉质。

2.收获方法

收获包括起捞和开壳取出软体部两道工序。其收获工具见图 7-45。

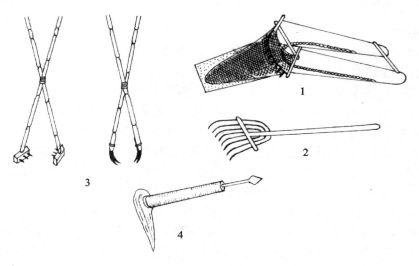

1.蛎子网　2.铁丝耙　3.起蛎夹　4.牡蛎喙

图 7-45　牡蛎收获工具

(1)牡蛎的起捞。在潮下带投石或底播养殖的牡蛎,可在涨潮时,在船上操纵起蛎夹,将水下的蛎石挟起。此法适用于深水场地。刚收获时牡蛎密度大,效率高,后期牡蛎稀疏,可改用潜水起捞。潮间带养殖牡蛎,或起捞后剩余不多的场地,可在干潮时将蛎石捡成堆,在涨潮期间搬上船运回,或在滩上直接把牡蛎从附着器上铲下来,或现场开壳取肉。垂下式养殖收获时,可用吊杆把牡蛎串取至船上。

旅大地区在海底平坦的浅海区捞取牡蛎时多用蛎子网,蛎子网网口由铁架制成,网前有厚大铁铲 6~8 个。在拖网过程中铲蛎入网,若在凹凸不平的岩海区收获,可先用铁丝耙耙取,再用抄网捞取。

近年来,一些国家先后建成了新型的牡蛎养殖场,并实现了机械化生产。国外使用的起蛎机基本上有五大类:①无端运输带起蛎机,②滑耗式起蛎机,③自动转车式起蛎机,④联动起蛎机,⑤水压式起蛎机。这些机械只适用于海底养殖法。据报道,新西兰、日本已采用了牡蛎采捕加工联合船。

(2)牡蛎的开壳。目前大多数国家还是采用手工操作,我国多采用蛎喙或蛎刀等开壳器的尖端在上壳的后缘喙穿一个孔洞,并插入壳内强力撬开,然后以另一端细刀从开壳处割断其闭壳肌的上方,除去上壳,剥离下软体部。工场远离加工厂时,可在蛎肉中加入 2% 食盐,以保鲜度。

手工操作的开蛎法花费的劳力相当大,不适应大规模生产的需要,因此,已有不少学者在探讨和研制新的方法。例如,美国拉皮利(F. S. Lapeyre 等,1961)设计了一台滚动式牡蛎剥壳机,开壳方法包括下面几个步骤:首先是冰冻带壳活牡蛎,其次经过滚动机碰撞使牡蛎铰合部韧带及闭壳肌与两壳脱离,最后使解冻的肉与空壳分离。还有用药物处理开壳法、速冻开壳法等。但是,至今国内外牡蛎开壳基本还是以手工操作为主。

二、牡蛎的加工

1. 牡蛎肉的加工

牡蛎肉除鲜食外,还可以冷冻和加工。冷冻有冻生鲜肉和冻熟鲜肉。其他加工方法有晒干、盐渍、制罐及提炼蛎油等。

(1)冷冻:包括冻生鲜肉、冻熟鲜肉及冷冻调理食品等。

1)冻生鲜肉。有块冻生鲜肉和单冻生鲜肉两种情况。捕获的牡蛎在粗加工车间冲洗干净后,开壳取肉,用淡水洗净,分级,摆盘称重,块冻生鲜肉一般每块0.5或1.0 kg,速冻至中心温度−15℃及以下,脱盘,镀冰衣,外套无毒塑料袋,折口,装纸箱冷藏。单冻生鲜肉在摆盘时,采用专用无毒塑料盘,每只盘有卵圆形凹槽,视牡蛎肉的大小、完整性,可放1~2只,然后称重、验质,再送入单冻机进行速冻、脱盘、包装。

2)冻熟鲜肉。牡蛎冻熟鲜肉加工方法有两种:一是将洗净的生鲜蛎肉放入加淡水量20%左右的大锅中,烧沸,放入鲜蛎肉约为锅容量的60%,用锅铲搅拌均匀,猛火烧至八九成熟退火,用笊篱捞起,洗净,沥水称重,装袋后速冻。二是将带壳牡蛎洗净后放入开水锅中煮,待牡蛎大多开口时捞出,取肉、清洗、沥水、计量、装袋、速冻。注意蛎肉不能煮老,否则脱水过多,影响口味且降低出成率。剥肉时,注意肉体完整,壳肌不易脱落时可用蛎刀割断。

3)冷冻调理食品:

①单冻蘸粉牡蛎。新鲜牡蛎去壳取肉,清洗,消毒,沥水。装盘后速冻,冻好的牡蛎在面粉中滚动一周再蘸汤料、蘸面包粉,使牡蛎呈椭球形,装盘后二次速冻、包装即可。

②鱼糜牡蛎饼。采用冷冻鱼糜和鲜活牡蛎为原料,将冷冻鱼糜加入斩拌机中边斩拌边搅碎进行解冻。鲜活牡蛎去壳后清洗除杂,消毒,沥水。将解冻好的鱼糜分成20~22 g的小块,填入长方形的塑料模具里压平,上面放上4~5 g的牡蛎,脱模成型为鱼糜牡蛎饼,装盘速冻。

(2)干制品:

1)鲜干。把鲜蛎肉平铺在竹箔上进行曝晒。初晒时每隔1~2 h翻动一次。以免粘贴竹箔上。1 d后,蛎肉稍干硬,则用竹片在蛎肉闭壳肌前方穿成一圈或一排,每圈或排为20~30个,再晒3~5 d便成鲜晒蛎干,南方称生晒蚝豉。鲜晒蛎干必须在日烈风干的冬季进行,春节过后,空气湿度较大不易晒干,即使晒干质量欠佳。

2)熟干。将蛎肉快火煮熟,然后加入1.5%~2.0%的食盐拌匀,滤去水分,将蛎肉晒干即成。一般要经过淡煮、咸煮和晒干三道工序。

①淡煮:在抹了生油的锅中加进相当于鲜蛎肉20%~25%的淡水,煮沸后放进鲜肉,随即以锅铲搅拌均匀,猛火煮之。每隔5~6 min搅拌一次,以防粘锅。蛎肉下锅后煮30~32 min可达八成熟左右,可退火,用捞筛将蛎肉捞起。

②咸煮:每锅取含盐量16%~20%的经煮溶后的咸汤32~37 kg,煮沸后,将淡熟蛎

肉(滴去汤水)下锅,加以搅拌,使咸度一致。沸腾时继续搅拌 2~3 次,让蛎肉受热均匀。一般从下锅煮至足熟为 6~8 min,此时蛎肉变硬,有弹性,从消化盲囊处折断,稍压之没有黏液流出,证明蛎肉已熟透。退火后将肉捞起。第二锅以后,每 50 kg 鲜蛎肉计,再添加 350~650 g 盐。

③晒干:将滴去水分后的熟蛎肉分散铺在竹帘上晾晒,并及时摘除黏在蛎肉上的余壳。初晒时每隔 1~1.5 h 翻动一次。同时将大小不一的蛎肉按等级分开,用不同时间进行晒干。天气晴朗一般晒 2~3.5 d 即成。直至蛎肉结实变硬,外套膜碰之易破碎为止。在阴雨时节不能晒干者,可在专设烘干室烘干。

(3)盐渍:牡蛎的盐渍品,味美可口,一般用 20%~30%食盐腌制。

(4)制罐:

1)清汤蛎罐头。洗净的牡蛎放入 95℃~100℃蒸汽中蒸 10~15 min,然后将牡蛎置于通风处,再行剥肉、装罐,加入蛎肉 80%、汤汁 20%,封罐。

2)油渍熏罐头。将蛎肉置于盐水中浸泡 15~20 min,使蛎肉含盐量达 1.5%~1.8%,滤去水分后放入熏室中(温度 85℃~90℃),使蛎肉呈金黄色有熏味,按肉重 80%、熟油 20%装罐。

此外,我国还制成油炸蚝、五香蚝等罐头,畅销国内外。也可以将蛎肉经过煮熟→盐渍→熏烤→真空包装或袋装等简易加工。

(5)牡蛎酱油:即蚝油,是用煮牡蛎的汤经 8~10 h 浓缩而成,蛎汤先经沉淀并滤去其中杂物。在浓缩过程中,须经常铲锅底和搅拌,以免粘焦,同时捞去上浮污物,将成油前要慢火煎煮,特别是最后阶段,只留少量炭火即可。起锅前加入 3%~4%的红糖浆调色调味,加入 2%水杨酸可保鲜一年,然后再煮沸 2~3 min 即成。成品标准密度为 1.262 左右,成品率为鲜蛎肉的 5.5%~6.0%,即 50 kg 鲜肉煮后的汤液浓缩为 2.7~3 kg。

牡蛎酱油的营养价值很高,除内含约 50%水分外,还含有蛋白质 10%,糖原 7%,脂肪 1%,灰分 18%,食盐 14%左右,各种维生素的含量也很丰富。

(6)牡蛎酱:将蛎肉煮熟,切碎后添加辅料,经擂溃后包装而成。操作时将新鲜牡蛎肉煮沸 1 h,冷却后切碎。取 100 份重量的碎蛎肉,按 3∶1 比例加入煮熟切碎的胡萝卜与用油煎过的碎洋葱混合物 5~15 份,蛎汤 3~8 份,奶油 3 份,食盐 14 份,均匀混合。用打浆机多次搅打或擂溃机擂溃 10 min 左右,用瓶包装。

(7)牡蛎保健食品:牡蛎保健食品的剂型有粉末状、颗粒状、糊膏状、胶囊状等。产品形式有单一成分、配方产品或作为某些保健品的添加成分等。牡蛎是我国较早开发为产品的海洋保健品之一,胶囊剂就是由牡蛎肉质部分经酶解、浓缩、干燥、制粉、调配、充填而成的。牡蛎的配方产品有将海藻与牡蛎复配加工,使产品的性能更为优良。

2.牡蛎贝壳加工

(1)牡蛎壳粉:经粗磨过筛后的壳粉,直径大约 0.5 cm 为粗粉,适于喂家禽;粗粉经细磨形成细粉,适于喂家畜。蛎壳粉含有丰富的钙、磷、钾、钠等,对家禽生蛋和家畜的骨骼、喙、体液的形成有利。鸡吃后,产蛋量增加;奶牛食后,体强力壮、产奶量大,奶的质量好。

(2)蛎壳石灰:5 000 kg 蛎壳用 300~350 kg 草木燃料煅烧,可得 3 000 kg 贝壳灰,此种石灰可用于建筑(图 7-46)。

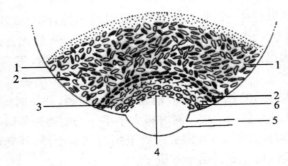

1.贝壳　2.木炭　3.柴草　4.炉底(铁条)　5.风道　6.石块

图 7-46　牡蛎贝壳灰加工示意图

(3)蛎壳水泥:蛎壳与黏土混合烧制成水泥,可作为工业原料。

(4)土壤调理剂:由中国海洋大学 1999 年研制而成,这是一种全新的天然土壤改良调理剂,具有无污染、无公害及无任何副作用特点,能起到改良土壤、提高肥料利用率、促进植物生长、改善品质等多种作用,是实现绿色农业生产的理想产品。利用牡蛎贝壳研制的这种土壤调理剂,具有纳米级微孔结构,含有生物活性的氨基多糖及特性蛋白。富含钙、钠、铜、铁、镁、锌、钼等元素。能够改良土壤的理化性状,能加速植物根际微生物活动,促进根系发育。它适用于各种土壤,尤其适用于连年耕作引起的板结土壤及大棚土壤等,每亩用 20~30 kg 为宜。

(5)养殖池底改良剂:2005 年,中国海洋大学利用牡蛎壳研制成一种海参养殖池底改良剂,取得了良好的效果。这是以牡蛎壳粉为基质,具有纳米级微孔结构,能改善养殖池底的理化环境,并为水体中有益微生物的生长提供了优良环境,有利于微生物膜的形成,减少疾病的发生。

此外,也可利用牡蛎壳加工柠檬酸钙。牡蛎的贝壳还可以作为牡蛎自然海区半人工采苗和人工育苗的采苗器。

复习题

1.我国养殖牡蛎主要有哪几种? 其形态有何特征?

2.牡蛎的生态习性有什么特点?

3.牡蛎有哪几种繁殖方式? 各有何特点?

4.试述牡蛎幼虫的固着过程和固着习性。

5.概述牡蛎的摄食方法和过程。

6.牡蛎的消化和吸收有什么特点?

7.牡蛎的遗传性状如何?

8.牡蛎有哪些常见疾病?

9.牡蛎的半人工采苗方法有哪些?

10.试述牡蛎人工育苗的过程。

11.常用的牡蛎采苗器有哪些?

12.单体牡蛎的生产方法有哪些?

13.如何区分刚固着的小牡蛎苗和小藤壶苗?

14.试述牡蛎三倍体育苗的方法。

15.三倍体牡蛎有哪些优点？

16.试述目前牡蛎养成的方式。

17.牡蛎养成期间的管理工作有哪些内容？

18.牡蛎的加工方法有哪些？

19.解释下列名词：

①蚝豉　②单柱类　③翻石　④肥育　⑤蛎壳粉　⑥插竹采苗与养成　⑦半抑制与全抑制　⑧EPI 和 NE　⑨L-DOPA

第四篇　附着型贝类的养殖

附着型（The attacked type）贝类是利用足丝附着在其他物体上，贻贝、扇贝和珍珠贝等均属此类。附着型贝类其附着位置不是终身不变的，它可以弃断旧足丝，稍做运动，再重新分泌足丝附着。扇贝还能借双壳的关闭运动做短途的游泳，寻找适宜的环境重新附着。总的来说，它们都是不大喜欢活动的，只有在环境条件恶化，或者有某种刺激以至于必要时才做移动。由于附着基限制，它们个体之间亦可相互附着，形成群聚现象。

该类型贝壳发达，没有水管，基本上与固着型贝类相同。但附着型贝类是足丝附着，因此它有退化的足部和发达的足丝腺。其足部不是爬行或运动器官，而是足丝腺分泌足丝的输送者。

扇贝与珍珠贝体扁，以一边贴在附着物上，用足丝附着，可以减轻水流冲击，足丝分泌较少，附着面亦小。贻贝以腹面贴附在附着基上，体高、水流冲击力量大，所以贻贝分泌的足丝比扇贝、珍珠贝的多而长，附着面也较大。

此种类型的贝类也是利用鳃过滤食物，滤食水中浮游生物、有机碎屑和有益微生物。

附着型贝类的苗种来源一般为自然海区半人工采苗和室内工厂化人工育苗生产。此种类型的养殖环境一般为浅海，此外，池塘也可以进行养殖。附着型贝类人工养成方法主要为筏式养殖、栅式养殖。这种类型贝类的浅海和池塘养殖可以实行单养，也可和别的种类（如藻类、对虾、鱼类等）混养。

第八章 扇贝的养殖

扇贝(scallop)俗称海扇、干贝蛤、海簸箕。它的闭壳肌肥大、鲜嫩,含有丰富的营养物质,为国内外人们所喜欢的高级佳肴。扇贝闭壳肌加工后的干制品称为"干贝"。它是珍贵的海产八珍(鲍鱼、干贝、鱼翅、燕窝、海参、鱼肚、鱼唇、鱼子)之一。干贝氨基酸含量较高,从分析的 17 种氨基酸含量看,虾夷扇贝含量高达 88.30%,栉孔扇贝 78.21%,海湾扇贝 71.53%(表 8-1)。此外,干贝还含有丰富的脂肪、糖、微量矿物质、核黄素和尼克酸等。扇贝除了鲜食和加工成干贝外,也可制成冻肉柱、有胃和无胃冻煮扇贝肉和加工成扇贝罐头。加工干贝的油汤可浓缩成扇贝油精等调味品,是餐桌上良好佐料。发展扇贝养殖生产,不仅可以从海洋中索取动物蛋白,改善人们的食物结构,而且可成为国际市场上高档畅销海产品,扇贝贝壳绚丽多彩,历来为人们所喜爱和收藏,更是贝雕的良好原料和贝类人工育苗的良好固着基。

表 8-1   三种扇贝的闭壳肌氨基酸组分与含量(单位:mg/100 mg 干物质)

样品 / 含量% / 氨基酸	栉孔闭壳肌(平均壳高 6.60 cm)	虾夷闭壳肌(平均壳高 10.63 cm)	海湾闭壳肌(平均壳高 6.00 cm)
ASP 天门冬氨酸	7.73	8.76	6.90
THR 苏氨酸	3.03	3.44	2.80
SER 丝氨酸	3.24	3.22	3.01
GLU 谷氨酸	10.42	13.90	9.81
GLY 甘氨酸	8.20	8.58	6.94
ALA 丙氨酸	5.37	6.67	4.93
VAL 缬氨酸	4.15	4.79	3.92
MEL 蛋氨酸	2.61	2.63	2.50
ILE 异亮氨酸	3.49	4.12	3.19
LEU 亮氨酸	6.45	7.55	5.90
TYR 酪氨酸	2.59	2.99	2.39
PHE 苯丙氨酸	3.23	3.82	2.90
LYS 赖氨酸	5.90	6.31	5.41
NH$_3$ 氨	0.42	0.53	0.48
HIS 组氨酸	1.32	1.58	1.22
ARG 精氨酸	7.53	8.34	7.12
PRO 脯氨酸	2.53	1.07	2.05
总和	78.21	88.30	71.53
必需氨基酸总和	37.71	42.58	34.96

世界上扇贝的近缘种达 300 种,在我国有 30 余种。当前,在我国利用扇贝闭壳肌加工制作干贝的种类有山东、辽宁出产的栉孔扇贝,广东、海南和福建的华贵栉孔扇贝。从日本和朝鲜引进的虾夷扇贝和美国引进的海湾扇贝也可制干贝。此外,广东、广西和海南的长肋日月贝和日本日月贝闭壳肌加工制成的干制品,称为"带子",也是较好的经济海产品。

世界扇贝产量较大的国家有加拿大、美国、日本和阿根廷等国家。在 20 世纪 60 年代前,我国扇贝的生产全部是采捕自然生长的。1968 年开始人工养殖,特别是 1973 年以来,山东、辽宁、福建等省对扇贝半人工采苗、人工育苗和养成等关键技术突破之后,扇贝的养殖业得到了迅猛的发展。当前,扇贝养殖已遍及全国沿海省市,2002 年全国扇贝养殖面积已达 6.1 万公顷,产量 93.5 万吨。

由于适合扇贝养殖的水域广阔,与对虾、滩涂贝类养殖水面无矛盾,可养种类多,苗种来源容易,生产性能高,适合能力强,养殖成本低,有群聚习性等,使扇贝养殖有着十分广阔的前途。

第一节　养殖扇贝的种类和形态

扇贝(Pectinidae)动物隶属于软体动物门(Mollusca),瓣鳃纲(Lamellibranchia),翼形亚纲(Pterimorphia),珍珠贝目(Pterioida)。

该类动物壳呈扇形或圆形,铰合部直,壳顶位于中央、等侧,壳前、后具耳,壳表有放射肋或放射线,生长纹明显,单柱类,韧带位于壳顶内方,外套膜简单型,具外套眼,丝鳃型。

1. 栉孔扇贝(*Chlamys*(*Azumapecten*)*farreri*(Jones et Preston))(图 8-1-a)

贝壳一般紫色或淡褐色,间有黄褐色、杏红色或灰白色。壳高略大于壳长。前耳长度约为后耳的二倍。前耳腹面有一凹陷,形成一孔即为栉孔,在孔的腹面右壳上端边缘生有小型栉状齿 6～10 枚。具足丝。贝壳表面有放射肋,其中左壳表面主要放射肋约 10 条,具棘,右壳主要放射肋较多。

2. 华贵栉孔扇贝(*Chlamys*(*Mimachlamys*)*nobilis*(Reeve))(图 8-1-b)

壳面呈淡紫褐色、黄褐色、淡红色或具枣红色云状斑纹。壳高与壳长约略相等。放射肋巨大,为 23 条。同心生长轮脉细密形成相当密而翘起的小鳞片。两肋间夹有 3 条细的放射肋,肋间距小于肋宽。具足丝孔。

3. 海湾扇贝(*Argopecten irradians* Lamarck)(图 8-1-c)

贝壳大小中等,壳表一般呈黄褐色,左、右壳较突,具前足丝孔。成体无足丝。壳表放射肋 20 条左右。肋较宽而高起,肋上无棘。生长纹较明显。中顶。前耳大,后耳小。外套膜简单型,具外套眼。

4. 虾夷扇贝(*Patinopecten*(*Mizuhopecten*)*yesoensis*(Jay.))(图 8-1-d)

贝壳大型,壳高可超过 20 cm,右壳较突,黄白色;左壳稍平,较右壳稍小,呈紫褐色,壳近圆形。中顶,壳顶两侧前后具有同样大小的耳突起。右壳的前耳有浅的足丝孔,壳表有 15～20 条放射肋,右壳肋宽而低矮,肋间狭。左壳肋较细,肋间较宽,有的有网目雕刻。壳内面白色,壳顶下方有三角形的内韧带,单柱类,闭壳肌大,位于壳的后部。

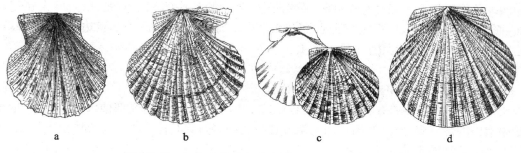

a. 栉孔扇贝　b. 华贵栉孔扇贝　c. 海湾扇贝　d. 虾夷扇贝

图 8-1　四种扇贝的外形

5. 长肋日月贝（*Amussium pleuronectes pleuronectes*（Linnaeus））（图 8-2）

贝壳圆形，两侧相等。前、后耳小，大小相等。左、右两壳表面光滑。左壳表面肉红色有光泽，具有深褐色细的放射线，同心生长线细，壳顶部有花纹。右壳表面纯白色，同心生长线比左壳的更细。左壳内面微紫而带银灰色，右壳内面白色。放射肋较长，共 24～29 条。

6. 美丽日本日月贝（*Amussium japonicum formosum* Habe）（图 8-3）

贝壳圆形，两壳相等，前、后耳较小。左壳表面淡玫瑰色，右壳白色。两壳表面均光滑，具有细的同心生长线。左壳表面形成若干条不甚明显的褐色放射带，右壳内面具放射肋 40～48 条。放射肋短，近壳顶部不明显。

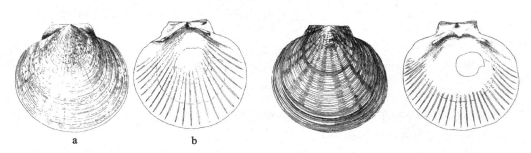

a. 壳外面　b. 壳内面

图 8-2　长肋日月贝

图 8-3　美丽日本日月贝

第二节　栉孔扇贝的内部结构

1. 外套膜

栉孔扇贝的外套膜，紧贴于两壳的内面，为包被内脏团的两叶薄膜，其背缘相连，在内韧带的凹槽下面有一个凹陷痕迹。左、右两叶外套膜，除了在背面相连外，其他部分的边缘都是游离的。

外套膜边缘的形态是比较特殊的，一共分为三层（图 8-4）。外层，是很短小的一薄层；中层，较厚，具有极发达的触手和外套眼，外套眼在触手之间，为深黑色，正中央有一点为淡绿色闪闪发亮。当动物生活时,两壳张开,外套膜外侧的触手伸展,稍向贝壳外侧弯曲,而内侧的长触手,一直向外伸延,极度伸张时可达2.5～3 cm;外套膜边缘的内层最发达亦称帆状部,边缘上具有一排小触手。

2. 足

自生殖腺的基部伸出,在口唇的腹面介于两对唇瓣之间(图8-4)。足为圆柱状的肌肉质器官,呈吸盘状,在足的腹面中央有一条纵贯的深沟,在沟的基部伸出一丛足丝,足丝是由沟内的足丝腺分泌的,扇贝用它附着在海底的岩石或其他物体上。成体扇贝的足,已经失去了运动的机能。

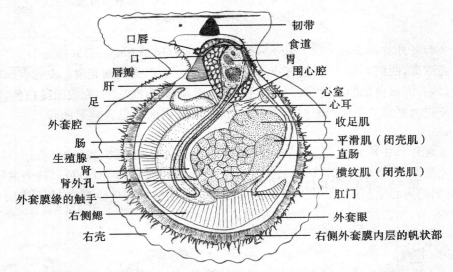

图8-4 栉孔扇贝左侧面观(左侧的贝壳、外套膜、鳃和消化腺等的一部分已移去)

3. 消化系统(图8-4)

栉孔扇贝消化管的迂回度在瓣鳃类中算是比较简单的。分为唇瓣、口唇、口、食道、胃、肠、直肠、肛门和消化腺等部分。

(1)唇瓣。位于口唇的外侧,左、右各一对,每侧有一外唇瓣和一内唇瓣。两内外唇瓣的相对一面具有以口角为圆心的弧形沟和嵴,其上生有纤毛,而其向外一面则平滑,不具沟、嵴。

(2)口唇(图8-5)。栉孔扇贝口唇的形状很特殊,从口边缘的上、下两条横嵴上,向外分出树枝状的分支。上唇主要分为左、右外侧两个大枝,以及中央一小枝;下唇则相反,具有一极大的中央枝和较小的两侧枝。

(3)口(图8-5)。口为两唇中央的一条横裂。口的内方便是一条向背顶部微微弯曲的狭隘而短的食道。

(4)胃。背腹扁平,略呈椭圆形,消化腺环绕其周围,胃壁上具有许多嵴,将胃壁区分成几个大洼穴。胃内藏有一透明的胶状物质——胃楯。

(5)肠。可划分为下行肠、上行肠和直肠三段。下行肠出自胃的腹面近中后部的位置,穿出消化腺而插入生殖腺中,始部较为宽广稍呈囊形,其后便收缩向着生殖腺的后端边缘而斜下,沿着生殖腺后部边缘抵达生殖腺的末端,然后沿后端边缘弯转向上行,转入上行肠。在下行肠肠腔内,有一条乳白色胶状杆体,称晶杆。晶杆在消化管中的位置与较高等的类型相比较是不同的,扇贝的晶杆不是包含于单独形成的一个囊中,而是包含于肠腔中(图8-6)。

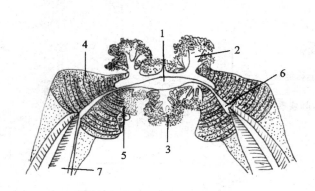

1.口　2.上唇　3.下唇　4.右外唇瓣
5.右内唇瓣　6.唇瓣沟　7.右鳃叶
图 8-5　栉孔扇贝口部正面观

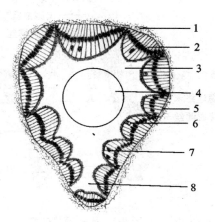

1.结缔组织　2.柱状纤毛上皮细胞
3.晶杆囊　4.晶杆　5.基膜　6.分泌细胞
7.吞噬细胞　8.中肠腔
图 8-6　栉孔扇贝晶杆与肠腔关系

(6)肛门。位于闭壳肌的后腹缘。

4.肌肉系统

栉孔扇贝的肌肉系统包括闭壳肌、足的伸缩肌、外套膜以及足肌、鳃肌和心肌等。

(1)闭壳肌。栉孔扇贝属于单柱型的瓣鳃类,其前闭壳肌已经退化,只剩下一个后闭壳肌,可分为明显的两部分:第一部分极大,位置靠近前背部,称横纹肌,具有能使贝壳很快关闭的作用;另一部分较小,位置靠后部,称平滑肌,具有使贝壳持久关闭的作用。

(2)足的伸缩肌。栉孔扇贝仅有的左侧的后收足肌,位于足的后方靠左侧,其大小相当于横纹肌的1/2。

(3)外套膜肌。外套膜肌分为放射肌和环状肌。放射肌是外套膜附着贝壳上近边缘部分的肌肉。环状肌在外套膜的内层,由于它的伸缩,可以使外套膜内层边缘屈曲,使水流可以从不同的部位进入或排除。

足肌占足部体积的绝大部分,除了环绕着整个足部的环肌纤维之外尚有纵肌,以及一些放射状的肌纤维。在鳃轴表层及内面都有肌肉纤维层,沿着中轴的两侧,在鳃叶的始端,还具有二小束肌束控制鳃的收缩,心室和心耳都有肌肉纤维支持。

5.呼吸系统(图8-7,8-8)

鳃为新月形,左、右各一个,位于内脏团的两侧,前端从唇瓣末端开始,一直向后延伸到肛门的稍后方。每一个鳃又分成内、外两瓣,每一鳃瓣由许多并列的、与鳃轴垂直的鳃丝组成。每侧鳃内、外两瓣合起来形成 W 形。鳃丝按其形状的不同又分为主鳃丝和普通鳃丝两种,在鳃丝和鳃丝之间,有由纤毛互相组合而成的纤毛盘相联系,在下行鳃板的下部和相对的上行鳃板的部分,由结缔组织相连形成板间联系。除鳃以外,外套膜也是一个重要的呼吸部分。

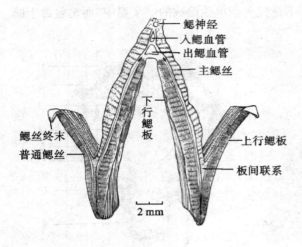

图 8-7 栉孔扇贝的鳃
(取自右鳃断面、截取位置在脏神经节水平面)

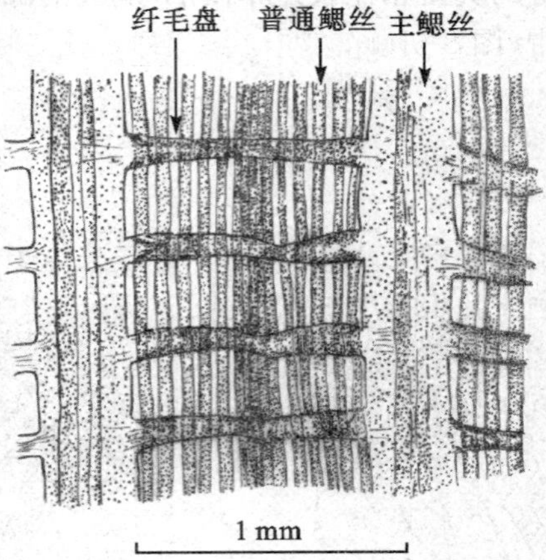

图 8-8 栉孔扇贝的上行鳃叶的
中后部截取片段鳃瓣的背面观

6. 循环系统

扇贝的循环系统有心脏、动脉、静脉和血窦。动脉由真正的血管组成,静脉除了静脉管之外,还具有大型的静脉窦。

心脏位于消化腺与闭壳肌之间,具有一个心室和两个心耳,均被一个薄而透明的围心腔薄膜所包围。心室位于两心耳的中央,包围着直肠。每一心耳的前端有孔与心室相通,心脏的耳室孔边缘,有一列具有瓣膜作用的环行肌纤维,能防止心室的血液倒流回心耳。心耳另一端(后端)则与出鳃血管相通,心耳的外壁被覆有带褐色的腺质上皮,称围心腔腺。

血液离开心室后分出前、后两支大动脉。前大动脉自心室的前背部的中央部分出,在直肠的上面抵达体后端的消化腺,沿着消化腺的背面中央分出消化动脉分支到消化腺的两侧表面,再分出小支插入消化腺的内面和胃部。后动脉出自心室的后端,为直肠的下面,沿直肠腹侧面不久便分成三支。

静脉包括三个大型的静脉窦。静脉窦中含有大量的血液,第一个静脉窦在消化腺和围心腔膜的下面与两侧肾相通。其余两个静脉窦分别在闭壳肌腹缘的左、右侧。

较大部分的来自内脏团及消化管的血液是由在生殖腺表面的内脏静脉带入肾脏,进入入鳃血管,到鳃丝进行气体交换。

在外套膜进行气体交换之后,从微静脉管进入较粗的静脉管再集中到外套静脉,在出鳃血管的前端进入鳃血管而直接输送到心耳,不经过肾脏。

7. 排泄系统

栉孔扇贝主要排泄器官是一对肾脏,位于闭壳肌的前方,介于生殖腺及左、右两鳃之间。呈长囊形。左肾较右肾稍大。各肾向外套腔中的开孔称泄殖孔(肾外孔),废物和生殖产物都由此孔排出。泄殖孔位于肾的末端腹面,靠近内脏神经节的外侧。肾围心腔位于肾的最前端与围心腔交界处,接近闭壳肌的背部中央。来自围心腔的分泌物,由此孔进入呈囊形的体腔管入肾腔,从泄殖孔排出体外。生殖腺的前端两侧突出部上,左、右各有一个约1 mm长的裂缝,与生殖腺相通,称为肾生殖孔。在繁殖季节,成熟的生殖产物便通过左、右两侧的裂孔进入肾脏,然后从左、右肾孔(泄殖孔)排出体外。以上所述的肾器官称鲍雅氏器官(Organ of Bojanus)。此外尚有围心腔腺,该腺仅限于心耳的壁上,带有明显的褐色。围心腔腺的分泌物,自肾围心腔孔带出,进入肾腔,然后由肾孔排出体外。

8. 生殖系统

栉孔扇贝为雌雄异体,生殖腺位于足的后腹面闭壳肌前方的腹崎内。在繁殖季节,成熟个体的生殖腺极为发达。雄性生殖腺在成熟时为乳白色,雌性为橘红色。腺体的左、右两侧有肾生殖孔与肾相通,成熟精子及卵子,皆经过这个裂孔排入肾脏,然后通过两肾孔排出体外。当卵子或精子排出后,新的卵子或精子开始发育之前,生殖腺外形显得皱缩和柔软,雌、雄性腺体的色泽逐渐变成淡黄色,此时期两性在外形上无明显的区别。

9. 神经系统

栉孔扇贝的神经系统,包括脑侧愈合的神经节、足神经节、脏神经节和嗅检神经节等。

(1)脑(侧)神经节(图8-9)。位于口与足之间,埋入消化腺(当繁殖季节时,为消化及生殖腺)的组织表层内,左、右共一对。每一个神经节显示出前后相错迭的已愈合的两叶,前叶是脑神经节而后叶是侧神经节。从脑(侧)神经节前叶内侧分出平衡器神经,左、右各一。平衡器位于足神经节外侧的前面,消化腺组织的深层。平衡器囊内有许多耳砂(图8-10)。自脑(侧)神经节的内侧,分出一对脑(侧)足神经连索,到达足神经节。

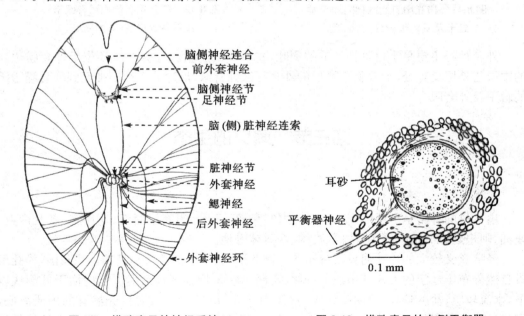

图8-9　栉孔扇贝的神经系统　　　　图8-10　栉孔扇贝的左侧平衡器

(2)足神经节(图8-11)。一对,位于足与口之间,靠近足背部中央。从左、右两侧分出脑(侧)足神经连索与脑(侧)神经节相连。

（3）脏神经节（图 8-12）。左、右两个神经节完全愈合，形成一个复杂的大型神经节，位于闭壳肌腹面。这个复杂的神经节可分为中央叶和侧叶：中央叶又分为前部的两个带黄色的肾形叶（称前叶）和后部的一个长圆形叶（称后叶）；位于中央叶的两侧有乳白色的新月形侧叶，这个神经节的前端，在两侧叶与中央叶之间分出左、右脑脏神经连索，该对连索沿着生殖腺两旁与闭壳肌前方交接处，向前到达脑（侧）神经节。

在脑（侧）脏神经连索离开脏神经节的始端，分出两个小球状的嗅检神经节。

鳃神经发自脏神经节侧叶前端，左、右共一对。

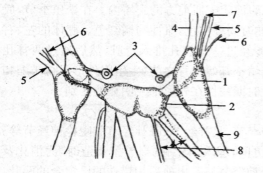

1.脑（侧）神经节　2.足神经节　3.平衡器
4.脑侧神经连索　5.前外套神经　6.唇瓣神经
7.唇神经　8.足神经　9.脑（侧）脏神经连索

图 8-11　栉孔扇贝的脑（侧）和足神经节及其附近神经（背面观）

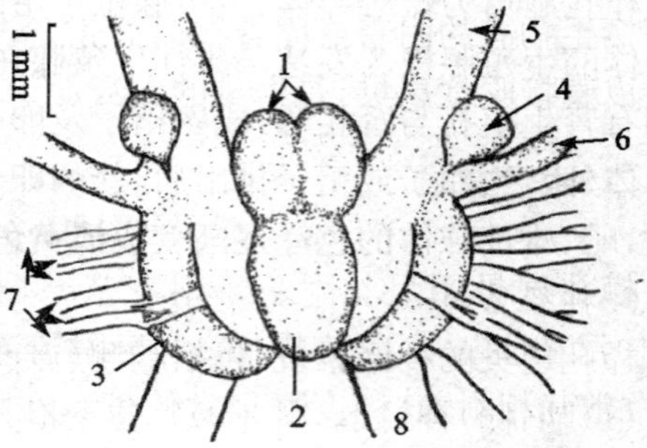

1.脏神经节前叶　2.脏神经节后叶　3.脏神经节侧叶　4.嗅检神经节　5.脑（侧）脏神经连索
6.鳃神经　7.外套神经（左）　8.后外套神经

图 8-12　栉孔扇贝的内脏神经节及其附近神经（背面观）

外套神经主要是生自脏神经节的侧叶，左右成放射状。外套神经环位于外套膜边缘的中层与外层交界处，沿着整个弧形的外套腹缘到背缘，沿途分出细小神经到外套膜边缘的触手及外套眼。

第三节　扇贝的生态

一、分布

扇贝科的种类全部系海产，分布于中国、朝鲜、日本、印度尼西亚、菲律宾、新几内亚、澳洲、阿根廷、加拿大、美国、法国、英国、西班牙等地。

经济意义较大的栉孔扇贝仅分布于中国北部、朝鲜西部沿海和日本。在我国，栉孔扇贝自然分布于辽宁的大连和山东的日照、青岛、威海、烟台等地沿海。它生活于低潮线以下，水流较急、盐度较高、透明度较大、水深 $10\sim30$ m 的石礁或有贝壳砂砾的硬质海底，用足丝附在海底的岩石或其他物体上生活。在自然海区，风化岩石是它附着生长的较好底质，大型砂砾底质亦能很好附着。

华贵栉孔扇贝自然分布于日本的本州、四国、九州，中国的南海及印度尼西亚等地。在我国分布于广东潮阳、海门、海丰、遮浪、澳头、广海、闸坡，海南的新村等地。自低潮线至浅海都有分布,但多发现于水深 2~4 m、有岩石及碎石块的砂质浅海底。

我国养殖的虾夷扇贝和海湾扇贝分别从日本和美国引进。海湾扇贝系高温种类,我国南、北方均可养殖,虾夷扇贝为低温种,仅在北方养殖。

齿舌栉孔扇贝生活于浅海有珊瑚礁的砂质海底,产于中国南海,菲律宾也有分布。长肋日月贝生活于 5~80 m 浅海砂质海底,为南海习见种,分布于印度洋至太平洋一带。美丽日本日月贝一般生活在 5~10 m 深的砂质海底,分布于我国南海,日本也有分布。

栉孔扇贝自然生长海区,常见的底栖生物有偏顶蛤、布氏蛤、厚壳贻贝、金蛤、石鳖、红螺、柄海鞘、海葵、苔藓虫、石灰虫、海参、海胆、海星、沙蚕,以及珊瑚藻、紫菜、海松等。这些底栖生物有的附着或固着在扇贝壳上,影响生长,有的与之争夺饵料。海星、海胆、红螺等可以直接吃食扇贝,是扇贝的大敌。

二、生活方式

栉孔扇贝用足丝附着于附着基上,右壳在下,左壳在上。在自然界中,由于附着基的限制,常常互相附着,极度群聚常使堆积在下层的扇贝发生病死现象。它在正常生活时,通常张开两壳,两片外套膜边缘的触手像太阳的光芒一样向外伸展,并且可以看见外套眼。如果遇到环境不适合,便自动切断足丝,急剧地伸缩闭壳肌,借贝壳张闭的排水力量和海流的力量做短距离移动。其运动方式大体如下:张开双壳,借以引导海水进入外套腔内,然后快速关闭贝壳,使外套腔的水,在背面从前、后两壳耳状部的孔间喷出,由于反作用力的作用,致使扇贝向腹面方向跳跃移动(图 8-13)。有时也仅仅从前方耳状部的孔隙喷射,这种情况下,扇贝是向腹后斜着移动。

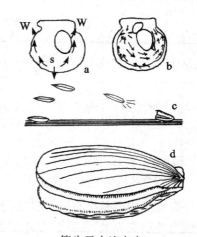

箭头示水流方向

(a,b. Yonge 1936;c,d. 岸上,1895)

图 8-13　虾夷扇贝跳跃活动的机理

此外,有时在缘膜的一部分作为水的喷射出口,使水强有力地排出,这时扇贝向斜方向跳跃。此种运动在壳长 1 cm 左右的幼贝尤为活跃,而且水的喷射方向常作种种变更。扇贝移动后,待它在新的环境中适应以便静卧在水底。由于它的右壳大、左壳小,所以在静卧以后,一般右壳在下,最后重新分泌足丝,进行附着。

扇贝有切断足丝重新转移附着基的习性。扇贝的移动不像鱼类那样有一定方向且做长距离的洄游,而是无定向的移动。

扇贝的移动速度很快,这在双壳类中比较特殊。扇贝的移动,除本身的行动外,还受海流的携带,有时每日平均移动 170 m 的距离,最高可达 500 m 的距离,扇贝的移动给养殖带来了一定的困难。栉孔扇贝和贻贝一样,常成群居住在水底附着基上,以足丝互相附着,其结果使各个个体的行动难以一致,从而使扇贝个体不能常移动位置。栉孔扇贝的群聚习性,为扇贝高密度养殖奠定了良好的条件。

三、扇贝对温度和盐度等的适应力

1. 温度

栉孔扇贝仅分布于黄、渤海,对低温的抵抗性较强。水温在 15℃～25℃时,生长良好,在水温－1.5℃,水表面结成一层薄冰时亦能生存,但在 4℃以下,贝壳几乎不能生长。较高的温度如 25℃以上,生长也要受影响。－2℃以下的低温或 35℃以上的高温能导致死亡。

海湾扇贝对温度适应范围广。可忍耐范围为－1℃～31℃,5℃以下停止生长,10℃以下生长缓慢,18℃～28℃生长较快。

华贵栉孔扇贝温度年变幅度为 18℃～30℃时,均可正常发育生长。

山本曾用虾夷扇贝成贝和幼贝的鳃,根据野村和富田(1932,1933)的方法来测定水温的变化而引起的影响,进而测定鳃纤毛运动的相对移行速度(1956,1957)(表 8-2)。

表 8-2　在各种温度条件下鳃小片的相对匍匐速度

最初温度(℃)	实验温度(℃)	成贝 110～140 mm		幼贝 10～13 mm	
		100％海水	125％海水	100％海水	125％海水
5	5(对照)	100	100	——	——
5	10	16.2	17.3	——	——
5	15	11.0	11.6	——	——
5	20	10.0	7.9	——	——
20	5	11.7	9.2	0.0	0.1
20	10	12.0	11.9	0.8	0.6
20	15	16.0	16.4	3.4	3.0
20	20(对照)	100	100	100	100

9 月份的实验表明,当水温下降 5℃时,成贝的纤毛运动速度较之对照组减慢 16％,幼贝减慢 3％。当水温下降 10℃时,成贝的纤毛运动速度减慢 12％,幼贝减慢 0.8％。2月份的实验表明,水温上升 5℃时,纤毛相对运动速度减低 16.2％,上升 10℃时,减慢11％。据报道虾夷扇贝的鳃小片,在水温 23℃时,纤毛运动不整齐,小片的匍匐速度减低为 0～0.2％。温度下降到 5℃左右时纤毛运动变为极其缓慢,温度 0℃时则瞬间停止运动。从这一事实判定该种扇贝鳃纤毛运动的正常温度范围是 5℃～23℃,超过这一温度范围对扇贝产生不利影响(山本,1964)。

根据 Posgay 的看法,扇贝 *Aequipecten magellanicus* 的最适水温是 10℃。Dickie(1985)认为其耐温上限在 20℃～23.5℃之间。这一高温上限与虾夷扇贝极其相似。

2. 盐度

海湾扇贝对盐度的适应范围较广,它的适盐范围为 16～43,适宜范围为 21～35,最适盐度是 25。其余种类都是高盐、狭温种类,栉孔扇贝、华贵栉孔扇贝和虾夷扇贝的最适盐度范围分别为 23～34,23.6～31.4 和 24～40。因此,扇贝分布的区域多为盐度较高、无淡水注入的内湾。同种扇贝年龄较大对盐度变化的忍耐力也较强,稚贝对低盐度适应能力弱。

由于稚贝对于低盐度耐受力非常弱,故雨天运输贝苗或分苗、海上管理时,要很小心地进行作业。

3. 海水浑浊度对扇贝的影响

如果把取自海底干燥后的软泥按 0.05, 0.10, 0.15, …, 0.35 g 投入 100 mL 的海水中,然后再测定在海水中虾夷扇贝鳃片的纤毛相对运动速度。投入 0.1% 软泥时成贝的纤毛相对运动速度是 50%,幼贝是 0~20%。对刚进入底栖生活的壳长为 17~19 mm 的贝苗来说,其纤毛运动在海水的软泥含量为 0.05% 时即行终止。显微镜观察鳃片上附有几百微米大的微粒,纤毛有几个部位停止了运动,尽管有些纤毛仍可运动,但表现非常虚弱无力,这些实验结果与 Loosanoff(1947,1948)的实验相似。

在青岛,对栉孔扇贝的实验也表明海水的浑浊度对扇贝纤毛运动以及鳃小片移行速度均有影响。实验中所使用软泥分别取自太平角湾、小青岛码头和湛山北海造船厂三个海区低潮线下,分别用纱布和筛绢过滤,静置半小时后,取下层细泥置于烘箱中烘干称量。海水经过陶瓷过滤器过滤,按 100 mL 海水加不同干重软泥的比例(0.05~0.35 g/100 mL)分别置于不同容器中。每个容器容水量 4000 mL,放养大中型贝 2 个或小型贝 3 个。每天投单胞藻 6 次,不断充气、搅动,经过 24 h 后,观察鳃的情况。把鳃片取下放入培养皿中,在显微镜下用洋红标记,观察纤毛摆动水流速度。另外取一小部分鳃片(大约由 10 根鳃丝组成),冲去黏液,放于平躺的量筒中,下面置一带刻度尺子,观察鳃小片移动速度。

该实验结果表明,软泥对扇贝鳃纤毛运动以及鳃小片移动均有影响。随着软泥浓度增加,纤毛运动速度和鳃小片移行速度均逐渐降低(表 8-3,8-4)。这种影响对各海区和各种规格扇贝均是普遍的。

表 8-3　软泥对不同规格栉孔扇贝鳃纤毛和鳃小片的影响(青岛,1988)

类别 软泥浓度 (g/100 mL)	大型贝(59.0~79.0 mm)		中型贝(32.0~57.5 mm)		小型贝(19.0~21.0 mm)	
	纤毛摆动 水流速度 (mm/s)	鳃小片 移行速度 (cm/s)	纤毛摆动 水流速度 (mm/s)	鳃小片 移行速度 (cm/s)	纤毛摆动 水流速度 (mm/s)	鳃小片 移行速度 (cm/s)
0	0.48	0.57	0.50	0.50	0.39	0.60
0.05	0.42	0.42	0.44	0.43	0.39	0.50
0.10	0.38	0.40	0.41	0.41	0.32	0.48
0.15	0.36	0.34	0.34	0.32	0.30	0.45
0.20	0.35	0.23	0.34	0.30	0.28	0.42
0.25	0.33	0.22	0.33	0.25	0.30	0.29
0.30	0.26	0.20	0.21	0.19	0.29	0.08
0.35	0.23	0.12	0.18	0.06	0.21	0.06
0.40	0.18	0.04	0.17	0.04	0.19	0.03

表8-4　不同海区软泥对栉孔扇贝鳃纤毛和鳃小片的影响(青岛,1988)

类别	太平角湾		小青岛码头		湛山北海船厂	
软泥浓度 (g/100 mL)	纤毛摆动水流速度 (mm/s)	鳃小片移行速度 (cm/s)	纤毛摆动水流速度 (mm/s)	鳃小片移行速度 (cm/s)	纤毛摆动水流速度 (mm/s)	鳃小片移行速度 (cm/s)
0	0.50	0.50	0.50	0.50	0.50	0.50
0.05	0.45	0.45	0.44	0.43	0.34	0.36
0.10	0.42	0.43	0.41	0.41	0.29	0.35
0.15	0.39	0.33	0.34	0.32	0.27	0.31
0.20	0.27	0.23	0.33	0.32	0.25	0.30
0.25	0.28	0.29	0.23	0.25	0.24	0.18
0.30	0.25	0.27	0.21	0.19	0.21	0.15
0.35	0.22	0.09	0.18	0.06	0.10	0.01
0.40	0.18	0.02	0.17	0.04	0.14	0.02

4.耗氧量

栉孔扇贝的耗氧量较高,它的耗氧量以大小计是贻贝的1.57倍(样品规格为扇贝壳高＝贻贝壳长)。个体在1 h内的耗氧量以重量计是贻贝的3.2倍,因此扇贝需要生活在水流较大的海区。

据报道,虾夷扇贝的成贝和幼贝对低溶氧环境的忍耐力是弱的。在溶解氧1.5～1.7 mL/L的海水中,它的鳃小片相对匍匐速度成贝变为40%～50%,45 min后停止活动,对稚贝的影响更为显著。

5.酸碱性

栉孔扇贝对一般海水都能适应,对碱性环境适应能力似乎较大,如pH值为9.5的海水中(水温20℃左右),能正常生活22 h以上。相反,在pH值为3.0时,10 h内便死亡。

6.抗旱力

栉孔扇贝具有一定的抗旱力,长途运输中证明它在20℃～30℃的水温条件下,只要包装严密,并保持一定的湿度,可以安全运输10 h左右,成活率可达100%;在8℃～10℃低温条件下运输,干露时间则更长。实验亦表明用浸湿物紧密包裹,可避免扇贝因失水过多而引起死亡。

四、食料

扇贝为杂食性,它摄食细小的浮游植物和浮游动物、细菌以及有机碎屑等。其中浮游植物以硅藻类为主,鞭毛藻及其他藻类为次。浮游动物中有桡足类、无脊椎动物的浮游幼虫等。

木下(1935)在虾夷扇贝的胃里共发现44种硅藻、19种原生动物,此外还有甲壳类动物、绿藻和其他海藻的孢子以及棘皮动物的幼虫。虾夷扇贝主要食物是硅藻,其次是原生动物。虾夷扇贝不太善于选择食物,其选择一般有赖于浮游生物的大小和生物的形态,也依赖于生物是运动型的还是非运动型的。Gutsell(1930)在虾夷扇贝的胃里发现有来自海底的微型海藻和微型动物,此外还有大量的碎屑。碎屑是否作为食物有截然不同的两种观点,早期 Martin(1923)、Hunt(1923)、Savage(1925)和 Yonge(1926)认为虾夷扇贝不能消化碎屑;而 Savilov(1957)、Verwey(1952)以及 Zobell 和 Feltham(1938)等人进行过细致的研究,认为虾夷扇贝能够利用和消化有机碎屑。

我们在 1983~1985 年对栉孔扇贝的食料进行分析,发现栉孔扇贝的浮游生物食料以硅藻为主,调查海区中共检查出硅藻 79 种,隶属于 37 属,扇贝胃含物中共检查出 59 种,隶属于 28 属。

从栉孔扇贝食料分析中,可以看出以下几方面的特点:

(1)摄食的季节变化。栉孔扇贝是滤食性的双壳贝类,利用鳃过滤与选择食物,它的摄食受水域中浮游生物影响很大,由于浮游生物有地区性、季节性的变化,因此扇贝的摄食种类也有地区性和季节性的变化。栉孔扇贝对食料的性质无严格的选择性,只要大小合适,易被滤食,不管什么种类都可被食用,海区中浮游生物以硅藻为主,因此它摄食的主要种类是硅藻。1986 年的调查中,栉孔扇贝胃含物中硅藻类最低占浮游生物的 46.79%,最高达 97.70%,胃含物几乎全部是硅藻类。此外,也滤食其他单胞藻、原生动物、无脊椎动物卵和幼虫、桡足类、有机碎屑和其他浮游动物以及有益微生物。

(2)易摄食个体小、无角和棘刺的饵料。栉孔扇贝易摄食的种类有舟形藻、圆筛藻、骨条藻和金藻。不易大量摄食的,有角毛藻、根管藻、楔形藻、甲藻类以及纤毛虫类。易摄食的种类不论其在海区中浮游生物中占的比例如何,在食料组成中占的百分比都很高。舟形藻、圆筛藻、骨条藻、金藻等在四个季度月的调查中,选择指数分别可高达 32,30.75,12.98 和 14.24。这些种类虽然不是海区优势种,但它们的个体小,没有角和棘刺,易被摄食。四个季度月的调查中,角毛藻、根管藻、楔形藻、甲藻类以及纤毛虫类选择指数小,分别低达 0.02、0.21、0.06、0.03 和 0.25,其主要原因乃是这些种类有角毛、尖而硬的棘和刺,影响扇贝摄食。

(3)海区中硅藻类优势种都不是易摄食的种类。在每次调查中,海区中优势种都不是扇贝易摄食的种类,以四个季度为例;8 月季度月海区中角毛藻占浮游生物的 53.76%,而扇贝胃含物中只占 3.27%,选择指数为 0.06,11 月季度月以菱形藻为主,占海中浮游生物的 46.17%,而胃含物中只有 12.70,选择指数为 0.28;2 月季度月以楔形藻为主,占 34.02%,胃含物中只有 2.29%,选择指数为 0.06;5 月季度月以根管藻为主,占海区中浮游生物的 41.86%,胃含物占 8.85%,选择指数为 0.21。

(4)不同海区栉孔扇贝对同种食料的选择指数是不同的。海区中饵料生物占的数量大,选择指数相对大些,如直链藻在黄山湾海区中占 1.37%,太平角湾占 0.5%,扇贝对前者选择指数 11.84,后者不足 1。甲藻类在太平角湾占 13.73%,在黄山湾占 10.67%,扇贝对两者的选择指数分别是 1.17 和 0.01。但是海区中饵料生物的数量少、选择指数反而高的情况也不罕见,如圆筛藻在黄山湾占 12.59%,在太平角湾占 15.36%,扇贝对其选择指数分别为 4.96 和 1.20。舟形藻在太平湾占 0.50%,在黄山湾占 1.5%,扇贝对舟形藻的选择指数分别为 23.10 和 3.67。选择指数变化如此之大,主要是由于海区浮游生物的组成发生变化,从而引起了扇贝对某些食料选择性的变化。

(5)同一海区不同大小的扇贝对食料的选择性无显著差异。选择指数最大的均为舟形藻和圆筛藻,最小的是根管藻和纤毛虫类。

(6)同一海区同一季度月,但在不同日期取样时,对于同样大小的扇贝,其食料选择指数是不一样的。5月24日检查的扇贝,对舟形藻、圆筛藻和曲舟藻,选择指数分别为32.32,13.38和2.5,而5月28日的扇贝,对这三种饵料选择指数分别为20.23,2.93和19.49。

五、敌害

扇贝的敌害可以分为:捕食扇贝的肉食性动物;在贝壳上穿孔栖息的穿孔动物;自软体部摄取养分维持生活的寄生动物;对扇贝生长造成不良影响并同扇贝竞争饵料的附着生物。

1. 肉食性动物

肉食性鱼类(鲽、杜文鱼等),经常捕食小扇贝。海星、海胆亦蚕食扇贝,特别对稚贝、幼贝危害很大。蟹类能用强大螯足钳碎贝壳而食其肉。壳蛞蝓可以舔食 $500 \sim 600 \mu m$ 稚贝。各种肉食性螺类和头足类章鱼均是扇贝的敌害。

2. 穿孔动物

(1)多毛类:在扇贝上多毛类的才女虫($Polydora$)主要为凿贝才女虫($P. ciliata$)。虫体长一般为 $10 \sim 35$ mm,头部有一对长大的触角。身体分为许多节,每节两侧各有一簇刚毛。尾节呈喇叭形,背面有缺刻。虫体柔软,易拉断。分布很广,许多国家都有报道。日本养殖的虾夷扇贝除凿贝才女虫外,还有杂色才女虫($P. variegata$),体长 $1.5 \sim 30$ mm,触角上有 $9 \sim 13$ 条黑带,尾节背部无缺刻;板才女虫($P. concharum$),体长 $1 \sim 15$ mm,触角透明,口前叶的前端分为两叶,尾节分为 4 叶,背面 2 叶比腹面 2 叶小。才女虫在贝壳上穿孔成管,栖息其中,并在管内产出卵袋,孵出幼虫。幼虫在水中浮游 $30 \sim 40$ d 后,再附着到扇贝上营管栖生活。它的繁殖期很长,一般从 5 月份至 10 月份,但随各地水温条件而有变化。日本的虾夷扇贝的感染率为 $60\% \sim 80\%$。

才女虫对扇贝一般不会直接致死,但能妨碍生长,使扇贝受伤,容易破裂,闭壳肌在收获时也易破裂并有臭味,严重降低扇贝的商品价值。预防措施主要是通过调查弄清楚当地才女虫的种类和附着期,使扇贝的放流避开它的附着期和多泥或砂泥质海区。

(2)海绵动物:加拿大的大西洋深水扇贝上有一种钻孔海绵,将扇贝的壳钻成蜂窝状,引起壳基质在壳内面过度沉淀,使软体部瘦弱、缩小,最后死亡。严重感染的个体,闭壳肌的重量还不到正常扇贝的一半。此现象仅发生在 $8 \sim 9$ 龄的大扇贝。

3. 寄居豆蟹

寄生在扇贝中的豆蟹有两种:一种是玲珑豆蟹($Pinnotheres parvulus$),头胸甲长 10 mm,宽 11 mm,分布在我国广东和日本、泰国等地区。另一种是近缘豆蟹($P. affinis$),头胸甲长 12.7 mm,宽 13.5 mm,分布在我国山东和日本、菲律宾、泰国等地区。豆蟹能夺取扇贝食物、妨碍摄食,对鳃有一定损伤,使扇贝瘦弱。

4. 附着生物

在扇贝贝壳上常有一些附着生物附着,如藤壶、海绵、牡蛎、贻贝、金蛤、石灰虫和一些藻类。这些附着生物不仅附着在贝壳上,而且常常附着在养殖网笼上,影响扇贝活动与取食。

5.其他

某些浮游生物特别是双鞭毛藻类大量出现,海水中有害微生物大量繁殖以及赤潮均可造成扇贝死亡。

第四节 扇贝的疾病

1.微生物病

类似于衣原体、立克次氏体和支原体的微生物在海洋双壳贝体中很多,在消化盲囊中最为常见。其中有些种类已证明是对扇贝严重危害的病原微生物。

Gulka 等(1983)报道,1979~1980 年秋季和冬季,美国罗得岛的大西洋深水扇贝(*Placopecten magellanicus*)曾大批死亡。其症状是闭壳肌呈灰白色,变得松软并且胶化。外套膜脱落,也变成灰白色。作病理组织切片观察,发现闭壳肌变性,包括肌纤维破碎、玻璃样变(失去横纹),有变形细胞浸润的坏死病灶。鳃、外套膜和体表的其他上皮细胞中有嗜碱性包涵体。被感染的细胞肥大,细胞核偏于一边。包涵体直径为 45 μm,其中有大量的革兰氏阳性的棒状体,长 1.9~2.9 μm,宽 0.5 μm。在电子显微镜下可看到棒状体外围有一层薄壁,内部含有核蛋白体颗粒,中部电子密度小的部分类似于间体(mesosomes),初步鉴定为立克次氏体状生物,感染率为 88%。

加拿大的海湾扇贝在消化盲囊的上皮细胞中有大小不一的嗜碱性颗粒包涵体,包涵体内有许多大小不一的颗粒。Morrison 和 Shum(1982)认为这是衣原体状生物,感染率为 40%。这种衣原体生物在大西洋深水扇贝、硬壳蛤、砂海螂、美洲巨蛎和加州贻贝等体中也有发现,但尚未发现其致病性。

在育苗期间,扇贝幼虫很容易感染细菌和真菌,引起大批死亡。细菌病原最常见的为弧菌 *Vibrio* spp.,其次为假单胞杆菌属(*Pseudomonas*)的 P. lodinum,P. malophila,P. synxantha 等,还可能有气单胞杆菌(*Aermonas*)。这些细菌平时在海水、底泥、动物的体表或消化道内部可能找到,在条件适宜时就可侵入扇贝幼虫或稚贝的组织中成为致病菌。受感染的幼虫全身组织中都有细菌,下沉至水底,活动能力降低,不久就大批死亡。在显微镜下可发现幼虫组织内除有大量细菌外,组织也发生溃疡甚至崩解,氯霉素全池泼洒使池水呈 2×10^{-6} 浓度可以防治。

在贝类幼虫中常见的真菌为动腐离壶菌(*Sirolpidium zoophthorum*)。这种真菌对双壳贝类似乎没有严格的专一性,已发现在几种贝类的幼虫体内。菌丝在幼虫内弯曲生长,有少数分支,直径为 19~29 μm。在进行繁殖时,菌丝末端膨大,形成游动孢子囊,囊内生成许多游动孢子。囊壁上向外生出一条细长的排放管,一直伸到幼虫体外,直径为 7~10 μm,长度为 100~530 μm。成熟的游动孢子 5×10 μm,形状多样,具 2 条侧生鞭毛,从排放管逸出于水中,做短时间游泳后再附着到其他幼虫上,变为直径 6~10 μm,圆球形的休眠孢子。休眠孢子经过暂时休眠后即发芽成为菌丝。受感染的幼虫很快就死亡。死亡的幼虫内充满菌丝,在显微镜下很容易看到。如果在水内加少量中性红,则菌丝着色很深,与幼虫组织更容易区别。治疗方法尚未见到报道,被感染的幼虫只好弃掉,并消毒容器,预防方法主要是将育苗用水严格过滤或紫外线消毒。

2. 原虫病

寄生在扇贝内的原生动物种类不多,致病性也不强。

法国大西洋内湾扇贝(*Aequipecten maximus*)的肾管中寄生一种球虫类,称为扇贝拟克洛西虫(*Pseudoklossia pectinis*)。美国的海湾扇贝中有桃红对虾线簇虫(*Nematopsis duorasi*)的孢子和海水派金虫(*Perkinsus marinus*)或 *Dermocystidium marinus* 寄生。这些孢子虫类一般寄生的数量不多,致病性尚不明显。

在纤毛虫类中只有 Harry(1980)报告的奥氏丽克虫(*Licnophora auerbachii*)寄生在盖栉孔扇贝(*Chlamys opercularis*)的外套膜上,伤害扇贝的外套眼。

3. 腔肠动物病

腔肠动物中的贝螅(*Hydractina echinata*)是一种群体水螅,每个个体都具有刺细胞。贝螅附着在扇贝壳口处,扇贝外套膜因受到刺细胞的刺激而收缩并继续分泌壳质,因而形成边缘加厚或局部变形的畸形壳。

4. 蠕虫病

美国的海湾扇贝中有一种扇贝副异尖线虫(*Paraniskis pectinis*)的幼虫。花纹海湾扇贝(*Argopecten gibbus*)中寄生一种线虫 *Porrocaecum pectinis* 的幼虫。幼虫在寄生处形成包囊,使扇贝的闭壳肌变为淡褐色。

澳大利亚西岸鲨鱼湾中的巴氏日月贝(*Amussium balloti*)达到商品大小后,有 63% 感染了沟蛔虫(*Sulcascaris sulcata*)的幼虫。沟蛔虫在闭壳肌中形成褐色包囊,直径 3~7 mm,严重降低了日月贝的质量。此虫也寄生在豹再生扇贝(*Anachlamys leopardus*)、斑点栉孔扇贝(*Chlamys asperrimus*)和门氏江珧(*Pinna menkei*)体中。在海湾扇贝、花纹海湾扇贝和其他一些贝类中,也发现有类似的幼虫。沟蛔虫的成虫寄生在蠵龟(*Caretta caretta*)体中。

巴氏日月贝体中还有颚口线虫类中的棘头线虫(*Echinocephalus* sp.)的幼虫,虫体长 30~50 μm,但感染率不高。

5. 齿口螺病

腹足类的齿口螺(*Odostomia* sp.)是瓣鳃纲贝类的外部寄生虫。壳高 5~7 mm。在各种贝类上寄生有几个种,附着于扇贝壳外,一般靠近壳的边缘,用长管状向外翻的吻刺穿宿主的外套膜和内脏团,吸食血淋巴,可致死。

6. 蟹奴病

蔓足类中有一种蟹奴(*Sacculina* sp.)寄生在日本喷火湾中放流的虾夷扇贝鳃的基部。虫体橘黄色、块状,直径有几毫米。寄生率达 100%。一个扇贝中的蟹奴多达 100 个以上,使扇贝消瘦,产肉率随寄生虫体数目增多而相应地降低。

7. 栉孔扇贝的急性病毒性坏死症(Acute Virus Nerobjotic Disease;AVND)

栉孔扇贝死亡明显表现有自身所具的规律:①集中发生在养殖中后期,即较高水温期;②具有流行性,具有暴发性及较高的死亡(短期内常达 90% 甚至以上)特征;③具共同的濒死体征:外套膜萎缩、反应迟钝、活动力减弱、不表现任何可见的炎症或体色上的变化。组织学检验表明濒死个体普遍表现为大量存在同样特征的球性病毒样病原,病毒粒子近似球形,大小为 130~170 nm,核衣壳直径为 90~140 nm。具有囊膜,厚度为 7~10

nm,囊膜与核衣壳之间的间距为13~16 nm,囊膜表面覆有长20~25 nm的纤突,囊膜纤突致密地镶嵌成规则的毛边样。无包涵体。存在于鳃、外套膜、消化道、肝胰脏、肾等部位,且伴有受感染组织的广泛坏死现象。除了上述直接原因外,环境污染、不合理的养殖方式、抗逆能力下降、种质退化、其他寄生生物的胁迫等也可能是发病的重要原因。目前只能以预防为主。

8.扇贝育苗中面盘解体症

(1)病原:鳗弧菌(*Vibrio anguillarum*)和溶藻酸弧菌(*V. alginolyticus*)等,革兰氏阴性短杆菌。

(2)症状:疾病早期,面盘幼虫的活动能力降低,不摄食,面盘肿胀,在2 d内幼虫的面盘解体而死亡。所谓面盘解体是面盘上带鞭毛的细胞脱落,每一个细胞上有2条弯曲成秤钩状的鞭毛,在水中机械地摆动,然后细胞解体,下沉死亡。同时,原生动物迅速侵入壳内,在短时间内将幼虫内脏食尽,成为空壳。

(3)流行情况:此病是扇贝育苗中危害最大的一种疾病,关系到育苗的成败。

(4)防治方法:扇贝面盘解体症是多种因素综合作用的结果,目前以预防为主,主要从抓好亲贝的培育、保持水质优良、投喂新鲜无污染的单胞藻等入手。在疾病流行期间,要用抗菌素进行预防。

9.海湾扇贝漂浮弧菌病

(1)病原:漂浮弧菌(*Vibrio natriegen*),该病原菌呈短管状,以单极毛运动,革兰氏染色阴性。

(2)症状及病理变化:患病亲贝肠道及肾肿胀,生殖腺及外套膜萎缩,外套膜腐烂脱落,壳内面变黑。主要在亲贝蓄养期间发病。

(3)防治方法:选择健壮的亲贝育苗,投喂新鲜的单胞藻等预防;利用磺胺药、美洛西林等抗菌素治疗。

第五节　扇贝的繁殖与生长

一、繁殖

1.性别与性比

扇贝一般为雌雄异体,如栉孔扇贝、华贵栉孔扇贝、虾夷扇贝等,少数种类为雌雄同体,如海湾扇贝、欧洲产的 *Pecten opercularis*,*Pecten maximus*,*Pecten varius*,*Pecten glaber* 以及美国的 *Pecten gibbus* 等。雌雄异体的种类,极个别的有雌雄同体和性变现象。雌雄异体的种类,外形难以区分雌雄性。在性腺未成熟或非繁殖季节,雌、雄性腺宏观上完全相同,呈无色半透明状。只有在繁殖季节里,它们的性腺特别肥满,雌、雄性腺颜色完全不同,通过性腺颜色来辨别雌雄。种类不同,雌、雄性腺颜色不同,如栉孔扇贝,性腺成熟时,雌者呈鲜艳橘红色,雄者呈乳白色。雌雄同体的种类,在性腺成熟时它的性腺在颜色上表现出不同,雌、雄颜色各异,如海湾扇贝精巢呈乳白色,卵巢的颜色为褐红色(表8-5)。

表 8-5　几种扇贝精巢和卵巢成熟时期的颜色

性别与颜色　种类	精巢的颜色	卵巢的颜色	性别
栉孔扇贝	乳白色	橘黄色	雌雄异体
虾夷扇贝	黄白色	橙红色	雌雄异体
华贵栉孔扇贝	乳白色	橙黄色	雌雄异体
海湾扇贝	乳白色	褐红色	雌雄同体

　　雌雄异体种类,幼龄扇贝雌、雄性比相差较大,一般雄的多,老成个体雌、雄性比较接近。如栉孔扇贝幼龄个体雄性约占 63.24%,雌性占 36.76%(检查 770 只个体,壳高 1.8~4.2 cm)。老成个体雌者大约占 48.67%,雄者占 51.33%,有时雌性个体比例略大。

　　2.繁殖年龄和繁殖季节

　　(1)繁殖年龄。扇贝繁殖年龄因种类不同而异,短者 5~6 个月龄便可成熟,开始繁殖,如华贵栉孔扇贝和海湾扇贝;长者 2 年龄以上才能繁殖,如虾夷扇贝;一般 1 年龄左右达性成熟,开始繁殖,如栉孔扇贝。

　　(2)繁殖季节。各种扇贝的繁殖季节不同,但大都集中在生物春(水温上升的季节,第一次开花)和生物秋(水温开始下降,第二次开花)进行繁殖。栉孔扇贝每年有两个繁殖期,第一次开始于 5 月上旬(相当麦黄季节)至 6 月中旬,第二次在 8 月中旬至 10 月初。水温变化范围在 16℃~22℃,这时平均性腺指数在 15% 以上。

　　不同种类的扇贝,繁殖期不同(表 8-6),即使同一种扇贝因地区和海况不同,繁殖期也有不同。此外,在同一种群同一海区中,已达性成熟的较小个体,性腺指数上升快,产卵早;个体过大,性腺指数上升慢,产卵晚。当然,同一年龄个体中,也因体质强弱,饵料丰歉有所不同,较强的个体,在饵料丰富条件下,较早参加繁殖。

表 8-6　几种主要扇贝的繁殖季节

种类	繁殖季节	水温(℃)	地点
栉孔扇贝	5 月初~6 月中旬,8 月中旬~10 月初 5 月中旬~7 月中旬	16~22	山东 辽宁
华贵栉孔扇贝	4~6 月	20~30	广东
虾夷扇贝	3 月下旬~4 月中旬	6~10	黄海北部
海湾扇贝	5 月下旬~6 月,9~10 月	20~3	山东

　　(3)扇贝性腺指数的测定。从 2~3 龄新鲜扇贝 30 个中任取 10 个,测出最大、最小和平均壳高。洗刷干净后,放入已煮沸的水中,继续加热,待壳张开后,用解剖刀仔细地取出软体部,置于吸水纸上吸水片刻,逐个从足的基部沿着与铰合部平行的方向切断腹嵴,分别称其他软体部和腹嵴重量。在取软体部的同时,要注意观察性腺在消化腺外部分布的情况以及腹嵴颜色,记录雌雄比例。最后将软体部以及腹嵴置于 60℃~70℃ 的烘箱中烘干 24 h,冷却后称重。

　　在海上取样的同时,应测量海区水温。在实验过程中,要记录好下列数据:最大壳高(cm)、最小壳高(cm)和平均壳高(cm)、雌雄个体数和雄性百分比、软体重(g)和腹嵴重

(g)、软体部干重(g)和腹崤干重(g)。然后按下式计算:

$$性腺指数 = \frac{腹崤干重(g)}{软体部干重(g)} \times 100\%$$

性腺指数由最高变低,这就表明成熟了的扇贝已产卵。性腺成熟了的亲贝,常常因为降雨、温度变化、大潮、风浪和其他环境条件的变化导致其排放精、卵,从而性腺指数明显下降。

3.繁殖方式

扇贝为体外受精,体外发育的贝类。扇贝缺乏交接器,它与瓣鳃纲其他种类一样,要依靠亲贝将精、卵排入水中,在水中受精、发育。通常雄性扇贝对外界刺激反应灵敏,所以排精常常先于产卵。精子在水中出现,也能诱导雌性扇贝产卵。

扇贝在产卵、排精前,将双壳张开至最大限度,外套膜尽力舒张并做波浪式摆动,外套膜触手向外伸出进行充分蠕动,在后耳部的外套膜舒张尤为显著。外套眼全部翻出于壳外,显示十分华丽动人的景象,这是发情阶段。

雌性扇贝在产卵时,两壳急剧开闭,使外套腔中的海水骤然排出,大量的卵便从后耳的下方随水流猛涌出来,一个大的雌体(壳高 7.5 cm)能使一盆海水(容积 5 L)变成黄色。

雄性个体排精也由同一个地方排出,但贝壳不像雌体急剧开合,精液喷出时,起初在海水中形成一条细烟状,然后逐渐散开。一个大的雄体,能使一盆海水变成石灰水一样。

4.产卵量

扇贝具有较强的繁殖能力,怀卵量与产卵量很大。为了测定虾夷扇贝怀卵量,山本(1950)采用了 Belding(1910)和霍布金斯(Hopkins,1937)提出的方法,即从怀有直径为 70 μm 成熟卵的卵巢体积中减去卵子本身的体积求繁殖力的值。卵巢里未成熟卵的数量远远大于成熟卵的数量,此外卵巢里不仅有卵子,还有卵巢滤泡上皮、输卵管、结缔组织等,因此,采用 Belding 和 Hopkins 的方法统计怀卵量是有不足之处的。但由于扇贝是多批产卵,采用此法统计怀卵量仍有一定参考价值(表8-7)。

表8-7 虾夷扇贝的怀卵、怀精数

年龄	性别	壳长(mm)	全重(带壳,g)	生殖腺重(g)	怀卵怀精数
2	♀	108～122	162～211	29～39	(8 448～11 440)×10^4
3	♀	126～137	282～299	40～45	(11 088～13 200)×10^4
4	♀	138～156	330～367	52～61	(15 224～17 864)×10^4
5	♀	148～149	359～381	60～62	(17 600～18 128)×10^4
6	♀	151～152	392～420	59～64	(17 248～18 744)×10^4
2	♂	121	199	23	3 700×10^9
3	♂	148	368	52	8 307×10^9
4	♂	156	381	56	8 928×10^9

扇贝为多次产卵,第一次产卵后,经过一段时间的发育,再继续产卵,可如此反复多次,但以第一次产卵最多。据报道,虾夷扇贝一次产卵可达 1 000 万～3 000 万粒。华贵栉孔扇贝可产卵 300 万～1 500 万粒。

5.胚胎和幼虫发生

(1)栉孔扇贝的发生(图 8-14)。栉孔扇贝卵子直径 65～72 μm,受精后卵膜直径达 76～78 μm。精子属鞭毛虫型,全长 40～47 μm。精子排出后 12 h(水温 19℃)仍有活动能力(在水温 27℃时,若精子晒放 2 h 50 min,则失去受精能力)。

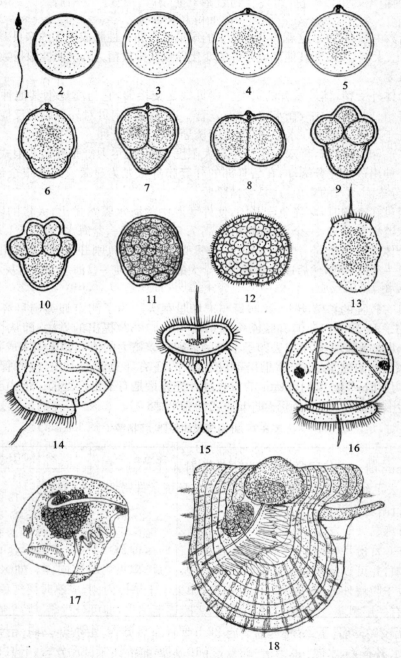

1.精子　2.卵子　3.受精卵　4.第一极体出现　5.第二极体出现　6.第一极叶伸出　7.第1次卵裂
8.2 细胞期　9.4 细胞期　10.8 细胞期　11.囊胚期　12.原肠胚期　13.担轮幼虫(侧面观)
14.早期面盘幼虫(出现消化管)　15.面盘幼虫　16.后期面盘幼虫(出现壳顶,又称壳顶面盘幼虫)
17.即将附着的幼虫　18.稚贝

图 8-14　栉孔扇贝的胚胎和幼虫发生

扇贝的卵在海水中受精,水温 18.2℃下,受精后 20～30 min 出现第一极体,受精后 21 h 发育到担轮幼虫,26 h 即可发育到 D 形幼虫,开始摄食。受精后第 5～6 d,壳长一般为 125～135 μm,进入壳顶幼虫早期。此期以前均浮游生活,受精后第 13 d,幼虫最小规格为壳长 167 μm,壳高 131.6 μm,最大壳长为 183 μm,壳高 169 μm,时而浮游,时而匍匐,寻找适宜的附着基。此时,漂浮于水体中细小物体,如棕绳、杂藻、树叶或稻草之类,都可成为幼虫的附着基,甚至幼虫成群成簇匍匐爬行在上面。第 15 d 开始附着生活,出现附着个体,附着最小规格为壳长 174.9 μm,壳高 175.5 μm,一般壳长为 183 μm,壳高 197 μm。附着后面盘很快退化消失,逐渐长出稚贝壳,并具很细的放射肋,完成变态过程,但受外界刺激时,能切断足丝,以足匍匐迁移。壳高 258～280 μm,壳长 275～300 μm,壳前耳已出现,长为 35～70 μm,壳后耳也渐显露,足丝孔已明显。稚贝壳长为 900～1 000 μm 时,其壳高与壳长很接近,一般在此之前,壳长大于壳高,在此之后,壳高逐渐大于壳长。壳高 780 μm,壳长 796.8 μm 的稚贝外套膜触手已能自由伸出壳外。壳高 962.8 μm,壳长 979.4 μm 时已生出栉孔齿 2 个。壳长 1 200 μm,壳表已略略呈浅棕红色,至壳高 1 062.4 μm,壳长 1 029.2 μm 时在外套膜边缘出现 5 对红棕色的外套眼和许多分支的外套触手。稚贝较活泼,经常在水中游泳跳动。

(2)虾夷扇贝的发生。虾夷扇贝的卵不透明,直径约为 55 μm,细胞质淡红色。精子头部三角形,颈长 5 μm,尾部自颈部后缘中央向后延长,长 50～60 μm。受精卵在受精后 2～3 h 产生第一极体。在第二极体产生后 0.5 h,形成极叶。此时开始第一次卵裂。受精后 16 h 进入囊胚期,其后 34 h 即变成担轮幼虫。在 12℃～15℃的水温下,受精后 63 h 形成面盘幼虫。担轮幼虫的顶端具有数根较长的纤毛,直到面盘幼虫时才消失。

孵化两周后,壳长大约可达 155 μm,进入壳顶中期,两壳不对称。壳长达到 150 μm 时常常死亡率很高。一旦逾越该期生长就极为迅速(图 8-15)。当壳的生长达到 211 μm ×197 μm 时,足形成,即将进入附着期。变态时个体的大小随水温而异。稚贝进入附着生活后,除了壳顶部外,在其壳外部有极薄而透明的硬膜形成,此即所谓的周缘壳。当壳长达到 1 mm 时,壳如耳状。壳长达 3 mm 时才能见到一根根的放射肋,壳长达 6～10 mm 时,失去足丝,附着生活结束,但这一点与环境条件密切相关,安定的环境下,2～3 cm 的个体仍行附着生活。

(3)海湾扇贝的发生。海湾扇贝在北方海区一年有春、秋两次繁殖期。春季繁殖期在 5 月下旬～6 月份,秋季为 9～10 月份,春季培育的苗种,养到秋季,壳高 5 cm 左右,性腺便达到成熟,并可以此作为亲贝采卵培育苗种。海湾扇贝为雌雄同体。性腺仅局限于腹嵴,精巢位于腹嵴外周缘,成熟时为乳白色;卵巢位于精巢内侧,成熟时褐红色。通常性腺部位表面有一层黑膜,在性腺成熟过程中,黑膜逐渐消失,即可分辨雌、雄性腺。

在水温 23℃条件下,受精卵需 20～22 h 便可发育到 D 形幼虫,幼虫壳长 80 μm。发育速度与水温有关,水温在 22℃～23℃,第 10 d 便可附着,其胚胎发育和幼虫发育形态见图 8-16。

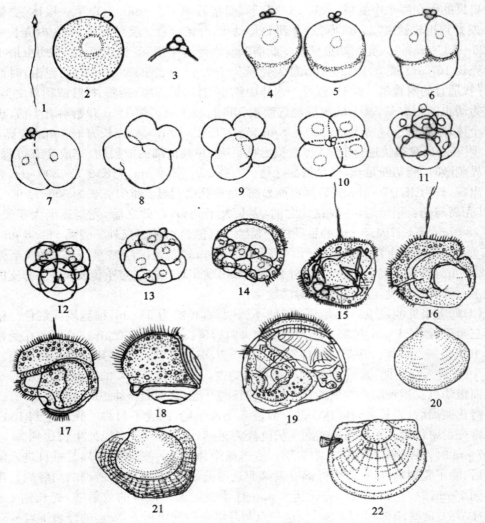

1.精子　2.放出第一极体　3.卵的动物极部分,第2次分裂后放出3个极体　4～5.出现第一极叶
6.第1次分裂　7.2细胞期　8～9.出现第二极叶　10.4细胞期　11～12.8细胞期　13.16细胞期
14.囊胚,开始旋转运动　15.担轮幼虫　16～18.初期面盘幼虫　19.面盘幼虫
20.达到附着期壳顶幼虫的贝壳　21.稚贝,形成次生壳　22.幼贝(具有成体特征)

图8-15　虾夷扇贝的胚胎和幼虫发生

　　(4)华贵栉孔扇贝的发生。华贵栉孔扇贝卵子直径约为 65 μm。在 26℃～29.5℃水
温条件下,受精卵经过 22 h 的发育,幼虫达 101 μm×82 μm 时,就进入 D 形幼虫期。经
过 10 d 发育生长,壳长 192 μm,壳高 163 μm,成为壳顶后期幼虫。第12 d 便达到眼点幼
虫,其大小为 200 μm×181 μm。第14 d 附着,贝壳大小为 230 μm×190 μm(表8-8)。

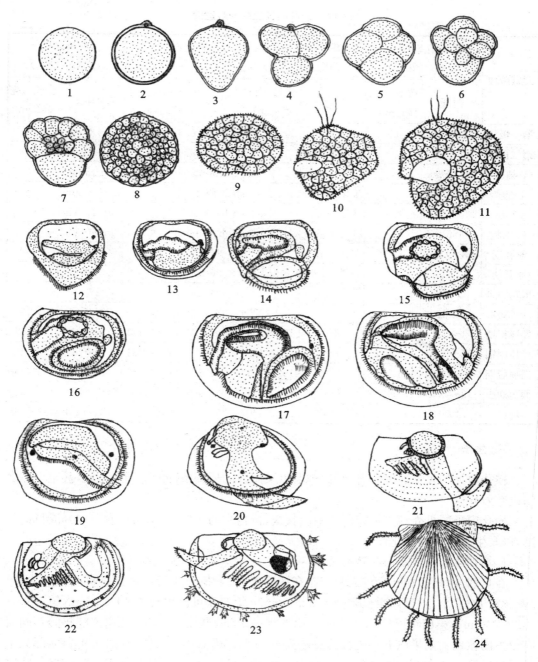

1.卵　2.受精卵　3.伸出极叶　4.第1次分裂　5.第2次分裂　6.第3次分裂　7.第4次分裂
8.囊胚期　9.原肠期　10.早期担轮幼虫　11.担轮幼虫（开始分泌贝壳）　12.早期面盘幼虫
（壳腺开始分泌贝壳）　13.早期面盘幼虫　14.1 d 的面盘幼虫　15.3 d 的面盘幼虫
16.3 d 的面盘幼虫（示面盘缩入壳内）　17.7 d 的面盘幼虫　18.10 d 的面盘幼虫
19.12 d 的面盘幼虫　20.即将附着的幼虫　21~23.附着变态后的稚贝　24.幼贝

图 8-16　海湾扇贝的胚胎和幼虫发生

表 8-8 几种扇贝发生一般速度

发育阶段	栉孔扇贝 (18℃～20℃)		华贵栉孔扇贝 (26℃～29.5℃)		虾夷扇贝 (12℃～15℃)		海湾扇贝 (22℃～23℃)	
	时间	壳长×壳高(μm)	时间	壳长×壳高(μm)	时间	壳长×壳高(μm)	时间	壳长×壳高(μm)
第一极体	15～20 min	68	17～20 min	65	57 min	80	15～20 min	52
第二极体	25 min		25～33 min		1 h 57 min		20～25 min	
2 细胞	1 h 20 min		1 h 10 min		2 h 56 min		1 h 15 min	
4 细胞	2 h 30 min		1 h 40 min		4 h 42 min		2 h 10 min	
8 细胞	3 h 45 min		2 h 10 min		6 h 10 min		3 h 10 min	
32 细胞	4 h 55 min		2 h 45 min		13 h 40 min		3 h 40 min	
囊胚期	8 h 30 min		7 h 40 min		16 h		5 h	
原肠期	16 h				26 h		9 h	
担轮幼虫	21 h				34 h		17 h	
D 形幼虫	28 h	100×84	22 h	101×82	63 h	102×78	20～24 h	95×76
壳顶初期	4～5 d	125×105	4 d	121×100	8 d	136×115	2～3 d	125×112
壳顶中期	7～8 d	142×124	6 d	138×120	14 d	155×131	4～5 d	150×120
壳顶后期	9～10 d	156×138	10 d	192×163	21 d	215×191	6～7 d	165×140
匍匐幼虫	13～14 d	177×158	12 d	220×181	25 d	221×197	8～9 d	186×164
稚贝	15 d	183×197	14 d	230×190	28 d	244×223	10～11 d	193×175

二、生长

栉孔扇贝的生长速度随着年龄、季节以及海区的环境条件的不同而不同,甚至个体之间也有差异。

栉孔扇贝的贝壳环生许多同心的生长线,像树木的年轮一样,通过它可以判断贝的年龄,以及生长季节的变化。

1. 扇贝生长的速度与年龄的关系

在自然浅海区,栉孔扇贝大都分布在海底礁石、砂砾上生长。通过种群的检查,当年(孵化后 6～7 个月)可以生长到壳高 22.7 mm。第二年可以生长到 49.55 mm,第三年可达 64.19 mm,第四年可达 70.27 mm,第五年可达76.09 mm。其生长速度随年龄不同而有很大的差别。如果以五年生长的总数为 100,那么第一年生长的约占 29.9%(实际只生长半年),第二年占 35.2%,第三年占 19.2%,第四年占 8.0%,第五年只占 7.6%。从以上生长速度来看,以第 1～2 年个体生长较为迅速。

壳高 7.5 cm 以下的个体,增长的绝对值与个体的大小之间没有明显的关系,但同一个体的增长速度不恒定,有时比其他个体快有时比较慢,个体较小者壳的增长率较高,而增长的绝对值较小;个体较大者则壳高增长情况与此相反。例如,1974 年 10 月 11 日～12 月 27 日间,原来壳高 0.3～0.7 cm 个体的壳高增长率达 135.8%～201.9%,贝壳增长的绝对值为 0.45～1.07 cm；原来壳高 1～2 cm 的个体，贝壳的增长率为 125％～100％，增长的绝对值为 0.82～1.26 cm。

栉孔扇贝壳高与壳长之间的比例关系呈直线型相关，所以只测量一个向度便可以。其经验公式为

$$H = kL + b$$

式中，H 为壳高，L 为壳长。

2. 扇贝生长的速度与季节的关系

栉孔扇贝的生长由于受水温和饵料条件的影响，表现出明显的季节变化。一般在水温较高的月份生长迅速，而水温较低月份生长慢，在寒冷的月份则完全停止生长。实验结果表明，每年 3 月份以后，水温逐渐开始增高时，扇贝的生长也逐渐加速，到 7 月份生长速度达到最高点。8～9 月份水温达到 25℃ 以上时生长速度稍减，10～11 月份又稍增速生长。到 12 月份后海水温度降低，生长速度又逐渐减缓，在 2～3 月份海水温降到 5℃ 以下时，扇贝的贝壳几乎没有增长。

3. 扇贝生长的速度与海区环境条件的关系

同一年龄、同一季节不同地区的栉孔扇贝，由于水质与饵料的不同，其贝壳生长速度是不同的。例如，放养于俚岛的小扇贝，由 12 月份至次年 8 月份，其贝壳高度平均增长 25 mm，而放养于青岛的小扇贝同样的季节与时间则平均增长只有 12.26 mm。又如放养于东楮岛的小扇贝由 6 月份至次年 6 月份平均增长 40.22 mm，而放养于青岛的小扇贝，同样季节与时间平均增长 26.01 mm。上述表明，生长在俚岛和东楮岛的扇贝比青岛的长得快得多。

人工养殖的扇贝比自然生长快。自然海区扇贝一般到第三年平均壳高可达 64.19 mm，第四年达 70.37 mm，第五年才达 76.09 mm。但是，荣成水产研究所等实验，1975 年 10 月份人工育苗的幼贝，养到 1977 年 10 月份，平均壳高为 73.7 mm，到 12 月份达 79.5 mm；又如 1976 年 10 月份从自然海区采集的当年幼苗，养到 1977 年 10 月份平均壳高为 57.9 mm，到 12 月份达 67.9 mm，因此，一般养殖扇贝第二年相当于自然海区扇贝第三年的大小，第三年相当于自然海区扇贝第五年的大小。人工养殖扇贝之所以生长快，是由于水层浅、饵料丰富的原因。有的地方从苗种下海开始到养成只有一年便可达到商品规格。

在同一海湾里，往往内区生长速度比外区快，这是因为内区饵料丰富。

4. 不同个体间生长速度的差异

在烟台 1975 年 6 月份附着的栉孔扇贝稚贝，至当年 12 月份有的壳高可达 4.2～4.7 cm，有的却只有 0.5 cm。养在同一海区的同一大小的扇贝，生长速度也是不同的。例如，在青岛曾将壳高均为 12 mm 的扇贝 15 个，同时放置在一个笼内，置于海中饲养，经过一段时间后同时测量（共经 5 个月），有的壳高达到 30 mm，有的壳高只达 20 mm。

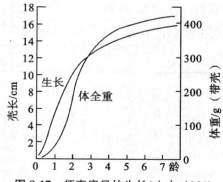

图 8-17　虾夷扇贝的生长（山本，1964）

5. 不同种类间生长速度的差异

当年人工培育的栉孔扇贝至12月份一般生长至壳高3 cm左右,第二年可达壳高5~6 cm。华贵栉孔扇贝满1年龄可生长至壳高7.4 cm、重68.4 g,1.5年可达8.8 cm、体重115.4 g。虾夷扇贝从产卵开始到生长至壳高11~12 cm,最短时间需1年零7个月(图8-17)。据记载,虾夷扇贝最大壳高可达27.94 cm其寿命约为25年。

海湾扇贝生长速度快,一般从购进的商品苗(壳高5 mm)到养成商品贝(壳高5 cm)这一作业过程需6~7个月。在我国北方,4月份人工采卵培育的苗,当年11月下旬一般平均壳高达5.3 cm、体重34.5 g,4月底5月初采卵培育的苗,12月上旬达5.2 cm,重37.6 g,一般高温期生长快,壳高月生长约1 cm。

6. 扇贝生长的速度与附着基的关系

大连金县水产养殖场1974年9月将当年培养的栉孔扇贝稚贝,用珍珠岩棒作附着基,装在网笼内养殖到第二年9月份,可长到壳高6.1 cm左右,最大可达6.3 cm;用水泥棒作附着基的长到壳高5.6 cm,最大达5.9 cm,没有附着基的一般都在4~5 cm。

7. 干贝的生长与壳高、体重关系

干贝的获得是我们进行扇贝养殖的最终目的。了解作为制造干贝的闭壳肌之生长规律对于养殖生产、适时收获是非常重要的,同时找出干贝与壳高的关系式,通过壳高(易测指标)了解干贝的生长(不易测指标)也是很有现实意义的(表8-9、图8-18)。干贝与壳高相关呈幂函数关系,其关系式为

$$Wt = 2.899\ 5 \times 10^{-3} Ht^{3.5}$$

式中,Wt 为干贝重(g),Ht 为平均壳高(cm)。

干贝重和鲜体重随年龄变化,都是年龄的函数,二者由 t 为参数构成了二元随机过程。干贝重与鲜体重相关(图8-19),其线性相关式为

$$Y = -0.117\ 67 + 0.042\ 81X$$

式中,Y 为干贝重,X 为鲜体重。

表8-9　干贝重量与壳高、鲜体重对应关系表

组别\项目	1	2	3	4	5	6
平均壳高(cm)	4.115 29	5.466 30	6.928 50	7.674 20	8.373 60	8.775 00
平均鲜体重(g)	6.691 58	17.547 42	33.850 00	50.981 91	56.662 50	60.600 00
平均干贝重(g)	0.244 84	0.633 99	1.186 53	2.056 37	2.270 00	2.592 50

8. 影响扇贝生长的主要因素

影响扇贝生长的主要因素有两个:水温和水肥。

(1)水温:水温是扇贝进行新陈代谢的一个重要条件,在适温范围内,贝壳生长迅速。

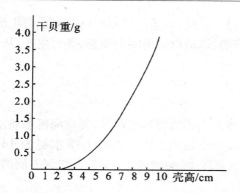

图 8-18　栉孔扇贝干贝与壳高幂函数相关图

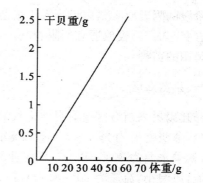

图 8-19　干贝重与体重直线相关图

（2）水"肥"：水"肥"是指水中含有大量饵料生物和营养物质，它是扇贝取得营养的前提，是其发育生长的物质基础。饵料生物多，营养物质丰富的海区和季节，扇贝生长迅速。养殖中，选择流大，内湾性强，适当稀挂，加大筏间距等都是改善营养条件、加速扇贝生长的有效措施。

扇贝的生长，表现在外壳和软体部两个方面，一般用高度法和重量法进行测定。

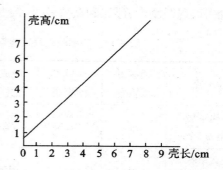

图 8-20　栉孔扇贝壳高与壳长直线相关图

（1）高度法：根据扇贝壳高、长、宽来测定其生长，一般讲壳高、长、宽之间有一定的比例关系，因此，只测一个向度便可以了解其他两个向度（图 8-20）。其关系式为

$$H = 0.398\,08 + 1.030\,58L$$

式中，H 为壳高，L 为壳长。

扇贝贝壳生长有年龄和季节的变化，因此，通过测定可以了解扇贝每年每月的生长情况，求出年或月增长率。

$$年（月）增长率 = \frac{H_2 - H_1}{H_1} \times 100\%$$

式中，H_1 为开始时壳长，H_2 为终止时壳长。

（2）重量法：一般可利用鲜贝重量来代表生长速度，但与人类关系密切的是干贝，因此也可用干贝出成率代表其生长情况。

$$干贝出成率 = \frac{干贝重}{鲜贝重} \times 100\%$$

第六节　扇贝半人工采苗

扇贝在它的生活史中都有一个浮游幼虫时期，通过浮游幼虫扩大其种群分布。在繁殖季节里，在有扇贝亲贝的海区，便有丰富的扇贝幼虫分布。这些扇贝幼虫在结束其浮游生活进入和母体一样的生活方式时，必须用足丝附着，然后才能真正变态。能否满足这个过渡阶段的附着要求是扇贝半人工采苗的关键。因此,在扇贝幼虫即将结束浮游生活,进入附着变态时,要投放适宜的附着基——采苗器,以适合幼虫附着变态、发育生长,从而获得养殖用的苗种。

一、采苗海区

栉孔扇贝采苗海区要有自然生长的成贝或有人工增养殖的扇贝,要求海区水质澄清,浮泥少,透明度平均为 4～7 m,无淡水流入,盐度较高(32 左右),春季水温为 16℃～18℃,秋季水温为 20℃～22℃,无工业污染,杂藻较少,酸碱度 7.9～8.2,海区有回湾流或旋涡流,风浪小,流速为 20～40 cm/s。

海区的环境条件直接影响到采苗效果。如长岛县的后口、南隍城和烟台市的金沟湾都是水清、透明度大、浮泥和杂藻较少,因此采苗的效果显著(表 8-10)。

表 8-10　各试验点采苗盛期的采苗量比较(王如才等,1975)

地　点	荣成市瓦屋石	荣成市蔡家庄	荣成市三杆石	烟台市金沟湾	烟台市西口	长岛县后口	长岛县南隍城
平均单袋采苗量(个)	17	21.8	72.6	132.4	12.3	164	148.2
最高单袋采苗量(个)	44	42	107	200	22	290	275
投挂采苗器时间	5 月 15 日至 6 月 16 日	5 月 30 日	5 月 13 日至 6 月 5 日	5 月 20 日至 6 月 11 日	5 月 20 日至 6 月 11 日	6 月 19 日至 7 月 14 日	6 月 7 日至 6 月 20 日

二、采苗季节

栉孔扇贝每年有两次繁殖期和附苗高峰。在山东长岛县北部海区采苗盛期在 6 月下旬至 7 月中旬(水温 16℃～18℃),1980 年平均单袋采苗最低为 444 个,最高为 1 342 个。秋季较适宜的采苗期为 8 月下旬至 9 月上旬(水温 22℃左右),采苗笼平均单层采苗量最低为 322.7 个,最高为 467.8 个,从 9 月中旬以后采苗量徒然下降。由此可见春季附苗高峰持续期约为秋季的两倍,所以采苗季节应以春季为主。采苗的高峰期亦因海区而不同。例如,1975 年烟台金沟湾的采苗高峰出现在 6 月 11 日,平均单袋采苗量为 159 个,同年在长岛则出现在 7 月 14 日,平均单袋采苗量为 167 个。

三、采苗器的种类和规格

常用的采苗器有采苗袋和采苗笼。

1. 采苗袋(图 8-21)

用网目 1.2～1.5 mm 聚乙烯窗纱制成 30 cm×40 cm 的袋,袋内装 50 g 左右废旧的尼龙网片或聚乙烯或挤塑网片。

2.采苗笼

长 60～100 cm,直径 25～30 cm,采苗笼分成多层,层与层间隔 20 cm,网笼网目同采苗袋,每层内放 20 g 尼龙网片或挤塑网片。

聚乙烯网衣规格要求为 210D/3×13—60。尼龙单丝直径为 1 mm 左右,挤塑网片单股直径为 1.5～2 mm。废旧网衣搓洗干净方可使用。

3.采苗器制作中应注意的问题

(1)采苗袋(笼)的网目大小要适宜。采苗袋或笼的网目均以 1.5 mm 左右效果最好,过小或过大的网目采苗效果都明显较差,虽然各种网目都不会妨碍浮游期幼虫进入网内附着和变态,但网目过小则容易被浮泥淤塞使稚贝大量窒息死亡,网目太大则稚贝容易脱落或逃逸,也容易受敌害的侵袭。在海水中浮泥较多的海区采苗,网目可以适当大些。

图 8-21　采苗袋

1975 年我们在长岛县后口的实验结果表明,1.6 mm×1.6 mm 左右网目的聚乙烯窗纱采苗袋比网目为 25 mm×25 mm 的采苗效果好,前者平均单袋采苗量为 103 个,后者平均只有 0.3 个。1979 年同期在后口实验四种网目的采苗袋,进一步证明 1.2 mm×1.5 mm 左右的网目采苗效果最好,0.6 mm×0.8 mm 网目的采苗效果较差,20 mm×25 mm 的网目采苗效果最差(表 8-11)。

表 8-11　不同网目采苗袋采苗效果的比较(王如才、张连庆等,1979)

网目与采苗量／时间	不同网目(mm)采苗袋平均单袋采苗量(个)				检查日期	备注
	20×25	2×2	1.2×1.5	0.6×0.8		
6 月 1 日	—	32	52	—	9 月 25 日	投放
6 月 11 日	—	209	456	121	9 月 25 日	水层
6 月 22 日	—	248	454	118	9 月 25 日	均为
7 月 11 日	—	312	208	104	9 月 25 日	3～5 m
7 月 21 日	0.3	443	116	140	9 月 25 日	
7 月 31 日	—	31	110	—	9 月 25 日	
8 月 11 日	—	70	121	2	9 月 25 日	
8 月 21 日	—	36	230	40	9 月 25 日	
平均	—	172.6	219.6	87.5		

(2)采苗袋(笼)内放置的附着基要适量。为了提高附苗量和稚贝的成活率,采苗袋(笼)内放置的附着基不宜过多或过少。过多则严重影响采苗器内外海水的交换,影响稚贝的成活与生长;太少则附着量低。附着基以网片为佳,一般大小(43 cm×30 cm)的采苗袋,每袋用量约为 50 g。

1975 年的采苗实验表明,在采苗袋内装废网片作为附着基要比红棕绳好。即将附着的幼虫对附着基的颜色无选择性。1979 年在相同的时间和水层,使用网目为 1.2 mm×

1.5 mm 的聚乙烯网笼进行采苗实验,结果也表明作为扇贝幼虫的附着基,废旧聚乙烯网片的采苗效果优于塑料板及泥瓦片,重量小,附苗多,又无磨破采苗笼的特点,采苗袋的大小为 40 cm×30 cm,采苗笼单层高 20 cm,直径为 25~30 cm。

(3)不同的附着基基质效果是不同的。实验证明聚乙烯网片采苗优于塑料板和泥瓦片(表 8-12)。

四、采苗袋采苗技术的优越性

栉孔扇贝幼虫结束浮游期生活后必然要进入附着变态阶段,这时能否提供一个适宜的附着基质,是栉孔扇贝自然海区采苗的关键。使用网目为 1.2~1.5 mm 制成的采苗袋,内放适量的尼龙网衣、塑料网衣或挤塑网衣,可以减缓水流,有利于幼虫从浮游进入匍匐生活,并为其附着和变态提供良好的附着基,同时还可以防止敌害侵袭和稚贝脱落逃逸。因此,这种采苗器是较理想的采苗与保苗工具。1994 年,烟台套子湾栉孔扇贝半人工采苗采苗量 1 300 亿粒(商品苗)以上,单袋采苗量高达 1 万粒以上(采苗袋网目 1.2 mm×1.5 mm,大小为 30 cm×40 cm)。这种采苗器也适用于采集多种海产贝类及其他无脊椎动物的苗种。

表 8-12　不同附着基基质采苗效果的比较(长岛,1979)

日期	采苗笼每层不同附着基平均采苗量(个)			备注
	聚乙烯网片	塑料板	泥瓦片	
7 月 11 日	200	144	145	不计算附着于笼表面的贝苗,水层为 5 m 以下
7 月 21 日	379	120	34	
7 月 31 日	180	180	55	
8 月 21 日	401	131	194	
9 月 01 日	240	84	136	
平均	280	131.8	112.8	

五、影响采苗袋(笼)采苗量的因素

影响采苗袋(笼)采苗量的因素很多,主要有以下几种:海水透明度的大小,海水中浮泥的多少;海区亲贝和幼虫出现的数量多少;能否准确掌握采苗期和利用适宜的水层,及时投放采苗器;使用网目的大小是否合适;附着基的面积大小或空隙多少等。

六、采苗水层

水层太浅,贻贝及杂藻附着较多,影响附苗量。扇贝幼虫多分布于水中 2 m 以下,一般 3~5 m 最多;因此采苗器投挂浮筏上应在水中 2 m 以下,但要防止触底磨损采苗器。

适宜的采苗水层因海区而不同。1980 年 6 月 22 日至 7 月 23 日在长岛县砣矶岛的后口进行实验,结果表明水深 2~8 m 间均有采苗价值,在 6 m 以下的水层采苗效果更

好。该实验在 2～8 m 水层间分为 13 个梯度进行,采苗袋的大小均为 35 cm×25 cm(表 8-13)。投挂于深层的采苗器要防止触底磨破,若过浅则杂藻丛生,浮泥和贻贝等附着多。

表 8-13　不同的水层采苗效果的比较(王如才等,1980 年)

水层,采苗量 / 日期	不同水层(m)采苗量(个)												
	2	2.4	2.8	3.2	3.6	4	5	5.3	6	6.3	7	7.3	8
6 月 20 日	360	400	200	400	700	250	8	256	244	400	600	900	700
7 月 2 日	477	—	—	400	488	377	612	8	700	1 200	1 200	1 500	700
7 月 12 日	108	348	442	330	566	700	900	650	1 500	1 000	850	1 850	1 340
7 月 23 日	121	143	400	250	268	400	415	1 080	1 200	1 800	1 300	1 900	1 700
平均	266.5	297	347.3	345	505.5	413.8	485.3	498.5	911	1 100	987.5	1 537.5	1 101

七、采苗预报

为了准确掌握生产性半人工采苗时间,适时投放采苗器,必须进行采苗预报。

1. 预报的方法

(1)通过性腺指数的测定预报投放采苗器的时间。从 4 月底开始至 7 月初为止,每隔一周检查一次扇贝性腺的发育情况,进行性腺指数的测定。如果遇上大风、降雨等情况,要在大风、降雨后随时检查。如果性腺指数已达 15% 以上后突然显著下降,则证明扇贝已排放精、卵,精、卵排放一周后,投放采苗器。

在测定扇贝性腺指数的同时,对其他双壳类的肥满度进行观察,并测量海水的温度和盐度。

(2)根据幼虫发育的程度和数量进行预报。从 5 月上旬开始,利用浮游生物网分别选数个断面拖网取样,加碘液固定,以备进行定性分析;定量分析采用 10 000 mL 的广口瓶分别在每一断面选 3～5 个站位。在每一站位水深 0～1 m,3～4 m,7～8 m 处取样,分别加碘液固定,沉淀 24 h,倒去上层溶液,浓缩成 10～20 mL,然后各取 0.5～1 mL 在显微镜或解剖镜下计数。幼虫密度以个/立方米为单位,每瓶取样 3～5 次,海上取样时间为每天上午 9:00～10:30 和下午 3:00～4:00。

若有大风或降雨,则在大风和降雨后立即进行定性和定量分析。

根据幼虫发育程度和数量预报有无采苗价值或投放采苗器时间,一般 1 m³ 水体含有 1 000 个以上的幼虫有采苗价值,如果处于 D 形幼虫时期则在 4 d 后投放采苗器;如果是壳顶期幼虫则应立即投放采苗器。

海上取样的同时,要测量水温、盐度、酸碱度、溶解度和氨氮等。

(3)根据水温和物候征象进行预报。水温 16℃ 是扇贝产卵的起始温度。小麦即将发黄季节是扇贝繁殖季节的生物指标。因此,当水温上升至 16℃ 和小麦将发黄时要特别注意扇贝排放精、卵的具体时间。

2. 预报资料的整理和分析

将每次检查的性腺指数,列表进行系统整理和比较,找出精、卵排放的时间。

在浮游幼虫定性定量分析中,可以同时看到数种双壳类幼虫同时存在,要直接认出是哪一种双壳类的幼虫是非常困难的,对此我们可以用间接的方法判断是不是扇贝的幼虫。在同一海区里,首先要了解有多少双壳类种类,其中哪些其繁殖期与扇贝明显不同,从而可以排除掉。与扇贝繁殖期同时的种类,可以利用扇贝壳长与壳高关系的经验公式 $L = kH + b$ 来判断是不是扇贝的幼虫,然后将扇贝幼虫大小、数量和水层中的分布列表整理和制图,判断其采苗价值和投放采苗器的时间和水层。

在进行上述资料整理的同时,还应对浮游生物的种类和海区理化因子进行系统的整理。

八、试采

在那些没有进行预报条件的单位,可以通过不同时间试采方式摸索海区适宜的采苗时间,从而指导生产。

九、进行扇贝半人工采苗时应注意的问题

(1)特别注意浮泥较多的海区不宜投挂采苗器。

(2)采苗袋或采苗笼网目不宜过大,一般为 1.2~1.5 mm。袋内或笼内附着基要支撑开,袋口或笼口用尼龙线扎好。

(3)不要将采苗器投挂在海带架子上,应在专门的架子上投挂,筏身要牢固。

(4)采苗袋投放要适时,不宜过早或过晚,各点投挂采苗器的时间要严格听从预报系统的指挥。

(5)采苗器投放后,任何人不得任意提离水面或搅动采苗袋和采苗笼。

十、收苗时间

9月下旬取样,检查生长状况和数量。10月份收获。

十一、贝苗养育

利用网目 1 cm 的网筛,将 1 cm 以上的大贝苗和 1 cm 以下较小贝苗分开,分别进行中间筏式育成,或将收获的苗种出售给养殖单位进行养殖。

第七节　扇贝的加温育苗

加温育苗应遵循以下原则:

(1)能充分利用海上适温期,促使贝类快速生长,缩短养殖周期。

(2)稚贝下海过渡时,是其生长最起始的温度,若在室内培育过久,便会提高成本。若下海过早,苗种规格小,水温较低,保苗率则低。

(3)加温育苗要有利于育苗池多茬综合利用,育完加温苗又可进行常温育苗。

(4)加温育苗的季节应是早春和晚秋,在夏季为常温育苗,严冬季节不宜加温育苗。若有地下热水则属例外。

扇贝的加温育苗包括亲贝促熟、采卵、受精与孵化、幼虫培育、采苗和稚贝培育等生产环节,均在控制温度下进行的。扇贝的加温育苗品种主要有海湾扇贝和栉孔扇贝。现以海湾扇贝为例,简要叙述加温育苗的技术和过程。

一、亲贝入池的时间与处理

为了充分利用夏秋季高温适温期养成并达到年底收成的目的,需将亲贝于春季繁殖期前移入室内,在控温条件下促进性腺成熟。移入室内的日期需根据海上水温、室内育苗的条件以及向海上过渡时的水温条件而决定。一般入池时间是在 2 月中旬~3 月下旬,最迟在 4 月上旬,海水温度为 3℃~5℃;室内工作不充分,饵料不足,可适当延迟一段时间。室内培育的稚贝,下海过渡时的水温要求在 10℃以上。

尽量选择壳高 5~6 cm、个体大的 1 龄贝作亲贝,清除附着生物,洗去浮泥,在水体中密度一般为 80~100 个/立方米,利用网笼吊挂在池中或置于浮动网箱中蓄养。蓄养初期采用网笼吊养或浮动网箱蓄养均可。当水温上升到 15℃以上时,应采用单层浅水浮动式网箱蓄养,即将网箱浮在水深 30 cm 左右的水层中蓄养;可保持稳定的水层;亲贝接近成熟时,不宜受到刺激;有利于清除死贝和池底积污;成活率高,可以缩短暂养时间(表 8-14)。

表 8-14 亲贝暂养方式及效果(山东荣成海珍品育苗厂,1989)

暂养方式	暂养器的规格	池号	水体（m³）	暂养亲贝数量（个）	成活率（%）	暂养亲贝（d）
网笼	网笼直径 34 cm 5 层/笼	10	50	5 000	82	34
网箱	1.5 m×0.4 m ×0.3 m	22	50	5 000	96	29

二、亲贝培养的水温

在适温范围内(15℃~28℃),培养的水温越高,促进性腺成熟所需的时间越短。在 3 月份开始培育的扇贝,19~20 d 排放精、卵。在 4 月中旬培育的亲贝,16~17 d 便排放精、卵。春季繁殖期前取亲贝,距离繁殖期越近,则促进性腺成熟所需的时间越短,这主要是因为亲贝性腺发育程度不同所致。

亲贝培育时,应以海上取贝时的水温为基准,以每天提高 1℃左右为宜,逐渐提高到给定水温。这个水温通常定在 23℃。为了营养物质的积累,水温提高到 15℃~16℃时,稳定 2~3 d。提高到 20℃时,稳定数日,观察性腺发育程度,决定采卵的具体时间。

培育亲贝要求水温相对稳定,部分换水时,根据培育池中水温降低的程度及换水量,把在预热池中一定温度的海水,补充到培育池中。

亲贝培育中的投饵、充气等管理工作与常温育苗亲贝蓄养相同。

三、利用藻类榨取液作为亲贝的饵料

在蓄养亲贝时，由于水温过低，饵料难以大量培养，可采用鼠尾藻等藻类榨取液作饵料，以补助或解决饵料不足的问题。这种榨取液混有多种底栖硅藻(如曲舟藻、圆筛藻等)和大型藻类的细胞和碎屑，有利于亲贝营养物质的积累，促进亲贝的生长和性腺发育，提高成活率。采集鼠尾藻最好当日加工投喂。先用饵料机(粉碎机或绞肉机)将藻类绞碎，置于水池中，加水搅拌，过滤后沉淀 0.5～1 h 再使用。投喂时，将潜水泵置于水的表层(水深 20～30 cm)，呈浮动状态，随水位的下降而降低。

采用浮动式网箱蓄养亲贝时，因海藻榨取液易下沉，投喂后要充气，坚持勤投和少投，一般 2～3 h 为 1 次。水温上升至 18℃以后，停止充气，洗刷亲贝一次。为防止水质败坏和敌害入池，停止投喂藻类榨取液，改投全部人工培养的单胞藻。

四、采卵与选幼

(1)性腺检查。亲贝经过一段暂养后，由于水温的增高和营养物质的积累，性腺特别饱满，性腺指数达 18%，性腺表面的黑膜基本消失，卵巢呈暗粉红色，精巢呈乳白色，此时便可做好准备，等待采卵。

(2)采卵。亲贝性腺成熟后，要稳定数日，禁止大换水和随意倒池，应采取底层进水、底层出水，水温保持恒定。稳定数日后，再移入新注满水的池子，一般便可自行排放精、卵。

海湾扇贝为雌雄同体，采卵时，采卵池中精、卵同时大量出现并随时受精，无法像处理雌雄异体的其他扇贝那样能够对精液加以控制。精液过多，会产生大量的球蛋白或多精受精，引起胚胎发育畸形。海湾扇贝卵径较小，45～50 μm，受精卵也不易下沉，洗卵有困难，若以细网目筛绢过滤出受精卵在生产上实属困难。因此，在生产上要控制采卵密度，一般排放精、卵的规律是一开始排放卵子数量相对多，精子数量相对少，只要采卵密度达到 30～50 粒/毫升，便符合采卵的要求，再将亲贝移入他池继续排放。如果卵子密度达不到要求，精子又不太多，仍可收留。一般第三次排放，卵子数量相对减少，精子很多，充气条件下，形成大量气泡，使水色变成乳白色，明确指示精液过多，一般不宜进行培育。采卵后，进行充气，加抗菌素，捞出杂质等管理工作同常温育苗。

(3)盐度对受精卵孵化的影响。海湾扇贝受精卵孵化的盐度范围为 17～35，适宜范围为 22～33，最适为 27 左右。在有地下水供应的育苗室，可引进淡水调配采卵池中培育水体的盐度以提高孵化质量。

(4)选幼(选优)。卵受精后 1 d，胚胎发育到 D 形幼虫(23℃时需 20～22 h)。以 JP-120 筛绢(孔目 41 μm)或 300 目筛绢制成的网箱，通过拖网或虹吸法立即将 D 形幼虫选出，放养于育苗池中进行培养。选优操作方法与常温育苗一样。选优要及时，一旦发育到 D 形幼虫时，选优越快越好，否则精子死亡，水质恶化，影响胚胎和幼虫发育，影响附着变态及成活率。

五、幼虫培育

（1）培育密度。幼虫培养密度依据培养技术、管理水平、育苗池大小等而不同，通常以投放 D 形幼虫 10～15 个/毫升为宜。

（2）水温。幼虫的生长和发育，适温范围内随着水温的升高而加速，在 18℃～21℃条件下，第 12～13 d 幼虫开始附着变态；22℃～23℃时，第 10 d 开始附着；28℃第 7 d 开始附着。为了缩短培育周期，考虑到保温效果和幼虫成活率，通常控制的培养温度为 23℃左右。在幼虫培育中，室内气温最好高于水温 2℃～3℃。

（3）盐度。幼虫生存的盐度范围为 18～39，适宜范围为 21～33，最适为 23 左右。有条件可用地下水调配育苗用的海水。

（4）投饵。等鞭金藻个体较小，一般长 4～7 μm，宽 3～4 μm，是海湾扇贝幼虫良好的开口饵料。一般藻液浓度达 200 万细胞/毫升左右就可应用。投饵量为 5 万～10 万细胞/毫升。随着幼虫生长，可投喂塔胞藻、扁藻、双鞭金藻、三角褐指藻和小新月菱形藻等饵料，可搭配混合投喂，坚持勤投少投。投饵是扇贝人工育苗中重要一环，育苗中出现很多事故，其原因常常不是幼虫本身的问题或其他技术问题，错误的投饵（污染、老化、过多藻液）是失败的重要原因。在饵料缺乏时可投喂扁藻干制品——扁藻粉和扁藻精。

（5）管理。在幼虫培育过程中，充气、倒池、换水、抑菌、控光、水质检测、观测幼虫生长和发育等项常规管理工作同常温育苗。

六、采苗及稚贝培育

海湾扇贝眼点幼虫壳长范围为 150～220 μm，幼虫群体出现眼点时的平均壳长一般为 170～190 μm。眼点幼虫出现率达 40% 左右，便可投放采苗器。投放采苗器的种类和方法与常温育苗相同。幼虫附着变态时的适宜盐度范围为 18～33，最适为 22～26。有条件的单位可使用一些化学物质如 KCl、肾上腺素、去甲肾上腺素、氯化胆碱处理 1～24 h，可提高变态率 10%～20%。

稚贝培育方法与常温育苗一样，唯海湾扇贝足丝不甚发达，在室内培育规格一般不要超过 1 mm，以防止稚贝在池内大批脱落，沉底死亡。由于是加温育苗，因此幼苗出池前需逐步降低水温至接近海水自然温度。

七、稚贝的海上过渡

稚贝培育池中经过 10～15 d 生长到壳高 500～600 μm 时，便可移到对虾养成池或海上继续养育，直到培育成商品苗（壳高 0.5～1 cm）售给养成单位。将出库苗养育到壳高 0.5～1 cm 的商品苗过程称为稚贝的海上过渡。

1. 稚贝的定量计数

稚贝出池前应对每个池的稚贝附着数量进行定量。定量前要随机确定取样序号，一般小型培育池取 5～6 个点，大型池取 10～12 个点。根据取样序号取样，附着基是棕帘的应分上、中、下三个部位，随机取下一段长 5 cm 的苗绳；如果是聚乙烯网衣亦分上、中、下三个部位，剪下 2～3 个扣，放入烧杯中，加海水约 1/2，加少量碘液或甲醛，用镊子充分搅动,使着基上的稚贝落入杯底。取出棕绳或网衣,静置片刻,将上层多余水倒出,再用吸管吸取稚贝,在解剖镜下定量。最后计算出单位长度(棕帘)或单位重量(规则网衣可利用扣节计数)附着基的附苗量,再根据总数便可算出总附苗量。底帘的附着基,应单独取样计数,若数量太少,可忽略不计。

2. 稚贝海上过渡的方法

(1)网袋:采用20～60目窗纱网制成,小者长30～40 cm,宽20～30 cm,大者长60～75 cm,宽35～40 cm。

装袋时,将采苗棕帘(约5 m长)装入一个袋中,若采苗密度过大,可在袋内追加一部分洗净的空白网衣。网衣采苗者每袋可装网衣100 g左右。网袋绑扎在直径0.5 cm左右的聚乙烯垂绳上。垂绳一般长3 m左右,袋与袋之间不应碰撞。为防缠绕,垂绳下面应有沉石。

(2)塑料筒:直径约25 cm,长约60 cm,两端的筒口用20～60目的塑料窗纱封闭。筒装苗帘或网衣,最好把网衣固定在筒中,使其不能在筒内乱动。装好后,先用40～60目聚乙烯网封扎两端,然后随着个体的生长再换用较大网目的窗纱封住筒的两端。

(3)网箱:系20～60目的窗纱网缝制而成的方柱形。网箱长70 cm,宽、高各40 cm,刚好能套在一个由直径6 mm铁棍焊接而成的框架上,为防铁棍磨网衣,铁棍上缠上一层塑料薄膜。也可改方柱形网箱为圆柱形。

稚贝出池时,将苗帘绑在框架上两根长的铁棍上。每个网箱可吊2～3层,层与层之间要有一定距离,防止互相摩擦,装好后用尼龙线把网口缝好。

(4)网笼:利用一般养殖扇贝的网笼,笼外套40～60目聚乙烯网,将苗帘置于每层隔盘中。为了疏松密度,各隔盘中增投少许网衣。由于网笼支撑较好,保苗率高于网袋。

稚贝在装袋、筒、笼过程中操作要轻,动作要稳而快。

3. 提高稚贝海上过渡保苗率的技术措施

(1)选择良好的保苗海区。向海上过渡的海区应是一个风浪平静、透明度大、流速缓慢、饵料丰实的囊形内湾。

(2)提高稚贝出池规格。将稚贝培育至壳高700～800 μm 的规格下海,有利于提高下海保苗率。

(3)采用双层网袋保苗。稚贝出池时装入20～30目的聚乙烯网袋中,外置40～60目的网袋(规格略大于内袋)。出池下海后10 d左右,袋内稚贝已长大,将外袋脱下。这样起到了洗刷浮泥和清除杂藻等附着生物作用,并可等于一次疏散贝苗。脱外袋时,应将内袋外侧的稚贝用刷子刷下,装入40目袋中暂养。双层网袋保苗率一般可达30%～50%。

(4)利用对虾养成池进行稚贝海上过渡。在未入对虾养成池前,先进行清池,然后进水并施肥,接种单细胞藻类。由于池水温度较同期海上水温高(一般高4℃～6℃),饵料丰富,池塘无风浪,无浮泥、水清,管理简单方便等有利条件,可以提高稚贝生长速度,增加保苗率(表8-15),从而缩短扇贝稚贝过渡时间。

表 8-15　海湾扇贝稚贝海上保苗与池塘保苗对照实验（蓝锡禄等,1989.5）

项目 \ 日期		5 月 5 日	5 月 15 日	5 月 25 日	存活率(%)
规格 (mm)	海上过渡	0.55±0.1	0.85±0.1	1.55±0.50	
	池塘过渡	0.55±0.1	2.20±0.4	3.61±1.21	
数量 (万粒)	海上保苗	22.8	7.29	2.55	11.2
	池塘保苗	4 237	2 385.4	2 010.9	47.4

通过表 8-15 可以看出,同样一批苗种,下海和向池塘过渡壳高大小均为(0.55±0.1) mm,经过 20 天培育,海上过渡的仅有(1.55±0.50)mm,而池塘过渡的壳高竟达(3.61± 1.21)mm,平均高出 2 mm 多。海上保苗率仅有 11.2%,而池塘保苗率高达 47.4%。

(5)利用圆形网袋保苗可以提高保苗率(表 8-16)。

表 8-16　海湾扇贝稚贝圆形网袋与扁形网袋保苗效果之比较（蓝锡禄等,1989.5）

项目 \ 日期		5 月 5 日	5 月 15 日	5 月 25 日	存活率(%)
贝苗壳高 (mm)	圆形网袋	0.55±0.1	2.20±0.4	3.61±1.21	
	扁形网袋	0.55±0.1	1.35±0.3	2.80±1.20	
贝苗数量 (万粒)	圆形网袋	4 237	2 385.4	1 906.65	45.0
	扁形网袋	28.5	11.85	8.18	28.7

圆形网袋系 20 目和 40 目的聚乙烯网片缝制成圆柱形,底部直径 200 mm,高 280～ 300 mm,内置一个塑料框架。框架为圆柱形,直径 185 mm,高 50 mm,用高压聚乙烯与橡胶铸塑而成。

从表 8-16 可以看出,圆形网袋保苗效果明显高于扁形网袋。从 5 月 5 日至 25 日的 20 天培育中,扁形网袋中的海湾扇贝壳高仅有(2.80±1.20)mm,而圆形网袋中,海湾扇贝生长迅速,壳高达到(3.61±1.21)mm。圆形网袋保苗率高达 45.0%,而扁形网袋仅有 28.7%。圆形网袋具有许多优点,它在塑料框架的支撑下,保持有较大的生活空间,水流畅通,使贝苗能自由移动,便于水的交换和增加摄食率,可避免稚贝互相咬合,防止稚贝堆积和摩擦所引起的死亡,可防止自身的污染。

(6)利用网笼下海保苗。可以利用扇贝养成网笼,外套一层 40～60 目聚乙烯网将苗帘置于其中,下海保苗。该法网笼支撑得较好,保苗率较高。随着稚贝生长,逐渐分袋或分笼。为了疏苗生长,网笼内放少许网衣。

(7)及时疏散密度。随着稚贝的生长,应及时疏散,壳高达 2 mm 左右时,疏散的密度为每袋 4 000～5 000 粒。稚贝壳高达 5 mm 左右时,再疏散一次,随着稚贝的生长更换较大的网目,每袋(30 cm×25 cm)装稚贝 1 000 粒左右。同一时期分袋的稚贝,密度小、生长快,密度大、生长慢(表 8-17)。

表 8-17　不同疏苗密度与生长、成活率的关系

密度(万粒)	0.1	0.2	0.4	0.6	0.8	1.0	2.0
与存活率(%)	62.5	60.5	52.8	42.0	36.0	25.6	15.8
最大个体(mm)	7.0	6.5	4.4	3.6	3.0	2.4	2.4
最小个体(mm)	5.0	4.8	3.0	2.8	2.4	2.0	1.8

（8）加强管理。防止网袋相互绞缠，及时洗刷网袋，增加浮力，防断架、断绳、掉石等。认真做好海上管理也是提高海上保苗率重要措施。

第八节　扇贝的育种

一、三倍体育种

我国对栉孔扇贝、虾夷扇贝和海湾扇贝均进行过三倍体育种研究，诱导方法有低温休克、CB 和 6-DMAP 诱导。其中 6-DMAP 诱导栉孔扇贝三倍体，取得了明显效果，在第一极体出现 40% 后，采用 60 mg/L 的 6-DMAP 持续处理 15 min，三倍体诱导率稳定在 80% 以上，孵化率达 70% 左右，并批量生产。

二、杂交选育

在杂交育种方面，进行了栉孔扇贝×虾夷扇贝、栉孔扇贝×华贵栉孔扇贝、栉孔扇贝×海湾扇贝等的杂交工作，以期培养出新品种。如栉孔扇贝♀与虾夷扇贝♂杂交，在受精和胚胎发育方面与栉孔扇贝和虾夷扇贝自交没有差异，但在幼虫培育阶段表现出明显的生长优势，其生长速度与成活率均比栉孔扇贝快和高，成贝外形与母本相似。此外，利用中国的栉孔扇贝与日本或韩国等地的栉孔扇贝杂交，也生产出具有生长优势的杂交后代。

在选择育种方面，根据扇贝的生物学性状（贝壳的颜色和生长优势等）不同，选择不同的家系进行一代一代的繁殖和选择，从而培育出具有优良性状的新品种。另外，也可根据生长情况挑选一些个体大、生长快、抗病力强的个体，连年选择，直到选出生长快、个体大、抗病力强的新品种。如张国范等利用海湾扇贝的壳色（橙、棕、黄、紫、白色等色彩）不同，采用自体受精的交配策略，成功地建立 4 个橙色、3 个紫色、4 个白色等 3 类 11 个海湾扇贝自交系，在幼虫和稚贝早期发育阶段，3 类壳色不同家系在生长速度与存活率均明显高于其他 2 种壳色的。

包振民教授利用栉孔扇贝与华贵栉孔扇贝杂交，并对其后代进行连续选育，培育出抗逆的扇贝养殖新品种——"蓬莱红"，该品种壳色鲜艳、壳宽、抗逆性能强、产品高，能增产 30%～40%。

三、扇贝的单性发育

由于传统的选择育种需要多代的选育，耗时长，单性发育作为快速建立高纯合度品

系、克隆的有效手段,近年来受到了各国学者的极大关注。

1. 扇贝的雌核发育

贝类人工雌核发育可以通过两个步骤实现,即精子染色体的遗传失活以及卵子极体的保留或受精卵早期有丝分裂的抑制。

(1)遗传失活精子。用中心波长为 254 nm 的不同紫外线剂量照射栉孔扇贝精子,使其失去遗传活性,然后与栉孔扇贝的正常卵子结合,诱导雌核发育单倍体。用强度为 $2\ 561\ \mu W/(cm^2 \cdot s)$ 的紫外光下照射精子 30 s 是获得栉孔扇贝雌核发育单倍体的适宜条件。精子经 30 s 紫外线照射后,染色体完全失活,受精卵在到达 D 形幼虫期之前便停止发育。

(2)雌核发育二倍体的诱导。在卵子与遗传失活的精子结合后用理化方法抑制第 2 极体释放获得了雌核发育二倍体胚胎。雌核发育二倍体的卵裂率、胚胎畸形率、D 形幼虫发生率和成活率均显著低于对照组,表明栉孔扇贝基因组中可能存在大量有害隐性基因,雌核发育个体中有害隐性基因的纯合导致了成活率的显著下降。通过将这些雌核发育二倍体个体培养至成体,则可望培育出栉孔扇贝的优良品系。

2. 扇贝的雄核发育

研究表明紫外线(254 nm)照射可使栉孔扇贝的卵子染色质失活,照射的适宜强度为 $2.8\ mW/(cm^2 \cdot s)$,照射的时间为 20 s。遗传失活的卵子能与正常精子结合,但胚胎发育至 D 形幼虫前期停止。用理化方法抑制受精卵第 2 极体的释放可获得雄核发育二倍体,但迄今尚未获得存活的雄核发育二倍体贝类。

第九节　扇贝的苗种规格、检验与运输

一、苗种规格和要求

(1)苗种规格:栉孔扇贝壳高 0.5 cm 以上(含 0.5 cm),合格率不低于 90%。

(2)苗种要求:苗种健壮,活力强,大小均匀,畸形率和伤残率不高于 1%。

二、苗种检验方法与检验规则

苗种出售前,必须进行检验。检验规格合格率、畸形率和伤残率,以一次交货为一批。

1. 抽样计数

(1)个体计数。从相同苗种的暂养器中,随机抽取 1 个器作为 1 个样品计数。样品苗种数量应在 1 000 个以上,重复 5～10 次,求样品的苗种平均数,再按器具数推算本批苗种总数。

(2)重量计数。将一批苗种全部从暂养器中取出称总重量,然后随机抽取 2～4 个样品,称重计数。每个样品苗种重应为 10～100 g。求样品的单位重量苗种数,再按重量推算本批苗种总数。

2. 判断规则

(1)个体计数和重量计数两种抽样计数方法具有同等效力。

（2）抽样检验达不到各项技术要求的判断定为不合格，不合格苗种不应销售和起运。

（3）若对检验方法和技术结果有异议，应由生产和购买双方协商重新抽样复检，并以复检结果为准。

三、苗种运输

扇贝的运输，一般采用干运法，运输的时间不宜超过 6 h。运输中应注意以下问题：

（1）运苗应在早、晚进行，长时间运苗时，应选择在夜间运输。

（2）在运苗前应提前将海带草用海水充分浸泡，装苗前，先用海水将车、船冲刷干净，然后铺上海带草。

（3）装苗时应一层海带草、一层贝苗，最上层多放些海带草。装完后，用海水普遍喷洒一次直到车底流下清水为止。喷洒海水的作用，一是降低温度，二是冲刷采苗袋上的泥和杂质，然后盖上篷布。篷布和苗之间留有空隙，保持空气流通，避免篷布挤压贝苗，有条件可用双层塑料袋装冰少许，以保持低温和湿度。

（4）运输贝苗前应收听天气预报，组织好人员，做好各项准备，苗运到后应立即装船挂苗，尽量缩短干露时间。雨天或严冬季节一般不适合苗种运输。

第十节　扇贝苗的中间育成

贝苗的中间育成又称贝苗暂养，它是指壳高 0.5～1 cm 的商品苗育成壳高 2～3 cm 幼贝（亦称贝种）的过程。0.5～1 cm 的商品苗不能直接分笼养成，必须经过中间培育。中间培育是缩短养殖周期的关键，应做到及时分苗、合理疏养、助苗快长。暂养水层一般在 2～3 m。暂养期间要经常检查浮缆、浮球、吊绳、网笼等是否安全，经常洗刷网笼，清除淤泥和附着生物。

一、贝苗中间育成的一般方法

（1）暂养海区。应选择水清流缓、无大风浪、饵料丰富的海区或利用养成扇贝的海区。

（2）暂养时间与分苗。当贝苗达到 0.5 cm 以上时，就可用筛将 0.5 cm 以上者筛在笼内暂养 1～2 个月，壳高达 2 cm 以上，应筛选分苗，入养成笼养成。早分苗是缩短养殖周期非常重要的措施。

分苗时应尽量在室内或搭篷内操作，防风吹、日晒。筛的（网目可大于养成笼目）动作要轻，应在有水条件下筛苗，避免贝苗受伤死亡。应经常更换海水，水温不要超过 25℃，保持水质新鲜。分苗时要捡去敌害生物。

海湾扇贝在 7 月下旬至 8 月上旬暂养结束。

（3）中间育成的方法：主要有网笼、塑料筒和育苗袋育成三种方法。

1）网笼育成。圆形网笼，直径 30 cm 左右，分为 6～7 层，每层间距 15 cm，网目为 4～8 mm。壳高小于 1.5 cm 的苗种，每层放 500 个；壳高大于 1.5 cm 的苗种，每层放 200～300 个。一根长 60 m 的浮缆可挂 100 笼。

2）塑料筒育成。塑料筒长 80 cm，直径 25 cm，用网目 4～8 mm 的网片包扎筒的两端。每筒放壳高小于 1.5 cm 的苗种 1 000 个,或放壳高大于 1.5 cm 的苗种 300~500 个。每 3 个筒为一组,一根长 60 m 的浮绳可挂 50 组。挂于 1.5 m 深的水层。

也有将上述塑料筒钻孔,孔径 1 cm,孔距 5 cm,行距 10 cm。可以增加水流交换机会,适于培育较大苗种。

3)网袋育成。这种方法利用自然海区半人工采苗袋或人工育苗过渡的网袋,长 40~50 cm,宽 30~40 cm,网目大小为 1.5~2 mm。每袋可装 300~500 个,每串可挂 10 袋,每根浮绳可挂 100~120 串。

二、扇贝套网笼育成法

扇贝套网笼育成法是利用大网目养成笼,外套小网目廉价的聚丙烯挤塑网。将扇贝提前稀疏分苗,从而促进了扇贝生长,提高了产量,并适时将外套脱掉,清除了笼外附着物,节省了小网目养成笼,减少了分笼次数,降低了劳动强度,增加了经济效益。

套网笼法是扇贝个体小于养成笼网目(2.5~3 cm)而大于外套网目(1~1.2 cm)时,便将扇贝提前稀疏分苗,改变了过去先在小网目网笼中高密度放养,然后逐渐稀疏到大网目网笼中养成的传统方法,充分发挥扇贝个体生长潜力。特别是海湾扇贝,由于生长快,生长期短,足丝不发达,在笼或袋中分布不均匀,往往堆积在一起,影响成活与生长。

套网笼养减少了分笼次数,可一次分苗,一次养成,提高扇贝成活率 5% 以上。套网笼养不仅可清除网笼上的附着物,而且因不倒笼、晒笼,延长了养成笼的寿命。

第十一节　扇贝的筏式养殖

一、海区的选择

海区的选择需要考虑以下几个方面:

(1)底质:以平坦的泥底或砂泥底为最好,稀软泥底也可以。凹凸不平的岩礁海底不适合。底质较软的海底,可打橛下筏,而过硬的砂底,可采用石砣、铁锚等固定筏架。

(2)盐度:扇贝喜欢栖息于盐度较高的海区。河口附近,有大量淡水注入,盐度变化太大的海区是不适合养殖扇贝的。

(3)水深:一般选择水较深的海区,大潮干潮时保持水源 7~8 m 的海区,养殖的网笼以不触碰海底为原则。

(4)潮流:应选择潮流畅通而且风浪不大的海区。一般选用大满潮时流速在 0.1~0.5 m/s,设置浮筏的数量要根据流速大小来计划。流缓的海区,要多留航道,加大筏间和区间间距,以保证潮流畅通、饵料丰富。

(5)透明度:海水浑浊、透明度太低的水域不适合扇贝的养殖。应选择透明度终年保持在 3 m 以上的海区为宜。

(6)水温:一般夏季不超过 30℃,冬季无长期冰冻。因种类不同,对水温具体要求不一。华贵栉孔扇贝和海湾扇贝系高温种类,低于 10℃生长受到抑制。虾夷扇贝系低温种类,夏季水温一般不应超过 23℃。

(7)水质:养殖海区无工业污水排入,无工业和生活污染的海区。

(8)其他:水肥,饵料丰富,灾敌害较少。

二、浮筏的结构和设置

养殖扇贝浮筏的结构和设置与贻贝养殖大体相同,目前多采用单式筏子,详见第七章。

三、养殖器材

养殖器材以亩为单位计算。每亩除需浮绠、橛缆、浮球等外,还需有养殖笼或养殖筒等养殖容器以及吊绳等,有关养殖器材种类、数量等详见表8-18。

表8-18　每亩养殖面积所需器材一览表

种类	规格	重量(kg)	数量	折旧(年)	备注
聚乙烯浮绠 聚乙烯橛缆	1.8～2 cm,2 500～3 000 股 1.8～2 cm,2 500～3 000 股	63.0 69.6	4根 8根	5 5	每根长 60 m 每根长 60 m
水泥砣子	由石块、砂、水泥浇铸而成,重 1 000～2 000 kg		8个	5	风浪大海区可设双砣,也可使用橛子代替砣子,橛长 80～200 cm,直径 15～20 cm
浮球	塑料,直径 30～35 cm		320 个	5	
吊绳	120 股直径约 4 mm	50.0	400 根	3	每只网笼吊绳长 5 m
网笼（聚乙烯）	网目 2 cm,盘直径 30 cm,6～10 层,层间距 15～20 cm		400 个	4～5	
套网(挤塑)	网目 1～1.3 cm		400 个	1	
缝线	直径 1 mm		1		
绑浮球绳	90 股	5.4		5	

四、方式

(1)笼养。它是利用聚乙烯网衣及粗铁线圈或塑料盘制成的数层(一般 5～10 层)圆柱网笼。网衣网目大小视扇贝个体大小而异,以不漏掉扇贝为原则。可采用 8 号或者更粗的铁丝做原料制成直径 30～35 cm 的圆圈或者用孔径约 1 cm 的塑料盘做成隔片。层与层之间间距 20～25 cm。笼外用网衣包裹,便构成了一个圆柱形网笼,网笼每层一般放养栉孔扇贝贝苗 30 个左右。每亩可养 400 笼。悬挂水层 1～6 m。海湾扇贝和虾夷扇贝无足丝,海湾扇贝每层 25～30 个,虾夷扇贝每层 15～20 个。

在生产中为了助苗快长可在养成笼外罩孔径为 0.5～1 cm 的聚丙烯挤塑网。这种方法把暂养笼和养成笼结合起来,有利于提高扇贝生长速度。

笼养法养殖扇贝,生长较快,可以防止大型敌害,但易磨损,栉孔扇贝也因无固定附着基,影响其摄食、生长,个体相互碰撞。此外,笼上常常附着许多杂藻和其他污损生物,需要经常洗刷,而且成本较高。

(2)串耳吊养。又称耳吊法养殖。该法是在壳高 3 cm 左右扇贝的前耳钻 2 mm 的洞穴,利用直径 0.7～0.8 mm 尼龙线或 3×5 单丝的聚乙烯线穿扇贝前耳,再系于主干绳上垂养。主干绳一般利用直径 2～3 cm 的棕绳或直径 0.6～1 cm 的聚乙烯绳。每小串可串几个至十余个小扇贝。串间距 20 cm 左右。每一主干绳可挂 20～30 串。每亩可垂挂 500 绳左右。也可将幼贝串成一列,缠绕在附着绳撒上,缠绕时将幼贝的足丝孔都要朝着附着绳的方向,以利扇贝附着生活。也有每串 1 个,将尼龙线或聚乙烯用钢针缝入附着绳中。附着绳长 1.5～2 m,每米吊养 80～100 个,筏架上绳距 0.5 m 左右,投挂水层 2～3 m。每亩挂养 10 万苗。

串耳吊养一般在春季 4～5 月份进行,水温 7℃～10℃,水温太低或过高对幼贝均不利。目前多采用机械穿孔,幼贝的穿孔、缠绕均应放在水中进行,操作中要尽量缩短干露时间。穿好后要及时下海挂养。

串耳吊养的扇贝不能小于 3 cm,小个体扇贝壳薄小,操作不易,而且易被真鲷、海鲫等敌害动物吃掉。

串耳吊养生产成本低,抗风浪性好。扇贝滤食较好,所以生长速度快,鲜贝能增重 25% 以上,干贝的产量能增加约 30%。但是,这种方法扇贝脱落率较高,操作费工,杂藻及其他生物易大量附着,清除工作较难进行。

此外,也有利用旧车胎作为扇贝附着基。将串耳的扇贝像海带夹苗一样一个个地均匀夹在或缠在旧车胎上,然后吊挂在浮筏下养殖。

(3)筒养。它是根据扇贝的生活习性特点和栖息自然规律而试行的一种养殖方法。筒养器(壁厚 2～3 mm)直径 27～30 cm,长 85～90 cm。筒两端用网目 1～2 cm 的网衣套扎。筒顺流平挂于 1～5 m 的水层中,每筒可放养幼贝数百个。

筒养有许多优越性:扇贝在筒内全部呈附着生长状态,符合其生活习性,可以防止杂藻丛生。由于筒内光线较暗,藻类植物得不到生长繁殖的必要条件,扇贝不至于受杂藻附着而影响生长。因此,贝壳较新鲜干净,可减少洗刷和贝清除次数。扇贝在阴暗条件下,滤水快,摄食量大,生长快。此法尤其对小贝生长较有利。筒养的缺点是成本高,需浮力大。

(4)黏着养殖。其他养殖方法由于波浪引起的动摇而使扇贝不规则的滚动,常常会使贝与贝之间发生冲击和损坏;此外,由于绳索和养殖笼中附着的动、植物,消耗营养盐,吃掉扇贝生长不可缺少的浮游生物,往往造成扇贝营养不良。采用黏着剂将扇贝粘在养殖器上的养殖方法,就可除掉上述的不利因素。

黏着养殖采用环氧树脂做黏着剂,将 2～3 cm 的稚贝一个个黏着在养殖设施上。此法扇贝生长较快,并可避免在耳吊和网笼内的扇贝因风浪、摩擦造成的损伤。这种方法除了操作麻烦的缺点外,很有普及和应用的前景。该法在日本 1975 年开始实验。其结果与圆笼养殖相比较,成活率从 80% 提高到 88.9%,即提高近 10%,而且壳长的平均增长率(生长速度)和肥满度也大为增加。如果用这种方法养殖扇贝,则可比笼养方式提前半年甚至 1 年的时间上市,而且死亡很少,几乎没有不正常的个体,其缺点是黏着作业太费事,需要把小扇贝一个个取下来再用黏着剂粘在养殖器上。

(5)网包养。它是利用网目 2 cm,横向 30 目、纵向 35 行的网片,四角对合而成。先缝合三面,吊绳自包心穿入,包顶与包底固定,顶底相距 15 cm,包间距 7 cm,每吊 10 包,每包装 20 个扇贝,每串贝苗 200 个,挂于筏架上养成,挂养水层 2～3 m。

五、养成管理

(1)调节养殖水层。网笼和串耳等养殖方法,养殖水层要随着不同季节和海区适当地调整。春季可将网笼处于 3 m 以下的水层,以防浮泥、杂藻附着。夏季为防贻贝苗的附着,网笼可以降到 5 m 以下的水层。但严禁网笼沉底,以免磨损和敌害侵袭。

(2)清除附着物。附着生物不仅大量附着在扇贝体上,还大量附着在养殖笼等养成器上。附着生物的附着给扇贝的养成生长造成不利影响,附着生物与扇贝争食饵料,堵塞养殖笼的网目,妨碍贝壳开闭运动,水流不畅通,致使扇贝生长缓慢。因此,要勤洗刷网笼,勤清除贝壳上的附着物。当除掉固着在扇贝上的藤壶类时,应仔细小心,防止扇贝本身受到很大冲击,损伤贝壳和软体部。清除贝壳及网笼上的附着物时,需提离水面,因此,应尽力减少作业次数和时间,避免在严冬和高温条件下进行这一工作。

(3)确保安全。在养成期间,由于个体不断长大,需及时调整浮力,防止浮架下沉。要勤观察架子和吊绳是否安全,发现问题及时采取措施补救。

防风是扇贝养殖中一项重要工作,狂风巨浪会给扇贝养殖带来巨大损失。夏季、严冬,特别是大潮汛期间,遇上狂风,最易发“海”,应及时收听气象广播,采取防风措施,必要时可采取吊漂防风和坠石防风。前者是把一部分死浮子改为活浮子,后者是用沉石系在筏身上,枯潮时保持筏身不出水面(见贻贝养成)。

(4)换笼。随着扇贝的生长,附着和固着生物的增生,水流交换不好,因此,应及时做好更换网笼和筒养网目的工作。

(5)严格控制养殖密度。网笼养殖每层养殖扇贝一般不超过 30 粒,每亩可挂养 10 万粒左右。

六、改进养殖技术提高产量

(1)扇贝与海藻套养。海带或裙带菜采取筏间浅水层平挂,栉孔扇贝筏下垂挂。其理论根据与主要技术参见贻贝的养殖。

(2)扇贝与对虾混养。在对虾池中混养一定数量的海湾扇贝,不仅可净化虾池的水质,而且有利于虾池中浮游生物转化成扇贝的蛋白质,扇贝加工的副产品——干贝边子又是对虾的良好饵料。可使贝虾两旺。

海湾扇贝地播养殖是虾池混养扇贝的主要方式之一。地播不需要增加设备。每亩放养 2 万～3 万个。地播底质要求硬、泥少砂多的泥砂底。一般地播的海湾扇贝苗种壳高 1.5～2 cm 为好。地播中应留出投饵区,地播面积 1/3 左右。虾池养扇贝大约只有 3 个月的时间,但在 10 月份收虾时,扇贝平均壳高能达到 5 cm 以上,出柱率比较高,平均能达到 11%～13%。成活率可达 80%～90%。

(3)扇贝与海参混养。栉孔扇贝与刺参(*Apostichopus japonicus*)混养也是一种增产手段。以网笼养殖栉孔扇贝为主,除了正常的放养密度外,再在每层网笼养1～2头海参,这样亩产干参15 kg。刺参吃食杂藻,可以起到清洁网笼的作用,甚至扇贝的粪便也是刺参的良好饵料。刺参与扇贝同入暂养笼和养成笼,无须增加养殖器材。贝参混养为刺参的养殖也打下了良好的基础。

(4)扇贝与海藻轮养。这是根据海湾扇贝与海带生产季节的不同,利用同一海区浮缦,一个时期养海湾扇贝,另一时期养海带。

海湾扇贝生长速度快,从6月份分苗,至11月份便可收获,而海带是每年11月份分苗,次年6月份收获,因此,同一海区,能使用90%面积实行轮养,约10%面积供作生产周期短暂重叠时机动用。轮养既可改善海区环境,又可充分利用海上浮筏设施,提高生产效益。

(5)地播粗养。将幼贝直接撒播在选好的海区中粗放养殖。为了增加地播效果,应将地播海区中海星、红螺及其他敌害清除出去。目前只用于栉孔扇贝和虾夷扇贝养殖。地播的扇贝大都附着在石砾、贝壳及其他物体上。这种方法虽然操作简便,但贝苗损失较大,扇贝容易流失,移向他处。从增殖和半人工采苗的角度上,地播粗养对增加扇贝生产是一项积极的措施。目前地播养殖很成功而且效益明显,大连长海县獐子岛的虾夷扇贝地播养殖,取得了良好的效果。

第十二节　扇贝收获与加工

一、收获

栉孔扇贝的产品主要是其闭壳肌,考虑收获时间应选择扇贝较肥的季节,并使扇贝能得到产卵繁殖的机会,近海的栉孔扇贝繁殖期在5～6月份,在外海繁殖期为6～7月份,捕捞大小应限定在体高6 cm以上(含6 cm)。一般不超过9～10 cm。因为老成个体生长速度慢,甚至有少数个体将衰老死亡。海湾扇贝捕捞规格为壳高5 cm以上(含5 cm)。

二、加工

1.干贝加工

干贝的加工过程简单,用左手执扇贝,使它的右壳在上,然后用右手执刀从足丝孔深入两壳之间,把闭壳肌和右壳相连的部分切断,这时贝壳即开张,把右壳去掉,随后将扇贝翻开,使肉体向上,把外套膜及内脏去掉,最后用刀将闭壳肌从左壳上割下。

闭壳肌取下后,用海水洗一下,然后放入煮沸的海水中。闭壳肌放入水中后不要搅动(搅动后闭壳肌成扁平状,形成次品),待水又开后,取出来,摘除足部肌肉、杂质,再放到海水中洗一下,捞出放在筐栅上控干、晒干。

干贝加工中应注意的问题:

(1)干贝加工前后必须用海水洗。洗可以去掉黏膜、杂质,保持漂亮的光泽。干贝漂亮与否,关键在洗(煮后不用海水洗则成灰色,不好看)。

(2)干贝表面平滑为好。平与不平关键在煮,若煮轻了,干贝四周高起中央低,若太过火了,干贝则产生破裂现象,所以火候要合适。在煮闭壳肌时,不要搅动。

(3)晒时要大小分开(小的易晒干、大的难晒干)。要频翻勤扫,否则易形成松树篓状。晒时要求风流畅通,否则易形成一层硬膜,闭壳肌内部不干,易变质,也易产生龟裂。

干贝的色泽以淡黄色为好,产生次色原因是在较潮湿的地面上晒或捂得不好,因此在加工过程中,要严格检验,确保加工质量。

此外,干贝加工的油汤,加上佐料可制成干贝精油。

干贝产量的高低与其肥瘦有关,在繁殖期临前捕扇贝加工,25 kg 带壳鲜扇贝可加工 0.75 kg 干贝,7 月中、下旬～9 月份,25 kg 可出 0.6～0.65 kg 干贝,10 月份 25 kg 鲜贝只出 0.4～0.45 kg 干贝。从个体来讲,出干贝多少与个体大小有关。一般高者 250～270 个扇贝可出 0.5 kg 干贝。

干贝加工后,常常有损于原味,是其缺点。

2. 扇贝罐头

将鲜活扇贝用不锈钢刀开壳取下闭壳肌,用海水漂洗干净,然后预煮。要注意预煮不要过度,开锅即可捞出。捞出后迅速用流动水冷却,装罐,固形物(指闭壳肌)与汤的比例为 6∶5,并加食盐、味精,调好酸碱度;封罐,钩合要严密;高温达 120℃以上进行高温灭菌;冷却至常温,进行罐头标准检查;最后商品入库。

3. 鲜冻扇贝柱

将新鲜扇贝表面上的浮泥洗刷干净。用不锈钢刀开壳取出闭壳肌。去掉内脏团和外套膜。用干净海水将闭壳肌漂洗干净。沥水 5 min,再用乳酸浸泡 0.5 min。直接装盘在 -20℃下进行速冻。冰块厚度不要超过 5 cm。用这种方法加工出的扇贝柱(闭壳肌)冻块,保鲜效果好,运输方便。鲜冻扇贝柱加工过程中,禁止使用淡水浸泡,以防影响扇贝柱应有的鲜度和味道。

4. 扇贝调味品

将扇贝加工后的副产品——外套膜、生殖腺,经发酵后加工成美味的海鲜调味品。

此外,扇贝还可加工成熏制扇贝、调味烤扇贝等具有不同风味的扇贝制品。

5. 扇贝糖蛋白

扇贝糖蛋白为栉孔扇贝剥取扇贝柱(干贝)后的软体部分(即扇贝边)中分离纯化所得的栉孔扇贝糖蛋白,对小鼠移植性 S_{180} 肉瘤有较显著的抑制作用,抑瘤活性与分子中糖链的结构有关。

复习题

1. 我国养殖扇贝的主要种类及其形态和分布。
2. 栉孔扇贝消化系统和生殖系统与牡蛎、贻贝的有何不同?
3. 扇贝的生态习性如何?
4. 栉孔扇贝的食料组成有何特点?
5. 扇贝的主要敌害有哪些?
6. 常见的扇贝疾病有哪些?

7. 举出四种养殖扇贝的繁殖水温和繁殖季节。

8. 影响扇贝生长的因素都有哪些？

9. 栉孔扇贝半人工采苗常用的采苗器有哪几种？

10. 采苗袋采苗技术有何优越性？

11. 影响采苗袋和采苗笼采苗质量的因素有哪些？

12. 扇贝半人工采苗预报的方法如何？

13. 扇贝加温人工育苗应遵循哪些原则？试述育苗的过程和方法。

14. 如何进行出池稚贝的定量计数？

15. 稚贝海上过渡的方法以及提高其保苗率的技术措施有哪些？

16. 试述我国扇贝育种研究的现状。

17. 扇贝商品苗种抽样计数方法如何、在苗种运输中应注意哪些问题？

18. 试述扇贝中间育成的方法、扇贝套网笼育成的优点。

19. 扇贝的养成形式有哪几种？

20. 干贝加工的过程应注意哪些问题？

21. 解释下列术语：

①干贝　②干贝边子　③贝藻轮养　④采苗袋　⑤性腺指数

第九章　贻贝的养殖

贻贝(mussel)俗称海红,又名壳菜,其干制品叫"淡菜"。贻贝的肉味鲜美,含有丰富的营养物质,蛋白质含量较高约占干肉中含量 53.5%,此外,尚含有大量的钙、磷、铁、维生素等物质。

贻贝营养成分有三个特点:

1)氨基酸种类多,含量高,约占干蛋白的 7% 以上,含有 8 种人体不能合成而又必需的氨基酸,即色氨酸、赖氨酸、亮氨酸、异亮氨酸、缬氨酸、苯丙氨酸、苏氨酸和蛋氨酸。

2)不饱和脂肪酸含量很高,约占鲜品的 0.92%,其中二十碳四烯酸有防止有机物凝固的作用。

3)B 族维生素十分丰富,其中有能治眼病的 B_2(核黄素),能治贫血的 B_{12}(钴氨酸)等。

贻贝的营养价值仅次于鸡蛋,但比一般鱼、虾肉都高,而且容易消化吸收,因此,又有"海中鸡蛋"之称。

贻贝还是一种疗效较高的药用滋补品,可以治疗动脉粥状硬化、高血压及地方性甲状腺肿等疾病。我国南方通用于治疗身体虚弱及妇女产后滋补等。

贻贝可以鲜食和加工成淡菜,也可制成各种类型罐头。贻贝加工的肉汤,可以制成美味可口的贻贝油。贻贝的贝壳可做电石、纽扣、贝雕、石灰、饲料和肥料。

贻贝对沿海工业和航运事业有一定的危害,能堵塞冷却水管道,影响工厂生产。它大量附着在船底、浮标上,降低船只、军舰航行速度,使浮标下沉。因此,养殖贻贝海区最好在离开港湾和城市稍远的地方。

贻贝的养殖事业,国际上最早起始于法国,在 1235 年便利用插桩式养殖贻贝。此种养殖方法的发明首推爱尔兰水手帕特里克(Patrik)、沃尔顿(Walton)。在我国很早便开始了对贻贝的采集、利用和加工,1958 年,首先在辽宁、山东、福建、广东等地开始了贻贝的养殖试验,1974 年在人工育苗成功的基础上,又解决了自然海区贻贝半人工采苗技术问题,使贻贝养殖业在我国形成了稳定的产业,养殖技术较为完善。到 2002 年全国贻贝的养殖面积达 19 214 ha,全国贻贝产量达 663 866 t。

从养殖角度上,贻贝具有许多有利于养殖的特性:

1)对温度、盐度适应范围广、可塑性大。贻贝的耐温范围为 $-2℃ \sim 28℃$,耐寒性强,甚至在低温下冷冻数小时,肉质部结成薄冰,逐渐升温后,仍能生活。贻贝南移我国浙江、福建和广东,取得了成功,说明了它对高温适应能力也较强。贻贝对盐度适应范围为 18 ~32,因此,不仅高盐度海区,甚至河口附近也可养殖。

2)耐旱力强。在夏天贻贝干露可耐 1~2 d 不死。冬天干露,可耐 3~4 d。实验证明贻贝在气温 13℃~15℃ 条件下,阴干 60 h 仍能正常生活,所以在苗种运输过程中,只要保持一定湿度,成活率可达 100%。

3)抗污力强。贻贝对环境适应能力强,在渔港、码头、油渍污物较多情况下,仍能生长良好。

4)抗风力强。贻贝的足丝具有很强的韧性,养殖的贻贝除非附着基不牢,一般不易被风浪打断。

5)群聚习性。贻贝喜群聚附着生活,多互相附着。群聚给贻贝筏式高密度养殖提供了有利条件。

6)生长快、产量高。贻贝生长一年便可达到商品规格,养殖周期短。产量高,一般亩产3 000～5 000 kg,效益显著。

7)繁殖力强。一年两次繁殖期,可以保证每年有两批苗,因而可以获得大量养殖所需的苗种,可以开展两茬作业。

综上所述,贻贝具有许多有利于养殖的特性,是非常有发展前途的养殖种类。

第一节　养殖贻贝的主要种类和形态

贻贝隶属于瓣鳃纲(Lamellibranchia),翼形亚纲(Pterimorphia),贻贝目(Mytiloida),贻贝科(Mytilidae)的贝类。

贻贝营足丝附着生活。壳顶位于前端,无水管,有不发达的足部。养殖的主要种类有贻贝、翡翠贻贝和厚壳贻贝。

1. 贻贝(*Mytilus edulis* Linnaeus＝*Mytilus galloprovincialis* Lamarck)(图 9-1-A)

俗称海红,肉干制品称淡菜。壳呈楔形,前端尖细。壳顶近壳的最前端。壳长不及壳高的两倍。壳腹缘直,背缘成弧形,后缘圆而高。壳皮发达,壳表黑褐色或紫褐色,生长纹细而明显。壳内面灰白色而边缘部分为蓝色。铰合部较长,铰合齿不发达。韧带深褐色约与铰合部等长。外套膜二孔型。外套痕及闭壳肌痕明显。前闭壳肌痕极小,位于壳顶内面的腹侧,后闭壳肌痕很大,卵圆形,与前方的足丝收缩肌痕相连。足丝细而软,淡褐色。

2. 翡翠贻贝(*Perna viridis* (Linnaeus))(图 9-1-B)

又称翡翠股贻贝,贝壳较大,长度约为高度的两倍,壳顶喙状,位于贝壳的最前端。腹缘直或略弯。壳顶前端具有隆起肋。壳表翠绿色,尤以边缘最明显,壳前半部常呈绿褐色。生长纹细密,贝壳内面有金属光泽。铰合齿左壳2个,右壳1个。无前闭壳肌痕,后闭壳肌痕大,位于壳后端背缘。足丝淡黄色,较细软。

3. 厚壳贻贝(*Mytilus coruscus* Gould)(图 9-1-C)

贝壳大,长度为高度的两倍,为宽度的三倍左右。壳呈楔形,壳质厚。壳顶位于壳的最前端,稍向腹面弯曲,常磨损呈白色。贝壳表面由壳顶向后腹部极凸,形成一个隆起面。两壳的腹面部分突出形成一个棱状面。壳皮厚,黑褐色,边缘向内卷曲成一镶边。壳内面紫褐色或灰白色,具珍珠光泽。壳顶具2个小主齿。前闭壳肌痕明显,位于壳顶后方。

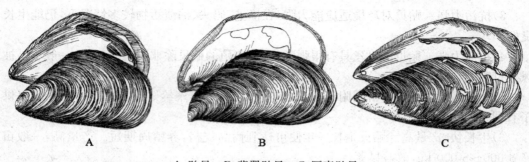

A. 贻贝　B. 翡翠贻贝　C. 厚壳贻贝

图 9-1　贻贝外形

第二节　贻贝的内部构造

一、外套膜

两孔型,外套膜除在背侧相连外,还在后端有一愈合点,形成了鳃足孔(入水孔)和出水孔。海水经入水孔进入体内,利用鳃进行呼吸和摄食,废水和粪便等经出水孔排出体外。

外套膜由内、外二层表皮和结缔组织及少量肌肉纤维组成。外套膜边缘上还有色素和各种感觉器官,对外界刺激感觉灵敏。外套膜上分布着外套血管,是前大动脉分支。血液在此形成外套膜循环。贻贝的生殖腺扩展到外套膜中,繁殖期外套膜变得肥厚而不透明。

贻贝有两个闭壳肌。前闭壳肌位于口的前下方,退化。后闭壳肌较粗大,位于出水孔前方(图 9-2)。

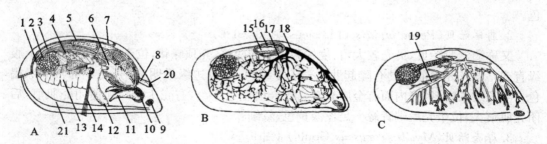

A. 去贝壳及右侧外套膜　B. 循环系统　C. 外套膜生殖管

1.肛门　2.后闭壳肌　3.直肠　4.后缩足肌　5.心脏　6.胃　7.消化盲囊　8.食道
9.前闭壳肌　10.口　11.唇瓣　12.足　13.鳃　14.足丝　15.心耳　16.心室
17.前外套动脉　18.前大动脉　19.生殖管　20.前缩足肌　21.外套膜

图 9-2　贻贝内部构造

二、足和足丝

贻贝的足呈棒状,一般呈紫褐色,位于内脏团腹面稍偏前方。足的背侧有几束肌肉牵引着,斜向前方的(左、右各一束)为前足丝收缩肌,中间的一束为缩足肌,斜向后方的有两束中足丝收缩肌和两束后足丝收缩肌。这些肌肉伸缩,使足做各种运动。贻贝的足是短距离爬行、探索和分泌足丝的器官。贻贝足充分伸展其长度可超过壳长。足基部后下方有分泌足丝的足丝腺,其开口为足丝孔。足的腹面有一条沟,称足丝腔。贻贝进行附着时,先伸出足进行探索,找到适宜附着基时,足丝腺便可分泌足丝液,足丝液经足丝腔的上皮细胞与海水相遇,变成足丝,用以附着在附着基上。

三、消化系统

(1)口:位于体前端,为一简单的横裂孔。口外包有上唇和下唇。口唇的外侧挂着一对内唇瓣和一对外唇瓣。内、外唇瓣相向一面具沟脊,相背一面表面光滑。

(2)食道:为一短管,是食物颗粒进入胃内的通道(图9-3)。

(3)胃:为一长囊状物,胃壁薄,内壁有脊和沟形成的褶皱。胃不能分泌胃液,胃的四周包有一对消化盲囊,并有管道通入胃。

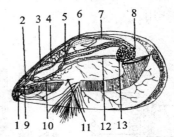

1.口　2.食道　3.胃　4.消化盲囊　5.肠
6.心室　7.直肠　8.肛门　9.脑神经节
10.脑足神经索　11.足神经节
12.脑脏神经索　13.脏神经节

图9-3　贻贝的消化系统和神经系统

(4)肠:接于胃后,延至后闭壳肌上方向右前方扭转,向前伸延到胃的后上方时,向左下方弯转,从胃的左侧向前伸延,至胃的前方,再向后下方延伸,成为直肠。直肠穿过心室。肛门开口于后闭壳肌的后上方。

(5)晶杆:胃的末端左侧突出成晶杆囊。晶杆囊的上皮细胞分泌物凝结成为一条半透明的晶杆。晶杆囊上皮细胞具纤毛,纤毛不断摆动,使晶杆不断旋转。晶杆的末端插入胃内与胃楯摩擦,渐渐被溶解而释放出酶来,将食物消化。晶杆的旋转也起搅拌胃含物的作用。

四、循环系统

(1)心脏:心室长囊形,两侧连着一对薄壁的心耳。心脏搏动的频率主要受温度及某些环境因子变化的影响,控制心脏搏动的神经是由脏神经节派生的。心室包在直肠的周围。围心腔中充满了围心腔液,使心脏呈悬浮状态,保护心脏免受摩擦和挤压。

(2)血管:开管式循环,动脉与静脉是由血窦衔接的。从心室出来的血管为前大动脉,并由此分为2支动脉(图9-2-B),1支流进身体各处的动脉和血窦中,输送营养及氧气,另1支进入外套膜,进行气体交换。大静脉内的血液在肾内过滤后,一部分流回心脏,其余的血液经入鳃血管,流入鳃内,在鳃内交换气体后,再由出鳃血管流回心耳,回归心室。

(3)血液:无色,由血球和血浆组成。血浆的成分和理化性状,与周围环境中海水成分类似,血球不但能做变形运动,而且有吞噬作用。

五、呼吸系统

鳃是主要的呼吸器官,其次外套膜也有辅助呼吸的功能。

鳃呈 W 字形,左、右各 2 片,位于外侧的一片称外鳃瓣,内侧的一片称内鳃瓣。下行板与上行板之间由板间联结相连(图 9-4-A)。鳃丝间由纤毛盘相互连结(图 9-4-B)。这些纤毛摆动,起着激动水流、过滤与输送食物的作用。鳃基部中央的鳃轴内,有 1 条入鳃血管,血液由入鳃血管经鳃丝,汇集到鳃瓣上行板游离缘的出鳃血管。在下行板与上行板反折处有一食物输送沟。所以,贻贝的鳃除了呼吸作用外,也是滤食器官。此外,随着水流和纤毛运动,还能将排泄物、生殖产物等排出体外。因此,鳃在排泄和生殖方面也起到一定的作用。

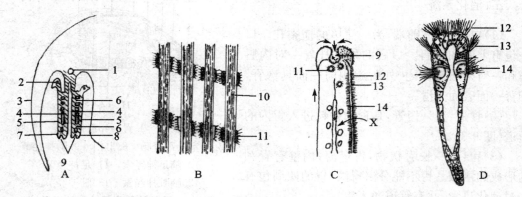

A. 鳃腔横断面　B. 鳃表面放大图　C. 鳃丝侧面图　D. 鳃丝横断面图
1. 入鳃血管　2. 出鳃血管　3. 外套膜　4. 下行鳃板　5. 上行鳃板　6. 板间联结　7. 外鳃瓣
8. 内鳃瓣　9. 食物沟　10. 鳃丝　11. 纤毛盘　12. 前纤毛　13. 侧前纤毛　14. 侧纤毛
X 示水流方向　→示纤毛摆动方向
图 9-4　贻贝鳃的构造

六、排泄系统

肾脏和围心腔腺均是贻贝的排泄器官。

肾脏 1 对,呈褐色,位于围心腔的腹面、两鳃的基部,前端几乎始于胃的前端,后端止于后闭壳肌的膜面。肾脏由肾小管组成。肾小管末端闭塞成盲囊,是过滤由血液带来的代谢产物的主要部分。肾脏内有 1 纤毛孔与围心腔相通,对外有 1 排泄孔,位于排泄乳突上。

围心腔腺又名开伯氏器官(Keber's organ),位于心耳上,是一种分支状腺体,能将排泄物排入围心腔中,经肾围心腔之间管道进入肾脏,经肾生殖孔排出体外。

七、生殖系统

一般为雌雄异体,雌雄同体极少。有 1 对生殖腺,位于内脏团内,随着生殖腺的发育,逐渐扩展到腹崎内以及两侧外套膜内;生殖腺充分成熟时,可占软体重的 60% 以上。成熟时雄性生殖腺通常呈乳白色或淡黄色,雌性呈褐红色或杏黄色。雌雄同体者外套膜一部分呈黄色,另一部分呈褐红色,也有全是黄色,能同时或先后分别排放精、卵。

贻贝的生殖腺由许多呈树枝状的生殖管、泡囊和生殖输送管构成。生殖管和泡囊均是产生精、卵的组织。生殖输送管以及生殖管具有输送生殖细胞的功能。生殖输送管左、右各1条,其末端开口于内脏团后端两侧鳃基部的突起上,称为肾生殖乳突。成熟的精、卵和肾脏排泄物,均由此孔排出。

八、神经系统

贻贝的神经系统由3对神经节和彼此相连的神经索组成(图9-3)。

(1)脑神经节:1对,位于食道腹面的两侧,在食道的背面以横的神经相接,形成口神经环。脑神经节派生出的神经分布到身体前端,控制唇辩、前闭壳肌、外套膜等活动。脑神经节与足、脏神经节之间,有神经连索相连。

(2)足神经节:位于足基部内前方,收足肌的下面,足丝收缩肌的背面,左、右各1个,彼此靠得很近,该神经节呈橘红色。每个足神经节发出5条神经,即脑足神经连索、足神经各1条,其余3条均较细弱,由神经节的后方发出。

(3)脏神经节:左、右各1个,位于后闭壳肌的腹面,两神经节之间有神经连索相连。两侧脏神经节各有一条脑脏神经连索与脑神经相连。脏神经节派生出许多神经到外套膜、鳃等部位,控制内脏的活动。

贻贝的感觉器官不发达,无眼点,但在外套膜边缘上和唇瓣上分布着许多感觉细胞,对外界环境的变化和刺激感受灵敏。

第三节　贻贝的生态

一、分布

贻贝科贝类种类较多,分布广,除少数种类生活于淡水中外,大多数生活于海中,寒、温、热三带均有分布。

(1)水平分布。贻贝科的水平分布,随种类而异。贻贝是高纬度、冷水性种类,分布自丹麦至西班牙的所有大西洋沿岸国家。在我国,只分布于黄、渤海。贻贝在我国人工南移后,在东海和南海某些海区也能生长和发育。厚壳贻贝分布于西北太平洋的日本北海道,朝鲜南部的济州岛,我国的黄海、渤海、东海和台湾等地。翡翠贻贝属暖水性种类,分布于印度洋东岸和西岸、菲律宾、马来西亚及西北太平洋,在我国只分布于东海南部和南海。

(2)垂直分布。贻贝科的种类垂直分布各不相同,一般自高潮线附近至水深100多米海区均有分布。贻贝自低潮线下至水深2 m附近较多,厚壳贻贝分布于低潮线下至水深20 m范围内,翡翠贻贝多分布于低潮线下1.5～1.8 m的水层中。黑荞麦蛤(*Vigmadula atrata* Lischke)仅生长在潮间带中下区。角偏顶蛤(*Modiolus* (*Modiolus*) *metcalfei* Hanley)多在低潮线附近出现。偏顶蛤(*Modiolus* (*Modiolus*) *modiolus* Linnaeus)栖息于水深数10 m至近百米的海底。

二、生活方式

贻贝是附着型贝类。它用足丝附着在附着物上生活。其栖息的首要条件是要有附着基。浅海中一些较硬的固体物都是贻贝良好的附着基。稚贝多附着在丝状物或丝状藻体上。幼贝和成贝主要附着在低潮线以下的岩礁或石砾上。贻贝还常大量地附着在码头、堤坝、船底和工厂进排水管道中,给航运和工业生产造成一定的影响。贻贝有群聚习性,常成群栖息生活。我们可根据它的附着特点,利用人工方法,向海中投放适宜的附着基,供幼虫附着变态,进行半人工采苗,从而获得贻贝养殖所需要的苗种。

三、对环境的适应能力

(1)水温:贻贝属于寒温带种类,对低温适应能力强。潮下带的贻贝在海水结冰数十天的情况下不会死亡。贻贝生长的适宜水温是 5℃～23℃,最适水温 10℃～20℃。在适温范围内,温度较低时有利于软体部的生长。温度较高则有利于贝壳的生长,特别是 5 cm 以下个体比较明显。5 cm 以上的个体在适宜水温范围内壳、肉生长并重,并有促进软体部生长的趋势(繁殖季节例外)。在最适水温内,贻贝的壳、肉生长比例比较接近。

贻贝在水温 5℃ 以下壳的生长逐渐停止。0℃时软体部停止增长。0℃ 以下鳃纤毛停止摆动,软体部逐渐消瘦。贻贝在水温 25℃ 以上,壳的生长逐渐迟缓,软体部停止生长,并开始消瘦;28℃ 以上开始出现死亡,30℃ 以上大量死亡;翡翠贻贝耐高温而不适低温,耐温范围为 9℃～32℃,适温 20℃～30℃。水温低于 9℃ 或高出 32℃;生活不正常。

(2)盐度:贻贝属于广盐性贝类,对盐度变化的适应能力较强,在盐度为 18～32 的海水中生长最好。翡翠贻贝在海水密度 1.009～1.023 范围内都能生活。

(3)水质:贻贝对水质要求不很严格,抗污力很强,在油污脏物较多的码头、渔港,都能正常生长,甚至在海水溶解氧低于 40 mg/L,氨态氮含量高于 400 mg/m³ 的恶劣条件下,仍可短时期生活。

(4)抗旱力:在夏天气温 27℃～30℃,贻贝干露可耐 1～2 d 不死,冬天干露 3～4 d,仍可正常生活。生活于低潮线附近的贻贝在大潮低潮时,虽暴露于空气中,受高温或寒冷影响,但均无妨碍。

(5)抗风力:贻贝足丝发达,具有韧性,一般在海中不易被风浪打断。

四、饵料

贻贝利用鳃滤食、选食海水中的微小生物以及有机碎屑等;经鳃过滤后,到达唇瓣,然后被送至口中。贻贝、翡翠贻贝、厚壳贻贝的食性基本上无大差别。食物种类中包括硅藻、原生动物、双壳类面盘幼虫及有机碎屑等。硅藻中有底栖性及浮游性种类,主要包括圆筛藻、舟形藻、直链藻、波状隔片藻、摄氏藻、扇形藻、中华箱形藻、布氏双层藻、翼根管藻等。双鞭毛藻则有角藻、甲藻和翅甲藻。原生动物中有砂壳纤毛虫和蛙鞭毛虫。此外,尚有一些桡足类的附肢、无节幼虫以及双壳类的 D 形幼虫等。贻贝的食物组成,有地区和季节性变化,随着海区浮游生物的变化而不同。食物大小为 10～30 μm 的浮游生物一般都能摄食,但大则近百微米,小则几个微米甚至有益微生物也都能摄食。贻贝口裂伸缩性很大,较大的饵料能够摄食,鳃表面有一层敏锐的感觉细胞和黏液细胞。黏液细胞分泌黏液将较小的食物包住。

贻贝滤食的性能是很强的,在常温下一个 50～60 mm 的贻贝每小时能过滤 3.5 L 海水,一个贻贝在 24 h 内能过滤 45.56 L 的海水。滤水量多少与取食关系密切。滤水量大,取食浮游生物等饵料机会多,因此,贻贝生长速度快是很自然的。

第四节　贻贝的疾病

1. 原生动物引起的疾病

北大西洋西部的贻贝有时感染一种单孢子虫类 *Chytridiopsis mytilovum*,贻贝(*Mytilus californianus*)中有肿胀单孢子虫(*Haplosporidium tumefacientis*)寄生。此病特点是贻贝的消化腺肿胀,消化腺的显著扩大是由这种寄生虫的多核质体引起的。

法国沿岸的贻贝鳃上寄生一种线簇虫 *Nematopsis schneideri*。在地中海中的贻贝体内有莱格线簇虫(*Nematopsis legeri*)寄生,波罗的海中的贻贝体内有大量的纤毛虫,如钩毛虫 *Ancistrocoma pelseneeri* 和 *Kidderia mytili* 等。

2. 吸虫引起的疾病

英国威尔斯的贻贝,在外套膜和全身组织中,有时寄生着大量的吸虫包蚴,包蚴内含有缺少尾部的尾蚴。这种包蚴含有橙色素,因而使贻贝呈橘红色。另外,在长岛有一种 *Cercaria milfordensis* 先寄生在贻贝的血管系统中,也使贻贝呈橘红色。此虫的包蚴在贻贝内发育可阻碍贻贝的生殖,并且在环境条件不利时可以使贻贝死亡。此外,在贻贝中也发现有贻贝牛首吸虫 *Bucephalus mytilis* 的幼虫。有些复殖吸虫的囊蚴可以使贻贝的外套膜围绕着囊蚴产生珍珠。例如,英国的贻贝由 *Distomum* (*Gymnophallus*) *somateriac* 引起形成珍珠的情况很普通。在其他地方的裸茎吸虫属 *Gymnophallus* 的幼虫也能使贻贝形成珍珠。

3. 居贻贝蚤病

亦称贝肠蚤病。在英、法、德、荷等欧洲国家的贻贝消化道内寄生有肠居贻贝蚤 *Mytilicola intestinalis*。感染这种寄生虫数量多(5～10 个)的贻贝,就明显变瘦,生长停滞,肝脏变为淡黄色,足丝也发育不良,生殖腺的重量比健康贻贝的少 10%～30%,感染严重的贻贝会大量死亡。从贻贝的种苗到各种大小的成体都能因此而发生死亡。此寄生虫在温暖季节繁殖快,所以贻贝死亡多出现在夏季。在贻贝密度较稀和水流畅通处感染率较低。居贻贝蚤属的其他种类如东方居贻贝蚤(*Mytilicola orientalis*)等也可在贻贝、厚壳贻贝、墨西哥湾的贻贝 *Mytilus recurvus*、偏顶蛤等体内寄生。

4. 短口螺病

寄生性腹足类短口螺可躲藏在贻贝的壳缘,吸食寄主的血液,可引起贻贝死亡。

5. 豆蟹病

我国北方沿海的贻贝中,经常发现有中华豆蟹(*Pinnotheres sinensis*)。它可以损伤贻贝的鳃,发生溃疡,可使贻贝肉的重量比正常的减少 50% 左右,是目前贻贝养殖中的主要病害。中华豆蟹繁殖期在 6 月下旬至 10 月下旬,盛期在 7 月下旬到 9 月上旬,旬平均水温为 23℃～26℃。因此,可将贻贝的收获期从秋季改为春季收,使豆蟹没有繁殖的机会。

第五节　贻贝的繁殖与生长

一、繁殖

1. 繁殖季节

贻贝在不同地区、不同生活环境,产卵季节各有所异。繁殖期延续时间较长,可达 2～3 个月。主要生殖季节一年 1 次或 2 次。同一种类,所处地理纬度越低,产卵季节越早。贻贝在辽宁的繁殖季节为 5～6 月份,一年产卵 1 次,秋季自然产卵似乎少见;在山东有春季 4～5 月份、秋季 9～10 月份两个繁殖期,春季产卵量较大,山东南部与北部海域,产卵期也略有差异。贻贝南移至福建后,繁殖期随地区的不同而发生了变化,每年在 4 月中旬～6 月上旬、10 月下旬～11 月上旬明显出现两个繁殖盛期。翡翠贻贝在福建和广东的繁殖季节为 5～6 月份和 10～11 月份。这种现象充分说明,不同海区由于理化、生物因子的差异,同种贝类的繁殖季节不同。

贻贝繁殖的最适水温 12℃～14℃,当水温高于 22℃～23℃时,性腺就不再发育。厚壳贻贝的产卵温度与贻贝基本相同。翡翠贻贝繁殖的适宜温度是 25℃～29℃,最适水温为 25℃～28℃。

2. 性腺发育

壳长 1.4 cm 或更小一点的个体生殖腺便开始迅速增长,最初覆盖于软体的中部、围心腔和消化腺的表面,以后延伸至外套组织中。生殖腺在外套组织内不同部位出现的时间是不同的,早期在中线部位开始发育,然后向两侧伸展,先沿着外套膜的腹侧,再向外套膜的背侧延伸。

贻贝的生殖管呈树枝状延伸于外套组织中,其分支的末端膨大成囊状泡囊,泡囊由单层生殖上皮组成,生殖原细胞便在其中增殖发育。最初,泡囊体积小,壁上呈现许多生殖原细胞。发育为卵巢者,细胞经过生长,细胞浆内颗粒稀少,亮而透明,此时即为卵母细胞,其形状不规则,多数呈梨形,尖端附于泡壁上,成熟时离壁呈圆球形。发育为精巢者,生殖原细胞在泡囊周围迅速增殖生长而成精细胞,成熟的精子,聚成囊状,各囊交错成网状结构。雌雄同体有三种情况:同一泡囊中皮质部有许多正在发育的卵细胞,而髓质部却有少量精子;在充满精子的泡囊中,含有几个卵子;充满着精子的泡囊和充满着卵子的泡囊靠得很紧。

性腺发育可分为四个时期。

Ⅰ期:性腺形成期。外套组织中出现泡囊,雄性个体多于雌性个体。

Ⅱ期:性分化期。泡囊发达,精、卵母细胞数量增多,结缔组织相应减少(有的认为这种现象是结缔组织细胞中的脂肪和肝糖被配子的发生所利用的结果),卵母细胞附在泡囊壁上,精母细胞排列不紧密,有空隙。雌、雄比例开始接近。

Ⅲ期:产卵期。泡囊很发达,大多数附着在泡壁上的卵子柄断裂,离开泡壁上皮组织,游离在滤泡腔中和生殖管内。精子聚成囊状,部分分散在生殖管内,泡囊内仍有Ⅰ、Ⅱ期细胞。

Ⅳ期:耗尽期或休止期。部分泡囊空虚,遗留于泡囊中的少数精子或卵子和相当数量未成熟的精细胞和卵细胞,同时存在相当时间,随后,泡囊破裂消失,卵膜破裂,细胞质分散于结缔组织中。精巢也遭到相同的命运。结缔组织由少而增多。

用肉眼观察,贻贝外套膜上的生殖腺是由中央部分逐渐向四周发展,生殖腺分散在内脏团的外层、腹崤及外套膜等处。繁殖期外套膜的生殖腺十分饱满,雄性生殖腺多呈黄白色,雌性多呈橙黄色或橘红色。成熟的精子或卵经生殖输送管末端至生殖孔排出体外。生殖孔左、右各一,开口于内鳃内侧的小突起上。充分成熟个体,用刀将外套膜轻轻划破,精液或卵液则自行流出。贻贝有多次排放精、卵现象,排放一次后,留在性腺里的生殖细胞继续发育成熟,准备下次排放。

3. 性比与繁殖力

贻贝和翡翠贻贝多为雌雄异体,少数雌雄同体。性腺发育有性转换现象,性别从性腺外观可以辨别雌、雄,但常难以完全辨别。单一的雌、雄个体根据生殖腺颜色不难区分,雌雄同体就显得多样性,有雌、雄各占一侧,有雌、雄混合,有雌、雄混合相间,所以黄、白、橘红等色相杂难辨。雌雄同体的贻贝,自体受精,也可顺利地发育成稚贝。

贻贝的性比不够稳定,在适温范围内,饵料充足和温度较低的情况下雌性较多,反之雄性较多。在人工养殖的条件下,开始雄性占优势,近繁殖期,雌、雄比例基本相等。上层生长的贻贝雌多于雄,反之,雄多于雌。不同壳长的贻贝性比也有变化,5 cm 以下的雄性较多,6 cm 以上雌性较多,9 cm 以上的雌、雄数几乎相等。

翡翠贻贝的性比与贻贝基本相似。

贻贝有强大的繁殖力,不同种类,不同个体产卵量不同。贻贝在体长 40～60 mm 的个体,平均产卵量为 30 万～600 万粒,最多可达 1 000 万粒。体长超过 80 mm,平均产卵量为 800 万～1 500 万粒,最多可达 2 500 万粒;体长 16 mm 的怀卵量可达 7 500 万粒。12 cm 的翡翠贻贝一次产卵量达 1 500 万粒。11 cm 的厚壳贻贝一次产卵可达 914 万～2 415万粒。

4. 贻贝的胚胎和幼虫的发生(图 9-5)

雄性个体排放的精液,在水中呈乳白色烟雾状。雌性个体产出的成熟卵子呈浅橙黄色,细颗粒状,大小均匀,在水中散开。性腺发育不成熟的个体,经刺激而排放出的卵子则互相粘连成条块状,于水中不散,这种卵子受精率低,不能正常进行胚胎发育,多半出现畸形或夭折而亡。

(1)生殖细胞与受精:贻贝的精子全长约 47 μm,头部略呈圆锥形,尾段细长。水温在 16℃～17℃,精子入水后 12 h 内均有受精能力,受精率随时间的延长而降低。

成熟卵子呈圆球状,直径约 68 μm,外面包被一层胶质膜。刚产出的卵子由于受到生殖管的挤压而呈梨形者,入水不久即恢复为卵圆形。成熟卵子在水温 16℃ 的条件下,经过 16 h 仍有一定的受精能力,但随时间的延长,受精率逐渐降低。刚产出的卵子,一般卵细胞核(胚胞)都尚未破裂,位于卵子的中央,以后逐渐向动物极移动,并呈不规则的收缩,不久开始第一次成熟分裂。

贻贝卵子是在第一次成熟分裂的中期受精。精子从卵子的植物极附近穿入后,卵周微微举起一层薄膜,紧贴于卵表面,此即为受精膜。在水温 16℃～17℃时,受精后 30 min 出现第一极体,再经 10 min 又出现第二极体,这两个极体重叠于动物极上。随后,精原核和卵原核向卵子中央移动,进行结合。

(2)分割胚、囊胚:

1)分割胚:

2 细胞期:在水温 16℃~17℃的海水中,卵子受精后 1 h 10 min 左右,细胞质流向植物极,并向该区伸展,使卵子成为梨形,突出部分透明,即为第一极叶。10 min 后,开始第 1 次分割,分成为大小不等的两个分割球,此时第 1 次分割完成。

4 细胞期:第 1 次分割完成 15 min 左右,大分割球的细胞质又向植物极延伸,形成第二极叶。过 10 多 min 后,第 2 次分割开始,分割的结果使极叶连在 1 个较大的分割球上,成为 1 大 3 小的 4 个分裂球。

8 细胞期:受精后 3 h 20 min 左右,进行第 3 次分裂,分割前仍有极叶的出现。第 3 次分裂是以向左螺旋的方式分裂出 4 个小分裂球,形成 8 个细胞期。

16 细胞期:前一次分裂 1 h 左右后,进行第 4 次分裂,这次以向左螺旋方式,各自分裂出新的分裂球,形成 16 个细胞期。

32 细胞期及桑葚胚:继前分裂球又向右旋转,分裂形成 32 细胞期。以后分裂球继续分割,数目越来越多,形成桑葚胚。

2)囊胚期:受精后约 7 h 50 min 进入囊胚期。囊胚是由许多小型细胞组成的球状体,在胚胎表面遍布短小的纤毛,逐渐孵化并旋转游动于水中。

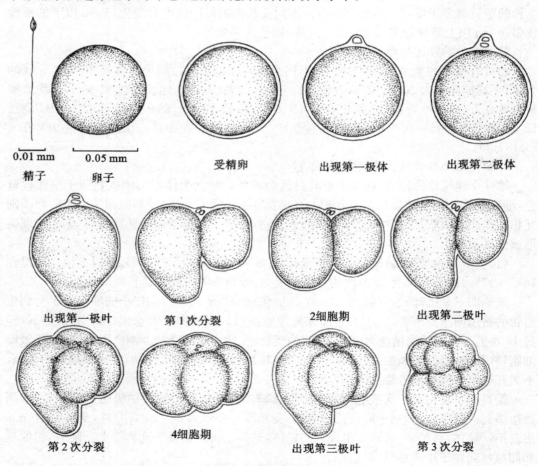

图 9-5 贻贝的胚胎和幼虫发生(从蔡难儿)

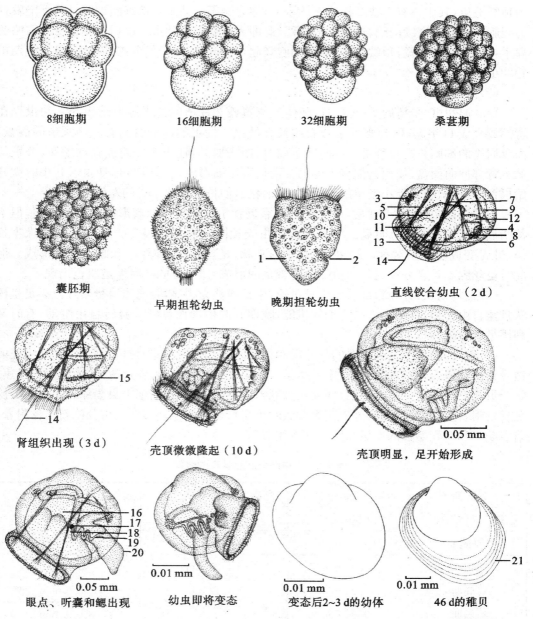

8细胞期　　16细胞期　　32细胞期　　桑葚期

囊胚期　　早期担轮幼虫　　晚期担轮幼虫　　直线铰合幼虫（2 d）

肾组织出现（3 d）　　壳顶微微隆起（10 d）　　壳顶明显，足开始形成

眼点、听囊和鳃出现　　幼虫即将变态　　变态后2~3 d的幼体　　46 d的稚贝

1.壳腺　2.口凹　3.前闭壳肌　4.后闭壳肌　5.面盘背缩肌　6.面盘中缩肌　7.面盘腹缩肌　8.腹缘缩肌　9.后缘缩肌　10.胃　11.消化盲囊　12.直肠　13.面盘　14.鞭毛　15.幼虫肾　16.缩足肌　17.眼点　18.平衡囊　19.内鳃丝　20.足　21.生长线

图 9-5　贻贝的胚胎和幼虫发生(从蔡难儿)(续)

(3)原肠期：由于动物性半球小细胞的下包，和植物极细胞的内陷，在植物极形成原肠，约为受精后 9 h 左右。

(4)担轮幼虫：受精后 19 h 左右，胚体渐变梨形顶端膨大，细胞加厚，长有一丛纤毛，为顶纤毛束,其中央有1或2根粗大的鞭毛,称为触鞭。幼虫背部细胞加厚且略下陷发育为壳腺。胚孔区继续内陷,逐渐形成口凹,此即为早期担轮幼虫。以后担轮幼虫左右略变扁平,背部尖,腹部宽,顶端扁平,四周细胞隆起,壳腺内陷并开始分泌幼虫壳,是为晚期担轮幼虫。

(5)面盘幼虫:

1)D形幼虫:受精后40 h左右,胚体二侧覆盖2片透明的半圆形幼虫壳。幼虫壳在背部铰合成D字形,称D形幼虫或直线铰合幼虫。幼虫的前端腹面有一椭圆形的面盘,面盘周缘的细胞长有长纤毛。此时除了前、后闭壳肌外,还出现3对面盘伸缩肌,分别从幼虫背部伸向面盘,使面盘能自由伸缩。消化道逐渐形成。达到D形幼虫后几小时就开始摄食小硅藻、金藻等小型单细胞藻,以后消化道伸长并弯曲于胃的左侧。

2)壳顶幼虫:大约8 d后,贝壳的两侧靠近背中央处稍稍隆起形成幼虫的壳顶,但不甚明显,第10 d则略为明显。半个月的幼虫壳顶隆起更为明显。壳顶的后端腹缘生长快,贝壳变成前后不对称。20 d后,足呈扁平状,足丝腺、足神经结和眼点逐渐形成。但此时足丝腺不具有分泌足丝的机能。随着足的形成,伸向足的2对缩足肌也出现了。

(6)匍匐幼虫:贝壳腹部后端生长迅速,生长线甚为明显,壳的边缘呈紫红色。足呈棒状且能自由伸缩,早期尚不具有匍匐机能,晚期有时借助面盘纤毛旋转自由游动,有时又利用足进行匍匐行动。

(7)稚贝:幼虫经过一段时间的浮游和匍匐阶段,附着变态为稚贝。此时,在幼虫壳的边缘长出成体壳,并分泌足丝营附着生活。幼虫变态为稚贝时,壳形改变,后缘生长迅速,整个贝壳变为楔形。面盘萎缩,四周边缘纤毛先脱落,以后逐渐朝中央萎缩。足丝腺分泌足丝营附着生活,但当受到外界因素刺激时可自行切断足丝迁移他处再分泌新足丝附着。翡翠贻贝和厚壳贻贝的发生与贻贝基本相似(表9-1)。

表9-1 三种贻贝胚胎发育的时间

发育期	贻贝(16℃～17℃)	厚壳贻贝(13℃～21.3℃)	翡翠贻贝(22℃～28.5℃)
第一极体出现	30 min	12 min	15 min
2细胞期	1 h 10 min	1 h 5 min	27 min
4细胞期	1 h 25 min	1 h 25 min	36 min
囊胚期	7 h 20 min	5 h 17 min	2 h 40 min
原肠期	9 h 30 min		3 h 10 min
担轮幼虫期	19 h	11 h	7～8 h
D形幼虫期	40 h	27 h	16～18 h
壳顶幼虫期	8 d	10 d	5～9 d
变态幼虫期	20 d	20 d	16～24 d
稚贝	25 d	25 d	20～27 d

二、生长

1. 贻贝生长与年龄的关系

贻贝是海产贝类中生长最快的种类之一。大连沿海，满 1 年的个体，平均壳长可达 6 cm，体重可达 20 g。满 2 年的个体，壳长可达 8 cm，体重可达 41 g。满 3 年的贻贝壳长可达 9.5 cm，体重可达 56 g。由此可以看出，以第 1～2 龄的贻贝生长速度最快，第 2 龄的壳长年增长率为 33%，体重年增长率为 105%。第 3 年壳长增长率为 18.7%，体重年增长率为 36.6%。这种趋势，随着年龄的增长，不论壳长的增长速度还是体重的增长速度都显著地减慢。烟台沿海的贻贝 1 年平均壳长可达 5.4 cm，平均体重 12.3 g。2 年贝平均壳长 7.5 cm，平均体重 41 g。但在一些水质较瘦的海区，近 1 周岁的贻贝，壳长仅有 3～4 cm，体重仅有 3～7 g。贻贝南移福建后，7～9 月份由于水温较高，度夏生长迟缓，10 月份至翌年 6 月份，因海况良好，饵料丰富，水温适宜，满 1 龄的贻贝鲜肉重为壳重的 1.3 倍，干品率可达 7%。世界各地贻贝生长与年龄的关系差异很大。我国采集的最大贻贝标本个体，壳长达 15 cm。贻贝的寿命为 10 年左右。福建的厚壳贻贝进行筏式养殖，初养壳长分别为 1.88 cm 和 3.38 cm，1 年后分别达 5.4 cm 和 6.5 cm；初养体重分别是 0.25 g 和 4.25 g，1 年后分别达 16.5 g 和 28.55 g，生长速度相当快。广东的翡翠贻贝生长得更快，1 年贝一般壳长可达 7 cm。

2. 贻贝壳长、壳重、贝肉增长的关系

贻贝壳长与壳重的增长基本是一致的或略有前后，而壳长与贝肉的增长速度是不一致的，这种增长的不均衡性，必须引起注意。在掌握贻贝贝壳增长规律的同时，还必须探讨贻贝肉的增长规律。烟台海区贻贝贝壳的生长除冬季生长缓慢外，从 3 月份到 10 月份生长速度均是很快的。贝肉的增长，却是波浪式上升。从秋天分苗到翌年 2 月底，虽然贝壳生长缓慢，甚至停止生长，但贝肉仍继续增长，进入 3 月份以后，贝肉生长更为迅速。至 4 月中旬，贻贝进入繁殖期，贝肉的重量骤然下降，在半个月的时间里每个干肉的重量平均由 1.13 g 降到 0.42 g，肥满度由 30% 降到 9.1%，而此期贝壳进入了快速生长期。贻贝这种壳与肉生长的不一致性，是由性腺的发育与排放精、卵造成的。在生产实践中必须密切观察和分析贻贝性腺消长与环境因素的关系，抓紧抓好贻贝养殖的生产环节，搞好生产。

3. 贻贝的生长与水温的关系

水温对贻贝新陈代谢和生长的影响是极为明显的。在适温范围内，水温越高，新陈代谢越强，生长也越快。大连湾内的贻贝，一年中有两个较大的生长期（图 9-6）。春季 5～6 月份及秋季 9～10 月份，自然水温为 14℃～23℃，贝壳平均日增长 300 μm 左右，月增长 1 cm 左右。

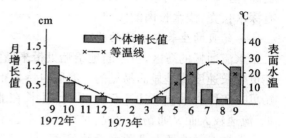

图 9-6　大连湾贻贝壳长增长与水温的关系

7～8 月份自然水温在 25℃ 左右，贻贝生长缓慢。1～2 月份自然水温在 5℃ 以下，几乎停止生长。

贻贝南移福建后,一年的快速生长只有一次高峰。

翡翠贻贝在广东海丰地区,幼贝第一快速生长期是在 7～9 月份,水温 25℃～30℃,每半个月都增长 0.5 cm 以上,平均体长达 3.0～3.5 cm。10 月份水温下降到 25℃以下,长度生长逐渐减慢,甚至停止生长,进入越冬期。5 月中下旬水温达 25℃时,进入第二个快速生长期,但增长的长度不如第一快速生长期。随着个体的增大,长度的增长显著降低,到了 8 月下旬,平均体长已达 6.3 cm,以后水温下降时,长度不再增长或增长缓慢。

4. 贻贝的生长与饵料的关系

贻贝要靠滤食海水中的浮游生物及有机碎屑,作为自身生长的物质,因此,海水中浮游生物和有机碎屑的丰歉,直接影响贻贝的生长。辽宁省水产研究所用同一批贝苗,分别放养在饵料丰富(肥区)的大连湾养殖场和饵料较少(瘦区)的金县大地水产养殖场进行生长对比实验,经过四个月的养殖,其生长表现出明显的差异,肥区鲜品产量为瘦区的 1.35 倍,干品产量为瘦区的 1.76 倍。山东受城市污水影响的胶州湾和芝罘湾,水质肥沃,贻贝生长较快,满 1 龄的贻贝壳长可达 5 cm 左右,干肉重可达 1 g 左右;而瘦区满 1 龄的贻贝壳长仅达 3 cm 左右,干肉重仅 0.3 g 左右。由此可见,海区的肥瘦对始贝的生长是有很大影响的。

5. 贻贝的生长与密度的关系

在养殖生产中,就一般的观察不难看出,在瘦区进行少量饲养时,秋包春收的贻贝,壳长一般可达 4～5 cm。但当大面积养殖时,由于密度的增加,饵料满足不了贻贝生长的需要,在相同时间内,壳长只能达到 3～4 cm。同时还明显地看出,养殖区边缘部分赔贝的生长速度比中央的快,高排比低排长得快,筏式养殖的贻贝比海底自然生长得快。

在人工养殖的条件下,多大的密度是合理的,是一个比较复杂的问题,这里牵涉到水温、饵料、水质、水流、风浪、养殖面积、筏距、排距、台挂绳数、包苗密度、养成时间等方面的原因。就一般情况来说,包苗密的个体生长较慢,产量较高;包苗稀的个体生长较快,产量较低。

包苗密度较大,干品率低;包苗密度较小,干品率高。

6. 贻贝的生长与水深的关系

人工养殖的贻贝,由于表层浮游饵料丰富,所以生长速度快,商品率和干品率都显著提高,但 1～3 m 内差别不大,5 m 以下有所差异。在透明度较大、水质贫瘦的海区,似乎有深水长壳,浅水长肉的倾向。

7. 贻贝的生长与水流的关系

水流通畅的海区,可不断地给贻贝带来新鲜饵料和氧气,及时运出废物和二氧化碳,贻贝生长速度快是显而易见的。海底自然分布的贻贝,一年生长不过 4 cm。筏式养殖的贻贝一年体长最快可达 6.5 cm 以上,生长在船底的贻贝,一年可以生长 10 cm 以上。可见,流速较大而又通畅的海况,对贻贝的生长是十分有利的。

8. 贻贝的生长与其他方面的关系

风浪对贻贝的生长也有影响,风浪大的泥砂岸海区,水质混浊,泥砂多,影响贻贝的呼吸和摄食,因而生长较差。

只要我们抓住了影响贻贝生长的内外因素,做好养成区的选择,合理地设计养殖浮筏的布局,制定出合理的养殖密度,尽量利用有利因素,克服不利因素,就能促进贻贝的迅速生长。

第六节　贻贝幼虫的浮游与附着习性

一、贻贝幼虫的浮游习性

1. 光照的影响

在常温条件下,贻贝的担轮幼虫期及早期面盘幼虫期没有趋光和趋地性的反应,直线铰合面盘幼虫有趋光性。在黑暗条件下呈均匀状态。壳顶期幼虫,无趋光性。

强光似乎影响了贻贝匍匐期幼虫足的伸缩频度。一般情况下,差别不大。在水平光线照射下,幼虫以前端远离光线而以后端面向光线方向附着在藻类上。光线越强,丝状藻类及丝状物上附着的就越少。幼虫在黑暗条件下,沿底斜面往上匍匐,在有光的条件下,沿底斜面向下匍匐。幼虫在黑暗条件下比在光亮中更容易附着。幼虫具有在光线暗淡的条件下有负趋地性的特点,而不至于附着在淤泥沉积的表面上,表面水层饵料生物丰富而使幼虫生活得更好。光强变化反应有一定界线,低于某一界线就没有反应,其反应随年龄和环境条件的变化而变化。

2. 温度的影响

在适温范围内,温度越低,发育越慢;温度越高,发育越快,温度突然升高,发育受影响。从受精卵到直线铰合幼虫,温度不同,发育时间也不同。8℃时,需要 100 h;10℃时,需要 70 h;15℃时,需要 50 h;18℃时,需要 40 h。125 μm 的贻贝幼虫生长到 210 μm,由于温度不同生长天数相差很大。5℃时,幼虫在 35 d 虽然还活着,但几乎没有什么生长;10℃,需要 50 d;15℃时需要 24 d;16℃时,需要 21 d;21℃时需要 15 d。

3. 饵料的影响

自然繁殖的贻贝幼虫,特别是人工培育的贻贝幼虫,饵料是一个关键问题。多种饵料,较适量的投饵对贻贝幼虫的生长是有利的。投放不同饵料浓度、贻贝幼虫生长差异很大。饵料浓度过高反而影响贻贝幼虫的生长。

混合饵料比单一饵料喂饲从 130 μm 生长到 260 μm 的幼虫所需天数要少,11℃的条件下分别需 38 d 和 52 d;17℃的条件下分别需 20 d 和 27 d。贻贝幼虫的耐饥力是很强的,并且可以较长期地活下来,在温度较低的情况下更为明显。130 μm 的幼虫在 16℃时,生活于无饵料的海水中可活 26 d;220 μm 活 14～16 d。幼虫饥饿数天后,一旦遇有摄食机会又能较正常的生活。在没有食物的情况下,幼虫可以长期存活的能力也见于其他双壳类的幼虫。

贻贝幼虫摄食的速度随幼虫大小的增加而加快,摄食速度因单细胞饵料浓度的变化而变化。

4. 盐度的影响

贻贝受精卵对盐度的要求不严,发育到担轮幼虫必须在 26 以上的盐度,但不能高于36。盐度 20～25 时,贻贝幼虫的生长极为缓慢,最慢可延迟生长 30 多天。

贻贝幼虫在相同条件下生长速度也是不一样的,有时相差非常悬殊。有人认为,这种极小的幼虫间的差别是由于综合了遗传差别和卵子生殖条件的差别而形成的。后来,由于较大幼虫的摄食效能高而保留并扩大了这种差别。

光照、温度、盐度、压力等对贻贝幼虫的影响在生产实践上有一定意义。通过对这一问题的了解,有助于掌握幼虫的分布范围、数量、附着情况、生活状态,从而为自然海区半人工采苗和室内人工育苗提供理论根据。

二、贻贝幼虫的附着习性

1. 变态过程

当贻贝幼虫发育到后期面盘幼虫时,便进入附着变态阶段。后期面盘幼虫第 1 期,还有 1 个占据外套腔前半部的大面盘,外套腔后半部是 1 个能活动的足和 2～3 个初级鳃丝,在第 1 对鳃丝基部有黑色素点,称为眼点,此期幼虫的面盘与足均用于移动。口位于面盘的后缘,并被口唇瓣包围。以后面盘逐渐退化,足的长度增大,并在外套腔中向前移,最后面盘更加退化成为前闭壳肌后面的一小团纤毛细胞,形成唇触须、口唇瓣。后部有更多的鳃丝形成。第 1 期后期面盘幼虫游动多于匍匐。中期只能在底层无力地游动,到第 3 期则完全进入匍匐阶段。幼虫进入第 2 期后期面盘幼虫时,就具有分泌足丝的能力。

变态期间的摄食亦有明显的变化,后期面盘幼虫第 1 期,以面盘边缘的长纤毛产生的游动流和摄食流进行摄食。到第 2 期,通向口的纤毛萎缩,最后消失,但仍然可摄食某些硅藻和有机颗粒,其速度大为减弱,此期的平均摄食速度为 0.32 mL/d。第 3 期,已完全不能靠此摄食。

饵料对于变态过程的影响较小。贻贝幼虫在壳顶期,小油滴出现于消化盲囊后端和胃壁上,大小为 1～6 μm,起食物储备作用。变态期间幼虫处于饥饿状态时,小油滴明显缩小。一旦进行附着和变态,便可以很快恢复正常生长。

变态延续的期限主要受温度、盐度及其他一些因素的影响。22℃仅延续 2 d,13℃和16℃的条件下生长速度比较相似,但变态延续的期限相差 20 多天。

盐度与变态延续天数关系很大。在 16℃的条件下,31.7 盐度下延续 21 d,盐度 24 为17 d;在 18℃条件下,在 12～16 盐度延长 8～10 d,其他盐度延续天数很少。这一问题在不同海区和不同条件下,还需进一步实验和总结。

幼虫在 pH 值 6.8～7.1 的水中,后期面盘幼虫生活正常,pH 值在 8.3 以上生长就受到妨害。在 16℃条件下,pH 值 7.0 时变态延续 19 d,pH 值 7.8 时变态延续 18 d。壳顶期幼虫,可耐受较低的 pH 值,但 pH 值太高在 8.4～8.5 时不能存活。

贻贝幼虫在壳长达 260 μm,足长大并具匍匐能力,眼点、平衡器已经出现。这一时期幼虫机体发育旺盛,行动复杂。神经系统有新的发育,足丝复合体能在几秒钟内分泌足丝。这时不论附着与否,面盘开始退化而逐渐形成唇触须和口唇瓣,长度的生长随着摄食的停止而逐渐停止。此时,幼虫摄食基本停止,只好消耗幼虫体内储备物质。

贻贝幼虫的变态延续,在生产上是有意义的。贻贝幼虫生长到 210 μm 以上的附着大小,要经历一个复杂的有相互关系的生长过程,使幼虫能够进一步发育而能找到最合适的场所,即便找不到合适的场所也能较长时期把机体维持下来进一步生长发育。这就大大增加了贻贝的附着时间和附着数量。

　　2.初次附着和再次附着

　　小的稚贝特别是初次附着的稚贝不是永久地附着于丝状藻体或丝状物体上。由于水流的作用及它们本身的浮动习性,不止一次地附着和脱离,再附着再脱离。这些大小不同的稚贝,也很少一次直接附着在坚硬的物体上。当它们长至900～1 500 μm以后,就从附着物上脱离。利用外套腔分泌气泡、向水的表面膜上分泌足丝、利用足或进水管的触手附着于水表面膜等方式进行再次浮游生活;或者是稚贝将较长的有纤毛的足,频繁地充分伸出,以增加对水表面的拍打和摩擦,即使极小的水流也可将它带走。当遇有合适场所就定居下来(此时期也可因环境条件的改变再次脱离和附着)。贻贝幼虫初次附着的习性是一种减少稚贝与成体相竞争的机制。因此,在生产实践中用丝状的红棕绳、草绳、竹缆采苗,在解剖镜下发现附有大量1.5 mm以下的稚贝时,并不能认为是采苗成功,只有当稚贝达到3 mm以上时,才可认定采苗已经成功。

　　3.贻贝幼虫对附着基的选择

　　在相同的外界条件下,贻贝幼虫对不同物质和同一物质不同部位的附着表现出一定的选择性。贻贝幼虫喜欢附着在质地较硬、不易腐烂、较粗糙的物体上,尤其喜欢附着在丝状藻体上。从生产实践中看到贻贝的附苗量,竹皮大缆优于红棕大缆,红棕大缆优于草绳大缆,拧劲的绳索比没拧劲的附着得好,有缝隙的比没缝隙的附着得好,劲松比劲紧附着得好,有结节的比光滑的附着得好,花股绳比平股绳附着得好,清洁的附着基比浮泥多的附着基附着得好。

　　4.贻贝幼虫的附着深度

　　贻贝幼虫在自然海区中多附着在上中层,在水面以下5 m内附苗量较大,而且生长速度也快。贻贝幼虫附着后,再切断足丝自行活动时,其方向总是向上移动的,特别是在水流不畅和饵料不足时,向上移动更为明显,甚至露出水面聚集到浮子和浮缆上。贻贝幼虫刚开始附着时,有时有下层附着多的现象。室内培育的贻贝幼苗,挂于海中后,最初有下移现象,对光的刺激适应后,下移现象逐渐减少。

　　5.贻贝幼虫附着对环境的适应

　　自然条件下的贻贝幼虫的附着,与温度、盐度、海流、pH值及饵料的消长有密切关系,从而限制了贻贝幼虫定期附着高峰的确定。

　　贻贝幼虫的附着适宜水温是10℃～23℃,最适水温15℃～20℃。附着适宜盐度是11.04～30.00,最适盐度是17.6～24.27。

　　由于外界条件的不断变化,不同的海区贻贝幼虫的附着高峰也不一样。辽宁沿海,主要附着期在5～6月份。山东一年有两次附着高峰,一次是4～5月份,另一次9～10月份。福建和广东的翡翠贻贝有春、秋两次附苗高峰,春季5～6月份,秋季10～11月份。

第七节　贻贝的半人工采苗

　　目前贻贝的苗种来源主要是半人工采苗。人工育苗虽然也很成功,但较少采用,其主要原因是贻贝的半人工采苗已能满足生产要求。

一、筏式采苗

贻贝的筏式半人工采苗,具有方法简便、大众化、产量大、效益高等优点。一台采苗筏,可供养殖 5~10 台贻贝的用苗量,最高可供养殖 15 台贻贝的用苗量。每米苗绳附苗最高达万粒以上。

1.采苗场地的选择

(1)亲贝资源充足。亲贝是否充足,是建立采苗海区的首要条件,留有大量的亲贝,才能保证海区中有充足的幼虫,以达到高密度养殖的目的。同时,亲贝分布的范围也需要广一些,因为含有高密度幼虫的水团,常受潮汐、海流等影响,流向别的海区。在生产中也常见到这样一种情况,有亲贝的海区采不到苗,而没有亲贝的海区附苗量很大。所以,在海况良好的情况下,充足的亲贝,是贻贝半人工采苗的先决条件。

(2)要有良好的海况。海区形状以半圆形的海湾为好,外海有岛屿屏蔽风浪,湾内潮流通畅,又无单向海流,这样的海区,既可防止幼虫的流失,又可避免风浪对采苗设施的破坏。风浪小浮泥少,有利于幼虫附着。一般开放型的海区,凡是具有旋转流,基本相等的往复流,贻贝幼虫不至于流失,其他条件具备,也可以作为采苗场地。

(3)要有稳定的理化条件。海水的理化条件要稳定,附近无较多的淡水流入,雨季盐度不低于 18,夏季水温不得超过 29℃,水温和盐度的变化不剧烈,水质清新流畅,无大量污水注入。

(4)要有良好的底质。底质的好坏关系到打橛下筏后的牢固问题。黏泥质和泥砂底,打橛容易,又不易拔橛。"铁板砂"底既不利于打橛,又不牢固,应该回避。不易打橛的岩礁和砂砾应采用石砣固定筏身。

(5)要有丰富的饵料。在饵料贫瘦的海区,贻贝附着密度既少又不稳定,且生长速度十分缓慢,不利于提早分苗养成,影响贝苗的产量和质量。

(6)敌害生物较少。筏式半人工采苗敌害生物大为减少,但还有一些敌害生物如海鞘、藤壶等与贻贝苗争夺附着基,而且有些种类,如复海鞘附着时将整个苗绳包缠住,使苗绳上的贻贝苗窒息死亡。马面鲀、黑鲷等鱼类吃食贝苗十分凶恶,一个体长 25 cm 的马面鲀 1 次能吃食 2~3 mm 的贝苗达 1 000 个以上,一个普通的马面鲀吞食 5 mm 左右的贝苗为 100~300 个。因此,在采苗区大量捕杀马面鲀既可增加收入又可保护贻贝苗种。一般来说,离岸越近的海区,附着生物越多,故采苗区不宜离岸太近。

2.采苗方法

(1)采苗器的种类和处理:采苗器材应根据贻贝幼虫附着习性进行选择,同时要考虑到采苗器的成本和来源。目前常用的采苗器有红棕绳、白棕绳、稻草绳、岩草绳、竹皮绳、聚乙烯绳、旧车胎、珍珠岩等,其中以红棕绳的附着效果最好。

采苗器的处理和制作也是很重要的。同样数量的红棕绳,用四股扎在一起的方法就比四股编辫的效果好。这主要是由于其基质表面光洁度不同,受光、受流条件和表面积不同造成的,胶皮绳虽然附苗少,但牢固,效果也较好。

近年,除有些单位改四股合编为散扎外,还有采用直径一般不超过 1 cm 的苗绳。这样相同重量的物质就增加了贝苗附着的表面积,降低了成本,又有利于运输及分苗。用海带育苗的棕绳网帘采苗,效果良好。根据附苗数量,可直接进行分段缠绳养殖。采苗绳长度一般为1～2 m。

（2）采苗器的投放时间:

表 9-2　烟台港不同月份投挂采苗器的采苗效果

挂绳年月	1972.9～12	1973.1～2	1973.3	1973.4	1973.5	1973.6	1973.7	1973.8
统计采苗绳数(根)	7	3	4	3	4	5	6	2
平均采苗数(个/米)	3 399	4 175	4 589	3 227	2 979	704	21	9
每米苗绳的附苗范围(个)	639～6 634	2 747～5 609	2 266～7 600	105～4 370	1 700～4 457	189～1 496	7～42	9

我国海岸线很长及沿岸各地的水温等环境条件的差异,各地贻贝产卵时间不一样,就是同一地区,在不同年份,由于环境条件的变化,贻贝幼虫的附苗盛期也不相同。

烟台湾海区全年任何一个时期投挂采苗器几乎都能采到苗,而以2～3月份投挂采苗数量最多(表9-2)。适当提早投挂采苗器在附苗前附生一层细菌黏膜和丝状藻类,可给贻贝幼虫造成有利的附着条件。多毛的丝状藻类又有掩护和遮阴作用,可减轻风浪冲击,防止敌害侵食,故可以增加附苗数量。

一般投挂采苗器的时间在附苗前1个月左右为宜。山东沿海一般应在3月份,最迟不得晚于4月份;辽宁沿海一般在4月份投挂采苗器为宜。各地投挂采苗器应根据常年贻贝附苗的情况和当年的苗情预报,酌情提前或推迟投挂采苗器时间。

（3）采苗器的投挂方法:贻贝筏式半人工采苗,可利用海带和贻贝养殖浮筏,或设专用浮筏。

投挂采苗器的吊绳的长度为20～50 cm。透明度大、水质贫瘠的海区投挂水层要加深。在不同条件下,不同种贻贝幼虫都有各自附着的水层。

投挂采苗器以不互相绞缠、浮筏不沉为原则。附苗量大可多挂,反之可少挂;粗绳可少挂,细绳可多挂。一般三合一红棕绳每台挂200～250绳,直径0.5 cm的每台挂300～600绳。

挂苗绳主要采用单筏垂挂、联筏垂挂、筏间平挂等方法,也有采用叠挂等方法。

很多海带养殖海区,就是优良的天然贻贝育苗场。在海带浮绠上常附有大量贻贝苗,因此可充分利用海带养殖的设施进行贻贝的苗种生产。

3. 苗种的检查和管理

采苗器挂上后就进入海上管理阶段。海上管理工作必须重视,否则尽管附苗很好,可能由于管理工作没有搞好,造成不应有的损失。

用稻草绠等制作的采苗器刚下海时,常因密度较小,而漂在水面。在这种情况下,稍受风浪和海流影响就会互相绞缠,加沉石固定比较安全,发现绞缠应及时理好。

肉眼见苗前应经常检查附苗情况。辽宁、山东一般在6月中旬至7月初用眼即可见苗。刚附着的贝苗很小,肉眼很难分辨清楚,可采用洗苗镜检法进行检查。

具体操作如下:取一定长度的苗绳(5~10 cm),放入水中破开绳劲,使劲摆动,或用软毛刷轻刷,把贝苗随同浮泥杂质一起清洗下来,再滴上少量的甲醛溶液,杀死贝苗杂虫,经沉淀、荡洗除掉浮泥杂质,用解剖镜或放大镜计数检查,并测量大小。另一种简易的方法,就是取一定长度的苗绳,放入漂白粉溶液浸泡,然后用毛刷轻轻刷洗,再收苗计数。

在采苗期间,浮缆及采苗器上往往附着杂藻,这些杂藻有利于稚贝的附着,不必清除。有的单位清除杂藻后,其采苗量反而比不除杂藻的低。苗绳上的浮泥、麦秆虫等对贻贝附着虽有一定影响,但危害不大,不必清理,以免造成贝苗脱落。

附苗后,由于水温高,贝苗生长迅速,架子负荷逐日增重,后期的管理应着重放在防沉和防台风上。最后,每台筏子的贝苗重量高者可达数千千克,故每台筏子的浮漂应逐渐增加,否则筏子下沉,贝苗被淤积而死亡,或被海星等敌害生物所侵害。

台风季节,应随时收听气象预报,注意加固筏身。同时,也可采用吊漂沉筏的方法,增强抗风力。把后期增加的浮漂,全部改为吊漂,使筏子下降到水下 1~2 m 深处,可以有效地减轻风浪对筏子的冲击,保证度夏浮筏的安全(图9-7)。

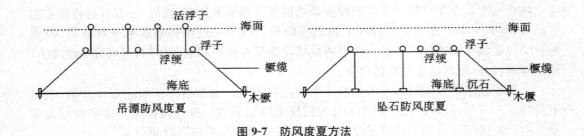

图 9-7　防风度夏方法

贻贝的筏式半人工采苗的基本方法同样也适合翡翠贻贝和厚壳贻贝。

4. 苗情预报

(1)确定产卵期:春季贻贝大量繁殖前夕,风浪、潮流、雨水等外界刺激可引起贻贝少量产卵。产卵期的确定有两种方法,检查时两种方法可以同时运用。

活体性腺检查:临近贻贝产卵盛期,每天从贻贝养殖场选取 3~5 个点,每点取 10~20 个贻贝,进行生殖腺发育期的检查。当发现 1 d 内或短时间内绝大部分贻贝生殖腺已达耗尽期,即可确定贻贝产卵盛期的时间,发出第一期苗情预报。不同海区的贻贝产卵盛期必然存在差异,邻近海区的贻贝产卵盛期有时也略有差异。苗情预报要说明各个海区的具体情况,以区别对待。同时,根据各海区贻贝大小、数量,计算出产卵量。

测定干品率:每日或隔日取一定数量的贻贝进行干品率的测定。当干品率突然下降40%~50%,产卵盛期即可确定。翡翠贻贝鲜肉率达 50%以上时就开始产卵。

产卵期确定的同时,每天要做好水文气象的观测和记录,有助于寻找产卵盛期的规律。

(2)确定幼虫数量、大小与分布:

定点:定点视人力和海区具体情况而定,在海区中划分几个断面,每断面每50~100

m 定一点,距离基本相等。

方法:每天进行定点拖网,拖网有垂直拖网和水平拖网两种方法。拖网速度与海水出网速度基本相等,同时要注意海水流速。也可用水平采水和不同深度采水相结合的方法取样观测计数。

计数:贻贝幼虫的计算方法:将浓缩后的幼虫水体振荡后取 1～10 mL 在显微镜或解剖镜下计数,再乘以浓缩后的水体,可知体积 V 的总幼虫数。总幼虫数除以 $V(m^3)$,就确定了 1 m^3 水体的幼虫数。同时要观测出幼虫壳长、壳高的最大值、最小值和平均值,记录发育阶段和大约进入附着期的时间。

标定:根据不同海区,不同地点幼虫的分布数量(个/立方米),把数字相同或接近的点连接起来,作等量线,发出苗情预报,以确定采苗浮筏。

二、其他采苗方法

(1)插竹采苗:适用于翡翠贻贝,采苗场水深在 3～4 m 以内,潮差为 0.6～1.2 m,流速较小,底质为泥砂底。利用粗直径 3～4 cm,细直径在 2 cm 以上,长度为 1～2 m 的竹子成排插在海底上,每根相距 40～50 cm,每亩可插 1 000～1 200 根。每隔几排,留出一定的航道。竹竿在使用前,先插于滩上让藤壶固着,使其表面粗糙。

(2)栅式采苗:一般在低潮线下,利用木桩作支柱,利用聚乙烯绳连接两根支柱,形成支架,在这支架上投挂类似筏式半人工采苗所使用的采苗绳索。这种支柱之间距离可达 4～10 m。

第八节　贻贝的人工育苗

一、亲贝选择

采苗用的亲贝要个体大、无机械损伤、生殖腺饱满、生命力旺盛的个体。亲贝要剪去足丝洗刷干净并吊养于暂养池中,每个亲贝占有水体 20 L 以上,每天全量换水 1～2 次,投喂单胞藻、鼠尾藻磨碎液,酵母和少量淀粉,并及时排污。

二、获卵

贻贝生殖腺成熟期间,采用阴干和升温办法均可获得满意结果。

三、人工授精与洗卵

亲贝产卵排精时,及时捡出多余雄贝。排放精、卵经 100 目或 120 目筛绢除去黏液粪便,再每隔 30～60 min 洗卵一次,共洗 2～3 次。

四、孵化与幼虫培育

(1)密度:孵化时密度 200 个/毫升左右,D 形幼虫时 20 个/毫升左右,壳顶期 10 个/毫升左右。密度大小随条件和技术状况而定。

(2)饵料:壳长发育到 100 μm 的 D 形幼虫,便开始摄食。常用的饵料有三角褐指藻、小新月菱形藻、单鞭金藻、等鞭金藻、角刺藻等,壳长平均达 110 μm 时,可逐渐增加扁藻、盐藻的投喂量。

早期幼虫投喂硅藻的密度为 7 000~8 000 个/毫升,随着幼虫的生长逐渐增加到 1 万～3 万/毫升,投放扁藻的密度大体为 5 000~8 000 个/毫升。幼虫培育密度大,投量可适当增加;密度小则投量减少。投饵量需不断调整,应以水色、饵料消失速度和胃肠饱满度为标准。

在人工培育饵料不足的情况下,可投放豆粉(2~5 g/m³,制成豆浆过滤后冷却使用)和酵母粉(0.2~2 g/m³),以少投勤投为好;同时要防止水质变坏,加大换水量,及时清除残饵污物。在单细胞饵料来源有困难的情况下,始终使用食母生也可以培育出幼苗。

投饵时间应在每天换水以后进行,一日投饵 2~4 次。若采用流水育苗,应在投饵后停止流水 2 h,以减少饵料流失。

(3)换水与倒池:D 形幼虫前采取添加水的方法,壳顶期日换水两次,每次从换 1/4 增加到 1/2。采取倒池的方法效果也很好。

(4)充气搅拌:壳顶幼虫出现眼点后,即进入附着变态,此时要适时投放附着基。目前一般用 0.5 cm 左右直径的红棕绳编成的海带苗帘作附着器,其他草绳、网衣等也可使用,投放量以直径 0.5 cm 红棕绳为例,为 250~350 m/m³。一般在有 1/3~1/2 的幼虫出现眼点时便可投放附着基。幼虫在光线较暗(100 lx)时常附着在向光面,或爬到棕毛梢处。在强光的情况下(光照 1 000 lx 左右),常附苗在背光处。在附苗后的池内暂养过程中,应加大换水量和投饵量,为防止稚贝干露时间过长,可采用边排边进的换水方法。为了适应外界环境,可适当增加投饵量,并可以适当提高光照强度。幼虫附着后,在池内培养 20~30 d 后,待贝苗壳长达 2~3 mm 时,应将苗帘移到海上养殖。

(5)海上过渡:贻贝苗下海后,多数附着在附着器表面和棕毛上,往往抵挡不住风浪的冲击而脱落。据试验,将一根苗绳挂于有风浪的海区,3 d 后只有 20% 的贝苗保存下来,而挂在风平浪静的海区,一个月后保存率达 85%。

第九节　贻贝的筏式养殖

一、养成场的选择

(1)海况:贻贝养成场最好选择在避风、潮流畅通的内湾,水深 5~20 m,有利于打橛子的泥砂底,流速 15~25 m/s。尽量避免流向不定的强转流和二节流。

(2)水质:养成海区要求水质肥沃,饵料生物丰富。饵料生物的多少可通过对浮游生物的定量调查来确定,也可以用测量透明度和盐度的方法间接推算生物的数量。透明度小,盐度低往往饵料比较丰富。

(3)盐度:盐度为 18~32 的海区均可作为养殖场。

(4)水温:养成海区年水温变化应在 0℃~29℃。超过 29℃,不宜做度夏养成。冬季封冻时间过长,冰层过厚不适宜越冬养成。翡翠贻贝在水温 12℃~32℃的养成场生活良好。

(5)灾敌害:养成海区要求敌害生物少,无大量工业污水注入。

二、苗种运输

1.耐干能力

贻贝在温度较低、湿度较大的情况下,耐干能力较强。在气温 30℃～32℃时,贻贝苗离水干燥 4 h,放入水中后很快附着,经 8 h 干燥后呈现麻痹状态,重新放入水中要经 2 d 以上的恢复时间才能附着,经 28 h 干燥后则全部死亡。在 18℃～22.5℃的气温条件下,干燥 24 h 的死亡率为 2.4%,干燥 2 d 死亡率为 3.8%,干燥 3 d 死亡率为 76.9%,干燥 4 d 死亡率为 85%,干燥 5 d 的死亡率为 100%。在 3.5℃～7℃气温条件下,干燥 4 d 无死亡,干燥 8 d 后则全部死亡。在 -10℃的条件下,出水 1 h 则全部冻死。

目前运输贝苗多在 8～9 月份进行。此时气温较高,一般为 20℃～30℃,运输途中不宜干燥时间太长。

2.运输方法

(1)运输前必须充分做好组织准备工作,做好人力、运输工具和包苗的准备工作。力争贝苗运到后马上进行分苗,或下海暂养,尽量缩短干露时间。

(2)运输工具可灵活掌握。运输方法以干运为好。

(3)运输途中要做到防晒、防雨、防机械损伤,保持空气通畅和一定的湿度。夜间运输较好,白天运输要搭棚防晒、防雨或用湿草薄薄地遮盖,如运输时间过长可采取冰冻,泼洒海水等降温措施。

(4)贝苗运到后,运输时间较短的可立即分苗放养。途中时间过长要暂养一段时间,以提高贝苗质量,减少死亡率。

三、浮筏的结构与设置

1.浮筏的结构

浮筏的结构包括浮绠(大绠)、橛缆、橛子、浮子等部分。

(1)浮绠:又称筏身或大绠,要求结实,经济耐用。多系化工制品,有聚乙烯、聚丙烯和聚氯乙烯等绳索,直径 2 cm 左右,以聚乙烯性能较好,这种化学纤维抗腐蚀,拉力大,可使用 5～6 年,操作也方便。亦有使用竹皮绳等作浮绠,直径 5 cm 左右,这种浮绠拉力小,易腐烂,使用年限仅 1～2 年。浮绠有效长度一般 60 m 左右。

(2)橛缆:亦称橛绠。橛缆材料与浮绠相同,通常直径略粗于浮绠,其长度一般是养殖海区满潮时水深的 2 倍,即 2∶1,与海底夹角 30。风浪强、流大的海区可采用 3∶1 的比例。根据海区、风浪、水流和水深情况,利用勾股定理计算橛缆长度。

(3)橛子:常用的有木制橛和水泥橛,也常有采用石砣和铁锚代替。根据底质不同,木橛子 80～200 cm 不等。橛子直径为 15～20 cm,在木橛顶上有个圆眼,深约 10 cm,在木橛中央还有一个圆孔,是穿橛缆用的。木橛的材料以不易腐烂的木材如杨木、柳木等为佳。水泥橛基本构造同木橛,但它由圆铁、水泥和砂石浇灌而成的。石砣由石块、砂、水泥浇灌成,其重量一般为 1 000～2 000 kg,其形状以薄而宽为好。石砣上用水泥固定 Ω 形铁环或留一石环。

（4）浮子：又称浮漂，呈球形，常使用的有玻璃浮子和塑料浮子，大小各地不一，一般直径 30 cm 左右。玻璃浮子外套用塑料绳和车胎编成的网。塑料浮子具有 2 个扣鼻，系于浮绠上。一台浮绠一般可用浮子 40～80 个。

2.浮筏的设置

（1）设置方法：

1）划分海区、定位置（俗称下水线）：海区选定后就可定出方向准备打橛子。橛子标定位置要准，否则橛子一打乱，筏子就下得长短不一或松紧不齐或筏距不均。筏子的设置方向确定后，应确定好筏长及橛间距离。一般橛缆长度为满潮时平均水深的 2 倍，若水深为 10 m，则橛缆的有效长度为 20 m。一台筏子两个橛子间的水平距离为筏身长度加上两个橛缆的水平长度。根据求得的距离在海面标定位置，纵向为两橛间水平距离，横向距离可根据筏间距来确定，若筏间距为 8 m，可在水线上每隔 8 m 做 1 个标志，下水线后可按标志打橛子。水线要尽量拉直。

2）打橛子：打橛子的工具称为引杆，是由斗子和木杆两部分组成。木杆的长度依水深而异，斗子重约 60 kg，上面有一个活动的芯子，芯子的一端插入木橛的顶眼中。由于芯子是活动的，所以引杆向上提时，芯子不能从橛子顶眼中掉出来，因而可以固定住橛子的位置。引杆往下落时，由于斗子重力的冲击把橛子打入海底。橛子按水线标定的位置被打进海底，而橛子的上端则被绑在浮子上，准备下筏子时使用。

3）下砣：在底质坚硬无法打橛子的海区，可下石砣固定浮筏。下砣前把两艘大舢板用硬质木棍连接在一起，两船之间相距 1 m。把砣子移到干潮线上，用橛缆把石砣吊绑在竖木柱上（下端绑有 S 形的铁钩，以备下砣时钩住石砣的铁鼻），涨潮时随船浮起，把船驶到标定好的海区，按照指定的位置把石砣放到海底。

4）下筏：下筏前应扎筏。扎筏时要把筏子拉直，将浮子绑好，按顺序堆积好放入船内。下筏时按照风、流方向把筏子推入海中，把筏子一端和橛缆连接好，另一端和另一橛缆连接好。这样一台一台放入海中，再将松紧不一的筏子整理好，使间距一致。

（2）浮筏设置中的几个问题：

1）浮筏养殖海区要合理布局：浮筏过于集中，阻流少饵，影响贻贝生长。要适当扩大区距和筏距（行距）。一般区间距以 30～40 m 为宜，筏间距 6～8 m 为宜，一般 40 台筏子可为一区。每台浮筏长 60 m，4 台可折合为 1 亩。

2）设置方向问题：浮筏设置的方向，应根据季节的风向和潮流的情况来决定。筏子受风的威胁大于潮流时，则筏子的方向要采取顺着风的。如果筏子受潮流的威胁大于风时，则筏子应顺着流的方向设置。在筏子受风浪和潮流威胁都大的海区，应首先考虑解决潮流问题。就大多数海区来说，风是主要破坏因素。为了安全和有利于贻贝生长，筏子与主风、主流方向应成 30°～40°角。

3）筏子不要下得过紧：浮筏下得过紧，筏身受力大，在大风浪中筏身没有起伏的余地，易遭破坏。筏子较松，能随波浪自由上下，比较安全。

4）橛缆的长度：橛缆的长度应根据水深来确定。一般橛缆长度为平均水深的 2 倍，也就是底角为 30°。在流急浪大的海区，要加长橛缆的长度，橛缆与水深的比可为（2.5～3）

：1。

5)其他:筏子设置要有规则,整齐排列行间和区间应留有船道。风浪和潮流特大的海区,可采用一台浮筏 4 个橛缆,即每端两个橛缆。

3.养成器材

(1)吊绳:多用聚乙烯绳,直径 0.4~0.5 cm(140~180 股),长度 80~100 cm,可用 2~3 年。

(2)养成绳:

红棕绳:红棕绳是养殖贻贝的优良材料。抗腐、耐用、脱苗轻,直径 1.2 cm 左右的红棕绳 3~4 根合一使用。能用 2 年,以后可重纺使用。

聚乙烯网绳:比红棕绳效果好,应大力发展。

草绳:来源广,成本低,但不抗腐、拉力小、易吊苗,可在绳外加缠一层网衣,提高贻贝附着性能和防腐烂。

胶皮绳:多用废弃小车轮胎,制成 2.5~3 cm 宽的皮条,2~3 股拧合而成。胶皮绳抗腐、耐用、经济、掉苗轻,较广泛应用。

其他如木棒、棉槐、竹板等都可做养贻贝的器材。珍珠岩棒也是优良的贻贝附着基,质轻、强度大、附苗牢固。

(3)网片与扎绳:扎绳多采用聚乙烯绳。目前我国使用的包苗网片用聚乙烯制成,也可采用废旧网片裁制而成。

四、分苗

1.分苗方法

(1)包苗:用网片将贝苗包裹在养成器上,待贝苗附牢后,再拆掉网片。包苗前应对贝苗进行处理,把互相附着在一块的贝苗分散开以便进行附着,使每个贻贝均能重新选择适合自己附着生长的位置,同时,要洗去贝苗上的浮泥杂质及敌害生物,以增加附着强度。采用贝苗分离洗刷机,可提高分离洗刷效率。分离时要避免损伤足丝腺。

分苗时,将不同规格的贝苗分包,有利于贻贝的生长和收获。不同大小贝苗可用不同规格的筛子筛选。

包苗时每绳按规定密度缝合,缝合松紧适宜,太松造成贝苗堆积,太紧贝苗不易附着。

拆网时间视贝苗大小和水温等情况而定(表 9-3)。小苗附着快,大苗附着慢。水温在 20℃~24℃附苗较快,低温附苗慢。包苗的优点是可以准确地控制密度,附着均匀质量好,但费时、费力、成本高。

表 9-3　不同月份包苗后拆网所需天数

月份	6~7	8	9	10	11	12
水温(℃)	18	24	23	17	10	4
苗源	秋苗	春苗	春苗	春苗	春苗	春苗
拆网天数(d)	2~3	1~2	1~2	2~4	5~6	7~10

（2）缠绳分苗：

细苗绳分苗：于 7 月中旬～8 月中旬（水温 22℃～25℃）把苗绳缠到养成绳上。缠绳前，抽样检查细绳的采苗数量（平均值），确定每根采苗绳的贝苗数量，然后按要求截段计数缠扎在养成绳上。如果细采苗绳附苗密度不大，可直接缠扎在养成绳上。

粗苗绳分苗：用养殖绳去缠粗采苗绳，在 8 月份，水温 22℃～24℃条件下，2 d 左右即可拆绳分养。粗采苗绳附苗量大，可多次缠绳。

（3）拼绳分苗：亦称并绳分苗。根据贝苗活泼的移动习性，平均计数采苗绳上苗种的数量，按每绳的放养数量拼养成绳 1～4 根，上、中、下扎好，2 d 后，拆开绳分养。

缠绳与拼绳分苗速度快，省工、省力、省物，但质量稍差。

（4）夹苗分苗：利用贝苗短距离移动的习性，把成块的贝苗夹在绳（红棕、橡皮绳等）"阵"里。夹苗分苗操作方便。有多、快、省的优点，但附苗不匀，浪费苗种（掉苗）。

（5）间苗分苗：将粗绳采苗的苗绳，间下来一部分小苗，留下的便是养殖用苗，间下的苗再包养分苗。

（6）流水分苗：分苗工作在水泥池和船舱里进行，估准贝苗数量，一层贝苗一层苗绳铺好，流水 2～6 h 附着后即可下海挂养。流水分苗省工，但附苗密度不易掌握，附苗不匀。

（7）网箱分苗：网箱分苗基本同流水分苗，但需利用网箱在浅海进行，在风平浪静的条件下使用，效果很好。

2.分苗数量

（1）分苗数量：分苗数量以贻贝占据面积计算分苗密度是比较合理的。不同规格贻贝占据面积及合理分苗数量可按下列公式计算：

$$绳索类包苗数量 = \frac{绳径(cm) \times 绳长(cm) \times 3.14}{个体占据面积(cm^2)}$$

福建莆田地区贻贝养殖，采取一次包苗的方法，一次收成。绳直径 2～5 cm，包苗密度 400～700 个/米。并根据当地的海况特点，确立了不同苗体大小和绳径与包苗量的关系（表 9-4）。

表 9-4　不同大小苗体与绳径和包苗量的关系（福建省水产研究所等）

苗体大小(cm)	个数/千克	苗绳直径（每米苗绳需苗量）			
		2 cm(kg/m)	3 cm(kg/m)	4 cm(kg/m)	5 cm(kg/m)
1.5	2 084	0.20	0.25	0.30	0.35
2.0	1 066	0.40	0.50	0.60	0.70
2.5	600	0.65	0.80	1.00	1.15
3.0	600	1.00	1.25	1.50	1.75
3.5	260	1.50	2.00	2.25	2.75
4.0	178	2.25	2.75	3.50	4.00

（2）挂苗数量：通常台挂 60～160 吊，以浮力大小、筏子支持量为基础，同时还要考虑各方面的环境因素，大面积放养更是如此。要根据大量的实验数据和经验数据统筹兼顾，

合理安排,掌握不同养殖海区,单产与吊数的关系,做到省工、省力、节省苗种和物资,达到贻贝养殖优质、高产、低成本的目的。

五、防护与管理

养成期的防护与管理工作是贻贝养殖的一个重要环节。要养得好,保得住,加强岗位责任制,建立合理的规章制度,科学养殖。其防护管理措施如下:

(1)防风:风浪是贻贝养殖中的主要灾害之一,因此,经常观察气象变化,及时收听天气预报,仔细检查浮筏不安全的因素,做到以防为主,确保安全。冬、夏季风盛行时,注意浮力不要过大,防止断缆、断绠拔橛、摩擦搅缠、丢漂掉绳。强风来临前,采取减浮、吊浮、压石等方法,将筏子下沉到 50～150 cm 处,以减少风浪的冲击和损坏。

(2)防冰:结冰海区,应进行冰下沉浮养殖越冬。沉筏枯潮后养成绳离海底最少 1 m。早春有流冰的海区,更应早做准备,将筏子沉至水面下 1.0～1.5 m 处,以免强大的冰流摧毁设施。

(3)防暑:防暑在福建、广东沿海显得尤为重要,凡是夏季日平均水温超过 29℃者,均应进行防暑措施。

1)外海深水度夏:在水深处,潮流通畅,水温较低而稳定,光线较暗,贻贝度夏成活率高。

2)遮光度夏:在光线较暗的情况下,有利于贻贝的生长。遮光度夏的贻贝成活率远远高于敞光度夏贻贝的成活率。

(4)防脱落:脱落是贻贝养殖较为严重的问题,也是提高贻贝产量的重要障碍,必须引起注意。防脱落主要有以下几种方法:

1)选择附着器:贻贝的附着器要坚固、抗腐。珍珠岩棒、胶胎、红棕绳等都是贻贝良好附着基,掉苗率低。质软、易腐的附着器,掉苗率高。

2)包苗密度适宜:包苗密度过大,拥挤生长,附着面积严重减少,形成中空而脱落。包苗密度过稀,浮泥淤积,杂藻丛生,造成附着基腐烂和足丝的老化,自切而脱落。因此,包苗密度要适宜。

3)沉筏养殖:夏季高温季节,下沉浮筏 2 m 以下,光线较暗,流畅,水温、盐度稳定,贻贝脱落显著减轻。沉筏又可减少风浪的冲击。

4)重新分苗:由于密度过大或养成绳腐烂而引起的脱落,只能进行重新分苗和更换养成器材。

5)加固防脱:用网衣包苗和草绳捆扎,或在养成器上横插数根本棒,可以防止贻贝脱落。

6)混包养殖:厚壳贻贝生长速度虽然次于贻贝,但由于耐高温,附着牢固,足丝坚固,与贻贝混包养殖,度夏后几乎未见脱落。福建水产研究所进行的混包养殖实验,经受住了台风的考验,效果良好。

7)掌握包苗季节:翡翠贻贝属热水性种类。它的足丝的分泌随水温的上升而加快,水温越高分泌越多,附着越牢固。水温越低分泌越少,直至停止分泌,附着很不牢固。因此,翡翠贻贝 4～5 月份的春季包苗,脱苗率显著降低。而在 8～9 月份包苗,脱苗严重,这就要改变原来 8～9 月份包苗的习惯。

(5)防害:海星、章鱼、鲷、红螺、蟹等都是贻贝的天敌。如果浮筏下沉,养殖贻贝便可能被敌害吞食。为防敌害侵害，必须严防浮筏下沉。

其他方面的管理工作如防断绳，加固吊绳和养成绳等工作均应做好。

六、贻贝增产的几项技术措施

1. 贝藻套（间）养（图9-8）

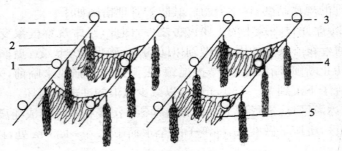

1. 浮子　2. 筏身　3. 海面　4. 贻贝　5. 海带

图 9-8　贝藻套养示意图

贝藻套养有利于贻贝和藻类的生长，是合理利用海区和设备的先进经验。生产实践证明，凡是实行贝藻套养的单位和海区，海带、贻贝的生长都比单养的好，既降低成本，又增加收入，瘦区实行贝藻套养，效果更为明显。因为贻贝的代谢产物为海带提供了有机肥料，增加了海区的含氮量。贻贝呼出的二氧化碳，给海带增加了进行光合作用的原料，特别是对海带厚成效果明显。

贻贝摄食了与海带争肥的浮游植物。海带的生长，又改变了水质条件，有利于贻贝的生长。海带光合作用排出的氧气，有利于贻贝的呼吸。随水漂浮的海带藻体，对贻贝起了遮阴作用，有利于贻贝的附着和摄食。海带施肥，也促进了贻贝的饵料繁殖。二者相辅相成，互利互益。

贝藻套养有区间套养、筏间套养和绳间套养三种方法。区间套养管理方便。绳间套养效果显著，但易缠绕、磨损，管理不方便。顺流设筏平养海带，垂养贻贝较好。筏间套养（一台贻贝，一台海带），效果虽然也不错，但成本较高

2. "二季作业"（双季生产）

二季作业可以提高台产50%～80%，是贻贝养殖的一项重要增产措施。"二季作业"要早分、早收，留有储备苗。

(1)第一茬：早期苗8～9月份放养，每绳包苗800～1 000个/米，稀包稀挂，台（60 m）挂60吊×2 m或100吊×1.5 m，安排在边排、高排，翌年3月份收获。中期苗9～10月份放养，每绳包苗1 000～1 200个/米，台挂65吊×2 m或120吊×1.5 m，安排在中排，翌年9月份收获。养殖期度过1～2个大生长期。

(2)第二茬：晚期苗（储备苗）：密包密挂，每绳包苗超过1 500个/米，台挂70吊×2 m或150吊×1.5 m。安排在低排或海底暂养，翌年4月份分苗放养。1台可分养3～4台，稀包间挂，分别安插在第一茬浮筏当中，俟早期苗收成后，陆续补上茬口，当年8～10月份

收获,养殖期6个月,经过两个大生长期。

间收苗:6~7月份采收中期苗时,把淘汰下来不够商品规格的小贻贝重包放养。稀包稀挂,补上空筏,10~11月份收获,养殖期4个多月,又经过了一个大生长期。

"二季作"各地可根据实际情况,具体安排。

3.早分苗

贻贝于春、秋各有一个生长旺季,日平均生长300 μm,月生长达1 cm以上。冬、夏两季水温较低和较高,贻贝生长减缓。因此,春苗要抢在8月底前分完,对贻贝的生长是相当有利的,商品率和出肉率显著提高。水温较高的海区不适于在高温期分苗,以免分苗后发生脱苗及死亡。

4.立体养殖

自然海区的饵料,于水深10~20 m范围内,上下分布差别不大。旅大地区在0~3 m水深内,贻贝生长的差异不大。因此,采取增加养成绳长度,减少台挂绳数,进行上下水层的立体养殖能起到充分利用水体生产力增加产量的效果。

贻贝的增产措施很多,稀包密挂,大小分养,冬夏深水养殖,春秋浅水层养殖,合理的包苗密度,适时收获等都是增产的重要措施。

第十节 贻贝的其他养殖方式

一、插竹养殖

这种养殖方式类似于牡蛎插竹养殖,多用于翡翠贻贝的养殖,但不同于牡蛎的是并非在潮间带进行,而是在低潮线以下的浅水区插竹。为了有利于翡翠贻贝的附着,竹子应先在海水中浸泡1~2个月,或先让藤壶固着再清除藤壶。竹子最多附苗量可达2 000~3 000个/米,每亩可插竹1 200根左右。

二、栅式养殖

水深10 m以内,底质为砂泥底,潮差较小,风浪较轻的海区,可以树立木桩、水泥柱等,上面用竹、木、水泥柱架设成栅,将贻贝垂挂于栅架上进行垂下式养殖。其优点是可防除底栖敌害,采收也较方便。这种养殖方式是一种固定架子,不随潮水而浮动。

三、平台吊养

平台吊养,需用竹、木搭架,并有塑料浮子等,以增加浮力,整个架子随潮水而浮动。平台底下挂养贻贝,平台顶上也是一个很好的工作场所。一般平台上都设有管理房、工具房等,可以充分利用平台上的空间。这种平台吊养负荷量很大。平台吊养面积一般为20 m×20 m,每平台可吊挂贻贝养成绳600~1 000根。

第十一节　贻贝的收获与加工

贻贝的产量和质量,与收获时的肥满情况有更密切的关系。养成工作是关系到贻贝能否丰产,而加工工作则关系到能否丰收的问题。要丰产丰收,养成与加工不可偏废。所以,必须掌握贻贝的肥满规律,适时采收,合理加工,提高出肉率,提高贻贝的产量和质量。

一、贻贝的肥满规律与收获日期的确定

1. 掌握贻贝肥满规律的意义

贻贝性腺最肥满时期可占肉重的 60% 以上,干肉率可达 10% 以上,产卵后的干肉率仅 3%~4%。准确地掌握贻贝肥满规律,适时采收,贻贝干制品个体大,成色好,营养高,不论在产量和质量上都会有很大提高。

2. 肥满规律与收获季节

我国海岸线漫长,各地的环境条件差别较大,贻贝的肥满期也不一样,但在繁殖期之前均有一个丰满时期,正是最好的收获季节。

(1)肥满规律:一般来说,贻贝近一周年时性腺才能充分发育,个体大的成熟早,个体小的成熟晚。养于肥区的贻贝成熟早,瘦区的成熟晚。浅水层养殖的成熟早,深水层的成熟晚。浅海区成熟早,深海区的成熟晚。当春季水温升到 6℃~8℃(南方高于此水温)时最肥满,10℃时开始繁殖,14℃时基本结束,成为一年中最瘦的季节。秋季当水温降到 24℃~20℃时,性腺最肥满,20℃以下开始排放,但秋季排放量较小(南方较大),对肥满度影响较小。在肥满度达到最高时,外界因素(风、雨、降温等)的突然变化能引起肥满度的下降。不同地区,贻贝的肥满度也有变化。

(2)收获季节:辽宁沿海贻贝性腺的成熟期相当长,从 11 月份到次年 5 月份均很丰满。性腺最肥季节在 2 月下旬~4 月和 10~11 月份,6~9 月份最瘦。因此,3~4 月份及9~11 月份都是贻贝最适宜的收获季节。干肉率可达 6%~9%,最高可达 10% 以上。

河北贻贝的收获季节同辽宁基本相差不多。

山东半岛南、北两岸海况条件不一,贻贝肥满期也不尽相同。北部烟台沿海春季 3 月~4 月中旬,肥满度可达 30%~34%,干肉率达 7.5%~8.5%。秋季 9 月~10 月中旬,肥满度可达 20% 以上,干肉率达 5.0%~5.5%。春季一龄个体体长可达 5 cm 左右,个体出干肉重平均 1 g 左右,达到商品标准。从烟台贻贝生长情况来看,8 月份包苗至次年 3~4月份收获比较合理,不必度夏。因春季贻贝肥满期较长,加工时间充足,雨水又少,空气干燥,有利于晒干,而且质量好,色浓而新鲜,同时可以节约度夏物资,无台风袭击和脱落之忧。

山东北部沿海贻贝肥满期是西早东晚,龙口早于烟台,烟台早于威海,威海早于荣成。

山东南部沿海贻贝的肥满期早于北部,春季 1~3 月份较肥,3 月份以后逐渐变瘦。春季一龄贝出肉率可达 7%~11%。青岛海区秋季肥满期在 8 月~10 月上旬,出肉率最高可达 9%,一般在 7% 左右。其他海区秋季 9~10 月份最肥,出肉率在 5%~5.5%,9~10 kg 鲜贝出 0.5 kg 干品,平均个体出肉量在 2 g 左右。

贻贝在福建莆田地区,8～9月份几乎停止生长,性腺最瘦。到10月份月平均水温降到22℃,生长较为显著。3～6月份月平均水温13.8℃～25.9℃,增重率最高,月平均增重17%～32%,满1龄贻贝,于肥满期的5～6月份,鲜肉重可为壳重的1.3倍,干品率可达7%。在同一年龄不同时间,干品率只有4.8%～6%。因此,在贻贝肥满期内,应做好肥满度的测定,达到收获标准,集中全力采收。

翡翠贻贝的肥满期不论在福建和广东,明显分春、秋两个季节。福建广东翡翠贻贝于春季5月份和秋季8～10月份,性腺开始肥满,制干率可达5%～7%,鲜干比达(14～20):1。翡翠贻贝也具有快肥快瘦的特点,应准确掌握。翡翠贻贝的收获规格一般为10 cm左右,1 kg约有12个。

综上所述,说明在不同的养殖海区,肥满期出现的早晚与长短是不一样的,因而收获季节也不应一样。应根据各海区的肥满规律,结合各种外界条件及劳力情况,确定养殖期限和收获季节。一般海区春季出肉率在6%以上,秋季在5%以上即可收获。

3. 贻贝肥满度的测定方法

一般生产单位测定时,先将贝壳表面的附着物洗刷干净,称取2.5～5 kg,放入锅内,加少许淡水,急火蒸煮。开锅后再继续煮10 min,出锅剥肉。称取熟肉重量,在日光下晒至商品干度(含水量为10%左右),称其干重,求出干肉率和熟肉率。

此法常受鲜贝和干肉含水量大小的影响,而产生误差。若为科研提供数据应改用下述方法:取贻贝100～200个,刷净壳上附着物,摘除足丝,用小刀撬开双壳,排除壳内存水,称出鲜贝重量,按上法煮熟后剥出贝肉,称取熟肉重。再将肉和壳置于70℃左右的烘干箱内烘干,至不再减重为止,分别称出干肉和干壳重,求出干肉率和熟肉率。也可根据干肉重与干壳重之百分比,求出贻贝肥满度。

二、收获

贻贝收获的特点是数量大,时间集中,劳动强度大。

1. 海上收获

海上采收责任心要强,操作要轻而敏捷,必要时可用手捞网在下边托着,以防断绳和脱落。4 m以上的养成器,人力不易提起,可用吊杆起重机收获。

海上采收,可根据贻贝生长的情况确定全收或间收。对那些附着密度较大,附着牢固,养成器可继续使用的,则采用间收方法,即收一半留一半的方法,留下的部分待秋肥期收获。

2. 运输

目前多采用舢板装载,拖船拖带,空中索道运输,桅杆起重机吊装等运载方法,方法简易,效果良好。

三、加工

随着贻贝养殖生产的迅速发展,贻贝的产量大幅度上升,产品鲜销无法解决。因此,必须考虑加工问题。由于贻贝产量大和肥满期短而集中,必须机械化加工。

1. 加工过程

贻贝不管加工成什么样的成品,首先要进行洗刷分离,经蒸煮开壳、脱壳剥肉等过程,然后根据需要加工成产品。

（1）洗刷分离：从养成器上剥离下来的贻贝用手工或机械方法将其分离，去其淤泥、杂质。烟台地区海水养殖实验场等单位设计的洗刷分离机，每小时可处理鲜贝 18 000 kg。

（2）蒸煮开壳：蒸煮要合理利用燃料，蒸煮时间要恰当，从各地经验来看，无论从脱水率或干品质量上来看，均以沸腾后再蒸煮 5～10 min 为好。蒸煮时间过短，贝肉嫩、含水大、易黏着。蒸煮时间过长，贝肉脆而易碎。

蒸和煮的加工效果是不一样的。蒸的脱水率高，产品质量好。煮的含水量大，贝肉中的一部分可溶性蛋白会溶解到水中，营养价值显著降低。因此，在条件许可的情况下，尽量采用蒸法。

蒸煮方法有以下几种：

大锅煮：这种方法设备简单，投资少，操作简便，但加工能力低，耗煤量大，加工 50 kg 贻贝耗煤 3～5 kg。

闷罐翻斗车蒸汽蒸煮：此法使用特制的闷罐翻斗车。将干净鲜贝装入闷罐内，然后把车推到锅炉房旁，罐内接通蒸汽管蒸煮。蒸煮过程中产生汤汁通过闷罐底板上的孔洞流出。一个翻斗车每次可装鲜贝 200～250 kg，通气 15 min 可蒸熟。此法的优点是：加工效率高（2 t 锅炉，800 kPa，可供 4 个翻斗车和 1 个烘干箱使用。每天加工 15 000 kg 鲜贝），耗煤低（5%），加工质量好，兼顾近距离搬运。

汽房蒸煮：汽房蒸煮的热源主要用锅炉蒸汽。锅炉容量多为 2 t 左右，压力为 300～600 kPa，型号有卧式、立式、斜式等，耗煤量约 4%。锅炉改造烧重油，用双管油枪或旋杯式燃烧机将油喷射入炉膛内燃烧，省工、省力、降低成本，改善了劳动条件。

蒸房多用砖砌成，面积不拘，依锅炉容量大小而定。蒸房内设有轨多层推车，每层架子备有筐篓，分装贻贝，要求筐间通风良好，不宜满载多装。

锅炉通过汽包、管道同蒸煮房连接。锅炉周围装设安全阀、压力表、水位管、防垢磁滤器、排气管及排水管等（图 9-9）。锅炉安装要符合技术要求，管理要专人负责，使用时要注意压力表是否失灵，气压是否超过定额，锅炉内是否缺水，灭火后要排除余水。

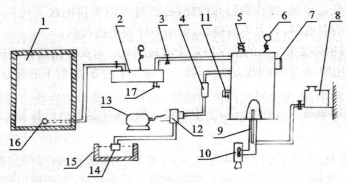

1.蒸煮房　2.汽包　3.阀门　4.防垢磁滤器　5.安全阀　6.压力表　7.水位管　8.油箱　9.油枪　10.吹风机　11.放水管　12.水泵　13.电机　14.水龙头　15.水源　16.进气机　17.排气孔

图 9-9　锅炉蒸汽系统示意图

蒸煮房加工在 700 kPa 时,7～8 min 可加工一笼,每笼 500 kg 左右,当贻贝汤汁颜色由黄变白又逐渐出现微蓝色(油迹)时,便可停止送汽,准备出货。

(3)脱壳剥肉:脱壳剥肉的目的是使蒸煮后的贻贝贝壳与肉分离,此道工序的加工机械已研制出来,但使用中还存在一些问题,需要进一步改进。目前主要是依靠手工扒肉,扒出的肉经洗刷后晒干即可,也可制成其他产品。

2.成品加工

(1)干制:干制成品有两种:一种称"淡菜",另一种称"蝴蝶干"。前者为熟肉干制品,后者为鲜肉干制品(用大型个体,取肉切腹,形似蝴蝶)。蝴蝶干价格比淡菜高一倍,在南方很受欢迎。

晒干:一般把贝肉摊在网片上,放置在水泥台上反复暴晒 2～3 d,晒到手捏不碎即可,晒时要经常翻动。遇阴雨天不能晒时,可将贝肉放在 20%～30%食盐水中浸泡一下,再散放于阴凉处,也可用 10%的盐水腌起来,待天晴后再捞出晒干。另一种方法是壳、肉同时晾晒。待八成干后,用木棒将贝壳边翻动边打碎贝壳,贝肉不受影响。最后将壳、肉分离。此种方法易干,碎肉少,杂质少,色泽好,但需较大晒场。

烘干:利用燃料转化的热能进行干燥。目前采用的烘干方式在北方多用热风烘干,在南方用烟道烘干。前者多采用散热片或散热板借助鼓风机散发热风,以干燥贝肉。后者采用散热炕,利用土炕散热,烘干贝肉。

干制产品要妥善保管,仓库要通风防潮。入库前,应放阴凉处,待干品散发余热后,再装袋打包。

(2)贝肉冷冻:冷冻贝肉可保持特有的鲜美味道。消费者买回后可按自己的食法制成多种菜肴,加工方法是将鲜肉洗净去水分后装在纸盒里,盒外包塑料薄膜,然后速冻即成。为了增加肉味的鲜美,可在装盒前将贝肉放在温度 17℃～22℃,经过浓缩的汤汁里浸渍 10～22 min,然后装盒。经速冻后的鲜肉,在 −28℃～−25℃下可保存半年,在 −18℃～−16℃下可保存 80 d,在 −20℃～−10℃下可保藏 20 d 不变质。保藏得不好能引起贝肉变质,脂肪变坏,肉质变硬,鲜味损失。

(3)贻贝罐头:罐头制品可以长期保存,便于运输,可以组织出口,有关生产部门已制成豉油贻贝罐头、原汁贻贝罐头,油浸熏制贻贝罐头,深受广大消费者的欢迎,为贻贝养殖广开了销路,也提高了贻贝的生产价值,今后应继续组织生产和研制更多的新产品。

3.汤汁加工

贻贝蒸煮过程中,流出大量乳白色的汤汁,含有大量的可溶性蛋白等物质,其中固形物占 6%左右,总氮量为 0.17%,含蛋白质 1.04%,氨基酸 0.33%,盐分 2.94%,碳水化合物 1.0%。

一般鲜贝 50 kg 左右,可炼贻贝油 0.5 kg 左右。炼制方法:用纯白贻贝汤,滤去杂质,置大锅中熬。大锅需擦油(食用油),以防糊锅。汤烧开后,不断捞出泡沫。临近熬成,将火撤掉。贻贝油热时的波美度为 28°,冷却时为 25°。熬一锅 225 kg 约需 4 h,熬 1 t 油需 2～3 t 煤。

贻贝酱油的稠度较低,波美度为 18°～20°,5 kg 汤出 0.75 kg 酱油。由于稠度低,容易产生沉淀变质现象。装瓶前需要加稀盐酸或安息香酸钠防腐,并加淀粉增稠,经杀菌处理后可长期保存。

4.保健食品

以贻贝为主要原料,再配以枸杞等辅料制成的口服液,有明显的耐缺氧、抗疲劳及提高机体免疫功能作用;以贻贝肉经低温干燥,配以辅料制成的胶囊剂,对降血脂、治疗和预防心脑血管疾病、保护肝细胞、抗疲痨、抗缺氧、提高免疫力等都有很好的效果。

5.壳的利用

据烟台水产研究所分析,贻贝壳除含有碳酸钙、铁、钾和有机物等植物必需的微量元素外,含氮量为 0.52% ,含磷量为 0.15% 。据旅大合成纤维研究所分析含氮量变动在 $0.45\%\sim1.38\%$ 之间。经山东、辽宁各地实验,每亩的土地施用贻贝壳粉 $1\,000\sim1\,500$ kg,比施用农家肥和化肥增产 $10\%\sim22.9\%$,增产效果十分显著。贝壳粉还可作动物饲料。在饲料中加入 $1\%\sim2\%$ 的贝壳粉,可促进家禽、家畜的生长。此外,贝壳还可作贝雕工艺的原料,也可煅烘成灰,作为建筑工业原料。

复习题

1. 试述贻贝营养成分上的特点及其经济价值。
2. 从养殖的角度看,贻贝具有哪些有利于养殖的特性?
3. 贻贝的外部形态与厚壳贻贝、翡翠贻贝有何主要区别?
4. 贻贝生殖系统有何特点?
5. 试述贻贝的生活方式及其对环境的适应。
6. 试述贻贝的繁殖习性。
7. 影响贻贝生长的主要因素有哪些? 怎样测量贻贝的生长?
8. 贻贝的附着习性如何? 了解它对养殖生产有什么指导意义?
9. 贻贝半人工采苗的方法? 为什么早投采苗器比晚投好?
10. 简述浮筏的结构与设置。
11. 贻贝分苗的方法都有哪几种? 它们都有哪些优缺点?
12. 贻贝无网分苗与贝藻套养的理论依据是什么? 它们的主要技术与优越性表现在哪里?
13. 解释下列术语:
①包苗　②夹苗　③五防　④淡菜　⑤群聚　⑥缠绳分苗

第十章 珠母贝的养殖与珍珠培育

目前,能够生产珍珠的贝类较多,但在我国分布最广、产量最高、价值最大的珍珠贝 (pearl oyster)要算合浦珠母贝。珍珠的培育是珠母贝养殖的最终产品。

珍珠玲珑雅致、色泽艳丽、光彩夺目,是贵重装饰品。天然珍珠在医药上可制成珍珠丸、珍珠末、六神丸、安宫牛黄丸等,有安神定惊、清热解毒、去翳明目、消炎生肌等功效。珍珠在国际市场上每年销售量最高达100多吨。

我国的合浦珍珠——南珠,早已驰名中外,距今4 000多年前已有史书记载。明朝弘治十二年(公元1499年)在合浦海水珠池采捕了天然珍珠达28 000多两。1949年以来,广东、广西先后兴建了多个珍珠养殖场,普遍采用人工育苗方法,培育合浦珠母贝,插核、育珠管理和加工技术工艺等都有很大的改进。近年来,对大珠母贝进行的人工育苗和插核的试验也获得成功,为我国培养大型珍珠提供了有利条件。珠母贝的珍珠层粉可作为珍珠的代用品,经临床试验证明,可治疗多种疾病。此外,大珠母贝的贝壳是大型整体贝雕的极好原料。

现在,世界上养殖珍珠的国家有中国、日本、缅甸、澳大利亚、泰国、马来西亚、印尼和菲律宾等国的亚热带、热带地区,以日本最为发达。1890年日本运用我国河蚌养珠的方法,于1907年获得了海产正圆珠的培育成功,1945年后大量投产,1966年产珠量达127 t,但以后逐年大幅度减产,至1973年年产仅为34 t。

在世界上报道过珍珠大王,其珍珠直径为1.8 cm,而在我国1984年生产的最大正圆珍珠直径1.9 cm,最大椭圆珍珠2.6 cm×1.5 cm,系大珠母贝产生的大型珍珠。

第一节 珍珠

一、珍珠的定义

珍珠(Pearl)是由珠母贝或其他一些贝类外套膜的壳侧表皮细胞分泌的珍珠质包裹着一个共同的核心累积而成的,为圆形或其他形状。类似贝壳珍珠层的性质,其氨基酸种类和含量也基本相同(表10-1)。

表 10-1 珍珠、珍珠层成分对照表

成分(%) 试样	CaO	CaCO₃	有机物(壳角蛋白)	CaSO₄	水分
珍珠(银色)	1.31	93.12	4.75	0.58	0.42
珍珠层(银色)	1.39	92.77	4.98	0.20	0.61

二、珍珠的性质

由于来源相同,因此,珍珠的理化性质和生产珍珠的贝类贝壳相类似,构成珍珠与贝壳的物质大部分是碳酸钙和壳角蛋白,只是珍珠层是以霰石结晶形式存在,而贝壳棱柱层的结晶是方解石。根据分析结果得知,海产和淡水产珍珠,其成分大致是一样的。但是产珠的母贝种类不同,所产的珍珠外形与色泽及实用价值也有所不同。即使同一种母贝所产的珍珠,因为品质不同其性质也有所差异(表 10-2)。

表 10-2　合浦珠母贝的天然珠与人工珠的化学组成(％)

成分 珍珠类型	碳酸钙	碳酸镁	氧化硅	磷酸钙	氧化铝 加氧化铁	有机物 加水	氧化钙
天然珍珠	83.71	7.22	0.54	0.35	0.54	7.00	
人工珍珠	94.70		0.26		0.25	3.60	1.12

人工珍珠(artificial pearl)的碳酸钙比天然珠的多,但缺少碳酸镁。珍珠中除钙、镁、硅、铝、铁离子外,还含有一些微量的铜、锰、钠、锌、钛、锶、铅、钡、银等金属离子。

珍珠中有机物壳角蛋白的主要成分有甘氨酸、丙氨酸等 14 种氨基酸(表 10-3)。

表 10-3　珍珠、珍珠层成分氨基酸种类(％)

氨基酸 试样	甘氨酸	丙氨酸	亮氨酸	苯丙氨酸	丝氨酸	缬氨酸	蛋氨酸	胱氨酸	精氨酸	组氨酸	酪氨酸	天门冬氨酸	谷氨酸	苏氨酸	合计
珍珠	24.8	16.4	5.2	5.2	3.2	3.2	1.6	1.0	2.0	2.0	11.0	3.6	7.6	5.8	92.6
珍珠层	24.8	20.6	5.6	4.2	3.8	3.8	0.8	0.8	1.6	1.8	11.0	3.0	4.0	4.0	89.8

珍珠显现的色彩与珍珠的化学组成有着密切的关系。被认为最好的桃红色珍珠中,锰的含量特别多,镁、钠、硅和钛的含量也较高。金色和奶油色等黄色系统的珍珠中,铜和银的含量较多。银色珍珠中含镁、钠和钛较多,绿色珍珠中所含金属种类最少。与此相反,金色珍珠中所含金属的种类最多。有机物的含量也与珍珠质量有关,银色珍珠的有机物的含量高,而白色珍珠中含量少。在正常珍珠中,有机物的适宜量为 4％~6％,畸形珍珠中有机物的含量都很高。

天然珍珠(natural pearl)的密度一般为 2.68~2.78。人工养殖珍珠的密度因所用的珠核性质不同而异,通常用蚌壳作珠核的人工养殖珍珠,其密度为 2.76~2.80。劣质珍珠密度都较低,一般为 1.19~2.23。

三、珍珠的成因

关于天然珍珠的成因,见解甚多,常有以下三种说法。

(1)内因说法:由于外套膜的病变,一部分外套膜的上皮细胞从外套膜上脱落,陷入其结缔组织之间,因而形成珍珠囊,产生珍珠。

(2)外因说:由于外来的物质,如砂粒、寄生虫等,偶尔落入贝壳与外套膜之间,加上外物夹带着一部分外套膜上皮细胞陷入结缔组织中,结果形成珍珠囊并分泌珍珠质形成珍珠。

(3)珍珠质分泌组织畸形增殖说:珍珠质的分泌组织,由于受到外来刺激(机械的、化学的或其他生物损伤等)细胞发生病理和机能的变化,引起部分细胞畸形增殖形成珍珠囊,分泌珍珠质而形成珍珠。

总而言之,珍珠是由于母贝的外套膜细胞因上述某一原因陷入结缔组织中围绕着一个异物形成珍珠囊,并分泌珍珠质而形成的。

珍珠质的分泌是一层一层的长年累月重叠而成。每天分泌的层数,说法不一,有一层、二层、三层,甚至多层的。每层厚度为 $0.2\sim0.5\ \mu m$,平均为 $0.35\ \mu m$。商品珍珠整个珍珠层厚度约为 $750\ \mu m$(日本的只有 $375\ \mu m$)。

四、珍珠的种类

目前,全世界能生产珍珠的贝类有 30 种之多,如鲍、蚶、贻贝、江瑶、牡蛎、扇贝、帘蛤、砗磲、蚌及珠母贝等。由于它们所产的珍珠性状各有不同,因此,都冠以不同的名称,如鲍珠、蛎珠、蚶珠等等。而珠母贝和淡水蚌产的珠一般通称为珍珠。就珍珠的来源而论,可分为天然珍珠和人工养殖珍珠 2 类(表 10-4)。本书主要介绍国内生产规模最大的合浦珠母贝的人工养殖珍珠。

表 10-4　珍珠的种类和特点

种类			特点
天然珍珠	游离珠	袋珠	生于外套膜的边缘部分,较大,形状和光泽较好
		耳珠	生于铰合部下方或前、后耳附近的外套膜或与其相邻的组织中
		粟粒珠	生于外套膜的中央部分或闭壳肌上,一般珠小、光泽差
	附壳珠		生于贝壳和外套膜之间而附着在贝壳上
人工养殖珍珠	有核珍珠	良珠	珍珠层质量好,正圆形,表面无污点或斑痕
		尾巴珠异形珠	表面有片状或其他形状突起 珍珠层质量较好,但形状呈水滴状或葫芦状
		污斑珠	表面有少量小块黑斑
		污珠	珍珠层较薄,珠核与珍珠层之间大部分或全部为灰褐色有机物所填充
		薄层珠	珠核上珍珠层的厚度尚未达到商品规格
		壳皮珠	表面被覆的物质不是珍珠质而是壳皮质,呈无光泽的黑褐色,俗称泥珠
		棱柱珠	核外被覆一层棱柱质,呈不透明的灰色或棕褐色
		复合珠	核外面的被覆物有一部分为珍珠层,另一部分为棱柱质或壳皮质
		素珠	收获时没有镀上珍珠层的珠核
	无核珍珠		没有外来的物质做核心,形状不规则,一般作药用
	附壳珍珠		在贝壳和外套膜之间植入半圆形或其他形状的珠核,而且形成附于贝壳上的珍珠,一般为半圆形,又称半圆珍珠

（1）天然珍珠：在贝体内部自然形成的珍珠为天然珍珠。由于在贝体中形成的位置不同，又可分为游离珠和附壳珠二种。

（2）人工养殖珍珠：用人为的方法在贝类体内产生的珍珠。根据珠核的有无和形状，养殖珍珠可分为人工有核珠、人工无核珠和附壳珠三大类。按珠径大小又可将珍珠划分不同类型（表 10-5）。

表 10-5　珍珠大小划分的珍珠种类

种类名称	粒珠	细珠	小珠	中珠	大珠	特大（大型）珠
直径(mm)	2.6 以下	2.6—4.9	5—6.8	6.9—8.4	8.5—10	10 以上

以色彩划分，可将珍珠分为黑、白、红、黄等颜色的珍珠。

第二节　珠母贝的主要种类和形态

我国现在进行珍珠养殖的珠母贝主要有以下几种。它们属于软体动物门（Mollusca），瓣鳃纲（Lamellibranchia），翼形亚纲（Pterimorphia），珍珠贝目（Pterioida），珍珠贝科（Pteriidae）。

1. 合浦珠母贝（又名马氏珠母贝）（*Pinctada martensii* (Dunker)）

两壳显著隆起，左壳略比右壳膨大，后耳突较前耳突大。同心生长线细密，腹缘鳞片伸出成钝棘状。壳内面为银白色带彩虹光亮的珍珠层（图 10-1-A）。

合浦珠母贝分布在我国两广、海南、台湾沿海，尤以广西的合浦白龙尾至西村长约 30 km 的海区及广东的大亚湾、大鹏湾等地为多。太平洋西岸濒海的几个国家，自日本千叶县以南至菲律宾、越南、缅甸、印尼、斯里兰卡、澳大利亚等均有分布。成贝壳高约 8 cm，宽度大，约 3 cm。施术方便，受核率高，育成的珠质好，为当前育成珍珠的主要母贝。

2. 长耳珠母贝（*Pinctada chemnitzi* (Philippi)）

体形近似合浦珠母贝，但较扁，俗称扁贝。后耳也较显著。壳面棕褐色。壳内面珍珠层多呈黄色。

自我国福建的东山岛至广东、海南以及广西的珍珠港等地均有分布，资源也丰富。成贝体扁，软体部肌肉纤维多，施术不方便，多用于生产药用无核珍珠。育成的珍珠多为黄色系统。

3. 大珠母贝（*Pinctada maxima* (Jameson)）

大珠母贝又称白蝶贝，为本属中最大型者。壳坚厚，扁平成圆状，后耳突消失呈圆钝状，前耳突较明显，成体没有足丝。壳面较光滑，黄褐色。壳内面珍珠层为银白色，边缘金黄色或银白色（图 10-1-B）。

大珠母贝分布于我国台湾、澎湖列岛、海南西部、西沙群岛、雷州半岛西部沿海直至澳大利亚的西北岸以及罗门群岛、马来群岛等地。老龄成体壳高可达 30 cm 以上，体重超过 5 kg，是培育大型珍珠的母贝。贝壳珍珠层极厚，可供药用和制成特种工艺品。因闭壳肌大,施术较为困难。

4.珠母贝(黑蝶贝)(*Pinctada margaritifera*(Linnaeus))

贝壳体形似大珠母贝,但较小。壳面鳞片覆瓦状排列,暗绿色或黑褐色,间有白斑点或放射带。壳内面珍珠光泽强,银白色,周缘暗绿色或银灰色(图 10-1-C)。

黑蝶贝分布于我国广东、海南、广西、台湾沿海,以及印度洋、南洋群岛、菲律宾等地。施术也较困难,大多用于生产药用珠和附壳珠,珠质多为黑色或银灰色。

5.企鹅珍珠贝(*Pteria*(*Magnavicula*)*penguin*(Röding))

贝体呈斜方形,后耳突出呈翼状,左壳自壳顶向后腹缘隆起。壳面黑色,被细绒毛。壳内面珍珠层银白色,具彩虹光泽(图 10-1-D)。

分布于我国台湾、广东、海南和广西沿海以及日本九州的南部,琉球群岛直至菲律宾等地。个体较大,仅次于大珠母贝,成贝大者可达 25 cm。可培育大型附壳珠和正圆珠。

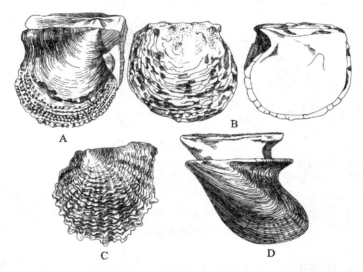

A.合浦珠母贝　B.大珠母贝　C.珠母贝　D.企鹅珍珠贝

图 10-1　主要种类的珍珠贝外形

6.射肋珠母贝(*Pinctada radiata*(Leach))

贝壳略呈方形。后耳小,前耳较大。壳面呈紫色、黄色或黄褐色,有的具蓝色或绿色放射带,或混有白色放射带。棘密,薄脆。贝壳内面珍珠层具蓝色或紫色色彩,边缘呈紫色或褐色。铰合部长,具齿。闭壳肌痕短而宽,略呈长椭圆形。

暖水种。产于我国广东、海南,大西洋、印度洋和太平洋其他地区也都有分布。

第三节　合浦珠母贝的内部结构

一、外套膜

外套膜(图 10-2)分左、右两片,位于贝壳内侧,在背面铰合部处愈合。外套膜的背部和中央部分很薄,呈半透明状态,但在冬季,由于积蓄肝糖而呈白色。在外套膜中央部分的周围和游离缘之间,有一列与外套膜缘几乎平行排列的外套肌集束,附于贝壳上的痕迹为外套肌痕。从外套肌集束再向外套膜游离部,派生出许多树枝状的外套肌至外套膜的边缘部分。在外套肌集束与外套膜缘之间,靠近膜缘处有一条浅黄色的腺细胞线,通称色线。

外套膜缘分三层,外层称生壳突起(壳褶),很薄,没有触手。中层称感觉突起(中褶),上面着生许多触手。内层称缘膜突起(内褶),其上有长短不一的单行触手。

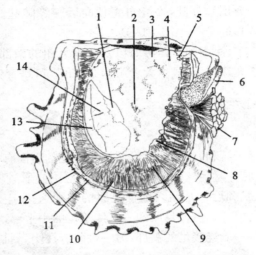

1.左缩足肌　2.外套膜中央部　3.外套膜背部　4.右后伸足肌　5.右前伸足肌　6.足
7.足丝　8.外套肌集束端　9.色线　10.外套肌　11.外套膜边缘部
12.外套触手　13.闭壳肌横纹部　14.闭壳肌平滑部

图10-2　合浦珠母贝的外套膜

外套膜在贝壳和珍珠的形成上起着重要作用。外套膜主要有内外上皮细胞、结缔组织和肌肉纤维等组成。从细胞的形态来看,外套膜的中央部分和游离部分以及外套膜外侧和内侧都有所不同。外侧上皮细胞多为球形和椭球形,紧密排列成单层。在中央部分的外侧上皮细胞较扁平,越向腹缘越高,至游离缘则变成高的圆柱细胞,其中有的含有较多的色素颗粒,越向边缘所含的色素细胞数目越多。在外侧上皮细胞下还有几种腺细胞和肌肉纤维埋藏在结缔组织中,并有血管和神经。腺细胞按其形态可分为黏液细胞、大颗粒细胞、黏液颗粒混合细胞和褐色颗粒细胞四种(图10-3)。这些腺细胞大多数分布在外套膜边缘部。由于细胞的形态不同,其机能也不一样。外套膜中央部分的外侧上皮细胞分泌珍珠质,游离缘部的细胞分泌棱柱层和角质层。中央部分的外侧上皮细胞的形态并非固定不变,在某些因素的影响下,它们的形态和机能会发生变化,而游离缘的外侧上皮比较稳定。

外套膜中层充满了结缔组织和肌肉纤维。外套膜内层由一层纤毛上皮细胞和纵行的肌肉纤维组成。内侧上皮细胞不参与贝壳和珍珠囊的形成。

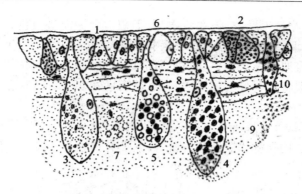

1. 表皮细胞　2. 带色素表皮细胞　3. 黏液细胞　4. 大颗粒细胞　5. 黏液、大颗粒混合细胞
6. 黏液排出后的空隙细胞　7. 横肌束　8. 纵肌束　9. 结缔组织　10. 褐色颗粒细胞

图 10-3　合浦珠母贝外套膜的细胞模式图

二、足

足位于贝体前方,界于鳃和唇瓣之间,呈圆柱状。足的腹面有一条纵行的足丝沟与基部的足丝腔相连。足丝腔分泌足丝,借以附着他物。足主要通过伸足肌和缩足肌来进行运动。伸足肌有前伸足肌和后伸足肌。前伸足肌的一端连接于缩足肌的表皮和足的基部,另一端附着在壳顶窝中部。后伸足肌的一端连于足的中上部,另一端伸向背面到壳顶窝的后方。缩足肌一对,一端连接足的基部,另一端附着在闭壳肌前方中部。

三、闭壳肌

合浦珠母贝的前闭壳肌退化,仅有一发达的后闭壳肌,位于软体部中央稍偏后方,由灰白色横纹肌和平滑肌构成,起关闭贝壳的作用。

四、呼吸系统

呼吸器官主要是鳃,但也能依靠外套膜的上皮细胞进行气体交换。鳃位于外套膜的内侧(图 10-4),由左、右两对鳃瓣组成。在外侧的称外鳃瓣,内侧的称内鳃瓣。每片鳃瓣分上行鳃和下行鳃。鳃瓣由鳃丝组成。鳃丝上生着许多纤毛,以激动水流,进行呼吸和摄食。

五、消化系统

消化系统包括口、食道、胃、消化盲囊、肠和肛门等(图 10-5)。

口位于内外唇瓣基部之间,呈椭圆形。口后方为扁短的食道,与胃相连。胃呈囊状,位于内脏团的背后方。外面被褐色的消化盲囊所包围。

消化盲囊呈褐色,由许多相连通的细管组成。各条细管后端是盲囊,前端由左右的一对导管开口于胃,起吸收养料和细胞内消化作用。

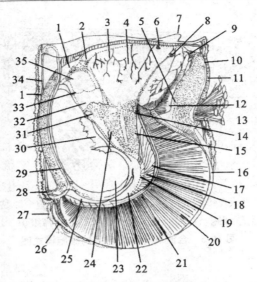

1.肠　2.前大动脉　3.内脏团表层血管　4.内脏团　5.外唇瓣　6.右侧后伸足肌　7.左侧前伸足肌　8.右侧前伸足肌　9.口　10.足　11.足沟　12.内唇瓣　13.足丝孔　14.泄殖孔　15.肾脏　16.右侧内鳃　17.鳃间膜　18.出鳃血管　19.入鳃血管　20.右侧外鳃　21.鳃的外套膜附着线　22.鳃轴　23.闭壳肌　24.外套血管　25.鳃上腔　26.外套膜缘内层　27.外套膜缘中层　28.肛门突起　29.后大动脉　30.缩足肌　31.围心腔腺　32.心耳　33.围心腔　34.环外套动脉　35.心室

图 10-4　合浦珠母贝的软体部

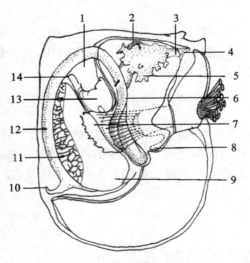

1.心室　2.胃　3.食道　4.口　5.消化盲囊　6.肠　7.缩足肌　8.腹嵴　9.闭壳肌平滑部　10.肛门突起　11.闭壳肌横纹部　12.直肠　13.心耳　14.围心腔

图 10-5　合浦珠母贝的消化系统

　　肠从胃的后方伸出,向腹面延伸至腹嵴的末端,再回旋返折向背侧穿出内脏团而成直肠。直肠沿闭壳肌后方下行至鳃后端基部,开口为肛门。与胃相连接的一端肠内,有一浅黄色半透明的晶杆体。

六、泄殖系统

泄殖系统为排泄和生殖系统的总称。其主要器官是肾脏和生殖腺。

肾脏位于闭壳肌的前背方,靠近鳃的基部,为一个淡棕色的长行囊状物。由肾围漏斗管连接于围心腔,而大肾管末端开口于肾脏前背方的泄殖裂中。

生殖腺充满整个腹嵴并包围整个消化盲囊。性腺丰满时,雄性生殖腺一般呈橘红色;雌性生殖腺呈黄色或淡黄色。有时也出现雌雄同体现象。生殖腺由滤泡、生殖管和生殖输送管组成。呈枝状的生殖管,一端与滤泡相连,另一端汇集于生殖输送管,最后开口称泄殖孔。

七、循环系统

合浦珠母贝的循环系统属于开放型,由心脏、血管、血窦和血液组成。

心脏位于闭壳肌和肠之间,为透明的围心腔所包围,分心耳和心室两部分。在心室的前、后方各分出前大动脉和后大动脉。前大动脉在心脏附近又分出一支内脏动脉,然后向前分出通向消化盲囊及足部等动脉的分支(图 10-6)。

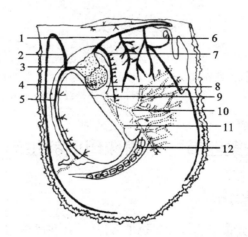

1.肝足部动脉(前大动脉分支)　2.后大动脉(后外套分支)　3.心室　4.心耳及出鳃血管孔
5.后大动脉(闭壳肌分支)　6.后肝动脉(前大动脉分支)　7.内脏动脉(前大动脉分支)
8.围心腔　9.出鳃静脉　10.外套静脉　11.鳃静脉　12.入鳃静脉

图 10-6　合浦珠母贝的循环系统

后大动脉位于闭壳肌后上方,分出闭壳肌和外套膜动脉分支,然后与沿外套膜缘分布的外套动脉相汇合。

流经各器官的血液(无色透明)最后汇集到围心腔和肾管之间的静脉窦,再经过肾脏和鳃,清除废料吸收氧气,最后回到心脏。而流经外套膜的血液,则在外套膜中交换气体之后,直接回到心脏。

八、神经系统

神经系统有脑神经节、脏神经节和足神经节各一对（图 10-7）。脑神经节位于唇瓣基部附近,经联络神经和内脏神经节、足神经节构成脑脏神经连索和脑足神经连索。由脑神经节分出至外套膜、闭壳肌、外套膜、消化盲囊、唇瓣和缩足肌等神经分支。内脏神经节位于闭壳肌腹前方,由内脏神经节分出至消化盲囊、鳃、闭壳肌、肾脏和生殖腺等神经分支。足神经节位于足基部上方,由足神经节分出至足部和伸缩肌等神经分支。

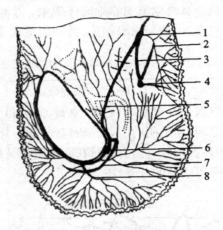

1. 脑神经节　2. 前外套神经　3. 脑足神经连索　4. 足神经节
5. 脑脏神经连索　6. 内脏神经节　7. 鳃神经　8. 外套神经

图 10-7　合浦珠母贝的神经系统

第四节　合浦珠母贝的生态

一、栖息场所和生活习性

珠母贝科的种类均分布于热带和亚热带海洋中,在我国分布于广西合浦和广东、海南沿海,利用足丝附着在岩礁、珊瑚、砂或砂泥及石砾的混合物上生活。纯泥质底的海区,因缺乏附着基底,会引起海水的过度浑浊,则难以生存。

合浦珠母贝的垂至分布一般自低潮浅附近至水深 20 多米处。在风浪较大、底质不够稳定的海区,多栖息于深水区。反之,在风浪较小、底质较为稳定的海区则多栖息在浅水地带。幼贝在水深 3 m 处栖息密度最大。5 m 以下极为少见,随着个体成长而渐向深水处移动。成贝多生活在水深 5～7 m 处或更深水层。在流速较快、透明度较大的海区分布较多。

合浦珠母贝的活动有明显的周期性,据观察,足丝的分泌和活动多在夜间进行。

二、对海水温度、密度的适应

1. 对温度的适应

合浦珠母贝是一种暖水性贝类。正常生活水温范围为 15℃～27℃，最适水温为 23℃～25℃，比大珠母贝、珠母贝和企鹅珍珠贝略低（表 10-6）。据报道，当水温降到 13℃时，代谢机能降低，至 10℃时贝壳几乎停止活动，6℃～8℃时持续 21～23 h 就会引起大量死亡。生产上常把 8℃视为危险水温。水温高至 36℃～38℃时，持续 22 h 便能致死。在通常情况下，合浦珠母贝在高温季节对高温的抵抗力较强，在低温季节中对低温抵抗力较强。

表 10-6　合浦珠母贝与其他几种珍珠贝对水温、密度适应与分布

种类	合浦珠母贝	大珠母贝	珠母贝	企鹅珍珠贝	放射珠母贝
在我国分布	广西合浦，广东、海南沿海	广东西南部、海南岛四周和其他岛屿周围	广西涠洲岛和海南岛、西沙、南沙群岛、澎湖群岛沿海一带	广西涠洲岛，广东、海南沿海	广东、海南沿海
栖息水深(m)	20 左右	40 左右	10～40	7～30	2～6
水温适应(℃)（最适）	15～30（23～25）	18～35（25～30）	18～34（24～29）	20～30（24～26）	15～30
海水密度（最适）	1.015～1.028（1.020～1.025）	1.022～1.025	1.020～1.023		1.016～1.024

关于合浦珠母贝生活适应范围，曾有过不少研究，人们从珠母贝的贝壳运动、鳃纤毛活动、心脏搏动、耗氧量等生理现象进行了观察。

有的实验认为，水温 7℃～8℃是它的下限临界水温，27℃～28℃为它的上限临界水温。一般来说，在适温范围内，温度越高珠母贝的代谢作用越强，生长越好。

低水温的持续时间与珠母贝的死亡率也有很大关系。寒潮南下的季节，低于 8℃的水温持续出现时，珠母贝便开始死亡。在 7℃以下的水温持续相当长时间的海区，死亡率会相应增大。

高水温对于合浦珠母贝造成的死亡现象也十分严重。一般潮流不大畅通的内湾浅水区，在 7～8 月份盛夏期间，易发生珠母贝大量死亡。从死亡情况来看，老贝比幼贝多，施术贝比母贝多。在施术贝中，植大核的施术贝比植小核的多。水温 28℃应作为警戒线。死亡率的高低与当时贝体的健康状况以及海况等有关。

2. 对密度的适应

合浦珠母贝是一种外海性的贝类。适宜海水密度范围偏高，一般适宜海水密度为 1.015～1.028，比大珠母贝、珠母贝适宜的海水密度范围略广一点（表 10-6），最适海水密度为 1.020～1.025。据称，合浦珠母贝对高密度适应能力较强，1.030 时还能正常生活，到了 1.032 时才成昏迷状态。因此，自然栖息的合浦珠母贝对海洋中的自然密度是能适应的。

合浦珠母贝对于低密度的适应能力较差。根据各方面的研究,低密度对于珠母贝的生理、成长以及珍珠质量都有较大的影响。

从研究的结果看来,海水密度为 1.015～1.016 时,珠母贝的生理机能就受到影响,海水密度为 1.007～1.009 时,同样时间处理便会发生死亡。另外,用低密度海水处理贝的时间与贝的死亡率、珠母贝的成长以及珍珠质量的影响为题,片田(1958,1959)的实验结果也值得参考,他认为,不同年龄的个体、施术的有无对低密度的适应能力各有不同,在相近的低密度海水中,以幼贝、母贝、施术贝的顺序逐渐减弱,在密度 1.010 时,48 h 母贝的死亡率大大提高。

另外,在风浪和混浊度都较大的海区,由于水温和密度的不适而引起死亡的现象更为严重。

三、食性和食料

合浦珠母贝是滤食性贝类。一个壳高 5.2～6.7 cm 母贝,在正常水温(20℃～28℃)下,每小时滤水量约为 3 000 mL,超出此水温范围,滤水量相应减少。盐度和水的混浊度对摄食也有影响。

海水中没有特别化学刺激性的、且大小适宜的悬浮物质都可作为它的食料。常见的有较小型的浮游植物,如圆筛藻属、菱形藻属、针杆藻属等硅藻以及一些小型浮游动物,如甲壳动物的无节幼虫和其他贝类的担轮幼虫、面盘幼虫,以及一些有机碎屑、有益细菌和浮泥等。食料的种类往往随海区的自然分布和季节变化而不同。因为硅藻类在海水的悬浮物质中占的比重最大,所以珠母贝的消化道中所见到的硅藻类也最多。

四、敌灾害及防除方法

合浦珠母贝的敌害生物很多,有直接或间接危害珠母贝生命以及跟珠母贝争夺食料和地盘而妨碍珠母贝生长的两大类。

(1)鱼类:肉食性鱼类对珠母贝的危害很大。其中尤以鲷、鲀对幼贝的侵害最为严重,以其牙嚼食贝肉,给人工采苗带来极大影响。一条长为 15 cm 的中华独角鲀(*Monacanthus chinensis*)的消化道中发现了几百个幼贝。海鳗(*Muraenesox*)对施术后体弱的母贝袭击尤甚,在养殖场附近捕捉的鳗,常见其消化道中有不少的人工珠核。鹦嘴鱼(*Callyodon sp.*)常咬破贝笼侵食较大的珠母贝。防除方法,目前只用围网捕捉。

(2)蟹类:主要有青蟹(*Scylla*)、梭子蟹(*Portunus*)和石蟹(*Charybdis*)的一些种类,对幼贝或成贝危害都极严重,其中以 5 cm 以下的小贝受害最大,有时整笼小贝在 2～3 d 内就被吃光。每年的 4～5 月份是蟹类危害最为严重时期。防除方法是加强管理和捕捉。

(3)贝类:骨螺(*Murex*)、嵌线螺(*Cymatium*)对大中贝的危害极为严重。若有 2～3 个嵌线螺在吊养笼中,经过一个月后,全笼的珠母贝都会被害。章鱼可用腕扳开珠母贝贝壳或分泌酸液将贝壳穿孔,再分泌毒液使之麻醉开壳后取食其肉。

此外,石蛏、肠蛤、海笋、开腹蛤等都能穿透贝壳及软体部分,也发生继发性溃疡,使贝体死亡。用水泥浆涂在壳上能防止和杀死这些敌害。曾发现一个 30.5 cm×31.3 cm 的大珠母贝的贝壳被海笋类钻孔达 100 多处。

（4）涡虫：平角涡虫（*Planocera*）等对小贝，特别是附着后不久的幼贝危害最严重。据调查，一个地区某些年份被涡虫吃掉的幼贝竟达 61%。涡虫的繁殖始于 6 月底 7 月初，7～10 月份为生长最盛期，危害最甚。防治方法，一般采用饱和食盐水浸泡 5～10 min 便可将涡虫杀死。或将贝笼清洗并稍为晾干后，放在淡水中泡浸 20 min 杀除。

（5）多毛类：已知危害珠母贝的多毛类有 10 多种，其中以凿贝才女虫（*Polydora cilliata*）为最多。多毛虫类的危害方式是钻穿珠母贝贝壳，使其与闭壳肌分离，或引起闭壳肌和外套膜腐烂而死亡。冬、春两季最为严重，且多发生在海水密度较低、浮泥多的海区。感染率高者可达 100%。

据研究，3 年以上的珠母贝用配置的饱和盐水（表 10-7）处理较为理想，2 年贝壳薄，则取 2/3 浓度食盐水处理效果为佳。

表 10-7　浓盐水的配置方法

溶解盐量　　　　　海水量　　类别	1 L	18 L	1 000 kg
饱和食盐水	335 g	6 030 g	335 kg
2/3 饱和食盐水	224 g	4 030 g	224 kg

使用食盐水处理病贝的方法应在清贝后约 15 天，待珠母贝静养恢复体力时才进行。不同的季节要求不同的水温，春季盐水温度在 15℃ 以上，夏季在 28℃ 以下，秋季在 18℃ 以上。

同时要做好预防工作，及时清贝减少多毛类的侵害，对于重病贝应该隔离分笼养殖或淘汰之，尽可能避免感染。在局部海区发生时宜迁场防避，并且不在盛发病的海区建场。

（6）其他附着生物：如藤壶（*Balanus*）、海鞘（*Ascioiacea*）、苔藓虫（*Bryozoa*）、海绵（*Monaxonida*）以及牡蛎、海藻等附着生物。尤其在水质肥沃的海区，这些生物大量地附着在贝笼及珠母贝上，堵塞水流，减少了珠母贝的摄食，同时又与珠母贝争夺食料，影响其生长发育。牡蛎、海鞘、藤壶等还会附着在珠母贝的壳顶附近，使其不能开壳，造成死亡。防除方法是加强管理、及时清贝，在附着生物发生期间，调节贝笼水层，避开附着生物的附着水层。苔藓虫多的海区，春暖后应进行一次换笼。

此外，赤潮对于合浦珠母贝的危害也很大，发现时需及时移入潮流畅通的场地防避。

（7）自然灾害：像台风、淡水、寒潮等自然环境条件的突然变化，也常造成珠母贝大量死亡。在广西曾因淡水大量流入贝场造成死贝的严重损失。有一年冬季寒潮南下，温度骤降，珠母贝生活极不正常，闭壳肌松弛，壳口张开，外套膜下垂，出于极度危险的境地。因此，遇此情况，应做好防淡避寒工作。接近水库的场地更应注意排洪情况，做好防洪抢险准备。

五、疾病

目前已知有吸虫类 *Bucephalus varicus*、*Bucephalus margiritifera* 和 *Proctoeces os-*

trea 幼虫引起的疾病。从贝壳和软体部很难识别病患,只能用注射器吸取贝体内生殖腺组织进行镜检,看有否初期包蚴加以判定。若以患病贝作施术贝,术后死亡率极高,即使成珠,也多为瑕疵珠或薄层珠。如做小片贝使用时,生产的也多为薄层珠。患病贝严重者可致死亡。此病多发生于泥质底而潮流又不畅通的内湾,发病率高达 30%～60%。目前,此病害还没有较好的方法防除。

锡兰珠母贝 Pinctada vulagaris 有 Tetrarhychus 寄生,此外还有 Acrabothrium 等绦虫的幼虫寄生。

另外,手术贝常因细菌的入侵而致死,病原菌有革兰氏阴性短杆菌和双球菌两种。病原菌从手术贝伤口侵入,其症状最初表现于肌肉系统发生腐败分解,逐渐液化引起手术贝死亡。发病期多在春季水温 15℃～20℃。预防方法是,手术室要注意卫生,休养场水质应无污染。

第五节　合浦珠母贝的繁殖与生长

一、繁殖

1. 性成熟和性别

当年出生的合浦珠母贝至次年繁殖期时已具繁殖能力,即未满 1 龄的珠母贝即达性成熟。其生物学最小型,雄性个体为 17.5 mm×17.5 mm×5.0 mm(长×高×宽,下同),雌性为 23.0 mm×26.0 mm×7.9 mm。由于所处环境条件不同各地会有所差别。

合浦珠母贝是雌雄异体,但具有性变现象。这种现象存在于除繁殖期外的其余时间内,当原生殖细胞分化成精原细胞或卵原细胞后,性别就此决定,直至繁殖期结束为止,中间不再进行性变。性变现象多见于幼龄个体,3～4 龄的母贝性别就比较稳定。

2. 性腺发育的周年变化

合浦珠母贝性腺发育的周年变化粗略分为三个阶段。

(1)形成期:在 3 月至 5 月上旬,水温渐次回升,珠母贝体内的结缔组织较为发达,其中含有丰富的脂肪和肝醣,滤泡在结缔组织中形成,滤泡中的原生殖细胞开始活动,进行迅速增殖分裂发育成生殖原细胞。5 月份,性腺的成熟速度加快,经过成长到达成熟期,这时水温为 18℃～25℃。当性腺成熟时,结缔组织中所含脂肪和肝糖随着减少,作为供给性腺发育的原料。

(2)产卵期:在 5 月上旬至 10 月上旬。性腺发达,滤泡中充满着梨形的卵,卵柄断裂,即将产出的卵脱离滤泡上皮组织游离于滤泡腔内。在雄性滤泡腔中充满成熟的精子并进行排放。在这过程,生殖原细胞不断分裂,形成生殖母细胞,随即成为成熟的精子或卵子,在产卵期一般出现二次以上的产卵高峰。

(3)休止期:在 11 月至 12 月份。滤泡空虚,萎缩,在滤泡壁上还残存着少量的生殖原细胞,软体部消瘦,雌、雄性难以辨别。

3. 繁殖季节与外界条件的关系

合浦珠母贝的繁殖季节一般在 5～10 月份,水温回升较早的年份,4 月下旬也可进入繁殖期。由于外界条件的影响,各地也有不同的情况。

(1)水温:合浦珠母贝的整个繁殖时间较长,但由于水温的变化往往出现2~4次的繁殖高峰。水温在22℃左右便开始产卵,水温达到25℃以上时则进入繁殖盛期。在有的地区,水温25℃时仅是精、卵成熟期的指标,而产卵排精的高潮还需要水温等条件剧烈变化的刺激才能形成。例如,广西某海区第一次繁殖高峰出现时,一般水温都在25℃以上。

(2)潮汐:在自然海区,当水温上升到25℃以上时,合浦珠母贝的浮游幼虫开始出现在大潮前几天,在大潮后几天幼虫的数量大大增加。D形幼虫在二次大潮后出现过二次高峰,尤其在第二次大潮后两天,又出现大量的幼虫。这种情况可理解为大潮前后的理化因子变化幅度较大,无形中起了一种诱导产卵的作用。

(3)气象:水温在25℃以上时,在亲贝性腺已经成熟的条件下,一遇适量的降雨,即能诱发产卵排精。或在繁殖期间经过长时间阴雨天气之后,随即转晴阳光强烈时也有大批的亲贝产卵排精。另外,台风过后也会有繁殖的高峰出现。

广西某珍珠场的养殖工人总结了珠母贝在繁殖期间的三字经:"大潮至,产卵时;大雨后,产卵到;台风来,产卵在。"该海区的合浦珠母贝的产卵时间,大都在大潮后的1~2 d或大雨后2~3 d,或台风后2~3 d。

4.胚胎和幼虫发生(图10-8)

(1)精子和卵子:精子全长约60 μm,由头部、中段和尾部三部分构成。头部的前端有一个锥形的顶体,接着是一个大的细胞核,中段由两个半圆形部分所组成。头部直径约为1.7 μm,其长度(包括中段在内)约为4.5 μm,尾部细长呈鞭状,长约55.5 μm。

成熟的卵子一般呈淡黄色,球形或卵球形,直径为48 μm左右,卵膜薄而光滑,卵核大而明显,位于细胞中央,卵黄颗粒分布均匀,色素较浓。未成熟的卵子则呈洋梨形或不规则的多边形,卵核小而不明显,卵黄颗粒分布不均匀。

自然产出的精子在海水中运动很活泼,卵子亦具有受精的能力。但从生殖腺中取出的精子和卵子,即使是生殖腺很成熟,在正常的海水中精子几乎完全不活动,卵子也没有受精能力。如果在正常的海水中加入适量的氢氧化氨(NH_4OH),精子运动转为活泼,卵子也具有受精能力。

(2)早期发生:精、卵结合之后,受精卵收缩成正圆形,平均直径为44.5 μm,受精膜极为明显,细胞质开始流动,卵内物质重新分布,卵核消失。受精后经过25 min左右的时间出现第一极体,再过15 min出现第二极体。两个极体重叠排列,经过1 h左右的时间,受精卵开始第一次分割成为2细胞时期。以后继续分割经过4细胞时期、8细胞时期……至受精后4 h 20 min左右,胚胎发育至囊胚期。这时胚胎的表面生出短小的纤毛,开始做顺时针方向旋转。以后继续发育,经过原肠期而成为担轮幼虫,在受精后24 h左右,就发育成面盘幼虫。

(3)后期发生:初期面盘幼虫开始出现是在受精1 d左右的时间。初期的面盘幼虫在面盘中央有一根长的鞭毛,贝壳也越来越明显,由原来的马鞍形发展成为D字形,此时的面盘幼虫称为D形幼虫。当胚胎发育到D形幼虫时,简单的消化道也已形成,胚胎依靠面盘纤毛的摆动进行运动和摄食。至D形幼虫中期在铰合部的两端出现2~3个小齿。

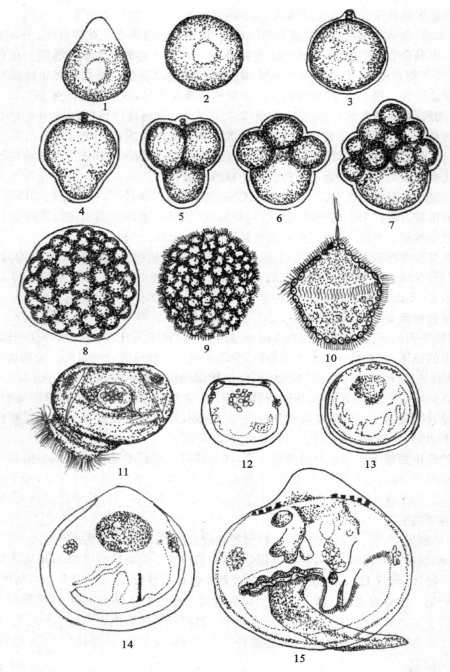

1.未熟卵　2.成熟卵　3.受精卵　4.极叶伸出　5.2细胞期　6.4细胞期　7.16细胞期
8.桑葚期　9.囊胚期　10.担轮幼虫期　11～12.D形幼虫期　13.壳顶初期　14.壳顶后期
15.匍匐期

图 10-8　合浦珠母贝的胚胎和幼虫发生(广东省农林水科技组、境庄珍珠场,1978)

发育比较快的个体在受精后的第 7 d,由于壳顶的隆起使原来呈 D 字形的贝壳变成略带圆形。这种幼虫称为早期壳顶幼虫,此时铰合部两端的小齿也增至 4 个,面盘顶部中央的鞭毛开始消失,胃的附近出现淡褐色。受精后第 13 d 胚胎发育成为壳顶幼虫。此时壳顶突出,两壳膨胀,壳顶稍偏前方,贝壳前缘圆而稍尖,后缘较前缘钝,消化盲囊的颜色逐渐加深。

壳顶幼虫经过 7 d 的发育,也即是受精后 21 d 左右,此时最明显的特征之一就是在消化盲囊的腹面,靠近软体部后方处出现一对明显的暗紫色的色素点(眼点).

合浦珠母贝幼虫形态上的特征:

①贝壳的颜色:D 形幼虫的铰合线到前后缘附近,呈浅的红紫色,后期壳顶幼虫铰合部呈紫褐色,壳顶无色透明。

②壳形:后期壳顶幼虫左壳稍膨大。整个幼虫期壳长大于壳高,壳形前后不对称,前端稍突出,后端钝。壳面有较疏的生长线。

③软体部的颜色:初期的壳顶幼虫,胃的附近呈浅褐黄色,后期变为黄褐色,也有带紫色的。

④铰合齿:D 形幼虫在铰合部前、后端各生出 2～3 个小齿。到壳顶初期,铰合部前、后端的小齿增至 4 个,壳顶后期一般 5 个。

再过 2～3 d,面盘后方生出足部,面盘逐渐退化,进入匍匐期。这一阶段的幼虫,在生态习性上截然不同,匍匐期以前的幼虫借助面盘的作用成群地趋光游动,而匍匐期的幼虫则用足匍匐爬行,或以萎缩的面盘做短时间的浮游,并有背光性。在幼虫用足爬行不久,便分泌 3～4 条足丝附着在他物上营附着生活。附着后便形成棱柱层贝壳,而浮游期的贝壳即原壳在附着后的几天能明显地辨认出来,因此,可根据原壳来判定幼虫附着时的大小。

合浦珠母贝发生的一般时间及大小并与大珠母贝、企鹅珍珠贝比较见表 10-8。

表 10-8　合浦珠母贝、大珠母贝和企鹅珍珠贝胚胎和幼虫发生过程

发育阶段	合浦珠母贝		大珠母贝		企鹅珍珠贝	
	受精后经过时间	胚体大小(μm)	受精后经过时间	胚体大小(μm)	受精后经过时间	胚体大小(μm)
第一极体	25 min	48×48	10 min	60	29 min	49.8
第二极体			20 min			
第一次分裂	1 h	41×53	0.5 h	60～70	1 h 17 min	
第二次分裂	1 h 30 min	54×48	1 h		1 h 30 min	
第三次分裂	1 h 50 min	54×50	1 h 30 min		1 h 45 min	
第四次分裂	2 h 10 min	52×50	2 h		1 h 59 min	
桑葚期	3 h 10 min	48×52	3 h	65	4 h 21 min	
囊胚期	4 h 20 min	50×57	4 h		5 h 57 min	
原肠期			4 h 30 min	60		
担轮幼虫	4 h 50 min	48×66	5 h 30 min		6 h 58 min	

（续表）

发育阶段	合浦珠母贝		大珍珠母贝		企鹅珍珠贝	
	受精后经过时间	胚体大小（μm）	受精后经过时间	胚体大小（μm）	受精后经过时间	胚体大小（μm）
面盘幼虫初期			17 h	65	17 h 47 min	
D 形幼虫	24 h	53×64	24 h	100 以下	24 h	64～96
壳顶初期	7 d	90×94	7 d	110	6～8 d	89～103
壳顶幼虫	14 d	131×149	10 d	110 以下	8～17 d	108～251
壳顶后期幼虫	21 d	173×174	15 d	240		
匍匐幼虫	24 d	218×241	20 d	270	18～22 d	316～399
刚附着稚贝	26～27 d	237×241	20 d 以上	300	23 d	320～683

二、生长

合浦珠母贝的生长，由于所处的海区条件和养殖方法的不同，又有天然珠母贝和养殖珠母贝的不同，生长速度都有不同程度的差别。

据报道，在室内培养的合浦珠母贝，各期幼虫的成长率有所不同，以每天平均值计算，D 形幼虫为 4～6 μm，生长比较缓慢。至壳顶幼虫增长最快，为 9～15 μm，即将进入附着变态阶段生长速度稍有下降，为 6～9 μm。幼虫附着变态后才开始分泌出棱柱质的贝壳，它的生长每天平均为 42～50 μm。幼苗生长到 400～500 μm 时，其形态与成贝极为相似。培养 60 d 后稚贝壳高可达（1 771±179.5）μm，壳长为（2 881±224.5）μm。这时贝壳的珍珠层明显可见。

在自然海区，刚附着的稚贝壳高为 185～235 μm，壳长 200～250 μm，附着后生长就很快。1 个月平均为 18.8 mm×20.8 mm，最大可达 26.0 mm×32.0 mm。3 个月后平均为 26.2 mm×29.2 mm，最大为 34.5 mm×37.0 mm。11 个月后平均为 47.0 mm×48.5 mm，最大可达 62.0 mm×54.0 mm。

合浦珠母贝的生长速度随年龄变化，第 1 年最快，平均壳高可达 4.64 cm，第 2 年壳高可达 5.82 cm，第 3 年壳高 7.27 cm，第 2～3 年较快，第 4～5 年迅速下降，第 4 年平均壳高达 7.82 cm，第 5 年壳高达 8.06 cm（从山口）。第 6 年以后生长几乎停止。有的认为 2 龄贝分泌的棱柱层最旺盛，2～3 龄贝分泌的珍珠层较多，而 4 龄贝则不分泌棱柱层了。

环境条件诸如水温、盐度、饵料、透明度、潮流等对于合浦珠母贝的生长都有密切的关系，特别是水温和比重。据小林等观察，在冬季，珠母贝的贝壳分泌机能停止，因而贝壳的生长也告停止。在水温低于 13℃时生长最快，28℃以上生长迅速下降。分布在我国南方的珠母贝，由于水温较高，生长速度较快，其中以每年的 3～5 月份和 9～11 月份，除了台风和淡水影响的时间外，都是合浦珠母贝生长最快的时间。海水密度在 1.013 以下，珠母贝的生长要受到妨碍。此外，养殖水层与密度以及养殖方法，对珠母贝的生长影响也较大。

合浦珠母贝最大个体可达 12.9 cm×11.5 cm，寿命一般是 11～12 年，15 年以上的老贝几乎看不到。

第六节　珠母贝的苗种生产

在我国,珠母贝的苗种生产在 20 世纪 60 年代中期以前还是处于采集天然苗阶段,1965 年人工育苗试验成功,目前已推广应用。

一、人工育苗

合浦珠母贝的人工育苗已经纳入正规的生产程序中,为苗种生产和培育杂交新品种奠定了基础。

合浦珠母贝人工育苗基本设施同扇贝常规育苗。

育苗中选 2~4 龄珠母贝作亲贝。所用亲贝在头一年选好,按雌、雄比例为 10∶1 垂养于饵料丰富的海区。育苗时,随用随取。诱导亲贝排放精、卵,多采用提高或降低水温的方法,受精和胚胎发育适温 25℃~30℃,最适水温 27℃~29℃。适宜海水密度为1.018~1.025,最适海水密度为 1.020~1.024。在适宜温度、盐度条件下,经过 24 h 左右便可发育至 D 形幼虫,通过拖网和过滤法选优,将幼虫选入他池进行幼虫培育。幼虫培育密度一般 5~10 个幼虫/毫升。幼虫培育期间的换水、投饵、充气、倒池观测生长,水质监测等同常规培养。有条件最好进行选优,将发育速度较快的大型幼虫筛选进行单独培育。一般幼虫培育过程在水温 25℃~30℃条件下,经过 17~21 d 便可出现眼点,投放附着基进行采苗,在良好条件下,可提前 3~4 d 附着。

合浦珠母贝眼点幼虫附着变态的附着基常用的有聚乙烯网衣、棕绳、瓦片、聚乙烯薄膜,以聚乙烯网衣和棕绳为好。

幼虫附着变态后,即进入稚贝的中间培育过程,可加大换水量和投饵量。并适时向海上过渡进行稚贝下海育成苗种。

二、三倍体育苗

由于三倍体珠母贝育性差,利用三倍体珠母贝进行插核育珠十分必要。当前我国利用热休克(加咖啡因)、低温休克和静水压休克、细胞松弛素 B(CB)、6-DAMP 均可诱导珠母贝产生三倍体,其中以 6-DAMP 为好。使用 50~90 mg/L 的 6-DAMP 抑制受精卵第二极体排放,三倍体诱导率高达 80%。幼虫培育及采苗技术同一般人工育苗。目前,三倍体合浦珠母贝育种技术实现产业化还受到技术方法和诱导率的限制,理想的做法应该是通过染色体操作培育出四倍体品系,再与二倍体杂交,产生稳定的 100%三倍体后代。

三、半人工采苗

我国两广地区采集半人工苗获得良好效果,方法简便,是贝苗生产的一个重要途径,半人工苗养成的母贝具有产量高、生长快、贝壳宽度大等优点。

1. 采苗区的选择

在天然珠母贝或养殖珠母贝较为集中的海区,繁殖季节能有大量浮游幼虫出现。湾口狭而湾内宽阔,有利于幼虫分布而不致因潮流的交换流失过多。采苗较集中的地点往往是在形成环流的内湾中部,或不太接近外海的湾口。流速一般以 0.5 m/s 为宜。

海水密度要求稳定在 1.018~1.022 之间,密度受降雨量影响太大的地区不宜选用。

水深以低潮线下到 5 m 左右为宜,这是合浦珠母贝幼虫的垂直分布层。在幼虫数量相同的情况下,浅水区密度相对较大,附苗的可能性也大。同时也适于安置采苗设施以便于管理。底质以砂砾或砂质较好,泥底容易引起浮泥黏附,不利于附苗。

风浪不宜过大,以免造成浮游幼虫群分散及附苗脱落流失,否则采苗器也易遭受损失。幼虫的浮游能力极弱,受风向潮流的支配。因此,在下风区设置采苗器往往附苗较多。

2.采苗季节

在我国南海,合浦珠母贝的繁殖季节一般在 5~10 月份,5~7 月份为繁殖盛期,水温在 25℃~29℃。水温回升较早的年份,4 月中下旬便进入繁殖盛期。期间有 2~4 次繁殖高峰。争取在 5 月上旬进行采苗,此时海况比较稳定、水温适宜、饵料丰富。第一期的苗量大、体质壮,又较集中。6 月以后,由于台风季节的到来,采苗效果不够稳定,同时个体的生长速度也相对迟缓。要掌握好采苗季节,必须根据海况的变化和母贝的性状做好采苗预报工作,避免盲目性、提高科学性。

3.采苗预报

编制的原则和方法与前几章所说的基本相同。

(1)根据亲贝的性腺消长情况进行预报。定期定点定量检查性腺的发育情况。能做到组织切片观察的更好,条件限制的可从性腺外观或生殖细胞的成熟程度和排放情况加以判断。

(2)根据浮游幼虫的数量进行预报。每隔一或两天定点按时垂直和水平采集水样,处理后检查各期幼虫的数量。每立方米水体中有幼虫 8 000~10 000 个时,一般可认为高峰的到来,要做好一切准备。但要进行采苗,还需根据壳顶后期幼虫和匍匐期幼虫的数量来定,若它们的数量达到总数的 25% 以上时,投放采苗器是适时的。

在正常条件下,幼虫需经过 15~20 d 浮游生活,然后转入附着期。

(3)根据海况因子的变化进行预报。海水温度和密度是预报的重要条件,最好常年保持与气象台站联系,了解和掌握天气变化情况。

测定水层一般是幼虫分布较为集中的 5 m 水深处。在台风、阴雨、大潮期所引起的自然刺激下,常出现产卵高峰,接着,水温回升至 25℃ 以上到 29℃,海水密度为 1.018~1.022,保证了幼虫的正常生长发育。

此外,潮流与风向也应在观测时加以考虑。

4.采苗方法

合浦珠母贝多采用筏式采苗,其结构与一般养殖设施类似,筏下悬挂附着器。

(1)采苗器的种类:采苗器以取材方便、附苗率高、轻便耐用以及便于收苗为原则。目前生产上应用的有以下几种。

聚乙烯网笼:这是一种近年来使用较为理想的采苗器。用网目为 2 mm×3 mm 颜色较深的聚乙烯网纱裁成 40 cm×40 cm 的方形网笼,四周以 10 号铁丝或竹片为支架制成方形封闭式网笼。采苗时以 450 N 拉力的胶丝连成五笼为一串。笼间距离为 25～30 cm，下加沉石，然后悬挂于筏下。这种网笼不但采苗效果好，幼苗在笼里一般不会脱落或迁移，而且可兼做长期育苗笼，又能避免一般敌害生物的侵袭。待苗长到 0.5 cm 以上时再进行分苗培育。这些独特的优点是以下几种开放式采苗器所不及的。但在海水混浊度较大的海区，容易造成网笼堵塞。

树叶：只要是无有害物质渗出的树叶连枝都可作为采苗器，经济轻便，能就地取材，其中以杉枝较好。采苗时以几根杉枝捆成一束，叶子向外伸出，每隔 1 m 扎 2～3 束，下坠沉石。针松叶则每串捆 12～15 束。树叶采苗器阴面多，缝隙也多，附着面大，又能阻缓水流，有利于幼虫聚集和附着。在浮泥较少的场地，效果良好。但附着器容易腐烂及隐藏敌害，因此，附苗后要及时分苗并做好除害工作。

贝壳：最好选用贻贝、扇贝、牡蛎、毛蚶等面积较大而又粗糙的贝壳，中央穿孔后用铁线或胶丝串联起来，每串 20～30 个，长度视采苗层而定。壳片之间用 3～5 cm 长的竹管隔开，具有牢固耐用、附苗后生长快的优点，但附苗较少。

旧贝笼：利用养殖场的废旧贝笼，如在笼内放一些网片，附苗效果较佳。

(2) 采苗器的投放时间与水层：根据采苗预报所掌握的资料，应在附着高峰到来前的 5～6 d，也就是说大量出现壳顶后期幼虫时，投放采苗器效果较好。过早、过晚都会影响采苗效果。实践证明，过早投放的采苗器容易招致浮泥的粘积，有碍幼虫的附着。一般说，海水混浊的年份或海区，投放的时间可稍迟一些，相反，早一点为宜。

良好的采苗水层与浮游幼虫的分布是一致的，在正常情况下，附苗量较大的水层多数在 0.5～3 m，特别是在 0.5～2.0 m 处。但是海况发生较大变化的时候，尤其是台风、阵雨时，附苗水层便往下降，并且变得分散与混乱。采苗器投放水层以 0.5～3.5 m 范围内较为保险。在海况较为稳定的第 1 个苗峰，投放水层可浅一些，以 0.5～2.5 m 为宜，力争采到这一期的苗，不但保证苗源，延长了采苗的时间，而且苗壮均匀。第 2 个苗峰以后，投放水层可加深，但不应深于 5 m。

5. 采苗管理及收苗

幼苗附着后到壳高 2～3 mm 时，便能自动切断足丝向阴暗处移动，尤其在 5～7 月份，由于台风或降雨所造成的海况急剧变化，往往会发生大批贝苗脱落或死亡。这时必须将采苗器移到较稳定的海区去防避，还要及时做好除害工作。

贝苗长到 0.5 cm 左右便可收苗。在两广沿海，所需时间约在附苗后 25 d。过早收苗，则苗体太小，工作量很大，处理不善，死亡率甚高，而且放养的苗笼网目很密，容易被淤泥所塞，造成水流不通而引起死亡。收苗过迟，可能在海况剧变时遭受重大损失。因此，应从实际出发，根据贝苗的生长情况、数量，以及海况变化适当掌握。在苗种充足时，有些养殖场宁可牺牲一部分贝苗，也要让其在海区长大至 2 cm 左右才收苗。

收苗的方法依采苗器的不同而异。树叶上的幼苗，可剪取附苗的叶枝一起放入笼内，几天后，待苗附于笼壁时，将树叶取出，以免其腐烂污染，贝壳、瓦片等质硬的采苗器，可在水中用泡沫塑料或软刷轻轻刷下。网笼及网片上的幼苗，可翻开在水中用力来回拖荡使其脱落，剩下的再用软刷刷下。或采用 0.15%～0.2% 的漂白粉海水处理，使小贝苗脱落。

收苗多在早、晚进行。如需整天收苗时,应在遮阳处操作,防止曝晒,也可以将采苗器运回室内进行操作。洗苗用水要不断更新,保持良好的水质。

收苗时,结合除害,这是提高幼苗成活率的重要措施。除害中,比较难以清除的是涡虫。清除涡虫一般是将幼苗集中起来在淡水中浸泡 10 min 左右,浸泡时要特别注意观察幼苗的反应情况,切不可处理过度。浸泡后的幼苗应立即放到海水中轻轻漂洗,除去敌害的尸体,避免放到笼内腐败发臭,影响幼苗生活。收下的苗按一定的数量装入苗笼内,封口后进行海上吊养。做到及时装笼,及时放养,且勿在容器中堆积过多的幼苗,以防窒息死亡。

四、贝苗的中间育成

主要采用筏架式垂下笼养法。海区贝苗培育自 6 月下旬开始,幼苗从采苗器上收下后养到个体为 2.5 cm 左右时止。

1. 贝苗笼

贝苗笼种类繁多,规格不一。通常用 $8^{\#} \sim 10^{\#}$ 镀锌铁丝、竹片或塑料作笼框,外包网衣作笼网,网目的大小可依贝苗的大小选用。在勿让贝苗漏失的原则下,网目越大越好。贝笼均用 $350 \sim 450$ N 拉力的胶丝作吊绳。常用的贝苗笼有下列几种造型(图 10-9):

(1)圆筒形苗笼:也称双圈笼,圆筒状。

(2)拱形苗笼:底方形,上为对角交叉成拱形,拱起部高约 10 cm。

(3)锥形苗笼:也称单圈笼,结构最简单,节省材料,使用方便。

此外,还有方形笼和分层笼等。

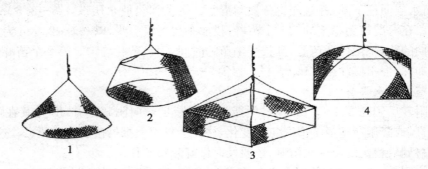

1.单圈笼　2.双圈笼　3.方形笼　4.拱形笼

图 10-9　常见的苗笼

2. 贝苗培育的管理工作

要在较短的时间内获得优质体壮的贝苗,管理是一项十分重要而又细致的工作。管理良好者,贝苗成活率可达 60% 以上。

这一阶段,一方面由于贝苗体小壳薄,抵抗力极差,另一方面正处于酷暑和台风季节,环境条件的变化甚大,对于贝苗的生长甚至安全都会造成莫大的威胁。因此,必须加强管理。

(1)调整养殖密度:不同大小的贝苗放养密度各异。在整个培育阶段一般要经过多次换笼作业(表10-9),随着贝苗的长大逐步进行分笼和换上网目较大的贝笼,切勿使用网目过密的网笼和过大的养殖密度,以免妨碍贝苗的生长,操作时动作要快而细致,避免阳光曝晒。如敌害生物过多应提前换笼并进行除害。

养殖密度还要根据海区环境条件的优劣作相应的调整。沉积物少、潮流畅通、食料丰富的场地,密度可适当大一些,筏外比筏内的潮流较大也可密放一些。

表10-9　珠母贝贝苗中间培育及养成期间的放养密度

阶段	贝体大小 (壳高 mm)	贝笼网目大小 (mm)	贝笼规格 (cm)	每笼放养密度 (个)
贝苗培育 ↓ 养成	2～5	1.2～1.5	40×40×15	1 500～2 000
	6～10	2～3	40×40×15	800～1 000
	11～20	5～7	40×40×15	300～600
	21～25	10～15	40×40×15	100～150
	36～55	15～25	35×15	60～80
	56～70	25～30	35×15	30～40

(2)调整养殖水层:根据海况的季节变化,特别是台风和暴雨、酷暑和严寒的突然袭击,应及时做好下降吊养水层,严重时要迁场防避,以保证贝苗正常生活与安全。

(3)洗笼除害:贝苗笼网目较小,易受沉积物的堵塞造成水流不畅,妨碍贝苗的呼吸和摄饵活动,影响生长,甚至死亡。洗笼方法是手提贝笼的吊绳在水中上下荡动几下,让沉积物脱落,然后提起用手摇晃或用软刷洗擦笼四周的淤泥和附着物。贝苗体小壳薄易受敌害生物侵食,必须勤检查,及时发现和清除。网笼破了要随时换笼。

第七节　珠母贝的养成

珠母贝的养成是从育成的贝苗开始养到可作施术使用的大贝为止的阶段。它对于插核贝的成活、生长,以及日后产出珍珠的数量和质量都有直接的影响。

一、场地的选择

养成场应选择在风浪较小、饵料丰富的海湾中部或湾口处,潮流畅通,水深在2 m以上,海水密度通常在1.015以上,雨季也不低于1.013,冬季水温12℃以上,夏季30℃以下,浮泥及敌害生物较少,无污染的海区。

二、养殖设施

目前主要在浅海采用垂下式。垂下式有三种,可根据场地底质、风浪大小、水深等情况灵活掌握。

(1)竹筏:选直径10～12 cm,长7～8 m的毛竹,纵8根(纵的每根由2根毛竹连接而成),按每台筏子长10 m、宽7 m的面积,将纵横的毛竹等距离的排开,然后用10号镀锌铁丝捆扎每个纵横交叉点，每个竹筏用 6 个容积为 200 L 的油桶作浮筒，构成一台竹筏。每 3～5 台竹筏连成一溜，用 4～6 支木桩（或用铁锚）设置在海中，锚绳用直径为 1～1.5 cm 的聚乙烯缆绳，缆长为水深的 2～3 倍。

（2）延绳筏：构成延绳筏的绠绳长度依海区条件而定，一般为 50～60 m。每隔约 1.5 m 结上一个直径为 25～30 cm 的浮子。绠绳之间以 6～8 m 距离平行排列，若干条绠绳连成一小区。脚绳两端的长应为水深的 2.5 倍，以适应涨落潮差或强风时位移的需要。贝笼则垂吊在浮绠上。

（3）简易垂下式：也称栅架式，涨潮时架子浸没在水中，操作管理不大方便，且吊养水层较浅，母贝容易遭受海况的突变引起大量死亡。潮差过大的海区，吊养水层变化幅度太大，不宜选用。若必须采用时也要深吊，以防退潮时贝笼太浅或露空。必要时设置的架子要高，吊绳要长。

三、珠母贝的养成

幼苗经过 4 个月左右的培育，长成壳高 2.5 cm 左右便进入养成阶段。一般贝苗养到可供作施术用的大贝需要 1.5～2 年的时间。

1. 养殖的方法

（1）笼养：中贝和大贝的养殖多以笼养为主，常用的有单圈网笼和多圈网笼，结构与贝苗笼相同，只是网笼和网目的规格及放养密度不同。网笼吊养在筏架下。

（2）穿耳悬绳养殖：中贝、大贝可以采用开放式穿耳悬绳养殖。做法是在贝的左壳前耳突基部钻一小孔，用拉力 45 N 的胶丝穿过，打结后一个个绑在拉力 350～450 N 的主绳上，然后进行吊养。

2. 养成期间的管理工作

由于珠母贝采用封闭式笼养，加上它对环境条件的抵抗力较弱，从而使它的管理工作比之其他贝类来得复杂、频繁、细致。

（1）调整养殖水层：养殖水层关系到水温的适宜、水流的畅通、饵料的丰歉、敌害的侵害等问题。水温随着季节而变，不同的水层也有明显的季节变化。因此，调整养殖水层，使珠母贝常年都能生活在适温的水层中，以维持其正常生命活动，促进生长。

珠母贝生长的适温范围为 15℃～28℃，一年中，春季水温回升后，浅吊于 1～2 m 水层；夏季水温较高，宜深吊于 2.5 m 以下水层；秋季到初冬温度适中，可浅吊于 2 m 上下的水层；晚冬水温剧降时，应深吊于 3.5 m 左右的水层。为了使各养殖笼都能得到充分的水流交换，吊养时可稍有参差，不应都同在一个水平面上。

同时，还要根据本地区某些附着生物的季节变化和附着水层以及降雨和台风情况，对养殖水层进行适当的调整。

（2）调整养殖密度：根据合浦珠母贝的生长特点和生长的季节性及年龄的变化，要进行疏养，把原来网目较小的贝笼放养密度较大的改用网目较大的大贝笼，每笼放养密度适当降低（见表 10-9）。

每一台筏的放养密度依海区的条件而定，在潮流不大畅通、饵料较少、没有适量淡水注入等生产力较低的海区，每台筏（70 m²）放养 7 000 个左右贝。相反，生产力较高的海区每台筏可增加到 9 000 个左右贝。另外,每台筏的中间和对着流向的两侧吊养的密度也应有所不同,前者较后者稍微疏养一些。

（3）清贝:为了确保珠母贝的正常生长,务必及时清除贝壳上和网笼上的附着生物,时间久了,不但影响珠母贝生活,而且也难以清除。

据宫内(1965)在合浦珠母贝清贝前后贝壳生活和排粪量的研究中指出,清贝后,珠母贝的贝壳开闭程度和排粪量都比清贝前的大。同时,清贝前珠母贝的开闭幅度具有夜间大、昼间小的日周期性。在经过两周的实验观察,清贝前和清贝后的排粪量,平均每天分别为 0.071 和 0.111 mL。证明了珠母贝因附着生物多而排粪量少的现象,排粪量少也就说明了摄食量少,从而影响了珠母贝的生长。

清贝的具体时间和次数应根据各养殖海区附着生物的特点进行安排,一般每年 2～4 次清贝。清贝时,动作要轻快,分离珠母贝时切勿强力扯断其足丝,使足丝腺受伤,宜用刀子割断和刮除贝壳上的附着物。操作时要尽量缩短珠母贝的离水时间,避免曝晒。冬季需选择无风和日暖的日子进行。清贝后换入新笼吊养。旧笼带回岸上整理后修补待用。清贝时海上的养殖设施,如浮子、筏架等同样进行清理,浮桶换出后拿回陆上清理并维修涂漆。清贝后的附着生物应集中取回陆地处理,严禁掉落于养殖海区,以防底质变坏。据太田指出,6 月～11 月末没有处理过的珠母贝,其贝壳上附着物的重量等于珠母贝重量的 2～3 倍。在施术贝养殖筏中粗略推算,在四次清贝中所清除的附着物数量,每个贝上约有 54 g。加上在养殖筏上清出的附着物,其数量可高出 2～3 倍。若把这些附着物累年投入海中,特别是在浅水湾内部、潮流交换较差的海区,极有可能造成底质恶化,以及招致多毛类敌害的大量繁生。

（4）防灾:防淡、防寒、防台风袭击等工作应注意做好。

第八节　人工培育珍珠的原理及珍珠形成过程

一、人工培育珍珠的原理

人工培育珍珠就是运用外套膜(珍珠质分泌组织)受到外来刺激后,能引起该组织发生增殖形成珍珠囊的原理,用人为的方法将珠母贝的外套膜切成小片,移植到另一个珠母贝的组织中。被移植的外套膜小片经过一系列变化之后,形成珍珠囊分泌珍珠质而产生人工无核珍珠。或在移植外套膜小片的同时,植入用蚌壳或其他原料做成的珠核,被移植的小片经过一系列的变化,形成包围珠核的珍珠囊,再分泌珍珠质沉积在珠核上,而产生人工有核珍珠。

下面以合浦珠母贝为例,说明人工培育珍珠形成过程。

二、珍珠形成过程

1.珍珠囊形成的过程

被植入的外套膜小片经过一段时间之后,小片上的外侧上皮细胞从基底膜上脱落,变成星状或有许多细胞质突起的多角形细胞。这些细胞沿着珠核的表面移动并进行增殖,逐步将珠核包围起来，以后丧失移动性而形成珍珠囊细胞。初形成的珍珠囊成网状，后来由于细胞的增殖填充才完全包围珍珠核。而小片的内侧上皮细胞不断参加珍珠囊的形成，在移植后被周围的吞噬细胞和结缔组织所吞噬吸收（图10-10）。

珍珠囊形成之后，其上皮细胞的形态在操作技术正常的情况下，由高柱状细胞变为圆柱状细胞，最后变为扁平的细胞。随着珍珠囊细胞形态的变化，细胞的机能也随之发生变化，珍珠囊上皮细胞处于高柱状阶段时分泌壳皮质，而处于圆柱状阶段时则分泌棱柱质，至珍珠囊细胞变成扁平状细胞之后才开始分泌珍珠质。

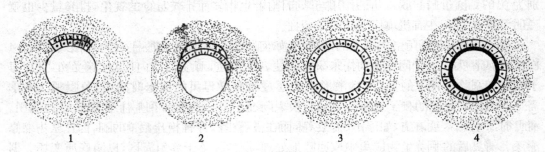

1.植入外套膜小片　2.小片外侧上皮细胞增生　3.小片外侧上皮细胞包围了珠核，内侧上皮细胞被吸收　4.小片外侧上皮细胞形成包围珠核的珍珠囊并分泌珍珠质

图10-10　珍珠囊形成过程示意图

处在稳定状态的正常珍珠囊，是由一层扁平的上皮细胞所构成。在珍珠囊的周围分布着一些带颗粒的黏液细胞，这种细胞大都是单个也有几个聚集在一起的。黏液细胞的一端从珍珠囊细胞之间穿过并开口于珍珠囊内。在珍珠囊的周围还有一些结缔组织、游走细胞和少量的肌纤维。

从小片植入至珍珠囊形成所需的时间，与珠母贝的年龄、生理状况和环境因素等有着密切的关系，但从总的情况来看，温度的影响占主导地位。据报道在 15.5℃（月平均水温）时珍珠囊形成所需的时间为 7~45 d，一般为 17~25 d；在 21℃ 条件下需 5~30 d，一般为 9~17 d；在 24℃ 条件下需 5~45 d，一般为 7~17 d；在 30℃ 条件下只需 3~30 d，一般为 5~12 d。

珍珠囊上皮细胞形态的变化所需的时间，与切片技术特别是与水温和插核时手术贝的生理状态有着密切的关系。在良好的情况下，珍珠囊上皮细胞比较快地由高柱状细胞转为扁平上皮细胞而分泌珍珠质，所形成的珍珠质质量较高。反之则珍珠囊上皮细胞停留在高柱状和圆柱状细胞阶段，分泌壳皮质和棱柱质较多，以后再转为扁平状的上皮细胞而分泌珍珠质，形成的珍珠质量较差。在异常情况下，珍珠囊上皮细胞长期处在高柱状或圆柱状细胞阶段，分泌壳皮质或棱柱质形成壳皮珠（骨珠）或棱柱珠。根据对生产现场观察，在 30℃ 条件下植入小片第 8 d 就可以看到珠核上有珍珠质沉积。

2.钙的吸收和分泌

珍珠的主要成分是碳酸钙。钙的来源一方面是通过身体表面直接吸收海水中的钙，另一方面是吸收食料中所含的钙质。海水中的钙和碱性磷酸酶（AP-ase）等相结合，形成磷酸盐和其他盐类之后，才能透过原生质膜。钙被体表的上皮细胞吸收之后，经过结缔组织然后到达外套膜的外侧上皮细胞及珍珠囊的上皮细胞周围。而从食料中吸收的钙则由血液输送到上述位置。碱性磷酸酶一般分布在贝类的外套膜中。

在外套膜的外侧上皮和珍珠囊的上皮细胞中,还有核糖核酸(RNA)、碳酸酐酶(CA-ase)、软骨素硫酸盐(Chondroitin sulfate)和硫酸酯酶(Sulfatase)等物质。集结在外套膜和珍珠囊周围结缔组织中的钙,由于和软骨素硫酸盐之类的酸性复合蛋白相结合或受其诱发而失去活性,因而达到分泌临界面。含有和酸性复合蛋白相结合或受其诱发而具有活性的钙的磷酸盐、硫酸盐酯等,被碱性磷酸酶、硫酸脱脂酶和其他酶类所分解将钙析出。被析出的钙通过磷酸脱水酶的作用与来自体内代谢作用所产生的二氧化碳相结合,最后变成碳酸钙沉积在有机皮膜——壳角蛋白上。

那么,沉积在壳角蛋白膜上的碳酸钙,如何成为方解石性的棱柱质,如何形成霰石型的珍珠质? 关于这个问题目前尚未研究清楚。据报道,可能与体内代谢产生的二氧化碳排出速度的大小有关。另外,碳酸脱水酶通过对分泌界面的细胞及其周围二氧化碳、碳酸、碳酸根等活动的调节,酸碱平衡,加速离子交换等生理机能,在生物结晶学上参与霰石的形成。分析表明在方解石中不存在锶,而在霰石中却含有相当数量的锶,因此认为锶是霰石形成的重要因素。

钙的吸收和分泌并不是单独进行的,而是与其他盐类和有机成分等的吸收、贮存、分泌、渗透压调节等代谢系统结合起来进行的,同时也受到环境因素的影响,是一个比较复杂的生理、生化过程。

3. 壳角蛋白的形成

珍珠中也含有一定数量的壳角蛋白。现已查明黏液是壳角蛋白的前身,它是由碱性蛋白和多糖类组成,在外套膜的上皮细胞和珍珠囊的上皮细胞中都有黏液细胞存在。在钙的代谢过程中钙的磷酸盐、硫酸脂盐被碱性磷酸酶等酶类分解析出钙后,磷和其他无机盐与黏液的糖蛋白相结合,变性而形成壳角蛋白。

第九节　珠母贝的施术

珠母贝的施术是珍珠生产的关键技术,应严格按照一定的要求进行。若操作不当,珍珠产量低,质量也差。因此,施术时应注意各个环节,认真做好各项工作。

依天然珍珠形成的原理,人们创造和发明了向珠母贝体内一定的部位,引进人工核和分泌珍珠质的组织小片,进行人工珍珠养殖生产。

一、施术季节与施术工具

1. 施术季节

施术的季节性很强。选择适宜的季节进行施术,对于施术贝的生存及珍珠的培育有极大的好处。不同季节水温差异悬殊。夏季水温上升到20℃时,珠母贝生殖腺开始发育。水温25℃则甚丰满了。水温在25℃以上为珠母贝的繁殖盛期,贝体极虚弱,这段时间,若进行施术,不但操作困难,且术后珠母贝死亡率高,脱核多,杂珠多。寒冬时水温逐渐下降到16℃以下,细胞小片的增殖和珍珠的形成机能受到抑制,效果也不好。从同一插核员在不同的月份施术效果可以看出,水温达 30℃ 以上的 8 月份死亡率和脱核率都很高,9 月份以后才逐渐好转。从水温季节变化的情况来看,各地有所不同。一般施术季节多在 3～5 月份,其次是 9～12 月份。海南地区由于纬度偏低,气候较温暖,可自 10 月份到翌年 4 月份。在施术过程中,如遇水温超过 30℃,海水密度低于 1.015 时应暂停施术。

2. 施术工具

施术工具一般有镊子、解剖刀、剪刀、特制的手术台、开口器、木楔、切片刀、平板针、通导针、钩针、珠核、送核器等(图 10-11)。为了方便操作起见,有的工具在同一柄上的两端制成两用工具。

工具一定要经过洗净充分消毒后才能使用。

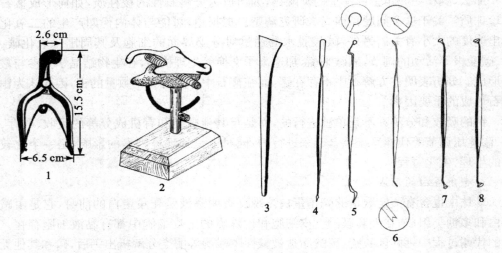

1.开口器　2.手术台　3.切片刀　4.平板针(上)、切口刀(下)
5.通导针(上)、钩针(下)　6.送片针　7.小送核器　8.大送核器

图 10-11　各种施术工具

二、圆形有核珠施术法

目前普遍采用大规模生产的是圆形有核珠的施术法。

1. 施术贝的准备

(1)施术贝的选择:施术贝(又称手术贝)是用于进行外科手术植入珠核育成珍珠的贝。一般选用 2.5～3.5 龄,个体健壮完整,无病害感染的珠母贝,壳高要求 7 cm 以上,壳宽 2.5 cm 以上。高龄的珠母贝,因生长活力较差,形成珍珠的时间较长,不宜选用。作为优质的珠母贝有一定的标准,据测定,壳重的基数为 100 时,肉重为 80 左右。下列几种珠母贝不宜选用施术:未经术前处理或处理不当,活力没有调整好的;生殖腺处于成熟期或排放期的;生殖腺不多,但软体部较瘦小,生殖腺萎缩呈橘红色的;软体部呈水肿状的;外套膜内缩,闭壳肌受伤,鳃大部分脱落或烂鳃的;排贝时间过长或排贝两次以上,壳口破损的。

(2)施术贝的处理:做好珠母贝的施术前处理工作,可以使珠母贝的活力受到抑制或调整而处于最有利施术的生理状态,术后活力很快恢复。手术时因强烈刺激,生理的平衡失调,活力急剧下降,需要较长时间才能恢复。另外在形成珍珠囊的过程,其上皮细胞处于高柱状和圆柱状细胞阶段的时间较长,然后才转入扁平细胞阶段始能分泌珍珠质,因而生珠慢,珠质较差,施术贝死亡率也高。

处理的方法有多种,可以根据贝体的条件选用,原则要掌握弱贝用抑制法、变层法或夜间催产法等强度较小的方法进行,相反,则应采取强度较大的地播法或日晒处理。具体做法如下:

①抑制性腺发育的方法。此法应在施术前的上一年的秋末,即繁殖期过后经过一段时间恢复,把选好的珠母贝用比原来大一倍的密度吊养于深水层。由于密度大、水温低、代谢机能和性腺发育受到抑制。到次年春末便可以逐个挑选符合条件的珠母贝进行施术。抑制良好的珠母贝应是贝壳闭合力差,鳃与外套膜等的黑色素变淡,生殖腺乳白色透明状。如果情况相反,就要加强抑制手段,再降低笼内外水流交换速度。

②促进性腺成熟提前排放精、卵的方法。与抑制法相反,是采用促进性腺成熟提前排放精、卵来取得施术贝。处理后的珠母贝体质较弱,都要经过一段时间休养才能使用。

变层法:春季水温回升到17℃之后,将疏养的珠母贝吊养在水温较高、1.5 m的水层,能促进生殖腺的成熟,到水温22℃~24℃,吊养在5 m深的水层,使其处于静止状态。在晴天施术前,改换在1.0 m水层,不久即排放精、卵。次日又将其降到5 m深处,经5~7 d,在气候、海况适宜时,再进行第二次浅吊催产。这时有60%~80%珠母贝可供施术。暂时用不上的,可存放在5 m以下水深处,以防生殖腺再度发育,到使用前一天提上2 m水层进行催产。

海水密度因降雨而下降的海区,催产无效者,可将珠母贝移到表层海水密度较大的海区,一般都能成功。一次不行,二次、三次即行。催产后的珠母贝经5 d左右的静养再使用较为妥当。

夜间催产法:在白天水温过高,处理无效时,可将珠母贝剪去足丝,先阴干3~4 h,在日落前1 h吊在1.5 m水层,0.5~1 h后,便开始排放精、卵。经过一个晚上则可排放完毕。

地播法:将备用珠母贝放置在干潮时露空1 h左右的海区暂养,经3~5 d,再浅吊在0.5 m水层,珠母贝即行排放精、卵。或不经浅吊直接放置16~20 d,也有50%以上的珠母贝可供施术。

日晒法:取切去足丝的珠母贝装入笼内,曝晒1~2 h后浅吊便能催产。处理后珠母贝体质虚弱,需深吊静养1~2周再行使用。

臭氧处理法:将珠母贝置于6 m³左右水池中,充入臭氧,水温提高3℃~5℃,处理2.5~3 h,一次可处理成贝2万只。利用此法也可使性腺丰满的亲贝排放精、卵。

③利用三倍体的珠母贝作为施术贝。由于贝类三倍体的不育性,不必采用抑制性腺发育或促进性腺发育成熟提前排放精、卵的方法,可直接用三倍体的珠母贝进行施术。珠母贝三倍体育种在我国已获得成功。

(3)施术贝的栓口:珠母贝在施术前2~3周应清贝一次,然后洗刷干净,剪去足丝,先

排贝后栓口,其过程如下:

排贝:将珠母贝腹面朝上,一个个紧贴排列在开口贝笼内(图10-12),然后吊养在筏架下,2～3 h后便可进行栓口。如水温在30℃以下时,可在前一天傍晚排贝,排贝密度可小一些,比当天排贝当天使用的少20%以上。吊养在较深的水层,到次日早上方可栓口。

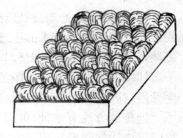

图10-12 排贝操作

栓口:栓口时将贝笼提起放入盛有海水的水槽或木盆中,从排贝笼中抽出数个珠母贝,其余的珠母贝便相继开壳,随即插入木楔栓口。或用开口器插入壳口徐徐用力张壳再栓口。栓口时切勿用力过大,以免损伤贝体。栓口不宜过大,壳高约7 cm的珠母贝,栓口宽度在1.7 cm以内为宜。栓木楔的位置要恰当,以不妨碍插核操作为准。栓口后挑选优质贝在30 min内进行施术。对于体质弱、水肿贝以及性腺过于丰满的珠母贝,应予淘汰,回笼继续吊养,否则施术后死亡率较高。栓口剩下的珠母贝,要及时补充或合并,保持原来的密度,再放回海中待用。

2.小片贝的准备

用于提供外套膜小片,移植到手术贝体内形成珍珠囊分泌珍珠质的母贝,又称细胞贝。

(1)小片贝的选择:一般选用2～3龄,壳高达6 cm以上的珠母贝作为小片贝,分泌珠质较快,形成的珠层也较好。据认为,2龄的小片贝,所形成的珍珠大多为奶酪色和金色,用3龄的小片贝,所形成的白色系统珍珠比幼龄的高,约占成珠的55%。施术时所用的细胞小片与珍珠的形成及其质量有密切关系。因此,作为切制细胞小片的小片贝应选择壳面略带红色兼有栗褐色放射线,壳内面珍珠层为银白色的珠母贝。据报道,取用的小片贝,其珍珠层的色泽也影响珠质的色泽,珍珠层为黄色的细胞小片,植核后形成的珍珠有54%～100%为黄色系统珠。珍珠层为白色的细胞小片,将来产出的多为白色系统珠。

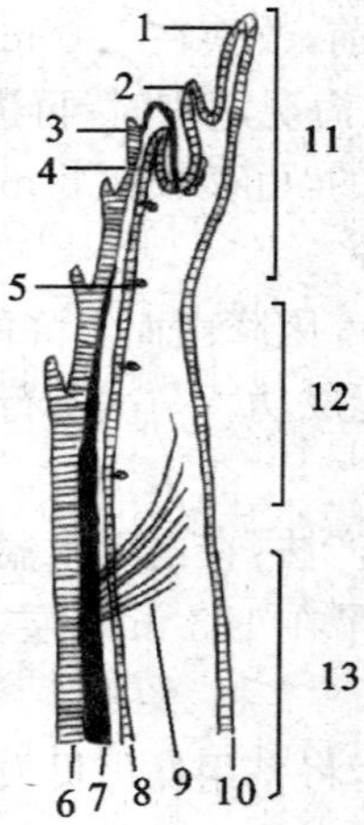

小贝片所需数量为插核用贝的12%～15%。

(2)外套小片的制备:

1)切取外套小片的位置。切取小片的部位直接影响到珍珠的质量。根据珠母贝外套膜外侧上皮各个部位分泌不同壳质的性能,除外套膜边缘极小部分分泌壳皮层及棱柱层外,大部分外套膜外侧上皮都能分泌珍珠质(图10-13)。表10-10是试验的结果。

1.缘膜突起　2.感觉突起　3.壳皮
4.生壳突起　5.黏液腺　6.棱柱层
7.珍珠层　8.外侧表皮细胞
9.外套肌　10.内侧表皮细胞　11.游离部
12.缘膜部　13.中央部

图10-13 外套膜各部位区分

表 10-10　小片切取位置与珍珠质量的关系(从和田,1959)

小片切取位置	珍珠	棱柱珠	复合珠	素珠	合计
外套缘膜部 (以色线为中线)	46 个 占 87%	0 0	6 个 占 11%	1 个 占 2%	53 个 100%
外套边缘部 (色线以外)	27 个 占 37%	21 个 占 28%	14 个 占 19%	12 个 占 16%	74 个 100%

　　根据宫村等(1954)的试验,以 2 龄贝作为小片贝,将外套膜分成(A~C)×(Ⅰ~Ⅲ)九个部位(图10-14)。A、B、C 区的长度为 1.0~1.3 cm,Ⅰ、Ⅱ、Ⅲ的宽度约为 3 mm,经 4 个月养殖的结果,结果表示如下:右>左;Ⅲ>Ⅱ>Ⅰ;A=B>C。说明不同位置的外套上皮细胞与珍珠质的分泌机能的强弱有关。右侧外套膜外侧上皮比左侧的强。外套边缘又以生殖腺下至肛门腹面部分较强。外套边缘部分的外侧上皮以靠边缘的最强,中央次之,靠内的最弱。

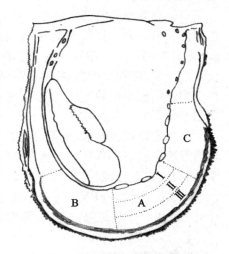

图 10-14　外套膜细胞小片切取部位

　　但在操作时,若边缘部分切得太靠触手,又容易产生棱柱珠或杂色珠。因此,一般都切取边缘靠内一点的外套膜作为小片,这样似乎把握性大一些。

　　2)外套膜小片的大小形状。小片的大小对所形成的珍珠质量影响也很大。小片大成珠速度快,但异形珠多;小片过小,施术时和育珠过程中容易失落,产生素珠多。通常使用的小片,以其边长为珠核直径的 1/3~2/5 为宜(表 10-11)。小片的形状一般以正方形的效果最好。

　　3)外套膜小片的切取。首先用解剖刀插入已栓口的小片贝壳内,将其闭壳肌割断,令其开壳,然后以平板针拨开二边鳃瓣,用刀切下自唇瓣下方到鳃末端的外套膜。切线切勿紧靠外套肌集束端或其内面,以免弯曲收缩,影响切片的速度和质量。切下后置于玻璃或塑料板上,进行抹片。抹片时千万不可用力过大,以防擦伤甚至擦掉外套的外侧上皮细胞,影响珠质分泌。抹片后将外套边缘部切除,沿色线外 4、线内 6 的比例切成宽 2~4 mm 的长条形,或中央大、两头小的钝菱形,再切成正方形小片。

表 10-11　不同直径珠核所用小片大小

珠核直径(mm)	4.5~6.0	6.0~7.5	7.5~9.0
小片的长度(mm)	2.5~2.6	2.7~3.1	3.1~3.5

　　抹片问题,国内外都曾有过不少的探讨和研究。一般认为抹片时容易擦到或损伤外套的外侧上皮细胞,因而影响了小片的分泌机能。轻者延迟了上皮细胞的增殖和珍珠囊的形成过程,从而影响珍珠质分泌的速度。重者小片的上皮细胞全被抹掉,使之变成死片。据报道,外套膜的上皮细胞仅有 5~10 μm(收缩时则为 3~5 μm),而且极易脱落,抹

片时稍微粗心，手重一点就会把它抹掉。这样的外套细胞小片再也不能形成珍珠囊分泌珍珠质了。因此，抹片时要特别注意，只能把小片上皮表面的黏液所吸附的脏物去掉，绝不可损伤或抹掉外套上皮细胞。据称，一块质量高的小片，在于它既没有黏液所吸附的脏物，又能保留 70％以上的上皮细胞。这样的小片才能迅速地形成珍珠囊，分泌能力强，珍珠质量好。从各地的试验综合来看，采用湿纱布吸附小片外侧面的黏液，再用湿棉球轻轻滚抹一下就可以了。或者用滴水冲洗，同时用湿棉球轻轻地抹一下。抹片后将外套膜最边缘部分切掉。

4）外套膜小片的药物处理。目前常用的有红汞水或紫药水，它既能消毒，又能起染色作用。着色后的小片较易观察，施术时更为方便。红汞水的分量为 2％～3％的海水溶液，浸泡 1～2 min。浓度过大会影响细胞的增殖。

近年来，随着生产发展的需要，药物处理小片已是探讨珍珠质量的一项新技术。目的在于增强细胞小片的生理机能，促进珍珠囊的形成和珠质的分泌，缩短育珠周期，提高珠质和产量。

从各实验报告看来，效果较显著的是用 PVP（聚乙烯吡咯烷酮）处理小片。北海珍珠场的方法是取 3％PVP 倒入盛有经冷却的煮沸过滤海水的器皿中，再加入 2％～3％红汞水，用玻璃棒充分搅匀，即可备用。然后按常规制小片的方法进行处理：取片──→抹片──→切成长条形──→PVP 的染液浸泡 3～5 min──→切成正方形小片──→滴 PVP 溶液养片──→使用。试验结果证明，育珠期可缩短到 1 年左右，而且优质珠多、杂珠少。

此外，较为有效的还有：1/5 000 荧光色素伊尔明诺 R_2 的海水溶液浸泡 3 min；用 0.5 g 的蛋黄卵磷脂与适量的海水调成乳状液涂在小片上，待渗透后使用；用 1/50 000 的金霉素海水溶液将红汞稀释为 2％的处理液浸泡小片；用 20～80 mg/L 芽生菌素的盐酸盐、硫酸盐或苯胺苯磺酸盐浸泡小片，效果较好。另外，有些单位还使用了 0.2％ATP（三磷酸腺苷）海水溶液浸泡小片和胎盘组织液、维生素 B_{12}（500 单位）等药物处理小片，亦见成效。

5）外界环境对小片活力的影响。插核员和切片员的技术水平不一以及配合不同，往往会影响到小片的质量。就目前的技术水平而言，6～8 个插核员可配 1 个切片员。

小片切取后，在干燥、低温、淡水的影响下都会产生不良的后果。夏天正常情况下，小片在海水中浸泡 3 h 没有影响，浸泡 12 h 后开始出现不正常现象，24 h 后绝大部分小片不能形成正常的珍珠囊。小片在室内情况下，经 1 h 后，小片虽然已有几分干燥，但仍未出现不正常现象。随着干燥时间的延长，珍珠囊的形成和分泌状态异常逐步增多。干燥 6 h 后，约有 1/3 的小片上皮细胞死亡，不能形成珍珠囊，畸形珍珠出现率高达 30％。施术后在低温条件下进行休养时，珍珠囊形成的速度缓慢。若只将小片用低温处理，施术后在正常条件下休养，则看不出珍珠囊形成的差别。小片切下后如遇淡水，15 min 内的不会影响珍珠囊的形成，30 min 后的会出现不正常现象，90 min 后的就不能形成正常的珍珠囊（表 10-12）。从上述情况看来，淡水对小片不良影响最大。因此，在配制小片染料或药物时，严禁使用淡水作溶剂。

小片切后应尽快使用，最迟也要在 1 h 内用完，以确保小片细胞的生活机能。

表 10-12　外套膜小片对外界环境的适应能力

小片处理条件	处理时间(h)	观察个数	珍珠囊的形成及珍珠质分泌情况		
			正常个数	异常个数	素珠个数
海水浸泡	3.0	9	5	4	0
	6.0	12	7	4	1
	12.0	11	4	4	3
	24.0	22	2	18	2
	48.0	8	0	0	6
干燥	0.5	8	5	2	1
	1.0	8	5	2	1
	3.0	10	2	6	2
	6.0	10	4	3	3
淡水浸泡	0.25	13	9	3	1
	0.5	6	1	2	3
	1.5	20	0	1	19
	3.0	20	0	0	20
	6.0	5	0	0	5

3.珠核与插核部位

(1)珠核:珠核多用淡水产的背瘤丽蚌、多疣丽蚌和猪耳丽蚌的贝壳制成,贝壳坚厚,其密度与养殖珍珠的密度相近,膨胀系数也基本一样。

珠核的加工工艺比较简单,其过程大体如下:先以转盘锯将贝壳锯成条状,再割切成正方形,放入打角机打角,然后用同心沟石磨,加水研磨成球形,最后用酸处理打光便成。成品的核要光洁圆滑,更不应有裂缝,若核面稍带凹凸线纹,施术后即有许多游走细胞聚集在核面的凹处,这些游走细胞在 3~10 d 内互相连成为新的结缔组织,当珍珠囊形成时将其包埋,生产的多为尾巴珠或污点珠。

珠核的大小按需要而又有不同的规格,常用的为 4.5~8.0 mm。我国通常将 3.1~5.0 mm 的称小核,5.1~7.0 mm 的称中核,7.1~9.0 mm 的称大核,9.0 mm 以上的称特大核,各种规格的珠核及其重量与每千克个数可参阅表 10-13。

表 10-13　珠核的大小、重量和个数/千克

珠核直径(mm)	重量(g)	每千克珠核个数	珠核直径(mm)	重量(g)	每千克珠核个数
1.65	0.005	200 000	2.55	0.026	38 462
1.80	0.007	142 877	2.70	0.033	30 303
1.95	0.011	90 909	2.90	0.037	27 027
2.10	0.015	66 667	3.05	0.041	24 390
2.25	0.019	52 623	3.20	0.049	20 481
2.40	0.023	43 478	3.35	0.056	17 857

(续表)

珠核直径(mm)	重量(g)	每千克珠核个数	珠核直径(mm)	重量(g)	每千克珠核个数
3.50	0.063	15 873	6.40	0.405	2 469
3.65	0.071	14 085	6.70	0.454	2 203
3.80	0.079	12 658	7.00	0.506	1 976
3.95	0.090	11 111	7.30	0.569	1 699
4.10	0.101	9 910	7.60	0.666	1 502
4.25	0.116	8 621	7.90	0.743	1 346
4.55	0.143	9 993	8.20	0.821	1 218
4.90	0.169	5 917	8.50	0.910	1 088
5.20	0.206	4 854	8.80	1.012	988
5.50	0.248	4 113	9.10	1.114	891
5.80	0.298	3 460	9.40	1.241	806
6.10	0.341	2 933	9.70	1.341	746

(2)插核部位(图 10-15):插核部位要准,手术要快,动作要轻。

"左袋":位于腹嵴稍近末端处,即肠道迂曲部的前方和缩足肌腹面的地方。

"右袋":在珠母贝右边的消化盲囊与缩足肌之间的体表下,在泄殖孔附近与围心腔之间。

"下足":在珠母贝左边的消化盲囊与缩足肌之间的体表下,在唇瓣腹缘基部与泄殖孔间。

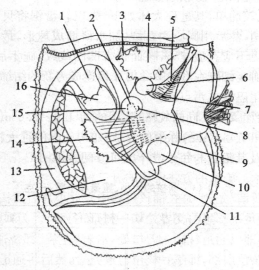

1.心室 2.肾脏 3.消化盲囊 4.胃 5.外唇瓣 6.核位(右袋) 7.内唇瓣 8.泄殖孔 9.腹嵴
10.核位(左袋) 11.肠 12.闭壳肌 13.直肠 14.缩足肌 15.核位(下足) 16.心耳

图 10-15　插核部位

三个核位中,"左袋"空间较大,容易操作,可插入较大的核。其余两个,特别是"下足",要有熟练的技术才能成功。因为"下足"位于围心腔下方,靠近贝体的内脏,若把核插的太近后方,则有损伤的可能,同时小片也难贴好,插得过浅,又容易脱核。"右袋"也不容易掌握,送核深了,易伤及消化盲囊,造成污珠多,送核浅了,往往突破核位的表皮而脱核。

(3)插核数量:至于1个手术贝能植入多少珠核,这由手术贝的大小和珍珠核的规格所决定。一般来说,手术贝大则植核多,反之则少;珠核小植核个数多,珠核大则插核个数少。特大核一般只能插一个,大、中核可植2~3个,小核可植5~8个。

在生产过程中,一个手术贝只植一个规格的珠核是极少数,一般都是大、中、小三个规格的珠核混合起来植入一个手术贝中,以达到充分利用手术贝的目的,从而提高珍珠的产量。一个珠母贝中最多可插核10多个。植入珠核越多或越大施术贝的死亡率也越高。但总的收获量要比植核量少、施术贝的死亡率低的贝收获大的多。至于多大的手术贝,植入什么规格的珠核比较合适,可参照表10-14。

表 10-14　手术贝的大小与使用珠核的规格(从广东水产局养殖处,1977)

手术贝大小 壳高(cm)	珠核规格(mm)		
	左袋	右袋	下足
7~8	6~8	5~6	(6~7)
8~9	7~9	(6~7)	7~8
10 以上	9 以上	——	(5~6)

注:括号内珠核可依具体情况插或不插。

4.插核方法

插核顺序为检查手术贝——固定——开切口——通道——插核(或后插)——送小片(或先送)。前四道工序在下述的三种插核法中是共通的,不同的是后两道工序。

插核的一切工具器皿,包括珠核都要经过充分洗净,严格消毒,然后用煮沸的过滤海水清洗才能使用。

插核时用平板针拨开已栓口的手术贝的鳃等使核位显露,再检查一次。动作要轻而快,以免损伤内部器官和引起软体部强烈的收缩,妨碍施术的进行。检查合格的手术贝将其右侧向上,左侧向下固定在手术台上,并检查好角度,再用棉花轻轻摸去核位和壳口附近的黏污物质,然后施术。施术的方法常用的有三种。

(1)先放插核法。所谓"先放"是在插核过程中先放小片后插核。

用切口刀在手术贝足基部黑白交界处切一弧形的刀口。刀口以稍小于核为宜,其深度为切开表皮为准。随即以通道针插入刀口处,沿着"左袋"部位通道。通道的宽度略小于核径,深度也稍浅于核位底部,即第一核位通道完毕,然后将通道针退回原切口处,由此再沿着"右袋"的方向导通第二个核位。通道后用送片针刺住细胞小片外侧面(即贴壳一面)前段的1/3处送入"左袋"的深处,务必一次送准。再用送核器将大核送入"左袋"的切口内。最后应以小号送核器将珠核沿通道送入核位底部,使之紧贴于小片的外侧面,不得有空隙或折角现象,更不许用小片的内侧面与珠核相贴。"右袋"核位重复这样的操作,但只能插入中核或小核。术毕,将手术贝左右翻过来固定,在其左侧足的基部黑白交界处切一刀口,同样以通道针导通"下足"核位,送小片,插入中核或小核,整个手术即告结束。

(2)后放插核法。手术要领与上法相同,只是插核和送小片的顺序颠倒一下。即先插核后送小片,但切记要使小片的外侧面紧贴核面。因此,送小片时,送小片针应刺在小片的内侧面 1/3 处送入,这与上法相反。

(3)推片滚核插核法。手术要领是把核送到核位通道的半途,随即以送片针将小片送贴核面上,并慢慢地推片滚核直至核位底部。

实践证明,三种插核法各有千秋,先放插核法不会掉片,留珠率高,手术快,但小片与珠核紧贴程度不如后放插核法,容易发生翻片和褶角,因而形成污珠、素珠、尾巴珠较多。后放小片容易看得清楚,小片贴核严密且平正,但极易刺伤核位的表皮,以致吐核率较高。一般多采用先放插核法,其次是后放插核法。而第三种方法更难以使细胞小片紧贴核面,结果多为污珠和尾巴珠,目前已极少使用。或者是难度较大的"下足"核位用先放法,较易的"左袋"用后放法。

施术时施术人员的精神状态、技术水平直接影响着珠母贝术后的效果。如核位不准,切口过大,贴片不紧,送核深浅不当,或损伤贝体内脏等原因都会造成手术贝死亡率高、脱核多、珠质差、产珠少的结果。因此,施术人员除了熟练技术和熟悉核位外,还需严格遵守操作规程,专心致志,做到(核位)准、(动作)轻、(手术)快、(用具)净等。

施术后经过复查,将手术贝从手术台上取下,同时抽出木塞轻轻放入水槽中暂养。珠母贝经手术创伤,身体已极度衰弱,应及时装笼休养,远离海区的需在室内流水池进行暂养,没有流水条件的也要多换水,务必保持水质清新。到一定数量后,按规定装笼,附上标志,填报贝数,总核数,然后送往休养区休养,以防在室内因水温高和水质恶化造成手术贝死亡。

5. 插核时应注意的问题

(1)珠核事先要消毒,各种工具要保持清洁。

(2)检查手术贝是否适于插核。

(3)插核过程中,不要损伤内脏主要器官(心脏、胃、肠等)及缩足肌。

(4)各管道基部应彼此分开,不要连在一起。

(5)为防止脱核,刀口不能过大,刀口大小与核大小相同或稍微小一点。

(6)珠核要紧贴着外套膜小片外侧面。

(7)插核工作力求快而稳。

三、药用无核珠施术法

此法用于生产药用珍珠。方法要领与上法基本相同。主要区别是,只植小片不插珠核,对所产的珍珠形状要求不严。细胞小片也没一定规格,边长约 3 mm 即可。珠母贝切口后,只是将各小片成列地排在整个育珠部位。每个部位植片数目不等,多则 10 多片,少则 2~3 片,通常一个施术贝可插入 15~20 个小片。

第十节 珍珠的育成

珍珠的育成,是珍珠养殖的另一个重要环节。这个环节包括珠母贝施术后,经休养到珍珠育成的整个过程。在这个过程中,为了获得产量高、质量好的珍珠,加强施术贝的管理仍然是十分重要的。

一、施术后的修养

珠母贝在施术后的一段时间内体质虚弱,需要给予 10 多天至 1 个月时间的休养。以利施术贝伤口愈合,恢复正常生理活动。休养期间要注意以下几点:

(1)休养场地:需选择适宜的海区。如果场地水浅、水温高,施术贝因适应不了高温或其他环境因子的突然变化刺激,会引起大量死亡和脱核。场地风浪过大,水流太急,也会产生不良后果。因此,休养场地应尽可能选择在风浪小,水流缓慢,饵料生物丰富,水深保持在 3～5 m 的海区。

(2)休养笼:休养笼形状多为方形。边长 30～40 cm,高 15 cm。以 8 号铁丝为笼圈,用力士胶丝织成。网目长 2～3 cm。并在网底和周围铺上一层胶丝网布,作用是减少风浪刺激,避免引起施术贝强烈反应,预防敌害,利于休养,便于检查和回收脱出的珠核。每笼可放养施术贝 40 个左右。

(3)管理方法:珠母贝施术后,伤口未愈合,生理状态与普通贝有所不同,因此,管理工作要严格细致。术后的珠母贝,往往在 1 周左右的时间里,有的出现脱核和死亡现象,因此,需在术后 20 天内,每隔 2 天检查一次,及时清除休养笼中的死亡贝,以免其腐烂发臭,影响其他健康的珠母贝,或者诱来敌害生物,造成不应有的损失。对脱出的珠核,要及时回收。检查时要避免露空太久或强光曝晒,以免导致脱核或死亡。

为了总结经验,提高植核技术,在管理工作上,可对各个插核员的施术贝,按人员分别编号,记录脱核、死亡情况,建立系统的记录管理制度。

二、珍珠的育成

休养期后,施术贝已恢复健康,体内珍珠囊已形成。因此,可从休养笼中取出置入普通养贝笼中移到育珠场养殖。在正常情况下,健康的育珠贝养殖 1～2 年,形成的珍珠层达 0.1～0.12 cm 的厚度(商品标准厚度),即可采收。育珠期间,珍珠形成的速度和质量,除施术有关外,还受管理技术和场地条件所制约。因此,要特别注意育珠场所的选择和调节养殖水层。

(1)育珠场:育珠场只限于养育经过施术后的育珠贝。在一个海区范围内,可适当地划分普通养贝场和育珠场。珍珠有各种色泽,主要与育珠场地有关。产生原因说法不一。生产经验表明,有适量河川淡水流入,密度为 1.015～1.021,营养盐丰富,浮游生物量多的海区,育成的珍珠多为白色系统的优质珍珠。反之,则多为黄色系统珍珠。

(2)养殖水深:育珠期间要特别注意养殖水深。育珠贝吊得太浅(0.5 m),不但影响珠质,而且因水温剧变容易引起育珠贝死亡。但吊养得太深,往往导致珍珠形成的速度慢。因此,可采用随季节变化而调节养殖水层的办法。一般在春季水温回升时,吊在水深 2 m 处。夏季水温超过 28℃,冬季水温降到 10℃ 以下时,可移至 3～4 m 深水层养殖。

第十一节　大型珍珠的培育

直径在 12 mm 以上的珍珠通常称为大型珍珠。培育大型珍珠使用的母贝,主要是大珠母贝和企鹅珍珠贝。

一、大型珍珠培育采用的母贝

1. 大珠母贝

大珠母贝,失去附着能力,软体部相当发达,即它的内脏团的肌肉发育相当丰满。不管是"左袋"、"右袋"或是"下足"几乎每个插核部位都很大,这是合浦珠母贝等其他小型贝类是无法比拟的。随着软体部的发达,其收足肌也变得越来越粗。此外,闭壳肌也相当发达,体积几乎占软体部的一半。

大珠母贝培育大型珍珠,既有有利一面,也有不利一面。有利方面,就是插核部位相当大,不管"左袋"、"右袋"或是"下足",都能容纳 10 mm 以上的大型珠核。不利方面,是因为它的肌肉发达,肌纤维多,收缩力特别强,正因为如此,大珠母贝插大型珠核相当困难。坚硬的肌纤维,不但对送核产生强大的阻力,而且即使把珠核推进一定部位,由于肌纤维通过神经引起强烈的反应,促使强大的收足肌和足的不断运动,造成贝体组织与珠核之间产生长时间的摩擦,导致核位部的表皮或切口发炎、腐烂和穿孔,最后造成脱核。

2. 企鹅珍珠贝

成体企鹅珍珠贝,壳高约 18 cm,大者可达 25 cm。它的软体部发育与大珠母贝完全不同,它的肌肉发达,内脏团肥大,但插核部位已缩小,特别是"左袋",几乎不存在。这种体型的特殊发展,与它的附着性强和足丝的发达有关。企鹅珍珠贝的足丝,不成丝状,而呈棒状,棒状的足丝,通过足丝腔与插核部位相连,最后,把"左袋"插核部位挤掉,把"右袋"和"下足"的核位也挤得很小,这是其不利的一面。但有利方面是,该贝体型大,仅次于大珠母。在软体部的最外面,生长两片贝壳,而且隆起很高,这些特征,对大型附壳珍珠的养殖是十分有利的,因为贝壳越凸,即越隆起,对大型核的粘贴和放置越有利。因此,世界各国生产大型附壳珍珠,大多是采用企鹅珍珠贝。

二、大型珍珠培育方法

1. 大型附壳珍珠培育方法

(1)挑选母贝:一般挑选 4 龄以上的企鹅珍珠贝或大珠母贝,要求体型端正、贝体健康、无病害侵袭。

(2)寻找核位:经栓口的母贝,提上插核台,用平板针轻轻地把外套膜拨开使贝壳内表面显露,接着用棉花球擦去壳内面的黏液水分。然后在左、右壳两边闭壳肌前方、前上方和前下方寻找和确定黏核的位置(图 10-16)。

(3)制作核板:以无毒塑料板为原料,把它剪成适大的长条小片,然后挑选 10～20

mm 的半圆珠核按一定距离粘贴在塑料小板上（图 10-16）。其黏合剂一般是用植物油和树脂混合而成。黏着时，黏合剂要加热，才能使核黏着牢固。

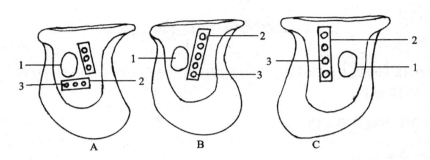

A. 左壳　B. 左壳　C. 右壳　1. 闭壳肌痕　2. 塑料板　3. 核

图 10-16　企鹅珍珠贝半圆核粘核位置

（4）粘核板：在已制作好的核板（包括粘核在内）背面滴上几滴黏合剂，然后将它按图 10-16 位置粘贴在左、右贝壳内。左壳粘 1 片或 2 片，计半圆核 5～6 个，右壳粘贴 1 片，半圆核 4 个。但如果在左右壳的粘核位置直接用半圆珍珠核粘贴，则可把黏合剂滴在珠核的半圆面，然后把它分别贴在贝壳特定位置。核板或单个核粘贴完毕，可用平板针轻轻拨下外套膜覆盖核板和珠核，并取出栓口木塞，然后把手术贝（施术贝）放在容器中暂养。

（5）育珠：施术完毕，可按每笼 5 个装入锥形笼中，也可采用穿耳吊养法将施术贝移至育珠场养殖。育珠时间为 6～10 个月。半圆附壳珍珠的收获，一般是杀死母贝，然后从贝壳上取下，但也有不杀死母贝，而是将母贝栓口后，用器械将核板取出的。

2. 大型游离正圆珍珠培育方法

（1）母贝挑选：大珠母贝大型个体。

（2）排贝与栓口：大珠母贝闭壳肌闭壳力很强，贝壳关闭时间较长，仅采用合浦珠母贝的排贝与栓口方法显然是不够的，甚至需要采用药物对大珠母贝进行麻醉，诱导母贝自然张开贝壳，然后再用大型木塞进行栓口。

（3）插核与送片：母贝开口做通道以后，可把珠核直接推向核道里。一般 1 个贝只插 1 颗珠核，其核径视核仁大小而定，小者为 9～10 mm，大者高达 15 mm。插核完毕，将小片送贴于核面上。然后取下木塞，将施术贝暂养于池中。

（4）休养与育珠：经施术后的母贝，放入休养笼中移到休养场休养。在休养期间，要加强管理，勤于观察，发现敌害及时消灭，出现死贝要及时处理。休养约 3 个月后，对施术贝可用 X 光机进行检查留核情况。凡没有留核的贝，应把它分开，留核的贝可以装入养贝笼里，并作好记号，然后移到育珠场继续养殖和育珠。育珠期为 1.5～2 年。珍珠质分泌厚度可达 1 mm 以上。

大珠母贝进行的大型珍珠培育，明显的反应是死亡和脱核，但其优点也十分明显，没有素珠，很少污珠。珍珠形状为球形和椭球形占绝大多数；从色泽看，大型珍珠多呈银白色，占总成珠率的 64.1%，其次为金色或金黄色，占 35.9%（表 10-15）。

表 10-15　大型珍珠收获时色泽、形状比较表

批号	收珠数（粒）	色泽				形状					
		银白色		金色或金黄色		球形		椭球形		其他形状	
		数目（粒）	%	数目（粒）	%	数目（粒）	%	数目（粒）	%	数目（粒）	%
1	8	5	62.5	3	37.5	6	70.0	1	12.5	1	12.5
2	6	4	66.7	2	33.3	2	33.3	3	50.0	1	16.7
3	11	7	63.6	4	36.4	5	45.5	4	36.4	2	18.2
4	48	32	66.7	16	33.3	18	37.5	28	58.3	2	4.2
5	54	33	61.1	21	38.9	18	33.3	25	46.3	11	20.4
平均			64.1		35.9		44.9		40.7		14.4

第十二节　珍珠的收获和加工

一、珍珠的收获和处理

珍珠的收获是育珠贝养殖的最后阶段。从施术至育成珍珠需 1.5～2 年时间。

（1）试收：收获前 1～2 个月，取样检查珍珠质量，如果符合合格标准厚度（0.5～1 mm）便可收获，否则便延至次年收获。

（2）收获季节：冬季收的珍珠光泽好，珍珠表面细致光滑，结构紧密，因此收珠时间以 12 月份至次年 2 月份为最好。3～4 月份水温 13℃～17℃次之，7～8 月份收获最差，因为高温季节珍珠表面粗糙，好像蒙上一层白色物质，影响珍珠质量。

（3）收珠方法：从育珠场取回育珠贝，用开贝刀打开贝壳，露出软体部，用镊子或解剖刀从各个育珠袋中取出珍珠放入盘中。大规模采珠是取出软体部并放入碎肉机中，加同量海水或石灰水，利用碎肉机内部的竹刀将贝肉切碎，然后，将肉、珠的混合液倒入沉淀槽中，取出游离的珍珠，这种方法对珍珠表面有影响，而且贝肉利用率不高。

（4）采珠后处理：刚收获的珍珠，因为表面附有海水、体液和污物等，如果放置过久，会使珍珠表面的胶质状碳酸钙和有机质发生凝结，珍珠色泽变暗，被氧化变质，影响质量，因此，采收之后要及时处理。

①一般洗涤。珍珠放入清淡水浸泡，然后用香皂水和淡水洗净擦干后保存，也可经淡水洗涤后，用饱和盐水浸泡 5～10 min，再用细食盐混合珍珠（比例为 2∶1）揉擦，再经温香皂水和清水漂洗，最后用毛巾、绒布打光、晾干即可。

②药剂洗涤。较差的珍珠，可用 0.15%～0.2%十二醇硫酸洗涤，然后用清水洗净擦干；表面光泽暗淡或有污物的珍珠，可用 3%过氧化氢洗涤，也可用 0.1 mol/L 热盐酸洗涤，再用清水洗净擦干后保存。医药用的珍珠，采收后不应用药物处理。

二、珍珠的加工

珍珠加工指球形有核装饰珍珠的加工,目的在于改变或调整劣质珍珠原来的色泽,使之成为合格的商品珍珠。这一工作通常是由珍珠工艺加工厂进行。加工工序简要介绍如下:

(1)选珠:选择合乎一定商品规格的珠,分门别类,根据不同情况进行加工处理。

(2)穿孔(又称打洞):作用是便于脱脂、漂白、增白和染色,根据需要可穿成全孔或半孔。

(3)脱脂(又称去污):用有机溶剂如丙酮等,将珍珠表面上的油脂或污物去除。

(4)漂白:珍珠加工的主要工序,通过漂白可使污珠(银灰色)或浅黄色珠去除原来的色泽为白色。漂白需在减压下进行,常用的漂白剂如过氧化氢。在过氧化氢漂白液中加入酒精或异丙酮或1,4-二氧六环为助剂,并以EDTA为稳定剂,调节pH为7.0~7.5,效果较好。

(5)增白:海水珍珠经漂白后,虽然大部分海水珍珠已晶莹洁白,但由于有些海水珍珠含有一些化学性质稳定的色素(指一般条件下双氧水不起作用的物质),漂白后总是不同程度显黄,为了去掉残存的黄色,可对这部分海水珍珠进行增白处理。

增白剂通常采用荧光增白剂。据潘炳炎介绍,适合于珍珠的荧光增白剂有增白剂SBRN、增白剂AT、增白剂DT、增白剂KOM等。

(6)染色(也称调色):珍珠漂白后再经染色,即可改进白度和光亮度,使之符合商品要求。常用的染料有罗丹明G、结晶品红A、碱性藏红G和金胺H等。染色也常在减压中进行。

经上述加工处理后,目前除深黄色珍珠外,一般可达到商品珍珠要求。

三、影响珍珠质量的因素

(1)大小:一般分为六级,粒珠、细珠、小珠、中珠、大珠、特大珠六级。详见本章第一节。

(2)形状:以球形为标准形状,其他形状为异形或畸形珍珠。

(3)光泽:珍珠应具有较强的光泽,光泽强为优,但因珠母贝种类、个体大小和产地、收成季节不同,光泽也有差异。

(4)颜色:珍珠颜色有粉红、白色、黄色、蓝色等。世界各地因人们爱好不同,价值不一。一般粉红色、白色为优。

(5)珍珠层的厚度:厚度越大,价值越高。一般厚度应在0.5 mm以上,大型珠至少达1 mm。

(6)瑕疵或污点:珍珠表面的小突起、缺损或污黑的小点,会降低珍珠的质量和价值。

复习题

1.什么是珍珠,珍珠的性质如何?

2.天然珍珠的成因如何?

3. 常用于海水育珠的珠母贝有哪几种?

4. 试述合浦珠母贝外套膜的详细构造。

5. 合浦珠母贝对温度和盐度的适应情况如何?

6. 合浦珠母贝繁殖季节与外界环境条件的关系如何?

7. 详述人工育珠的原理及珍珠形成的过程。

8. 哪几种情况的珠母贝不易选作施术贝?

9. 插核前为什么要控制施术贝的性腺发育,都有哪些控制方法?

10. 三倍体珠母贝作为施术贝有何优越性,目前我国生产三倍体珠母贝的方法如何?

11. 小片贝的选择应注意什么,如何切取外套膜小片?

12. 插核的部位主要有哪几个,插核的方法如何?

13. 插核时应注意些什么问题?

14. 施术后为什么要休养,如何休养?珠母贝育成场应具备什么样的条件?

15. 试述大型附壳珍珠的培育方法。

16. 试述大型游离正圆珍珠的培育方法。

17. 简述珍珠的采收与加工方法。

18. 影响珍珠质量的因素有哪些?

19. 解释下列术语:

①手术贝、细胞贝　②排贝、拴口　③珠核　④先放、后放　⑤附壳珠、素珠

第五篇　埋栖型贝类的养殖

在贝类中,典型营埋栖生活的贝类主要是双壳类,而且营此种生活方式的动物占双壳类的大多数。它们一般具有发达的足和水管,依靠足的挖掘将身体的全部或前端埋在泥砂中,依靠身体后端水管的伸缩,纳进及排出海水,进行摄食、呼吸和排泄。

埋栖型(The burrowing type)贝类由于适应埋栖生活的习性,它们的体型、足部、贝壳和水管等均有不同程度的变化。埋栖深者,体型就越细长,如缢蛏。埋栖浅者,体型宽短,如文蛤、泥蚶等。

足是运动器官,由于适应掘泥砂生活的这种习性,所以足部较发达。埋栖越深者,足部越发达;埋栖浅者,足部不太发达,如泥蚶。

埋栖生活方式也可以说与防御敌害有关。埋栖越深者,壳光滑且薄,如缢蛏;埋栖浅者,壳变厚。此外,埋栖深者,为了适应呼吸和取食的需要,只有薄的壳才有利于身体上下活动。水管是随着埋栖生活习性而发达的。埋栖越深,水管越长;相反,埋栖浅者水管较短或无水管,如泥蚶便无水管。为了方便呼吸和取食,埋栖贝类的水管有伸缩性,其水管边缘还生有许多小触手,以避免较大颗粒进入水管。在水管的顶端还生有感觉突起,专司选择水质的功能。

埋栖型贝类对海水浑浊的抵抗力较其他生活型强,其中埋栖于泥质海区的种类比砂质海区的对浑浊的抵抗力更强,如泥蚶比文蛤抵抗浑浊能力强。

此种类型的贝类也是滤食性的贝类,利用鳃滤食海水中的浮游植物、有机碎屑和微生物等。

埋栖型贝类的苗种生产方法主要有自然海区半人工采苗、工厂化育苗、室外土池半人工育苗方法。此种类型的贝类养殖环境可分为滩涂养殖和池塘养殖,养殖方法可分为埕田养殖、池塘养殖,池塘养殖中可实行单养、混养和轮养。

第十一章 缢蛏的养殖

缢蛏(*Sinonovacula constricta*(Lamarck))隶属于瓣鳃纲(Lamellibranchia),异齿亚纲(Heterodonta),帘蛤目(Veneroida),竹蛏科(Solenidae)贝类。缢蛏是在滩涂中营埋栖生活的种类,为潮间带的重要养殖种类。其养殖生产具有生长快,生产周期短、易管理、成本低、产量高、投资少、效益高、见效快等优点,是我国开展贝类养殖较早的种类,为传统四大养殖贝类之一。

缢蛏俗称蛏(福建)、蜻(浙江)或跣(北方),遍布于我国沿海各地。缢蛏肉味鲜美,营养丰富,含有丰富的蛋白质、维生素和无机盐(表11-1)。除供鲜食外,还可制成蛏干、蛏油等,是消费者喜爱的海产食品。

我国缢蛏的养殖历史悠久。在《本草纲目》中,李时珍介绍了缢蛏的用途,提到了当时养蛏的概况:闽粤人以田种之,候潮泥壅沃,谓之蛏田。后来,缢蛏的养殖经验传到浙江沿海。100多年来,缢蛏一直是浙江贝类养殖的重要种类之一。目前,缢蛏的养殖在福建、浙江两省的贝类养殖业中占有相当重要的地位。近几年来,山东南部沿海滩涂大面积养殖缢蛏也取得了宝贵的经验。2002年,全国缢蛏养殖面积为 66 499 ha,总产量达 63.54万吨。

表 11-1　缢蛏的营养成分和含量(每 100 g 蛏肉)

成分	含量	成分	含量	成分	含量
蛋白质	7.3 g	钾	140 mg	锌	2.01 mg
脂肪	0.3 g	钠	175 mg	铜	0.38 mg
碳水化合物	2.1 g	钙	34 mg	磷	114 mg
维生素 A	59 μg	镁	35 mg	硒	55.14 μg
硫胺素	0.02 mg	铁	33.6 mg	碘	19 μg
维生素 PP	1.2 mg	锰	1.93 mg		

第一节　缢蛏的形态和构造

一、外部形态

(1)贝壳:贝壳脆而薄,呈长圆柱形,高度约为长度的 1/3,宽度为长度的 1/5~1/4。贝壳的前后端开口较大,前缘稍圆,后缘略呈截形。贝壳的背、腹缘近于平行。壳顶位于背面靠前方的 1/4 处。壳顶的后缘有棕黑色纺锤状的韧带,韧带短而突出,具有联系两壳使之开启的作用。自壳顶至腹面具有显著的生长纹。这些生长纹距离不等,可作推算其

生长速度快慢的参考。自壳顶起斜向腹缘,中央部有一道凹沟,故名缢
蛏(图 11-1)。壳面被有一层黄绿色的壳皮,顶部壳皮常脱落而呈白色。

图 11-1 缢蛏

贝壳内面呈白色,壳顶下面有与壳面斜沟相应的隆起。左壳上具
有 3 个主齿,中央一个较大,末端两分叉。右壳上具有两个斜状主齿,
一前一后。靠近背部前端有近三角形的前闭肌痕。在该闭壳肌痕稍
后,有伸足肌痕和前收足肌痕。在后端有三角形的后闭壳肌痕,在该肌
痕的前端为相连的小形后收足肌痕。外套痕明显,呈 Y 字形,前接前闭
壳肌痕,后接后闭壳肌痕,在水管附着肌的后方为 U 形弯曲的外套窦。
在腹缘的是外套膜腹缘附着肌痕,在前缘的为外套膜边缘触手附着肌
痕。此外,尚有背部附着肌痕。

(2)足:缢蛏的足伸展在壳的前端,被具有触手的外套膜包围。自
然状态下缢蛏足的形状,从侧面观似斧状,末端正面形成一个椭圆形距面。

(3)水管:缢蛏的水管有两个,靠近背侧者为出水管,又是泄殖出口;靠近腹侧者为进
水管,是海水进入体内的通道。在自然状态下,水管和足都伸展到贝壳的外面。进水管比
出水管粗而长。在进水管末端有 3 环触手,最外一环和最内一环触手相对排列共 8 对,其
形大而较长,中间一环触手短而细小,数目较多。出水管触手只有 1 环,在出水孔的外侧
边缘,数目为 15 或 15 条以上。水管壁的内侧有 8 列较粗的皱褶,自水管的末端至水管基
部,呈平行排列。水管对刺激的反应极为灵敏,对外界环境具有高度感觉的功能。

(4)外套膜:除去贝壳,可见一极薄的乳白色半透明膜,包围整个缢蛏软体,为外套膜。
左、右两片外套膜合抱形成一个外套腔。在前端左、右外套膜之间有一半圆形开口,是足
向外伸缩的出入孔。在此处着生无数长短不一的触手,沿外套膜边缘排列。外套膜的后
端肌肉更发达,分化延长成 2 个水管。外套膜腹缘左右相连围成管状。

二、内部构造

(1)神经系统:缢蛏神经系统较不发达,尚没有一个集中的神经中枢,只有脑、足、脏神
经节,均呈淡黄色。各神经节均有神经伸出。节间有相互联系的神经连合或神经连索。
由各神经节向身体各部器官分布出各种神经(图 11-2)。

(2)消化系统:缢蛏的消化系统包括消化管和消化腺。消化管极长,共分为唇瓣、口、
食道、胃、胃盲囊、肠和肛门等部分。消化系统的器官主要起消化吸收的作用。

唇瓣位于外套腔前端,前闭壳肌的下面,足基部的背面两侧。左、右各有一外唇瓣和
一内唇瓣,共 4 片。两内唇瓣接触面和外唇瓣的外侧表面均无显著皱褶。

口位于唇瓣的基部,为一小的裂口。紧接着口的是一短的食道通向囊形的胃。胃内
有角质的胃楯(图 11-3),从胃通出一长囊称胃盲囊(晶杆囊),囊中有一条透明胶状的棒
状物称晶杆。晶杆较粗的一端裸露于胃中,借助胃楯而附于胃壁上,另一端即延伸到足基
背部。

包围在胃的两侧是棕褐色的消化腺(肝胰脏),消化腺有消化腺管通入胃中。

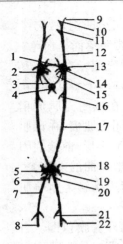

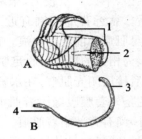

1.脑神经节联系神经　2.食道神经　3.脑足神经连索
4.足神经节　5.内脏神经节　6.直肠神经　7.外套膜神
经　8.后外套膜神经　9.前外套膜神经　10.外套膜边缘
触手收缩肌神经　11.前闭壳肌神经　12.外套膜前闭壳
肌神经　13.脑神经节　14.唇瓣神经　15.胃、生殖腺、肝
神经　16.内脏神经节　17.脑脏神经连索　18.鳃神经
19.肾管围心膜神经　20.后闭壳肌神经　21.出水管神经
22.入水管神经

图11-2　缢蛏神经系统模式图

A.前段晶杆体顶部和胃楯的关系放大图
B.晶杆体全形侧面观
1.胃楯　2.晶杆体
3.前段(前端)　4.后段(后端)
图11-3　缢蛏的胃楯和晶杆图

在胃后接着便是肠。肠近胃的部分较粗大,后段逐渐变细,经过4～5道弯曲后,沿着胃盲囊的右侧向后又转向背前方延伸,至胃盲囊和胃交界处的背面,又一次曲折,入直肠,向后通过围心腔,穿过心室向后闭壳肌背面延伸,末端开口即为肛门。肛门和鳃上腔相通,废物由鳃上腔经出水管排出体外。

(3)肌肉系统:在背面的肌束,从前往后排列顺次为前闭壳肌、前伸足肌、前收足肌、背部附着肌、后收足肌、后闭壳肌。在外套的腹缘有外套膜腹缘附着肌及外套膜前缘触手附着肌,水管的基部还有水管附着肌。

(4)呼吸系统:鳃是主要的呼吸器官,左、右各两瓣,狭长,位于外套腔中(图11-4),基部系于内脏团两侧和围心腔腹部两侧。鳃由无数鳃丝组成,其内分布很多微血管,表面有很多纤毛。

(5)循环系统:心脏具有一心室、二心耳。心室位于围心腔中央,由四束放射状肌肉支持,心室中央被直肠穿过。心耳和心室之间有半月形薄膜构成的活瓣,左、右各一对。缢蛏的血液循环是开放式的。血液从心室前、后大动脉流到体前后的各组织中。

(6)排泄系统:在围心腔腹侧左右有呈圆管状淡黄色的肾管。一端开口于围心腔,另一端开口于内脏团两侧的鳃上腔,废物由鳃上腔经水管排出体外。

(7)生殖系统:缢蛏是雌雄异体,生殖腺位于足上部内脏团中,肠的周围。性腺成熟时雌性稍带黄色,雄性则为乳白色。生殖管开口(生殖孔)于肾孔附近,极小,在生殖季节明显易见。

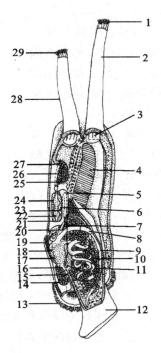

1.入水管触手　2.入水管　3.水管壁皱褶　4.鳃　5.肾管　6.心耳　7.通入鳃上腔的肾管孔
8.晶杆体　9.胃盲囊(晶杆囊)　10.生殖腺　11.肠　12.足　13.前外套膜触手　14.前闭壳肌
15.口　16.食道　17.消化腺　18.胃　19.韧带　20.生殖孔(开口于肾管孔附近)　21.围心腔
22.穿过心脏的直肠　23.通入围心腔的肾管孔　24.心室　25.后收足肌　26.后闭壳肌
27.肛门　28.出水管　29.出水管触手

图 11-4　缢蛏内部构造(仿潘星光,简化)

第二节　缢蛏的生态

一、分布

缢蛏分布于西太平洋沿海的中国和日本。我国从辽宁到广东沿海均有分布。养殖区集中在闽、浙。缢蛏喜栖息在风平浪静、水流畅通的内湾和河口处的滩涂上,尤以软泥或砂泥底质的中、低潮区最为适宜。幼苗分布在中潮区以上及高潮区边缘,但在 20 m 水深处也能生活。

二、生活习性

营穴居生活。蛏洞与滩面呈垂直状态。缢蛏足在滩涂上掘一个管状孔穴,栖息于洞穴中。足强壮,掘土时足前端变成稍尖形以钻入土中,及至足钻进土中后,中前端肌肉伸展成喇叭形,收足肌收缩,身体向前推进插入土中,把埋土压向四周,靠足一伸一缩,掘成一个结实的洞穴。洞穴深度随缢蛏个体大小、强弱、底质硬软、气候冷暖而不同，一般洞穴深度为其体长的 5～8 倍。

穴居的缢蛏随潮水的涨落，在洞穴中做升降运动。涨潮时依靠足的伸缩弹压和壳的闭合，外套腔内海水从足孔喷射出，从而上升至穴顶。然后松弛闭壳肌，张开两壳紧靠穴壁，把身体停靠在穴顶，伸出进出水管至穴口，摄取食料和排泄废物（图 11-5）。

退潮或遇敌害生物袭击时，缢蛏收缩闭壳肌，两壳闭合，或靠足的伸缩，贝体迅速下降。每个缢蛏都有自己的洞穴，穴口有由出入水管所形成的两个孔，由其大小和两孔间的距离可以估出蛏体大小和肥瘦。体肥壮者两孔明显，一般体长为两孔距离的 2.5～3 倍。

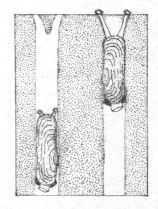

图 11-5　蛏的穴居（左）与索饵（右）

随着缢蛏的长大，洞穴也扩大加深。缢蛏一般情况下不离开自己的洞穴，但在不适宜的环境条件下，也会离穴。如把缢蛏养在室内，在食料不足情况下，会离开洞穴，迁至另一个地方重新挖穴潜居。海区中如中华蜾蠃蜚在蛏埕上大量繁殖时，缢蛏也会"搬家"，甚至出现数公顷蛏埕上的蛏都跑光的现象，这些是特殊情况。正常情况下，缢蛏定居不移，这种生活习性给养殖生产带来了很大的方便。

三、栖息底质

缢蛏喜生活于砂泥底的海滩上，在埕面稳定的泥砂质、砂泥质和软泥的滩涂上均能生活。理想的底质结构为：表层 4～10 cm 为细泥土，埕面硅藻旺盛；中层 30～40 cm 以泥为主，混有极少的细砂；下层含砂量较多，为泥砂层，渗透力强，退潮后滩涂地下水容易更换，有利于潜居在穴底的缢蛏调节水温和水质。长时间养殖的蛏田由于排泄物累积，加之细菌的作用，使底质变黑变硬最终老化，可采用耕耘疏松底质或添加细砂的办法加以改造。

四、对温度的适应

缢蛏对温度的适应，从我国南北地区温度年变化及潮间带的温度变化看，属于广温性海洋动物。据张云飞等的观察，水温在 8℃～30℃，缢蛏生活正常。水温降到 5℃，缢蛏活动力弱，心脏跳动减慢。水温升高至 30℃，缢蛏心脏跳动加速。34℃生理机能呈现不协调现象，心脏跳动次数增加而搏动减弱。其适温上、下限分别为 39℃与 0℃，在这样的温度下，缢蛏心脏跳动渐次停止而死亡。但缢蛏体质强弱对温度的适应也略有差别，有些在水温 39℃下 2 h 内死亡，有些可以活较长时间。此外，这种现象的产生与温度逐渐变化或突然变化有关。海水结冰，缢蛏被包于冰块中达 12 h 之久，提高温度后还会恢复过来。

缢蛏心脏跳动强弱与次数和机体血液循环量有直接关系，心脏跳动强，次数多，血液循环量大，代谢旺盛。因此，从缢蛏心脏跳动中我们可以看出缢蛏适温的情况。

五、对盐度的适应

缢蛏在内湾和河口附近的海区中繁殖生长。河口地带理化因子变化较大,其中盐度的变化尤其突出。能够生活在这样海区中的生物,无疑是广盐性种类。

据观察,海水密度 1.005~1.020 缢蛏活动力强,密度在 1.003 以下或 1.022 以上对缢蛏心跳次数和心脏搏动的强度都有影响。其适盐上限不像适温上限那么明显。虽然它在海水密度 1.030 两壳紧闭,心跳微弱乃至停止。缢蛏对低盐适应能力很强,在密度 1.001 的海水中能活 10 d 不死,在淡水即密度 1.000 中则不能适应,两壳紧闭,心脏跳动微弱乃至停止,大多数在 2 h 内死亡。从缢蛏适盐的试验观察和群众生产的情况看,河口缢蛏长得快,产量高,可以表明缢蛏是广盐性,偏低盐的种类。

六、食料与食性

缢蛏的生活习性和生理机能决定了摄食的被动性。穴居生活的缢蛏在潮水涨到时上升觅食、潮水退出埕面则停止摄食,其摄食活动首先受到潮汐的限制。缢蛏以鳃纤毛打动产生水流,食物随海水从进水管进入外套腔,经鳃过滤,大小适宜的颗粒运送进消化管。在消化管内不但可以看到可利用的硅藻类,也发现有不能消化的泥砂等颗粒。因此,它对食物没有严格选择性,只要颗粒大小适宜即可。缢蛏穴居,靠水管伸至洞口索食,只能摄取经过进水管进入体内的食物,所以它的食料是浮游性较弱易于下沉或底栖硅藻之类。

缢蛏食料的组成,已有很多研究报道。金德祥认为缢蛏的主要饵料是浮游性弱而易于下沉的硅藻和底栖硅藻,其中以圆筛藻、重轮藻和摄氏藻三属为主。缢蛏食料中硅藻数量占饵料生物总数的 82.08%。王中元 1958 年在福建长乐对缢蛏饵料进行了分析,也认为硅藻是主要的饵料,以骨条藻为最多,占饵料生物的 91.5%,其次为舟形藻、圆筛藻、摄氏藻、重轮藻。据福建水产研究所分析,缢蛏繁殖期的食料共 28 属,占总饵料量 40%~60%,以圆筛藻、重轮藻、舟形藻、海链藻、摄氏藻、修氏藻、双凸藻、骨条藻等 8 属为主,占硅藻 75%~97%。

对于浮游性较大的种类,如角毛藻在海区浮游生物中占优势地位,但在缢蛏胃内数量极少。此外,有机碎屑和有益微生物也都是缢蛏的饵料。

淡水硅藻,从养殖在河口附近的海区中的缢蛏消化道内发现有圆丝鼓藻(*Hyalotheca*)、角黑鼓藻(*Staurastrum*)、栅列藻(*Scenedesmus*)和鼓藻(*Cosmarium*)等。

除了活饵料外,在缢蛏胃肠内还有大量的有机碎屑、泥砂颗粒等,这些有机质、泥砂等,在缢蛏消化道中的变化是:前段黏性物质含量大,后段不能消化吸收的泥砂等相对增多,营养物明显被消化吸收。

七、灾敌害

1. 自然灾害

(1)洪水:位于河口地带或山洪能冲刷到的蛏埕,在连绵的雨季或山洪暴发时,淡水大量进入,不但使海水盐度下降,影响到缢蛏的生长和浮游生物的繁殖,严重时缢蛏体内渗透压失去平衡而吸水膨胀死亡。同时洪水带来了大量泥砂,覆盖埕面,往往比海水盐度的降低造成的损失更严重。

(2)风灾:缢蛏产卵季节,受到了风浪正面的袭击,含砂较多的埕地,这时表层土多被刮起飘失,泥质埕水质混浊异常,大量泥砂颗粒进入体内,缢蛏产卵后体质衰弱无力排除,结果泥砂充塞鳃腔、覆盖鳃瓣,影响摄食与呼吸,导致缢蛏死亡。同时强台风会破坏蛏埕造成损失。

(3)严寒、酷暑:在自然海区中,由于水温变化造成缢蛏死亡较少,因我国养殖缢蛏的海区,海水温度都不会超过缢蛏对温度适应的上下限。但在生产实践中,由于温度的剧烈变化造成死亡和霜冻死亡的事件时有发生。

在福建海区冬季气温不会降到0℃以下。但在严寒季节,蛏苗尚小,穴居较浅,苗体活动力弱,在底质不稳定的场所,遇到风浪袭击,蛏苗会被刮起飘失。这种情况,蛏苗的死亡并非温度变化直接造成,而是其他条件共同作用造成。

在炎夏季节小潮期间,蛏埕在烈日曝晒下,泥土表层温度升高,这时如下大雨,在蛏埕水沟没有疏通的情况下,烫热的埕水往蛏的洞穴灌注,由于穴中水温太高,缢蛏即上升,到穴顶时上层的水温更高,很易导致缢蛏闭壳肌松弛,两壳张开而死在穴口。当蛏埕表层土被风浪冲刷流失,死在穴顶的缢蛏,便露出埕面,一片灰白,群众称为"白埕"。因埕面凹凸不平而积水,受烈日曝晒也会造成缢蛏死亡。

2. 生物敌害

蛏体除了披上两片脆薄贝壳潜居洞穴外,没有别的防御能力,而唯一保护软体部分的脆薄贝壳,其前后端也不能紧密闭合抱住软体,因而许多肉食性海洋动物都吃它,主要生物敌害有:

(1)鸟类:凫凫(*Anas platyrhywhywcha platyrhncha* Linnaeus)俗称水鸭、野鸭,一种候鸟,在我国南方冬来春去。成群水鸭,侵袭蛏苗埕啄食蛏苗,造成一些管理不善的蛏苗埕无苗可收。

海鸥(*Larius*)。在缢蛏养殖区,海鸥随时可见,但其不太多且只是随退潮啄食潮水欲干露的埕地上的蛏苗。缢蛏养殖时,也只局限在初播种的蛏苗尚未潜深的一段时间。

(2)鱼类:蛇鳗俗称油龙鳝,是缢蛏的最大敌害,蛏埕上出现的有以下三种:

中华须鳗(*Cirrhimuraena chinensis* Kaup)(蛇鳗科,须鳗属)俗称尖嘴、软骨、面鳝或软骨鳝。入夏前后侵入蛏埕大量吃蛏,其栖息随季节而变迁。四五月喜潜居在中、低潮区的泥砂埕上,一般潜穴倾斜度小,深不及33 cm。炎夏中华须鳗从中潮区退居于低潮区,泥质埕迁至砂质埕。初秋天气转凉又到中潮区。秋后天气渐冷,纷纷游到海中过冬。

尖吻蛇鳗(*Ophichthus apicalis* (Bennett))(蛇鳗科、蛇鳗属)俗称硬骨、硬骨鳝。其生活习性与中华须鳗基本相同,但是出蛏埕的时间比须鳗迟一个月。

食蟹豆齿鳗(*Pisoodonophis cancrivorus* (Richardson))(蛇鳗科,豆齿鳗属)俗称青骨、青鳝。食蟹豆齿鳗栖息在泥质埕,潜穴倾斜度大,几乎与埕面垂直,深达65 cm,直到冬季,在朝南的埕地上还会有残留,对蛏危害最大。其他习性与中华须鳗基本相同。

以上三种蛇鳗在我国东海、南海均有分布。蛇鳗对缢蛏危害的严重性从如下情况可以看出:解剖发现,蛏埕上毒杀的蛇鳗的胃内含物基本都有蛏肉。缢蛏高产区连江大沃,在没有采用氰化钠*毒杀蛇鳗之前，常年亩产蛏 2 000～3 000 kg，受害严重的一些地方亩产仅 200 多千克。

海鲇。侵食缢蛏的海鲇科在福建有两种：中华海鲇（*Arius sinensis*（Lacepede））俗称黄松、油松；海鲇（*Arius thalassinus*（Püppell））俗称赤鱼、青松，均属海鲇科、海鲇属。

以上两种海鲇为暖水性底层鱼类，我国沿海均有分布。每年春季向近海作生殖洄游，以底栖动物——贝类、虾、蟹等为食。

孔虾虎鱼（*Trypauchen vagina*（Bloch et Schneider））（鳗虾虎鱼科，孔虾虎鱼属）俗名红九、红水官、红条。孔虾虎鱼栖息于滩涂中，涨潮出游索食，行动缓慢，性贪食，主食底栖硅藻，亦吃蛏，直接、间接地危害缢蛏。冬季寒冷，退出滩涂，分布水深 20 余米处。

赤魟（*Dasyatis akajei*（Müller et Henle））（魟科、魟属）俗名鲂。赤魟在我国东海、南海均有分布，为暖水性鱼类，栖息于近海砂泥质的海底，以底栖贝类、甲壳类等为食。涨潮时进入蛏埕食蛏。

此处，黑鲷（*Sparus macrocephalus*（Basilewsky））、黄鳍鲷（*Sparus latus* Houttuyn）、条纹东方鲀（*Fugu xanthopterus*（Temminck et Schlegel））等鱼类也能食缢蛏。

（3）贝类：章鱼（*Octopus*）以腕捕蛏、靠吸盘把蛏窒息，食其肉。

斑玉螺（*Natia tigrina*（Röding））俗称花螺，习见于全国沿海。花螺对蛏的危害只限于个体较小的，蛏体较大者很少受害。

福氏乳玉螺（*Polynices fortunei*（Reeve））对蛏危害情况与斑玉螺基本相同，其数量相对较斑玉螺少。

（4）甲壳类：中华蜾蠃蜚（*Corophium sinense* Zhang）俗称虾虱、鳅。个体小，大者体长 1.5 cm。在福建，春季多雨或洪水期间，在海涂沉积的烂泥上大量繁殖，先发生在低潮区，继而向高潮区地带海涂繁殖，"立夏"后天气转暖退到低潮区，而后往海中去。内海定置网可大量捕到。它钻土穴居，孔穴呈 U 形，深度可达 5 cm，大量繁殖时，每平方米埕地上多达 40 000 余只。大量钻土穴居的结果，表层海涂呈蜂窝状，由于这一动物在蛏埕上钻穴，改变了底质的组成，以及其在涨潮时出穴觅食骚扰，妨碍了缢蛏的正常生活，这时缢蛏大多迁徙，造成生产上的损失。中华蜾蠃蜚的危害，常年均有发生。缢蛏受害的程度，有时非常严重。如 1965 年 2～4 月九龙江口一带 1 670 亩蛏埕普遍受害，估计缢蛏减产 30%。当时受害最严重的龙海县石美，养殖的 35 亩中有 28 亩没有收成。

锯缘青蟹（*Scylla serrata* Forskal）俗称蟳、青蟹。其多在"立夏"后侵入蛏埕，退潮时潜伏埕中，涨潮时趁缢蛏上升索食，用螯足挟食缢蛏。炎夏在埕上钻洞穴居，"立冬"后天气寒冷则迁离潮间带到海中过冬。

（5）多毛类：常见为沙蚕（*Nereis*）、围沙蚕（*Perinereis*）。生活在蛏埕上的沙蚕，白天穴居，夜间外出觅食，能翻出咽扑食缢蛏。

（6）藻类：常见的有肠浒苔（*Entromorpha intestinolis* L. Link）和扁浒苔（*Entromorpha compressa* L. Grey），它们在缢蛏苗埕上大量繁殖。一方面吸收海水中的营养盐并遮盖埕面，影响了缢蛏的饵料——底栖硅藻的繁殖；另一方面也使蛏苗难以滤食海水中的浮

---

　　* 氰化钠等氰化物为高毒类，不提倡使用。本书依习惯予以介绍。

游植物。所以，苗埕上有大量浒苔时轻者减产，重者无苗可收。

（7）赤潮：赤潮生物如夜光虫（*Noctiluca*）、多甲藻（*Peridinium*）、角藻（*Ceratium*）、裸甲藻（*Gymnodinium*）、原甲藻（*Prorocentrum*）等大量繁殖的结果，能引起赤潮，造成缢蛏死亡。

（8）寄生虫：

1）食蛏泄肠吸虫（*Vesicocoelium solenophagum* Tang）的整个生活史经过毛蚴、胞蚴、尾蚴、囊蚴等阶段，然后发育为成虫，其中要经过两个中间宿主和一个终宿主。缢蛏是作为该虫的第一中间宿主而受害。虫卵随鱼类粪便排到滩涂上，经 4～5 d 的发育，毛蚴从卵中孵化出来，在水中游泳经缢蛏的进水管进入蛏体，使缢蛏受到感染。食蛏泄肠吸虫自毛蚴钻入缢蛏体内后，在宿主组织中发育为胞蚴，并通过无性繁殖形成大量子胞蚴，以至尾蚴。在这一寄生阶段，一年蛏的内脏组织几乎被虫体消耗殆尽，使缢蛏不能繁殖；二年蛏的肥满度受到明显影响，病蛏的肥满度显著低于正常蛏，病蛏肉体重只有正常蛏的 1/5～1/4，严重的病蛏常常只剩下一层变色、干扁的外皮，蛏体的全部结缔组织几乎都被成堆的子胞蚴所代替。尾蚴从蛏体钻出在海水中游泳，被各种幼鱼、小鱼苗和脊尾长臂虾（*Palaemon carnicauda*）第二中间宿主吞食后，发育成囊蚴。这些小鱼、幼鱼或脊尾长臂虾被终宿主吞食后，就在终宿主肠道内发育为成虫。

2）食蛤多歧虫（*Planaria* sp.）属扁形动物门涡虫纲，体柔软呈椭圆形薄片，体紫褐色，一般长 2～3 cm，宽 1～1.5 cm，厚 2 mm 左右。它喜食蛤仔，也喜食蛏苗，以薄片状身体把蛏苗包住，然后分泌黏液使之窒息，并食其肉。

第三节　缢蛏的繁殖与生长

一、繁殖

（1）缢蛏生殖腺的发育过程：在福建的调查中发现可分为五个时期：形成期、生长期、成熟期、放散期和耗尽期。

1）形成期：内脏团堆积很厚的结缔组织，滤泡沿着结缔组织逐渐形成，滤胞壁的生殖原细胞分裂成生殖母细胞，中肠可见。发育时间为 6 月下旬至 8 月下旬。月平均水温为 26.6℃～29.2℃。

2）生长期：内脏团滤胞数量增多，逐渐形成葡萄状，分布范围广，结缔组织相应减少。滤胞内生殖细胞处在分化形成状态，生殖细胞增多，并可看到少量成熟的生殖细胞。在显微镜下可看到卵母细胞具有不规则的形状，有长柄，卵原生质少，卵膜区大。精子不太活动。发育时间为 8 月～9 月上旬，月平均水温 29.3℃～27.5℃。

3）成熟期：生殖腺很饱满，滤胞多而密，分布广，几乎布满整个足上部内脏团，并覆盖至消化腺及中肠。生殖母细胞分化形成精卵细胞者增多，可看到大量成熟的游离的精、卵细胞。在显微镜下，成熟的卵细胞多为球形或近椭球形，卵膜区缩小不明显，原生质充满整个细胞，胚核内的核仁明显，精子头尾部明显，很活泼。发育时间为 9 月～10 月上旬，月平均水温为 27.5℃～23.5℃。

4）放散期：放散前滤胞腔内充满许多成熟的生殖细胞。放散后成熟的生殖细胞减少，滤胞空腔大,许多生殖母细胞沿着胞壁正在向着滤胞腔突出,发育分化形成成熟的生殖细胞。发育时间为 10 月～11 月中旬,月平均水温为 23.5℃～19℃。

　　5)耗尽期:软体部非常消瘦,呈半透明,性别不明,滤胞空虚,余留少量生殖细胞。滤胞分布疏松呈树枝状,胞壁薄,生殖母细胞停止形成和发育。此期时间为 11 月中旬～12 月,月平均水温 19℃～15℃。

　　(2)繁殖季节:缢蛏雌雄异体,一年性成熟,在外观上区别不出雌、雄,而在性成熟时雌的生殖腺呈米黄色,雄的呈乳白色。性比近于 1∶1。缢蛏性成熟季节依地区而异,我国北方的比南方的早。辽宁沿海 6～8 月是繁殖季节,山东沿海是 8～10 月,盛期为 9 月。浙江沿海,缢蛏繁殖期为 9～11 月,盛期为 10 月,主要是"秋分"、"寒露"、"霜降"和"立冬",四批排放。各批排卵量的大小依当时海区的理化环境条件而定。

　　(3)产卵量:一个体长 5 cm 的个体,性腺充分成熟时,其怀卵量约 100 万粒。缢蛏为分批产卵,每次产卵量 20 万粒左右。缢蛏产卵时上升到洞口,伸出水管,生殖细胞从出水管徐徐上冒,然后扩散到海水中。

　　缢蛏产卵时,受外界温度、光照和水流的影响较大。在繁殖季节,如遇冷空气侵袭,温度骤然下降,昼夜温差变化大,缢蛏便会大量产卵,如水温下降到 20℃ 以下排放率、产卵量以及胚胎发育都达到较好的效果。在静止水域中,性成熟的缢蛏也不会产卵,而在夜间大潮退潮时很易产卵,一般在退潮时的黎明前 2～3 h 产卵。

二、发生(图 11-6)

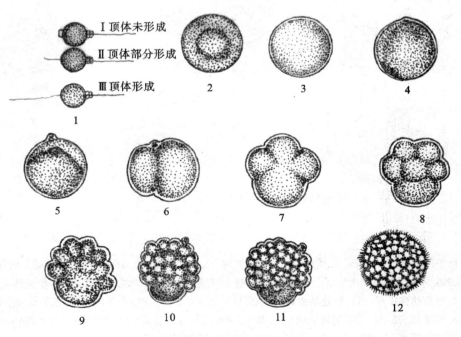

Ⅰ顶体未形成
Ⅱ顶体部分形成
Ⅲ顶体形成

图 11-6　缢蛏的胚胎和幼虫发生

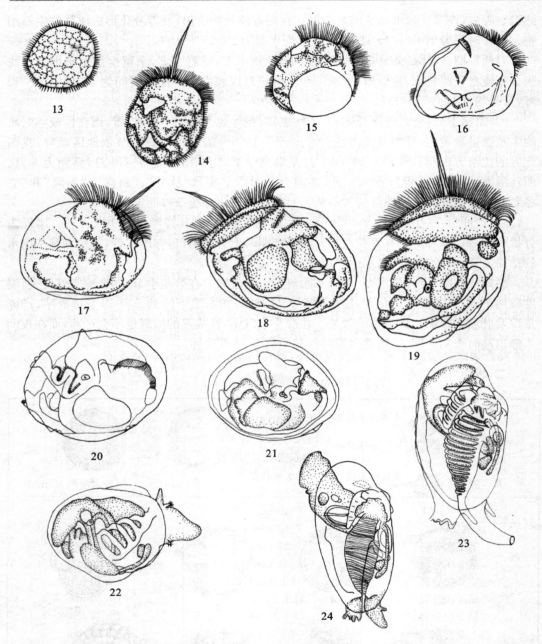

1.精子的构造　2.卵子　3.受精卵　4.Pb₁出现　5.Pb₂出现　6.第1次分裂　7.第2次分裂
8.第3次分裂　9.第4次分裂　10.第5次分裂　11.第6次分裂　12.囊胚期　13.担轮幼虫前期
14.担轮幼虫中期　15.担轮幼虫后期　16.D形幼虫　17.壳顶幼虫初期　18.壳顶幼虫中期
19.壳顶幼虫后期　20.匍匐幼虫　21.稚贝（初形成）　22.稚贝（单水管）(363 μm×294 μm)
23.稚贝（双水管）(1 428 μm×789 μm)　24.稚贝（双水管）(2 855 μm×1 513 μm)

图 11-6　缢蛏的胚胎和幼虫发生（续）

1. 精子和卵子

精子：缢蛏的精子分为顶体、头部、颈部和尾部。顶体细长，达 10 μm，前端略微膨大呈锥状，其长度为 2 μm。头部近球形，4 μm。颈部由 4 个线粒球构成。尾部细长，达 50 μm。

卵子：成熟的缢蛏卵子呈球形，卵径最小 84 μm，最大 92.4 μm，平均为 88.2 μm。若以低温刺激催产或解剖取得卵子，其形状除球形外还有椭球形和不规则形。在不同情况下取得的卵子，不但形状、大小有差异，受精率、胚胎发育也不一样。常温流水催产的受精率高，胚胎正常发育，胚体能正常进入壳顶期。低温催产的受精率低，胚胎发育出现畸形。解剖的卵胚泡清楚，不易受精，以 0.01%～0.03%氨海水浸泡 10 min，可以受精。但低温催产及解剖氨水处理的，胚胎发育差，大多难培育到壳顶期。

2. 胚胎发育（表 11-2）

卵子排到海水中与精子接触后即行受精。受精卵产生一层透明的受精膜，卵核模糊。受精后 8～15 min，在卵子动物极出现第一极体。15～28 min 后在第一极体下方冒出一个比第一极体稍大的第二极体，接着从动物极到植物极纵裂，分为大小不等的 2 个分裂球。第 2 次分裂是横分裂，分裂为 1 大 3 小的 4 个细胞。以后胚体每分裂一次，分裂球增加一倍，为 8 细胞、16 细胞、32 细胞，经六次分裂胚体成桑葚期。卵裂继续，胚体发育成为圆球形，周身长出细小纤毛，开始在水中做旋转运动为囊胚期。胚体继续发育，经 7～8 h，便长出一纤毛环，中央具鞭毛束，成为担轮幼虫。这时幼虫能在水中做直线运动。当胚体发育到面盘形成，D 形贝壳披盖身体，发育到这一时期历时 24 h 左右。

表 11-2　缢蛏胚胎发育时间

经过时间 采卵方法 发育阶段	1977 年 10 月 31 日 水温 24.5℃，pH 8.2 海水密度 1.015 流水刺激催产	1977 年 10 月 24 日 水温 27.5℃，pH 8.5 海水密度 1.010 解剖出的卵 （0.03%氨海水浸泡 10 min）
第一极体	8 min	15 min
第二极体	15 min	28 min
第 1 次分裂	21 min	35 min
第 2 次分裂	41 min	40 min
第 3 次分裂	1 h 2 min	1 h 10 min
第 4 次分裂	1 h 23 min	1 h 50 min
第 5 次分裂	1 h 35 min	2 h 45 min
桑葚期	2 h 8 min	3 h 35 min
囊胚期	3 h 48 min	4 h 5 min
原肠期		5 h 35 min
担轮幼虫	7 h 33 min	8 h 20 min
D 形幼虫	24 h	24 h 20 min

3. 幼虫发育及稚贝形态

缢蛏 D 形幼虫个体大小为 104 μm×75 μm～124 μm×97 μm，呈灰黑色。壳前后缘倾斜不对称,后端较前端狭小。面盘中央有一束顶鞭毛。个体在 137 μm×105 μm~143 μm×106 μm,消化盲囊呈黄褐色,壳薄,半透明,生长线纤细。幼虫在 150 μm×125 μm~154 μm×129 μm,壳顶开始隆起,铰合部具有一列紫红色微细小齿,背面观呈锯齿状,消化盲囊由黄褐色转为鲜艳的金黄色,半透明的韧带突出呈三角形。幼虫长到 190 μm 左右足长成,眼点开始出现,进入壳顶幼虫后期。经过 6~9 d,幼虫长到 200~210 μm,面盘萎缩,面盘上的纤毛及鞭毛束自行脱落,幼虫结束了浮游期而下沉附着变态。成熟幼虫最大个体为 217 μm×169 μm,其贝壳形状与 D 形幼虫相比较,后缘较圆,前端呈截状,壳高与壳长之比(壳高/壳长×100%)为 76%~78%。

初期附着稚贝个体大小一般为 210 μm×168 μm~217 μm×169 μm,铰合部的前后两端出现方形的铰合板(hinge plate),足基部附近具有平行器,鳃丝 2~3 行。

稚贝个体大小在 227 μm×184 μm 就出现薄膜状入水管。体长达 1 400 μm 左右,半圆形两片缘膜愈合成水管,其末端出现了三对触手,膜状出水管的长度约为入水管的两倍。在蛏苗埕上检查到初附着的稚贝个体大小一般为 230 μm~250 μm,230 μm 以下是个别的,250 μm~400 μm 大小的也往往可以看到。700 μm 以上的很少,但个别达到 1 mm 以上附着的,这种现象是由于初附着的稚贝,足丝附着力弱,在风浪袭击下,被刮起,随着潮水特别是流急的大潮,流进苗埕下沉重新附着的结果。缢蛏浮游幼虫至幼苗的形态变化见表 11-3。

表 11-3　缢蛏浮游幼虫至幼苗的形态变化

发育期		主要形态特征	发育速度(d)	生活习性
担轮幼虫	前期	从受精卵至孵出幼虫,体似球形,腹面稍凹,周身被有等长纤毛(约 6 μm)	受精后约 6 h	浮游表层
	中期	近似陀螺形,上端膨大的顶板中央有一鞭毛束(5~6 根)长度为 39 μm~83 μm,边缘有一圈较长纤毛(约 25 μm 长),下端中央有端纤毛束,胚孔的对侧有壳腺		
	后期	胚体下端背部的胚壳,似碗状捧托胚体,软体部裸露		
D 形面盘幼虫		两壳瓣形成。闭壳时,软体部全被包裹,呈 D 形,消化道呈漏斗状,肠呈直管状	接近 1	
壳顶幼虫	前期	铰合部中央出现微隆起的壳顶,肠开始弯曲	2	浮游中下层
	中期	壳顶突出铰合线,壳前端钝,后端略尖,壳形呈蛋状	3	
	后期	壳顶更为突出,铰合线后缘有韧带。出现管状弯曲的鳃雏形,足似斧头,能做伸缩活动,足基部有眼点	5	
匍匐幼虫		壳形近似于壳顶幼虫后期,但面盘开始萎缩,且活动能力减弱,由面盘和足交替进行,逐渐过渡到主要靠发达足部做匍匐爬行	6	
稚贝		面盘退化,以至纤毛、鞭毛完全脱落,足部为唯一运动器官,足基部仍有眼点和平衡囊。水管开始形成,逐渐由单水管至双水管	7~29	底埋
幼苗		足基部眼点退化、消失。壳形和内部结构均与成贝相似	39	

4.器官的形成

(1)壳腺和壳瓣:担轮幼虫中期胚体下段背部细胞加厚、内陷,形成壳腺。随着幼虫生长,壳腺分泌形成两片透明薄膜状胚壳,在背部为直线铰合,壳瓣靠前后闭壳肌做张开或关闭活动。2 d后出现壳顶,随后壳顶更加突出,铰合部出现前主齿、后主齿,其后缘韧带由最初细长隙缝,增大呈近似三角形。壳形由D形、蛋形变为近似楔形的蛏苗,且壳面有许多条纹清晰的生长轮。

(2)顶板和面盘:从担轮幼虫中期出现的顶板,逐渐增大成为浮游幼虫的主要运动器官——面盘。在匍匐幼虫变为稚贝的过程中,面盘逐渐萎缩,纤毛和鞭毛脱落,以至面盘消失。

(3)外套膜:外套膜于D形面盘幼虫开始出现,由外胚层形成,紧贴于壳内面。此时两侧外套膜缘无愈合点。5 d后,鳃的外端与外套膜后缘愈合,形成两个孔,即足孔和肛门孔。随后肛门孔缘形成触手(即出水管的触手)和出水管。以触手为界分为圆锥形的前段管和后段管。大约18 d后,出水管腹侧外套膜缘形成入水管的触手和入水管。蛏苗阶段,两侧外套膜腹缘愈合,形成结构完善的"三孔型",即前端的足孔和后端的出、入水孔。围鳃腔边缘有外套膜肌褶和不断颤动的纤毛。足孔有许多长短不一的前外套膜触手。出、入水管基部形成水管壁皱褶。

(4)鳃:5 d后,在眼点附近和外套膜后缘之间,有一对管状弯曲的内鳃丝,最初不具纤毛。匍匐幼虫时,有2～3对内鳃丝,鳃纤毛做定向划动。随着个体长大,内鳃丝逐渐增多,形成一梯形的内鳃瓣。由鳃瓣基部向下行至下缘反折上行,因此上行鳃与下行鳃在前端相愈处形成一条沟道,且被有纤毛,被称为"食物运送沟"。显微镜下活体观察,可以看到食物顺沟道送到口。稚贝壳长1.9 mm左右,在内鳃瓣基部出现外鳃瓣初芽。随后外鳃瓣长度逐渐增长,宽度变大。稚贝壳长2.2 mm左右,外鳃瓣起止端界于肾管后缘和外套膜后缘间,覆盖于内鳃瓣的外侧。后闭壳肌相对应的那段外鳃瓣最宽(约176 μm)。稚贝发育至壳长4.27 mm的蛏苗,外鳃瓣前端已遮盖围心腔,其最宽处为488 μm。两侧内外鳃瓣基部均系于内脏团和围心腔腹部的左、右两侧。

(5)足:3 d后,在口后缘和直肠之间出现足的组织块。5 d后,足具有伸缩能力。匍匐幼虫时,足部发达形似高跟鞋,能做匍匐爬行。在稚贝变为蛏苗的过程中,足基部由胃腹面往前移至前闭壳肌和口后缘。足部越来越长,呈柱形,末端膨大,具有钻砂和掘穴的能力。

(6)眼点和平衡:5 d后,出现近似球形的眼点,由小变大。最初眼点中央无色素,尔后逐渐布满暗灰色的色素。匍匐幼虫,在足的基部,与内脏囊和鳃内端附近,眼点和平衡囊明显。稚贝以后,随着个体的长大,足部变得粗长,眼点和平衡囊位置逐渐移到足的内方。稚贝壳长2 mm左右,眼点开始退化。直至蛏苗(壳长3.7 mm以上),眼点完全消失,此时仍有平衡囊。

(7)幼虫肌:D形面盘幼虫开始有以下幼虫肌:①由背部沿着躯体两侧伸至面盘的面盘缩肌,共三对,即面盘背缩肌、面盘中缩肌和面盘腹缩肌;②由背部伸向外套膜腹缘的腹缘缩肌;③由背部伸向外套后缘的后缘缩肌;④分别在壳内面的前、后端的前、后闭壳肌;⑤足的活动主要依靠足中肌束的收缩和伸展。

(8)消化器官：

唇瓣：稚贝壳长 500 μm 左右，口两侧的唇瓣开始出现。随着个体的长大，唇瓣逐渐呈舌状往后延伸，且具有横褶和纤毛。

口：浮游幼虫阶段，面盘后缘横裂为口。面盘消失后，口裸露。唇瓣形成后，口裂和唇瓣才组合为口。

食道：口和胃之间有一极短的管道为食道。食道壁具有不断摆动的纤毛。

胃和消化盲囊：胃为一个较大的袋状物，D 形面盘幼虫开始出现色泽较淡的消化盲囊，覆盖在胃的两侧，随后逐渐扩大成为葡萄状分支。蛏苗期，消化盲囊已扩展延伸入足基部。

肠和肛门：从 D 形面盘幼虫开始出现一条短短的直管状肠，紧接于胃后方。随着个体长大，肠变得细长盘曲，盘旋于胃的腹方。稚贝壳长 300 μm 以上，肠就延伸、绕入足基部至眼点附近，再从足基部出来穿过心室，向后闭壳肌背面延伸为直肠，其末端开口为肛门。

(9)肾管：稚贝壳长 980 μm 以上，在显微镜下，可以看到紧贴围心腔腹侧的黄绿色肾管。其内端开口于围心腔，外端开口于鳃上腔。

(10)心脏：围心腔包裹心室和心耳而构成心脏。壳顶幼虫后期心室开始做微弱的搏动。随着个体长大，心脏也增大，心室搏动增强，频率增大。

三、生长

人工养殖的蛏，1 龄的体长 4～5 cm，最大可达 6 cm。2 龄的体长 6～7 cm，重 10 g 左右。自然生长的蛏，到第 4 年体长可达 8 cm，5 年以上的可达 12 cm。蛏满 1 龄后，体长生长明显下降，软体部的生长加快。冬季基本不长，春季开始生长，夏季生长最旺，秋季又缓慢下来。5～7 月贝壳生长最快，7～9 月软体部生长最快。

影响缢蛏生长的主要因素有：

(1)饵料：群众有"肥水"、"东洋钱水"来到时缢蛏生长迅速；埕面上长了"油泥"，缢蛏生长好等生产实践经验。所谓的"肥水"、"东洋钱水"，即海水中繁殖有大量的浮游硅藻。"油泥"是滩涂上大量繁殖了缢蛏的食料底栖硅藻。

缢蛏所处的潮区低，缢蛏摄食的时间长。潮流疏通，在一定时间内流经埕面的饵料生物就相对多，增加了缢蛏摄食的机会。潮区、潮流影响缢蛏的生长，主要是增加了缢蛏摄食的时间与机会，丰富了缢蛏的食料。

(2)水温：水温是影响缢蛏生长的一个重要因素，水温高低跟缢蛏生长速度有密切联系。据观察平均水温 21℃，缢蛏幼虫在海区中每天长大 12 μm。在同一海区中，其他理化因素几乎相同的情况下，而水温升到 25℃，缢蛏幼虫的生长每天达 17 μm。据王中元的观察，在浙江海区中，缢蛏的生长，在春末至秋末较快，这时的水温是一年中比较适宜的。

温度还通过底质影响缢蛏的生长，泥质埕炎夏之前缢蛏长大较快，炎夏期间生长较差，然而泥砂或砂的埕地，缢蛏在酷暑季节也能正常生长，这与炎夏季节泥质埕闷热、砂质埕凉爽有关。

此外,海水密度影响缢蛏的生长,在生产中显而易见,如地处闽江口的长乐梅花一带,此地蛏埕海水密度太低,在少雨的年份有 5 000 千克/亩的记录,如果天气多雨海水密度下降,缢蛏生长慢,收成会降低到一半以下。与此相反,该县江田湾海水密度太高,雨水多,缢蛏长得快,干旱年份缢蛏歉收。由于海水密度影响缢蛏的生长,因此在养殖中,筑堤防洪、开闸引淡、改造环境条件、调节海水密度,都是缢蛏增产的有效措施。

第四节　缢蛏幼虫的浮游习性与附着习性

一、浮游习性

(1)浮游期:缢蛏产卵于海水中,受精卵发育到幼虫,至下沉匍匐、附着止,这段时间漂浮于海水中营浮游生活。其浮游期的长短与理化环境有关,特别是水温的影响更为明显,水温 21℃～25℃,浮游期为 6～9 d。

(2)水平分布:在同一内湾的不同海区中,缢蛏幼虫的分布是不均匀的,相差悬殊,有多达百倍以上者。在同一海区不同时间里的缢蛏幼虫的变化也很大,有的由少而多,有的从多到少,没有一定规律。

缢蛏幼虫在海区中分布的密度及数量变化,与主流经过与否和风向的顺逆、风力的大小有直接的关系。主流经过和下风处缢蛏幼虫数量相对较多,因此影响缢蛏幼虫水平分布的原因主要是潮流、风力与风向。

(3)垂直分布:缢蛏幼虫在海区中垂直分布明显,其垂直分布与幼虫发育阶段有密切联系:早期表层多,后期底层数量增加。光照、潮汐对幼虫垂直分布没有明显的影响。早期的幼虫有明显的趋光性,不论涨潮、落潮、白天还是黑夜,同样是表层多,后期相反。出现这种现象的原因是:缢蛏幼虫游泳能力弱,所处的水层,主要决定于它本身的密度。早期的幼虫壳薄,密度小,多在表层,后期壳增大加厚,幼体的密度较大而往下沉。由于缢蛏幼虫具浮游生活习性,这样受惠于潮水来复流的内湾滩涂,便成为蛏苗的生产基地。

二、附着习性

缢蛏幼虫发育到足长成,面盘萎缩脱落,这种运动器官的改变导致生活方式的改变——由浮游转入底栖。下沉的缢蛏幼虫经 2～3 d 匍匐生活后,随潮流漂浮进入潮间带,在潮流缓慢时下沉到滩涂上,先以微弱的足丝附着在埕土上,然后以足钻土穴居。

(1)潮汐与附着:蛏苗在大小潮都会附着,根据缢蛏的繁殖习性,多在大潮初至大潮期间附着,大小潮与附苗的关系是:大潮时,潮区较高的苗埕附着较好。小潮则反之。潮区低的苗埕附着多。潮汐与附苗的另一个关系是:不同潮时,蛏苗附着量有差异,在接近平潮时至平潮过后的一段时间附着最多。这现象跟流速有关,流速大附着不上,流速小有利于幼虫下沉附着。

(2)潮区与附着:在潮间带,从高潮区至低潮区,蛏苗都可附着。但不同的潮区,蛏苗附着量有差别。中潮区特别是中潮区上段附苗较多,低潮区和高潮区附苗较少。潮区高的苗埕没入水中的时间短,相对来说带来的缢蛏幼虫较少,影响了蛏苗的附着量。同时在小潮时,苗埕长时间干露,蛏苗会被晒死。这种潮区与附苗的关系,与温度有关。潮区低,潮流、风浪都会影响蛏苗的附着。该处浸水的时间较长,流速较大,风浪的影响也大,缢蛏幼虫不易附着。

(3)潮流与附着:缢蛏幼虫在海水中是靠潮水的往复流,把它们带到潮间带附着。所以潮水主流所能达到的地方缢蛏的附苗量大,如在港道的两侧和开港引流的苗埕,蛏苗附着量多。但流速太大,初附着的蛏苗,足丝微弱,无法使自己固定在埕地上,因而无苗附着,这是潮流与蛏苗附着关系的另一个方面。

(4)底质与附着:底质与蛏苗附着有密切联系,早期蛏苗是靠足丝黏着在物体上,因此,纯淤泥底质是不出苗的。蛏苗对底质有较强的选择性,多附着在固体物上,如砂、石、碎贝壳之类上,且有含砂量大早期苗附着量多的现象。但是,适于附苗的场所,并不一定都适于以后的穴居生活。如砂多底质硬的埕地,虽然蛏苗也同样附着,但很少能长到1 cm。蛏苗经过一个阶段的发育,至水管形成后则离开它初次附着的地方,随着潮流去寻找适于其埋栖生活的泥质滩涂。

(5)风浪与附着:风浪会把匍匐于潮下带和附着在低潮区附近的缢蛏稚贝刮起,借助潮流带到中潮区附近附着。一般下风头(即迎风一面的苗埕)附苗多,背风的一面附苗量少,但是风浪过大,会袭击滩面,底质不稳定,这样的滩涂也很难附苗。

第五节　缢蛏的苗种生产

一、半人工采苗

1. 半人工采苗场的条件

(1)地形:风平浪静、潮流畅通、有淡水注入的沿海内湾,地形平坦略带倾斜的滩涂,湾口小,下风头。

(2)潮区:根据蛏苗附着习性,应选择在中潮区地带,以中、高潮区交界处港道两侧为佳,浸水时间以5~7 h为宜。

(3)底质:软泥和粉砂混合的底质为佳。

(4)潮流:潮流畅通,以潮汐流为主的内湾,蛏苗埕流速在10~40 cm/s均可。

(5)密度:海水密度在1.005~1.022均适应蛏苗生长,密度偏低生长较快。密度提高到1.025以上仍能存活。

2. 苗埕的修建

要在"秋分"到"寒露"期间挖筑苗埕。福建的蛏苗埕有蛏苗坪、蛏苗窝、蛏苗畦三种(图11-7,11-8,11-9)。

(1)蛏苗坪:蛏苗坪建造在风浪较小的海区,只要在埕地周围,挖宽30~40 cm、深10 cm左右的水沟,整成一个个苗埕。埕面宽度依底质软硬而定,软者3~5 m,硬的可以稍宽些,有的达到10 m左右。埕的长短依地形而定,大多在10 m以上,这样的苗埕连成片,称为蛏苗坪。

(2)蛏苗窝:在地势平坦、风浪较大,泥砂底质的高中潮区宜建蛏苗窝。用挖出的埕土,四周筑堤,堤高 0.6～1 m,只在水沟一面开宽约 50 cm 的入水口,水流由此口入埕,窝呈正方形,面积 67～134 m²。蛏苗窝从中潮区向高潮区排列,每列数目以十几个至几十个不等,经常是建成一片,可减轻风浪袭击。两列蛏苗窝之间开一水沟,宽 1 m 左右,沟底比苗埕埕面略低。

(3)蛏苗畦:在风浪不大,地势平坦的软泥上适于建造蛏苗畦。把挖出的埕土,堆积在苗埕的两侧筑成堤。从高、中潮区开始,向低潮区伸延。苗埕呈长条形,埕宽 5 米多。长度依地形而定,埕面马路形向两侧倾斜,两旁开有小沟。一般堤高 1～1.5 m,底宽 3～4 m,顶宽 0.5 m。

上述三种苗埕各有特点。蛏苗坪无须筑堤,花工少,但需风浪平静的地方;蛏苗窝花工多,但能将风浪较大、潮区较高、原来不能附苗的场所改变为附苗场;蛏苗畦则介于两者之间,是一种普遍采用的采苗场。

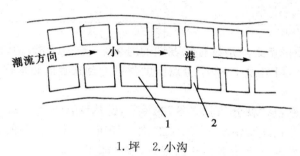

1.坪　2.小沟

图 11-7　蛏苗坪示意图

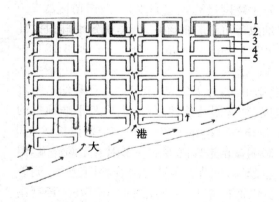

1.水沟　2.堤口　3.围堤　4.蛏苗窝　5.小港

图 11-8　窝式蛏苗埕结构图

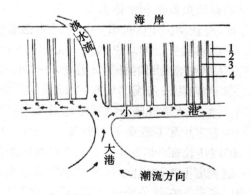

1.土堤　2.水沟　3.V 形小沟　4.蛏苗畦

图 11-9　畦式蛏苗埕示意图

3.整埕

附苗苗埕建成后,在平畦前几天开始整埕。整埕包括翻埕、耙埕和平畦。

(1)翻埕:翻埕是用锄头把埕普遍锄一遍,深 20～30 cm。把底层的陈土翻上来,晒几天,起到消毒作用,对蛏苗生长有利。

(2)耙埕:用铁钉耙把成团的泥块捣碎、耙疏、耙平,同时在苗埕周围疏通水沟。

(3)平畦:把苗埕表面压平抹光,起到降低水分蒸发、去掉浮泥、保护土壤湿润和稳定埕土等作用。可用泥马或木板,亦可用 T 形木棍将埕面压平、抹光,使埕面柔软。平畦应在蛏苗附着前 1~2 d 内进行。平畦日期离附着时间愈久,蛏苗附着量愈少。在小潮和大潮间一般不宜平畦。

4. 平畦预报

根据缢蛏繁殖规律和蛏苗喜欢附于新土上的习性,准确地掌握蛏苗进埕附着日期,及时进行平畦,是提高附苗量的关键(表 11-4)。

表 11-4　缢蛏半人工采苗场平畦效果的比较(山东乳山)

采苗时间	附苗前没平畦的附苗量(粒/平方米)			附苗前翻土、平畦的附苗量(粒/平方米)		
	最高	最低	平均	最高	最低	平均
1994 年 4 月	427	149	332	3 218	970	2 215
1995 年 5 月	451	138	289	1 890	340	1 428

(1)选择地点:预报点必须是具有代表性的海区,一般一个海湾设一个点。如果海区情况复杂或面积太大,可另设 1~2 个分点协助观察。预报点附近海区,必须养有亲蛏,以便观察产卵情况。

(2)亲蛏产卵观察:从"秋分"到"立冬"的季节,即从 9 月下旬开始,要每天定点检查亲蛏,观察生殖腺状况。在通常情况下,第 1、2 次产卵前,几乎 100% 的亲蛏生殖腺完全处于丰满的状态,一旦发现其生殖腺突然消瘦时,即产卵了。

(3)幼虫的发育与数量变动规律观察:从亲蛏产卵的第 2 d 开始,每天在满潮时定点,定量检查幼虫数量和个体大小。可用 25 号浮游生物网过滤表层海水,一般产苗区滤 250 L 海水,可获幼虫 1 000~2 000 个。根据缢蛏幼虫下沉附着的确切时间,确定平畦预报日期。下沉附着变态的幼虫大小一般在 196 $\mu m \times 154$ μm~203 $\mu m \times 163$ μm,水温 18℃~26℃,从担轮幼虫到附着变态需要 6~9 d。

(4)蛏苗附着情况的观察:当幼虫的浮游期结束后,每天定点、定量刮土观察幼苗附着情况,计数每天进埕附着的蛏苗数量及大小组成,掌握附着规律,同时也检验平畦预报的准确性。进埕附着蛏苗的大小在 210 $\mu m \times 168$ μm~312 $\mu m \times 294$ μm。个别体长达 400 μm,但以体长在 300 μm 以下的占绝对优势。影响蛏苗进埕附着的主要因素是潮汐流,但在一定程度上受到风向、风力和地势的影响。早起风,蛏苗就早进埕附着,风浪愈大,附着的潮区愈高。在蛏苗繁殖季节,若多刮东北风,以面向东北的苗埕附苗相对好。若刮南风,这种方向苗埕附苗量减少或没有苗。

(5)预报方法:预报可分为长期预报、短期预报和紧急通知三种。长期预报是根据缢蛏产卵的一般规律而进行的;短期预报是根据缢蛏第一次产卵时,而预报的各批附苗的时间;紧急通知是缢蛏产卵后,根据海况和幼虫发育的状况和速度而发出的,以更正短期预报的附苗时间之不足。

(6)平畦预报应注意事项:①平畦预报不适用于自然苗埕。自然苗埕没有经过人工改造,埕面极不稳定,而蛏苗有移动习性,因而上述预报方法对此无法准确预报。②蛏苗有多次进埕附着,但平畦只有一次,有的地区多次平畦,利用哪一次苗进行平畦,要尊重当地具体情况。③要注意收集和整理原始资料,不断提高预报准确性。④砂质苗埕不宜推广多次平畦。

5. 苗埕的管理

(1)经常疏通苗埕水沟,保持水流畅通,填补埕面凹陷并抹平,避免积水。如发现围堤被风浪冲击损坏,要及时修补。

(2)"蛏苗畦"的苗埕,每半个月要整理一次,疏通水沟,并用木耙细心抹平,"冬至"后幼苗已长大,钻土较深,水沟要适当填浅,提高苗埕土壤含水量,以利于蛏苗生长。

(3)砂质的"蛏苗窝"苗埕,在冬至前后蛏苗逐渐长大,钻土的深度增加,要堵塞苗埕入口,蓄水可以防冻又能加速软泥沉淀,加厚土层,满足蛏苗潜钻生活,否则会引起蛏苗逃跑。

(4)注意防治敌害:蛏苗主要敌害生物有中华蝼蛄蜚、玉螺、水鸭等。受中华蝼蛄蜚危害的苗埕,用烟屑水泼洒。每 500 g 烟屑加水 20～25 kg,在苗埕露出后泼洒。玉螺性怕光,多在夜间或阴天出穴活动,宜在早、晚进行捕捉,并经常捡玉螺的卵块。水鸭多在退潮或海水刚淹没苗埕时,成群进埕吞食蛏苗,危害严重,要经常下海驱赶。

二、采捕野生蛏苗

采捕野生苗是从"立冬"到"小寒"前后,把分散在海滩上的野生缢蛏在适宜的环境条件下集中暂养、越冬,提高蛏苗的成活率。

(1)刮苗工具:刮苗工具主要是洗苗袋和刮苗板。洗苗袋由网袋和框架两部分组成,框架由竹片制成,呈等腰梯形,上底 25 cm,下底 35 cm,高 22 cm,网袋呈锥形,用锦纶丝编制成,长 120～150 cm,网口紧挂在框架上,网目大小依采苗季节苗体大小而定。刮板长 24～30 cm,半圆形,径宽 8～13 cm,用竹片或聚乙烯管剖开制成,背部突起便于把握。腹侧稍薄便于刮苗。此外,还应备有一个盛苗的容器,如木桶、塑料桶等。

(2)采苗方法:"立冬"后附着在滩涂上的蛏苗肉眼可见,此时应探苗查清蛏苗分布情况,一般在港道两侧及潮区较高的港道底部,蛏苗附着密度较大,然后进行刮苗。

刮苗时一手拿洗苗袋,将袋口紧贴滩面,一手拿刮苗板,把蛏苗带泥挂入袋中。刮的深浅依苗体潜穴深度而定。当刮到网袋六七成时,将袋拖到水中,洗去泥砂,挑出网内螺类、贝壳等夹杂物后再继续刮苗。如此反复多次即得大量的蛏苗。

将刮到的蛏苗倒入容器内,然后加入清洁海水。由于蛏苗较轻,水入桶时苗便浮起,这时把桶内的水徐徐倒入网袋,便可将蛏苗与杂质分开。如此反复多次。可将蛏苗全部洗出,这个过程称为净苗。净苗后,蛏苗与敌害生物、碎贝类、杂质等全部分开,便可进行暂养。

(3)蛏苗暂养:蛏苗在暂养池内暂养、越冬。暂养池建在中潮区上部,有少量淡水注入。暂养池面积较小。建造时把滩面挖深 1 m,四周围以堤坝,仅留小出入口与水沟相通,以便灌、排水之用。建成的暂养池在小潮能纳水 1 m 左右,池底不能漏水,能减缓风浪的冲击,有利于蛏苗的生长。

在放苗前 1～2 d 将池底的泥土锄翻、耙细、弄平,然后蓄水放苗。放苗时将幼苗放入桶内加入海水,轻轻搅拌后,用勺把苗带水均匀泼洒在水面上。放苗密度一般"小雪"前后1 kg缢蛏苗放养18 m²;"大雪"前后放养12 m²;"冬至"前后放养10 m²;"小寒"前后为8 m²。暂养期间蓄水深度15 cm左右,浅水有利于底栖硅藻的繁殖,促进蛏苗生长。

在气候温暖时池水可浅一些。在冬天,不但要防止决堤漏水事故发生,还要加深水位,以免蛏苗受损。此外,应经常下海巡视,防除敌害,及时修补决堤,防止人为践踏,发现不利情况,要立即采取措施。

从刮苗暂养到翌年2~3月份,由于温度回升,生长较快,缢蛏体长从6~7 mm长到1.5~2.0 cm,重量可增加10倍左右,每千克可达2 000~3 000粒,此时便可出池下滩养成。

三、缢蛏的土池育苗

1. 育苗场所的选择

(1)地形:选择风浪较小、滩面平坦的内湾。

(2)潮区:从高潮区下部到中潮区均可建造土池,潮区高的要将池面挖下,使小潮时能进水1 m左右;潮区低的则不需挖池面,但是堤坝造价较高。

(3)底质:砂泥或泥砂底均可附苗,纯砂底虽可附苗,但不适于蛏苗栖息生长。

(4)水质:海水密度在1.005~1.021均可,最好能稳定在1.010~1.015,有淡水源最为理想。海水要清,海水混浊度大的海区应附设沉淀池。海水pH值在7.5~8.5,溶解氧不低于5 mg/L,海区无污染。

2. 土池的结构与建造

(1)土池布局:一个设施完整的土池应具有育苗池、暂养池、催产池、饵料池、沉淀池等设施。育苗池面积一般为5~10亩。暂养池与催产池常为一个池,该池面积约为育苗池的5%~10%,池中间建有砖砌或石砌的隔堤,便于流水刺激。饵料池紧靠育苗池的较高潮位,池下部有管道与育苗池相通,以便投饵,其面积约为育苗池的10%。沉淀池起沉淀、净化海水作用,其面积一般为育苗池面积2~3倍。各池应紧密排列,互相之间有闸门相连,但不能泄漏。

(2)土池建造:土池四周的土堤应高出大潮高潮线1 m左右,内外两侧应用石砌护坡。池内土堤应高出池内最高水位0.5 m左右。闸门应设进排水闸各一,排水闸设在土池最低处,大小以1 d内能排干池水为宜。进水闸与排水闸相对,其大小可较排水闸稍小些。为了防止敌害生物入池危害幼虫,闸门上除装有闸板外,还应有筛网的闸槽。

3. 育苗方法

(1)苗埕处理:在育苗前1个月放干池水,曝晒15 d左右,然后清除腐殖质,将池面翻耙一遍,以加速有机物的氧化分解及晒死敌害生物。对土池内的积水处,在亲蛏入池前2~3 d,用1×10^{-6}的氰化钠或$(20 \sim 25) \times 10^{-6}$茶饼毒杀,以清除敌害鱼。新池要充分浸泡。

(2)亲蛏的选择与暂养:

1)亲蛏选择:应选生殖腺肥满、外形完整的健康个体。亲蛏一般是1龄蛏。

2)亲蛏暂养:在临产前2~3 d,将亲蛏移入暂养池内,移入的时间越接近产卵时间,催产的效果越好。亲蛏用量每亩土池需 15～25 kg。亲蛏在暂养池内暂养，与育苗池分开，这样既不影响育苗池的处理与消毒工作，又可避开亲蛏滤食幼虫，提高幼虫的成活率；而且亲蛏在暂养池内与潮水一起涨落，模拟自然海区，有利于产卵及产卵后生殖腺的恢复，多次产卵。

在没有暂养池的土池育苗中，也可直接在育苗池中暂养，但入池时间要临近产卵期，否则，因育苗池不能干露或干露时间短，改变了亲蛏的生活规律而不产卵。同时，在育苗池中暂养亲蛏产卵后，亲蛏大量滤食幼虫与饵料，给育苗带来很大的影响。

（3）催产：催产在催产池或暂养池中进行，在下半夜退潮时，利用预先蓄在育苗池中清净的海水，启开闸门流水刺激亲蛏产卵，流速要求在 1.6 cm/s 以上。发现缢蛏产卵则关闭闸门，停止流水。也可在催产池出口，设一孵化池，流水连同卵一起流入该池中，孵化、培育到壳顶幼虫后期时放到育苗池中附着，这样的池子可以多次催产、附着，提高出苗量。也可采用封闭式循环水流系统催产，即在催产池中设一搅拌器，利用中间的隔堤，使池水不断流动，给予刺激。或用抽水机往催产池抽水，造成位差，使池水流动。

（4）幼虫培育：缢蛏受精卵经 1 d 发育到 D 形幼虫，此时消化道形成，开始摄食。从 D 形幼虫发育到壳顶后期幼虫下沉附着变态，约需要 1 周时间，此期主要管理工作如下：

1）水质：幼虫培育的水质必须符合国家海水水质一、二类标准。为了保证水质，在幼虫培育期间逐日加新水，刚移入 D 形幼虫时，一般先进网滤水约 40%，然后逐日加水 10% 左右，直到加水一周左右，池水满时，幼虫恰好下沉附着。

2）饵料：由于土池育苗中幼虫培育密度较低，一般为 1 个/毫升左右，所以对饵料的要求较少，当池水中单细胞藻类的密度为 2 万/毫升时，幼虫就能正常生长发育。也可用酵母粉等商品饵料，日投饵量为 $(1～2)×10^{-6}$。由于土池内水质较肥沃，饵料生物大量繁殖，一般不需要施肥，靠逐日加水补充营养盐即可。对于营养盐贫瘠的海区，当含氮量（不包括氨氮含量）<20 mg/m³ 时，要进行施肥。氮肥用尿素或硫酸铵，每次 $(0.5～1)×10^{-6}$，如缺磷肥，则添加 10% 的过磷酸钙或磷酸二氢钾。

3）日常管理：每天采样检查幼虫的生长情况和数量变化；测定水温、盐度、溶解氧、pH 值、营养盐等变化情况；观察饵料生物量和敌害生物的变化情况；检查堤坝、闸门、滤网等是否安全可靠。发现问题，及时采取相应的措施。

在上述条件下培养，一般 7 d 左右时间多数幼虫便可下沉附着，从而进入稚贝的培育阶段。

也可以采用室内人工育苗培养 D 形幼虫或眼点幼虫，然后选滤幼虫入土池中进行培育和附着变态。

还可以在自然海区采用浮游生物拖网方法拖捞幼虫入土池中培育。网目孔径 110～130 μm（幼虫 150 μm 左右），网长 145 cm，网口 50 cm，靠近网口 15 cm 和底部 10 cm 用细帆布制成，网口固定在直径 8 mm 的圆形钢筋圈上。每船可挂 6～8 个拖网，每拖 3～5 min，取出网内幼虫，放入容器中。拖网结束后，可进行筛选。稍微震动后，幼虫沉于容器底部，将上层海水迅速倒去，留下 1/3～1/4 海水，然后用 GG 70 号筛绢（孔径 240 μm）过滤，滤去较大浮游生物。将筛选后的幼虫置入土池中进行半人工育苗。

（5）稚贝的培育：从附着稚贝到壳长 1 cm 以上的商品苗，要经过 4 个月左右的培育。

这段时间的主要工作是：

1)检查附苗量：检查附苗量可以采用3种方法：一是附苗前放置附苗器；二是附苗后3~4 d，排干池水，下埕采样；三是用底栖生物采集器取样。检查的目的是了解蛏苗附着量能否达到生产要求，如达不到则再次催产育苗。

2)换水：蛏苗附着后经3~4 d，壳长300 μm左右时，便潜入土中生活，此时换水不会流失蛏苗。每天换水2次，每次换水15%~20%，开启闸门加大换水量后，增加了池内的饵料生物，同时换进的海水带来了营养盐，使底栖硅藻大量繁殖。但换水时要注意滤网安全、无漏洞，防止敌害生物的侵入。附苗后半个月，在无霜冻的天气，每个月可以排干池水2~3次，以便下埕查苗和清除敌害生物。气候寒冷适当蓄水保温。

3)防治敌害：蛏苗附着后进水都要用滤网过滤，防止敌害鱼入池；对水鸭等鸟类要驱赶；土池中的浒苔大量繁殖后，吸取营养盐而影响底栖硅藻的繁殖，会大量覆盖埕面而影响蛏苗的索食，浒苔老化死亡后覆盖埕内的蛏苗造成其死亡。

防治浒苔的方法：一是育苗前要曝晒埕地，消灭其孢子。二是在进水时发现有孢子要暂停进水。三是药杀，用漂白粉（含氯量28%~30%），在水温10℃~15℃，药液浓度(1 000~1 500)×10⁻⁶；水温15℃~20℃，药液浓度(600~1 000)×10⁻⁶；水温20℃~25℃时为(100~600)×10⁻⁶，药液直接均匀喷洒在浒苔上，经2~4 h浒苔便死亡。

四、缢蛏的人工育苗

1. 育苗设备

主要设备有循环水育苗池、静水育苗池、饵料室以及相应的供水系统（水塔、过滤池、蓄水池、供水管道等等）。其他常见设备与一般贝类育苗相同。循环水育苗池由两个两端相通长条形的水泥池并列构成，池宽1.5~2 m，池长20~30 m，池高0.5~0.8 m，容水量为20~30 t。在两个池子交界处一般安装一个螺旋桨，用于搅拌和提升水位，使两个育苗池水位失去平衡，形成水位差，形成8 cm/s的流速，从而使池水流动和增加水的溶解氧，保持水质新鲜，提高育苗效果。

2. 育苗前的准备

(1)亲贝的选择与处理：用于采卵的亲贝，必须挑选体长5 cm以上、体质强壮、生长正常、性腺发育好的1~2龄大蛏。由于缢蛏在室内暂养困难，应于海区取亲贝的当天催产。

(2)饵料的培养：目前培养缢蛏幼虫、幼贝较好的饵料有扁藻、牟氏角毛藻、叉鞭金藻等单胞藻。在育苗前1个月就要培育饵料，以保证育苗期间的饵料供应。

(3)检查亲贝性腺成熟度：缢蛏在自然海区产卵具有一定的规律性，9月下旬至11月上旬（即"秋分"至"立冬"）进行分批产卵，根据性腺成熟度，便可确定催产日期。

3. 催产

对缢蛏有效的催产方法是阴干与流水相结合，先将亲贝阴干6~8 h，然后再将亲贝移入循环池底或吊挂于池中进行2~3 h的循环水刺激，一般在凌晨3~6点就可以产卵。这种催产的有效率为50%~90%。如果在早上6点以后不见产卵即无效。若产卵量低或排放量少，第2 d用上法再催产一次，其产卵率可提高到95%以上。催产时的适宜水温为19℃~23℃，海水密度为1.008~1.020，流速为12 cm/s。0.5 kg性腺饱满的亲蛏，催产一次可获 3 000 万～7 000 万个担轮幼虫。1 m³放置 1～1.5 kg 缢蛏较为合适。

4. 浮游幼虫的培育

幼虫浮游阶段的培育可用静水和循环水两种方法培育,以循环水法育苗效果为好。入池时密度以 5～15 个/毫升为宜。每天换水一次,换水量为总水量的 1/3～1/2。饵料以扁藻为主兼投牟氏角毛藻或叉鞭金藻。D 形幼虫至壳顶初期幼虫阶段每天投扁藻 500～800 个/毫升,牟氏角毛藻 5 000～8 000 个/毫升。壳顶后期扁藻增加到 800～1 500 个/毫升,牟氏角毛藻 10 000 个/毫升。为了防止水质污染,幼虫入池后 3～4 d 要彻底清池一次。

浮游幼虫对主要的理化因子的适应范围:水温 12℃～29℃,海水密度 1.006～1.018,pH 7.8～8.6,溶解氧 5～6 mg/L,光照 200 lx 以下。

缢蛏浮游幼虫在水质新鲜、水温适宜、饵料充足的条件下生长很快。从 D 形幼虫至附着变态一般仅需 6～9 d。日平均增长值为 12～20 μm。其生长几乎是直线上升的,只在壳顶初期和变态期其生长速度稍为缓慢,前者比后者较为明显。如果 D 形幼虫超过 4 d 壳顶不隆起,说明发育不正常,要查明原因采取必要的措施。

5. 附着稚贝的培育

当幼虫进入匍匐期时,必须及时投放底质。底质不但能为附着后的稚贝提供必要的生活条件,而且起着促进幼虫附着变态的作用。底质的软泥需用经 25 号筛绢过滤的软泥。为了防止污染,要用(30～40)×10⁻⁶的高锰酸钾浸泡消毒 2～3 h,并将浸泡过的高锰酸钾溶液冲洗干净后使用。体长 500 μm 以下的稚贝饲养密度以 100 万～200 万/平方米为宜。随着稚贝的长大逐渐稀疏,中、后期以 50 万～100 万/平方米为宜。用静水法育苗,当稚贝长到 500 μm 左右却出现大量死亡,原因是由于稚贝粪便和残饵在培育系统中的不断增加,引起底质败坏,产生硫化氢的结果。因此中、后期稚贝的培育必须采用循环水法培育,适当增加投饵量,当稚贝体长在 0.1～0.5 cm 时,扁藻日投饵量要增至 1 500～3 000 个/毫升。贝苗体长达 0.5 cm 以上时再增至 5 000 个/毫升,并兼喂少量的底栖硅藻。同时池水由过去的 50 cm 深,减到 25 cm,光照调节到 100 lx 以下,这样在水浅、暗光的条件下迫使扁藻下沉,有利于幼贝的摄饵。此外每天晚上要开动螺旋桨打水循环 3～4 h,以增加水中溶氧量。如饲养密度大,在水温偏高、气压下降时,白天需增加水循环 1～2 h,以防缺氧。每天循环流水结束后,需将漂浮在循环池出口附近的污垢清除干净,以保持水质新鲜。每隔一星期追加底质一次,以满足幼贝钻土生活的需要。在上述培育条件下,从附着稚贝开始,经 110 d 左右,则可育成平均体长 1.2～1.5 cm 供养成用的商品蛏苗。

稚贝在室内培育也可不投附着基,在充气情况下,培育 10～15 d,稚贝长达 400～600 μm 时,移到土池中培育。由于海区饵料充足,水质较好,稚贝的生长速度较快。

为了提高人工育苗效果,增加单位面积产量,除了可将室内人工培育附着的稚贝,移入土池中培育外,也可将缢蛏的眼点幼虫投放到室外土池中进行附着。为了创造良好附着条件,在投放眼点幼虫前,应将池底翻松、耙平、撒砂,提前 7～10 d 培养单细胞藻类。幼虫附着变态后在土池中进行稚贝的培育。

五、蛏苗采收

(1)采收时间:蛏苗附着后经过 3～4 个月的生长,体长达到 1.5 cm 时,即可采收。南方采收期自农历十二月至翌年三月,大量采收是在农历一至二月。每月采收两次,在大潮期间进行。

(2)筛选:适用于蛏苗坪的埕地。用手或锄把苗带泥挖起,往埕中央叠,涨潮时下层蛏苗由于摄食往上钻,集中在表层,这样每叠一次,苗的密度便增加一倍,经 2～3 次叠土后在苗堆旁边,挖一水坑蓄水,隔潮下埕把集中在苗埕中央的蛏苗,连泥挖起置于苗筛内在水坑里洗去泥土,便得净苗。叠土时要注意上下两层土必须紧贴,如留有空隙致使下层蛏苗无法上升,会导致其死亡。

(3)锄洗:亦称窝洗法,适用于蛏苗窝采的苗的收获。先把苗埕水口堵住或筑一小土堤,把水蓄入埕内,隔潮下海用木制埕耙反复耙动,搅拌成泥浆。不久泥土渐渐下沉,而蛏苗由于呼吸与相对密度的关系悬浮于表层,用蛏苗网捞起即可。此法操作简便、时间短、蛏苗质量好。

(4)荡洗:适用于不能灌水的苗埕,是结合前两种洗苗方法,先进行叠堆,然后把集中在埕表层的苗移到埕边挖好的水坑中搅拌成泥浆,待苗上升后用手抄网捞起即可。

(5)手捉:附苗量少或洗后遗漏在埕上的以及野生的埕苗,因苗稀少,没有洗苗价值,待苗长到 2～3 cm 时,逐个用手捉。此法工效很低。

第六节　蛏苗的运输

一、蛏苗质量的鉴别

蛏苗的质量好坏,直接影响到养成的成活率及产量。其鉴别标准见表11-5。

表 11-5　缢蛏苗质量鉴别

	优质苗	劣质苗
体色	壳厚、玉白色,半透明,壳前端黄色,壳缘略呈青绿色,水管有时带浅红色	壳薄、灰白色或土褐色,且不透明,壳前端白色
体质	肥硕、结实,两壳闭合自然,壳缘平整,个体大小整齐	苗体瘦弱,两壳松弛,大小不均匀
声	振动苗筐两壳立即紧闭,发生喋喋声响,响声齐,再振无反应	振动苗筐,反应迟钝
味	放置稍久无臭味	放置稍久有臭味
杂质	死苗、碎壳苗低于5%,杂质少,清洁	死苗、碎壳苗大于5%,杂质多,不清洁
活力	将苗置于滩面很快伸足,钻入泥中	将苗置于滩面,钻入泥土极缓慢

二、蛏苗运输中存在的几个问题

（1）机械作用致死：蛏苗壳脆而薄，因此在盛苗容器、交通工具以及长途运输过程中，由于载重过量，道路不平，或因车速突变的惯性冲撞、倾倒、挤压、摔碰等因素使蛏苗壳碎裂，受损的蛏苗大多不能成活，虽有少数暂时不死，但以后很快死亡。

（2）失水致死：因缢蛏双壳不能将其软体部全部包裹，两端及腹缘处始终裸露，体内水分极易散失，再加之用汽车高速运输，空气流通量大，使露空蛏苗体表水分散失加快，极易造成蛏苗失水过多而死亡。

（3）生化作用致死：为提高运苗的经济效益，要尽可能用最小的空间装载最多的蛏苗，从而又出现一些问题：苗体自身的代谢产物，死苗及掺杂在蛏苗中的微小生物的死亡以及未除净的淤泥中夹杂的有机物，在温度适宜（稍热）的情况下通过化学和细菌作用均会发热、分解、腐败，产生有害物质（如氨氮等）直接影响健壮苗的成活。且温度越高，时间越长，危害程度越大。

显而易见，蛏苗运输成活率的高低，取决于蛏苗体内水分的损失速率和离开水后的时间，取决于运输过程中的环境条件。因此，要提高蛏苗运输成活率，必须解决好上述三个问题，必须快装快运并减少机械损伤，保持蛏苗体内维持生命所需要的水分以及降低蛏苗自身和其他物质分解发热的程度。

三、运苗前的准备工作

（1）整理移植场地：运苗开始前，选择好适合缢蛏养成的场地，并做好标志。按要求整好滩，以便蛏苗运到后能及时播种。

（2）安排好接应人员及船只工具：①根据电报或电话确定接应时间，做到人船等车，昼夜不误，风雨无阻；②机动船或舢板应保持最佳行驶状态，不应受潮汐和其他因素的干扰；③安排充足的劳力在短时间内完成装卸、运输及播种任务。

（3）制订行车计划：出发前初步订出行车计划，去时探明全程情况，熟悉渡口的摆渡时间及两地的潮汐情况。注意各路段特点，必要时做好记录，及时修订和完善行车计划，使在运苗旅途中顺利行驶，及早将蛏苗运到目的地。

四、蛏苗的运输

蛏苗离开滩涂后，温度在 20℃ 以下，可维持 48 h，20℃ 以上能维持 36 h 左右，要尽可能缩短运输时间，以减少蛏苗死亡。

运输苗时要把苗洗净，不论车运、船运、肩挑等都要加篷加盖，以免日晒雨淋造成损失。运输途中要注意通风，防止蛏苗窒息而死，要避免激烈运动和叠压。运输时间超过 1 d 的，每 12 h 左右要浸水一次，浸水前要把苗篮震动几下，让蛏苗水管收缩，不至于服水过多，影响成活率。特别是在淡水中浸洗时应注意这一点。

蛏苗的长途运输应注意下列问题：

（1）过淡水：采到的蛏苗要就地用海水冲洗净污泥及杂质，尽量捡出死苗、碎苗。装车前用清洁淡水漂洗一次，洗除蛏苗体表微小生物及其他杂质。漂洗也可降低蛏苗体表温度,但不宜长时间浸泡,只用水冲刷,以免蛏苗吸入大量淡水而受损害,仅使其体表面干净和保持湿润。

(2)湿润车厢:装苗前用淡水冲净车厢,湿润篷布及盛苗容器,使整个车厢保持湿度较高的环境,减少蛏苗的水分散失。

(3)加冰降温:每车装 150 多千克冰块,用塑料周转箱盛于车厢底部。冰块融化时吸收车内热量减轻蛏苗自身的发热程度。

(4)装苗箱:每箱盛苗 15 kg,箱层层上叠,最顶层距车篷顶 20～30 cm,以便观察和管理。每箱仅装容积的 2/3,上下层箱之间留有一定空间以便通风透气。

(5)加盖浸水纱布防干、防尘:在最上层苗箱上面盖上 2～3 层被水分浸湿的纱布,其作用是:将水均匀喷在纱布上,防止上层蛏苗在运输过程中水分逸散过快,防止汽车行驶时尘土扬起,沾染蛏苗。

(6)途中喷水:在行车途中每隔 1～2 h 用喷雾器喷水一次,每次 5～10 kg。这样可使车厢内的蛏苗始终处于湿润环境中。由于苗箱有空间,苗箱壁与底有孔隙,因此喷到纱布上的水,会淋到下面的苗箱。

(7)派专人观察:装苗车厢内安排两人在途中观察蛏苗生活,测量苗箱温度。严防水温超过 20℃。若水温过高,就及时倒箱浸水降温,或置冰降温。为防冰直接影响,应用双层塑料袋包扎。

蛏苗运到后,要浸水暂养,将蛏苗与苗箱一起浸入海水中 2 h。浸水时海水不要满过箱沿,以防止蛏苗浮起随流漂走。

第七节　缢蛏的养成

一、埕田养殖

1. 养成场的选择

(1)地形:以内湾或河口附近平坦并略有倾斜的滩涂为好。以中潮区下段至低潮区每天干露 2～3 h 的潮区为宜。

(2)潮流:要求风平浪静,但有一定流速的潮流畅通的海区。

(3)底质:软泥和泥砂混合的底质均适合缢蛏生活。底层是砂,中间 20～30 cm 为泥砂混合(砂占 50%～70%),表层为 3～5 cm 软泥的最为理想。

(4)水温与密度:15℃～30℃是缢蛏生长的适宜温度,在此范围内温度偏高能促进其生长。适应缢蛏生长的海水密度为 1.005～1.020,在这个范围内密度偏低对缢蛏生长有利。

2. 蛏埕的建造

根据地势和底质的不同,蛏埕建造亦不同。软泥和泥砂底质的蛏埕,一般风浪较小,建造简单,在蛏埕的四周筑成农田田埂式即可。堤高为 35 cm 左右,这样就可挡住风浪和保持蛏埕的平坦。风浪较大的地方,堤可适当增高。在堤的内侧要开沟,以利排水。为了便利生产操作,把整片蛏埕再划分一块块小畦,畦的宽度 3～7 m,依底质软硬而有差别。

畦与畦之间,开有小沟。除排水外,利用小沟做人行道,不致踩踏蛏埕,但有的地方是整片的不分畦,中间开有小沟。

河口地带砂质埕地,因易受洪水或风浪的冲击而引起泥砂覆盖,可用芒草筑堤,以防泥砂覆盖埕面。

3. 整埕

(1)翻土:用锄头把埕地底层泥土翻起 30~40 cm。软泥的埕地用木锄翻埕。翻土可使上下层泥土混合,改变泥土结构,并能将土表层的敌害生物翻到底下窒息而死。翻土要充分曝晒。在蛏苗放养前 6 d 左右开始翻土,翻的次数越多越好。

(2)耙土:用"四齿耙"将翻土形成的土块捣碎,并用铁钉耙把泥土耙烂,使泥土松软平整。

(3)平埕:用木板将埕面压平抹光。平埕时由埕面两边往中央压成公路形,使埕面上不积水。埕面要光滑稳定,表层土不会被风浪刮起,给缢蛏提供了良好的生活环境。

翻、耙、平的次数依底质硬软而定,底质硬的次数要适当增加。多次翻耙,精耕细作。整埕是提高单位产量的重要措施。

4. 苗种的消毒

蛏苗运输至养殖区后,播种前先进行消毒。消毒方法:用碘或碘伏(碘伏的消毒效果优于碘),用适宜盐度的海水,加入配制好的碘液,碘含量为 2%,每 10 000 mL 的海水加 1 mL 的碘液,碘浓度为 2×10^{-6},消毒 10 min。碘液的配制:100 mL 医用酒精加 2 g 固体碘,溶解后即成碘液。

5. 播种

(1)播种时间:1~3 月播苗,这时南方气候温和,蛏苗生长快,以早播为好,一般都争取在清明节前结束。

(2)播苗方法:播苗前,先将苗种盛在木筒内,用海水洗净泥土,清除杂质,使蛏苗不结块,易于播种。播苗的方法为抛播,适于埕面宽的蛏畦,播苗时,左手提苗篮,右手轻轻抓起蛏苗,掌心向前大拇指紧靠着食指,用力向埕面上抛播。无风时两人在埕的两侧交叉播种,有风时,则顺风播。播苗时,也可将苗筐放在泥马上,两手同时轻轻抓住蛏苗,掌心向上用力向埕上撒播。

播苗都在大潮汛期进行,一般小潮不播苗,大潮时采收的蛏苗身体强壮,运输过程中成活率高。其次,大潮汛期,蛏埕干露时间长,有足够的时间让蛏苗钻土,潜钻率高,减少损失。播种量依埕地土质软硬、蛏苗大小和潮区高低而定。砂质埕播苗量要比软泥埕增加 50%,低潮区要比高潮区适当增加播苗量。在含泥多的蛏埕,以每亩播种 1 cm 大的蛏苗 70 kg,泥砂底播 100 kg 为宜。

(3)播苗应注意事项:蛏苗运到目的地时,应放在阴凉处 1 h 左右,并将苗篮震动几下,使其出、入水管收缩,水洗时能避免蛏苗大量吸水,提高潜钻率。当潮水涨到埕地 0.5 h 前应停止播苗,否则,苗未钻入土中会被潮水冲走流失。如因淡水使埕上海水密度下降,影响蛏苗潜钻,这时播种应每亩撒盐 7~13 kg(洪水小、食盐量适量减少),增加埕地上水分咸度利于蛏苗钻土。风雨天不适于播苗。

6. 管理

(1)经常检查蛏埕:定期疏通水沟,及时做好补苗工作。

(2)按时加砂和堆土:立夏后,天气炎热,水温高,泥质埕地散热慢,影响蛏正常生长,因此必须加砂调节温度,以适于蛏的生长。加砂时间,1 龄蛏自"立夏"开始到 6 月;2 龄蛏可提早半个月。每亩加砂 1 500 kg,均匀地撒在埕上。另外春夏之交,大风暴雨频繁,洪水带来大量烂泥淤积埕面,严重时使蛏窒息死亡,这时应用推土板将淤泥推移别处。在流速缓慢、淤泥沉积较快的埕地,每个潮汛要进行一次推土平埕和清理水沟工作。

(3)防止自然灾害:暴雨洪水、大风、霜雪等都能造成灾害,要做好预防和善后工作,尽量减少灾害造成的损失。

(4)病敌害及防治:主要的病、敌害有水鸭、蛇鳗、海鲇、红狼虾虎鱼、赤魟、黑鲷、河豚鱼、玉螺、章鱼、凸壳肌蛤、中华蜾蠃蜚、食蛤多歧虫、锯缘青蟹、沙蚕等,直接危害缢蛏。一些寄生虫也危害缢蛏。

蛇鳗可用鱼藤、巴豆、氰化钠(氰化钾)等药物毒杀。0.5 kg 鱼藤捣碎加水 5 kg,洗去其中的乳白色汁,喷洒时再冲淡至 50～75 kg,均匀喷洒蛏埕上,数分钟后蛇鳗即出穴。或用巴豆 60 g,加碱 30 g,旧墙土 30 g 混入人尿或牛尿,制成"药丸"10 粒晒干备用,用时取一丸加水 300 g,溶化后滴在蛇鳗穴内,历时 5 min 其即出穴。氰化钠(或氰化钾)有剧毒,杀蛇鳗时在砂质埕用量为 80～120 克/亩,泥质埕地增为 150～250 克/亩。适用浓度 0.2%～0.3%,均匀洒泼埕地,经 5～8 min 全部杀死,或用 5%浓度进行穴灌效果更好。

中华蜾蠃蜚可用 1%～2%烟屑浸出液喷洒,每亩用药量 4 kg。也可用渔网在埕上网扑。

对水鸭还没有好办法,只有以鸣枪、放鞭炮、敲锣等驱赶,亦可用渔网在埕上网扑。

对鲷、河豚鱼等游动鱼类的预防是不容易的。可在埕边插防鱼竹来驱赶鱼类。防鱼竹是用 66 cm 长的小毛竹片制成,竹片随水而动,可惊吓鱼类,或者采用网围养殖法来驱逐敌害鱼类。

对玉螺目前尚无除杀办法,只有在干潮后下埕捕捉。在冬季玉螺产卵期,可下海捡拾玉螺卵。

章鱼刚潜入时洞穴较浅,可伸手捕捉。潜入较深时,可用手指在洞口不断颤动,使章鱼误以为小动物前来,即伸出腕来捕食,便可趁机捕捉。也可用泥浆灌进洞中,窒息章鱼,迫使其出洞就捕。用浓度 0.05%～0.1%的氰化钠溶液注入洞中,章鱼便可爬出洞就捕。

沙蚕种类多、数量大,对缢蛏危害较大,目前尚无有效的防治方法。茶饼经火烧清除油脂后捣碎、浸泡出茶碱,洒在滩面上,毒杀效果较好。但茶碱会毒死缢蛏,所以应在播苗前施药除害,待药效消失后播苗养成。

食蛏泄肠吸虫的毛蚴感染 1 龄蛏后,经无性繁殖成大量胞蚴。胞蚴发育成尾蚴在蛏体内寄生,大量吸取蛏体的营养,严重危害缢蛏。由于从胞蚴发育至尾蚴需要 6～12 个月,发病季节多在受感染后翌年的夏季,所以受害者是 2 龄蛏。防治的方法是播苗前用 0.1%浓度的敌百虫或 1%浓度的漂白粉溶液,泼洒蛏埕消灭虫卵和终宿主(虾虎鱼、白虾等),减少蛏苗播种后的感染。由于食蛏泄肠吸虫对 2 龄蛏为害季节是夏天,所以养 2 龄蛏时选择潮区较低、潮流畅通、饵料丰富的海区,以便缩短养殖周期,在夏季前收成,避开发病季节。

（5）细菌性疾病及防病：缢蛏细菌性疾病主要是深藻弧菌、创伤弧菌、拟态弧菌和河弧菌，还有气单胞菌属和假单胞菌属的细菌等。病症：目前缢蛏死亡主要在 7 月份，缢蛏闭壳肌松弛，水管进、排水无力，滤食能力下降，一星期左右大部分死亡，缢蛏大部分死于洞穴的中下部，很少死于洞穴的上部。

防治方法：水体中的单胞藻正常繁殖时，形成优势种群，会抑制其他有害生物的生长；但到了高温季节许多单胞藻生长受到抑制，这时细菌类有害生物会迅速繁殖，形成优势种群，而使缢蛏发病。我们可人工添加有益生物制剂，在人工干预的条件下，形成生物优势种群，抑制有害生物，减少蛏病的发生。①光合细菌：用浓缩的光合细菌（1 000 亿细胞），水位 50 cm，每月泼洒 24 次。②西菲利（复合菌）等片剂：每亩用 5 片，用养殖池水慢慢溶解后泼洒，也可加入饵料中投喂。注意：用生物防治不能同时使用抗生素和所有的消毒剂，如漂白粉等。③中草药防治：A. 板蓝根：板蓝根煎剂对革兰氏阳性和阴性细菌都有抑菌作用，对病毒性疾病也有良好的预防效果。用法用量：板蓝根先用开水浸泡，第 2 d 煎成水剂，全池泼洒。泼洒时水位需下降，埕面水深在 10 cm。B. 穿心莲：穿心莲含穿心莲内脂、新穿心莲内脂、脱氧穿心莲内脂等。它有解毒、抑菌止痢等作用，药用全草，治疗细菌性疾病。用法：煮汁后全池泼洒，埕面水位保持 10 cm。C. 地锦草：地锦草含有黄酮类化合物及没食子酸，有强烈抑菌作用，抗菌谱很广，并有止血和中和毒素的作用。D. 黄连：黄连含黄连素，抗菌谱很广，对各种革兰氏阳性及阴性细菌都有抑菌作用，对真菌、病毒、原虫也有抑制作用。

总之，养成期间的管理工作要做到：一勤（勤下海巡视）；二清（清沟盖土、清除泥砂覆盖）；三补（补苗种、补洼堑、补堤坝）；四防（防自然灾害、防生物敌害、防人下滩踩踏、防船只破坏）。

二、网围养殖

网围养殖面积一般 0.5～1 ha，网片采用网目 1 cm 的聚乙烯机织无结节网片，网高以高出大潮高潮面 50 cm 为宜。施工时先按设计网围的大小，将撑杆（直径 10～15 cm，长 2～3.5 m 的竹竿或木杆）插好，网片用上下纲（60 股聚乙烯绳）拴好，沿撑杆内侧把上纲平行系在撑竿上，下纲埋入滩涂中压实固定。

在 3 月中旬至 4 月初气温 10℃～20℃时放养。放养时与埕田养殖一样，需松滩整畦、畦间留有水沟，以利工作人员行走和排水。每亩放苗 70～100 kg 为宜（壳长 1.2～1.8 cm，2 500～5 000 粒/千克）。

日常管理中要勤检查围网的坚固程度，发现隐患及早排除，网有破漏要及时修补，其他管理工作参考埕田养殖进行。

三、池塘养殖

池塘养殖有养殖时间短、收效快、成活率高、能利用较高潮区等优点。

1. 养殖场所的选择

（1）位置：应选择在风浪小、滩涂平坦的内湾。

（2）潮区：以中潮区上部到高潮区下部为宜。

（3）底质：以泥质和不漏水的泥砂质较好。

此外，海区有淡水注入，海水密度为 1.010～1.020 较好，如能引入淡水调节池内海水密度，则对缢蛏的生长有利。

2. 蛏塘的建造

（1）蛏塘面积：以 2～10 亩为宜，太小利用率低，太大管理不方便。

（2）塘堤：蛏塘四周筑土堤。一般堤高 1 m，堤底宽 3 m，坡度 1∶1。塘堤建造时要夯实整平，这样坚实牢固，才能蓄水，并能避免水的冲击崩塌。

（3）环沟：在塘堤与埕面之间挖一宽 2 m、深 0.5 m 的绕埕地的环沟，环沟对海水入塘有缓冲作用，保护埕面不被破坏。

（4）进出水口：自塘堤基部往上 50～80 cm 处，开一进出水口，作为涨落潮海水进出埕塘的通道，保持塘内蓄水深度在 50 cm 以上。一般面积 10 亩左右的蛏塘，水口的宽度为 3 m 左右。

（5）涵管：涵管多用松木板制成，放在堤基上，内接环沟最深处，外通海区或下方的蛏塘。涵管在塘内一端设闸，用以排干塘内的积水。涵管的大小、数量依蛏塘面积而定。一般 10 亩大小的蛏塘，设一个 50 cm² 的涵管便可。

3. 整埕播苗

（1）整埕：在环沟以内的埕面翻整成宽 3～5 m、长 10～20 m 的蛏埕，蛏埕间挖宽 30～40 cm 的水沟，连成一片。蛏埕座向一般与海岸线垂直，由高到低，以利排水。埕面整成畦后，经耙细抹光便可播苗。

（2）播苗：

1）播苗时间：蓄水养殖的播苗时间较滩涂养殖的迟 1～2 个月，大都在"清明"至"谷雨"。播苗时间推迟的原因：池内水面平静，浮泥容易沉积，早春苗个体又小，这样的环境蛏苗生长慢，成活率低；而"清明"后的蛏苗体长 2 cm 以上，对环境的适应能力强，浮泥对它影响不大。

2）播苗方法：蓄水养殖的蛏埕较窄，播苗采用撒播。

3）播苗密度：由于播的苗个体较大（2 000 粒/千克左右），蓄水养殖中敌害生物较少，蛏苗的成活率高，所以每亩播苗量 40 万粒左右，约为滩涂养殖的 1/2。

4. 管理

蓄水养殖埕地潮区较高，敌害生物较少，管理较为方便，日常管理工作主要有：

（1）修补塘堤：经常下海巡视，发现塘堤被风浪冲坏，要及时修补，以免破损扩大，造成决堤、崩塌。

（2）清除敌害：敌害生物常随潮水进入塘内，潜居于环沟中，可侵入蛏埕为害。采用每半个月放水一次，捕捉鱼、虾、蟹，清除敌害生物。放水时间要选在大潮初。一般小潮时不放水。

（3）投饵：可以投喂鼠尾藻磨碎液、淀粉、食母生、海带粉、酵母、单胞藻等，以加快缢蛏生长速度。也可以采用施肥方法繁殖饵料生物。

（4）水质管理：为抑制有害生物繁殖，减少疾病的发生，可利用光合细菌的作用，光合细菌不仅可作为缢蛏的饵料,而且可以抑制有害微生物的繁殖。投放时,可用浓缩的光合细菌(1 000 亿细胞/毫升),水深 50 cm 均匀泼洒,每 1～2 d 泼洒一次。

如果藻类密度太大,需经常更新水质,降低藻类密度,使藻类在一个正常水平上生长。夏季水温过高时,容易缺氧,可加大水体深度,使之保持在 80 cm 以上。

四、蛏虾混养与轮养

1. 蛏虾混养

缢蛏与对虾混养,是在对虾养成池中,根据其小生境分异、食性与生活方式不同而搭配的,可以达到蛏、虾两旺,对提高经济效益和生态效益都具有十分重要的意义。

(1)混养塘的要求:一般对虾塘都可混养缢蛏,就其效果来看,底质以泥质或砂泥混合为好,水深 1.5～2.0 m,盐度范围在雨季不低于 6.49,在旱季不高于 26.18,盐度偏低有利于缢蛏生长。对虾塘养蛏子可利用总面积的 1/3～1/4 为好,否则水质太清,不利于虾、蛏的生长发育。

(2)蛏苗播种前的准备工作:

1)蛏埕的整建:一般在放养蛏苗前 10～15 d 进行,要经过翻土、耙土、平埕等步骤。用拖拉机或牛犁、齿耙翻耕,一般翻土深度 30～40 cm,翻起的土块经过细耙耙碎、耙平,同时捡去石块、贝壳,以及其他杂质,然后进水关塘,让海水中的浮泥沉积在滩面上。

2)清塘除害:放养前 5～7 d,每亩虾塘使用 10 kg 茶籽饼浸泡后,全池泼洒;或用 60～80 kg 生石灰;或用$(60\sim80)\times10^{-6}$漂白粉消毒,待 2～3 d 后药效消除,再进水时用 80 目以上筛绢拦滤,以防带进新的敌害。在对虾放苗前,若无发现敌害,可以不再清塘,直接放养虾苗。

3)培养饵料生物:清池后纳入新水 30～50 cm 深,即可进行基础饵料生物培养,每亩可施鸡粪 50 kg,尿素 10 kg,使池水色变成黄绿色或浅褐色。施肥方法:先把肥料放在水中搅拌稀释后,再全池均匀泼洒。也可按少施勤施的原则,前期 3～5 d,后期 7～10 d 施肥一次。水色浓不施肥,阴雨天和早晚不施肥。

4)放苗前抹埕面:在蛏苗放养前夕将埕面压平抹光,呈一条条马路形,使蛏埕变得松软、平滑,有利于蛏苗的潜钻穴居。

(3)播种:对虾塘混养缢蛏,播种时间应在虾苗放养前,以早播为好。由于各地的气候寒暖不同和苗种大小不同,播苗季节也有迟早,从阳历 1 月下旬至 5 月初均可。播苗一般在大潮汛期间阴凉气候情况下进行,刮大风、下大雨天气不宜播苗。播种时,滩面水深控制在 1～2 cm,播苗后 2～3 d 关上滩水。

播苗密度原则上底质砂多泥少、季节晚和苗体大的要多播;底质砂少泥多、季节早和苗体小的要少播。根据各地混养经验,一般每亩养蛏滩面以播种 1 cm 壳长的蛏苗 15 kg 左右,即 36 万粒苗;播 1.5 cm 壳长蛏苗 23 kg 左右,即 20 万～25 万粒苗。

(4)养成管理:虾蛏混养塘的生产管理方法,主要是对虾养殖的饲养管理,但因蛏苗放养得早,收获又比对虾迟,所以饲养管理又与单养对虾有差异。

1)补放苗种:为了保证播种密度要求,蛏苗放养的第 2 d,应及时观察蛏苗的潜栖情况,发现大量死亡要及时补上。

2)虾苗放养前的水质管理:虾苗放养前水温较低,水位应保持在 60～70 cm,大潮时每天或隔天利用潮差更换塘水 1/3～1/4。小潮时不换水,可以适当加水。

3)盐度调节:当逢暴雨、久雨过后应将上层淡水排掉,干旱季节可适当加入淡水,以维持缢蛏生长发育所需的适宜盐度条件。

4)虾苗放养前除害和中期毒鱼:对虾苗放养前 7～10 d,若塘内敌害生物较多,需要清塘时,时间一定要衔接好,以防蛏埕干露时间过长,影响蛏子存活。

对虾塘内常因筛绢网破损以及太早更换滤网,敌害生物及卵进入池内;或因投鲜活饵料时带入稍大的敌害鱼、蟹及卵。因此在养殖中期需毒杀害鱼。应选大潮水头潮,于午后开闸排水 1/2～2/3,露出蛏埕,泼洒茶籽饼水毒鱼,药液泼后 1～2 h 随涨潮开闸流入新鲜海水,进水越多越好,然后按照潮汐涨落时间大排大进,连续排换 2～3 d。茶籽饼用量为 10～20 g/m³ 水体。

5)对虾起捕后的水质管理:对虾收获后,缢蛏仍需继续饲养,前期应追施肥料育肥为主,根据水质肥瘦程度,每亩施尿素 1～1.5 kg。12 月至翌年 2 月,需蓄水保温。

6)清除杂藻:在南方的春夏和秋冬交换季节,虾塘内极易繁殖杂藻,尤其是浒苔覆盖埕面,会闷死缢蛏,所以要经常及时地将浒苔等杂藻清除掉。

(5)收获:蛏苗经过 7～12 个月养成,壳长达 5 cm 以上即可起捕出售。根据缢蛏个体大小,肥瘦程度,从当年 7 月份开始起捕,直至第二年蛏苗放养前。在大潮汛期间,放干海水,用挖捕、手捕、钩捕皆可。塘内缢蛏一定要收捕干净,尽量减少漏蛏,以免死亡后影响塘底。

2. 蛏虾轮养

对虾养殖在经过多年养殖后,池塘老化腐殖质增多,因此池塘在经过几年养虾之后,再轮养缢蛏是十分必要的。轮养缢蛏的密度一般为 800 万～1 000 万粒/公顷。经过几年缢蛏养殖之后,再换养对虾。这样可以充分利用水域生产性能,减少疾病的发生。

第八节 缢蛏的收获与加工

一、收成

(1)收成年龄:缢蛏播种后经 5～8 个月的养殖,长大到 5 cm 左右便可收获。收成的一年蛏也称"新蛏",达不到商品规格的,继续养殖或移植。到翌年收成的为 2 年蛏,或称"旧蛏"。2 年蛏肉质肥,质量高,产量也较稳定,也是群众喜欢养殖的。3 年蛏的养殖是少有的,福建福清县个别地区曾养殖,但缢蛏进入第 3 年者生长慢,同时以 2 年蛏作苗种成本太大。

(2)收成季节:缢蛏收成的季节,随环境条件和蛏龄的不同而有别,一般要等到肉质部长得肥满时才收成。正常情况下,一般蛏的收成从"小暑"开始到"秋分"前结束,前后历时 2 个月。底质为软泥的蛏埕,应早些收成,因炎夏季节泥埕的蛏长大慢,且在小潮期间,埕地经烈日暴晒,表层泥土温度高,如遇暴雨,在埕沟排水差的情况下,热烫的水会把缢蛏烫死。砂泥质的埕地,夏季凉爽,缢蛏生长正常,适当延长到"立秋"至"处暑"收成,可以提高产品的质量和单位面积的产量。1年蛏的收成,主要决定于肉质部肥满的程度,因此与地区、埕地关系较为密切。养殖在河口海区潮区低、潮流疏通,生长较快,有的在"清明"时节便可收成。一般是在"立夏"后收成。

(3)收成方法:各地收成方法不一,可综合为3种。

1)挖捕:较硬的砂泥质滩涂,退潮后,用蛏刀、四齿耙或蛏锄(图11-10)从蛏埕一端开始,依次翻土挖掘。挖土的深度,依据蛏体穴居深浅而定。边挖,边捡,放入筐篓中。

A.蛏刀　B.蛏锄　C.蛏钩
图11-10　缢蛏收获工具

2)手捕:在松软的泥质埕地,可直接用手插入蛏穴捕捉。或用手指插入穴内迅速上拔,吸附蛏子出穴。手捕时,动作要轻快,以免蛏体受惊而降入穴底,影响手捕。

3)钩捕:利用蛏钩沿着蛏穴边缘顺着蛏壳外缘垂直插入至蛏体下端,然后旋转钩着蛏体后提出埕面而捕之,该法多在密度小的蛏埕使用。

二、加工

缢蛏除鲜销外,还可以加工制成咸蛏、蛏干和蛏油。

(1)咸蛏:将缢蛏用海水冲洗干净,把洗好的缢蛏装筐,每筐14~15 kg,放在掺有淡水的海水中(盐度为9.11~13.4),静养2~3 h,浸泡吐泥砂,然后再清洗,清洗后腌制。用刀割断外韧带,装入腌制的容器内,每装入20 cm厚的蛏,撒上一层盐,重叠数层,用盐量占总重量的10%~15%。腌制5~7 d,即可取出食用。腌坏变质的咸蛏呈黑色,有臭鸡蛋味,不能食用。

(2)生蛏干:鲜蛏用海水洗净后,浸泡吐泥砂,然后剥肉。剥下的蛏肉,再用水洗,除去杂质,均匀地摊在竹帘上晒干。在晒干过程中要翻动几次。生蛏干味道鲜美,营养丰富,价值较高,但加工费工多,晒干时间长。据分析,生蛏干蛋白质含量60%,脂肪9.1%,糖类25%,含有丰富的无机盐类,既滋补又清甜。

(3)熟蛏干:鲜蛏经海水洗净后,浸泡吐泥砂,清洗后将蛏倒入锅内,一般不放水,盖紧锅盖。煮时火要猛,煮沸后,自下而上翻动一次,煮时要掌握火候,待贝壳张开,及时捞取剥壳,剥下的蛏肉要淡水洗,除去杂质,既可人工洗,也可用洗肉机洗。换水要勤,至蛏水管内没有泥砂为止。洗肉之后,可将蛏肉回锅,重新煮沸一次,经过回锅,蛏肉收缩,外形美观,也有利于蒸发与干燥。有的地方在回锅时采用蛏油煮,不断搅拌,让蛏肉均匀吸收蛏油,然后再晒干,色味甜美,质量较佳。

(4)蛏油:煮蛏后的蛏汤是加工蛏油的原料。将加工蛏干时留下的蛏汁倒在锅内,煮沸后倒入桶内沉淀,除去泥砂及碎贝壳等杂质,除去上层泡沫,再用纱布过滤。再次放入锅内加热蒸煮,浓缩到七成后再盛起沉淀,然后用微火浓缩,直到呈黄色稠黏状为止。成品蛏油密度 1.27,加调料即成。

(5)蛏壳灰:蛏壳可煅烧壳灰,每 100 kg 蛏壳可烧 70 kg 左右壳灰,供作建筑材料。

复习题

1. 为适应埋栖生活方式,缢蛏的形态和构造都产生了哪些变化? 生态习性如何?

2. 常见缢蛏生物敌害有哪些?

3. 食蛏泄肠吸虫有何症状?

4. 试述缢蛏的繁殖习性。

5. 简述缢蛏幼虫及稚贝的形态特征。

6. 缢蛏幼虫的浮游习性和附着习性如何?

7. 试述缢蛏半人工采苗场的条件和半人工采苗的方法。

8. 什么是平畦? 为什么要适时平畦? 怎样进行平畦预报?

9. 如何采集野生蛏苗?

10. 如何鉴别蛏苗的优劣?

11. 缢蛏养成有哪几种方法?

第十二章　蚶的养殖

约有 30 万种蚶科（Arcidae）贝类分布在我国沿海，其中有些种类是养殖的对象，并已经开展较大规模的养殖，如泥蚶（*Tegillarca granosa*（Linnaeus））、毛蚶（*Scapharca subcrenata*（Lischke））和魁蚶（*Scapharca broughtonii*（Schrenck））。还有可以作为养殖的储备物种，如胀毛蚶（*Scapharca globosa*（Reeve））、结蚶（*Tegillarca nodifera*（v. Martens））等。

泥蚶、毛蚶和魁蚶适应范围广、产量高、经济价值大，是我国重要的海产贝类。泥蚶多分布在山东以南沿海，是山东、浙江、福建、广东和海南等省的主要养殖对象，是我国四大养殖贝类之一。毛蚶资源极为丰富，河北、天津、辽宁、山东的捕捞量很大。魁蚶的主要产地在渤海。

表 12-1　蚶肉的蛋白质和维生素含量

成分	含量	成分	含量	成分	含量	成分	含量
蛋白质	10 g	视黄醇	6 μg	钾	207 mg	锰	1.25 mg
脂肪	0.8 g	维生素 B_1	0.01 mg	钠	354.9 mg	锌	0.33 mg
碳水化合物	6 g	维生素 B_2	0.07 mg	钙	59 mg	铜	0.11 mg
灰分	1.4 g	维生素 PP	1.1 mg	镁	84 mg	磷	103 mg
维生素 A	6 μg	维生素 E	0.28 mg	铁	11.4 mg	硒	91.42 μg

蚶肉味可口，蚶血鲜红，蚶肉含有丰富的蛋白质和维生素（表 12-1）。蚶类主要供鲜食，亦有用作腌制加工。蚶壳具有药用价值，有"消血块、化痰积"功效。贝壳含碳酸钙较多，除可烧制石灰外，也是陶瓷工业的原料。

蚶的养殖在我国有悠久的历史，早在三国时期沈莹所著《临海异物志》中就已有记载："蚶之大者，径四寸，肉味极佳，今浙东以近海田种之，谓之蚶田。"

蚶的分类地位隶属于瓣鳃纲（Lamellibranchia），翼形亚纲（Pterimorphia），蚶目（Arcoida），蚶科（Arcidae）。

第一节　泥蚶的外部形态和内部构造

一、外部形态（图 12-1）

泥蚶俗称血蚶、宁蚶、花蚶、粒蚶。泥蚶个体较小，一般壳长 3 cm 左右，大者达 6～7 cm。

泥蚶贝壳坚厚、卵圆形,两壳相等、相当膨胀。背部两端略呈钝角,腹缘圆。壳顶凸出,尖端向内卷曲,位置偏于前方;壳顶间的距离远。壳面放射肋发达,18~20条,肋上具有极显著的颗粒状结节,此结节在成体壳的边缘较弱;壳表白色,被褐色薄皮,生长轮脉在腹缘明显,略呈鳞片状。韧带面宽,呈箭头状,稍倾斜;韧带为双韧带,角质,黑色,布满菱形沟。壳内面灰白色,边缘具有与壳面放射肋相应的深沟。铰合部直,齿多而细密。前闭壳肌痕较小,呈三角形。后闭壳肌痕大,四方形。

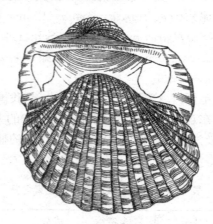

图 12-1　泥蚶外部形态

二、内部构造(图 12-2)

(1)外套膜:包被在软体部外面的左右对称的两片膜,外套膜除在背部愈合外,其余部分全部游离。前端边缘较薄,后端较厚,外套膜环走肌发达,外套膜环走肌有与放射肋相对应的突起。外套膜分为 3 层,作覆瓦状排列,中层和外层均不发达,内层发达,其边缘呈波纹状。

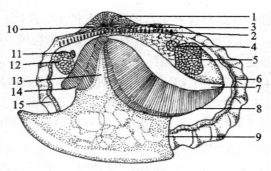

1.放射肋　2.韧带　3.铰合齿　4.后缩足肌　5.后闭壳肌　6.外套触手　7.鳃轴　8.鳃
9.足　10.壳顶　11.前缩足肌　12.前闭壳肌　13.内脏块部位　14.唇瓣　15.右侧外套膜

图 12-2　泥蚶的内部构造

(2)闭壳肌:泥蚶具前、后 2 个闭壳肌,前闭壳肌位于外套膜背部愈合线的前端。后闭壳肌则位于愈合线的后端。体重 6 g 泥蚶每平方厘米的拉力为 13 N。

(3)足部和缩足肌:足位于外套腔的中央,肥厚,橙黄色,前端尖而弯曲,呈斧刃状。在足的腹面中央有 1 条深沟纵贯前后。前闭壳肌后,具 1 对细小的肌肉束,呈白色,称前缩足肌。后闭壳肌前有 1 对较大的扁平肌肉束,为后缩足肌。

(4)呼吸系统:鳃位于足部的两侧,略近前端,鳃轴宽而厚,两端尖细,其方向自前向后倾斜,鳃轴前半段与外套膜相连,后半段附于后闭壳肌腹缘处。鳃丝与鳃丝之间有丝间联系,但无叶间联系。鳃除呼吸外,还有滤食作用。

(5)消化系统:口位于足的前端,在前闭壳肌的腹面呈一横裂。口的上、下各有 2 片横置的唇瓣。口后为 1 条稍长的食道,胃壁薄,内有胃栖。胃下为肠,肠进入足部经盘旋后,扭转移向背部成为直肠。直肠通过心脏腹面绕过后闭壳肌后侧开口为肛门。胃肠大部分被黑绿色的消化腺所包围。

(6)循环系统:围心腔位于背侧中央,囊状,其间充满围心腔液,心脏居其中。心脏由 1 心室、2 心耳组成。血液中有血红素,血液呈红色,血蚶因此得名。这是它有别于其他软体动物的一大特征。血球形状规则,呈椭球形,血球中的细胞核明显。

(7)排泄系统:肾脏 1 对,为皱褶囊状,深褐色,位于后闭壳肌前端两侧,围心腔之后。肾孔左、右各 1 个,开口于生殖孔的下方。

(8)生殖系统:泥蚶雌雄异体。生殖腺成熟时遍布于消化腺的外面,雌的呈橘红色,雄的呈浅黄色。生殖孔左、右各 1 个,开口在后闭壳肌的腹面、肛门两侧下方。

(9)神经系统:神经系统简单,有 3 对神经节:脑神经节、足神经节和脏神经节。脑神经节位于唇瓣基部的下面,伸出的脑足神经连索与足前部中央的 1 对足神经节相连,向后伸出 1 对脑脏神经连索与位于后闭壳肌腹面靠近足部的脏神经节相连接。脏神经节分出神经到鳃和后闭壳肌。

第二节　泥蚶的生态

一、地理分布

泥蚶属于热带及温带生物,分布在印度洋及太平洋的印度、斯里兰卡、马来西亚、泰国、越南、印度尼西亚、菲律宾、澳大利亚、日本及我国。在我国仅分布于河北、山东、江苏、浙江、福建和广东沿海。

二、泥蚶的生活环境和习性

泥蚶是生活于潮流畅通和风平浪静的内湾中的贝类,这是由泥蚶的活动能力和形态特点决定的。泥蚶没有出、入水管,活动力差,不能潜入较深泥层里生活,只能在风浪小、比较平静的海滩上生活,否则它就不能栖息,甚至有被风浪卷走的危险。

泥蚶在稚贝阶段用足丝附着在泥土表层的颗粒上生活,因此,蚶苗多分布在半泥半砂的海滩上,据观察,壳长 5 mm 左右的蚶苗仍有用足丝附着的能力。随着泥蚶的生长,栖息的泥层逐渐加深,并失去分泌足丝的能力。泥蚶的栖息深度,以刚埋没全身为限,在泥滩的表面,形成 2 个相连接的出入水孔,借以进行海水的交换。稚贝多栖息在表层以下 1～2 mm 的泥中,成贝生活在 1～3 cm 的滩涂中。在北方的冬季,泥蚶埋栖在泥层的深处,双壳紧闭,处于冬眠状态;3~4 月水温上升后,泥蚶爬上滩面进行呼吸和摄食。

泥蚶的活动力较弱,刚附着的 1 mm 以下的蚶苗,在水中可做垂直运动,有的能分泌黏液拉成一条丝将身体悬挂在水中,个别个体还可漂浮在水面。2~5 mm 稚贝垂直运动能力变弱,水平移动却很活跃,一夜能爬行数十厘米。成蚶极少做水平运动,只稍做垂直移动。

泥蚶抗浑浊的能力较强,多生活在软泥底质中,更适于生长在富含腐殖质的软泥滩涂。泥蚶可以假粪的形式将污物排除体外。泥蚶多栖息于中、低潮区,尤以中、低潮区交界处数量最多。

三、泥蚶对盐度和温度的适应能力

(1)盐度:泥蚶是广盐性贝类,对盐度适应能力较强。成蚶在盐度为 10.4~32.5 的海水中均能生活。盐度为 20.0~26.2 的半咸海水区,更适于泥蚶的繁殖和生长。蚶苗对盐度的适应范围为 17~29,生长最适盐度范围是 21.0~25.5。但是,在河口或海水盐度较低的内湾,雨季海水盐度降得过低时,泥蚶向下层潜伏,出入水孔被淤闭,使其在泥层内受到保护,待盐度上升后,泥蚶再回到上层,进行正常生活。如果盐度长时间低于 8.0,泥蚶会死于泥下。

(2)水温:水温是影响泥蚶生命活动的重要生态因子之一。成蚶生长适温是 13℃~30℃。壳长 5 mm 以下蚶苗适宜水温是 23℃~28℃。

泥蚶对水温适应能力较强,尤其对高温的适应能力较强,对低温的适应能力则较差。其生活环境的温度,一般变化在 0℃~35℃。山东沿海是泥蚶在我国分布的北限,冬季泥温可降到 -2℃~-3℃,因此每年冬、春季都会或多或少冻死一批泥蚶。

泥蚶在 40℃ 以上的海水中呈现麻痹状态,闭壳肌松弛,两壳关闭;在 41℃ 海水中,4 h 少量死亡;在 43℃ 海水中,4 h 全部死亡;在 47℃~48℃ 时,10 min 即可造成死亡。冬季水温降至 8℃ 以下时,泥蚶失去爬行和掘土能力。3℃ 以下出现冻伤,鳃及外套膜边缘出现血斑和破裂出血。在 -12℃ 以下时经 12~24 h 即被直接冻死。

四、抗旱力

泥蚶露空能力比较强,据实验,将成蚶包装在麻袋中,在气温 18℃~24℃ 条件下,8 d 后才开始死亡;在 11℃~13℃ 条件下,可存活 15 d。壳长 10 mm 左右的蚶苗在气温 11℃ 条件下,可存活 7~8 d。

五、泥蚶的食性

(1)食料成分:泥蚶的摄食种类依不同的海区和季节而异。据对厦门养殖的 2 龄蚶分析,胃肠内容物的绝大部分是硅藻,占食物成分的 97.7%。

硅藻经鉴定共 30 种,隶属于 16 属,具体为念球直链藻、具槽直链藻、圆筛藻、偏心圆筛藻、辐射圆筛藻、星脐圆筛藻、线形圆筛藻、细弱圆筛藻、条纹小环藻、扭曲小环藻、覆瓦根管藻、蜂窝三角藻、美丽三角藻、标志星杆藻、短柄穹杆藻、巴豆叶脆杆藻、长海毛藻、针杆藻、平直舟形藻、长菱形藻、箭舟形藻、中断舟形藻、蜂形舟形藻、肋月形藻、布纹藻、相似曲舟藻、菱形藻、成列菱形藻、粗点菱形藻和河双菱藻。

各种食料依个数统计,小环藻占 22.8%,圆筛藻占 17.0%,舟形藻占 21.5%,脆杆藻占 13.1%,菱形藻占 1.2%,穹杆藻占 8.7%,直链藻 7.7%,其他硅藻占 5.7%,桡足类附肢、海绵骨针、放射虫骨骼和植物孢子等有机碎屑占 2.3%。

(2)滤食选择:泥蚶系滤食性贝类,对食料的大小和形态具有选择能力,对食料营养价值的选择能力非常差。

泥蚶以其鳃丝纤毛的运动,在后端近第二肋处激起"长髻形"的食物流,由食物流带进的食料输送至鳃进行过滤,一定形态和适当大小的食料借纤毛的运动被送进唇瓣的纤毛沟,进入口中。每 1~2 min,泥蚶紧闭贝壳一次,把过滤阻滞在外套腔的不适宜的颗粒连同外套腔的水喷出体外。在消化道中发现的最小食料小环藻的直径只有 3 μm,最大的食料圆筛藻的直径达 155 μm。至于桡足类的附肢和群生的直链藻,分析是以纵轴进入口中的。

在消化道中已被消化成残渣的食物碎片中,最多的是圆筛藻,其次是小环藻,再次是脆杆藻,极少数是根管藻。尤其是圆筛藻的碎片在肠中的数量比在胃中的数量多,其比例是 47∶25。直链藻往往在消化道中还是以完整的群体存在,藻体明显可见。不难看出,在泥蚶的食料中,重要的组成成分圆筛藻、小环藻、脆杆藻(共占食料的 52.9%),是易被消化的有价值的食料。

第三节　泥蚶的繁殖与生长

一、繁殖

1.繁殖期

泥蚶属卵生型贝类,一般认为 2 龄蚶就可达到性成熟。它的生殖细胞渐次成熟、分批排放,属于多次产卵类型。在自然海区,每年排放 4~5 次,每次间隔半个月。在适宜的条件下,成熟的精子和卵子在海水中行体外受精。受精卵发育至担轮幼虫后,经过一段浮游期才能沉降到滩面,附着变态成稚贝。再经过 1 个多月后进入蚶苗期。

据观察,泥蚶的生殖力较强。壳长 3 cm 的亲蚶,在人工催产后,每只每次可产卵 340 万粒。

在我国沿海,泥蚶的繁殖季节随地区的变化而不同。山东沿海为 7~8 月,盛期是 7 月底 8 月初。浙江沿海为 6 月下旬~8 月,盛期是 7 月。福建南部地区为 8 月下旬~10 月,盛期是 9 月。广东一般为 8~11 月,盛期是 9~10 月。产卵水温多为 25℃~28℃。

2.性腺发育

泥蚶属雌雄异体。泥蚶的生殖腺成熟时充满内脏团两侧,性腺成熟时,从软体部外观颜色上可以分出其性别,雌性呈橘黄色,雄性为浅黄色。非繁殖季节,性别不易辨认,软体部为浅黄色。从切片观察,性腺的发育分为 5 个时期:

(1)恢复增殖期:外观上难以分辨雌、雄。切片观察,雌的泡囊排列紧密,形状大小不太规则,泡囊壁上开始出现生殖细胞,核大而圆,核仁清晰,此时尚有极少量处于裂解状态的卵子。雄性个体泡囊壁上可以看到1～3层的精原细胞。由于个体发育的不平衡性,有的个体有极少量的精母细胞存在,此时无精细胞存在。

(2)生长期:外观难以分辨雌、雄,卵母细胞逐渐向泡囊腔突出,卵柄逐渐拉长,有少数卵脱离泡囊壁,到泡囊中央。雄性泡囊内有大量的精母细胞和精细胞出现,在个别泡囊内已有少量精子出现。

(3)成熟期:从软体部颜色可分辨出性别,雌性一般呈橘红色,雄性呈浅黄色。成熟卵子脱离泡囊壁,充满了整个泡囊腔,卵内卵黄物质分布均匀,由于卵子互相挤压,其形状呈不规则状。雄性泡囊内几乎充满精细胞和精子,精子在泡囊腔中辐射排列,头部朝向泡囊壁,尾部鞭毛伸向泡囊腔中央,鞭毛集中成束。

(4)排放期:软体部消瘦。排放后的个体,其性腺呈水泡状。泡囊内成熟卵明显减少,由于排放而使大部分泡囊出现半空现象。雄性泡囊精子数目大大减少,使得泡囊大部分中空,仅残留部分精母细胞及精细胞。

(5)耗尽期:外表不能分辨雌、雄。雌性个体泡囊中空,少数个体在泡囊内残留有成熟卵,正处于裂解退化状态,泡囊大小及形状不规则,有些已支离破碎,另外在泡囊壁上还有残留的卵母细胞。雄性个体泡囊内精子已全部排空,仅有极少数个体泡囊内仍残留有少量精子。

泥蚶成熟期的水温、滩温较高(表12-2)。排放期内水温大致同成熟期。随着季节的推移,水温逐渐下降,性腺进入耗尽期。泥滩结冰后,性腺发育基本停止。当泥滩温度逐渐升高时,性腺又开始发育而进入增殖期,随着水温的继续升高,进入生长期。

表12-2　泥蚶性腺发育与水温、滩温的关系

期别	滞水温度(℃)	滩温(℃)
恢复增殖期	−3.5～8.6	−3～7.5
生长期	17～29	15～27
成熟期	24～33	23～30
排放期	23～33	22～30
耗尽休止期	23～3.5	22～−3

3.泥蚶的发生

泥蚶的卵子很小,成熟卵的直径为60 μm左右。受精后的卵子产生极体进行第1次分裂,后经2,4,8,16,32细胞期进入囊胚期、原肠期、担轮幼虫和面盘幼虫。

发育至面盘幼虫期时,2片透明的幼虫壳出现,个体大小为83 μm×64 μm。经6～7 d的发育,幼虫壳顶开始隆起,近似椭圆形,称为壳顶幼虫初期。此后,随着个体的生长,幼虫壳渐趋明显。8～11 d幼虫壳长142～157 μm,壳高116～133 μm,达壳顶幼虫期。第13～14 d幼虫足部能自由伸缩和爬行,达匍匐幼虫期。个体壳长168.7 μm,壳高142 μm。15～16 d,幼虫面盘萎缩,开始营底栖生活,变态为稚贝。刚附着变态的稚贝个体很小,仅有180 μm左右,壳表放射肋尚未出现。再经4～6 d的培育,壳表可见放射肋,这时

稚贝的壳长 190～250 μm。壳长达 264.6 μm 的稚贝,壳表已十分清晰,近似成蛏的壳形(表 12-3、图 12-3)。

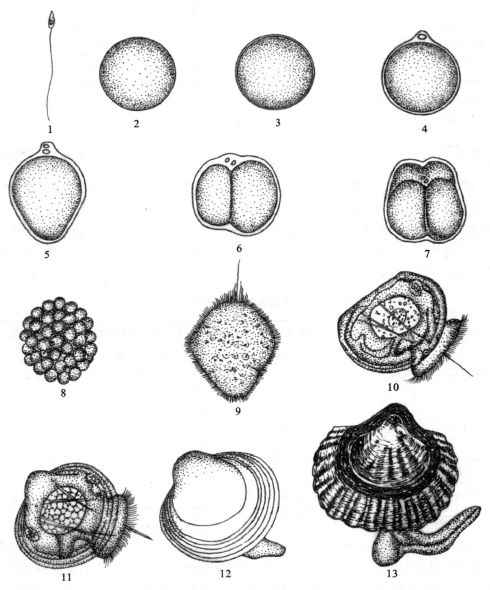

1.精子　2.成熟卵　3.受精卵　4.第一极体出现　5.极叶出现　6.2 细胞
7.4 细胞　8.囊胚期　9.担轮幼虫　10.直线铰合幼虫　11.壳顶幼虫
12.刚变态的稚贝　13.稚贝

图 12-3　泥蚶的胚胎和幼虫发育

表 12-3　泥蚶的胚胎和幼虫的发生

(水温 26℃～31℃　密度 1.017 5～1.021)(汕尾,1974 年 9 月)

发育时期	受精后	大小(μm)	发育时期	受精后	大小(μm)
第一极体	5 min	卵径 56.5	原肠期	3 h 27 min	67.5×65
第二极体	15 min		担轮幼虫期	6 h	67.5×63
2 细胞期	30 min		D 形幼虫	13 h 20 min	86.3×63.7
4 细胞期	43 min		壳顶幼虫初期	6～7 d	136×113
8 细胞期	48 min		壳顶幼虫期	8～9 d	142×116
16 细胞期	1 h 5 min		壳顶幼虫后期	10～11 d	157×133
32 细胞期	1 h 15 min		匍匐幼虫期	13～14 d	168.7×142
桑葚期	2 h 40 min		附着变态期	15～16 d	183.7×157.5
囊胚期	3 h 5 min	67.55×65			

4.诱导剂对泥蚶幼虫附着变态的影响

利用氨基酸类、儿茶酚胺类、胆碱类、离子类等 8 种诱导剂进行了泥蚶附着变态的诱导实验(表 12-4),实验幼虫平均壳长 195 μm,分别测试了 8 种药物不同浓度和不同时间处理对幼虫附着变态及存活率的影响。

表 12-4　泥蚶幼虫附着变态的 8 种化学诱导物(引自黄凤鹏、方建光等)

类别	名称	英文名	缩写代号	相对分子质量	处理剂量
氨基酸类	丙氨酸	DL-a-alanine	Ala	89.09	10^{-7}～10^{-3} mol/L
	色氨酸	DL-Tryptaphan	Try	204.23	10^{-7}～10^{-3} mol/L
	r-氨基酸	r-aminobutyric acid	GABA	103.20	10^{-7}～10^{-3} mol/L
儿茶酚胺类	3-羟酪胺	3-hydroxy-tyramine	3-HT*	189.64	10^{-7}～10^{-3} mol/L
	肾上腺素	epinephrine	EPI	183.20	10^{-7}～10^{-3} mol/L
	去甲肾上腺素	L-noradrenalin	NE	169.18	10^{-7}～10^{-3} mol/L
胆碱类	氯化乙酰胆碱	acetylcholine chloride	Ach	181.67	10^{-7}～10^{-3} mol/L
离子类	氯化钾	potassium chloride	KCl	74.55	10^{-7}～10^{-3} mol/L

* 3-HT(3-羟酪胺)即 Dapamine(多巴胺)。

实验结果表明,8 种药物对泥蚶幼虫附着变态均有一定的诱导作用。其中,3-HT、EPI 和 NE 对幼虫的变态诱导作用极显著,有效浓度范围较广;KCl 和 Ala 的诱导作用较显著,有效浓度范围较窄。而 Try、GABA 和 Ach 只有某些浓度组的诱导效果明显,诱导率对浓度的依赖性较强。从单个处理的结果看,0.1 mmol/L 的 Ala、0.1 mmol/L 的 GABA 和 10 μmol/L 的 EPI 诱导效果最好,与对照组相比,变态率提高 12% 以上。从 Ala、GABA 和 EPI 3 种最有效的诱导药物来看,除 32 h 的诱导效果不理想外,其余处理时间的效果均较好。总的看来,处理时间不超过 8 h 的诱导效果较好。其中用 10 μmol/L 的 Ala 处理 1～4 h,10 μmol/L 的 EPI 处理 4 h 效果最好,与对照组相比,变态率提高 25% 以上。8 种药物中,只有 Try 表现出对幼虫明显的毒性影响,浓度越高,处理时间越长,幼虫的死亡率越高。用 0.1 mmol/L 的 Try 处理幼虫 3 h,死亡率高达 89％。

二、生长

泥蚶是一种生长缓慢的贝类,一般生长 3 年或 4 年方能达到商品规格。泥蚶的生长速度与环境的水温、饵料、潮区、底质和密度有密切关系。

从水温来看,泥蚶适于高水温,生长有明显的季节差异。山东省的泥蚶冬季停止生长,至次年 5 月中旬贝壳开始生长(此时月平均水温约在 14℃)。8～10 月生长最快,11 月初当水温降到 14℃ 以下时,生长速度急剧减慢。由于我国沿海各地水温不同,其生长速度不一样。从表 12-5 中可以看出泥蚶在水温较高的南方生长较快。

表 12-5　山东和广东泥蚶生长速度对比表

产地	1 龄		2 龄		3 龄	
	壳长(mm)	体重(g)	壳长(mm)	体重(g)	壳长(mm)	体重(g)
山东乳山	14.1	0.90	21.8	3.63	27.6	6.69
广东惠阳	21～25	2.88	28.32	6.33	33～35	8.91

泥蚶的生长速度与饵料的关系非常密切。饵料丰富,生长快,如山东乳山湾,在靠近对虾养殖场的邹格庄采苗场,其浮游植物量为 $144 \times 10^6 / m^3$,入冬前蚶苗最大壳长达 8.2 mm,最小 3.6 mm,平均 4.8 mm;而离对虾养殖场较远的秦家庄采苗场,浮游植物量为 $11 \times 10^6 / m^3$,入冬前蚶苗的最大壳长仅 5.1 mm,最小 2.4 mm,平均 3.8 mm。

表 12-6　不同潮区泥蚶生长比较表

站号	潮区	当年蚶苗			1 龄			2 龄			3 龄		
		平均壳长(mm)	平均体重(g)	每 500 g 粒数(万粒)	平均壳长(mm)	平均体重(g)	每 500 g 粒数(万粒)	平均壳长(mm)	平均体重(g)	每 500 g 粒数(万粒)	平均壳长(mm)	平均体重(g)	每 500 g 粒数(万粒)
1	低上	3.63	0.017 0	2.9	18.4	2.03	246	27.2	6.95	72	30.9	9.82	51
2	中下	3.58	0.015 3	3.3	16.3	1.49	333	23.9	4.64	108	30.6	9.15	55
3	中下	2.86	0.008 4	6.0	14.7	1.11	450	22.7	3.85	130	29.6	8.16	61
4	中中	2.61	0.006 2	8.1	13.3	0.82	610	22.1	3.57	140	28.2	7.14	70
5	中中	2.58	0.006 0	8.3	11.4	0.59	704	21.3	3.33	150	27.7	6.90	72
6	中上	2.30	0.004 6	10.9	11.2	0.77	1 020	19.8	2.77	177	24.3	4.66	107
7	中上	2.12	0.002 8	17.9	9.4	0.28	1 790	17.8	1.83	270	24.4	4.86	103
8	中上	2.20	0.003 5	14.2	10.3	0.42	1 190	19.7	2.48	202	24.9	4.97	101
平均		2.74	0.008	6.2	14.1	0.90	553	21.8	3.68	136	27.6	6.96	71

泥蚶的生长与其所分布的潮区有密切关系。表 12-6 是乳山湾秦家庄海滩,由低潮区向上每隔 100 m 为 1 个站的调查情况。从表中可明显看出泥蚶的生长与潮区有密切的关

系。随潮区的升高，泥蚶的生长速度显著下降，即便是相隔 100 m 的距离，都有较大的差别。以 1 龄蚶为例，低潮区上层(1 站)泥蚶的重量是中潮区上层(7 站)的 8 倍，相差甚大。这是在选择养成场时应注意的问题。

泥蚶的生长与其所栖息环境的底质有关系。一般情况下，内湾有软泥的海滩，有机物质多，底栖硅藻也多，泥蚶生长良好。与此相反，靠近湾口的砂质海滩，虽然也有蚶苗附着，但生长慢得多。所以，泥蚶的养成场一般选择内湾的软泥海滩。

养殖的方式和密度对泥蚶生长也有显著的影响，一般蓄水稀养方式长得好。北方自然生长的泥蚶 3 龄可达商品规格。在人工密养时，往往需要 4～5 年才能达到出售的规格。这是考虑养成方法时应注意的问题。

泥蚶生长与潮区、底质以及养殖密度的关系，实际上都与饵料的丰寡密切相关。

第四节　泥蚶的苗种生产

一、自然海区的半人工采苗

泥蚶与其他双壳贝类一样，卵子受精后要经过浮游生活的发育阶段，然后进入底栖生活。泥蚶在高水温时期产卵，其胚胎期和浮游幼虫发育得较快，一般自产卵后 10～15 d 壳长达到 175 μm 时即可转入底栖生活。刚转入底栖生活的稚贝在滩面上附着生活，用足丝附着在海滩上的砂粒、碎壳上，以后随着形态发育的完善逐渐潜入泥中生活。

1. 泥蚶半人工采苗海区的选择

(1)海区：泥蚶主要分布在中、小型内湾，如山东的乳山湾、丁字湾，浙江的乐清湾，均是我国闻名的蚶苗主产区。中小型海湾面积小、风浪小、滩涂稳定，蚶苗易于栖息。

(2)盐度：较低，蚶苗多分布于有适量淡水注入的内湾，最适盐度为 21.0～25.5。

(3)潮流：畅通的潮流不仅可以带来大量的泥蚶幼虫，也决定着底质的组成。泥蚶幼苗的附着与潮流有关，泥蚶只有在有水流的环境中才分泌足丝附着。自然海区中蚶苗多附着在两条水流汇合处的三角形区域。

(4)底质：蚶苗附着与底质有关，蚶苗附着区含有一定数量的砂，纯泥底质不利于泥蚶幼虫的附着变态，一般含细砂量 60%～70% 的底质适于泥蚶附着(表 12-7)。

表 12-7　乳山湾不同底质滩面对蚶苗分布的影响(魏利平 1981)

含量 (%) 采苗场	粗粉砂 ≤63 μm	极细砂 63～125 μm	细砂 125～190 μm	190～250 μm	中砂 250～500 μm	粗砂 500～1 000 μm	苗平均附苗量(个/平方米)
辛家	32.70	41.80	5.39	4.30	11.37	4.44	157.0
秦家庄	21.73	31.88	0.98	12.20	16.45	7.47	104.3
南塘	20.06	28.64	13.30	7.16	20.32	10.41	54.4
北塘	11.60	15.94	19.20	8.26	30.29	14.41	41.6

在乳山湾辛家采苗场,滩涂底质直径在 $190\ \mu m$ 以下的颗粒占 80%,秦家庄为 64%,南塘为 62%,北塘只有 46.7%,而上述各采苗场的蛤苗分布量分别为 157 个/平方米,104.3 个/平方米,54.4 个/平方米和 41.6 个/平方米。

(5)潮区:蛤苗主要分布于中低潮区,高潮区没有蛤苗的分布(表 12-8)。从蛤苗的生长来看,中下潮区生长速度比低潮区快(表 12-9)。

表 12-8　浮山湾不同潮区的泥蛤苗分布(1980 年)

采苗地点	附苗量(个/平方米)														
	低潮区(m)				中下潮区(m)			中中潮区(m)			中上潮区(m)			高潮区(m)	
	0	100	200	300	400	500	600	700	800	900	1 000	1 100	1 200	1 300	1 400
北塘	1 018	1 501	2 025	1 342	859	1 067	950	508	380	158	0	0	0	0	0
辛家	2 209	2 090	3 361	2 071	1 391	2 761	1 232	978	729	274	0	—	—	—	—
南塘	92	633	1 142	916	825	1 267	609	866	200	150	100	50	0	0	0
秦家庄	183	258	1 092	792	167	67	50	75	183	200	183	0	0	0	0
邹格*	1 017				1 208			467			71			0	

* 邹格滩面仅 $500\ m$,$0\sim100\ m$ 为低潮区;$100\sim200\ m$ 为中下潮区;$200\sim300\ m$ 为中中潮区;$300\sim400\ m$ 为中上潮区;$400\ m$ 以上为高潮区。

表 12-9　乳山湾各采苗场蛤苗大小与潮位的关系

蛤苗壳长(mm) / 采苗场 ＼ 潮位(m)	100	200	300	400	500
邹格	1.15	2.10	3.54		
北塘	0.70	1.30	1.52	2.20	1.90
辛家	1.01	1.10	1.22	1.26	1.40
秦家庄	1.01	1.20	1.27	1.42	1.62

* 自低潮区向上,每 $100\ m$ 为 1 个调查点。

(6)气象:蛤苗繁殖季节,无风,无暴雨,无烈日曝晒。

2.整滩附苗

在繁殖盛期,将选好的海区,利用耙、锄等工具,人工整平滩涂,清除浮泥,修成畦形基地。畦中央高,边缘低,畦四周以沟相隔,防滩面积水。有条件时可撒砂于滩面上,以利蛤苗附着。

3.蛤苗的采捕与培育

采苗培育是采集附着在海滩上的蛤苗(蛤砂:$48\ 000$ 粒/千克)经人工培育至蛤种(蛤豆:$1\ 600$ 粒/千克)的生产过程。为了采到较多的蛤苗,一般在附苗前后对自然采苗场进行看管养护,防止人和禽畜入滩损坏。

(1)采捕蚶苗的季节:山东冬季水温低,蚶苗活动能力差,最适宜的采捕期是 9～10月。春季 4～5 月虽然也可采苗,但因蚶苗越冬时成活率太低,因此在条件允许的情况下最好在 9～10 月采捕。

我国南方由于产卵期较长,采苗期也较长,从白露到小雪均可进行采苗。但是各时期附苗的数量与质量有一定的差异。广东群众根据发生的节气将蚶苗分为如下几种:

秋仔:白露至秋分(9 月)发生,生长快,个体大,但数量较少。

降仔:寒露至霜降(10 月)发生,此批苗数量多、质量好,壳乳白色,大如绿豆,是优良蚶苗。

冬仔:立冬以后发生的苗,12 月开始采捕。此批苗呈红褐色,质量较好,但数量不多。

春仔:小寒和大寒期间发生的,立春开始采的苗。这批苗呈淡红色,体质不佳,数量也不多。

浙江的蚶苗分为白露至秋分的秋苗,寒露至霜降的降苗,立冬至小雪的冬苗,大雪至冬至的春苗。降苗和冬苗颗粒大,质量好,产量大,成活率也高,是养殖选用的主要苗种。

(2)探苗:为了充分掌握采苗时间、地点(分布范围)及合理组织人力,在采捕前进行探苗,摸清蚶苗分布状况,做到合理采捕。

探苗可以利用取样框或在海滩上量出一定的面积,用铁片将表层 2～3 mm 深的滩泥刮起来。放在纱网内洗去细泥,再仔细地从砂中挑出蚶苗,计算出单位面积的个体数。

广东用刮蚶苗的手网(手靴)探苗,在蚶苗场地表层刮去面积约 0.44 m² 表层泥,洗去细泥,淘出蚶苗,进行计数。据群众经验,这样刮去一次若有 50 粒蚶苗,1 个劳动力 1 天(工作 4 h)内便可采得蚶苗 5 万粒;若刮去一下得 100 粒,则 1 天可采 10 万粒蚶苗。

根据福建的经验,每平方米有 100 个蚶苗即有采捕价值。山东一些蚶苗分布密度较大的海区,每平方米可达 2 000～3 000 粒。

(3)采捕方法:采苗是利用网具将附着在海滩上的蚶苗采集起来,一般在大汛潮期间采苗,每汛潮可采 5～6 d。广东省养蚶工作者创造了"三潮采苗法",在枯潮时、涨潮时和满潮时均可进行采苗;由于充分利用了采捕时间,采苗效率很高。

1)干潮采苗法:此法有 3 种情况,都是退潮时操作。

一种是踏"泥马"采苗,操作者一腿跪在泥马上,一腿蹬泥滩,"泥马"便在泥滩上滑行,在泥马滑行的同时,手持刮苗手网(手靴)刮取泥滩表层约 0.5 cm 厚的泥层,边刮边甩,甩去网内的稀泥,待刮至约 1/3 袋时,到积水坑内洗去泥砂便得蚶苗。

另一种方法是左手持手网,右手拿刮板,依次将海滩表层泥砂刮入网内,达一定数量时,在海水中洗去泥土便得蚶苗。将蚶苗倒入木桶或船舱内,以备除害。有的地区采苗后还将滩面用"泥马"推平,以便于下批蚶苗附着,增加附苗数量,同时也有利于采捕下批苗的操作,提高采苗效率。工具见图 12-4。

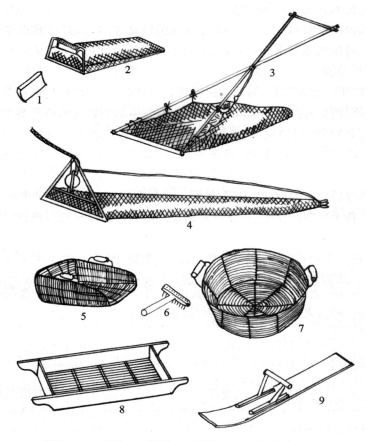

1.刮苗板　2.手网　3.推网　4.拖网　5.铁丝簸子　6.耙子
7.蚶筛　8.蚶箩　9.泥滩上的载运工具——泥马

图 12-4　养殖泥蚶的工具

2)浅水采苗法:此法是在涨潮或退潮过程中,蚶苗埕地尚存 30～70 cm 深的海水时进行。采捕者手持推网(榨靴)涉水前进,双手握住推网把手使网口接触地面,一推一拉地前进,把苗埕表层 2～4 mm 的泥层推入网内,操作时要重推轻拉,既能采到蚶苗又能淘滤出泥浆,捞到一定数量时把蚶苗洗净,倒进系在采捕者腰间的蚶桶内。

3)深水采苗法:在满潮后,用船带着拖网在苗埕上拖拉采捕蚶苗。划桨船每船可拖 2 个网,如用动力船则可带更多的拖网。拖到一定数量后将网提至水面,摇荡洗涤去掉泥浆,将蚶苗倒入蚶桶中。

以上 3 种方法交替使用,可延长采捕时间,提高采苗效率。

此外还有叠土法:先将蚶苗集中浓缩几次,再用手网刮取,既可提高工作效率,又可得到较纯净的蚶苗。

方法:第 1 d 退潮后在海滩上选取好滩面,一般宽度 10 m 左右,长度不限,插上标记,用一种长柄大刮板,由两边将表层约 5 mm 厚的泥砂向中央推,每边推进 2 m 左右,使推起的泥砂均匀地摊在中央。这样再来潮水时,压在底层的蚶苗就爬到表层,第 2 d 再从两边向内推进 2 m,将 10 m 宽的蚶苗都集中在中央的一条约 2 m 宽的长条中。第 3 d 待蚶苗爬至表层时,再用手网在这 2 m 宽的长条滩面刮取,这样集中处理的蚶苗密度约是原来的 5 倍,大大地提高了工作效率。

(4)蚶苗内杂质的清除:蚶苗采捕后虽经初次冲洗,但仍有大量的敌害、泥砂和杂质,如蟹守螺、泥螺、寄居螺、凸壳肌蛤、蓝蛤、红螺、壳蛞蝓、碎贝壳及砂粒等,若不能将它们清除,不但占用面积而且会危害蚶苗或争夺食料,从而影响蚶苗的成活率和生长速度。

清洗的工具有水桶(广东称烧箩桶)、竹筛、竹榨和竹箕,反复淘洗几次即可基本洗净。

(5)蚶苗的暂养:采苗场地如果离中间培育场较远,采到的蚶苗应进行暂养培育。以便储备到一定数量时,一起运往中间培育场。暂养的另一个作用是刚采的蚶苗,个体小、体质弱,不适于长途运输,故在采苗场附近选一处适合的场地进行密集暂养以锻炼蚶苗适应密养环境。

暂养场的条件要选择底质柔软,泥深 0.3 m,海水密度为 1.010~1.020,潮流通畅,风浪较小,敌害生物少的海区。

暂养前要做好场地的整理工作,进行清场、整平,周围围以竹箔。播苗时将洗净的蚶苗在水未完全退出时,带水播苗。因是暂养,密度可稍大一些,一般每亩放苗 1 000 万~5 000万粒,播苗要均匀。

如采苗场与中间培育场距离较近,亦可直接进入蚶苗的中间培育阶段。

4.蚶苗的中间培育

由于我国南北气候相差较大,各地培育蚶苗的方法也不同。北方采苗后即进入越冬培育阶段。南方的广东省由于水温尚高,蚶苗仍能生长,方法与北方不同,技术也比较先进,故重点介绍广东培苗法。

(1)中间培育场地的选择:因刚采到的蚶苗个体较小,防害御敌能力较差,因此培育场要求环境稳定、土质肥沃、敌害较少。能满足上述条件的有内湾软泥质的中、低潮区之间的海滩,若潮区过高蚶苗生长慢,潮区过低敌害生物多,蚶苗成活率低。

一般以每潮能干露 1~3 h 的场地为宜。底质表层有 20~30 cm 的软泥,表层并生有黄褐色的"油泥",但腐殖质不宜太多,海水密度 1.008~1.020 为宜。

(2)场地的整理:确定培育场地范围后,首先应进行"毒场",也称"清滩",即用农药杀死培育场内的敌害及其他生物,以提高中间培育成活率。毒场现在多用鱼藤或茶粕,用法如下:

1)鱼藤:每亩用鱼藤 200 g 左右,将鱼藤砸碎,加入重量 10 倍的淡水浸泡,浸泡一段时间后,将鱼藤捞出来用石块砸,砸后再泡,反复几次,浸泡 2~3 d 后,取出浸泡液,退潮后顺风均匀地泼入苗埕,便可杀死敌害生物。

2)茶粕(又叫茶麸、茶饼):每亩用量 2~2.5 kg,炒焦后捣成粉末,干潮时顺风均匀地撒在场地上,再用"泥马"在滩涂面上轻轻地推压,使毒素均匀而迅速地渗入敌害生物的洞穴内,便可杀死敌害。此法使用方便,效果不错,故较常用。

毒场后第 2 d,蹬着"泥马"用手网刮除场地中已毒死的敌害及杂物,清洁场地。

毒场 1 周后试放蚶苗,证明药效消失方可大批播苗。

　　播苗前用"泥马"把场地推压平整,并进行分格,格长 70～100 m,宽 10 m,格间距 70 cm,格的方向应顺潮流,一般与岸垂直。为了便于培育期洗苗,需在每 2 格的上端、中央及下端各挖 1 个蓄水坑。每格的四周挖有水沟,作为日常管理工作的行道及排水沟。

　　培苗场四周还应用竹箔围起来,以防敌害生物进入。竹箔高 1.0～1.2 m。箔枝 0.4 ～0.7 cm 粗,箔枝间距离 1.4～1.8 cm,箔枝之间用 4～5 条草绳编结竹箔。

　　(3)越冬池:在我国的北方地区如山东,冬季寒冷,平滩培育成活率低,采用蓄水培育的方法既可防止气候变化的影响,又可避免敌害的侵袭,成活率较高。

　　培育池一般修建在避风浪的泥质高潮区,以每汛潮能漫水 3～4 d 为好。池子大小以 100～350 m² 为宜。池子周围筑成宽 3 m、高 0.5 m 的矮坝,坝内挖边缘沟。池的一角留出入水口。大潮期间满潮时海水可以漫过池坝,退潮后池内能蓄存一定深度的海水。筑坝时由池内滩面取泥,使池底面低于周围海滩 20～30 cm,以便于蓄水、减少漏水现象,池形如图 12-5 所示。

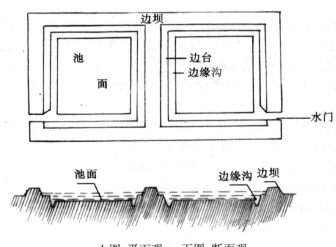

上图:平面观,　下图:断面观
图 12-5　蚶苗及大蚶越冬池

　　(4)播苗:播苗前首先应检查苗种质量的好坏,尤其是从外地购进的蚶苗更应注意。根据苗种质量,确定播种数量。好的蚶苗一般呈白色,壳面上带有赤色,如无赤色则是不健壮的表现。还要检查是否有失水开壳的现象,是否清洗干净,有没有臭味,有无掺杂敌害生物。如不符合播苗要求,应重新处理后再播苗。

　　1)播苗方法:

　　播苗分深水、中水和浅水播苗 3 种。

　　①深水播苗是在船上用双手捧苗,像播谷种一样撒下,最好选平潮无风时进行。

　　②中水播苗是在水深 30～50 cm 时,将蚶苗盛在蚶桶内,运到场地,人从苗埕两边的格沟中向里撒苗,一边撒苗一边推桶前进。

　　③浅水播苗是在水深 10 cm 左右时,用"泥马"运载蚶苗(蚶苗装在桶内或箩内)到苗埕撒播。

　　播苗应注意的问题:撒播要均匀,密度要适宜;不要在退潮水急时撒苗,以免被急流冲走;干潮播苗时应在午后播苗,以免体弱的蚶苗被日光曝晒而亡,但一般不要在干潮时播苗;个体大的蚶苗应播在苗埕的上方,小蚶苗撒在下方。增加小蚶苗的摄食时间,使蚶苗生长均匀。

2)播苗密度与计数方法:

①播苗密度:具体的播苗密度视蚶苗大小和播苗早晚而定。未暂养的苗在直接进行播苗时,每亩可播 1 200 万粒。经暂养后的苗搬到中间培育场时需将蚶苗分成大、中、小等 3 种规格。大苗每亩放养 800 万粒,中苗 900 万粒,小苗 1 000 万粒。蚶苗质量较差时应适当增加放苗量。

②计数:为了切实掌握播种密度,需对蚶苗进行计数。通常用称量法或容量法进行计数。

用秤称量的办法简单而精确。即先将蚶苗混合均匀,在不同位置各取样少许,共称取100 g 左右(蚶苗小时可称 50 g 或数克),数其个数,再称出全部蚶苗的重量,计算出蚶苗总数。

在南方有些群众习惯用容量法计数。即用斗、筒和杯。先定量 1 斗等于几筒,1 筒等于几杯。计量时先用斗量,不满 1 斗时再用筒量,不满筒时用杯量。数出几斗几筒零几杯。然后再从不同位置取样装满 1 杯,倒于平板上摊成四方形,划上十字线,取其中1/4进行计数。把这个数乘上 4 就是 1 杯蚶苗的数。再由杯、筒、斗的倍数关系求出蚶苗总数量。

(5)蚶苗培育期间的管理:蚶苗体小力弱,对不利环境的抵抗能力较差,应切实做好管理工作,要有专人管理,经常检查,发现问题及时处理。

培苗期的主要工作是防灾、防害,定期清场、疏散,做到箔不倒、堤不塌、不积水、无敌害,减少培苗期间蚶苗的死亡率,促进蚶苗健康生长。

1)防寒防晒:山东、浙江冬季水温低,应注意蓄水保温,经常检查堤坝,有漏水危险应及时修复,严寒期间增加蓄水深度。

南方则应注意防晒,特别是在小满和芒种(5 月下旬至 6 月上旬)期间最危险,俗称"犯节气"。这期间是春夏之间,水温变化较大,容易造成蚶苗死亡。预防办法是疏通沟渠,平整滩面,使苗埕退潮后不积水,以免积水处经日晒后,水温急剧升高而烫死蚶苗。

2)防咸避淡:白露后雨水少,若海水密度超过 1.020 时,蚶苗需移到上游有淡水注入的场地"防咸"。雨季到来时,海水密度降低,这时就要把蚶苗迁移到密度较高的靠近外海的海区"避淡",广东省海丰县称为"过港"。

3)定期清场疏散:广东省在正常情况下,播苗后每月应清场一次。

清场的作用:一可锻炼蚶苗的体质;二可防除生物敌害;三可随着蚶苗的逐渐生长,进行适时的扩场疏养。

做法:将全部蚶苗捞起,淘洗掉杂质和有害生物,然后把场地重新压平,播撒纯净的蚶苗。

播苗密度:1 月份每亩放养 900 万粒;2~3 月份每亩放养 400 万~500 万粒;4~5 月份每亩放养 220 万~240 万粒。

清场也是消除底栖敌害生物的过程。蚶苗时期的底栖敌害生物有凸壳肌蛤、经氏壳蛞蝓，斑玉螺、红螺、虾蟹类等。

凸壳肌蛤每年 1～3 月大量附苗，它们相互黏结得像地毯一样覆盖在苗埕表面，造成蚶苗窒息死亡。为此，在它们大量附着的月份应把清场日期缩短为每 20 d 一次。

清除凸壳肌蛤的具体方法：把蚶苗与敌害生物一同捞起洗净，先用竹筛筛去虾、蟹、螺类敌害，因凸壳肌蛤个体小不易筛出，可连同蚶苗一起装入竹箩，停放一夜，第 2 d 将蚶苗装在竹箕内，搓断凸壳肌蛤的足丝，在水中淘洗，凸壳肌蛤因夜间失水，体轻浮于水面而被淘出，或因壳薄而被搓碎。

经氏壳蛞蝓是蚶苗的天敌，在山东每年 3～5 月随潮流来到蚶苗场，昼伏夜出，大量吞食贝苗，危害甚重。防治办法：一是推迟越冬池内蚶苗的出池时间，待 6 月以后蚶苗个体长大时再向中低潮区移养，而且此期壳蛞蝓均已结束产卵，数量大减。二是人捉或在苗场周围拦网阻止敌害进入苗场，也可收到一定效果。

4)防鱼虾害：涨潮后用船拖拉小型底拖网(土刺网)在苗场上拖除敌害。广东使用的土刺网，网长及网口均是 5 m，上缘系浮子，下缘结沉子，用两条舢板在苗场上拖拉。

5)浒苔等杂藻的清除：浒苔等杂藻的附着影响蚶苗的摄食及呼吸。附着在蚶壳上的浒苔常被风浪连蚶苗一起卷起、被流冲走，故应经常清除。广东群众创造了用铁刺绳除浒苔的方法，效果较好。方法是在 10 m 长的麻绳上，密密地穿刺上 5～6 cm 的铁钉，做成十字形铁刺，半干潮时由两人拉着绳子的两端在场地拖行，杂藻便卷缠在铁刺绳上。这种方法也可起驱赶苗埕内的敌害生物和松动土层的作用。

6)防鸟害：水鸟会啄食蚶苗，可用鸟网防除。鸟网长 15～25 m，宽1 m，两端系结在长竹竿上端。竹竿下端插入泥里，让网露在水面，在场地周围和中央纵横布网，便可防止水鸟进入苗场。

北方沿海冬季水温低，蚶苗活动能力弱，踩踏后蚶苗不能重新复位，故应特别注意保持池内滩面的稳定，禁止人及水禽入内。越冬期的管理工作重点是防漏水。蚶池大多建在高潮区，漏水后往往几天进不去水，会造成蚶苗大批死亡，故应特别注意。此外，在严寒期和春季水温变化剧烈时相应增加蓄水深度，以保持水温等环境因子的稳定。一般水深可增加到 30～50 cm。

(6)蚶苗的起捕与运输：蚶苗培育期限一般是 1 周年，即培育至蚶豆阶段；但是有的地区在次年 5～6 月，蚶苗长到绿豆粒大小即结束苗种培育阶段。山东蚶苗越冬期不生长，如过早进入养成阶段，则成活率极低，最好在培育池中培育至 7～8 月份，蚶苗长至豆粒大小再起捕放养。

起捕时，用手网和刮板将蚶苗刮起，经洗涤便可得到含砂较少的纯净蚶苗。用筛子将大小苗分开，分别装在竹箩或麻袋中。如用船运时，应将大苗装在底层，小苗放在上层，以便运到后，随着涨潮时，先将小苗播于养成场的下方，促使小苗生长。使大、小苗长得一致。

蚶苗的耐干能力依气候和苗体大小而定。南方冬季可以维持 2～5 d，天热时则应在 1～2 d 内运到播完。途中应注意空气流通，防雨淋，防日晒。路途超过 1 d 时，应每日将蚶苗浸入海水中片刻，但时间不宜过长。

二、采捕野生蚶苗

采捕野生蚶苗的工具与方法，基本上与半人工采苗的方法相同，只是没有整滩附苗的过程。采捕野生苗前，先取样检查，利用采样框在滩涂表面取样，置于孔径 200 μm 网袋中，洗去泥、砂，然后计数，蚶苗达 100 个/平方米以上具有采苗价值。采捕方法详见前述蚶苗的采捕与培育。

三、室内人工育苗

过去几年，泥蚶的人工育苗采取常温的方法进行。一般在 5 月下旬~7 月上旬生产。当海区水温 20℃~23℃时，选壳长 2~3 cm、外形完整的 2~3 龄泥蚶作亲蚶。此时，室内水温一般可达到 23℃~25℃。亲蚶入池后，清除表面的污损生物和杂质，用一定浓度的高锰酸钾消毒后，开始亲蚶蓄养。当天采卵。

但近 2 年，各育苗厂家纷纷抢早苗、抢市场，使得亲蚶的采卵日期逐年提前。对于泥蚶的升温育苗，亲蚶必须经过室内的升温促熟。

1. 亲蚶的选择

对于升温育苗，亲蚶蓄养的时间选择在 3 月下旬~4 月中旬。此时，海区的水温在浙江一带达到 8℃~10℃，北方为 6℃~8℃。

在死亡率小于 5% 的海滩，选择肥满度高、肠道粗、鳃完整、足厚度大、壳长 2~3 cm（合 120~160 粒/千克）、外形完整的 2~3 龄泥蚶作亲蚶。

2. 亲蚶蓄养

亲蚶的蓄养多采用浮动网箱或直接放在池底的方式。管理采取加大换水和加大投喂相结合的措施。

（1）蓄养方式：采用浮动网箱或直接放在池底的方式进行蓄养。网箱蓄养的方式，操作方便，水质控制稳定，是最理想的方式。放养密度一般为 200~300 个/平方米。

（2）控温：低于 20℃，泥蚶的生殖细胞处于快速生长阶段；高于 20℃，生殖细胞快速成熟。

水温从亲蚶入池的 8℃ 开始，逐渐升高。当水温升至 22℃~23℃ 时，开始稳定控温，等待采卵。此时，注意观察池内亲蚶的活动和性腺发育程度，及时采卵。22℃~23℃ 时，一般蓄养 1 周左右即可得到自然排放的精、卵。

（3）饵料：饵料是亲蚶蓄养的基础，其种类和数量对亲蚶性腺发育的影响较大。三角褐指藻、小新月菱形藻、等鞭藻和塔胞藻等单胞藻是亲蚶促熟的优良饵料。混合投喂，日投喂量（30~40）×10^6 细胞/毫升。单胞藻供应不足时，可用螺旋藻、豆粉、地瓜淀粉和市售鲜酵母作代用饵。

在混合投喂的同时，添加光和细菌，弥补单胞藻缺乏的蛋氨酸和半胱氨酸，促进性腺快速的健康发育。

（4）水质更新：通过换池、换水和吸底等操作实现水质控制。日换水量 100%~200%，分 4~8 次。前期，1~2 d 换池一次，采取大换水的方式更新池水；后期采取大换水、长流水和吸底相结合的换水方式，确保水环境的稳定，延长促熟时间。

(5)充气:连续微量充气。

(6)理化因子控制:光照≤800 lx,盐度 25～32,pH 值为 7.8～8.6,COD≤1.5,DO≤4.0～5.0,NH_4^+-N≤1 mg/L。

(7)防病:亲蛏池的防病要从亲蛏入池开始,亲蛏入池前用$(5～10)×10^{-6}$高锰酸钾浸泡亲蛏 5～10 min,再以新鲜海水透洗 2～3 遍。亲蛏池可用 $2×10^{-6}$青霉素和 $4×10^{-6}$链霉素联合泼洒,也可以泼洒 $2×10^{-6}$氯霉素或 $2×10^{-6}$土霉素抑制细菌的繁殖和生长。

单胞藻培养采取一次培养的方法,防止单胞藻的老化,间接防止亲蛏池病原的繁殖。投喂前,向藻池泼洒 $3×10^{-6}$的青霉素和 $6×10^{-6}$的链霉素,也能取得良好的防病效果。

3.采卵

当亲蛏性腺发育成熟时,需立即采卵。采卵的方式为:

(1)自然采卵:采用精、卵自然排放法。为防止精子过多,发现雄蛏排精时,立即将其挑出。这种方法获得的受精卵质量最好,胚胎发育同步,幼虫培育顺利。

(2)诱导采卵:

1)阴干—流水刺激:阴干 2～5 h,流水 1～2 h。这种方法获卵的成功率一般在 75%以上。

2)精液诱导排卵:亲蛏移至新备的池水中,泼洒精液诱导。取雄蛏,用牙签将精巢轻轻挑破,用新鲜海水将挤出的精液稀释,过滤后,泼洒到亲蛏池。对于成熟比较好的亲蛏,这种方法对亲蛏的诱导比较灵敏。

3)变温刺激:将亲蛏放在 10℃的冰箱中 30 min,然后取出,立即放在21℃～23℃的自然海水中,待产。

孵化过程中,连续微量充气。必要时施加 $1×10^{-6}$氯霉素或 $2×10^{-6}$青霉素抑制微生物的大量繁殖,保证胚胎健康孵化。

4.洗卵与孵化

在亲蛏排放精、卵时,可以把亲蛏放在网箱中产卵、排精。发现雄贝排精,立即将其挑出,避免池水中精液过多,影响孵化率和胚胎的健康发育。如果池水中精液过多,则需洗卵。

泥蛏的卵子尽管属沉性卵,但通过常规方法洗卵有较大的困难。采卵后通过分池的方法间接"洗卵",可很好地降低卵池中精液的密度,提高孵化率。

5.选幼

水温 23℃～25℃条件下,受精卵经 18～22 h 发育至 D 形幼虫。此时,面盘幼虫的规格为 75 μm×60 μm。胚胎发育到 D 形幼虫后,需立即选幼。

夏季育苗水温高,孵化池水易繁殖病原菌,孵化池可用 $1×10^{-6}$青霉素和 $2×10^{-6}$链霉素联合泼洒,也可以使用$(1～2)×10^{-6}$氯霉素或$(2～3)×10^{-6}$土霉素全池泼洒。

6.幼虫培育

(1)幼虫生长:在 23℃～25℃,从初期面盘幼虫到壳顶初期,幼虫每天生长 5～7 μm;壳顶期幼虫到眼点幼虫阶段,幼虫每天生长 10 μm 左右。从 D 形幼虫到眼点幼虫,一般需要培养 15 d 左右。当壳长达到 180～200 μm 时,幼虫陆续出现眼点。

(2)培育密度:前期幼虫的培养密度 10～20 个/毫升为宜;随着个体的生长,密度逐渐降到 5～8 个/毫升。

泥蚶育苗恰逢高温季节,苗池易繁殖原生动物(如游捕虫、变形虫及海生残沟虫等)和猛水蚤等敌害生物。高密度培育幼虫可以形成蚶苗的种间优势,提高群体的抗性;集中培育可节省大量的饵料,在一定程度上能缓解高温季节单胞藻供应的窘境。

(3)饵料:等鞭藻个体较小,蛋白质和氨基酸含量比较高,营养相对齐全;一般长 4～7 μm、宽 3～4 μm,是魁蚶幼虫良好的开口饵料。饵料种类为等鞭藻(如 3011,3012,8701 等)、三角褐指藻、小新月菱形藻、塔胞藻、扁藻等。一般地,前期每个 D 形幼虫每天摄食 4 000～5 000细胞,后期每个壳顶幼虫每天摄食 2×10^4 细胞左右。

根据幼虫培育密度和日换水量的不同,幼虫培育期间的日投喂量控制在$(3\sim12)\times10^4$细胞。日投喂次数为 4～8 次。

在泥蚶人工育苗中,应采取混合投喂,并加大投喂量,保证育苗水体的单胞藻密度达到 3×10^4 细胞/毫升(以金藻计)以上。

金藻不饱和脂肪酸的含量很高,是泥蚶良好的饵料,但其蛋氨酸的含量较低,仅为 0.54 $\mu g/mg$(干品);光合细菌则为 0.8%～2.8%,且含较多的维生素 B_{12}、生物素、菌绿素、类胡萝卜素和辅酶 Q 等生理活性物质,二者混投可全面丰富幼虫或稚蚶的营养,提高生长发育速度,增强生理机能,为提高幼虫的变态和稚蚶的存活率提供保障。扁藻含较高的纤维素,可促进幼虫或稚蚶的消化和排粪。总之,混合投喂比单一投喂任何一种单胞藻的效果都好。

(4)水质更新:高密度培育幼虫或稚蚶,加大换水量是育苗最关键的措施之一。加大换水量有利于稚蚶将因水混合过多残饵形成的假粪排出体外,有利于幼虫或稚蚶的消化、吸收和排粪,还可相对增加海水中的营养和生理活性物质。

1)换池:对于小水体育苗,如果条件允许,可每天换池 1 次;对于中等或大规模的育苗水体,在整个幼虫培育阶段,每天至少换池 2～3 次。

2)换水:日换水量 150%～300%,分 2～6 次。前期,采取大换水的方式更新池水;后期采取大换水、长流水相结合的换水方式,促进幼虫的分布、上浮。

(5)充气:连续微量充气。

(6)理化因子控制:水温 23℃～25℃,光照 800 lx 左右,盐度 25～32,pH 值为 7.8～8.2,COD≤1.2,DO≥5.0,NH_4^+-N≤100 $\mu g/L$。

(7)防病:防病工作可以从下述五方面着手:幼虫池的防病要从亲蚶入池开始,这一点同亲蚶蓄养;尽早选幼,缩短幼虫在孵化池的时间;单胞藻培养采取一次培养的方法,防止单胞藻的老化;单胞藻投喂前,向藻池泼洒 6×10^{-6} 的青霉素和 3×10^{-6} 的链霉素,也能取得良好的防病效果;定期向培育池水中泼洒氯霉素、土霉素或红霉素等抗生素。

(8)常规检查:每天取样测量幼虫的密度与生长情况;检查幼虫的分布情况,尤其池底幼虫的质量和存活情况;检查幼虫消化盲囊的饱满度、颜色、内部食物颗粒的转动情况;检查水中的残饵量,根据残饵的有无和数量调整投喂;水质检查:如水色、透明度(或浊度)和其他理化因子;检查水中原生动物、桡足类、真菌和较大型微生物等敌害、病原生物因子。

7. 采苗

后期壳顶幼虫发育到 180～220 μm 以后,即将结束浮游生活,沉降到池底,变态后转为底栖生活。此时,需适时投放附着基。

在泥蚶人工育苗过程中,选择底质是非常重要的环节。眼点幼虫变态时需要良好的底质条件。

(1)底质:底泥和粉砂。对于底泥,可以在滩面上轻轻刮取表面微黄色的海泥。黑色、红色或带异味的海泥不可用。

(2)附着基处理:底泥处理一般先过筛,再用200目筛绢水洗(表12-10),然后放在干净处曝晒。使用前需要进行高温蒸煮或使用高锰酸钾消毒。粉砂的处理相对简单,过筛后,经高锰酸钾消毒即可使用。

表 12-10　筛网型号与规格表

目数	70	90	100	120	160	180	200	220	240	250	260	300
近似孔径(mm)	0.197	0.169	0.143	0.110	0.097	0.091	0.077	0.072	0.062	0.054	0.041	0.030

(3)附着基投放时间:当眼点幼虫100%出现眼点,壳缘变厚,30%个体的足开始伸缩时,水中出现大量絮状物时,立即投放处理好的附着基采苗。

(4)附着基投放数量:池底1~2 mm厚度。

(5)无底质附苗:不投基质或砂皆能满足幼虫变态时对水环境和变态行为的要求,因此出现较高的变态率,且变态后的稚蚶壳面无污附、摄食力强。

为提高成活率和产量,可采用无底质附苗。附苗后第5~7 d,稚贝培育底质采用粉砂和细砂混合的底质,此后,再选用良好的底泥一直到出库、销售。

(6)立体附苗:根据泥蚶幼虫附着变态能够分泌足丝附着于附着基上完成变态的特点,在人工育苗中立体投放适宜的附着基能够有效地提高幼虫的附着变态率和成活率。山东省海水养殖研究所张晓燕等(1998),利用波纹板、网笼盘和扇贝养成笼,使采苗面积增加3~4倍(表12-11)。

表 12-11　泥蚶的不同附着基附苗效果

附着基种类	鲍立体附着基架平插透明波纹板,池底铺透明波纹板			扇贝养殖盘串,池底铺黑色波纹板			扇贝笼内铺棕帘,池底铺黑色波纹板	池底铺 6.5 cm厚、直径 0.2～0.5 cm细砂,加上一层海泥
池号	8	12	17	9	10	11	19	20
立体附着基附苗量(万)	483	537	521	209	258	246	168	
池底附着基附苗量(万)	624	521	480	610	838	706	643	
池底面附苗量(万)	208	95	262	526	690	517	494	342
全池附苗量(万)	1 315	1 153	1 263	1 345	1 786	1 469	1 305	342
单位水体出苗量(万/平方米)	202	178	194	206	274	226	181	52
单位面积出苗量(万/平方米)	164	144	157	168	223	183	147	42

这种附苗方式,改善了稚贝的栖息环境,较好地综合利用有效水体,使单位水体出苗量提高了 3.4～5.3 倍。泥蚶附着变态后,再刷入池中采用底泥培育,底泥厚 1～2 mm,3～4 d 倒池 1 次。利用 200 目筛网过滤去泥便得蚶苗。

8.稚贝培育

(1)换池:每 2～4 d 换池 1 次。

(2)换水:日换水量 200%～300%。每天换水 4～6 次,大换水和长流水相配合。严格消除换水死角。

(3)投喂:日投喂量 $15×10^4$ 细胞/毫升以上,分 4～6 次投喂。促进稚贝快速生长,尽可能地缩短稚贝培育时间,提早出池。

(4)充气:适当加大充气量。

(5)防病:严格预防原生动物、桡足类和真菌等敌害和病原生物泛滥。

(6)蚶苗锻炼:出池前,逐渐提光,增加光照强度。对蚶苗进行室外适应性锻炼。

四、土池育苗

泥蚶的土池半人工育苗,场地的选择,土池的建造,育苗前的清池与培养饵料等工作,诱导排放精、卵的方法,幼虫的培育,稚贝的附着与培育,敌害的防除等与一般贝类的土池半人工育苗的方法基本相同。

泥蚶的土池半人工育苗是解决泥蚶苗种来源的重要方法。为提高半人工育苗效果,可充分利用闲置的贝类育苗池或对虾育苗池设施,进行泥蚶的幼虫培育,或者是选眼点幼虫投入土池中附着变态,发育生长,从而获得优质高产的泥蚶苗种。

第五节　泥蚶的养成与收获

一、养成

将蚶苗(蚶砂＝48 000 粒/千克或蚶豆＝1 600 粒/千克)养至商品蚶的过程称为泥蚶养成。由于我国南、北方气候相差较大,各地养成方法不尽相同。各地群众根据当地特点,创造了适于地区特点的养成方法。

1.养成方法与场地修建

归纳我国目前养殖泥蚶的方法,大体可分为两种:蚶田养殖和蚶塘养殖。

(1)蚶田养殖(蚶埕养殖):蚶田养殖多流行在我国广东、福建沿海,是指不蓄水的平滩养殖方法。多选在内湾软泥质的低潮区。这种养殖方法,场地建造方便,水质交换条件好,适于开展大面积的养殖。

在选定的滩面上插上竹竿或树枝作标记,根据地势将海滩分成若干块方形或长形蚶田,每块 0.1～0.5 ha。蚶田之间挖浅沟,以便于排水及操作,并可防止泥蚶逃散。有的地区还在蚶田周围用竹箔或网片围起,以防止敌害生物进入场内。

(2)蚶塘养殖:蚶塘是建筑在内湾高、中潮区的一种半蓄水式池塘。即涨潮时潮水可以漫池,退潮后根据需要池内保留一定数量的海水的蓄水养蚶方法。此法优点:一是可以利用蚶田养殖不能利用的高潮区,综合利用海滩,以扩大养殖面积。二是泥蚶在高潮区,能受到更好的保护,成活率很高。此外,由于池内经常存水,泥蚶摄食时间长,生长也较快。

在气候较冷的北方还利用这种方法进行泥蚶越冬,可减少或避免泥蚶冬季的死亡。

此法缺点:一是建池要消耗较大的费用,因此,难以大量养殖。二是退潮后池内是死水,故不适于高密度养殖。

1)蚶塘选址:蚶塘应建筑在一般潮水能涨到的潮区,潮区低了,受风浪冲刷时间多,堤坝不易保牢;潮区过高进水机会少,对泥蚶生长不利,一般建在高潮区下部为宜。为此,应建在较高的潮区,使每汛大潮能进水 2～4 d 为宜。蚶塘的底质也很重要,应选择不渗水的泥质海区,以防池塘漏水。

2)蚶塘的结构:如图 12-6 所示,蚶塘的结构包括堤坝、缓冲沟、挡水坝(缓冲堤)、水门及塘面。面积不宜过大,一般为 0.3～3 亩。

①堤坝:高矮应根据海况与使用目的及海区条件而定。大型蚶塘和风浪较大的海区,堤坝应高宽而坚固。堤高 0.5～1.5 m,基宽 3～5 m,堤的上顶应修得圆滑,使泥土不易倒塌。

浙江还有一种高堤蚶塘,大潮时海水不漫堤坝,为此堤坝就应高于大潮水位线,使潮水不能漫堤而过。这种堤除了由池内取土外,往往还需由陆地取一部分黏土,增强堤坝的牢固性。

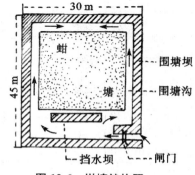

图 12-6　蚶塘结构图

一般的蚶塘和越冬池,堤坝用土应由池内挖取,结合降低塘面和挖缓冲沟进行。要计划好各部工程土方量,使塘内取土与大坝用土数量达到平衡。

②缓冲沟:又称沉淀沟,是在坝内环绕塘面的水沟。它可引导潮水平顺地进入滩面,防止潮水剧烈冲刷塘面。同时使堤坝上冲刷下的泥土沉淤沟中,防止堆积到塘面,造成越冬期泥蚶的死亡。缓冲沟的宽度和深度根据池子大小,一般是 0.5～1.0 m 宽、0.2～0.3 m 深。

③挡水坝:修在水门内侧的一条土堤,作用是防止潮水直接冲向塘面。挡水坝一般高 60 cm,底宽 150 m,坝面宽 60 cm,长度不定。

④水门:潮水进出蚶塘的路径,并起到控制塘内水位的作用。较小的蚶塘及越冬池的水门只是留 1 个软泥质的水口,由填泥的高低控制池内水位。较大的蚶塘,则需用石料等砌筑水门,水门不应设在向潮面,以避免受风浪的冲刷。水门外挖一条引水沟,以便于纳水及排空池水。

⑤塘内涂面的深度:塘内涂面最好能挖低 20～30 cm,使塘内比塘外海滩低,可防止漏水、跑水等事故。蚶塘建成后,塘面要进行翻、耙、整平等工作,一个坚固的蚶塘一般可使用一二十年。

2.播种密度与方法

养殖成蚶的播种密度既受海况条件的限制,又受养成方式的限制,因此,各地区播种密度相差较大(表 12-12)。

表 12-12 各地泥蚶播种量

养殖地区	蚶苗大小(个/千克)	每亩播种数(万粒)	每亩播种量(kg)	密度(粒/平方米)
广东海丰	3 200	133	416	2 000
广东海丰	1 000	40	400	600
广东海丰	300	18～20	600～650	270～300
福建	26 000	65～104	25～40	1 000～1 500
福建	900	18～225	200～250	270～337
福建	500	17.5～20	350～400	260～600
浙江奉化	1 000～1 200	12.5～18	125～150	187～270
浙江奉化	600～800	11.4～15.2	190	170～228
浙江奉化	300～400	7.5～10	250	100～150
山东乳山	1 600	100	625	1 500
山东乳山	800	80	1 000	1 200
山东乳山	400	60	1 500	900

(1)播种密度:播种的密度与泥蚶的生长及单位面积产量有直接关系。播种量大,企图追求单位面积高产,但实际上影响了泥蚶的生长,降低了产量和产品的规格。为此,应该合理密养,在苗种不足、滩涂面积较大的情况下,不可单纯追求单产,应该扩大养殖面积,减少放养密度,促进泥蚶快速生长,以提高泥蚶的总产量和质量。

决定放养密度的原则应该是既能充分利用海区的生产能力,又不影响泥蚶的生长。在考虑局部密度的同时还应考虑整个海区泥蚶养殖的数量。山东多属于暂养性质,密度一般较大,对泥蚶的生长速度有明显的影响。综合各地经验,一般平滩养殖方法,可按每亩产大蚶 1 500～2 000 kg 的密度放养,即至收获时每亩成活 30 万粒左右。各地可根据本地区成活率高低,适当地多播一些蚶种。

(2)播种方法:播种一般选在退潮后,用"泥马"载着蚶种顺着蚶田的界沟,边走边用手把蚶种均匀地撒播在蚶田中。天气炎热时应尽可能避免在中午前后播种。

3. 养成管理

(1)分埕稀疏:有的地区和单位由于滩涂面积较小,或者是为了更好地管理幼小的蚶种,开始放养时播种密度很大,这样随着泥蚶的生长每年应分埕和疏散 1～2 次,以便于及时调整放养密度,促进泥蚶的生长。并随着泥蚶对敌害生物防御能力的增强,分埕后可将养殖场地向更适于泥蚶生长的低潮区扩展。

分埕疏散是将养殖的泥蚶全部收起,重新放养,同时将混在蚶田中的敌害生物一起清除。

(2)防洪避淡:位于内湾和河口附近的养蚶场,在雨季常因过多淡水或淤泥的覆盖而造成泥蚶大量死亡,为此,必须采取一定措施加以防护。

威胁较小的海区可在蚶田的上游或上端修筑分坝和排洪沟,引导洪水不经过蚶田,并防止大量淤泥沉淤蚶田。威胁较严重的场地则应在雨季之前及早将泥蚶移向外海区,待雨季过后再搬回原地。

(3)防暑:南方沿海夏季应加强防暑工作,夏季的烈日常晒得蚶田积水处的水温急剧上升,致使泥蚶死亡。为此,这些海区夏季应及时维修蚶田,疏通沟渠,使蚶田退潮后不积水。蚶塘养殖则相反,在夏季应增加蓄水深度,以免水浅水温急剧上升,一般水位控制在60～70 cm。

(4)越冬:山东沿海冬季海水常结冰,巨大的冰块随潮流在蚶田上拖来拖去,破坏泥蚶洞穴,甚至把泥蚶拖出滩面而被冻死。低温还能冻伤泥蚶组织,使泥蚶渐渐死于泥下。有时死亡率高达 100%。为了减少或避免泥蚶越冬时的死亡,可将养成场地移至低潮区,或在高潮区修建像蚶苗越冬池那样的池塘越冬,每亩池可放泥蚶 1 500～2 500 kg。越冬移植必须在 10 月以前完成,否则水温下降后,蚶活动力降低,移植后钻不到泥内,仍然会被冻死。越冬期间储水深度为 20～30 cm,防止跑水、漏水。禁止人员入池踩踏。

(5)清除敌害:危害蚶苗的许多敌害生物同样是养成期的敌害生物,为此养成期间应经常检查,发现凸壳肌蛤、红螺、玉螺、蟹类、敌害性鱼类等应及时组织力量清除。必要时也可用网片等方法保护,防止敌害鱼类的破坏。

(6)其他日常管理工作:

1)放养泥蚶后必须有专人进行管理,及时检修堤坝,防止漏水。

2)蚶田养殖经常疏通沟渠,保持水流通畅,使退潮后滩面不存水。

3)蚶塘养殖中,若饵料不足,每半月可施肥 1 次,施肥量为氨肥 1 千克/亩,磷肥 0.1 千克/亩。

4)经常检查泥蚶生长和生活情况,若发现贝壳张开,壳面尚新鲜,则是最近被损害的现象。若壳面呈深灰色,壳缘发黑,则为被淤泥掩盖缺氧或冻伤后无力形成水孔而产生的窒息现象。发现上述情况应及时抢救,将泥蚶起捕后重新放养。

二、收获

泥蚶壳长达 2.5 cm 上,每千克 200 粒即达商品规格。南方需养殖 2～3 年,北方需 3～4 年。以后虽然仍可生长,但增长缓慢。2～3 龄泥蚶正是消费者所喜爱的规格,故多在此期收获。

收获日期各地不一样。一般应在冬肥期收获,这期间,泥蚶肉体肥嫩,口味较佳,气温低易于运输。生殖期虽然也很肥,但口味欠佳,而且此时收获不利于繁殖后代,应该禁捕。因此,南方收获期应在 12 月至第二年 3 月,北方如山东多在 11～12 月。

收获方法多用小铁耙子和铁丝簸子,广东则用竹箕(榨靴)带水作业。各种收获工具见图 12-4。

经过 3 年的养殖,每亩收获泥蚶 1 500 kg 以上,福建最高可达 5 000 千克/亩。每位职工一般可管理 1 ha。

第六节 魁蚶的养殖

一、魁蚶的生物学

魁蚶是一种大型蚶类,俗称赤贝,深受我国及日本消费者喜爱,也是一种经济价值较高的贝类。我国和日本等已取得人工育苗及养成技术的成功经验,是一种有发展前途的养殖贝类。

1.形态(图 16-7)

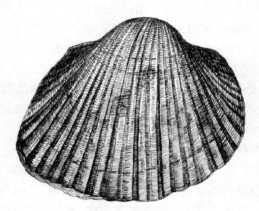

图 12-7 魁蚶

贝壳大,斜卵圆形,极膨胀,左、右两壳稍不等,壳顶膨胀突出。放射肋宽,平滑无明显结节,42～48 条,以 43 条者为多。壳表面被棕色壳皮。壳内白色,铰合部直,铰合齿 70 枚。南方产的个体与北方略有不同,南方产的壳比北方的薄,放射肋较少,后方腹缘不如北方的长。北方产的种与日本种相近,而南方产的近似菲律宾种。

2.魁蚶的生态

魁蚶分布于日本、朝鲜、菲律宾及我国。我国北自辽宁,南至广东沿海均有分布。以黄海北部较多。栖息环境多在 3～50 m 水深的软泥或泥砂质海底,用坚韧的足丝附着在泥砂中的石砾或空贝壳上。

生长的适温较泥蚶和毛蚶低,为 5℃～25℃。

适应盐度范围为 26～32。4～10 月水温高时生长快,10 月～翌年 3 月生长缓慢或停止生长。

魁蚶是滤食性贝类。魁蚶胃含物的浮游生物主要成分是硅藻,其中数量较多的是舟形藻、圆筛藻、直链藻、双菱藻、曲舟藻和骨条藻。

3.繁殖与生长(图 12-8)

(1)繁殖:

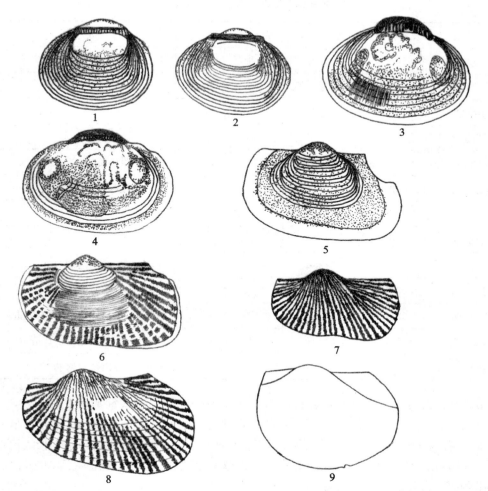

1.壳顶幼虫 0.15×0.19 mm   2.壳顶幼虫 0.18 mm×0.14 mm   3.成熟幼虫 0.25 mm×0.19 mm
4.初期稚贝 0.28 mm×0.21 mm   5.稚贝 0.44 mm×0.28 mm   6.稚贝 0.94 mm×0.54 mm
7.稚贝 3.3 mm×1.8 mm   8.稚贝 13.5 mm×9 mm   9.幼贝 48 mm×37 mm

图 12-8　魁蚶浮游幼虫及稚贝发育

1)繁殖季节:6～10 月为繁殖期,盛期为 7～8 月。产卵水温为 18℃～24℃。

2)雌、雄鉴别:魁蚶雌雄异体。性腺成熟时,雌性性腺桃红色,雄性性腺乳白色或淡黄色。

3)精、卵形态和大小:卵径 56～65 μm;精子头部前端尖,长约 5 μm,尾部长约 50 μm。

4)胚胎发育:在 22℃～25℃下,受精后 45 min 放出第一极体,7 h 发育至囊胚期,15 h 后发育为担轮幼虫期,22 h 进入面盘幼虫期。水温低,发育相对较慢。见表 12-13。

表 12-13　魁蚶的胚胎及幼虫发育过程(魏利平,1990)

发育阶段	发育时间	水温(℃)	壳长×壳高(μm)	备　注
受精卵	0	21.2	卵径 58.6	
4 细胞期	1 h 45 min			
8 细胞期	2 h 20 min	20.9		
多细胞期	5 h 10 min	20.6		
原肠胚	9 h 20 min	20.6		胚胎在膜内旋转
担轮幼虫	18 h 30 min	20.4		向水面浮起
D 形幼虫	32 h	20.7	82×70	消化道未形成
D 形幼虫	2 d	20.9	90×75	幼虫开始摄食
壳顶初期	10 d	22.8	120×98	壳顶突起,幼虫两侧对称
壳顶中期	16 d	23.8	156×124	面盘发达,浮游能力强
壳顶后期	22 d	23.2	204×168.2	有眼点,足发达,壳顶非常隆起
初期稚贝	24 d	23.4	256×202	面盘退化消失,分泌次生壳
稚贝	28 d	23.8	384×236	附着生活,出现放射肋

5)幼虫生长:10～23 d 幼虫壳长达 190 μm,足已很发达,进入匍匐幼虫期。

6)变态:即将变态的幼虫长 250 μm 左右,此时贝壳前后细长,前端尖,铰合部呈一直线,前、后各有 7～8 个栉状齿,壳面黄色,表面生刚毛,以壳顶为中心的同心生长线比毛蚶多,14～15 条。平衡器及眼点均可看见。至面盘完全退化后,转入附着生活,并分泌出钙质的次生壳。

魁蚶稚贝的形态与毛蚶近似,初期近似长方形,以后渐渐长成成体形状。

7)稚贝生长:魁蚶经过一个相当长的附着生活阶段,才能转入埋栖生活。其大小因地区而不同。东京湾的魁蚶壳长达 40～50 μm 时转入埋栖。而博多湾在发生 3 个月,壳长 30 mm 时就进入埋栖生活。

(2)生长:魁蚶的生长较快,据平松报道日本福港湾产的魁蚶 1 年壳长达 61 mm,2 年为 78 mm,3 年为 90 mm,4 年为 105 mm。最大的魁蚶壳长可达 15 cm,体重 800 多克。魁蚶的寿命可达 10～15 年。

二、魁蚶的人工育苗及其中间培育

1. 亲蚶的选择

常温育苗在 6 月下旬～7 月中旬进行。当海区水温 12℃～20℃时,选壳长 6～8 cm、外形完整的 3 龄以上的魁蚶作亲蚶。此时,室内水温一般可达到 15℃～24℃。

亲蚶入池前，将壳面带孔的个体剔出，然后清除表面的污损生物和杂质，用一定浓度的高锰酸钾消毒后，开始亲蚶蓄养。蓄养时间一般为 10 d 左右。

2. 亲蚶蓄养

(1)蓄养方式：采用浮动网箱、网笼或直接放在池底的方式进行蓄养。网箱蓄养的方式，操作方便，水质控制稳定，是最理想的方式。放养密度一般为 50～60 个/平方米。

(2)水温：控制在 15℃～24℃。一般地，低于 20℃，生殖细胞处于快速生长阶段；高于 20℃，生殖细胞则快速成熟。当水温超过 20℃，注意观察池内亲蚶的活动和性腺发育程度，及时采卵。一般 22℃～23℃下，蓄养 3 d 左右即可得到自然排放的精、卵。

(3)饵料：亲蚶蓄养的基础，其种类和数量对亲蚶性腺发育影响较大。三角褐指藻、小新月菱形藻、等鞭藻和塔胞藻等单胞藻是亲蚶促熟的优良饵料。混合投喂，日投喂量 30×10⁶ 细胞/毫升。

单胞藻供应不足时，可用鼠尾藻等大型褐藻类的榨取液或酶解紫菜的细胞来代替；或用螺旋藻、豆粉、地瓜淀粉和市售鲜酵母作代用饵。

在混合投喂的同时，如果添加光合细菌，可以很好地弥补单胞藻缺乏的蛋氨酸和半胱氨酸；这对性腺的健康快速发育有很大的好处。

(4)水质更新：日换水量 100%～300%，分 3～6 次。前期，1～2 d 换池一次，采取大换水的方式更新池水；后期采取大换水、长流水和吸底相结合的换水方式，确保水环境的稳定。

(5)充气：连续微量充气。

(6)理化因子控制：光照 200～500 lx，盐度 25～32，pH 值为 7.8～8.2，COD≤1.2，DO≥5.0，NH_4^+-N≤1 mg/L。

(7)防病：亲蚶池的防病要从亲蚶入池开始，用(5～10)×10⁻⁶高锰酸钾浸泡亲蚶 5～10 min，再以新鲜海水透洗 2～3 遍。亲蚶池可用 2×10⁻⁶青霉素和 4×10⁻⁶链霉素联合泼洒，也可以泼洒 2×10⁻⁶氯霉素或 2×10⁻⁶土霉素抑制细菌的繁殖和生长。

单胞藻培养采取一次培养的方法，防止单胞藻的老化，间接防止亲蚶池病原的繁殖。投喂前，向藻池联合泼洒 6×10⁻⁶的青霉素和 3×10⁻⁶的链霉素，也能取得良好的防病效果。

3. 采卵

当亲蚶性腺发育成熟时，需立即采卵。

(1)自然获卵：采用精、卵自然排放法。为防止精子过多，发现雄蚶排精时，立即将其挑出。这种方法获得的受精卵质量最好，胚胎发育同步，幼虫培育顺利。

(2)诱导获卵：

1)阴干—流水刺激：阴干 2 h，流水 0.5～1 h。放回采卵池后 1 h 左右，即可发现亲蚶产卵、排精。

2)精液诱导排卵：亲蚶移至新备的池水中，泼洒精液诱导亲蚶产卵。

3)强氯精处理：把新鲜的海水，用强氯精处理 2 h 后，再用硫代硫酸钠中和，暴气 1 h 后，将亲蚶移到处理池中待产。一般 1 h 后，亲蚶即可排放精、卵。

4. 洗卵与孵化

在亲蚶排放精、卵时,把亲蚶放在网箱中进行。少量雄蚶排精时,不需将其立即取出采卵池;待池水中精子达到一定数量时,只要发现再有雄蚶排精,则必须立即将其挑出,以避免池水中精液过多,影响孵化率和胚胎的健康发育。如果池水中精液过多,则需洗卵。

魁蚶的卵子属沉性卵,这就使得洗卵操作变得比较方便易行。一般地,根据池水中精液的多少,可洗卵 1～3 次。

孵化过程中,连续微量充气。必要时施加 1×10^{-6} 氯霉素或 2×10^{-6} 青霉素抑制微生物的大量繁殖,保证胚胎的健康孵化。

5. 选幼

水温 23℃～25℃条件下,受精卵经 18 h 发育至 D 形幼虫。一到 D 形幼虫,要立即选幼。

为防止孵化池水繁殖病原菌,孵化池水可使用 2×10^{-6} 青霉素和 1×10^{-6} 链霉素联合泼洒,也可以使用 $(1\sim2)\times10^{-6}$ 氯霉素或 $(2\sim3)\times10^{-6}$ 土霉素全池泼洒。

6. 幼虫培育

(1)幼虫培育时间:在 22℃～25℃,幼虫培育时间为 15 d 左右。壳长达到 210～240 μm,幼虫陆续出现眼点。

(2)培育密度:前期幼虫的培养密度以 10～20 个/毫升为宜;随着个体的生长,密度逐渐为 5～8 个/毫升。

(3)饵料:等鞭藻个体较小,蛋白质和氨基酸含量比较高,营养相对齐全,为魁蚶幼虫良好的开口饵料。

常用的饵料为等鞭藻(如 3011,3012,8701 等)、三角褐指藻、小新月菱形藻、塔胞藻、扁藻等。

根据幼虫培育密度和日换水量的不同,幼虫培育期间的日投喂量控制在 $(3\sim15)\times10^4$ 细胞/毫升,日投喂 4～8 次。

在混合投喂单胞藻的同时,如果添加适量的光合细菌,可以很好地保障幼虫所需的营养和生理活性物质。

(4)水质更新

①换池:在整个幼虫培育阶段,至少换池 3 次。

②换水:日换水量 150%～300%,分 2～6 次。前期,采取大换水的方式更新池水;后期采取大换水、长流水相结合的换水方式,促进幼虫的分布、上浮。

③吸底:不提倡通过吸底的方式清除池底的污物。培育池使用 2～3 d 后,池子底部很快形成一个较为稳定的生物氧化膜,这种膜主要由有益微生物构成,对降解有机物起着积极的作用。此时,如果进行吸底操作,则会破坏生物膜,使得膜下的污物溶解或浮起到池水中,增加池水的氨氮和化学耗氧量,对幼虫造成较大的危害。

(5)充气:连续微量充气。

(6)理化因子控制:水温 22℃～25℃,光照 200 lx 以下,盐度 25～32,pH 值为 7.8～8.2,COD≤1.2,DO≥5.0,NH_4^+-N≤100 μg/L。

(7)防病:参照泥蚶人工育苗的防病措施。

(8)日常检查:每天取样测量幼虫的密度与生长情况;检查幼虫的分布情况,尤其是池底幼虫的质量和存活情况;检查幼虫消化盲囊的饱满度、颜色、内部食物颗粒的转动情况;检查水中的残饵量,根据残饵的有无和数量调整投喂;水质检查,如水色、透明度(或浊度)和其他理化因子;检查水中原生动物、桡足类、微生物等敌害生物。

7. 附苗

后期壳顶幼虫发育到 220 μm 以后,即结束浮游生活,变态后转为底栖生活。此时,需适时投放附着基。

(1)附着基种类:红棕绳苗帘(棕绳直径 0.5 cm)和聚乙烯网片(1 000~2 000 扣/片)是魁蚶眼点幼虫良好的附着基。

(2)附着基处理:棕绳含有大量的鞣酸,必须经过浸泡、蒸煮、捶打、搓洗和曝晒等步骤的处理。浸泡时,可施加 0.05%~0.1% 的氢氧化钠,加快棕绳鞣酸的碱化。处理后的棕绳,其 pH 值需高出自然海水 0.1~0.2 个 pH 单位。最后,编帘待用。

聚乙烯网片的处理相对简单。首先,网衣表面需要毛化处理;然后用 0.05% 的氢氧化钠浸泡或蒸煮。搓洗干净后,测量 pH 值,同样使网衣表面的 pH 值高出自然海水 0.1~0.2 个 pH 单位。

(3)附着基投放时间:当眼点幼虫 100% 出现眼点,壳缘变厚,30% 个体的足开始伸缩,水中出现类似蜘蛛网样的丝状胶黏物质时,立即投放处理好的棕帘采苗。

(4)附着基投放数量:直径 0.5 cm 棕帘,投放量为 800~1 200 m/m³。如使用 1 000 扣/片的聚乙烯网片,需投放 20~50 片/立方米。

8. 稚贝培育

加大换水量,每天换水 4~6 次,大换水和长流水相配合;增加投饵量;日投喂量(20~40)×10⁴细胞/毫升,促进稚贝快速生长;适当加大充气量;严格预防原生动物、桡足类和真菌等敌害和病原生物泛滥;出池前,逐渐增加光照强度,对蚶苗进行室外适应性锻炼。

9. 稚贝出池和苗种的中间培育

稚贝在培育 10~15 d 后,壳长达到 700 μm 以上时,可出池下海,开始苗种的中间过渡时期(或称为保苗)。这一时期的培养,目的在于把稚贝培养到 0.5 cm 商品苗。

(1)海区选择:选择风浪小、水流平稳畅通、浊度小、无污染、饵料丰富、水深 5 m 以上的海区作为保苗海区。

(2)挂养水层:2~3 m。

(3)保苗器材和方法:

1)网袋:前期可使用 40~60 目的筛网,规格依附着基的大小和附苗数量确定,一般规格为 40 cm×30 cm,每袋放养规格为 700 μm 左右的稚贝(1~5)×10⁴粒。后期使用 30~18 目的网袋或密眼网笼,每袋放养 2 000 粒左右。

2)网箱:一般保苗前期采用,多用在虾池保苗。网箱的四周和箱底用 40~60 目纱网缝制而成,上面开口,内置竹制或金属框架作为网箱的支撑。保苗时,将附着基吊挂在网箱内,保苗率较高。这种器材保苗的空间大、水交换流畅,但抗风浪能力差。

3)塑料筒或玻璃钢筒:为提高保苗率,多用在保苗的前期;保苗的时间不宜太久。直径约 25 cm,长约 60 cm,两端封以 40～60 目的纱网,附着基固定在筒内。这种保苗器材,由于水的更新能力低,对于附苗密度大的附着基,保苗的危险很大,经常出现苗被"闷死"的现象。

4)密眼网笼:主要用于保苗的后期。一般用 8～18 目的网笼盘和密眼机织网衣做成 6～20 层不等。这种器材的通水性很好,可以提高保苗质量和苗种规格;建议在保苗的后期使用这种器材。

10. 苗种的中间育成

苗种的中间育成又叫苗种的暂养,指将壳长 0.5 cm 商品苗培养成壳长 1.5 cm 左右幼贝的过程。

(1)海区:选择海星、沙蚕和蟹类少的海区。与保苗海区相比,一般较远离岸边。

(2)挂养水层:2～8 m 水深有利于器材抗风浪。

(3)方法:主要有吊笼和吊袋等育成方法。

1)吊笼育成:网目为 10～20 目,分为 6～7 层,直径 30 cm,层间距 15 cm。壳长小于 1 cm 时,每层放 500～1 000 个;壳长大于 1 cm 时,每层放 300～500 个。一个长约 60 m 筏架挂养 100 笼。

2)吊袋育成:网目为 18 目左右,规格为 30 cm×40 cm。壳长小于 1 cm 的魁蚶苗,每袋放 300～500 个,10 袋为 1 串,1 个筏架挂养 100～120 串。这种器材,适于壳长小于 1 cm 苗种。

(4)育成期间的海上管理:

1)及时分苗,合理密养。

2)夏季,水温较高,光线较强,藻类繁殖生长快,对网袋易造成污附,需及时调整水层。

3)经常洗刷网笼,清除淤泥及附着生物。

4)经常检查浮梗、浮球、吊绳、网笼等的安全。

5)防台风。台风来前,加大坠石,下沉筏架,采取吊漂方式抗御风浪的袭击。

6)防敌害。海星、沙蚕和蟹类是魁蚶苗种中间育成的天敌,需经常清理网袋或网笼中的敌害,确保育成安全。

三、魁蚶的半人工采苗

(1)国外情况:日本 1902 年曾进行魁蚶的移植工作,但是 20 世纪 60 年代后才取得较大的进展。目前日本已积极地建立魁蚶增殖基地,进行大量的生产。采苗一般是用杉树枝垂挂在海中,进行半人工附苗。1966 年后采用扇贝洋葱袋,取得更好的结果。为确保使袋内水流畅通,袋内装有弹性的奈伦或鲑鱼流网旧网片,使网袋膨胀起来。

(2)国内情况:在我国,魁蚶的半人工采苗,可利用扇贝半人工采苗袋(网目 1.5 mm 左右,制成 40 cm×25 cm 的乙烯网袋),内放废旧网衣,或利用双层网袋进行采苗。每串采苗器可垂挂 40 个袋。试验结果以袋内装网衣方法好(表 12-14)。

表 12-14　魁蚶不同时间、不同方法采苗效果比较表（长岛砣矶，1990）

采苗数（粒） 采苗方法 投放时间	袋套袋法			袋内装网衣法		
	最高	最低	平均	最高	最低	平均
7 月 20 日	289	115	202	341	185	263
7 月 28 日	308	164	236	258	216	292

7 月下旬投放采苗器，于 11 月下旬蚶苗规格可达 1～2 cm。

魁蚶半人工采苗中，应选择理想采苗海区：亲蚶资源丰富，浮泥少，透明度大（3.5～7 m），海水密度为 1.020～1.022，pH 值为 8.10～8.27，有回湾流或往复流。

在山东长岛，魁蚶半人工采苗水层的深度超过 1.7 m，以 5～9 m 为最好。在适宜时间和适宜水层中，采苗效果好。1991 年 8 月 2 日，山东长岛砣矶通过采苗袋（50 cm×30 cm）采苗，单袋最高采苗量达 1 300 只，一般为 400～500 只/袋。

采苗器投放后，需加强海上管理，检查浮力、坠石是否正常，采苗器是否缠绕，架子是否安全，发现问题及时解决。

采苗器的投放时间和深度因地而异，应在魁蚶繁殖盛期投入。

四、魁蚶的养殖

在日本的青森湾，用杉叶采苗后有的直到第 2 年春天再移向增殖场，有的当年冬天就把采苗的杉叶及贝苗一起投到增殖场。

采用垂下式笼养的方式死亡率较大，原因是把生活于底泥中的魁蚶，移植到悬空摇晃的垂下养殖笼里不符合魁蚶的生理、生态要求。垂下养殖的魁蚶壳肉发白，丧失了原有的色泽，降低了价值。1974 年改用养殖鲍的塑料笼，笼底铺上塑料布，装上海泥，再装入魁蚶，沉入海底，利用简单的海底延绳法进行养殖，效果较好，成活率高达 80%～95%。

在我国，已经开展底播放养，特别是与海带、裙带菜等藻类混养。筏式养殖藻类，底播魁蚶，大大地提高了经济效益和生态效益。也可采用网笼（类似扇贝网笼）进行筏式养殖，为防魁蚶滚动、摩擦，影响生长，在每层隔盘加少许网片，并加坠石以防网笼浮动和魁蚶滚动。也有采用网床方式养殖，取得了较好的效果。

筏养有垂下式笼养、垂下式网袋包养和网床养殖 3 种方法。

笼养的方法与扇贝养殖的方法基本相同；但为防止笼内魁蚶滚动、互相摩擦，影响生长和存活，可在每层隔盘加少许废旧的网衣，或笼下加坠石缓冲网笼的摆动和魁蚶的滚动。

网袋包养和网床养殖的方法都是为缓冲魁蚶的滚动摩擦造成的损伤、死亡而设计的。

上述 3 种养殖方法，魁蚶的成活率都受到了很大程度的限制，且个体规格较小。为解决这个问题，现在多采用筏养和底播相结合的方法。筏养魁蚶壳长达 5 cm 左右时，将魁蚶转入海底进行底播养殖，进一步增加魁蚶的规格。这种联合养殖的方法既解决了筏养魁蚶长不大的困难，又避免了单一底播时，小苗遭到强敌侵袭和成活率严重低下的问题。

五、赤贝肉的加工

将新鲜魁蚶,经过水洗、开壳、剥离软体部、洗清、切制、称量、速冻、镀冰衣、包装等工序,即可加工成蝴蝶状赤贝肉。可供出口,也可内销。

魁蚶冷冻加工:

(1)冻蝴蝶贝:将原料低温保活(在0℃~6℃条件下,可保活22 d,成活率在90%以上),经洗涤、破壳取肉、取斧足,再洗净、开片去脏整形,经分选、称重、装盘,进行预冷、速冻,然后脱盘、包装、冷藏。

取出斧足及时用冰水初洗,除去黏液及血污。将斧足平放操作案上,从背部进刀切成两片,保留斧足冠部,使其两片相连、对称,成蝴蝶状。除去斧足上的内脏,切去不整齐的边角及残膜,不得带黑脏或红色肉体及贝卵。用贝肉3%的细食盐用手搅拌10 s左右,搓洗去贝肉表面黏液,再用冰水冲洗后盛入筛中沥去水分。

用平板速冻机或在速冻间冻结,温度应在-25℃以下,冻块中心温度达-15℃时终止冻结,冻结时间必须在12 h以内。要求用真空包装或无毒塑料袋热合封口包装。

(2)全冻赤贝肉:加工时将原料洗涤后,破壳取肉,再清洗,进行分选、称重、装盘,经速冻、脱盘、镀上冰衣,包装、冷藏。

破壳取肉的方法与加工蝴蝶贝相同。取肉时不要使外套肌、闭壳肌与斧足脱离。用浸水法或淋水法进行脱盘,水温调节在15℃左右为宜,操作要仔细,防止擦伤和断裂。在低温包装间包装,逐块检查外观状况,对冰衣不良或有裂痕者要剔出,重镀冰衣。装袋时应核对规格,折严袋口以防止错袋、混袋。装箱后刷胶封箱并加封封口纸,箱端印刷规格、代号并及时入库储藏。冷藏温度保持在-18℃以下。

第七节　毛蚶的养殖

一、毛蚶的生物学

1.毛蚶的形态

毛蚶(图12-9)俗称瓦楞子或毛蛤,贝壳中等大小。壳质坚厚但薄于泥蚶,壳膨胀,呈长卵形,两壳不等,右壳稍小于左壳。背侧两端略呈棱角,腹缘前端圆,后端稍延长。壳顶突出并向内弯曲稍偏于前方。壳面放射肋突出,较泥蚶密,共30~34条。肋上显出方形小结节,此结节在左壳尤为明显。壳面被有褐色绒毛状的壳皮,故名毛蚶。

图12-9　毛蚶

2.毛蚶的生态

毛蚶分布于我国、日本和朝鲜。我国沿海都有分布,但以北方几省较多,主要集中在辽河、海河及黄河口一带的海区,如辽宁的锦州、河北的北塘、山东的羊角沟等均是毛蚶盛产地。垂直分布主要在低潮线以下至 7 m 深的海区,尤以 4~5 m 处数量最多。有时在潮间带及水深 20 m 处也可发现。

毛蚶栖息地一般为受一定数量淡水影响的内湾和较平静的浅海,毛蚶对温度的适应范围 2℃~28℃,对盐度适应范围为 25~31。栖息于软泥或含砂的泥质海底。毛蚶栖息地常有大叶藻等植物丛生,这是因为毛蚶稚贝需要经过一个附着生活的过渡时期,大叶藻等成为毛蚶稚贝的天然附着基。

3. 毛蚶的繁殖

毛蚶为雌雄异体。性腺成熟时,雌性性腺呈淡红色,雄性性腺呈乳白色,一般 2 周龄成熟。

(1)繁殖季节:繁殖期在北方是 7~9 月。一般自水温 25℃ 开始,27℃ 左右是盛期。福建福鼎县从北方移植的毛蚶 6 月中旬~7 月下旬观察到 4 次排放精、卵,以后虽有排放但不集中。

(2)诱导方法:把成熟的毛蚶放在空气中干露刺激 5~6 h,再将它放在盐度为 26~27 海水中,把水温升高到 25℃~27℃,经过 30~40 min,便会自行产卵。

(3)产卵行为:毛蚶间歇排放精、卵;产卵 3~5 min 后,暂停 2~3 min 再次排放,约需 20 min 排放完毕。

(4)怀卵量:壳长 3.7 cm 左右的毛蚶一次可排卵 250 万~300 万粒。

(5)卵子的大小和形态:卵径 50~60 μm,有明显的卵核,受精后核消失。受精膜厚 2.5~3.0 μm。精子头部球形,游动活泼。

(6)胚胎发育:在 27℃ 的条件下,受精后 7~8 min 出现第二极体,12 h 开始游动,36 h 生出 D 形幼虫壳。

(7)幼虫生长发育:1 周后壳顶突起,2 周左右壳长达 280~320 μm,壳高达 200~220 μm 时开始附着变态。

(8)变态:正在变态的稚贝的贝壳细长,壳顶突出,前端比后端稍尖。以壳顶为中心约有 10 条同心生长线,壳色黄,壳的表面生有刚毛,前、后闭壳肌明显。在足的基部有平衡器和眼点。

此时,个体有时在水中游动,有时又在物体上匍匐,有时还能分泌足丝附着在物体上。以后面盘逐渐退化,进入完全的附着生活。

变态后稚贝的原壳与后生壳界限明显。贝壳表面刚毛增加,贝壳渐渐呈长方形,后部生长较快,变得特别突出,腹缘中部凹陷。壳长 0.4 mm,后腹缘出现放射肋,以后数目渐多。壳长达 1.0 mm,放射肋达到毛蚶成体所固有的数目 30~34 条(图 12-10)。

4. 毛蚶的生长

毛蚶变态后并不立即转入埋栖生活,而是在大叶藻等物体上经过 3~6 个月的附着生活后,至壳长达到 12~15 mm 时才转入底栖生活。

在埋栖生活时,也用足丝附着在泥中的砂粒或碎贝壳等物体上。

毛蚶在成长过程中可能有逐渐向深水移动的习性。据渔民反映,小毛蚶多集中在近岸浅水处,而大毛蚶多在深水处。

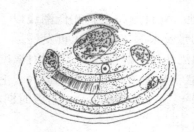
成熟幼虫0.30 mm×0.22 mm

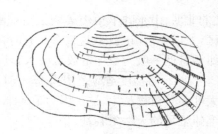
初期稚贝0.63 mm×0.40 mm

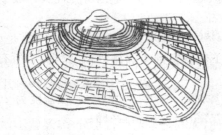
稚贝1.02 mm×0.64 mm

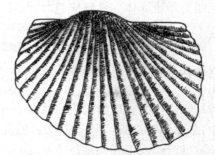
稚贝7.5 mm×6.0 mm

图 12-10　毛蚶变态前后的形态图

毛蚶的生长速度见表 12-15，在水温 18℃～23℃时生长最快。

表 12-15　毛蚶的生长（单位：mm）

采苗后	10 d	20 d	30 d	40 d	50 d	60 d
	0.8	1.6	2.5	3.0	3.5	4.0
播种后	1 年	1.5 年	2 年	2.5 年	3 年	
	23	32	37	42	46	

毛蚶的寿命在辽宁省一般是 4～5 年，少数 6 年，个别可生活 10 年。

二、毛蚶的苗种生产

1. 采苗

（1）半人工采苗：

1）采苗季节：7～9 月。

2）采苗水层：2.5～5.3 m。

3）采苗器：

①草绳球采苗器：草绳球采苗器是用直径 1.5 cm 的草绳用拈绳机或手将绳股拈开，然后插入一束束 1.2 cm 之稻草绳，再将绳截为 0.24 m 数段，扎成弧形圆圈而成球状，再用坚实的绳索结扎起来（绳长 0.79 m，直径 0.5 cm）（图 12-11），最后染以柏油。

染柏油时，先将结好的草球浸过海水，晒干后再放入柏油锅中涂染。涂染时间要短。取出晒干，这样可以节省柏油，并可防止过分浓厚，还可防止绳和稻草的腐烂。草绳球扎成后,两端联结于横竹上,竹间距离 1.2 m,竹长 3.64 m,挂球 11 个为 1 组。

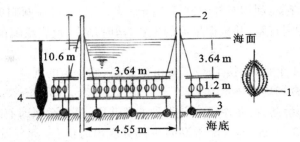

1. 草绳球　2. 木桩或竹竿　3. 沉石　4. 浮游幼虫的分布层

图 12-11　毛蚶采苗方法(仿田村正)

②棕榈网采苗器:以直径 0.2 cm 的棕榈绳编成棕榈网。网目 1.21 cm×2.42 cm,网长 3.64 m,宽 1.09 m 成为一片,自采苗棚垂下,进行采苗。使用这种采苗方式,每片网可采 10 万~20 万个小苗。

以上两种采苗器,前一种成本低,但处理不便,尤其是采苗后含水分多,运输不便。后一种采苗器比较好处理,运输也方便,但成本高,运输中苗易脱落。也可采用扇贝半人工采苗袋和采苗笼进行采苗。

4)采苗预报:在建立采苗器前,要预先观测当年海水的密度、幼虫的发生状况以及其垂直分布状况等。当幼虫附着变态前大量出现时,应立即投挂采苗器。

5)采苗棚:选直径 0.21~0.24 m,长度依水深而定的木桩或竹竿,一般在水深 5.45~6.06 m 的地方,每隔 4.55 m 打入海底 1 支。再以直径 0.6 cm 坚实的绳子缚上横竹,草绳球采苗器或棕榈网采苗器吊挂栅架上,以沉石垂下采苗。全棚长 68.2 m,可挂采苗器 15 组。

(2)人工常温育苗

1)亲贝的选择与蓄养:一般在 7 月份,选择壳长 5~6 cm、性腺饱满、贝壳完整无破损的亲贝,进行亲贝蓄养,蓄养密度为 60~100 粒/立方米。亲贝蓄养中,投喂各种单胞藻饵料,日投喂量 29 万~30 万个细胞/毫升,水温控制在 23℃~30℃,盐度为 22~25。每日早、晚各彻底换水一次。

2)获卵与受精:亲贝蓄养 10 余天后,可采用阴干-流水诱导法,阴干 6 h,流水 3 h,充分成熟的亲贝一般可达 90% 排放率。亲贝排放时双壳微开,雄贝排出白色烟雾状的精液,雌贝产出红色卵子。为减少精子的数量,发现雄贝排精时立即捞出。产卵结束后,迅速将产卵亲贝捞出,及时将受精卵稀释和反复洗卵。

3)孵化与选优:孵化密度一般为 50 粒/毫升左右。孵化期间微量充气,幼体上浮之前,坚持每 0.5 h 搅拌池水一次。一般 24~26 h 发育为 D 形幼虫,进行选优。

4)幼虫培育:培育密度一般为 8~10 个/毫升,采用常规培育方法进行投饵、充气、换水、选优和倒池。日投饵量为 3 万~8 万个细胞/毫升。

5)投放附着基:将壳长 270~300 μm 的幼虫选入有棕绳附着基的池子使其附着变态,此时幼虫已有 35% 左右出现眼点。棕绳附着基的处理和投放方式与扇贝相似。

6)稚贝培养:附着后日投饵量增加到 10 万~12 万个细胞/毫升,换水方式可改为循环流水,日流量可保持 2 个水体全量以上。

7)稚贝的中间育成:利用对虾池进行中间育成。用 60 目筛网制成 40 cm×30 cm 的网袋,每袋装入一帘附着基,并根据稚贝的生长,适时刷袋、换袋或疏苗。

2.苗种培育

毛蚶附苗后第 4 个月,壳长 12～15 mm 时,有自然脱苗的现象。为防止脱苗,应在脱苗前将苗种移至培育场培育。

(1)培育场的环境条件:冬季可避免强烈的西北风,且在台风时有挡住大风浪的地方。自干潮线至水深 0.3～0.6 m,大潮干潮时少部分露出海面、大部分没入海水中的位置为宜。底质砂泥质(稍硬,人可陷入 10 cm 左右)。潮流畅通,大潮涨落时,流速在 20 m/min以上。管理方便,使落入地上的苗便于采集。

(2)移植:先在大潮干潮线附近建立竹栅,栅竹长 1.5～1.8 m,插入地中 0.9 m。竹间隔为 1.2 m,再在竹上缚横竹,做成栅形。再将采苗器挂在横竹上。竹栅基长 14.5～18.18 m,栅与栅间隔 3 m,这就是一个区,面积为 39.6～49.5 m²,各区中间留一条宽 5 m左右的航道。

挂附苗器时,其下端以接近海底为佳。潮流急的地方,在养殖场周围围以篱笆,防止流失。同时也可防止敌害侵入。

种苗移植后,成长很快。以后依照大小顺次脱落,先在泥表,后入泥中营埋栖生活。10 月移植,第 2 年 3～4 月,大部分已脱落入底中,壳长可达 12～15 mm。当它长到 1 000～1 500 粒/升,移植养成场撒播养成。

三、养成

(1)养成场的环境条件:有淡水流入,风平浪静,潮流畅通的海区。水深 3～10 m 的浅海,但以干潮时不露出,能保持 1 m 左右水深的位置为佳。海水密度 1.024 0 以下,以1.018 0～1.020 0 为最适宜。底质为软泥而混有砂质,人可陷入泥中 10～30 cm,无海藻繁殖的地方或海韭菜少的场地。

(2)播种养成:毛蚶养殖在水较深的场地上,放养后一般不再移植,因此播种要适量,以提高产品质量和单位面积产量。播种的数量依苗体大小而定,依场所环境条件的优劣而酌量增减。播种后经 1～2 年,个体长到 4 cm左右,肉体肥满时便可收成。

四、收获与加工

毛蚶养殖场地均在潮下带,在秋、冬季收获不便于下水作业,一般用船拖网收获。毛蚶拖网各地不尽相同,山东寿光县羊角沟一带使用的拖网如图 12-12 所示。每个船可拖 2～4 个网,20 马力挂机船可拖 20～40 个网。

毛蚶除鲜食处,尚可制干。过去制干加工全靠手工操作,工作效率低,劳动强度大。现在各地先后试制成功毛蚶联合加工机,上料、分级洗刷、蒸煮开壳、壳肉分离等全部实现了机械化,大大提高了劳动效率。

毛蚶冷冻加工:

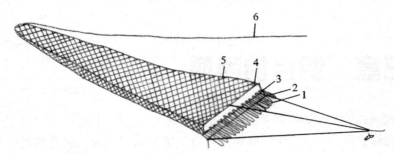

1.耙齿　2.铁架　3.铁沉子　4.木棍　5.网袋(长 3 m)　6.尾绳
图 12-12　毛蚶拖网(网口 1.0～1.2 m)

将鲜活毛蚶洗涤后,蒸煮脱壳取肉,取去斧足,再清洗分选,称重后装盘,经预冷,进行速冻、托盘、镀冰衣,最后包装、冷藏。

蒸煮是比较关键的工序,一般采用锅炉蒸汽作热源,蒸煮设备有卧式杀菌釜箱式蒸室和可移动蒸煮车,蒸煮的时间因设备容量、蒸汽压力而异,避免过生或过老。贝壳张开时,多数贝肉因受震动或拨动容易脱落。

蒸煮量少时以手工取肉为最好,若量大,可采用黄海水产研究所与寿光水产公司共同研制的毛蚶壳肉无筛水分离机脱壳取肉。摘除外套膜、闭壳肌和鳃,不可挤破或撕破内脏部位,用 2% 的食盐水洗净并沥水。按标准只数、规格分级,同时剔除残破或内脏外露的不合格粒,捡去杂质。不摆盘。但底、表层要紧密而平整。其他工艺要求同冻赤贝肉。蒸煮脱壳后的囫囵毛蚶肉冻块称为全冻煮赤贝肉,与冻煮赤贝肉加工工艺相比,只是不需摘除外套膜、闭壳肌和鳃。

复习题

1.泥蚶、魁蚶和毛蚶形态上如何区别? 泥蚶的形态具有哪些特征?

2.泥蚶的生活方式及其对温度、盐度的适应能力如何?

3.泥蚶半人工采苗应选择什么样的海区? 如何进行半人工采苗?

4.泥蚶的繁殖习性怎样?

5.如何进行野生贝苗的采捕?

6.为什么要进行蚶苗的中间培育? 如何进行培育?

7.简述泥蚶的人工育苗和土池半人工育苗的方法。

8.什么是蚶田养殖?

9.什么是蚶塘养殖? 这种养殖方法有何特点?

10.毛蚶生态习性如何?

11.魁蚶生态习性如何?

12.魁蚶的生殖有何特点?

13.简述魁蚶人工育苗的过程和方法。

14.试述魁蚶半人工采苗的方法。

15.解释下列术语:

①降仔　②蚶砂、蚶豆　③蚶塘　④三潮作业

第十三章　蛤仔的养殖

蛤仔是我国四大传统养殖贝类之一,俗称砂蚬子、蚬子、花蛤等,营养丰富(表 13-1),味道鲜美。肉可食部占总重 40%,软体蛋白质含量为 7.5%,是人民喜食的一种大宗海产贝类。蛤仔除鲜食外,亦可加工成蛤干、罐头及冻蛤肉等出口。其壳可入药,有清热、利润、化痰、散结的功效;其壳还可烧石灰或做饲料。蛤仔采捕后,先进行吐砂处理再食用。

表 13-1　菲律宾蛤仔每 100 g 鲜肉营养成分分析

成分	含量	成分	含量	成分	含量
蛋白质	7.5 g	维生素 PP	1.5 mg	铁	12.7 mg
脂肪	2.2 g	维生素 E	3.86 mg	锰	0.41 mg
碳水化合物	0.8 g	钾	977 mg	锌	5.13 mg
灰分	1.9 g	钠	494.6 mg	铜	0.11 mg
维生素 B_1	0.01 mg	钙	177 mg	磷	161 mg
维生素 B_2	0.21 mg	镁	59 mg	硒	40.60 μg

第一节　蛤仔的形态与构造

一、形态

蛤仔广泛分布于我国南北沿海,资源蕴藏量大,栖息密度高,由于它生长迅速,移动性差,生产周期短,养殖方法简便,并且有投资少、收益大等特点,是一种很有发展前景的滩涂养殖贝类。蛤仔属于软体动物门(Mollusca),瓣鳃纲(Lamellibranchia),异齿亚纲(Heterodonta),帘蛤目(Veneroida),帘蛤科(Veneridae)贝类。

蛤仔属(*Ruditapes*)贝壳三角圆形,具有往前倾的壳顶。小月面狭长,楯面清楚。壳表面除了同心生长轮外,还有由壳顶为起点的放射纹。铰合部很窄,右壳中、后主齿,左壳前、中主齿分裂为二。外套窦钝,壳缘光滑。

我国养殖的主要种类有两种,即菲律宾蛤仔和杂色蛤仔。

1. 菲律宾蛤仔(*Ruditapes philippinarum*(Adams et Reeve))

壳顶至贝壳前端的距离约等于贝壳全长的 1/3。小月面椭圆形或略呈梭形。楯面梭形。贝壳前端边缘椭圆,后端边缘略呈截形。贝壳表面灰色或深褐色,有的带褐色斑点。壳面有细密放射肋,90~100 条,放射肋与生长线交错形成布纹状(图 13-1)。

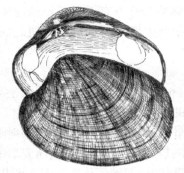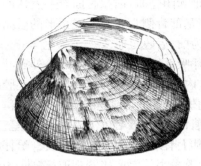

图13-1 菲律宾蛤仔(左)和杂色蛤仔(右)

2. 杂色蛤仔(*Ruditapes variegata*(Sowerby))

外形与菲律宾蛤仔近似,壳后缘较尖。由壳顶至前端的距离相当于贝壳长度的1/4。小月面狭长,楯面不显著。外韧带细长。贝壳表面颜色、花纹变化较大,棕色,淡褐色,并密集有褐色或赤褐色组成的斑点或花纹,由壳顶至腹面通常有淡色的色带2~3条。放射肋细密,50~70条并与同心生长轮脉交织成布纹状。壳内面淡灰色或肉红色。

菲律宾蛤仔与杂色蛤仔表型特征的主要区别:前者出、入水管充分伸展时,长度约为壳长的1.5倍,两水管基部愈合,前端分离,入水管管口缘触手不分叉;后者出、入水管长度仅为壳长的1/3,两水管完全分离,入水管管口缘触手分叉。

二、内部构造

(1)外套膜:左、右两片外套膜除背部愈合外,在后端和腹面愈合并形成了出、入水管(图13-2)。水管壁厚,大部分愈合,仅在末端分离,管口周围具不分支的触手。

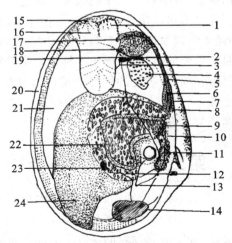

1.出水管 2.脏神经节 3.入鳃神经 4.肾脏 5.直肠 6.心耳 7.围心腔 8.心室
9.生殖腺 10.前主动脉 11.消化腺 12.内脏神经节 13.口 14.前闭壳肌
15.水管口 16.入水管 17.肛门 18.后闭壳肌 19.后主动脉 20.外套膜边缘
21.外套膜 22.生殖腺 23.足神经节 24.足
图13-2 菲律宾蛤仔的内部构造

（2）足和闭壳肌：前端腹面有一发达的斧足。其基部背方有近卵圆形的前闭壳肌；体后方水管基部背侧为卵圆形或梨形的后闭壳肌。前闭壳肌之后和后闭壳肌之前，各有一肌肉束，为前、后收足肌。

（3）呼吸系统：鳃左、右各一对，外鳃叶短而钝，前端起始于内脏团中部，内鳃叶前接近于唇瓣。内外鳃叶在背面愈合形成鳃上腔，鳃瓣由很多鳃丝连接而成。鳃丝上生有许多纤毛。此外，外套膜表面和唇瓣中的血管，也有辅助呼吸功能。

（4）消化系统：唇瓣位于鳃的前方，呈三角形，外唇瓣稍大于内唇瓣，内外唇瓣相对面有皱褶，其上有纤毛，用于输送物质。蛤仔的口为一横裂状开孔，位于前闭壳肌和内脏团之间。食道短小。胃连接着食道，壁薄，为不规则囊状，全部被消化腺包围。消化腺一对，也称为消化盲囊，有消化腺管通入胃内，腺管小，呈白色，分布于胃的两侧和前下方。此外，自胃部延伸至足部前端的是胃盲囊，其中有一条紫褐色透明的晶杆体，它有助于消化。肠管自胃后方伸出，前端粗大，后端细小。它的长度为体长的两倍多。肠管由胃后方伸出后，先偏向右侧盘旋数次，再绕过胃后方，继续下行沿内脏团边缘形成 U 字形，上行于胃后方，末端即为直肠。直肠通过心脏终止于肛门。肛门位于后闭壳肌的下方，开口于出水管，废物由此排出体外。

（5）循环系统：心脏在内脏团背侧，壳顶附近。心室在围心腔中央，由前、后两束放射状肌肉支持着。在它的背面两侧各有一个心耳。自鳃和外套膜流出的清洁血液进入心耳，后达心室，再由心室流向前后大动脉，通往身体各部。污血经鳃交换后，再流回心脏。

（6）生殖系统：蛤仔为雌雄异体。雌性生殖腺呈乳灰黄色，雄性呈乳白色。生殖腺包围在消化管周围，呈树枝状，开口于肾孔的前方。

（7）排泄系统：肾脏一对，呈长三角形，位于围心腔后方两侧，为淡褐色海绵状。前端与围心腔相通，后端通出输尿管，排泄孔开口于鳃板基部附近。

（8）神经系统：不发达，神经节呈淡黄色。脑神经节位于唇瓣基部两侧，从脑神经节分出脑脏神经连索和脑足神经连索以及通向外套膜和前闭壳肌的神经。脏神经节位于鳃的背面，在围心腔和后闭壳肌交界处的腹面，它派出的神经除脑脏神经连索外，还有通向鳃、外套膜、后闭壳肌、直肠、肾脏、围心腔等处的神经。足神经节在足部中，除脑足神经连索外，还有数条神经分布于足部。

平衡囊一对，位于足神经节上方，司平衡功能。

第二节　蛤仔的生态

一、地理分布

蛤仔分布于日本、菲律宾、俄罗斯、朝鲜、斯里兰卡和我国沿海。我国南自广东、福建，北至河北、辽宁的沿海各地均有分布，尤其以福建的连江、长乐、福清、三都湾，山东的胶州湾和辽宁的石城岛、大连湾最多。以潮区而论，中、低潮区最多，在高潮区及深数米的浅海也有分布。

二、栖息场的条件

蛤仔喜栖息在内湾风浪较小、水流畅通并有淡水注入的中低潮区的泥砂滩涂上。幼苗多生于周围有山、风平浪静、潮流缓慢、流速 10～40 cm/s、底质含砂量为 70%～80%，个别为 90% 的地方；而大蛤多生于开阔处，潮流畅通，流速为 40～100 cm/s，底质含砂量达 80% 左右的滩涂上。

蛤仔倒立埋栖于 3～10 cm 深的泥砂中，营穴居生活。穴居深度随季节和个体大小而异，冬、春季个体大的潜居较深；秋季产卵后及个体小的潜居较浅。蛤仔在穴中随潮水降落做上下升降运动。

三、对温度的适应能力

蛤仔对温度的适应能力很强，适应范围为 5℃～35℃，以 18℃～30℃ 为最适宜。在水温 36℃ 以上或 0℃ 以下便停止摄食，最高限度为 43℃，当水温上升到 44℃ 时，死亡率为 50%；在 45℃ 的水温下，死亡率 100%。生活在 -2℃～3℃ 下的蛤仔，2 周内的死亡率为 10% 左右。大量研究表明，温度突变可使菲律宾蛤仔的血细胞数量、溶菌活力和抗菌活力等免疫指标迅速下降，并达到最低值。

四、对干燥的适应能力

在气温 20℃ 的条件下，体长 0.5 cm 左右的蛤苗离水后能活 35 h；体长 1 cm 左右的蛤苗能活 2 d；大蛤能活 3 d 以上。夏天气温为 27℃～31.5℃ 时，体长 0.5～1.0 cm 的蛤苗离水后可活 24 h，离水 42 h 的死亡率为 82%，离水 44～48 h 的死亡率为 100%。大蛤在气温 25.8℃～28.5℃ 的条件下，离水后可活 36 h，44 h 则出现个别死亡，64 h 的死亡率为 40%～50%，90 h 则全部死亡。

蛤仔对干燥的适应能力与温度有密切关系，低温下抗干旱能力较强，在 -1℃～-1.7℃ 条件下，可保活 13 d。

五、对海水密度的适应能力

蛤仔对海水密度的适应范围为 1.008～1.027，最适密度为 1.015～1.020。对较高的密度适应能力较强。密度在 1.005 以下，大蛤经 66 h 开始陆续死亡，71 h 则全部死亡；蛤苗 46 h 死亡 67%，52 h 全部死亡。有的研究结果证明盐度的变化对菲律宾蛤仔的免疫力有影响。

六、食性与饵料

蛤仔为滤食性贝类。它的摄食方法是被动的，潮水上涨到埕面，它随之上升，伸出水管进行索食。海水带来食料流经水管，由于体内鳃纤毛的运动，产生进水流，食物随水进入鳃腔。由于蛤仔的摄食方法是被动的，因而对食料一般没有选择性，除非有特殊的刺激性，只要颗粒大小适宜便可摄食。其主要食料以底栖性和浮游性不强而容易下沉的硅藻为主，常见的有小环藻、舟形藻、圆筛藻和菱形藻，此外，还有大量的有机碎屑。饵料种类常因季节和海区不同而变化,因此,蛤仔的食料组成也因季节和海区不同而异。

七、灾、敌害

1. 自然灾害

洪水和台风是蛤仔最大的灾害因素。处于河口地带的海区,洪水暴发,海水密度迅速下降,蛤仔养殖在这样的海区中,遇到洪水持续时间 1 周以上,往往大批死亡。台风对底质稳定性差的埕地危害较为严重。养殖在上述埕地的蛤仔如遇台风来袭,蛤仔会被风浪冲击散失或被砂土覆盖死亡。小潮期间蛤埕长时间曝晒,这时如遇雨也会造成损失。

2. 生物敌害

蛤仔的生物敌害很多,主要有以下几种。

(1)敌害鱼类:根据敌害鱼类的习性及防除方法的不同,分为穴居鱼类和非穴居鱼类两种类型。

1)穴居鱼类:

①蛇鳗:俗称为游龙,是蛤仔的主要敌害。常见的有中华须鳗(*Cirrhimuraena chinensis* Kaup)、尖吻蛇鳗(*Ophichthus apicalis* (Bennett))和食蟹豆齿鳗(*Pisoodonophis cancrivorus* (Richardson))。它们退潮时钻入蛤埕中,涨潮后出洞摄食蛤仔。在蛤埕上全年都能发现蛇鳗,尤以 5、6、9、10 月份数量最多。

②红狼牙虾虎鱼(*Odontamblyopus rubicundus* (Hamilton)):俗称赤九、红亮鱼、红鼻条。常在含泥较多的蛤埕钻穴营居,主要危害蛤苗。

防除方法:对穴居鱼类的防除,用氰化钠(或氰化钾)、鱼藤、茶饼和巴豆等药物毒杀。其中,氰化钠每亩用药 150～250 g,药液浓度 0.2%～0.3%;鱼藤俗称芦藤,每亩用药 500 g 左右,药液浓度 1%;茶饼每亩用药 4 kg,干撒;巴豆加工成丸,毒杀时溶于水后灌注鳗穴,每 500 g 巴豆可灌 70～80 个鳗穴。以上几种药在使用时,还须视使用时间、埕地底质及潮汐情况酌量增减。如早、晚时间用药多些,午间用药少些;含砂多的底质用药多些,反之用药少些;埕地积水多,用药要多些。

2)非穴居鱼类:

①无斑鹞鲼(*Aetobatus flagellum* (Bloch et Schneider)):俗称燕鲂。无斑鹞鲼是低潮区蛤埕的主要敌害,出现在春夏季。其上、下颌皆有一纵列坚实而宽的牙齿,可压碎壳质坚硬的贝类。晋江东石贝类养殖场 1977 年 5 月在靠近外海的东坪蛤埕上,仅 2 个潮水就有 40 亩蛤仔几乎被无斑鹞鲼吃光。福清县东营贝类养殖场同年也发生类似情况。在蛤埕捕获的无斑鳐鲼解剖后发现胃中有大量的蛤仔。受害的埕地上留下一个个浅坑,这可能是无斑鳐鲼为了使蛤仔露出,用胸鳍不断上下打击埕面以冲开泥砂而形成的。

②海鲇:海鲇科鱼类吃蛤仔的有中华海鲇(*Arius sinensis* (Lacépède))和海鲇(*A. thalassinus* (Rüppell))2 种。中华海鲇俗称咸仔鱼、黄松。海鲇俗称赤鱼、青松。它们均为暖水性底层鱼类,每年春季在近海河口作生殖洄游,喜食贝类,常在蛤埕危害蛤仔。

③鲷科鱼类:主要有黄鳍鲷(*Sparus latus* Houttuyn)、黑鲷(*S. macrocephalus* (Basilewsky))和灰裸顶鲷(*Gymnocranius griseus* (Temminck et Schlegel))。黄鳍鲷和黑鲷分别俗称黄翅和黑翅。以上鲷科鱼类性贪食,常栖于埕地摄食蛤仔。

④鲀科鱼类：常见的有条纹东方鲀（*Fugu xanthopterus*（Temminck et Schlegel））和横纹东方鲀（*F. oblongus*（Bloch）），俗称鬼仔鱼。鲀科鱼类生活于近海底层，喜结群，常到蛤埕觅食，用其坚且锐利的牙齿将蛤仔的贝壳咬破而食之。

此外，条纹斑竹鲨（*Chiloscyllium plagiosum*（Bennett）（俗称狗鲨）和短吻三齿鲀（*Triacanthus brevirostris*（Temminck et Schegel））（俗称竹仔鱼）也不时到蛤埕危害蛤仔。

防除方法：防除以上随潮水进出蛤埕的鱼类，一方面可在养殖区用网和钓具（如底拖网、流刺网、定置网和延绳钓等）进行捕捉，以减少受害，另一方面在蛤埕周围插上竹条或围上一周条石（结合桥式牡蛎养殖），惊吓或阻止敌害鱼类进入蛤埕。

（2）敌害软体动物：

①玉螺：在蛤埕最常见的为斑玉螺（*Natica tigrina*（Röding）），俗名花螺；其次是福氏乳玉螺（*Polynices. fortunei*（Reeve）），俗名苏螺、香螺。此外还有扁玉螺（*Neverita didyma*（Röding））。玉螺以足包住蛤仔，分泌酸液将蛤仔的贝壳穿透一个小孔，然后用齿舌锉下蛤肉而食之。每年2～11月出没于蛤埕，尤以4～6月数量最多。

防除方法：目前仅靠人工捕捉，一般在早晚或阴天玉螺出来活动时捕捉，也可在捕捉前用蟹汁喷于埕面诱之。捕捉时要注意捡起其卵群，减少其后代繁殖。

②凸壳肌蛤（*Musculus senhousei*（Benson））：俗名土鬼仔。每年4～5月大量繁殖，侵占了蛤仔的生活空间，争夺蛤仔的饵料，影响蛤仔摄食、呼吸和运动，甚至把蛤仔闷死。

清除方法：可将蛤仔和凸壳肌蛤捕起洗净干露一夜，经掏洗除去凸壳肌蛤，再把蛤仔撒回埕地。此外，用0.1%的氨水，10 h内可杀死大部分凸壳肌蛤，而对蛤仔不致死。但如何用于养殖场地有待进一步研究。

③章鱼（蛸）：常见的有长蛸（*Octopus varibilis*（Sasaki））和短蛸（*O. ocellatus* Gray）。章鱼以腕捕蛤。靠吸盘把蛤窒息死而食之。

防除方法：可在埕地上寻洞挖捕，也可在海中设章鱼笼诱捕。

此外，红螺（*Rapana bezoar*（Linnaeus））偶尔也在蛤埕出现，摄食蛤仔；海兔、海牛和纵带锥螺占据空间，也会影响蛤仔的生长。防治方法与玉螺相同。

（3）蟹类：常见的有锯缘青蟹（*Scylla serrata*（Forskal））、三疣梭子蟹（*Portunus tri-tuberculatus*（A. Milne-Edwards））、远海梭子蟹（*Portunus pelagicus*（Linnaeus））和红星梭子蟹（*Portunus sanguinolentus*（Herbst））等。蟹类能用强大的螯足将蛤苗压碎而食之，其危害季节主要在夏季和秋季，多随潮水进出蛤埕。

防除方法：可用蟹笼和网具捕捉以减少蛤仔受害，也可识穴捕捉，或预先在埕地四周用脚踏下一列列待捕洞穴，引诱蟹类藏匿洞中，退潮后捕捉。

（4）食蛤多歧虫（*Planaria* sp.）：俗称海涡虫、腐片虫。体柔软，呈椭圆形薄片，生活在中潮区砂泥中，食蛤多歧虫能用扁平的身体将小蛤包住，分泌黏液使蛤仔张壳，而后食其肉。主要出现在3～4月和8～9月间。其大量出现，会造成严重危害。

防除方法：可用茶饼毒杀，每亩用量4～7 kg。

（5）鸟类：凫凫，俗称野鸭、水鸭。一种候鸟，出现于冬季，常成群结队进入蛤埕，大量吞食蛤苗。

防除方法：经常下海巡视，发现后鸣枪放炮或打锣击竹驱赶，也可用鸟网捕捉。

(6)棘皮动物:以真五角海星(*Anthenea pentagonula*(Lamarck))的危害最大。海星能用腕足捕抓蛤仔并借管足将贝壳拉开,待闭壳肌松弛失去关闭能力后,翻出其胃与蛤仔的软体接触,分泌消化液将蛤仔吸食。

防除方法:发现海星及时捕捉。

(7)栉水母:主要为球形侧腕水母(*Pleurobrachia globosa* Moser),个体小,最大只有10多毫米,形如一个透明的小玻璃球,外面有8条显著的栉毛带。它能捕食蛤仔的幼虫,是蛤苗的主要敌害。晋江东石贝类养殖场的育苗土池,1976和1977两年在育苗过程中都出现大量的球形侧腕水母,严重危害了蛤仔的浮游幼虫。

防除方法:可用茶饼、氨水、生石灰等清池,并严密滤网。一旦发现,可用网袋拖捕,一般在早晚风平浪静时捕捉效果较好。要注意网袋的网目大小,网目过大会使栉水母漏出,过小则会把蛤苗一起捞起。

(8)浒苔:肠浒苔(*Enteromorpha intestinalis*(L.)Grev)常在蛤苗池内大量繁殖,影响蛤苗的生长。晋江东石贝类养殖场在蛤仔的半人工育苗过程中,池内浒苔丛生,施用培养饵料生物的肥料大多被浒苔吸收,影响了蛤苗的正常生长。

防除方法:可用长麻绳,绳上密结3~4 cm的铁钉,把钉结成×形,由两人拉绳子的两端拖行,浒苔便被卷在结刺的麻绳上。也可用铁耙除去。

(9)赤潮:赤潮生物如夜光虫、甲藻类、桡足类等异常繁殖,形成赤潮,使海水变质,恶化环境,导致贝类大量死亡,但这种现象较少发生。对赤潮应做好预报工作。出现赤潮时,可用装满硫酸铜结晶的麻袋在水中拖曳,使硫酸铜溶于水中,能毒杀浮游生物,但这种方法花费大。

(10)藤壶:许多藤壶(*Balanus* spp.)种类常固着于蛤仔的贝壳上,不仅与蛤仔争夺饵料,而且使蛤仔钻穴不深,容易被敌害所食或为严寒酷暑所害。1977年12月,在晋江东石贝类养殖场的排洪沟里,随机取样600多个2龄蛤仔,有27%附有藤壶。

除上述外,还有其他一些敌害,如虾类和环节动物的沙蚕,会食个体较小的蛤苗,桡足类在育苗池中不仅耗氧,而且与蛤苗争饵料。对此,也应引起注意。

第三节　蛤仔的繁殖与生长

一、繁殖

1. 菲律宾蛤仔的性腺发育与分期

(1)从性腺覆盖内脏团表面的程度,可分为四期:0期,清楚地看到消化腺,而生殖腺难以辨认;Ⅰ期,生殖腺呈斑点状或乳白色混浊分布;Ⅱ期,覆盖大部分,而两侧中部的生殖腺呈树枝状分布;Ⅲ期,内脏表面全被生殖腺遮盖,且丰满、呈豆状鼓起。精子、卵子已成熟,具有受精能力。

(2)从周年雌性性腺组织切片观察,胶州湾菲律宾蛤仔滤泡和卵母细胞的发育程度,可分为五期:

1)增殖期:4月初,性腺发育加快,性腺以树枝状在内脏背部、靠近肠道的位置膨大。

滤泡壁由单层上皮组成,滤泡腔大,内充满了结缔组织,随着发育的继续,滤泡壁开始增厚,出现一圈增厚的单层卵原细胞,它们处在活跃的增殖时期,胞体从周边向泡中心凸起,由圆形向椭圆形发展,从圆形的卵径 7 μm 到椭圆形 7 μm×9 μm,并不断延长。卵原细胞核大,细胞质较薄。此时期,滤泡基本上是一个空腔。

2)生长期:4 月中旬至 4 月底,滤泡继续发育,随着卵母细胞的发育,它的一部分明显的凸向滤泡腔,呈椭球形或倒梨形,多数卵母细胞在滤泡细胞连接处形成明显的卵柄,呈椭圆形 15 μm×45 μm,有的卵母细胞呈倒梨形,卵径 25～27 μm,细胞核占据细胞的大部分,直径约 17 μm,但此时滤泡腔基本上还是一个空腔。后期在腔中央出现一些游离的卵细胞,细胞质中开始有卵黄颗粒堆积。

3)成熟期:4 月底至 5 月上旬,滤泡逐渐发育至最丰满期,滤泡间的空隙已基本消失,整个滤泡腔几乎为卵母细胞和成熟卵子所充满,但成熟卵子间在高倍光镜下仍还有一定的间隙。在此期,细胞质明显加厚,卵细胞呈椭球形 12 μm×25 μm,或呈近球形,卵径最大可达 25 μm,在腔中央的卵细胞个体较大,周边略小。细胞质内的卵黄颗粒密集,颗粒大小均匀,核、质之间界限分明。但和泥蚶等其他种类相比,此种的卵子排列相对松散。

4)排放期:5 月中旬,卵子开始排放。滤泡腔中,卵子大小不一,排列零乱,细胞间出现一些间隙,大的欲排出的卵细胞在腔中央,卵径 32～37 μm,还有欲从泡壁上脱落的卵原细胞,表明菲律宾蛤仔是分批产卵。与生长期相同,核大,核仁明显,细胞质内充满了卵黄颗粒。

5)休止期:5 月下旬至 6 月上旬,出现了基本排空的滤泡,仅剩零星可见的卵细胞,在滤泡壁上有一些核、质不分而且着色很浓的退化了的细胞。滤泡中空,呈现大的空腔。滤泡因排空而呈萎缩退化,造成滤泡间间隙加大,结缔组织增生。滤泡壁呈破损状。

(3)精巢发育的组织学观察:菲律宾蛤仔精巢的发育与卵巢处于同步状态。

1)增殖期:4 月上旬滤泡开始快速发育,滤泡间结缔组织丰富,滤泡壁薄,似以一层细胞构成,壁细胞呈扁平状,光镜下精原细胞呈椭圆形,2.5 μm×5 μm,核、质不易区分。滤泡腔是中空状,只有着色较淡的结缔组织,这一时期有的可延续到 4 月底。

2)生长期:4 月中、下旬,滤泡内逐渐被精细胞充满,排列呈不规则的簇状,细胞紧贴在结缔组织上,在滤泡腔内出现一些不规则的空腔。

3)成熟期:4 月底 5 月初,滤泡腔被精子充满,滤泡呈饱满状。精细胞大小均匀,着色较深,分不清核、质,精细胞紧贴在结缔组织上,细胞间基本无空隙。

4)排放期:5 月上旬末中旬初,精细胞逐渐分批排出,滤泡开始呈放射状空腔,这是因为腔内的结缔组织以放射状排列。在此期末,可见块状中空。

5)休止期:5 月底到 6 月上旬,出现全部排空的滤泡,滤泡壁萎缩,有的已部分消失,整个呈松弛状,腔内可见结缔组织。

2.繁殖习性

蛤仔雌雄异体,1 龄性成熟。雌性性腺呈乳灰黄色,雄性性腺呈乳白色,外观难以辨别雌、雄。雌、雄性比较接近,雌性略占优势,

繁殖季节随地区而异,但繁殖盛期都在夏、秋季,辽宁产的在 6～8 月。青岛产的繁殖期每年 2 次,一次在 5 月中、下旬,另一次在 9 月中旬～10 月上、中旬。福建产的在 9 月

下旬～11月,10月份为最高峰。繁殖水温一般为20℃。

蛤仔分批排放精、卵。整个繁殖季节可排放3～4次,一般约15 d为一周期其中以第1或第2次产量最多,形成繁殖盛期。后两次较不集中,产卵量也少。

蛤仔的怀卵量与个体大小关系密切,体长3～4 cm的亲贝,其怀卵量为200万～600万粒,最大的超过1 000万粒,而亲贝1次产卵量:1龄蛤平均每次产卵30万～40万粒,2龄蛤为40万～80万粒,大蛤为80万～200万粒,个别达到542万粒。

3. 发生

(1)精子与卵子:蛤仔精子分头、颈、尾3部分。头部钝圆,头部与颈部界限不明显,两者长为5.4～7.05 μm,尾长43～52 μm,成熟的精子活动力强。蛤仔的卵属半沉性卵,成熟卵呈球形,卵径为74～78 μm。

(2)胚胎和幼虫发育(图13-3):蛤仔的胚胎发育与水温有密切关系,在适温范围内,温度越高胚胎发育越快。水温在24.06℃条件下,从受精卵发育到D形幼虫,需要经过15 h 46 min,而水温在21.1℃,需要经过22 h 5 min。

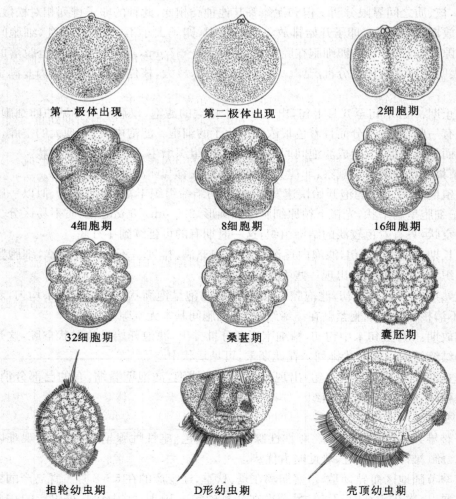

第一极体出现　　第二极体出现　　2细胞期

4细胞期　　8细胞期　　16细胞期

32细胞期　　桑葚期　　囊胚期

担轮幼虫期　　D形幼虫期　　壳顶幼虫期

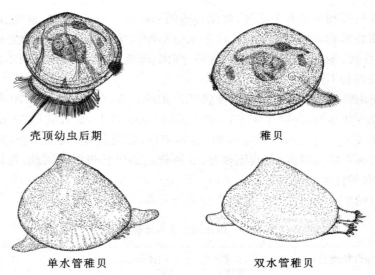

| 壳顶幼虫后期 | 稚贝 |
| 单水管稚贝 | 双水管稚贝 |

图 13-3　蛤仔的胚胎和幼虫发生

卵子受精后即出现受精膜,并相继产生第一、第二极体。胚胎经过多次分裂,进入桑葚期。胚体继续发育,长出细小纤毛,为囊胚期,开始孵化,慢慢转动上浮。囊胚继续发育,长出顶毛和纤毛,形成担轮幼虫,在水中做直线运动。担轮幼虫继续发育,纤毛环凸起形成面盘,具有壳腺分泌的贝壳,为初期面盘幼虫,亦称 D 形幼虫。水温 24℃～26℃ 条件下,经 4～5 d 的生长发育,体长达 120～128 μm,壳顶开始隆起为壳顶初期幼虫。经 9～10 d 的培育,体长达 175～180 μm,壳顶隆起明显,足部发达,开始匍匐,再经 1～2 d 的发育,便可附着变态,营底栖生活。刚变态的稚贝体长为 396～420 μm,出水管形成。又经过 30 d 左右的发育,壳长达 1 400～1 500 μm,入水管形成,壳表面出现不同色的花纹似成贝,开始过埋栖生活。

二、蛤仔生长

蛤仔的生长和环境条件、季节、年龄有关。在河口附近,由于饵料丰富、潮流通畅、摄食机会多,生长就快;生活在低潮区的生长快;蓄水养蛤比埕地养蛤生长快。从季节来看,4～9 月生长最快。从年龄来看,1～2 龄的个体生长快,年龄越大生长越慢,成活率越低,在自然海区,4 龄的蛤仔就很难找到(表 13-2)。

表 13-2　蛤仔生长与年龄的关系

年龄	体长			体高			体宽		
	体长(mm)	生长度(mm)	生长率(%)	体高(mm)	生长度(mm)	生长率(%)	体宽(mm)	生长度(mm)	生长率(%)
1 龄	12.5	12.5	100	8.5	8.5	100	5.0	5.0	100
2 龄	23.0	10.5	84	16.0	7.5	88	9.5	4.5	90
3 龄	36.0	13.0	57	23.0	7.0	41	15.5	6.0	63
4 龄	44.0	8.0	22	29.0	6.0	26	20.5	5.0	32

蛤仔的生长除和年龄有关系外,理化环境的影响更为显著,水温、盐度、底质、潮区、潮流、食料等,综合影响着蛤仔的生长。由于水温影响到生长,因而蛤仔的生长有明显的季节性:春夏生长快,冬季生长慢。盐度、底质、潮区、潮流、食料等随海区而不同,因此,蛤仔的生长随地区也有不同。

连江晓沃海区的蛤仔生长速度不及长乐江田的。在福建小嶝岛 1976 年冬育出的蛤苗,生长到 1978 年 5 月,历时 1 年半,一般长到 40 mm 以上,最大的达 51 mm,比连江晓沃的 4 龄蛤还要大。这是由于蓄水养殖,食料丰富,底质稳定,风浪平静,理化因子变化小。在同一海区中则以潮区低,潮流疏通,底质稳定的生长较好。因此,选择与创造适宜的环境条件,对蛤仔养殖极为重要。

蛤仔长度的生长与重量的生长呈正相关的关系,见表 13-3。

表 13-3　蛤仔的体长与重量的关系

平均体长（cm）	百粒重量（g）	每 500 g 个数（个）	平均体长（cm）	百粒重量（g）	每 500 g 个数（个）
1.5	50	1 000	3.5	850	60
2.0	125	480	4.0	1 275	40
2.5	250	205	4.5	1 750	28
3.0	500	100	5.0	2 900	17

据记载,蛤仔最大壳长达 70 mm,寿命 8～9 年。

第四节　蛤仔的苗种生产

一、半人工采苗

(1)采苗场的条件:

1)以风平浪静,有淡水注入,水质肥沃,地势平坦的中低潮区和港心砂洲地带做采苗场最好。

2)底质:砂占 70%～80%,泥占 20%～30%。

3)海水密度:1.012～1.020。

4)海水流速:10～40 cm/s。

5)水温:10℃～28℃。

6)周围海区有丰富的蛤仔资源。要有足够的亲贝,才能保证有大量的蛤仔幼虫。

(2)整埕附苗:受洪水冲刷和泥砂覆盖威胁的埕地,要筑堤防洪。外堤顺水流方向建筑,用石块砌成或一层芒草(羊齿植物)叠成。在底质松软地方要用松木打桩固基。堤底宽 1.5～2.0 m,高 0.8～1.2 m,堤面宽 0.8～1.0 m。内堤与外堤垂直,多用芒草埋在土中,尾部露出长 20～30 cm,宽 30～40 cm,把大片的蛤埕分成若干块。有的埕地附近有礁石,涨落潮时会形成旋涡翻滚埕面不利于蛤苗附着,就要把礁石炸掉,以稳定埕地。潮浪较急的苗场可插竹缓流。底质软的海区,掺砂进行改良。

苗埕中的石块、大的贝壳,要捡去,然后耙松推平。在附苗前再进行一次耙松和推平工作,以利稚贝附着。

(3)管理:蛤苗的埕间管理要因时间及苗区不同各有侧重。多年生产经验总结了"五防"、"五勤"的管理措施。"五防"是防洪、防暑、防冻、防人践踏、防敌害。"五勤"是勤巡逻、勤查苗、勤修堤、勤修沟、勤除害。

(4)采苗(收苗):蛤苗附着后经5~6个月的生长,体长一般达0.5 cm,即可采收。采苗的时间主要在每年的4~5月。

采苗方法:各地不一,有干潮采苗、浅水采苗和深水采苗等。前两种方法用于采潮间带苗,后一种方法适于采潮下带水深10 m以内的苗。

1)干潮采苗:此法分两个步骤:

推堆:推堆分两潮进行,第一潮将宽约5 m的苗埕,长依苗埕的长度而定,用荡板连苗带泥砂从埕两边向中央推进1 m左右。如蛤苗潜土深则用手耙。第二潮同样的再推进一步,把苗集中于苗埕中央宽约1.5 m的小面积上。推堆时被压在下层的蛤苗,涨潮时往上索食,集中在埕的表层,次日退潮即可洗苗。

洗苗:推堆后在堆边开一长3 m、宽2 m、深30 cm的水坑。洗苗时把蛤苗连泥带砂挖起,放在苗筛上,在水坑中筛洗去泥砂,便得净苗。

2)浅水采苗法:福建省宁德的右溪、二都一带群众收成蛤苗的方法是:干潮时先将苗埕分为宽8 m左右的小块,然后用荡板把埕四周的苗带砂土往中间推堆成一直径6 m左右的圆形。隔潮把埕中央的蛤苗用荡板撑开一个直径3 m左右、深约3 cm的空地,群众称为"撑池",过一个潮水退潮时,把苗埕四周的蛤苗往中央空地集中,称作"赶堆",随后就是洗苗。洗苗时架船埕上,当潮水退到1 m多深时即可下埕洗苗。水较深时,采苗者在苗堆四周,用脚击水,在表层上索食的蛤苗,被脚激起的水流推向中央集成堆。然后,用竹箕将苗取起洗净,装上船。

3)深水采苗:生长在潮下带的蛤苗,采苗方法用网捞。采苗时驾船到苗区,选定位置后下锚,然后放长锚绳,船随潮往后退,到距锚约50 m处停下,这时放下苗网,用拉锚绳使船前进拖捞蛤苗,在距锚10 m处起网。随后放下锚绳,船往后退,再次拖捞,如此反复进行。船往后退时,应掌好舵,使船与流向成一定的角度避免在原地上采苗。

(5)蛤仔苗的种类:

1)以季节分,可分为三种。

①冬种:蛤仔苗生长到"冬至"时,肉眼可以看到的,称为冬种。

②春种:蛤仔生长到"立春"时的苗,称为春种。

③梅种:生长到"清明"前后的蛤仔苗,个体只有碎米粒大小称为梅种。

2)以苗的大小分,可分白苗、中苗、大苗三种。

①白苗:蛤仔苗附着后到翌年"清明",体长达0.5 cm,贝壳花纹不明显,呈灰白色,称为白苗。

②中苗:白苗养至"冬至",体长1 cm左右,苗中等大小,称为中苗。

③大苗:中苗养至翌年秋季,体长2 cm左右,达不到收成规格,需移植养成的称为大苗。

二、土池半人工育苗

蛤仔的室外土池半人工育苗方法,在生产上已见成效。

(1)土池建筑:

1)地点选择:内湾,不受台风洪水威胁,无工业污水污染,海水盐度较稳定的高潮区,砂多泥少(砂 80%,泥 20%)的滩涂。

2)面积:根据需要因地制宜,一般认为 5 亩左右较为适宜,便于管理,10 亩以上的土池可以划分成若干小区。

3)堤大都是两边砌石的石坡堤,也有土堤,土堤坡必须植草保护堤岸。堤高视地形而定,必须高出建池海区的大潮线 1 m 以上。

4)闸门:闸门是土池建筑的一个关键部位。既要便于进、排水和适于流水催产,又要能够防止有害生物和大型浮游生物进入土池。

5)催产架:在闸门内面一侧,用石板架设而成。长 14 m,宽 5～6 m,高 1.0～1.2 m。用于催产时张挂铺放亲蛤的网片,且便于人在上面来往操作。

6)铺砂:土池建成后,整平池底,开挖相互交错的引、排水沟 2～4 条,把埕地分成若干块,铺上细砂 5～10 cm 厚。

在土池旁边还要建筑亲蛤暂养(或精养)池和露天饵料池等相应设施。

(2)育苗前的准备:

1)清塘:在育苗前 20 d 排干池水,让太阳曝晒池底。每亩用氰化钠 5 kg,配成 0.5% 浓度的药液全池喷洒;或每亩用茶饼 5 kg(需经泡浸),可湿性"六六六"1 kg 配成药液泼洒。通过清池杀死有害生物,然后进水(网滤或砂滤水)冲洗 3 次。

2)培养基础饵料:育苗前 2 周,开始纳进过滤海水,浸泡 3～5 d 后排干再纳进过滤海水培养基础饵料。水位高约 30 cm。每 2 d 施尿素 $(0.5～1)×10^{-6}$,过磷酸钙 $0.25×10^{-6}$,或施人尿,每亩用量 50 kg。

(3)亲蛤选择:选用经过暂养、性腺成熟的,或海区养殖、性腺成熟的 2～3 龄蛤为亲蛤。1 龄蛤个体大的,性腺成熟好的也可以作为亲蛤。

(4)催产:采用阴干刺激 6～12 h,然后移入张挂于催产架的网片上,平面铺开。流水速度应保持在 20～30 cm/s,经 3～20 h 流水刺激,便能达到催产目的,一般排放率在 90% 以上,亲贝成熟度不好或阴干刺激时间不足时潜伏期延长,也有在下水后 60 多小时才排放。这里关键问题是亲贝的成熟度。所以土池育苗催产时间必须在自然海区蛤仔繁殖盛期。小水体育苗用 0.005% 氨海水浸泡 4～14 h,亦能取得良好的催产效果。

(5)亲贝用量:亲贝用量应根据性比、催产率、产卵量、受精率、孵化率、幼虫和稚贝成活率,土池水体和计划单位面积产量等因素综合考虑而定。目前每亩土池亲蛤用量为 35～75 kg,一般用 50 kg。

(6)饵料:发育到 D 形幼虫开始摄食。在土池中,可人工培养牟氏角毛藻、异胶藻、扁藻来投喂,亦可依靠进水时天然海水带来的单细胞藻类作为饵料。

土池饵料的增加依赖于施肥。在育苗过程中要根据水色变化情况(池水清澈,说明饵料生物少)适时施肥,一般是 4～5 d 施肥一次,每亩施人尿 50 kg,或者施以化肥,其浓度为尿素$(0.5\sim1)\times10^{-6}$,过磷酸钙$(0.25\sim0.5)\times10^{-6}$。施肥后$2\sim3$ d,水中饵料生物显著增加,水色呈黄绿色或黄褐色。一般水体饵料生物数量保持在$3\,000\sim10\,000$个/毫升,就能满足育苗的需要。

如果遇上连续阴天,饵料生物繁殖缓慢时,初期幼虫可投喂酵母片(每立方米水体$0.25\sim0.5$ g,碾碎在海水放置$5\sim6$ h,取上清液投喂);后期幼虫可投喂经网滤的豆浆,或开闸大量加入粗滤海水,以补充饵料生物不足。

(7)理化因子:在土池半人工育苗中,其允许的理化因子变化幅度是:水温$16.0℃\sim27℃$,密度$1.010\sim1.024$,pH值$7.6\sim8.73$,溶解氧$3.18\sim8.6$ mL/L。

(8)稚贝的培育:稚贝阶段至收苗前的管理工作至关重要。主要有:

1)保证有充足的饵料:稚贝附着后,要及时更换过滤海水,初期每天约换20 cm,以后逐渐加大。当稚贝体长达0.5 mm时,可更换网径为1 mm的聚乙烯网片过滤海水。一方面保持土池清新,另一方面可补充海水中的天然饵料。小潮期晴天可降低水位(约为0.5 m),增加池底光照以促使底栖硅藻更好地繁殖生长。同时,每隔$2\sim4$ d应施肥1次。

2)防除敌害:土池半人工育苗的生物敌害主要有桡足类、浒苔、沙蚕、鲻梭鱼、虾蟹类等。它们有的直接吞食幼苗,有的争夺饵料。应严防滤水网片破损,并定期排干池水,驱赶抓捕。浒苔不仅消耗土池中的营养盐,大量繁殖时更覆盖池底,严重时可闷死蛤苗,而且死后尸体腐烂变质,败坏水质。所以当发现浒苔大量繁殖生长时,要及时捞取或用适量的漂白粉杀除。漂白粉杀死浒苔而又不危害蛤苗的浓度:水温$10℃\sim15℃$,漂白粉浓度为$(1\,500\sim1\,000)\times10^{-6}$;水温$15℃\sim20℃$,为$(1\,000\sim6\,000)\times10^{-6}$;水温$20℃\sim25℃$,为$(600\sim500)\times10^{-6}$。

3)疏苗:土池半人工育苗中,稚贝附着密度往往是很不均匀的,一般背风面附着密度较高,必须进行疏苗工作。壳长$0.1\sim0.2$ cm的幼苗,其培育的适宜密度为5万个/平方米,过密的苗应及时疏散,放到自然海区暂养。

(9)收苗:在土池人工育苗中,从受精卵到稚贝,经过$5\sim6$个月的培育,生长至壳长$0.5\sim1$ cm,即可收苗。一般采用浅水洗苗法,将土池分成若干块,插上标记,水深掌握在80 cm上下,人在船上用带刮板的抄网(网目要比欲收的苗小,比砂及留养的苗大),随船前进括苗,洗去砂,把苗装入船舱,小苗留在池里继续培养。此外还有推堆法、干潮括土筛洗法等。与采自然苗相似。

三、室内人工育苗

蛤仔室内人工育苗设施和方法与其他埋栖型贝类基本相似。蛤仔幼虫培育有的利用贝类幼虫高密度培育器采用上升流系统高密度培育幼虫,培养密度可达$150\sim200$个/毫升,现已获得成功。并安装水质在线检测及控制系统自动进行水质检测。

在幼虫附着变态时,有的采用颗粒附着基进行附着变态。颗粒附着基和砂粒是利用200目网袋过滤出来,去浮泥,再用300×10^{-6}漂白液处理,用硫代硫酸钠中和,进行水冲,将浮泥水放掉。在附苗池中铺厚约0.5 cm细砂,育稚贝密度可达100万粒/平方米,待幼虫附着变态后,全池砂、稚贝用200网袋过滤出来,去掉砂,然后再用粗网目窗纱网过滤去掉大杂质便得蛤仔小稚贝苗。

也可采用无附着高密度幼虫变态诱导技术。将即将附着变态的眼点幼虫放入上升流培育器中,在人工控制条件下促进幼虫在无附着基质的条件下变态为稚贝,减少因处理投放附着基和从附着基中筛选稚贝而造成人力、物力投入,达到降低成本、提高效率的目的。

第五节　蛤苗的运输

一、运输方法

根据蛤苗的运输距离、交通条件以及运苗季节的不同,采用汽车、汽船和木帆船等不同的运输工具。车运以竹篓装苗,每篓 20 kg 左右,以不满出篓口为度。篓间要紧密相靠,上下重叠时,中间必须隔以木板,以免震动,叠压造成蛤苗死亡。船运时,用竹篾编制的通气筒(一般高 70 cm,直径 30～40 cm),置于舱内,蛤苗堆积在通气筒周围,设置这种通气设备,蛤苗不至于窒息死亡。

二、蛤苗运输注意事项

(1)应取当日的苗。起运前应洗净蛤苗中掺杂的泥砂杂质。

(2)运苗应选择北风天,由于北风天气寒冷,可以提高蛤苗的成活率。南风气温高,运输历时 30 h 以上,会造成蛤苗的死亡。

(3)木帆船运输要注意风力、风向,以免顶风行驶或大风影响,耽误时间,造成苗种死亡。

(4)运输前应了解养殖区的潮汐情况,以便及时播种,提高成活率。低潮区养殖场所,应在大潮起苗,以免埕地不能露出或露出时间太短,影响播种,造成损失。

(5)运输时,不论车、船都要加篷盖,以免日晒雨淋造成损失。但船舱、车厢不应关紧盖密,否则,会影响空气流通,使蛤苗窒息。

(6)如中苗和白苗同船运输,中苗应装上层。白苗个体小,装在上层紧密相靠,底层密不透风,若中苗在下层会被窒息死亡。

第六节　蛤仔的养成

一、滩涂整埕养殖

1. 养成场条件

养成场应选在风浪较平静、潮流畅通、地势平坦、砂多泥少的中低潮区,海水密度 1.010～1.025、温度 10℃～30℃、流速 40～100 cm/s、含砂 80%～90% 的海区。

2. 整埕播种

(1)整埕:为防蛤仔移动散失,应将埕地靠近港道处和朝向低线一边筑堤(在南方用芒草筑堤)。检除埕地石块、杂物,填好洼地,整平埕地,测量面积,插上标志。在底质较软处,要采用开沟整畦,防止埕面积水。

(2)播种：

1)播种季节：白苗一般在 4～5 月，中苗一般在 12 月，但也有的地方一直延至来年的 2～3 月。

2)播种方法：分为干播和湿播。

干播：在退潮后，从停泊在埕地上的运苗船中卸下蛤苗，根据埕地面积撒播一定数量的苗种。播种要求均匀，防止成堆集结。此法多用于白苗的播种。

湿播：在潮水未退出埕面时，把蛤苗装上小船，运到插好标志的蛤埕上，在标志范围内，按量均匀撒种。播种应在平潮或潮流缓慢时进行，以免蛤苗流失。这一方法，优点是增加了作业时间，提高了蛤苗成活率，缺点是播种较难均匀。适用于中苗和大苗的播种。

3)播种密度：播种密度大小与蛤仔的生长速度有关。如播得太密，食料不足，蛤仔生长慢。播种太稀，产量低，成本高，不能充分利用滩涂生产潜力。播种多少与潮区高低、底质软硬、苗种大小也有关。潮区低的埕地，露出时间短，摄食时间长，生长快，敌害生物多，蛤仔受害大，可适当多播；底质较硬稳定性大，可多播些，反之要适当少播。以数量计算，小苗可适当多播，大苗应少播。播种密度与潮区、底质软硬和苗种大小的关系，见表 13-4 和表 13-5。

表 13-4　南方蛤苗播种密度与苗种规格、场地的关系

苗种类别	规格		每亩播种(kg)			
	长度(mm)	体重(mg)	泥砂底质(软)		砂泥底质(硬)	
			中潮区	低潮区	中潮区	低潮区
白苗	5～7	50～100	200	250	300	350
中苗	14	400	500	600	600	750
大苗	20	700	800	900	900	1 000

在苗种供应不足的情况下，可以适当稀播 20%～30%，虽然由于稀播单位面积产量略为降低，但蛤仔生长速度增加，从而可弥补少播种减少的产量。

表 13-5　北方不同规格不同潮区播苗数量

苗种规格			每亩播苗数量(kg)			
名称	壳长(cm)	粒数(kg)	砂质滩(砂占 70% 以上)		泥质滩(泥占 70% 以上)	
			中潮区	低潮区	中潮区	低潮区
小苗	1 以下	20 000	120	150	180	210
中苗	1.5	3 400	600	700	800	850
大苗	2	800	1000	1 500	2 000	2 500

3.养成管理

(1)移植：主要的目的是改变潮区，调节密度，促进生长。小苗播种的潮区较高，经一

段时间养殖后,个体增大,摄食饵料增加,体质健壮,抗病能力增强,便应移入低潮区放养以加速生长。根据泥层保温性好,冬天不易冻死苗的特点和砂埕贮水量大,温度较低,夏季不易晒死苗的特点,随不同季节移植到不同埕地,以提高成活率。此外,蛤仔产卵后体质较弱,可移植到潮区低、饵料丰富、风平浪静的地方,以适应产后生活,减少死亡。移植是增产的有效措施。

(2)防止自然灾害:在易受台风袭击的海区要提早收成或移到安全海区。洪水后及时清理覆盖埕面的泥砂,集拢散蛤,减少损失。受霜冻影响较大的可移植到含泥较多的埕地,或采取蓄水养蛤。夏季烈日曝晒后水温上升达 40℃会烫死蛤仔,因此埕地必须平整,不积水,或移到低潮区及含砂多的埕地养殖。

(3)日常管理工作:包括巡逻、填补埕面、修补堤坝水闸、防止人为践踏、禁止鸭群侵入等。

(4)生物敌害的防治:蛤仔的生物敌害很多,常见的就有 30 多种,但危害最大的是蛇鳗、海鲇。可用氰化钠(砂质底 30～120 克/亩,泥质底 150～250 克/亩)、茶饼(5～8 千克/亩)、鱼藤(0.5～0.7 千克/亩)等毒杀。另外梭子蟹、锯缘青蟹、玉螺、凸壳肌蛤、食蛤多歧虫、球栉水母等都危害蛤仔,目前尚无很好的防治方法。

(5)常见疾病的防治:豆蟹可寄生在菲律宾蛤仔的外套腔中,能夺取宿主食物,妨碍宿主摄食,伤害宿主的鳃,使宿主消瘦。常见的豆蟹有中华豆蟹(*Pinnotheres sinensis*)和戈氏豆蟹(*P. gordanae*)。此病应以预防为主,发现豆蟹寄生后,可在养殖区悬挂敌百虫药袋,每袋装 50 g。挂袋数量视养殖密度和幼蟹数量而定。

第七节　蛤虾混养

蛤仔与对虾混养即在对虾池里兼养蛤仔,是蓄水养成的一种形式。其优点与牡蛎、对虾混养和扇贝、对虾混养一样,能充分利用养殖设施,提高虾池的利用率,增加收入;虾池内水质肥沃,蛤仔滤食的饵料丰富,滤食时间长,生长较快,缩短了蛤仔的养成周期。虾池中敌害生物少,若管理得当,既可节省苗种,又可提高产量。

(1)清池:蛤、虾放养前就清除淤泥,杀除敌害。清淤后在池底中建宽 80 cm、高 15 cm的蛤埕,埕间距 50 cm,埕与池向一致,埕面积占虾池总面积的 1/2～1/3。淤泥可经曝晒干裂后除掉,底质较硬的池子应浅锄数厘米并捣碎泥块,经锄埕、平整、消毒后纳进过滤海水浸泡。1～2 d 后用钉耙边排水边耙埕,最后将埕地荡平抹光。此项工作在播苗前约半个月完成。

(2)播蛤苗:蛤仔苗要争取比虾苗先放养,越早越好。蛤苗越早播,穴居越深,受对虾伤害越小。播种的蛤苗多系白苗、梅种或春种。播种密度以稀些为好。播苗量与蛤苗规格和虾池底质有关,见表 13-6。

表 13-6　播苗量与蛤苗规格、虾池底质的关系

蛤苗种类	壳长(mm)	体重(mg)	每亩播苗量(kg)	
			泥砂底质(软)	泥砂底质(硬)
白苗	5~7	50~100	100	150
中苗	15	400	250	300
大苗	20	700	400	600

播种时若遇暴雨或烈日,则应推迟播种时间或进水后播苗。

(3)养成管理:养成期间要注意虾池内的饵料密度,调节换水量。饵料不足时,可施尿素$(1～2)×10^{-6}$,过磷酸钙$(0.3～0.5)×10^{-6}$。一般在每汛小潮期施肥 1 次。蛤仔与对虾混养要做到虾饵定位,蛤埕禁投各种饵料,如中埕养蛤,四周投饵。对虾投饵量一定要足够,否则,对虾则四处觅食,危及蛤仔的生存。

(4)蛤仔生长:虾池内的蛤苗(白苗)经 7～8 个月的养成,体长可达 3.0 cm 左右,已达到商品规格,便可收获。

第八节　蛤仔的收获与加工

一、收获

(1)收获季节:根据蛤仔个体大小和肥瘦而定。一般白苗经 1～1.5 年,中苗经 0.5～1 年的养成,便可收获。收获一般在繁殖之前,北方多在 11 月至次年 3～4 月,南方从 3～4 月开始至 9 月结束。商品蛤的壳长要求在 3 cm 以上。

(2)收获方法:分锄洗、荡洗和挖捡等方法

1)锄洗法:适用于泥质埕地,收时,将埕地划分成若干小块(100 m²左右),然后在它的周围筑堤,堤高 20 cm 左右,宽 30～40 cm,在埕地下方堤中挖一出水口,上置竹帘。堤筑好后用四齿耙翻埕土,深 10 cm 左右。接着将埕上方堤开一水口,被拦在堤上方的海水流进翻好的埕内,经不断耙锄搅拌,埕土成为泥浆,蛤仔上浮在表层。将蛤仔集中到出水口竹帘处。收蛤工人用手耙将蛤仔往竹帘上耙,泥砂从竹帘上漏下,蛤仔则落在竹帘后面的蛤篮中,经洗净,捡去杂物和破蛤,即得纯蛤仔。此法操作简便,工作效率高。

2)荡洗法:砂质埕地多采用此法。收成时先在埕地上插好标志,下一潮水未退出埕地之前即下埕用蛤荡(图 13-4)顺流往后荡,到一定距离(15～20 m)后将蛤荡内的蛤仔倒在篮内,借助于水的浮力,将蛤篮拖到筛蛤处,倒入蛤筛中。

筛蛤工人边走边筛,使小蛤均匀地落在原来的埕地上,继续养大。筛起的大蛤放进盛砂泥浆的木桶内,经不断搅拌,残壳杂物下沉,蛤仔上浮,捞起洗净,即可运销、加工。该种方法操作复杂,

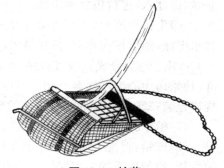

图 13-4　蛤荡

花工较大,其优点是先收大蛤,小蛤留下继续养大。

3)挖捡法:收成时人相距 1 m 左右,横列并排用锄翻土挖起蛤仔,逐个捡出放入篮中。这种方法简单,工效较低,但能利用半劳力。不论含泥砂还是砂质埕地都可采用此法。这种方法收的蛤仔纯,杂质少。

二、加工

蛤仔除鲜售外,还可以加工制成各种制品。

(1)吐砂处理:无论鲜售或加工制成各种制品,最好都经过 20～24 h 的"吐砂净化处理",以提高产品质量(详细方法,参考文蛤养殖)。

(2)蛤仔保活:

1)真空保活:菲律宾蛤仔在 13℃海水中浸渍吐砂 8 h,捞出后用洁净海水冲洗干净,控水,分级,用聚乙烯复合袋进行真空包装,真空度控制在 66～72 kPa。然后进行低温运输或储藏。保藏温度在 2℃～3℃,保活时间可达 10 d,成活率在 99％以上。至第13 d,成活率仍在 87％以上。

2)低温保活:临界温度和冰点是低温保活的前提。水产动物在临界温度以下、冰点以上这一范围内处于半休眠或完全休眠状态。经测定菲律宾蛤仔的临界温度为 1.5℃～1℃,冰点为－1.7℃。菲律宾蛤仔在 0℃～2.5℃条件下保活运输,保活时间、成活率较为理想。

(3)休闲食品的加工:将蛤仔暂养吐砂、洗净后,装入高温复合塑料袋或铝箔中称重,然后按软罐头的做法,抽真空、加热、反压、高温杀菌,最后冷却密封即成。

(4)生扒水烫冻蛤仔肉:将分好级的生扒蛤肉,用 80℃～85℃的热水烫煮 3 min 左右,捞出放入冰水中冷却,然后控水 10 min,称重,装盘后,采用单冻机冻结。再用水浸法脱盘,在冰水中镀冰衣。脱盘时要求块状完整,不散裂。冻块套塑料袋,按 1 kg×10 块的规格装箱,包装后入库冷藏。

(5)块冻煮蛤仔肉:将吐砂后的蛤仔,利用蒸汽蒸煮。蒸煮过程中要把握好蒸煮时间、温度、压力等。壳内分离时要保证蛤仔肉形状的完整,然后进行漂洗,使蛤肉中的含砂降至最低,按规格不同分成特大(200～300 粒/千克)、大(300～500 粒/千克)、中(500～700 粒/千克)、小(700～1 000 粒/千克)四级。经清洗,控水 10 min,称重,装盘。速冻采用二次灌水工艺,制作冰被。冻后要求造型良好,透明光滑,中心温度要求降至－18℃。然后脱盘,镀冰衣,进行包装和冷藏。

(6)生扒块冻蛤仔肉:将蛤仔经过冲洗、分类挑选、入池吐砂后,开壳取肉,再用 3％的盐水洗涤,然后控去水分,按规格大(100～200 粒/千克)、中(200～300 粒/千克)、小(300～400 粒/千克)分成三级,再将蛤肉清洗,放入筛盘内控水 10 min 后,称重装袋,入库速冻,待蛤肉中心温度降至－18℃时即可出库。用淋水法脱盘,1 000 g 一块的,以 14 块的规格包装;320 g 一块的,以 50 块的规格包装,装箱后送入－18℃及以下冷库中贮藏。

(7)蛤干:将新鲜蛤仔洗净煮熟,然后剥去壳晒干即成。

(8)咸蛤:将洗干净的蛤仔倒在船的甲板上或室内水泥、石地板上,然后加 25％左右的食盐,均匀地搅拌。拌好倒入舱内,或放在原地,每 4 h 翻 1 次。天气炎热,翻蛤时间要缩短到 2 h,一共翻 4 次,后 2 次时间可适当拉长一些。经上述处理后即成咸蛤。这种加工方法以早上气温低时进行为佳,温度高时加工的质量较差。咸蛤用竹篓包装,经数月不会变质,可运销内地。

复习题

1. 菲律宾蛤仔和杂色蛤仔形态上有何区别?

2. 菲律宾蛤仔的生态习性及其对环境的适应能力如何?

3. 菲律宾蛤仔有哪些生物敌害?

4. 食蛤多歧虫如何危害蛤仔? 怎样杀除?

5. 蛤仔繁殖习性如何?

6. 试述蛤仔胚胎发育的过程。

7. 蛤仔半人工采苗应具备哪些条件? 如何进行半人工采苗?

8. 试述蛤仔土池半人工育苗的过程和方法。

9. 蛤仔苗种运输时应注意哪些事项?

10. 蛤仔播种密度与什么有关? 如何进行干播和湿播?

11. 虾蛤混养有何优越性? 混养中如何管理?

12. 简述蛤仔的收获方法。

13. 解释下列术语:

①冬种、春种　②白苗、中苗、大苗　③推堆　④稚贝、幼贝

第十四章 文蛤的养殖

文蛤(*Meretrix meretrix* Linnaeus)俗称花蛤,为蛤中上品,肉味清鲜,素有"天下第一鲜"之称,深受国内外人民喜爱。据分析,文蛤鲜肉中含有 10% 的蛋白质,1.2% 的脂肪,2.5% 的碳水化合物以及丰富的钙、磷、铁、维生素等。贝肉除熟食外,尚可冷冻或做罐头,也可加工成文蛤粉代替味精。文蛤贝壳光滑而有美丽的花纹,可作为药品或化妆品之容器,还可做高标水泥原料,也有用文蛤壳作为紫菜丝状体的培养基,还可在石油开发上作为油水分离的堵水调剖剂。

文蛤的生产,从前只是采捕天然生长的文蛤,产量并不太高。近来由于国际贸易的发展,文蛤的需要量急剧上升,促进了各地文蛤养殖业的发展。我国文蛤苗源丰富,又有广阔的适于养殖文蛤的砂质海滩,发展文蛤养殖的前途是辽阔的。

文蛤属于软体动物门(Mollusca),瓣鳃纲(Lamellibranchia),异齿亚纲(Heterodonta),帘蛤目(Veneroida),帘蛤科(Veneridae)的动物。

文蛤属的种类在我国除文蛤之外,还有丽文蛤(*M. lusoria* Rumphius)、斧文蛤(*M. lamarkii* Deshayes)二种。文蛤属的三种之中,以文蛤产量最大。

文蛤属种的检索表如下:

1. 壳前侧缘圆·· 2
1. 壳前侧缘尖;壳面具有很多横的棕黄色带······································· 斧文蛤
2. 壳前后缘等长;后侧缘末端圆··· 文蛤
2. 壳后缘显著比前缘长;后侧缘末端尖··· 丽文蛤

第一节 文蛤的形态与构造

一、外部形态

贝壳近于心脏形,前端圆,后端略突出(图 14-1)。壳外表面光滑,后缘青色,壳顶区为灰白色,有锯齿状褐色花纹,花纹的排列不规则,随个体大小而有变化。壳缘部为褐色或黑青色。文蛤之体色与生活环境有关,在含泥量较多的海区,文蛤壳色变深。

铰合部外面有一黑色外韧带连接双壳,并起张开双壳之作用。文蛤壳上的生长线不很明显,能由此看出壳生长的层次。

壳内面白色,前后缘有时略呈紫色。铰合部宽,右壳具 3 个主齿及 2 个前侧齿,前面的两个主齿呈八

图 14-1 文蛤

字形,后主齿强大、斜长。左壳具 3 个主齿及一个前侧齿,两个主齿略呈三角形,后主齿长。前闭壳肌痕小,略呈半圆形。后闭壳肌痕大,呈卵圆形。外套痕明显,外套窦短,呈半圆形。

丽文蛤外形与文蛤相仿,只是壳稍长,后缘稍尖。

二、内部构造

(1)外套膜、足和内脏团:文蛤的身体左右对称,分为足、内脏团及外套膜三部分。足位于腹部,足的作用是掘砂筑穴及运动。内脏团包含着文蛤的消化、循环、排泄等重要器官。软体两侧包被着两片外套膜。外套膜边缘组织增厚,具有许多感觉突起,司感觉作用。两侧外套膜的后端愈合成两个水管。文蛤的水管比缢蛏、海笋的水管短得多,因此,文蛤栖息深度不大,一般相当于壳长之 2 倍左右。

两侧外套之间的腔隙称为外套腔,退潮后外套腔内可以蓄存一定数量的海水,以防组织器官干燥。具前、后二个闭壳肌。在前后闭壳肌的上方还有两束肌肉束,前方的为前收足肌,后侧的为后收足肌。

(2)消化系统:口位于前闭壳肌之后,是一个横的裂缝。口之两侧各有二片唇瓣,外侧的称为外唇瓣,内侧的称为内唇瓣。内外唇瓣相对的一侧密生纤毛,由于这些纤毛的摆动,把鳃上运来的食物传到口内,并有进一步选择食物的功能。口下接着一条短食道,食道接宽大的胃。胃的周围有体积很大的消化腺,又名肝胰脏,它有管道与胃相通。胃后接小肠,小肠盘旋于内脏团中,其后为直肠。直肠穿过围心腔及心室,而后开口于后闭壳肌的后方,即肛门(图 14-2)。

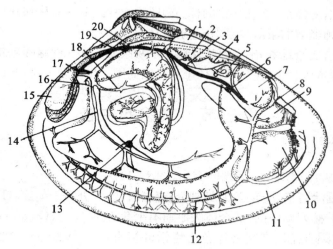

1.围心腔　2.心室　3.心耳　4.动脉球　5.肾脏　6.脏神经节　7.后闭壳肌　8.肛门　9.出水管　10.入水管　11.外套膜　12.外套动脉　13.足神经节　14.足动脉　15.前闭壳肌　16.口　17.脑神经节　18.内脏动脉　19.脑脏神经连索　20.前大动脉

图 14-2　文蛤的内部构造

(3)循环系统:循环系统包括心脏、动脉、血窦及静脉等。心脏位于软体背方之围心腔中,分为一个心室和两个心耳。心室壁厚,直肠从其中部穿过。心耳在心室的下方,壁薄,略呈三角形。两心耳的位置对称。心室与心耳之间有孔相通。由心室向前通出一条前大动脉,向后通出一条后大动脉。后大动脉在围心腔内向后形成一个大而壁厚的囊,名动脉球,有缓冲作用。

自鳃中流出的含氧血流,经心耳流入心室再由心室的收缩压入前后大动脉,运至身体各部器官内。在鳃、外套膜内进行气体交换后,带着体内代谢产物的血液经大静脉返回鳃中。大静脉在围心腔下方,其分支经肾脏排出废物后再流入鳃中,血液在鳃内交换气体,排出二氧化碳,吸收氧气后再返回心脏。

(4)呼吸系统:文蛤呼吸器官有鳃、外套膜。鳃是主要呼吸器官。文蛤的鳃比蚶类、扇贝等都更进化,有板间隔膜,其中有血管。鳃丝之间有丝间隔相连,并有血管相通。鳃丝表面密生纤毛,在纤毛的不断摆动下激动水流,使海水由入水孔进入外套腔,经鳃上无数的小孔进入鳃上腔,再由出水管排出体外。文蛤利用海水经过鳃小孔的机会进行气体交换及滤取水中的食物。

外套膜也有呼吸作用,流经外套膜上的血液,在外套膜上进行气体交换之后返回心脏。

(5)排泄系统:文蛤有一对淡褐色的海绵状肾脏,分别位于身体两侧围心腔的下方。每一肾脏包括两部分,即厚壁腺状部及囊状部或膀胱。前者位于后者之下,其前端与围心腔相通,后端与囊状部相通。囊状部为一薄壁之管,开口于左右内鳃瓣之基部附近,名排泄孔。此外,在围心腔的背面左右两侧,有一对围心腔腺,又名开伯氏器官。围心腔腺无特别管状部,仅在围心腔前方的两侧壁,成为海绵状腺质构造,其内血管很多,由血液内渗出的排泄物,进入围心腔。

(6)神经系统:神经系统包括三对神经节,即脑侧神经节或简称脑神经节、足神经节及脏神经节。由各神经节上派出神经,分布于全身。

(7)生殖系统:文蛤雌雄异体,但从外形上不易区分性别。性腺颜色雌雄有别,雌性呈乳白色,雄性呈浅黄色。生殖腺一对,位于消化腺周围。生殖管一对,开口于肾外孔附近。

第二节 文蛤的生态

一、分布

文蛤和丽文蛤都是广温性贝类,地理分布较广。文蛤分布于朝鲜、日本、越南、巴基斯坦、印度和中国。丽文蛤分布于印度洋和中国南海,从阿曼湾(Oman Gulf)到帝汶(Timor)、菲律宾和日本北部都有分布。斧文蛤分布于日本和中国南海。文蛤分布于受淡水影响的内湾及河口近海,如我国辽河口附近的营口海区,黄河口附近的莱州湾海区,长江口附近的吕四、嵊泗近海蕴藏量均很大。此外,全国沿海的一些内湾和河口附近几乎均有分布。

文蛤多分布在较平坦的砂质海滩中,含砂率 50%～90%,以 60%～80% 为最好。幼贝多分布在高潮区下部,随着生长逐渐向中低潮区移动,成贝分布于中潮区下部,直至低潮线以下水深 5～6 m 处。

二、生活方式

文蛤营埋栖生活方式,依靠足的伸缩活动潜钻穴居,栖息深度较深,可达 $10\sim20$ cm。个体大小在栖息深度方面的差异,夏季不明显,冬季明显,$2\sim3$ cm 的文蛤穴居深度为 8 cm左右,$4\sim6$ cm 的文蛤则为 12 cm 左右,栖息的深度随个体的增大而加深。

海水从入水管进入体内通过鳃进行呼吸、摄食。废水及排泄排遗物经出水管排出体外。涨潮时,文蛤将出入水管伸出滩面进行海水交换,退潮时,缩回水管。文蛤的食物以微小的浮游和底栖硅藻为主,兼食其他浮游植物、原生动物、无脊椎动物幼虫以及有机碎屑。

三、对水温及盐度的适应

文蛤是广温性贝类,分布于温、热带。北方的文蛤可耐受封冻的严冬,南方的文蛤能抗盛夏酷暑,温度低达 $-5.5℃$,高至 30℃时,均能正常存活。最适宜文蛤生长的水温是 15℃$\sim$25℃或稍高一些。井上氏进行了丽文蛤鳃纤毛运动与水温关系的实验,3℃$\sim$39℃均能运动,运动最快是在 25.5℃的时候。可见 25℃左右是丽文蛤最适宜的生活水温。文蛤在 39℃海水中 4 h,可引起 8%的死亡,在 41℃中 4 h 全部死亡。

文蛤是广盐性的种类,能在比较广泛的海水密度范围内正常生活,壳长 0.13 cm 的幼苗在密度 1.005 的海水中培养 12 d,存活率达 96%,个体也有增长。高潮区下部的水潭中,海水密度低达 1.003 时,壳长 0.19 cm 的文蛤苗在小潮汛不上水的期间仍能存活,可见幼苗对低密度海水的适应能力是相当强的。适宜文蛤生活的海水密度范围为 1.014$\sim$1.025。长期生活在密度 1.003$\sim$1.014 的文蛤,其生长明显变慢。在密度过低,变化大的河口附近,文蛤很少。文蛤对淡水的适应能力不强,壳长 0.15$\sim$0.18 cm 的幼苗,在淡水中浸泡 12 h,存活率只有 40%$\sim$60%。成贝遇到淡水时,双壳紧闭,不摄食。淡水渗入砂层过多时,文蛤会钻出砂面移动。

四、对干燥的适应能力

文蛤耐干燥程度随温度和个体大小等有明显差异。平均气温 1.2℃时,阴干保存 28 d 的存活率为 90%。气温 19℃,可干露 9 d 而不死亡。当平均气温上升到 26.3℃时,阴干保存 3 d 的存活率只有 35.7%,至第 4 d 时几乎全部死亡。个体大的文蛤比个体小的耐干能力强,在平均气温 6.8℃时 6$\sim$7 cm 的文蛤阴干 26 d 的存活率为 60.3%。而 3$\sim$3.5 cm 的只有 4.3%。文蛤幼苗对干燥的适应能力最弱,0.1$\sim$0.15 cm 的幼苗在 25.5℃$\sim$29.5℃气温条件下,阴干 8 h 便全部死亡。

五、文蛤的移动习性

文蛤具有随着生长由中潮区向低潮区或潮下带移动的习性,群众称为"跑流"。跑流的文蛤壳长一般在 1.5 cm 以上,以 3$\sim$5 cm 的文蛤移动性最强。5 cm 以上的文蛤移动性较差,只是在天暖流急的情况下偶有移动。

文蛤移动有三种方式:第一种是壳长 2 cm 左右的文蛤,体小而轻,大潮时被潮流冲着向下滚动。第二种是从水管处分泌出无色透明的黏液带,长约 50 cm,漂于水中,借助潮流的力量将贝体贴着滩面向下拖行,有时文蛤尚伸足弹跳协助运动。个别的个体可借助黏液带的浮力,将贝体悬于水中顺流而下,2～5 cm 的文蛤主要是以这种方法移动。此种移动方法一般是在大潮期间,潮水退至六成,水深 40 cm 时开始,至七八成时最多。水深 10～25 cm,流速 3.5 m/min 时,移动速度可达 1 m/min 左右。有的个体一潮可移动 60～70 m 的距离。第三种是 5 cm 以上的文蛤,体大而重,分泌黏液少,只能依靠斧足的伸缩在滩上爬行,速度慢,方向不定,一昼夜一般不超过 2 m 远。

文蛤活动的季节主要在春、秋两季,即 4～5 月和 9 月。在大潮期间及黎明时活动较多,冬季文蛤潜钻较深,此期一般不移动。

文蛤虽有移动习性,但如能在适宜场所放养,移动范围并不会太大。据放流试验,在大潮干潮线以下,水深 30 cm 处放流的文蛤,一年后大多数能在放流地点周围 200 m 范围内重新捕到,因此,在大面积养殖时,其活动范围一般不会越出放养区。

文蛤的移动习性有其生物学意义。幼小的蛤苗抗敌害能力差,潮间带的敌害生物少,有利于种族的保护。随着个体的增大,抗敌害能力增强,文蛤则逐渐向低潮区或潮下带移动。这里环境的理化条件稳定,浸水时间长,有利于文蛤的摄食和生长,所以在潮下带采的文蛤肉质丰满。同时潮下带的环境又可防止人为的滥捕,有利于种族的延续。在进行文蛤的增殖时,应该充分考虑到它的这些特点。

第三节　文蛤的繁殖与生长

一、文蛤的繁殖

(1)性腺发育:文蛤是雌雄异体。一般二年性成熟,成熟的性腺分布在内脏团周围,并延伸至足的基部。雌性性腺呈乳白色,雄性呈浅黄色。根据性腺发育和在内脏团的分布情况,可分为如下五期。

1)增殖期:性腺开始形成,在内脏团表面用肉眼隐约看见一层很薄的黄色性腺,主要分布于消化腺的两侧,此时性腺开始发育,滤泡逐渐增多,以至于出现卵母细胞、精原细胞。1 月上旬～3 月底,水温 7.8℃～16.2℃。

2)生长期:性腺不断增大,并向腹部扩展,逐渐覆盖整个内脏团,肉眼观察性腺比上期明显,雌、雄个体仍不可分辨。滤泡数量增加,卵母细胞增多。时间为 4 月初～5 月中旬,水温 13.0℃～21.8℃。

3)成熟期:个体开始显得肥硕、丰满,性腺覆盖整个内脏团,并延伸至足基部,雌、雄性腺颜色相差较大,雌性为乳白色,雄性为淡黄色。此时刺破生殖腺,可见卵子或精液流出,一遇水便散开。滤泡腔内充满了成熟的卵母细胞,精子也流满了滤泡腔的中央。时间为 5 月中旬～7 月底,水温 20.0℃～25.8℃。

4)排放期:在一个繁殖季节可产卵多次,成熟排放后性腺饱满度下降,显得松弛,肉眼可明显将排放期和成熟期分开。滤泡开始出现大小不等的空腔,卵原细胞及初级卵母细胞可继续发育成为次级卵母细胞,经母细胞也可再次发育,出现持续排精现象。时间为 5

月下旬至 8 月中旬,水温 21.8℃～30.0℃。

5)休止期:软体部消瘦,雌、雄不能分辨。内脏表面透明,呈水泡状,看不到性腺分布。滤泡逐渐缩小、减少直至消失,结缔组织增生。此期为 8 月下旬至 12 月底,水温33.5℃～11.2℃。

(2)繁殖期:文蛤的繁殖因地区水温的差别,各地早晚不一。山东在 7～8 月。江苏省启东沿海在 6～7 月产卵,6 月下旬～7 月初为产卵盛期。广西的文蛤繁殖期在 5～7 月。繁殖水温一般在 20℃以上,最适水温为 21.5℃～25℃。

(3)发生:文蛤性腺成熟时,内脏团表面基本上被性腺覆盖,鲜肉与鲜壳比达到 1:4 以上,或者干肉与干壳比达 1:10 以上。卵产入海中呈圆球形,卵子大小因环境条件的不同而有差异,江苏南部文蛤的卵子直径平均为 85.8～87.2 μm;辽宁为 60～90 μm。文蛤卵是沉性卵,在初级卵膜之外还有一层透明的次级卵膜。这一层卵膜的折光率与水相同,不易辨认,只有当卵膜外粘有脏物时才见其轮廓,或者将卵子密集在一起,可见卵子之间保持一定的距离,实际上为次级卵膜所间隔。精子头部直径约为 3 μm,产出的精、卵在海水中受精、孵化。在水温 26.5℃～33℃、密度 1.020～1.022、pH 值 8.10～9.25、光照 2 000～4 000 lx 的人工育苗条件下,一般经过 30 min,动物极上出现第一极体,40 min 出现第二极体,接着受精卵纵裂成两个大小不等的细胞。1 h 后进入 4 细胞期,再经桑葚期、囊胚期,此时开始出现缓慢的就地转动,6 h 后进入担轮幼虫(表 14-1),运动也由转动变为直线运动。12 h 后进入 D 形幼虫,此时面盘已经形成,游动活泼,在水中集群呈云雾状上浮。幼虫经过 6 d 的培育开始出现棒状足和平衡囊,活动方式也由游动改变为匍匐爬行,壳顶突出稍靠后方。后来足部分泌出黏状足丝附着在泥砂上,面盘消失,外套膜愈合后形成出、入水管,原壳逐渐钙化为不透明。

表 14-1　文蛤胚胎及幼虫发育

发育阶段	受精后出现的时间	壳长×壳高(μm)		温度(℃)
第一极体	30 min			27.5
第二极体	40 min			29.6
2 细胞期	45 min			29.8
4 细胞期	1 h			
8 细胞期	1 h 30 min			
16 细胞期	2 h			
桑葚期	4 h			30
囊胚期	4 h 30 min			
原肠期	5 h			
担轮幼虫	6 h			
D 形幼虫	12 h	126×108		
壳顶初期	2 d	144×117	162×135	
壳顶中期	3～4 d	171×153	189×162	
壳顶后期	5 d	198×162	207×171	
变态成熟期	6 d	216×198		
稚贝	9 d	234×216		

* 据厦门水产学院等报告

据日本报道,受精卵在 19℃～30℃内均能发育,适温是 21℃～27℃。受精卵与面盘幼虫发育的适宜海水密度为 1.014～1.027。

稚贝发生场的条件与蛤仔相似,多集中在内湾潮间带水渠两侧及河口附近的砂滩上,这里容易形成涡流,有利于稚贝附着。幼虫及稚贝形态如图 14-3 所示。

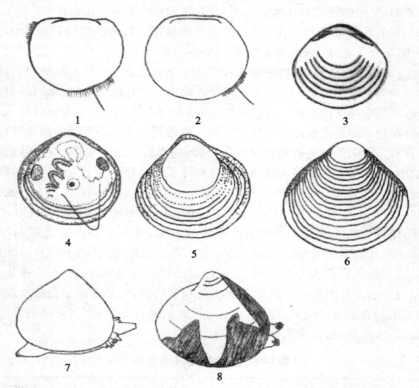

1. 初期壳顶幼虫 0.12 mm×0.09 mm　　2. 壳顶幼虫 0.17 mm×0.15 mm
3. 后期壳顶幼虫 0.20 mm×0.18 mm　4. 稚贝 0.22 mm×0.20 mm　5. 稚贝 0.35 mm×0.34 mm
6. 稚贝 0.50 mm×0.48 mm　7. 稚贝 1.3 mm×1.2 mm　8. 幼贝 50 mm×43 mm

图 14-3　文蛤幼虫及稚贝形态(仿吉田裕)

二、文蛤的生长

文蛤的生长速度随温度、年龄、潮位、密度及饵料的状况有很大的差别。一年中春末、夏季和秋季生长较快,7～9 月生长最快,冬季几乎不生长。以江苏为例,壳长 2.66 cm 的文蛤在气候较冷的冬季,5 个月生长了 0.27～0.57 cm。幼苗生长较快,一周年壳长可达 1.5～2.0 cm,二周年能长至 3～4 cm,之后生长速度逐渐减慢。同样规格的幼苗,潮位不同对其生长速度也有明显的影响,大潮干出 6 h 8 min 处的已长至 1.7 cm,而干出 7 h 38 min 处的只有 0.82 cm。饵料丰富的河口附近以及密度稀的区域,文蛤生长较快。文蛤的肥满度从春季开始增高,繁殖盛期达到最高值,以后逐渐下降。在相同季节,肥满度还随个体增大而减小。

文蛤的生长也与底质有关,一般砂质滩其生长速度优于泥质滩(表 14-2)。

表 14-2　文蛤在不同底质下生长情况的测定

日期	细砂底质			软泥底质		
	平均壳长(cm)	平均壳高(cm)	50 个全重量(kg)	平均壳长(cm)	平均壳高(cm)	50 个全重量(kg)
1973 年 5 月 19 日	4.33	3.67	1.00	4.38	3.67	0.95
7 月 19 日	4.36	3.67	1.10	4.36	3.67	1.12
8 月 15 日	4.56	3.84	1.25	4.38	3.64	1.17
9 月 26 日	4.67	3.95	1.37	4.49	3.85	1.20
增长值	0.34	0.28	0.37	0.11	0.18	0.25

第四节　文蛤的苗种生产

目前我国文蛤苗种生产有采捕自然苗、半人工采苗和人工育苗三种方法。

一、采捕自然苗

(1)采苗场：天然文蛤的幼苗场地大多分布于有文蛤栖息的河流入海口附近的砂滩、三角洲或潮水能涨到的浅海砂洲等地方，含砂量以不低于 60%，以细、粉砂质为好，退潮时干露时间 5～9 h 的高潮区下部或中潮区上、中部，水流缓慢，尤其以能产生旋涡，底质比较稳定的砂洲和水沟两侧幼苗数量最多。在有些情况下，幼苗场并不在养成场附近，而有一段距离，这与潮流有关。

(2)苗种采集：苗种采集的规格、方法和时间各地不一样。

1)筛子筛取：台湾省将小型幼苗采捕后，经过苗种育成，再采捕放养。通常于 9 月至翌年 5 月在苗区用筛子筛取 0.5 mm 左右的幼苗连同部分砂粒，放养在水深 0.3～0.6 m 的鱼塘中培育，底质以砂质为佳。视池内肥瘦情况考虑施肥与否。海水密度保持在1.010～1.027，池水以略带硅藻之暗褐色但澄清者为好。投放量一般为 200 万～300 万粒/亩。养殖过程中注意防除蟹类、野杂鱼、玉螺、丝藻等敌害生物，经过几个月的养殖管理，待幼苗长至 800 粒/千克左右时，再用纱笼制的筛子筛出，供养殖成贝之用。小型幼苗由于个体小、壳薄、耐干性差，运输时间必须很短，而且要注意不能过分挤压。

2)踩踏采捕：江苏等省的采苗，大多是采捕较大的文蛤苗直接放养，不经过苗种养成阶段。采苗在潮水刚退出滩面时进行。采苗时按预先选定的地方，数人或十余人并列一排，双脚不断地在滩面踩踏，边踩边后退，贝苗受到踩压后露出滩面即可拾取。也有用锄头插入滩面一定深度后逐渐向后拖，贝苗被翻出后，用三齿钩挑进网袋。大风后贝苗往往被打成堆，此时，用双手捧取贝苗装入网袋即可。采苗时应避免贝壳及韧带损伤，并防止烈日曝晒。采集好的贝苗应及时投放到养成场。对于破坏贝苗资源的采捕工具，如拍板等要严禁使用。

采苗季节一般在 3～5 月以及 10～12 月，此时气温、水温对贝苗运输和放养后的潜居都较适宜。较远距离运输苗种，最好选择在气温 15℃ 以下时进行，以避免或减少运输途中的死亡。苗种运输时通常用草包或麻袋包装,也可直接倒在车上或舱内,一般用干运法运输。

3)其他采捕方法:

①打桩法:利用文蛤趋桩习性,提前在有文蛤的潮区,每隔 150 cm 打一根长 65～75 cm、直径 4～5 cm 的木桩,待蛤苗移至木桩 30 cm 半径范围时采捕。

②蛤靶法:蛤靶后面装有网袋,作业者拖靶时,遇到文蛤即入网袋中,拖靶一段距离后冲洗去砂,把文蛤装入容器内。

③钩捕法:退潮后,手持前端有钩的木棍,见到文蛤栖息穴口,即将棍钩深入穴内钩出文蛤。

二、半人工采苗

根据文蛤的生活史和生活习性,在繁殖季节里,利用人工平整滩涂和撒砂等方法,改良滩涂底质,供幼虫附着变态,发育生长,从而获得文蛤的苗种。

1985 年莱州市水产局与青岛海洋大学在土山进行试验,在泥占 3.88%,粉砂占 31.82%,砂占 64.3%的中潮区上部,采用撒三种规格的砂子(细砂直径 0.1～0.4 mm,中砂直径 0.4～0.7 mm,粗砂直径 0.7～1.2 mm),分三个不同的时期(文蛤排放精、卵后第 5 d,6 d 和 7 d)投放,即 7 月 20 日文蛤排放精、卵,7 月 25 日、26 日和 27 日三个时间布置场地。采苗结果表明,自然滩平均附苗量为 133.3 个/平方米。正交试验中从砂子规格上看,撒细砂平均附苗量为 466.5 个/平方米,是自然海滩的 3.5 倍。中砂和粗砂平均采苗量各为 333.3 个/平方米,是自然海滩的 2.5 倍。从采苗时间上看精、卵排放后 5 d 布置的平均采苗量为 299.9 个/平方米,是自然海滩的 2.25 倍。6 天布置的为 477.6 个/平方米,是自然海滩的 3.58 倍。7 d 布置的为 255.5 个/平方米,是自然海滩的 2.66 倍。通过试验,证明直径 0.1～0.4 mm 的细砂附苗量较多,从采苗时间上看,文蛤精、卵排放后第 6 d 整滩撒砂为宜。

山东潍坊市水产研究所利用"缓流法"进行文蛤半人工采苗,山东省海洋水产研究所利用撒砂布滩、耙滩以及耙滩与拦网相结合进行文蛤半人工采苗也都取到了良好效果。

此外,在平整滩涂和撒砂的同时,再采用撒网(需用木桩固定)以缓流和防敌害会收到更好效果。

三、人工育苗

(1)亲贝的选择:选择体健壮,性腺丰满的 4 龄以上文蛤作亲贝。亲贝最好放在自然海区或对虾养成池中促进成熟。

(2)获取受精卵:将亲贝阴干 5～7 h,然后于常温海水中流水刺激 3～5 h,再将亲贝放进 0.15%～0.25%的氨海水中浸泡,在水温 26.5℃～28.5℃,海水密度 1.020～1.022,pH 值 8.40～8.90 条件下,亲贝在氨海水中反应敏感,浸泡不到 10 min,亲贝就显出十分兴奋的状态,双壳微微张开,水管和足充分伸张舒展,极为活跃,经过 30 min 左右,雄性先排精,雌性相继产卵。此法催产率可达 80%。采用阴干刺激、流水刺激、反复升温刺激亦可收到较好效果,将亲贝阴干 3～5 h,流水刺激 1～2 h,升温 3℃～5℃,再移回原海水中便可排放精、卵。

也可利用解剖的办法获得文蛤成熟卵，但卵子必须经氨海水浸泡 5 min 后，才能正常受精。

(3)洗卵与孵化：采用沉淀法洗卵 2～3 次，以提高孵化率，防止污染水质。受精卵在 27.5℃～33℃的温度条件下，12 h 左右即可达到 D 形幼虫。

(4)幼虫培育：幼虫培育的密度一般为 3～10 个/毫升。培育水温不要超过 26℃，海水密度 1.109～1.023，pH 值 8.0～8.3，溶解氧 5～6 mL/L。

文蛤育苗正处于高温季节，因此饵料要以牟氏角毛藻、等鞭金藻等高温种为主，混合投喂饵料时，金藻与角毛藻的比例为 1∶3。D 形幼虫投喂饵料密度为 1.8 万～2 万个/毫升，以后随着幼虫的发育，逐渐增加投饵量。日换饵 3～4 次。

幼虫培育中的充气、换水、清底、倒池、幼虫观测同常规贝类人工育苗。

(5)附着变态及稚贝培育：文蛤人工育苗条件下，卵受精后 6 d 进入附着变态期。第 9 d 完成变态发育成稚贝。当幼虫发育到 234 μm×216 μm 时，面盘开始萎缩，停止浮游而行底栖生活。这时，壳顶突出稍靠前方。钙化后壳不透明。外套膜后部经愈合先形成出水管。在很短的时间内就进入砂泥中生活。

据日本报道，变态后的稚贝需用足丝附着在砂粒上。如果池中无适宜的附着基。稚贝足丝相互黏连成团，影响稚贝的呼吸、摄食和活动，不久造成稚贝大量死亡。

同其他双壳贝类一样，文蛤进入即将附着变态时也出现眼点。但文蛤幼虫眼点不太明显，很容易忽略而影响及时投放附着基。即将附着变态的文蛤幼虫匍匐爬行，足伸缩频繁，活动积极，足做掘土状动作。此时应及时投放附着基，以满足幼虫附着的要求。

卵受精后 7 d 开始投砂，厚度以 0.5 cm 左右为宜。泥砂取自中、高潮区，经水洗，用 120 目筛绢分析筛选，经高温煮沸杀菌处理，除去一切生物及有机污物。

文蛤稚贝有分泌黏液的习性，在育苗室内常因黏液缠身使稚贝死亡。为了避免这种情况的产生，变态前先向池底投放 2～4 mm 大小的砂粒。在幼虫分泌黏液基本终止后，进行倒池，用 40 目筛绢将砂、贝分离，再将稚贝投入备有细砂底质的池水中进行培育效果较好。

文蛤幼虫进入底栖后，死亡率很高。为了提高成活率，应采取以下措施：①保持水质清洁，避免有害物质分解，防止水中 H_2S 和氨氮增加；②幼虫一旦进入底栖生活，要加大换水，流水培育，充气；③投喂混合饵料，防饵料下沉；④尽力降低水温；⑤保持适宜密度，稚贝潜居数控制在 50 万只/平方米左右；⑥尽力做好砂贝分离倒池工作，严防稚贝机械损伤；⑦有条件最好将眼点幼虫滤选入室外备好的土池中附着变态，以提高附苗量。

1991 年，丹东市水产研究所采用无底质人工培育文蛤稚贝的技术方案代替投放泥砂的方法，取得了良好的效果，单位面积上培育出壳长 1～2 mm 的稚贝达 38.6 万只/平方米。

稚贝在室内经过 40 多天的饲育，壳长可达 1 mm，室内水池环境不适合生活，此时可移到滩涂上修建的池塘中暂养。稚贝在池塘中经 20 多天的培养，壳长可达 2 mm 以上。

四、苗种运输

文蛤是一种耐旱性较强的贝类。文蛤的双壳紧闭,水分难以散出,外套膜与鳃能较长时间保持湿润,使机体呼吸仍继续进行,所以露空时间长,耐旱能力强。冬季可耐干 2～3 周不死,夏季也能活 2～3 d。为此,运输日期应根据当时气温高低,在耐干范围内运到。采用筐或草包装着文蛤,再以品字形的方式垛在船舱或车厢内。切忌带水运,尤其是夏季,以防水质恶化,造成苗种大量死亡。在运输中,只要保持高湿度和低温一般可存活一周左右时间。

第五节　文蛤的养成

一、滩涂网围养殖

1.养成场地选择

(1)位置:选择风浪小,潮流畅通,有河水注入或少有河水注入的砂滩、港汊、潮沟等泥砂底质较稳定的地方作为养成场地。为了增加文蛤的摄食时间和减少文蛤移动的距离,潮位以中、低潮区为宜,尤以小潮干潮线附近最好。退潮时干出时间过长,文蛤摄食时间短,生长缓慢;干出时间过短或低潮线以下,易受敌害侵袭,采捕也较困难。底质比较稳定,含砂率高的浅水区也可作为养成场,但投放的苗种规模要大一些。

(2)底质:滩面平坦宽广,泥砂底,砂含量在 50% 以上,最好在 75% 以上。含砂率高的底质较松软,适于文蛤潜居生长,收获时贝壳色泽也较好。砂粒大小以细砂、粉砂为好。养成场的滩涂要较稳定,并无大量黑臭的腐殖质,否则会使文蛤生长不良,严重时会引起死亡。

(3)海水密度:密度应为 1.010～1.025,最好为 1.015～1.024。养成场必须避免选择在河口海水密度较低的海区,不能选择有工业污水注入或受影响的海区。

2.养成工作

(1)养成场设备:文蛤有随潮流移动的习性,放养前应在养成场潮位低的一边放置拦网。放置拦网有两种:一种是分内外两层,内层主要为防止文蛤逃逸,网目较小,目径为 1.5 cm,下缘埋入砂中,拦网高出砂面 0.7 m。外层主要是防止敌害侵入,其高度在满潮线以上,约 2 m,网目较大,目径为 5 cm,一般用竹桩或木桩固定。另一种只设一层拦网,拦网的高度为 65～100 cm,网目为 2～2.5 cm,放置时将网片的一部分埋于砂里,露出砂面的网片用竹竿或木桩撑起,每隔 3 m 左右插一竹竿或木桩把网片固定,以防网片倒伏。文蛤有跑流迁移习性,为防止文蛤跑流,可采用拉线防逃。将高 0.5 m、直径 5 cm 以上的木桩先埋入泥砂中,下埋不少于 20 cm,桩间距 5 m,切流向间隔 5 m,顺流向间隔 2 m,用于拉线。将 6 股聚乙烯线缠在木桩离滩面 3～5 cm 处,切流向拉线间距 2 m。文蛤大部分集中在线下、桩下、网边,整个养殖场内的文蛤分布相对均衡。而不拉线的场地,则文蛤大量集结在低潮位的网围边。

(2)放养密度:投放密度要视海区的肥沃程度与贝苗个体大小而定。放养密度过大,不仅生长缓慢,而且容易死亡。过稀则收获时采捕不方便,滩涂利用也不经济。一般壳长1 cm的贝苗,每亩可放养10~20 kg。壳长1.5 cm的贝苗,每亩放养100~150 kg。敌害较为严重,死亡率大的海区,投放量可适当多些,反之可少些,饵料丰富的海区贝苗投放量也可以多些。

(3)养成管理:主要工作是修整网具,防止"跑流",疏散成堆的文蛤,防治灾害等。由于文蛤有移动的习性,如果拦网损坏,会随流跑走,发现拦网损坏或倒塌要及时修整好。在栏网前文蛤的密度较大,应及时把它们疏散,这样既有利于文蛤的生长,又可减轻拦网的压力,防止拦网的损坏。大潮或大风后,文蛤往往被风浪打成堆,若不及时疏散会造成文蛤死亡,尤其是夏季温度较高时,更容易造成大批死亡。文蛤的敌害有海鸥、玉螺、海葵、蟹类、河豚鱼、鲷、丝藻等。可用鸣枪办法来驱吓海鸥。玉螺主要出现在4~9月,可用手捕捉,捞取其卵块效果更好。要防止杂藻的发生,最好在开始出现时就捞取。对于敌害生物,一定要及时防治,以减少损害。

3. 文蛤的死亡及预防

(1)死亡特征:一般先钻出滩面,俗称"浮头",闭壳肌松弛,出水管喷水无力,贝壳光泽淡化,肉质部由乳白色转为粉红色,乃至黑色,两壳张开而死亡。从少量"浮头"到出现大批死亡只需3~4 d时间。死亡后滩面上呈现一片死蛤,散发出极难闻的臭味,污染海区,使底质变黑。

(2)死亡原因:在文蛤养殖过程中文蛤常常发生大批死亡。文蛤死亡有明显的季节性、区域性和流行性等特点。

1)季节性:以江苏为例,文蛤死亡大都发生在高温季节8~9月份,此时文蛤产卵、排精后,体质虚弱,另外又处于雨水较多,盐度较低,滩温较高的季节,特别是滩涂不平,局部地方有积水,很易烫死文蛤。

2)区域性:潮区较高,底质较硬,含泥较大的地方最易死亡。特别是小潮汛期的高潮区滩涂,干露时间过长。

3)流行性:死亡的软体部很快腐烂,污染滩涂。根据江苏省水产研究所等的研究,从患病文蛤内脏团中已检查出溶藻胶弧菌(*Vibrio alginolyticus*)、弗尼斯弧菌(*V. furnissii*)、副溶血弧菌(*V. parahaemolyticus*)、腐败假单胞菌(*Pseudomonas puturefaciens*)四种微生物,其中以弗尼斯弧菌毒性最强。由于微生物的作用,使文蛤死亡从潮区较高滩涂漫延到低潮区甚至潮下带,造成整个海区文蛤大批死亡。

(3)预防方法

1)移植疏养:将潮区较高的文蛤移到低潮区养殖,这不仅让出采苗区而且更重要的是避免了文蛤产卵后因盐度降低、滩温过高造成的死亡。

2)与对虾混养:在对虾养成池中,利用文蛤与对虾混养,既能有效地预防文蛤死亡,又有利于文蛤生长,同时也可净化海水,促进对虾生长。

3)池塘暂养:利用池塘暂养方式来预防高温期文蛤的死亡。

4)改进养殖技术:掌握合理放养密度,采捕与放养间隔时间不宜过长,打堆的文蛤要及时疏散;滩涂上有积水,要及时平整滩涂,严防局部水温过高,烫死文蛤;滩涂上"浮头"和死亡的文蛤要及时清除。

二、文蛤与对虾混养

(1)混养池塘的要求:混养文蛤的对虾池塘,塘底以细粉砂质为好,含砂率应在55%以上,有大量腐殖质的黏土不宜混养文蛤。虾塘面积在2 ha左右,太小的虾池不利于文蛤的生长。虾塘滩面水深应不小于80 cm,环沟沟宽8~15 m,沟深60~80 cm。清塘和消毒与蚶、蛏等与对虾混养相同。

(2)播苗:播苗密度按滩面面积计算,用于文蛤养成的滩面占虾塘总面积的1/4~1/3。壳长2~3 cm的文蛤苗(每千克约500粒),每亩播苗400 kg,当年即可长至5 cm,达到出口要求。壳长1 cm左右(每千克约4 000粒),每亩放养40 kg,当年小部分可达壳长4 cm的出口规格,绝大部分可长至3 cm左右,供翌年成贝养成用。播苗时应特别注意撒播均匀,不要让蛤苗叠堆在滩面上。播苗季节在3~4月。

(3)管理:混养塘的水温、盐度、溶氧、pH等理化因子是影响文蛤生长的重要因素,应通过控制换水量进行调节。文蛤最适生长温度是15℃~27℃,春季浅水移苗,逐渐加注新水,促进池水温度升高。夏季高温,要及时换水,降低池水温度。文蛤对池水有一定要求,盐度16~32是文蛤生长的最适盐度范围,盐度降低至10时,生长缓慢;降至7以下时会发生死亡,故逢雨或台风暴雨后,应排去塘水,在混养塘中还要防止丝状藻类,如浒苔、水云等繁生,一旦发现要设法及时捞除。

此外,在池塘内也可以进行文蛤单养。

第六节 文蛤的收获与加工

一、文蛤的收获

1.收获规格和季节

文蛤长到5 cm以上时便可收获,除繁殖期(6~8月)外,其他时间均可采捕。一般采捕盛期在春、秋两季。

2.收获方法

(1)脚踩取蛤:潮下带浅水区的文蛤,可下水用脚踩,碰到文蛤后拾取。

(2)石磙压蛤:退潮后,一人拉着石磙在滩面上走,文蛤受压后向滩面喷水,另一人在喷水处挖取。

(3)锄扒取蛤:养殖密度较大的场地,可用锄头扒砂取蛤,每人5 h可捕100~150 kg。

(4)扒具采捕:用扒具在潮间带或浅水区采捕文蛤。

(5)打桩采捕:可在低潮区每隔1.5 m打上一根粗4~5 cm、长65~70 cm的木桩,经过一个时期后,文蛤集中到木桩周围半径30 cm左右的范围内,再用人工采挖,这样采捕较为方便,采捕效率可提高数倍,但此法缺点是需要打许多桩。

(6)机船拖网采捕:适用于潮下带文蛤的收获。山东莱州市使用的拖网,收获效率较高,一只20马力机帆船每日可拖文蛤5 000 kg以上。其方法是:在枯潮时,在刚能漂起船身的浅海拖网进行,由于螺旋桨激起的强大水流,把文蛤连同泥砂一起冲入拖网内,砂泥从网眼中漏出,文蛤留于网内。此法多采捕 5 cm 以上的文蛤,有利于资源保护,但受潮水及水深的限制,作业时间和范围均有一定限制。

(7)卷缆拖网采捕:采用收卷锚缆的方法,使船和拖网前进,每船可带 2～4 个底拖网。这样就可以不受潮汐和水深的影响。该法需设置一条长锚缆和收卷锚缆的卷扬机。拖网时,抛锚于海底,放松锚缆,让船顺流或顺风而下,至锚缆放尽时,将拖网投入海底,然后开始收卷锚缆,带动船和网前进,至收完锚缆时起网取蛤。再重新松动锚缆,让船再一次倒退,并利用尾舵调整船位,离开上次拖网的地方,再次投网拖取。如此反复多次,待拖遍锚缆所能到达的范围,再起锚调换位置。

二、文蛤的加工

(1)文蛤的吐砂处理:由于文蛤生活于细砂滩中,其外套腔和消化道内含有细砂,影响产品质量。为了出口和内销,采捕后需经过“吐砂”处理。

“吐砂”处理的方法很多,将文蛤盛于网笼中(如养扇贝的网笼),垂挂于浅海的浮筏下或盐场蓄水池的筏架下,在水温 20℃～25℃的条件下,约经 20 h,即可将砂吐干净。还可利用专门进行吐砂处理的设施,进行“吐砂”处理。

(2)冷冻加工:文蛤除新鲜活品出口和内销外,其肉还可加工成冷冻品出口。

开壳取肉为待文蛤吐砂后,用小刀从文蛤壳的缝隙插入,紧贴两侧贝壳内壁割断闭壳肌,掀开贝壳,肉即脱落。切割闭壳肌时,不可割掉外套膜和切破贝肉。用 2%～3% 的食盐凉水洗去贝肉上的黏液及污物,再用净水冲洗,继而进行挑选、称重、装盘、速冻、脱盘、镀冰衣、包装等其他加工工序。

(3)油炸文蛤:文蛤素有“天下第一鲜”之称,但要食用加工方法得当才能体现出来。其中油炸文蛤就特别鲜美。其加工的方法是:将吐砂后的活文蛤开壳洗净备用。同时,用生鸡蛋(只用鸡蛋不用水)将粉团调成浆糊状。然后取生文蛤肉均匀地蘸取粉团糊,放入滚开的油中炸。挂上粉团糊的文蛤,很快就会膨胀起来,像一个一个小鸡蛋,在油锅中翻转一二次,等表面由黄色变成稍带褐色时取出,趁热食用,既鲜又嫩。

(4)文蛤粉:系鲜文蛤、谷氨酸钠、5-肌苷酸钠混合而成,不含任何防腐剂和色素。适量加入菜肴中,调匀,即可尝到文蛤特有的鲜味,可替代味精(表 14-3)。

表 14-3　文蛤粉主要营养成分(每 100 g 中的含量)

蛋白质(mg)	维生素 A(μg)	维生素 B(μg)	维生素 D(μg)	磷(mg)	钙(mg)	铁(mg)	锌(mg)
44.6	704	0.07	1 199	86.5	106.5	17.2	1.1

(5)保健食品:文蛤提取物做成的文蛤固体冲饮品,具有良好的抗衰老效果;以文蛤、牡蛎、鲍、海参四种海产品为原料制成的胶囊剂,具有很好的强身、健体、降脂降压、促进儿童发育、抵抗衰老发生及延年益寿作用。

此外,文蛤的贝壳在石油开发中,可以作为油水分离的堵水调剖剂。

复习题

1.简述文蛤的形态与构造。

2.文蛤对温度和盐度的适应能力如何?

3.文蛤移动方式有哪几种? 文蛤移动规律和习性有什么生物学意义?

4.试述文蛤的繁殖习性。

5.如何进行文蛤的半人工采苗?

6.室内人工育苗中,如何降低幼虫进入底栖后的死亡率?

7.简述文蛤网围养殖的技术特点及预防文蛤养殖死亡的方法。

8.简述文蛤的收获与加工技术。

第十五章　青蛤的养殖

青蛤(*Cyclina sinensis* (Gmelin))俗称铁蛤,因刚采到的贝壳是铁色而得名。青蛤味道鲜美,为蛤中佳品。据分析,每 100 g 鲜肉中含蛋白质 10.8 g,脂肪 1.5 g,碳水化合物 3.9 g,灰分 3.3 g,钙 275 mg,磷 183 mg,维生素 B_1 0.01 mg,维生素 B_2 0.06 mg,维生素 PP 1.0 mg。能放出热量 300 kJ。除食用外,还具有清热、利湿、化痰、散结的作用,对小儿麻痹有一定的疗效。壳可做烧石灰或工艺品的原料,壳粉可做禽畜饲料的添加剂。体内常含有泥砂,食前先静养一段时间,待其吐砂后食用。可鲜煮、去壳炒菜及做汤等,除鲜食外,还可以加工成蛤干、罐头及冷冻蛤肉,为出口水产品之一。

1957 年福建开始进行人工养殖,多粗放与其他贝类混养,产量较低。20 世纪 70 年代开展人工育苗的研究工作,此后土池人工育苗获得成功,成为我国南北沿海重要的滩涂养殖贝类之一。

青蛤隶属于瓣鳃纲(Lamellibanchia),异齿亚纲(Heterodonta),帘蛤目(Veneroida),帘蛤(Veneridae)科贝类。

第一节　青蛤的形态与构造

一、外部形态

贝壳近圆形,壳面极凸出,宽度较大。壳顶突出,尖端弯向前方。无小月面,盾面狭长。韧带黄褐色,不突出壳面。生长纹明显,无放射肋(图 15-1)。壳面淡黄色或棕红色,生活标本常为黑色。贝壳内面边缘具整齐的小齿(图 15-2),靠近背缘的小齿稀而大。左、右两壳各具主齿 3 枚。外套窦在后闭壳肌下方,呈三角形。外套痕明显。

1.壳顶　2.生长线

图 15-1　青蛤的贝壳外形(侧面观)

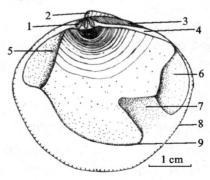

1.主齿　2.壳顶　3.外韧带　4.铰合部
5.前闭壳肌痕　6.后闭壳肌痕　7.外套窦
8.缺刻　9.外套痕

图 15-2　青蛤的贝壳外形(内面观)

· 411 ·

二、内部构造(图 15-3)

1. 外套膜

青蛤外套膜为三孔型,即形成肛门孔、鳃孔和足孔。肛门孔和鳃孔均延长成为管状伸出壳外,即为水管,分别称为出水管(又名肛门管)和入水管(又名鳃水管)。外套膜边缘具环肌,腹缘具放射肌。

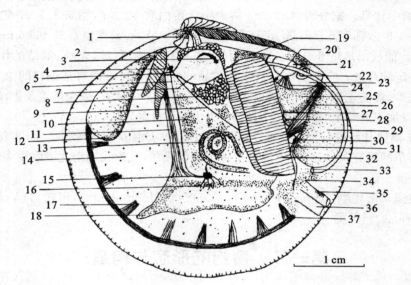

1. 主齿　2. 唇瓣　3. 胃楯　4. 脑侧神经节　5. 食道　6. 脑足神经连索　7. 胃　8. 消化盲囊
9. 脑脏神经连索　10. 生殖腺　11. 前缩足肌　12. 前闭壳肌　13. 肠　14. 外套膜　15. 足神经节
16. 足神经　17. 外套膜放射肌　18. 足　19. 围心腔腺　20. 内肾孔　21. 心室　22. 后动脉球
23. 围心腔　24. 心耳　25. 肾脏　26. 后缩足肌　27. 生殖导管开口(生殖孔)　28. 外肾孔
29. 后闭壳肌　30. 脏神经节　31. 鳃神经　32. 鳃　33. 肛门　34. 水管肌　35. 出水管
36. 入水管　37. 外套膜环肌

图 15-3　青蛤的内部构造

2. 肌肉系统

肌肉系统包括闭壳肌、足伸缩肌、外套膜肌、水管肌、心肌和足肌。

(1)闭壳肌:前、后各一个,不等大。肌肉收缩时,两壳紧闭;松弛时,两壳借助韧带弹性使之张开。

(2)足伸缩肌:在前、后闭壳肌上方各有一对足伸缩肌,专司足的伸缩运动。

(3)外套膜肌:分布于外套膜边缘以及腹面,为环肌和放射肌。

(4)水管肌:分布于水管基部,控制水管的伸缩。

(5)心肌:心室和心耳都有肌肉纤维支持,它们的收缩能引起心脏的搏动。位于心室后方的动脉球也具有肌肉结构。

(6)足肌:组成足部表皮的为斜肌。此外,在足中心还有纵肌和环肌。

3. 消化系统(图 15-4)

消化系统包括消化道和消化腺两部分。其中消化道包括唇瓣、口、食道、胃、肠、直肠、肛门等,而消化腺主要为消化盲囊。

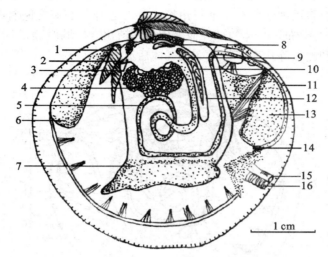

1.唇瓣 2.口 3.食道 4.消化盲囊 5.肠 6.前闭壳肌 7.足 8.胃楯
9.胃 10.晶杆 11.直肠 12.晶杆囊 13.后闭壳肌 14.肛门 15.出水管 16.入水管

图 15-4 青蛤的消化系统

(1)唇瓣:位于软体部前端,前闭壳肌腹面。左、右两侧各有一对,分别为外唇瓣和内唇瓣。内外唇瓣相对的一面具许多皱褶,具有输送食物的作用。

(2)口:位于前闭壳肌腹面,为唇瓣之间的一个横裂。

(3)食道:在口的后面,为很短的管状结构。

(4)胃:与食道相连,为一个卵形袋状结构。胃壁很薄,无肌肉组织。胃内有胃楯,胃楯形状不规则。胃除与肠相连外,还接一晶杆囊。晶杆囊中含有淡黄色透明的晶杆。晶杆囊基部与肠相连接。

(5)消化盲囊:在胃的周围有消化盲囊包被,消化盲囊呈绿色,葡萄状,由许多分支细密的盲管组成,有多个导管开口于胃。

(6)肠:位于胃的腹后方,为细长管边,在内脏团内弯曲盘绕。

(7)直肠:位于肠的后面,穿过围心腔,经过心室背面,末端绕经后闭壳肌背部。

(8)肛门:直肠末端为肛门,开口于后闭壳肌背面。

4. 呼吸系统

鳃是青蛤的呼吸器官,由四片鳃瓣组成,左、右两侧各具内、外鳃瓣两片,每一片又由上行、下行鳃板组成。每一鳃瓣的上行板和下行板有板间连结相连。外鳃瓣的上行板前端侧缘与外套膜内面相连,内鳃瓣上行板前端侧缘与内脏团相连。在足的后方,左右内鳃瓣上行板之间相互联结。青蛤的鳃为真鳃瓣型,板间连结和丝间连结均具有血管。

此外,青蛤的外套膜也有一定呼吸作用。

5.循环系统(图 15-5)

青蛤的循环系统由心脏、血管、血窦组成,为开放式循环系统。

心脏位于内脏团背面,后闭壳肌上前方的围心腔中,由一心室、二心耳组成。心室的背面有消化道穿过,腹面两侧各有一个三角形心耳。心耳与心室之间有瓣膜相隔。心室分出的前后动脉分支分布于身体各部。血液由心室流出,经动脉然后集于血窦,再由血窦进入静脉,又经肾和鳃排除代谢产物及交换气体后流入心耳。

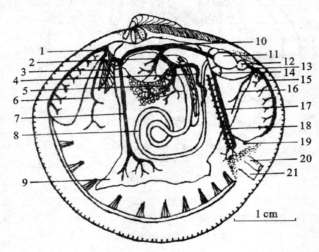

1.前闭壳肌动脉　2.胃动脉　3.唇瓣动脉　4.肠动脉　5.消化盲囊动脉　6.前外套动脉　7.足动脉
8.肠　9.足　10.前大动脉　11.心室　12.后动脉球　13.后大动脉　14.心耳　15.后闭壳肌动脉
16.后外套膜动脉　17.出鳃血管　18.入鳃血管　19.肛门　20.出水管　21.入水管

图 15-5　青蛤的循环系统

6.排泄系统

青蛤的排泄系统主要是肾脏和围心腔腺。

肾脏一对,位于围心腔腹面,褐色,囊状。在围心腔近软体部的腹面两侧各有一开口,为内肾肌。外肾孔(即排泄孔)位于肾脏腹面,足的后方,生殖孔侧下方。

围心腔腺位于围心腔前端两侧,与外套膜愈合,呈褐色腺体,通过一袋形管与围心腔相连。腺体能将代谢废物经围心腔送至肾脏,再经肾脏排出。

7.生殖系统

青蛤为雌雄异体。生殖腺位于足的上方、肠管迂回部。成熟的个体,生殖腺覆盖大部分内脏团,并缠绕在肠管以及消化盲囊周围。生殖腺成熟时,精巢为乳白色至乳黄色,卵巢为粉红色。生殖输送管 1 对,开口于内脏团背部、内鳃瓣基部,并与外肾孔分开。

8.神经系统(图 15-6)

神经系统主要由三对神经节及其神经连索和各神经节发出的神经组成。

(1)脑侧神经节:左右两侧彼此结合,位于食道背部,发出神经主要控制唇瓣、前闭壳肌以及外套膜前部。

(2)脏神经节:位于闭壳肌腹面,左右两个相互靠近,彼此连接。脏神经节向水管肌、鳃、后闭壳肌、内脏、外套膜等发出神经。此外,脏神经节与脑侧神经节之间有两条神经连索相连。

(3)足神经节:左右相互合并,位于足的基部近中央,与脑侧神经节有一条神经连索相连。足神经节向足部发出多条神经。

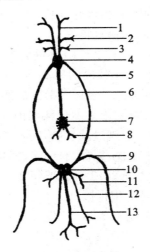

1. 前闭壳肌神经　2. 唇瓣神经　3. 前外套膜神经　4. 脑侧神经节　5. 脑脏神经连索
6. 脑足神经连索　7. 足神经节　8. 足神经　9. 鳃神经　10. 脏神经节　11. 后套膜神经
12. 后闭壳肌神经　13. 水管肌神经

图 15-6　青蛤的神经系统模式

第二节　青蛤的生态

(1)分布:青蛤主要分布于我国南北沿海,日本本州以南和朝鲜沿海。生活于近海砂泥质或泥砂质的潮间带,而以高潮区的中、下部和有淡水流入的河口附近为多。

(2)生活习性:青蛤营埋栖生活,埋栖深度与个体大小、季节及底质有关。肉眼可见的幼苗仅埋栖在表层 0.5 cm 以内,2~3 龄的可达 6~8 cm,大的个体甚至深达 15 cm 以上。炎夏或严冬则栖息较深。含砂量较大的底质,埋栖较浅。青蛤的水管较长,伸展时是体长的 2~3 倍。青蛤的前端向下,后端朝上,以足钻穴,埋栖于泥砂中。退潮后,滩面上留有一个椭圆形的小孔,埋栖的深度随季节、个体大小以及底质而异,一般为 9~16 cm。夏季埋栖较浅,一般为 9.5~11.5 cm,冬季较深,一般为 15 cm 左右。在同一季节里,在细粉砂比在砂质、泥质埋栖得深,大个体比小个体埋栖得深,生活在潮间带的比生活在进排水沟里潜居得深。在没干露的情况下,青蛤在穴内双壳微张,足和水管伸出,靠进排水管摄食和排泄,一旦受到外界刺激,水管迅速缩进壳内,足部立即膨大变粗,增加青蛤在穴内的阻力,防止外界的侵害。另外,放流观察,青蛤不易"跑流",迁移性很小。

(3)对环境的适应:青蛤对水温、盐度的适应能力较强。在表层水温平均为 0℃~30℃的我国沿海均有分布,而以 22℃~30℃ 为生长的最适温度。适宜的海水密度为

1.013～1.024。体长 1.2～1.5 cm 的青蛤,在水温 37℃下,均能存活,在 40℃时,16 h 成活率仍高达 100%,24 h 成活率为 73.3%,28 h 左右成活率可达 50%。青蛤抗寒力极强,成贝在 4℃冰箱内冷藏 48 d,成活率在 90% 以上,在 0℃冷藏 7 d,仍全部成活。在－7℃和－12℃中各冷冻 3 h,软体部全部冻结,自然解冻后,两组成活率均为 100%。青蛤在淡水中不开壳,密度 1.030～1.040 中,青蛤水管伸长,活动异常。密度 1.002～1.005,双壳微开。密度 1.010～1.025 活动正常,摄食良好。

青蛤具有一定的耐干旱能力。壳长 2～4 cm 的青蛤,在气温 19℃～27℃条件下(平均 22℃)散放和包扎的青蛤,经过 8 d 其成活率高达 100%;经过 9 d,其成活率仍高达 90%;若在气温 25℃～28℃(平均 26.℃)经过 5 d,其成活率高达 100%。3.5～5.0 cm 的青蛤,在 24℃～31℃(平均 26℃)时,阴干 9 d,成活率仍高达 90%。

(4)食性:青蛤摄食为滤食性。以鳃过滤食物,对食物种类没有严格选择性。在自然界中,其食料以菱形藻、圆筛藻、羽纹藻、扁藻、直链藻、三角藻、舟形藻居多,还有不少桡足类残肢和有机碎屑以及有益微生物等。12月至翌年 2 月,气温较低的冬季,退潮后滩面温度有时在 0℃以下,青蛤双壳紧闭,很少摄食。3 月份气温开始回升,摄食逐渐旺盛,生长加快。室内试验观察,青蛤在水温 10℃以下,仅有个别水管伸出;13℃时,少数水管伸出;24℃～30℃时,水管全部伸出。说明在适宜范围内,温度越高,摄食活动越强,新陈代谢越旺盛。

(5)敌害:蛇鳗、黄鳍鲷、魟、鲻鱼、锯缘青蟹、梭子蟹、斑玉螺、章鱼等直接侵食青蛤。凸壳肌蛤和浒苔大量在埕面上繁殖、生长,会覆盖蛤穴,使青蛤窒息而死,同时,凸壳肌蛤等双壳类亦争夺食料。海鸟、野鸭等成群结队啄食蛤苗。浒苔等藻类覆盖滩面、塘底,阻碍青蛤的呼吸。浒苔死后会败坏水质,影响青蛤生活。

(6)病害:青蛤体内的细菌种类较多,假单胞菌属、不动菌属、芽孢杆菌属(Bacillus)、微球菌属、弧菌属(Aeromonas)和气单胞菌属等,优势菌类是莫拉氏菌属。经调查,在污染严重的海区夏季(8月份),100 g 贝肉的大肠菌群数竟高达 3 500 个,超过食用卫生标准 100 多倍。

寄生虫疾病主要有吸虫、豆蟹、鱼蚤、线虫等,泄肠吸虫自毛蚴侵入青蛤内脏团中,吸取大量营养,发育成为胞蚴,进行无性繁殖,形成大量胞蚴,内脏组织几乎被虫体消耗尽,软体组织呈紫红色,体质消瘦直至死亡。青蛤体内常发现豆蟹,寄生 1～2 只,为白色或淡黄色,头胸甲薄而软,眼睛和螯退化。有时也发现鱼蚤,多者 7～8 条。

第三节　青蛤的繁殖与生长

一、繁殖

青蛤为雌雄异体,一年可达性成熟,生物学最小型为 1.8 cm。性成熟时,雌性性腺为粉红色,雄性为乳白色或淡黄色。

(1)性腺发育:

1)增殖期:3～4 月份,水温 6℃～14℃,性腺开始出现于内脏团表面,薄而少,成半透明状,雌、雄外观不易辨别,滤泡体积小,间隙大,结缔组织发达,生殖原细胞在滤泡壁上单层分布,卵细胞中的卵黄物质极少。

2)生长期:5～6月份,水温15℃～23℃,性腺逐渐增大,内脏团的1/2～1/3被性腺遮盖,可辨别雌、雄,滤泡发达,精、卵细胞数量增多,结缔组织相应减少,有些细胞已脱离滤泡壁,滤胞腔仍有空隙。

3)成熟排放期:7月～9月上旬,水温25℃→29℃→24℃,性腺继续发育,遮盖了内脏团的3/4至全部,滤泡间隙很少,附在滤泡壁上卵的卵柄断裂,大多数卵脱离泡壁上皮组织,游离在滤泡腔和生殖管中,由于互相挤压,卵细胞呈不规则球形。雄性滤泡腔被精子和精细胞充满,精子聚成辐射束状密集排列。精、卵不断排放,滤泡腔内未成熟的生殖细胞仍在不断成熟。

4)衰退期:9月中下旬至10月,水温23℃～16℃,性腺外观色泽变淡,内脏大部分裸露。部分滤泡腔出现中空,残留的少数精、卵与相当数量未成熟的精、卵细胞同时存在滤泡腔中。由于性腺逐渐消退,生殖细胞退化自溶,滤泡腔逐渐空虚成不规则状。自溶物质分散于结缔组织中并被其吸收,使结缔组织由少变多。从外观和切片观察可知,雌性个体性腺衰退比雄性快。

5)休止期:11月至翌年2月,水温15℃～4℃,外观上很难辨别雌、雄,内脏团透明,几乎没有性腺分布,体质消瘦。

(2)繁殖期:在江苏,青蛤繁殖期为6～9月,以7～8月为盛期(水温25℃～28℃)。在福建南部地区,性成熟年龄为1年。繁殖季节从8月上旬开始延续至11月初,而以"秋分"至"寒露"为盛期。繁殖方式为卵生型。怀卵量与个体大小有关,根据东海水产研究所观察,壳长3.6 cm的亲贝,一次排卵量可达11万粒。青蛤排放精、卵高峰多在大潮汛。精、卵不断成熟,不断排放。成熟精子活跃,卵子呈圆球形,卵径93.8 μm。

(3)发生:青蛤卵的受精和胚胎发育与水温、盐度、pH有直接关系,在水温26.5℃～30℃,密度1.010～1.020,pH值7.5～8.5范围内受精率较高,胚胎发育较快。一般在适宜情况下,青蛤的受精卵经过16 h便从胚胎担轮幼虫发育至D形幼虫,3 d便可附着变态,发育成稚贝(图15-7)。单水管期稚贝大小为484.7 μm×550.2 μm,双水管期稚贝为864.6 μm×825.5 μm。

二、生长

青蛤的生长与水温、饵料、年龄等密切相关,表现了典型的生长季节性。在不同季节,受温度变化的影响,青蛤的生长速度各异,如江苏南部沿海4～11月份,月平均水温为12.2℃～28.4℃,此时底栖硅藻繁殖旺盛,具有丰富的饵料,青蛤摄食活跃,生长比较快。在福建南部,全年主要生长期为4～9月,而5～7月生长最快。青蛤的生长速度还与潮位有密切关系。相同大小的青蛤,在不同干露时间的潮位上,低潮位的生长速度快于高潮位(表15-1)。青蛤的生长与年龄也有很大关系,不同年龄的青蛤生长速度见表15-2。已采集到的最大的青蛤为5.85 cm(壳长)×6.50 cm(壳高)×4.05 cm(壳宽),体重73.2 g。

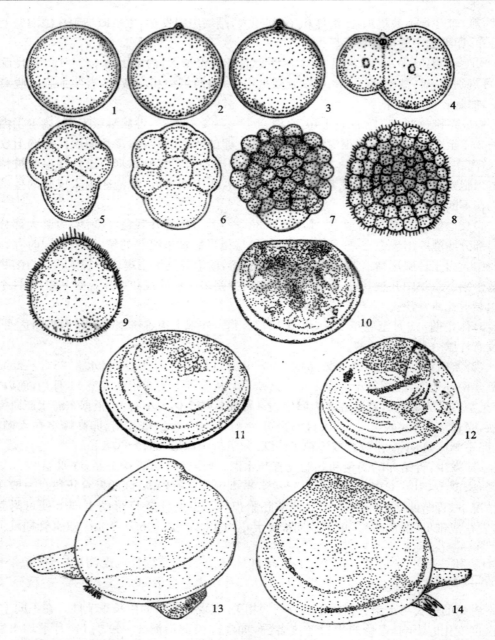

1.受精卵　2.出现第一极体　3.出现第二极体　4.2 细胞期　5.4 细胞期　6.8 细胞期
7.桑葚期　8.囊胚期　9.担轮幼虫期　10.D 形幼虫　11.壳顶幼虫前期
12.壳顶幼虫后期　13.单水管稚贝　14.双水管稚贝

图 15-7　青蛤的胚胎和幼虫发生

从周年观察来看,稚贝到 1 龄小贝,生长较快,以后随年龄增长,个体变大而生长减慢,1 龄贝壳长可达到 2.6 cm 左右,2 周年可长至 3.6 cm 以上。

表 15-1　不同潮位对青蛤生长的影响

大潮干露时间(h)	壳长(cm)		壳长年增长量和增长率	
	1987 年 7 月	1988 年 8 月	壳长年增长量(cm/a)	壳长年增长率(%)
5.75	2.59	3.62	1.03	39.8
3.41	2.59	4.22	1.63	62.9

表 15-2　青蛤的生长与年龄的关系

年龄 ＼ 大小	平均壳长(cm)	平均壳高(cm)	平均壳宽(cm)	平均体重(g)
满 1 龄	2.60	2.80	1.85	6.60
满 2 龄	3.60	3.80	2.30	15.60
满 3 龄	4.20	4.60	2.70	30.00

青蛤体重与壳长关系:体重与壳长的回归曲线为幂函数类型,符合指数增长形式,可用式 $W=aL^n$ 表示,其中 W 为体重(g),L 为壳长(cm),a 为常数系数。若 $a=0.281\,6$,$n=3.062$,即 $W=0.218\,6L^{3.062}$。

第四节　青蛤的苗种生产

一、半人工采苗

(1)采苗场的选择:青蛤的采苗场一般选择在亲贝资源丰富,风浪较平静,潮流畅通,地势平坦,有淡水注入的内湾高、中潮区。底质以表层软泥较多、底层为泥砂混合的埕地较为理想。海水密度要求在 1.015～1.020。

(2)整埕:整埕的目的是为了消除敌害,创造有利于稚贝附着的环境。将埕面翻松,捡去石块和贝壳等,驱除敌害生物,再把埕面耙松整平。附苗埕地应挖沟分畦,以便于管理和防止埕地积水,并在埕地四周插上标志。在福建南部地区,此项工作主要在"秋分"前后完成。

(3)蛤苗的种类和附苗量:青蛤苗因发生季节不同,可分为"秋分"、"寒露"、"霜降"三批主要的苗种。其中以"寒露"的产量为最多,苗种亦健壮,是养殖生产的主要对象。

(4)采苗:青蛤苗附着后经半年时间的生长,壳长达 1.5 cm 左右时即可采收和移植。采收季节一般在 3～4 月份。采收多用徒手挖捡。

(5)苗种质量的鉴别和运输:体质健壮的好苗,壳富光泽,左右膨胀,腹缘呈微红色,触之即双壳紧闭,感觉灵敏。质量差的苗种则壳色淡灰,缺乏光泽,左右较扁,触之闭壳缓慢。

苗种运输前要将蛤苗洗净,除杂质。装运的工具为竹篓、草席包或麻袋等。在运输途中,应防止雨淋、日晒等。运输时间的长短,要视气候、苗种大小和体质情况而定。气温23℃～28℃时,壳长 1.5 cm 的蛤苗,经 2 d 的运输,播种后仍能正常生活。

二、人工育苗

(1)亲贝的选择:选择壳长 3～4 cm 的 2 龄青蛤作亲贝。亲贝无创伤、无病害、性腺成熟。

(2)促熟培育:为使青蛤性腺提早成熟,提早育苗,亲贝可在 3～4 月份入池,培养密度约 80 个/平方米,投饵密度为$(7～10)×10^4$个/毫升。每天升温 0.5℃～1℃,水温升至26℃时进行恒温培养。此时,亲贝不宜过分刺激,充气要小,换水要慢,以防流产,促使亲贝性腺全部成熟。

(3)诱导催产:亲贝装入筐内,阴干 5～7 h,再置于水池中,充气 3～5 h,亲贝便集中大量排放精、卵。

(4)选优:经过人工催产,亲贝大量排放精、卵。产卵后尽快将亲贝移出,再捞取池水表层的泡沫,不断充气,孵化密度控制在 40～60 个/毫升,在 26℃～29℃条件下,经过 19～24 h 发育至 D 形幼虫。用 300 目筛绢拖取上层发育快、大小整齐、游动活泼的幼虫,分池培育。

(5)幼虫培育:幼虫培育密度 8～15 个/毫升,水温控制在 26℃～29℃,海水密度1.107～1.023,pH 值8.1～8.5。单胞藻投喂密度金藻 30 000～50 000 个/毫升,或小硅藻10 000～20 000 个/毫升。坚持充气、换水、清底、倒池等常规人工育苗操作技术。幼虫经 5～6 d 培育,便可附着变态。

(6)附着变态:幼虫将附着变态时,抓紧刷池、消毒,进水 50 cm 左右深,用 200 目筛绢在池内带水过滤泥砂,过滤出的泥砂颗粒大小一般为 125～63 μm(由极细砂(VFS)和粉砂(T)等组成),待沉淀后,将浮泥放掉,底质的极细砂及粉砂的厚度约 2 mm,进 1～1.2 m 深海水。池水完全沉淀后,用 200 目筛绢过滤即将附着变态幼虫,均匀泼洒在池内。早晚换水1/2,池水饵料密度一般在$(5～10)×10^4$个/毫升。经过 3～5 d 培育便可倒池一次。用 200 目筛绢收集稚贝,移入铺有底质的育苗池内,分池培养。发育至双水管初期,培育密度在 300 万粒/平方米左右,后期适当疏散。

为了提高单位水体附苗量,也可采用立体多层附苗技术进行立体采苗。这种采苗方法,除了底层投放极细砂和粉砂外,还可采用波纹板(黑色与白色)、塑料薄膜、扇贝笼隔盘、筛绢和网片等垂挂于水层中,进行立体附苗,因其有效附着面积大于只有平面结构的细砂附着面积,从而提高了单位水体附苗量。

(7)出苗计数:附着变态 1 个月左右,根据养殖生产的需要,可用 80 目筛绢网箱收集池内大小不等的稚贝,洗涤、分离、滤干、装袋称重。1995 年实验,出苗率平均可达 168.87万粒/立方米。

三、土池人工育苗

(1)场地选择:育苗场地必须对当地的潮汐、水流、水深、底质、盐度、温度、pH 及饵料生物、敌害生物、青蛤资源等进行全面调查,并结合交通、生活条件综合考虑,进行选择。

(2)土池设施:土池底质以泥砂质为宜,池面积为 3～5 亩,池深 1.5 m,水深 0.6～1.0 m,池堤牢固、不漏水,要有独立的进排水系统。育苗前先清池、翻晒、耙松、浸泡、整堤,保持池底和堤坡内侧平滑。如土池为泥质,可在池底撒一层细砂,这样可避免卵子被浮泥包埋,有利于幼虫附着变态。

(3)育苗:

①亲贝选择和诱导排放:亲贝好坏,关系到育苗的成败。6～9 月份是江苏南部沿海青蛤繁殖期,6 月底至 8 月上中旬正是繁殖高峰期,此时应抓紧时机,选择新鲜完整的 2 龄青蛤作为育苗亲贝,装运要轻,不可剧烈颠簸,尽量缩短干露时间,更不可冷藏。每亩投放量 150 kg 为宜。在充分掌握性腺成熟的情况下将采捕的青蛤放在通风阴凉的地方,阴干一夜后,均匀撒播在水闸门附近,经过温差和流水的刺激,再加上性细胞相互诱导,1～2 d 可达到排放高峰。从整体来看,池内亲贝性细胞是不断成熟、不断排放的。大潮汛期间排放量大,一般情况下,受精孵化后 3 d,幼虫即开始附着,如在繁殖高峰,发现池内 D 形幼虫数量少,可采取室内人工授精,筛选幼虫入土池发育生长。

②水质:水质必须清新,不含泥砂,密度为 1.010～1.025,pH 值为 8.0 左右。培养基础饵料时,施肥要适量,水色要适中,以淡黄绿色为好。

③幼虫培养:育苗前期,土池内水只进不排,提高水位,保持理化因子稳定。后期大排大灌,控制水深,加速硅藻繁殖和稚贝生长。每天定时测水温,采水样,计幼虫数量、个体大小和胃肠饱满度,不定期测盐度、pH 和溶解氧。如发现幼虫和稚贝出现饥饿状态,应泼洒尿素和过磷酸钙肥水,但不可过量,一般 $(1～2)×10^{-6}$。试验证明,水中浮游单胞藻密度一般保持 2 万～5 万个/毫升即可。

④敌害防除:育苗期间,主要敌害有球水母、轮虫、桡足类、杂鱼、虾、蟹、螺、沙蚕等。它们不但与 D 形幼虫争食,而且还能吞食幼虫和稚贝,尤其是水云和浒苔大量繁殖,覆盖水面和池底,影响幼虫附着变态,也妨碍了稚贝正常生长。杂藻大量繁生,死亡后腐烂变黑,污染水质和底质。因此,育苗前,清池要彻底,可用含量 28%～30%漂白粉,浓度(100～600)$×10^{-6}$的漂白液清池。进水要严格,尼龙筛网要牢固,严防敌害生物进入池内。育苗后期,如发现池内混有杂鱼和小虾,必须及时排除。水云、浒苔要组织人力捞取、防止蔓延。

⑤洗苗和移养:稚贝密度过高,影响生长,10 月份稚贝一般长至 2～5 mm,应在冷空气到来之前,抓紧移苗,这时水温适宜,幼苗活力强,移出后成活率高,容易潜居。试验证明,水温 13℃以下时,稚贝不大活动,对移苗不利。洗苗时,刮取表层泥砂,用 40 目尼龙筛绢冲洗、筛选,然后带水均匀泼洒到养殖滩面和水域,条件适宜,来年 5 月份,稚贝将长到 2 cm 左右。如果密度不大,也可在池内越冬培育,来年再移养,为加快生长也可用塑料大棚养育。

塑料大棚养育,可以加快青蛤稚贝在冬季的生长。塑料大棚内的温度比常温高出 5℃～10℃,可以加速稚贝的生长(表 15-3),并为稚贝培育和暂养提供了有利条件。

表 15-3　塑料大棚培育青蛤稚贝情况(2003 年 11 月 25 日～2004 年 4 月 30 日)

分组		开始		结束
		稚贝规格(粒/千克)	投放密度(粒/平方米)	稚贝规格(粒/千克)
1	棚内	60 000	1 500	1 200
	棚外			3 200
2	棚内		3 000	4 000
	棚外			13 000
3	棚内	30 000	4 200	1 800
	棚外			4 000
4	棚内		6 500	7 000
	棚外			21 000

第五节　青蛤的养成

一、网围养殖

(1)场地选择:位于高潮区下部至中潮区,滩涂稳定平坦,水质无污染,有淡水注入,潮流通畅,含泥量为 30% 的泥砂质滩涂。场地选定后,可进行清滩平整工作。

(2)网围设置:选用直径 7～8 cm、长 1.5～2 m 的木杆或竹竿,前期选用网目为 0.6～0.8 cm、后期为 1 cm 的聚乙烯网片,网片高度 1.2～1.5 m,网片上下用 6 mm 聚乙烯绳作上下纲绳,将木杆或竹竿埋入滩涂 60 cm,然后将网片上下纲绳绑紧在木杆或竹竿上。每根木杆或竹竿间距 2～2.5 m。网场一般围成长方形,面积为 50～100 亩。网场位置与潮流方向相同。

(3)放苗时间:一般苗种放养时间分春、秋两季,以春季为主。春季从 3 月底到 5 月底,气温在 10℃～22℃,秋季以 9 月下旬到 10 月下旬,气温在 25℃～15℃。通过实践,以四月中下旬放苗最佳,不仅苗种成活率高,而且经过短适应期即可生长。若太早水温低,青蛤苗种既不易入土又不生长;若太迟温度高,运输过程中和放养过程中都会影响成活率。

(4)苗种规格及放养密度:苗种规格主要根据当时供苗情况而定。一般有 1～1.5 cm,800～900 粒/千克;1.5～2 cm,400～500 粒/千克;2～2.5 cm,160～200 粒/千克三种。其中以 1.5～2 cm 的最为理想。无论是成活率、生长成商品贝的时间或是增重倍数都是最佳的。投放密度一般 1～1.5 cm 壳长贝苗 150～200 千克/亩,合 12 万～18 万粒/亩;1.5～2.0 cm 在 200～300 千克/亩左右,合 8 万～15 万粒/亩;2～2.5 cm 在 450～500 千克/亩,合 7 万～10 万粒/亩。

(5)投苗方法:以干播为主。在投苗过程中应注意:苗种运输时间要与当地潮水退潮时间相适应,减少延误时间影响成活率;定批定面积,一次性投放。避免多次投放,避免人在滩涂上来回跑,踩碎青蛤苗种;人工均匀散投;大小规格要分开投放便于起捕;投苗要选择大潮前 1～2 d 的无大风天气。对于小规格苗种,更为重要。因为小规格苗种入土浅,容易被风刮走。

(6)苗种入土的时间和深度:当苗种投到滩涂后,入土时间与苗种新鲜程度有关,最快的 0.5 h,慢的 3～4 h。入土深度为 8～10 cm。

(7)青蛤苗种生长:苗种放养后,一般经过半个月左右的适应便开始生长,体色由白色转变为黑色。在不同季节,受温度变化影响,青蛤生长速度不同,最佳生长期是 5～10 月,日平均水温在 18.2℃～28.4℃。此时底栖硅藻繁殖旺盛,青蛤具有丰富的饵料,摄食活跃,生长较快。但到 12 月至翌年 3 月时,由于水温较低,甚至退潮时滩面温度仅在 0℃以下,此时青蛤几乎不生长。一般放养 1.5～2 cm 的苗生长到商品贝需要 19 个月。成品规格为 3.8～4 cm,50～60 粒/千克。大苗 2～2.5 cm 有的当年就可收获,小苗 1～1.5 cm 需要三年才能达到商品贝规格。

(8)养殖管理:青蛤在养殖过程中,不像文蛤遇到环境不适,就会迁移。青蛤除受强台风影响尤其是以砂为主的滩涂中有部分迁移外,大部分特别是以泥为主的滩涂基本不迁移。

这样有利于养殖管理。平时主要做好以下几方面的工作:①做好围网的修补及清理网片上的附着物,保证水流畅通。②刚放好苗 1 个月内,禁止人员在已放养苗种的滩涂上乱跑,防止踩碎苗种。③定期观察青蛤生长变化及有无死亡现象。④清除敌害。章鱼昼伏夜出,可用灯光诱捕;对凸壳肌蛤和浒苔可在它们繁殖前,经常用耙子耙动埕面,减少其附着蔓生。⑤要经常巡埕,平整埕面,疏通水沟,做好养成管理工作。

二、池塘养殖

1.池塘准备

(1)池塘条件:池塘应选择靠近沿海及排水方便的池塘,池塘的池底应平整,无淤泥,以泥砂底质最佳,池深 70 cm 以上,池塘面积一般一口塘为 10～30 亩。池塘太大不易管理,换水不便;水质不易控制。

(2)池塘的整理:池塘整理主要是采取清淤、曝晒、深翻、平整等方式。清淤可采取人工挖和水泵冲;曝晒即将池水排干,晒塘底半个月以上;深翻可随底质的软硬而定,底质硬,翻土则深些,底质软则浅些,一般深度为 20～30 cm;最后将曝晒后的泥土进行平整,这样可使有害物质充分氧化分解,防止病害的发生,有效地防止池塘老化。同样,通过底质的疏松,更有利于青蛤的潜埋。

(3)池塘消毒:池塘消毒前应尽可能放干池水,以节省用药量。消毒药物常用的是生石灰和漂白粉,用量为生石灰 70 千克/亩,漂白粉 30 mg/L,全池泼洒。消毒半个月后,待药性消失,即可进水。

(4)基础饵料培养:单细胞浮游藻类是青蛤的主要饵料来源,是提高青蛤生长速度的关键。池塘注水时应用滤网过滤,防止有害生物进入池塘。注水后,用 1 mg/L 尿素、0.5 mg/L 磷肥进行施肥,以培养基础饵料。水色以淡黄绿色、浅褐色、淡绿色为最佳。过浓水质易老化,不利青蛤生长;过清,则不利青蛤摄食,影响其生长速度。

2.放养

(1)放养密度:青蛤苗种的放养,一般每亩放养规格在 1 cm 左右、大约 600 粒/千克的苗种 100 kg 左右(即 6 万粒/亩);规格在 2 cm 左右、300～400 粒/千克的苗种 150 kg 左右(即 4.5 万～6 万粒/亩)。

(2)放养时间:一般从 3 月到 5 月份,但尤以 3 月底 4 月初为最佳。太早,温度低;太迟,温度高,都要影响青蛤的放养成活率。

(3)播苗方法:播苗采用人工抛撒的方法,将青蛤苗种均匀散布在池底,让其自行钻入泥砂中。雨天不宜播苗。

(4)养成期间水质要求:水温 10℃～35℃,以 25℃～30℃生长较快。盐度 14～28,pH 值为 8 左右,透明度以 30～40 cm 为宜。

3.日常管理

(1)水质监测:定期测量水温、盐度、pH、透明度,有条件的应给予一定的增氧,防止缺氧造成青蛤死亡。

(2)换水:一般情况下不必经常大量换水,但应在大潮汛期间,定期或不定期地换水 20%～30%,以改善水质条件,除提供青蛤良好的水环境,还可调节水中单细胞藻类的密度,调整水的透明度。当池塘水质恶化时应大量换水,根据盐度突变程度来确定换水量。

(3)管理:及时清理池内杂藻。丝状绿藻等杂藻大量繁殖,将影响单胞藻的生长繁殖,同时死亡的藻体也将败坏水质,影响青蛤的生长;定期检查青蛤的生长情况。

4.青蛤与其他种类混养

青蛤池塘养殖除单养外,还可与对虾、鱼类等混养,以达到充分利用池塘水体、提高经济效益的目的。但是,混养与单养池塘有所不同,混养池塘底须开挖一条环沟,环沟的大小视池塘面积而定。环沟有利于鱼虾活动,另外还可作为投饵的场所,防止残饵在池底沉积腐败,影响青蛤的生长和成活。在保证对虾或鱼类养殖密度的前提下,青蛤的混养密度一般可控制在壳长 1.5～2 cm 苗种为 3 万～4 万粒/亩。

此外,根据青蛤的生态与繁殖习性,利用盐场及盐场蓄水池的现有设施条件,进行青蛤的增养殖,近年来在我国也取得了较大的进展。

第六节 青蛤的收获

随着生长,青蛤可食的软体部分所占的比例也越来越大(表 15-4)。青蛤一般生长到壳长 3.5 cm 以上就可收获。收获时间一般在 12 月到翌年 1 月,可根据市场需求分批起捕。收获方法可用小铁耙耙取或徒手挖取。网围埕田养殖的青蛤底质较硬,看孔耙取;池塘养殖的青蛤底质较软,可带水用手触摸挖出。采捕作业可防止机械损伤,打包前严格验收质量,防止死蛤和包砂的青蛤混入,去掉杂质,清洗泥砂,进行吐砂处理,分大小称重包装,鲜销或加工。

表 15-4　青蛤大小与其可食部分所占比例

青蛤大小(mm)			各部分重量(g)			占总重量比(%)		
长	宽	高	软体部	体液	外壳	软体部	体液	外壳
21.7	13.4	21.5	1.76	1.15	1.63	21.5	32.5	46.0
27.8	17.4	27.8	1.85	2.11	3.66	24.3	27.7	48.0
33.5	20.7	32.7	3.48	3.08	5.87	28.0	24.8	47.2
38.3	23.0	38.1	5.53	4.63	9.13	28.7	24.0	47.3

　　对青蛤进行净化处理后,再进行销售和加工是十分必要的。经过海水净化后,青蛤体内无泥砂,口感好。我国海水贝类的净化技术已得到推广,保证了人们的食用安全,从而提高了青蛤的食用价值。

　　青蛤耐干旱能力较强,只要保持 8℃～10℃低温,保持较大的湿度,一般经过一周左右时间,再放入正常海水中,其成活率可达 100%。因此,青蛤销售过程中,先进行吐砂处理,然后在低温和保持一定湿度条件下,运往内地和我国西部地区,采用人工配制海水进行营养、销售。青岛通用海大海水素有限公司生产的海水素,可以和自来水配制成人工海水,用于青蛤暂养。

　　海水素含有钠、钾、钙、镁、氯等 11 种常量成分,其成分比例与世界各地的海水大致相同。它含有生物必需的微量和少量元素,如锂、钼、铷、铁、铜、碘等元素 30 多种。所用原料纯净,溶解速度快,配制的人工海水无色、无污染、无沉淀、不浑浊,一般配制比例为海水素:自来水=1:30,pH 为 8.3 左右,在 25℃时密度为 1.020～1.021(盐度为 28.6～29.9)。暂养过程中,一般不投饵,可以采用人工海水循环使用。

　　青蛤营养丰富,含有丰富的蛋白质、脂肪、碳水化合物。青蛤脂肪组成中,不饱和脂肪酸含量高出饱和脂肪酸 41.9%,不饱和脂肪酸中,多烯酸高出一烯酸 17.9%,其中二十碳五烯酸(EPA)和二十二碳六烯酸(DHA)的含量分别为 18.4% 和 11.3%。青蛤肉中还含有许多对人体有益的无机元素,常量元素和钙、钾、磷等含量较高,微量元素中以铁的含量最高,达 194.257 μg/g(表 15-5)。因此,青蛤是较为理想的保健食品。

表 15-5　青蛤肉中无机元素含量(μg/g)

Zn	Cu	Cd	Cr	Fe	Mn	Ca*	K*	P*
12.268	7.474	0.390	0.983	194.257	3.948	2.75	2.34	1.83

　　*Ca,K,P 的含量为 mg/g。

复习题

1.青蛤的分布及其生活习性。

2.青蛤的繁殖习性。

3.青蛤的人工育苗方法。

4.青蛤的土池半人工育苗方法。

5.青蛤的网围养殖和池塘养殖方法。

第六篇 匍匐型贝类的养殖

匍匐型(The creeping type)多见于腹足类(Gastropoda),如鲍、各种螺类。通常为了觅食和产卵,利用足在岩礁或滩涂上做短距离的旅行和移动。

该类型贝类体形极不对称,大都具有一个螺旋形的贝壳。遇到敌害时,便把软体缩入壳内,利用坚硬的贝壳作为保护的外盾。有厣的种类还可以用厣把壳口封住。鲍无厣,但是它可以利用足部进行吸着,同样可以达到自卫的目的。据报道,一个壳长 15 cm 的鲍,充分吸着后,需用 2 000 N 力才能拔起来。海兔贝壳退化成内壳,当遇到敌害时,能分泌挥发性的油类,对其他动物神经和肌肉有毒害作用,使敌人不敢接近。

匍匐型贝类的足部非常发达,足的底部比较宽阔,跖面很平。利用足可以到处爬行和匍匐。植物食性种类利用齿舌刮取藻类等食物,动物食性的种类则锉食双壳贝类及其他种类。

匍匐型贝类苗种生产方法主要是室内工厂化人工育苗,也可进行土池半人工育苗。此种类型贝类养成环境主要有浅海和室内,此外,池塘也有试养的。匍匐型贝类养成方法主要有筏式养殖、沉箱养殖、垒石蒙网养殖、网围养殖、工厂化养殖和池塘养殖。有的种类(如鲍)可以单养,也可以和刺参混养。

第十六章　鲍的养殖

鲍(abalone)俗称鲍鱼,贝壳称石决明。足部肌肉发达,细嫩可口,营养丰富。干品中含蛋白质40%,肝糖33.7%,脂肪0.9%,并含有多种维生素及微量元素。鲍除鲜食外,又可制成干制品和各类罐头食品。

我国自古以来,就把鲍列为海产"八珍"之冠。在梁朝陶宏景《名医别录》和明朝李时珍《本草纲目》等药典医学名著中,记载了鲍的生态习性、食用价值、临床药理、药性和用法。石决明可镇肝清热,滋阴潜阳,可中和过量的胃酸,可增加白血球量,使血液凝固力加大,刺激机体,旺盛人体新陈代谢。鲍肉有降低血压功效,鲍肉中所含的鲍灵素Ⅰ和鲍灵素Ⅱ能较强地抑制癌细胞的生长。

鲍壳具有五光十色的珍珠层,有千里光之称。壳质地坚硬细腻,可制作装饰品,为贝雕工艺的优良原料。此外,鲍可培养珍珠,在国外有人从鲍体内获得达52 mm的茄子形珍珠。鲍产的珍珠称鲍珠。

我国对鲍的研究十分重视。1958年以来,我国北方对皱纹盘鲍的人工育苗、移植、生态习性及人工养殖进行了系统的研究,并已投入群众性生产。1971年以来,在南方对杂色鲍的人工育苗及养殖也进行了卓有成效的研究。1986年以来,在山东、辽宁等地开展了工厂化养殖鲍的生产。

在国外,日本、朝鲜、美国、新西兰、墨西哥和澳大利亚等国对鲍的生物学、人工育苗、移植、养殖技术等开展了一系列的研究工作,使鲍的产量不断提高。

第一节　形态与构造

一、养殖主要种类及其形态

鲍隶属于软体动物门(Mollusca),腹足纲(Gastropoda),前鳃亚纲(Prosobranchia),原始腹足目(Archaeogastropoda)、鲍科(Haliotidae)。世界上有70种左右,有渔业价值的约20种。目前我国主要养殖种类有皱纹盘鲍和杂色鲍。

皱纹盘鲍(*Haliotis discus hannai* Ino)贝壳大,坚实,椭圆形。螺层约三层。体螺层大,几乎占贝壳的全部,其中有1列由突起和4~5个开孔组成的螺旋螺肋(图16-1)。壳面被这列突起和小孔分成左、右两部分。左部狭长且较平滑。右部宽大、粗糙,有多数瘤状或波状隆起。壳表呈深绿褐色,生长纹明显。贝壳内面银白色。

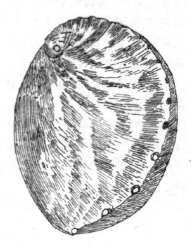

图16-1　皱纹盘鲍

壳口大,卵圆形,外唇薄,内唇厚。

杂色鲍(*Haliotis diversicolor* Reeve)贝壳坚厚呈耳形。螺旋部小,体螺层极大。壳面的左侧有一列突起,突起有 20 余个,前面的 7～9 个有开口,其余的皆闭塞(图 16-2)。壳表绿褐色,生长纹细密。生长纹与放射肋交错使壳面呈布纹状。贝壳内面银白色,具珍珠光泽。壳口大。外唇薄,内唇向内形成片状遮缘。无厣,足发达。

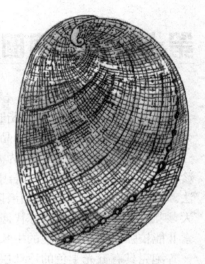

图 16-2 杂色鲍

二、内部构造

(1)头部:头位于身体的前端,背面两侧各有一细长的触角。触角基部各伸出一眼柄,眼点即生于其顶端。两触角之间,有一棕叶状突起的头叶,称头褶,感觉灵敏。在头叶的腹下方有一发达而又可以活动的吻。吻上生有一个裂口即是口。口周围生有许多小突起称小唇。

(2)足部:足大而扁平,几乎与壳口相等,用以匍匐或吸附在岩礁上。足分上足和下足两部分,上足生有许多上足触手、上足小丘,下足呈盘状,其背面中央具一大的圆柱状肌肉,即右侧壳肌,壳肌的背面与贝壳相连,其周缘与外套膜内缘相接。左侧壳肌甚小,在前端左外套前叶上。

(3)外套膜:外套膜是包围身体背面的一层薄膜,其内缘与右壳肌相连,外缘在出水孔处生有 3 个触手(基部 1 个,第 2、3 出水孔处各生 1 个),外套膜在此处生裂缝,分成左、右两瓣,称左叶与右叶。从右侧壳肌的左缘到足缘,从左肾壁到最前端,整个部分盖在内脏团背面形成一个外套腔,腔内有两枚羽状鳃,行呼吸作用,故亦称呼吸腔。嗅检器位于呼吸腔入口处,为黄色脊状突起,进入腔内的水必先经其鉴别。在呼吸腔左、右壁上生有一对黏液腺(鳃下腺),左大右小,二者以直肠为界。黏液腺的功能在于分泌黏液,以润滑清洁呼吸腔、肛门和肾脏所排出之废物及其他杂物,保持鳃的清洁,当鲍受到刺激时其分泌量剧增而由出水孔流出壳外。

(4)内脏团(图 16-3):在软体背部,环绕右侧壳肌的后缘为内脏团主要部分,该部分常因占其最大面积的消化腺和雌雄生殖腺,显示不同的颜色。一般消化腺为深褐绿色。成熟雄性生殖腺呈杏(淡)黄色,雌性呈浓绿色,非成熟期色都较淡,分布在内脏圆锥体的背腹两面。心脏为透明的围心腔壁所包围。围绕着围心腔壁的右边是黄色的右肾,该器官介于心脏与消化腺之间。左肾位于心脏之左前方,是紧接黏液腺之后的一个淡黄色小囊。

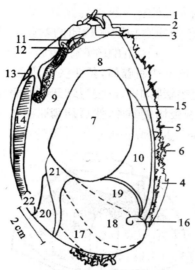

1.触角 2.眼柄 3.头叶 4.下足 5.上足触角 6.上足小丘 7.右侧壳肌 8.外套 9.外套腔 10.外套袋 11.外套裂缝 12.外套触角 13.左侧壳肌 14.左黏液腺 15.内脏圆锥体 16.内脏螺旋 17.胃 18.嗉囊 19.消化腺 20.心脏 21.右肾 22.左肾

图 16-3 皱纹盘鲍将贝壳移去后显示各器官的部位(背面观)

(5)消化系统(图 16-4):鲍主要摄食藻类,其消化道甚长,相当于体长的 3 倍多,壁上肌肉薄不发达。整个消化道可分为口区、食道、嗉囊、胃盲囊、胃、消化腺、肠、肛门等部分。

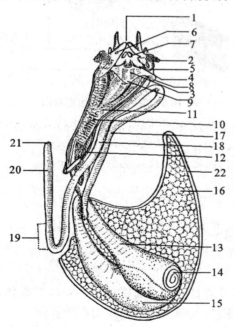

1.口 2.颚(右) 3.齿舌 4.舌突起 5.口袋(右) 6.唾液腺孔(左) 7.唾液腺(右) 8.背咽瓣(右半) 9.腹咽瓣 10.食道 11.食道囊(右) 12.齿舌囊 13.嗉囊 14.胃盲管 15.胃 16.消化腺 17.上行肠段 18.下行肠段 19.直肠穿入心室之区域 20.直肠 21.肛门 22.生殖腺

图 16-4 皱纹盘鲍消化系统背面观(仿梁羡园)

1)口区:在吻之腹面前端中央处有一纵裂的开口,即是口。口内为口球,口球由口腔之两侧的一对可以活动的黄色角质颚板附于透明的基膜上(图16-5)和底部的一条棕色齿舌带组成,齿式为∞·5·1·5·∞(图16-6)。齿舌一部分裸露,一部分包在齿舌囊中。口腔内具有唾液腺,为白色不透明腺体,位于头部皮肤下面、口球背部两侧。唾液管极短,开口于口袋前面的皱褶垫状物中。口袋为纵开口的表皮皱褶样囊,位于裸露的齿舌背面两侧。入口的食物先被颚板切成碎片,然后用齿带上的齿磨碎,再与唾液混合,经食道送入嗉囊。

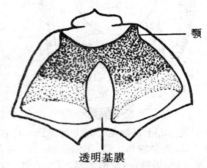

颚

透明基膜

图16-5 皱纹盘鲍的颚及附于其上的透明基膜(腹面)

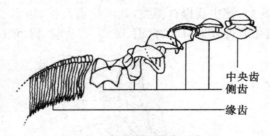

中央齿
侧齿

缘齿

图16-6 皱纹盘鲍的齿舌背面

2)食道:较长,始于齿舌囊的背面,其内形成无数的沟和嵴。食道左、右两侧有纵裂的长形食道囊。食道的末端极为狭隘。

3)嗉囊:狭隘的食道突然变宽进入膨大的嗉囊。嗉囊沿右侧壳肌的左方下行,其背面绝大部分被厚厚的消化腺所遮盖,嗉囊内壁为嵴沟状。嗉囊主要是储存食物和唾液腺的囊。

4)胃与胃盲囊:在嗉囊末端,胃入口处的腹壁上,有一半月形的瓣,起防止食物倒流的作用,称贲门瓣。在贲门瓣附近有孔道与消化腺相通。胃盲囊是一条旋卷状的消化管,开口于胃贲门瓣的附近。在胃入小肠处也有两个瓣膜,为幽门瓣。

5)消化腺:在嗉囊、胃及胃盲管的外面覆盖着一个巨型腺体,即消化腺。它占整个内脏圆锥体部分,一般呈褐绿色,但随食物的色泽而有所变化。

6)肠:由幽门瓣开始,逐渐变狭成肠部。在肠道开始部分作N字形回旋转曲。肠沿着右侧壳肌左缘而上,这一段称上行肠段。当达到口球的右下面,转了180°弯向下行,界于上行肠段与食道之间,与上行肠段相平行而下,这一段肠称为下行肠段。当抵达围心腔之后,又突然转了 180°弯进入直肠。直肠通过围心腔的后部,穿过心室而出呼吸腔,终止于肛门。

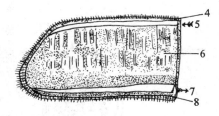

1.鳃叶　2.入鳃血管　3.出鳃血管　4.纤毛表皮细胞　5.入鳃叶血管沟
6.横贯两沟间的褶襞　7.出鳃叶血管沟　8.角质软骨

图 16-7　皱纹盘鲍的鳃(左图)和鳃叶(右图)

(6)呼吸系统(图 16-7):鳃是鲍的主要呼吸器官,在心脏之前,一对,于外套腔中。鳃呈羽状,无数个鳃叶一端附于鳃轴上,外端游离,左鳃略大于右鳃,叶面中央有许多横贯的褶襞,以增加呼吸面积。入鳃血管在鳃的背面,而出鳃血管在腹面,血液在鳃叶中经过氧化,由出鳃血管流回心耳。

(7)循环系统:心脏居于围心腔中,由一心室、二心耳构成。

心室前端分出细小的前大动脉,它分支到直肠、两黏液腺和呼吸腔背面的外套触角等各部。心室后端分出粗大的后大动脉,并分为两支:一支是走向前方的头动脉,它分支到生殖腺、消化腺、嗉囊、内脏表皮、肾、肠、食道、壳肌和足部。另一支为后内脏动脉,分别从内脏后缘的背腹两面分支到消化腺、胃、胃盲囊、嗉囊和生殖腺等部。它们的终末是由没有血管壁的腔隙所代替,分布全身。

污浊的血液差不多从这些腔隙收集到右肾的入肾静脉,然后经右肾的出肾静脉到左、右两鳃基部的鳃基血窦中。鳃基血窦的血液进入左、右入鳃血管,在鳃叶进行气体交换,以后由出鳃血管将新鲜血液带到左、右两心耳流回心室。

左肾单独接受来自左、右两出鳃血管的新鲜血液(由入肾血管流入),然后再经出肾血管回到左鳃。

另外一部分在外套膜的血液,可直接在外套膜进行氧化,后经右壳肌前缘的右外套膜血管下行进入右心耳。

(8)排泄系统(图 16-8):肾脏一对,极不对称:左肾小,位于围心腔之左前方,其内壁分布有许多乳头状突起,左肾后壁有一小孔与围心腔相通,称肾围心腔孔。前壁则有左肾孔与呼吸腔相通。右肾极大,结构上也与左肾截然不同。右肾前部形成薄片状,围绕着肠的背腹两面。右肾后部蜂巢状,静脉成网状分布其上,有右肾孔与外界相沟通,并与左肾孔相对称。肾的中央背面靠近右侧壳肌后缘附近有一缝形裂孔,是生殖产物排入肾腔的孔道,然后生殖产物再由右肾孔排至呼吸腔,经出水孔排出体外。故右肾孔亦作为生殖孔。

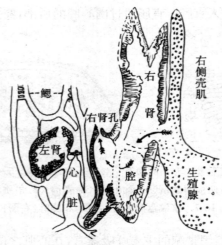

图 16-8　皱纹盘鲍的泄殖系统关系图(仿梁羡园)

（9）神经系统（图 16-9）：鲍的神经不集中，神经节延长，扁平，侧神经节愈合于足中央神经连索的背面，故无侧足神经索。

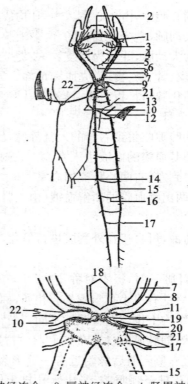

1.脑神经节(右)　2.脑神经连合　3.唇神经连合　4.肠胃神经索　5.肠胃神经节(右)
6.肠胃神经连合　7.脑足神经连索　8.脑侧神经连索(右)　9.侧足神经节　10.左侧脏神经连索
11.右侧脏神经连索　12.食道下神经节　13.外套神经　14.腹神经节　15.足神经索　16.足神经连合
17.足神经　18.前足神经　19.平衡器(右)　20.平衡器神经(右)　21.外套神经(右)　22.左外套神经

图 16-9　皱纹盘鲍神经系统的背面观(仿梁羡园)

1)脑神经节:一对,位于口球前端的两侧,在头叶表皮下面,有带状的脑神经连合相连,该连索分出神经到唇和上足。从脑神经节分出神经到触角、眼、头叶和头部两侧表皮,又从其后部分出:

①脑侧神经连索一对,入侧足神经节。

②脑足神经连索一对,位于脑侧神经连索腹面,并与其平行而下,入侧足神经节。

③唇神经连索,它从腹面分出唇神经到口区,又从侧面分出神经到舌突起。

肠胃神经索开始于唇神经连索的始端,极其靠近于脑神经节,派出分支到口腔前背部、口袋、唾液腺、口腔的后背部及背咽瓣。当达到齿舌囊背面时,左右两侧的肠胃神经索微微膨大,成为不明显的肠胃神经节,它分出神经到腹咽瓣、齿舌囊及食道囊等部。

2)侧足神经节:位于右侧壳肌前端,内脏团底部的陷窝中,成四角形。足神经节在其腹面与其背侧面的侧神经节相愈合,称侧足神经节。自此向垂直方向伸出左、右侧脏神经连索及左、右外套神经。平衡器在神经节背面中央的两侧,脏神经连索的基部,有发自神经节的平衡器神经到平衡器。

3)脏神经环:左侧脏神经连索自左侧足神经节背面发出,经过食道腹面,在介于表皮与鳃支柱处分为2支。1支到右嗅检器前膨大为食道下神经节,分出神经到鳃、嗅检器及外套膜等部位;另1支沿着右鳃支柱和表皮交界附近与右鳃相平行而下行,距离鳃基部不远时便向左斜下,于两鳃之间稍靠右处进入膨大的腹神经节,在其附近分出神经到生殖腺、肾、围心腔及直肠。右侧脏神经连索自右侧足神经节背面发出,斜下向左边穿过食道背面,在左侧脏神经连索上面与之相交叉,入内脏团的表皮与鳃支柱交界处分成2细支;1细支继而往前到左嗅检器前膨大为食道上神经节,分出神经到鳃,嗅检器及外套膜等部。另1细支沿着左鳃支柱和表皮交界附近与左鳃相平行而下行,约抵鳃全长一半处再分2支,1支继续下行,而另1支斜下向右入腹神经节,与左侧脏神经连索相会合。

4)足神经索:始自侧足神经节,分左、右两索向后延伸,几乎贯穿整个足的全长。两索间向内有横贯的足神经连索相连,向外则有神经分支到足、上足及右侧壳肌等部。

(10)感觉器官:一般的感觉器官表现在身体的整个表面皮肤上,包括外套膜及其腺体。分布于足的跖面、足腺区、鳃叶、外套膜边缘、头叶、口及口唇的感觉细胞较为丰富,而更大量的却集中于特别的器官中,如头部触角、上足触角、上足乳突、外套触角、嗅检器、眼及平衡器等。

(11)生殖系统:鲍是雌雄异体,但无两性的显著特征,无交接器也无其他的附属腺体,只有在生殖季节中,雌、雄生殖腺色泽有显著不同,一般雌性呈浓绿色,雄性呈乳黄色。生殖产物充满整个生殖腔,该腔位于体之背部,包盖于整个的胃、嗉囊和消化腺的表面,延展到右侧壳肌的左缘。成熟的精、卵直接排入右肾腔经右肾孔至呼吸腔,从出水孔排出体外。

第二节　鲍的生态

一、生活习性

(1)匍匐习性:鲍营匍匐生活,其体型与足部构造不仅与双壳类差别很大,而且与同纲的腹足类也有不少差别。为了适应裸露的生活方式,鲍必须借助于宽大的足部,平展的跖面,蠕动的机能,吸附于岩石和缝隙之上,爬行和运动于礁棚和洞穴之中,任凭特大风浪也难以把它击落。鲍又借助于坚硬的贝壳作保护的外盾,以防敌害的侵袭。鲍的吸着力很大,据报道,壳长 15 cm 的鲍,充分吸着后,需用 1 000 N 力才能拔掉。鲍很敏感,较能适应复杂的外界环境,在受惊动或遭敌害袭击时,迅速收缩头触角、眼柄、触手,平展的足面紧贴于岩石上。

(2)栖息场所:鲍常生活于外洋水涉及的海区,喜栖息于周围海藻丰富、水质清晰、水流通畅的岩礁裂缝、石棚穴洞等地方。鲍常群聚在不易被阳光直射和背风、背流的阴暗处隐匿,常腹足面向上吸附。岩礁洞穴的地形地势越复杂,栖息的鲍就越多。鲍有时生活在露天海底,杂藻丛中和海藻根基处。鲍很少与大量的海胆、海星类共栖,与大量的牡蛎、珊瑚礁和扇贝共同相处也极为少见。在泥砂底或砂底中,或有淡水注入处,混浊的河口处无鲍栖息。鲍的生活海区虾蟹类、底栖鱼类、杂藻类、海参、螺类较多。日本把鲍的栖息场所分为洞穴、棚、露天、裂缝、石下五个类型,不同种类、不同时间以上五种类型的栖息数量有所变动。鲍栖息场所的研究和调查,对于选择良好的海区,进行鲍的增殖是有意义的。

鲍的栖息水深依种类而不同,通常自干潮线以下,水深 40 m 以上处都有分布。杂色鲍栖息在 1~20 m 水深处,以 3~10 m 水深处较多。耳鲍栖息在 1~5 m 水深处。皱纹盘鲍栖息在 1~20 m 水深处,栖息在 20 m 以上的水深处比较少见。南澳大利亚的光滑鲍可以生活在水深 40 m 低凹的海底岩石上。鲍的年龄越大,生活在水深处越多;年龄越小,生活在水浅处多。不同种类、不同大小的鲍都有各自适应的栖息深度和场所。

(3)活动习性:鲍是昼伏夜出动物,在一昼夜当中,很明显的是以夜间为主。鲍的摄食量、消化率、运动距离和速度、呼吸强度以夜间为大,白天只在涨落潮时稍作移动。观察西氏鲍和盘鲍在水族箱的活动情况,都是在日落后开始索饵,日出后运动到一定位置安定下来。其匍匐距离,运动方向,摄食时间,摄食数量没一定的规律性。不同个体,甚至同一个体,也很难确定运动的一定规律,其运动速度和距离也有很大差别。自然海区生活的鲍,夜间进行索饵活动后,黎明前不一定回到原来位置上。不同种的鲍对不同种藻类的摄食和选择能力是很强的,首先摄食它爱吃的物种,在饥饿状态和生活在被动摄食条件下的鲍,对饵料的反应十分敏感,白天黑夜都进行摄食活动。因此,鲍的活动习性直接受日周期、光线、饵料种类和数量、水温、盐度、溶解氧、酸碱度等因素的影响。

鲍的移动速度很快,1 min 可爬行 50~80 cm,移动距离与时间有密切关系。

根据盐屋照雄等的研究,杂色鲍的幼贝在水槽中的活动是有规律的,一昼夜有两个活动高峰。大致以夜间 20 时到次日凌晨 3 时为中心,很多幼鲍匍匐到水槽的壁面和水中的石面上,在自然海区从解剖杂色鲍胃中的食物来看,摄食时间也多半是从夜间到凌晨。

鲍有明显的季节性移动,随着水温高低而上下移动,冬春季水温最低时向深水移动,初夏水温回升后便逐渐向浅水移动,盛夏表层水温最高时,又向深处下移,秋末冬初水温有所下降时,又移向浅处。鲍在生活条件较好和饵料比较丰富的条件下,移动性不大,有的种类和个体,一年运动距离不超过 200 m,幼鲍和老鲍定居性更强。鲍生活在海藻很少的水深处,白天和夜间很少离开驻地索饵,主要舐食周围底栖硅藻类、有机碎屑及其他小型底栖生物,或借助较大海流捕食飘落的海藻。据猪野氏观察,鲍类在产卵时不仅进行深浅移动,还有个体集中倾向。

二、对温度、盐度的适应

皱纹盘鲍为北方沿海种类,耐寒性强,抗高温力弱。水温 28℃,生活不正常,30℃以上则引起死亡,特别是 4 龄以上的皱纹盘鲍更不耐高温。15℃～20℃,皱纹盘鲍摄食旺盛,7℃摄食逐渐减少,0℃摄食基本停止。杂色鲍在 10℃～28℃条件下,生活正常。

皱纹盘鲍和杂色鲍在盐度 28～35 都能生活,25 以下生活不正常,20 时便不能生活。

三、对耗氧量的适应

皱纹盘鲍的耗氧量依环境条件而不同,田村氏(1939)用流水式水族箱测定过皱纹盘鲍的耗氧量,在温度 14℃条件下,夜间和白天的耗氧量分别是 33.6 mL/(kg·h)和 23.6 mL/(kg·h)。水温 5℃～14℃时其耗氧量为 16.4～23.6 mL/(kg·h)。水温 22℃～23℃时,耗氧量为 57.4～63.9 mL/(kg·h)。随着温度的上升,鲍耗氧量逐渐增加,但夜间的耗氧量大于白天的耗氧量。

四、食料

1. 浮游和匍匐期的食料

杂色鲍和皱纹盘鲍的担轮幼虫出膜后,仍然依靠卵细胞内的营养物质供应幼虫继续发育所需要的能量,一直发育到面盘幼虫后期才摄食少量单细胞藻类及有机碎屑。幼虫发育到匍匐期后,利用吻部的频繁伸缩活动,以舐食的方式从基面上获得较多的单细胞藻类。这时可以清楚地看到被舐食过的基面上遗留下明显的痕迹。特别是上足分化后的匍匐幼虫摄食量显著增大。

在人工育苗的条件下,必须根据不同发育阶段,及时投喂一定数量、易消化、易吞食、富有营养的人工培育的饵料和自然饵料。其中主要种类有底栖性硅藻中的舟形藻和月形藻,还有阔舟形藻、东方湾杆藻、卵形藻、新月菱形藻、褐指藻、角刺藻、硬环角刺藻、青岛大扁藻、亚心形扁藻、单鞭金藻、等鞭金藻等单细胞藻类。在发育到幼鲍以前,随着幼虫的发育生长,不断地增加投饵品种,以适应幼虫生活的需要。若以扁藻为饵料,幼虫发育不同阶段,培养池中较适宜的扁藻密度见表 16-1。

表 16-1　幼虫发育不同阶段的饵料密度

发育阶段	后期面盘幼虫	初期匍匐幼虫	围口壳幼虫	上足分化幼虫
扁藻密度(个/毫升)	800	1 500	2 000	3 000

2. 稚、幼鲍和成鲍的食料

稚鲍主要摄食附着性硅藻类,小型底栖生物,单细胞藻类及微小的有机碎屑,大型藻类的配子体和孢子体。鲍出现第一呼吸孔以后,摄食量逐渐增加,日本鲍的稚贝壳长 2 mm,需要附着在硅藻类饵料板上才能顺利地成长。发育到 4～10 mm 的幼鲍,可以摄食小而柔嫩的藻类。幼鲍发育到 1 cm,食料与成鲍基本相同。

成鲍为杂食性动物,食料种类中以褐藻为主,兼食绿藻、红藻、硅藻、种子植物及其他低等植物,并杂有少量动物,如球房虫类、腹足类、桡足类、有孔虫类、水螅虫类及其幼虫。鲍的食料在褐藻中有翅藻、鹅掌菜、裴维藻、羊栖藻、马尾藻、漆叶藻、裙带菜、*Eisenia*、黑顶藻、海带,绿藻有石莼、浒苔、刺松藻、礁膜,红藻有多管藻、珊瑚藻、石花菜、紫菜、海萝、江蓠等,高等植物有大叶藻,硅藻中有卵形藻、圆筛藻、箱形藻、扇形藻、舟形藻、珠网藻等。

成鲍的食料中,以褐藻为最好。饲养试验结果证明,褐藻的饵料效果比绿藻、红藻好得多,饲育 13 d 后其壳生长率分别是 9.2%,4.9%,2.2%,每月体重增长率分别是 32.1%,8.5%,3.6%。这主要是因为鲍的消化系统中含有褐藻酸分解酶,将褐藻酸 $(C_6H_{10}O_7)_{11}$ 分解成营养物质的缘故。世界上有的鲍如光滑鲍摄食并不是以褐藻为主,而是以红藻和浒苔类为主,所以,摄食习性因鲍的种类而异。

在各种饵料同时存在的情况下,幼鲍对饵料有一定的选择性,试验结果证明裙带菜嫩叶和巨藻苗为最好(表 16-2)。

表 16-2　皱纹盘鲍对饵料选择性试验(单位:g)

饵料种类　摄食量　时间	海带	巨藻叶片	巨藻苗	裙带菜嫩叶	海蒿子	萱藻	石花菜	石莼	总摄食量	水温(℃)
1981 年 6 月 4~5 日	3.1	5.6	8.5	13.5	0	5.6	1.7	3.5	41.5	15.9
1981 年 6 月 6~7 日	0.5	7.7	13.2	46.7	7	4.1	0	2.8	82.0	16.1
各种饵料摄食总量	3.6	13.3	21.7	60.2	7	9.7	1.7	6.3	123.5	
占总摄食量的百分比(%)	2.9	10.8	17.6	48.7	5.7	7.8	1.4	5.1		

鲍摄食时是利用齿舌刮取岩石上的藻类,边匍匐爬行边嚼食,食物贮藏在食道囊和嗉囊中。鲍的摄食活动不仅有明显的昼夜变化,而且有明显的季节性。平均摄食量从 8 月至 11 月逐渐减少,11 月几乎不摄食,12 月食欲逐渐增强,翌年 4~5 月达最高峰,因此鲍的生长也略与摄食量成平行的关系。10~11 月在鲍的产卵期附近,鲍摄饵减少而体质最瘦,产卵后食量增加。5~6 月最肥,8~9 月摄食量虽然减少,但生殖腺的成熟过程使其体重保持在一定水平上。辽宁、山东的皱纹盘鲍,4~6 月份肥满度达最高峰,8 月中旬最低。性腺的发育 7 月底达到高峰,其规律为正弦曲线。杂色鲍 5 月中旬至 6 月底性腺发育达最高峰。

3. 食料与壳色关系

食物种类与壳颜色的关系密切,尤以幼鲍更为显著(表 16-3)。皱纹盘鲍用褐藻饲养时,贝壳可呈绿色,用红藻饲养时,贝壳呈淡褐色或褐色,但色彩与饵料的关系因种类亦有不同。

表 16-3　饵料与壳色的关系

食料种类	扁藻	硅藻	扁藻、浒苔、石莼	硅藻、扁藻、浒苔、石莼
贝壳颜色	翠绿	红	翠绿	翠绿、枣红两种彩纹

五、敌害

鲍的敌害较多,肉食性鱼类、贝类、海星、蟹类和才女虫等,均是鲍的敌害。

在肉食性鱼类中,有鲷类、鳉、鲨鱼、鲀、鲈、鲽、鳗。木下报告北海道奥尻岛一条海鲋鱼的胃中有 71 只幼鲍,最多的曾查出 200 只。由该岛对这种鱼的捕获量计算,每年受害的幼鲍约为 130 万只,此数目为该岛年产鲍的 15 倍(木下,1950)。此外,章鱼、荔枝螺、海星、海胆以及蟹类等都是鲍的敌害。涉井正(1977)报道壳宽 8 cm 的日本蝚捕食 16～37 mm 长的鲍。而壳宽 2.5 cm 的黄道蟹通常能捕食 15 mm 以下幼鲍。

此外,环节运动多毛类的才女虫在鲍的壳上钻穿管道,并在壳内表面形成盘曲的隆起,壳易破碎,贝体瘦弱,重者死亡。在日本南部的杂色鲍(*Haliotis diversicolor aquatilis*)上曾发现有 5 种才女虫:刺才女虫(*Polydora armata*)、韦氏才女虫(*P. websteri*)、东方才女虫(*P. flava orientalis*)、凿贝才女虫(*P. ciliata*)和贾氏才女虫(*P. giardi*)。壳长 3 cm 以上的鲍才受其害。

第三节　鲍的疾病与防治

鲍的疾病种类较多,主要有以下几种。

1. 细菌病

美国的红鲍(*Haliotis rufescens*)在幼小时容易发生弧菌病。症状是上足的上皮组织剥落或破裂;全身的血窦和神经鞘周围都是弧菌(*Vibrio* sp.);外围神经迅速变性,引起鲍的死亡。此病发生的水温为 18℃～22℃。

弧菌是条件致病菌。一般在海水中、底泥中或健康的海水养殖动物的体表或消化道内都可发现有少量弧菌,但不至于使养殖动物生病;动物受伤、体弱、抗病力降低或环境条件恶化时,即成为致病菌。例如日本蓄养的鲍,因为在采捕时受伤,伤口感染细菌后发生溃疡。在鲍体的受伤部位中,以右侧壳肌和内脏团最危险,很容易引起死亡,尤其是右侧壳肌部位多是致命伤。

夏季水温达 20℃以上时,很容易生病,25℃～27℃发病率最高。预防和治疗可用氟苯尼考 25～50 mg/L 的海水溶液浸洗 0.5～1 h,或用磺胺二甲氧嘧啶 5％的海水溶液浸洗 2～3 min,或用磺胺异噁唑 1％～3％的海水溶液浸洗 3～5 min。也可将上述药品 5％的海水溶液用毛刷涂抹伤口,或在伤口上喷洒。施用上述药品处理以后,需将病鲍在空气中露置 10～15 min,使药物较充分地浸入病灶以后再放回海水中饲养。

2. 真菌病

畑井(1982)报道了日本养殖的西氏鲍(*Haliotis siebodii*)发生的真菌病病原为密尔福海壶菌(*Haliphthoros milfordensis*),菌丝直径 11～19 μm,分支较少,繁殖时整体菌丝的任何部分都可形成游动孢子,并在该处的菌丝上生出排放管。成熟的游孢子从排放管顶端的开口放出。游动孢子形状多样化,具 2 条侧生鞭毛。休眠孢子球形,直径 6～10 μm。未发现有性生殖。发育温度为 4.9℃～26.5℃,最适温度为 20℃左右。

病鲍的外套膜、上足和足的背面产生许多隆起,隆起内含成团的菌丝。夏季捕捞的鲍放入 15℃ 的循环水槽中饲养,10 d 后就可生病,再过几天后就可死亡。用 10 mg/L 的次氯酸钠可杀死海水中的游动孢子,起到预防真菌病的作用,但不能治疗。

3. 派金虫病

Lester 等(1981)报道了澳大利亚南部的黑唇鲍(*Haliotis ruber*)发生派金虫病,病原为顶复动物门(Apicomplexa)的奥氏派金虫(*Perkinsus olseni*),新鲜孢子球形,直径 14～18 μm,具明显的壁。胞质内有一个大液泡,直径 10 μm,并有许多小颗粒。病鲍的足、外套膜和闭壳肌的内部或其表面有直径 1～8 mm 的脓包,呈淡黄色或褐色,柔软。脓包内含脓汁,脓汁内有大量的孢子和白血球。有的病鲍在血淋巴中孢子聚集成长达 1 mm 的褐色团块,游离于循环系统中。发病时的水温为 20℃ 左右,盐度为 30 左右。无有效防治方法。

4. 其他寄生虫病

在大不列颠水体中,鲍的内脏团、外套膜和鳃中有一种复殖吸虫的孢蚴,呈橘黄色。

美国南加利福尼亚的桃红鲍(*Haliotis corrugata*)中寄生一种属于颚咽类(Gnathostomatid)的假沟棘头线虫(*Echinocephalus pseudouncinatus*)的第二期幼虫,平均长 20 mm,宽 0.65 mm。其第三、四期幼虫及成虫寄生在瓣鳃类的肠中。幼虫在鳃和足腹部形成孢囊,使寄生处的组织产生疱状突起。由于幼虫在形成孢囊以前在足部组织中的钻穿移行和疱状突起的影响,使鲍的肌肉明显消瘦,并且降低了足部的附着能力,容易从岩石上掉下。

日本沿海的大鲍(*Haliotis gigantea*)在口腔中寄生一种属于偏顶蛤蚤类的 *Panaietis haliotis* 的寄生虫。

5. 气泡病

在鲍的集约化养殖系统中,投喂海藻,在光照强烈并且水流不畅时,由于海藻的光合作用,产生大量氧溶解于水中,如果达到饱和度的 150%～200%,鲍就会发生气泡病。病鲍在上皮组织之下形成许多气泡。严重时鲍浮于水面,口部色素消退,齿舌异常扩张,身体固着不动;口、足、外套膜和上足膨胀,特别是上足变为鳞茎状,不能动;全身肌肉和结缔组织中都有气泡,血管也发生气泡栓塞;神经鞘与其内外相邻的组织分离,血细胞中的液泡扩大。患气泡病的鲍往往继发性感染弧菌病,加速鲍的死亡。气泡病主要危害幼鲍。防治方法主要是在投喂大量海藻时应避免强光照射,并加大水流量,以防止溶解氧过多积累后发生气泡病。

杨爱国等(1987)报道:1984～1986 年山东长岛增殖实验站培育的 2～4 mm 大小的皱纹盘鲍稚鲍在室内中间培育期间,发现胃部膨大呈气泡状,一般高出壳缘。病鲍不摄食,多爬在附着板表面或池壁上方,附着力减弱,随着气泡逐渐增大,漂浮水面,引起大批死亡,因而也称气泡病。这种现象主要是水混或摄食腐烂变质的饵料造成的。保持水质洁净,禁止投腐烂饵料,可减少此病发生。

6. 鲍"裂壳"病

球状病毒引起。该病毒在血细胞中,具双层夹膜,无包涵体,大小为 80 nm 左右。病鲍变瘦、色泽变黄且失去韧性,表面常带有大量黏液状物,贝壳变薄,壳外缘外翻,呼吸孔间带因贝壳的腐蚀而成为相互连通状。同时,鲍的活力下降,摄食量剧减,软体部消瘦继而逐渐死亡。目前尚无有效治疗方法。

7. 鲍脓包病

病原为荧光假单胞杆菌（*Pseudomonas fluorescens*）、河流弧菌（*Vibrio fluvialis*）。发病初期，病鲍行动缓慢，摄食量减少，病鲍从养成板背面爬至养成板的表面或水池的池壁上。腹足肌肉颜色变淡，随着病情加重，出现白色球状脓包，并有脓液溢出，肌肉溃烂坏死，最终导致死亡。在皱纹盘鲍的工厂化养成过渡期间，幼鲍脓包病经常发生。在 8～10 月份的高温季节，此病发生较为严重。此外，水质混浊，换水较少，开口饵料不足的情况下，较易发生。为防止此病发生，可选择健康鲍苗，保持环境条件的改良，投喂优质饲料，合理使用药物，可使用复方新诺明 6.25 g/m³ 或氟苯尼考 3.12 g/m³ 浸浴 3 h，每天一次，连用 3 d 为一疗程，隔 3～5 d 再进行下一疗程。

8. 才女虫病

才女虫是一种钻孔动物，能把鲍坚硬的贝壳钻透，进而腐蚀贝壳，破坏机体，导致病害发生。主要症状表现为贝壳被钻成空洞，才女虫进入贝壳后钻透石灰质破坏珍珠层，使贝壳组织疏松，导致贝壳破碎而影响鲍正常生长，最后导致死亡（苏秀文，2005）。

此病多发生在工厂化养殖过程中，由于集约化生产中高密度饲养对环境要求十分严格，而目前的设备和手段还达不到理想的环境，溶解氧、氨氮、pH 等因素失调时，导致了才女虫病的频繁发生，并对生产造成严重危害。

在预防及治疗方面，目前还没有有效的治疗方法，但才女虫造成严重死亡导致产量大幅度下降的现象也不多见，只要在水质、饵料、溶解氧、饲育密度、药物消毒等方面科学合理的调解，各种因素协调发展，并保持相对稳定，是完全可以预防该病的。

9. 肌肉萎缩症

在我国养鲍生产实际中，该病的高峰期曾出现大量死亡现象，死亡率最高达 90%，其发病面之广，来势之凶猛，损失之惨重，是其他疾病不能比拟的。目前，对该病的控制已经取得了重大进展。

主要症状表现为摄食量大幅度下降，甚至停止摄食，肌肉消瘦，与无病的鲍相比，体重下降 30%～40%；整个足部萎缩，外套膜萎缩，肌肉失去水分和光泽。正常的鲍肌肉饱满，超出壳缘 0.5～1 cm，而病鲍则萎缩，并且足底发硬，伸展微弱或不动。

发病原因，一是海水中重金属离子超标，导致鲍中毒；二是近亲繁殖。20 多年来，采苗使用的种鲍多是当地种鲍，或者是同一母鲍所生的下一代雌雄种鲍交配。由于近亲交配，导致种质退化，抵抗疾病的能力逐渐降低，使得该病迅速蔓延，损失惨重。

预防及治疗：在处理好养殖用水的前提下，运用传统选育技术及现代分子技术加强良种的选育，培养出抗病能力强、自身免疫力高的优良品种，提高养殖品种的纯度，可降低此病的发生率。

10. 肿嘴病

这种病常发生在工厂化养鲍中，发生数量较少，没有明显的传染现象。

主要症状为患病时吻部肿胀，用手轻轻挤压吻部可见舌齿外突，并有黄色黏液流出，水温 18℃ 左右时发病率最高。发病原因一般为残饵变质，引起水体恶化；水的交换量不足。防治措施是及时清理残饵，保持海藻鲜度，发现有肿嘴病时要勤倒池，并用 5 mg/L

新诺明药浴 3 h,充气停水。

第四节　鲍的繁殖与生长

一、繁殖

1. 繁殖期

福建省东山产的杂色鲍,在水温 24℃～28℃ 的 5～8 月间性腺发育相继成熟。25℃～26℃ 的 5 月中旬～6 月下旬为繁殖盛期,7 月份以后为繁殖后期的延续阶段。日本 5 cm 以上的杂色鲍繁殖水温在 23℃～28℃ 的 5～7 月,生殖腺平均成熟系数逐渐达到最高峰(47.13%),2 月份生殖腺平均成熟系数达到最低值(2.21%)。相同物种、不同产地的鲍,产卵季节和产卵温度差异不大。我国黄、渤海产的皱纹盘鲍在水温 20℃～24℃ 的 7～8 月份开始繁殖,南移至福建东山后,相继两年的生殖适温无明显变化,在水温 21℃～24℃ 的 4～5 月间进行繁殖。不同物种,相同产地或不同产地的鲍,产卵季节和产卵温度差异较大。日本产的大鲍、盘鲍、西氏鲍、虾夷盘鲍在水温下降到 23℃～18℃ 的秋冬季产卵;澳大利亚产的光滑鲍和红鲍整年都可以产卵。鲍由于温度的变化,营养条件的差异,生活环境的改变,其产卵季节、产卵持续时间都发生变化。皱纹盘鲍性腺开始发育的水温为 7.6℃。

2. 性腺的发育过程

据菅原(1992)对皱纹盘鲍性腺发育过程的研究指出,根据生殖腺内生殖细胞的状态,可以将鲍生殖腺的发育过程划分为 3 个阶段。4 月上旬(水温 8℃～9℃)至水温最高(24℃)的 8 月下旬为增长期,9 月上旬至 10 月下旬(水温从最高降至 20℃ 左右)为产放期,从产卵、排精结束的 11 月至水温最低(7℃)的翌年 3 月为休止期。

(1)增长期:

1)卵巢:4 月至 5 月中旬生殖腺呈灰褐色,肉眼难以辨别性别。在显微镜下可以观察到卵原细胞的许多分裂象和前年形成的卵径 50 μm 以下的小型、年幼卵母细胞。随着水温的逐渐上升,小型、年幼卵母细胞数量不断增加、个体不断成长。

6 月上旬(水温 13℃)卵母细胞的长径达到 150～170 μm,细胞质内开始有卵黄颗粒的积累。部分发育较快的卵母细胞可以清楚观察到卵膜胶质层的形成。位于前端、中部和后端的卵母细胞的发育程度虽然没有显示出差异,但是在同一部位靠近肝脏的卵母细胞较靠近表皮的卵母细胞发育快。

水温最高的 8 月下旬至 9 月上旬,卵巢中几乎都是大型卵母细胞,相互挤压呈不规则形状。充分成长的卵母细胞的长径为 200～230 μm,核为 75 μm,胶质层非常肥厚达到 20 μm。细胞质内充满卵黄颗粒。

2)精巢:4 月上旬精巢内精巢小胞壁肥厚,生殖上皮上精原细胞分裂活跃。随着水温的上升,精母细胞数量急剧增加,6 月上旬精子细胞开始变态,形成许多精子。

8 月下旬至 9 月上旬是精子形成的最旺季,生殖上皮上仅仅看到少量的精原细胞和精母细胞,精子占据了精巢的大部分空间。精巢内精子的头部冲向生殖上皮,尾部冲向精巢小胞腔,排列整齐。

(2)排放期:产卵、排精在海水温度从夏季最高值逐渐下降的9月上旬至10月下旬进行。最盛期的水温为20℃～18℃。水温22℃时,成熟的卵母细胞和精子分别充满卵巢和精巢。水温20℃时,可以观察到部分小胞成为空胞,卵巢和精巢出现萎缩。水温降至18℃时,差不多所有的个体开始产卵、排精,卵母细胞和精子仅有少量残存。随着卵巢和精巢的萎缩,间质结缔组织活性化,小胞壁开始肥厚。少量的卵原细胞和精原细胞出现分裂,在小胞壁上形成各自的年幼细胞群。

(3)休止期:产卵、放精后的11月至翌年3月的生殖腺,其特征表现为自身的萎缩和小胞壁的肥厚。卵巢内有卵原细胞和50 μm以下的小型年幼卵母细胞的残留,精巢内仅在生殖上皮上有极少量精原细胞残留。

3. 繁殖习性

鲍的群体组成中,雌稍多于雄,3龄左右开始生殖。杂色鲍产卵生物学最小型是35 mm,黄渤海的皱纹盘鲍产卵生物学最小型是43～45 mm,56 mm以上者性腺已全部成熟。

性成熟时,雄性生殖腺为乳黄色,雌为浓绿色,不需解剖,将足及外套膜掀起即可分辨性别。

排放精、卵时,生殖细胞由生殖腺进入右肾腔,通过呼吸腔,再从出水孔排出体外。

杂色鲍在排放精、卵时,雌、雄个体均将贝壳上举下压,然后急剧地收缩肌肉,借此把精、卵从出水孔排至水中。雄性个体附着于水槽的底部或接近底部的壁上,精液有节奏从第2～4出水孔排出,呈烟雾状,个别雄鲍2 h内,放精次数达250次以上。雌性个体的产卵动作与雄性排精的情况不同,大量产卵时,用腹足部后端附着于水槽壁上支撑身体而充分接近于水面,足的前端离壁而弯曲,随即很快地边闭壳边把卵从第3～6出水孔排出,产完一次卵后即下沉水槽底部,几分钟后再爬上接近水面处进行第二次产卵活动,一般经过3～4次大量产卵,生殖腺中的卵子几乎放散殆尽。

鲍精子排放量很大。雌鲍的产卵量与个体大小有关,8 cm以上个体产卵量可达120万粒,6 cm左右个体产卵量一般在80万粒左右,最大个体产卵量可达200万粒以上。

4. 生殖细胞

(1)卵:观察未成熟卵巢的组织切片,卵直径40～70 μm。各卵细胞密贴在圆形的卵胞上皮下呈葡萄状分布。观察产卵期的组织切片,成熟卵细胞径长达100～270 μm,由于细胞互相挤压呈多面体的球形,它的细长柄部联结在卵细胞上皮上,各卵细胞外围包被一层厚厚的由嗜酸性颗粒所形成的胶质物。

放出后的卵细胞由外包的胶质物形成球形;沉性卵,在通常状态下不互相黏着而游离,在人工诱发产卵的情况下,卵子往往成短圆筒状或粪块状排出体外。卵的大小依种类而有不同。含卵膜的卵径一般为200～280 μm,卵黄径160～180 μm,杂色鲍卵径200 μm,卵黄径180 μm。鲍的成熟卵,植物极色稍淡,动物极色浓,卵膜外为胶质物所包,直到幼虫孵化后还存在。

(2)精子:鲍未成熟的精子欠尾部,在精巢中成球形颗粒,成熟后放散的精子有头部、中部和尾部之分。头部细长圆锥形,前端尖锐,中部比头部稍长,在水中游泳活泼。杂色鲍精子长 60 μm,前端具近似圆锥形的顶体,中段长度为顶体的 3 倍,尾部长为中段的 5～7 倍。皱纹盘鲍的精子近似子弹形,亦由顶体、中段、尾部三个部分构成,全长 60 μm 左右,其中顶体长约 2.6 μm,中段长约 5 μm,尾部长达 50 μm 以上。性腺不成熟的雄性个体,放散的精液呈不规则块状或缠结成团,在水中不散,活力弱,易死亡。在 22℃～23℃ 的条件下,成熟精子贮存超过 3 h,其活力明显减弱,但尚具受精力。

5.胚胎和幼虫发生(图 16-10)

杂色鲍的卵子在海水密度 1.022～1.023,水温 24℃～26℃(皱纹盘鲍在 22.5℃)的条件下受精,经过约 20 min(皱纹盘鲍 15 min),在动物极的顶端出现第一极体,紧接着又出现第二极体。受精后的 45 min(皱纹盘鲍为 40～45 min),进行第 1 次等割分裂,在卵轴的平面上分为大小相等的 2 个细胞。第 2 次的细胞分裂出现在受精后的 60 min(皱纹盘鲍约 80 min)。1 h 40 min(皱纹盘鲍约 2 h)进行第 3 次分裂,形成了大小不同的分裂球,这一次分裂为 8 个细胞。第 4 次分裂为 16 个分裂球的胚体需要 1 h 40 min 左右(皱纹盘鲍为 2 h 40 min)。受精后的 2 h 30 min(皱纹盘鲍3 h 15 min)胚体发育至桑葚期。受精卵经过 4 h 15 min 左右(皱纹盘鲍约 6 h)的发育进入了原肠期。

(1)担轮幼虫:受精后 6 h 左右(皱纹盘鲍约 7 h 30 min),胚体出现了纤毛环,经过 1 h 后,幼虫的前缘出现一束细小的顶毛,孵化前的担轮幼虫在卵膜内缓慢地转动,并依靠纤毛环和顶毛的剧烈摆动,有规律地向前冲击卵膜,8～10 h(皱纹盘鲍 10～12 h)破膜而出,成为孵化后的担轮幼虫。出膜后的担轮幼虫上浮至孵化箱的中上层,为健康的幼虫。孵化较迟的幼虫,往往停于底面附近转动,活动力弱,这样的幼虫多数在以后的发育过程中死亡。一些未能孵化或发育畸形的幼虫,在短时间内死亡。因此,这个时期应不失时机地把健康的担轮幼虫移入幼虫采集池,使健康的幼虫及时与死亡的胚体脱离接触,以利于幼虫的正常发育。

从受精卵经过各个胚胎发育时期,一直到孵化后的担轮幼虫所需要的时间,受到受精卵内在因素和外界因素的制约。正常受精卵的发育,尤其与水温的高低有密切关系,在适温范围内,温度较高则胚胎发育较快,如果发育时的水温超出了适温范围,胚体就容易出现畸形或死亡。试验结果说明杂色鲍胚体在 24℃～28℃(皱纹盘鲍在 18℃～24℃)的温度中发育是正常的。在温度低的情况下,担轮幼虫孵化的能力明显减弱,因而孵化时间延长直接影响幼虫后期的发育。鲍卵子的成熟度对胚体发育也有影响,卵子成熟度越好,发育越健康;卵子成熟度差,发育越差,甚至死亡。

(2)面盘幼虫:受精后 10～12 h(皱纹盘鲍约 15 h),壳腺开始分泌薄而透明的贝壳,幼虫的大小长为 0.21 mm、宽为 0.16 mm,这时的幼虫多活动于水层中,经过约 16 h 30 min 形成扭转后的面盘幼虫(皱纹盘鲍 28～30 h 幼虫壳完全形成)。这个阶段的面盘幼虫,由于贝壳的出现,减少了在水层中的浮游能力,经常停歇在底面上。

(3)围口壳幼虫:受精后 78 h 左右(皱纹盘鲍约 6 d),在幼虫壳的前缘增厚,出现了围口壳,幼虫大小长达 0.28 mm(皱纹盘鲍约 0.30 mm),为围口壳出现阶段的匍匐幼虫。

(4)上足分化阶段的匍匐幼虫:受精卵经过 10～12 d 的发育,幼虫壳长达 0.75 mm、宽 0.65 mm(皱纹盘鲍约 19 d,壳长约 0.7 mm、宽 0.60 mm),上足开始分化,贝壳稍有增厚,足部发达,在基面上具有较强的吸附能力。

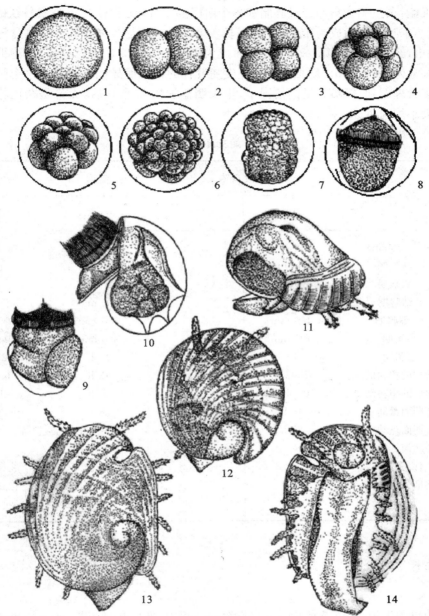

1.受精卵　2.2 细胞期,受精后 40～50 min　3.4 细胞期,80 min　4.8 细胞期,2 h　5.16 细胞期,2 h 15 min　6.桑葚期,3 h 15 min　7.原肠期,6 h　8.初期担轮幼虫,7～8 h　9.初期面盘幼虫,15 h,壳长 0.24 mm,壳宽 0.20 mm　10.后期面盘幼虫,26 h,壳长 0.27 mm,壳宽 0.22 mm　11.围口壳幼虫,6～8 d,壳长 0.30 mm,壳宽 0.22 mm　12.上足分化幼虫,19 d,壳长 0.70 mm,壳宽 0.22 mm　13.45 d 幼鲍(背面观),壳长 2.30～2.40 mm,壳宽 1.85～2.10 mm　14.45 d 幼鲍(腹面观),壳长 2.30～2.40 mm,壳宽 1.85～2.10 mm

图 16-10　皱纹盘鲍的胚胎和幼虫发生

(5)稚鲍:杂色鲍受精卵经过胚胎和各个阶段的发育,到了第24 d,发育较快的个体完全形成第一个呼吸孔而成为稚鲍,平均壳长1.85 mm,宽为1.39 mm。皱纹盘鲍中发育较快的幼虫,经34 d出现第一个呼吸孔而成为稚鲍,一般45 d成为成苗,稚鲍平均壳长2.35 mm,宽为1.97 mm。幼虫的发育速度随着种的不同而异(表16-4)。这个阶段的稚鲍,在人工管理周到、饵料充足的情况下,生长明显加快,3个月后,无论是杂色鲍或皱纹盘鲍,其大小均为1 cm左右。

表16-4 鲍发育过程的比较

发育阶段 \ 种名 发育时间	皱纹盘鲍		盘鲍	杂色鲍
	中国	日本	日本	中国
卵直径(mm)	0.22	0.22	0.23	0.20
2细胞期	40~50 min		60 min	45 min
4细胞期	80 min		120 min	60 min
8细胞期	120 min		165 min	80 min
16细胞期	160 min		300 min	100 min
桑葚期	195 min		360 min	150 min
原肠期	6 h		10 h	4.25 h
未孵化的担轮幼虫	7~8 h	8 h	13 h	6 h
孵化后的担轮幼虫	10~12 h		20 h	8~10 h
初期面盘幼虫	15 h	14 h	28 h	10~12 h
后期面盘幼虫	28 h	24 h	40~45 h	12~20 h
初期匍匐幼虫	3~4 d	3~4 d	9 d	2 d
围口壳幼虫	6~8 d	6~8 d	11 d	3.3 d
上足分化幼虫	19 d		40 d	12.5 d
稚鲍	45 d	42 d	130 d	24 d

(表中左侧"幼虫发育"为竖排)

二、生长

1. 生长

(1)幼虫的生长:我国杂色鲍在幼虫发育的过程中,平均水温27℃,海水密度1.022~1.023的条件下,担轮幼虫发育到面盘幼虫需10 h左右,个体每天增长20 μm。从初期匍匐幼虫发育到围口壳阶段需要1.5 d,个体每天增长15 μm。围口壳阶段发育到上足分化阶段的匍匐幼虫需要9 d左右,个体每天增长50 μm。上足分化后的幼虫,个体增长逐渐加快,平均每天增长80 μm以上,到形成呼吸的稚鲍,生长较快的个体需24.5 d,壳长为1.85 mm,平均每天增长67 μm。皱纹盘鲍幼虫发育到稚鲍阶段,壳长为2.35 mm,平均日增长63 μm左右,和杂色鲍幼虫增长速度没有明显的差异。

(2)稚鲍与幼鲍的生长:杂色鲍出现第一呼吸需要 24 d。壳长在 2.00～2.26 mm,上足突起为 22～23 对,呼吸孔 2 个。这时壳内开始出现珍珠光泽。32 d 壳长 2.52 mm,上足突起 34 对,呼吸孔 4 个。贝壳的色彩为褐赤色,呈火焰状(壳背的色彩由于饵料的种类不同而有变化)。60 d 壳长达 5.9 mm,呼吸孔 11 个。67 d 壳长达 7.6 mm,壳宽 5.2 mm,呼吸孔 13 个,头部触角呈鞭状,色黄,上足突起显著增加,吻部出现黑色色素。

杂色鲍随个体的成长,呼吸孔数不断增加,最后由于机能关系,只保留 5～6 个,其他逐渐关闭。

福建东山县鲍珠站和福建水产研究所将杂色鲍苗以网笼吊养于浮缆下 1.5～2 m 水深处,水温与密度的变化范围在 12℃～28℃和 1.018～1.024 之间,定期投以幼嫩的浒苔、石莼为饵料,经过 11 个月的人工饲养,个体平均大小由 5.5 mm 增长到 35.5 mm,平均每月增长 2.7 mm,其中最大个体近 40 mm,生长较缓慢的个体也在 28 mm 以上。9～12 月,每月平均增长 4.64 mm,是一年中幼鲍生长最快的时间,6～8 月份,平均每月仅增长0.78 mm,是一年中生长较为缓慢的季节。

(3)成鲍的生长:了解鲍的活动和生长必须进行标志放流。放流标志有的是用沥青写在贝壳上,或用纸贴于贝壳上,外面加盖玻片,用牙科快干水泥封固。也有用银牌和银线拴于鲍孔间,效果甚佳。不同规格的鲍,以自然放流的实验结果来看,壳长 3～5 cm 的鲍生长较快(表 16-5)。

表 16-5 不同壳长的鲍生长速度比较

组别 结果		1～1.99(cm)		2～2.99 (cm)	3～3.99 (cm)	4～4.99 (cm)	5～5.99 (cm)	6～6.99 (cm)	7～7.99 (cm)
		蓝线	红线						
平均月 增长	壳长(mm)	2.715	2.775	1.478	1.435	2.321	0.294	0.262	0.152
	体重(g)	未测	未测	0.425	0.66	2.04	0.25	0.11	0.34

备注:蓝线为 1976 年放养人工苗;红线为 1977 年放养人工苗。

2.影响生长的因素

(1)饵料:鲍的幼虫摄食不同饵料,其生长发育有显著差别。摄食扁藻的幼虫,排遗物呈短棒状,排出频繁,达 30 次/小时,排遗物散开后,藻体萎缩,仍呈颗粒状,没有充分被消化,幼虫生长较差。摄食底栖硅藻的幼虫,排遗次数减少,10 次/小时,排遗物呈絮团状,绝大部分为色素完全消化的藻壳和残渣,幼虫生长较好。

用不同饵料饲喂 1.3～1.5 cm 幼鲍 32 d,平均水温 22.3℃,出现了不同的结果。摄食硅藻的幼鲍,壳长平均增长速度为 56 μm/d,摄食浒苔、紫芽和蓝藻,壳长平均增长速度分别为 51 μm/d、39 μm/d 和 25 μm/d。

鲍摄食的饵料种类不同,肉的化学组成亦产生不同的变化(表 16-6)。

表 16-6　摄食不同饵料种类鲍肉的化学组成变化

饵料种类	饲养月数	水分(%)	灰分(%)	蛋白质(%)	脂肪(%)
褐藻	3～8 个月	72.6	2.4	14.1	3.7
昆布	3～8 个月	76.0	1.9	13.1	3.3
马尾藻	3～8 个月	84.0	1.6	10.2	1.0
海蒿子	3～8 个月	77.6	1.8	14.1	1.7
海青菜	3～8 个月	76.7	1.8	14.0	3.1

不仅不同饵料对鲍的生长有影响,而且同一种饵料,软硬不同也有影响。柔嫩海藻可以促使鲍的生长,例如,幼鲍摄食同一种柔嫩的藻体,每天生长 125 μm。幼鲍摄食粗硬藻体,每天生长 26 μm。同一种海藻干燥后饲养幼鲍,其生长率仅为新鲜海藻的 70%～90%,但可以随时弥补新鲜海藻淡季供应不足的缺点。饵料多少也影响鲍的生长,自然放流的鲍苗,由 1.5 cm 长到 6.5 cm 的成鲍需 3.5～4 年,而筏式养殖只需 2.5～3 年,这是饵料的影响。

(2)温度:稚鲍的生长与水温关系密切,其生长直接受温度的制约,1～2 mm 的个体,在 5℃～10℃的条件下,几乎不生长;10℃～25℃随着温度的升高,生长速度不断加快。幼鲍与成鲍的生长速度在适温范围内也随温度升高而加速。

成鲍的生长速度与水温关系甚为密切,并呈现明显的季节变化。这种季节变化与取食季节变化密切相关。

第五节　鲍的人工育苗

在我国,皱纹盘鲍和杂色鲍的人工育苗均已取得成功,并在生产中广泛应用。

一、亲鲍升温促熟蓄养

(1)意义:在北方,皱纹盘鲍的自然产卵期一般在 7 月份,海水温度与气温都将临高温时期,此时对鲍幼虫和早期稚鲍的饵料——舟形藻、菱形藻等底栖硅藻的培养不利,从而影响幼虫与稚鲍的发育生长,造成死亡率高。另外,进行常温育苗,到冬季水温下降时,幼鲍个体较小(一般壳长 1 cm 以下),下海越冬死亡率极高。为了满足幼鲍饵料的需要和延长越冬前的生长期,提高越冬成活率,采用升温蓄养亲鲍,使之早产卵、早育苗,是生产中的一项重要的技术措施。

(2)设备的基本要求:选用适于保温和控制光线的育苗池作为升温蓄养亲鲍池。可将亲鲍装入笼内,吊养于池中,或在池底放置深色塑料板或瓦片制成拱形巢穴,供亲鲍栖息。池子应备有充气、升温、控温的装置。

(3)促熟蓄养开始时间:根据有关报道,鲍性成熟的有效积温在 1 000℃以上,以下式计算:

$$Y_n = \sum_{i=1}^{n}(T_i - 7.6)$$

式中, Y_n 为有效积温, T_i 为蓄养水温,即有效积温等于蓄养期每天蓄养水温减去鲍生物学零度(即 7.6℃)后的总和(当 $T_i \leqslant 7.6$℃时不计入)。因此,当蓄养水温 18℃～20℃时,使有效积温达 1 000℃,需要时间约 3 个月,所以亲鲍促熟蓄养需在采苗前 3 个月开始。

(4)亲鲍的选择:皱纹盘鲍个体大小在 8～9 cm,体质健壮,无创伤,足肌活动敏锐。雌雄比例为 4:1。

(5)亲鲍蓄养量和蓄养密度:亲鲍蓄养量与亲鲍年龄或个体大小有关,尤其与体质强弱有关,一般以每 100 mg 亲鲍能产卵 100 万粒计,则可根据计划采苗量来确定亲鲍数。为确保获得优质卵,亲鲍的数量可增加 4～5 倍。

蓄养密度大小与蓄养条件(如充气、换水)有关,一般蓄养密度每立方米水体可蓄养亲鲍 20～25 只(2 000～2 500 g)。

(6)蓄养管理:蓄养期间的日常管理工作主要是加温、充气、换水、投饵。可利用封闭式管道加热或电热线加热,每天升温 2℃,至 20℃时保持恒温。昼夜连续充气,充气量为每立方米水体中为 6～8 L/min,使海水含氧量保持在 5.0 mg/L。每天移笼(或巢穴)换池 1 次,换池温差应小于 ±0.5℃。每 2 d 投饵 1 次,投饵量随水温上升而增加,当达到 20℃时,一般一次投饵为亲鲍总重的 20%～30%,具体投饵还要视笼中剩余饵料量酌情增减。

二、底栖硅藻的培养

底栖硅藻是鲍的幼虫和稚鲍的主要饵料,能否满足幼虫和稚鲍的摄饵需要,决定着人工育苗的成败。底栖硅藻是一种附着性的单细胞藻类,因此,必须以透光性较好的薄板(膜)作附着基。

(1)藻种的选择:选用当时当地繁殖生长的适宜底栖硅藻作藻种,一般可选择小型的舟形藻、菱形藻和新月藻等。这些藻类可以从长流水的海水管口或在贮积海水的池壁上用药棉等擦取,洗入三角烧瓶中,培养后加以选择。亦可将塑料薄膜挂于海带养殖筏架上,等 5～7 d 附着底栖硅藻后再洗刷下供种用。或从海上取回鼠尾藻等褐藻类在过滤海水中洗刷,将附生的底栖硅藻刷下,所得藻液水用 NX103 筛绢过滤作藻种,但此法所得藻类多为较大型的楔形藻、卵形藻、菱形藻等,可用作稚鲍剥离前饵料不足时的补救措施。

(2)接种与培养:将高锰酸钾或漂白粉消毒过的饵料板(或薄膜)插入鲍的采苗架上(其规格见采苗板的选择),于采苗前一个多月置于经陶瓷过滤器过滤的海水中(或经脱脂棉过滤、消毒过的海水),按单细胞藻培养要求加入营养盐(N:P:Fe:Si=20:1:1:1),然后将适量藻液(种)均匀地泼于池中,使藻种附于饵料板(膜)上,3 d 后将采苗架倒置,并投营养盐,以后每 3～5 d 半量换水,再投营养盐。

此外,也可用筛绢(NX103)过滤海水入池中,将海水中带入的底栖硅藻作自然藻种,不需要另行接种,仅按上述方法定量投营养盐,待半月后每隔 3～5 d 半量换水,再投营养盐。但此法需在采苗前 2～3 个月将饵料板(膜)浸入池中。

在培养过程中应避免强光,否则将会使绿藻大量繁殖而使底栖硅藻受到抑制。一般光照在 1 000～2 000 lx 较宜。可经常反复倒置采苗架,并在一定程度上抑制绿藻的繁生。

三、采卵

1. 诱导刺激方法

(1)紫外线照射海水法:用市售的波长 3 537Å,30 W 紫外线灯管两支(一般需备用 2~4 支),在灯管两端的接线柱用环氧树脂密封,以防漏水。照射的容器(水族箱或小水池)大小以容纳紫外线灯管为宜,容量为 100~300 L。

$$照射剂量(mW \cdot h/L) = \frac{杀菌灯功率(mW) \times 照射时间(h)}{照射水量(L)}$$

照射方法:紫外线灯管可直接放入水体中照射或挂于水面上 5 cm 左右,在水族箱内注入新鲜的过滤海水,水深 25 cm 左右,箱外用黑布遮盖,以避免紫外光外射,然后即可开灯照射。实践证明以 300~500 mW · h/L 为好。

(2)活性炭处理海水法:颗粒活性炭洗涤后,装入直径 16 cm 的容器内,活性炭高度 45 cm,容器的两端分别为进水口和出水口。为防活性炭流失,应有粗筛绢包裹。水流量为 6 L/min 左右。利用此法诱导采卵,一般亲鲍经 1 h 暂养,便可排放精、卵。

(3)过氧化氢法:亲鲍经阴干 30 min 后,再放入按每升海水加入市售过氧化氢溶液(含 30% 的 H_2O_2)0.3 mL 配制的溶液中浸泡,也可用过氧化氢溶液(含 3% 的 H_2O_2),使用浓度为 3 mL/L。每 10 L 溶液可放置 6~10 只,在 17℃~18℃条件下经 0.5 h 浸泡后,取出用海水冲洗后,置于容器中暂养,经 0.5~1 h 便可排放。若在 H_2O_2 溶液浸泡时,有的个体就开始排放,应及时将亲鲍取出冲洗,置于产卵池中继续排放。

(4)阴干刺激:将亲鲍足部朝上,用湿润的纱布盖足,在潮湿的环境中阴干 1~2 h。

(5)升温刺激:将水温升高 2℃~3℃。

(6)异性产物诱导:加入少量雄鲍的精子可诱导成熟雌鲍产卵。

2. 采卵

采卵一般在夜间进行(H_2O_2 法可于任意时间进行)。在傍晚将挑选好的亲鲍置于阴处,腹部朝上,盖上湿纱布,阴干 1 h 左右,然后分别将雌雄置于上述紫外线、活性炭或过氧化氢溶液处理的海水中,保持黑暗的环境。通常在 17℃左右室温条件下,17 h 开始阴干刺激,到 23~24 h 就能达到产卵高峰。卵子要求圆球形,呈分散状态,下沉底部,卵外围有厚的胶质膜。精子要活泼。用筛绢将卵过滤,以去掉粪便与杂物,将精子加入卵中,经搅拌后,约 10 min 后即可检查卵子受精情况,一般 1 个卵子有了 3~4 个精子(侧面观)便可。排放的精子最好在 1.5 h 内使用。受精卵的孵化密度在 500 粒/平方厘米以内。

受精卵发生期间对海水盐度适应范围较窄,盐度应保持在 31.8~33.4。

3. 洗卵

受精后 30~50 min,当卵子全部下沉,即可将中、上层的清水轻轻换出 3/5 左右,然后注入新鲜的或经紫外线照射过的海水。30~40 min 进行一次洗卵,一般需经 6~8 次洗卵,最后一次洗卵需在担轮幼虫上浮之前进行完毕,洗卵水温要稳定在 17℃以上。

四、浮游幼虫的管理

在水温 18℃~20℃条件下,受精卵经 13 h 左右,发育至担轮幼虫,破卵膜而上浮。此时密度以 15～20 个/毫升为宜。每隔 2 h 用网目 20 μm 左右筛绢过滤器换水,换水量为 1/2～2/3,或采用流水培育。

从担轮幼虫到面盘幼虫,需经多次选优,淘汰不健康的幼虫和死亡的个体,以保证水质新鲜。

水温 18℃～20℃条件下,3～4 d 便可从受精卵发育至面盘幼虫后期。此时幼虫的壳已完全形成,足部开始产生,即可进入"附着"匍匐阶段。

五、采苗板

(1)采苗板的选择:采苗板亦称饵料板。为了增加面积,有利于稚鲍和硅藻的附着与培养,应选择无毒而且透明或白色的聚乙烯薄膜、高压聚乙烯平板或玻璃钢片,为了增加采苗面积,还可带有波纹,制成波纹板。

采苗板装入筐架上。筐架大小可视池子具体情况而定,一般可用 50 cm×40 cm×60 cm 左右规格,每筐装有 20～24 片板(膜)。筐架可用聚乙烯板锯成条状后焊成或用玻璃钢做成,式样应考虑到便于组装和存放,一般采用折叠式较为理想。如果用透明薄膜作附着基,可以用 8 号铁丝外套白色聚乙烯软管做成筐架,每筐绑 20～24 片大小相同的薄膜,膜的间距 3～5 cm 为宜。

(2)采苗板的投放和作用:按每平方米池底面积计,采苗面积应不小于 30 m²,过小会影响幼虫的附苗数量,降低单位面积出苗率,过多因光线穿透力弱,影响底栖硅藻的繁殖和生长。

采苗板除了提供鲍幼虫的"附着"场所外,更重要的是提供幼虫、稚鲍的饵料。因此,应在采卵前 1～2 个月,在采苗板上接种底栖硅藻,并加入营养盐,使其繁殖、生长。

六、采苗与稚鲍前期的培育管理

(1)设备:采苗池和培育池可以共用。通常用瓷砖或水泥制成的长方形池子,池底有一定坡度,池大小为长 10～20 m、宽 1.25 m、深 0.6 m,可以进行流水培育。

在水温 18℃～20℃条件下,受精卵一般经过 72 h,发育至面盘幼虫后期,即可进入放有采苗器的池子内采苗。

(2)采苗前的准备工作:

1)在采苗前需将采苗板筐架用水龙冲洗,冲去采苗板上的淤泥和水云等有害物。为了防止底栖硅藻脱落,在冲洗时不宜用力过大。然后放入池内注入新鲜过滤海水,以待采苗用。

2)将面盘幼虫经选优、取样计数,按需要投入池内,投入幼虫密度按采苗面积计算,以 0.1 个/平方厘米为好,附苗率一般为 50%～60%。

(3)采苗:因幼虫具有趋光性,为使采苗板上的幼虫"附着"均匀,应适应减弱光线,并采用倒置采苗架方法,使幼虫上下"附着"均匀。采苗池的水温应在 18℃以上。为了促进幼虫"附着"变态和稚鲍生长,可以向池内施加 2×10^{-6} mol/L 的 GABA(r-氨基丁酸)作为诱导剂,以达到快速、同步"附着"的目的。

(4)采苗后的培育管理:

1）换水：换水时，在出水口需用筛绢拦阻，以防幼虫流失。每天换水至少2次，每次换水1/2左右，当检查水中的浮游幼虫只有投入量的1/10时，可改为流水培育，流水量为全池的1/2～1倍，高温时应加大换水量。

2）水温和盐度：水温应保持在18℃～25℃，盐度保持在27.0以上。

3）饵料的补充：一般采苗后半个月，随着幼虫的生长，采苗器上的底栖硅藻将逐渐减少，甚至发白，需在育苗池中适当加营养盐（N：P：Si：Fe＝10：1：1：0.1）使底栖硅藻连续生长、繁殖，以保证采苗后1个月左右内稚鲍的摄食需要。如果此期间饵料供应不足，可用新的采苗板进行插板，使部分稚鲍爬到新的饵料板上舐食。另外，也可适当提高光照强度，投喂人工培养的扁藻和鼠尾藻液等作为补充饵料。投扁藻的时间最好在傍晚，并暂时停止流水，以增加扁藻在采苗器上的附着数量。

4）敌害的清除：鲍育苗池中的敌害生物主要是桡足类。可用 2×10^{-6} 敌百虫毒杀。放药时，先将药完全溶解，冲稀并均匀撒在池中，停止流水，14～15 h后，全部换水清底，冲洗敌百虫溶液，清除桡足类尸体。

在育苗后期采苗板上往往生长水云等丝状海藻，可用手工方法清除。

5）日常管理：除换水外，还应在早上、中午定时测量水温，如果水温超过25℃应增加换水次数或加大换水量。定时测量育苗池水的pH值、溶解氧、海水盐度等，观测幼虫、稚鲍的生长，通过测量壳长判断生长是否正常。"附着"后第一周，日增长15～20 μm，以后增至50～60 μm/d，2～10 mm时为100～150 μm/d。培育中，注意池壁水线以上是否有稚鲍，若发现应及时刷入池内，防止干死。

七、稚鲍后期的网箱流水平面饲养

1. 设备

（1）饲养池：以长方形为好，便于流水饲养。为了充分提高设备利用率，也可一池多用，将采苗池（又是底栖硅藻接种扩大池）、育苗池作为饲养池。

（2）网箱：稚鲍剥离后，前期可采用网目为 1 mm×1 mm 的塑料窗纱网，后期随着稚鲍的生长，网箱的网目也相应增大，以不漏掉稚鲍和水流畅通为原则。网箱的大小规格，可视饲育池的大小和便于管理而定。

（3）附着板：附着板既可作为稚鲍的附着基，又可作为投喂饵料的承受器。

壳长 2～3 mm 以下的稚鲍，具有趋光性，至壳长 3～4 mm 时，趋光性便不很明显，待长到 4～5 mm 逐渐转为避光性。此时，稚鲍白天集聚在暗处，尤其是附着板的阴面，并很少活动，不摄食。夜间活动频繁，进行摄食。附着板应选用深色的波纹板，板面打上若干直径 1 cm 左右的圆孔，便于稚鲍上下爬行。波纹板面要光滑，既便于剥离，又可避免损伤稚鲍。

2. 稚鲍剥离

随着稚鲍的生长，采苗后 40～50 d，稚鲍壳长已有 2～3 mm，而这时原采苗板上的底栖硅藻往往耗尽，可投喂粉末状人工配合饵料。如果底栖硅藻供应不上，壳长 1.8～2.5 mm 的稚鲍便可以开始剥离。

（1）氨基甲酸乙酯麻醉剥离：用氨基甲酸乙酯（ $C_3H_7O_2N$ ）配制成 1‰ 的海水溶液，将其盛于水槽中,在槽底部放一片尼龙或塑料网片(网目大小以不漏掉稚鲍即可)作为收集稚鲍用。然后将附有稚鲍的饵料板浸入药液中,待 3~5 min,当稚鲍受刺激,极为兴奋,贝壳高举原地转动时,抖动饵料板,使稚鲍脱落,或用柔软的毛刷或海绵将稚鲍刷下。每次操作不要超过 30 min,否则稚鲍不易复苏。

(2)酒精麻醉剥离:用医疗消毒的 95% 浓度的酒精,配制成 2%~3% 的酒精溶液,将饵料板浸入其中,具体操作方法与上法相同。

(3)FQ-420 麻醉剥离:FQ-420 麻醉剂对稚鲍末梢神经进行麻醉,使其吸盘边缘神经受麻醉脱落,对鲍内部器官无大损害,因此脱落快,脱落率高,复苏快,成活率高。天津市水产研究所试验结果表明 5 mm 幼鲍以 200×10^{-6} 的 FQ-420 为佳,而 1~3 mm 稚鲍则以 150×10^{-6} 为宜。FQ-420 在性质上类似 MS-222 即烷基磺酸盐同位氨基苯甲酸乙酯($C_6H_{11}O_2N + CH_3SO_3H$)。

(4)水冲击剥离:此法适用于剥离池壁和池底的稚鲍,可以用水泵(流量 22 L/min)冲刷池壁和池底上的稚鲍,在排水口处放置网箱,收集稚鲍。

不论是用药物麻醉或用水冲击剥离的稚鲍,在它们还没有恢复之前,立即进行筛选,根据稚鲍大小,可选用几种不同网目的筛网套在一起,在水中筛动,一次即可分离出几种不同壳长的稚鲍,这样分离的稚鲍有利于分网箱饲养,否则大小悬殊,混养在一起将影响小个体的摄食生长。

(5)电剥离:大连碧龙海珍品有限公司采用 ZL-93B3 的电刺激,作用只有 0.5 min,便可达到 99% 以上鲍直接剥离下来。此种方法简便,时间短,脱板率高。一台电剥离机,4 个人一个工作日可剥离稚贝的波纹板 20 000 片。而如果用酒精麻醉剥离,则需要 20 人操作 1~1.5 d 才能完成。

(6)直接剥离:直接用软毛刷剥离波纹板上的稚鲍;框架上的稚鲍用 2%~3% 的酒精浸泡或用 4% 的酒精喷洒后,使用软毛刷剥离。

3. 网箱流水平面饲养

(1)稚鲍规格:进入网箱平面饲养的稚鲍,壳长一般在 3~5 mm 的效果较好。

稚鲍的饲养密度,可按不同壳长而定,一般壳长 3~5 mm,其密度约为 6 000 只/平方米为宜,过密会影响生长。对池深 60 cm 的池子,为充分利用,也可采用双层网箱立体利用。

(2)流水量:剥离后,饵料改为合成饵料,容易引起水质败坏,因此必须加大流水量。有条件可采用 24 h 流水,以保持水质新鲜。24 h 流水量为原水体的 5~6 倍为宜。在水温高于 25℃时,应加大流水量,水中溶解氧应不低于 5 mg/L。

(3)饵料:投喂人工配合饵料,其饵料成分可用低值的鱼类(含脂肪少的)、贝肉、裙带菜或海带的干粉、淀粉、维生素及贝壳粉等(表 16-7),可制成粉末状,若再加入适量的黏合剂配制成片状,必须晒干或烘干,以待备用。前期可用粉末状饵料,后期改用片状饵料。每天的投饵量可为稚鲍体重的 2%~5%。因壳长 4~5 mm 后的稚鲍在夜间摄食,所以在傍晚先将饵料用水浸泡,然后均匀地撒在波纹板上,供稚鲍夜间摄食。在投喂粉末状饵料的 0.5 h 内,可暂停流水,让饵料完全沉积在波纹板上,否则大部分饵料将随着流水散失。

当稚鲍壳长达到 5～7 mm 以后,尽可能使用人工配合饵料,因为投喂配合饵料比天然饵料——海藻生长快 1 倍以上,使稚鲍在越冬前达到较大的规格,以提高越冬成活率。

表 16-7　饵料配方与营养成分

配方	营养成分
鱼粉 33.7%	水分 13.0%
鲜裙带菜 55.2%	粗蛋白 42.2%
淀粉 7.3%	粗脂肪 0.2%
酵母片 1.8%	粗纤维 1.4%
贝壳粉 1.2%	无氮浸出物 27.3%
混合维生素 0.6%	粗灰分 15.9%
KI 0.1%	Ca 3.59%
KBr 0.1%	P 0.01%

螺旋藻是一种微型蓝藻,含蛋白 60%以上,氨基酸组成合理,并含有大量的不饱和脂肪酸、多种维生素和无机盐,特别是螺旋藻所含的蛋白种类是植物性蛋白,很易被鲍消化和吸收。螺旋藻是鲍的良好饵料。

人工配合饵料的质量检查:

①保形性测定:在一定水温和时间条件下测定保形率。

$$保形率(\%)=未溃解部分干品重量/原重量×100\%$$

时间越长,温度越高,保形性较差。

②腐败度测定:在一定温度,一定时间,观察饵料在水中的变化。通过测定水中溶解氧、pH 值和有机物的耗氧量的变化以确定腐败度。

③饵料效果的测定:以总投饵量除以鲍的增重量(残饵忽略不计),确定饵料系数,系数越小,饵料质量越好。

(4)光线:稚鲍在 4.5 mm 前,适当光照对底栖硅藻的繁殖有利,同样对它们摄食生长也是必要的。但达到 4.5 mm 以后又有负趋光性特点,转向夜间摄食,这也是稚鲍开始趋向摄食大型海藻的转变。因此,可以根据这一特性,以减弱光照强度与造成较长的黑暗日周期,来增加鲍的摄食时间,促进生长。

(5)饲养期的管理:网箱水平面饲养阶段,因投喂人工合成饵料,保持水质清洁是主要问题。每天早晨应抖动波纹板和网箱,把网箱内的残饵漏入池底,每 2～3 d 清底一次。平时还应注意将爬到网箱壁上的稚鲍及时刷入波纹板上,定期观察稚鲍生长,测量水中溶解氧和水温。出现异常情况应及时处理。

八、稚鲍下海或越冬

北方一般在 11 月中、下旬,水温降至 10℃左右,如果稚鲍壳长已达 1.2 cm 以上,可下海挂养。对于较小的个体,需要及时转入室内升温越冬。

此时可利用水温差剥离稚鲍。剥离时,可用比原来升温 10℃左右的温海水,浸泡稚鲍 0.5 min,然后再放回原来常温海水中,这时稚鲍活动较频繁,可用手轻轻抹下。

室内越冬可采用电升温或其他热能,用封闭循环海水系统培育。一般水温可控制在10℃～20℃,最适水温为20℃。封闭循环海水系统净化海水方法很多,除了砂滤外,还有活性炭、珊瑚砂、紫外线照射、人造水藻、生物膜及沸石等处理方法。

第六节　鲍的新品种培育

一、鲍的选择育种

近年来,我国广大科技人员根据鲍的壳形、壳的颜色以及生长速度等优良性状,通过鲍家系选择,从中筛选出一些壳形美丽、产量高、生长快的鲍新品种,如皱纹盘鲍"中国红"。"中国红"的鲍色泽鲜艳,具有较强的抗逆性,在苗期中就表现出生长快、存活率高等特点。

二、鲍的杂交育种

中国皱纹盘鲍与日本皱纹盘鲍的杂交:中国皱纹盘鲍(*Haliotis discus hannai* Ino)与日本的皱纹杂交,获得杂种优势明显、性状稳定的杂交后代。杂交鲍苗种培育期间壳长和体重生长的杂交优势率分别为17.98%,22.07%和61.93%,成活率提高了1.8倍。养成期间成活率高达85%～92%,较常规苗种提高40%～50%,养殖周期较常规苗种缩短了1/3。

日本盘鲍与皱纹盘鲍杂交:日本盘鲍(*Haliotis discus discus*)与皱纹盘鲍(*Haliotis discus hannai* Ino)杂交育苗取得了良好的结果。杂交苗壳形与皱纹盘鲍苗截然不同,杂交苗壳表面粗糙,体螺层高低明显,壳长2～3 cm以前壳稍长略窄。皱纹盘鲍壳表面较平整,体螺层较均匀,壳形较椭圆,特别是杂交苗成活率及生长速度都优于皱纹盘鲍自交苗。

三、鲍的三倍体育种

目前鲍的三倍体诱导技术已取得了较好成果,各种理化诱导技术中,以6-DMAP诱导产生三倍体较好。6-DMAP适宜浓度范围为300～450 μmol/L,处理持续时间10～20 min。三倍体诱导率可达80%以上。严正凛(1999)在50%九孔鲍受精卵出现第一极体后,用6-DMAP的诱导浓度为300 μmol/L,诱导持续10 min,三倍体率高达90%以上,胚胎孵化率高达85%。三倍体鲍生长快,孙振兴(1992)报道养殖19个月皱纹盘鲍三倍体比二倍体增重20.1%,壳长增长10.2%,足肌增重17.6%。

第七节　鲍的养殖

一、鲍的工厂化养殖

1. 工厂化养鲍的优越性

(1)养成适温期长。皱纹盘鲍的生物学零度为7.6℃。我国山东、辽宁沿海每年有5

个月水温在 7.6℃以下(12 月～翌年 4 月),鲍基本不生长,所以海上养鲍,一年只有 7 个月的生长期。鲍的最适生长温度为 18℃～22℃。自然海水条件下这个温度每年只有 40～50 d。工厂化养鲍可以通过冬季升温使养鲍水温周年在 7.6℃以上,并可适当延长最适生长温度的时间,达到鲍全年生长并有较长的适温期,从而促进鲍的生长,缩短养成周期。

(2)工厂化养鲍不受海上大风袭击,安全稳产。可投喂人工配合饵料,解决海上自然饵料衰退期饵料贫乏的矛盾。

(3)通过海水净化、沉淀,可以不受海水混浊或藻类贫乏不适合鲍生长海区的限制,因此,可以扩大在我国沿海可养的海区。

(4)若利用地下坑道养鲍,可以避暑和防寒,降低养殖成本,使鲍一年四季均可生长。

2.养殖主要设施

(1)供水系统:基本同贝类人工育苗。常温供水是 5 月上旬～11 月下旬。升温供水是 11 月下旬～翌年 5 月上旬。为了节省能量降低成本,可以采用净化处理,封闭式循环使用升温水。

(2)养殖池:长 8～9 m,宽 0.8～0.9 m,深 0.40～0.50 m,有效面积 7～9 m²。一端设进水管,另一端设溢水管。养殖池系水泥或玻璃钢制成,上下一般可分设成三层。

(3)饲养网箱:长 70～80 cm,宽 80～90 cm,高 28 cm,有效面积一般 0.6～0.7 m²。中间育成箱是 14 目聚丙烯纱网。工厂化养成箱是 1 cm 网孔的聚乙烯挤塑网。

(4)波纹板:为黑色玻璃钢制成,规格有两种。中间育成的小波纹板,波高 1.5 cm,波谷宽 4.5 cm,板长 75 cm,宽 45 cm,厚 0.1 cm 左右,板上有许多直径 3 cm 左右的洞,作为鲍上下出入用,每网箱放 2 块板。养成的大波纹板,波高 5 cm,波谷宽 15 cm,波纹板长 75 cm,宽 45 cm,厚 0.1 cm 左右,每箱放 2 块板。

3.养殖形式和密度

(1)养殖形式:工厂化养鲍和中间育成均采用网箱平流饲养法,每池放网箱 10 只。

(2)密度:

1)中间育成:中间育成的幼鲍,个体差异较大,在放养时,必须先用酒精麻醉筛选分类。壳长 1.4～2.7 cm 鲍的越冬育成,密度大体以 600 只/箱为宜,按养殖池有效面积计算以 800 只/平方米左右为宜。

2)养成:壳长 2.5～4 cm 以 200～250 只/箱为宜,壳长 4～6 cm,150 只/箱,如果养殖 7 cm 以上大规格商品鲍,可放养 100～120 只/箱。

4.养殖管理

(1)供水:供水管理与鲍的生长关系十分密切,主要管理内容包括水量、水温、水质三个方面。

1)水量:供水量主要根据水温的高低、鲍的大小和放养密度进行调整。水温高,则应加大换水量,供水量范围在升温越冬期为 8～12 倍,在常温期则为 10～16 倍。

2)水温:越冬升温期的日供水温差应控制在±2℃以内。

3)水质:在常温期供水,主要是根据风向、风量,观察海水的清浊,及时改变供水工艺。即在海水混浊时,必须使用回水循环工艺,否则会造成气泡病大量发生。在升温期供水要按时按量加钙。水质混浊的海区,要经过砂滤。

（2）投饵：饵料种类可分为鲜海藻和人工合成饵料两种。两种饵料可混合使用。2 cm以下的幼鲍全部可投喂人工合成饵料，2 cm以上幼鲍12月～翌年8月以投海带和裙带菜等海藻为主，9～11月份海藻衰退期以人工合成饵料为主。

1）投喂人工合成饵料：人工合成饵料主要由脱脂鱼粉、植物蛋白、海藻粉、黏合剂及其他微量原料组成，加工成粉状或1～2 cm厚的片状饵料。人工合成饵料要求诱食性、营养性、保形性和经济运用性等方面较好。3～8 mm的稚鲍口器弱，活动范围小，此时应投粉状饵料，0.8～2 cm的鲍投1 mm厚、1 cm大小的小薄片，2.5 cm以上开始投2 mm厚的大薄片。

壳长1.5～7 cm的鲍，每日投饵量占鲍体重的2％～5％。在越冬低温期，每2 d投1次，清一次残饵；18℃以上每天投1次，清1次；投饵时间一般在下午4～6时，早晨7～8时清残饵。

2）投喂鲜海藻：每日投饵量按实际摄食量的2倍计算，以保证鲍有较多的摄食机会。鲍的摄食量与个体和水温有关系。在壳长2～8 cm的范围内，随着鲍个体的生长，摄食量逐渐增加。水温在5℃以下几乎不摄食，7.6℃时可少量摄食，8℃～23℃摄食量随温度上升而增加，23℃～27℃摄食量有所减少。养殖中要根据个体大小和水温情况，调节饵料投喂量。投喂时将海带、裙带菜去根洗净，大菜切成段。若水温在20℃以下，每4 d投一次，上午清残饵，下午投新饵。20℃以上的高温期，每2 d投1次。投喂时，禁投腐烂变质的海藻。清理残饵要彻底。

（3）防病害：目前工厂化养鲍主要疾病有以下两种。

1）气泡病：鲍的内脏团鼓起气泡，也有称之为胃胀病，严重时鲍可浮起来。这种病危害大，死亡率高，是养鲍的主要病害。主要防治方法是加强水质净化，严防光照过强，禁止投腐烂饵料。发病后，加大换水量或倒池，投喂新鲜饵料。

2）缺钙碎壳症：多发生在中间育成升温阶段，由于长期大量使用回水，加上投喂钙量不足的合成饵料，造成壳薄易碎，以至于壳顶掉下来露出软体，可采取人工加$(2\sim3)\times10^{-6}$氯化钙的方法，便可达防治目的。

（4）鲍参混养：工厂化养鲍池中混养海参，可以收到较好效果。混养海参的密度为5只/平方米，鲍的密度为120只/平方米。

二、筏式养殖

选择合适的海区设置浮筏。将稚鲍投入容器中，吊挂于浮筏上养殖。

1. 养成器

养鲍的容器必须多孔洞，以便水流畅通。常用的养成器主要有圆形硬质塑料筒和多层圆柱形网笼。

（1）硬质塑料圆筒：长60 cm，直径25 cm，1～1.5 cm的幼鲍放养180～200个，3～5 cm的放养80个。每6个圆筒为一组，两筏之间平养，共12个圆筒，中间用坠石固定，台挂60～80串。为了增加水的交换和减少淤泥沉积，可将塑料筒的下半部钻上3～4排直径为0.8～1 cm的圆孔。

为了使用方便，可将塑料筒分为两瓣的圆形筒，两端有活动盖，使用时，圆筒两瓣和活动盖均用线捆扎。

(2)多层圆柱形网笼:每层放养 1.5 cm 左右的幼鲍 22～30 个,3～5 cm 的鲍 8～10个,共 10 层,系拉链式,每台筏子挂 80 吊左右(图 16-11)。也可采用扇贝养成网笼代替多层圆柱形网笼进行养殖。

图 16-11　多层圆柱形网笼

2. 海上养成管理

(1)定时投饵:饵料种类以裙带菜、海带、石莼为较佳饵料,其次是马尾藻、鼠尾藻。投喂时间和投喂量根据季节、水温不同而不同。一般情况下,每 7 d 左右投饵 1 次。并注意清除粪便、杂质和残饵。结合投饵及时捡出死贝。

6 月中、下旬以后,自然水温升至 20℃ 以上,鲍喜食的海带、裙带菜已不多见。此时可投喂刺松藻(*Codium fragile*)。试验证明,在 19.4℃～16.2℃ 的范围内,鲍平均每天的摄食量占其体重的 18.6%,略高于同温度下对海带的摄食量(海带在 20℃ 下是 17.6%)。刺松藻是一种大型绿藻,生于潮间带,数量多,易采集。特别是这种藻的生长旺季是夏、秋季,恰好解决了海带、裙带菜消失之后,鲍缺少饵料的困难。

(2)消除敌害:要经常洗刷污泥,疏通水流,应注意清除杂贝、杂藻和其他无脊椎动物。清除方法有人工摘除、高压水枪冲刷、更换养成器。

(3)适时疏散密度:随着鲍的生长,适时疏苗,助苗快长。鲍体长 1～2 cm 时,每筒可放养 200～300 个;体长 3～4 cm,每筒只养 80～100 个;4 cm 以上每筒只养 60 个左右。

(4)调节水层:鲍的养成水层一般 3～4 m,网笼较筒养的水层要稍深些,低温季节的也可稍深些。

(5)安全生产:要经常检查浮架、吊绳、浮球是否安全,发现掉漂、掉坠石、缠绳等现象要及时解决,台风季节更应注意。冬季操作要尽量不离开水。

筏式养鲍管理方便,不受底质限制。其缺点是成本高,养殖周期长,饵料来源困难。

三、池养

选择适合鲍生活的近岸岩礁海区,安闸建池。池大小因地而异。满潮时水深 2 m,干潮时水深 1.5 m 的自然岩礁池。另外也可以在陆地建池(蓄养)。但鲍的蓄养量要合理,一般可按下列公式计算:

$$KW=(v/V+k)(C_1-C)-K_2$$

式中，K 为鲍的耗氧量；W 为可能的收容量；v 为注水量（L/h）；V 为池的水容积（L）；C_1 为流入水的溶氧量（mL/L）；C 为排出水的溶氧量（mL/L）；K_2 为池中鲍以外的耗氧量（mL/(L·h)）；k 为氧溶水系数/小时。

养鲍要特别注意的是夏季水温高，很容易引起大量死亡，因此要考虑池水的流动量及准备冷却装置。保持水温 20℃～23℃。养殖中，要注意及时清除伤贝、死贝、残饵及粪便。

四、海底沉箱养殖

沉箱是由钢筋做成的框架，框架的大小为(1～2)m×(1～2)m×0.8 m，外围上网片，内装石块或水泥制件供鲍附着用（图 16-12）。笼的中央留有 50 cm² 的投饵场，以利鲍摄食，便于人工投饵和清除残饵。箱内投放鲍 1 000 只左右。沉箱置于低潮线下岩礁处，一般大潮退潮后可保持水深 56～60 cm。每次大潮后投饵一次，投饵种类有海带、裙带菜、刺松藻等种类，每次投饵量为鲍体重 10%～30%。青岛利用此法养殖皱纹盘鲍已收到较好效益。

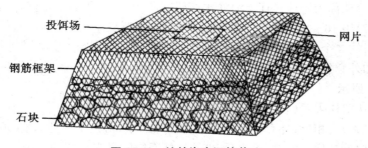

投饵场　　　　　　　　　　　　网片

钢筋框架

石块

图 16-12　鲍的海底沉箱养殖

五、垒石蒙网养殖

（1）场地的选择：应选在海水无污染，附近无溪流，大雨时无淡水流入，水质清新，潮流畅通，无底泥和漂砂，风浪小的岩礁区。

（2）使用方法：在低潮线以下浅海，大潮退潮后可保持水深 60～70 cm 处，利用岩礁区垒起一垛垛石头，外面用聚乙烯网包起来，垄横断石呈梯形，其底宽 3～6 m，顶宽 2～3 m，长 10～20 m，高为 1～2 m，垄间距 5m 左右。其长轴应与潮流方向平行。石块外围布有两层网衣，内衣主要作用是保护外层网衣，防止石块磨损。网衣网目大小以不漏掉鲍为原则。在垒石蒙网的区域布有投饵袖口（图 16-13），以备低潮时，向蒙网内投放饵料。养殖密度一般为 500 只/立方米石块左右，投饵量一般为鲍体重的 20%～30%。此种养殖方法也可以投放少量海参（50～100 只/立方米），进行鲍参混养。该方法具有投资少、风险小、操作简便等优点，但底质必须是岩礁底。

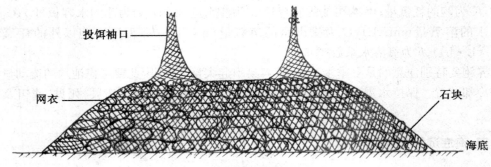

图 16-13　鲍的垒石蒙网养殖

（3）日常管理：根据不同季节鲍的摄食情况，定期投饵；经常检查围网是否破损，防止鲍逃逸；随时清除蟹类、海星、海胆、红螺等敌害生物及腐烂变质的残饵。

第八节　鲍珠的培育

鲍产生的珍珠称为鲍珠。辽宁海洋水产研究所 1977 年所插复合珠，3 个月有明显光泽。宇野（1957）用 16～22 mm 的半圆核进行插核，其留核率约 70%，而核径 9 mm 左右的小核，在插核后约 3 个月，就能形成半圆珍珠。宇野还对鲍真圆珍珠养殖进行过研究。以外套膜、足肌和外套袋为主要部位，把核径为 3～5 mm 的核和外套膜小片一起插入，培育结果如表 16-8 所示。

以上实验从留核来看（表 16-9），外套袋最好，但珍珠质的分泌弱，经 90 d 后才开始分泌角蛋白（贝壳素）。相反，外套膜和足肌部位插入的核，留核率虽然只有 50%，但其珍珠质分泌速度要比外套袋快得多，手术后 90 d 从外面能明显观察到珍珠光泽。

表 16-8　核和手术部位（宇野，1957）

编号	核径（mm）	手术部位和核数			母贝
		外套膜	足肌	外套袋	
1	3	1	2	2	扁鲍
2	5 3	1 2		2	大鲍
3	5 3	1		2	黑鲍
4	5 3	2 2		1 1	大鲍
5	3	1	3	1	大鲍
6	3	1	3		大鲍
7	3	2		2	黑鲍
8	3	1		1	黑鲍
合计		14	8	12	

表 16-9　插核后的留核率（宇野，1957）

部位 ＼ 日数	0	44	99	90 d 后的情况
外套袋	100	100	70	褐色、黑褐色
足肌	100	62	53	珍珠光泽
外套膜	100	67	50	珍珠光泽

第九节　鲍的收获与加工

一、鲍的收获

1. 采收标准

皱纹盘鲍的采收规格一般为壳长达 7～8 cm，便可收获。九孔鲍为小型的鲍，当个体达到 6 cm 以上，即可采收上市。工厂化养殖的九孔鲍，个体规格达到 6 cm 以上，即可进入采收期；其他方式养殖的鲍，有 50% 以上的个体达到商品规格，也可进入采收期。

2. 采收准则

采收的原则是捕大留小。从提高经济效益的角度来讲，在入冬之前进行采收比较合算。因为此时的鲍，个体肥满，而进入冬季之后，鲍的摄食量减少，基本上停止生长，体重趋于下降。

3. 采收方法

（1）岩礁增殖鲍的采捕：由潜水员携带氧气筒，或吸气塑料管，进行潜水作业。在岩礁石上附着的鲍，用鲍铲挑翻捉拿；在礁缝里的鲍，挑翻后应快速地钩出缝外捉拿；还可采用"水上采捕法"，即采用"捞杆"在船上操作。"捞杆"为直径 4 cm、长 4～5 m 的木杆，铲头是一个带齿的铁耙，耙的后方连接一个小网袋。人站在船上，用入水透镜观察礁石上的鲍。发现有鲍后，手持把杆，趁其不备，用铲头把鲍铲下。铲下的鲍，自动落入后方的网袋中。这种"捞杆"采捕方式，虽然比较原始，但当大量越冬后的鲍移到浅水区时，此法比较实用，熟练的作业人员，每潮水可采鲍数十千克。

（2）网箱、筏式和沉箱养鲍的采捕：可将鲍连同附着器一起提出水面，用手直接进行抓捕。为了减少鲍体的损伤，作业时采用圆头钝边的不锈钢片（长、宽、厚度分别为 20 cm，3 cm，0.2 cm），铲鲍采捕；如果采捕量较大，也可采用 3%～4% 的酒精麻醉后进行剥离，同样可达到既快速采捕，又不损伤鲍体的目的。

（3）潮间带水池养鲍的采捕：先把池水排干，然后顺序地将石头、水泥板等附着器翻个儿，可见到鲍，捕大留小。

（4）工厂化养鲍的采捕：为了采收方便，可关闭充气阀门（但可不必排干池水，也不必关闭进水阀），把养殖笼从池子中提到池边，将达到商品规格的个体采捕下来，未达到商品规格的个体，仍留在池内继续饲养。

二、活鲍运输

活鲍运输目前有水运和干运两种方式。

1. 水运

水运虽然在途中运输的时间较长，但存活率仍然很高，可达 99%。在水温 8℃～19℃ 的条件下，经轮船水运 3 天半，存活率达 96%；日本采用回流水槽活水循环运输鲍，海水 又经充氧、过滤、降温（10℃以下）和化学处理，从澳大利亚将鲍运到日本，存活率达 94%。

2. 干运

用汽车、飞机等进行干运，途中运输时间不可太长，一般掌握在 12 h 以内。其方法 是：将活鲍放入塑料袋内，充氧、密封，并装入纸箱或塑料泡沫箱里，如在高温期干运，则要 在箱内放置冰袋降温，然后包装好后进行运运。在抵达目的地后，下池之前，应使鲍有一 个恢复的适应过程。在气温 12℃～15℃的条件下，途中运输时间 15 h，干运存活率可达 到 98%。

3. 鲍运输应注意的事项

（1）选择健康个体运输：在运输之前要经过挑选，选择健康个体运输。将机械损伤或 不健康的个体另行处理。

（2）对运输容器进行洗刷、消毒：凡使用的容器，都要经过海水洗刷、浸泡，并去掉污物 等。

（3）运输途中保持低温，避免阳光直射及手触：鲍在运输过程中，要尽量避免用手接 触，避免阳光直射和干露时间过长。运输舱要保持清洁和适宜的低温。

三、鲍的加工

鲍的食用，最佳的方法是活鲜烹饪。新鲜肥满的活鲍，其足部肌肉、内脏及贝壳之间 的重量比例大约为 4：3：3。要外销或制作成药品、保健品，则需要加工。其加工方法如 下。

1. 干制品

（1）加工方法：

1）除去外壳和内脏。

2）将肉足部置于盐度为 7%～8%的溶液中浸泡，隔夜捞出，清洗、弃掉腹足周边的黑 色素及黏液。

3）入锅加水，煮熟。

4）捞起鲍肉足部，穿在线上，置于网席上晒干即可。鲍干，多为整块晒干，因肉比较 厚，完全晒干，一般需要 20 d 以上。

（2）加工质量。由新鲜原料加工的干品，色泽淡黄、鲜艳，呈半透明，其质量为上乘，称 为"明鲍"；而变质或质量稍次的鲜鲍制成的干品，色泽暗淡，不透明，外覆一层粉状盐迹， 品味较低，称为"灰鲍"。

（3）鲍干品出成率：一般由 10～12 kg 带壳的鲜鲍，可以加工成鲍干品 1 kg，鲍干品出 成率为 8%～10%。

2.罐头制品

因干制品易失去鲜品固有的美味,所以加工成罐头制品是较好的方法。水煮鲍罐,就是把鲍去壳及内脏,刷洗干净后,经杀菌、封罐水煮即可。

3.冷冻品

把鲜鲍除去壳及内脏,洗净装入保鲜袋内封口,入库速冻冷藏即可。

4.保健药品

(1)石决明:鲍壳是中药材"石决明",也叫"千里光",含有多种氨基酸,其中一些氨基酸的含量比珍珠中的还高。将鲍壳洗净晒干后,即可入药。

(2)虫草鲍鱼精:应用生物酶学工程技术,制成"虫草鲍鱼精"及其他饮料食品。

5.药物"鲍灵"

鲍肉与内脏的药用,近年来又有新的研究成果。美籍华裔学者李振翩等发现,用鲜鲍罐头汁饲喂的小鼠对试验性脊髓灰质炎有抵抗力,引起了他们对鲍进一步研究的兴趣。之后,又从鲍肉及其黏液中分离出"鲍灵Ⅰ~Ⅲ"不为蛋白酶所分解的黏蛋白,在抑菌试验中,分别看到有抑制链球菌、葡萄球菌、疱疹病毒、脊髓灰质炎病毒及流感病毒等作用。

6.工艺品

鲍壳经刨光,出现五彩缤纷的色泽,是贝雕的好材料,可加工镶嵌成螺钿或其他工艺品。

复习题

1.皱纹盘鲍和杂色鲍形态上有什么不同?

2.皱纹盘鲍内部构造上具有哪些低等腹足类的特征?

3.试述鲍的生活习性和栖息的环境条件。

4.鲍的食性如何?

5.常见鲍的疾病有哪几种?

6.试述鲍的繁殖习性和胚胎发生的过程。

7.试述鲍的人工育苗的过程和方法。

8.应选什么样材料作饵料板? 饵料板有何作用? 如何投放?

9.如何进行鲍的浮游幼虫的培育?

10.如何进行鲍的匍匐幼虫的培育?

11.稚鲍的剥离方法有哪几种? 如何进行稚鲍的饲养?

12.如何检查人工配合饵料质量好坏?

13.概述我国鲍新品种培育的新进展。

14.皱纹盘鲍工厂化养殖的优越性及主要设施有哪些? 在管理过程中都应注意哪些技术问题?

15.试述筏式养鲍的方法及其管理内容。

16.解释下列术语:

①明鲍和灰鲍　②稚鲍　③有效积温　④采苗板　⑤GABA

第十七章　泥螺的养殖

泥螺 *Bullacta exarata*(Philippi)，俗名吐铁，又称"麦螺"、"梅螺"、"黄泥螺"等。泥螺隶属于软体动物门(Mollusca)、腹足纲(Gastropoda)、后鳃亚纲(Opisthobranchia)、头楯目(Cephalaspidea)、阿地螺科(Atyidae)贝类。泥螺广泛分布于我国南北沿海潮间带砂泥质滩涂，尤以江、浙沿海产量最高。其肉味鲜美、营养丰富，具有很高的食用价值。据分析，泥螺含有丰富的蛋白质、脂肪、灰分及微量元素等。其足部和肝部的人体必需氨基酸含量分别占氨基酸总量的 54.17％和 46.78％(表 17-1)，两者氨基酸配比接近联合国粮农组织(FAO)和世界卫生组织(WHO)共同制定的最优蛋白质最高标准，含有除色氨酸外的人体其余各种必需氨基酸，并具较高含量的谷氨酸。我国沿海特别是浙江一带的居民，很早就开始食用泥螺，作为海味珍品，除盐渍、酒渍等传统食用方法外，还可新鲜蒸煮、炒、烧汤等，别具风味。除食用外，还可入药，旧称"吐铁"，具有补肝肾、益精髓、润肺、明目、生津等功效，经盐、酒渍之泥螺能治疗咽喉炎和肺结核等病。

20 世纪 80 年代末期浙江省率先开始泥螺的养殖工作，目前泥螺养殖已在全国沿海滩涂大面积推广。

表 17-1　泥螺足部与肝部氨基酸含量

足部				肝部			
必需氨基酸	含量(%)	非必需氨基酸	含量(%)	必需氨基酸	含量(%)	非必需氨基酸	含量(%)
异亮氨酸	1.39	精氨酸	1.32	异亮氨酸	1.85	精氨酸	1.62
亮氨酸	2.47	丙氨酸	1.68	亮氨酸	2.90	丙氨酸	1.92
赖氨酸	2.28	谷氨酸	4.17	赖氨酸	2.92	谷氨酸	4.85
甲硫氨酸	0.72	甘氨酸	1.71	甲硫氨酸	0.95	甘氨酸	1.42
苯丙氨酸	1.38	脯氨酸	3.04	苯丙氨酸	1.82	脯氨酸	1.84
酪氨酸	1.19	丝氨酸	0.93	酪氨酸	1.39	丝氨酸	1.60
苏氨酸	4.20			苏氨酸	1.79	天冬氨酸	4.68
缬氨酸	1.56			缬氨酸	2.14		
必需氨基酸总量	15.19	非必需氨基酸总量	12.85	必需氨基酸总量	15.76	非必需氨基酸总量	17.93
氨基酸总量	28.04			氨基酸总量	33.69		
必需氨基酸总量占氨基酸总量	54.17			必需氨基酸总量占氨基酸总量	46.78		

第一节 泥螺的形态与构造

一、外部形态（图 17-1）

泥螺的头盘很大，而且非常肥厚，呈履状。泥螺的眼睛非常退化，它埋藏在头盘的皮肤组织中。

外套膜不发达，绝大部分是很薄的一层皮肤，一部分包被内脏团，另一部分被贝壳包被，只有后部变成非常肥厚的叶状片，有一部分向上翻转，遮盖贝壳的后部。外套膜边缘平滑，没有任何附属物。

腹足非常大，约占身体前部的 3/4。侧足非常肥厚，和腹足相连，竖立在身体的两侧，并且有一部遮盖贝壳的两侧面。

泥螺的贝壳在头盘的后方，约占身体的 1/2，贝壳只能遮盖内脏团，因此泥螺的身体不能完全缩入壳内。贝壳的前、后端和两侧分别被头盘的后叶片、外套膜叶片、侧足的一部分所遮盖，只有贝壳的中央部分裸露。

泥螺的贝壳呈卵圆形，非常膨大，无螺层，无脐，自身旋转，壳口广阔，其长度和贝壳的长度几乎相等。前端宽大，后端（即壳顶）缩小，上部较下部狭，外缘简单锋利，外唇后部超过壳顶。螺轴平滑，略透明。在贝壳的外表面可以看到许多细纹，即生长线，壳口的内面光滑。

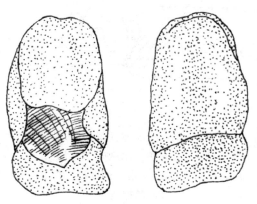

图 17-1　泥螺

二、内部构造（图 17-2）

1. 神经系统

泥螺的神经系统主要集中在三个中心，即头区、侧脏区和胃腹区。

在头区，主要由一对脑神经节、一对足神经节及其所联系的联络神经和食道神经环组成。

　　在侧脏区,这部分的神经生自脏神经节及足神经节,形成了两个很长的侧脏神经连索及许多小神经节。主要的神经节有7个,即一对侧神经节、一对外套神经节和三个脏神经节。

　　在胃腹区,由一对口球食道神经节及其派生的神经所组成。

　　泥螺除了皮肤(特别是头盘)有感觉功能外,还有下列几种感觉器官:眼、平衡器、亨氏器官和嗅检器。眼埋在头盘的表皮下面靠近前端的两边;平衡器位于足神经节外面基部紧挨在足神经节上,每侧一个;亨氏器官位于头盘和侧足之间的沟中,呈菱形,是综合性感觉器官;嗅检器位于鳃的基部前端,是海水的检验器官。

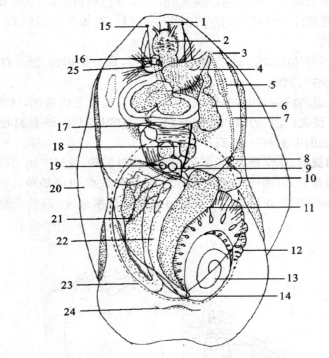

1.口　2.齿舌　3.雄性孔　4.刺激器之小钩　5.亨氏器官　6.阴茎鞘　7.卵精沟　8.两性生殖孔　9.心耳　10.缠卵腺贴附生殖开口处　11.肾脏　12.鳃　13.外套膜　14.肛门　15.眼　16.唾液腺　17.嗉囊　18.胃　19.心室　20.侧足　21.肝—两性腺　22.肠　23.贝壳　24.外套膜叶　25.脑神经节

图17-2　泥螺的内部构造(从张玺)

2.消化系统

　　消化管的开始是一个很小的口,位于腹足和头盘正前端之间,是一个简单横裂,周围有肌肉质的口唇。紧接口的是一条粗而短的管子,后面就是一个非常发达的口球(图17-3)。

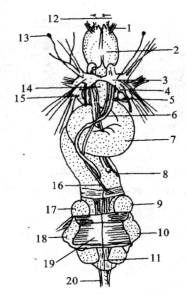

1.口球伸肌　2.口球　3.脑神经节　4.侧神经节　5.外套神经节　6.唾液腺　7.嗉囊
8.左胃腹神经　9.右胃盲囊　10.右侧板　11.胃背神经　12.口　13.眼　14.食边
15.足神经节　16.右胃腹神经　17.左胃盲囊　18.左侧板　19.胃　20.肠

图 17-3　泥螺的消化系统（从张玺）

剖开口球,可以看到由肌肉质的口球壁围成的一个空隙,称为口腔。在口腔的前端有颚片,底部有齿舌,借肌肉收缩,可做机械运动,有咀嚼和撕碎食物的功能。

齿式为 $30 \times (12\sim17) \cdot 1 \cdot (12\sim17)$ (图 17-4)。

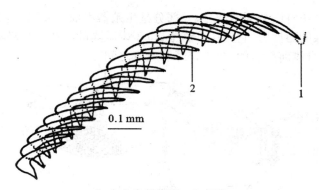

0.1 mm

1.中央齿的位置　2.侧齿

图 17-4　泥螺齿舌的半列齿

自口球的后方生出一条粗而短的管道,称为食道。食道的后端膨大,称为嗉囊,在嗉囊的后部有唾液腺开口,食物在这里进行初步消化。

在嗉囊后面紧接着一个非常发达的胃,胃内有胃板,或咀嚼板。按照它在胃壁上的排列位置,可以把它们分为在两侧位的两个侧板和在腹位的一个腹板(图 17-5)。肠从胃的下端的中间部分伸出,肛门开口在身体后方。

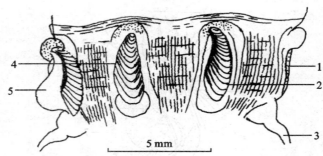

1.胃壁　2.左侧板　3.肠　4.右侧板　5.腹板（侧面观）

图 17-5　剖开泥螺的胃（示胃板排列）

泥螺的消化腺有两种，即唾液腺和肝脏。唾液腺开始于食道两侧的口球上，它是一个索状物，有许多乳头状突起，乳白色。肝脏位于鳃的左侧，是主要的消化腺。

3.呼吸系统

泥螺由本鳃行呼吸作用。本鳃只有一个，位于贝壳右下方，心脏的后方。鳃大，呈三角形，羽状，由 17～20 个小鳃片组成。

4.循环系统

泥螺心脏只有一个心室和一个心耳，横卧在围心腔的中部，心室在左，心耳在右，心室较小、壁厚，心耳较大、壁薄。由心室伸出前大动脉和后大动脉。前大动脉有分支动脉分布到头部、外套膜、足、侧足、消化腺、生殖器官等组织。后大动脉分布到内脏器官和生殖器官。

5.排泄系统

泥螺主要的排泄器官是肾脏，此外，若干肝细胞也有排除氮废物的功能。泥螺的肾脏只有一个，呈块状，长方形，在围心腔附近，鳃的左侧，与鳃的基部平行。

6.生殖系统（图 17-6）

泥螺的生殖系统可以分为两部分，一部分是生殖器本部，一部分是交媾器。生殖器本部包括雌雄生殖腺的两性腺，它夹在肝脏中，位于内脏囊的左侧。交媾器包括刺激器和阴茎两部分，它位于身体前部右侧，介于口球和上皮之间。

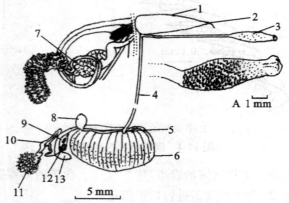

1.刺激器　2.刺激器之小钩　3.阴茎　4.卵精沟　5.生殖管开口处　6.缠卵腺贴附生殖开口处
7.摄护腺　8.交媾囊　9.精囊　10.两性管　11.两性腺　12.蛋白腺　13.黏液腺
A.阴茎的前部（示乳头状突起）

图 17-6　泥螺的生殖系统

　　泥螺的雄性孔位于身体右侧,近身体前端的 1/3 处,是阴茎和刺激器的开口,又名阴茎孔。两性孔位于同侧,靠近身体末端,是阴道末端开口,交配时接纳阴茎,并且卵精由此孔排出。在雄性孔与雌雄两性生殖孔之间,有一条由皮肤褶襞凹下形成的纵沟联系,称生殖沟或卵精沟。

第二节　泥螺的生态习性

一、分布

　　(1)水平分布:广泛分布于朝鲜、日本和我国沿海,匍匐栖息于内湾潮间带砂泥滩上。

　　(2)垂直分布:泥螺一般分布于中低潮区,以中潮区中、下部至低潮区上部为最多。潮下带数米深处也曾发现泥螺,但很少见。随季节变化及环境条件改变,泥螺有上、下迁移现象,冬季分布潮区较低,多在低潮线附近及以下,春、夏季则分布潮区较高,可上移至高潮区下层。

二、栖息环境

　　(1)栖息底质:泥螺生活的底质属砂泥底和软泥底,对底质有很强的适应能力,在砂泥、砂质底质中亦能生存。在较硬底质中生活的泥螺,肉质较硬,嗉囊内常含有砂粒,俗称为"泥精",食之品质欠佳。而软泥滩中所产之泥螺,肉质柔软鲜嫩,品质较好。

　　(2)栖息习性:营底栖匍匐型生活,退潮后在滩涂表面匍匐爬行摄食。雨天或天气较冷时多以头盘挖掘砂泥而潜于砂泥表层,不易发现。春、秋季节晴天阳光照射滩温上升,则爬出泥层在滩面上摄食,夏季烈日暴晒极少爬出滩涂表面,而晚上则大量出现。

　　(3)水温:属广温性的种类。泥螺成贝和幼螺的生存温度为 $-1.5℃\sim33℃$,其中以 $0℃\sim30℃$ 较适宜生存和生长。

　　(4)盐度:属广盐性的种类。不同产地(海区盐度不同)的泥螺对盐度的适应能力不同,随着泥螺发育阶段的不同,从浮游幼虫、匍匐幼虫,到幼螺、成体,对低盐度的适应能力较强,而对高盐度的耐受力下降,幼螺的生存盐度为 $3.87\sim41.50$,成体泥螺可以在半咸水(盐度 1.84)至盐度 28.80 范围内生存。

　　(5)海水 pH:在 pH $4.97\sim9.57$ 可生存,在 pH 低于 7.13 和高于 8.10 中,泥螺均在 2 h 内分泌大量黏液,个体翻转扭曲,约 7 h 后此现象消失,个体可缓慢爬行。

　　(6)抗旱力:泥螺的抗旱力,随季节变化而不同,春季(气温 10℃~17℃,湿度 54%~94%),干露 2 d 未见死亡,4 d 后存活率为 60%;夏季(气温 23℃~28℃,湿度 61%~92%),干露 2 d 存活率仅 20%,不管夏季还是春季,死亡时的体重消耗率均在 69% 左右。幼螺经 7 h 干露(室温 13.5℃~14℃,湿度 77%~84%)死亡率为 8.5%,13 h 后死亡率为 50%。

　　(7)生物环境:泥螺生活环境中的生物组成主要有珠带拟蟹新螺、微黄镰玉螺、半褶织纹螺、婆罗囊螺、泥蚶、彩虹明樱螺、四角蛤蜊、鸭嘴蛤、沙蚕、大眼蟹、招潮蟹、虾虎鱼以及弹涂鱼等。

三、摄食习性

　　(1)泥螺为舐食性腹足类:摄食时翻出齿舌在滩泥表面舐取食物。浮游幼虫阶段为滤食食性,主要依靠纤毛滤食水体中的浮游单细胞藻类。

(2)食物种类:泥螺为杂食性腹足类,饵料的主要种类为底栖硅藻,如舟形藻属、菱形藻属、布纹藻属、斜纹藻属、圆筛藻属、脆杆藻属等,此外还有大量的有益细菌和有机碎屑、泥砂及小型甲壳类、无脊椎动物的卵等,胃内容物组成与自然海区饵料组成无大差异,对食物没有严格的选择性。浮游幼虫摄食水体中浮游的单细胞藻类,仅对食物颗粒大小有选择性,对食物种类无明显选择性。

第三节　泥螺的繁殖与生长

泥螺为雌雄同体、异体受精种类,交配后每一个体可产出胶质卵群(俗称泥螺蛋),由卵柄固着在滩涂上。

一、生活史

成体泥螺交配后产出受精卵,受精卵在卵群内进行细胞分裂,经原肠胚期(此时胚胎开始转动)、担轮幼虫期、面盘幼虫期,至出膜营浮游生活,浮游生活 4~10 d,进入匍匐幼虫阶段,约 30 d 后,幼虫厣消失,标志着变态完成,此时幼螺壳高 684 μm。幼螺经半年生长即可长成成体,由此完成其简单的生活史。

二、繁殖习性

(1)性成熟年龄:泥螺性成熟年龄为近一年,前一年繁殖出的幼螺到翌年 6 月性腺已趋成熟。生物学最小型壳高约为 12 mm。

(2)性腺发育:

1)性腺形态:泥螺为雌雄同体、异体受精种类。雌雄生殖腺着生在一起,称为两性腺,位于螺体左边,夹于肝细胞中,成熟时呈淡绿或淡黄色。从组织切片观察,精巢一般位于两性腺的中间部位,卵巢包围在四周,精巢的中间为两性管。但也有发现雌、雄生殖细胞共处在 1 个滤泡中的,以及雌雄性滤泡混杂分布的。

2)卵子的发生:泥螺的卵子发育,从原始的生殖细胞开始,经过增殖、生长、成熟 3 个阶段。为了帮助了解各期卵细胞的发育情况,表 17-2 介绍各时相卵母细胞概况。

表 17-2　各时相卵母细胞概况

卵母细胞时相	卵径(μm)		核径(μm)		核仁直径(μm)	核质比*
	长径	短径	长径	短径		
第Ⅰ时相	25.2	19.7	14.3	11.9	5.04	0.240 0
第Ⅱ时相	33.7	23.0	16.2	13.1	5.58	0.152 0
第Ⅲ时相	49.0	37.1	19.4	19.4	6.05	0.089 5
第Ⅳ时相	160.6	91.2	38.1	18.2	10.98	0.011 4
第Ⅴ时相	164.4	111.6	29.1	16.8	—	0.004 7

*核质比=细胞核体积/(细胞体积-细胞核体积)。

一般情况下，1个滤泡腔中只含1个成熟的卵母细胞，它的营养来自滤泡细胞的渗透，但也常可发现1个滤泡腔中含有2~3个成熟卵细胞，再多尚未发现。

当泥螺性腺发育成熟时，雌性滤泡腔中除了成熟的卵细胞外，滤泡壁上还有第Ⅱ、第Ⅲ时相的卵母细胞及卵原细胞，随着成熟卵的不断排出，不同发育期的雌性生殖细胞相继发育成熟。因此，泥螺属于分批成熟、分批排放的多次产卵类型贝类，这样也就使它的繁殖期充分延长，达到八九个月之久，这在贝类中是很少见的。

3)精子的发生：泥螺的精子发生全过程在滤泡腔内进行，从原始生殖细胞到成熟的精子，要经过增殖期、生长期、成熟期和变态期。

精子发生的各期细胞概况见表17-3。

表 17-3　精子细胞各期概况

雄性生殖细胞的发育阶段	细胞直径（μm）		核径（μm）
	长径	短径	
精原细胞	9.02	7.38	5.40
初级精原细胞	7.20	5.40	5.40×4.80
次级精原细胞	5.04	5.04	4.32
精子细胞	1.80~2.52		—
精子	头部 10 μm，尾部 205 μm		

在繁殖季节里，滤泡腔内可见不同发育时期的精原细胞、初级和次级精原细胞、精子细胞和成熟的精子，成熟精子排出后，不断又有新的精子细胞变态为精子。

（3）繁殖季节：浙江沿海泥螺的繁殖季节为3月底~11月下旬。慈溪、温州沿海滩涂，3月下旬即可采到卵群，此时采集的成螺养于室内水槽中，即会交配产卵。自然海区卵群最迟在11月下旬（浙江台州地区），12月初以后就采不到卵群了。

（4）交配与产卵：在繁殖季节，性成熟的两个个体相遇时，互相靠拢，在原地缓慢地旋转，其中一个个体先伸出刺激器刺激另一个体的贝壳，另一个体亦伸出刺激器刺激对方，与此同时伸出阴茎，互相进行交配（图17-7）。从互相靠拢、旋转到真正交配约需5 min，交配时间约需15 min，交配完毕后两个个体自然分开。从交配到产卵需4 d左右。产卵时，将头盘和两性腺孔露出泥面，后半部则埋在泥中，先从两性生殖孔中产生一个很薄的胶质袋，然后向袋中排放受精卵和胶质填充物，均匀地分布在袋的内壁，袋的中心部分在很多卵群中是没有卵子的。排卵完毕后即产生卵袋的胶质柄，并且一边产一边埋入泥中，这样，卵柄就陷入泥中，把卵群固着在泥中。整个产卵过程约需1 h，常在下午和上半夜产卵，很少发现上午产卵的。在自然海区，泥螺常将卵群产在水沟、水潭或小水洼边，保证退潮后卵群周围有水，不至于干露而发生卵子死亡。交配过的一对泥螺每次均可产出一个卵袋。

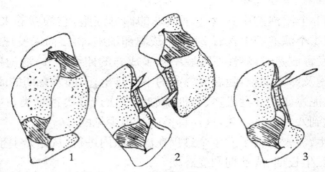

1.交尾　2.两个体正在分离　3.刚分离的一个个体示阴茎和刺激器
图 17-7　泥螺交尾图

（5）卵群：新产出的卵群呈透明状，球形，卵群的胶质团为三级卵膜。卵群在海水中呈悬浮状，能随水流漂动，卵群体积 1.6～6 mL 不等，一般说来，泥螺个体大所产的卵群也大，卵子的数量相对也多。但卵群的大小与卵子含量并不完全成正比例关系。繁殖盛期产出的卵群普遍较大，含卵量亦多（每个卵群可含卵 10 余万粒），繁殖早期或末期产出的卵群体积较小。每个卵群由许多卵室组成，每一卵室一般只含有一个卵，也有发现三个或四个卵处于同一卵室中，但极少见，繁殖早期和末期常有空卵室发现。泥螺产出的卵子均为受精卵，绝大多数卵子都能正常发育。也发现有极个别不能正常卵裂的卵子。

三、胚胎发育（图 17-8）

（1）生殖细胞的形态：精子鞭毛型，头部由一弯曲的顶体和圆球形的核组成，长约10.8 μm；颈部不甚明显，尾部鞭状，长约 205 μm，精子全长约 216 μm。卵子圆球形，直径约 158 μm，卵子包被在胶质膜内，形成卵室，由很多卵室形成 1 个球形的卵群，由三级卵膜包被。卵群内卵子绝大多数为受精卵，可以正常地进行细胞分裂。

（2）卵裂：泥螺的卵裂为不等全裂，在水温 15℃ 的条件下，从产卵结束到受精卵出现第一极体，约需 1.5 h，再经过 0.5 h 后出现第二极体，这两个极体重叠于动物极。第二极体出现之后，细胞横向拉长，进行第 1 次卵裂，卵裂时极叶不明显。分裂之后，2 个分裂球界线明显，因细胞内细胞质分布不均匀，致使 2 个分裂球大小不等，分别为 93 μm 和 100 μm，2 个极体位于分裂球交界线上端，完成第 1 次卵裂时间约在产卵后 4 h 10 min。第 2 次细胞分裂，一般是小分裂球先行分裂，形成 2 个直径为 90 μm 的小分裂球，之后，大分裂球开始分裂，分裂成 1 大 1 小的 2 个分裂球，直径分别为 110 μm 和 90 μm，完成 4 细胞期的时间约为产卵后 9 h 50 min，4 细胞为 1 大 3 小，在一个平面上排列，分裂球之间界限明显，中心有 1 个空白小区，此时极体仍然存在。

第 3 次分裂为不等的右旋横分裂，形成 4 大 4 小 8 个分裂球的 8 细胞期，其中 4 个小分裂球（直径约 25 μm）位于 4 个大分裂球（直径约 35 μm）的右斜上方。分裂时间也不同步，分裂速度也不一样，完成 8 细胞期约在产卵后 16 h 20 min。

第 4 次细胞分裂为左旋横裂，分裂球向左斜上方分裂，形成 16 细胞期。随着细胞的不断分裂，分裂球逐渐变小，分裂球之间的界限逐渐变得模糊。达到囊胚期，胚胎呈圆球形，中心空腔（囊胚腔）大而明显，镜检时可见胚体中央部分色浅，边缘细胞密集、色深，到达囊胚期约在产卵后 55 h。

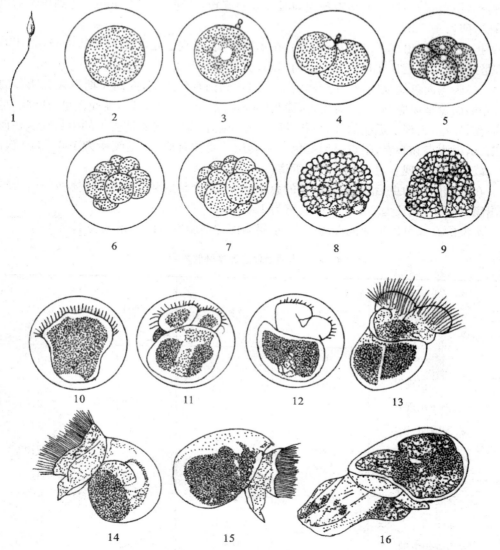

1.精子　2.卵子　3.受精卵(含2个极体)　4.2细胞期　5.4细胞期　6.8细胞期　7.16细胞期
8.囊胚期　9.原肠胚期　10.担轮幼虫期　11.膜内面盘幼虫(背面观)　12.膜内面盘幼虫(腹面观)
13.浮游面盘幼虫　14.匍匐幼虫前期　15.匍匐幼虫中期　16.变态后的幼螺

图 17-8　泥螺的胚胎和幼虫发生

　　胚体小分裂球下包,植物极细胞内陷形成 1 个小孔,称为原口或胚孔,形成原肠胚,胚体呈圆三角形,在原口附近和反原口附近出现稀少的纤毛,胚体内的细胞逐渐分化成一个圆管状的原肠,以后发育成为消化道。此时的胚体借助纤毛的摆动,在卵膜内可做缓慢的转动,这时约在产卵后 88 h 45 min。

　　(3)膜内担轮幼虫期:在原肠后期,胚体拉长呈梨形,顶板上纤毛明显,且逐渐增多,原口周围纤毛增多,形成较明显的口前纤毛环,胚体依靠纤毛有规律地摆动,在膜内开始间隙转动,镜检观察时,一般均表现为顺时针方向旋转,转速为 1.5 r/min。达到担轮幼虫期约在产卵后 165 h。

担轮幼虫期出现了足原基和壳腺,在本期后期,出现了足的雏形和幼虫壳,壳薄而透明,呈螺旋状,纤毛盘在足的上方向内凹陷,面盘雏形形成。

(4)膜内面盘幼虫:约在产卵后 190 h,达到面盘幼虫期,此幼虫期出现较明显的面盘,先期面盘呈亚椭圆形,随着发育,面盘凹陷加深,呈 8 字形,到后期面盘呈双叶状,足逐渐明显、发达,出现了透明的、圆盘状的厣。螺壳明显增大,可看清壳上的生长线。在面盘后期,出现眼点和心囊,眼点呈黑褐色。心囊位于身体背面,心跳频率为 100～110 次/分钟。以后逐渐出现了胃和肠等消化管道。

在膜内面盘幼虫后期,随着面盘的急剧伸缩,配合足的频繁伸缩,胚体在膜内边转动边出膜,出膜时壳长为 200.7 μm、壳宽为 150 μm。

水温的升高可以加速泥螺的发育,水温与泥螺胚胎发育的关系见表17-4。

表 17-4　不同水温条件与泥螺胚胎发育的关系*

水温 发育时间(h) 发育阶段	8℃	15℃	22℃	28℃
受精卵	0:00	0:00	0:00	0:00
第一极体出现	5:10	1:30	0:50	0:30
第二极体出现	8:20	2:00	1:30	0:45
2 细胞期	10:10	4:10	2:40	1:20
4 细胞期	18:55	9:50	4:05	2:00
8 细胞期	37:40	16:20	6:40	4:00
囊胚期	94:00	55:00	23:00	13:00
原肠期	死亡	88:45	31:00	19:00
膜内担轮幼虫期		165:00	69:25	38:20
膜内面盘幼虫期		199:00	78:15	44:00

* 海水密度 1.017,pH 值 8.01。

(5)面盘幼虫:面盘幼虫出膜后即营浮游生活,并借助面盘纤毛的摆动进行摄食,鳃原基出现,心囊仍位于身体背面,心跳频率为 130 次/分钟。由于幼虫壳的存在,贝壳日益加重,幼虫一般在底层打转活动,只有极少量幼虫在水体上层活动。浮游期一般为 2～8 d,发育速度与水温及饵料有密切关系。

(6)匍匐幼虫:

1)匍匐前期:此期出现了鳃腔和鳃丝,鳃丝在鳃腔内不停地摆动,心囊仍位于身体背面,随着壳的逐渐生长、旋转而转向后方,心跳频率减慢,为 60～70 次/分钟。

此期幼虫时而匍匐,时而浮游,匍匐时面盘向后缩,用足部爬行。口腔形成,口腔底部形成齿舌囊。齿舌形成,并可翻出刮食泥表的底栖藻类。浮游时面盘向前伸,张开面盘即能摄食浮游藻类。随着幼虫发育,足部逐渐发达,面盘逐渐缩小、退化。

2)匍匐中期:面盘完全退化,心囊形成心脏,位于身体后方,眼点位于口的两旁,厣仍存在,消化系统明显,随着生长发育的进行,螺壳的壳口部分扩张,螺旋部逐渐卷入壳内,足部日益发达,足跖面及边缘纤毛发达。此期幼虫营完全匍匐生活。

3)匍匐后期及变态:随着生长发育,壳的螺旋部埋入壳内,壳口日益扩张,鳃腔的位置由原来的近壳口旁移至心脏后方。厣逐渐变薄,匍匐生活约 30 d 后厣消失。

厣的消失,标志着变态的完成。

4)幼螺:受精卵自产出亲体开始发育、卵裂,经过 1 个月的发育、生长,幼螺贝壳大小达到 684 μm×475 μm,除眼点仍较明显外,其余内部器官与成螺已基本一致。此时幼螺即可进行养殖。

四、幼虫生态

(1)水温:浮游幼虫、匍匐幼虫生存的适宜温度为 -1.5℃～33℃,存活率为 6℃条件下最高,分别为 82.9% 和 67.5%,生长(壳高日增长量)以 22℃ 最快,分别为 5 μm/d 和 6 μm/d。

(2)盐度:幼虫耐受盐度范围很广,存活的低限盐度 3.87,高限盐度 43.50。浮游幼虫在盐度 19.61 条件下生长最快,日均增长 2.16 μm,存活率以盐度 26.18 和 32.74 条件下为高,分别达到 92.3% 和 90.6%。匍匐幼虫存活率和生长速度以盐度 19.61 条件下最好,分别达到 40% 和日增长 2.38 μm,盐度高于或低于 19.61,存活率和生长速率均呈递减趋势。

(3)抗旱力:匍匐幼虫(壳高 258.3 μm、壳长 187.2 μm)置于室温 18℃、湿度 75%～78% 条件下,干露 4 min 死亡率 10%,10 min 后死亡率超过 50%,20 min 内全部死亡,可见匍匐幼虫的抗干旱能力是非常弱的。

五、生长

在浙江沿海的自然海区,乐清、玉环沿海滩涂 2 月中旬开始出现大量幼螺,而在舟山、宁波等地则出现在 3 月初至 3 月底。普陀朱家尖岛西岙滩涂 3 月底开始出现泥螺,个体大小壳高 5 mm 左右的群体占绝对优势,随时间的推移,壳高组成的高峰逐渐变化,至 6 月中旬,群体壳高平均值达到 15 mm(表 17-5)。泥螺自 3 月底至 6 月初生长最为迅速。6 月份以后,生长不明显。

表 17-5 普陀朱家尖岛西岙滩涂泥螺的生长

采集日期	3 月 26 日	4 月 10 日	4 月 26 日	5 月 10 日	5 月 27 日	6 月 12 日
个体平均壳高(mm)	4.0	5.0	6.5	8.5	12.0	15.0
日生长量(μm)	—	66.7	100.0	130.0	205.8	200.0
月生长率(%)	—	50.0	60.0	61.5	82.3	40.0

随着幼螺的不断生长,生殖腺(两性腺)逐渐发育成熟,至翌年6月,壳高可达1.2~1.5 cm,经解剖和组织切片镜检观察,性腺已完全发育成熟,具有繁殖能力,此时螺体约为1足龄或近1龄。

泥螺的寿命在1周年内。在短短的1年中,泥螺完成其简单的生活史。

第四节　泥螺的苗种生产

目前泥螺养殖的苗种来源主要依靠自然海区的野生苗,土池育苗仅能提供少量苗种,室内人工育苗因费用昂贵、成本太高,而仅停留在实验阶段和小试阶段。

一、采捕野生苗

1.采捕方法

野生贝苗出现的时间及场所,因水文、气象等环境条件而异,所以采捕前必须进行探苗,找出有生产价值的贝苗密集地,以便组织人力集中采捕。

采捕野生贝苗时,用刮板和刮苗网袋作为采捕工具。落潮后,在有泥螺苗的滩涂上顺次刮起涂面的泥层,并经常摔动网袋,使细泥由网眼漏出。刮到1/3袋时拿到预先挖好的水坑或水渠内洗涤,将袋内的砂及幼螺倒在筛内,筛去粗砂、碎壳及蟹、杂螺等敌害,即可作养殖用苗。当幼螺长至壳高为5 mm以上时,也可用手捕捉。

野生苗出现季节,各地不完全一样,如浙江北部海区的舟山和宁波、慈溪一带,野生苗出现于农历一、二月。

2.苗种鉴别

在野外苗的采捕中,有两种螺类与泥螺外壳形态相似,尤其在幼苗时,很容易混淆。一种是婆罗囊螺(*Retusa borneensis* A. Asams)(俗称哑巴泥螺),另一种是阿地螺(*Atys* sp.),见苗期也正好和泥螺相同。这三种螺的区别见表17-6和图17-9。

表17-6　泥螺、阿地螺、婆罗囊螺的区别

形态	泥螺(Bullacta exarata(Philippi))	阿地螺 (Atys muscaria Gould)	婆罗囊螺(Retusa borneensis A. Adams)
壳形	中型,成体壳长15~20 mm	小型,成体壳长5 mm	小型,成体壳长5~8 mm
壳色	白色,略透明,壳薄而脆	白色,半透明,壳薄而脆	灰白色,壳薄而脆,具色泽
螺旋部	螺旋部旋转入体螺层内	旋转入体螺层内,壳顶中央稍凹陷,而不形成深洞,呈斜截断状	稍沉入壳顶部或相当低平,呈截断状
壳口	壳口广阔,上部狭,底部扩张	壳口狭长,占贝壳全长,上部稍狭,底部稍宽	壳口狭长,上部狭,底部稍扩张
外唇	上部圆,突出壳顶部	上部圆,突出壳顶部	上部圆,突起不定

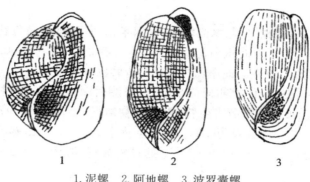

1.泥螺　2.阿地螺　3.波罗囊螺

图 17-9　泥螺、阿地螺和婆罗囊螺

3.泥螺苗质量鉴别

(1)优质泥螺苗:苗体清洁干净,不带泥块杂质及死鱼烂虾;破壳少,体色玉白,具有光泽;大小均匀;当潮捕上,新鲜活泼;将泥螺苗放在盛有涂泥的碗内,足部伸缩频繁。

(2)劣质泥螺苗:苗体不干净,泥块、杂质较多;壳色灰白,光泽差,破壳多;大小悬殊;隔潮捕上,不活泼;曾将泥螺苗长时间浸在半咸水或纯淡水中,使重量增加可达 50％左右。

4.苗种运输

运输时可将苗种集中在一起,放在箩筐中装运,以减少体积。由于泥螺体表面有黏液,如果互相叠压,泥螺呼吸受到很大限制,极易发热,引起苗种大批死亡。在运输中泥螺苗种是否会腐败变质,主要看泥螺苗的质量、天气情况、运输时间和途中管理是否符合要求。

(1)运输与苗体质量的关系。长途运输的泥螺苗必须选择当潮起捕的优质苗,过夜苗、养水苗以及劣质苗不宜运输。

(2)运输与天气的关系。适宜运输温度 5℃～15℃,15℃以上进行长途运输困难较大。在运输中对泥螺苗种威胁最大的是暴雨天气。因此,不论使用哪种交通工具,运输时都应加篷,把苗盖好,防止雨淋,以防泥螺苗吸水膨胀而引起死亡。

(3)运输与时间的关系。泥螺苗起捕以后可立即装上车船日夜赶运。在气候正常的情况下,优质苗在 20 h 内运到目的地,一般保持较高成活率,超过 20 h,成活率大大下降。如果用冷藏车运输可适当延长运输时间。

(4)运输途中的管理。运输时应防止重压,每箩筐只能放置 1/3～1/2 的泥螺苗,箩筐重叠时最好用木板隔起来,不能压着幼螺,以免受伤。

装运前应将泥螺苗洗净。苗种运输途中不可泼水,运到目的地后,要放在阴凉通风处及时撒播。

二、土池育苗

土池育苗可采用两种方法:一是将性成熟泥螺作为亲体直接养于池塘内,使其在池塘内交配、产卵,并在池塘内培养浮游幼虫和匍匐幼虫;二是在泥螺养殖海区采集卵群,于土池内孵化培育成苗。

(1)场地选择：选择滩面平坦、水流缓慢、饵料丰富、各项理化条件符合泥螺幼虫存活生长的滩涂，进行围坝。每池面积小者 0.5～1 亩，大者 2～3 亩，堤高 0.5 m，退潮后能蓄水 0.2 m 以上的高潮区，废弃的池塘和盐田经改造后也可利用。

(2)清塘：在投入泥螺亲体或卵群前半个月，将滩面深翻 1 次，翻耕深度一般 20～30 cm，耙碎泥块，清除杂贝和其他敌害生物，可用药物清塘，每亩用 60～75 kg 生石灰或浓度为 $(20～30)\times10^{-6}$ 的三唑磷农药喷洒。育苗前进水 0.1～0.3 m，然后施浓度为 $(0.1～1)\times10^{-6}$ 的尿素、浓度为 $(0.25～0.5)\times10^{-6}$ 的过磷酸钙、浓度为 0.1×10^{-6} 的硅酸盐来繁殖天然饵料。

(3)亲螺的选择、放养及交配产卵：选择春季产卵的成螺作亲螺，亲螺要求体壮，无创伤，无碎壳，个体大小均匀，约 200 粒/千克，生殖腺发育良好。亲螺入池前，用海水洗净。

亲螺放养密度每亩为 10～15 kg。均匀撒入池内，使其在池内自行交配、产卵和孵化。泥螺为雌雄同体，故交配的 2 个亲螺均能产卵。从交配到产卵需 4 d 左右。但由于入池前的亲螺在自然海区已有部分交配，故入池后第 2 d 有的可产生大量卵群。卵群以 1 个卵柄固定于滩泥内，而卵群却悬于水中。每个卵群一般有卵子数千至万余颗。

池内的卵群产出的时间先后不一，且交配产卵后的亲体又可进行第二次交配产卵，故池内卵群中的受精卵发育不同步，致使池内卵群的孵化时间可长达 1 个多月，所以此期不可排水，以免浮游幼虫外流。

(4)浮游幼虫的培养：孵化出膜的面盘幼虫在水中浮游、摄食。此时应保持池水的深度，增加饵料生物，以利于浮游幼虫的发育生长。池中饵料密度要求在 2 万～4 万个细胞/毫升。若水色清，应向池内施肥。

幼虫培育过程，要检查堤坝有无破损、漏水；要定时定点测量水温、盐度、pH、溶解氧等变化，检查幼虫生长、摄食情况，发现异常，要及时采取相应措施处理。

(5)匍匐幼虫及泥螺的培养：浮游幼虫在水中浮游 2～8 d 即进入匍匐生活，此时的幼虫以足在滩面上爬行，肉眼尚不能观察到。随着生长，在滩面上出现花斑状，不要惊动滩面。过 1 个多月，便可看到幼螺在滩面上爬行，壳高不足 1 mm。在匍匐幼虫和幼螺阶段，要做好以下管理工作：

1)及时换水、晒滩。当泥螺幼虫进入匍匐生活后，此时的幼虫以齿舌舔食滩涂表面的底栖硅藻和腐殖质。所以在水体中大部分幼虫进入匍匐生活后，要及时排水、晒滩让滩面的底栖硅藻繁殖起来，以促使幼虫和幼螺加快生长速度。

2)适量施肥。根据水质肥瘦情况，适量施肥，一般每次可用浓度为 1×10^{-6} 的氮肥、浓度为 1×10^{-7} 的磷肥或每亩施发酵过的熟鸡粪 30～50 kg，投放次数视各池油泥情况而定，在整个培养期间施肥 3～5 次为好。

3)及时分苗放养。当幼螺生长到 5 万粒/千克左右时，要及时分苗放养。与缢蛏分苗一样，用刮苗袋和刮板采收幼苗。可根据幼螺的壳高选用不同规格刮苗袋洗苗。刮苗时，将滩面表层的幼螺刮入袋中，然后在水中将泥洗去，并把贝壳、杂螺、砂粒等杂质去掉，剩下的即为幼螺苗，用于分养。

4)越冬保苗。当幼螺生长至米粒大小，正值隆冬季节气温很低，滩面温度降至 5℃ 或

5℃以下,特别是北方水温常达 0℃左右,对幼螺威胁很大,此时应加深池水以保证池水的温度稳定。

5)日常管理。可经常检查堤坝的安全,及时清除池内敌害生物,浒苔可用漂白粉杀灭(有效氯 28%～30%)。水温 10℃～15℃,浓度为 $(1.0～1.5)×10^{-3}$;水温 15℃～20℃,浓度为 $(0.6～1.0)×10^{-3}$;水温 20℃～25℃,浓度为 $(0.1～0.6)×10^{-3}$,喷药后 2～4 h,浒苔便死亡。捞出死亡浒苔,6～7 h 后立即进水冲稀,然后把水排掉,经 2～3 个潮水反复冲洗,幼虫即可正常生活和生长。其他敌害生物可以利用排水之机将其排出池外,枡水母和沙蚕等集中在背风处可用手操网捞捕。

当幼螺长至 1 万～2 万粒/千克时,开始用于放养,此时的苗种壳高 2～4 mm,时间在翌年 2～3 月。

三、室内人工育苗

(1)底栖硅藻的培养。泥螺的人工育苗中,幼虫培养所需的饵料除了常规人工育苗所需的金藻、小硅藻和扁藻等饵料外,还需要培养底栖硅藻。

底栖硅藻是泥螺匍匐幼虫和幼螺的重要饵料。底栖硅藻是附着性的单细胞藻类。因此,必须以透光性较好的薄板或薄膜等作附着基,培养小型的底栖硅藻。可以用脱脂棉擦取池壁或海水管口的底栖藻类,放入三角烧瓶中加以培养选择,也可利用塑料薄膜挂于海上养殖筏架或网箱筏架上,等 5～7 d 底栖硅藻附着再将其刷下接种,也可以从海上取回鼠尾藻等大型藻类在过滤海水中洗刷,再用 300 目筛绢网过滤作藻种。然后按单胞藻培养要求加入营养盐(N∶P∶Fe∶Si＝20∶1∶1∶1),最后将藻种均匀泼于池中,一般光照 1 000～2 000 lx,经过 1 个月的培养即可用于投喂。

(2)亲螺的选择与暂养。亲螺收捕季节,春季育苗,一般在 3 月底～4 月底,秋季育苗的,一般在 9 月底～10 月中旬。亲螺壳高 15 mm 以上,活泼健壮,贝壳无破损,没有外伤,没有经过雨淋和淡水浸泡,体表多黏液,壳色灰黄色。

亲螺暂养可采用室内水泥池和室外土池培养。室内水泥池底铺 1～2 cm 厚的软泥,加水 10～30 cm,然后投底栖硅藻、扁藻、配合饲料等,暂养密度为 100～150 个/平方米,每日换水 2 次,换水时让亲螺干露 4～6 h。成熟亲螺放养后,当日可见交配,有些个体在自然海区交配过,当天夜晚即可见部分个体产出卵群。

亲螺可放在室外的土池培养,也将土池进行清理,除去杂螺,平整涂面,再施适量的肥料,池水保持 10～20 cm 深,培养底栖硅藻,待池底出现黄褐色油泥后,将亲螺以 100～200 个/平方米密度养于土池中。每天干露 2 次,每次 2～3 h。亲螺在池内自行交配产卵。每日将卵群收集于孵化池内孵化。当然,也可以从养殖场地直接采集泥螺卵群,进行室内人工育苗。

(3)卵群的采集与处理。从室内水池和室外土池采集的卵群或在繁殖盛期,从泥螺养殖场采回的卵群,均可用于育苗。选用的卵群,必须用砂滤海水冲洗清除卵群表面的淤泥、污物,同时剪去卵群柄,冲洗时可加土霉素浓度 $5×10^{-6}$ 或高锰酸钾浓度 $10×10^{-6}$ 进行消毒处理。冲洗时尤其要注意冲洗水的温度与卵群的温度温差不宜超过 2℃,否则极易出现滞育与胚胎畸形。

(4)孵化与充气。卵群经冲洗消毒后可放入孵化池孵化,孵化密度为每个卵群100 mL水体。充气力求均匀、微量,连续充气效果不如间隙充气。室内孵化率一般可达到80%以上。为了提高孵化率,可以使用高锰酸钾、福尔马林或土霉素消毒、防腐,高锰酸钾浓度为$(0.5 \sim 1) \times 10^{-6}$,福尔马林为$9 \times 10^{-6}$,土霉素为$(2 \sim 5) \times 10^{-6}$,可使孵化率提高到95%以上。孵化过程中可适当投喂单细胞饵料,投饵量为2万~3万细胞/毫升,以供刚孵化出膜幼虫摄食,切忌投喂有原生动物污染或老化的饵料。

孵化时尽量保证孵化水温的恒定,一般在23℃~25℃,不宜超过30℃,温差突变不宜超过2℃,并保证每天有一定的时间干露,以促使卵群三级卵膜的分解和提高孵化率。每天上午用捞网捞出卵群于另池孵化培养,原池水经60~80目筛绢过滤后倒入幼虫培养池进行幼虫培养。

(5)浮游幼虫培养。出膜浮游幼虫平均壳高200.7 μm,平均壳宽150 μm,浮游期最短4~5 d(水温23℃~25℃),若附泥条件不好或幼虫培养密度过高,浮游期可延长10~15 d。浮游期幼虫培养每天换水2次,每次换原池水1/4,换水后投喂单细胞藻类,如等鞭金藻、扁藻等,投饵量以幼虫胃饱满程度来决定,一般保证水体中有金藻类细胞3万~5万个/毫升或扁藻每5 000~8 000个/毫升。幼虫培养密度以15~20个/毫升为宜,附着前可适当分池降低培养密度。在培养过程中,需注意换水时的温差不宜超过2℃,否则幼虫受温差刺激极易将软体部缩入壳内而沉底。每日镜检,测量幼虫生长情况,观察幼虫活动能力及胃肠饱满程度,发现原生动物可加大换水量来换出原生动物。幼虫培养4~5 d后,其足部伸缩频繁、面盘退化,常集聚池底爬行,此时即可投入附着基。

(6)附着基处理与投放:

1)附着基的处理,在自然海区刮取无污染的海泥,然后按下列方法进行附着基处理:①取经太阳曝晒的海泥置于电热干燥箱内烘干1~2 h(烘箱内温度150℃~200℃),取出泡于过滤海水中,用200目筛绢袋搓出;经太阳曝晒的海泥泡入过滤海水中,用200目筛绢袋搓出,然后将搓出的泥浆在炉火上烧至沸腾,冷却后备用。

2)附着基的投放:投放附着基前,应根据池内浮游幼虫的密度进行适当扩池,使之附苗后保证20~30个/平方厘米,然后在培养池中直接倒入泥浆中,充分均匀,每天投泥一次,投泥量以底泥厚1~2 mm为宜,连续投泥3~4 d,直至底泥厚5 mm左右即可。

(7)匍匐幼虫培养。投泥后幼虫立即营匍匐生活,此时幼虫面盘退化,足部伸缩频繁,水体中浮游幼虫日趋减少。第一次投泥后的4~5 d即可全池换水。换水时,进出水宜缓不宜急,并注意进出水的温差。培育水位为10~20 cm,饵料为单细胞藻类,最好用底栖硅藻类,也可投扁藻或配合饵料。将已培养好的底栖硅藻从饵料板上或膜上用刷子刷到塑料盆中,用过滤海水冲洗,澄清后,倒去上清液,沉入底部的即为底栖硅藻,然后均匀地泼入育苗池中。扁藻夜间沉入池底,正好可被匍匐幼虫摄食。匍匐幼虫在室内培养4~5 d后,壳高可达300 μm,挑选合适时间,即可移至土池进行培育。

(8)幼螺的培养。当匍匐幼虫长至壳高700 μm左右时,厣消失,变态成为幼螺,此时应加大投饵量,若底栖饵料不足,可用人工配合饵料投喂,见表17-7。使用时先用水浸泡,然后均匀地撒在培育池中。刚投饵后,不可马上换水,以防止饵料随水流失。

表 17-7 饵料配方及营养成分

配方(%)	鱼粉	海带	淀粉	酵母片	贝壳粉	混合维生素	KI	KBr
	33.7	55.2	7.3	1.8	1.2	0.6	0.1	0.1
营养成分(%)	水分	粗蛋白	粗脂肪	粗纤维	无氮浸出物	粗灰分		
	13	42.2	0.2	1.4	27.3	15.9		

在幼螺培育期间,可及时分池,注意水体及底质内原生动物的危害情况,随时观察幼螺的活动,发现问题及时处理。

当幼螺长至壳高 2~3 mm 时,即可出池,供养殖用苗。

(9)在育苗过程中应注意的事项:

1)在育苗各个阶段,必须严格控制,切忌温差突变在 2℃ 以上。

2)注意培养池的原生动物,一旦原生动物大量繁殖,泥螺幼虫便难以生存,除用加大换水量或投药来控制原生动物数量外,提早投泥亦可有效防止原生动物大量繁殖。

3)必须严格处理好附着基,充分暴晒,严格消毒。

4)育苗过程中,尽量少用或不用药物。

第五节 泥螺的养殖

一、场地的选择

选择风浪小、潮流畅通、流速缓慢、地势平坦、滩面稳定的潮间带中、下区。滩涂底质以泥多砂少、含油泥多(即底栖硅藻丰富)、有机碎屑含量多为好,尤以咸、淡水交汇的内湾更佳。

滩涂底质较硬、油泥少的地区,或废弃的盐场,经过蓄水改良底质、施肥培养基础饵料等一系列工序,亦可用于泥螺养殖。

二、场地的建造

(1)筑塘养殖:一般面积为 0.2~0.4 ha,四周筑土坝(高 20~40 cm),使塘内在退潮时积水 20~30 cm 深,堤坝宽度因地制宜,硬质滩涂堤坝可稍窄,软质滩涂堤坝应稍宽,一般堤宽 1~2 m。养殖滩面在养殖前要进行浅翻,20~30 cm,将滩块捣碎、耙平,除去敌害生物及杂物,再用平板推平、推光,使滩面平坦,滩泥细腻、光滑。

(2)滩涂养殖:在软泥滩涂,由于滩泥软,难以筑堤、蓄水,可进行围网养殖,网内距围网 1 m 处挖一条 1 m 宽左右、深 20~30 cm 的蓄水环沟,可防泥螺外逃,网目采用 18~20 目的聚乙烯或普通塑料纱窗网,一般养殖场网高 30~40 cm,也有用高网(网高 1.2 m 以上)围网的。

三、苗种运输

苗种起捕后,在运输前,可经海水冲洗干净,除去杂质;运输途中防日晒、风吹和雨淋;

运输过程要严防重压和受伤。详见采捕野生苗的苗种运输。

四、苗种放养

(1)放苗前的准备:泥螺养殖前,必须彻底做好翻涂、晒涂、清涂、清塘工作,围网养殖的在清涂之后需及时围网,土塘养殖的进水应有拦网。在放苗前 3 d 进行,选择晴朗天气,在海水退潮后用三唑磷(0.1%浓度)均匀喷洒滩面,蟹洞、鱼洞可直接灌入药物,总用量为每公顷 500~600 mL 三唑磷乳液。虾、蟹、鱼等对三唑磷毒性极敏感,死的鱼、虾、蟹禁止食用。清塘也有采用对虾塘清塘的办法,有用生石灰、漂白粉、茶籽饼等,使用浓度为生石灰 375 g/m²,或漂白粉 50~80 g/m²,或茶籽饼 15~20 g/m²。

把好质量关:要求苗种健壮、活力好、钻潜力强,不喷药、不泡水,并注意苗种产地与养殖场之间的海水盐度差异,购买时注意苗种纯正,不要购入婆罗囊螺(俗称哑巴泥螺),运输方法科学、合理,有条件的地方可在养殖场附近进行土池育苗,从而保证苗种质量,保证养殖生产稳定、持续发展。

(2)播苗方法:可采用蓄水播苗,也可干涂播苗。将泥螺苗种放于盆内,用海水轻轻搅拌后均匀撒播即可,放苗在 2~3 月间较好,苗种规格为 3 万~4 万粒/千克,放苗最好在大潮退潮后进行,有较长的干露时间。在涨潮前 1 h 应停止播苗。

(3)播苗密度:播苗密度与滩泥质量、管理技术等有关,切不可盲目增大播苗密度,播苗量以每亩播苗 100 万~120 万粒为宜,按成活率(收捕率)60%计算,养成至 400~500粒/千克,每亩可收获 50 kg 以上。

五、养殖管理

(1)巡塘:每天巡塘或下滩涂,观察泥螺的生长情况、海涂平整与否、围网有无破损、敌害生物多寡等,发现问题,及时处理。围塘养殖的要勤于观察塘内水色、水位,及时修补堤坝、及时换水。冬季气温低,蓄水可深些(30 cm),春季水温回升,蓄水相应浅些(10~20 cm),换水时结合晒涂,促进底栖硅藻的繁殖,小潮水时,通过施肥(氮 1×10^{-6}、磷 1×10^{-7})培育藻类,促进泥螺生长。

(2)防害:及时防除敌害生物,一般用人工捉除,如玉螺类、章鱼、蟹等,也有用药物喷洒,但注意浓度不能太高,否则泥螺受药刺激,活力变差,极易发生大批逃亡。目前常用三唑磷,10 d 左右喷洒涂面一次,用量为每公顷 200~500 mL。

(3)防淡:梅雨季节(4~5 月份),连续大量降雨或大雾天气后,滩面上泥螺表现出软体部翻转、足部朝上、活力差、不能爬行等症状,有些个体在软体部周边出现粉红色或白色的斑点或条斑,触动后可见轻微收缩,呈假死状态,最终必会死亡或被潮水冲走。而滩泥中的泥螺受淡水刺激,竭力往下钻,以后往往不能再爬出滩面而闷死泥中。死亡个体表现为收缩、变硬、发黑,死亡后周围滩泥发黑、发臭。

(4)改进养殖技术:实施轮养与混养技术。根据贝类习性的不同,可以在滩面上与缢蛏、彩虹明樱蛤等贝类轮养与混养。

(5)其他:因风浪等引起塘内浮泥淤积过多,或滩面高低不平时,应利用换水干塘露滩机会或退潮时,下滩将滩面抹平、抹匀。

总之,在养殖过程中,要把"水、种、饵、密、混、轮、防、管"八字方针落到实处,使泥螺养殖处于一个良好生态环境,保持泥螺养殖生产稳定、持续、健康的发展。

第六节　泥螺的收获与加工

一、收获季节与方法

泥螺苗经 2～3 个月的养殖,一般在 5 月份收捕,规格为 350～500 粒/千克。江苏以北沿海泥螺个体大,规格可达 200～250 粒/千克。浙江沿海一般喜食小个体泥螺,规格为 400～550 粒/千克。

6 月份放养的泥螺苗,至 8～9 月份陆续起捕,俗称桂花泥螺、末秋泥螺,品质稍差,产量亦低。

起捕常用手工捉捕,捕大留小,也有用手抄网或小船拖网起捕的。拖网起捕易破坏滩面,不利于余下泥螺的生活、生长,极易造成泥螺逃逸,一般情况不采用。

端午节后,尤其在炎热天气,泥螺在白天极少爬到滩面上,可在晴朗无风的夜晚捕捉泥螺。

二、泥螺的加工

1. 去泥砂技术

泥螺品质优劣的评价,最重要的是以胃内的砂泥含量多少来衡量,而砂泥多少与泥螺生活栖息环境有密切关系。一般油泥丰富的滩涂所产的泥螺,肉质软、体表多黏液;而底质为泥砂、滩质硬油泥少的滩涂,黏液少,腌制成的泥螺色黑、质差、无光泽,故要将所收的泥螺去泥砂。

(1)优质滩涂暂养吐砂:选择底质柔软、油泥丰富、水流畅通、风浪小的优质养殖滩涂,作为泥螺吐砂、提高品质的暂养基地。

将泥螺,按 30～50 个/平方米的密度放养于优质滩涂上,根据放养密度、个体大小、滩涂油泥多寡及潮水通畅程度、水温等因子决定吐砂时间,一般情况下半个月即可收捕,品质明显改良。水温低、风浪大、油泥量少的海区,则应适当减低放养密度、延长暂养时间。

(2)土池暂养吐砂:土池大小一般为 12 m×8 m,蓄水深 0.2～0.25 m,池底及四周铺设 1 层网(聚乙烯纱窗网缝合制成)。暂养池附近要有良好的海水水源,并配备供水设备。

土池暂养密度控制在 4～6 kg/m²,水位一般保持在 15～20 cm。撒播前应注满水,撒播后应勤换水,12 h 换水量最好达 200%,以消除泥螺体表黏液,并能保持海水中有充足的溶氧量,使泥螺有良好的生存环境。

在暂养吐砂过程中,应不断检查泥螺的活动情况,并捡去破壳、死亡个体,以免污染水质。在水温 25℃～30℃、密度 1.012～1.022 条件下,经 24～36 h 吐砂,所有泥螺均能吐尽砂泥,便可用于加工。

(3)网箱暂养吐砂:用 20 目聚乙烯网缝合而成网箱,规格 4 m×3 m×0.2 m,底部网衣设置多条纲绳,以便绷紧绷平。网箱一般设置在稳定水位并有一定水流的海水水库、虾池或其进、排水渠内。网箱长边正对水流方向,网箱口高出水面 10 cm,网箱用木桩或水泥桩固定。

将带泥的成螺立即投放到网箱内进行吐砂,按 6~8 kg/m² 泥螺,均匀撒播,不能有堆积现象发生。

暂养水温为 25℃~30℃,海水密度以 1.012~1.022 为宜,一般经 24~36 h 的暂养泥螺即可将体内砂泥吐尽。

2. 简易加工

泥螺可以鲜食,传统食法为腌制,具体步骤如下:

(1)清洗:泥螺收获后运至加工厂,首先要清洗,去除泥螺体表黏着的泥砂等杂质。一般用经沉淀的自然海水,也可用淡水清洗。

(2)去黏液:清洗后的泥螺盛入塑料大盆或桶中去黏液。方法是沿顺时针方向用手或棒快速搅拌,在搅拌中泥螺体表的黏液不断流出,成白色泡沫状,至搅拌到白色泡沫不再产生,即可进行处理。

(3)加盐或卤水:将去黏液的泥螺放入塑料大盆内,以每 100 kg 泥螺加入 8~10 kg 的食盐或卤水,再加入适量的啤酒,继续搅拌至泡沫不再增加。

(4)静止放置:经加盐或卤水搅拌后,大多数泥螺的足部会缩入壳内,仅少部分留于壳外,这时如果调味装罐,足部将不会伸出,既影响美观,又影响肉质的口感。因此,在加盐或卤水搅拌后应静止旋转 3 h 以上,让其足部慢慢伸出成自然状。静放时应避免碰撞容器或瞬时改变光照强度,以免引起泥螺足部的收缩。泥螺在高盐环境下静止一段时间后即麻痹死亡。

(5)调味:经 48 h,泥螺均死亡,而足部又自然伸出在外,外形相当美观。这时可根据口味进行调味,清洗后加入酒、醋、糖等调味品,即可食用或装瓶、装罐。加工后的泥螺应放置在冰箱或冷藏库中贮存。

在加工清洗前,新鲜泥螺绝不可用淡水浸泡,加工厂在收购时要把好关,否则,经淡水浸泡后的泥螺加工成成品后,食用时会有残渣留下,严重影响口感,从而影响品质。

在加工过程中,加盐或卤水可以根据口味调节,适当咸一点便于保存,如果过淡,保存时间较短。

复习题

1. 试述泥螺的形态特点和摄食习性。

2. 泥螺的繁殖习性有何特点?

3. 如何进行泥螺的土池人工育苗?

4. 如何进行泥螺的室内工厂化人工育苗?

5. 泥螺的养殖方法都有哪几种? 如何做好养殖管理工作?

6. 综述泥螺的吐砂与简易加工技术。

第七篇 游泳型贝类的养殖

游泳型（the swimming type）贝类是一类能抵抗波浪及海流的冲击、具有较活泼的自由游泳能力的头足类动物，身体呈流线形或纺锤形，贝类退化成内壳甚至消失。

此种类型的贝类体型规则，一般左右对称，足特化为腕和漏斗。在十腕目中，胴体两侧或后部具有由皮肤扩张而成的肉鳍，为辅助游泳器官。

乌贼、枪乌贼等采用拟态和伪装的方法避敌，身体上的各种色素细胞由于放射肌束的不等收缩能与周围环境的颜色相协调，或者周身色素细胞由浅而深地剧烈变化着，背部的斑纹深浅明显，并带有光泽，借以恐吓敌人。当敌人来袭击时，一般从墨囊释放墨汁，宛如烟幕弹，以此掩护自己逃跑，而且墨汁本身具有毒性，可以麻醉敌人。

游泳型贝类为动物食性，能主动觅食，食性凶猛，捕食甲壳类，也捕食鱼类、双壳类和其他动物。

游泳型贝类苗种生产方式主要采用室内工厂化人工育苗。养殖方式可以采用室内养成、池塘养殖，也可进行海区围网养殖和深海网箱养殖。

第十八章　乌贼的养殖

乌贼属于软体动物门(Mollusca)，头足纲(Cephalopoda)，鞘亚纲(Coleoidea)，乌贼目(Sepiida)，乌贼科(Sepiidae)，主要经济种类有金乌贼(Sepia esculenta Hoyle)、白斑乌贼(Sepia hercules Pilsbry)、虎斑乌贼(Sepia tigris Sasaki)、日本无针乌贼(Sepiella japonica Sasaki)等。

乌贼营养丰富，富含优质蛋白质、维生素和微量元素(表 18-1,18-2)。乌贼内壳(海螵蛸)有止血、收敛的功效；墨汁不仅是良好的止血药，还可保护造血干细胞，有抗辐射和癌细胞作用，被誉为"黑色食品"。其干制品(俗称墨鱼干、乌贼干)和产卵腺的腌制品(乌鱼蛋)都是有名的海珍品。

20 世纪 80 年代中后期以来，由于捕捞过度等原因，我国乌贼资源量日趋衰退，已濒临枯竭的危险。开展养殖、增殖放流进行资源修复势在必行。同时，乌贼有生活周期短(通常 1 年)、生长快、营养价值高等特性，已成为海水养殖业中引人关注的种类。

表 18-1　金乌贼营养成分分析(100 g 鲜肉重)

蛋白质(g)	脂肪(g)	碳水化合物(g)	灰分(g)	钙(mg)	磷(mg)	铁(mg)	维生素 B_1(mg)	维生素 B_2(mg)
13	0.7	1.4	0.9	14	150	0.6	0.01	0.06

表 18-2　日本无针乌贼营养成分分析(100 g 干肉重)

种类	含量(g)	种类	含量(mg)	种类	含量(mg)	种类	含量(mg)	种类	含量(mg)
蛋白质	63.3	钾	1 261	磷	413	铜	4.2	维生素 PP	3.6
脂肪	1.9	钠	1 744	铁	23.9	硒	104.4 μg	维生素 E	6.73
碳水化合物	2.1	钙	82	锰	0.2	维生素 B_1	0.02		
灰分	5.9	镁	359	锌	10.02	维生素 B_2	0.05		

第一节　乌贼的形态与构造

一、外部形态

乌贼体宽短，多呈盾形。周鳍型。腕吸盘 4 行，成熟的雄性左侧第 4 腕茎化；触腕穗吸盘 4~20 行。不具发光器。闭锁槽略呈耳形。内壳发达，石灰质，近椭圆形。

　　(1)金乌贼(*Sepia esculenta* Hoyle)(图 18-1)头部短,头部两侧各有一个十分发达的眼睛。头的顶部有口,口周围有口膜,无吸盘,雌体腹面的两叶肥大,形成纳精囊。

　　足部包括腕及漏斗两部分。腕 10 只,其中 8 只普通腕,自基部向顶端渐细,全腕均有吸盘;2 只很长的触腕,触腕柄细长,末端呈半月形,称为触腕穗,约为全腕长度的 1/5。仅触腕穗上具有吸盘,小而密,10~12 列,大小相近。除触腕外,各腕的长度相近,腕式一般为 4>1>3>2,吸盘 4 行。各腕吸盘大小相近,其角质环外缘具不规则的钝形小齿。成熟雄性左第 4 腕茎化。漏斗是由上足部特化而成,为左右两侧片愈合而成的管子,前端游离,称为水管,是排泄生殖产物、呼吸和海水、粪便、墨汁的出口,也是主要的辅助运动器官。

　　胴体,即外套膜,盾形,长可达 200 mm。雄性胴背具有较粗的横条斑,间杂有致密的细点斑,雌性胴背的横条斑不明显,或仅偏向两侧,或仅具致密的细点斑。肉鳍较宽,位于胴部两侧全缘,在后端分离,游泳时主要起着平衡作用。内壳长圆形,腹面横纹面呈单峰型,峰尖略尖,中央有 1 纵沟;背面有 3 列不大明显的颗粒状隆起,3 条纵肋较平不明显;外圆锥后端附近有塌陷的现象,呈 U 形;壳末端具粗壮骨针。

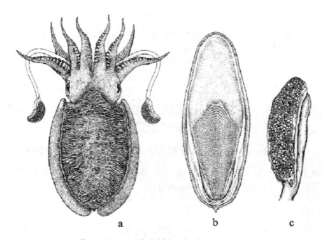

a. 背面观　b. 海螵蛸(内壳)　c. 触腕穗

图 18-1　金乌贼外部形态(从 Okutani et al, 1987)

　　(2)日本无针乌贼(*Sepiella japonica* Sasaki, 1929)(图 18-2)胴体盾形,胴背具很多椭圆形的白花斑,雄性的较大,间杂有一些小白花斑,雌性的较小且大小相近。肉鳍前窄后宽,位于胴部两侧全缘,末端分离,为周鳍型。身体末端具有一个能分泌褐色液体的腺体,即尾腺,在身体中线末端前缘近腹面侧有开口。无柄腕长度略有差别,第 4 对腕较其他 3 对腕长。吸盘 4 行,各腕吸盘大小相近。触腕穗狭柄形,吸盘约 20 列,大小相近。成熟雄性左第 4 腕变形为交接腕(生殖腕),其特征是基部约占全腕 1/3 处的吸盘特别小,中部和顶部吸盘正常。雄性腕吸盘角质环尖齿明显而长,雌性的齿小或不明显或为短栅状;内壳椭圆形,外圆锥体后端没有针状突起,具膨大的几丁质薄板,半透明。为我国重要经济种类,曾是东海四大渔业之一,与曼氏无针乌贼(*Sepiella maindroni* de Rochebrune)同种异名(Adam 和 Rees,1966)。

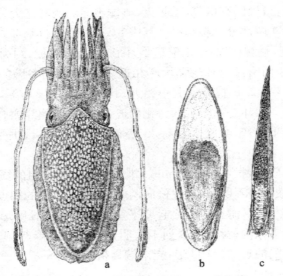

a. 背面观 b. 海螵蛸(内壳) c.茎化腕

图 18-2 日本无针乌贼外部形态(从 Sasaki, 1929)

二、内部构造

(1)肌肉系统:肌肉组织坚韧发达,由两层纵肌和位于其间的横肌构成。横肌纤维和纵肌纤维收缩和扩张是头足类游泳、捕食和咀嚼等活动的基础。肌肉内的外套神经和腕神经粗壮而丰富,神经传导迅速,使胴部和各腕动作敏捷。肌肉系统比较复杂,可分主干肌和支干肌两类,前者包括头肌、颈肌、外套肌、漏斗肌和腕肌等,后者包括鳍肌、鳃肌、吸盘肌和口球肌等。外套肌很发达,肌壁甚厚,除特有的触腕肌外,其他腕肌相对弱小;吸盘肌具有放射肌、环形肌。

(2)生殖系统(图 18-3):雌性生殖器官比较简单,主要由卵巢、输卵管和缠卵腺组成。卵巢位于外套腔后端,输卵管开口于生殖腔,输卵管的前部具一膨大的输卵管腺,再向前为雌生殖孔,开口于外套腔。一对缠卵腺位于外套膜侧方或外套膜中部偏后,乌贼在缠卵腺前方尚有一对副缠卵腺,输卵管仅以左侧的起作用,右侧的已退化。在雌性乌贼口膜腹面生有一个特殊的凹陷,称为"纳精囊",功能是在与雄性交配中接纳精子。雄性生殖器官主要由精巢、输精管和一些附属腺、囊组成。精巢位于外套腔后端,有小孔通向输精管;输精管由本体部、生殖囊、贮精囊、前列腺和精荚囊等组成,精荚囊的前端为雄生殖孔,生殖囊也有通向外套腔的孔;精荚包藏于精荚囊中,数目很多,其结构十分复杂。此外,在精荚囊附近或前端具一膨大部分或突起,称为"阴茎",实际上仅为精荚的通道,在大多数种类中其本职的交接功能已为茎化腕所取代。

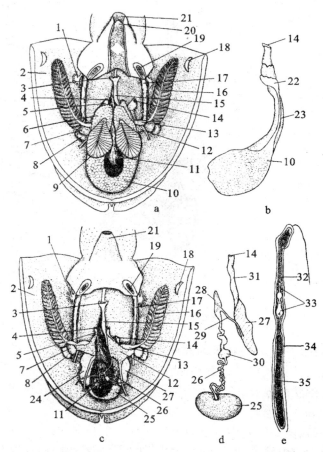

a.内部构造(雌) b.雌性生殖系统 c.内部构造(雄) d.雄性生殖系统 e.精荚

1.星状神经节 2.外套膜 3.肛门 4.肾孔 5.肾囊 6.副缠卵腺 7.鳃心 8.围心腔腺

9.缠卵腺 10.卵巢 11.墨囊 12.静脉腺质附属物 13.出鳃血管 14.生殖孔 15.直肠

16.鳃 17.漏斗下掣肌 18.闭锁突 19.闭锁槽 20.舌瓣 21.漏斗 22.输卵管腺

23.输卵管 24.胃 25.精巢 26.输精管 27.精荚囊 28.摄护腺 29.精荚管 30.贮精囊

31.阴茎 32.射出管 33.黏着体 34.外鞘 35.精子群

图18-3 乌贼内部构造(从池田和稻葉,1979)

(3)消化系统(图18-4):开始于口,有口膜包围,口内为肌肉质口球,其顶部为角质颚覆盖,角质颚内后方为齿舌带,齿式为3·1·3,两者均包埋于口球肌中。口球以下为较长而直的食道,经过消化腺,直达胃的贲门部;胃与盲囊相邻,盲囊多呈螺旋形。肠的基部与胃相接,短直,肠的顶部为直肠,其近旁有发达的墨囊,是一种直肠盲囊,由墨腺和墨囊腔组成。肠的末端为肛门。

主要消化腺有前、后唾液腺,胃腺,肠腺,肝胰腺等。

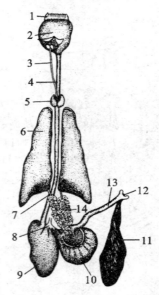

1.唇　2.口球　3.唾腺管　4.食道　5.唾液腺　6.肝脏　7.胆管　8.胃神经节
9.胃　10.盲囊　11.墨囊　12.肛门　13.直肠　14.胰脏

图 18-4　消化系统(从池田和稻叶,1979)

(4)排泄系统(图 18-3):肾脏为薄膜的囊状物——肾囊。具有左、右两个肾囊,彼此相通,并经肾孔与体腔联系。肾囊和循环系统关系密切,静脉腺质附属物伸入体腔和肾囊,主要在此海绵状的腺质部行排泄作用。排泄物主要经肾孔排出体外。排泄物主要是氨素,少量嘌呤和尿素等。

(5)循环系统(图 18-5):内脏囊的中央部有一个心室,两边各有一个心耳。鳃的基部具两个鳃心,有促进血液流动的功能。为闭管式循环系统。由动脉分支而成的微血管伸入肌肉组织,血液从动脉经微血管到静脉,再入鳃进行气体交换后回到心室,再由心室到主大动脉和后大动脉,如此循环。血液中含血蓝蛋白,稍带蓝色,静脉血在充氧时无色。

(6)呼吸系统(图 18-3):呼吸功能完全由位于内脏囊两侧的羽状鳃担任,乌贼具一对鳃。鳃由许多鳃叶构成,分列于包括轴肌和腹肌的中轴两边,每个鳃叶又由许多鳃丝组成;水流出入于鳃腔之间,由鳃丝进行气体交换。乌贼鳃以中轴的腹肌借薄膜与外套背面相连,鳃叶为 30~40 个,除具出鳃和入鳃血管外,鳃丝内尚有微血管分布。

(7)神经系统(图 18-6):分化程度很高,中枢神经系统和周围神经系统已经形成;前者成为复杂的脑,包括脑神经、漏斗神经、腕神经、足神经等,后者包括视神经、脏神经、胃神经、外套神经等。乌贼神经系统的中枢和周围部分均由神经节构成,不仅总体积增大,而且内部结构精密专化,神经组织高度集中,由脑神经节、腕神经节、足神经节和脏神经节愈合成的脑神经块,从外表看已是一个整体。位于外套内壁背缘的外套神经,部分裸露于肌肉表面,它由脏神经节派出,穿过头收缩肌后分成两支,外支形成星芒神经节,内支形成鳍神经,控制着外套膜和肉鳍的运动功能。

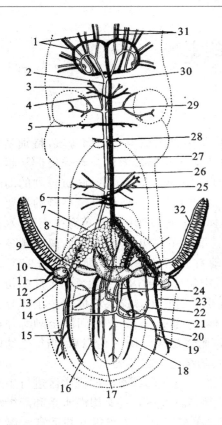

1.腕静脉　2.总腕动脉　3.头咽动脉　4.头
静脉　5.漏斗静脉　6.肝静脉　7.缠卵腺
8.静脉腺质附属物　9.入鳃血管（鳃动脉）
10.鳃腺静脉　11.外套膜静脉　12.鳃心
13.围心腔腺　14.胃动脉　15.生殖静脉
16.墨囊动脉　17.外套腔静脉　18.外套膜动
脉　19.生殖动脉　20.盲囊动脉　21.缠卵腺
动脉　22.腹静脉　23.后大动脉　24.心脏
25.出鳃血管（鳃静脉）　26.肝动脉　27.前大
动脉（头大动脉）　28.大静脉　29.外套膜缘
动脉　30.眼动脉　31.总腕静脉　32.腕动脉

图 18-5　循环系统(从池田和稻葉,1979)

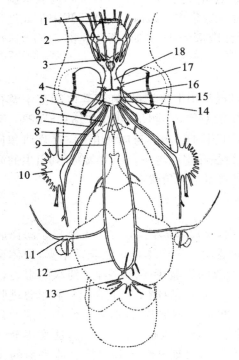

1.腕神经　2.口球　3.口球神经节　4.内脏
神经节　5.肝神经　6.襟神经　7.外套内神
经　8.外套外神经　9.内脏神经　10.星状神
经节　11.鳃神经节　12.内脏后连合　13.胃
神经节　14.嗅神经　15.脑神经节　16.漏斗
神经　17.视神经　18.足神经节

图 18-6　神经系统(从池田和稻葉,1979)

第二节 乌贼的生态

一、分布

1. 水平分布

金乌贼在我国渤海、黄海、东海、南海均有分布,其中以山东半岛南部海域,特别是日照沿海和海州湾数量最多。浅海性生活,主要群体栖居于暖温带海区。春季集群从越冬的深水区向浅水区进行生殖洄游,繁殖场主要位于离岸较远、水清藻密、底质较硬的岛屿周围,但盐度较高、藻类较多的内湾,也有繁殖场所。日照岚山头海域是金乌贼的重要繁殖场,青岛附近的胶州湾中也有一定数量的繁殖群体。金乌贼越冬场在黄海中南部,水深70～90 m范围内。越冬期为12月～翌年3月底。每年4月初,金乌贼开始离开越冬场进行生殖洄游。生殖洄游的时间,与等温线的移动有密切的关系,产卵适温为13℃～16℃。主群游向山东半岛南部、海州湾一带,于4月中旬最先到达日照沿海。4月中旬～5月底,在岚山头至涛雒近海一带集群产卵,形成春季捕捞旺汛。这支群体中一小部分于4月下旬～5月游向青岛沿岸。另一支北上洄游群体,一部分于4～5月间游至渤海并进入诸海湾;另一部分于5月上旬～6月底游至鸭绿江附近海区。10月份以后,当年生幼体离开沿岸向深水区移动,开始越冬洄游。12月份后,陆续进入越冬场。

日本无针乌贼主要群体栖居于暖水区。春季集群从越冬的深水区向浅水区进行生殖洄游,繁殖场主要位于接近外海的岛屿周围,水清流缓,盐度较高,并有黑潮水系和沿岸水系交汇。生殖洄游时间与等温线的移动有重要联系,在东海北部产卵集群的适宜水温为18℃～22℃。我国沿海的日本无针乌贼渔场曾经主要集中于东海。渔汛呈现南早北迟特点,广东东部、福建南部为2～3月,福建东部、浙江南部为4～6月,浙江北部5～7月,山东南部为6～7月。

2. 垂直分布

乌贼多栖居于中下层,夜间比白天活跃,常出现于中上层,黎明和薄暮之际甚至游行于上层。交配后不久即产卵,繁殖后,雄、雌亲体相继死去。卵子在水温18℃～22℃,孵化期约需1个月;孵化率可达70%以上。刚孵出的稚仔,外形与成体相近,能游动和捕食,白天沉静,夜间活跃。深秋,成长中的新世代游往深水区越冬,翌年再游至其出生的海域交配、产卵;组成年年更新,剩余群体为零,补充数量增加较快。

二、生活方式

乌贼科的种类属于游泳型,生活在大陆架以内,又属浅海性,通常白天栖息于海洋底部,有的种类会以砂子覆盖住身体将其隐藏,夜间活动。尽管体表黏液非常丰富,但体型近似盾形,与柔鱼和枪乌贼比较,在水中游泳时形成的层流少、湍流多,受到水的阻力较大,游泳速度较慢。喷水推进是乌贼最主要的运动方式,可以满足它们在摄食和紧急逃脱时的需要。通过外套肉和漏斗下掣机收缩体腔中的水由漏斗喷出,形成反作用力推动其运动。游动的速度与肌肉的收缩程度有直接关系。经过一段距离的漂滑后,速度逐渐减慢,然后进行第二次喷水。鳍在水中总是不停地波动,有辅助游泳和保持身体平衡的作用。乌贼的喷水漏斗可以任意转动来控制运动方向。这样动物在水中就能自由自在地游动，还可以做出许多精巧动作，从而使它们具备高度的灵活性以便应付大洋中各种敌害。胴部中石灰质硬壳能使动物得到浮力，并具有承担水压的作用。乌贼通过内壳排水和吸水可调节体内的水容量，从而使自己在水中自由升降。乌贼既具备软体动物的基本结构，其平衡性以及剧烈游动等又类似于脊椎动物的生理特征。

三、对温度、盐度等理化因子的适应

多为广温狭盐性种类。金乌贼适温范围 6℃～28℃，最适水温 15℃～23℃，自然产卵温度在 13℃～17℃，盐度范围 30～33；日本无针乌贼适温范围 10℃～30℃，自然产卵温度在 18℃～22℃，孵化温度在 20℃～26℃，幼体适宜盐度较广，在 20～35 都可以健康成长，成体一般在 30～35。广泛分布于地中海和东大西洋沿岸的乌贼（*Sepia officinalis*），适宜盐度 32～35，耐温范围在 15℃～27℃，以 21℃ 最为适宜，寿命依赖于海水温度，通常为 6～16 个月（温度越低，寿命越长）。对氨氮和 pH 耐受力与其他鱼类和贝类相似。对铜和重金属耐受力较差，对臭氧敏感。

四、食性

为掠食性的肉食动物，腕强而有力，是重要的捕食器官。其触腕通常收缩在第 3、4 对腕间的触腕囊中，捕食时能迅速伸出，以触腕穗上的吸盘捉住猎物，其余 4 对腕保持住送往口端。口球前端的角质颚坚韧锋利，能咬碎动物的壳片和骨片，是重要的咀嚼器官；口球内的齿舌具有磨锉食物的功能。乌贼主要捕食小型鱼虾蟹，如毛虾、幼对虾、鹰爪虾、黄鲫鱼、梅童鱼、扇蟹、虾蛄等，种内残食的情况也很普遍。

五、天敌

乌贼属浅海性头足类，与浅海性凶猛鱼类关系密切。在我国近海，带鱼是猎食乌贼的主要种类。另外，也是鳓鱼、真鲷、海鳗、狗母鱼、鲨鱼等的猎食对象。

第三节　乌贼的繁殖与生长

一、乌贼的繁殖

（1）交配：为雌雄异体，雄性通过与雌性交配，通过茎化腕将精荚传递给雌体口膜处完成交配过程（图 18-7）。

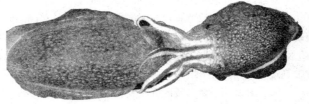

图 18-7　乌贼的交配

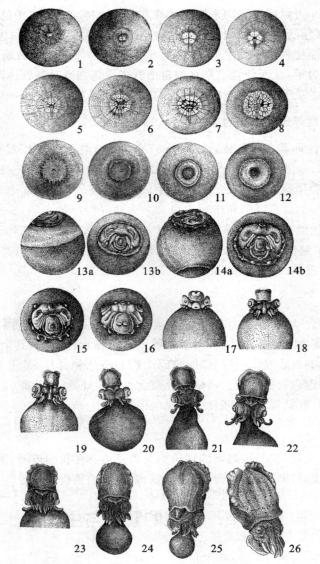

1.尚未分裂的受精卵　2. 2细胞期　3. 4细胞期　4. 8细胞期　5. 16细胞期　6. 32细胞期(有12个小分割球)　7. 32细胞期(有14个小分割球)　8. 64细胞期　9.分割晚期　10.胚膜时期　11.初期原肠胚　12.后期原肠胚,壳囊在此期开始　13.外部器官芽开始(a.右侧观,b.顶面观)　14.卵黄膜下包3/4外部器官都已形成(a.右侧观,b.顶面观)　15. 10 d胚顶面观(卵黄囊孔闭合,胚体开始突出)　16. 11 d胚顶面观(视柄突出,鳍芽形成)　17. 12 d胚背面观(胴体开始形成)　18. 14 d胚背面观(漏斗形成)　19. 16 d胚背面观　20. 18 d胚背面观　21. 20 d胚背面观(外卵黄囊显著缩小)　22. 22 d胚背面观(外卵黄囊继续收缩)　23. 24 d胚背面观　24. 26 d胚背面观　25. 28 d胚右腹侧观(即将孵化的幼体)　26.刚孵化的幼体右背侧观

图 18-8　金乌贼的胚胎发育(从李嘉泳等,1965)

(2)产卵:乌贼是在口膜附近进行受精的。其口膜腹面有一纳精囊,具储存精子功能,精子能在其中生活一段时间。待找到适宜的产卵地时,卵子分批成熟,雌乌贼将成熟的卵

从体内运至口膜处,分批产卵,单个产出,多缠绕在马尾藻、柳珊瑚或细枝、细绳上。产卵后,亲体大部分死亡。产卵期多在4月中旬～6月上旬。生殖期间,主要分布在水深5～10 m、水清藻密、底质较硬的海域。

(3)胚胎发育与孵化(图18-8):金乌贼雌体怀卵量一般为800～2 000粒,孵化前的卵膜胀大,长径为16～21 mm,短径为12～14 mm,略呈葡萄状,卵膜接近奶油色,半透明;其产卵适宜水温13℃～17℃,盐度31左右。在水温18℃～22℃时,孵化期约需1个月;孵化率可达70%以上。刚孵出的稚仔,胴长约为5、6 mm,外形与成体相近,能游动和捕食,白天沉静,夜间活跃。

日本无针乌贼卵子呈葡萄状,一端较突,一端为分叉柄,卵膜为黑褐色。个体产卵量为1 000～2 000粒。刚孵出的稚仔胴长为2.5～3 mm,外形与成体相近,已具有喷水推进能力,运动灵活。(图18-9)

图18-9 日本无针乌贼的卵群(左,中)和刚孵化的幼体(右)

二、生长

在自然海域,金乌贼受精多在水温16℃～25℃下,经过30 d左右,即可孵化出幼乌贼。新孵化出的幼体在形态上几乎接近于成体。金乌贼孵化率、成活率高、生长迅速。5～6月份产卵孵化的幼金乌贼至11月份,一般胴长可达到12～15 cm,体重200～350 g,大的可达到近500 g。翌年春末夏初达到性成熟,成为生殖亲体。生殖群体优势组成一般为:胴长17～20 cm,体重450～750 g。

6月份孵化出的日本无针乌贼稚仔到11月末胴长可达到8～10 cm,体重为150～200 g。

第四节　乌贼的人工育苗

一、自然采卵

1.选择自然采卵场,适时投放采苗器

金乌贼天然产卵场水深40～100 m,底质为贝壳、砂砾、珊瑚礁,并有海藻丛生的海域。产卵盛期为4～6月,每个成体产卵量为1 000～1 500粒。在自然界产卵床通常选择在珊瑚礁或海藻枝,形成串状或堆状结构,乌贼可连续多次产卵,一般日最大产卵量 150 粒。

产卵器,即乌贼笼,是用 3 根竹竿扎成锥形架,周围用 2 cm聚乙烯渔网包扎。采卵器外部留有一锥形口,作为亲体通道,网架内部中央悬挂一把柽柳、网衣等作为卵的附着基(图 18-10)。3 月下旬将加工好的采卵器运到产卵场均匀沉到海底进行采卵,并用缆绳连接和固定,在海区设置标志。

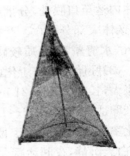

图 18-10　带柽柳的乌贼笼

2. 适时收卵,并进行消毒洗卵处理

5 月下旬～6 月上中旬可以进行收卵,即将采卵器逐个收捕,冲刷干净,整体或只将采卵器内的网衣、柽柳等附着基取下,运到育苗场。卵一般采用干法运输。装车时,底层用湿海藻或湿棉被铺底,然后平放采卵器,注意避免相互摩擦损伤,顶部用湿麻袋或棉被遮盖,防止阳光直射,最后用篷布盖好绑牢。

运回后,将网衣、柽柳等附着基剪下挂到已纳满新鲜海水培育池中的拉绳上,将其全部浸入水中,底部离池底 20 cm 左右,用药物进行杀菌处理。

二、室内人工采卵

4 月中下旬～5 月,从近海挂网捕捞的乌贼中,选择性腺成熟好、个体肥大、活体强、无损伤的个体作为亲体,置于室内育苗池中暂养,控制水温在 19℃～22℃。金乌贼亲体培育盐度 30～33,日本无针乌贼亲体的培育盐度可以稍微低一些。每天换水 1～2 个全量,并投喂新鲜的小鱼虾。乌贼亲体经过短期强化培育,就会表现出烦躁不安、活动剧烈,并有择偶交配等特点。交配时,雌、雄乌贼头部相对,腕交叉紧抱,此时雄乌贼通过茎化腕将精荚送至雌体口部下方的纳精囊处,整个交配过程通常 5～15 min。

交配结束后,雌乌贼就开始寻觅适宜产卵的附着基准备产卵,其配偶(雄乌贼)总是跟在其后。在雌乌贼产卵过程中,雄乌贼不离其左右。产卵过程中有时会看到交配现象。待产卵完毕后,双双离开附着基。然后另外一对再来此继续产卵。室内可以采用聚乙烯绳作为附着基,绳子长度可以根据池水深度而定,一般长 1～2 m。乌贼产卵时,先用腕抱住附着基,然后将卵通过卵柄一个一个缠到附着基上。

三、室内人工孵化

金乌贼受精卵绝大多数呈球形,个别呈椭球形,卵粒较小(直径为 6～8 mm),表层粘有泥和细砂,呈半透明状态。在水温 16℃～23℃条件下,经 20 d 左右的培育,卵粒体积逐渐膨胀,第一层隔膜开始产生裂缝,并逐渐被胀破而脱落,此时呈透明体状态,膜内的小乌贼幼体清楚可见,卵粒直径为 0.8～1.1 cm。再经 7～10 d 的培育,卵粒仍在不断膨胀,第二层隔膜被胀破而脱落,小乌贼孵出。孵化过程应避免阳光直射,光照强度为 500～1 000 lx。刚孵出的小乌贼幼体呈浅褐色,并随时间的增长,逐渐由浅变深,其形态与成体相近,胴体长 5～7 mm,平均孵化率达 80% 左右。

日本无针乌贼受精卵呈葡萄状,一端较突,一端为分叉柄,卵膜为黑褐色。在水温 20℃～24℃条件下,孵化期为 22～28 d,孵化率 80% 以上,水温越高,孵化时间越短,在

28℃下,仅需要 12～15 d。刚孵出的稚仔胴长为 2.5～3 mm,外形与成体相近。

在孵化过程中,主要是保证水交换和水温控制,不需投饵。日换水量为 2/3～1 个全量。水温控制在 20℃～21℃,最低不低于 19.5℃。溶氧量不低于 5 mg/L,NH_4^+-N 含量不大于 90 mg/m³,盐度稳定在 30 左右。

四、室内培育

乌贼幼体孵化后可以采用网箱培育或圆形水泥池。网箱规格 1.0 m×1.0 m×1.2 m,网目按乌贼幼体不同时期选择 120 目、100 目、80 目、60 目 4 个型号。刚孵化出的乌贼幼体口中常含有卵黄,可以维持 1～2 d,大多数幼体破膜后不久即可捕食。白天底栖,晚上游泳摄食。需投喂活饵料,卤虫幼体较为理想。随着幼体发育,逐步增加投喂量和卤虫规格。当孵化 10 d 后,可以适当去掉遮光设施,饵料可改用虾苗或海水桡足类和其他浮游动物,也可以从盐场卤库捕获天然卤虫进行投喂。金乌贼幼体培育水温一般控制在 22℃～25℃;盐度为 30～33;日本无针乌贼幼体对低盐度有较好的适应性,盐度在 20 以上就可以。每天换水 1～2 个全量,或采用流水培育。一般小乌贼室内培育 30～40 d,即可进行室内养成或移到池塘进行养成。

五、育苗管理

乌贼幼体喜暗光,应采用遮光措施、避免光线直射。小乌贼孵出后,可将其收集到网箱集中培育,同时加大换水量,一般每天换水 2～3 个全量,若采取长流水更好。在收集小乌贼和换水时一定要轻轻操作,避免喷墨,损伤体质。

选择适宜的开口饵料是影响苗种成活率和生长的关键因素。卤虫无节幼体作为开口饵料效果比桡足类好,强化的卤虫无节幼体更好,不仅成活率高,而且生长较快。另外,个体大小适中、营养较全面的枝角类和虾蟹幼体也是很好的选择。

海水盐度也是制约乌贼苗种生长的重要因素,特别对于狭盐性的金乌贼幼体,其适宜盐度下限为 30,经驯化,可降低至 28 左右,再低则出现明显不适状态。尤其在汛期应控制和调节好盐度,根据气象预报,做好海水储备,并相应减少换水量;当无蓄水条件时,应暂时停止水交换,尽可能避开低盐期;若汛期较长,又无蓄水条件时,可适当小量换水,并在换水前先将新水放在另外池中,采取泼洒粗盐饱和溶液的方法,将其调节到与培育池中相同的盐度,然后再进行水交换。

第五节　乌贼的养成

孵化后 30～40 d,稚乌贼胴体长超过 20 mm,体重达 2～3 g,可以进行饵料转换,改投喂新鲜饵料,如鱼糜等。由于金乌贼多伏底生活,放养密度在 500～1 000 尾/平方米为宜。在北方海域此时的自然水温为 18℃～25℃,有利于其生长。金乌贼是狭盐性种类,喜欢高盐环境,应保持盐度在 28 以上,低于 22 就会停止摄食。无针乌贼对低盐度有较好的适应性。养成方式可以采用室内养成、池塘养成,另外围网养殖和深海网箱养殖也是值得尝试的方法。

一、室内养成

室内养殖可以保证海水理化因子稳定,管理细致入微。采用的水泥池为圆形,也可以利用已有的贝类暂养池或育苗池,在池中添加网箱进行养成。

养殖期间应注意的问题主要包括以下几方面:

(1)饵料:育苗期间以天然卤虫和糠虾等活饵料为主,养成前期首先进行饵料转换。开始时,可以采捕池塘中自然纳潮的小个体虾蟹类和鱼类作为饵料,另外人工养殖的稚虾也是很好的选择,日投饵2～3次,日投饵量为乌贼体重的8%～10%;并逐步投喂价值较低的新鲜杂鱼、贝类等作为饲料进行饵料过渡和转换,养成的中后期则以冰冻新鲜杂鱼虾贝为主进行投喂。目前尚没有专门用于乌贼养殖的人工饲料。

(2)水温和盐度:养殖水温为10℃～28℃,盐度控制在28～34,养殖水深为0.5 m以上。

(3)养殖期间的管理:换水量为每日一个全量,高温期每天2个全量或采取长流水,低温期每天换水10%～20%,保持养殖水体水质清新,满足乌贼健康生长所需要的溶解氧、pH值等理化指标应符合标准。

每月倒池1次,用高浓度漂白液浸泡0.5 h,同时清洁池壁、池底,然后冲刷干净,空池2天,挥发余氯。下池放养前,先将全池冲刷,然后进水养成。平时每天吸底清池,吸底时避开乌贼集群区,以避免刺激。

经过4个月左右的室内养殖,成活率一般可达60%以上,平均体重达213～227 g。

二、池塘养成

(1)池塘改造:改善池塘养殖条件是乌贼养成的前提,主要从池塘整治改造和配套增氧两方面入手。一般池塘在整治时先用高压水枪反复冲洗池底;配合吸泥浆机将池底淤泥排到池外,再挖深去除一部分表层硬土,最后用生石灰或沸石粉全池均匀泼洒,改造池塘底质。这样处理后,既大大减少池内病原体和耗氧因子,改善养殖环境,又能提高水体的稳定性和放养容量。

(2)水质:在整个养殖过程中通过进排水保持池塘内水质更新,自始至终溶解氧保持在5 mg/L以上,最好还要储存些增氧剂以备急用。另外,池塘水深保持在1.5 m以上,盐度始终能保持在28以上为宜。

(3)苗种放养大小和密度:苗种在放养前应进行饵料过渡和转换使其逐步适应冰鲜饵料。通常金乌贼幼体胴体长达到2～3 cm,日本无针乌贼进入底栖游动阶段时进行放养成活率较高。由于乌贼苗种主要栖息在池底部,摄食时才游动,放苗密度一般每立方米水体为1 000～1 500只。随着苗种的不断生长,出现大小不一,为了便于管理,提高饵料利用率和养殖成活率,可以对乌贼进行分级养成,即将苗种根据大小分成不同级别移池养殖。

(4)饵料:所选用的池塘能够通过自然纳水维持较为丰富的天然饵料,如糠虾、枝角类、桡足类,将大大提高乌贼养成过程的成活率和生长率,能使养殖达到事半功倍的效果。如果池塘自身饵料不足,可以定时投喂新鲜的杂鱼虾等进行补充,适当补充人工配合饲料,饵料大小根据放养乌贼大小而调整。通常每天投喂量是其体重的 8%～10%。每天投饵 2 次。投喂时,尽量将食物放入流动水体中,有条件时可将食物放在饲料槽内或将活饵直接投放池中,让其争相捕食。乌贼喜静,一旦受到外界刺激或干扰,会喷墨;喷墨会影响乌贼的摄食和生长,严重会导致苗种死亡。投喂食物时应尽量减少干扰,进行定时定量驯化后,乌贼可自动摄食。

(5)养殖管理:养殖期间定时巡塘,记录水温、盐度、溶解氧等水质指标,检测塘中饵料生物种类和数量,确保水质良好、饵料充足。另外,还应该注意养殖环境的消毒工作,预防疾病的发生。在池塘中架设网箱进行养殖,更有利于观察和管理。

(6)生长与收获:经过 5 个月的培育,乌贼体重可由 0.1 kg 增至 0.5～0.7 kg,达到商品规格,可上市出售。乌贼生长与摄食量密切相关,金乌贼的生长季节为 6～10 月份,饵料转换系数为 2∶1,随着水温的降低,饵料转换系数变为 3.5∶1;冬季的摄食量仅为夏季的 1/3 左右。因此,投喂乌贼的时候,应考虑季节因素。孵化 60 d 的金乌贼外套长约 60 mm,体重 30 g;100 d 胴体长变为 105 mm,体重 140 g;4 个月养成后胴体可达 135 mm,体重为 280 g,其中成长较好者胴体可达 20 cm,体重为 0.6 kg。

通常乌贼当年就可以达到商品规格,根据市场需求进行捕捉销售。可用围网或干塘捕获,也可以采用乌贼笼诱捕。

此外,乌贼也可进行围网养殖和深海网箱养殖。

第六节　乌贼的加工

一、乌贼冷冻加工

将鲜乌贼洗去乌墨,去掉海螵蛸、内脏和头,进行清洗,去掉黑膜,剥皮再洗净。然后分级、称重,用盐水浸泡后装盘速冻,再脱盘,镀上冰衣,最后包装冷藏。具体操作过程:选出体重 100 g 以上、无机械损伤的鲜乌贼,洗掉体表墨汁,去掉海螵蛸、内脏和头(头和内脏分别加工),然后用水将带皮乌贼充分洗涤,清除污物、墨汁及杂质。洗净黑膜,剥去外皮并整形。将分级、称重好的乌鱼片放到 10% 盐水中浸泡 10 s 左右,捞出沥水。让盐水对乌鱼片表面部分蛋白质凝固并杀菌,同时形成一层保护膜,抑制微生物侵蚀。修整片形,按规格装盘。速冻时加适量净水,速冻温度低于 -25℃,时间 8～12 h,乌鱼片中心温度达 -15℃ 以下。脱盘时小心乌鱼片冻块散碎,镀冰衣水温为 0℃～3℃,时间 10 s 左右,冰衣均匀、光滑、厚度 1.5～2 mm。

二、墨鱼干

以新鲜金乌贼和日本无针乌贼为原料,将其用海水浸泡 8～12 h,使胴体硬挺,持刀挑开腹部和头部,斜刺一刀眼球,放出组织液,摘除墨囊、内脏和颚片,用清水将体内外的污物及墨汁洗净,沥去水分,摆晒至六七成干时收起垛压整形,扩散水分,2～3 h 后重新晾晒至全干。

三、干乌鱼蛋

采用雌性乌贼缠卵腺、副缠卵腺为原料，在每年 5～6 月份乌贼产卵腺丰满期为佳。鲜乌贼要及时加工，否则应加冰保鲜或冷藏保鲜。

乌鱼蛋干制品有生、熟之分。干熟乌鱼蛋是将新鲜的乌贼取出缠卵腺，拌 4%～5% 的盐后入缸，盐渍 15 h 左右捞出，用海水洗净，沥去水分，锅煮三开捞出，用凉水冲刷，摘净黑膜，沥水，摊晒至全干。干生乌鱼蛋是将新鲜的乌贼缠卵腺取出后，用海水洗净，摘净黑膜，沥水晒干即可。

复习题

1. 试述金乌贼与日本无针乌贼的形态区别。
2. 试述乌贼消化系统与生殖系统构造特点。
3. 试述金乌贼和日本无针乌贼的生态习性。
4. 简述乌贼的繁殖习性及其特点。
5. 试述乌贼的人工育苗方法。
6. 简述乌贼室内养成与池塘养成的过程和方法。
7. 乌贼的加工方法有哪几种？简述其加工方法。

第十九章 蛸的养殖

在分类地位上,蛸类(*Octopus*)是属于软体动物门(Mollusca),头足纲(Cephalopoda),二鳃亚纲(Dibranchiata),八腕目(Octopoda),无须亚目(Incirrata),蛸科(Octopodidae),又称章鱼,俗称八带鱼、八带蛸,广泛分布于我国南北沿岸海域,多栖息在浅海砂砾、软泥及岩礁处,喜食甲壳类、双壳类。渔民利用它在螺壳中产卵的习性,以绳穿红螺壳沉入海底诱捕。我国常见的经济种类有短蛸 *Octopus ocellatus*,长蛸 *O. variabilis* 和真蛸 *O. vulgaris* 等。蛸类可鲜食,也可干制,其肉质鲜美,营养丰富。除含大量蛋白质外,不饱和脂肪酸、维生素 A 丰富,可食部分达 90% 以上。短蛸营养成分(100 g 鲜肉重)中,粗蛋白 14.8 g,粗脂肪 0.7 g,总糖 1.44 g,灰分 1.1 g;含有 18 种氨基酸,人体所需的必需氨基酸占总量的41.4%。在所检测的 20 种脂肪酸中,饱和脂肪酸 8 种,单不饱和脂肪酸 3 种,多不饱和脂肪酸 9 种。真蛸的维生素、矿物质丰富(表 19-1)。蛸种类不同,产卵量相差甚大,从几千个到十余万个不等,卵子分批成熟,分批产出,产出的卵子状如饭粒,常成穗连在一起。中国南部沿海的真蛸和北部沿海的短蛸、长蛸均有一定产量,除食用外,在医学上有补血益气、收敛生肌的作用。

表 19-1 真蛸营养成分分析(100 g 鲜肉重)

种类	含量(g)	种类	含量(mg)	种类	含量(mg)	种类	含量(mg)
蛋白质	10.6	钙	22	锌	5.18	维生素 B_1	0.07
脂肪	0.4	镁	42	铜	9	维生素 B_2	0.13
碳水化合物	1.4	磷	106	硒	41.86 μg	维生素 PP	1.4
灰分	1.2	铁	42	维生素 A	7 μg	维生素 E	0.16

蛸类对养殖环境的高度适应性、广分布性、生命周期短、高生长率、繁殖力强和高营养值(蛋白质占 70% 以上)等特性,已成为头足类中最受关注的养殖对象,具有很强的养殖潜力。

第一节 蛸的形态与构造

一、外部形态

蛸类胴部卵圆形,外套腔口狭。腕上大多具两行吸盘,有的种类具单行吸盘,雄性右侧或左侧第 3 腕茎化,腕顶端特化为端器,无触腕。闭锁器退化。不具肉鳍。内壳退化,仅在背部两侧残留两个小壳针,不具发光器。

(1)真蛸(*Octopus vulgaris* Cuvier)(图 19-1)又称母猪章,胴部卵圆形,稍长,体表光

滑,具细小的色素点斑。短腕型,各腕长度相近,腕吸盘2行。雄性右侧第3腕茎化,明显短于左侧对应腕,端器锥形。漏斗器W形。鳃片数9～10个。齿式为3·1·3,中央齿则具有3～5个齿尖,基本上左右对称,第三侧齿外侧具有发达的缘板结构。

(2)短蛸(*Octopus ocellatus* Gray)(图19-2)别名饭蛸、坐蛸、短腿蛸。胴部卵圆形,体表有圆形颗粒,在眼前方,位于第二、三对腕间各生有一卵圆形的大金色圈,与眼径相近。短腕型,各腕长度相近,腕吸盘2行。雄性右侧第3腕茎化,端器锥形。漏斗器W形。鳃片为7～8个。为我国北方沿海重要的经济种。

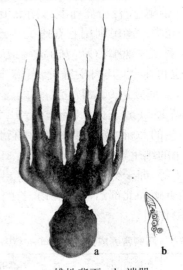

a.雄性背面 b.端器

图19-1 真蛸外部形态(从 Okutani et al,1987)

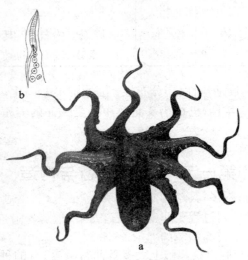

a.雄性背面 b.端器

图19-2 短蛸外部形态(从 Okutani et al, 1987)

二、内部构造(图 19-3)

(1)肌肉系统:肌肉组织坚韧发达,由两层纵肌和位于其间的横肌构成。横肌纤维和纵肌纤维的收缩和扩张,是头足类游泳、爬行、捕食和咀嚼等活动的基础。蛸类的外套肌不发达,肌壁较薄,不具鳍肌,但腕肌和吸盘肌特别发达,在吸盘肌中除与柔鱼、枪乌贼和乌贼共有的放射肌、环肌外,还增加了括约肌,环形肌大为增厚。

(2)消化系统:开始于口,有口膜包围,口内为肌肉质口球,其顶部为角质颚覆盖,角质颚内后方为齿舌带,齿式为 3·1·3,两者均包埋于口球肌中。口球以下为较长而直的食道,经过消化腺,直达胃的贲门部;食道基部膨大为嗉囊。胃与盲囊相邻,盲囊多呈螺旋形。肠的基部与胃相接,短直,肠的顶部为直肠,其近旁有发达的墨囊,是一种直肠盲囊,由墨腺和墨囊腔组成。肠的末端为肛门。主要消化腺有前、后唾液腺,胃腺,肠腺,肝胰腺等,特别是后唾液腺很发达,有分泌消化酶和蛋白毒的双重功能。

(3)排泄系统:肾脏为薄膜的囊状物——肾囊。具有左、右两个肾囊,各自独立,但与体腔联系,肾囊和循环系统的关系密切:静脉腺质附属物伸入体腔和肾囊,主要在此海绵状的腺质部行排泄作用,排泄物主要经肾孔排出体外,排泄物主要是氨,少量嘌呤和尿素等。

(4)循环系统:内脏囊的中央部有一个心室,两边各有一个心耳。鳃的基部具两个鳃心,有促进血液流动功能。为闭管式循环系统。由动脉分支而成的微血管伸入肌肉组织,血液从动脉经微血管到静脉,再入鳃进行气体交换后回到心室。再由心室到主大动脉和后大动脉,如此循环。血液中含血蓝蛋白,稍带蓝色,静脉血在充氧时无色。

(5)呼吸系统:呼吸功能完全由位于内脏囊两侧的羽状鳃担任,鳃由许多鳃叶构成,分列于包括轴肌和腹肌的中轴两边,每个鳃叶又由许多鳃丝组成;水流出入于鳃腔之间,由鳃丝进行气体交换。鳃内具出鳃血管和入鳃血管,蛸鳃以中轴的腹肌借薄膜与外套背面相连;鳃叶为 8～10 个,但结构比柔鱼、枪乌贼和乌贼更为复杂,其鳃轴腔特别发达,将鳃叶分成两列,外侧鳃叶和内侧鳃叶成对交互排列,鳃叶和鳃丝的皱褶显著增加,其间的裂缝也明显扩大,鳃丝内的微血管呈网状分布,从而使气体交换面大大增加。

(6)生殖系统:雌性生殖器官比较简单,主要由卵巢、输卵管和缠卵腺组成。卵巢位于外套腔后端,输卵管开口于生殖腔,输卵管的前部具一膨大的输卵管腺,再向前为雌生殖孔,开口于外套腔。不具缠卵腺,有一对输卵管。雄性生殖器官主要由精巢、输精管和一些附属腺、囊组成。精巢位于外套腔后端,有小孔通向输精管;输精管由本体部、生殖囊、贮精囊、前列腺和精荚囊等组成,精荚囊的前端为雄生殖孔,生殖囊也有通向外套腔的孔;精荚包藏于精荚囊中,数目很多,其结构十分复杂,包括冠线、英冠、放射导管、胶合体、连接管、精团和被膜等,精子放射过程也非常精细、巧妙。精荚囊附近或前端具一膨大部分或突起,称为"阴茎",实际上仅为精荚的通道,其本职的交接功能,在大多数种类中已为茎化腕所取代。

(7)神经系统:脑是无脊椎动物中最完善的,体积增大,内部结构精密专化,神经组织高度集中,有脑神经节、腕神经节、足神经节和脏神经节愈合成的脑神经块,从外表看已是一个整体。位于外套内壁背缘的外套神经,部分裸露于肌肉表面,它由脏神经节派出,穿过头收缩肌后分成两支,外支形成星芒神经节,内支形成鳍神经,控制着外套膜和肉鳍的运动。

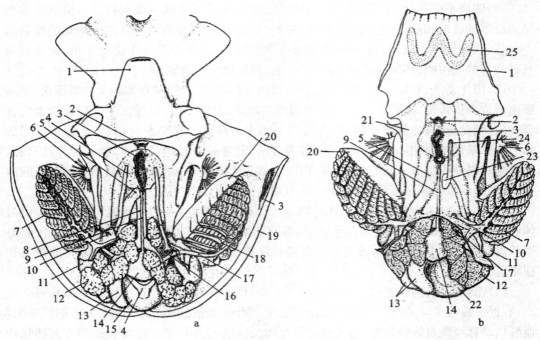

a. 内部构造(雌)　b. 内部构造(雄)

1. 漏斗　2. 肛门　3. 中央外套膜下掣肌　4. 输卵管　5. 直肠　6. 星状神经节　7. 鳃
8. 大静脉　9. 外套动脉　10. 肾孔　11. 鳃心　12. 肾囊　13. 小肠　14. 心脏　15. 卵巢　16. 输卵管球
17. 出鳃血管(鳃静脉)　18. 入鳃血管(鳃动脉)　19. 外套膜　20. 鳃悬肌　21. 漏斗下掣肌　22. 精巢
23. 阴茎枝　24. 阴茎　25. 漏斗器

图 19-3　真蛸内部构造(从池田和稻叶,1979)

第二节　蛸类的生态

一、分布

(1)垂直分布:不同种类栖息在不同水深,自潮间带浅海地区至数千米的深海平原处均可见其分布,分浮游型和底栖型,大多数种类以营底栖生活在海底爬行,如真蛸、长蛸、短蛸等,能凭借漏斗喷水的反作用短暂游行于底层海水中,有短距离生殖和越冬洄游习性,以虾蛄、蟹类、贝类和底栖鱼类为食。自身常为鲨鱼、海鳗等的猎食对象。真蛸生活在沿岸至大陆架水深 200 m 以内的砂泥底、岩礁海域及藻场中。

(2)水平分布:大部分为浅海性种类,也有少数深海性种类。它们喜欢躲藏于礁石或沉船中,以及砂质或泥底水域。短蛸、长蛸、真蛸在我国南北沿海广泛分布。短蛸是北方沿海主要经济种类,而真蛸在南方产量较大。

长蛸、短蛸一般都在较深水域内(50 m以下)越冬,而春季则在较浅的海域产卵(15 m)。夏季温度过高或受河口区洪水影响,近岸海水盐度较低,它们将向盐度较高的外海迁移。

二、对温度、盐度等理化因子的适应

(1)盐度:真蛸喜高盐度,对低盐的耐受力很差。自然环境下,盐度通常在 35 左右,盐度下限约为 27。这就表明强降雨等自然因素引起的大量淡水注入造成养殖环境盐度的突降,将导致蛸的大量死亡。长蛸暂养的适宜盐度为 19~35.4,最适为 22.1~33.1。青岛沿岸海域的长蛸、短蛸都有向高盐度海域迁移的习性。

(2)温度:真蛸不适于低温,在 7℃以下则迁移至深海,生长最适水温 15℃~23℃,13℃以下会停止生长。暂养长蛸适宜的温度为 5℃~25℃,最适为 11℃~20℃;短蛸产卵的适宜温度为 15℃~22℃。

(3)溶解氧与 pH 值:长蛸暂养时的 pH 值为 6.0~8.5,最适 pH 值为 6.5~7.5,其窒息点为 0.43 mg/L,耐低氧能力较强。对于封闭式循环系统和集约化养殖而言,其他因子更容易起变化,溶解氧和氨作为重要参数应给予重视。真蛸耗氧量在性别间无差异,它的新陈代谢以蛋白质为主导,O/N 率与体重(19~1 210 g)、温度(13℃~28℃)和性别没有显著相关关系。

(4)底质:真蛸喜砂砾底质,砂及泥处分布较少。岩石为底质的地方则依地形的不同分布密度相差较大。长蛸具显著的钻穴习性,常潜伏于海底泥砂或礁石间隙中。另外,长蛸渔场主要为泥底,这也是泥底多的胶州湾内盛产长蛸的原因。青岛沿岸短蛸渔场多在泥砂底,也有在泥底的,硬砂底很少。

三、食性

蛸类反应敏捷,视觉、嗅觉以及味觉等均极敏锐,食性广泛,特别喜欢摄食虾蟹类和贝类。

短蛸为杂食性,食物包括鱼类、甲壳类、介形类、线虫类、多毛类、腹足类等,饵料生物的种类有季节变化,摄食率也呈季节性变化。台湾海峡分布的短蛸春季和夏季的摄食率为 75%,秋季达 100%,而冬季为空胃。从短蛸胃饱满系数来看,季节变化也明显,春季开始少量摄食,饱满系数较低,但逐渐增长,夏季为最高,秋季逐渐下降,冬季为空胃。

长蛸较凶猛,以蟹类、贝类、虾类为主食,夜间摄食活动强烈。真蛸摄食小鱼、贝类、虾蟹等小动物,是虾和贝类养殖场的敌害生物。它夜间活动,白天潜伏于洞穴中,退潮时不活动,涨潮时出现以摄取食物。

四、天敌

在欧洲沿岸,章鱼常被一些底栖鱼类如鳗鱼、鳕科鱼类、鲽等大量摄食。在我国沿岸,鳗鱼和鲨鱼是其最主要的天敌。

五、自我保护

(1)保护色:蛸类体内有 3 种色素:黄、红、黑紫。休息时白中带浅绿色,活动时茶褐色,兴奋状态下为暗红色,受惊吓时全身白色,足的内侧为红色,摄食时则呈浅茶褐色或暗茶褐色斑点状。

(2)避敌:蛸类遇危险时,借喷出的墨汁来逃避。墨汁有麻醉神经的功效,具保护功能。另外,体色随环境的改变而改变,具掩藏效果。其嘴尖锐如鹦鹉一般,可以咬穿蟹类或牡蛎等坚硬的外壳,同时某些种的章鱼分泌的唾液具有极大的毒性,对人类有害。长蛸、短蛸都有钻砂隐蔽的习性,这有助于避敌。由于蛸没有坚硬的骨骼等构造保护,可压缩身体外形而钻入小至令人无法相信的洞穴中躲藏,若硬将其从洞穴中拉出,通常很容易伤害它们。

(3)再生能力:蛸类具很强的再生能力,其腕前端切断后,可在数日后重新生长。

第三节　蛸类的繁殖与生长

一、蛸类的繁殖

(1)交配:蛸类为雌雄异体,体内受精。绝大多数雌体一生产卵一次,并具有护卵习性。对于全年饲养的真蛸, *O. mimus*, *Eledone cirrhosa* 没有明显的繁殖周期。真蛸、短蛸等经济种类交配方式为距离式交配,即雄蛸伸长右第 3 腕,在一定距离内插入雌章鱼外套腔内。交配的时间连续数小时,也有数日后再返回交配者,通常单一雌雄配对,偶尔也出现一对多的配对现象。

(2)产卵:蛸类在我国沿岸产卵季节一般在春、夏之间。青岛短蛸产卵期为 3~5 月,4 月最盛;浙江产短蛸性腺在上一年 11~12 月开始发育,3 月发育成熟,产卵期也为 3~5 月。长蛸为 3~6 月(浙江)。真蛸在地中海产卵期为 4~5 月,在日本濑户内海为 10 月。

种类不同,蛸类产卵量和卵径相差甚大。卵量从几千个到十几万个,甚至几十万不等。卵子分批成熟,分批产出,产出的卵子状如饭粒,常成穗连在一起。真蛸的产卵量为 10 万~50 万粒,短蛸为 600~1 000 粒,长蛸为 50~200 粒。自然环境下,卵子多产于空贝壳、海底洞穴内壁、岩礁下、海藻丛中及其他阴暗场所。短蛸的卵(长径 9.5~13 mm,短径 4~4.5 mm)如米粒,卵穗结附在空贝壳中;真蛸的卵(长径 1.5~2.7 mm,短径 0.5~1 mm)串状,黏附在洞穴顶部或内壁;长蛸卵(长径 21~22 mm,短径 7~7.9 mm)呈长茄形;船蛸 *Argonauta argo* 将卵产在雌体的薄壳内;水孔蛸 *Tremoctopus violaceus* 以卵附着丝缠绕在卵轴上,卵块为表层浮游性;幽灵蛸 *Vampyroteuthis infernalis* 在水深 3 000 m水域产下分离的浮游卵。

(3)胚胎发育与孵化(图 19-4):卵生,直接发生,无变态的幼体阶段。卵为端黄卵,营养丰富,且外包保护胶膜,孵化率很高。孵化期一般需 1 个月左右,随种类不同而有差异。自然状态下,平均水温 27℃,真蛸卵子发育孵化的时间为 15~42 d;17℃~19℃水温下胚胎发育需 47 d。

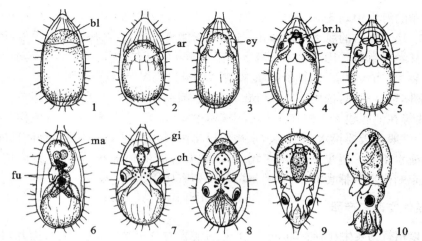

1.2 d胚　2.3 d胚　3.5 d胚　4.7 d胚　5.9 d胚　6.11 d胚侧面观　7.15 d胚
8.19 d胚侧面观　9.22 d胚背面观(即将孵化的幼体)　10.刚孵化出的幼体
bl.胚盘　ar.腕原基　ey.眼原基　br. h.鳃心　fu.漏斗　ma.外套膜　gi.鳃　ch.色素细胞
图 19-4　真蛸的胚胎发育(从滨部,1983)

二、生长

直到幼体孵化出来,护卵的雌蛸通常才会死亡。幼体多为夜间捕食,喜欢活饵料,如蟹、双壳类等。幼体生长迅速,有些种类在半年中体重增加近百倍。在 16℃～21℃ 条件下,真蛸生长很快,日增重率可达 13%。不过,幼体对低盐度适应力弱,盐度 30 左右的海水中生活良好,但盐度低于 25,幼体开始大量死亡。真蛸经过 5～6 个月的养成,可达到商品规格(2.5～3 kg),死亡率不超过 10%。性别与生长率没有明显关联,但是有些研究者观察到由于在性成熟期雌性代谢旺盛,消耗大量能量并影响生长,因此体重小于雄性。雌性的摄食率高于雄性,在性成熟前两者生长没有明显差别,雌、雄分开养成效果比混养效果更好。真蛸生长的适宜温度为 16℃～21℃,超过 23℃ 体重减少,并伴随有死亡。

蛸类生长周期短,通常为数月至 1 年,如 *Hapalochlaena maculosa* 7 个月,水蛸 *O. dofleini* 较长,可达 5 年。

第四节　蛸类的人工育苗

蛸生活史短(一般为 12～24 个月),生长速度快(增长率为 13% 体重/天),食物转化率高(15%～43%),对人工运输和饲养等环境具有很强的耐受力和适应力,对饲养容器要求不高,玻璃缸、圆柱状容器、长方形浮动网箱皆可,均能保持较好的摄食能力,完成性成熟并进行繁殖,这些优势为人工养殖提供了成功的依据。

一、亲蛸采集和暂养

(1)亲体采集:亲蛸可以采用网笼在海区捕获,或从活鲜水产品市场采购。

(2)亲体运输:在所获的亲体中挑选体形完整,无伤害,胴体圆鼓(性腺肥满度高)的个体放到干净的海水中 0.5～1 h,靠亲蛸自身的生理活动达到去掉泥砂、黏液及吸盘中脏物的目的。换上清洁的海水再次净化,加水时不能直冲章鱼,在整个过程中尽可能不用手及其他工具触碰章鱼。用海水冰给海水降温度至 4℃左右,使其处于休眠状态,然后将其放入塑料袋中,加入 20%干净海水,充氧,扎口密封,放入保温箱密封运输。

(3)亲体暂养促熟:选用 20～30 m² 育苗池,圆形池为好。采用红砖、塑料管、土瓦盆、瓦罐、石块等在池底建人工蛸穴。人工圈养密度 1～2 只/平方米为宜,避免相互残杀。亲蛸入池后,一般每天要换水 1～2 次,水排干后将饵料残留物及粪便等污物清理冲洗干净,也可采用流水培养。逐步升温,充气增氧,溶解氧含量在 5 mg/L 以上。遮阴培养。鲜活小杂蟹是亲蛸优选的捕食对象,投喂量以每日稍有残饵为度。

二、亲体交配和产卵

短蛸繁殖行为发生在春季的 3～5 月,但性腺发育在上年的 11～12 月即开始。在 3 月份即可收购到卵巢和精巢发育成熟的亲蛸。短蛸雌雄交配行为在自然界发生得较为平静,一般是 1 对 1 进行,偶尔能见多雄交配现象。3 月份采集的亲蛸中部分已经交配,若要让其交配完全,可在 16℃～20℃的水温条件下按 1∶1 或 2∶1 的比例将雌、雄亲蛸并池交配,2～3 d 后移出雄蛸,以减少亲蛸拼斗残杀的行为。室内人工条件下,产卵适宜水温为 15℃～22℃,交配不久(数小时至 1～2 d 内)可见产卵行为发生,也存在交配数日、甚至半月后才产卵的现象。性成熟短蛸怀卵量一般在 500～900 粒,卵子分批成熟,分批产出。雌蛸在人工蛸穴中产卵,卵成串地附着在塑料管内壁、瓦罐内壁、网绢等处。若找寻不到附着物,雌蛸就把卵粒散乱地粘在池壁上。产卵后,雌蛸护卵,不时从漏斗喷出水流推动卵群漂动,去除脏物和坏卵,不时用腕抚弄卵群。遇到惊扰,雌蛸用身体包裹卵群,加以保护。

真蛸最大全长雌性 1.2 m,雄性 1.3 m,最大体重可达 10 kg,通常有 3 kg,地中海西部最小性成熟胴体长雄性为 9.5 cm,雌性为 13.5 cm。性成熟的雄性个体右侧第 3 腕吸盘退化、消失。自然状态下,真蛸交配时水温在 13℃～20℃,盐度不低于 27,适宜范围 32～35。雌、雄比例通常 1∶1。雄性个体将茎化腕插入雌体外套腔内完成交配过程。受精发生在雌体的输卵管内,为输卵管受精方式。产卵季节每年主要有春、秋两个高峰期,地中海域以春季(4～5 月)繁殖洄游群体为主,日本海域以秋季(10 月)繁殖洄游群体为主。真蛸将卵子成串地产在栖身的洞壁或洞顶,产卵 10 万～50 万粒。卵子透明,大小约 2 mm×0.8 mm。卵群呈穗状(图 19-5 左),又称海藤花。产卵后,雌体将单独护卵,停止摄食,直到卵全部孵化出来(图 19-5 右)。许多雌体因体力耗尽而死亡。

图 19-5 真蛸卵群(左),真蛸护卵(右)

三、幼体孵化和培育

1. 孵化

温度是影响胚胎发育和孵化的基本因素之一。自然状态下，平均水温 27℃，真蛸卵子发育孵化时间为 15～42 d；22℃～23℃，需要 29～49 d；21℃，需要 57～65 d；17℃，需要 80～87 d。最新的报道是水温 17℃～19℃下胚胎发育需 47 d。Sakaguchi 等(1999)通过 3 年人工孵化试验，确定胚胎孵化与天数的关系，认为真蛸最低孵化温度为 11.9℃，有效积温 299.4 d·℃。破膜而出的稚仔外套膜长约 2 mm，全长 2.9 mm，体重为 1～1.4 g，营浮游生活，需 30～60 d，占其生活史的 5%～10%。

短蛸孵化温度为 18℃时，卵发育至红眼期的时间为 18～20 d；21℃时为 15～16 d；23℃时 14～15 d；25℃时 13～14 d。孵化适宜温度为 22℃～24℃。刚破膜而出的幼体长 0.5～0.8 mm，大多口中含有卵黄，能游动，也能附壁/附底爬行。

2. 幼体培育和生长

幼体孵化后立刻将其转移到培育水槽中投饵培育。饵料投喂晚了，会严重影响存活率。饵料是影响蛸类幼体发育和生长的关键因素，应该重点考虑饵料个体大小、浮游性、密度以及营养价等。真蛸幼体具有较长的浮游阶段，从浮游期开始投喂天然甲壳类以及蟹幼体，至底栖阶段存活率仅 8.0%～8.9%。开口饵料投喂 1.1～1.7 mm 的卤虫，随着幼苗的成长，慢慢改投喂较大的卤虫。饵料密度与培育密度有关，适宜密度为 1～2 个/毫升。饵料密度低，幼体的存活率也低。投喂饵料时应进行强化，特别应增加二十碳五烯酸、二十二碳六烯酸等高度不饱和脂肪酸的含量。

除卤虫幼体，桡足类、枝角类、端足类、虾蟹幼体都是可选饵料，饵料规格为幼体胴体的 1/3～2 倍。一般蛸类幼体投饵率约为其体重的 20%，到成体降到 5%，饵料需求量极大，天然饵料会供不应求。所以，新的冷冻饵料或配合饵料的开发很有必要。另外，为了使幼体摄食"不动饵"，人工构建水槽形成水流是非常必要的。

水温对苗种生长、成活率有直接影响；摄食饵料的适宜温度在 23℃～25℃，27℃以上不适宜培育。低盐度和盐度的急剧下降都会使苗种活性降低。适宜的光照强度是 600～1 000 lx。夜间照明将降低苗种摄饵行为，对生长、成活率有影响，以熄灯为好。在培育水体中添加微绿球藻 100 万/毫升，有助于卤虫的营养，对苗种成长有利。还可以缓和光照，减缓幼体的紧张压力。培育幼体的适宜密度为 2 000～4 000 个/立方米，密度太大，饵料供给不足，会出现相互争食、残食现象，影响培育。

刚刚破膜而出的真蛸幼体在 23℃水温培育 30～35 d，逐渐营底栖生活，大小约 10 mm。浮游期和底栖后的生态差别很大，在培育技术上也有差别，可以进行饵料转换，逐步投喂冰鲜饵料。而短蛸从孵化培育至外套长达 30 mm 时，需 40 d 左右，在此期间投活饵会显著提高幼体成活率。当胴体长超过 30 mm 时，白天全躲在遮掩物下，仅晚上出来捕食，继而可以进行放流和养成工作。

第五节　蛸类的养成

目前进行的养成主要以自然海区捕捞的蛸类幼体作为苗种进行养殖,主要方式有网箱养殖,吊瓶养殖,土池、水泥池及滩涂围网养殖等。

一、网箱养殖

(1)养殖海区:养殖区尽量选内湾和港口等风浪较小的地方。

(2)苗种采集:采捕野生蛸类幼体进行海上养成,也是获得良好亲体的有效手段。由笼捕的蛸类苗最适用,而从底拖网捕获的也可以用。最适水温为15℃~23℃,养殖水温范围为7℃~26℃(13℃以下停止生长)。若苗种为天然苗种,一般以底拖网渔获,且没有受损伤的为好,重400 g左右苗种,经短期养殖(1.5~4个月)可达1.5 kg。

(3)养殖密度:放苗量依据水温和流水情况有所区别。使用网箱(4 m×2 m×0.9 m)每立方米放养苗种约40 kg。真蛸养殖密度较大时,较高水温下虽然生长很快,但成活率下降。为防止苗种互相残杀应放同一批苗种,苗种在饱食后放入网箱为妥。适合的密度下增重率11~15 g/d,1个月后达450 g左右的增重量,一般总重量1个月增加1.5倍,两个月达2.3~2.5倍。

(4)饵料:可投放价格低廉的冰鲜小杂鱼、蟹类和贝类,饵料多时可酌情停止投饵1~2 d,残饵会造成水质污染,如果停止投饵3 d以上会造成互相残杀。水温在13℃左右摄食行为不规则,水温7℃以下章鱼不摄食。投饵量一般为苗种体重的6%~7%。投饵多少可自行调节,每日早上投饵,投饵前先清除残饵,根据残饵量确定新的投饵量。及时清除残饵,有利于保持水质良好。如3 d以上不投饵,则会产生互食现象。种苗移入网箱以后,15 d有20%~30%死亡,以后死亡率明显下降。所以,前15 d是关键,尽可能保证投喂量,确保生长均匀。

(5)养成管理:采用笼捕的苗种经过1个月养殖成活率为70%~80%,使用钓捕的苗种成活率约50%。若出现个体大小不均,每15 d左右进行1次分苗,即将蛸苗分为大、中和小三种规格分养在不同的网箱中,分别投喂可减少相互残食现象的发生。网箱定期清扫、曝晒。春、秋季5 d清洗一次,冬季30 d清洗一次。

真蛸养殖中,放养个体重750 g的苗种,3~4个月体重可达2.5~3 kg,养成期间成活率高达85%~90%,饵料转化率达15%~43%。春季时3.9 m×1.8 m×0.9 m的网箱,总重225~260 kg的真蛸种苗,通过40 d的养殖可达340~515 kg(82~96 kg/m³)。小型网箱(2.0 m×1.5 m×1.0 m)养殖,在秋季70 kg种苗50 d后可达170 kg。由此可见,养殖密度大型网箱约为40 kg/m³,小型网箱约30 kg/m³。养殖时要防止互相残食,种苗尽量同时投放。若种苗没有办法同时投放,一般先将前期蓄养的喂饱,再重新投放一批种苗。

二、吊瓶养殖

近年来,福建沿海群众挑选优质的天然蛸苗在渔排上进行装瓶试养,取得良好的养殖效果。吊瓶养殖管理方便、生长快、养殖周期短,可避免相互残杀,养殖成活率高且收获容易,是一种较理想的小型蛸养殖模式。

(1)海区选择:选择海水盐度为 27 以上,pH 值 7.8～8.5,暴雨洪水影响不大,不受污染,水质稳定优良,海水退潮至最低时水深能保持在 4.0 m 以上的海区。

(2)养殖设施:采用容量为 0.5～2 L 的塑料瓶作为养殖瓶,在瓶身上均匀钻直径3 mm 小孔 150 个以上,且经彻底清洗消毒。

(3)苗种来源:挑选在当地浅海滩涂刚捕获的无病伤、活泼健壮的天然蛸苗作为养殖用苗,而不选用浸过淡水、反应迟钝、活力差的劣质蛸苗。

(4)装苗养殖:每个经处理的塑料瓶装入一只蛸苗,旋紧瓶盖,直接放入渔排网箱底部或吊挂在网箱内养殖。装苗时小心操作,以防损伤苗体,避免雨淋和曝晒。每个 3 m×3 m 的网箱放养殖瓶 200～300 个。

(5)日常管理:春、秋季节每天投饵 1 次,冬季水温低,蛸食量少,每 3～4 d 投饵 1 次,每次投喂体重为 5.0 g 左右的小杂蟹 1～2 只。投饵前,把瓶内残饵倒出。经常冲洗瓶身,防止瓶孔被杂质污泥堵塞。养殖数十天后,发现瓶上黏附物较多,瓶孔被堵,瓶内外水交换缓慢,要进行倒瓶,更换养殖瓶。

(6)注意问题:吊养的养殖瓶可直接放养在网箱底部,避免处于浅水层,受强光照射,瓶上易大量附着海葵、杂藻等生物,堵塞瓶孔,影响水体交换。养成过程中应经常观察蛸体表是否有溃烂现象,发现问题及时采取措施进行治疗或隔离。做好病害防治工作。活饵料,如蟹、贝类等,易受季节、气候影响。为保证养殖过程中饵料充足,可考虑虾、贝、蟹类等多种饵料混合投喂,并合理储备一些冰冻鱼虾以备应急时使用。盐度对养成影响较大,应密切关注养殖海域盐度变化,特别是雨季,或有淡水注入的海区。一旦发现盐度骤降,应及时采取措施。

另外,在海边搭建土池、水泥池及围网养殖也是比较适当的办法。场地应选择离河口较远、盐度超过 30、地势较高、不受河水泛滥影响以及天然饵料来源丰富的地区。为防止蛸爬逸逃遁以及敌害侵入,可在池周围拦以铁丝网。

第六节　蛸类的加工

蛸类具有高蛋白、低脂肪,富含牛磺酸,没有骨骼,可食部分占体重的 85% 以上,这比甲壳类(40%～45%)、硬骨鱼(40%～75%)和软骨鱼(25%)高很多,也体现了它们潜在的养殖价值。蛸死亡后在内生和细菌酶作用下蛋白质被降解,肌肉中产生大量的氨,进而促进了细菌生长导致迅速降解。通常而言,保质期比较短,2.5℃ 下保存 6～7 d,0℃ 左右可达 8 d。由于肌肉主要是高度可溶性的纤维蛋白,遇到水会降低其营养价值,因此加工过程中,如冲洗、漂白、盐渍、解冻、速冻等都必须小心。高压或加热并高压等预处理手段可以延长其保质期。

1. 腌制品制作

以新鲜章鱼为原料,将胴部和头腕部切离,清除内脏,用 3% 食盐水＋0.1% 明矾溶液清洗,去除黏液。将腕和胴体部分别切成 3～5 cm 圆柱状段和 5 cm×2 cm 长方形块,用盐(盐量是所泡蛸体重的 8％左右)浸泡一夜,并不时搅拌。脱水后,在阴暗处保存 5～7 d,搅拌 2～3 次。然后包装冷冻保存。

2.冷冻加工

将新鲜原料挑选分开加工,剔除规格不够、鲜度不好、粗皮等异种的章鱼。采用翻腹法去除内脏和眼;然后放入搅拌机中磨洗,加入 3％～5％食用盐、冰,以去掉黏液、墨汁等杂质和废物;清水冲洗后放入 1％的明矾水中(冷却水温度 5℃～10℃)浸泡 10～20 min,再放入清水池中洗涤。接着烫煮,出锅后经清水冲洗后,放入冷却水池中冷却(水温 5℃～10℃)5～10 min;切块(粒),消毒,漂洗,速冻,镀冰衣,装袋冷藏。

3.炭烤章鱼

采用单只规格在 1 kg 以上、鲜度良好的蛸为原料。冷冻原料用流动水在解冻槽内进行解冻,要求水温不能高于 10℃,解冻后应加冰保温。首先去内脏及杂质,不要破坏章鱼头部的完整性;清洗干净后加冰保温;分割成不同规格的块或粒,串成串蒸煮,冷却清洗并沥水,然后炭烤;冷却后去除穿串用的钢针,分类真空包装,冻结装箱,最后冻藏出运。

复习题

1.试述真蛸与短蛸形态的主要区别。

2.试述真蛸的消化系统和生殖系统的构造。

3.试述蛸类的生态习性。

4.试述真蛸与短蛸繁殖习性。

5.简述蛸类的人工育苗方法。

6.当前我国蛸类的养殖方法有哪几种? 简述其养殖方法。

7.蛸类的加工有哪几种方法?

第八篇　其他贝类的养殖与增殖

　　贝类的种类繁多,可养的种类也较多,随着生产和养殖技术的发展,养殖种类不断增加,有的种类已经开始在生产中形成一定的规模。该篇将以分类地位为序,对其他一些经济贝类的生物学及养殖技术进行概括的介绍。

　　贝类的增殖是指在一个较大的水域或滩涂范围内,通过一定的人工措施,创造适于贝类繁殖和生长的条件,从而增加海水中经济贝类的资源量,以达到增加贝类产量之目的。

第二十章　其他贝类的养殖

第一节　脉红螺的养殖

脉红螺（*Rapana venosa* (Valenciennes)）隶属于腹足纲（Gastropoda），前鳃亚纲（Prosobranchia），新腹足目（Neogastropoda），骨螺科（Muricidae）动物。脉红螺肉食性，双壳类是其主要食物之一，因此被列为贝类的敌害。但其足部特别肥大，甚为人们所喜食，并常用以代替鲍鱼。目前除鲜食外，多加工制成罐头或干制品，经济价值高。在资源丰富的海区，已规定了繁殖保护条例，实施了定期捕捞。由于其生长速度快，不少单位进行了人工育苗和养殖试验。

一、外部形态（图 20-1）

图 20-1　脉红螺

壳坚硬，可分为螺旋部和体螺层两部分。螺旋部是内脏盘曲之所在，一般为 5 层，螺壳突出的顶点，叫做螺顶，或称壳顶，为壳生长之始点，由此向下螺旋生长，并逐次加大。**体螺层**：螺层最后一层，也即贝壳的最后一层，是容纳软体的头部和足部之处。

螺层的中轴部分，称为螺轴。体螺层开口即壳口。

脉红螺壳外面淡褐色，内面橘红色，其上有和螺旋平行的线条，称螺旋纹，与螺旋纹相交的纵轴线条叫做生长线，螺壳表面上有显著突出的结节。在壳轴的末端由于内唇向外卷，在基部形成皱褶小窝，称为假脐。

脉红螺的壳口大,呈卵圆形。外唇在幼贝时很薄,至成体时逐渐加厚。内唇外卷,贴于体螺层上。壳口的基部即壳前方,有一沟状部,叫做前沟,略弯曲,生活时水管即由此伸出壳外。壳口的后方也有一浅沟,较前沟短小不明显,叫做后沟,是排粪便之沟。螺壳是右旋,由壳顶至螺底的距离为壳高,壳的最宽处为壳宽。

厣呈褐色,起保护作用,当动物缩入壳内时,即用厣把壳口盖住,因此它的大小、形状和壳口一致。在厣的上面有环状生长纹,生长纹有一核心部,核心部的位置偏向侧方。

二、内部构造(图 20-2)

(1)软体部:软体分头、足和内脏团三部分。

1)头:位于足的背面,前端生有触角一对,在每一触角的外侧近基部处,有一黑色小突起,即眼。口位于头的前端近腹面。捕食时其吻即由口伸出。雄性脉红螺的头部右侧尚有一扁形肉柱状的交接器,其顶端尖而曲,色淡,雄性生殖孔即位于此。

2)足:在软体部的前端近腹面,甚宽大,表面有许多色素,故呈灰黑色。脉红螺利用足部的跖面匍匐于海底或其他动物体上,或用以在泥砂中钻穴以隐其身。脉红螺足可分为三部分,即前足、中足及后足。足伸缩性很强,受惊扰后即缩入壳内。足内有足腺,能分泌黏液滑润足部,以利其行动。

3)内脏团:左右不对称,随螺层之旋转而盘旋于螺壳内。内脏团外面包围着一层薄膜,即外套膜。外套膜之下有一腔,即外套腔,外套膜之前部左侧褶有一沟状物,叫做水管,水由此管进入外套腔与鳃接触,以营呼吸。外套腔的右侧为肛门、生殖孔及排泄孔所在地,生殖细胞、废物等由此侧经后沟排出体外。

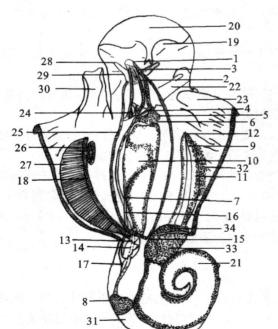

1.吻,口　2.咽　3.齿舌　4.前食道　5.嗉囊　6.唾液腺　7.后食道　8.胃　9.直肠　10.食道腺　11.直肠腺　12.肛门　13.围心腔　14.心室　15.心耳　16.前大动脉　17.后大动脉　18.出鳃血管　19.前足　20.中足　21.生殖腺　22.阴茎　23.外套膜　24.齿舌囊　25.皮肤肌肉囊(已切开)　26.嗅检器　27.栉鳃　28.触指　29.眼　30.入水沟　31.肝胰脏　32.黏液腺　33.肾脏　34.肾孔

图 20-2　脉红螺的内部构造

（2）呼吸系统：鳃1个，栉状，位于外套腔左方，贴附于外套膜的右壁中部。在鳃轴之左方生有一排细而柔软的鳃片，与鳃轴成直角。鳃表面密生纤毛。由于鳃纤毛不断摆动，而激起水流，这样鳃便可以与新鲜海水接触，进行气体交换。

（3）消化器官：口开于一个能伸缩的吻的顶端，脉红螺休止时，吻即内缩于体内。口下有咽头，内有齿舌，形如一长带，其上遍布小齿。齿舌也能伸出口腔外，用以捕获或咀嚼食物。齿舌底面有一层很厚的肌肉隆起，其肌肉牵动齿舌，以使其锉碎食物。齿舌上小齿的排列很整齐，脉红螺的齿式1·1·1，即中央齿1个，侧齿左、右各1个，无缘齿。

咽头后面，接一细长食道，后端接嗉囊，其附近两侧各生一黄色唾液腺，卷曲状。嗉囊之后接一细长的管，叫做后食道，位置偏于身体的左侧，有一部分埋于一大型腺体内，此腺体呈黄色、为三叶块状，叫做食道腺。后食道下接胃，胃呈U字形，居于内脏螺旋内，部分包埋于消化腺（肝脏）中。

胃下为小肠，在肝脏内做曲折而由后方折向前方，后接直肠。直肠位于外套腔的右边，最后在外套缘下方开口，即肛门。在直肠旁边，有一绿色肛门腺。

（4）循环系统：心脏位于围心腔内，腔外包有透明薄膜，称围心腔膜。围心腔在鳃的后方偏右，心脏由1心耳、1心室组成。心室呈三角形，大于心耳，壁厚。

血液无色，鳃中的血液（充氧血），由归心的血管运到心耳而回到心室，再由心室的大动脉向身体前、后端流动。大动脉的出发点在心室的后端，分为两支，一支向体前端延伸叫做前大动脉；一支向体后端延伸叫做后大动脉。前者较粗大通入嗉囊、食道及头部各处，后者较细小，通入内脏各处。

（5）排泄系统：肾1个（左肾），位于围心腔的后方右侧，并与围心腔相通，形如囊，囊壁富有腺体和血管。肾在前方具一大孔，与外套腔相通，废物由此孔排出，最后由外套腔排出体外。

（6）生殖系统：脉红螺为雌雄异体，只有1个生殖腺，外部可以交接器来决定其性别，内部由生殖腺颜色来决定。

1）雄性：精巢淡黄色，位于内脏螺旋的后部，与肝脏贴近。输精管白色，为卷曲的管。其后侧较细而直，开口在体前端右侧交接器的尖端。

2）雌性：卵巢的位置与精巢同，杏黄色，在成熟期呈橙黄色。输卵管白色，通入外套腔之右侧，其末端膨大，而具副性腺，此部与直肠平行，顶端开口，即产卵孔。

（7）神经系统：主要有脑神经节、足神经节及脏神经节，各1对。脑神经节位于嗉囊腹面附近。各神经节之间都有神经连索彼此相通。由神经节上派生神经，分布到各器官上。

（8）感觉器官：嗅检器位于鳃左方，为椭圆形，贴附于外套膜上，其中央有一中轴，两侧各生有一排紧密相接的细薄片，专司鉴定进入海水的清洁。

三、脉红螺的繁殖习性

（1）繁殖方式：脉红螺为雌雄异体，雌、雄比例为1∶1。生殖腺位于身体背侧。成熟期，精巢呈淡黄色，卵巢呈橘黄色。雄性在外套腔右侧，有交接突起。雌性有受精囊开口即产卵孔。在繁殖季节内，亲螺入池后第2d就有交尾活动。20d左右，交尾活动进入高潮，整个交尾活动可延续1个月。交配时，雄螺与雌螺壳口呈45°角相对，雄性交接突起伸入雌性产卵孔内,将精子送入受精囊。繁殖期内,每个亲螺有多次交尾现象。雌螺在生殖腺附近有黏液腺,交尾后 1~2 d,受精卵被革质膜与黏液聚集在一起产出,形成菊花状的卵群,固着在池壁上。脉红螺产卵较为缓慢,常需 1~2 d 才能产完 1 簇卵袋。

(2)繁殖季节:在山东沿海,脉红螺每年只有 1 个繁殖期,即 6~8 月(水温 19℃~26℃),产卵盛期在 7 月(水温 22℃~24℃)。

(3)繁殖力:脉红螺繁殖力强,壳高 8~10 cm 的亲螺,产卵袋数最少为 78 个,最多的高达 1 036 个,平均为 655.9 个。卵袋长短不一,袋内所含受精卵的数量有显著差异,最短的 1.6 cm,含受精卵 1 080 粒,最长的 2.6 cm,受精卵的数量达 2 950 粒。脉红螺产卵袋的长短与其个体大小无明显关系,通常先产的卵袋较短,后产的卵袋较长。平均每个卵袋长度为 1.8 cm,平均每个卵袋所含受精卵的数量为 1 149 粒,每个雌螺平均产卵量为 75.4 万粒(表 20-1)。

表 20-1　脉红螺的产卵数量及孵化率

日期(年、月、日)	亲螺(个)	卵袋数量		卵量(万粒)	平均个体产卵量(万粒)	孵化出面盘幼虫数量(万个)	孵化率(%)
		簇(个)	卵袋(个)				
1995.07.10~07.30	61	68	21 760	2 611	81.6	2 120	81.2
1996.06.28~07.26	91	98	30 380	3 341	72.6	2 860	85.6
1997.07.04~07.28	46	41	13 450	1 587	64.8	1 114	70.2

四、胚胎的发育

(1)孵化:脉红螺刚产出的卵袋,呈乳黄色。在水温 21℃~22℃下,解剖观察袋内受精卵,其发育过程缓慢。脉红螺卵径为 202~210 μm,平均为 208 μm,卵内充满黑色的卵黄颗粒。经过 6.5 h,放出第一极体;9 h 放出第二极体;20 h 分裂成 2 细胞;32 h 分裂为 4 细胞;2 d 发育成 8 细胞;3 d 发育成 32 细胞;4 d 发育到囊胚;5 d 发育到原肠胚,此时卵袋在乳黄色中略带灰色;6 d,原肠胚外胚层细胞自动物极向植物极包被整个胚胎的 2/3 以上;以后逐渐下包;11 d,发育到担轮幼虫,此时卵袋呈浅灰色,胚胎长径 238 μm;18~20 d,发育到壳高 320 μm 左右的面盘幼虫,卵袋呈黑色;20~26 d,面盘幼虫逐渐从卵袋顶孔中孵出,在水中营浮游生活。随着幼虫的孵出,卵袋逐渐由灰黑色变为白色。刚孵出的面盘幼虫平均壳高 340 μm,壳宽 290 μm(表 20-2)。

表 20-2　脉红螺胚胎在卵袋内的发育过程

日期	发育阶段	水温(℃)	卵袋颜色	体高×体宽($\mu m \times \mu m$)
7 月 17 日	放出极体	21.2	乳黄	卵径 208
7 月 18 日	8 细胞	21.0		
7 月 20 日	32 细胞	21.0		
7 月 21 日	囊胚	21.4		
7 月 22 日	原肠胚	21.8	乳黄带灰	224×200
7 月 24 日	包被 2/3 以上	22.0		
7 月 28 日	担轮幼虫	20.7	浅灰	286×214
8 月 5 日	面盘幼虫	21.8	灰黑	320×260
8 月 7~10 日	面盘幼虫孵出	22.0	逐渐变白	340×280

脉红螺受精卵在卵袋内的孵化时间与水温有关,当水温为 23℃～24℃时,需 16 d。在同一簇卵袋中,面盘幼虫往往先从边缘的卵袋孵出,然后再逐渐向中央延伸,往往需 3～4 d 才能全部孵化完毕。脉红螺的孵化率较高,为 70%～85%,平均孵化率为 80%。

(2)幼虫发育及变态(表 20-3):在水温 21.0℃～25.6℃条件下,脉红螺面盘幼虫发育过程如表 20-3 所示。面盘幼虫孵出后,即能摄食及排便,具 1 对双叶形的面盘,浮游能力强。幼虫发育 1 周后,面盘中间开始内陷(420 μm×360 μm);以后随着生长,内陷越来越深,由 2 叶变成 4 叶,呈蝶形,面盘上侧的足和厣,逐渐发育(520 μm×460 μm)。培育 16 d 的幼虫,出现 2～3 个螺层(620 μm×530 μm),贝壳形成前后沟,足能伸出壳外,足内平衡囊清晰可见,头部出现 1 对触角和基眼,幼虫进入附着变态期。此期幼虫贝壳生长不明显,足逐渐分化为前足和后足,并形成跖面,既能用面盘浮游,又能用足行匍匐运动,发育持续时间较长,需 8～10 d。

面盘幼虫经过 28～30 d 发育,面盘退化,附着变态为稚螺。脉红螺的稚螺有 3～4 个螺层,壳高 1.4～1.6 mm,壳宽为 0.9～1.1 mm,足的跖面宽广、发达、能做翻身运动,头部触角 1 对、眼 1 对,吻明显可见,外套膜形成,入水管伸出前沟。饵料种类对稚螺的变态有明显的影响,采用单胞藻、底栖硅藻、蛤肉等作为饵料,以底栖硅藻附着板采苗量较大。

表 20-3　脉红螺幼虫与稚螺的发育过程(1999 年)

日期	水温(℃)	发育阶段	壳高×壳宽 (μm×μm)	形态特征
7 月 18 日	21.0	面盘幼虫	340×280	6 月 18 日入池的亲螺,6 月 28 日产的卵袋孵出的幼虫,1 个螺层,具 2 个圆形面盘
7 月 20 日	21.8	面盘幼虫	400×342	圆形面盘下分出足和厣,幼虫大量摄食排便
7 月 22 日	22.0	面盘幼虫	420×360	面盘中间出现凹陷,幼虫浮游能力强
7 月 24 日	22.4	面盘幼虫	480×440	2 叶面盘凹陷加深成 4 叶,幼虫呈蝶形
7 月 26 日	23.0	后期面盘幼虫	560×480	面盘中央出现 1 对触角和眼,平衡囊明显,每叶面盘长度约等于壳高
7 月 28 日	23.8	后期面盘幼虫	600×500	幼虫具 2 个螺层,足发达并分化出前足和后足,触角与眼发育加快
7 月 30 日	23.6	后期面盘幼虫	600×520	幼虫前、后足进一步发育,形成宽平跖面,频频伸出,行匍匐运动
8 月 2 日	23.8	变态幼虫	620×530	面盘逐渐退化,幼虫既能浮游,又能匍匐
8 月 6 日	24.0	变态幼虫	680×560	幼虫匍匐生活,并能以足为基点做翻身运动
8 月 12 日	24.5	变态幼虫	1 100×800	3 螺层,头部具触角及眼,吻能伸出壳外,足发达,运动较快,舐食底栖硅藻,仍有浮游能力
8 月 18 日	24.8	变态幼虫	1 200×900	前、后足跖面宽广,能以足为基点,身体左右旋转与翻身

（续表）

日期	水温(℃)	发育阶段	壳高×壳宽 ($\mu m \times \mu m$)	形态特征
8月20日	25.6	稚螺	1 400×1 100	4螺层,贝壳呈棕红色并形成了明显的前沟,面盘退化
8月26日	25.2	稚螺	1 680×1 200	稚螺能用足匍匐离开水面,有时靠足的运动在水面游泳
9月1日	23.9	稚螺	2 040×1 620	稚螺外套膜形成入水管,沿前沟伸出壳外进行呼吸
9月5日	23.6	稚螺	2 420×1 682	吻基部形成齿舌带,能舐食蛤肉等动物性饵料
9月9日	23.23	幼螺	3 300×1 910	幼螺生长快,运动迅速,已具备成螺的形态特征

（3）稚螺生长发育:稚螺具有发达的足和吻,已完全适应在底质上营匍匐生活,舐食底栖硅藻和蛤肉,并喜群栖生活,生长较快,平均日增高95 μm,27 d后,发育为壳高3.3 mm的幼螺,幼螺已具备成螺形态特征,具5个螺层,贝壳表面有紫褐色的斑纹,并出现褶状突起,生长迅速,具有游泳能力,能伸出足随着水流漂浮于水面,并游出池外。

五、半人工采苗

1. 采苗季节

山东沿海脉红螺的采苗季节在7月,水温22℃～24℃,在生产中可采用卵袋观察法和幼虫拖选法来确定采苗季节。

（1）卵袋观察法:每年从6月开始,脉红螺陆续进入产卵期。在这时,应及时派潜水员下水采集脉红螺第一批产出的卵袋(俗称海菊花)20～30个。将这些卵置于采苗筏上,每天观察,当发现有大量幼虫破膜而出时,则10 d后便可投袋采苗。观察卵袋时应注意,随着卵子的发育,卵袋由乳黄色变为暗黄色或淡黑色。如果发现卵袋呈深红色或紫红色,表明卵子已死,应及时采集新的卵袋观察。

（2）幼虫拖选法:脉红螺进入繁殖期后,需用浮游生物拖网,采集脉红螺浮游幼虫,对脉红螺浮游幼虫的数量变动,进行定点连续观测。当发现脉红螺幼虫数量高峰开始形成时,应及时准备投放采苗器。

2. 采苗海区

应选择有脉红螺资源或经调查有脉红螺幼虫资源的海区作为脉红螺采苗场所。从便于操作管理角度考虑,采苗海区在采苗期间,风浪不宜过大,无大量淡水流入,水深以10～15 m为宜。

3. 采苗器种类

（1）采苗筏:可利用采苗海区原有的贝藻养殖筏,也可专门设置。采苗筏应横流设置。

（2）采苗器:可利用扇贝采苗生产所用的采苗袋或采苗笼,采苗袋用网目为1.5 mm的纱窗制成25 cm×33 cm的网袋,内装30 g左右聚乙烯网衣作附着基,然后用直径0.5 cm的聚乙烯绳将采苗袋两两对口连接,10对采苗袋为1吊,每对间距20 cm。采苗时以0.8～1 m的吊距挂于筏上。采苗笼选用网目边长0.5 cm的扇贝苗暂养笼,每层装聚乙烯网衣 60 g 左右,使用时以 0.8~1.0 m 的吊距挂于筏上。

(3)扇贝养成网笼兼作脉红螺采苗笼:孔径为 2 cm 的扇贝养成笼,每个笼设 10 层,按常规每层养殖壳高 2~3 cm 的扇贝幼贝 40 个,每行台架吊挂 50 笼。在扇贝养成过程中,可采到脉红螺苗。

4.采苗水层及方法

(1)亲螺:在每年 6 月中、下旬,水温 19℃~21℃时,挂养亲螺。亲螺装入扇贝养成笼中,为了便于交配,每层装 3~4 个,以及少量的贻贝为饵料,挂养在采苗海区的中央架上。

(2)采苗时间:6 月底~7 月初,在挂养亲螺笼的周围投挂采苗袋。

(3)采苗水层:采苗器投挂,水深 8~12 m 处,如投挂过深,影响盘上底栖硅藻的繁育;如投挂过浅,则受风浪影响较大,不利于幼虫的附着。一般在中下层采苗量较大。

(4)采苗管理措施:

1)在亲螺交配期(6 月下旬~7 月初),要及时观察雌、雄螺的比例,7 月上、中旬亲螺产卵时,每隔 1~2 d 检查笼内卵袋数量,要及时调配亲螺,使其能充分交配与产卵。

2)幼虫在卵袋内孵化时,每 3~5 d 要搅动网笼 1 次,清除淤泥,以免卵袋被污泥所淹没,影响孵化率。

3)采苗笼(袋)投挂后,为了便于底栖硅藻附着与繁殖一般不动;当笼内稚螺壳高达 5 mm 以上时,要及时刷笼,防止网孔堵塞,造成稚螺缺氧死亡。

4)当幼螺壳高达 1 cm 左右时,要投喂壳高 5~10 mm 的贻贝或扇贝苗作为饵料,采苗笼贻贝每层以 10~20 个为宜。

5.采苗结果

根据山东海洋水产研究所等单位 1998 年试验,采苗笼的采苗结果如下:

表 20-4　刘家旺海区脉红螺采苗情况

采苗笼	投挂笼数（个）	笼采苗量（个/笼）	总采苗量（个）	壳高(mm)		壳宽(mm)		体重(g)	
				范围	平均	范围	平均	范围	平均
采苗笼	200	45.6	9 120	16.08~35.20	22.9	10.88~22.70	15.40	0.54~5.94	1.89
兼采笼	2 500	8.8	22 000	18.04~38.16	28.6	12.96~22.26	18.87	0.764~5.72	3.26
合计	2 700	11.526	31 120	16.08~38.16	26.0	10.88~22.70	16.91	0.54~5.94	2.49

稚、幼螺生长特性:在采苗笼和兼采笼中,脉红螺稚、幼螺的体重(W)与壳高(H)的生长,呈幂函数关系。在采苗笼中,$W = 1.59 \times 10^{-4} H^{2.33}$;在兼采笼中,$W = 2.81 \times 10^{-4} H^{2.76}$。显然,兼采笼中脉红螺苗的生长速度比采苗笼中脉红螺苗的生长速度快。前者平均壳高月增高 9.4 mm,增重 1.08 g,后者壳高平均月增高 7.4 mm,增重 0.63 g。在水温较高的 8~10 月,脉红螺贝壳生长很快,壳高月平均增高可达约 1 cm。

当年采到的螺苗,在入冬之前,壳高都能达到 3 cm 左右,个体重约 3.5 g,其中壳高为 2.5~4.0 cm 的个体,占苗种总数的 62.3%。

六、脉红螺室内人工育苗

1.亲螺

(1)亲螺选择:亲螺选择壳高 8~10 cm、外形完整、无损伤、无病害、健康、活跃的个体入池暂养。

（2）采集时间：亲螺采集时间，对其繁殖有很大的影响。6月中、下旬采集的亲螺，平均每个亲螺产卵量为77万粒，面盘幼虫孵化率为84%，平均每个雌螺能孵化出面盘幼虫65万个；而6月2日采到的亲螺不仅产卵时间晚，需暂养1个月，而且产卵量少，每个亲螺产卵量仅为64万粒，少的仅13万粒；面盘幼虫的孵化率仅70%，每个雌螺只能孵化出面盘幼虫44万个。

（3）培育密度：亲螺培育密度为5～10个/立方米水体。

（4）培育管理：

1）换水：每天清底换水2次，每次更换1/2水体。连续充气。

2）投饵：投喂扇贝、蛤仔、贻贝等饵料，但摄食较少。在上述3种饵料中，摄食蛤仔明显好于扇贝和贻贝。

2. 交尾与产卵

（1）交尾时间的选择：6月中、下旬入池的亲螺，在水温20℃左右的条件下，第8～10 d就有交尾活动；而6月2日入池的亲螺，在水温18.2℃的条件下，需暂养1个月，才有交尾活动。整个交尾活动可连续1个月左右，但高峰期在7月中、下旬，水温为21℃～24℃。

（2）交尾雌、雄个体大小：脉红螺交尾时，无个体大小之分，只要是性成熟个体，大和小均具有交尾的能力，只要水质好，交尾是很容易的。

（3）产卵：

1）产卵时间：通常在夜间，在室内遮光的条件下，白天也能见到产卵个体。

2）产卵地点：一般交尾后1～2 d，雌螺就可产出卵袋，从外套腔中将卵袋产在池壁上。在采苗试验中，从未发现过产在池底的卵袋。

3）卵袋大小：先产的卵袋较短，卵袋长约1.6 cm；后产的卵袋较长，通常在2 cm以上。由于卵袋是成群产出的，故成簇状。待1个池（16 m³水体）中卵袋数达40～50簇时，就把亲螺移到其他池中，继续交尾产卵，原池经清刷干净后加水、充气，作为孵化池。

（4）孵化：

1）孵化时间：脉红螺孵化的时间较长。卵袋中胚胎发育至面盘幼虫，从顶端小孔处孵出，约需20 d。

2）孵化管理：在孵化过程中，每天换水2次，每次更换1/2水体，并连续充气；每天早晨将孵出的幼虫用200目网箱接出，按0.2个/毫升密度入池培育，通常一个孵化池可收集幼虫3～5次，分布到3～5个培育池中。在孵化池中卵袋逐渐由乳黄色变成灰黑色，待幼虫全部孵出时，卵袋呈白色，即孵化结束。

3. 幼虫培育

（1）培育密度：以0.2个/毫升最为适宜，幼虫壳高日平均增长20 μm；培育到壳高1 mm变态幼虫时，密度达0.1个/毫升，成活率为60%；培育密度为0.4个/毫升以上，面盘幼虫常出现面盘纤毛脱落下沉而死亡。

（2）投饵：投喂等鞭金藻和叉鞭金藻的幼虫，胃内饵料不断转动，摄食良好。在培育密度为0.2个/毫升时，每天投喂2～4次，每次投喂5 000～10 000个细胞/毫升，幼虫发育正常。

(3)水质：每天换水 2 次，每次更换 1/2 水体。前期用 200 目网箱，后期用 150 目，换水期间要不断搅动网箱，以免幼虫贴网受伤。每天连续充气。每 5～6 d 倒池 1 次，如不及时倒池，幼虫容易下沉池底，并出现面盘分解现象。

(4)采苗：水温 21℃～24℃的条件下，幼虫培育 14～16 d，壳高达 620 μm 左右，面盘中间的头部触角和眼能伸出壳外，面盘下面的前、后足形成宽平的距面。此时，幼虫虽能用足行匍匐运动，但面盘仍能营浮游生活，应投放附着基采苗。由于脉红螺幼虫附着变态期较长，可达 10～12 d，因此，为人工育苗提供了较长的采苗期。

1)采苗器材：采苗中使用了 6 种附着基：

①高压聚乙烯波纹板(40 cm×33 cm)；

②附着底栖硅藻的高压聚乙烯波纹板(40 cm×33 cm)；

③聚乙烯薄膜采苗架(80 cm×50 cm)；

④采苗袋(12 目，80 cm×80 cm，内装海区半人工采苗使用的聚乙烯网衣 250 g)；

⑤扇贝壳串(壳高 7 cm 左右，每 50 个为 1 串)；

⑥瓦片(35 cm×25 cm)。

上述器材，分别均量投放在培育池中。这些器材均洗刷干净且在海水中充分浸泡后投放。底栖硅藻是提前 20 d 接种培养的，种类较杂，附着面上有 14 000～18 000 个细胞/平方厘米。总的采苗面积为池底面积的 14～16 倍。

2)采苗方法：面盘幼虫培育 26～28 d，出现 3 个螺层，壳高达 1 mm 左右时，即可投附着基进行采苗。采苗时，先将经充分浸泡的附着基放入池中，然后将幼虫按 0.1 个/毫升的密度投入附着基。

采苗时，日换水 2 次，每次更换 1～2 个全量，并连续充气；每天投饵 2～3 次，除继续投喂金藻外，每天投喂文蛤、蛤仔的碎肉(粉碎后用 60 目筛网过滤)2～4 mg/L；每天施土霉素 1 mg/L。

在上述条件下采苗，经过 4～6 d，幼虫全部附着完毕。如不投喂动物性饵料，全部投喂单细胞藻类培育的幼虫，虽然经过 8～10 d 采苗，但仍采不到苗，并且幼虫逐渐在附着基上或池底死亡。

3)采苗结果：各种附着基的采苗结果，如表 20-5 所示。

表 20-5 脉红螺不同附着基采苗效果比较

采苗器材	数量	采苗量(个/片)	稚螺平均壳高(mm)	采苗量(个)
附有底栖硅藻波纹板(片)	360	750	1.82	270 000
未附有底栖硅藻波纹板(片)	360	310	1.48	111 600
聚乙烯薄膜(片)	372	195	1.36	72 540
采苗袋(个)	125	2 869	1.20	358 625
扇贝壳(个)	10 000	11.8	1.40	118 000
瓦片(片)	240	2.1	1.31	504

①附有底栖硅藻的聚乙烯波纹板:采苗效果最好,采苗 10 d 后,每张板采得平均壳高 1.82 mm 的稚螺 750 个;而未附上底栖硅藻的聚乙烯波纹板,每张板只采得平均壳高 1.48 mm 的稚螺 310 个。

②12 目的聚乙烯采苗袋:平均每袋采得稚螺 2 869 个。其原因可能是海上自然采苗袋中 12 股聚乙烯网片,附有一定数量的底栖硅藻和有机质所致。由于采苗密度过大,稚螺个体较小,平均壳高仅为 1.20 mm。

③聚乙烯薄膜、扇贝壳和瓦片:采苗效果较差。

4)稚螺的培育:投放附着基 6 d 左右,池中已无浮游幼虫,在采苗器上能看到大量黑色的稚螺,此时的管理要点为:

①去掉网箱,日换水 3 次,每次 1~2 个全量,连续充气;水位控制在距池顶 30 cm 左右,防止稚螺爬出。

②每天投喂蛤肉(用 40 目过滤)3 次,每次 4~8 mg/L。

③每半月倒池 1 次,防止残饵腐败影响水质。

在上述条件下培育,稚螺生长很快,平均日增高 80~100 μm。

七、养殖

脉红螺的养成,主要有三种方式:筏式笼养、陆上水泥池养成和筏下海底围网养成。

(1)筏式笼养:采用扇贝养殖笼养殖。网笼直径 30 cm,8 层,间距 15 cm。前期网笼网目 2 cm,后期 4 cm。笼间距 80 cm,每笼放养 60 个左右,每层 7~8 个。利用贻贝作饵料,投喂贻贝量为笼子层间距 1/3 厚,每隔 4~7 d 投喂一次。每次应在清除残饵后,再投新饵。筏式养殖投喂不同贝类饵料其生长情况见表 20-6。

表 20-6 筏式养成脉红螺投喂不同品种饵料的生长情况

饵料种类	日摄食量(%)	壳长增长率(%)	体重增长率(%)	备注
魁蚶	21.4	11.9	38	水温 18.4℃ ~22.5℃,饲育 64~65 d
毛蚶	20	10.9	36.2	
贻贝	19.5	10.5	35.8	
魁蚶、毛蚶和贻贝混合	20.5	10.6	37.2	

1)放养水层:放养水层浅,受风浪和潮流的影响大,脉红螺不能良好摄食,并互相摩擦,造成生长缓慢;在中、下水层(8~14 m)由于养殖笼所处水层比较稳定,因此生长较好。

2)越冬:冬季,水温低于 6℃,脉红螺几乎停止摄食。到翌年 4 月份以后,水温达到 6℃以上时,脉红螺才正常摄食、生长。此外,越冬时,苗种的大小与成活率有明显的关系,壳高 2 cm 以上的脉红螺幼螺,越冬的成活率较高,达 90%以上。

3)倒笼:在养殖过程中,除越冬后倒笼 1 次外,平时在每次投饵之前,先把笼内脉红螺、残饵、杂物等一起倒出,然后再投入饵料,放入脉红螺。这样清理后,笼的透水性好,脉红螺生长正常。

在上述条件下养殖脉红螺,一般 11~12 月放养壳高 2~3 cm 的脉幼螺,每层放养 8~10 个,每笼(10~12 层)放养 100 个左右,经过 13~15 个月,平均壳高达 7.5~8.5 cm,个体重 85~110 g,产量可达 2.3~2.5 吨/亩(每亩养 400 笼)。

(2)陆上水泥池养成:将脉红螺放入陆上的水泥池中进行饲养,如在室外,池子需要遮光。每立方米水体可放养脉红螺 10 kg 左右。如密度大时,需要充气。每天可全量换水 1 次。日投饵量,可参考脉红螺的总重 5%~10% 的标准,投喂低质贝类或鱼类。由于脉红螺的摄食、生长与水温关系密切,因此应根据水温和摄食的具体情况调整投饵量。高温期间,应保证供饵,以加快脉红螺生长;低温期间可酌情适当减少,5℃以下甚至可以停止投饵。

(3)筏下海底围网养成:选择砂泥质海区,最好在贻贝养殖的筏架下,采用筏下围网的方法,将脉红螺围在其中进行养殖。围网,可选聚乙烯网,网目大小以脉红螺不能逃出为宜。根据海底饵料情况决定投饵量,贻贝养殖筏下养殖脉红螺,一般可不投饵。由于脉红螺有潜砂冬眠习性,因此,采收养殖脉红螺,应在 11 月底之前结束。

八、收获

辽宁鸭绿江口,全年除冬季外,3~11 月份均可采捕到脉红螺,但主要生产期为春、秋两季,春季 5~6 月产量约占年产量的 55%,秋季 9 月下旬~11 月初的产量约占年产量的 30%,其余月份产量很少。

以底拖网为主进行采捕,而丹东主要生产工具是扒拉网,大连多用下网给诱饵的"钓螺"方法捕捞。筏式笼养可采用倒笼方式进行采捕。

脉红螺网捕标准是壳高 80 mm,因为此大小已是性成熟的平均高度。根据它的生殖习性,禁捕期应为 7 月 1 日~9 月 10 日,避开产卵期和孵化期。

第二节　东风螺养殖

东风螺在广东俗称"花螺"、"海猪螺"和"南风螺",隶属于软体动物的腹足纲(Gastropoda)蛾螺科(Buccinidae),我国的主要种类有方斑东风螺 *Babylonia areolata*(Link)、泥东风螺 *Babylonia lutosa*(Larmarck)和台湾东风螺 *Babylonia formosa*e(Sowerby)三种,分布于我国东南沿海。东南亚及日本也有分布。是一类经济价值很高的浅海底栖贝类,其肉质鲜美、酥脆爽口,是近年国内外市场十分畅销的优质海产贝类。现已为东南沿海养殖者接受并逐步形成生产规模。

我国在 20 世纪 80 年代以前对东风螺的苗种生产和养殖技术的研究几乎空白,仅限于对其自然资源的调查和自然采捕。20 世纪 80 年代末以来,各研究学者对东风螺的生物学特性、繁殖特性和生态学习性进行了研究,探讨了人工育苗过程中化学诱导方法对幼体附着和变态的影响,研究了温度、盐度对波部东风螺(台湾东风螺)胚胎发育的影响及性畸变对生殖的影响,对方斑东风螺人工育苗技术、高产技术和养殖方式也进行了研究,为东风螺的大规模人工养殖和产业化发展提供了参考。

一、东风螺的生物学

1．外部形态

(1)方斑东风螺(图20-3)：壳近椭圆形，螺层约8层。各螺层壳面较膨圆，在缝合线的下方形成一狭而平坦的肩部。壳面光滑，生长纹细密。壳面被黄褐色壳皮，壳皮下面为黄白色，并且有长方形黄褐色斑块。斑块在体螺层有3横列，以上方的1列最大。外唇薄，内唇光滑并紧贴于壳轴上。脐孔大而深。绷带紧绕脐缘。厣角质。

(2)泥东风螺(图20-4)：螺层通常为9层。缝合线明显。基部3～4螺层各在上方形成肩角。肩角的下半部略直。壳面光滑。外唇薄；内唇稍向外反折。前沟短而深，呈V形；后沟为一小而明显的缺刻。绷带宽而低平。脐孔明显，有的被内唇掩盖。厣角质。

图20-3　方斑东风螺

图20-4　泥东风螺

2．生态习性

(1)栖息环境：

1)分布：垂直分布于潮下带数米至数十米水深。产于我国东南沿海。

2)底质：方斑东风螺和台湾东风螺栖息地以砂质为主，泥东风螺栖息于泥砂底质中。

3)对水温、盐度、pH值的适应性：东风螺水温适应范围14℃～33℃。最适水温23℃～30℃；盐度适应范围14～34,盐度低于12则大量死亡；pH适应范围8.0～8.4。

(2)移动习性：东风螺的活动具有昼伏夜出的习性,白天潜伏在泥砂中并露出水管,夜间四处觅食。活动为匍匐爬行，能借助腹足分泌的黏液滑行活动。室内培养的稚螺常爬出水面附在池壁上。东风螺具有明显的迁徙习性。

(3)食性：

1)幼虫食性：人工育苗中,东风螺的幼虫发育到D形幼虫后就开始摄食亚心形扁藻 *Platymonas subcordiformis*、角毛藻 *Chaetoceros* sp. 和金藻 *Isochrysis*。

2)稚螺:稚螺期间以鱼肉(或蟹、虾肉)糜为主食。

3)成螺食性:主食鱼、虾、蟹、贝等动物性饲料。在流水状态下,东风螺的嗅觉可达7～8 m;在静水状态下嗅觉只有1 m左右。

二、人工繁殖及苗种培育

1. 人工繁殖

(1)性别、性成熟年龄:东风螺为雌雄异体。雄性生殖系统由精巢、输精管及附属腺和雄性交接器等器官组成。雌性生殖系统由卵巢、输卵管及附属腺和雌性交接器等器官组成。从外表一般较难区分性别,通过解剖检查生殖腺颜色,雌性生殖腺呈黑灰色,雄性生殖腺呈橘黄色或浅黄褐色。东风螺行雌、雄交配,体内受精,受精卵在卵巢内自雌体排至水中继续发育。东风螺性成熟年龄为1龄。

(2)成熟期和繁殖期:各地有异,栖息广东沿海的东风螺,成熟期和繁殖期在4～9月。每年海区水温逐渐升到25℃时,东风螺便陆续进入成熟期和繁殖期;一般雄性的成熟期较雌性稍长。在繁殖季节,雌、雄个体可多次交配繁殖,雌螺个体年均产卵量达几十万粒。

(3)胚胎发育:东风螺胚胎发育的适应水温、盐度与亲体所处的环境条件有关。据观察,在水温26℃～28℃及微充气条件下,方斑东风螺在受精卵内完成胚胎发育破囊孵出的时间为6～7 d,幼虫发育至附着变态为稚螺的平均时间为20 d。

2. 幼虫及苗种培育

东风螺人工育苗过程如下:

(1)亲贝蓄养:通过强化营养、加强管理等措施促使种贝成熟。培育条件为水温25℃,盐度20以上。

(2)催产:主要采用流水刺激、温控、紫外线照射等措施进行催产。

(3)幼虫培育:浮游期的培育密度,台湾东风螺为0.1～0.3个/毫升,方斑东风螺在0.1个/毫升以内。饵料为单胞藻和海藻粉。经20多天培育开始变态附着为稚螺,食性也发生转变,除投喂单胞藻和海藻粉外,开始增加投喂鱼、虾肉糜饵料。

1)幼虫生长:水温24.0℃～27.0℃,方斑东风螺孵化出的幼虫一般经25 d培育即变态为稚螺;台湾东风螺孵出的幼虫,经22 d培育变态为稚螺。方斑东方螺变态时个体壳高平均为1 300 μm,日平均增长速度为32.0 μm;台湾东风螺变态时壳高平均为950 μm,日平均增长为24.5 μm。

2)中间培育及稚螺生长:稚螺中间培育密度:初期3 000～5 000个/平方米,后期1 000～2 000个/平方米,饵料投喂鱼虾肉糜,后期可直接投喂小杂鱼、虾、蟹。其生长水温25.1℃～27.2℃。方斑东风螺稚螺经20 d培育,个体壳高从1.5 mm长至5.7 mm,壳高日平均增长为0.21 mm;台湾东风螺稚螺经20 d培育,个体壳高从1.5 mm长至5.8 mm,壳高日平均增长为0.22 mm。

(4)苗种生长:水温22.0℃～25.5℃,方斑东风螺苗种经44 d的浅海沉笼养殖,个体平均壳高从8.5 mm长至12.5 mm,壳高月均增长为2.7 mm;水泥池方式养殖,个体平均壳高从8.5 mm长至10.3 mm,壳高月均增长为1.2 mm。

三、人工饲养技术

目前东风螺成体的人工饲养方式主要有池塘、吊笼、港湾围网、高位池饲养和沉箱养殖五种饲养方式。

1.池塘饲养

多用土池,也有用水泥池。土池养殖放养前应提前毒池、晒池。进水应通过闸网过滤,减少鱼、蟹、螺类等敌害生物进入养殖池。东风螺投苗数量为5万～6万只/亩,规格以0.5～1.5 cm的稚螺为宜。放养后保持水质相对稳定,潮间带土池应尽可能利用海洋每月两次大潮期进行大换水改善水质;水泥池养殖日换水量约1/3。每天早、晚投喂杂鱼肉、贝肉和活虾肉等饲料,饲料投喂前应去除骨、壳后用绞肉机或手工剁碎。日投饲量为东风螺总重的5%～10%,当天实际投饲量应视残饵量而定。养殖水深为60～100 cm。可单养或与虾、其他贝类混养。养殖8～10个月,东风螺可达上市规格,为120～160只/千克,可捕大留小,逐步安排上市。

2.吊笼饲养

采用延绳式或浮筏作为浮力利用塑料笼或胶丝笼装苗进行吊养。日常管理参考池塘养殖方法,投饲时应注意清除吊笼残饵、附着生物及抓捕敌害,根据苗种生长状况逐渐疏养。

3.港湾围网饲养

选择水质清新、风浪较小的港湾滩涂,采用网片进行围栏养殖,围网比潮位高出0.5 m以上,网目按所放养的东风螺的大小而定。围网安置后应在涂面上使用"清塘净"、生石灰等杀灭敌害生物。投苗量为50～100只/平方米。

日常管理以检查防逃、修网、清污为主,每天投饲;养殖后期密切注意东风螺的生长;台风季节要注意加固围网桩柱;当滩面上有过多淤泥或污物时要及时清除,尽量保持清洁的养殖环境。养成收获可捕大留小或根据市场需求全部起捕出售。

4.高位池饲养

利用对虾高位池进行饲养试验,水池面积500～667 m²,池深1.5～1.8 m。放养规格为壳高0.6～0.8 cm(每100 g约700个幼螺苗),设计放养密度为100～300个/平方米。每5～10 d换水1次,饲料为小杂鱼,投饲量为贝体重的5%～10%,其他日常管理同上。饲养结果表明,经90 d饲养,东风螺壳高可达2.34～3.43 cm,最适放养密度为200个/平方米,成活率为79.6%～86.3%。

5.沉箱饲养

利用圆形的水泥池沉箱进行饲养,沉箱直径为1.0 m,高0.8 m,沉箱体积为0.63 m³,用40网目的沉网布将沉箱内壁四周围住,箱四周有圆形的小孔,利于水流进出,放置于水深4～5 m(大潮时)的浅海。设计放养密度为100～300个/箱。饲养结果表明,经90 d饲养,东风螺壳高可达2.58～3.45 cm,最适放养密度为250个/箱,成活率为80.1%～85.2%。

第三节　海兔的养殖

海兔属于腹足纲(Gastropoda),后鳃亚纲(Opisthobranchia),无楯目(Anaspidea),海兔科(Aplysiidae)。

海兔的种类较多,分布于我国的有海兔属(*Aplysia*)和背肛海兔属(*Notarchus*)的一些种类,当前作为养殖对象的,仅有蓝斑背肛海兔(*Notarchus leachii cirrosus* Stimpson)(图20-5)。

海兔的软体部分可食用,亦可作为家禽的饲料。但养殖海兔的目的是生产海粉(海兔的卵带干品)而不是食用海兔的肉质部。海粉是消炎退热的良药,清凉饮剂,又可充当名肴,广销国内外。

海兔的养殖在我国有300多年历史,养殖业仅限于福建厦门一带。

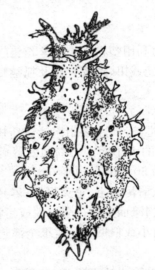

图 20-5　蓝斑背肛海兔

一、海兔的生物学

蓝斑背肛海兔,体呈琵琶形,分头颈、胴和足三部分。雌雄同体。成体一般体长10～13 cm。体柔软,体表光滑,富有黏液腺。海兔体色淡黄或绿色,随栖息的环境和食物而变化,身体表面具许多不规则的蓝色、绿色的色素斑点。当受到刺激时,全身收缩成卵球形。

1. 形态构造

(1)头颈部:位于身体的前端,略为细长。前端腹面有一纵裂的口,口缘具褶皱,两侧各生出一对叶状的唇。靠近唇的外侧背上方,生有一对较粗大的前触角,基部与唇相连,上部不分枝,末端略向下弯曲,形成一褶皱。右触角的外侧有一小孔,是雄性生殖孔的开口,海兔的阴茎在该小孔内。前触角的后方有一对嗅角,比前触角细小,嗅角上半部裂开成一条深沟,嗅角前方外侧各有一对凹陷,内有一黑色的无柄的眼。

(2)胴部:包括外套膜、外套孔、内脏团、鳃、雌性生殖孔以及肛门等部分。

(3)足部:位于体的腹面,平坦宽广,几达身体的全长,是匍匐用的行动器官。前缘有一截断形的浅沟,为足和身体的分界线。足前端呈截形,向后伸成尾状,向两侧伸展而形成侧足。

2. 生态习性

海兔为底栖生活的后鳃类,常成群栖息在海涂上,主要以舟形藻、聂氏藻、S沟藻、曲壳藻为食物,也食浒苔、石莼、念珠藻以及少量的原生动物、轮虫类及小甲壳类。在食料充分的情况下,徐徐爬行摄食,每分钟前进 15 cm 左右,如食料不足,则迅速前进,每分钟可达 40 cm。在前进中,摄食海涂上的饵料生物。海兔也能靠侧足的划动,在水中缓慢地游泳,有时会分泌黏液,将身体悬垂于水面,随流漂动。

海兔在水温 12℃ 时停止活动,集中于海涂或海藻礁石上。水温在 11℃ 以下,则移向较深的海区,将头部钻在泥土中不动,可连续 10 d 以上,呈冬眠状态。水温升到 24℃,海兔行动迟缓,每分钟只能爬行 20 cm。冬季水温下降到 10℃ 以下,春末夏初水温上升到 26℃ 以上时,海兔死亡。海水密度在 1.016～1.025,海兔生活正常,以 1.021 为宜。

海兔生长迅速,在适宜的环境下,1 cm 长的幼苗,经 5 d 的养殖,能长到 2.5 cm,15 d 长到 5.5 cm,20 d 达 7 cm,25 d 达 8.5 cm,30 d 达 10 cm 便可产卵。成体一般为 10～13 cm。

海兔的运动能力弱,体无贝壳保护,但体表的色素,能随生活环境改变,不易被敌害生物所发现,以保护自己。海兔能分泌一种挥发性油,对肌肉和神经系统有毒害作用,使敌害生物不敢接近,用以自卫,海兔能喷射出大量墨汁,扩散水中作为烟幕,模糊敌害生物的视线,借以避敌。此外,海兔身体上有许多腺细胞,能分泌大量浓厚、润滑、无色透明的液体包住身体,使它在露出水面时,有防止水分蒸发的功能,在大风浪时,可减轻风浪的冲击。但当干露于滩涂上为水鸟发现时,就会被捕食。因此养殖海兔,要防止海鸟啄食。

3. 繁殖

海兔是雌雄同体的,也就是一只海兔的身上有雌、雄两种性器官,如果仅有两只海兔相遇,其中一只海兔的雄性器官与另一只海兔的雌性器官交配,间隔一段时期,彼此变换性器官再进行交配。可是这种情况并不常见,通常是几个甚至十几个海兔联体、成串地交合:最前的第一个海兔的雌性器官与第二个海兔的雄性器官交合,而第二个海兔的雌性器官又与第三个的雄性器官交合,如此一个挨着一个与前后不同的性器官交合。它们交合常常持续数小时,甚至数天之久。交配之后,即产卵,产出的卵子,卵与卵之间为蛋白腺分泌的胶状物,黏成一细长如绳索状长条,称之卵群带。卵群带为青绿色,细索状如挂面,卷成一团,粘贴在石块、树枝等附着物上。据记载,最长的卵群 9.26 m,湿重 20.35 g,一般长 3～5 m,湿重 6～10 g。卵群内含有许多卵囊,卵囊在胶质带里呈螺旋形排列,每厘米长的卵群带平均有 35 个卵囊,每个卵囊内有 10～25 个受精卵。受精卵直径 94～104 μm。海兔产卵甚多,但孵出的极少,因为大都被其他动物吞食掉了。海兔的卵群外表看像粉丝,当地群众叫它们为"海粉丝"。孵出的海兔,经 2～3 个月后发育成成体。

二、苗种生产

(1)采苗期:海兔繁殖力甚强,生长发育又快,因此在产海兔的地区,几乎终年皆可采到海兔幼苗。由于海兔的繁殖期长,受季节、水温、食料等因素的影响,所以周年中海兔采苗有多有少。从"立夏"至"寒露",海兔幼苗较为少见。秋末"寒露"至"霜降"间,适值南方水稻扬花期,海兔幼苗增多,至农历十月海兔苗最盛。"冬至"以后又渐减少至绝迹,翌年正月复又出现,二月又达盛期。但作为养殖的苗种,应争取在九月初(农历,下同)放养。这样十月即能产卵,此时的海粉产量高质量好,如十一月放养,由于水温低,到翌年春季才能收成,不但产量低,质量也差。

(2)采苗方法:1 cm 左右的幼苗,大都在干潮线以下,在水深 6 m 左右处发现有海兔幼苗群集,这时用网目小的拖网捕捞,有经验者每天能捕到 1 万只。苗大时进入潮间带,可在退潮后到海涂上徒手采捕,但捕获量较少,一般一个潮水每人只能捕到数百只。

(3)苗种运输:将在采苗区捕到的海兔苗运往养殖场时,一般是放在干净的木桶内(要没有油质的),每桶放 1 cm 大的海兔苗 10 000 个左右。桶内放 1/3 的海水,桶上用树叶遮光,途中要精心照顾,如见海兔苗向上浮于水面,即表示桶内氧气缺乏,需马上换水,否则会窒息死亡。通常每隔 2～3 h 换水一次,这样可连续运输 6～7 h。运输时间太久,海兔苗会大量死亡,这时幼苗应放在大木桶内,并经常换水。

三、养成

1. 养殖场环境条件

(1)地势:以风平浪静、滩涂平坦、坡度较小的内湾为宜。风浪大的海区不但堤岸易被水破坏,且运动能力弱的海兔易被海浪卷走。

(2)底质:泥砂混合,泥占 70%～80% 的软砂泥底质,深 30～70 cm 为佳。

(3)温度:在养殖季节有相当长的时间,水温为 12℃～24℃,若超过此范围,海兔生长不良,以至于死亡。

(4)密度:1.011～1.025 均可,但以 1.021 为最适。

(5)潮流:潮流要通畅,但流速不宜过大,以防止海兔流失。

2. 养殖方式

(1)池塘式养成:一般筑在中、高潮区,其形状与大小随地形而定,有圆形、椭圆形、不规则形等。面积以 10 亩左右为宜,小者堤坝占地和围堤花工都相对地大,海兔利用率低,经营管理不经济,太大管理不方便。

围堤时就地取材,用埕地泥土筑堤。筑堤不能一次到顶,分层建造,待一层干涸后再行加高,以确保堤坝的坚固。在迎风的一面堤要宽些,进出水口需用石砌。一般堤底部宽 2～3 m,堤面 60～70 cm,高以能蓄水 0.5～1 m 为准,池内需开宽 2 m 左右、深约 0.5 m 的环沟。环沟除供应海兔避寒、暑及风浪外,还可养鱼、虾。环沟低处装置一涵管通到堤外,平时堵住,场内蓄水,定期(如半个月)开启排水,采捕鱼、虾。海兔可与泥蚶混养,泥蚶的养殖、整埕、播种、移植和收成,需要排干池内积水,短时间的干露,不会影响海兔。池底要整平,并设置横沟、纵沟数条连于环沟以排除埕上积水。

　　池塘建造后,放养海兔之前应进行整埕除害。施用5~8 kg 茶粕或150~250 g 氰化钠消毒,能毒死敌害。翻土整埕可以除害,加速有机物分解为有效肥料,促进底栖硅藻的繁殖。整埕和除害对提高海兔成活率和促进海兔生长速度,增加海粉生产有很大的作用。

　　整埕除害后即可放养海兔苗。放养密度视具体条件——底质肥度、饵料生物丰富程度而定。一般投放海兔每亩为1 500~2 000 只。放养时间自农历八月至十月。以早放养为佳,提早放养海兔生长快,养殖时间长,海粉产量高;迟放养,气候寒冷,海兔生长慢,严冬海兔处于冬眠状态,体衰弱,到翌年才能产卵,海粉质量差、产量低。一般八月放养(1 cm 大小的海兔苗),经过1 个月养殖达到成体,性成熟产卵。产卵前应在埕上插上竹条、高粱秆、玉米秆,作为海兔产卵的附着器。产卵后数日,生殖腺恢复再次产卵,直到死亡为止。每次产卵时间仅维持1~3 h,产出的卵带,质优者长达9 m 以上,直径2 mm,差的长不及1 m,直径仅1 mm。

　　此外,国内外也利用废旧盐池、蚶塘等进行养成。

　　(2)插标式养成:选择底栖硅藻丰富的低潮区或潮下带附近的埕地,围以竹子、网箔等进行围养,同时可捕捉鱼、虾等。

　　海兔放养后应加强巡视管理,逃苗要捉回,死亡损失者应补苗。并应防止海鸟等敌害生物的危害。

四、收获与加工

　　收成季节内,一般3~4 d 收海粉一次。天气冷,产卵量少,可一星期左右收一次。收成时间一般选在早潮退潮时,用钩捞取,将附着器上的海粉收下。

　　海粉加工方法简便,将收起的海粉打在竹篓内以海水冲洗除去粘在卵带上的泥砂,捡去杂藻及其他杂物,然后放在竹筛上晒干。在大风天,晒干过程还需喷水,使其干燥,否则只能表层吹干,里面潮湿,会引起变质腐败。上等海粉呈青蓝色,淡黄色的质量较差。在晒干过程中,海粉被雨水淋洒者变白,质量最差。

第四节　凸壳肌蛤的养殖

　　凸壳肌蛤(*Musculus　senhousei* (Benson))属于瓣腮纲(Lamellibranchia),异形亚纲(Pterimorphia),贻贝目(Mytiloida),贻贝科(Mytilidae)动物。它俗称"乌蜒"、"海蛔"、"塊"(福建),"薄壳"(广东),广泛分布于太平洋西岸,自我国南海、东海、黄渤海至日本海、鄂霍次克海。凸壳肌蛤个体虽小,但附着密度大,密集时每平方米多在1 万个以上,每亩产量高达数千千克。福建漳浦、霞浦等县,产量非常可观,年产量均以万吨计。此外,凸壳肌蛤可用作家畜等的饲料,又是港养鱼虾的食料,是沿海地区取用方便、价格低廉、肥效较大的农肥。作为养殖贝类,仅局限于福建的漳浦、连江,广东的汕头等地。

　　凸壳肌蛤一方面是良好的滩涂贝类,另一方面会与泥蚶、缢蛏等竞占地盘,争食饵料,是养殖贝类的敌害。及时检查蛏、蛤、蚶埕上是否附有肌蛤苗,趁其细小时移走,是变害为利的一项有效措施。

一、形态结构

凸壳肌蛤,两壳左右对称,薄而小,略呈三角形,壳长约为壳高的两倍,壳顶近壳前端,腹缘较直,至中后部则稍向内凹(图20-6)。背缘韧带部直,斜向后上方,约近壳的后半部则成弧形斜下。贝壳后缘圆,壳面前端具有隆起,壳表被以黄色或淡绿色的外皮。在隆起的背面自壳顶始至后缘具有许多细淡褐色放射线。幼小的个体,全壳面均有极明显的褐色或淡紫色的波状花纹,但在老个体这种花纹只在背部明显。由壳顶至前方腹缘具有 6～8 条极细的放射肋。生长纹细弱。贝壳内面呈灰白色,具有珍珠光泽。壳表放射肋及波状花纹皆明显地透过。肌痕略显,铰合线全部或后部具有一排细密的齿状突起。外套膜厚,外套缘无触手。足丝淡褐色,极细软。成体壳长为 2 cm 左右。

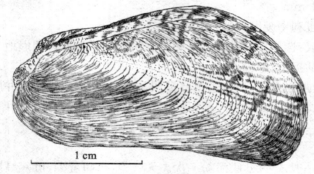

1 cm

图 20-6　凸壳肌蛤

二、生态

(1)分布和生活环境:凸壳肌蛤为太平洋西岸分布很广的种类。在我国沿海均有分布。日本海和鄂霍次克海也有它的踪迹。喜群栖在软泥或泥砂的埕地,从潮间带上区至大潮干线下水深 10 m 左右的海底都有分布。水温 18℃～28℃,海水密度为 1.010～1.020,最适于它的生长。

(2)生活方式:凸壳肌蛤生活时以壳的前端向下,后缘朝上成群地相互用细韧的足丝与泥砂牵缠在埕地的表层,营附着生活。当它附着后,移动力就很差。

(3)食料:与大多数双壳类一样,凸壳肌蛤是滤食性的,其食料成分随地区和季节的不同而有很大的变化,主要有圆筛藻、小环藻、菱形藻、舟形藻、针杆藻和三角藻等。此外,还有大量的有机碎屑。

三、繁殖与生长

凸壳肌蛤为雌雄异体,一年性成熟。成熟的生殖腺雄性为乳白色,雌性为橘红色或橙黄色。繁殖季节在我国北方为 7～8 月,而福建沿海则在秋、冬两季,尤以"白露"至"霜降"为繁殖高峰。它的性腺是渐次成熟的,因而精、卵也是分批排放的。

凸壳肌蛤从幼苗(0.3～0.5 cm)到收获的实际生长期,在福建南部一带只有 8～9 个月。生长以 7～8 月份最快。它的生长速度与分布的潮区和栖息密度密切相关。凡经人工疏养在较低潮区的,生长就很快。4～5 月份将蛤苗疏养到低潮区后,至 8 月份平均壳长达 2.6 cm,壳宽 1.0 cm,壳高 1.25 cm。而在中潮区未经疏养的,至 8 月份壳长仅 1.87 cm,壳宽 0.7 cm,壳高 0.9 cm。

四、整埕附苗

在风浪平静的内湾潮间带,滩面平坦,软泥及泥砂滩底质都有凸壳肌蛤幼苗的附着。且以满潮时水深能达 1.5～2.0 m,干潮时埕面干露时间为 2～3 h 的中潮区沟渠两侧附苗量大。因此,苗埕应选在中潮区。

在肌蛤附着前,埕地要进行平整,适当分畦,清除敌害。附苗埕地的平整工作,一般在 10～12 月间进行。为了便于管理和防止人为践踏,可在埕地四周筑以小堤或插上标志。肌蛤在自然界资源量较大,每平方米可达 17 600～28 000 个,这对整埕附苗提供了可能,为养殖生产提供了源源不断的苗种。

五、移植养成

幼苗附着后至翌年 4～5 月间,贝体已生长到米粒大小或更大。因群栖的生活习性,随着生长,栖息密度相对增加,生长速度明显下降;同时,附着在高中潮区的幼苗,为了促进它们的生长,应进行稀疏和移养到低潮区。移植时间一般从 4 月底～5 月初开始,至 6 月中旬结束。

移植时多选择和采收密集处的蛤苗,或以适当的间距整行移植,这样留养在原埕的肌蛤亦能自然稀疏。移苗操作中,需将幼苗连带表泥成片翻起。如果苗埕与养成埕地相距较远,亦可用篓筐盛苗在海水中稍微荡洗,除去部分泥土再行搬运。

凸壳肌蛤幼苗耐干性弱,不可曝晒或堆积过厚。收起的幼苗,最好当潮播养在事先已平整好的养成场地。播苗应注意均匀,或用耙耙匀。播种量各地有所不同,福建南部每亩播苗 150～250 kg,福建东部为 400～500 kg。

六、养成收获和加工

凸壳肌蛤在移植放养后,要注意保持埕地的平坦。对敌害生物如锯缘青蟹、斑玉螺、河豚鱼、蛇鳗和绿头鸭等,要经常捕捉、驱除。还要注意防除浒苔在埕地上蔓生。

在福建南部地区,肌蛤养到当年 7～8 月,壳长已达 2 cm 以上,即可收获。养在潮间带的,收获时可用铁制的割刀,割断其足丝成片地收起,再行冲洗。生活在深水区的,则用长柄带网袋的蛤耙,将它们连泥耙起洗净装入船内,或是人带割刀和网袋,潜水收获。生活在潮间带的肌蛤,不能抵御冬季干潮时的寒冷,在"霜降"前后死亡率很高,因此收获时应全部收起。

凸壳肌蛤除鲜食外,还可把它洗净后捣碎,挤其汁煮沸加工制成豆腐状,用以佐食,剩余的残渣可作饲料。其肉制成的干品,称"蟟干"或"蜩米",即将肌蛤置于锅内蒸或煮,使壳与肉脱离,去壳取肉,放在阳光下曝晒 1～2 d,每 10 kg 鲜重能晒干 5～8 kg。

第五节　栉江珧的养殖

栉江珧(*Pinna*(*Atrina*)*pectinata* Linnaeus)俗称带子,在北方俗称"大海红"、"海锹"。在南方,福建称"土杯"、"马蹄",浙江称"海蚌",而广东称"角带子"、"割纸刀",台湾称"玉珧"等。江珧是经济价值很高的海产贝类,肉质细嫩肥白,营养丰富。据分析,它富含蛋白质、糖分及维生素 A、B、D 等多种营养成分,其干品蛋白质含量高达 67% 以上,肉味鲜美,后闭壳肌极为粗大,可干制成"江珧柱"。我国古书早有记载,如《闽中海错疏》载有江珧"肉白而韧,柱圆而脆";《磷儿什志》云:"四明海物,江珧第一。"可见"江珧柱"是极为名贵的海味珍品。它还具有药用价值,江珧干品即江珧柱,性味甘平,利五脏,缩小便,去积滞,另有滋阴降火功效,深受人们青睐。鲜贝及"江珧柱",不仅可供国内市场,而且可出口创汇,因此发展栉江珧人工养殖大有作为。

栉江珧隶属于软体动物门(Mollusca),瓣鳃纲(Lamellibranchia),翼形亚纲(Pterimorphia),贻贝目(Mytiloida),江珧科(Pinnidae),江珧属(*Pinna*)的贝类。

一、形态结构

(1)贝壳:栉江珧的贝壳极大,呈三角形,一般壳长 300 mm。壳顶尖,背缘直或略弯入(图 20-7)。自壳顶伸向后端 10 余条较细的放射肋,肋上具有斜向后方的三角形小棘,变化极大。小型个体壳表颜色呈淡褐色,成体多呈黑褐色。

贝壳仅由外面的棱柱层和内面的珍珠层两层构成,且珍珠层仅存于前、后闭壳肌之间,故壳质较薄。左、右两壳相等,但彼此抱合时不能完全闭合。铰合部线形,占背缘的全长,无铰合齿。

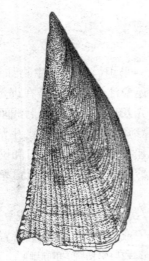

图 20-7　栉江珧

（2）软体部：较贝壳小，呈淡红褐色，为两片外套膜所包裹。外套膜薄而外套膜缘较厚，有一列短小的触手。左、右外套膜在鳃的末端处愈合，形成一个相当大的出水孔。唇瓣较大，呈三角形。口为横裂，胃大部分被绿色的消化腺所包围。直肠的背面具有一粗壮的外套腺，此腺体有一柄，柄顶为一皱褶的囊状物，若自心室注入染液，可见血管密布囊状物，其功能是用以清除泥砂或其他外物。生殖腺位于内脏团中，成熟时充满内脏团的后方，几乎包围整个内脏团，而开口于外套腔中。前闭壳肌小，后闭壳肌（肉柱）极肥大，为体长的 1/3～1/2。足小，呈圆锥形，末端尖，腹面有一条纵裂的足丝沟。足丝淡褐色，多而柔软。鳃大，呈瓣状，充满整个外套腔，肝脏褐色，包围胃和前肠。

二、生态习性

（1）分布：栉江珧广泛分布于印度洋和太平洋区。我国沿海，北起辽东半岛，南及琼州海峡，均有其生活的踪迹。小个体一般在潮间带低潮区采到，而较大个体多在潮下带，需拖网、潜水，或以夹子采捕，通常多采自 50 m 以内浅海。在软泥、泥砂、中砂及粗砂的底质中皆能栖息生长。

（2）生活方式：栉江珧多栖息在水流不急、风平浪静、砂泥质的内湾。以壳之尖端直立插入砂泥滩中，有足丝附着在粗砂粒、碎壳和石砾上，仅以宽大的后部露在滩面（图 20-8），当它附着于泥砂后，终生即不再移动。在自然海区中，两壳稍张开，外套膜竖起，悠然地摆动于海水中，极为美观。退潮时，或遇到刺激后栉江珧仅留壳后缘稍露出滩面，好似一条裂缝，采捕时如不注意观察，有时很难发现。栉江珧也有喜群栖习性，在采捕中，曾有人发现一些海域，栉江珧成片群栖于一起，数量较多，人们称之为"海底森林"。

图 20-8　埋栖在砂泥中的栉江珧（仿李复雪）

（3）对水温、盐度的适应：栉江珧适应能力强，在我国各海域皆有分布，一般栖息于内湾和浅海,是广盐、广温种类。其适宜水温范围为8℃~30℃,最适水温为15.2℃~29℃,此时生长速度最快。当水温低于8℃时,贝体反应迟钝;当水温降到5℃左右时,即出现死亡。适宜的盐度范围为13~14,较适盐度为23.4~31.2时,摄食减少,反应迟钝,可维持生活4~5 d。栉江珧对温度、盐度的适应范围,与其长期栖息环境有关。温度、盐度的剧烈升降,栉江珧均难以适应,在pH为7.6~8.22时,透明度变化范围为0.2~8.4m,水流流速达到0.6~1.0 m/s的生态环境中,也能正常存活。

(4)底质:栉江珧栖息所需的底质,一般含砂量较高,喜生活于浮泥少、潮流不很湍急、含砂率50%~80%的海区。据分析,底质成分的平均百分比为:碎壳占2.37、石砾52.50、砂粒0.81、粉砂粒13.88,其中以石粒居多,砂粒次之,黏土最少。

(5)耐干能力:栉江珧在气温20℃~24℃时,经24 h干露,存活率为80%~100%。但干露时间越长,其存活率越低,在气温为21℃~24℃时,干露48 h,则全部死亡。

(6)群聚:在栉江珧生长海区,有各种各样的生物群聚,如海藻、腔肠动物、软体动物、棘皮动物、腕足动物、甲壳动物和多毛类等,组成了栉江珧的有机环境。

(7)迁移:栉江珧像菲律宾蛤仔一样,在海区中有迁移现象。当栖息环境生态因子发生变化时,栉江珧就会迁移。因此,开展养殖时,应采取防范措施。

(8)食性:属滤食性贝类,鳃是它的滤食器官,将微小颗粒筛滤下来,经过鳃丝表面分泌的黏液包裹,靠纤毛的运动,使食物经食物运送沟,送至唇瓣与口。

饵料:栉江珧的饵料,主要是硅藻,占90%以上;同时,也摄食其他单细胞藻类、原生动物和有机碎屑等。摄食的硅藻种类因海区而异,主要有圆筛藻(Coscinodiscus)、菱形藻(Nitzschia)和直链藻(Melosera)、角毛藻(Cheatoceros)、舟形藻(Navicula)、羽纹藻(Pinnularia)、曲舟藻(Pleurosigma)、小环藻(Cyclotella)及双眉藻(Amphora)。栉江珧摄食饵料的种类和数量,因季节变化、海区不同而异,但与该海区底层硅藻类出现的种类及数量的变动基本一致。

滤水量:壳长200 mm左右的栉江珧,白天滤水量平均为5.33 L/h,相对滤水量为每克体重44.3 mL/h。夜间滤水量平均为4.53 L/h,相对滤水量为每克体重24.1 mL/h。在不同体重、不同季节、不同水温下,其滤水量会有所变化。

(9)敌害生物:栉江珧一般栖息在潮下带及浅海,其主要敌害生物有海星(Anthenea)、三疣梭子蟹[Portunus(Portunus)trituberculatus]、锯缘青蟹(Scylla serrata)、蛇鳗(Ophichthus)、鳐(Raja)、玉螺(Natica)等。在不同海区,其敌害生物也不尽一致。

三、繁殖与生长

1.繁殖

(1)性别与性比:栉江珧为雌雄异体,从外观上难以区分雌、雄,多以性腺色泽来判断。在繁殖季节,成熟的亲贝性腺覆盖内脏团,雄性呈乳黄色或乳白色,雌性呈橘红色。栉江珧雌、雄两性比例接近于1∶1。

(2)繁殖季节:栉江珧生殖腺位于软体部的后端,成熟时几乎包围整个内脏团。其性腺发育程度依肉眼观察,可分为6期。

Ⅰ期,即休止期:内脏团表面透明,充满水分,没有性腺分布,肉眼很难鉴别雌、雄。

Ⅱ期，即发生期：性腺开始形成，出现于内脏团表面，但少而稀薄，刚能分辨雌、雄。

Ⅲ期，即生长期：性腺逐渐增多，占内脏团的 1/3～2/3。

Ⅳ期，即成熟期：性腺丰满，色泽鲜艳，占内脏团的 3/4 以上或几乎包围全部内脏团。吸出卵子或精子，遇水即散开。

Ⅴ期，即排放期：正在排放或部分已排放，但性腺仍较肥大，稍加挤压即见有卵子或精液流出。

Ⅵ期，即产后期：体质消瘦、内脏团透明区增大，生殖腺明显减少或基本放散完毕，但仍残留少量生殖细胞，尚可鉴别雌、雄。

（3）繁殖期：根据性腺发育情况，栉江珧在山东沿海 6～8 月为繁殖期，7 月份为繁殖盛期，在广东汕尾海域 5～9 月为繁殖季节，其中以 6～7 月为产卵盛期，8～9 月也有一个产卵小高峰。栉江珧在福建沿海的繁殖季节为 5～9 月，5 月中旬至 7 月上旬为繁殖盛期，8 月底 9 月初又是一个产卵小高峰。繁殖期水温一般在 22℃～30℃。

（4）性成熟年龄：栉江珧一年即可达性成熟，其性成熟最小个体壳长为 7 cm，但作为繁殖亲贝一般采用壳长 18 cm 以上的 2～4 龄贝。

（5）产卵、排精：栉江珧为雌雄异体，行体外受精的贝类，而且是分批排放精、卵的类型。栉江珧亲贝的怀卵量与壳长有很大的关系。据测定，平均壳长 18.6 cm 的亲贝，怀卵量达 4 000 万粒；视个体大小及性腺成熟度好坏，其产卵量差别很大。一般一次产卵量在数百万粒至 1 700 多万粒。经测定，平均壳长 17.13 cm 的亲贝，平均可产卵 1 071 万粒。

（6）精、卵形态：成熟的精子，呈乳黄色，且很活泼，由顶体、头部、颈部和尾部组成，全长约 55 μm；成熟的卵子呈圆球或椭球形，卵径为 58.8～68.6 μm，平均约 62 μm，属沉性卵，呈橘红色。

2.胚胎及幼虫发育（表 20-7）

（1）受精：两性生殖细胞成熟后，精子和卵子融合，形成一个新的细胞，即受精卵。卵子表面生成的受精膜，一般作为精子入卵的指标之一。

（2）胚胎期：在适宜的条件下，受精卵以螺旋形不均等完全分裂方式进行卵裂，经 2、4、8、16 和 32 细胞期。再经桑葚期、囊胚期和原肠期。

（3）幼虫期：该期从担轮幼虫开始，到稚贝附着为止。包括担轮幼虫、面盘幼虫和变态期幼虫（匍匐幼虫）3 个阶段。

①担轮幼虫：口前具有纤毛轮，顶端还有一束长鞭毛。以纤毛摆动在水中做旋转运动，营浮游生活。常浮游于水的表层，并有集群现象，此期消化系统还未形成，仍以卵黄物质作为营养。

②面盘幼虫：具有面盘，面盘是其运动器官（图 20-9）。

A.D 形面盘幼虫：又称面盘幼虫初期或直线铰合面盘幼虫，两壳对称、大小相等且透明，铰合部平直，平均壳长×壳高为 85.7 μm×62.9 μm。内部消化器官比较简单，幼虫面盘较为特殊，边缘分叶，其前后左右皆有凹陷，形如蝴蝶状，这与其他双壳类幼虫的面盘有较大差异。幼虫靠面盘纤毛的摆动，进行运动和摄取食物。

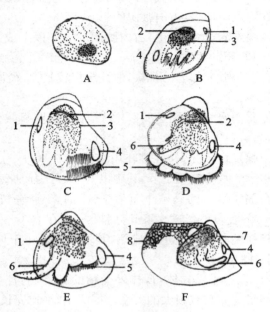

A. D形幼虫(100 $\mu m \times 0.76\ \mu m$)　B. 壳顶初期(144 $\mu m \times 168\ \mu m$)　C. 壳顶中期(235 $\mu m \times 164\ \mu m$)
D. 壳顶后期(500 $\mu m \times 480\ \mu m$)　E. 匍匐幼虫(540 $\mu m \times 500\ \mu m$)　F. 附着稚贝(900 $\mu m \times 600\ \mu m$)
1. 后闭壳肌　2. 消化道　3. 消化盲囊　4. 前闭壳肌
5. 面盘　6. 足　7. 原壳部　8. 新生壳

图 20-9　栉江珧幼虫形态

　　B. 壳顶期幼虫：壳顶隆起。壳顶幼虫初期,壳顶开始向背部隆起,改变了原来直线状态。栉江珧在壳顶初期,其壳长>壳高;当幼虫生长至壳长为 $135 \sim 185\ \mu m$ 时,出现壳长≤壳高;当幼虫继续生长至壳长为 $350 \sim 400\ \mu m$ 时,再次出现壳长≥壳高的现象。这种壳长与壳高比例逆转现象,在其他动物中也是少有的。

　　③变态期幼虫(匍匐幼虫)：贝壳略呈等腰三角形,足发达且长,有的幼虫足伸长时长度可达 $400\ \mu m$,能伸缩做匍匐运动。足基部的眼点显而易见,鳃也逐渐增大,鳃丝已很清楚,面盘尚未完全萎缩。栉江珧变态的幼虫壳长为 $560 \sim 640\ \mu m$。

　　(4)稚贝期：变态期幼虫,具有浮游和在底质上匍匐爬行的能力,一旦遇到适合的基质,足丝腺便能分泌足丝,附着于基质上,从而结束浮游生活,转入半附着半埋栖的生活,壳长通常为 $560 \sim 640\ \mu m$,此时称为稚贝。其外部形态、内部构造、生理机能和生态习性等方面,都经过相当大的变化。外套膜具有分泌贝壳能力,形成新贝壳,壳薄无色透明,壳表具蜂窝状斑纹,壳形发生变化;面盘已全部萎缩退化,鳃逐渐增大,开始用鳃呼吸和摄食;它的生态习性由营浮游、匍匐生活转变为以足丝附着于砂砾、砂上或它们的沉积物上,营半附着、半埋栖的生活,内部器官也逐步发育和完善(图 20-10)。

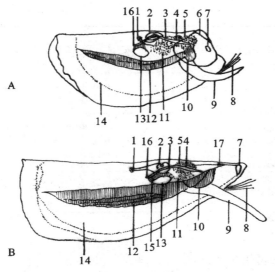

A. 附着 4 d 稚贝(2.3 mm×1.08 mm)　　B. 附着 17 d 稚贝(14.5 mm×4.75 mm)
1.外套腺　2.心脏　3.直肠　4.胃　5.消化盲囊　6.原壳部　7.前闭壳肌　8.足丝　9.足
10.唇瓣　11.肾脏　12.鳃　13.后闭壳肌　14.外套膜　15.后收足肌　16.肛门　17.前收足肌

图 20-10　栉江珧稚贝形态及器官构造

表 20-7　栉江珧胚胎及幼虫发育

发育阶段	受精后时间	规格(μm) (壳长×壳高)	主要特征	备注
受精卵				
第一极体	20 min			
第二极体	40 min			
2 细胞期	1 h 20 min			
4 细胞期	1 h 30 min			
8 细胞期	1 h 45 min			
16 细胞期	1 h 45 min～2 h			
32 细胞期	2 h 15 min			水温 24℃,
桑葚期	3 h 15 min			盐度 30
囊胚期	4 h 40 min～5 h 30 min		开始转动	
原肠期	6 h 30 min		开始上下游动	
担轮幼虫期	8 h 30 min		鞭毛发达,游动较快	
D 形幼虫期	24～48 h	85.7×62.9	面盘形成,铰合部平 直,外表呈 D 字形	

（续表）

发育阶段	受精后时间	规格（μm）（壳长×壳高）	主要特征	备注
壳顶幼虫期	5～20 d	120×144	壳顶开始向背部隆起，右壳＞左壳	水温为24℃～30℃，盐度为26～32
匍匐幼虫期	21～23 d	360×370	壳形略呈等腰三角形，足大且长，面盘未全萎缩	
附着稚贝	24 d 以上	540×500	新生壳出现，营半附着半埋栖生活	

3. 生长

栉江珧的生长特点表现在贝类的增长与软体部的生长并非同步。它与年龄、季节、繁殖期和外界环境因子的变化有密切关系。

（1）年龄：1 龄贝不同发育期的增长速度，呈现出前期慢、后期快的特点。这是因为随着发育的推进，各器官的结构和功能不断完善，促使其同化作用加强的结果。在胚胎期，体积一般不增加，到 D 形幼虫时，开始摄取饵料，缓慢增长。

从 D 形幼虫壳长 80 多微米到完全变态成稚贝（壳长约 0.6 mm），需经历 21～47 d，稚贝在室内水池经 10 多天培育，壳长从 0.7 mm 猛增至 7.7 mm。稚贝和幼贝期（外部形态、内部器官和生活方式均与成体基本一致）时，其生长速度就大大加快。据国家海洋局第三海洋研究所实验生态组报道，把室内人工育苗获得的幼贝（平均壳长为 7.7 mm，最大个体 12.2 mm，最小个体 4.0 mm）移养于海区，经 86 d 养殖，平均壳长达 53 mm（最大为 79 mm，最小为 27 mm）。也就是说，在 86 d 海区养殖中贝体壳长净增 45.3 mm，最快者净增 66.8 mm。栉江珧在 1～3 龄期间，壳长的增长速度最快，而 4～5 龄，其壳长的增长显著减慢（表 20-8）。

表 20-8　栉江珧的壳长增长与年龄关系

年龄	1	2	3	4	5
平均壳长（cm）	3.65	8.4	14.36	17.47	19.00
年平均增长（cm）	3.65	4.75	5.96	3.11	1.53
年增长率（%）		130.14	70.95	21.65	8.75

栉江珧的生长，在前期，主要表现为壳长的增长，而体重的增长较慢；在后期，表现为体重增长的加快。

栉江珧的生长速度还与个体大小有密切关系，个体小，壳长增长快。随着个体的长大，其壳长增大渐慢。不同大小的个体，其壳长、壳高、壳宽的生长比率也不一样。个体较小时，壳长月平均增长率比壳高和壳宽快；个体大时，相对壳高和壳宽的月平均增长率，则比壳长大得多。此外，壳长与体重和软体部（鲜肉）及闭壳肌的增长并不是匀称的。栉江珧在前期即个体较小时,壳长的增长速度要快些;而随着个体的发育长大,即个体较大时,其体重、软体部(鲜肉)和闭壳肌增长速度要快(表 20-9)。

表 20-9　栉江珧壳长、体重和闭壳肌鲜重的生长关系

壳长范围(cm)	平均壳长(cm)	平均体重(g)	平均壳重(g)	平均鲜肉重(g)	平均闭壳肌鲜重(g)
7～11	10.84	17.11	7.69	7.82	1.45
12～16	14.82	45.74	19.51	19.24	3.82
≥17	18.49	93.33	42.82	35.37	7.71

同一年龄的栉江珧,栖息于不同海域中,其生长速度也不一致,甚至差别很大。如在福建省泉州湾 1 龄贝平均壳长为 3.65 cm,2 龄贝壳长为 8.4 cm,3 龄贝壳长为 14.3 cm。而栖息于广东汕尾海域的栉江珧,生长 1 周年(2 龄贝)壳长可达 14.0～15.0 cm,2 周年(3 龄贝)壳长可达 19.0～20.0 cm。但在各养殖场中,贝体大小与其年龄有密切关系,前期年龄小,即个体也小,其壳长生长快,体重增加缓慢;而后期,随着年龄的增大,贝体也相应长大,但其壳长生长速度变慢,而体重却明显增加。

(2)季节变化:栉江珧的生长速度,随着季节不同而有较大的变化,这主要是不同季节水温变化较大,从而影响到海区浮游植物的繁殖,直接、间接影响栉江珧的生长。栉江珧生长有明显的季节变化,夏、秋两季水温较高(平均水温为 22.4℃～28.6℃),为主要生长季节,尤以 7～11 月生长速度最快;4～7 月次之;12 月至翌年 3 月水温低(月平均在 16℃以下),其贝体生长最慢。栉江珧在繁殖期间(广东汕尾为 5～9 月,盛期为 6～7 月),糖类等营养物质大量分解消耗,软体部消瘦,贝壳生长速度也慢。产卵之后,贝壳生长速度加快,而软体部生长减缓。在产卵前夕,贝壳较差,可是软体却积累了大量营养物质,为产卵做好物质准备,这个时期软体部最肥。

四、苗种培育

1. 半人工采苗

半人工采苗是根据栉江珧的繁殖和幼虫附着习性,在繁殖季节,选择幼虫较多的海区,创造适宜的附苗条件,进行人工整滩或投放适宜的采苗器,进行海上附苗培育的一种生产方法。进行半人工采苗的滩涂,以泥砂质为好;要求滩面平整光滑;采苗器以网笼为好,内装有一定的砂、砂砾等基质。在海域中进行其他贝类,如扇贝和珍珠贝采苗时,采苗器中也发现少量栉江珧的幼贝。

目前,有些养殖者,在低潮区或浅海采捕 7～10 cm 的野生小贝,作为苗种进行增养殖。

2. 全人工育苗

(1)亲贝选择:亲贝性腺是否成熟,是人工育苗能否成功的首要条件。只有获得充分成熟的卵子和精子,才能保证人工育苗的顺利进行。一般选用壳长 18 cm 以上、体质健壮、贝壳无创伤、无寄生虫和病害、性腺发育较好、大小在 20～26 cm 的 2～4 龄成贝作为

亲贝。可用肉眼观察性腺色泽是否鲜艳,如成熟的雌性应呈橘红色,而雄性为乳白色,性腺成熟度达Ⅳ～Ⅴ期,或借助显微镜检查生殖细胞,成熟的卵子应呈圆球形,成熟的精子活力好,运动较活泼。

(2)亲贝培育:亲贝性腺是否成熟,是人工育苗能否成功的首要条件。只有获得充分成熟的卵子和精子,才能保证人工育苗的顺利进行。

亲贝蓄养期间管理技术措施:

1)水温:入池后稳定 5 d,入池时水温为 15℃,以后以 1℃/d 升温速度升至 22℃,恒温待产。

2)饵料:饵料种类以小新月菱形藻、青岛大扁藻为主,淀粉、螺旋藻代用饵料为辅,每天投喂 8～12 次,日投喂量由 $20×10^4$ 细胞,逐渐增至 $40×10^4$ 细胞。

3)换水:换水 3～4 次/日,每次 1/3 的培育水体,每 3 d 移池 1 次。

4)管理:及时挑出死贝,定期加入 $(1～2)×10^{-6}$ 的抗菌素抑菌。

亲贝经过 30～45 d 促熟培育,解剖可用肉眼观察性腺色泽是否鲜艳,如成熟的雌性性腺应呈橘红色,而雄性性腺为乳白色,性腺包围整个内脏团且饱满;或借助显微镜检查生殖细胞,成熟的卵子呈圆球形,成熟的精子活力好,运动较活泼。说明种贝已经成熟可以准备产卵。

(3)诱导排放精、卵:人工诱导栉江珧产卵、排精,一般采用物理的、化学的和生物的诱导方法,比较简易可行的方法首推物理方法,它具有方法简单、操作方便、对以后胚胎发育影响较小等优点。常用的诱导方法有:

1)自然排放法:性腺发育好的亲贝在换水和移池后,引起种贝的自然排放,此法排放的精、卵质量最好。

2)阴干、流水、升温刺激法:把经促熟性腺发育好的亲贝,先经 5～6 h 的阴干,再经 0.5～1 h 流水刺激后,直接放入事先准备好的升温海水中,高出恒温培育时 3℃～4℃,经 1～2 h 的适应期后,亲贝能自行排放精、卵,亲贝排放率为 80%。

3)阴干加紫外线照射海水诱导法:选择性腺成熟度好的亲贝,阴干 5～6 h 后,置于 100 L 的海水中,用 30～40 W 紫外线灯(2 537Å)照射 2～3 h 后。能使成熟亲贝排放精、卵,亲贝排放率为 70%。

(4)人工授精及洗卵:

1)受精:栉江珧采取人工诱导方法排放精、卵,一般雄的先排放,排放时呈白色烟雾状,雌的排放较雄的晚 0.5 h,呈粉红颗粒状。在充气或搅动条件下,水中精、卵自行受精。

2)洗卵:排放过程中,如果精子过多,需进行洗卵。洗卵方法:受精后静置 30～40 min,使卵下沉,将中上层海水用 300 目滤鼓虹吸轻轻排出,去除多余的精液和劣质的卵,然后再加入新鲜的海水。受精卵经上述方法洗卵 2～3 次,进行孵化发育。

(5)选幼:在水温 24℃、盐度 30 的海水中,当幼虫发育到 D 形面盘幼虫时,立即选优。选优采用 300 目拖网法和虹吸法,将 D 形幼虫收集置于育苗池中进行培育。能否提高受精卵的孵化率,选出更多正常而健壮的幼虫,是生产性育苗成败的关键之一。

(6)幼虫培育:

1)幼虫培育密度：培育水温在23℃～25℃,由于栉江珧幼虫个体较大,加上培养时间长,需要1个月,因此栉江珧D形幼虫放养密度不宜过大,前期应控制在4～5个/毫升,若放养密度过大时,幼虫的生长发育会受到影响,250 μm后为2～3个/毫升。栉江珧幼虫适宜在20～30 m^3水体的育苗池中培育。

2)换水及移池：和扇贝培育的方法一样,幼虫刚入池时,保持水深100 cm,第1 d加水至池满。以后可改为换水。换水方法：用滤鼓换水,所用筛绢规格视幼虫大小而定。换水时,先检查筛绢网目规格是否符合要求,严防幼虫流失;检查筛绢网片是否破损,若有破损及时处理;用过的筛绢要及时冲洗干净并晾干;换水时控制好流速以免损伤幼虫;换水时经常晃动换水器,以分散滤鼓筛绢外面的大量幼虫。

每天换水3～4次,每次更换1/4～1/3水体。每2～3 d移池1次。移池可更好改善幼虫的水环境,淘汰死亡和不健康的幼虫,除去幼虫的粪便和黏液。

在培育池中微量充气,不仅能增加海水溶氧量,满足幼虫的耗氧需要,而且能使培育的水处于流动状态,使幼虫和饵料分布较均匀防止幼虫间相互粘连。

3)饵料：栉江珧幼虫发育到D形幼虫时,就开始摄食。饵料是幼虫生长发育的物质基础,是幼虫培育成败的关键之一。作为栉江珧幼虫饵料,在幼虫培育前期,以等鞭金藻(*Isochrysis galbana*)、叉鞭金藻(*Dicrateria zhanjiangensis*)为主,扁藻(*Platymonas subcordiformis*)为辅;在幼虫培育后期主要投喂扁藻和角毛藻(*Chaetoceros calcitrans*),金藻为辅。日投喂量在培育幼虫前期,投饵量可少点,投饵量应控制在$(0.5～4)×10^4$个细胞/毫升;在培育后期,适当添加扁藻,一般投饵量为$(4～6)×10^4$个细胞/毫升。投饵量应根据从池中取出幼虫在显微镜下检查胃肠饱满度后再确定。

4)幼虫管理：每天检查测量幼虫的生长和发育情况,定期测量池水的水温、盐度、溶解氧、酸碱度、氨氮,并作好记录,发现问题及时处理。

(7)采苗：当幼虫达到380～400 μm时,出现眼点,即开始准备投放附着基,进行采苗。栉江珧幼虫发育到稚贝时,它既不像文蛤那样,营典型的埋栖生活;也不像扇贝那样,单纯依靠足丝附着于其他物体上营附着生活,而是两者兼之。栉江珧稚贝先用足在附着基、池壁或池底爬行;在适宜的时候,足丝腺分泌足丝附着于砂粒上,随后以壳顶插入底质,营半附着、半埋栖生活。根据栉江珧稚贝的这种附着特性,栉江珧稚贝采苗器应盛有砂粒。用何种采苗器效果较好,有人进行了四种方法采苗研究。

1)附着基种类选择及处理：

①种类：主要选择细砂(用80目筛绢筛出的细砂)、扇贝用的聚乙烯网片、80目网片、50目网袋。

②处理方法：细砂用80目筛绢筛出细砂,颗粒大小在300 μm以下,用过滤海水洗刷干净,再用$10×10^{-6}$高锰酸钾消毒15 min后,洗刷干净备用。

扇贝用的聚乙烯网片、80目网片、50目网袋,经0.05%NaOH浸泡24 h,洗刷干净备用。

2)采苗密度：采苗时眼点幼虫布苗密度为0.5～1个/毫升。

3)采苗方法：

①无底质采苗：池中和池底部不放任何附着基,好处是水质好、眼点幼虫变态率高,附

着变态5~6 d,需转入铺砂浮动网箱内和网袋装扇贝附着基和细砂,稚贝生长快和成活率高。否则,稚贝生长慢,成活率低。

②池底铺砂采苗:池底铺有5 mm厚的细砂。

③网袋装扇贝附着基和细砂吊在池中采苗法:在50目扇贝保苗网袋内装上细砂和扇贝半人工采苗用的聚乙烯网片,吊在池中。

④铺砂浮动网箱采苗:在蓄养扇贝种的浮动网箱中,在网箱底部铺上80目的筛绢网,铺上5 mm的细砂。

4)采苗后的管理:在投上附着基幼虫未附着前,除了加大换水外,其他培育管理跟后期浮游幼虫管理一样。幼虫全附着后到出池前,管理技术措施如下:

①换水:采用长流水培育,每天流2倍水体的全量,分4次。

②移池:池底铺砂采苗的4~5 d,移池1次,无底质采苗在用筛绢网收集起,转入铺砂浮动网箱后,按铺砂浮动网箱采苗法管理。移池主要是根据苗的大小,用大于细砂颗粒,小于苗大小的筛网,将苗收集起来,重新撒到铺砂的池中。

③饵料:附着变态后的饵料主要以扁藻和塔胞藻为主,角毛藻和金藻为辅;投喂量为每天15~20万个/毫升,分12次投喂。

5)采苗结果:研究结果表明:无底质采苗眼点幼虫的变态率最高,30%以上,但无底质采苗在500 μm以后,必须转入铺砂的浮动网箱或池底中,否则影响幼虫生长和成活率,个体小于其他采苗法;其次为网袋装扇贝附着基和细砂吊在池中采苗法,变态率为30%左右,效果较好,但成本较高;再次是铺砂浮动网箱采苗,幼虫生长速度最快,适合于稚贝后期培育,成活率也较高;最差为池底铺砂采苗,变态率只在20%左右。从3年试验得知,栉江珧最好的附着采苗方法为网袋装扇贝附着基和细砂吊在池中采苗法、铺砂浮动网箱采苗法。

当稚贝附着后,生长速度明显加快,附着7 d后,日平均增长速度在100 μm以上,比附着前日平均增长20~30 μm。采苗后的管理工作至关重要,除要保证有足够的饵料外,保持水质干净,及时清除粪便和黏液非常重要。采用网袋装扇贝附着基和细砂吊在池中采苗法、铺砂浮动网箱采苗法,再加上大换水,勤移池可以保持池水流动、清洁,使稚贝在一个良好水环境中生长发育。

(8)中间培育:目前多采用壳长7~10 mm的小贝作为苗种。而人工育苗培育出的幼贝,一般壳长在1 cm左右,或在某些海区采集到壳长2 cm左右的幼贝,都要经过一段时间的中间培育,才能提高苗种的成活率。

中间培育可在室内、外水池中进行。幼贝期,以叉鞭金藻和扁藻作为饵料较好,角毛藻次之;若以叉鞭金藻和角毛藻混合投喂,比单一饵料效果更好。最佳饵料密度为5万~10万个细胞/毫升。以泥质砂为底质,生长较快;其次为泥、砂底质;最差为粉砂底质。较适宜盐度为25~35,适宜水温为15℃~30℃。

五、成贝养殖

1.养成场条件

栉江珧养殖场,应选择在水流不太急、风浪平静、底质为泥质砂或砂质泥的内湾低潮线上 1～2 m 滩涂及 10 m 深以内的浅海,其理化因子相对较为稳定,特别是海水盐度在 20～32 时最好。

2.养殖方式

据郭世茂等报道,把平均壳长 10 mm 左右的稚贝,装入盛有粗砂的聚乙烯网袋中,悬挂于海区浮筏上吊养两个月,其生长快、成活率高,平均个体壳长×壳高长至 54.8 mm× 23.6 mm、最大个体壳长×壳高达 68 mm×30 mm。另据国家海洋局第三海洋研究所实验生态组报道,把在室内水池培育的平均壳长×壳高平均为 7.7 mm×3.2 mm 的稚贝,移于海区进行中间培育,生长迅速,经过 86 d 培育,幼贝最大个体壳长×壳高为 79 mm× 33 mm,最小个体为 27 mm×10 mm。

目前栉江珧养殖有以下两种方式:

(1)插植:要求采集到苗种的规格为 7～10 cm,经过挑选,选择外壳无破损的苗种;选择在低潮线以上 1～2 m,底质为砂质泥、泥质砂滩涂,或浅海区;将壳顶朝下,插入事先挖好的孔中;插植密度以每平方米插植 60 个左右为宜,即每亩插植 3.5 万～4 万个;要求壳的后端露出滩面 1～2 cm,腹缘与潮流平行。

(2)池养:在潮间带滩涂上挖 1～1.2 m 深的土塘,或利用废弃的蚶塘,把采到的栉江珧苗种,按上述方法插植,生长速度也很快。经养殖 50 d,生长快者壳长可达 2.8 cm,生长慢者壳长也达 1.5 cm。

3.资源保护

由于乱采滥捕,使资源遭到严重破坏,栉江珧产量日趋下降,因此,为了保护栉江珧的天然资源,应采取以下措施:

(1)加强资源调查,摸清栉江珧自然资源的分布状况,为制定资源保护、合理的开发利用资源,提供科学的依据。

(2)严格规定禁渔区和禁渔期。栉江珧的繁殖季节为每年的 5～9 月,因此,在此期间,要加强渔政管理,严格禁止下海采捕。同时,要划定苗种繁殖区,实行常年禁捕。

(3)规定采捕规格。据测定,栉江珧壳长达 20 cm 时,其闭壳肌(肉柱)的鲜重才达 15 g 左右,符合其商品规格。因此,采捕规格应定为 20 cm 以上。

(4)要严格规定采捕操作方法,严防破坏栉江珧的资源及生态环境。

六、收获及加工

1.收获季节及采捕规格

栉江珧虽然在水温较高的 5～10 月生长速度较快,软体部的肥满度也较佳,但此时正是繁殖季节,不宜采捕。在 12 月至翌年 3 月,虽然水温低,生长缓慢,但此时软体部增重明显,出肉率高,后闭壳肌(肉柱)重量占整个软体部的 20%～33%,其干品率高达 25% 左右。因此,一般在此时期,可采捕壳长 20 cm 左右的个体。

2.收获方法

栉江珧一般栖息于低潮区或浅海,采捕方法有两种:

(1)徒手挖取:在潮间带的滩涂上,徒手采捕。

(2)潜水采捕:用采捕工具采捕。目前采用的采捕工具有 4 种:

1)九齿耙:铁耙齿数有 9,11,13 不等,齿长 15～20 cm,齿距 5 cm,竹柄长 10 m 左右,与铁耙体夹角 60°～70°,两者相连处系三角形胶丝或尼龙丝网。这种工具使用较早,仅适用于底质较硬的浅海区拖耙,笨重,采捕产量低。

2)弧形齿夹耙:由 2 条弹簧系 2 个可张合的弧形齿(11 或 13 齿)组成半圆形耙体,并装有竹柄和滑动拉绳,齿长 20 cm,齿距 5 cm,竹柄长 10 m 左右。一般在泥砂底质和深水区使用,采捕产量高,使用较为普遍。

3)直角形夹耙:基本结构与弧形齿夹耙相同,但耙齿中间弯曲成直角。较轻便,但易伤贝体。

4)深水夹耙:基本结构与弧形齿夹耙相同,但耙柄由 2 个旋滑轮组成的拉绳代替,耙体两边均附有重物。可在前三种工具采捕不到的较深水区采捕。较笨重复杂,目前尚未普遍采用。

3.加工

(1)鲜销:采捕到的栉江珧,可直接在市场上鲜销,但必须做好保洁、保鲜工作。

(2)加工干贝柱:将采捕到的栉江珧清洗干净后,小心取下软体部,然后从软体部中取出后闭壳肌(肉柱),经晒干或烘干,制成江珧柱。一般壳长 20 cm 以上的新鲜栉江珧 50 kg,可剥下鲜贝肉(软体部)17.5 kg 左右,其中闭壳肌(肉柱)鲜重约为 4.5 kg,晒干后,可制成干江珧柱 1.15 kg 左右。

江珧柱是世界名贵的海珍佳品,不仅可供国内市场需求,而且可出口创汇。

加工江珧柱后的下脚料,栉江珧的软体部等肉质部分,也可供人食用或作为饲料。

第六节　鸟蛤的养殖

鸟蛤是一种大型、深水埋栖的双壳贝类,它的足部肌肉发达,并能时常用足从海底飞跃跳起运动,故名鸟蛤,俗称"鸟贝"。鸟蛤肉味鲜美、营养丰富,有很高的经济和食用价值。已成为内销和出口创汇的重要水产品之一。在日本,鸟蛤和魁蚶同样被视为高级双壳贝类。但由于鸟蛤的资源量有限,单靠天然采捕是难以满足市场要求的。另一方面,由于鸟蛤具有生长快的特点,约 1 年即可达到商品规格(壳长 7 cm),很有希望作为新的贝类增养殖对象。因此,鸟蛤的增养殖日益受到人们的重视。

一、鸟蛤的生物学特性

鸟蛤在分类上属于软体动物门、双壳纲、异齿亚纲、帘蛤目、鸟蛤科(Cardiidae)贝类。鸟蛤科在我国近海已报道有 35 种,其中多为暖水性种类。黄、渤海常见有 2 种:滑顶薄壳鸟蛤 *Fulvia mutica* (Reeve)(图 20-11)和加州扁鸟蛤 *Clinocardium californiense* (Deshayes)(图 20-12)。

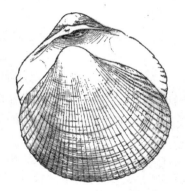

图 20-11　滑顶薄壳鸟蛤

图 20-12　加州扁鸟蛤

滑顶薄壳鸟蛤的贝壳近圆形,壳长稍大于壳高。成贝壳长 40～70 mm,最大可达 100 mm。壳质薄脆,两壳极膨胀。壳表面黄色或略带黄褐色。放射肋细而平,46～49 条,沿放射肋着生壳皮样绒毛。加州扁鸟蛤的贝壳大,成贝壳长可达 50 mm,壳质坚厚。壳表面有暗褐色壳皮。放射肋粗壮隆起,通常 38 条,肋上无绒毛。壳表有很明显的呈年轮状的生长线。外韧带强大,黑褐色。

鸟蛤大多生活在潮间带和大陆架的范围之内。滑顶薄壳鸟蛤栖息于潮间带至水深 50 余米的泥底内湾浅海,分布于我国黄海以北海域、日本的陆奥湾以南至九州海域及朝鲜半岛沿岸。加州扁鸟蛤栖息于低潮线以下至数十米深的泥砂底浅海,最大深度可达 70 余米。分布于我国黄海北部和中部,为北太平洋的广分布种,从美洲西岸的加利福尼亚经白令海、鄂霍次克海、日本海、日本北海道、本州北部和朝鲜海峡均有分布。是明显的具有冷水性质的种,在黄海冷水团的范围内数量很多,是底栖生物中的优势种。

鸟蛤雌雄同体,滑顶薄壳鸟蛤每年有春、秋两次产卵期,在北方为 5～6 月(水温 17℃～23℃)和 10 月(水温 18℃～22℃)。鸟蛤的产卵量随个体的大小而异,壳长 60 mm 的可产卵 60 万～80 万粒,壳长 90～100 mm 的可产卵 100 万～800 万粒。

鸟蛤的早期发育经过担轮幼虫、D 形幼虫、壳顶期幼虫等浮游生活阶段以后,在壳长 220 μm 左右时开始变态,初期稚贝附着在底质的砂粒等物体上,进而转入埋栖生活。鸟蛤的水管很短,因而埋栖深度较浅,大多生活在底质表层。

二、鸟蛤的人工育苗

1. 采卵

诱导双壳贝类产卵的方法有阴干刺激法、温度刺激法、紫外线照射海水法及以上几种方法综合刺激等。其中,紫外线照射海水法对鸟蛤最为有效,排精诱发率达 80%,产卵诱发率达 50%,受精卵的孵化率也较高。

鸟蛤为雌雄同体,催产时通常先排精,几分钟乃至几十分钟后开始产卵。而且某一个体产卵后,因海水中悬浮卵的刺激,其他个体便一齐开始排精。因此,这种采卵法自体受精的可能性很少。

采卵步骤如下:

(1)在产卵 1 个月前,采捕 1～2 龄的天然亲贝,放入铺砂的池中,用过滤海水流水培育。也可用人工生产苗种养成的亲贝。

（2）采卵当天早晨取出亲贝，洗净壳面，消除亲贝表面和池底的粪便及砂等，再流过滤海水约 1 h。

（3）停止流水，通入紫外线照射的过滤海水，开始催产。流水量为每小时一个全量。紫外线照射采用市售紫外线杀菌装置（90 W 紫外线灯管），两台连用。紫外线照射量为 280 000 μW·s/cm^2。一般通入紫外线照射海水 10～30 min 后即开始排精，20～70 min 后开始产卵。产卵量因亲贝的大小而异。

（4）为迅速除去多余的精子，在育苗池中放 1 个 20 μm 的网，用虹吸法由网内吸出含有大量精子的海水，再加入新鲜过滤海水。如此洗卵 4 次，可将精子洗掉，卵留在池中。

（5）洗卵后用容积法计数，孵化水温保持 20℃～23℃，静置于遮光处孵化。

（6）在水温 22℃ 的情况下，受精卵约 1 d 后变为 D 形幼虫（壳长约 100 μm），在育苗池上部浮游。采用虹吸法将浮游幼虫移入他池中培育。

2. 浮游幼虫的饲育

浮游幼虫饲育指从 D 形幼虫培育到沉底前的变态期幼虫（壳长 220～260 μm），约需 2 周时间。

（1）将洗净的 D 形幼虫以 5 个/毫升的密度移入育苗池中。

（2）在水温 23℃～25℃下，微量充气搅动水体条件下培育。注意：充气量过大会造成幼虫畸形，还可能使幼虫集于槽底某一处，导致其大量死亡。

（3）为维持饲育水质，在开始饲育后每天换水 3～4 次，每次 1/3～1/2 水体。换水作业关系到浮游幼虫饲育的成败，要慎重操作。具体步骤如下：①用滤鼓虹吸法换水，滤网网目为幼虫壳长的 1/3 以下。②将幼虫移池培育，整个培育期间移池 2～3 次。③仔细洗刷育苗池内壁，然后注满新鲜过滤海水。

幼虫在壳长 200～205 μm 的变动期（沉底以前）会随原生动物的发生而大量死亡。可采取加大换水量或使用抗生素等方法加以控制。

（4）饲育饵料为金藻、塔胞藻、角毛藻等，需混合投喂。测定残饵后，每天投饵 1 次。投饵量以投饵后饲育水中的饵料浓度为准。从开始饲育时的 1 万细胞/毫升逐渐增至 6 万细胞/毫升。

（5）为防止饲育水中饵料的增殖，饲育槽的水面照度要保持在 500 lx 以下。

采取以上定期全换水法，浮游幼虫饲育阶段成活率达 60% 以上。

3. 沉底初期稚贝的饲育

指从变态期幼虫饲育到壳长 0.8～1.0 mm 的稚贝，其间约需 2 个星期。

（1）变态期幼虫继续在浮游幼虫育苗池中培育时，在沉底前后或壳长 1 mm 以前会大量死亡。为此，变态期幼虫以后在育苗池铺上 1 cm 厚的细砂。细砂要经过洗刷、高锰酸钾消毒处理后，在投附着基前均匀撒入池底。

（2）变态期幼虫的饲育密度为 2～3 个/毫升。

（3）采用流水培育，开始时饲育的流水量为 0.2 L/min，幼虫完全沉底后逐渐增大注水量，以不冲跑稚贝为准。约 1 周后增到 2 L/min 的最大量。

（4）每天投饵 1 次。投饵量以刚刚换水后饲育水中的饵料浓度为准，开始饲育时为 4

万细胞/毫升,以后逐渐增至 10 万细胞/毫升。

采用以上方法,沉底初期稚贝饲育阶段的成活率可达 50％以上。

4. 稚贝饲育

为使在室内饲育的壳长 0.8～1.0 mm 的稚贝能在天然海水中生活,采用未经过滤的天然海水,在靠近海边处用砂床饲育到壳长 10 mm。

(1)不用人工投饵,让稚贝摄食天然海水中的浮游植物。砂床饲育装置很简单,在 80 cm×50 cm×20 cm 的箱中铺一层 5 cm 厚的细砂,用潜水泵在深 3 m 的水层处提取天然海水,以 25 L/min 以上的流量注水饲育。

(2)饲育密度为每槽 2 万个,即 5 万个/平方米。

(3)饲育约 1 个月后,壳长达 6 mm 以上时,砂面上即可见到部分稚贝。此时可全部取出进行筛选,筛选后的饲育密度为 5 000 个/槽。分槽同时清洗槽底细砂。

用以上方法将春季培育的稚贝培育到壳长 10 mm 的苗种,成活率可达 50％。饲育天数因海域的浮游植物含量而异,一般为 40～50 d。另外,水温长期在 10℃以下或 30℃以上的海域、受淡水影响的海域及饵料生物少的外海海域不适于稚贝饲育。

5. 中间培育

中间培育指 1 cm 大小的稚贝培育到 4 cm 以上的放流规格。现正进行各种培育方法试验,其中以天然海域围网培育法效果较好,放养密度为 400 个/平方米,约两个月即可长到 4 cm,成活率 50％。9 月下旬壳长 4 cm 开始放流,翌年 7 月(孵化后 1 年零 2 个月)壳长即达 8 cm 左右。其生长速度之快,其他贝类无法比拟。

三、鸟蛤的养成

1. 海上养殖

(1)养成方法:采用塑料盆垂下式养殖,塑料盆为一般的聚乙烯制品,直径 48 cm,高 16.5 cm,使用时在盆的上部边缘等距离系 6 根长约 60 cm、直径 4～6 mm 的吊绳,再用一根直径 6～8 mm 的垂下绳连接即可。盆内装粒径 0.1～0.2 mm 的细砂,砂层厚度约 10 cm。放养时将壳长大于 10 mm 的鸟蛤苗放入盆内砂中,垂挂在筏架上。垂挂水层 5～7 m 为宜。垂挂设施随海区特点而异,即潮间带附近用棚架式,水深的内湾用筏式,风浪大的外海用延绳式。

(2)放养密度:一般壳长 10 mm 的贝苗,每盆可放养 200 个。确定放养密度时,应考虑鸟蛤的生态,即鸟蛤的水管很短,埋栖深度浅,不能像蛤仔那样多层分布,所以放养密度只能根据盆内砂层的表面积和苗种大小而定。另外,随着鸟蛤的生长,会出现由于密度过大造成的生长停滞、贝壳畸形或鸟蛤露出砂层等现象,应及时疏散并调整养殖密度。

(3)放养规格:放养时苗种一般以壳长大于 10 mm 为宜。因为壳长小于 2 mm 的个体,下海后成活率很低;如果在海上塑料盆内从 2 mm 养至 10 mm,成活率只有 50％左右。但 10 mm 的个体下海后养至 30 mm 时的成活率可稳定在 80％左右。

(4)养成管理:在垂挂时注意盆不要倾斜,还可在盆的上部盖一个中央留有开孔的特制盖子,以防砂子流失;为防止鸟蛤逃逸,可用挤塑网围在盆的上部。随着鸟蛤的生长、个体不断增大,应及时疏散并调整养殖密度。鸟蛤在壳长 59 mm 以前生长迅速,在此阶段可疏散 2 次,以后再疏散 1～2 次即可。一般壳长 40 mm,每盆放养 90 个;壳长 50 mm 左右时,每盆放养 30～40 个;壳长 60～70 mm 时,每盆放养 20 个为宜。在上述放养密度的条件下,壳长 10 mm 的苗种经过 1 年即可达到壳长 70 mm 的商品规格。

2. 池塘养殖

选择合适的池塘进行池塘养殖。也可滩涂围养。

3. 增殖放流

选择适合鸟蛤生长的海区,把培养的 1～2 cm 的苗种撒播在浅海滩涂上,进行增殖。

第七节　硬壳蛤的养殖

硬壳蛤(*Mercenaria mercenaria* (Linnaeus))隶属于瓣鳃纲(Lamellibranchia),帘蛤目(Veneroida),帘蛤科(Veneridae),硬壳蛤属(*Mercenaria*)贝类。俗名北帘蛤(north quahog)、硬壳蛤(hard clam、hard shell clam)、小蛤蜊(cherrystone)、小圆蛤(cherrystone)、小帘蛤(littleneck)。原分布于美国东海岸,是美国大西洋沿岸浅海和滩涂主要的经济双壳贝类之一,营养和经济价值较高,贝壳又可作为高级工艺品、装饰品的原料,由其提取的蛤素能抑制肿瘤生长。

硬壳蛤的价格较高,去壳以后几乎同鲍的价格相当。在美国新英格兰地区和中大西洋各州、纽约、新泽西和弗吉尼亚等地,硬壳蛤是最重要的经济贝类之一。1995 年美国东北地区各州的总产值 3 740 万美元。1998 年的总产值是 4 177.5 万美元。美国对硬壳蛤养殖比较重视,各州都有自己的增养殖计划。我国沿海滩涂可养面积广阔,沿海养虾池塘众多,如开展硬壳蛤的滩涂增养殖或与对虾混养,对于有效利用我国滩涂资源,改善对虾养殖池的生态条件,提高池塘养殖效益,降低养殖风险,增加出口创汇,解决劳动力就业等具有重要的意义。

一、硬壳蛤的生物学

1. 形态

外形近似文蛤,呈三角卵圆形,前端圆,后端略突出。外韧带,壳外表面光滑,后缘青色,壳顶区为淡黄色,壳缘部为褐色或黑青色,壳面生长线明显(图 20-13)。

图 20-13　硬壳蛤(从徐凤山、张素萍)

2. 生态习性

(1)分布及习性:广泛分布于美国东海岸,美国的西海岸也有少量人工移植形成的种群。在美洲分布的最北限是加拿大的 St. Lawrence 湾。英国和法国的大西洋海岸也有少量分布。

硬壳蛤在含有贝壳的软质底最多,在砂质洼底、砂泥洼底和泥底也有分布。Pelerson 等的一项研究表明,在北卡罗来纳州大叶藻区,1~2 龄的硬壳蛤的密度(9 个/平方米)要比附近砂洼地的平均密度(1.6 个/平方米)高得多,并且在有大叶藻区分布的硬壳蛤平均大小要比砂底的大。

硬壳蛤寿命可达 40 年,15 年就基本停止生长。

(2)对温度和盐度耐受性:研究发现最佳生长温度为 20℃ 左右,高于 31℃ 或低于 9℃ 时停止生长。4℃ 时硬壳蛤就会进入类似冬眠的状态。但温度降到 0℃ 也能存活。引入大连后的实验表明,硬壳蛤稚贝可以较长时间耐受 -3℃ 的低温,在大连北部庄河石城海区潮间带底播的稚贝也能够越冬。硬壳蛤的幼虫生长最快的温度为 25℃~30℃,幼虫发育的最低温度是 12.5℃。

硬壳蛤对盐度的耐受力随年龄的增加而增加,但同温度成反比关系,当盐度低而温度高时存活率会显著降低。卵子正常发育的盐度范围是 20~32.5。超过 35 时只有 1% 的受精卵发育到幼虫阶段,低于 17.5 时卵不发育。温度在 22.5℃~36.5℃,盐度在 21~30 时,幼虫的生长速度最快;盐度低于 15 时生长停止,死亡率高。同胚胎相比,浮游幼虫后期对温度的耐受力下降,而对低盐度的耐受力上升。壳顶幼虫时期,盐度大于 20 才能发育到幼贝阶段。当盐度长时间低于 15 时,稚贝(1.8~3.6 mm)将发生死亡。年龄较大的硬壳蛤对低盐度的忍受力更强一些,但盐度低于 20 生长缓慢。由于成熟的硬壳蛤可以关闭贝壳,所以可以忍受较长时间的低盐。成体在盐度 10 时持续 4~5 周可以存活,并且可以平衡体内外的渗透压。但是长时间处于低盐环境不利于硬壳蛤生长和繁殖。

胚胎正常发育的最低溶氧是 0.5 mg/L;0.2 mg/L 时,100% 死亡;在 0.34 mg/L 时,只能发育到担轮幼虫;在 2.4 mg/L 时幼虫生长缓慢。适合的溶氧范围是 4.2 mg/L 以上。

(3)敌害:当硬壳蛤受到刺激时,会潜到更深处以逃避。敌害的捕食是硬壳蛤养殖中最大的损失,也是增养殖是否成功的关键。常见的敌害主要有肉食性的鱼类、蟹类和贝类等。

3. 繁殖与生长

(1)繁殖:许多硬壳蛤在近 1 龄时就可以进行繁殖,在整个生命周期内重复繁殖,并且没有观察到有衰退现象。硬壳蛤是雌雄同体,一般雄性生殖腺先熟。98% 的幼蛤一开始就是雄性。但是随着年龄和规格的增加,性比会发生变化。第 3 年时接近一半的雄性会变成雌性。水温 22℃~23℃ 时硬壳蛤产卵的频率最高。但在印第安泻湖产卵一般发生在秋季水温下降到 23℃ 以下时。

硬壳蛤卵子直径为 70~90 μm,包有一层胶质的卵膜。经 12 h,受精卵便可发育到担轮幼虫。再经过 8~12 h 发育到面盘幼虫阶段。面盘幼虫期大约 12 d。幼虫附着时壳长 200~210 μm,称为具足面盘幼虫。附着过程中面盘消失成为稚贝。

受精过程发生在水中。幼虫可以游动并可以摄食,但一般说来其运动是随水流在浮动。第 6~10 d 时,皮肤状的外组织(即外套膜)开始形成 2 片贝壳和壳顶。由于壳顶增加了贝壳额外的重量,幼虫不能再自由浮游而附着在底部。大约有 10% 的受精卵能存活到该期。在变态期,幼虫选择适当的基质,在上面挖各种深度的小洞并尽量减少水平移动。最佳基质是泥与砂的混合物,其他适宜的基质是纯砂、砾砂和泥。实验表明,砂对幼虫的变态不是必需的,而且幼虫能够在多种基质上附着变态。

(2)生长:生长速度因地理和季节不同而有所变化。在北部地区生长只发生在夏季水温接近 20℃ 时,这是该种的最适温度。在冬季当水温降到 5℃~6℃ 时,生长完全停止。例如,在北卡罗来纳州和乔治亚州硬壳蛤在春季和秋季生长快速,冬季几个月生长变慢,夏季生长最快。在佛罗里达州硬壳蛤生长速度比在北部的快 3 倍。水温是生长的限制因子,但其他因子(如食物的密度)也影响生长速度。研究显示,高密度的硬壳蛤(>3 875 个/平方米)达到相同的规格要比在适中密度(323 个/平方米)养的蛤所用的时间长。

硬壳蛤的生长受海水运动和藻类营养的影响。生长的理想条件是温度和潮流加上适当的藻类密度并伴随着 4 mg/L 的溶氧。

不论是自然界的还是人工养殖的硬壳蛤,其生长速度都受基因型或遗传学的影响。在最快生长速度下,经 24~36 个月硬壳蛤可以达到商品规格。在 10~16 个月时快速生长的个体可比生长慢的个体大 1 倍。在任何硬壳蛤种群中大约有 10% 是来自于生长最快的亲本,因此对生长快的个体进行选择会取得明显的经济效益。

二、硬壳蛤的人工育苗

1. 人工育苗

可采用自然成熟或人工促熟的亲贝开展硬壳蛤的人工育苗。性腺经 4~6 周便可促熟(19℃~28℃,饵料充足条件下)。阴干和变温刺激是有效的催产手段。阴干时间以 4 h 左右较合适。变温刺激的温度以 18℃~24℃(低温)和 28℃~30℃(高温)交替使用效果好。通常雄性先排。排放时,亲贝水管极度伸展。精子排放时呈烟雾状,卵子产出后一般分散于水中。卵经过筛绢过滤收集,温度在 20℃~ 30℃,通常加抗菌或抑菌药物。经过大约 12 d 培养,幼虫变态,进入变态后稚贝的培养。水温保持在 26℃,投喂培养单胞藻。培养到接近 1 mm,要进行分级筛选并准备底播。

引种后,我国已经对硬壳蛤的人工育苗和稚贝的中间培育进行了初步研究,并且获得了一定数量的稚贝。我国当前的贝类育苗设施和技术完全可以进行硬壳蛤的人工育苗。育苗中的难题是变态过程中死亡率较高。

2. 中间培育

中间培育是硬壳蛤养成过程中关键的一环。将苗种从培养池直接放养到养成场会出现大量的死亡。中间培育提供了一个可以控制的间接步骤,这样培育的苗种可生长到一定规格,对不良的环境具有较强的适应能力。

美国常用的中间培育方式主要有以下几种:

(1)滩涂中间培育:将变态后的稚贝撒播到滩涂上的特定区域,用网和栅栏保护进行中间培育。这种方式比较原始,死亡率高,生长慢,效果比较差,但成本低。

（2）陆上中间培育：在陆地上进行。一种是利用涌流培养，所用的装置是涌流桶。这种装置可以提升上升流，即水流自下而上的流动。这样可以尽量将代谢废物、粪便等带走，避免稚贝在容器底部因缺氧而死亡。另一种是典型的跑道形养殖系统。稚贝放在浅的木制托盘中，托盘用塑料相连或盖以树脂等具有保护性的外覆物。每个托盘底放有 1 层浅砂，上面放有苗种。

（3）浅海中间培育：这种培养方法是在浅海中进行。传统方法是采用木制托盘，中间放入 1 层砾石或砂，再加遮盖来预防敌害，并成串挂起。漂浮的培育设施是最近才发明的，即用木材等原料扎成方框，类似于网箱，下面铺有 1 层网，网上放置砾石、砂子等，硬壳蛤稚贝在砂子中。较新的方式是用网袋进行中间培育，网袋系在一条长绳上，类似于我国扇贝的中间培育。

这几种培育方式各有特点。陆上中间培育成本虽高，但是由于可以保证高的成活率，已成为主要的中间培育方式。浅海中间培育尚处于探索阶段。

三、养成

人们对硬壳蛤养成进行过各种各样的尝试，如水箱养成、跑道形水池养成、池塘养成等，但都不成功。原因是多方面的，或者用水太多、饵料培养费用过高等导致的养殖成本过高，或者是因为硬壳蛤生理生态条件不能满足而导致生长缓慢。最好的养成方法就是滩涂养殖，这也是一种普遍适用的方法。滩涂养殖要做好两点：一是选择合适底质，二是投播大小合适的苗种。苗种的规格要足够大（＞8 mm），使较小的敌害不能捕食，并要使用一些保护设施防止敌害的入侵。滩涂养殖管理中最重要的一条就是能够对苗种及时观察。

一般当硬壳蛤的壳长达 50 mm 或壳宽达 22 mm 的比例达 70％就可以收获。收获的方法多种多样。常用的方法是使用各种类型的耙人工收获。机械收获的方法也有多种，但都是用水流冲击含有硬壳蛤的砂子，将砂子冲掉后就可收获硬壳蛤。收获选择在低潮时，这样操作比较方便。

第八节　紫石房蛤的养殖

紫石房蛤，俗称"天鹅蛋"，是一种大型经济贝类。它软体部肥满、营养丰富、生长速度快，是一种很好的增养殖品种。

一、形态与构造

紫石房蛤 [*Saxidomus purpuratus*（Sowerby，1852）]，属于软体动物门（Mollusca），瓣鳃纲（Lamellibranchia），异齿亚纲（Heterodonta），帘蛤目（Veneroida），帘蛤科（Veneridae）、石房蛤属（*Saxidomus*）。

1. 外部形态特征

紫石房蛤的贝壳极坚厚，略呈椭圆形，壳长大于壳高，平均壳长为壳高的两倍（图 20-14）。贝壳的前端为圆形，后端呈截状。壳顶突出，尖端小，左右壳顶接近。从壳顶到前端的距离为壳长的 2/5。小月面不明显,楯面被黑褐色柳叶状的外韧带所包被。贝壳表面黄褐色,无光泽(幼贝贝壳表面带紫色,并具弱的放射光彩),贝壳内面呈暗紫色。贝壳闭合时,前端有狭缝状的足伸出孔,后端有短宽的水管孔,能闭合的长度只占整个腹缘长度的 1/5~2/5。紫石房蛤的铰合部宽大,左壳有 4 枚主齿,右壳有 3 枚主齿和 2 枚前侧齿,都很发达。铰合齿质脆弱,开壳时极易脱落。外套窦深及贝壳中央,顶端成舌状,外套痕呈锯齿状。前闭壳肌痕上均有环行的肌纤维痕。

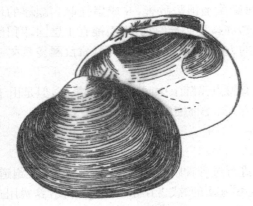

图 20-14　紫石房蛤

2. 内部结构特性

外套膜属于三孔型,左右外套膜的缘膜突起发达,呈波纹状互相嵌合,起调节水流的作用。

肌肉系统很发达,前闭壳肌位于外套膜背部愈合线下方,后闭壳肌位于愈合线的后端。闭壳肌的横向肌纤维发达。足位于软体部腹侧的外套腔中,斧刃状,前、后端都有凸起。在繁殖季节,足的上部极为膨胀,充满了生殖腺。足的膨胀部与足的纵肌组成的刃状部之间,有 1 条明显的界限。此外,在前闭壳肌顶端附近有 1 对细小的肌肉束,此为前缩足肌,紧贴后闭壳肌顶端有 1 对淡黄色的后缩足肌。

水管外套膜后端衍生有水管肌 1 对。出、入水管几近愈合,仅末端稍有分叉。入水管较出水管粗大些,末端都环生有触手,前者有内、外两层,后者只有一层。水管充分伸展时,其长度为体长的 1.5 倍以上。另外,水管末端有色素沉淀,而呈黑褐色。

紫石房蛤的鳃属于真瓣鳃型。鳃瓣似梭形,自壳顶伸向水管的基部。

胃中有晶杆和胃楯,晶杆较长,胃楯分上、下两叶,上叶大,呈三角形,下叶小,呈皱褶状,非常发达;肠脊很突出,增加了肠的吸收面积。

肾一对,位于围心腔和后闭壳肌之间的囊状腔中。肾孔开口在内鳃瓣基部的中央位置,为一乳白色的粒状突起。

紫石房蛤的生殖腺位于足的上部消化盲囊周围,充分成熟时,生殖腺面积占内脏团横切面的 70%~80%。生殖孔开口在肾孔的前方,亦为乳白色的粒状突起,比肾孔大。

紫石房蛤有 3 对神经节。脑神经节 1 对,位于唇瓣基部、口的上方,褐色如小米粒大小。脏神经节 1 对,褐色互相接成 X 状,位于后闭壳肌的腹面。足神经节愈合为 1 个,较大,位于下行肠向上行肠转折处的前端。

二、生态习性

(1)地理分布:紫石房蛤的分布,从俄罗斯的库页岛沿岸到朝鲜、日本沿岸北海道等均有分布。我国主要分布在辽宁省大连市长海县、金县、海洋岛、大耗岛及山东省烟台市芝罘岛、崆峒岛、养马岛和长山八岛等海区,是黄海区潮间带泥砂及砂泥底质滩涂栖埋生活的常见种类。它生活在低潮线附近至低潮线以下的浅海泥砂或砂砾底质。

(2)栖息环境:紫石房蛤生活的海区,要求潮流畅通,水质清新,底栖硅藻比较丰富。紫石房蛤栖息的水深,一般 4 m 至 20 余米。栖息地的底质多为泥砂、砾石和石块组成,其主要成分是砂和砾石。在海底凹陷地带,往往营群集埋栖生活,每平方米多者可达数十个。埋栖于海底的紫石房蛤,只露出进、出水管的黑色端部,因此较难发现。遇到有触动,水管便迅速缩入壳内,在底质上留有一个长椭圆形的孔。紫石房蛤的埋栖深度,通常为10~25 cm,随着季节和个体大小而变化。

(3)水质要求:紫石房蛤对低温的适应能力较强,在 0℃~2℃的海水中 4 d 后,仍能生活。对高温的适应能力差,将其置于 30℃的海水中,不久便死亡。紫石房蛤对水温的适应范围为 2℃~28℃,最适水温为 14℃~24℃。紫石房蛤属于狭盐性贝类,当盐度降到18 时,逐渐死亡;盐度在 20~34,都能正常生活,最适盐度范围是 26~32。

(4)食性:通过对烟台海区紫石房蛤胃肠内含物的分析,其食料大部分是硅藻类,以圆筛藻、菱形藻及舟形藻数量最多;其次为双壁藻和曲舟藻。在消化道见到的已被消化成残渣碎块的食物中,最多的还是圆筛藻。

(5)生长与年龄:紫石房蛤生长速度在 5 龄以前较快,其后显著减慢。体长年增长高峰期在 3 龄,年增长 2.5 cm。体重年增长高峰期在 5 龄,年增加 86.5 g。体重与体长生长的关系式为

$$y = 0.000\ 014L^{3.69} - 18 = 1.4 \times 10^{-5}L^{3.69} - 18$$

式中,y 为体重(g),L 为体长(mm)。

(6)主要敌害生物:紫石房蛤的敌害,主要是肉食性螺类和肉食性的鱼类。

三、繁殖习性

1. 性别与怀卵量

紫石房蛤为雌雄异体,雌、雄几乎各占一半。从外形上不能区分雌、雄,必须解剖镜检。怀卵量与亲体大小有关,个体越大,则怀卵量越多。据测定,体重 200~250 g 的雌蛤,其怀卵量为 300 万~600 万粒,但每次产卵一般只有 60 万~200 万粒。这是由于性细胞分批成熟的缘故。

2. 繁殖季节

紫石房蛤的繁殖期为 6 月~8 月上旬,水温为 16℃~24℃。其中 6 月中旬~7 月中旬,是繁殖盛期,水温为 18℃~24℃。生殖腺指数,每年从 5 月中旬(水温 14℃)以后急剧上升,到 6 月中旬达到最高值 19.4%。这一高峰,一直延续到 8 月中旬才逐渐下降。紫石房蛤,鲜出肉率的变化和生殖腺指数的变化相似(表 20-10)。

表 20-10　不同时期紫石房蛤生殖腺指数与鲜出肉率情况

时间	水温（℃）	水深（m）	体长×体高×体宽（mm）	体重（g）	软体部（g）	生殖腺重（g）	鲜出肉率（%）	生殖腺指数（%）	备注
4月25日	3.0	6~8	97.9×77.3×52.9	230.3	80.2	10.4	28.6	13.0	性腺乳白色,较肥满
5月19日	14.0	6~8	91.2×70.8×46.1	198.9	63.0	10.0	31.6	15.9	性腺乳白色,较肥满
6月2日	15.2	6~8	91.5×70.4×49.0	208.3	69.3	12.4	33.2	18.0	性腺乳白色,肥满
6月15日	16.8	15~17	89.2×70.2×45.4	194.5	61.3	11.9	31.6	19.4	性腺乳白色,肥满
7月2日	18.2	15~17	89.3×70.0×45.4	201.5	64.1	12.7	31.8	19.8	性腺乳白色,肥满
7月25日	24.0	15~17	86.6×68.7×44.7	159.1	51.3	9.8	32.0	19.1	性腺乳白色,肥满
8月4日	24.5	15~17	92.2×72.0×50.0	224.0	66.2	12.6	29.6	19.2	10%个体已排尽
8月17日	23.0	15~17	94.4×74.5×25.1	256.0	73.0	13.2	28.6	18.0	25%个体已排尽
9月6日	22.0	15~17	91.9×72.7×51.6	240.6	60.4	10.0	25.1	16.5	30%~40%个体已排尽

3. 生殖腺发育

紫石房蛤生殖腺发育,可分为四个时期,各期特征如下。

(1)增殖期:3月~5月初,水温5℃~12℃。滤泡中生殖细胞不断分裂,形成生殖细胞。滤泡容积不断增大,结缔组织不断减少。雌性滤泡壁上,挂满了带有卵柄的大小不同的未成熟卵。雄性滤泡壁的周围,全为精母细胞,滤泡中央有呈菊花状排列的未成熟的精子,其面积不超过滤泡面积的1/3。

(2)成熟期:5月初~6月初,水温12℃~16℃,此时,滤泡大小达最大值,为400~500μm,结缔组织几乎全部被滤泡所占据。雌性滤泡中央,充满了球形的成熟卵,但在滤泡壁上仍有很多带卵柄的未成熟卵。雄性滤泡中,成菊花状排列的精子面积,达整个滤泡面积的一半以上。此时,生殖管内出现了成熟的卵子和精子。

(3)排放期:6月初~9月上旬,水温16℃~24℃。在雌性滤泡腔中,成熟的卵不断排出,附在泡壁上的带柄卵,也不断地成熟并游离进入泡腔中。雄性滤泡中的精子,呈明显的流水状排列,成熟精子不断排出,精母细胞也不断分裂补充。从8月中旬以后的生殖腺切片中可以看到,已有一部分紫石房蛤滤泡中成熟的精、卵排尽,滤泡开始萎缩,结缔组织迅速扩展。

(4)休止期：9 月中旬～翌年 2 月，水温 22℃～2℃。在大多数个体的滤泡中，生殖细胞都已排尽，遗留下来的卵细胞逐渐退化吸收，最后滤泡均萎缩退化，结缔组织填充到各个空隙。这时，在滤泡和生殖管的生殖上皮上，仍能看到生殖原细胞，而且直到本期的末期，生殖原细胞的数量仍有所增加。

4. 生殖细胞

成熟的卵细胞，呈球形，深褐色。卵膜完整，卵黄颗粒充实，胚胞消失。属于第一次分裂中期才能受精的种类。卵径 71.3～78.1 μm，平均 73.1 μm。在一般情况下，卵子排放后 4 h 内都能受精。精子呈尖辣椒形，头、颈部界线不明显。大小为 5～6 μm。精子尾部细长，成熟的精子呈跳跃状接近卵子，在水温 23℃～24℃的情况下，精子排放后 5～7 h 内均有授精能力。

5. 胚胎发育

紫石房蛤是雌雄异体的种类。在繁殖季节，排出的精子呈乳白色雾状，排出的卵子呈乳白色条状。卵细胞在第一次成熟分裂的中期，才能受精。精子入卵后，卵细胞先后放出第一极体和第二极体，而完成成熟分裂，然后精核和卵核互相愈合成为受精卵。

受精卵第一次卵裂是纬分裂，分为大小不等的两个分裂球，经 7～9 h 的右旋卵裂，便发育到囊胚期。再经过 3 h，囊胚上浮于水表层，16 h 后胚胎顶端逐渐膨大形成梨形，中央生有一根粗壮的主鞭毛，此即担轮幼虫。再经过 10～12 d D 形幼虫、壳顶幼虫的浮游生活进入变态期，该期幼虫无眼点，但平衡囊清楚可见，足频频伸出。现将各期的主要特征综述如下。

(1)担轮幼虫：个体大小为 92 μm×81 μm。担轮幼虫初期体型不规则，顶端膨大成为囊状，中间稍为透明。后期的担轮幼虫，体型规则，顶端生有一根主鞭毛，全身密布纤毛，呈倒梨形。原口内陷逐渐形成口凹，壳腺开始分泌幼壳，游泳活泼，迅速上浮聚在水的表层。从受精卵到担轮幼虫，约需要 16 h。

(2)D 形幼虫：刚进入 D 形幼虫，其个体大小为 107 μm×90 μm，壳长稍大于壳高，铰合线起初呈马鞍形，不久便成为直线状。铰合线的长度，为壳长的 3/5 以上。幼虫壳前、后端不对称，前端较尖，后端较圆，面盘肥厚，中间有一主鞭毛。刚发育成的 D 形幼虫，在壳及面盘外，可以看到很多黄绿色的卵黄颗粒，2～3 d 后，颗粒逐渐消失，消化道形成，幼虫便自行摄食。此时，可明显地看到前、后闭壳肌和面盘的收缩肌。自受精卵到 D 形幼虫，需要 1～2 d。

(3)壳顶期幼虫：受精卵发育到第 4 d，D 形幼虫开始形成壳顶，此时壳顶很钝，不突出于铰合线之上，即为壳顶幼虫，大小为 137 μm×118 μm。以后，钝形的壳顶逐渐缩短，面盘仍较发达，主鞭毛依然存在，壳长增至 156 μm，壳高增至 137 μm，幼虫即进入壳顶中期，发育时间为 7～8 d。受精卵发育到第 11～12 d，即进入壳顶后期。此时壳顶完全突出变锐，基线缩短，外韧带明显，但前、后端仍不对称，后背角比前背角略高，壳高与壳长的比例增加。没有眼点，有平衡囊 1 对，位于足的基部。面盘开始退化，幼虫以足营匍匐生活。足基部后端出现两列鳃丝，鳃丝上密生有不断摆动的鳃纤毛，鳃丝不断增加。受精卵发育到第 17 d，幼虫壳面已密生 8～10 条生长线，幼虫个体为 238 μm×210 μm。但仍为匍匐幼虫，尚未完成变态。

紫石房蛤胚胎发育情况，见表20-11。

表 20-11　紫石房蛤胚胎发育情况

发育时期	受精后经过时间	个体大小(体长×体高)(μm)
第一极体	15 min	73.1
第二极体	20～30 min	
2 细胞期	50 min	
4 细胞期	1 h 10 min	
8 细胞期	1 h 50 min	
16 细胞期	2 h 40 min	
32 细胞期	3～4 h	
囊胚期	7～9 h	85.4
原肠期	10～12 h	92×81
担轮期	16 h	92×81
D 形幼虫	24～26 h	107×90
壳顶初期	4 d	137×118
壳顶中期	7～8 d	156×137
壳顶后期	10～12 d	172×146
匍匐期	14 d 以后	238×210

四、人工培育

1. 亲蛤选择与培育

催产用的亲蛤，由潜水员从海底采回后，用砂滤海水冲刷干净，挑选体长为 70～100 mm，外形完整的 4 龄以上个体进行培育。培育方法有两种：①将亲蛤培育在水泥池中，密度为 15～20 个/平方米；②将亲蛤埋栖在铺有 15～20 cm 厚砂砾底质的水泥池中，密度为 20～30 个/平方米。培育期间，每天换水 4 次，每次换 1/3 水体，每天投饵 8 次，日投饵量为 30×10⁴ 个细胞/毫升。

2. 催产与孵化

催产方法有 3 种。

(1)自然排放法：好的成熟种贝，在换水后，能自然排放。

(2)阴干、流水、升温法：先阴干 6～10 h，流水 1 h，升温 4℃～5℃，此法最常用，催产效果好。

(3)浸泡法：用 2%～4% 的氨海水浸泡催产，排放率为 20%～30%，但受精率只有 40%～60%。此外，氨海水浸泡催产后，亲蛤的死亡率较高。

如用升温刺激，结合药物刺激，效果更好。先将水温升至 24℃～25℃，加入氯化铵配成 0.2% 含氨过滤海水，亲蛤放入后不久，即伸出水管和腹足，伸缩活跃。经 10 余分钟浸泡后，出现排放现象。一般雄性先排，雌性相继排放。

洗卵：紫石房蛤在外形上无法区别雌、雄，催产后往往精子过多，造成受精卵畸形分裂。为了保证受精卵正常孵化，催产后需洗卵 2～3 次。洗卵后，受精卵孵化率达 50%～

60%。在产卵盛期,催产率可达80%以上。

在水温22℃～25℃、pH 7.8～8.3、密度1.020～1.025的条件下,受精卵经22～28 h,孵化成D形幼虫。

3. 幼虫培育

D形幼虫,培育密度为6～8个/毫升,以等鞭金藻为幼虫的开口饵料,3 d后混投塔胞藻。以等鞭金藻计,幼虫日投饵量如表20-12所示。在该投饵量下,幼虫生长速度较快,日平均增长为8 μm左右。

表 20-12　紫石房蛤幼虫投饵量

发育阶段	D形幼虫 (壳长 110～130 μm)	壳顶幼虫 (壳长 130～170 μm)	单管期稚贝 (壳长 280～400 μm)	双管期稚贝 (壳长 600～800 μm)
日投饵量 (万个细胞/毫升)	1～3	4～5	6～8	10～12

幼虫培育期间,每天换水2～3次,每次更换1/3～1/2培育水体,水温20℃～23℃。幼虫发育到壳顶初期(壳长130 μm左右)倒池1次。发育到壳顶后期,再倒池1次,投放附着基。

幼虫培育期连续微量充气,使幼虫与饵料分布均匀。自D形幼虫到壳顶后期幼虫的存活率为70%左右。

4. 采苗

紫石房蛤壳顶后期幼虫,没有眼点,但足能够频繁伸出,平衡囊和鳃原基明显可见,在水温20℃左右的情况下,自受精卵发育到壳顶后期幼虫,需10～12 d;在水温22℃左右的情况下,只需8～10 d。壳顶后期幼虫,平均壳长为170～180 μm。此时,应该倒池投放附着基采苗。如投放过晚,幼虫往往下沉匍匐,影响出苗量。试验说明,棕帘、筛绢制成的网箱、细砂都是紫石房蛤壳顶后期幼虫适宜的附着基,但以棕帘的变态率最高,生长速度最快;而不投附着基的水泥池底,由于环境长期条件差,幼虫的变态率很低。

(1)细砂:用60目筛网筛下的细砂,用淡水淘洗干净后投入池底,细砂厚度约5 mm,然后倒池,投入壳顶后期幼虫,幼虫的密度约4个/毫升。不久幼虫便逐渐下潜营匍匐生活,壳长200 μm的幼虫就会钻入砂中。7～10 d后,幼虫后端出现出水管,称单管期稚贝。此时,壳长为280～300 μm。以后,每隔10～15 d,把稚贝和细砂一同倒出,仍用60目筛网过滤,稚贝在网上,细砂连同个体小的稚贝漏下。网上稚贝重新加砂播养,漏下的细砂和稚贝移入他池继续培育。后期由于稚贝长大,可弃砂不用。

以细砂为附着基培育的稚贝,日增长30～40 μm,变态率约63%。采用倒池淘砂的方法,贝体较干净,倒池后,稚贝生长速度明显加快。

(2)网箱附着基:用150目筛绢制成2 m×1 m×0.8 m的网箱,每个培育池放2个网箱。网箱四周用塑料漂浮起,然后把壳顶后期幼虫移入,幼虫的密度为4个/毫升。幼虫在网箱的四周及底部匍匐,变态为稚贝。每个网箱的附苗量达2 000万个,壳顶后期幼虫的变态率为 70.6%,稚贝日生长 28.3 μm。每隔 15 d 左右倒换网箱 1 次,第 2 次使用的网箱用 100 目筛绢制成。如不倒换网箱,箱内稚贝的排泄物堆积,缠裹在贝壳上,影响它的生长速度和存活率。稚贝在网箱中以足丝附着生活,并逐渐上移,网箱四周稚贝生长的速度,较网箱底部稚贝的生长速度快,而且成活率高,不少稚贝能翻过网箱在箱外附着生活。

(3)棕帘:用扇贝的附着基棕帘,进行采苗。投挂的数量为每立方米培育水体约 200 m 棕帘,结果每厘米棕绳上附着稚贝 10~20 个,稚贝附着均匀,附着的时间短,只要 2~3 d 即可附着完毕。附着后,变态率高达 80%,而且附着的稚贝生长速度快,日增长 40~60 μm,稚贝体表非常干净,采苗效果非常好。试验证明,棕帘是紫石房蛤良好的附着基。但附着后 1 个月左右,壳长 2 mm 以上的贝苗易发生脱落现象。

(4)不投设附着基:壳顶后期幼虫倒池后,不投放附着基,幼虫也会逐渐沉入池底营匍匐生活,少部分也能变态为稚贝。但变态率较低,约 20%,生长速度较慢,日平均增长约 20 μm。

紫石房蛤是一种埋栖型贝类,在以往的贝类苗种生产中,都以泥、砂为附着基,进行平面采苗。我们在 1 个培育池(14 m³)中,进行了立体采苗试验,取得了很好的效果。池底铺上细砂 5~10 mm,池中悬浮 2 个网箱(2 m×1 m×0.8 m),池顶垂挂 220 帘棕绳,每帘棕绳长 5 m,绳径 8 mm。结果绳上每厘米附苗量平均为 13 个。池底细砂平均附苗量为 8.8 个/平方米,2 个网箱附苗 3 750 万个。该池合计采苗量达 6 410 万个,投入的壳顶后期幼虫 5.8 个/毫升,变态率达 78.9%。

5. 稚贝培育

幼虫下潜后,前期每天换水 3~4 次,每次换 1/2 水体。变态为稚贝后改为流水培育,日流水量为 2~3 倍水体,水位控制在 50 cm 左右(以细砂为附着基),以提高饵料的利用率。稚贝期间仍以金藻为主,混投塔胞藻和扁藻,可按表 20-12 所示投喂。饵料投少了,影响稚贝的生长。饵料投多了,缠裹在贝体上,也会影响生长。

在流水条件下,稚贝日平均生长速度约 40 μm,平时经常检查稚贝的发育、摄食情况(主要观察消化盲囊的颜色和大小),如发现有死亡个体,要及时倒池淘砂或倒换网箱。稚贝培育期间,始终微量连续充气。在上述条件下,培育 50 d 左右,稚贝平均壳长达 2 mm。

6. 室内中间培育

将壳长 2 mm 左右的稚贝,培育到壳长 5 mm 左右的苗种,这一培育过程,即中间培育。

在饵料池(4 m×2 m×0.5 m)中,铺 0.5 cm 厚的细砂(用 60 目筛网过筛,淘洗干净后投入)。将壳长 2 mm 左右的稚贝,按密度 100 万个/立方米左右均匀播撒在池底。每天流水 4~6 次,每次 1 h 左右,水位控制在 20~30 cm。流水后投喂等鞭金藻 2 万个/毫升,扁藻 4 000~5 000 个细胞/毫升。连续微量充气,及时倒池、筛苗、更换新砂。蛤苗在流水、充气的条件下,生长速度较快,日平均增长速度达到 76 μm。

五、底播增殖

1. 海区选择条件

养殖海区水深 10～20 m,流速 9～20 cm/s,底质由泥砂、砾石混合组成,其中砾石约占一半。增殖海区适宜水温 0℃～25℃,盐度 25～30。

2. 播苗

在播苗之前,由潜水员作业,清除增殖区内的敌害生物,如海星、日本蚵、红螺、海燕等,划出面积,分为两个不同密度的增殖区,并作好标记。

紫石房蛤苗种钻穴的速度比较快,一般 5～10 min,即可全部潜入海底,所以有较强的防御敌害能力。播苗后每 1～2 个月,安排潜水员作业一次,清除敌害,检查密度,并取样测量壳长。每 3 个月左右,进行全面的生物学测量。增殖海区应有专人管理,严禁采捕,进行保护。

紫石房蛤苗种放流增殖的效果(表 21-13),是非常明显的。山东省牟平县增殖海区,紫石房蛤的平均分布量为 2.4 个/平方米,经增殖 2 年后,平均分布量增加到 20.3 个/平方米;牟平养马岛沿海多年来由于滥捕紫石房蛤,资源几乎枯竭,增殖后已回升到 10.2 个/平方米;威海市环翠区水产研究所,将紫石房蛤苗种播放到几乎没有资源分布的渔港海区,增殖 2 周年后,平均密度达到 7.5 个/平方米。

表 20-13　紫石房蛤的增殖效果(1990 年 7 月～1992 年 7 月)

增殖单位	增殖面积(亩)	放苗量(万粒/亩)	增殖 2 周年后密度(个/平方米)	回捕率(%)	产量(千克/亩)	总产量(t)
山东省牟平县海珍品试验场	60	5～15	20.3	14	1 664.7	99.88
山东省牟平县养马岛镇	500	10	10.2	7.0	870.8	435.4
威海环翠区水产研究所	450	5	7.5	10.3	290.5	130.7
合计	1 010					665.98

第九节　西施舌的养殖

西施舌(*Mactra antiquata* Spengler),隶属于软体动物门(Mollusca),瓣鳃纲(Lamellibranchia),异齿亚纲(Heterodonta),帘蛤目(Veneroida),蛤蜊科(Mactridae)贝类。俗称"海蚌",个体较大,肉质细嫩,味道非常鲜美,营养十分丰富。据分析,西施舌含有人体所必需的多种氨基酸,被人们视为珍贵补品和美容食品。我国早在 1765 年赵学敏于《本草纲目拾遗》一书中描绘了它的形态、习性及采捕方法,并指出它是"润肺脏、益精补阴要药……"闽菜谱中的"鸡汤氽海蚌",为高级宴席特级佳肴。

西施舌广泛分布于我国南北沿海各海区,以福建长乐和山东半岛最多,过去年采捕量为 100 吨左右。近年来西施舌产量日趋减少,远不能满足人们的需要。为探索西施舌的增殖途径,中国科学院海洋研究所对西施舌在我国海区的分布情况进行了调查;福建省和山东省有关科研单位进行了西施舌人工育苗与养殖生产,取得了成功。

一、形态与构造

1. 外部形态特征

西施舌外形略呈三角形,壳顶位于贝壳中央,稍偏前方。腹缘圆,左右膨胀,体高约为体长的 4/5,体宽约为体长的 1/2。同心生长线细密。壳表颜色,随着个体的生长和环境而变化。铰合部宽大,左壳主齿 1 枚,呈人字形,右壳主齿 2 枚,呈八字形。前、后侧齿发达,左壳单片,右壳双片。外韧带小,呈黄褐色。内韧带棕黄色,位于三角形的韧带槽中。前闭壳肌痕略成方形,后闭壳肌痕呈卵圆形。外套痕清晰(图 20-15)。体长 6 cm 以下的西施舌,壳薄、易碎,壳表呈紫红色。体长 7 cm 以上的西施舌,壳顶淡紫色,壳表具有米黄色发亮的角质外皮。

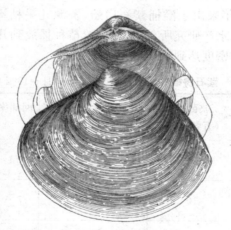

图 20-15　西施舌

2. 内部构造

切断前、后闭壳肌,打开贝壳,即可见到覆盖在西施舌肉质部外的 1 片外套膜。翻开外套膜,前端左、右两侧各有三角形唇瓣 1 对,外唇瓣略比内唇瓣小。紧接唇瓣之后,是左、右 1 对鳃瓣。出、入水管,分别位于后端上、下方。斧足发达,呈舌状。口位于两对唇瓣中间,直通简短的食道。食道紧接 1 个膨大的胃,整个被棕褐色的消化盲囊所包围。米黄色半透明的晶杆体,从腹足的侧方伸到胃里,胃楯近似马鞍形。心脏由 1 个心室和 2 个心耳组成。肾脏 1 对,位于围心腔后方,呈棕褐色。肠道迂回于内脏团后,折向后上方,直肠通过心脏,绕过后闭壳肌,肛门开口于水管基部。

二、生态习性

1. 地理分布

西施舌主要分布在中国、朝鲜、日本和印度等国。在中国沿海,北自辽宁的金县,南至海南岛的三亚均有分布。福建闽江口长乐市一带,盛产西施舌,近年来年产量约 15 吨。西施舌栖息于低潮线附近,至干潮线以下 10 m 左右水深。体长 5 mm 以下的稚贝,移动能力很强,它除了爬行之外,常可借助斧足的推动而跳跃。

2. 栖息环境

西施舌营底栖生活,主要栖息在潮间带下区和浅海的砂滩内,埋栖深度为 10 cm 左右。它借助斧足的运动,挖掘砂泥而穴居。1～2 年的西施舌,潜居在颗粒直径 1 mm 左右的砂中生活。因此,它的斧足极为发达。

西施舌适宜水温为 8℃～30℃,最适水温为 17℃～27℃;适宜盐度为 17～35,最适盐度为 20～28;溶解氧 4 mg/L 以上;适宜 pH 7.4～8.6。西施舌生存的土壤颗粒直径为 0.005～1 mm,底质以砂为主。其中,颗粒直径大于 0.005 mm 约占 90%,颗粒直径小于 0.005 mm 约占 10%,且潮流畅通海域。西施舌随着干露时间的延长,体腔液失水量相应增加,失水超过 8% 时,出现死亡。气温 20℃,干露 29 h 后大量死亡;气温 30℃,干露 12 h 后大量死亡。

3. 越冬、度夏、迁移

水温 8℃ 以下或 29℃ 以上,西施舌开始进入越冬或度夏状态,依靠足的推动,由潮下带逐渐向浅海移动。它具有明显的迁移习性,随着个体的生长,从河口附近的低潮区,向浅海较高盐度水域迁移。

4. 食性

(1)幼虫食性:西施舌浮游幼虫的摄食,属于主动滤食方式。幼虫摄食的饵料,多属于海产单细胞藻类;此外,也摄食微小的有机碎屑、可溶性有机物、有益细菌等。人工育苗的饵料主要是金藻类、塔胞藻、扁藻、角毛藻等。

(2)成体食性:西施舌的成体摄食,属于被动滤食方式。其食物种类和数量,随着季节和海区的不同而有差异。常见的有浮游植物中的圆筛藻(*Coscinodiscus* sp.)、舟形藻(*Navicula* spp.)、直链藻(*Melosira* sp.)、骨条藻(*Skeletonema* sp.)、根管藻(*Rhizosolenia* sp.)、星杆藻(*Asterionella* sp.)、曲舟藻(*Pleurosigma* spp.)、月形藻(*Amphora* sp.)、小环藻(*Cyclotella*)、菱形藻(*Nitzschia*)、辐环藻(*Actinocyclus* sp.)等。此外,还有动植物有机碎屑和无机微粒等。据杨瑞琼等(1990)观察,西施舌消化道内含物的硅藻共有 24 属 36 种,圆筛藻、菱形藻、舟形藻和小环藻占多数。

5. 主要敌害生物

西施舌的主要敌害生物有鳐鱼、蛇鳗、海星、虾类、鲷鱼、锯缘青蟹、红螺、斑玉螺、福氏玉螺以及扁玉螺、东风螺、骨螺等。

三、繁殖与生长

1. 繁殖

(1)性别、性成熟年龄:西施舌雌性生殖腺,呈乳白色;雄性生殖腺,呈米黄色。生殖腺分布在内脏的两侧和斧足基部横纹肌的间隙中,呈树枝状,末端膨胀成为滤泡。

满 1 足龄的西施舌,开始性成熟。生物学最小型,雄性个体为壳长 46.5 mm,壳高 37 mm,壳宽 20.5 mm,体重 18.3 g,具有明显的雄性先熟的现象。

(2)繁殖季节：在福建沿海，5～7月为西施舌的繁殖期。4月中旬～6月中旬，水温16℃～26℃，生殖腺发育指数(R)值为0.7～0.9，生殖腺覆盖整个内脏，并充满斧足横纹肌的间隙。雄性滤泡内精子呈菊花状排列；雌性滤泡内充满卵径65 μm左右的卵母细胞，核径30～40 μm。

(3)产卵、排精：西施舌有雌、雄之分。雌性生殖腺，为乳白色；雄性生殖腺，为米黄色。滤胞中的精、卵成熟后，经分叉的生殖腺汇集到生殖导管，从开口在鳃上腔的左右一对生殖孔排放，经鳃上腔从出水管排出体外。在微流水环境中，精、卵在海水中排放，均呈云雾状；在静水环境中，雄性精子排放时，呈絮状，但很快就消散；雌性将卵成堆地排放在泥砂表面。

(4)产卵量和精、卵大小及形状：对40个体长91～132 mm的西施舌，产卵观察结果如表20-14所示。精子为鞭毛型，头部呈圆锥形，径2.5 μm，长5 μm；尾丝长38～46 μm。卵子呈圆球形，均黄卵，卵径62～68 μm。

表20-14　西施舌个体产卵量的比较

体长(mm)	平均个体重(克/个)	个体绝对平均产卵量(万粒/个)	个体相对产卵量(万粒/克体重)
91～100	132	429	2.648
101～110	183	465	2.183
111～120	235	426	1.813
121～132	282	317	1.210

(5)胚胎发育：在繁殖季节里，成熟的精、卵排出体外，精、卵在水中结合为受精卵。在适宜条件下，卵子受精后20～40 min，出现第一极体。50 min左右放出第二极体。1 h后，受精卵开始分裂，第1次分裂成大小不等的2个分裂球；第2次分裂成4个分裂球；第3次分裂时，在动物极部分出现一组小分裂球。此后，附着卵裂的继续进行，分裂球成偶数倍增，当胚胎发育到囊胚期时，其周身生有短小的纤毛，依靠纤毛摆动，开始转动。受精后5～7 h，发育成担轮幼虫，在水中自由转动。再经11～24 h，发育成D形面盘幼虫，在水中自由游动。面盘幼虫经过2～3 d培育，壳顶开始隆起，成为壳顶面盘幼虫，其个体大小为119 μm×98 μm～124 μm×105 μm。不难看出，壳顶幼虫，从面盘的中央，伸出1根长鞭毛，直到足面盘幼虫，长鞭毛不但存在，而且更加明显。在正常情况下，西施舌的D形幼虫，经9～11 d的培育，即可发育变态为稚贝。

西施舌胚胎发育的适宜水温下限为17℃，上限为28℃。当水温为13℃～16℃时，受精率很低，发育缓慢；当水温为28.8℃～29.2℃时，受精率亦低，发育多畸形。在适温范围内，发育加快。西施舌胚胎发育适宜盐度为16～32，最适盐度为20～30。

2.生长

西施舌是一种生长较快的海水双壳类。最大的个体，体长可达15.4 cm，体重780 g。从受精卵培育成体长1 cm的稚贝，只需要2个月的时间。满1龄的西施舌，体长4～6 cm，体重20～35 g；满2龄的西施舌，体长8～9 cm，体重130～150 g；满3龄的西施舌，体长10～11 cm，体重170～250 g；满4龄的西施舌，体长11～12 cm，体重220～360 g；1～2

龄,贝壳迅速长大。3～4龄,肉质部增长明显,其软体部占总体重的30%左右。4龄以上的西施舌,有时在它的体内发现有米粒大小的白色珍珠。据观测,西施舌寿命可达8～10龄。

四、苗种培育

1.亲贝培育

(1)亲贝选择:人工繁殖用的亲贝,应选择壳薄、壳表为米黄色、生长在潮下带4～5 m水深、3～4龄的野生西施舌,平均壳长12 cm左右,平均体重250 g左右。

(2)亲贝培育:在室内培育亲贝。池底铺上厚度15 cm,粒级直径为0.1～0.5 mm的纯砂。培育密度为8～10个/平方米。水深50～120 cm,盐度16～31。投喂三角褐指藻或角毛藻5～20万个细胞/(毫升·天),饵料不足时可投喂可溶性淀粉$(2～10)×10^{-6}$。pH 7.8～8.6,溶解氧在4 mg/L以上。换水采用长流水法,流量为2～3 m^3/h。亲贝经20～25 d的培育,当水温升到26℃～27℃,生殖腺已成熟,可用于诱导产卵。

2.诱导产卵

西施舌解剖取得的精、卵,即可进行人工授精。一般用下列方法可诱导生殖腺成熟的西施舌排放精、卵,以获得大量受精卵。

(1)阴干加流水刺激:阴干3～5 h,流水刺激2～3 h,间隔1 h后,再行流水刺激。多次反复,可促使西施舌排放精、卵,以获得大量受精卵。

(2)阴干加升温刺激:阴干3 h,在适温范围内,1 h升温3℃～4℃,然后更换常温海水,间隔1 h后再升温。反复刺激,可促使西施舌排放精、卵。

(3)氨海水诱导:使用0.007 5～0.03 mol/L的氨海水,浸泡15～22 min,可促使雄性西施舌排精。更新海水后,让雄性继续排精诱导雌性西施舌产卵。经27～50 min,雌、雄全部排放结束。雄性西施舌潜伏期短,反应快,排放速率曲线呈偏峰状态;雌性西施舌潜伏期较雄性长些,产卵速率为正态曲线。

3.受精孵化

(1)受精及受精卵的处理:用解剖取卵法,进行人工授精时,雌、雄亲贝比例为(4～5):1。采用诱导方法采卵时,当看到雄性排精时,把它先移出来。因为自行排放的精子相当活泼,1个卵子周围有3～5个精子即可,多余的精子会产生卵膜溶泡素,反而给胚胎发育造成不良影响。

当多数受精卵出现第一极体时,采用沉淀法排出上、中层海水,除去多余精子及亲贝排放的体腔液。经4～5次洗涤,并使受精卵保持悬浮状态,孵化率可达95%以上。

(2)受精卵的孵化:水温为22℃～28℃时,受精卵经6～8 h,就发育成担轮幼虫。担轮幼虫具有明显的趋光性,成群成束地趋向光亮的表层四周。用胶皮管将担轮幼虫虹吸到大水缸或水槽内,加入过滤海水,使担轮幼虫密度为40～50个/毫升,遮光静置12～18 h,即发育成直线铰合幼虫。

4.幼虫培育

(1)幼虫培育密度:在生产性大水体育苗中,幼虫培育密度:前期为8～10个/毫升,后期为3～5个/毫升。

(2)投饵:体长 82～93 μm 的幼虫,就开始摄食微小型的单细胞藻类。叉鞭金藻和微型藻是西施舌幼虫的开口饵料,金藻、扁藻是培育西施舌幼虫的良好饵料。投喂时,饵料一定要新鲜、无污染。

(3)水质监测和管理:

1)水质监测:每天观测育苗池内的水温、盐度、pH、含氧量等。西施舌受精卵发育的较适宜水温为 23℃～27℃,较适宜盐度为 18.20～24.47、pH 值为 8.1～8.6,溶解氧要超过 4 mg/L,光照强度为 200～1 000 lx。

西施舌的人工繁殖,首先要考虑水的处理、监测和管理。海水从沉淀池经过滤和灭菌处理后,输入育苗池,为了调节水温,西施舌人工育苗应配备海水冷却降温设备。

2)加水与换水:每天早、晚各换水 2 次,每次换水量 1/4～1/2 水体。换水时,温差不超过±1℃,盐度差不超过 4。

3)充气增氧:适应微量充气;壳顶幼虫后,逐渐加大充气量。气泡石不宜随便移动。

4)清除沉淀物:幼虫培育时期,每隔 1 d 用吸污器清除沉积物 1 次。吸污时,暂停充气,注意清除池角的沉淀物。为了彻底清除沉淀物,改善育苗环境,在壳顶初期和壳顶后期,各倒池 1 次。

5.稚贝的附着及培育

稚贝附着池,经洗刷后用 0.025 g/L 高锰酸钾浸泡 3～4 h,再用过滤海水冲洗 2 次,铺上经多次淘汰的粒级直径 0.1～0.5 mm 细砂。砂层厚度 1 cm 左右,注入过滤海水至 30 cm 水位,然后将第 2 次倒池的壳顶后期幼虫和初期稚贝,经不同型号筛绢筛选除去杂质,移入附着池中进行附着。初期附着变态的稚贝个体大小为 208 μm×189 μm～225 μm×209 μm,贝壳无色透明,出水管呈薄膜状,足棒状,能分泌足丝,附着在细砂上。

初期稚贝培育,投入湛江叉鞭金藻 8 万～10 万个细胞/毫升和扁藻 0.3 万～0.4 万个细胞/毫升。初期稚贝经 20～30 d 培育,大多数体长达到 1 mm,入水管形成,开始进入较稳定的穴居生活。再经过 20～30 d 培育,稚贝体长达 3～5 mm,快的可超过 1 cm。

6.稚贝培育及稚贝出池时的注意事项

(1)稚贝培育时的注意事项:

1)稚贝培育时,应根据稚贝的生长情况,逐渐增加其潜居的细砂。这种细砂,在使用之前,应经多次筛选、淘汰,并经浓度 0.02 g/m³ 漂白粉消毒。

2)要注意观察稚贝的摄食状态,根据稚贝的生长情况,逐渐增大投饵量,并严防从饵料中带进原生动物。

3)要及时清除稚贝排泄物和沉积物。有条件时,每隔 3～5 d 清洗一次砂子或每隔 15～30 d 更新一次底质。

4)稚贝培育期间,水温应保持在 29℃以下。

(2)稚贝出池时的注意事项:

1)稚贝出池之前,应加大换水量,对其进行锻炼,以提高稚贝出池成活率。

2)西施舌稚贝贝壳较薄,容易破损。因而筛选时要格外小心,防止机械损伤后造成大量死亡。

3)稚贝出池,最好选择在阴天或北风天气进行。

五、养殖

1.选择海区条件

(1)水质:水温 8℃～30℃,最适为 17℃～27℃。盐度 17～35,最适为 20～28。pH 7.4～8.6,最适为 8.0～8.4。

(2)底质:适应潜居于纯砂或软泥,最适潜居中细砂底质。

(3)水深:以潮下带 4～10 m 为宜。

(4)潮流:适应栖息潮流畅通,浮游生物丰富的河口附近海区。

2.养殖方式

(1)围网养殖:

1)场地选择:应选择附近无污染源、细砂底质、风浪较小、潮流畅通、水质肥沃、pH 最高不超过 8.6、最高水温不超过 30℃、最低盐度不低于 13、底质平坦的低潮区。

2)围网养殖:用 8 号尼龙线,编织成宽度为 120 cm、网目大小为 2 cm 的尼龙网片。大潮退潮后,用锄头或铁铲沿着已选择好的低潮区滩涂四周,挖 1 条宽 20～30 cm、深 40 cm 的沟。将编织的尼龙网片连同聚乙烯的底网,埋入沟底。埋入网片时,应边挖土、边埋网片,并注意把底网拉直,上纲拉平,然后堆砂。接着在网片内侧滩涂,每间隔 150 cm 用长 140 cm、直径 5～6 cm 的木棍插入砂中 40～50 cm。拉直网片上纲,把尼龙网张高 80 cm,从网片的上纲开始,每距离 35～40 cm,用维尼纶线将它扎在木桩上。围网之后,用锄、耙平整围网内的埕地,清除埕面石头、螺类及其他杂物。每 100 m² 放养 1～2 龄的西施舌 150 kg 左右。放养时,应将它逐个分开,力求播放均匀。

3)注意事项:

①西施舌放养时间,应选择阴天或早、晚干潮时进行,以春、秋两季为适宜。放养个体大小,要求整齐。

②应当播放当日采集或收购的西施舌苗种。

③要在埕地四周,插竹竿或设立浮标,防止机动渔船闯入。

④注意防逃:大潮期间,应将迁移到围网边的西施舌收集起来,重新于埕内分散放养。发现损坏的围网,应及时修补以防西施舌逃脱。

⑤注意防除敌害:主要敌害生物有鳐鱼、蛇鳗、海星、虾类、鲷鱼、锯缘青蟹、玉螺等。大潮期间,要清除埕面上的生物敌害。发现有蛇鳗危害时,每 100 m² 用 1～1.5 kg 茶籽饼(捣碎后用水浸泡 12 h)或用 100～150 g 的氰化钠溶在 50 kg 海水中,均匀泼洒在埕面上,毒杀之。

⑥要经常刮除木桩上的藤壶和牡蛎,以防绑绳被割断或网破后西施舌逃逸。

4)采收:在低潮区养殖体长 4～6 cm 的西施舌,经过 1～1.5 年养殖,体长可达 8 cm 左右,即可用铁耙或短柄铁锄逐个采取。

(2)池塘养殖:应选择风浪较小、地势平坦、海区盐度适宜的海区。

在潮间带的中、上潮区建池,池内侧用混凝土石砌直坡,池深 1.6～1.8 m,水深保持 1 m 左右,池面积 1 000～4 000 m²。水池的前、后端设进出水闸,水闸的外槽为闸板槽,内槽为滤水网片槽。尼龙网片的网目为 2 mm 左右。放养前 15 d 左右,把池水放干,清除池底石块、贝壳和污泥。用 0.003 g/m² 敌百虫或 0.05 g/m³ 的漂白粉毒杀小鱼、虾、蟹等生物。如果池底淤泥较多,则每 100 m² 撒生石灰 15～20 kg。浸泡 3～4 d 后,纳潮水冲洗 2～3 次,然后铺入清洁细砂 30～40 cm 厚;再纳潮水浸泡冲洗 1～2 次,耙平后将西施舌均匀播入池中,每 100 m² 放养 1～2 龄西施舌 120 kg 左右。日常水深要保持 1 m 左右;经常洗刷滤水网闸,保持进出水畅通;大潮期间每天换水 1～2 次;经常测定水温、盐度;梅雨季节,若池内海水盐度低于 13,就加渔业用盐或盐卤调节盐度;夏季,池内水温容易超过 30℃,应在离池面 1.5 m 左右,搭盖遮阳;每隔半个月,大潮期间排干池水,捕捉鱼、虾、蟹、螺,清除浒苔。

第十节　四角蛤蜊的养殖

四角蛤蜊(*Mactra veneriformis* Reeve)营养价值高,其软体部不仅蛋白质含量高,而且氨基酸种类多、含量高(表 20-15)。我国资源丰富,是重要的养殖贝类之一。

表 20-15　四角蛤蜊软体部氨基酸种类与含量

氨基酸	mg/100 mg 样品	氨基酸	mg/100 mg 样品
天门冬氨酸	3.611	亮氨酸	2.390
苏氨酸	1.634	酪氨酸	1.220
丝氨酸	1.541	苯丙氨酸	1.265
谷氨酸	4.754	赖氨酸	1.441
甘氨酸	2.763	氨	0.732
丙氨酸	2.925	组氨酸	0.637
缬氨酸	1.356	精氨酸	2.190
蛋氨酸	1.038	脯氨酸	0.271
异亮氨酸	1.276		
总计		31.044	

四角蛤蜊隶属于瓣鳃纲(Lamellibranchia),异齿亚纲(Heterodonta),帘蛤目(Veneroida),蛤蜊科(Mactridae)贝类。

一、生物学

1. 形态

四角蛤蜊(图 20-16)俗称白蚬子,贝壳薄,略成四角形,两壳极膨胀。具壳皮。顶部白色,近腹缘为黄褐色,腹面边缘常有一很窄的黑色边。生长线明显,形成凹凸不平的同心环纹。左壳有一分叉的主齿,右壳具 2 枚主齿,两壳前后侧齿发达。外韧带小,内韧带大,陷于主齿后的韧带槽中。外套痕清楚,外套窦不深。

图 20-16 四角蛤蜊

2. 生态

(1)分布:营埋栖生活。生活于潮间带中下区及浅海的泥砂滩中。广布于我国沿海,日本也有分布。适盐范围为 13.6~37.05。

(2)繁殖与生长:

1)繁殖:四角蛤蜊为雌雄异体。雌、雄性腺均为乳白色。一年性成熟。1 龄贝怀卵量为 80 万~120 万粒,2 龄贝怀卵量为 120 万~200 万粒,3~4 龄贝怀卵量 200 万~300 万粒,一年之中有两次繁殖期,分别在 5 月中旬~6 月中旬和 7 月下旬~9 月中旬。第 1 次繁殖期较短,第 2 次繁殖期较长。

2)生长:1 龄个体平均大小(壳长×壳高)是 24.5 mm×22.6 mm,平均体重 4.50 g;2 龄个体平均大小是 32.0 mm×28.8 mm,平均体重 10.90 g;3 龄个体平均大小是 34.3 mm×30.8 mm,平均体重 13.24 g;4 龄个体较少,最大个体 38.8 mm×33.3 mm,体重 17.38 g。

四角蛤蜊壳长与壳高和壳高与壳宽之间呈线性关系,壳高与壳长拟合式为 $H=0.667+0.886\,8L$,壳宽与壳高拟合式为 $I=0.341\,2H^{1.121\,75}$,前者相关系数 0.995 2,后者为 0.990 9。

四角蛤蜊生长有明显的季节性。贝壳在每年 3 月中旬,水温上升到 5℃ 左右开始生长,随着水温的上升,贝壳的生长速度逐渐加快,6~8 月是它的快速生长期(20℃~27.5℃)。10 月~翌年 4 月份,贝壳生长速度变慢,尤其是 11 月下旬~翌年 3 月上旬(水温在 5℃ 以下),其生长处于停滞状态。

二、苗种生产

(1)采捕野生苗:采捕季节在春末、夏初或秋季,采用耙子耙和小型拖网采捕,苗种规格一般为 1.5~2 cm。

(2)人工育苗:在繁殖季节,挑选个体大小为 4~5 cm 的健康亲贝,经解剖观察,性腺达到全部覆盖内脏团的个体为 50% 以上,即可采卵。采用阴干、流水及氨海水浸泡等方法诱导其排放精、卵。幼虫、稚贝培育方法同西施舌。

(3)土池人工育苗:土池人工育苗方法同青蛤的土池育苗。

三、增养殖

1. 增殖

(1)资源保护:封滩护养,保护产苗场;限制捕捞量,轮番采捕,禁止人为破坏;有计划地移养,增加资源量。限制捕捞季节和规格,繁殖期禁止采捕,捕捞规格应为体长 3.5 cm以上。

(2)改良底质:改良滩涂底质,为稚贝附着提供良好附着基,是增加四角蛤蜊的重要途径。在附苗季节,平整滩涂,防止洪水冲击和淤泥埋没。

2. 养殖

(1)场地选择及整理:养殖场地应选择底质以细砂或泥砂为主(含砂量在 60%～80%)、风浪较小、平坦、稳定的中低潮区海滩。场地选好后应进行平整除害,用高 0.5 m左右的聚乙烯网片把整个养殖场地围起来,较大的养殖场地应再用网片隔开,分为若干小区,以免四角蛤蜊移动时堆积在场地一端。

(2)放养密度:应视养殖目的和海区状况而定,属于暂养的,密度可大一些。一般养成中投放壳长 2 cm 的幼贝(约 500 个/千克)时,每亩可控制在 500～700 kg。

(3)播苗:播苗可在潮水退出滩面时进行,将幼贝均匀地撒在滩上。亦可在涨潮时用船装运至预先插好标记的滩涂上均匀撒播。

(4)养成管理:养成期要防灾、防害、防逃。大风、暴雨之后要检查拦网情况,若四角蛤蜊因风浪翻滚成堆应及时疏散。对养殖区内的敌害性螺类、鱼类、蟹类和鸟类要经常采捕或驱赶。一般春天播放体长 2 cm 的幼贝,秋后可长至 3 cm。四角蛤蜊长到 3 cm 左右便可收获。除繁殖期外,其他时间均可采捕。

第十一节　大獭蛤的养殖

大獭蛤(*Lutraria maxima* Jonas)在分类学上属异齿亚纲、蛤蜊科贝类,广西俗称象鼻螺,牛螺,广东称包螺。大獭蛤肉质细嫩,口味鲜美,营养丰富,深受人们喜爱,经济价值较高,是一种名贵的海珍品。大獭蛤具有生长快、个体大、适应性强、价格高等特性,一年即可达商品规格(16～20 个/千克)。作为一种新型的养殖品种其优良性状特别突出,是自然界中为数不多的无须改良的天然优良养殖品种之一,适宜大面积推广养殖。北部湾海域是大獭蛤的主要产地之一,这里地处亚热带,阳光充足,气候适宜,湾内水深适中,滩面地形平坦,多为砂泥或泥砂底质,湾内营养盐及饵料生物丰富,海水环境污染较小,海水pH 值及溶解氧等适宜海洋生物的生长繁殖,具有优越的养殖生态环境。

近年来,由于人们对大獭蛤商品贝的需求量不断增加,北部湾沿海渔民通过潜水作业的方式,对海底成片分布的大獭蛤资源进行过度采捕,致使天然大獭蛤的数量锐减,其资源遭受严重破坏。近年来广西海洋研究所对大獭蛤的生态习性和人工育苗与养殖技术进行了一些研究,广西沿海养殖户陆续收集大獭蛤中贝或天然苗种进行浅海围网养殖,获得成功,取得了较好的经济效益,并积累了不少养殖经验。

一、形态与分布

(1)形态:贝壳长椭圆形。壳顶小,而且偏前。壳的前后端圆,有开口。表皮有很多细轮脉。壳呈淡白黄色,被有暗褐色的壳皮(常脱落)。壳内面白色,有光泽。前、后闭壳肌痕近圆形。外套窦深。铰合部下垂。内韧带发达。后侧齿退化,仅留残缺(图20-17)。

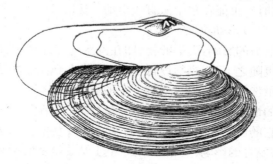

图 20-17 大獭蛤(从蔡英亚、谢绍河)

(2)分布:大獭蛤生活于潮下带至水深 1 m 的砂泥质海底,营埋栖生活的贝类,主要食物为底栖硅藻及有机碎屑。其水平分布主要为广西、广东、福建及海南等沿海。

二、胚胎发育

(1)生殖细胞:成熟的大獭蛤卵子呈球形,在水中分散游离,淡黄白色。卵径在 70 μm 左右,卵膜薄而光滑,卵核大而明显,位于细胞中央,卵黄颗粒分布均匀,为沉性卵。精子属鞭毛型,成熟精子在水中游动活跃。

(2)胚胎发育:胚胎发育过程见表20-16。

表 20-16 大獭蛤胚胎发育过程

胚胎发育阶段	胚胎发育时间(受精后)	备注
第一极体	10 min	
第一极叶	30 min	
2 细胞期	45 min	
4 细胞期	1 h 15 min	
8 细胞期	1 h 30 min	
16 细胞期	2 h 10 min	
32 细胞期	2 h 40 min	
桑葚期	3 h	
囊胚期	3 h 35 min	发育水温28.7℃,
原肠期	4 h 30 min	盐度 29.3
担轮幼虫期	8 h	
D 形幼虫期	20 h	

精、卵接触后即行受精。受精卵产生一层透明的受精膜,卵核模糊。受精后 10 min,在卵子动物极出现第一极体。受精后 45 min 开始第一次分裂成为 2 细胞时期,以后继续分裂经过 4 细胞期、8 细胞期、16 细胞期、32 细胞期,经 6 次分裂胚体为桑葚期。卵裂继续,至受精后 3 h 35 min 左右胚体发育成为圆球形,周身长出细小纤毛,开始在水中做顺时针旋转为囊胚期。胚体继续发育,至受精后 8 h 左右胚体长出一纤毛环,中央具鞭毛束,称为担轮幼虫。这时幼虫能在水中做直线运动。历时 20 h 后,胚体发育到面盘形成,D 形贝壳披盖身体,称为 D 形幼虫期。

(3)盐度对精、卵活力的影响:大獭蛤精、卵在海水盐度为 32 的条件下活力最强,随着海水盐度的下降活力也随之下降,当盐度低于 24.0 时精子活动力明显降低,仅为 50.0%。随着海水盐度的增加虽然精、卵活力也受到一定的影响,但这种变化趋势相对就没有那么大。在其他条件一致的情况下,海水盐度过低对精、卵正常结合的负面影响要大于同样条件下海水盐度过高对它的影响。受精率较高的盐度范围为 29～34。

(4)盐度对受精卵发育的影响:受精卵的发育过程受盐度的影响大,盐度太高或太低都能极大地影响其发育,特别是影响到大獭蛤 D 形幼虫的畸形率。在盐度为 26.6～31.9 时幼虫的畸形率最低,所以该盐度范围是大獭蛤受精卵发育的适宜盐度。

三、幼虫发生及稚贝形态

大獭蛤幼虫发生及稚贝生长发育进程见表 20-17。培育水温 25.0℃～27.0℃,盐度 29～32。

表 20-17　大獭蛤幼虫及稚贝生长发育进程

发育时间(d)	贝苗大小(壳长×壳高)(μm)	发育期
1	85×75	早期面盘幼虫
2	100×90	
3	120×110	壳顶初期
4	140×130	
5	170×160	壳顶中期
6	190×180	
7	200×190	
8	220×210	
9	250×240	
10	270×260	
11	280×270	壳顶后期(匍匐幼虫)
12	300×290	
14	340×320	刚附着稚贝(单管期稚贝)
30	1 800×1 000	双管期稚贝

（1）面盘幼虫：贝苗壳长为 85～90 μm，又称直线铰合面盘幼虫或 D 形幼虫，此时的胚体所分泌的左、右两壳均呈 D 形，且在背部成直线绞合胶盒。形成幼虫的运动器官——面盘，其四周细胞被有纤毛。前、后闭壳肌也已形成，但刚开始消化器官分化尚未完善，还不具备吞食机能。经过 24 h，消化道开始弯曲；第二天的幼虫肝脏颜色变浓，说明此时幼虫已经开始吞食和消化食物。

（2）壳顶幼虫：可分为壳顶初期、壳顶中期、壳顶后期。在壳顶初期（贝苗壳长为 120～140 μm），壳的铰合部稍稍隆起，但不甚明显。壳前、后端对称。面盘发达，游泳能力强。到了中期壳顶（贝苗壳长为 150～270 μm）直线铰合幼虫的壳继续发展，铰合部长度相对变短，顶端由平直而渐渐向上隆起，形成壳顶。壳由 D 形变成椭圆形。后期面盘仍存在，足渐伸出，并形成简单的鳃丝。游泳能力减弱。常沉于水底，在水的中上层已较难找到。后期面盘幼虫（壳长为 280～300 μm），又称匍匐幼虫，这个时期幼虫的棒状足已经能够自由伸缩，消化腺分化更完全，内鳃丝数目增多，变态前可达到 4～5 对，被有纤毛，眼点仍存在。

（3）附着稚贝：壳长 340～1 800 μm，面盘萎缩，面盘上的纤毛及鞭毛束自行脱落，幼虫结束了浮游期以足丝附着生活，水管开始形成，逐渐由单水管至双水管。

（4）底栖稚贝：刚由附着转为底栖的稚贝壳长为 1 800～2 000 μm，足丝退化，双水管长度约为壳长的 2.5 倍，附着稚贝自行脱落，营底栖生活。

四、人工育苗与养成

大獭蛤的苗种生产与养殖和四角蛤蜊的育苗与养殖相似，其具体管理措施如下：根据其繁殖生态学原理，按一定的性腺比例挑选亲贝；通过一系列强化培育措施促使亲贝性腺发育成熟，并诱导亲贝批量产卵；通过洗卵手段提高孵化率。筛选上浮快、活力好的幼虫、按适宜密度培育；根据贝苗各阶段生长发育的需要，采取调光、控温、充气、换水、适时适量投喂饵料、适时投放附着基、水质调控等技术措施，创造最佳生态环境，提高幼虫培育的成活率，实现室内育苗工厂化，采取池塘底质改造、投苗密度控制、水色水质监控等技术措施，将室内小规格稚贝进行池塘中间培育；采取网围或网箱暂养、敌害防治等措施进行海区养殖，提高贝苗成活率，达到高产养殖的目的。

第十二节　尖紫蛤的养殖

尖紫蛤（*Sanguinolaria acuta* Cai et Zhuang），分布于我国福建和广东沿海，生活在河口咸、淡水交汇处，尤以广东省吴川市鉴江产量最多，最高年产量达 50 t。

尖紫蛤肉嫩味美，营养价值高，据分析蛤肉干蛋白质含量 58.65%，糖类 5.31%，脂类 8.75%，且有药用功效，可治疗哮喘病等。

20 世纪 90 年代以来，由于大量采捕和水质污染，野生尖紫蛤濒临灭绝，对其进行人工育苗和养殖技术的研究迫在眉睫。

一、尖紫蛤生物学

(1)形态:贝壳较厚,后端尖瘦(图 20-18)。无放射肋或者放射肋极不明显。外套窦背线隆起,宽大,呈舌状,深达壳长约 3/4。外套膜腹缘呈圆棒状,长、短相间,单行,排列稀疏。具外韧带。被橄榄色壳皮。

图 20-18　尖紫蛤

(2)分布:栖息于河口附近潮间带的泥砂滩,见于我国东海和南海。

(3)繁殖:根据尖紫蛤性腺发育程度,将生殖腺发育过程分为增殖期、生长期、成熟期、排放期和休止期五个时期。在福建省尖紫蛤繁殖期为 9～10 月,繁殖盛期在 10 月。温度是影响性腺发育的主要因素,绝大多数个体为雌雄异体,雌雄同体的则在同一滤泡中,雌、雄生殖细胞分区域分布。

(4)生长:尖紫蛤全年可以生长,生长速度与年龄、季节、水温与水质有关。一般 1 龄蛤,壳长达 5 cm 左右,2 龄蛤壳长为 8 cm 左右,3 龄后,壳的生长速度缓慢。在夏、秋季节和稚贝阶段,壳的生长速度较快;冬、春季节和成贝阶段,增重较明显。在洪水、台风和寒潮的月份,水质较混浊、水温偏低,生长亦较缓慢。

二、尖紫蛤的苗种生产

(1)育苗水温和密度:在育苗过程,水温变化幅度为 26.2℃～29.8℃,水的密度为 1.005 8～1.006 1。

(2)设备:

1)育苗池:借用珍珠贝的水泥育苗池及充气机等设备进行育苗。其中亲贝培育池、催产池和早期胚胎培育池的容量为 2 m³(2.0 m×1.0 m×1.0 m),面盘幼虫及幼苗培育池容量为 30 m³(6.0 m×3.2 m×1.6 m)。

2)底基:亲贝培育池底基细砂采用 20 目筛绢筛选的直径 0.5～1 mm 的细砂。幼苗培育池底基细砂采用 40 目筛绢筛选的 0.3～0.5 mm 的细砂,细砂均经洗净消毒。

(3)亲贝培育:亲贝壳长 7～9 cm,壳高 3～4 cm,重 20～25 g,约 4 龄贝。经清洗消毒后,置于有细砂的塑料筐(45 cm×45 cm×10 cm)中,让它自行钻进砂里,悬吊在亲贝培育池内,池水深度为 50～60 cm,进行遮光充气培育。培育期间每天换水 1 次、投饵 2 次,每周清洗底砂 1 次。饵料用湛江叉鞭金藻(*Dicrateria zhanjiangensis*)和亚心形扁藻(*Platymonas subcordiformis*)等。

(4)产卵、受精和胚胎发育:蓄养的亲贝经 5～7 d 的培育,开始排放精、卵,进行受精。受精卵经 5 h 发育,进入原肠期,开始上浮,在水中上层形成烟雾状。原肠胚经 1 h 发育,达担轮幼虫,此时胚体呈梨形,具纤毛环和鞭毛束,进行旋转运动。受精卵经 18 h 发育到 D 形面盘幼虫期,幼虫依靠面盘上纤毛的摆动在水中浮游,并开始摄食。D 形面盘幼虫经 7～8 d 发育,进入壳顶面盘幼虫期。眼点出现在受精后第 17 d,此时幼虫双壳增厚,壳色也随之加深。再经 2～3 d,胚体在面盘的后方伸出足,并由浮游生活转营匍匐生活。当匍匐幼虫移池培育,并钻入砂中营埋栖生活时,壳的边缘向外扩张,并出现生长纹,即为稚贝(表 20-18)。

表 20-18　尖紫蛤的后期胚胎发育

发育阶段	受精后时间	持续时间	胚体大小	
			壳长(μm)	壳高(μm)
担轮幼虫	6 h	10～12 h		
D 形面盘幼虫期	18 h～8 d	7～8 d	65.2～98.6	61.3～91.5
壳顶面盘幼虫初期	8～11 d	2～3 d	99.8～134.3	93.8～121.3
壳顶面盘幼虫中期	11～14 d	2～3 d	129.1～163.2	118.2～150.6
壳顶面盘幼虫后期	14～17 d	2～3 d	157.6～196.4	137.2～172.9
眼点出现的幼虫	17～21 d	3～4 d	189.2～213.2	167.1～189.6
开始匍匐的幼虫	21～24 d	2～3 d	204.6～237.4	186.1～198.7
稚贝	24～40 d	14～15 d	248.2～468.3	211.3～371.4

(5)浮游幼虫的培育:胚体发育至担轮幼虫期,移入幼虫培育池。水深加至 120 cm,至 D 形面盘幼虫期进行换水。保持每天换水两次,换水量由开始的 1/3 水体,逐渐加至 1/2 水体。从进入 D 形面盘幼虫的第 2 d,开始投饵,饵料为酵母、湛江叉鞭金藻和亚心形扁藻等(表 20-19)。上、下午各投饵一次,若单投一种饵料应加量,藻类缺少时,可用酵母补充。整个培育过程都要充气,投饵后 1 h 进行镜检,观察幼虫的摄食和生长情况。每晚光检一次,观测幼虫的活动及密度变化。

表 20-19　面盘幼虫的饵料种类及投喂量

发育阶段	干酵母粉(g/m³)	湛江叉鞭金藻(个/毫升)	亚心形扁藻(个/毫升)
D 形面盘幼虫期		200～400	100～200
壳顶面盘幼虫初期	0.2	300～500	200～300
壳顶面盘幼虫后期		500～800	300～400

(6)稚贝的培育:当幼虫出现眼点,面盘开始萎缩而足逐渐发达,并由浮游生活转营匍匐生活,即将它移入铺有细砂的幼苗培育池中培育。池内蓄水深度为 30～40 cm,底部细砂铺设厚度为 2 cm。每天早上换水一次,换水方法改为对流式,换水量为 100%。此时饵料投喂量要加大。幼苗壳长在 1 mm 以内,日投喂量为湛江叉鞭金藻 1 000～2 000个/毫升,亚心形扁藻 500～800 个/毫升;幼苗壳长在 1 mm,日投喂量为湛江叉鞭金藻 2 000～4 000个/毫升,亚心形扁藻 1 000～1 500 个/毫升。在此阶段,每 2 d 取样镜检,观

察稚贝的摄食和生长情况。

(7)育苗注意问题:

①尖紫蛤在河口砂滩营埋栖生活,从低潮区到水深 3 m 左右都有它的分布。在亲贝培育中,必须满足它对底质、盐度、光照的要求。一般在细砂底、低盐度和弱光的条件下,亲贝人工强化催熟容易成功。若将亲贝盛于笼内吊养在强光处,一周后,体质变弱,水管伸长,活力降低,双壳闭合无力,10 d 左右便大量死亡。

②在尖紫蛤浮游幼虫培育阶段,以单胞藻饵料为佳,避免使用蛋黄等人工饵料,以防污染水质。尖紫蛤为底栖性贝类,当面盘幼虫从浮游期过渡到匍匐期,必须在池底铺设细砂让它潜穴,满足它对底质的需求,否则会造成幼虫大批死亡。

③幼贝培育时,池水宜浅,换水次数应少,以保证幼贝能摄食到充足的饵料。目前,投喂的是湛江叉鞭金藻和亚心形扁藻,若能选用活动力弱的底栖硅藻,预计育苗效果会更佳。

三、尖紫蛤的养殖

(1)场地的选择:从尖紫蛤自然分布的环境,养成场应建在咸、淡水交汇,水流畅通,未受污染的河口。一般在中、低潮区或江河中能露出的小洲,底质为砂或砂泥质,常年平均水温 19℃~30℃,密度 1.000 6~1.000 2,透明度 38~60 cm,流速 0.24~0.70 m/s。

(2)场地的整理:尖紫蛤养殖场地(俗称埕地)的面积大小,可因地而异,一般由数亩至数十亩,在埕地的周围,设网做标志或修筑堤坝为界。

筑堤坝可以防止洪水冲刷,保持埕面的稳定。为了操作管理方便,可将埕地划分成若干畦,畦宽 2~3 m,畦长依地形而定。在畦的两侧与一头筑堤,堤高 50 cm,顶宽 30 cm,另一头留缺口,供水流进出。畦与堤之间,留有宽 30 cm、深 15 cm 左右的水沟,供排水和操作管理用。

在播放苗种之前,埕地需经人工整理、翻耕耙松、清除杂物和敌害生物。翻松的砂泥经潮水冲洗和浸泡,可以减少滩涂内的有机质。畦面要筑成中央略高、两侧稍低的隆起状,即群众所谓的"公路形",使埕面在露出时不致积水。最后用木板把埕面抹平,这样可使埕面稳定光滑,又适于尖紫蛤潜钻。平畦一般在播种前一天或当天进行。

(3)尖紫蛤苗的选择与播种:

1)种苗的选择:尖紫蛤苗主要依靠人工育苗供应,要选择大小规格一致,壳具光泽,苗体结实,双壳自然闭合,在水中或滩涂上能很快伸出足,潜穴迅速的优质苗。

2)播种方法:尖紫蛤在广东沿海,目前只有吴川鉴江进行试养,由于苗种来自人工育苗,播种时间取决于育苗情况,只要避开台风、洪水和寒潮时期,有苗就可以播。播时左手持苗筐,右手抓苗,掌心向上,将苗均匀播撒在埕内,有风则顺风播。每亩播放壳长 0.95 cm 的种苗约 28 万粒。

(4)养成期间的管理:尖紫蛤从播种到收成,主要是管理工作,俗话说"三分苗,七分管",确切地阐明了管理工作的重要性。

1)埕间管理:尖紫蛤播种后,要经常下海巡视,修补堤坝,清理水沟和覆盖在埕面上浮泥和杂物,防止群众踩踏埕地和船只停泊等。

2)敌害生物的防除:在尖紫蛤的外套腔内,常有豆蟹(*Pinnotheres* sp.)寄居。被豆蟹寄居的尖紫蛤,一般体质较消瘦。目前对豆蟹的寄居,尚缺乏防治的措施。此外,在尖紫蛤养成埕,还常有角眼砂蟹(*Ocypode ceratophthalmus*)、细螯寄居蟹(*Clibanarius clibanarius*)、台湾招潮(*Uca formosensis*)等蟹类活动,河豚鱼、鳂等肉食性鱼类亦常常侵入埕内捕食尖紫蛤,对这些蟹类和鱼类,平时要注意捕捉。

(5)收获:尖紫蛤播种后,经 14 个月的养殖,壳长已达 6cm 以上,可以开始收获,但若能继续养到 20 个月时再收获,则肉质部会更加丰满。收获季节以 7~8 月份为宜,此时正处于尖紫蛤繁殖的前期,肉肥味美,深受消费者的欢迎。

由于尖紫蛤穴栖较深,目前收成方法以用蛤铲挖捕为主,估产约 500 千克/亩。随着养殖技术的改进,相信收获方法和单位产量,都能进一步提高。

(6)养殖中的问题:

1)尖紫蛤的播种密度,直接关系到单位面积的产量,由于是初次试养并受苗种的限制,播种的密度稀而少,在正常的情况下,可参考缢蛏等底栖双壳类的播种密度。我们认为在砂质埕地每亩可播壳长 1 cm 的幼苗 60 万~80 万粒,砂泥埕为 40 万~60 万粒;2 cm 的幼苗以 30 万~40 万粒为宜,以充分利用有限的埕地,提高单位面积的产量。

2)从尖紫蛤试养观察,从壳长 0.95 cm 的种苗养到 6 cm 时收成,需要 14 个月。若播种的苗种壳长在 3 cm 左右,养殖周期就可以缩短在 1 年左右。但壳长 6 cm 的个体尚处于生长旺期,如能养到壳长 8 cm、重 18 g 左右时再收获,效益会更高。

3)在江河口周围,常建有大批虾塘,虾塘排放的废水,对尖紫蛤极为不利。由于受虾塘废水的影响,造成部分死亡。因此,尖紫蛤养殖场,必须选择在无污染的水域。

4)尖紫蛤钻穴较深,一般穴深为 30~50 cm,最深可达 70 cm。在大面积养殖中,要进一步改进捕捞的方法和工具。

第十三节　彩虹明樱蛤的养殖

彩虹明樱蛤[*Moerella iridescens* (Benson)],隶属于软体动物门(Mollusca),瓣鳃纲(Lamellibrachia),异齿亚纲(Heterodonta),帘蛤目(Veneroida),樱蛤科(Tellinidae),明樱蛤属(*Moerella*)。

彩虹明樱蛤,俗称海瓜子、梅蛤、扁蛤、黄蛤,原为沿海居民自然采捕的一种重要的小型滩涂经济贝类。其营养丰富,肉质细嫩,味道鲜美,是一种深受人们喜爱的海味食品。

一、外部形态

彩虹明樱蛤贝壳长卵形,前端边缘圆,后端背缘斜向后腹方延伸,呈截形(图 20-19)。两壳大小近相等,两侧稍不等,前端较后端略长,贝壳后端向右侧弯曲。贝壳表面光滑、灰白色、略带肉红色、有彩虹光泽,外韧带凸出、黄褐色。同心生长轮脉明显、细密、在后端形成褶襞。贝壳内面与表面颜色相同,铰合部狭,两壳各具 2 个主齿,呈倒 V 字形。右壳前方有 1 个不甚发达的前侧齿,左壳侧齿不明显。闭壳肌痕明显,前闭壳肌痕呈梨形,后闭壳肌痕呈马蹄形。外套痕明显,与外套窦腹线汇合。外套窦极深,其先端几乎与前闭壳肌相连。壳长一般不超过 25 mm。

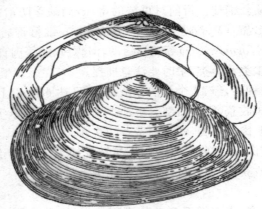

图 20-19　彩虹明樱蛤

二、生态习性

1. 地理分布

彩虹明樱蛤,分布于西太平洋和澳大利亚北部沿岸,中国、日本、朝鲜、菲律宾、泰国、托里兹海海峡等均有分布。在我国,南北沿海均有发现,盛产于浙江、福建。

2. 栖息环境与生活方式

彩虹明樱蛤营埋栖生活,生活时,以壳的前端向下,后端向上,埋于底质内,水管露出滩面,以进水管吸取底质表面周围食物,经过滤,摄取食物。栖息深度与年龄、气候有关,低龄贝较高龄贝栖息浅,1 龄贝栖息深度为 4～5 cm,2 龄贝栖息深度为 7～8 cm。春、秋两季栖息深度较浅,夏、冬两季栖息深度略深,可达 10 cm 左右。彩虹明樱蛤具有很强的钻潜能力。刚采到的彩虹明樱蛤,利用贝壳闭合、足肌收缩,很快重新钻入底质之中。对底质有较强的适应能力,细砂涂、粉砂涂、泥质涂均适合生长。

3. 对水温、盐度等环境的适应能力

(1)水温:彩虹明樱蛤为广温性种类,其生存水温范围为 -2℃～35℃,以 10℃～30℃最适宜,低于 -2℃或高于 35℃,均导致其死亡。稚贝较成贝耐受力弱,其生存水温范围为 1℃～33℃,以 15℃～25℃为适宜。进行潮间带筑塘蓄水养殖,在连续高温季节时,应加强管理,适时提高蓄水深度,以免水温过高,导致死亡。

(2)盐度:彩虹明樱蛤为广盐性种。在密度为 1.005～1.020 的海水中,生长最好。当密度低于 1.003 或高于 1.030 时,3 d 后全部死亡。

(3)pH 值:pH 值以 4～9 较为适宜,在 pH 值低于 4 或高于 9 的海水中,彩虹明樱蛤表现出严重不适应,活力下降,对刺激反应减弱,最终死亡。

(4)干露:彩虹明樱蛤对干露的耐受力受气温的影响较大,冬、春两季,耐干能力较强。在冬季 12 月,能抵抗 48 h 的露空不死;在平均气温 20℃的 4 月,也能在 24 h 内不死亡,24～48 h 仅少数死亡;在夏季的 8 月,12 h 即出现死亡。

4. 迁移

随着季节的更替,彩虹明樱蛤有转滩迁移现象。春季,以在中潮带下区至低潮带上区

为多;夏季,则以中潮带下区为多;冬季,在低潮带及潮下带较多,而在中潮带很难发现。

5. 食性与食料

彩虹明樱蛤为滤食性双壳类。摄食时,将进水管伸出滩面可达 5～6 mm,且能以水管基部为中心做 360°旋转,以吸取表面周围的食物,对食物的重量与大小有选择性,而对食物种类没有选择性。彩虹明樱蛤的饵料,主要为硅藻类,尤以底栖硅藻和接近底栖硅藻为主。主要分属于圆筛藻属、斜纹藻属、布纹藻属、舟形藻属、菱形藻属和脆杆藻属等,尚有部分有机碎屑、甲壳类的幼虫附肢、贝类的 D 形幼虫和泥砂等。

三、繁殖与生长

1. 繁殖

(1)雌、雄鉴别及性比:彩虹明樱蛤的性腺属于滤泡型,位于斧足上方,内脏团两侧,呈树枝状。在繁殖盛期,性腺特别丰满,几乎覆盖了整个内脏团表面,直到足的中部。雌、雄性腺成熟时,均为乳白色或淡黄色,外观难以辨别雌、雄。雌雄异体,雌、雄性比接近于 1∶1。性腺发育稳定,无性逆转现象。

(2)繁殖季节:彩虹明樱蛤的性腺发育,以一年为一个周期,繁殖期集中于 6 月～8 月底。

(3)繁殖能力:彩虹明樱蛤生殖细胞成熟后,精、卵排入海水中,进行体外受精。产卵、排精,在大潮汛前几天进行,属于一次成熟后,分批排放类型。性腺发育饱满的亲蛤,怀卵量为 12 万～33 万粒/个,一般个体一次产卵量为 4 万～10 万粒。生物学最小型为壳长 10 mm 左右的 1 龄贝。

(4)胚胎发育过程:

1)生殖细胞:精子为鞭毛虫型,头部由螺旋形顶体和椭球形核组成,长约 10 μm,顶部 2～3 μm,全长约 90 μm。成熟的精子,在海水中能活泼游动。产出体外的卵细胞,为圆球形,沉性,直径约 60 μm,外包厚约 45 μm 次级卵膜,整个直径为 140～145 μm。

2)胚胎发育:精、卵混合后,卵子完成第一次成熟分裂,放出第一极体。在水温 23℃～26℃下,完成胚胎发育过程如表 20-20 所示。受精后约 28 h,胚体出膜悬浮于水中为担轮幼虫。此时,胚体大小为 75.5 μm×61.2 μm,幼虫趋光性不强。受精后约 33 h,发育至 D 形幼虫,初期大小为 87.2 μm×72.0 μm,胚体前方形成面盘,边缘有许多纤毛。此时,幼虫活动较活泼,具有较强的趋光性。幼虫消化道逐渐完善,开始吞食单胞藻类。

受精后 5 d,贝壳的近中央隆起,形成壳顶幼虫,大小为 126 μm×105 μm 左右;面盘发达,游动迅速,摄食力强。随后,壳顶隆起逐渐明显,并向后移。壳顶后期,幼虫借助面盘游动,同时能伸出楔形足部,足基部中央出现眼点和平衡囊,但颜色浅,此时鳃丝形成。

受精后 16 d,幼虫眼点颜色变深,呈黑褐色,面盘逐渐退化,足发达,伸缩频繁,能进行匍匐爬行,埋栖于底质后,进入稚贝阶段。胚胎发育过程见图 20-20。

胚体发育速度与水温有密切的关系,在适温范围内,水温越高,胚胎发育速度越快,如表 20-20 所示。

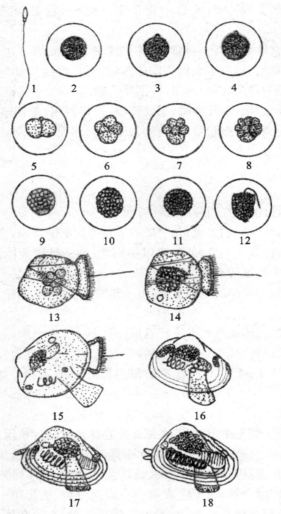

1.精子　2.成熟卵　3.第一极体出现　4.第二极体出现　5.2细胞期　6.4细胞期　7.8细胞期
8.16细胞期　9.桑葚期　10.囊胚期　11.原肠胚期　12.膜内担轮幼虫　13.面盘幼虫期
14.壳顶幼虫前期　15.壳顶幼虫后期　16.初期稚贝　17.单水管期稚贝　18.双水管期稚贝

图 20-20　彩虹明樱蛤的胚胎发育（仿尤仲杰等）

表 20-20　彩虹明樱蛤的胚胎发育速度与水温的关系（尤仲杰等）

胚胎发育速度 试验水温 发育阶段	30℃	28℃	24℃
卵×精	0	0	0
第一极体出现	3 min	12 min	18 min
第二极体出现	20 min	23 min	27 min
2细胞期	28 min	52 min	1 h

（续表）

胚胎发育速度 / 试验水温 / 发育阶段	30℃	28℃	24℃
4 细胞期	57 min	1 h 16 min	1 h 25 min
8 细胞期	1 h 25 min	1 h 39 min	2 h 15 min
16 细胞期	1 h 57 min	2 h 15 min	3 h
多细胞期	3 h 30 min	5 h 15 min	5 h
囊胚期	7 h 25 min	7 h 30 min	—
原肠期	9 h 20 min	10 h 45 min	—
膜内担轮幼虫期	14 h	17 h	—
出膜	19 h	23 h	28 h
D 形幼虫	30 h	33 h	46 h
壳顶前期	4 d	4 d	5 d
壳顶后期	9 d	10 d	13 d
附着稚贝	12 d	13 d	17 d

2. 生长

彩虹明樱蛤属于终生生长型贝类。其表面的生长纹,随着季节的更替而出现疏密不同的轮纹。在一年中,形成 2 条密纹带,一次在 2 月前后,由于水温下降引起贝类生长缓慢所致,称为冬轮,即作为年轮;另一次为 8 月前后,因繁殖活动引起的贝壳临近停止生长所致,称为生殖轮。其生长过程,表现出双壳贝类生长的一般规律:浮游幼虫期生长缓慢,稚贝附着后生长加快,长成成贝后生长又变得缓慢。彩虹明樱蛤的壳长、体重的增长呈不同步现象。其生长受性腺发育和环境诸多生态因素的制约,在稚贝附着到次年 2 月后,正遇海区水温回升,饵料生物丰富,个体生长很快。在 5 月后,幼贝性腺开始发育,此时壳长增长甚微,体重则明显增加。在 8 月底,彩虹明樱蛤繁殖后,个体很快消瘦。在 10～11 月,个体生长有所回升,但第二生长高峰不明显。

彩虹明樱蛤为多年生贝类。在自然种群中,以 1^+ 龄和 2^+ 龄个体为主,壳长为 15～18 mm,寿命一般为 1～3 年。

3. 自然灾害和生物敌害

(1)自然灾害:

①洪水:位于河口地带或山洪可冲击到的滩涂,遇到连绵的雨季或山洪暴发时,淡水大量的倾泻,不但使海水密度下降,影响到彩虹明樱蛤赖以生长的浮游生物的繁殖,严重时会造成严重的损失。

②风灾:强台风袭击,刮起大量泥砂,覆盖涂面,甚至破坏养殖土塘,造成严重损失。

③酷暑:彩虹明樱蛤对水温的适应范围广,但在生产实践中,水温的变化造成死亡的现象是存在的。潮间带筑塘储水养殖彩虹明樱蛤,在炎夏季节小潮水期间,在烈日曝晒下,水温、密度过高,会造成彩虹明樱蛤的大量死亡。

(2)生物敌害:彩虹明樱蛤,除了依靠两片脆薄贝壳居于洞穴外,没有别的防御能力。因而,成为许多肉食性海洋动物的捕食对象。主要敌害生物有野鸭、海鸥、蛇鳗、虾虎鱼、海鲇、章鱼、玉螺和锯缘青蟹等。

四、苗种培育

1. 自然海区采苗

目前,彩虹明樱蛤的苗种主要来源于自然海区采苗。采捕的时间为4月底5月初,规格为壳长10 mm左右,3 500~5 000个/千克。采捕方法:以人工手捉为主,并可利用刮蛏苗的淌苗袋(40 cm×150 cm)在苗源密集处,轻轻刮取。

2. 人工育苗

(1)亲蛤的选择与培育:

1)亲蛤的选择:在6~8月的繁殖季节,从自然海区采集壳长1.2~2.3 cm的2龄成蛤,从中挑选出无病害、外壳无损伤、性腺肥满的个体作为亲蛤。

2)亲蛤的培育:培育池底铺上细砂,厚度2~3 cm。放养密度为1 250~2 000个/平方米,微充气,每天换水量100%,投饵4次,以扁藻、金藻、硅藻等单胞藻作为饵料,视水色决定投喂量,若发现死亡个体,应及时取出,并清理底质。

(2)催产:催产成功与否,与亲蛤性腺发育程度有密切的关系。在催产之前,应取样解剖亲蛤,取性腺作滴片,镜检观察。若精子游动活泼、卵子游离分散程度高,卵径达120~150 μm时,催产效果较好。

亲蛤经1周左右的育肥,即可进行催产刺激产卵。催产方法,常用的有阴干、流水、升温、氨海水浸泡、过氧化氢海水浸泡等。据报道,对彩虹明樱蛤,用氨海水浸泡刺激,催产效果最好,且操作方便。氨海水浓度以0.05%为宜。浸泡时,亲蛤的水管与足部呈极度延伸状态,表现出明显不适应。如果发现水管极度弯曲且断裂,说明浸泡刺激已达到强度,可取出亲蛤,放入正常的海水中让其排放。浸泡时间一般为5~20 min,并视性腺成熟程度,调节浸泡时间,以避免浸泡时间过长,影响胚胎发育。

(3)幼虫人工培育:

1)培育密度:前期,以15个/毫升左右为宜;当幼虫发育至壳顶期,应降低培育密度,可控制在10个/毫升以下。

2)饵料:金藻、扁藻和塔胞藻较适合作为幼虫饵料。金藻个体较小,作为幼虫培育前期饵料。壳顶期后,投喂扁藻或塔胞藻。投饵量,以幼虫的胃饱满度来决定。在投喂过程中,以混合投喂效果较好。

3)盐度、pH、温度:适宜盐度为23~43,幼虫最佳生长盐度为30左右;适宜pH为7.8~8.4;水温一般控制在24℃~28℃。

4)附着变态:浮游期的长短,与水温、饵料、适宜的附着基等有关。一般情况下,浮游期为12~17 d。幼虫培育到壳顶幼虫后期,出现明显眼点后,移入铺有软泥底质水池中培育。幼虫附着变态后,埋栖于底质中,进入稚贝阶段。

5)日常管理:勤观察幼虫活力,统计幼虫密度;每天早晨镜检幼虫的生长情况及肠胃饱满度,依此调节饵料投喂量及种类;日换水2次,清晨、傍晚各1次,每次换水量从幼虫前期 1/3 到后期的 1/2;光照强度,控制在 500 lx 以下。

五、养成与采捕

1. 养成

(1)养成场地的选择与池塘建造:

1)位置:选择风平浪静、潮流畅通、底栖硅藻丰富、滩面平坦的软泥底质、泥砂底质的滩涂,作为养成场地,潮位以高潮带下区和中潮带为宜。因为低潮带敌害生物多,管理难度大,养成产量不高。而高潮带,小潮水不能涨到,受环境影响大,生长不稳定。

彩虹明樱蛤对密度、水温的适应能力较强,在密度为 1.005~1.020、水温为 3℃~30℃、无大量污水注入的海区,均可养殖。

2)筑塘:土塘面积以 350~1 300 m² 为宜,便于生产操作;堤高 40~50 cm,堤宽 50~80 cm;堤坝内侧挖 1 条宽约 40 cm 的环沟,防止彩虹明樱蛤迁移散失;塘内可储水 20~40 cm 深。

3)翻土平涂:在蛤苗放养之前,对塘内涂面进行翻土平整,使泥土松软,再用木板压平抹光。这样可以使涂面稳定光滑,表面的土不易被风浪潮水冲刷流失,又适于蛤苗潜钻。

(2)养成:

1)放养时间:以 4 月底~5 月为宜,既可避免气温低、苗种小带来的采苗困难,又能避免夏季热天运输成活率低。在此期间,自然水温是最适生长的水温,放养 4~5 d 后,即开始快速生长。播苗时,以选择阴天或太阳下山后播苗为好,切忌雨天播苗。

2)苗种运输:由于彩虹明樱蛤壳薄易碎,一般就近采苗进行放养。若需长途运输,则采用箩筐装车夜运,注意通风,小心装卸,减少机械损伤。

3)放养密度:一般放养苗种的密度以 40~60 千克/亩为宜。放养密度要根据涂质好坏、饵料丰歉而定。如播苗密度过低,收捕困难,产量和经济效益低;如播苗密度过高,会造成饵料不足,而影响生长速度和养成品质。

4)播苗方法:用手撒均匀播至涂面即可。

(3)养成管理:

1)巡塘:每日巡塘 1~2 次,观察生长活动情况,以及塘内水色、水位,及时修补堤坝、驱赶鸟类啄食,严禁闲人踩踏。大风浪过后,要检查滩面有无损失、淤积,有无成堆现象。如有淤积,要及时清淤。如出现密度过大,要及时疏散。并定期测定涂表温度、海水密度及蛤体生长速度。

2)换水:通常每半个月换水 1 次,在大潮期进行。如有风浪影响塘内淤积时,要增加换水次数,并利用换水干露的机会,及时清淤,以防蛤窒息死亡。根据天气变化,及时调节水位。在换水的同时,要经常结合晒涂,促使底栖硅藻繁殖。

3)清除敌害:因为是在潮间带筑塘养殖,一般不采用药物清除敌害生物,以免造成环境污染。而是利用换水时滩涂干露机会,及时捕杀敌害生物。

2. 采捕

(1)采捕季节和采捕规格:

1)采捕季节:5 月底~8 月初,彩虹明樱蛤的肥满度和鲜出肉率为最高,正是沿海地区大量采捕上市的时候。但是,此时亦正值繁殖期,采捕对其资源破坏较大。确定6～8月为采捕期的同时,应尽量控制采捕量,以达到保护资源、增殖资源的目的。

2)采捕规格:根据彩虹明樱蛤的生长规律,1龄生长快,进入2龄后生长减慢,建议采捕规格为2龄、壳长为17 mm左右的彩虹明樱蛤。

(2)采捕方法:以手捉为主,也可用直径为60 cm、底部孔径3 mm、边缘孔径7 mm的网兜淘洗。用网兜采捕,速度较快,但采捕时易造成外壳损伤,影响质量。

第十四节　长竹蛏的养殖

长竹蛏(*Solen gouldii* Conrad)隶属于软体动物门(Mollusca),瓣鳃纲(Lamelli-branchia),异齿亚纲(Heterodonta),帘蛤目(Veneroida),竹蛏科(Solenidae),竹蛏属(*Solen*)。

长竹蛏是海产珍品之一。因壳薄、味美、肉嫩、入药有滋补、通乳功效、营养价值丰富成为竹蛏中的极品,深受广大消费者欢迎,为我国重要的海产经济贝类之一。对长竹蛏软体部分进行营养成分分析,并对其营养价值进行综合评定,结果表明,长竹蛏软体部分中粗蛋白含量为82.70%(干重),干物质中水解氨基酸总量为81.21%,其中必需氨基酸为27.22%,占氨基酸总量的33.52%;氨基酸价为68,第一限制氨基酸为缬氨酸(1973年FAO/WHO标准);游离氨基酸中6种呈味氨基酸含量丰富,占游离氨基酸总量的81.09%;EPA和DHA总量占脂肪酸的34.90%;矿物质含量丰富。近几年,随着捕捞技术的改进、捕捞强度的加大,长竹蛏资源量减少,出现枯竭趋势。因此,发展长竹蛏的养殖十分必要。

一、外部形态特征

长竹蛏(图20-21),体呈长圆柱形,极延长,贝壳脆而薄。壳高为壳长的1/8～1/7。壳顶位于壳的前端,不突出。贝壳的前、后端均开口,后端比前端开口较大。两者的连接处为背方,其相对的壳缘为腹缘。贝壳的背、腹近于平行。壳的前端为截形,壳的后端呈圆形。两壳之间有韧带联结,具有联系两者使之开启作用,外韧带呈黑褐色。贝壳表面光滑,披有黄褐色外皮,壳顶周围壳皮常脱落。壳表面有较明显的生长纹,这些生长纹的距离不等,可作为推算其生长速度快慢和年龄的参考。壳内面为白色或淡黄褐色。各肌痕明显,铰合部小,两壳各具主齿1枚。

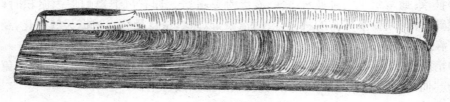

图20-21　长竹蛏

二、生态习性

1.地理分布

长竹蛏,栖息于潮间带中区至浅海的泥砂质海底。分布于中国、朝鲜和日本等国。在我国南北沿海均有分布。

2.生活方式

长竹蛏,以其强大而发达的足挖穴生活。每个蛏体在海滩上均有专用的垂直洞穴,洞穴上有 2 个孔,为长竹蛏出、入水管伸出处,两孔大小、距离以及洞穴的深浅,随着蛏体强弱、大小、底质、季节变化而有所不同。蛏体大,底质松软,冬季温度低,则潜入的洞穴较深,孔大;反之,蛏体小弱,底质坚硬,夏季温度高,则潜入的洞穴较浅,孔小;一般来说,洞穴深度为蛏体的 5～10 倍。因此,可以根据洞穴大小和数量来判断洞穴中生活的长竹蛏的个体大小及分布密度。

长竹蛏在穴中生活,随着潮水的涨落,依靠其壳的张闭和足的伸缩相互配合,而在洞穴中做上下垂直的运动,涨潮水满时,蛏体上升至穴口,伸出水管,进行摄食、呼吸和排泄等活动;退潮干露时,则水管收缩,蛏体降至穴中或穴底,停止活动。

3.对环境的适应性

(1)水温:长竹蛏为广温性种类,我国南北沿海均有分布。北方海区冬季近岸冰冻,水温很低,而南方海区夏季潮间带水浅,水温高达 35℃ 左右。虽然水温的差别很大,但都有长竹蛏的分布。一般长竹蛏在水温 3℃～35℃ 下都能生存,最适水温为 15℃～26℃。

(2)盐度:长竹蛏在盐度 15～35 都能生长,但在盐度 25～32 生长最好,盐度低于 10 会死亡。

(3)溶解氧:长竹蛏要求溶解氧为 4 mg/L 以上。

(4)pH:长竹蛏对 pH 适应范围为 7.5～8.5。

(5)抗旱力:长竹蛏的抗旱力较强,一般在水温 20℃ 左右,阴干 2 d 不会死亡。因此,运输时常采用保湿干运法。

(6)底质:长竹蛏对底质的要求较严格,必须在含砂量达 70% 以上的滩涂及虾池中生活,在烂泥底质中不能生长,渐渐死亡。

4.食性

(1)食物种类:主要是底栖的或浮游能力不强的硅藻、绿藻等。通过对长竹蛏消化道内含物的分析发现,常见的食物有舟形藻、圆筛藻、小环藻等以及少量的绿藻、黄藻。

(2)摄食量与季节变化:摄食量随着浮游植物数量的多少和季节的变化而增减。一般说来,在春、秋两季,摄食量大,生长快;在冬、夏两季,摄食量减少,生长减慢。

5.主要敌害生物

长竹蛏的主要敌害生物有水鸭、蛇鳗、鲷科鱼类、河豚鱼、虾虎鱼、锯缘青蟹、梭子蟹等及一些纤毛虫、孢子虫、线虫、吸虫等寄生虫。

三、繁殖与生长

1. 繁殖

(1)雌、雄鉴别:长竹蛏为雌雄异体,从表面上难以判断雌、雄,但在解剖后,就比较容易区别。在繁殖季节,雌性性腺为橘黄色,雄性性腺为乳白色。长竹蛏雌性比雄性少,通常情况下,雌、雄比例为1:2。

(2)繁殖季节:长竹蛏在繁殖季节,性腺饱满时,雄性的性腺一般呈乳白色,性腺表面光滑;雌性的性腺呈浅橘黄色,性腺表面呈粗糙的颗粒状。在繁殖盛期,性腺延伸到整个足部。长竹蛏生长1年后,性腺可成熟。繁殖季节,随着地区的不同而不同。福建平潭海区,长竹蛏繁殖季节较长,每年在阳历4月下旬~9月下旬,繁殖盛期在5月下旬~8月下旬。

(3)产卵、排精方式:长竹蛏性成熟时,把精、卵排在海水中,进行体外受精。产卵在夜间进行,一般在晚上9时左右开始产卵至翌日天亮前结束,发现个别个体上午也产卵、排精。

(4)产卵量及卵粒大小、形状:一般体长8 cm的亲蛏,一次产卵量通常为40万~60万粒,分批成熟,多次产卵。卵为球形,卵径为90 μm左右。

(5)胚胎发生与幼虫发育:

1)胚胎发生:长竹蛏的胚胎发生与其他贝类既有相似之处(表20-21,图20-22),也有不同点。其浮游期比较短,一般7~8 d,就开始进入底栖生活。

表 20-21　长竹蛏胚胎发育发生(水温:26℃~27℃)

发育阶段	受精时间	体长×体高(μm)
受精	0	卵径93.38
第一极体	15~18 min	
第二极体	20~25 min	
2细胞	30~35 min	
4细胞	38~43 min	
8细胞	45~50 min	
桑葚期	1 h 10 min~2 h	
囊胚期	2 h 30 min~2 h 50 min	
原肠期	3 h 20 min~3 h 40 min	
担轮幼虫期	7~8 h	
D形幼虫期	13~15 h	127.3×80.4
壳顶初期	3~4 d	167.5×93.8
壳顶中期	5~6 d	201×167.5
壳顶后期	7~8 d	227.8×180.9
附着变态期	9~10 d	241.2×187.6
稚贝期	11~15 d	305×234.5

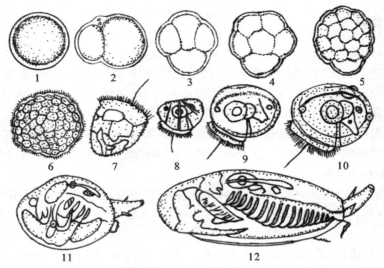

1.受精卵　2.2 细胞期　3.4 细胞期　4.8 细胞期　5.多细胞期　6.桑葚期
7.担轮幼虫　8.D 形幼虫　9.壳顶幼虫　10.壳顶后期　11.稚贝　12.幼贝

图 20-22　长竹蛏胚胎发育过程

2)幼虫发育:

①D 形幼虫:壳长大于壳高,大小为 127.3 μm×80.4 μm,在水温 26℃～27℃下,从受精卵发育至 D 形幼虫,需 13～15 h。

②壳顶初期幼虫:左、右壳对称,壳顶形成,隆起很低,呈钝形,大小为167.5 μm×93.8 μm。

③壳顶后期幼虫:本期幼虫形态与初期相似,不同的是壳顶较隆起,个体大小为 201 μm×167.5 μm,鳃丝可见,足形成。

④匍匐期幼虫:足发达能爬行,基部有一眼点。鳃丝清晰具纤毛,大小为 227.8 μm×180.9 μm,背光性,喜弱光,常游动于水体中层或底层,是由浮游向底栖附着生活的转变阶段。

⑤稚贝:面盘消失,水管形成,大小为 247.2 μm×187.6 μm。2 d 后,稚贝大小为 305 μm×234 μm,壳后缘略有延伸,逐渐变为与成体相近的外形,壳薄半透明。

2. 生长

长竹蛏的生长可分为 3 个阶段:蛏苗(附着稚贝到培育成幼贝)、1 龄蛏(幼贝到第一次产卵)和 2 龄蛏(第一次产卵后)。生长,包括体长增长和体重增长两部分。在正常环境条件下,体重随着体长的增长而增长。但在不同的年龄、不同的季节,体长的增长和体重的增长的速度并不完全一致。在蛏苗期,主要是体长的增长;2 龄蛏,则主要是体重的增长;而 1 龄蛏,体长的增长与体重的增长速度成反比。

由于放养的密度,以及外界环境条件的影响,长竹蛏在不同的地区,或同一地区的不同年份,其生长速度也不完全一致。一般情况下,蛏苗期,体长达 1～2 cm;1 龄蛏,体长达 5～6 cm;2 龄蛏,体长达 8 cm 左右。第二年后,生长速度显著下降。在自然海区中,有发现 3 年、4 年的蛏,其体长达 10 cm 以上。

四、苗种培育

1. 半人工采苗

(1)采苗季节:长竹蛏的繁殖季节,也就是长竹蛏的采苗季节。繁殖季节较长,而采苗季节主要选择在繁殖盛期。因各地具体情况不同,因此各地采苗的季节也有先后。福建采苗季节,在阳历5~8月。

(2)采苗海区:根据长竹蛏对底质的特殊要求,采苗区要选择在含砂量70%以上,水流畅通,流速缓慢的中、低潮区。在繁殖季节里,平整滩涂,清除敌害,便可采到苗种。

2. 土池半人工育苗

开展土池半人工育苗,可以克服海区采苗生产的不足,以人为控制蛏苗生产,改变苗种生产依赖自然状况的情况,做到有计划生产苗种,保证苗种供应,扩大养殖面积,促进生产发展。

土池人工育苗,就是采用人工方法获得大量的受精卵,直接在土池内人工培育成蛏苗。

(1)亲蛏培育:具有足够的性腺成熟亲蛏,是人工催产获得大量受精卵的先决条件。因此,在有条件的地方,在繁殖季节内,挑选一定数量的亲蛏,集中在小土池中进行培育或在人工育苗池中强化培育,通过换水和施肥、培养饵料生物,促进亲蛏成熟。

(2)人工催产:土池人工育苗,必须获得大量的成熟卵。用人工控制的方法,及时诱导性腺成熟的亲蛏排放精、卵。提高催产效率,是人工育苗的重要环节。一般催产办法有两种:

1)阴干流水刺激:一般在大潮期间,采用阴干加风吹10 h左右,然后把亲蛏放在土池闸门边上的网片上,流水刺激2.5~3 h,即可排放。

2)自然排放:把亲蛏养在原池中,利用天气突变、刮风下雨或北风转南风刺激引起排放,效果不错。

(3)幼虫培育:

1)松土、耙平:在育苗开始之前,应把土池底质翻松耙平,底质含砂量必须在70%以上,为幼虫附着准备适宜的附着基。

2)池子消毒:在育苗之前10 d,每亩用1.5 kg氰化钠消毒池子,避免药物残留。

3)进水过滤:育苗用水必须用60目网袋过滤,以除去敌害生物和其他杂藻。

4)添、换水:在培养浮游幼虫阶段,可采取每天逐步增添新鲜海水的办法。当幼虫附着变态后,可采取排、进换水办法,以保持水质的新鲜度。

5)施肥培养基础饵料:饵料质量和数量是决定土池人工育苗幼虫和稚贝生长好坏的关键。因此,在育苗之前几天,要施肥培养基础饵料。一般施肥后3~4 d,浮游植物就能出现高峰期。可采用少量而经常施肥的办法,控制水中基础饵料生物。施用的肥料有尿素、过磷酸钙、硫酸铵等。

6)水质监测:对土池水质的理化因子,应定时测定,以便及时了解情况。在浮游期,用拖网的办法,记数检查幼虫的数量,发现问题,分析研究,采取相应的必要措施,保证育苗的成功。

3.全人工育苗

(1)亲蛏选择及培育：

1)亲蛏选择：在繁殖季节到来之前，挑选天然海区或土池养殖的个体健壮、生长旺盛、无损伤、无病虫害、性腺发育较为丰满、体长在 8 cm 以上的亲蛏。

2)亲蛏培育：在培育之前，室内水泥池需要铺上一层厚 15 cm 以上的细砂，每平方米养亲蛏 100～200 个，每天换水量 100%，上、下午各换水 1 次。以单胞藻为饵料，每日清除粪便等排泄物，定期更换和添砂，以保持底质的干净。经半个月左右的培育，亲蛏性腺即达成熟。

(2)诱导产卵：目前在生产上应用的主要方法有：①阴干后，流水、充气刺激法；②阴干后，变温、充气刺激法。

在一般的情况下，雄性先排精，在精液的诱导下，雌蛏也很快开始排卵。排出的精液呈白色烟雾状，精子很快在池中扩散，使水混浊。排出的卵子多呈颗粒状，在水中很快分散而慢慢下沉，呈浅橘黄色。

(3)人工孵化：

1)洗卵：在原池内停止充气，使卵下沉底部，虹吸上面多余的精液至池水一半后，再加满水。视水质情况，决定洗卵次数，一般 2～3 次。

洗卵动作要快，一般要在卵胚转动之前结束。洗卵的目的是淘汰多余的精子、受精卵的代谢废物，以及由精卵液带入的污物，从而使水质更新，保证胚胎的正常发育。

2)幼虫选优：待发育到 D 形幼虫，幼虫上浮至上、中层较多。此时，用虹吸法收集上浮幼虫，或用捞网捞取上层幼虫，移到他池，进行培养。

(4)幼虫的人工培育：

1)放养密度：D 形幼虫培育密度为 10～15 个/毫升，壳顶幼虫培养密度逐渐减少，由壳顶初期的 7～8 个/毫升，到壳顶后期的 3～5 个/毫升。

2)饵料：饵料是幼虫生长发育的物质基础，从 D 形幼虫开始投喂饵料。饵料的种类为金藻、角毛藻、三角褐指藻、扁藻、塔胞藻、新月菱形藻等。投喂量为 2 万～10 万个/(毫升·天)。

3)水质管理：浮游幼虫的培养，初期采用加水，当池水提高到一定水位后，采用换水。每天换水 3～4 次，每次换水量为 1/3～1/2。充气是保证水质溶解氧的一项重要措施。以 2 m² 有 1 个气石，气量控制在气泡微微上冒。此外，每天测定水温、密度、pH 值，让幼虫在其适宜的生态环境中生活。

4)病害防治：保持水质新鲜，可减免病害发生。但水体中病原菌总是或多或少地存留着，当倒池时幼虫发生损伤或体弱下沉池底时，病原菌会乘虚而入，造成幼虫发病死亡。因此，在幼虫培养过程中，2～3 d 要施 1 次抗生素。

(5)稚贝的培育：当幼虫长到 240 μm 左右，眼点出现，足发育到能自由伸缩，进入附着变态时，即可收集放到铺以细砂为附着基的池中培育。

1)附着基：细砂，附苗效果较好。消毒处理好的细砂，均匀地铺在底池上附苗，其厚度以 0.5～1 cm 为宜。

2)遮光培育：幼虫发育到附着变态时，要进行遮光培育，将黑布盖在育苗池上进行遮光,会取得较好的附苗效果,1~2 d便能附着(表20-22)。如无遮光,会延迟3~5 d附苗,且成活率低。

表 20-22 长竹蛏稚贝培育中遮光与不遮光对幼虫附着影响的比较

附着密度(万个/平方米)	附着个体大小(μm)	方法	结果
100	240~260	遮光	1~2 d幼虫能钻砂附着
100	240~260	不遮光	3~5 d幼虫才附着钻砂

3)稚贝培育密度:稚贝附着在池底附着基表面,长大后潜栖在砂中,都只是平面利用池底。因此,培育密度不宜太大,倒池后以60万~100万个/平方米为宜。

4)饵料:稚贝的生长,需要摄取更多的营养。这时,应投喂大型的单胞藻,如角毛藻、扁藻、底栖硅藻等,而小型浮游单胞藻,如三角褐指藻等,只作为辅助饵料。

5)水质管理:匍匐期幼虫,用足爬行,在面盘尚未脱落时,也用纤毛游动。这时采用换水培育,日换水量在150%以上;后期面盘萎缩,纤毛脱落,只能用足爬行时,用循环流水培育。

6)稚贝出池:当稚贝在室内长至0.3~0.5 cm,由于室内培育密度过大,场地拥挤,饵料供应较为困难,个体往往会出现差异,所以要出苗,进行室外土池中间培育。由于长竹蛏的苗壳脆薄,因此要小心操作。目前有两种出苗方法:

①不带砂出苗:苗种用筛子带水过筛后,蛏苗在筛上,砂子被筛掉。然后把蛏苗集中在容器内,带水充气运输或保湿充气运输。

②带砂出苗:苗连砂一并出池,砂层厚度不能太厚,以免车子震荡把苗压死或使苗受伤。长途运输,一般不宜采用。运输的方法有车装、船载、肩挑等,根据不同情况和不同条件,采用不同的运输方法。

(6)苗种的池塘培育

1)做好生物饵料的培育工作。在蛏苗放养前一周,要注意室外土池的基础饵料单胞藻的放养工作,待有些水色后把蛏苗放入。

2)蛏苗放入池前,要平整翻松底质,稚贝容易附着、潜穴。

3)定期取样检查苗种附着密度、数量的变动情况。

五、成蛏饲养

1.海区养殖

(1)养成场的选择:海区风浪比较平静,潮流畅通,底质含砂量在70%以上的中、低潮区。大潮水深5 m左右,小潮水深3 m左右。

(2)养成场地:选择好的养成场,须经人工整建,方能用来养殖。整建后的养成场,又称"蛏田",其构筑的方法因各地的海滩性质和习惯不同而有差异,归纳起来有两种:

1)在风平浪静的内湾,插上标志,把埕面稍加耙平压光,就可以播苗养殖。

2)筑堤、翻土、平整、抹平、分畦等操作。筑堤目前有芒堤和土堤。

①芒堤:用芒草构成。芒草是陆生羊齿植物,茎坚,浸于海水不容易腐烂,在含砂多的埕地,适合筑芒堤。埕地四周筑围的芒堤宽0.5 m,芒草露出地面10~17 cm,筑得平直,

高低一致,厚薄均匀。靠水沟的芒堤,要筑得宽大些。为了减轻水流的冲击,直芒堤要与潮流方向成 $10°\sim30°$ 角,与横芒堤成 $45°$ 角。

②土堤:在含泥质多的埋地上筑土堤,其操作与上述筑堤相似。

(3)播种:由于各地的气候和苗种个体大小不同,播种季节也有迟早。一般选择在 9～10 月播种较好。此时,苗种个体为 $0.5\sim1$ cm,气温较低,成活率高。在播种之前,应将苗筐震动后,过海水一次,清除死苗、杂质、污泥。然后装筐在埋地上顺风匀撒。因苗种播下后,需要一定的时间才能钻入土中。因此,播种要抓紧时间,争取在潮水涨到埋地前 0.5 h 左右结束。否则播下的蛏苗来不及钻土,就因涨潮而被潮流冲失。刮大风、下大雨的天气,不宜播种。否则,播下的苗种未及潜土穴居就被风刮走,或被雨水冲刷,密度下降,苗种不能潜土,严重者苗种膨胀而死亡。播种时,也要避免在烈日下进行,最好在阴凉的天气进行。

(4)放养密度:要根据底质、埋地位置、潮区高低、季节迟早、苗种个体大小等,灵活掌握放养密度,做到合理密植。规格为 1 cm 的蛏苗,每亩播放 3 万～5 万粒。要根据苗体大小确定密度,大的成活率高,少播;小的成活率低,多播。

(5)养成期的管理:播种之后,就进入养成管理阶段。养成管理工作好坏,也关系到养蛏产量的高低。管理工作大体有以下几项:

1)补放苗种:播种后,由于种种原因,可能会有一些苗种损失。要根据损失情况,及时补放。

2)埋地维修:整好埋地,在养成过程中,埋地常常受到风浪、潮流的冲刷而遭到不同程度的损坏。倒堤塌坝,要及时修复。坑洼的埋面,要及时填补抹平。

3)防御自然灾害:对于大风、暴雨、霜冻等自然灾害,要做好防御工作,灾后应及时抢修,以减少损失。

2. 池塘养殖

(1)土池的选择:土池大小不等,从十几亩到几百亩均有。土池应选择在不受污水影响,而大、小潮水均能进入的内湾海边。土池底质为砂底质,含砂量在 70% 以上。土池的堤坝最好用石头砌成,土池内水位的深度保持在 1.3 m 以上为宜。在土池靠水源一边,开有闸门,可控制进、排水。闸门口均要安装细网目的筛绢网(60 目左右),进水时,以防敌害生物的侵入。

(2)放苗前的准备:

1)清塘消毒:在放苗 10 d 前,要进行土池的平整、翻松及清池消毒。消毒常用的药物是氰化钠、生石灰等。清塘消毒后冲洗干净池子,避免药物残留池底。

2)培养基础饵料:在苗种放养之前,一定要注意施肥培养基础饵料。长竹蛏的饵料,主要是微小的浮游及底栖的单细胞藻类,因此,要施肥培养基础饵料。主要肥料有尿素、过磷酸钙、硫酸铵等。结合投放适量的有机肥(人尿),培养繁殖饵料生物。待池水有些微浅褐色,或浅绿色,则进行投苗。

(3)蛏苗放养:

1)放苗密度:放苗密度应根据池子的底质好坏、池子的深浅、苗体的大小进行。一般土池养殖,每亩放养规格为 0.5 cm 左右的蛏苗 5 万～10 万粒为宜。

2)放苗操作:必须在小船上进行,这样才能均匀撒播,合理密植。同时要选择阴天或傍晚及夜间进行,避开炎热天气及下雨、刮风天气。

(4)养殖管理:

1)水质管理:在放苗后的 5 d 之内,禁止排水,只能添水,让苗种能充分附着在新的底质上。当苗种附着后,根据水质情况、饵料生物的生长情况,进行换水。夏季换水,最好选择在晚上或清晨,不宜在中午进行。进水闸门,要套上 40 目的筛绢,以防敌害生物进入池中。

2)培养基础饵料生物:长竹蛏生长速度的快慢,取决于饵料生物是否保证供给。因此,要根据池中的生物饵料变动情况,定期施肥,增加营养盐,保证充足的生物饵料资源不断地供给,以满足其生长的需要。但应注意:一是池水的水色不能太浓,如太浓,pH 值升高,不利于长竹蛏的生长;二是饵料生物容易老化,造成池水环境突变,饵料中断,也不利于长竹蛏的生长。

3)防治敌害生物:长竹蛏虽钻穴生活,也免不了遭到许多敌害生物的侵袭。有的吞食蛏体,有的争夺饵料,有的破坏环境等等,危害的程度也各不相同。现将主要的敌害生物及防除方法简介如下:

①鸟类:野鸭,一种候鸟,每年冬季飞来南方,成群结队来到养蛏埕地。在排水时,或蛏子水管伸出埕面时,一一啄食。防治方法,人工驱赶或放鞭炮打锣驱赶。

②鱼类:一些植食性的鱼类,如鲻、梭鱼等,常食埕面底栖硅藻,争夺蛏的饵料。一些肉食性鱼类,如海鲇、河豚鱼、黑鲷等,由于不小心被带进池中,能直接吞食蛏子。防治方法,可在埕地四周插竹或张网,阻拦或拦捕。还有像蛇鳗、须鳗、虾虎鱼等,隐居埕地洞穴之中,出洞钻入蛏孔,危害严重。消灭方法,可用药物毒杀,如鱼藤、巴豆、氰化钠等。

鱼藤:每亩用 0.5 kg 鱼藤捣碎,加 5 kg 水浸出白汁。使用时,再加 50~75 kg 水稀释,喷洒蛏埕,5 min 后蛇鳗即能出穴,逐个捕捉。

巴豆:含有巴豆蛋白和巴豆树脂,能毒杀鱼类。福建沿海一带用量是:巴豆 100 g 加碱 50 g,旧墙土 150 g 混合,加适量人尿或牛尿,制成丸剂 5~10 粒,晒干待用。使用时,1 粒药丸,加水 500 g,溶化后滴灌蛇鳗穴中,过 5 min,蛇鳗即出穴。0.5 kg 巴豆,可灌 70~80 个蛇鳗洞穴,蛇鳗的出洞率达 90% 以上。

③甲壳类:甲壳动物,如锯缘青蟹、梭子蟹等,不仅在蛏埕上打洞,破坏蛏的居住环境,而且以其强大的螯足钳夹蛏肉而食之。防除方法,主要是采取捕捉,也可采取药物消灭。

④寄生虫:近几年来,发现寄生虫引起大面积死蛏的现象,病状是病蛏的鳃呈铁锈红色,内脏团上有肉眼可见的白点颗粒。鳃糜烂模糊,闭壳肌松弛,水管和足感觉迟钝,蛏体消瘦,性腺不饱满。严重时,内脏团里的消化腺、生殖腺、肌肉基本上被吸虫吃光,只剩下一个黄褐色干瘪的外皮,渐渐死亡。初步鉴定为棘口吸虫科的刺缘吸虫。目前尚无有效的治疗方法。

4)防自然灾害:台风季节,要加固堤埂,阻拦风浪的袭击。雨季,要注意洪水影响海水的盐度,进水前要测定海水和池水的盐度,不能相差太大。同时要注意久旱无雨,池水盐度的升高,如有淡水注入的地方,可开放淡水入池,进行调节。

3.虾、蛏混养

目前沿海很多地方利用旧虾塘与长竹蛏混养,取得很好的经济效益,提高了虾池综合利用的效果,如福建平潭、福清等地。虾、蛏混养有以下好处:

(1)可以充分利用池塘水体,进行立体生态养殖,发挥虾塘的综合利用效果,提高产量和效益。

(2)在虾、蛏混养的过程中,可以互补,利用对虾的粪便或残饵培养基础生物饵料,作为蛏子的饵料,有利于长竹蛏的生长;同时,蛏子吃食生物饵料,又使水质保持稳定,底质保持干净,有利于对虾的生长。

(3)适当少放虾苗,密度不宜过大,以减少对虾的病害发生。

(4)对虾的放养及收成季节,不影响长竹蛏的放养、收成。

六、收获

1.收获季节

蛏苗当年放养,要到第二年(12 个月后)当体长达 6 cm 以上,即可收获上市。养殖户大部分在投苗后养殖一年半,体长达 8 cm 左右收获。但在每年的 5～10 月,长竹蛏较肥,上市价格较好。目前养殖户根据市场需求,组织收获,但养殖时间很少超过 3 年。

2.收获方法

(1)食盐拌生石灰喷洒、灌注蛏孔捕捉法:目前,采用食盐拌生石灰,其比例为 7∶3,加少量水调匀后喷洒蛏洞收获长竹蛏。其做法是:将池水排干,露出埕面。用石灰水喷洒或灌注蛏孔,片刻长竹蛏就会往上钻出洞口,然后进行捕捉。每天一个劳动力可捕捉长竹蛏 50～100 kg。用这种方法捕捉,要尽量避开中午,以防曝晒埕面。一般是在上午及傍晚进行捕捉。

(2)挖取法:可用四齿耙直接挖取,采捕长竹蛏。

第十五节 红肉河蓝蛤的养殖

红肉河蓝蛤(*Potamocorbula rubromuscula* Zhuang et Cai)隶属于瓣鳃纲(Lamellibranchia),异齿亚纲(Heterodonta),海螂目(Myoida),蓝蛤科(Aloidiidae)。

一、红肉河蓝蛤的形态(图 20-23)

个体小,壳脆而薄,呈长椭球形。左、右两壳不等大,左壳略小,背前缘约为壳长的 1/3。无小月面和楯面。内韧带黄褐色。壳表黄白色,被一层皱褶的表皮。生长纹细密,无放射肋。壳内面灰白色而略有光泽。铰合部窄,右壳有 1 枚主齿,其后为三角形韧带槽,左壳有 1 枚突出的主齿,与右壳的槽相吻合构成内韧带的附着处。外套痕不明显。

图 20-23 红肉河蓝蛤

二、生态

(1)生活习性:红肉河蓝蛤常密集地栖息于较平静港湾的潮间带及浅海的泥质底,海水密度要求较低,适宜范围为 1.005～1.016,密度过高时常造成红肉河蓝蛤的死亡。生活时,贝体前端埋进表层泥中,后端露出埕面,环境恶劣时,则钻进泥里穴居,最大穴居深度可达 6 cm。在寒冷季节里,能利用体内的分泌物(俗称吐丝)使身体悬浮于下层水中,借潮流的运动向深处分散移动。这种水平移动现象多发生于大潮期退潮时。

(2)食料:红肉河蓝蛤滤食的食料成分以硅藻为主,主要有圆筛藻、海毛藻、双菱藻及曲舟藻。

(3)灾、敌害:

1)灾害:包括洪水、干旱和台风等。暴雨过后,洪水冲入埕地,海水密度急剧下降,会使红肉河蓝蛤体内血液盐分因渗透压的关系失去平衡,造成壳顶破裂而死亡(俗称破肛门);长期干旱,海水密度太高,红肉河蓝蛤也会因渗透压失去平衡而死亡(俗称爆壳,即两壳分开);大风浪的袭击,会把泥土卷走,使海水混浊,红肉河蓝蛤钻穴更深,停止摄食,或者被海浪卷走。

2)敌害:红肉河蓝蛤的敌害主要有河豚鱼、锯缘青蟹、白虾、水鸟等,直接侵食贝体。小黄花鱼、比目鱼、鳗鲡等也常侵入养殖场地寻食红肉河蓝蛤。

三、繁殖与生长

红肉河蓝蛤的繁殖季节很长,一年四季均能产卵。成熟的亲贝常借助外界因子(如降雨、降温、大风浪等)的作用,大量排放精、卵。

红肉河蓝蛤的主要生长期为春、秋两季,水温 10℃～15℃时生长最快。在适宜条件下,种苗播养后,经 40～100 d 的养成,体长达 1.5 cm,便可收获。

四、苗种来源

目前红肉河蓝蛤的苗种主要来源于采捕野生苗,利用风帆船拖网捕捞和手操网采捞。根据红肉河蓝蛤种苗的发生季节,可分为春苗、五月苗、暑苗、秋苗、降苗、雪苗和寒苗等。养殖上以春苗、五月苗、暑苗及寒苗为主。

五、养成

(1)养成场地的选择:红肉河蓝蛤的养成场应选择有淡水注入、地势平坦的中、低潮区或浅海,底质为软泥底(泥厚 30～50 cm,泥表有淡红色或黄褐色的油泥)较为理想。海水密度为 1.005～1.016,最好能长时间维持在 1.011～1.016。

(2)苗种质量的鉴别和运输:

1)苗种质量的鉴别:红肉河蓝蛤苗种的质量可以从苗种的纯净、颜色、外形、活力等方面观察与确定(表 20-23)。

2)苗种运输:一般是船运。运输时要注意通风,堆放不宜过密,同时要避免直射光照,防雨淋和踩踏等。苗种离水时间不宜超过 8 h,冬、春两季离水时间可长一些。

3)播种:一年四季均可播种。播种时,船在标志范围内做往返慢行,航向与潮流垂直,人在船上用畚箕撒播,边行边播,力求均匀。播种密度,各养成场应根据苗的大小、放养季节及养成场的条件等而定。

表 20-23　苗种质量的鉴别

质量	检查内容				
	种苗纯净	颜色	壳体外形	生活力	大小
优	含杂质少	金黄色,色泽鲜艳	壳薄,体长	把苗放入海水中,不浮起,且慢慢吸水,伸出足部移动	整齐
劣	含杂质多	颜色暗淡而带有灰黑色	壳厚,体短呈三角形或近圆形	大量吸水起泡,贝体上浮于水面	参差不齐

4)养成管理:

①巡查:播苗后第 2 d,应检查苗种分布情况,过密应及时疏散,过疏或不均匀的应补苗。养成期间要经常检查河蓝蛤的移动情况,检查时,可在船上捞取或下海摸取,观察其生长和水平移动情况,及时把移至深沟等难以管理的苗种捞起重新播种于养成场上。

②防灾、敌害:对于洪水和风浪等,可根据不同的养成场地及潮区情况适时移植,以减少损失。并经常平整埕面,驱除敌害生物。

六、收获与加工

各季节放养的种苗,按其生长情况,要适时收获。可用风帆船安置拖网拖捞,浅滩场地可下海用抄网收获,一年四季均可进行。

红肉河蓝蛤的简单加工有 3 种:

(1)将蛤洗净后,用水煮开去壳取肉。

(2)性腺丰满的红肉河蓝蛤(体大、肉肥、味美)可进行腌制。

(3)将红肉河蓝蛤连肉带壳晒干,碾成粉末,可作为家禽的饲料。

第十六节　象鼻蚌的养殖

象鼻蚌的英文为"Geoduck"。该词源自美洲印第安人的发音"gwe-duk",其意思是"善于深挖洞的贝",因为象鼻蚌善于潜入海底的泥砂中。象鼻蚌(*Panopea abrupta*),俗称太平洋象鼻蚌,也称为象拔蚌、皇蛤、管蛤、高雅海神蛤等。象鼻蚌属于软体动物门(Mollusca),瓣鳃纲(Lamellibranchia),异齿亚纲(Heterodonta),海螂目(Myoida),缝栖蛤科(Hiatellidae),海神蛤属(*Penopea*)(Gonrad 1849),是一种大型贝类。

象鼻蚌因其体态硕大、肉质鲜美、营养丰富、经济价值高等优点,深受广大消费者和养殖业者青睐。两片颇大的贝壳容不下它那粗壮的身躯,无论如何紧闭双壳,那条如同象鼻的粗脖子(进出水管)因过于粗大而缩不进壳内,只得暴露于壳外,因此称其为象鼻蚌。

象鼻蚌是大型的底栖性贝类。据记载,最大个体的壳长达到了 212 mm,重达 3.25 kg,是一位 147 岁高龄的老寿星。

一、象鼻蚌的生物学

1. 形态与构造

象鼻蚌是双壳类中个体较大的种类。壳近椭圆形，大而薄脆，以韧带铰合部相连，铰合部有铰合齿，通常左壳上的铰合齿较大。壳上有生长轮纹（图 20-24）。成体软体部大，特别是粗大而有伸缩性的虹管伸出壳外，觅食时可伸长达 1 m 左右。

图 20-24 象鼻蚌

象鼻蚌内部构造与其他双壳类无太大差别，唯一明显特征是那粗大而柔软的虹管延伸至壳后端，不能完全缩回壳内。虹管的前端有入水管和出水管，海水及饵料经入水管吸入鳃，在鳃内进行气体交换，并将过滤食物送入消化道进行消化。代谢产物和粪便经出水管排出体外。成年象鼻蚌的足已明显退化，只留下一个小小的足孔，所以失去了潜砂和移动的能力。

2. 生活习性

（1）栖息环境：它主要分布于北美洲的太平洋沿海，从华盛顿州沿着加拿大的西海岸直到阿拉斯加州的南部沿海。自潮下带至 110 m 水深的泥质、砂质、贝壳等形成的柔软底质均有分布，而在水流畅通、水深 5～18 m、风浪小、饵料丰富的内湾最多。

（2）生活方式：象鼻蚌幼贝具有很强的潜砂能力，3 年后定居在海底的底质中，仅以粗大的虹管露出海底，用以呼吸、滤食，排出精、卵，遇到刺激后立即缩入穴中。象鼻蚌幼贝的潜砂能力与足的发育息息相关，在壳长 5～10 cm 时，它们有相对较大、发育很好的足，潜砂能力很强，完全潜入只需 5 min。随着蛤体长大，足逐渐退化，到壳长 15 cm 以上时，即失去匍匐和潜砂能力。其埋栖深度因底质性质而异，通常为 0.6～1.0 m。象鼻蚌在自然海区还有明显的群聚现象。

（3）底质：象鼻蚌生活在砂、泥、砾石、贝壳等的混合底质中，但它对栖息底质中含砂量要求较高，含砂量为 85%～90% 较好，太低会影响其生长速度和产品质量。

（4）对水温、盐度的适应：象鼻蚌为低温高盐种类，生活海区水温 3℃～23℃，能耐受的水温范围为 0℃～25℃；适宜盐度为 26～32，能耐受的盐度范围是 25～33。

（5）食性与食料：从幼虫到成体，主要以过滤海水中的单细胞藻类为食，也滤食沉积物、浮游动物和有机碎屑。

3. 繁殖

象鼻蚌为雌雄异体，雌、雄生殖腺在繁殖季节覆盖大部分内脏团，均为乳白色，外观不易区分。性成熟年龄一般为 3～5 龄,壳长为 45～75 mm。繁殖季节一般在 4～6 月份。繁殖期间的水温为 12℃～16℃,可以多次产卵,个体产卵量为 700 万～1 000 万粒,最大个体产卵量高达 2 000 万粒以上。

象鼻蚌与大多数瓣鳃纲贝类的生活史一样经过胚胎期、幼虫期、稚贝期、幼贝期、成贝期,见表 20-24。

表 20-24 象鼻蚌的发育阶段及其个体大小

发育阶段	大小	形态特征、年龄
受精卵	80 μm	球形
担轮幼虫	80%100 μm	大约 24 h 以内发育到此阶段
面盘幼虫 1 期	110～165 μm	大约 48 h,幼虫壳的铰合部呈直线状
面盘幼虫 2 期	165～400 μm	当幼虫壳长达到 165 μm 时,进入壳顶期
稚贝期	400～1 500 μm	16～35 d 期间通过足丝黏附于海底的小砂砾上,但不能挖穴潜入泥砂里
幼贝期	1.5～7.5 mm	36 d 到 2 年,挖掘洞穴的行为极为活跃,未到性成熟期
成贝期	75～200 mm	2～146 年,性成熟,没有活跃的挖掘洞穴的行为

二、苗种生产

(1)亲贝的蓄养与促熟:从美国和加拿大原产地采捕野生象鼻蚌,用低温麻醉法运输,历时 4～5 d,成活率为 80% 左右;也可用于我国人工育苗养成的 3～4 龄的贝,采用常规方法在水温 14℃～16℃下恒温促熟 9～12 d,生殖腺指数达到 20% 以上时能成熟产卵、排精,比美国原产地提前 40～50 d;培育密度为 4～5 个/立方米。

(2)产卵:有两种方法即采用阴干、升温刺激法和藻液诱导法。藻液诱导法是向池中加入 0.5%～1% 藻液,能诱导产卵。精子呈白色烟雾状,卵呈白色块状或颗粒状,个体产卵的时间为 1～1.5 h。

(3)幼虫培育:受精卵的孵化密度为 30～50 个/毫升,在水温 14℃～15℃下受精卵发育到 D 形幼虫的时间需 60～62 h,幼虫培育密度为 5～6 个/毫升,采用常规的办法培育幼虫。

(4)采苗及稚贝培育:经过 20～22 d,幼虫壳长达 350～380 μm 时下移匍匐,此时可以投放底质采苗,采用经聚乙烯网过滤的细砂为附着基,厚度为 1 cm。5～6 d 后可看到大量单管期稚贝,15～18 d 后发育到双管期稚贝(壳长 1.2～1.4 mm),以后稚贝生长加快,壳长明显拉长,在水温 18℃～20℃下,40 d 稚贝壳长 2 mm 左右,60 d 能达到 5 mm 以上,70～80 d 贝苗壳长 8～10 mm 时可底播养殖。

三、养殖

象鼻蚌属于底栖性的贝类,所以底播养殖和增殖是较为适宜的方式。据报道,幼贝一旦潜入海底底质,敌害生物很难侵害它,所以象鼻蚌在增养殖期间的死亡率很低,一般只有 0.01%～0.05%。象鼻蚌在它生活的前几年生长很快。在其原产地北美,象鼻蚌的头 3～4 年,年均生长速度一般可以达到 30 mm,最快的超过 60 mm。实验结果表明:投放壳长 10 mm 左右的种苗经过 4～5 年的养殖,其体重可以达到 600～700 g 的商品规格。

象鼻蚌养殖海区要选择在水流畅通、风浪较小、饵料丰富、砂泥底质的内湾,养殖水深从低潮线至 10 m 均可。冬季海底水温不低于 0℃,夏季不高于 25℃。

为了取得最佳的经济效果,选择一个适宜的海区是最为重要的。其要求的环境条件是:①海水温度:22℃以下。②底质:以泥砂底为好,泥底或砂砾底质不利于生长。③盐度:最适宜的范围为 27～33。④敌害生物主要是海星、虾、蟹和鱼类,如鲆鲽类、鲷、鲈等。因此,在投放苗种前清除和防范敌害生物是极为重要的工作。

象鼻蚌的养殖方法,目前有以下三种:

(1)海底播养法:每亩放苗量 1 万粒,苗种播养后,生长速度很快。6 月底播苗,8 月底壳长可达 3 cm 左右。但由于敌害侵食,贝苗的成活率低,1 年后约为 10%,3 年后约为 1%～2%。

(2)塑料管护养法:为了提高苗种底播的成活率,采用塑料管或 PVC 管护养的方法"种植"象鼻蚌,取得了很好的效果。1 年后成活率达到 60%,平均壳长 4 cm,重 30 g。该法采用直径为 10～20 cm、长为 25～30 cm 的塑料管(或 PVC 管),内放苗 10～30 粒,管一端埋入砂底,一端露出砂面 5～10 cm,外罩孔径 1 cm 的挤塑网。3 个月后苗钻入砂中 10 cm,6 个月钻入 20～25 cm,10～12 个月钻入 30～40 cm,并开始分散。此时可取出塑料管(可循环再用),苗得到保护后,成活率很高。管距在 50～60 cm 时,每亩可插管 4 000 个,养苗 4 万～10 万粒。

(3)网筐护养:为了提高苗种底播的成活率和降低养殖成本,采用 10 mm 钢筋焊接成的 4 m×4 m 筐架外罩孔径 1 cm 的聚乙烯网护养,每亩放筐 40 个,每筐放苗 1 000 粒。养殖 2 年平均壳长 10.7 cm,体重 207.3 g。注意:养殖过程中,框架要固定好,防止出现漏洞、移动等。

此外,蝾螺科(Turbinidae)的蝾螺属(*Turbo*)中的一些种类,帘蛤科(Veneridae)中的日本镜蛤(*Dosinia*(*Phacosoma*)*japonica*(Reeve)),蛤蜊科(Mactridae)的中国蛤蜊(*Mactra chinensis* Philippi),紫云蛤科(Psammobiidae)中的橄榄血蛤(*Sanguinolaria*(*Nuttallia*)*olivacea*(Jay))等种类,都是很有发展前途的养殖种类。

复习题

1.脉红螺的繁殖习性有何特点?

2.试述东风螺的苗种培育和人工饲养技术。

3.试述海兔的生活习性。

4.简述栉江珧和鸟蛤的人工育苗技术。

5.简述硬壳蛤和紫石房蛤的人工育苗技术。

6.如何进行西施舌的人工育苗和养成?

7.试述尖紫蛤的苗种生产技术。

8.如何进行长竹蛏的苗种生产和养成?

9.象鼻蚌有何生物学特性?

第二十一章　贝类的增殖

贝类增殖是指在一个较大的水域或滩涂范围内,采取一定的人工措施,创造适于贝类增殖和生长的条件,增加水域中经济贝类的资源量,以达到增加贝类产量之目的。其主要措施包括封滩护养、改良环境条件、引种或亲贝移植、孵化放流、防灾除害、保护海洋环境、合理采捕等。根据各海区和增殖种类不同,采取上述一项或多项措施,促使贝类资源量的增加,均属于贝类增殖的范围。

一、封滩护养

贝类与环境之间充满了辩证关系,有什么样的环境,便有相应的贝类,同样,有什么样的贝类,便需要相应的环境。在鱼、虾,贝、藻的养殖中,只有贝类可以在滩涂上生活,广阔的滩涂栖息着一些埋栖型、固着型和匍匐型贝类,广阔的潮间带滩涂是滩涂贝类的适宜生活场所,因此,也很易被人们在退潮后所采捕。人为地盲目采捕,能造成滩涂贝类资源的严重破坏。

有些滩涂是泥蚶等埋栖型贝类的良好产地,然而盲目围垦进行对虾养殖,使原来滩涂贝类遭到严重破坏,这种缺乏因地制宜兴一业、废一业的做法是错误的。有的在浅海盛产滩贝的海区,盲目发展网箱养鱼,使浅海及滩涂底质生态环境发生变化,从而导致滩贝以及滩涂苗种场严重破坏。

封滩护养,可划分海区,分片保管,结合其他措施,才能收到比预期更好的效果。例如,清除敌害、平整滩涂、防止污染、禁止乱采捕和乱开发。

与此相反,如果管理不当,盲目封海,形成封而不管,管而不严,也会把本来有一定生产能力的海区封"死",变成毫无生产价值的荒滩。

在广阔的滩涂上,可以实行封滩护养,同样,在一些小型岛屿,也可以封岛护养,增殖贝类资源。

二、改良增殖场

增殖场是增殖对象栖息、生长、发育的场所。其环境条件是决定增殖贝类能否定居和繁殖后代的重要因素。选择增殖对象时首先应考虑到本海区条件,根据本海区条件,选择相应的增殖对象,这样才更有把握达到增殖目的。但是我们并不是唯条件论者,环境条件在一定程度上可以改造,而且生物本身具有一定的可塑性。在条件不能完全满足生物要求的情况下,通过改良,人为地创造条件,使之更加适合增殖贝类的生长,从而增加贝类附苗数量,促进幼贝顺利生长,以达到增殖的效果。如在含泥量较大的海滩,在蛤仔的附苗期投放碎贝壳或砂子,为稚贝创造附着条件,可增加蛤仔的附苗数量。在水流太急的海区可采用插树枝、竹枝的办法减小流速,增加附苗数量。过硬或老化的海滩也可以用耕耘的方法,耙松海滩,促进泥层内的有机物的分解氧化,使泥层内有毒物质如硫化氢之类溶于水中而被氧化,为稚贝创造良好的栖息环境。如辽宁省王家窝堡镇改良底质后,蛤仔的附苗密度成倍增长。

清礁、清滩也是改良增殖场的内容之一。许多进行封礁或封滩护养的单位,在头 1～2 年效果很好,资源量迅速上升,后几年则出现产量下降,甚至绝产的现象,这主要是固着基荒废的缘故。护养的牡蛎一般是在秋、冬季收获,此期正是多种藻类大量繁殖的时期,海藻及其他附着生物占据了牡蛎固着的地盘,至翌年夏季牡蛎附苗时,已无立足之地,因此附苗量减少。埋栖型贝类如蛤仔、泥蚶也有这种情况。由于海滩常年封养,无人踩踏海滩,使海滩表层硬化,杂藻滋生,敌害增多,贝苗附着量逐年减少。对于上述情况应采取定期清礁、清滩的办法解决,如在牡蛎附苗期之前,刮除岩礁上的附着生物,也可用石灰水泼在岩礁上,杀除附着生物。

在浅海,为了增殖贝类,可以在近海建筑人工贝礁,作为贝类繁殖、着生的场所,具有较好的效果。建筑贝礁的器材有废旧的船只、水泥砣、石块等。水泥砣是做成中间空四周有窗孔、体积为 $1～1.5 \ m^3$ 的砣子。用这些材料在水 $10～20 \ m$ 深处堆积成人工礁。建贝礁时还应考虑海底的底质和波浪的影响,选择潮流通畅又不能流失和沉没的地方,筑成遮阴多间隙的状态。这种方法对于增殖鲍、扇贝、牡蛎等均具有一定的效果。我国南方还在河口或内湾投放散石以增殖近江牡蛎和翡翠贻贝。

三、亲贝移植

在农业方面,很早就进行了世界性的优良种的交流,收到了显著的成果。在淡水养殖方面,优良品种的移植工作也取得了显著的成绩。在海水鱼类和贝类移植(引种)方面做了一些工作,今后应进一步引起重视。在进行移植时最重要的工作是调查增殖场的环境因素,同时要知道移植生物生活史、生理和生态特性,根据本海区环境条件,选择能适应本海区生活条件的种类,如此移植工作才有可能成功。此外,由于海洋辽阔,海水流动等特点,移植的亲体的数量必须多,而且应选择近岸性和移动性较小的种类。如近年我国贻贝南移工作取得了一些效果,目前,芝罘湾、胶州湾的贻贝资源量逐年增长。在本来资源量较少的海区,移入大量亲贝后也有可能增加资源数量,如福建盐田和连江,辽宁锦县等报道,通过移入蛤仔亲贝等措施后,资源量显著上升。移植的亲贝最好是具有生殖能力的个体,以求当年就能见效。引种成本低,见效快,是发展生产的有效途径。20 世纪 80 年代以来,我国从国外主要引进的贝类有长牡蛎(引自日本)、虾夷扇贝(引自日本)、海湾扇贝(引自美国)、欧洲大扇贝(引自欧洲)、象拔蚌(引自美国)、硬壳蛤(引自美国)、沙筛贝(引自美洲)、日本盘鲍和大鲍(引自日本)等。

在国内从某一海区移植亲贝到另一海区,或从国外移植某种贝类到国内繁衍,均需事前进行论证和检疫,移植后,还需对移植后的效应进行评估。要避免外来物种入侵的生态危害:防止与当地生物竞争,破坏海洋生态平衡;防止与当地生物杂交,造成遗传污染;防止引种的同时,带入病原微生物;防止外来赤潮生物的爆发性繁殖。使亲贝移植工作健康有序地进行,防止将有害贝类引入我国,导致生物资源多样性丧失,对生态系统造成不可逆转的破坏。目前,我国从国外引进的有害生物已达 162 种,水生贝类福寿螺(*Ampullaria gigas* Spix)就是其中之一。

四、孵化放流与底播增殖

在天然资源量较小的情况下,亲贝分散地栖息着,不易形成生殖群,资源量难以上升,为此可以人为地将亲贝集中饲养,促进精、卵的结合,增加幼虫数量。或者在人工条件下进行催产、孵化,将幼虫培育至一定规格后再放到海中发育生长,鲍鱼培育至接近匍匐幼虫,在选好的海区中用经 GABA 1 μmol/L 浓度处理 1~1.5 h 后再向增殖区放流,或者在海上利用采卵器采集乌贼的卵,人工孵化成幼体投放海中,均属孵化放流的范围。

底播增殖是将贝类幼虫附着变态后,将培育到一定规格的稚贝或幼贝撒播到适宜的浅海区,从而增加资源量。在日本,有人曾将在室内培养成壳长 25~35 mm 的幼鲍进行底播,每年为 2 万~18 万个,底播后,资源量逐年上升。

我国辽宁长海和山东长岛对皱纹盘鲍底播已积累了宝贵经验,底播增殖的海区水深在低潮线以下,水质澄清,透明度大,潮流畅通,底质为岩礁或有岩石堆垒,着生多种较大藻类,敌害生物较少,理化环境比较稳定,放流的鲍鱼规格为体长 2 cm 以上,平均密度为 2~3 只/平方米。底播放流前,要潜水清除海星、海燕等敌害生物。放流时带附着板放流,让鲍鱼附着于波纹板上,选择无风天气,潜水员将苗种连同波纹板一起放在礁石上,有鲍的一面向上。在两端各拴 1 kg 左右的坠石,防止波纹板被海水冲走,再拴一根系有小泡沫塑料浮子的细绳,浮出水面,作为标志。鲍鱼一般 3 h 就开始离开波纹板,爬到暗礁上,24 h 后可回收波纹板。也有采用撒播放流,潜水员把苗种带到海底,沿礁缝撒播。放流水深为 4~5 m。

虾夷扇贝底播区的条件一般是水温盛夏不超过 20℃,底质要求直径 1 mm 的粗砂占 70% 以上,直径 0.1 mm 以下的细砂泥占 30% 以下,底播区水深 20~30 m 为宜,透明度要大。播苗要选择低潮、平流和无风天气进行。

1985 年开始,辽宁省海洋水产研究所与长海县合作进行了小规模的虾夷扇贝底播增养殖试验,底播面积 3 公顷多,底播壳高 3 cm 左右的幼贝 30 万粒,底播密度为 10 粒/平方米,效果良好。1988 年开始进行生产性底播试验,取得了明显的增殖效果(表 21-1)。

表 21-1 长海县虾夷扇贝底播增殖效果

底播年度	底播面积(ha)	底播数量(万粒)	渔获年度	产量(t)
1988	135.4	1 325	1990~1991	334
1989	146.47	1 367	1992	804
1990	479.4	3 426	1993	450
合计	716.27	6 118		1 588

在辽宁长海县獐子岛塔连岛增殖区,1989 年 11 月投放人工培育的 1.5~3 cm 的虾夷扇贝苗,1991 年 10 月 13 日采捕时,回收率 30%,壳高可达 14 cm,6 粒/千克,其密度为 8 粒/平方米以上,即 5 500 粒/亩。

底播增殖紫石房蛤在山东牟平养马岛也收到了较好的效果。人工培育蛤苗 1 cm,底播 5 万~10 万粒/亩,底播 2 周年便可达商品规格。1992 年平均单位面积产量达 1 664 千克/亩。增殖区应选择在泥、砂、砾混合底质,水清,流大,饵料丰富的海区。播苗前应清除敌害。在我国还进行栉孔扇贝的采苗放流,利用网袋采苗法附着天然贝苗,培育到具有较强的抵抗敌害能力(一般壳长 2.5 cm 以上)后,放于近海增殖场,效果也很好。

为增强幼虫或幼贝的适应能力,一般在放流或底播前应进行相应锻炼,使室内与海上条件尽量接近或者将室内培育的贝苗先放在海中的网箱内适应一个阶段,再向海中放流,这样可以收到更好的效果。

五、防灾除害

贝类繁殖能力很强,一个雌贝产卵均在几百万粒以上,但是长至成贝时却剩下寥寥无几,其主要原因就是贝类的一生要同强大的自然灾害及众多的天敌作斗争,软弱无能的贝类大多数成为这些斗争的牺牲品。因此,要想达到贝类增殖的目的必须支援或保护软弱的贝类,战胜天灾,保证其顺利成长。

贝类的天灾有洪水、淤泥、高温和冰冻。洪水与淤泥是并行的,紧靠河口的增殖场雨季河水带着大量泥砂冲入增殖场,将贝类压在泥下。在正常情况下,双壳类钻泥能力是很强的,埋在很深的泥下均能钻上来,但在淡水和淤泥的共同作用下,蛤类就不能返上来,再加上温度较高,贝类很快窒息于泥下,此时如洪峰已过,及早将埋在泥中的蛤类扒出便可以解救。在上述海区应进行积极的防护措施,改变海滩面貌。挖排洪沟,筑防洪坝,排除淡水和淤砂。福建还有修建芒草坝,防止流砂进入苗场。

夏季退潮后,如果增殖场地存有少量海水,经日光曝晒,水温上升很快,高温的海水从出入孔传至蛤穴,烫伤蛤类甚至将蛤烫死。防止烫伤的最好办法是退潮后不让场地存水,泥砂传热性很差,蛤藏在穴内就不能被烫死。此外,如果小潮期在中午前后枯潮,潮头附近水温甚高也可造成低潮线一带贝类的死亡。

北方的浅海和内湾冬季经常出现冰冻,巨大的冰块随潮流在海滩上拖来拖去,对泥蚶造成致命的威胁。在增殖场的四周修建防冰坝,可防止冰块对滩面的破坏。

贝类的敌害相当多,从幼虫、稚贝、幼贝到成贝的各个阶段都会遇到无法抵御的劲敌。贝类的幼虫是水域中幼鱼、幼虾的适口饵料。壳蛄蝓、涡虫类及多种幼鱼又专以稚贝为食料。多种肉食性螺类如玉螺等及多种鱼类又是以幼贝或成贝为食。强大而众多的天敌是贝类成活率低的一个重要原因,尤其是幼小的幼虫和稚贝阶段减耗率最大,随着贝类的成长,御敌能力增强,贝类敌害范围逐渐减少,贝类成活率亦相对提高。以往的养殖工作者多是偏重于养成阶段(幼贝、成贝阶段)敌害的防除工作,作为增殖的目的,更应重视危害性更大的幼虫和稚贝阶段敌害的防除,以提高贝类的成苗率。贝类各发育阶段的敌害如表 21-2 所示。

表 21-2　不同发育阶段贝类的敌害种类表

发育阶段	敌害种类
浮游幼虫	仔鱼、幼鱼、浮游动物、虾和蟹类幼虫、双壳类、夜光虫
稚贝	幼鱼、幼虾、涡虫、底栖动物、壳蛄蝓、肉食性幼螺
幼贝	幼鱼、幼虾、涡虫、肉食性螺类、壳蛄蝓
成贝	肉食性螺类、鱼类、棘皮类、章鱼

幼虫和幼贝阶段的敌害很多,目前尚难以防除。近年我国采用的网袋采珍珠贝、扇贝苗的方法,不仅是为稚贝创造附着基质,而且是防除稚贝期间各种敌害的较好方法。这种方法也适用于其他附着型稚贝的保护。其他阶段敌害的危害情况及防御方法见本书有关章节。

六、海洋环境的保护

海洋有着巨大的净化能力。自古以来,人们不断地把废物抛入海中,涡动扩散使污水被稀释,海流又不断地将其送至远方,由于海洋自身的净化力,使这些废物不能构成危害。但是近几年来,由于工农业的发展、人口的增长,各种废物大量增加,以致超过了海洋本身的净化能力,使海洋特别是近海遭到污染,从而改变了海洋环境的理化性质,对水产资源,特别是贝类资源影响严重。必须重视海洋的保护,严防沿海水质的污染,保证贝类健康稳定地生长。

水质污染对贝类资源的影响是多方面的,可归纳为毒害作用、机械作用和生化作用三个方面。

1. 毒害作用

含有毒性的污化物侵入贝体,破坏组织器官或干扰其生理机能,造成贝类的死亡或阻碍它们的繁殖和生长。例如,强酸、强碱、重金属盐、氰化物等,能损害贝类的鳃及黏膜,引起呼吸、循环和分泌障碍而死亡。原油蒸馏产物、甲硫醇和某些砷化物等通过鳃、皮肤和黏膜进入体内,破坏内脏器官和生理功能,造成贝类的死亡。常见的几种化学物质引起文蛤致死的浓度如表 21-3 所示。尚有一些具毒性农药对贝类的影响也很大,有机磷、DDT、六六六、氰化物等含量超过 0.2 mg/L,均可造成沿岸海域的贝类全部死亡。为了探明农药对贝类的影响,今后应积极进行这方面的研究和调查工作。

表 21-3　某些化学药品对文蛤的致死浓度

药品名称	致死量(mg/L)	药品名称	致死量(mg/L)
NH_3	30.26	Na_2SO_4	1 250.00
$(NH_4)_2CO_3$	160.62	$CaCl_2$	1 592.75
NH_4Cl	1 250.00	$MgCl_2$	5 850.00
$NaOH$	85.00	$ZnSO_4$	5.47
$NaHSO_4$	156.25	$Pb(NO_3)_2$	39.06
Fe	39.09	$CuSO_4$	4.99
S	39.09	H_2S	2.27
H_2SO_4	50.00	KCr_2O_7	156.25

2. 机械作用

工业、矿山废水中微细悬浮颗粒,会随着呼吸的水流到达鳃的表面,妨碍贝类的呼吸而引起死亡。例如,海水中泥砂含量达 3‰～4‰,堆积物达 3～4 cm,水温 20℃的条件下,鲍 4～5 h 即可致死。油类的危害性也很大,它能在水面形成一层极薄的油膜,油膜的扩散率很大,少量的油即可覆盖很大的水面。油膜隔绝空气,造成水中缺氧,而引起水中贝类的死亡。油类还能以其毒性作用或黏附在贝类鳃上,造成直接的危害。此外,油类及一些物质可引起贝类味道的改变、降低产品的质量。在受生活污水影响的海区,由于贝类带有传染病病原体或贝类体内所积累的有毒物质超过卫生标准而失去食用价值,被禁止出售。污化物的另一个机械作用是由于污化物大量沉积,改变了底质组成,形成不适于贝类生活的底质或破坏饵料生物的繁殖。受生活污水污染的海区,无经济贝类生长,而小头虫(*Capitella*)(图 21-1)大量繁殖。小头虫的出现可以作为生活污染的生物指标。

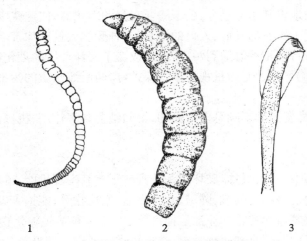

1. 整体外形 2. 胸部及腹部前两节
3. 腹部沟状刚毛侧面观,示主齿及其上的四个小齿
图 21-1 生活污染的指标种——小头虫

3. 生化作用

生化作用是指污化物通过其本身的生化过程对贝类发生的作用。例如,含有有机质的废水和生活污水中的许多有机物质本身并无毒性,但是它却能引起好气性有机质分解细菌的大量繁殖和强烈的活动,使有机物分解。在有机物分解过程中不但消耗水中的溶解氧,而且在缺氧的条件下,好气性细菌的活动受到抑制,代之而起的是能进行无氧分解的嫌氧性细菌的活动。有机物的无氧分解会产生低级的脂肪酸、胺类、硫化氢、氨、硫醇、吲哚和粪臭素等有毒物质。越接近底层这些物质的浓度就越大,因而使底栖生物处在一种慢性中毒状态,免疫力低下,甚至引起贝类及鱼虾类的死亡。

污染物质的来源大体可以分为三个方面,即城市生活污水、工业排出的污水和农田排水。城市生活污水虽然有害,但在适宜的浓度下,也有其有利一面:生活污水可以提供大量的营养物质,增加水的肥度,提高海区的生产能力,促进贝类的生长。城市生活污水只有在浓度过大时才会产生不良的毒害作用。

农田排水也有两方面的作用。一般情况下,农田排水可以给近海带来丰富的营养盐类。但是由于农药的大量使用,特别是长效农药的大量使用,在雨季往往被洪水带到近海,对近海生物产生毒害作用。人所共知,沿岸的河口和内湾是许多经济鱼虾贝类的繁殖场。因此,为了保证贝类的正常繁殖和生长,我们应进一步查明各种农药对贝类的危害性,在雨季和雨前应不施或适当控制对贝类有害的农药用量,以避免贝类受害。

工厂和矿山的排水是海区污染的重要原因之一,对贝类的繁殖和生长影响较大。某些厂矿排水的主要成分见表21-4。

表 21-4　几种厂矿排水中的主要成分

厂矿种类	排水中的主要成分
煤	泥土、煤粉
矿冶金	氨、硫化氢、氯化物、硫化物
金银提炼	氰化钾、氰化钠
硫黄	硫酸、硫化物
纸浆、造纸	硫酸、硝酸、亚硫酸、酸性亚硫酸钙、木质纤维
酸	硫化物、氰化物、氯、游离酸
煤气	氨、硫酸、石炭酸
碱	硫化钙、硫化钠、氯化钾、氯化镁
纺织	氯、盐酸、硫化氨、有机物
油脂	硫化氢、钠、钾、硫化钠、油类
染料	砒酸、碳酸、其他酸类、氯化物、碳酸盐
印染	钠、钾、碳酸、硫酸、氰酸、明矾、重铬酸
农产加工	有机酸、硫化氢、硫酸、亚硫酸、钠、钾
肥料	硝酸铵、硫酸铵
金属加工	氰化物、酸碱、亚铁盐
制革	有机物、硫化钠、单宁酸、铬盐、铅盐、碳酸钠
水产加工厂	硫化氢、氨、有机物

为了保护贝类更好的繁殖和生长,必须严格禁止工业废水的有害成分或有害浓度排入贝类增养殖的海区,带有致病菌和寄生虫的生活废水也应禁止排入。国家规定了"全面规划,合理布局,综合利用,化害为利,依靠群众,大家动手,保护环境,造福人民"的方针,水产养殖工作者应了解工业"三废"对海水养殖事业的影响,弄清毒害程度,积极提出意见,协同有关部门,确保国家的有关规定得到贯彻执行。

此外,近年沿海各地均在进行围海造田和建港养虾,占用了一些养贝场地,对贝类养殖造成很大影响。为此,今后在进行围垦设计时,应该统筹兼顾,不要影响贝类的养殖生产。

七、合理采捕

合理采捕是在充分掌握贝类生长和繁殖习性的基础上,制定保证贝类充分生长和种群延续的采捕措施,以达到贝类资源量的稳定或增长。不加限制的盲目滥捕,是破坏资源的主要因素之一。亲体数量的大幅度下降,势必影响后代的数量,造成资源量在若干年内不能恢复,甚至有导致生产完全破坏的危险。与此相反,大量的贝类资源如不能及时采捕,由于密度的急剧增长,致使生活条件恶化,也能造成贝类的死亡。死亡的贝类进一步影响水质,形成恶性循环,造成贝类更大数量的死亡,群众称为"臭滩",这种破坏也是惨重的。为此,必须进行合理的采捕,才能保证资源量的稳定或上升。合理采捕包括如下各项:

1.采捕规格的限制

贝类一生的生长速度是不均匀的,一般初期生长较快,以后随着年龄的增长,生长率逐年下降。也就是说贝类长到一定大小后,生长便处于缓慢状态,如不及时采捕,增长值很小,而死亡率增高,继续养殖得不偿失,此时即应积极采捕。又因各种贝类生长期和寿命不一样,各地应根据海区贝类生长特点,制定采捕规格与增殖年限。几种主要贝类的采捕规格及年龄如表21-5所示。表中所列壳长数字应是允许采捕的最小规格,在制作采捕网具时应根据上述规格,限制网目的大小,以做到收大留小,防止资源枯竭。

表 21-5 主要经济贝类适宜采捕的最小规格及年龄

种类	最小壳长(cm)	年龄	种类	最小壳长(cm)	年龄
泥蚶	2.5	2~3	密鳞牡蛎	8	3
毛蚶	3.0	2~3	菲律宾蛤仔	3	2
魁蚶	7.5	3	杂色蛤仔	2.5	2
栉孔扇贝	7	2~3	文蛤	6	3~4
贻贝	5~6	1	四角蛤蜊	2.5~3	2
厚壳贻贝	7	3	中国蛤蜊	4	2
翡翠贻贝	10~12	2~3	竹蛏	7~8	2~3
近江牡蛎	12	3	缢蛏	5	2
大连湾牡蛎	7	2	杂色鲍	6	3
褶牡蛎	4~5	1~2	皱纹盘鲍	9	3~4

2.采捕期的限制

一般情况下为了促使贝类繁殖后代及发挥增殖期的最大效果,在贝类繁殖期及快速生长期间应禁止采捕。但这与生产的要求存在一定的矛盾,例如,贻贝主要是利用其繁殖期丰满的生殖腺,繁殖期之后,肉质瘦小,产品质量达不到要求。像这种情况,应该有计划地留有一定数量的亲贝。有些贝类如鲍、扇贝,主要是利用其肌肉部分,就更应在繁殖期之后采捕。还有一些贝类如蚶、褶牡蛎在性腺丰满期口味欠佳,在冬肥期收获就更为有利,既不影响繁殖后代,又不影响产量,口味还特别鲜美。从生长的角度上来看,一般贝类在一年中都有一定阶段的生长适温期,在这一时期生长特别迅速,为了保证某些贝类的充分生长,此期应规定为禁捕期。

3.采捕量的限制

制定合理的采捕数量是防止资源枯竭的手段之一。为此,必须对海区资源状况进行周密的调查,掌握本海区贝类的分布范围、密度及年龄组成状况,由此决定每年的采捕数量。在资源急剧下降的状况下,为了促进资源量的恢复,应暂时停止采捕1~2年,待资源有所回升后再采捕。

4. 轮番采捕

除了限制采捕年龄和季节外,划分区域轮番采捕也是合理采捕的方法之一。即在一定区域内,捕获贝类在时间上有参差,并让贝类超过了主要的生长年龄再行采捕。这种方法特别适用于某些埋栖型贝类的增养殖生产。

复习题

1. 什么是贝类的增殖?

2. 目前我国在贝类增殖中采取哪些措施来增加贝类资源?

3. 请列举 1~2 个例子来说明增殖的效果。

参考文献

[1] 张玺. 牡蛎[M]. 北京:科学出版社,1957.

[2] 山东海洋学院,等. 贝类养殖学[M]. 北京:农业出版社,1961.

[3] 张玺,齐钟彦. 贝类学纲要[M]. 北京:科学出版社,1961.

[4] 陈世旧. 微生物学[M]. 北京:农业出版社,1962.

[5] 今井丈夫. 浅海完全养殖[M]. 恒星社厚生阁版,1971.

[6] 广东省水产研究所. 珍珠的养殖[M]. 北京:农业出版社,1975.

[7] 山东省水产学校. 贻贝养殖[M]. 北京:农业出版社,1978.

[8] 厦门水产学院贝类教研组. 贻贝养殖[M]. 北京:科学出版社,1979.

[9] 陈明耀. 海洋饵料生物培养[M]. 北京:农业出版社.1979.

[10] 大连水产学院. 贝类养殖学[M]. 北京:农业出版社,1980.

[11] 山东省水产学校. 贝类养殖学[M]. 农业出版社,1980.

[12] 武汉大学,复旦大学微生物学教研室. 微生物学[M]. 北京:人民教育出版社,1981.

[13] 罗有声. 贻贝养殖技术[M]. 上海:上海科学技术出版社,1983.

[14] 郑重,等. 海洋浮游生物学[M]. 北京:海洋出版社,1984.

[15] 谢玉坎,林碧萍,胡亚平,等. 大珠母贝及其养殖珍珠[M]. 北京:海洋出版社,1985.

[16] 董正之. 中国动物志·软体动物门头足纲[M]. 北京:科学出版社.1988.

[17] 聂宗庆. 鲍的养殖与增殖[M]. 北京:农业出版社,1989.

[18] 缪国荣,王承禄. 海洋经济动植物发生学图集[M]. 青岛:青岛海洋大学出版社,1990.

[19] 王如才,王昭萍,张建中. 海水贝类养殖学[M]. 青岛:青岛海洋大学出版社,1993.

[20] 周炳元,董松生. 缢蛏养殖技术[M]. 北京:金盾出版社,1994.

[21] 孙振兴. 海水贝类养殖[M]. 北京:中国农业出版社,1995.

[22] 魏利平,于连君,李碧全,孙振兴. 贝类养殖学[M]. 北京:中国农业出版社,1995.

[23] 蔡英亚,张英,魏若飞. 贝类学概论[M]. 上海:上海科学技术出版社,1995.

[24] 金启增. 华贵栉孔扇贝育苗与养殖生物学[M]. 北京:科学出版社,1996.

[25] 王祯瑞. 中国动物志[M]. 北京:北京科学出版社,1997.

[26] 齐钟彦. 中国经济软体动物学[M]. 北京:中国农业出版社,1998.

[27] 浙江水产局. 泥螺养殖技术[M]. 杭州:浙江科学技术出版社,1998.

[28] 王昭萍,田传远,于瑞海,等. 海水贝类养殖技术[M]. 青岛:青岛海洋大学出版社,1998.

[29] 陈锤,严立新. 鲍类养殖[M]. 广州:广东科学技术出版社,1998.

[30] 张士璀. 海洋生物技术最新进展[M]. 北京:海洋出版社,1998.

[31] 吴宝铃. 贝类繁殖附着变态生物学[M]. 济南:山东科学技术出版社,1999.

[32] 尤仲杰,王一农,于瑞海. 贝类养殖高产技术[M]. 北京:中国农业出版社,1999.

[33] 俞开康,战文斌,周丽. 海水养殖病害诊断与防治手册[M]. 上海:上海科学技术出版社,2000.

[34] 聂宗庆,王素平. 鲍养殖实用技术[M]. 北京:中国农业出版社,2000.

[35] 孙颖民,孙振兴,李秉钧,等. 海水养殖实用技术手册[M]. 北京:中国农业出版社,2000.

[36] 王如才,俞开康,姚善成,等. 海水养殖技术手册[M]. 上海:上海科学技术出版社,2001.

[37] 韩书文,鹿叔梓. 山东水产[M]. 济南:山东科学技术出版社,2003.

[38] 谢忠明.海水经济贝类养殖技术(上、下)[M].北京:中国农业出版社,2003.

[39] 王如才,等.牡蛎养殖技术[M].北京:金盾出版社,2004.

[40] 邓陈茂,童银洪.南珠养殖和加工技术[M].北京:中国农业出版社,2005.

[41] 池振明.现代微生物生态学[M].北京:科学出版社,2005.

[42] 刘世禄,杨爱国.中国主要海产贝类健康养殖技术[M].北京:海洋出版社,2005.

[43] 范兆廷.水产动物育种学[M].北京:中国农业出版社,2005.

[44] 常亚青.贝类增养殖学[M].北京:中国农业出版社,2005.

[45] 阎斌伦,等.海水鱼虾蟹贝健康养殖技术[M].北京:海洋出版社,2006.

[46] 李琪.无公害鲍鱼标准化生产[M].北京:中国农业出版社,2006.

[47] 于业绍,等.青蛤人工育苗及养殖实用技术[M].北京:中国农业出版社,2006.

[48] 王清印,等.海水养殖生物的细胞工程育种[M].北京:海洋出版社,2007.

[49] 陈德牛摘译.软体动物的染色体和系统分类[J].动物学杂志,1985,4:44-48.

[50] 王桂云,马庆惠,王先志.皱纹盘鲍的染色体研究[J].动物学研究,1988,9(2):171-174.

[51] 王如才,郑伟,施永红.磁化水培育小新月菱形藻的研究[J].海洋科学,1989,4:61-62.

[52] 王梅林,郑家声,余海.栉孔扇贝染色体核型[J].青岛海洋大学学报,1990,20(1):81-84.

[53] 于瑞海,王如才.磁化水在水产养殖上的应用[J].海洋湖沼通报,1990,4:95-98.

[54] 姜卫国,许国强,林岳光,等.合浦珠母贝三倍体和二倍体的生长比较[J].热带海洋,1991,10(3):1-7.

[55] 吕隋芬,王如才.细胞松弛素 B 诱导栉孔扇贝产生三倍体的研究[J].海洋湖沼通报,1992,2:40-45.

[56] 孙振兴,李诺,朱志乐,等.皱纹盘鲍三倍体诱导条件及其室内饲养试验[J].水产学报,1993,17(3):243-248.

[57] 梁英,王如才,田传远,等.三倍体大连湾牡蛎的初步研究[J].水产学报,1994,18(3):237-240.

[58] 喻子牛,孔晓瑜,王如才.海产贝类多倍体操作机理与最新进展[J].海洋湖沼通报,1995,3:69-73.

[59] 曾志南,陈木,林琪,等.华贵栉孔扇贝三倍体的研究[J].台湾海峡,1995,14(2):155-162.

[60] 孙振兴,王如才,王在卿,等.人工四倍体皱纹盘鲍的发生[J].青岛海洋大学学报,1998,28(1):63-69.

[61] 田传远,梁英,王如才,等.6-DMAP 诱导太平洋牡蛎三倍体,5.孵化率和 D 形畸形率与三倍体诱导率的关系[J].青岛海洋大学学报,1998,28(3):421-425.

[62] 王金星,赵小凡,周岭华,等.三种贝类的核型分析[J].海洋学报,1998,20(2):102-107.

[63] 王昭萍,王如才,于瑞海,等.多倍体贝类的生物学特性[J].青岛海洋大学学报,1998,28(3):399-404.

[64] 姜卫国,林岳光,何毛贤.合浦珠母贝人工诱导四倍体的研究[J].热带海洋,1998,17(2):45-51.

[65] 何毛贤,林岳光,胡建兴,等.6-DMAP 诱导三倍体合浦珠母贝的研究[M]//贝类学论文集(Ⅷ).北京:学苑出版社,1999:155-159.

[66] 郑小东,王昭萍,王如才,等.太平洋牡蛎(Crassostrea gigas)染色体 G 带和 Ag-NoRs 的研究[J].中国水产科学,1999,6(4):104-105.

[67] 田传远,梁英,王如才,等.6-DMAP 诱导太平洋牡蛎三倍体——抑制受精卵第二极体释放[J].中国水产科学,1999,6(2):1-4.

[68] 田传远,梁英,王如才,等.6-二甲基氨基嘌呤诱导太平洋牡蛎三倍体——抑制受精卵第一极体释放[J].水产学报,1999,23(2):128-132.

[69] 燕敬平,孙慧玲,方建光,等.日本皱纹盘鲍与皱纹盘鲍杂交育种技术研究[J].海洋水产研究,

1999,20(1):35-39.

[70] 杨爱国,王清印,孔杰,等.6-二甲基氨基嘌呤诱导栉孔扇贝三倍体[J].水产学报,1999,23(3):241-247.

[71] 曾志南,等.二倍体和三倍体牡蛎(*Crassostrea gigas*)肉重和生化成分的周年变化[J].海洋科学,1999,5:54-57.

[72] 杨爱国,王清印,刘志鸿,等.栉孔扇贝三倍体率在不同生长阶段的变动趋势[J].海洋水产研究,2000,21(3):13-16.

[73] 郑小东,王如才,王昭萍,等.二倍体与三倍体太平洋牡蛎(*Crassostrea gigas*)核型研究[J].中国水产科学,2000,7(2):96-97.

[74] 王昭萍,李赟,王如才,等.三倍体太平洋牡蛎生产性育苗与养成初报[J].海洋湖沼通报,2000,3:34-39.

[75] 于瑞海,王昭萍,王如才,等.三种化学诱导剂诱导太平洋牡蛎三倍体的比较研究[J].青岛海洋大学学报,2000,30(4):589-592.

[76] 于瑞海,王昭萍,王如才,田传远.提高太平洋牡蛎三倍体诱导率的几项技术措施[J].海洋湖沼通报,2002,4:68-71.

[77] 李赟,于瑞海,王昭萍,等.大规模诱导生产太平洋牡蛎(*Crassostrea gigas*)三倍体的方法比较[J].高科技通讯,2000,10(11):1-3.

[78] 贾志良,包振民,潘洁,等.三倍体太平洋牡蛎的快速活体鉴定[J].海洋学报,2001,23(2):140-148.

[79] 孔令锋,王昭萍,于瑞海,王如才.二倍体与三倍体太平洋牡蛎(*Crassostrea gigas*)的细胞学比较研究[J].青岛海洋大学学报,2002,32(4):551-556.

[80] 万俊芬,汪小龙,潘洁,等.日本盘鲍×皱纹盘鲍子代杂种优势的 RAPD 分析[J].青岛海洋大学学报,2001,31(7):506-512.

[81] 王昭萍,郭希明,李赟,等.三倍体太平洋牡蛎多态位点的基因表达与倍性判别[M]//贝类学论文集(Ⅸ).北京:海洋出版社,2001,43-47.

[82] 王如才,王昭萍,田传远,等.我国太平洋牡蛎(*Crassostrea gigas*)三倍体育苗与养殖技术研究进展[J].青岛海洋大学学报,2002,32(2):193-200.

[83] 常亚青,刘小林,相建海,等.栉孔扇贝中国种群与日本种群杂交一代的早期生长发育[J].水产学报,2002,26(5):285-290.

[84] 张国范,王继红,赵洪恩,等.皱纹盘鲍中国群体和日本群体的自交与杂交 F₁ 的 RAPD 标记[J].海洋与湖沼,2002,33(5):484-491.

[85] 陈全震,赵克锦.盘鲍三倍体及二倍体生长的比较.东海海洋,2002,20(1):49-54.

[86] 杜晓东,李广丽,刘志刚,等.合浦珠母贝 2 个野生种群的遗传多样性.中国水产科学,2002,9(2):100-105.

[87] 包振民,万俊芬,王继业,等.海洋经济贝类育种研究进展[J].青岛海洋大学学报,2002,32(4):567-573.

[88] 孙振兴,王如才,江明,等.细胞松弛素 B 对鲍受精卵超微结构的影响[J].动物学杂志,2002,37(5):14-17.

[89] 杨建敏,郑小东,王如才,等.3 种鲍 16S rRNA 基因片段序列的初步研究[J].青岛海洋大学学报,2003,33(1):39-40.

[90] 李太武,王冬群,苏秀榕.缢蛏(*Sinonovacula constricta*)生物遗传特征分析[J].海洋与湖沼,2003,32(6):641-647.

[91] 孙振兴. 中国海洋贝类染色体研究进展[J]. 海洋通报, 2004, 23(2): 77-83.

[92] 王昭萍, 李慷均, 于瑞海, 等. 贝类四倍体育种研究进展[J]. 中国海洋大学学报, 2004, 34(2): 195-202.

[93] 王昭萍, 姜波, 孔令锋, 等. 利用四倍体与二倍体杂交规模化培育全三倍体太平洋牡蛎苗种[J]. 中国海洋大学学报, 2004, 34(5): 742-746.

[94] 王昭萍, 李赟, 王如才, 等. 三倍体太平洋牡蛎生产性育苗与养成初报[J]. 海洋湖沼通报, 2000, 3: 34-39.

[95] 潘英, 李琪, 于瑞海, 等. 虾夷扇贝人工诱导雌核发育精子遗传失活及紫外线照射对精子形态结构影响的研究[J]. 中国海洋大学学报, 2004, 34(6): 949-954.

[96] 李霞, 周松, 张国范, 等. 三倍体皱纹盘鲍(*Haliotis discus hannai*)性腺发育的生物学研究[J]. 海洋与湖沼, 2004, 35(1): 84-88.

[97] 杨爱国, 王清印, 刘志鸿等. 栉孔扇贝与虾夷扇贝杂交子一代的遗传性状[J]. 海洋水产研究, 2004, 25(5): 1-5.

[98] 林志华, 包振民, 王如才. 海洋经济贝类分子遗传标记及其应用的研究进展[J]. 中国海洋大学学报, 2007, 37(4): 533-540.

[99] 张玺. 僧帽牡蛎的繁殖和生长的研究[J]. 海洋与湖沼, 1957, 1(1): 123-140.

[100] 周茂德, 等. 日本长牡蛎与近江牡蛎、褶牡蛎人工杂交的初步研究[J]. 水产学报, 1982, 6(3): 235-242.

[101] 孟庆显. 牡蛎的疾病[J]. 国外水产, 1984, 2: 33-37.

[102] 肖顺洪. 褶牡蛎垦区垂下式养殖的探讨[J]. 海洋科学, 1984, 3: 207-215.

[103] 吴融. 关于牡蛎的遗传学和育种问题[J]. 水产学报, 1985, 9(2): 207-215.

[104] 魏利平, 孙光, 等. 太平洋牡蛎室内固着生态系统的研究[J]. 海洋湖沼通报, 1987, 2: 67-73.

[105] 于润华, 马绍正, 等. 褶牡蛎滩涂播养技术的研究[J]. 海洋科学, 1990, 4: 67-70.

[106] 王昭萍, 王如才, 徐从先, 等. 单体褶牡蛎(*Crassostrea* sp.)的研究[J]. 青岛海洋大学学报, 1992, 22(2): 125-132.

[107] 王昭萍, 王如才, 徐从先, 等. 长牡蛎(*Crassostrea gigas*)幼虫固着习性的研究[M]//贝类学论文集(5~6). 青岛: 青岛海洋大学出版社, 1995: 121-126.

[108] 王昭萍, 王如才, 李洪刚. 维生素及海水浸泡对牡蛎卵子体外促熟作用[J]. 海洋湖沼通报, 1997, 2: 70-75.

[109] 张玺, 齐钟彦, 李洁民. 栉孔扇贝繁殖和生长[J]. 动物学报, 1956, 8(2): 235-253.

[110] 王如才, 高洁, 解承林. 栉孔扇贝半人工采苗试验总结[J]. 水产, 1976, 1: 18-34.

[111] 王如才, 高洁. 栉孔扇贝人工育苗试验报告[J]. 山东海洋学院学报, 1978, 2: 51-62.

[112] 王如才, 张群乐. 海生残沟虫对扇贝幼虫和扁藻的危害及防除的研究[J]. 山东海洋学院学报, 1981, 4: 62-76.

[113] 王子臣. 栉孔扇贝人工育苗与试养的研究[J]. 大连水产学院学报, 1981, 1: 1-12.

[114] 徐应馥, 王远隆, 等. 栉孔扇贝室内人工育苗的研究[J]. 海水养殖, 1981, 1: 25-38.

[115] 张丹. 华贵栉孔扇贝人工育苗试验[J]. 海洋渔业, 1982, 2: 67-70.

[116] 廖承义, 徐应馥, 王远隆. 栉孔扇贝的生殖周期[J]. 水产学报, 1983, 1: 1-13.

[117] 张福绥, 何以朝. 关于扇贝增殖的几个问题[J]. 海洋科学, 1983, 4: 43-46.

[118] 王如才, 王兴章. 利用对虾育苗池进行扇贝人工育苗的研究[J]. 齐鲁渔业, 1985, 1: 50-52.

[119] 王如才, 高洁, 张连庆, 吴远起. 栉孔扇贝自然海区采苗技术的研究[J]. 山东海洋学院学报, 1987, 3: 93-100.

[120] 孟庆显. 扇贝的疾病[J]. 海洋通报,1987,6(4):89-92.

[121] 王远隆. 对扇贝育苗工程某些工艺要求的探讨[J]. 齐鲁渔业,1988,4:18-19.

[122] 王如才,张建中,于瑞海. 海湾扇贝育苗中几个技术问题探讨[J]. 齐鲁渔业,1988,4:16-17,37.

[123] 张起信,王兴章,等. 海湾扇贝大水体人工育苗的高产技术[J]. 青岛海洋大学学报,1989,19(2): 144-149.

[124] 魏利平,蒋祖慧,孙振兴. 栉孔扇贝呼吸与异常呼吸的初步研究[J]. 海洋与湖沼,1989,20(3): 209-216.

[125] 王如才,楼伟风,徐家敏,等. 栉孔扇贝氨基酸组分与含量的比较研究[J]. 青岛海洋大学学报, 1989,19(2):12-18.

[126] 王如才,蓝锡禄,等. 栉孔扇贝的食料分析[J]. 青岛海洋大学学报,1989,19(2):36-48.

[127] 王远隆,杨晓岩. 扇贝育苗中几个计算问题的探讨[J]. 海水养殖,1989,1:45-50.

[128] 王如才,于瑞海. 海藻榨取液在海湾扇贝亲贝蓄养中的应用[J]. 海洋科学,1989,6:55-56.

[129] 蓝锡禄,等. 贝苗池塘中间培育技术研究[J]. 海洋湖沼通报,1990,1:64-69.

[130] 张晓燕. 浅谈海湾扇贝中间暂养技术[J]. 海水养殖,1990,12:121-124.

[131] 赵玉山,丁玉珍,宋志乐. 扇贝套网笼养殖技术[J]. 海洋科学,1990,6:62.

[132] 徐怀恕,许兵,纪伟尚. 扇贝幼虫附着基的细菌组成及其作用[J]. 水产学报,1991,15(2):117-123.

[133] 杨红生,周毅. 滤食性贝类对养殖海区环境影响的研究进展[J]. 海洋科学,1998(2):42-44.

[134] 蔡难儿. 贻贝生活史的研究[J]. 海洋科学集刊,1963,4:81-102.

[135] 聂宗庆,等. 贻贝人工育苗的研究[J]. 海洋学报,1979,1(1):138-156.

[136] 张福绥,等. 胶州湾贻贝的生长[J]. 水产学报,1981,5(2):133-146.

[137] 潘星光. 缢蛏的生态观察与食性分析[J]. 动物学杂志,1959,3(8):355-357,349.

[138] 王中元. 缢蛏半人工采苗中附着期的预报[M]//太平洋西部渔业研究委员会第五次全体会议论文集. 北京:科学出版社,1960,33-39.

[139] 齐秋贞,杨明月. 缢蛏浮游幼虫、稚贝和幼贝的生长发育[J]. 台湾海峡,1984,3(1):90-99.

[140] 何进金,等. 缢蛏稚贝饵料和底质的研究[J]. 水产学报,1986,10(1):29-39.

[141] 王渊沅. 泥蚶的食料分析[J]. 动物学杂志,1977,4:10-11.

[142] 林志强,等. 泥蚶人工育苗试验报告[J]. 浙江水产科技,1980,1:1-11.

[143] 潘岳楚,等. 乐清湾泥蚶自然增殖初报[J]. 浙南水产科技,1982,7-10.

[144] 魏利平,等. 乳山湾泥蚶繁殖期及蚶苗的生长与分布[J].1986,10(1):87-93.

[145] 郑永允,张晓燕,栾红兵,曲和令. 魁蚶控温育苗试验初报[J]. 海水养殖,1990,12:117-120.

[146] 王风岗,王同永,邢克敏. 泥蚶人工育苗技术研究[J]. 齐鲁渔业,1991,2:8-12.

[147] 田传远,梁英,王如才. 泥蚶人工育苗高产技术的研究[J]. 青岛海洋大学学报,1996,26(1):25-30.

[148] 牟均素,衣维国,梁平. 毛蚶生产性育苗试验[J]. 齐鲁渔业,2005,22(11):37-38.

[149] 王海涛,王世党,周维武,等. 魁蚶育苗技术总结[J]. 齐鲁渔业,2006,23(2):11-12.

[150] 齐秋贞. 菲律宾蛤仔室内催产研究——阴干氨海水和性诱导法[J]. 水产学报,1981,8(2):235-243.

[151] 何进金,韦信敏. 菲律宾蛤仔稚贝食料和食性的研究[J]. 水产学报,1984,8(2):99-106.

[152] 何明海,等. 菲律宾蛤仔敌害及防除[J]. 福建水产,1986,4:37-40.

[153] 王维德,等. 文蛤人工育苗初步研究[J]. 动物学杂志,1980,4:1-4.

[154] 矫举昌,刘洪耀,王如才. 文蛤半人工采苗试验初步报告[J]. 海洋科学,1985,6:41-44.